Gesamtverzeichnis des deutschsprachigen Schrifttums (GV) 1700 – 1910

Bearbeitet unter der Leitung von
Hilmar Schmuck und Willi Gorzny
Bibliographische und redaktionelle Beratung:
Hans Popst und Rainer Schöller

51

Grok - Grus

K · G · Saur München · New York · London · Paris 1982

CIP-Kurztitelaufnahme der Deutschen Bibliothek

Gesamtverzeichnis des deutschsprachigen Schrifttums :
(GV). – München, New York, London, Paris : Saur.
Bd. 1 – 6 bearb. unter d. Leitung von Peter Geils
u. Willi Gorzny.
ISBN 3-598-30000-X

1700 – 1910 / bearb. unter d. Leitung von Hilmar
Schmuck u. Willi Gorzny. Bibliograph. u. red.
Beratung: Hans Popst u. Rainer Schöller

NE: Schmuck, Hilmar [Bearb.]

51. Grok - Grus. - 1982.

Techn. Realisierung und Druck: Norbert Gärtner, Mainz-Kastel
Binden: Karl Schaumann, Darmstadt
Printed in the Federal Republic of Germany
ISBN 3-598-30000-X (Gesamtwerk)

Groke, G. W. Aphorist. Bemerkungen über den Gebrauch der lat. Sprache, bes. in der Dichtkunst, von der klass. Zeit bis auf die Gegenwart, nebst Proben neu latein. Gedichte. 31 S. . .

Progr. Stargard 1833

Groke, G. W. Locorum obscurior. e Plutarchi Moralium libris excerptorum illustratio. 40 S. . . . .

Progr. Stargard 1839

Groke, Georg Wilhelm (vgl. G r o k e , J. D.)

— s. K. Gedicke, lateln. Chrestomathie.

Groke, Geo. Wilh., tabellar. Uebersicht d. polnischen Declinationen u. Conjugationen u. d. dazu gehörigen Regeln, zur Erlernung der poln. Sprache. 4. Bresl. 817. Meyer. 6 gr.

— erster Unterricht im Lesen u. Nachdenken. Mit 26 ill. Kpf. 24. Bresl. 809. N. A. 814. W. G. Korn. 1 Rthl. 12 gr.

GROKE, G. W. *Erster Unterricht* im Lesen und Nachdenken von G. W. Groke, Lehrer am Elisabetanischen Gymnasium. Mit sechs und zwanzig illuminirten Kupfern. Neue Auflage. Breslau, W. G. Korn. 1814. 210 S. Kl.-8° Einfacher Pbd. d. Z. 50.—
Enthält Alphabete, Fabeln und Erklärungen zu den reizenden Illustrationen: Darstellungen aus allen Gebieten, Landschaften, Gebäude, Kostüme, Gebrauchsgegenstände, Tiere etc., alles sorgfältig handkoloriert. Schönes Buch. ★★

Groke, Gottlieb Wilhelm

Groke, Gtli. Wilh., der Anfänger im Lateinschreiben. Ein die wesentlichsten syntakt., mit möglichster Verständlichkeit u. Kürze entworf., Regeln umfass. u. die Anwend. ders. durch geeignete Aufgaben leitendes Hülfsb. z. Erlern. d. latein. Sprache. 8. (14 B.) Stettin 834. (Stargard, Hendeß.) •

——, Lorinser u. Heinsius, od. Einiges üb. Leben u. Lehren an d. preuß. Gymnasien u. üb. d. Folgen dess. f. d. Gesundheit d. Schüler. 8. (4 B.) Berlin 836, Heymann.

Groke, Th. Guil. (geb. Ziebern bei Glogau 1779) De epigrammatis theoria denuo constituenda. Berolini 1826. (IV, 90 S.) 8°
Berlin. Phil. Magister-Diss. v. 20. Aug. 1826

Groke, J. D., tabellarische Uebersicht der polnischen Declinationen und Conjugationen und der dazu gehörigen Regeln zur Erlernung der polnischen Sprache. 4. Breslau, Meyer. 817.
Vgl. Groke, Geo. Wilh.

Groke, Th. Guil., s. G r o k e , Gottlieb Wilhelm

Grol, Hans Heinrich, Außreden u. Fürwort d. löblichen Büchsenschützen ..., gedr. zu Zürich bei Rudolf Weißenbach 1603, Neudr. 1885, 27 S., 8°.

Grolée, André: Über Nitrile arylierter Glycine. 1906. 74 S. 8° ¶ Vgl. Berichte d. Deutschen Chem. Gesellschaft. Jg. 39. Dresden, Dr.-Ing.-Diss. v. 20. 12. 1905

Grolig, Ant., u. Karl Weigl, 20 Jahre Tapeziererorganisation 1890—1910. Ein Rückblick, verf. im Auftrage der Organisation der Tapezierer Wiens anläßlich der Feier des 20jähr. Bestandes. (131 S.) 8. Wien 910. Wiener Volksbuchh. 2.—

Die Bibliothek des Ladislaus v. Bozkowicz (1485–1520) in Mährisch-Trübau. Ein Beitrag z. Gesch. d. Humanismus in Mähren. 3 Bücherbesprechungen: Pindter: Katalog d. Dietrichstein'schen Schloßbibliothek in Nikolsburg. Holzmann u. Bohatta: Deutsches Anonymen-Lexikon. Bd 2. Némethy: Ex libris Bibliothecae Metropolitanae Strigoniensis. Von **Moriz Grolig**. *Wien: A. Hölder 1904.* (16 S.) 8°
Aus Mitteilungen d. Oesterr. Ver. f. Bibliothekswesen. Jg. 7, H. 4. [04. 4955 2

Grolig, Mor., die Buchdruckerei des Jesuitenkollegiums in Wien (1559—1565). (18 S. m. Abbild.) gr. 8. Wien 909. A. Hölder. — 40
Sonderabdr. a. „Mitteilgn. d. öst. Ver. f. Bibliothekswes."

Aus meiner Büchersammlung. Von Prof. Dr **Moriz Grolig**. Als Ms. gedr. *Wien 1904: E. Kainz & R. Liebhart.* (22 S.) 8° [04. 4468 2

Buechersammlungen des XVII. Jahrhunderts in Mährisch-Trübau von Moriz **Grolig**. Als Ms. gedr. Wien 1905 · E. Kainz & R. Liebhart. (14 S.) 8° [05. 16188

Grolig, Dr Moriz, Professor Die C i m b u r g zur Schwedenzeit. Separat Abdruck aus dem „Schul-Programme des k. k. II. deutschen Gymnasiums" vom Jahre 1893/1894. 8. Brünn 1894.

Grolig, M. Kant's E r k e n n t n i s l e h r e im Lichte der neuesten Kritik. 8 S. 8° – Brünn, RG., Progr. 1872.

Die „Freimaurer - Bibliothek" in der Mährischen Landesbibliothek in Brünn von Moriz Grolig. Wien: Hölder 1908. 91 S. 8°
Aus: Zeitschrift d. Mährischen Landesmuseums. 8 (1908) S. 13—101.
Recens: H. 19 (1908) Nr 37 (A. Wolfstieg). 267 Drucke, 3 Mss. D. Samml. entstammt d. Besitze d. 1829 verst. Grafen Jos. Auersperg. 23.

Grolig, M. König Friedrich II. in Mährisch-Trübau 1742 und 1758. (Brünn 1899.) 4°. (Aus: Zeitschr. d. Vereins f. d. Gesch. von Mähren und Schlesien.)

— Die Klosterdruckerei im Prämonstratenserstifte Bruck a. d. Thaya (Mähren) 1595—1606. (24 S.) 8. Ebd. 908. — 54
Sonderabdr. a. „Mähr. Magazin f. Biographie u. Kulturgesch."

Die Klosterdruckerei im Prämonstratenserstifte Bruck a. d. Thaya (Mähren), 1595–1608. Von Moriz **Grolig** Wien: A. Hölder 1908. (24 S.) 8°
Aus Mährisches Magazin f. Biogr. u. Kulturgesch. Bd 1. 1908. [08. 9488

Grolig, M Die wichtigeren L e h r e n von Raum und Zeit in der neueren Philosophie. 18 S. 8° – Brünn, RG., Progr. 1873.

Grolig Dr. M.: **Über das Schwinden des naiven Antheils aus der Bildung der Gegenwart. 14. Brünn II. 74.**
Progr.

Grolimund, Emil, auf dem Hospiz, s.: Kindscht, Paul.

G r o l i m u n d, Sigmund. Volkslieder aus dem Kanton Solothurn. Gesammelt und hrg. von S' Gr'. [Mit Melodien.] X + 111 S. 8. Basel, Verlag der Schweizerischen Gesellschaft für Volkskunde, 1910. (für Mitgl. fr. 2. 40, für Nichtmitgl. 3. —)
S c h r i f t e n der Schweizerischen Gesellschaft für Volkskunde = P u b l i c a t i o n s de la Société suisse des traditions populaires. (Bd.) 7.

v. Grölling. Kurze Geschichte des kgl. 1. schlesischen Grenadier-Regiments [No. 10]. 8. Berlin 1861

Groll, A. Über Para-Phenetidin und Derivate desselben. Wiesbaden 1888.

Groll, A. u. E. Frh. v. Sacken. Die vorzüglichsten Rüstungen u. Waffen der k. k. Ambraser-Sammlung in Original-Photographien mit hist. u. beschreib. Text. Bd 1. 2. Wien 1859—1862. 2°
Vgl. Groll, R.

(GROLL, ADOLPHUS A S. GEORGIO:) Des hochwürdigsten Herrn Adolphs Bischoffs zu Raab anderte Predig, welchen den 10. Jänner 1734 ist vorgetragen worden. Raab 1734. Dr. Streibig. 12 S.

Groll, Andreas

G r o l l, Andr., Photographie oder Lichtbilder auf Glas. gr. 8. (5 S.) (Wien 851, Braumüller.) •
Aus: Sitzungsberichte der mathemat.-naturw. Classe der k. Akad. der Wissenschaften 1850, besonders abgedruckt.

Groll, Anton

Groll, Ant., am Marterpfahl, s.: Jugend- u. Volksbibliothek.

Groll, Fr. Xav., Verzeichniß d. Rechte u. Verbindlichkeiten in Beziehung auf ihre Erlöschung durch Nichtgebrauch u. Verjährung. 8. Wien 819. (Gerold). 9 K Schrbp. 14 K Hdg. Pr. 6 K Schrbp. 9 K

Groll, Georg

Groll, G., Psalmi Davidici cum exegesi et phraseologia ad textum Hebraeum praemisso propylaeo psalmodico cura Jaroslai Kapeller. Wien, 1757 (1717), 4°.
Erschien nach des Verf. Tode. Erklärung u. Phraseologie fügte sein Ordensgenosse Kapeller hinzu. Siehe darüber Wurzbach, a. a. O. Bd. 5 (1859), S. 365.

Groll, Georg., Testis et doctor. Frankfurt 1741. 4°.
Hurter, Nomencl. litt. III, 1322 (2. ed.): Doctissimum opus Hebraicum ad conciliandos christianae religioni Iudaeos eruditione theologica, rabbinica et cabbalistica refertum singularique linguae Hebraicae proprietate ac nitore conscriptum. Eine latein. Übersetzung war schon 1739 zu Wien erschienen.

Groll, H., s. Moncrieff, W., life in London.

Groll, Jacques, Augenkrankheiten, deren Verhütung u. naturgem. Heilg., s.: Licht — Luft — Wasser!

Groll, Jacques, Handbuch der hypnotischen Suggestion, s.: Gerling, Rhold.

— Der Heilmagnetismus, s.: Klein, A. u. R. Gerling.

Groll, Jacques, ein aufklärendes Wort über das Gesundbeten. Die christl. Wissenschaft (Christian science) u. d. Spiritismus auf Grund prakt. Erfahrungen u. wissenschaftl. Studien. Nach e. Vortrage, geh. in der spiritist. Loge „Psyche zur Wahrheit" in Berlin, am Freitag, d. 7. II. 1902. gr. 8. (48 S.) Berlin (902). (F. Schlosser). — 50

Groll, *Joseph* Ein Distanzmesser ohne Latte. 8 (17 S., 1 Taf.).
Progr. Kgl. b. Studienanstalt *Amberg* 1891.

Groll, Jos., Fermat's Satz. (19 S.) 8. München (Preysingstr. 12 I) 910, Professor J. Groll. 2. —

Groll, Ludw., neue Noten. Ein 5 Minuten-System. gr. 8. (12 S.) Berlin (898). (M. Gottfurcht). — 50

Groll, M., Kartenkunde, s.: Sammlung Göschen.

Groll, Max, in Berlin: Der Oeschinensee im Berner Oberland. [Mit 1 Ansicht u. 2 Karten.] Bern 1904. 78 S. 8°. S.-A. a. d. Jahresber. d. Berner Geogr. Gesellsch. Bd. 19. [26. X. 03.]
Bern. Phil. Diss. 1904/1905.

Groll, Max. Der Oeschinensee im Berner Oberland. Bern, Haller, 1904.
Ausg. A: (Mit 2 Karten, einer Tafel und 9 Figuren im Text.) Diss. Phil. Bern. ⟨Sonderabdruck aus dem Jahresbericht der Berner Geographischen Gesellschaft. [Band] 19.⟩
Ausg. B: Mit — — Text. (Diss. Phil. Bern. [S' aus:] J' der B' geograph. Ges'. [Band] 19.)

Groll, Oskar [Assistenzarzt im k. 6. Chevaulegers-Reg. „Grossfürst Konstantin Nikolajewitsch" aus Straubing]: Beitrag zur Statistik der Hasenscharte mit besonderer Berücksichtigung der verschiedenen Operationsmethoden .... Würzburg, Paul Scheiner's Buchdr., 1888; 43 S. 8°
Würzburg, Med. Fak., Inaug.-Diss. v. 1888

Groll, Ph., Die Lehre von dem Körperbau etc. der Haustiere, s.: Franque.

Groll, Philipp, appr. Arzt a. Gelchsheim: Ueber diffuse Hypertrophie der weiblichen Brustdrüse. München 1907: Kastner & Callwey. (48 S., 1 Taf.) 8°
München, Med. Fak., Ref. v. Angerer, Diss. v. 19. Juli 1907
[Geb. 25. März 75 Gelchsheim; Wohnort: Gelchsheim; Staatsangeh.: Bayern; Vorbildung: Gymn. Münnerstadt Reife Juli 96; Studium: Würzburg 6, Berlin 1, München 6 S.; Coll. 19. Juli 07; Approb. 3. Dez. 05.]

Groll, R., die vorzüglichsten Rüstungen und Waffen der k. k. Ambraser-Sammlung, s. Rüstungen und Waffen, die vorzüglichsten.
Vgl. Groll, A.

Groll. Hirsch [aus Ritawon, Gouvernement Kowno]: Untersuchungen über den Hämoglobingehalt des Blutes bei vollständiger Inanition .... Königsberg i. Pr., Druck v. A. Hausbrand's Nachf. (1887); 29 + 1 S. + 1 Bl. u. 1 Taf. 8°.
Königsberg, Med. Fak., Inaug.-Diss v. 15. [handschr. 21.] Jul. 1887.

Groll, S., Untersuchungen über den Hämoglobingehalt des Blutes bei vollständiger Inanition. Inaug.-Diss. 8. (29 S. m. 1 Taf.) Königsberg i. Pr. 887. (Koch's Antiq.) n.n. — 70

Groll, Theodor

Groll, Th., Jakobe v. Baden, s. a. Wiemann's Hausbibliothek

[G.] Jakobe von Baden. Roman in zwei Teilen v. Th[eod.] Groll ...
Barmen: D. B. Wiemann [1896]. (4 Bl., 260 S., 1 Bl.) 1 Bd 8.
= Hausbibliothek, Wiemanns. Bd III.

Groll, Thdr., ein verlorenes Dokument, s. Volksbibliothek, deutsche, für Lesevereine und das Haus.

— die Freunde. Roman, nebst einer Vorgeschichte. 8. (370 S.) Gotha 886, F. A. Perthes. *M 5.—; geb. *

— Geerschtiaden. Humoresken aus dem Leben Gerst's, weiland Gefängnißpastor zu Düsseldorf, in niederrheinisch-plattdeutscher Sprache erzählt. 8. (IV, 92 S. m. 1 Portr.) Düsseldorf 885. (Schmitz & Olberz.) n. 1. 25

— dasselbe. II. Folge. 8. (110 S.) Ebd. 888. n. 1. —

— der Pfarrer im Gebirge, s.: Volksbibliothek, deutsche, f. Lesevereine u. das Haus.

Groll, Theodor: Rede (bei der) Trauerfeier z. Andenken ... Wilhelm I., s. Lützeler, Franz.

Joh. □ z. d. 3 Verbündeten Or.·. Düsseldorf. Trauer-Feier am Mittwoch, den 5. Nov. 1890. Rede des Br.·. Th[eod.] Groll. Düsseldorf [1890]: Dietz. 8 S. 8° [Umschlagtit.]
Trauerrede auf F. Lützeler. Einl. üb. den wahren Glauben, der sich stützt auf Liebe, Hoffnung, Treue. 23.

Groll, Theodor: Die bayerische Viehversicherung in systematischer Darstellung. Landshut 1899: J. F. Rietsch. (77 S.) 8°
Erlangen, Jur. Diss. v. 26. Sept. 1898.

Gröll, Mich., (†1800.) Samml. kl. Schriften. 8. Dresd. 755. Gröll.

— s. 1) Sendschreiben an Mich. Kenl. 2) Vertheidigung d. weibl. Geschlechts.

Vertheidigung,

Kurze, des weiblichen Geschlechts (von *Mich. Gröll*). O. O. u. J. (c. 1750). 8°. (In München: Metall. 50h, 1.)

— Dasselbe. Frankfurt und Leipzig (Dresden) 1753. Gr. 8°. (In München: H. g. hum. 102s.)
Anon.-Lex. IV. p. 315 (nach Meusel u. Kayser).

— krit. Verzeichniß d. Bücher u. Kupferstiche in d. Gröll'schen Buch- u. Kunsthandlung. 8. Dresd. 756. Gröll.

Gröll, Rob. Die Determinanten für den Schulgebrauch. 20 S. *Quakenbrück* 1881. Progr.

Groller, Balduin, Gräfin Aranka. Roman. 8. (187 S.) Leipzig 887, Wartig's Verlag. *ℳ 2.50.; geb. *

Groller, Balduin, Gräfin Aranka. Roman. 2. (Titel-)Aufl. 8. (187 S.) Dresden 895. E. Pierson. n. 3. —; geb. in Leinw. n. 4. —

— unter vier Augen. Kleine Romane. 8. (III, 278 S.) Dresden 890. Pierson. n. 3. —

Groller, Balduin, Major Barsay u. sein Kreis. Ein Roman. (331 S.) 8. Dresden 905. E. Pierson. n. 3. —; geb. n. 4. —

— Lori Bergmann. Vor der Ruhe. Seitensprünge, s.: Hesse's, Max, Volksbücherei Nr. 138.

Lori Bergmann. Neue Novellen von Balduin Groller. *Dresden & Leipzig: E. Pierson (1893).* (330 S.) 8° [F.]

Groller, Balduin, junges Blut. Geschichten. 8. (342 S.) Leipzig 880. Wartig's Verl. n. 5. —; geb. n. 6. —

Groller, Balduin, junges Blut. Geschichten. 2. Aufl. 8. (341 S.) Leipzig 883. Wartig's Verl. n. 5. —; geb. n. 6. —

Junges Blut. Geschichten von Balduin Groller. 3. Aufl. *Dresden & Leipzig: E. Pierson 1895.* (341 S.) 8° [F.]

Groller, Balduin, aus meinem Briefkasten der Redaktion, s.: Universal-Bibliothek.

— weltliche Dinge. Neue Geschichten. 8. (364 S.) Ebend. 883. n. 5. —; geb. n. 6. —

Weltliche Dinge. Neue Geschichten von Balduin Groller. 2. Aufl. *Dresden & Leipzig: E. Pierson 1895.* (364 S.) 8° [F.]

— die Doppelnatur. Ein Roman. 8. (273 S.) Dresden 899. E. Pierson. n. 3. 50; geb. n. 4. 50

— Die Ehre des Hauses. Roman. (264 S.) 8. Dresden (908). [E. Pierson]. Berlin, Verlag Berlin-Wien. 2.50; geb. n 3. 50
Auch die übrigen Schriften dess. Verf. aus E. Pierson's Verl. gingen an obige Firma über.

— in schlechter Form u. andere Novellen, s.: Universal-Bibliothek.

— Ganz zufällig u. andere humoristische Novellen, s.: Reclam's Novellen-Bibliothek.

— ganz zufällig u. andere humoristische Novellen, s.: Reclam's Unterhaltungs-Bibliothek.

Groller, Balduin, ganz zufällig u. and. humorist. Novellen, s.: Universal-Bibliothek.

Zehn Geschichten. Von Balduin Groller. Dresden, Leipzig & Wien: E. Pierson 1895. (233 S.) 8° [F.]

— Prinz Klotz. Eine Novelle. 8. (149 S.) Ebend. 885. n. 2. —; geb. n. 3. —

Prinz Klotz. Erzählung von Balduin Groller. 2. Aufl. *Dresden & Leipzig: E. Pierson 1895.* (149 S.) 8° [F.]

— aus der weltlichen Komödie, s.: Deva-Roman-Sammlung.

— der olle ehrliche Lehmann u. andere Geschichten, s.: Universal-Bibliothek.

— nicht widersprechen!, s.u. Friedrich's, Leo, Einakter-Sammlung.

(F) Groller, B., Nicht widersprechen. Lustspiel. [Leo Friedrichs Einaktersammlung. Nr. 3.] Gr.-8. (24 S.) K 1.--
Wien: Daberkow 1904.

— Eine Panik u. andere humoristische Erzählungen, s.: Universal-Bibliothek.

— Das Rätsel des Blutes, s.u. Kürschner's Bücherschatz.

Das Rätsel des Blutes. Roman von Balduin Groller. Mit Ill. von E. Ranzenhofer. Berlin, Leipzig: H. Hillger [1907]. (94 S.) 8° [F.]
— Bücherschatz, Kürschners. No. 548.

— Vom kleinen Rudi, s.: Reclam's Novellen-Bibliothek.

— vom kleinen Rudi. 8. (XI, 124 S.) Ebd. 893. n. 2. —; geb. in Leinw. n. 3. —

Vom kleinen Rudi. Von Balduin Groller. Neue durchges. Aufl. Mit d. Bildnis d. Verf. u. e. biogr. Einl. von Max Foges. Leipzig: Reclam [1909]. 111 S. 8°
(Universal-Bibliothek. 5077.)

— dasselbe, s.u. Universal-Bibliothek.

— Schuldig?, s.u. Kürschners Bücherschatz.

[F.] Schuldig? Roman v. Balduin Groller. M. 25 Ill. v. E. Ranzenhofer. *Berlin, Eisenach, Leipzig: H. Hillger [1897].* (127 S.) 1 Bd 8.
= Bücherschatz, Kürschners. No 34.

— der künstliche See. Ein Roman. 8. (302 S.) Dresden 901. E. Pierson. n. 3. —; geb. n. 4. —

In den Tag hinein. Novellen von Balduin Groller. *Dresden, Leipzig, Wien: E. Pierson 1897.* (270 S.) 8° [F.]

Groller, Balduin, Detektiv Dagoberts Taten u. Abenteuer, s.u. Universal-Bibliothek.

Detektiv Dagoberts Taten und Abenteuer. Ein Novellenzyklus von Balduin Groller. Bd 1. 2. Leipzig: Reclam [1910]. 8°
(Universal-Bibliothek. 5180. 5185.)

— d. Tochter d. Regiments u. and. Novellen. 8. (244 S.) Ebd. 899. n. 3. —

— Töte sie! Roman. 1. u. 2. Aufl. 1.—15. Tausend. 8. (240 S.) Berlin 892. 894. Verein der Bücherfreunde. n. 3. —; geb. n. 3. 75

Überspannt. Roman von Balduin Groller. *Dresden & Leipzig: E. Pierson 1894.* (268 S.) 8° [F.]

— leichtlebiges Volk. Novellen. 8. (VII, 314 S.) Ebd. 889. n. 3. —; geb. n. 4. —

— wenn man jung ist. Neue Novellen. 8. (XXII, 241 S.) Ebd. 891. n. 3. —

— wie man Weltgeschichte macht ... Ein Roman aus der Wiener Gesellschaft. (376 S.) 8. Ebd. 902. n. 3. 50; geb. n. 4. 50

Groller, Balduin (Red.), s. Zeitung, Neue illustrirte.

Groller, M. v., Neue Ausgrabungen in Carnuntum. 1898. 14 S. u. 1 Abb. 4°.

Groller v. Mildensee, Max, topografisch-geologische Skizze der Inselgruppe Pelagosa im adriatischen Meere. Mit 3 lith. Taf. [Aus: „Mittheilgn. aus d. Jahrb. d. k. ung. geol. Anstalt".] gr. 8. (20 S.) Budapest 885. (Kilian.) n. 1. —

Gröllhesel, Paul, Text des Böhmerwald-Passionsspieles. Theilweise umgearb., m. neuen Liedertexten u. Bilder-erklärgn. v. Karl Landsteiner. Hrsg. v. der Bundesleitg. d. deutschen Böhmerwaldbundes. 8. (X, 139 S.) Budweis 894. (L. E. Hansen.) n. 1. 20

Grollmann, A., s.: Indianer- u. Volksbibliothek.

Die fürstliche Nachtwandlerin oder Zwischen Himmel u. Erde. Erzählung von A. Grollmann. *Berlin: A. Weichert [1896].* (62 S.) 8° [Fr.]
= Indianer- u. Volksbibliothek. 101. [01. 1707

Der schwarze Rebell von Cuba. Erzählung von A. Grollmann. *Berlin: A. Weichert [1896].* (64 S.) 8° [Fr.]
= Indianer- u. Volksbibliothek. 74. [02. 1696

(Theodora), Die Schlangenkönigin. Eine Erzählung von A. Grollmann. *Berlin: A. Weichert [1896].* (50 S.) 8° [Fr.]
= Indianer- u. Volksbibliothek. 75. [02. 1697

Die Todesfahrt Jenitas, des Japanen. Eine Erzählung aus d. japanisch-chines. Kriege von A. Grollmann. *Berlin: A. Weichert [1896].* (32 S.) 8° [Fr.]
= Indianer- u. Volksbibliothek. 103.

Die Todesfahrt Jenitas, des Japanen. Eine Erzählung aus d. japan.-chines. Kriege von A. Grollmann. *Berlin: A. Weichert [1901].* (32 S.) 8° [Fr.]
= Indianer- u. Volksbibliothek. 332.

Der Zauberer von Rom. Eine Erzählung von A. Grollmann. *Berlin: A. Weichert [1896].* (52 S.) 8° [Fr.]
= Indianer- u. Volksbibliothek. 76. [02. 1699

Grollmann, J. A., s. Jh. H. Jung, sämmtl. Schriften.

Grollmus, Maximilianus: De M. Tullio Cicerone poeta. Particula prior. De inscriptionibus, de argumentis, de temporibus singulorum carminum .... Regimonti, ex offic. Hartungiana (1887); 2 Bl. + 60 S. + 2 Bl. 8°.
Königsberg, Phil. Fak., Inaug.-Diss. v. 11. Jul. 1887.

Grollmus, M., de M. Tullio Cicerone poeta. Particula I. De inscriptionibus, de argumentis, de temporibus singulorum carminum. Diss. inaug. gr. 8. (56 S.) Königsberg 887. (Koch.) n. 1. 50

GROLLMUSS, MICHAEL. Dissertatio toxilogico-medica de venenis regni vegetabilis et animalis eorumque comparatione. Jenæ, 1844.

Grolman, v., das moderne Grabmal auf d. Wiesbadener Ausstellung zur Hebung der Friedhofs- u. Grabmalkunst 1905. Meisterwerke v. Ad. Hildebrand, Herm. Hahn, Erwin Kurz, Alfr. Meisel, Rud. Bosselt u. A. Der „Grabmalskunst". 3. Folge. (40 Taf. m. VI S. illustr. Text.) gr. 4. Berlin (906). O. Baumgärtel. In Mappe n. 25. —

Grolman, v., das moderne Grabmal, Fortsetzg., s.: Grabmalskunst.

— Grabmonumente u. Reihengrabsteine, s.: Haiger, Ernst.

Grolman, Friedrich Ludwig Adolf von

— Geist des Seneca. Giefs. 789. Thl. I. 8. 8 gr.

v. Grolmann, Fr. Ldw. Adlf., Geist des Seneca f. d. Jugend. 8. Gießen 799. Heyer. 8 gr. (Krieger in Cassel). 9 gr.

— — dasselbe Buch. 8. Marburg, Krieger. 799.

Grolman, Frdr. Ludw. Adolf v. (grossherz. hess. Hofger.-Rath u. 1. Criminalrichter in d. Prov. Oberhessen), *actenmässige Geschichte der Vogelsberger u. Wetterauer Räuberbanden* u. mehrerer mit ihnen in Verbindung gestandener Verbrecher. Nebst Personal-Beschreibung vieler in alle Lande teutscher Mundart dermalen versprengter Diebe u. Räuber. (Motto: Nec temere, nec timide!) Mit 1 Kpftaf. (die getreuen Bildnisse von 16 Haupt-Verbrechern darstellend). Giessen 1813, bei Geo. Frdr. Heyer. 8°. Polizey-Stempel d. Cantons St. Gallen auf d. Titel. Weiss. Hpgmtb., schönes Expl.
VIII—604 S. Avé-Lallemant I p. 250 citirt d. Werk nur ganz kurz; Wagner no. 40.

— aktenmäß. Geschichte d. Vogelsberger u. Wetterauer Räuberbanden ꝛc. Nebst Personbeschreib. vieler versprengter Diebe u. Räuber ꝛc. u. 16 Bildnn. der Hauptverbrecher. gr. 8. Gießen 818. Heyer. 2 rß

— Lexikon d. in Deutschland übl. Spitzbubensprache. 1r Bd., d. Gauner- od. Kochemer-Sprache enth. 8. Gießen 822. Müller. 1 rß

v. Grolman (F. L. A.,) Wörterbuch d. in Deutschland üblichen Spitzbuben-Sprachen in 2 Bänden, d. Gauner- u. Zigeuner-Sprache enth. 1r Bd. gr. 8. Gießen 822, Müller.

Grolman, Hedw. v., Donata. Die Geschichte e. Frau. Erzählung. (186 S.) 8. Dt. Eylau 905. [H. Priebe & Co.] Berlin, O. Janke. n. 2. —; geb. n. 3. —

Grolman, Hedw. v., geb. v. Krause, Ernst Eduard v. Krause. Ein deutsches Soldatenleben. Aus hinterlassenen Kriegstagebüchern u. Briefen von 1848 bis 1886 zusammengestellt. Mit e. Begleitwort v. J. v. Verdy du Vernois. gr. 8. (XI, 179 S.) Berlin 901. E. S. Mittler & Sohn. n. 3. 75; geb. in Leinw. n.n. 5. 25

Grolman

— **Hermann Adolph** (Bochum), De necessario parentum tutorum et curatorum consensu in nuptiis liberorum et minorum in ducatu Clivensi et comitatu Marcano. Diss. jur. Giessen (Wwe. Joh. Reinh. Vulpius) 24. IX. 1722. 64 S., tlws. dtsch. (7.50) 11779
Gew.: Hermann v. Vulte (Adorff ..).

Grolman, Hugo, Referendar: Die Schweigepflicht des Arztes. Borna-Leipzig 1908: Noske. IX, 30 S. 8°
Leipzig, Jur. Diss. v. 20. Jan. 1909
[Geb. 20. April 82 Hugo b. Buer i. W.; Wohnort: Düsseldorf; Staatsangeh.: Preußen; Vorbildung: Gymn. Burgsteinfurt Reife O. 02; Studium: München 1, Grenoble 1, Berlin 2, Münster 2 S.; Rig. 2. Aug. 05.] [U 09. 2522

Grolman, Joh. Aug. v., Grundriß zu Vorlesungen üb. d. kathol. u. protestant. Kirchenrecht. 8. (4 B.) Frankfurt a. M. 829, [Wesché'sche Brlsh.]

—— Grundsätze d. allgem., kathol. u. protestant. Kirchenrechts, mit steter Rücksicht auf d. neuesten Verhältn. in Deutschland. gr. 8. (19¾ B.) Frankfurt a. M. 832, Brönner.

Grolman, Joh. Aug. v., Grundsätze d. allgem. kathol. u. protestant. Kirchenrechts, mit steter Rücksicht auf die neuesten Verhältnisse in Deutschland. 2., unveränd. Abdr. gr. 8. (19½ B.) Frankfurt a. M. 843, Brönner.]

Grolman, Ioannes Augustus de
Nonnullae de statutaria coniugum portione, observationes.
Gissae: Schroeder 1827. 27 S.
Diss. jur. 2.6.1827. vorh. 4.

(Grolman.) — Ad orationem in sacris parentalibus **Caroli L. G. de Grolman,** magno duci Hassiae in agendis rebus publicis administri. — Inest Callimachi de sacris in Osiridem defunctum celebratis fragmentum adhuc praetervisum. Giessen (G. F. Heyer patr.) 4. IV. 1829. 8 S. (4.50) 11778

Grolman, Karl (Hrsg.), s. A b h a n d l u n g e n zur Aufklärung über die Rechte u. Pflichten des Menschen u. Bürgers.

G r o l m a n, Karl: „Ueber die Begründung des Strafrechts und der Strafgesetzgebung; nebst einer Entwickelung der Lehre von dem Maasstabe der Strafen und der juridischen Imputation“. Gießen 1798.

GROLMAN, K.: Ueb. d. Begründ. d. Strafrechts n. d. Strafgesetzgebung, nebst e. Entwickel. d. Lehre v. d. Maasstabe d. Strafen n. d. jurid. Imputation. *Giessen*, Heyer. 799. 8. (18 Gr.)

Grolman, Karl von, s. B i b l i o t h e k d. neuesten philosoph. Literatur.

— Bibliothek f. d. peinl. Rechtswissenschaft, ſ. Bibliothek.

(GROLMAN, K.): Bibliothek f. d. peinl. Rechtswissenschaft u. Gesetzkunde. *Herborn u. Hadamar*, neue Gelehrtenbuchh. Ir. Th. 1—3s St. 797—99. (Lang in *Weilburg*.) (3 Thl. 16 Gr.)

Grolmann, Carl (Ludwig Wilh.) (Giessen)
Commentationis juridicae de donatione propter nuptias vidualitio atque dotalitio, praecipue de eorum effectibus et accurata a se invicem distinctione. Sectio Prima de donatione propter nuptias romana et praecipue de eius effectibus, dissertatio inauguralis juridica.
Giessae [15.] Dez. 1795: Joh. Jac. Braun. 48 S. 4°
pro summis in utroque jure honoribus rite capessendis.

GROLMAN, K.: Grundsätze d. Criminalrechtswiss. nebst e. system. Darstell. d. Geistes d. deutsch. Criminalgesetze. *Giessen*, Heyer. (798. 805. 818.) 4. Aufl. 825. gr. 8. (2 Thl. 12 Gr.)

— Grundsätze der Criminalrechtswissenschaft, nach e. Darstellung d. Geistes d. deutschen Criminalgesetze. gr. 8. Gießen 798. 2e A. 805. 3e A. 819. 4e A. 825. Heyer. 2 ß 12 K

— ausführl. Handbuch über d. Code Napoléon. 3 Bde. gr. 8. Gießen 810—12. Heyer. 8 ß 12 K Hbg.Pr. 5 ß

Grolman, Karl von, s. J o u r n a l d. Aufklärung.

— Magazin f. d. Gesetzgebung. 2 Stcke. 8. Gießen 798, 99. Heyer. 16 K

v. GROLMAN, K.: Magaz. f. d. Philos. u. Gesch. d. Rechts u. d. Gesetzg. *Giessen*, Heyer. Bd. 1—3 à 4 Hefte. Bd. 4. Hft. 1—3. — v. 3n B. an fortges. mit Eg. v. LÖHR. Auch u. d. Tit.: N. Magazin. Bd. 1—2. 798—825. 8. (6 Thl. 10 Gr.)

— Magazin für die Philosophie und Gesch. des Rechts und der Gesetzgebung. 2 Bde. 8. Gießen, Heyer. 800—804. (I. 1—4. à 9 gr. II. 1. 2. 20 gr. II. 3. 4. 18 gr.)

Magazin für die Philosophie und Geschichte des Rechts und der Gesetzgebung, angelegt u. hrsg. von Karl G r o l m a n. Bd 1. 2. Gießen u. Darmstadt 1800. 07.

[Fortges. u. d. Tit.:]
Magazin für Rechtswissenschaft und Gesetzgebung, hrsg. von Karl v. G r o l m a n u. Egid v. L ö h r. Bd 3. 4. Giessen 1820. 44.
[Nebentit.:] Neues Magazin für Rechtswissenschaft. Bd 1. 2.

— und E. v. Löhr, Magazin für Rechtswissensch. und Gesetzgebung. 1s (d. früheren Magazins III Bandes. 1s Stck.) 8. Gießen, Heyer. 810.

G r o l m a n K. v., u. E. v. Löhr, Magazin f. Rechtswissenschaft u. Gesetzgebung. 2s Stck. (des frühern Magazins IIIr 2s Stck.). 8. Gießen, Heyer. 811.

— Magazin f. Rechtswissenschaft u. Gesetzgebung. 1r 2r Bd. à 4 Stcke. 8. Gießen 800—4. Heyer. 3 ß 2 K 3r Bd. 4 Stcke. u. 4r Bd. 1s—3s Stck. mit E. v. Löhr unter d. T.: Neues Magazin f. Rechtswissenschaft u. Gesetzgebung. 8. Ebd. 818—21. 3 ß 8 K Alle 4 Bde. zus. 6 ß 10 K

— üb. olographe u. mystische Testamente. ſ. Testamente.

GROLMAN, K.: Theorie d. gerichtlichen Verfahrens in bürgerl. Rechtsstreitigkk., nach gem. deutsch. Gesetzen entw. *Giess.* u. *Darmst.*, Heyer. (1—4e A. 800—820.) 5e A. 826. gr. 8. (2 Thl.)

— Theorie d. gerichtl. Verfahrens in bürgerl. Rechtsstreitigkeiten. gr. 8. Gießen 800. 2e A. 810. 3e A.... 4e A... 5e A. 826. Heyer. 2 ß

Grolman Karl v.: Theorie des gerichtlichen Verfahrens in bürgerlichen Rechtsstreitigkeiten. 3. Aufl. Giessen u. Darmstadt 1810.
— 4. Aufl. Giessen 1819.
— 5. Aufl. 1826.

GROLMAN, K.: Vers. e. Entwickel. d. rechtl. Natur d. Ansspielgeschäfts. *Giess.*, Heyer. 797. 8. (5 Gr.)

Grolman, Karl Ludwig Wilhelm von, s. G r o l m a n, Karl von.

Grolman, Karl Wilhelm Georg von

G r o l m a n n, des Generals v., Bemerkungen über das Großherzogth. Posen 8. (32 S.) Glogau 848, Flemming's Verlag.

Grolman, d. General v., Bemerkungen üb. das Großherzogth. Posen. [2. unveränd. Abdr. der im J. 1848 hrsg. Schrift.] 8. (31 S.) Glogau 886. Flemming. — 50

G r o l m a n, (Carl Wilh. Geo. v.), Feldzug von 1814, ſ. G e s c h i c h t e.

(G r o l m a n, v.,) Geschichte d. Feldzugs v. 1815 in d. Niederlanden u. Frankreich, ſ. G e s c h i c h t e.

G r o l m a n, Ludw. v., Tagebuch über den Feldzug des Erbgroßherzogs Karl von Baden 1806—1807. Bearb. und hrsg. von Fr. v. d. Wengen. gr. 8. (XIX, 114 S.) Freiburg i. Br. 887, Herder'sche Verlagsh. *

Grolman, Ludwig von, s. T a g e b u c h eines deutschen Offiziers.

(Grolman, L. v.) Tagebuch eines deutschen Offiziers über seinen Feldzug in Spanien 1808. Hrsg. von P. J. Rehfues. Nürnberg 1814. 8°.

Grolman, Ludwig Adolf Christian von

(Grolman, L. A. Ch. von?) Die neuesten Arbeiten des Spartacus (Weishaupt) und Philo (Knigge) in dem Illuminatenorden, jetzt zum erstenmal gedruckt und zur Beherzigung bei gegenwärtigen Zeitläuften herausgegeben. (Frankfurt, Hermann.) 1793. 8. XII. 172 u. 84 S.

Die neuesten Arbeiten des *Spartacus* (Prof. *Adam Weishaupt)* und *Philo* (Frhr. v. *Knigge*) in dem Illuminaten-Orden, jetzt zum erstenmal gedruckt, und zur Beherzigung bey gegenwärt. Zeitläuften herausgegeben (von *L. A. Ch. v. Grolman?)* O. O. München, 1794, Strobl. 8°. Ppbd.
Interess. Beitrag zur bayer. Freimaurer-Literatur. 7 Bll., 200 S. u. 90 S. „Kritische Geschichte der Illuminaten-Grade". Erste der 3 Ausgaben. Kloss no. 3270. Taute no. 875.

Grolman, Ludwig Adolf Christian von, s. Knigge v.: Welt- u. Menschenkenntniß.

— des Freih. v. Knigge Welt- u. Menschenkenntniß; ein Pendant zu dessen „Umgang mit Menschen." 8. Marb. 796. Krieger. 12 gr.

Eine Rede über den Illuminaten-Orden, gehalten in einer Freymaurer-Loge im Dec. 1793. [Von Ludw. Adolf Christian v. Grolman.] Regensburg zum Besten der Kriegsoperations-Casse 1794. 28 S. 8° [Umschlagtit.]
Aus: °Wiener Magazin f. Kunst u. Lit. 1794.

[Dasselbe.] [Frankfurt: Hermann] 1794. 30 S. 8°
cf. D. neuest. Religionsbegebenheiten. 16 (1793) S. 596—610; 17 (1794) S. 562—564. Kl. 3469, Tt. 876—877. Greift die Illuminaten an.

Grolman, Ludwig Adolf Christian von, s. Schicksal d. Freimaurerordens.

Endliches Schicksal des Freymaurer-Ordens in einer Schlussrede gesprochen von Br ** [d. i. Ludw. Adolf Christian v. Grolmann], vormals Redner der Loge zu . . . am Tage ihrer Auflösung. [Giessen: Krieger] 1794. 48 S. 8°

[Dasselbe.] [Frankfurt: Hermann] 1794. 48 S. 8°
°Abgedr. in: Magazin d. Kunst u. Literatur. 2 1794. Auszug in: Fragmente z. Biogr. d. Geh. R. Bode. 1795 S. 91—109.
cf. °Polit. Journal. 1794 S. 1033; D. neuesten Religionsbegebenheiten. 17 (1794) S. 430 bis 461; °Deutsche Ztg. 1795 S. 255; Obscuranten-Almanach. 1798 S. 81, 124, 181.
Kl. 3470, Tt. 878. Gegen Philalethen u. Illuminaten, besonders aber gegen Bode. Die Giessener Ausg. hat auf der letzten Seite 34, die Frankfurter 32 Zeilen.

Grolman, Melchior Dethmar, s. Grolmann, Melchior Dethmar.

Grolman, Wilhelm von

Grolman, Wilh. v., militärische Aufzeichnungen während e. Aufenthaltes im Kaukasus u. in Persien, s. a. Beiheft zum Militär-Wochenblatt.

Grolman, W. v. Militärische Aufzeichnungen während eines Aufenthaltes im Kaukasus und in Persien. Danzig 1862. 8°.
Dass. hrsg. von Krahmer. Berlin 1893. 8°. (Bh. z. M. W. B.)

von Grolman, Willy [approb. Arzt]: Beitrag zur Kenntniss der Netzhautgliome. . . . (Sonderabdr. aus v. Graefe's Arch. f. Ophthalmologie. XXXIII. Bd.) Leipzig, Wilhelm Engelmann, 1887; 28 S. 8°.
Giessen, Med. Fak., Inaug.-Diss. v. 1887.

Grolman, W. v., neue Heilmittel u. neue Heilmethoden. Mehrfach ergänzte Buchausg. v. des Verf. „Aerztl. Jahrbuch" (8. Jahrg. f. 1907). (VII, 446 S.) kl. 8. Frankfurt a/M. 907. J. Alt. Geb. in Leinw. n. 3. —

— s.: Jahrbuch, ärztliches.

Grolmann, s.a. Grolman.

Grolmann, Emil von (Darmstadt)
N.N. hat eine gedruckte Thesensammlung eingereicht, die bis 1945 i.d. UB Giessen vorhanden war (A 56456/9c).
Dr. jur. Giessen 6.9.1833.

Grolmann, Joh. Friedr. (Bochemia-Marcanus)
Dissertatio inauguralis juridica de eo quod justum est circa reluitionem dominii in ducatu Clivensi et comitatu Marcano.
Gissae Hassorum 12. Okt. 1706: Joh. Reinh. Vulpius. 30. S. 4°
pro summis in utroque jure honoribus ... consequendis.

Grolmann (Grolman), Melchior Dethmar

Grolmann, Melch. Dethm. [Präs.] u. Georg Jak. Hoefft (Hamburg) [Auct. et Resp.]
Dissertatio juridica de cessione literarum cambialium, von Transport der Wexelbriefe.
Gissae 11. Juni 1711: Joh. Reinh. Vulpius. (2), 103 S. 4°
placido eruditorum examini

— Lipsiae 1718.

Grolman, Melch. Dethm. [Präs.] u. Alex. Joh. Georg Bossart (Westphalus, Reverendissimi ac serenissimi Episcopi Paderborn. et Monast. Ac Ducis Bavariae Reliqu. Consiliarius Aulicus) [Resp.]
Dissertatio inauguralis juridica de appellationis denegatione, ad ductum O. J. A. Paderb. Tit. LX. potissimum adumbrata.
Giessae April 1722: Joh. Reinh. Vulpius. 61 S. 4°
pro summis in utroque jure honoribus ac privilegiis obtinendis.

Grolmann, Melch. Dethm. [Präs.] u. Georg Adam Ingram (Lauterbach) [Auct. et Resp.]
Dissertatio juridica de epistola hominis ultima.
Giessae [22.] Febr. 1707: Joh. Reinh. Vulpius. (4), 88 S. 4°
disquisitioni Eruditorum

Grolmann, Melchior Dethmar
Commentatio juridica de epistola hominis ultima.
Giessae 1753: Braun. (2), 90 S. 4°

Grolmann, Melch. Dethmar [Präs.] u. Friedr. Aug. de Clettenberg et Rhoda [Auct. et Resp.]
Dissertatio juridica de jure assecurationis, Vom Assoranz Recht.
Giessae 15. März 1703: Joh. Reinh. Vulpius. (2), 72 S. 4°
publicae ... eruditorum ventilationi

Grolmann, Melch. Dethm. [Präs.] u. Fried. Leop. Dillen [Auct. et Resp.]
Dissertatio inauguralis juridica de legato collegio relicto.
Giessae: Febr. 1719: Joh. Reinh. Vulpius. 20 S. 4°
pro summis in utroque jure honoribus ac privilegiis doctoralibus rite consequendis.

Grolmann, Melch. Dethm. [Präs.] u. Otto Heinr. de Schade (Hundlosen, Eques Guestph.) [Resp.]
Dissertationis juridicae de operarum debitarum mutatione, Von Veränderung der schuldigen Dienste, Pars 1.
Gissae 22. Dez. 1707: Eberh. Heinr. Lammers. 64 S. 4°
publico ... eruditorum examini

— Giessae 1734: Eb. Heinr. Lammers. 56 S. 4°

— Giessae: Braun 1751.

Grolmann, Melchior Dethmar [Präs.] u. Philipp Ernst Hofmann (Wetzlar)
Dissertationis juridicae de operarum debitarum mutatione, Von Veränderung der schuldigen Dienste, pars secunda.
Giessae 12. Mai 1714: vidua J.R. Vulpii. (2), 140 S. 4°

Grolmann, Melch. Dethm. [Präs.] u. Phil. Ernst Hofmann (Wetzlar) [Resp.]
Dissertationis juridicae de operarum debitarum mutatione, Von Veränderung der schuldigen Dienste. Pars secunda. [Diss. v. 12. Mai 1714].
Giessae 1733: Eberh. Heinr. Lammers. (2), 102 S. 4°.

Grolmann, Melch. Dethm. [Präs.] u. Christian Sigm. Hofmann (Wetzlar) [Resp.]
Dissertationis juridicae de operarum debitarum mutatione, P. 3. Potiss. de remediis in mutatione operarum juste adhibendis agens.
Giessae 26. April 1715: (4), 66 S. 4°
— Giessae 1733: Eb. Heinr. Lammers. 56 S. 4°

Grolmann, Melchior Dethmar
De operarum debitarum mutatione dissertationum triga, ob maximum in Foro usum recusa, praefationem de praesumtione contra rusticos in causis operarum, harumque redemtione licita adiecit Joh. Georg Estor
Gissae: Lammers 1733-34. 4°
(Nachdruck von Pars 1. 1707 Pars 2. 1714. Pars 3.1715.)

— — De operarum debitarum mutatione. Von Veränderung der schuldigen Dienste. Comment. jurid. Tl. I/III. Giessen (Joh. Jac. Braun) 1751. 52, 96, 55 S. (12.—) **11783**

Grolmann, Melchior Dethmar [Präs.] u. Joh. Goy (Marburg) [Autor et R.]
Dissertatio juridica de necessaria ultimarum voluntatum praelectione.
Gissae - Hass. 23. Dez. 1709: J R Vulpius. (2), 54 S. 4°

Grolmann, Melchior Dethmar
Commentatio juridica de necessaria ultimarum voluntatum praelectione.
Giessae - Hassorum: Joh. Jac. Braun 1751 46 S. 4°

Grolmann, Melchior Dethmar
Commentatio juridica de necessaria ultimarum voluntatum praelectione
Giessae Hass. 1772: Joh. Jac Braun. 60 S. 4°

Grolmann, Melchior Dethmar
Commentatio juridica de praesumtione debiti ex solutione usurarum.
Giessae 1754: Joh. Jac. Braun. 70 S. 4°

Grolmann, Melch. Dethm. [Präs.] u. Fried. Georg Beller (Weilburg) Advokat u. Prokurator in Giessen [Resp.]
Dissertatio inauguralis juridica de recusatione juramenti judicialis.
Giessae März 1717: Joh. Reinh. Vulpius. 43 S. 4°
pro summis in utroque jure honoribus ac privilegiis doctoralibus rite consequendis.

— — De recusatione juramenti judicialis. Comment. jur. Giessen (Joh. Jac. Braun) 1754. 46 S. (6.50) **11786**

Grolmann, Melch. Dethm [Präs.] u. Joh. Hieron. Kirchoff (Hamburg) [Auct. et Resp.]
Disputatio juridica de separatione liberorum per elocationem et divisionem, praeprimis occasione stat Hamb P 3 T 3 A 2 4 et 6
Gissae Mai 1711: vidua J R. Vulpii 88 S. 4°

Grolmann, Melch. Deth. [Präs.] u. Barth. Gunter Hintz (Hamburg) [Auct et Resp]
Dissertatio juridica de Stipulatione interpretativa pars prior.
Gissae 12. Cal. April. 1710: Joh. Reinh. Vulpius. (4) 80 S. 4°
publicae eruditorum disquisitioni

Gromatici veteres, s. Schriften der römischen Feldmesser.

Grombach, Adolf: Über fluorogene Chromophore. 1906. 94 S., 2 Tab. 8° ¶ Vgl. J. Liebig's Annalen d. Chemie. Bd 344. S. 45 ff.
Stuttgart, Dr.-Ing.-Diss. v. 25. 1. 1906

Grombach, L., die gewerbliche Buchführung in kaufmännischer Form f. Fortbildungsschulen u. zum Selbstunterrichte f. Gewerbetreibende 2c., übereinstimmend m. den Grundzügen der Schrift „Theorie u. Praxis d. Geschäftsbetriebs v. J. G. Courcelle-Seneuil deutsch v. G. A. Eberbach." I. u. II. Reutlingen 871. Baur. n. 4.
I. Praktischer Thl. Fol. (62 S.)
II. Anleitung nebst e. Zusammenstellg. der gebuchten Geschäftsvorfälle. gr. 8. (21 S.)

Grombeck, Ernst Ludwig. 1910 [Pseud.]
s. **Rubiner**, Ludwig. [U 14?17]

Grombeck, Ernst Ludw., die indische Opale, s.: Kürschner's Bücherschatz.

Gromer, Georg, Stadtkaplan: Die Laienbeicht im Mittelalter. Ein Beitr. zu ihrer Geschichte. München: Lentner 1909. VI, 48 S. 8° ¶ (Ersch. vollst. als: Veröffentlichungen aus d. Kirchenhist. Seminar München. Reihe 3, Nr 7.)
München, Theol. Diss. v. 13. Juni 1908, Ref. Knöpfler
(Nur in beschränkter Anzahl für den Austausch)
[Geb. 5. März 83 Kimratshofen; Wohnort: Augsburg; Staatsangeh.: Bayern; Vorbildung: Gymn. Kempten Reife Juli 02; Studium: München Phil. 2, Theol. 10 S.; Rig. 13. Juni 08.] [U 10. 3424

Die Laienbeicht im Mittelalter. Ein Beitrag z. ihrer Geschichte von Dr theol. Georg **Gromer** München Lentner 1909. VIII, 95 S. 8°
[Veröffentlichungen aus d. kirchenhist. Seminar München. Reihe 3. Nr 7]
[09. 13989 2

GRÖMER, Johann Bapt.
(F) Papst- und Kaiser-Jubiläums-Pilgerfahrt nach dem Heiligen Lande. (Tiroler Pilgerzug im Jubiläumsjahre 1898.) Erzählt von Johann Bapt. Grömer. Separat-Abdruck aus der „Salzburger Chronik". Salzburg. 1899. Selbstverlag. [In Comm. Pustet.] 8°. 178 S. * fl. —.40

Gromes, Franz Die Entwicklung der Preise der landw Produkte in Böhmen im Zusammenhange mit den Fortschritten der Landwirthschaft, dargestellt auf Grund der Beiträge zur Geschichte der Preise für die Wiener Ausstellung des Jahres 1873. Halle a. S. 1878. Plötz 66 S. 8°
Halle-Wittenberg, Phil. Diss. v [25. Juli] 1878
Geb. Grünau (Mähren) 15. 9. 1854. V

Prospekt. Ostseebad **Grömitz** i Holstein (Lübeck. 1905 B) 8°

Grommes, Franz [aus Köln]: **Die Bestimmung der Kohlehydrate '(Zucker, Stärke, Dextrin)' in beliebten Nahrungs- u. Genussmitteln vermittelst einer leicht ausführbaren Methode.** E. Beitr. z. rationellen Ernährg v. Zuckerkranken ... Erlangen, k. b. Hof- u. Univ.-Buchdr. v. F. Junge, 1897; 16 S., 1 Bl., 1 Taf. 8.
Erlangen, Med. Fak., Inaug.-Diss. v [1] Dez. 1896

Grommos, Peter [aus Müllekoven a. d. Sieg]: **Bezieht sich der Schutz des § 193 Strafgesetzbuchs auch auf den Fall der verleumderischen Beleidigung, § 187 St. G. B.? ...** Bonn a. Rh., Druck v. J. F. Carthaus, 1897; 3 Bl., 49 S. 8.
Erlangen, Jur Fak., Inaug.-Diss. v 1897

(F) Gron, P. J., Von der Hingabe seiner selbst an Gott. 8°. (VIII, 139 S.) K 1.—
Innsbruck: Rauch 1904.

Groen van Prinsterer, Cheval., **s. Archives ou Correspondance.**

Groen van Prinsterer, G., Ongeloof en Revolutie. Eene reeks van histor. vorlezingen. Lex. 8. (XII u. 430 S.) Leiden 848. (Brill.) n. 2⅓ ₰

Gronarz, Franz, appr. Arzt: Aus d. Univ.-Frauenklinik zu Giessen. Über die operative Behandlung komplizierter Prolapse. Berlin & Wien: Urban & Schwarzenberg 1909. 10 S. 8° [Umschlagt.] ¶ (Aus: Gynaekol. Rundschau. Jg. 3. H. 7.)
Gießen, Med. Diss. v. 7. Mai 1909, Ref. v. Franqué
[Geb. 27 Aug. 75 Antwerpen; Wohnort: Gießen; Staatsangeh. Preußen, Vorbildung Gymn. Düsseldorf Reife O. 98; Studium: Heidelberg 2, Kiel 3, Berlin 2, Kiel 3, Gießen 3 S.; Coll 15. März 09; Approb. 13. März 06.] [U 09. 1109

Gronau [Sachl. Ordnungswort]

Gronau, die Familie, od. die Reise nach dem Jahrmarkt, (von Oppalka) 8. Erfurt u. Gotha, Hennings. 1 ₰ 16 ℛ

Gronau, Die Familie, oder die Reise nach dem Jahrmarkt. Erfurt u. Gotha 1806. V: *Oppalka.* (Ky) (MGT)

Gronau [Schlagwort]

Gronau, Kreis, s.: Hildesheim, Reg.-Bez.

Gronau [Verfasser]

Gronau, die Erweckung unserer Gemeinden. Vortrag. 8. (40 S.) Wolfenbüttel 899. J. Zwißler. n. — 50

Gronau, A(lois), pr. Arzt: Ueber die Eclampsie-Fälle an der Universitäts-Frauenklinik zu Würzburg in den Jahren 1808/1908. Würzburg 1909: Staudenraus. 25 S. 8°
Würzburg, Med. Diss. v. 26. Febr. 1909, Ref. Hofmeier
[Geb. 4. März 75 Putzig; Wohnort: Würzburg; Staatsangeh.: Preußen; Vorbildung: Gymn. Dramburg Reife O. 96; Studium: Königsberg 9, München 1 S.; Coll. 29. Jan. 09; Approb. 27. Febr. 02.] [U 09. 4113

Gronau, [Arthur], Dir. Dr.: [**Bericht** über die Schulfeier am 30. November 1899, dem 300. Gedenktage der Einweihung des Schulgebäudes am Elbingflusse.] *Elbing 1900: R. Kühn.* (S. 50—52.) 4°
Elbing, k. G, P 1900 (29)

Gronau, A[rthur]: Zwei Jahre Bewegungsfreiheit in der Prima. S. 13—17. 4. — Auch aus der Schule. S. 13—16. 4. — Zur Bewegungsfreiheit und zur häuslichen Lektüre unsrer Schüler. S. 3—5. 4. **Progr.** Kgl. Gymn. *Elbing* 1907 (34). 1908 (36). 1910 (37).

Gronau, Arthur, Dir. Dr.: Zur **Geschichte** des Königlichen Gymnasiums in Elbing. 1. *Elbing 1899: R. Kühn.* (S. 3—14.) 4° [Ant. u. F.]
Elbing, k. G, P 1899 (29)

Gronau, Arthur: Das Gymnasium und die Pott-Cowlesche Stiftung in Elbing. *Elbing 1898: R. Kühn.* (3—19 S.) 4°
Elbing, k. G, P 1898 (29)

Gronau, Arthur, Dir., Dr.: Das **Gymnasium** und die Pott-Cowlesche Stiftung in Elbing. 2. *Elbing 1903: R. Kühn.* (S. 1—9.) 4° ¶ (Forts. d. P-Beil. 1898.)
Elbing, k. G, P 1903 (31)

Gronau, Arthur Ein Lehrplan für den deutschen Unterricht. 19 S. **Progr.** *Schwetz* 1883.

Gronau, *Arthur* [Dir. Dr.]: *Direktor Dr. Richard Martens, gest. am 5. Apr. 1894.* Elbing, Buchdr. R. Kühn, 1895; 8—9 S. 4.
Elbing, k. G, P 1895 (30)

Gronau, A., Aus einem Referate z. Unterrichte in der latein. Stilistik. Pr. 1889. 4 S. 4°.

[Ant. u. F.] **Gronau,** Arthur [Dir. Dr.]: Ältere Schulordnungen des Elbinger Gymnasiums (hrsg.). I. Elbing, Buchdr. R. Kühn, 1897; 3—22 S. 4.
Elbing, k. G, P 1897 (29)

Gronau, A., De Graecarum civitatum officiis specimen. Diss. 1869. 68 S.

Gronau, Arthur [Dir. Dr.]: Ein Versuch zur Änderung des griechischen Unterrichts. 1. Schwetz, gedr. bei G. Büchner, 1893; 16 S. 8.
Schwetz a. W., k. PG, OP 1893 (30)

Gronau, C., Ella—Bella, s.: **Gaben,** humoristische, f. Vergnügungs-Vereine. Nr. 27.

Gronau, Christian Friedr. Gottlob (Croppenstad / Halberstadt), De errore pseudophilosophorum quod anima hominis sit materialis et mortalis. Diss. histor. et philos. Präs. Jo. Gottlieb Derling (Aschersleben). Halle (Krottendorff) 17. VI. 1720. 40 S. (6.50) 11788
Gew. (v. Präs.): Marquard Ludwig Frh. v. Printzen.

Gronau, Christoph

Gronau, Chph. (praes. N. Lonne) D. theol. exhib. obss. de daemoniacis, quorum in N. T. fit, mentio. Brem. 743. 4.

Gronau, Eduard Einleitung in die Theorie der elliptischen Funktionen. 24 S. **Progr.** *Stollberg* 1879.

Gronau, Eduard, das apostolische Glaubensbekenntnis. Eine Einigg. im Geiste. (148 S.) gr. 8. Sondershausen 908. (F. A. Eupel.) 2. 40

Gronau, Friedrich

Gronau, F., die Anstellg. d. Militäranwärter im Reichs-, Staats- u. Kommunaldienst. Eine Zusammenstellg. der neuesten gesetzl. Bestimmgn. über die Vorbereitung der Militär-Anwärter zur Erlangg. der ersten Civilstellg., nebst den Bestimmgn. üb. die Bewerbgn., Prüfgn. u. Einkommens-Verhältnisse im Reichs-, Staats- u. Kommunaldienst. 3. Aufl. 8. (313 S.) Berlin 900. Aug. Schultze's Verl. 3. —; kart. n. 3. 50

Gronau, F., Führer f. **Militäranwärter** z. Erlangg. d. ersten Civilstellg. E. Zusammenstellung d. neuesten gesetzl. Bestimmgn. f. d. Militäranwärter üb. Vorbereitg., Bewerbg. u. Anstellg. im Reichs-, Staats- u. Communaldienst. 2., vollst. umgearb. Aufl. 8. (XII, 299 S.) Köln 898. Mülheim a/Rh., Selbstverlag. 2. —

Gronau, F. Handbuch für Feuer-Vers.-Agenten in Preußen. Cöln 1900.

Das polizeiliche **Meldewesen.** Zsgest. u. hrsg. von **F[riedrich] Gronau.** 2. verm. u. verb. Aufl. *Köln: Th. Quos 1900.* (64, XVI S.) 8° [F.] (01. 1798 B

Gronau, F., die Militäranwärter. Karriere od. die Anstellg. der Militäranwärter im Reichs-, Staats- u. Kommunaldienst. Enth.: Die Kapitulation, Unteroffizierschule, Schiffsjungenabteilg. zc. Die Gehaltsverhältnisse u. Versorgungsansprüche. Die Anstellg. als Beamter im Staats- u. Kommunaldienst, nebst Angabe der geforderten Kenntnisse, Gehaltsverhältnisse zc. Anleitung zur Stellenbewerbg. 12. Aufl. Nebst: Die Verfassg. u. Verwaltg. des Deutschen Reichs u. der Bundesstaaten. Eine volkstüml. Darstellg. der Rechte u. Pflichten der deutschen Staatsbürger u. der staatl. Einrichtgn., der Behörden u. deren Tätigkeit. (VII, 288 u. 128 S.) 8. Berlin 909. Aug. Schultze, Verl. 3.—; geb. in Halbleinw. 3. 50

Gronau, F. Das Nahrungsmittelgesetz u. seine Ausführung durch die Polizeibehörden. Hamm i. W. 1900.

Gronau, F., die Unteroffizier-Karriere od. Militär-Karriere. Enth.: Kapitulat., Unteroffizierschule, Schiffsjungenabteilg., die Gehaltsverhältnisse u. Versorgungsansprüche zc. Anstellung als Beamter im Staats- u. Kommunaldienst nebst Angabe der geforderten Kenntnisse, Gehaltsverhältnisse zc. Anleitung zur Stellenbewerbg. 10. Aufl. (367 u. 16 S.) 8. Berlin 905. Aug. Schultze, Verlag. 3.—; kart. 3. 50

Gronau, Friedrich Wilhelm

Gronau, Friedr. Wilh., bibl. Geschichten d. alten Testaments, mit Lehren u. Bemerkn. f. Lehrer in Stadt- u. Landschulen, sowie f. Eltern u. Erzieher. 8. (21 B.) Quedlinburg 838, Basse.

—— bibl. Geschichten d. neuen Testaments, mit Lehren u. Bemerkn. f. Lehrer in Stadt- u. Landschulen, sowie f. Eltern u. Erzieher. 8. (14½ B.) Quedlinburg 841, Basse.

Gronau, Georg

Königl. Museen zu Berlin. Ausstellung von Künstler-Lithographien im Lichthofe des Kunstgewerbe-Museums März, April 1898. Führer hrsg. von d. Generalverwalt. d. Königl. Museen. (Verf.: Georg Gronau.) 2. Aufl. *(Berlin 1898: W. Bärenstein.)* (16 S.) 8° [99. 86. 11

Gronau, Geo., die Künstlerfamilie Bellini. s.a. Künstler-Monographien.

Die Künstlerfamilie Bellini von G[eorg] Gronau. Mit 1 Titelbild u. 107 Abb. Bielefeld & Leipzig: Velhagen & Klasing 1909. 134 S. 4°(8°) (Künstler-Monographien. 96.) [09. 9960 6

Gronau, Georg [aus Berlin]: Die Ursperger Chronik und ihr Verfasser. . . . Berlin, Buchdr. v. A. Seydel & Cie., 1890; 87 + 1 S. + 2 Bl. 8°

Berlin, Phil. Fak., Inaug.-Diss. v. 22. März 1890

Gronau, G., die Ursperger Chronik u. ihr Verfasser. Inaug.-Diss. gr. 8. (98 S.) Berlin 890. Paul Lehmann. n. 1. 50

— s.: Correggio. Gemälde.

— s.: Gemälde-Galerie die, der königl. Museen zu Berlin.

Leibl. Von Georg Gronau. Mit 71 Abb. *Bielefeld & Leipzig: Velhagen & Klasing 1901.* (84 S.) 4°(8°) [F.]
= Künstler-Monographien. 50. [01. 9501

— Meisterstücke der Bildhauerkunst. 120 Musterbeispiele, ausgewählt. 2 Bdchn. (à 64 S. m. Abbildgn.) 16. Berlin 909. W. Weicher. à — 80
1. Von den ältesten Zeiten bis zu Michelangelo.
2. Von Michelangelo bis heute.

— aus Raphaels Florentiner Tagen. hoch 4. (53 S. m. 18 Taf.) Berlin 902. B. Cassirer. Kart. n. 10. 50

Tizian. Von Georg Gronau. Mit 2 Bildn. *Berlin: E. Hofmann & Co. 1900.* (VII, 262 S.) 8° [F.]
— Geisteshelden. Bd 36. (Samml. 6. Bd 6.) [00. 3549

Gronau, Heinrich, a. Schwerin i. M.: Aus d. städt. Krankenh. zu Hildesheim. (Dir. Arzt Ernst Becker.) Beitrag zur Frage der wirtschaftlichen Folgen nicht im Betriebe entstandener körperlicher Schädigungen. Rostock 1908: Adler. 65 S. 8°

Rostock, Med. Diss. v. 3. Okt. 1908, Ref. Müller

[Geb. 19. Jan. 81 Neubukow; Wohnort: Berlin; Staatsangeh.: Mecklenburg-Schwerin; Vorbildung: Gymn. Schwerin Reife O. 02; Studium: Würzburg 1, Heidelberg 2, Göttingen 2, München 2, Rostock 3 S.; Coll. 29. Mai 07; Approb. 18. Juli 08.] [U 09. 3715

Gronau, J. F. W., über die Anzahl der Glieder in den Summenformeln der arithmet., geometr. u. harmon. Progressionen. Nebst Anwendung auf die Amortisation der königsberger u. danziger Stadtschulden. gr. 8. (5½ B. u. 1 Stnt.) Danzig 845, Kabus.

Gronau, J. F. W., Auflösung der kubischen Gleichungen, s.a. Schriften, neueste, der naturforschenden Gesellschaft in Danzig.

— Auflösung der kubischen Gleichungen durch trigonometrische Functionen des Kreises und der Hyperbel. Danzig 1861.

Gronau, J. F. W., über die Bewegung schwingender Körper im widerstehenden Mittel, m. Rücksicht auf die Newton'schen Pendelversuche. 4. (14 S.) Danzig 850. (Kabus.) n. 6 ngr

— Historische Entwickelung der Lehre vom Luftwiderstande. 1868.

Gronau, J. W. F., über die allgemeine und volle Gültigkeit mathematischer Formeln. Ein Beitrag zur Deutung des Negativen und Imaginären. 1. Thl. Danzig 857. Kabus in Comm. gr. 4. (1 Bl., 38 S.) n. 15 ngr

Gronau, J. F. W., über die allgemeine u. volle Gültigkeit der mathematischen Formeln. Ein Beitrag zur Deutung des Negativen u. Imaginären. 2. Theil. 1. Heft. Danzig 863. Ziemssen in Comm. gr. 4. (VIII, 40 S. u. 4 lith. Taf. in Fol.) n. 18 ngr
1. Thl. jetzt in denselben Verlag übergegangen.

— Tafeln für sämmtliche trigonometrische Functionen der cyklischen und hyperbolischen Sektoren. Danzig 1863.

— Tafeln f. d. hyperbol. Sectoren,
— Tafeln f. sämmtliche trigonometrische Functionen der cyklischen u. hyperbolischen Sektoren,
} s.a. Schriften der naturforschenden Gesellschaft in Danzig.

— Tafeln für die hyperbolischen Sectoren und für die Logarithmen ihrer Sinus und Cosinus. Danzig 1862.

Gronau, J. F. W., Theorie u. Anwendungen der hyperbolischen Functionen, vornehmlich Bestimmung der Wiederstandscoefficienten aus Fallversuchen. [Aus: Schriften der naturforsch. Gesellschaft zu Danzig.] Danzig 865. (Anhuth.) Lex.-8. (80 S. mit 1 Steintaf.) n. 20 ngr

Gronau, Johann Hermann

Danck-Predigt wegen des bei Lowositz in Böhmen d. 1. October 1756 erhaltenen Sieges, über Psalm 89, v. 18. 19. vorgetragen, den 10. October von Joh. Hermann Gronau, und auf Begehren zum Druck befördert. Berlin, gedruckt, und zu finden in der Grynäus und Deckerischen Buchdruckerey.

Gronau, Joh. Herm., Dank-Predigt wegen des herrlichen Sieges bey Rossbach über Psalm 118 v. 5. 6. 7. gehalten den 13. Nov. 1757., welche zum neuen Jahr 1758 nebst einer Anzeige . . . übergibt Paul Friedr. Schmidt. Berlin 1757. 4. (16 S. u. 2 Bl.)

Gronau, J. Herm., Lieblichkeit d. Hauses u. Dienst. Gottes. 8. Berlin, Nicolai. 739.

Gronau, J. Herm., der 25ste Psalm in 22 Predigten. 8. Zürich 767. (Geßner). 10 gr

— der 25ste Psalm in 22 Predigten. 8. Zürich, Orell. 767.

Gronau, Carolus, Brunsvicensis: De Basilio, Gregorio Nazianzeno Nyssenoque Platonis imitatoribus. Gottingae 1908: Hofer. (71 S.) 8°

Göttingen, Phil. Fak., Ref. Leo-Schwartz, Diss. v. 4. Juli 1908

[Geb. 3. Sept. 85 Trautenstein a. H.; Wohnort: Trautenstein a. H.; Staatsangeh.: Braunschweig; Vorbildung: Neues Gymn. Braunschweig Reife O. 04; Studium: Göttingen 2, Tübingen 1, Göttingen 4 S.; Rig. 29. April 08.]

Gronau, Karl Ludwig

Gronau, Karl Ldw., († d. 8. Dec. 1826.) Dankpredigt, an dem Jubelfeste seines 60jähr. Predigtamtes gehalten. Nebst zwei Einführungsreden, gehalten von F. P. Wilmsen. gr. 8. Berl. 820, Mittler. 6 gr

— Predigt auf Veranlassung d. im J. 1819 erschienenen Kometen, gehalten am 11. Juni 1819. gr. 8. Berl., Mittler.

— über die vom Himmel gefallenen Steine. 8. Berl. 808. Dieterici. (Mittler). 4 gr

Gronau, Karl Ludwig, Versuch einiger Beobachtungen über die Witterung der Mark Brandenburg, besonders in der Gegend um Berlin. I. Theil.
Berlin und Stralsund 1794.
(Enthält Witterungsnachrichten beginnend mit dem Jahre 177 vor Christi Geburt. Bis zum Jahre 1700 n. Chr. Geburt sind nur die in meteorologischer Hinsicht bemerkenswerthen Jahre genannt und beschrieben; von 1701 an aber erfolgen die täglichen Beobachtungen in ununterbrochener Folge bis zum Jahre 1790, während welches Zeitraumes die Beobachtungen von 1756 ab vom Verfasser selbst gemacht sind.)

Gronau, C. L., Beobachtung. der Witterung d. Mark Brandenburg. 1r Thl. gr. 8. Berlin, Lange. 794.

— Versuch einiger Beobachtt. über d. Witterung d. Mark Brandenburg. 1r Thl. gr. 8. Berl. 794. (Reimer). 1 Thlr

Das Parallelenproblem oder d. Beweis d. elften Euklidischen Axioms als Lehrsatzes von Karl Theodor Eduard Gronau, Oberl. zu Hagen Im Selbstverl. *Hagen i. W. 1902: Bald & Krüger.* (VI, 33 S.) 8°

Gronau, Karl Thdr. Ed., das Parallelenproblem od. der Beweis des elften euklidischen Axioms als Lehrsatzes. gr. 8. (VII, 33 S. m. Fig.) Hagen i/W. (Feyerweg 1a), 902. Oberlehrer Gronau. n. 2. —

Gronau, W., Christ. Wilh. von Dohm, nach seinem Wollen und Handeln. Ein biograph. Versuch. gr. 8. Lemgo 824. Meyer. 4 gr

Gronau, W. Christian Wilhelm von Dohm nach seinem Wollen und Handeln. Ein biographischer Versuch. Lemgo 1824. XIV 707 S. 8.

Gronau, Walther, Assistenzarzt: Aus d. Kgl. Frauenklinik zu Dresden. Über einen Fall von Enterokystom. Borna-Leipzig 1910: Noske. 27 S. 8°
Leipzig, Med. Diss. v. 18. März 1910, Ref. Zweifel
[Geb. 2 Aug. 83 Memel; Wohnort: Dresden; Staatsangeh.: Preußen; Vorbildung: Gymn. Memel Reife O. 00; Studium: Königsberg 5, Kiel 1, Berlin 1, München 4 S.; Coll. 23. März 10; Approb. 25. Juli 07.] [U 10. 2976

Grönau, Isidore, s. a. Sydow, Wilhelmine v.

† Grönau, Isidore, (Wilhelmine v. Sydow,) Eunomia, od. d. Spiegel d. Herzens. Eine Samml. moral. Schauspiele zur belehr. Unterhalt f. d. Jugend. 8. (18 B.) Neustadt a. d. O. 830, Wagner.

Grönau, (Isidore,) die Grafen v. Nordheim rc., s. Sammlung v. Romanen rc. 2r Bd.

—— die Inselfahrer. Ein Roman aus d. Wirklichkeit. 2 Thle. 8. (34½ B.) Leipzig 831, Kollmann.

—— Kunigunde, Königin v. Böhmen. Histor.-romant. Gemälde a. d. 13. Jahrh. 2 Thle. 8. (30 B.) Leipzig 830, Kollmann.

—— Opferblumen. Niedergelegt auf d. Altar d. Liebe u. Freundschaft. Eine Samml. auserwählter Erzähln. 2 Bdchn. 8. (36½ B.) Leipzig 829, Lehnhold.

Gronauerwald Berg. Gladbach 1900–1906. (Berg. Gladbach 1906: Illinger.) 16 S, 13 Taf. 4° [Umschlagt.] [09. 1783] 6

Gronbach, Dan. Ludov. Leonard. (geb. Dt. Crone 25. 9. 1793): Observationes de febris vi resolvente. Berolini (1817). (20 S.) 8°
Berlin, Med. Diss. v. 4. Juni 1817

Groenberg, W. C., Tydsk-Dansk og Dansk-Tydsk Haand-Ordbog. Deutsch-dän. u. dän.-deutsches Handwörterbuch. 2 Thle. 8. Kopenh. 823 u. 26. Gyldendal. 6 Thlr 4 gr

Grönberg, W. C., Tydsk-dansk og dansk-tydsk Haand-Ordbog. — A. u. d. T.: Deutsch-dänisches u. dänisch-deutsches Handwörterbuch. 2 Thle. 2., verm. u. verb. Ausg. gr. 12. Kopenhagen, Gyldendalsche Buchh. Zusamm. genomm. hrbgs. Pr.
Thl. 1. Deutsch-dänisch. (24⅓ B.) 836. * 1 Thlr. 8 Gr.
„ 2. Dänisch-deutsch. (17⅔ B.) 839. * 1 Thlr. 3 Gr.

Grønberg, V. C., Deutsch-Dänisches u. Dänisch-Deutsches Hand-Wörterbuch. 3. verm. u. verb. Aufl. A. u. d. T.: Tydsk-Dansk og Dansk-Tydsk Haand-Ordbog. 2 Thle. gr. 12. 1. Thl.: Deutsch-Dänisch. Tydsk-Dansk. (XXIV u. 477 S.) 2. Thl.: Dänisch-Deutsch. Dansk-Tydsk. 3. forøgede og forbedrede Udgave. (XIV u. 338 S.) Kopenhagen 846. 51, Gyldendal. (1: 1 Thlr 2: n. ⅚ Thlr) n. 1⅚ Thlr

Groenberg, E., Nachschlagebuch f. Kaufleute u. Gewerbetreibende bezüglich der zu entrichtenden Stempelsteuer nach dem Gesetz vom 10. VI. 1900. (152 S.) gr. 8. Riga 908. (Jonck & Poliewsky.) 3.20; 1. Nachtrag (4 S. m. 1 Fig.) 909. nn — 40

Grönberg, Victor, Das Verbrechen: Liebe. 8. (140 S.) 1.
Brünn: Karafiat & S. 1895.

Grondsky, Sam. de Grondi, hist. belli cosacco-polonici conscript. 1696. ed. C. Konius. 8. Pesth 789. Eggenberger. 1 Thlr 4 gr

Grondwet voor het Konikrijk der Nederlanden, s.: Wetboeken, de Nederl.

Grondy, Vicomte de, de la question romaine et de la politique actuelle. Études objectives. I—III. 8. St. Gallen 860, Scheitlin und Zollikofer.
Inhalt:
I. Paraphrase critique de la brochure „Le pape et le congrès." (61 S.) 9 Ngr.
II. Critique de: „La question romaine par Edm. About." (72 S.) 9 Ngr.
III. Des défauts du gouvernement pontifical. (190 S.) 24 Ngr.

Grone, A. C. E. v., Actenstücke zur Geschichte der Einführung e. modernen Synodal-Verfassung in der evangelisch-lutherischen Kirche d. Herzogth. Braunschweig. Nebst e. Vorworte u. einigen Bemerkgn. gr. 8. (X, 56 S.) Braunschweig 871. G. C. E. Meyer sen. n. 50

Grone, A. C. E. v., Geschichte der corporativen Verfassung des braunschweig. Ritterstandes, nebst Vorschlägen zu ihrer Reorganisation. Ein histor.-staatsrechtl. Versuch, zugl. als Beitrag z. Kenntniß des deutschen Corporations- u. Gemeindewesens u. des deutschen landständ. Verfassungsrechts. gr. 8. (9¾ B. u. 2 Tab.) Hannover 842, Hahn'sche Hof-Buchh. Thlr. *

Grone, A. C. E. v., über die neuere Gesetzgebung, insonderheit über den neuesten Gesetzentwurf, die Vererbungsnormen der Rittergüter im Herzogthume Braunschweig betreffend. Braunschweig 853. Westermann. gr. 8. (VII, 57 S.) n. 7½ Ngr

Grone, A. C. E. v., über das ritterschaftliche Credit-Institut im Herzogthume Braunschweig u. den Erlaß des herzogl. Consistoriums vom 4. April 1868. Braunschweig 868. G. C. E. Meyer sen. 8. (16 S.) n. 2 ngr.

— Sammlung einiger Urkunden u. Actenstücke, die corporativen Rechte u. Verfassungsverhältnisse der wolfenbüttelschen Ritterschaft betreffend, nebst ein. Entgegnung auf d. Schrift v. Bode „Beitrag z. Geschichte der Feudalstände im Herzogth. Braunschweig rc." gr. 8. (6 B.) Hannover 843, Hahn'sche Hofbuchh. *

Grone, A. C. E. v., über die Stellung der vormaligen christlichen Landstände in der evangelisch-lutherischen Kirche des Herzogth. Braunschweig und über die daselbst von neuem angeregte kirchl. Verfassungsfrage. gr. 8. (44 S.) Braunschweig 864, G. C. E. Meyer sen. *

— über das rechte pflichtgemäße Verhalten deutscher christlicher Unterthanen in den annectirten Ländern, mit besond. Bezugnahme auf die Verhältnisse im Königr. Hannover. 1.—3. Aufl. gr. 8. (55 S.) Braunschweig 867, G. C. E. Meyer sen. *

Grone, A. C. E. v., Widerlegung der v. Hrn. K. Steinacker u. d. T.: „Wünsche d. Braunschweiger rc. 1. Hft." erschien. Schrift. gr. 8. (3/4 B.) Wolfenbüttel 831, Albrecht.

Grone, A. C. E. v., einige Worte über die Sonntags-Entheiligung u. die Entchristlichung d. Volkslebens im Herzogthum Braunschweig. gr. 8. (30 S.) Braunschweig 877. Meyer sen. n. — 25

v. Grone, A. C. E., über die kirchlichen Zustände u. die kirchliche Verfassungsfrage im Herzogth. Braunschweig. gr. 8. (VI u. 54 S.) Braunschweig 851, Westermann. n. 1/6 ℛ

v. Grone, Carl, Briefe über Nord-Amerika u. Mexiko u. den zwischen beiden geführten Krieg. Nach dessen Tode hrsg. u. m. e. Vorwort begleitet von A. C. E. v. Grone. gr. 8. (X u. 110 S.) Braunschweig 850, Westermann. n. 12 ngr

Gröne, G., Anleitung u. Material zum Unterrichte in der Heimatkunde. Unter besond. Berücksicht. der Stadt Varel u. d. Herzogth. Oldenburg. Mit e. (chromolith.) Karte der Wesermündung ums Jahr 1511. 8. (VIII, 95 S.) Varel 882. Bültmann & Gerriets Nachf. n. 1. 20

Groene, Johann: C vor A im Französischen .... Strassburg, Univ.-Buchdr. v. J. H. Ed. Heitz (Heitz & Mündel), 1888; 1 Bl. + 107 S. 8°
Strassburg, Phil. Fak., Inaug.-Diss. v. 1888

Gröne, Valentin

Gröne, Valent., der Ablaß, seine Geschichte und Bedeutung in der Heilsökonomie. gr. 8. (IV und 184 S.) Regensburg 863, Manz.

Gröne, V., Abriß der Kirchengeschichte. Regensburg 870. Manz. gr. 8. (95 S.) n. 12 ngr.

— gesalzene Briefe an den Pfarrer K. G. Träber. Ein Nachweis, daß die in dem „bischöflichen Worte" von Bischof Dr. Conrad Martin über den Protestantismus niedergelegten Ansichten nach Geschichte, Vernunft u. Evangelium begründet sind. Paderborn 865. Junfermann'sche Buchh. 8. (70 S.) 6 ngr.

Gröne, Valentin, Glaube und Wissenschaft. Schaffhausen, Hurter (jetzt Regensburg, Verlagsanst.), 1860, XVI, 248 S., 3 Mk.
Recens. Kath. Litztg 1860, S. 371.

— Compendium der Kirchengeschichte. Regensburg 870. Manz. gr. 8. (XII, 539 S.) n. 1 ℛ 18 ngr.

Gröne, Valent., die Nothwendigkeit des Pfarrconcurses, nachgewiesen aus dem Concil von Trient, den Bullen der Päpste, den Diöcesan-Statuten und den Entscheidungen der h. Congregation des Concils von Trient, gewidmet seinen geistlichen Brüdern. Soest 854. Nasse. gr. 8. (1 Bl., 31 S.) 6 ngr.

— Papst u. Kirchenstaat. Arnsberg 862. v. Schilgen. gr. 8. (VI, 31 S.) 6 ngr.

— die Papst-Geschichte. 2 Bde. gr. 8. Regensburg 864—66, Manz. à Bd. 2 Thlr. 6 Ngr.
Inhalt:
Bd. 1. Von Petrus bis Alexander II., 1—1073. (XI und 507 S.)
„ 2. Von Gregor VII. 1073 bis auf unsere Zeit. (VIII und 506 S.)

Gröne, V., die Papst-Geschichte. 2 Bde. 2. verb. Aufl. gr. 8. (XI, 507 u. VIII, 514 S.) Regensburg 875. Manz. 13. 20

— Sacramentum oder Begriff und Bedeutung von Sacrament in der alten Kirche bis zur Scholastik. Ein Beitrag zur Dogmengeschichte. gr. 8. (IV und 212 S.) Brilon 853. Soest, (Nasse'sche Buchh.) *

— Tetzel und Luther oder Lebensgeschichte und Rechtfertigung des Ablaßpredigers u. Inquisitors Dr. Johann Tetzel aus dem Predigerorden. Soest 853. Nasse. gr. 8. (VIII, 239 S.) n. 24 ngr

— Tetzel u. Luther oder Lebensgeschichte u. Rechtfertigung des Ablaßpredigers u. Inquisitors Dr. Joh. Tetzel. 2. verb. Aufl. Ebend. 860. 12. (XI, 240 S.) n. 1 ℛ

— Tetzel u. Luther. Eine Volksschrift. Soest 862. Nasse. 8. (IV, 100 S.) n. 8 ngr.

Gröne, Val., Ein offenes Wort an den evangel. Pfarrer Andreä über Reliquienverehrung. Paderborn, Schöningh, 1865, gr. 8°, 34 S., 50 Pf.

— ein offenes Wort an den evangelischen Pfarrer Andreae über Reliquien-Verehrung. Soest 865. Nasse's Verlag. 8. (34 S.) 5 ngr.

Groneberg, H., Die bewährtesten Heilmittel zur Verhütung und Heilung der ansteckenden Lungenseuche beim Rindvieh. Nach dem Holländischen. gr. 8. Ulm 47. (St. Gallen, Scheitlin & Zollikofer.) M. 40.—

Groneberg, H., die bewährtesten Mittel zur Verhütung u. Heilung der ansteckenden Lungenseuche beim Rindviehe. Nach dem Holländ. gr. 8. Ulm 847, Seitz. Verklebt. 1/4 ℛ

Groneberg, *Carl Hermann* **Max: Ueber Benzenyldioxytetrazotsäure ... Königsberg i. Pr., Druck v. H. Jaeger, 1896; 1 Bl., 49 S., 2 Bl. 8.**
Königsberg, Phil. Fak., Inaug.-Diss. v. 9. März 1896

Groneman, J., das Kreolin in der Choleratherapie. gr. 8. (55 S.) Neuwied 894. Heuser's Verl. n. 1. 50

Gronemann, Gust. Joan. (geb. Marienburg in Westpr. 9. 4. 1836): De plica Polonica, adjecta observatione. Berolini (1862). (32 S.) 8°
Berlin, Med. Diss. v. 18. Juni 1862

Gronemann, Carl, der Schmiede-Lehrling, s. a. Koepper's Handwerkerbibliothek.

Gronemann K, der Schmiedelehrling. (58 S) (Koepper's Handwerkerbibliothek 18) Leipzig 1910

Gronemann, S., die Jonathan'sche Pentateuch-Uebersetzung in ihrem Verhältnisse zur Halacha. Ein Beitrag zur Geschichte der ältesten Schriftexegese. 8. (VII, 164 S.) Leipzig 879. Friese. n. 3. —

Gronemann, S., Predigten f. alle Feste des Jahres. (VIII, 216 S.) gr. 8. Frankfurt a/M. 906. J. Kauffmann. n. 3. —

Gronemann, S., Siwoho Schlomim, s.: Beck, Jak.

Gronemann, S. A. J. de Ruever, Diatribe in Johannis Wicliffi, reformationis prodromi, vitam, ingenium, scripta. 8 maj. Trajecti ad Rhenum 837. Natan. à. $1^2/_3$ ߊ

[Hebr.] Naḥalat ăbōt. Le-zikrōn nišmat ābinū. Hōṣētı la-or Jiṣḥaq Z'ljg Gr'n'm'nn (S[elig] **Gronemann**). Frankfurt a. M. A. J. Hofmann 658 (1898). (XV, 19 S.) 8°
[Nebent.] Familienblätter z. Erinnerung an unseren Vater Raphael J. Karger hrsg. von Dr. S. Gronemann, Landrabb. [F.] (08. 3493

Gronemann, Selig *(geb. Flötenstein in Westpr 7 12 1843)* De Profiatii Durani (Efodaei) vita ac studiis cum in alias literas tum in grammaticam collatis. Vratislaviae (1869). (65 S.) 8° *[Im Buchhandel 1869 bei Schletter in Breslau.]*
Breslau, Phil. Diss. v. 19. [vielmehr 12.] Aug. 1869

Gronemann, Selig, de Profiatii Durani [Efodaei] vita ac studiis cum in alias literas, tum in grammaticam collatis. Dissertatio inauguralis. gr. 8. (IV, 67 S.) Breslau 869, (Skutsch.) *

[F.] Evangelisch-lutherisch in der Landeskirche oder: Altlutherisch in der Separation? Offene Antw. auf d. 'Offenen Brief' d. H. Pastor Sommerfeld v. Ed. **Gronemeyer**, ev.-luth. Pastor zu Rödinghausen. *Gütersloh: C. Bertelsmann 1896.* (88 S.) 1 Bd 8. (96. 8749

Gronemeyer, H., Schreibschule. Deutsche u. englische Schrift. 16 Hefte. (à 24 lith. S.) Soest 863. Ritter. qu. 4. n. 15 ngr.; einzelne Hefte à $1^1/_3$ ngr.

Gronemeyer, Conradus: De causis, quibus fit, ut frumentum procumbat atque de rationibus, quibus efficitur, ut haec frumenti calamitas prohibeatur. P. 1. Halae (1865): Ploetz. 28 S. 8°
Halle-Wittenberg, Phil. Diss. v. 7. Aug. 1865
Geb. Oeynhausen (Westf.) [23. 9. 1830] V.

Gronen, D., Arm u. Reich, } s.: Dilettanten-Bühne,
— Diplomatik der Liebe, } katholische.

Gronen, Damian, das Buch d. schönsten Rätsel-Aufgaben, s.: Kinder-Bibliothek, katholische. 18./19. Bdchn.

Tagebuch eines Feldpaters. Erlebnisse während d. deutsch-franz. Krieges 1870/71 geschildert von P. Raimund **Gronen**. Mit e. Lebensabriß (von Max Greis) u. Portr. (Hrsg.: P. Rupert Jud.) München: J. J. Lentner 1899. (64 S.) 8° [F.] (07. 6996

Groner, Anton: Die Diözesen Italiens von der Mitte des zehnten bis zum Ende des zwölften Jahrhunderts. Freiburg i. B. 1904: Herdersche Verlagshandlung. (68 S.) 8°
Tübingen, Phil. Fak., Ref. v. Below, Diss. v. 15. Dez. 1904
[Geb. 12. Mai 77 Tomerdingen b. Ulm; Wohnort: Freiburg i. B.; Staatsangeh.: Württemberg; Vorbildung: Gymn. Ehingen Reife S. 97; Studium: Tübingen 7 S.; Rig. 3. Febr. 04.]

Groner, Ant., Raffaels Disputa, s. a. Zur Kunstgeschichte des Auslandes. 37. Hft.

Raffaels Disputa. Eine krit. Studie über ihren Inhalt von Dr. Anton Groner. Mit 2 Lichtdrucktaf. Straßburg: J. H. E. Heitz 1905. (58 S.) 4°(8°)
— Kunstgeschichte, Zur, d. Auslandes. H. 37. (05. 15834

Groner, Frau Auguste, s. a.: Baura, A. v der.

Groner, Auguste, aus schlechtem Blute. 's Kreuzköpfl, s.: Pohl's allgemeine Volksbücherei deutsch-österreichischer Schriftsteller. I, 4.

GRONER, A.
(F) Burggeheimnisse. In acht Erzählungen aus Österreichs Vergangenheit von A. Groner. Mit 4 mehrfarbigen und 4 einfarbigen Bildern. Wien und Teschen. [1899.] Prochaska. Gr.-8°. Geb. fl. 2.50

Groner, Auguste, der alte Dalmatiner, s. a. Jugendbücher, österreichische. Nr. 6.

(F) Groner, A., Der alte Dalmatiner. [Österr. Jugendbücher. Nr. 6.] 8°. (80 S.) K —.50
Teschen: Prochaska 1906.

— Im Elend, s. a. Erzählungen f. Jugend u. Volk. 7. Bd.

GRONER, A.
(F) Im Elend. Eine Erzählung aus der Zeit des III. Babenbergers. Von A. Groner. Mit 4 Bildern (Erzählungen für Jugend und Volk. Bd. VII.) Graz. [1901.] Moser. 8°. 196 S. Geb. K 2.—

Groner, A., Erzählungen aus der Geschichte Oesterreich-Ungarns. Mit e. Deckelbilde in Farben u. 6 ganzseit. Text-Illustr. 8. (III, 240 S.) Teschen 889. Prochaska. geb. n. 3. —

— Erzählungen aus der Geschichte Oesterreichs. Mit 1 Deckelbilde u. 4 ganzseit. Bildern in Farben. 2. Aufl. (198 S.) 8. Teschen (905). K. Prochaska. Geb. n. 2. 10

— der geheime Gang, s. a. Jugendbücher, österreichische. Nr. 5.

(F) Groner, A., Der geheime Gang. [Österr. Jugendbücher Nr. 5.] 8°. (71 S.) K —.50
Teschen: Prochaska 1906.

— das Geheimnis des Apothekerhauses, s.: Kürschner's, Jos., Bücherschatz.

Groner, Auguste, nordische Geschichten, s. a. Gumpert's, Thekla v., Bücherschatz f. Deutschlands Töchter.

— nordische Geschichten. (Erzählgn. f. junge Mädchen.) 2. Aufl. 8. (III, 194 S.) Glogau 901. C. Flemming. Geb. in Leinw. n. 2. —

Groner, A., Geschichten aus dem Traunviertel. 8. (227 S.) Wien 888, Brockhausen und Bräuer. * geb.

Groner, Auguste, G'schichten a. d. Traunviertel. 7 Novellen. 2. (Titel-) Ausg. 12. (227 S.) Wien (888) 896. E. Daberkow. n. 1. 70

— Heldenthaten unserer Vorfahren. Erzählungen aus Oesterreich-Ungarns Vorgeschichte. Mit e. Deckelbilde u. 4 Textbildern in Farben. gr. 8. (III, 270 S.) Teschen 887. Prochaska. geb. n. 5. —

— der alte Herr, s. a. Collection Hartleben.

Collection Hartleben. VI. Jahrgang. XVII. Band. Inhalt: Auguste Groner, Der alte Herr. Criminal-Novelle. (157 S.) In Leinwand geb. —.40
Wien: Hartleben 1898.

— nach 20 Jahren. Der Brief aus dem Jenseits, s. a. Kürschner's, Jos., Bücherschatz.

Nach zwanzig Jahren, Der Brief aus d. Jenseits. Kriminalnovellen von Auguste Groner. Mit Ill. von W. Roegge. *Berlin, Eisenach, Leipzig: H. Hillger [1902].* (126 S.) 8° [F.]
— Bücherschatz, Kürschners. No 294.

— Jakob d. Grillschmied, s.a. Erzählungen f. Jugend u. Volk. 9. Bd.

Groner, A., Jakob der Grillschmied. Kulturgeschichtliche Erzählung aus dem XV. Jahrhundert. [Erzählungen für Jugend und Volk. Bd. IX.] Gr.-8°. (ill. 198 S.) geb. K 3.—
Graz: Moser 1903.

— Junker Reinmars Irrfahrten, s.a. Jugendbücher, österreichische.

(F) Groner, A., Junker Reinmars Irrfahrten. [Österr. Jugendbücher. Nr. 3.] 8°. (91 S.) K —.50
Teschen: Prochaska 1906.

— aus vaterländ. Kriegen. 3 Erzählgn. M. 4 Farben- u. 4 Tondr.-Bild. gr. 8. (III, 249 S.) Teschen 896. K. Prochaska. Geb. in Leinw. n. 5.—

— Kriminalnovellen, s.: Reclam's Unterhaltungs-Bibliothek.

— neue Kriminalnovellen (An e. Faden. Ermordet), s.: Universal-Bibliothek.

Groner, A., zwei Kriminalnovellen (Der Neunundsiebenzigste. Die goldene Kugel), s.: Universal-Bibliothek.

— die Leutverderber. D. Beichtgeheimnis. D. letzte Nacht, s.a. Kürschner's Bücherschatz.

[F.] Der Leutverderber. Das Beichtgeheimnis. Die letzte Nacht. Von Auguste Groner. M. 25 Ill. v. R. A. Jaumann. *Berlin, Eisenach, Leipzig: H. Hillger [1897].* (128 S.) 1 Bd 8.
= Bücherschatz, Kürschners. No 17.

— Liebesphasen. Ein Novellenstrauß. 8. (231 S.) Wien 888. Brockhausen. n. 3. —; geb. n. 4. —

— Mene tekel ... Eine seltsame Geschichte. (412 S.) 8. Wien (910). E. Schmid. 5.—; geb. in Leinw. 6. —

— d. geheimnisvolle Mönch, s.a. Erzählungen f. Jugend u. Volk. 5. Bd.

GRONER, A.
(F) Der geheimnisvolle Mönch. Eine Erzählung aus der Zeit der drei Gottesplagen in Steiermark. Von A. Groner. Mit 4 Bildern. Graz. [1900] Moser's Buchh. Gr.-8°. 193 S. Geb. K 2.—

— Der Neunundsiebenzigste. Die goldene Kugel, s.: Reclam's Novellen-Bibliothek.

— Nordlands-Geschichten. Mit 4 Farben- u. 4 Tondr.-Bild. gr. 8. (III, 286 S.) Teschen 895. K. Prochaska. Geb. in Leinw. n. 5. —

— In Not u. Gefahr, s.a. Erzählungen f. Jugend u. Volk.

(F) Groner, A., In Not und Gefahr. Geschichtliche Erzählungen. [Erzählungen für Jugend und Volk. Bd. XVII.] Gr.-8°. (195 S.) geb. K 2.—
Graz: Moser 1909.

Groner, A., Oesterreicher in Mexiko. Erzählung aus den Tagen des Kaisers Maximilian. Mit einem Deckelbilde und 5 Textbildern in Farben. Gr.-8. (257 S.) Eleg. in Leinwd. geb. 2.50
Teschen: Prochaska 1890.

— das Pharaonenarmband, s.: Deva-Roman-Sammlung. 1. Bd.

— d. Pharaonenarmband, s.: Romansammlung „Deva".

— in Ritterburgen und unter fahrenden Leuten. Erzählungen aus dem mittelalterl. Volksleben in Oesterreich-Ungarn. Mit e. Deckelbilde und 4 Textbildern in feinstem Farbendr. gr. 8. (III, 280 S.) Ebd. 889. geb. n. 5. —

Groner, Auguste: Das Skelett, s.a. Kürschner's, Jos., Bücherschatz.

Das Skelett. Kriminalnovelle von Auguste Groner. Mit Ill. von W. Roegge. *Berlin, Eisenach, Leipzig: H. Hillger [1900].* (126 S.) 8° [F.]
= Bücherschatz, Kürschner's. No 188.

— im Strome d. Zeiten. 8 Erzählgn. aus Nieder-Österreichs Vergangenheit. M. 4 Farben- u. 4 Tondr.-Bild. gr. 8. (IV, 382 S.) Ebd. 897. Geb. in Leinw. n. 5.—

— aus Tagen der Gefahr. Drei vaterländ. Erzählgn. aus der Vergangenheit Österreichs. Mit 1 Deckelbilde in Farben u. 4 Textbildern. 8. (III, 180 S.) Teschen 891. K. Prochaska. Kart. n. 3. —

— aus vergangenen Tagen, s.a. Erzählungen f. Jugend u. Volk.

(F) Groner, A., Aus vergangenen Tagen. Erzählungen aus verschiedenen Jahrhunderten. [Erzählungen für Jugend und Volk. Bd. XII.] Gr.-8°. (102 S. mit 5 Tafeln) geb. K 2.—
Graz: Moser 1906.

— aus grauer Vorzeit. Culturgeschichtliche Erzählg. aus der Heimat unserer Vorfahren. Mit 4 Farbendr.- u. 4 Tonbildern. gr. 8. (VIII, 259 S.) Ebd. 894. Geb. in Leinw. n. 5. —

Groner, Auguste: Warum sie das Licht verlöschte, s.a. Kürschner's, Jos., Bücherschatz.

Warum sie das Licht verlöschte. Kriminal-Roman von Auguste Groner. Mit Ill. von W. Roegge. *Berlin, Eisenach, Leipzig: H. Hillger [1899].* (127 S.) 8° [F.]
= Bücherschatz, Kürschners. No 133.

— wer ist es? Der seltsame Schatten, s.a. Kürschner's Bücherschatz.

[F.] Wer ist es? Der seltsame Schatten. Kriminalnovelle v. Auguste Groner. M. Ill. v. E. Ranzenhofer. *Berlin, Eisenach, Leipzig: H. Hillger [1898].* (128 S.) 1 Bd 8.
— Bücherschatz, Kürschners. No 74.

Groner, Rich. Das geistige Wien, s. Eisenberg, Ludw.

Das Gebrauchsmustergesetz (Reichsgesetz vom 1. Juni 1891) in der Praxis von C. Gronert, Ingenieur u. Patentanwalt ... *Berlin: Selbstv.; ([Dr. r.] Hempel & Co.) 1896.* (VII, 92 S.) 1 Bd 8. [97. 4169

Gronert, C., das Gebrauchsmustergesetz (Reichsgesetz v. 1. Juni 1891) in d. Praxis. gr. 8. (VII, 92 S.) Berlin 896. (Polytechn. Buchh. A. Seydel.) n. 1. —

Gronert, C., Gesetz zum Schutz der Waarenbezeichnungen vom 12. Mai 1894 m. Erläuterungen. 12. (32 S.) Berlin 894. Fischer's technolog. Verl. n. — 60

Gronert, (Ludov.) Ferd. (geb. Berlin 14. 10. 1816): De olei jecoris aselli natura et variis in morbis efficacia. Berolini (1840). (36 S.) 8°
Berlin, Med. Diss. v. 30. Okt. 1840

Groeneveld, Anton, aus Bunde (Hannover): Ueber Methyl-β-ketopentamethylencarbonsäureester. *München 1900: Kastner & Lossen.* (66 S.) 8°
München, Phil. Diss. v. 1900

Groeneveld, Engelhart, appr. Arzt: Aus d. Psychiatr. u. Nervenklinik zu Kiel. Zur Symptomatologie der gekreuzten Lähmung. Kiel 1909: Schmidt & Klaunig. 13 S. 8°
Kiel, Med. Diss. v. 15. Nov. 1909, Ref. Siemerling
[Geb. 27. Sept. 81 Pogum; Wohnort: Ditzum; Staatsangeh.: Preußen; Vorbildung: Gymn. Leer Reife O. 02; Studium: München 2, Kiel 3, München 1, Kiel 4 S.; Coll. 1. Nov. 09; Approb. 12. Jan. 09.] [U 10. 2439

Groeneveld, Hinderk: Die älteste Bearbeitung der Griseldissage in Frankreich .... (Aus: Ausg. u. Abh. a. d. Geb. d. roman. Phil.) Marburg, Druck v. Joh. Aug. Koch, 1886; 43 + 1 S. 8°.
Marburg, Phil. Fak., Inaug.-Diss. v. [21. Dez.] 1886.

Groeneveld, H., die älteste Bearbeitung der Griseldissage in Frankreich, s.a. Ausgaben u. Abhandlungen aus dem Gebiete der romanischen Philologie.

Groenewald, Alb., ich will vorwärts. Ein Buch f. junge Kaufleute u. Beamte, die Karriere machen wollen. (64 S.) 8. Hamburg (907). Paustian Gebrüder. 1.20

— dasselbe, s.: Bibliothek des jungen Kaufmanns. 5. Bd.

— 200 Ratschläge zum Geldverdienen. Ideen, Vorschläge u. Anreggn., sein Einkommen durch Neben-Verdienst zu erhöhen. (68 S.) 8. Hamburg (908). Paustian Gebrüder. bar 1.20

Groenewald, Christian, der Falkenhändler, s.a. Radermacher's, J., Vereinsbühne 6. Heft.

Der Falkenhändler. Ritterschauspiel in 5 Aufz. von **Christian Groenewald.** *Bonn: J. Radermacher [1904].* (68 S.) 8° [F.]
— **Vereinsbühne,** J. Radermacher's. H. 6.

— der Fürst kommt, s.a. Radermacher's, J., Vereinsbühne 3. Heft.

Der Fürst kommt. Posse in 1 Akt von **Christian Groenewald.** *Bonn: J. Radermacher [1904].* (19 S.) 8° [F.]
— **Vereinsbühne,** J. Radermacher's. H. 3. [04. 16890

— Heimatlos, s.a. Esser's, J., Sammlung leicht aufführbarer Theaterstücke. 88. Heft.

Heimatlos. Romant. Schauspiel in 3 Aufz. von **Christian Groenewald.** Paderborn: J. Esser [1904]. (64 S.) 8° [F.]
— **Sammlung,** J. Esser's, leicht aufführb. Theaterstücke. H. 88. [05. 4191

— die Helden von Port Arthur, s.: Radermacher's, J., Vereinsbühne. 11. Hft.

Im Krug zum grünen Kranze. Lustspiel in 2 Aufz. von Christian **Groenewald.** Paderborn: F. Schöningh [1905]. (31 S.) 8° [F.]
— **Dilettanten-Theater.** N. F. 12. [07. 11335

— Lohengrin auf Freiersfüßen, s.a. Essers, J., Sammlung leicht aufführbarer Theaterstücke 84. Hft.

Lohengrin auf Freiersfüßen. Lustspiel in 3 Aufz. von Christian **Groenewald.** 2. Aufl. Paderborn: J. Esser [1904]. (16 S.) 8° [F.]
— **Sammlung,** J. Esser's, leicht aufführb. Theaterstücke. H. 84. [05. 4187

— der Schuster als Bürgermeister, s.a. Esser's, J., Sammlung leicht aufführbarer Theaterstücke 85. Hft.

Der Schuster als Bürgermeister. Lustspiel in 3 Aufz. von Christian **Groenewald.** 2. Aufl. Paderborn: J. Esser [1904]. (64 S.) 8° [F.]
— **Sammlung,** J. Esser's, leicht aufführb. Theaterstücke. H. 85. [05. 4188

— der Weltuntergang, s.a. Radermacher's, J., Vereinsbühne. 2. Hft.

Der Weltuntergang. Studentenposse in 1 Aufzug von **Christian Groenewald.** *Bonn: J. Radermacher [1904].* (16 S.) 8° [F.]
— **Vereinsbühne,** J. Radermacher's. H. 2. [04. 16889

— Wirrwarr, s.: Radermacher's, J., Vereinsbühne. 9. Hft.

Gronewaldt, Wilhelm: Ketone und Diketone der Naphtalinreihe. (Berlin 1908: A. W. Schade.) 44 S. 8°
Berlin, Phil. Diss. v. 19. Dez. 1908, Ref. Fischer
[Geb. 6. Juli 83 Berlin; Wohnort: Berlin; Staatsangeh.: Preußen; Vorbildung: Sophien-Realgymn. Berlin Reife O. 03; Studium: Berlin Techn. Hochsch. 2, Freiburg i. B. 3, Berlin Univ. 6 S.; Rig. 12. Nov. 08.] [U 09. 178

GRONEWEG, KARL. Beiträge zur Kenntniss der gechlorten Phtalsäuren und einiger ihrer Derivate. Freiburg, 1888. Diss. 46 S.

Groneweg, Rudolph Wilhelm (Rhedano/Westf.), Quaedam momenta de victu in morbis adhibendo. Diss. med. Götting. (Grape) 27. IX. 1800. 28 S. (5.—) 11790
Gew.: Johann Friedrich Groneweg (Vater).

Gröneweg, Heinr., Armen-Seelen-Büchlein. Gebet- u. Andachtsübgn. z. Troste d. armen Seelen im Fegfeuer. 5. Aufl. 27.—36. Taus. 16. (160 S. m. 1 Farbdr.) Münster 898. Alphonsus-Buchh. Geb. in Leinw. n. — 50

— Armen-Seelen-Büchlein. Gebet- u. Andachtsübgn. zum Troste der armen Seelen im Fegfeuer. 6. Aufl. 37.—41. Taus. 16. (160 S. m. 1 Farbdr.) Ebd. (900). Geb. in Leinw. n. — 50

— St. Antonius-Büchlein. Enth. Gebets- u. Andachtsübgn. z. Verehrg. u. Anrufg. d. hl. Antonius v. Padua. 6. Aufl. (31.—40. Taus.) 16. (XVI, 159 S. m. 1 Farbdr.) Ebd. 898. Geb. in Leinw. n. — 50

St. Antonius-Büchlein. Enth. Gebets- u. Andachtsübungen. Von Heinr. **Gröneweg.** 7. Aufl. Münster i. W.: Alphonsus-Buchh. (1899). (XVI, 159 S.) 8° [F.] [06. 11515 6

Gröneweg, Heinr., St. Antonius-Büchlein. Enth. Gebets- u. Andachtsübgn. zur Verehrg. u. Anrufg. des hl. Antonius v. Padua u. dem allgem. Gebetsverein zu Ehren d. hl. Antonius v. Padua. 8. Aufl. (51.—60. Taus.) 16. (XVI, 159 S. m. 1 Farbdr.) Münster 900. Alphonsus-Buchh. Geb. in Leinw. n. — 50

St. Antonius-Büchlein. Enth. Gebets- u. Andachtsübungen. Von Heinr. **Gröneweg.** 9. Aufl. Münster i. W.: Alphonsus-Buchh. 1901. (XVI, 159 S.) 8° [F.] [06. 11890 6

St. Antonius-Büchlein. Enth. Gebets- u. Andachtsübungen. Von Heinr. **Gröneweg.** 10. Aufl. Münster i. W.: Alphonsus-Buchh. 1902. (XVI, 159 S.) 8° [F.] [06. 11891 6

Gröneweg, Heinr., St. Antonius-Büchlein. Enth. Gebets- u. Andachtsübgn. zur Verehrg. u. Anrufg. des hl. Antonius von Padua u. den allgemeinen Gebetsverein zu Ehren des hl. Antonius v. Padua. 12. Aufl. (86.—91. Taus.) (XVI, 159 S. m. farb. Titelbild.) 16. Münster 904. Alphonsus-Buchh. Geb. in Leinw. n. — 50

St. Antonius-Büchlein. Enth. Gebets- u. Andachtsübungen. Von Heinr. **Gröneweg.** 13. Aufl. Münster i. W.: Alphonsus-Buchh. 1905. (XVI, 159 S.) 8° [F.] [06. 11892 6

— St. Josephbüchlein. E. Sammlung v. Andachtsübgn. u. Gebeten z. Verehrg. d. hl. Joseph, nebst Betrachtgn. f. jeden Tag d. Monats März u. e. Anh.: D. allgem. Verein d. christl. Familien. 5. Aufl. (26.—36. Taus.) gr. 16. (159 S. m. 1 Farbdr.) Ebd. 898. Geb. in Leinw. n. — 50

— St. Josephbüchlein. Eine Sammlg. v. Andachtsübgn. u. Gebeten zur Verehrg. des hl. Joseph, nebst Betrachtgn. f. jeden Tag d. Monats März u. e. Anh.: Der allgem. Verein d. christl. Familien. 6. Aufl. (37.—42. Taus.) 16. (159 S. m. 1 Farbdr.) Ebd. (901). Geb. in Leinw. n. — 50

Grönewegen, H.

— Ausbreitung und Herrlichkeit des Königreichs Christi in d. letzten Zeitordnung N. Test. 4. Lpz. 707.

Grönewegen, H., Erlösung Israels a. Zion od. Belehr. der Juden. 4. Frankf. (Cramer. Cassel.) 708.

— Kette prophetischer Gottesgelahrheit üb. die Offenbarung Joh. und d. hohe Lied Salomon. 4. Cassel, Cramer. 721.

— Mund der höchsten Weisheit oder Auslegung der göttl. Geheimnisse aus dem Mathäo. 4. Frkft. (Cramer, Cassel.) 708.

Grönewegen, H., Schatzkammer der Sinn- und Vorbilder. 4. Lpz. 707. Rthlr.

Groenewold [Referendar]: „Hand soll Hand wahren". Die Anwendung und Zweckmässigkeit dieses Rechtssatzes in Vergangenheit und Gegenwart. . . . Göttingen, Druck d. Univ.-Buchdr. v. W. F. Kästner, 1890; 38 S. 8°
Göttingen, Jur. Fak., Inaug.-Diss. v. [16. Aug.] 1890

Groenewold, „Hand soll Hand wahren". Die Anwendg. u. Zweckmässigkeit dieses Rechtssatzes in Vergangenheit u. Gegenwart. Diss. gr. 8. (38 S.) Göttingen 890. (Vandenhoeck & Ruprecht.) n. 1. —

Groenewold, Eme [aus Woltzeten in Ostfriesland]: Beiträge zur Kenntniss des Aloïns der Barbados-, Curaçao- und Natalaloë. . . . Marburg, Buchdr. Fr. Sömmering, 1889; 47 + 1 S. 8°
Erlangen, Phil. Fak., Inaug.-Diss. v. 1889

Groenewold, Heye, a. Visquard (Hannover): Die landwirtschaftlichen Verhältnisse in Krummhörn. Weida i. Thür. 1905: Thomas & Hubert. (82 S.) 8°
Leipzig, Phil. Fak., Ref. Kirchner u. Stieda, Diss. v. 27. Apr. 1905
[Geb. 1. Febr. 78 Visquard, Hannover; Wohnort: Norden; Staatsangeh.: Preußen; Vorbildung: Gymn. Emden Reife O. 00; Studium: Göttingen 1, Leipzig 6 S.; Rig. 1. März 05.]

Groenewold, Tjaard: Aus d. Univ.-Poliklin. f. Ohren- u. Nasenkrankheiten zu Göttingen. Über professionelle Schwerhörigkeit bei Eisenbahnbeamten. Emden 1908: Davids. 37 S. 8°
Göttingen, Med. Diss. v. 22. Aug. 1908, Ref. Bürkner-Braun
[Geb. 16. Apr. 82 Oldersum; Wohnort: Oldersum; Staatsangeh.: Preußen; Vorbildung: Gymn. Emden Reife O. 01; Studium: Göttingen 7, Berlin 2, Leipzig 1 S.; Coll. 20 Febr. 08; Approb. 25. Juli 08.] [U 09. 1306

Groenewoud, J. C. S., Institutio ad Grammaticam hebraicam ducens. In discipulorum usum. 8 maj. 1834. (Leipzig, Fr. Fleischer.) 1 1/6 ₰

Groenewoud, J. J., Lexicon hebraicum, s. Eberh. *Scheid.*

Gronheid, Georg

Gronheid, G., Anweisung zur Gründung christl. Creditvereine. Münster 870. Mitsdörffer. gr. 8. (38 S.) n. 5 ngr

Gronheid, Georg, Kurzer Leitfaden der christkathol. Religionslehre für den Konvertitenunterricht. Münster, Theissing. 1872, gr. 16°, 92 S., 60 Pf. — 2. Aufl.: 1887, 8°, 70 S.
Recens. Litt. Handw. 1891, S. 119—20 (H. Rolfus).

Gronheid, Geo. Katechismus d. christkathol. Religionslehre. 2. Aufl. 16. (IV, 70 S.) Bresl. 887, Müller u. Seiffert. geb. * — 80

Gronheid, G., Katechismus der christkatholischen Religionslehre zum Gebrauch f. den Convertitenunterricht. 6. Aufl. 16. (IV, 70 S.) Breslau 890. Müller & Seiffert. geb. n. — 80

— Rathschläge f. Auswanderer nach den Vereinigten Staaten v. Nordamerika. [Aus „zeitgemäße Broschüren."] gr. 8. (24 S.) Münster 872 Russell. — 30

Gronheid, Georg: Die confessionelle Schule. (D. preuß. Schulgesetzgeb. u. d. Gesetzentw. v. 12. Nov. 1868.) Im Anh.: Rede üb. d. Schulfrage von H. *Kömstedt.* Münster 1869. 8°

Gronich, Wolfg., Esel u. Philosoph. Nach dem französ. l'Ane v. Vict. Hugo. Hebräischer Auszug. 16. (26 S.) Wien 881. (D. Löwy.) n. — 80

Gronich, Wolfg., Esel und Philosoph. Nach dem französ. l'Ane von Vict. Hugo. Hebräischer Auszug. 16. (26 S.) Wien 881. (Pollák.) *

Gröninck, E., Berlin u. seine zukünftigen Central-Bahnhofs- u. Central-Hafen-Anlagen. gr. 8. (58 S.) Berlin 901. (Polytechn. Buchh. A. Seydel). n. 1. —

Berlin und seine zukünftigen Central-Bahnhofs- und Central-Hafen-Anlagen. Von E. Gröninck. Mit Situationspl. *Berlin: A. Seydel in Comm. [1902].* (58 S.) 8° [F.] [01. 38,1

Gröning über Dulon. gr. 8. (40 S.) Bremen 849, Löning & Co. in Comm. n. 1/6 ₰

Gröning, v., das Wanderarbeitsstättengesetz vom 29. VI. 1907, f.: Mauve.

Gröning, Albert (Bremen), De nauta aegrotante, vulnerato aut mortuo. Disp. jur. nautici. Rector Jacob Voorda. Utrecht (Alex. van Megen) 30. VIII. 1734. 40 S., tlws. dtsch. (7.—) 11741

Groening, Alb. de, quaestiones et controversiae de die intercalari. Commentatio praemio reg. ex sententia illustris ordinis jureconsultorum ornata. 4 maj. (6 B.) Gottingae 843, libr. Dieterich. *

de Groening, Alb., quaestiones et controversiae de die intercalari. Commentatio praemio regio ex sententia illustris ordinis jureconsultorum ornata. 4maj. Göttingae 845, Dieterich. n. 1/2 ₰

Gröning, Alb., zur Reform des bremischen Finanzwesen. Bremen 867. Müller. gr. 8. (76 S.) n. 10 ngr

Gröning, Alb. Wilh. de, de fideicommissis familiae relictis ex principiis juris romani. Dissertatio inauguralis. gr. 8. (87 S.) Göttingen 860, (Vandenhoeck und Ruprecht's Verlagsh.) **

— Anton Christoph (Wismar), De potestate procuratoris in causis criminalibus. Diss. jur. Präs. Justus Henning Böhmer. Halle (Joh. Grunert) 9. VII. 1726. 62 S. mit Widm. v. Präs. (6.50) 11742

— — Dasselbe. Ed. nov. Halle (Joh. Friedr. Grunert) 1785. (6.50) 11743

Gröning, C. G., s. G r ö n i n g , Kaspar Gabriel.

Gröning, C. H., s. Museum, Schwedisches.

Groening, Friedrich

— d. vortheilhafte Anwendung des Thermometers, zugleich als Alkoholometer bei dem Brenn- u. Destillationsgeschäft rc. 8. Kopenh. 822. (Brummer). 4 gr

Groening, F: Beschreibung eines neuen Brenn- und Destillir-Apparats, eines neuen Vor-Wärmers und eines Maisch-Abkühlungs-Einrichtung. Kopenhagen 1823

Groening, Fr., Beschreibung e. einfachen Brenn- u. Destillirapparats, eines neuen Vorwärmers u. einer Maisch-Abkühlungs-Einrichtung. Mit 4 Kpf. gr. 8. Kopenh. 823. (Brummer), 1 ₰ 12 gr

Groening, Fr., der neue Thermo-Alkoholometer, nebst Barometer. Mit 1 Kpf. gr. 8. Berl. 827. (Enslin). 12 gr

— Das neue Thermo-Alkoholometer nebst Barometer ... Berl. 1827 21 S. 1 Tvl. P.

Gröning, Geo.: De separatione liberorum ejusque fundamento, communione bonorum secundum jura statutar. Bremens. *Gottingae*, Dieterich. 771. 4. (6 Gr.)

— Georg (Bremen), De separatione liberorum eiusque fundamento communione bonorum secundum jure statutaria Bremensia. Spec. inaug. jur. Götting. (F. A. Rosenbusch) 4. VII. 1771. 74 S. (6.50) 11746

Gröning, Georg. Vergleichende Untersuchungen über die Streptokokken des Kuheuters, des Rinderdarmes und des Stallbodens. Diss. Vet.-Med. Bern. 76 S. 8. Bern, Stämpfli & Cie., 1901.

— Heinrich (Bremen), De eo quod justum est circa nullitatos judicii criminalis. Diss. jur. Götting. (Jo. Chn. Dieterich) 10. X. 1795. 34 S. (5.50) 11747

G(roening), J.: „Historia numismatum novorum, d. i. die neueröffnete Historia der Modern-Medaillen . . . .", Hamburg 1715. — Vorh.: Com. Bibl. Hamburg.

G(roening), J.: „Das geöffnete Müntz-Cabinet oder Einleitung, wie solche Wissenschaft leicht zu erlernen . . . ", Hamburg 1715. — Vorh.: Com. Bibl. Hamburg.

Groening, I., Museum juris et solidioris literaturae. 8. Vien. 721.

Gröning, Joa.: Nova instituta practica. Libb. III. (c. catalog. scriptt. juridicorum.) *Hamb.*, 702. 12.

— Joachim Heinrich (Wismar), De judice suspecto. Vom verdächtigen Richter. Disp. jur. Präs. Johann Klein. Rostock (Joh. Weppling) 7. IV. 1696. 114 S. (5.50) 11748
Gew.: Johann Rosenhane Frh. v. Ikalaborg (Torp..).

— — Dasselbe. Druck: Joh. Mich. Rudiger. 1705. 46 Bl. o. Widm. (7.—) 11749

Gröning, Karl Christoph

— Carl Christoph (Wismar), De jure manus sinistrae, Germanis: Vom Recht der lincken Hand. Diss. jur. Präs. Joachim Andreas Helvig. Greifswald Juli 1736. Jena (Jo. Bernh. Heller) 1748. 47 S. (6.50) 11744

Gröning, Kaspar Gabriel (vgl. G r ö n i n g , O. G.)

— s. 1) J. P. Bergius; v. Obstgärten. 2) Modeer, vom gewissen Dingen. 3) Museum, Schwed. 4) Nordenankar, von d. Strömungen. 5) S. Oedmann, Samml. 6) Oxenstierna, Lobrede. 7) N. Rosenstein, Aufklärung. 8) A. Schönberg, Lobrede. 9) Thunberg, über d. Japan. Nation. 10) Tilas, Geschichte. 11) Unterricht v. Pelzen. 12) Verordnung, Schwed. 13) Vorlesungen d. Schwed. Akademie.

Groening, Kaspar Gabriel (Wismar)
Flores sparsi ad praescriptionem contra civitates.
Giessae [27.] Okt. 1775: Jo. Jak. Braun. 36 S. 4°
pro licentia summos in jure honores rite capessendi.

Gröning, C. G., u. L. H., schwedisch. Museum, s. Museum.

Gröning, Kap.Gabr., († d. 15 Nov. 1799.) nomenclator Linneanus in El. Blackwell's herbarium select. emend. et auct. 8maj. Leipz. 794. (Wienbrack). 10 gr

— übers. Königl. Schwed. Verordnung betr. die Abtret. des Vermögens an die Gläubiger rc. Fol. Wismar, Bodner. 782.

Gröning, Mich., der Blei-, Roth- u. Schwarzstift-Fabrikant. M. 1 Abbild. 8. (1 B.) Quedlinburg, Basse. Thlr.

Groening, O. G., nomenclator Linneanus in El. Blackwell's Herbarium select. emend. et auct. 8. maj. Lipsiae, Gräff. 794.
Vgl. Gröning, Kasp. Gabr.

Gröning, W.

— Lützow's Freicorps, s. Volksbücher, preußische.

Gröning, Wilh., das Fichtelgebirge und die fränkische Schweiz, s. Grieben's Reise-Bibliothek.

Gröning, Wilh., die böhmischen Kurorte. — Carlsbad. — Fichtelgebirge. — Franzensbad. — Marienbad. — s. Grieben's Reise-Bibliothek.

Gröning, Wilhelm: Nürnberg. – Salzbrunn, s. G r i e b e n ' s Reisebibliothek.

Gröning, W(ilh.) (II.), die klassischen und romantischen Stellen des Mittel-Rhein mit Ausflügen nach Düsseldorf, Frankfurt, dem Taunus, Schwalbach, Bad Ems, Burg Nassau, dem Saynthal, Brohlthal und Ahrthal. A. u. d. T.: Reise-Handbuch für den Mittel-Rhein von Mainz bis Cöln. 12. (487 S. mit 1 lithogr. Karte in hoch 4.) Bernburg 851, Gröning'sche Buchh. *

— die klassischen und romantischen Stellen des Ober-Rhein mit besond. Rücksicht auf histor., artist. und mytholog. Interesse. A. u. d. T.: Reise-Handbuch für den Ober-Rhein von Darmstadt bis Badenweiler und Mannheim bis Straßburg und Breysach. 12. (432 S. mit 2 lithogr. Karten in qu. Fol.) Bernburg 851, Gröning'sche Buchh. Thlr. *

Gröning, W(ilh.) (II.), Taschenbuch für Harz-Reisende. 12. (305 S. mit 1 lithogr. Karte in qu. gr. 4.) Bernburg 850, Gröning'sche Buchh. *

Gröning, Wilhelm: Teplitz. – Warmbrunn,
s. Grieben's Reisebibliothek.

Gröning, Wilhelm, Pastor Dulon's Wühlerbuch „Vom Kampf um Völkerfreiheit“ als solches gewürdigt. Bremen, Fr. Schlodtmann, 1849. VIII, 187 S. 8°.

Groningen [Schlagwort]

Groningen, s.: Europa. Liebenow.

Groningen-Wesel, s.: Automobilkarten. Automobil-Tourenkarte.

Groningen [Verfasser]

Groningen, Paul, der Heldenkampf der Buren u. die Geschichte Südafrikas. gr. 8. (VII, 232 S. m. Abbildgn. u. 1 Karte.) Wald-Solingen 902. Hartkopf & Torley. (Nur direkt). Geb. in Leinw. n. 3. —

Gröningen [Schlagwort]

Gröningen, s.: Preussen. Messtischblätter.

Gröningen [Verfasser]

Groeningen, Darmverletzungen u. Darmerkrankungen, s.: Veröffentlichungen üb. Krankengeschichten u. Leichenbefunde aus den Garnisonlazarethen.

Groeningen, G. H., üb. den Shock. Eine krit. Studie auf physiolog. Grundlage. Mit e. Vorwort v. A. Bardeleben. gr. 8. (VIII, 255 S.) Wiesbaden 885. Bergmann. n. 7. —

Groeningen, G. H., wie wird man tuberkulös? Bekenntnisse d. Menschenfeindes T. B., aufgezeichnet v. G. 12. (VII, 182 S.) Wiesbaden 896. J. F. Bergmann. n. 2. —

Groeningen, (Hub.) Gust. (geb. Bürveuich im Rheinl. 26. 1. 1851): Ueber Regeneration der Gewebe des menschlichen Körpers. Berlin (1874). (31 S.) 8°
Berlin, Med. Diss. v. 7. Aug. 1874

Groninger. York-Antwerp Rules 1890. Bremen 1890.

Groninger, Johann Heinrich Christoph (Oldenburg), De vi vitali. Diss. med. Jena (Fiedler) 1. X. 1795. 28 S. (5.—) 11791

Groeninger, Der Wunderschlüssel, ein hochgepriesenes Mittel gegen die Wuth; nebst besserer Belehrung darüber u. e. merkwürdigen Geschichte. 43 S. 8°.
1798

Gröninger, Ad., († d. 29. März 1804.) s. 1) Augustinus, Bekenntnisse. 2) Seneca, Vergötterung. 3) Petronius, Satyrikon.

Groeninger, Christoph (Münster/W.), De aestimatione quanti plurimi. Diss. jur. Präs. Adam Ignaz Turin. Erfurt (Nonne) 30. V. 1775. 40 Seiten. (6.—) 11750

Rütenbrock und die umliegenden Moorkolonien, nebst geschichtl. Aufzeichnungen u. Sagen über e. Teil d. Kreises Meppen u. des angrenzenden Hollands. Von Hermann **Gröninger.** Lindloh b. Rütenbrock: Selbstverl. von H. Gröninger & J. Engbers 1910. 175 S. 8°
[Umschlagt.:] Geschichte emsländischer Moorkolonien nebst e. Teil d. Kreises Meppen u. Hollands. Von H. Gröninger. [11. 3043

Groeninger, Carl, Bestimmgn. u. Tarife über den ges. Eisenbahn-Güterverkehr von Hannover nach sämtl. Stationen d. Deutschen Reiches bezw. in umgekehrter Richtung. Nach amtl. Quellen bearb. gr. 8. (849 S.) Hannover 896. (Leipzig, O. Lenz.) Geb. in Leinw. 8. —

Joh. Gröningii D. historia cycloidis qua genesis et proprietates lineae cycloidalis praecipuae secundum ejus infantiam, adolescentiam et juventutem ordine chronologico recensentur nec non an primus ejusdem inventor, Galilaeus et Demonstrator Torricellius fuerit contra Pascalium aliosque Galliae geometras discutitur perscripta ad illustrem et celeber. Polyhistorem Dn. Antonium Magliabechium Sereniss. Cosmi III. Magni Etruriae Ducis Bibliothecae Praefectum. Accedunt Christiani Hugenii annotata posthuma in Isaaci Newtoni philosophiae naturalis principia mathematica. Hamburgi ap. Gottfr. Liebezeit. 8. 128 S. 1701.

Gröningius, Joh. Historia expeditionis Russicae susceptae a Carolo XII. (22) 8. Hamburg 1701.

D. Joh. Grüningii opuscula Physico-Mathematica. (Hamburgi 8.) n. III. 1701.

Grönings, J., u. P. J. Büscher, Lesebuch f. die oberen Klassen der kathol. Elementarschulen, s.: Büscher, P. J.

— u. A. Richter, Rechenbuch f. Elementarschulen, s.: Richter, A.

Grönings, J., über den Rechenunterricht auf der Oberstufe der Volksschule, s.: Richter, A.

Grönings, Jakob

Grönings, J., die Leidensgeschichte unseres Herrn Jesu Christi, erklärt u. auf das christl. Leben angewendet in 34 Kanzelvorträgen. 8. (XII, 347 S.) Freiburg i/Br. 889. Herder. n. 3. —; geb. n. 4. —

— dasselbe. 2., verb. Aufl. gr. 8. (XII, 351 S.) Ebd. 890. n. 3. —; geb. n. 4. —

Grönings, Jak., S. J., d. Leidensgeschichte Unseres Herrn Jesu Christi, erklärt u. auf das christl. Leben angew. in 34 Vorträgen. 3., verb. Aufl. 8. (XII, 348 S.) Freiburg i/B. 899. Herder. n. 3. —; geb. in Leinw. n. 4. 20

Grönings, Jak., S. J., die Leidensgeschichte unseres Herrn Jesu Christi, erklärt u. auf das christliche Leben angewendet in 34 Vorträgen. 4., verb. Aufl. (XV, 341 S.) 8. Freiburg i/B. 907. Herder. 3.20; geb. in Leinw. 4. 40

Groenke, Karl, aus Baldenburg in Westpr.: Ein **Beitrag** zur Lehre von den malignen Ovarialtumoren. *Greifswald 1899: H. Adler.* (32 S.) 8°
Greifswald, Med. Diss. v. 28. März 1899

Groenke, Robert [aus Danzig]: Zwei neue Heptylsäuren: Methylisobutylessigsäure und Äthylisopropylessigsäure ... Halle a. S., Hofbuchdr. v. C. A. Kaemmerer & C., 1893; 28 S., 1 Bl. 8.
Halle, Phil. Fak., Inaug.-Diss. v. [24. Febr.] 1893

Grönland und Spitzbergen, mit Wundern der Natur ıc. s. J. G. Gruber.

Grönland, Johannes

Grönland, Johs., s. Bilder zum Anschauungs-Unterricht für die Jugend.

Grönland J.: Die für den ersten Unterricht wichtigsten Gift- u. Kulturpflanzen ... 6. Aufl., neu bearb. v. —. Esslingen 1879. 48 S. P.
(= ... Begleitender Text zu Schreibers grossen col. Wandtafeln d. drei Reiche. Th. 4).

Grönland, Johs., s.: Schreiber's große kolor. Wandtaf. d. Naturgeschichte der Pflanzen.

Grönland, Josef

Grönland, Jos., zwei Medien, s. Theater-Repertoir, Wiener.

Grönland, J., System in der Liebe, s.: Theater-Repertoir, Wiener.

Grönland, Karl (vgl. Grönlund, Karl)

Grönland, K., kurze, aber gründl. Anleitung zur Stubengärtnerei, nebst einer getreuen Beschreibung d. Cultur d. Ananas. 8. Nürnb. 812. Campe. 4 gr.

Grundriss von **Hamburg.** und den Vorstädten **St. Pauli** und **St. Georg.** gez. v. **W. Grönland.** (ca. 1 : 11 100.) Hamburg. 1843. Farbendruck. 1 Bl. Fol., 42/47.5 cm.
Erinnerungstafel an den Brand im Jahre 1842 vom 5. bis 8. Mai.
Aus: Johann Wilhelm Christern, Geschichte der freien Stadt Hamburg u. s. w. Hamburg und Leipzig. 1843.

Grönland-Expedition der Gesellschaft für Erdkunde zu Berlin 1891—1893. Unter Leitg v. Erich v. Drygalski. (Hrsg. v. d. Ges. f. Erdk. zu Berlin.) Bd 1. 2. *Berlin: W. H. Kühl 1897.* 2 Bde 4.(8.)
1. M. 54 Abb. im Text, 44 Taf. u. 9 Kt. (XIX, 555 S., 44 Taf., 7 Kt.)
2. M. 31 Abb. im Text, 9 Taf. u. 1 Kt. (X, 571 S., 9 Taf. m. 1 Erl.-Bl., 1 Kt.) [geb. 030]

Grönlands historiske Mindesmaerker, udgivne af det Kongelige Nordiske Oldskrift-Selskab. 1r og 2r Bind. stor 8. Kjöbenhavn 838. (Hamburg, Perthes, Besser u. Mauke.) n. 8⅓ ₰

Grønlund C.: Über bitteren, unangenehmen Beigeschmack d. Biers. 1887. 6 S. (Særtr.). P.

Grönlund C.: Ueber mehlige u. glasige Gerste. Fortgesetzte Untersuchungen. 1886. 17 S. (Særtr.). P.

— Was wissen wir gegenwärtig v. der mehligen u. glasigen Gerste? (Münch. 1884). 15 S. (Særtr.). P.

Grönlund, Karl, kurze, aber gründl. Anleit. z. Stubengärtnerei, nebst e. getreuen Beschreib. d. Cultur d. Ananas. 8. Nürnberg, 1812. Campe. (— 10) — 5
Vgl. Grönland, Karl.

Gronmayr, Joseph Fidelius Matthias, Jus imperatoris et imperii Germanici in Mutinam, cuius primas usque ad Rudolfum I. lineas. Präs. Gottfr. Daniel Hoffmann. Tübing. (Fues) 6. II. 1771. 22 S. (6.—) 11792

Grönning, Wilhelm (Hrsg.), s. Kinderlust. Liederbuch.

Kinderlust. Liederbuch für evangelische Kinder-Gottesdienste hrgg. v. Wilhelm **Grönning.** Gütersloh. 1881. 8°

Grönning, Wilh., und **Rud. Barth,** Kinderlust. Liederbuch für evangel. Kinder-Gottesdienste. 2. Aufl. Ausg. mit Noten. 12. (164 S.) Hamburg 883, Evangel. Buchhandlung. cart.
—— —— dass. — 4. Aufl. Ausg. ohne Noten. 12. (64 S.) Ebendas. 887. *

Grono winne z ogrodu pana Jezusa Chrystusa w którym napełnione słodycze pokarmów anielskich dla duszy pragnącéj. (Eine Traube aus dem Christusgarten, in welchem die Süssigkeiten der Himmelsnahrung für eine hungrige Seele zu finden ist.) 24. (IV und 404 S.) Teschen 860, Prochaska. **
Feine Ausg. **

van Groenou, Gustaaf E. A. Broese [Arts aus Aardenburg, Holland]: Ueber die Tuberkulose der Harnblase ... Freiburg i. B., Buchdr. v. Chr. Ströcker, 1892; 58 S. 8.
Freiburg i. B., Med. Fak., Inaug.-Diss. v. 1892

Groenouw, Arthur

Groenouw, Arth., Anleitg. z. Berechng. d. Erwerbsfähigkeit bei Sehstörungen. gr. 8. (XII, 73 S. m. 5 lith. Taf.) Wiesbaden 896. J. F. Bergmann. n. 2.40

— s.: **Archiv f. Augenheilkunde.**

Augenleiden bei Diabetes mellitus. Von Prof. Dr. [Arthur] **Groenouw** in Breslau. Halle a. d. S.: C. Marhold 1907. (64 S.) 8°
= **Sammlung** zwangloser Abhandlungen aus d. Geb. d. Augenheilkunde. Bd 7, H. 2/3. [n. 1,60] 3

Groenouw, Arthur [prakt. Arzt]: Beiträge zur mathematischen Berechnung der Wirkung prismatischer Brillen .... Breslau, Druck d. Bresl. Genossenschafts-Buchdr., (1886); 39 S. u. 1 Taf. 8°.
Breslau, Med. Fak., Inaug.-Diss. v. 18. Mai 1886.

Groenouw, Arth., Beiträge zur mathematischen Berechnung der Wirkung prismatischer Brillen. gr. 8. (37 S. m. 1 Taf.) Breslau 886. (Köhler.) n. 1.—

Groenouw, A., u. W. Uhthoff, Beziehungen der Allgemeinleiden u. Organerkrankungen zu Veränderungen u. Krankheiten d. Sehorganes, s. a. **Graefe,** Alfr., u. Thdr. **Saemisch,** Handbuch der ges. Augenheilkde.

A[rthur] **Groenouw,** Beziehungen der Allgemeinleiden und Organerkrankungen zu Veränderungen und Krankheiten des Sehorganes: Erkrankungen d. Atmungs-, Kreislauf-, Verdauungs-, Harn- u. Geschlechtsorgane, d. Haut- u. Bewegungsorgane, Konstitutionsanomalien, erbliche Augenkrankheiten u. Infektionskrankheiten. Mit 57 Abb. u. 11 Taf. Leipzig: W. Engelmann 1904. (XIV, 862 S.) 8°
= Graefe-Saemisch. **Handbuch** d. gesamten Augenheilkunde. 2. Aufl. Bd 11, Abt. 1. [n. 8,00] 10

Groenouw, Arthur [Dr. med., Assistenzarzt an d. Kgl. Universitätsklinik f. Augenkr. zu Breslau]: Ueber die Sehschärfe der Netzhautperipherie und eine neue Untersuchungsmethode derselben ... Wiesbaden, J. F. Bergmann, 1892; 4 Bl., 48 S. 8.
Breslau, Med. Fak., Hab.-Schr. v. 19. Dez. 1892

Gronov, Jacob, De imaginibus et statuis principum. Von Bildnissen und Ehren=Seulen vornehmer Standes=Personen. Diss. philol. Leyden 1708. Ed. nov. o. O. 1735. 40 S. (6.50) 11793

Gronov, Johann Friedrich

Gronovii, J. F., in Statii Sylvas diatribe. Hag. Com. 637. 8. Ed. nova ab ipso auctore aucta. Acc. Em. Crucei Antidiatribe, Gronovii elenchus antidiatribes et Crucei muscarium. Cum annotationibus ed. Fr. Handius. Lips. 811. 2 Tom. 8. 5 rthl.

— in P. Papinii Statii silvarum libros V Diatribe. Nova editio, ab ipso auctore correcta, interpolata et aucta. Accedunt Emerici Crucei Antidiatribe, Gronovii Elenchus Antidiatribes et Crucei Muscarium. Edidit et annotationes adj. Fd. Handius. II. Tom. 8maj. Leipz. 812. Er. Fleischer. 5 ₰ chartascript. 6 ₰

Gronovii, Jo. Frid., Epistolae XXXVII ad filium suum Jacobum nondum editae. Collegit et notas adj. Al. M. Harter. 8. (5 B.) Landishuti 835, libr. Thomann.

Gronov, Johann Friedrich. In aliquot C. Plinii Secundi Naturalis historiae libros notae emendatius editae . . . Gothae 1855. H: *Wüstemann, Ernst Friedr.* (ABJP)

Gronovi, Frid., in aliquot C. Plini naturalis historiae libros notae emendatius edit. et locupletioribus indicibus auctae. Gothae 855. F. A. Perthes. gr. 8. (2 Bl., 123 S.) n. 1 ₰ 6 ngl

Gronovius, J. F., Notae in L. Ann. Senecae Nat. Quaestiones ed. C. R. Fikkert. 2 Tle. Pr. 1846 u. 1848. 48, 40 S. 4°.

Gronovius, Joan. Frdr., notae in L. Annaei Senecae naturales quaestiones. E manuscr. Hamburgensi primus ed. Car. Rud. Fickert. Pars II. continet notas in libros quatuor posteriores. 4maj. (IV und 40 S.) Vratislaviae 848, (Grass, Barth und Comp. Sortimentsh.) *
Pars I. Ibid. 1846. * 15 Ngr.

Gronovii, Jo. Fred., Notae in Terentium. In us. scholar. accurate ed. Car. Henr. Frotscher. Acced. indices copiosissimi. 8. (9½ B.) Lipsiae 833, Kollmann.

Gronovius, Jh. Fr., observationum libr. IV. Cur. et praef. est Fr. Platner. 8maj. Leipz. 755. Compt. f. L. 1 ₰ 12 ggl N. A. Adnotationes suas adjec. C. H. Frotscher. Acced. indices locuplet. 8maj. Leipz. 831. Lehnhold. 3 ₰ 12 ggl

—— Observationum lib. IV. — Post Fr. Platnerum denuo edidit, vitam Gronovii praemisit, ejusdem observator. in scriptoribus ecclesiasticis monobiblon breves que adnotationes suas adjec. Car. Hem Frotscher. Acced. indices locuplet. 8maj. (50½ B.) Lipsiae 831, Lehnhold. 8 12

Gronov, Lorenz Theodor

— Bibliotheca regni animalis. 4. Leyd. 760.

Gronovius, Laur. Theod., Hist. pandectorum. 8. Halae. 730.

Gronovius, Laur. Theod., museum ichtyologicum. II Tom. c. fig. Fol. maj. Leyd. 753 u. 56. 4 ₰

— Zoophylacium Gronovian. III Fasc. fol. Leid. Gleditsch. 764 — 81.

— Zoophylacium Gronovian. III Fasc. Fol. Leyd. 774 — 81. 8 ₰ 12 ggl

Gronover, Albert: Beiträge zur Kenntnis der Hexaalkyldiarsoniumverbindungen. *Bonn 1899: A. Henry.* (35 S.) 8°
Heidelberg, Naturw.-math. Diss. v. [28. Febr.] 1899

Gronover, (Franc.) Anton. (geb. Greven in Westf. 13. 11. 1829): De entropio. Berolini (1854). (27 S.) 8°
Berlin, Med. Diss. v. 19. Aug. 1854

Gronovius, s. Gronov.

Gronow, s.: Elsner v. Gronow.

Gronow, Captain, aus der großen Welt. Pariser u. Londoner Sittenbilder 1810—1860, s. a. Memoirenbibliothek. III, 2.

GRONOW, Captain, Aus der großen Welt. Pariser und Londoner Sittenbilder aus den Jahren 1810 bis 1860. Mit 8 (kulturhistorisch interessanten) Bildern. Stuttgart, Rob. Lutz (c. 1908). 8°. (Brosch. 5,50 Mk.; gebd. 6,50 Mk.; in Halbfrz. 7,50 Mk.)

Gronow, (Ernst), Erster Bürgermeister: Einführungsrede. Stralsund 1905: Regierungs-Buchdr. (S. 1—2.) 4°
Stralsund, G OP 1905 (177)

Gronow, *Ernst* (1. Bürgermstr.): *Worte bei der Einführung des Direktors Eduard Roese.* 4 (S. 22—23 d. Schuln.).
Progr. Rg *Stralsund* 1899

Gronow, William [aus Stralsund]: Ueber Dinitro-m-xylolsulfonsäure und einige ihrer Derivate .... Stralsund, Druck v. Emil Berndt, vorm. W. Dittmer, 1887; 2 Bl. + 28 S. 8°.
Freiburg i. B., Phil. Fak., Inaug.-Diss. v. 1887.

Gronow, William, über Dinitro-m-xylolsulfonsäure und einige ihrer Derivate. Diss. Freiburg i. B. 1887, Wagnersche Univ.-Buchh. 8°. 28 S.

Gronowski, Wenceslaus, a. Bialystock: Aus d. kgl. Univ.-Frauenklinik München. Vorstand: Prof. Dr. Döderlein. Ueber die operative Behandlung der Doppelbildung der weiblichen Genitale. München 1908: M. Ernst. (34 S.) 8°
München, Med. Fak., Ref. Döderlein, Diss. v. 26. März 1908
[Geb. 10. Febr. 83 Bialystock (Gouv. Grodno); Wohnort: Bialystock; Staatsangeh.: Rußland; Vorbildung: Petscherski-Gymn. Kiew Reife O. 03; Studium: Warschau 4, Zürich 3, Wien 2, München 1 S.; Rig. 26. März 08.]

Grönroos, Hjalmar [aus Helsingfors]: Zur Entwickelungsgeschichte des Erdsalamanders (Salamandra maculosa Laur.) ... (Aus: Anat. Hefte, Abt. 1 Heft 18.) Wiesbaden, J. F. Bergmann, 1895; 1 Bl., 155—247 S., 2 Doppeltaf. 8.
Tübingen, Med. Fak., Inaug.-Diss. v. 1895

Die Musculi biceps brachii und latissimo-condyloideus bei der Affengattung Hylobates im Vergleich mit d. entsprechenden Gebilden d. Anthropoiden u. des Menschen. Von Dr. Hjalmar Grönroos, Privatd., Helsingfors. Mit 3 Taf. *Berlin: Akad. d. Wiss. 1903.* (102 S.) 4°
Aus: Abhandlungen d. K. Preuss. Akad. d. Wiss. v. J. 1903. Anh.

Grönroos, Hjalmar, die Musculi biceps brachii u. latissimo-condyloideus bei der Affengattung Hylobates im Vergleich m. den entsprechenden Gebilden der Anthropoiden u. des Menschen. (100 S. m. 3 Taf.) gr. 4. Berlin 903. (G. Reimer.) Kart. n. 5. 50
Sonderabdr. a.: „Abhandlgn. d. preuss. Akad. d. Wiss., Anh."

Grönvolt, Bernt, s.: Wasmann, Friedrich.

Gronwald, H., das Feuerlöschwesen auf See. (46 S. m. Abbildgn.) gr. 8. Rostock 903. C. E. J. Volckmann Nachf. n. 1. 60

Gronwaldt, A., Sehnen-Tafeln für den Radius 1000, enth. die Sehnen aller Winkel von 0° bis 180°; nebst einer Gebrauchsanweisung (und einem Anhange, enth. die trigonometrisch auf den Horizont reducirten Längen bei Höhen-Messungen von 1° — 45°). Ein Handbuch für Geometer, Forstbeamte, Ingenieure u. s. w. Lex.-8. (VI und 65 S. mit 1 Stnt.) Quedlinburg 850, Franke.

Grönwall, ..., s. Lilia. Novelle.

Gröawall, A., de abolitione asylorum. Lips. 1726. 8.

Groon, H. Comparaison entre l'Avare de Molière et l'Aululaire de Plaute. Verden, G., 1875. 32 S. 4.

Groos, über die Anwendung der Longe in der Dressur des Soldatenpferdes. (VII, 112 S.) gr. 8. Oldenburg (906). G. Stalling's Verl. n. 2. 60

Groos, Adolph (geb. Freudenberg in Westf. 8. 7. 1841): Die acute Phosphorvergiftung. Berlin (1867). (32 S.) 8°
Berlin, Med. Diss. v. 15. Aug. 1867

Groos, Aug., Sinnbilder u. Randglossen zu Bibelsprüchen u. Bibelwahrheiten f. junge u. alte Christen. gr. 16. (VIII, 139 S.) Hamburg 872. Agentur d. Rauhen Hauses. n. 1. —

Groos, Eduard, prakt. Arzt aus Lichtenau: Ueber das Flächenwachstum der Placenta bezw. der Placentaranlage in der ersten Hälfte der Schwangerschaft. Mit 6 Taf. *Marburg 1900: F. Sömmering.* (30 S.) 8°
Marburg, Med. Diss. v. 21. Juni 1900

Groos, Eduard Albert (Wittgenstein/Westf.), De epiphora seu dacryorrhysi. Dissertat. med. Bln. (Brüschck) 21. VII. 1830. 30 S. mit Biogr. (M.: F. Schaffner.) (6.—) 11795
Oppon.: W. Diesterweg, J. G. Heinen, E. v. Seckendorff. — Gew.: Carl Groos (Vater).

Groos, Ed. Alb., de Epiphora seu Dacryorrhysi. Dissert. inaug. med. 8 maj. (2 B.) Berolini 830, (Hirschwald.)

Groos, Ed. Alb., die Erfahrungen e. alten Arztes vorzüglich auf dem Gebiete der Homöopathie. Eine biographisch-medizin. Skizze. gr. 8. (VI, 413 S.) Iserlohn 885. Bädeker. n. 5. —

Groos, Aemil. (geb. Berleburg in Westf. 7. 1. 1838): De hysteria. Berolini (1861). (32 S.) 8°
Berlin, Med. Diss. v. 1. Aug. 1861

— **Emil** (Westfalen), De inflammatione hepatis. Diss. med. Bln. (Brüschck) 19. III. 1825. 24 S. mit Biogr. (M.: F. Schaffner.) (6.—) 11796
Oppon.: Reinhardt, Hermann, Levy. — Gew.: Carl Groos (Vater), G. Vollmar.

Groos, Ernst (geb. am 27 Juni 1846 in Laasphe Westf.): Ueber die diätetische Behandlung des Menschen im ersten Lebensjahre ... Bonn, Druck v. F. Krüger 1868. 2 Bl., 27 S., 1 Bl. 8.
Bonn, Med. Fak., Diss. v. 31 Juli 1868

Groos, Fr. Otto, eine neue Buchhaltung für reine Sortiments-Geschäfte. 4. (38 S.) [Düsseldorf 880, Groos.] Marburg, Elwert'sche Verlagsb.

Groos, Friedrich

Groos, Friedr., Beleuchtung d. Endzwecks u. d. Resultate d. Philosophie. Als Anh. zu seinen „Schüchternen Blicken in d. Tiefen d. Philosophie." 8. (1⅓ B.) Karlsruhe 833, Groos.

F. Groos: Betrachtungen üb. moral. Freyheit, Unsterblichk. d. Seele u. Gott, m. e. Vorr. v. Cp. Ad. Eschenmayer. *Tüb.*, Laupp. 818. 8° 21 gl

— schücht. Blicke in d. Tiefen d. Philosophie. gr. 12. (3½ B.) Karlsruhe 832, Groos.

— das Dasein Gottes. 8. (3½ B.) Mannheim 841, Hoff.

Groos, Friedrich: Entwurf einer philosophischen Grundlage für die Lehre von den Geisteskrankheiten. 96 S., gbd.

Heidelberg u.Leipzig: Groos 1828
(Groos, F.: Psychiatrische Fragmente. Bd 1)

Groos, Friedrich: Psychiatrische Fragmente.

Heidelberg u.Leipzig: Groos 1828 -
Bd 1: Groos, F.: Entwurf einer philosophischen Grundlage für die Lehre von den Geisteskrankheiten. 1828

— der Geist d. psych. Arzneiwissenschaft, in nosolog. u. gerichtl. Beziehung. (Aus „Friedreich's Magazin" abgedr.) gr. 8. (5 B.) Würzburg 831, Strecker. — 8

— die Schellingsche Gottes- u. Freiheitslehre vor d. Richterstuhl d. gesunden Vernunft vorgefordert. 8. Tübing. 819. Laupp. 12 gl

— über d. homöopathische Heilprincip. Ein krit. Wort, vielleicht zu seiner Zeit gesprochen. 8. Heidelb. 825. Groos. 5 gl

— Ideen z. Begründung e. obersten Princips f. d. psych. Legalmedicin. gr. 8. (10 B.) Heidelberg 829, Engelmann.

Groos, Friedr., über Criminal-Psychologie. Mit besond. Rücksicht auf das neue Friedreich'sche Werk üb. gerichtl. Psychologie. gr. 8. (2⅛ B.) Heidelberg 835. [Mannheim, Bensheimer.]
Aus: Archiv f. Psychologie etc., hrsg. v. Friedreich, Jahrg. 1834, besond. abgedruckt.

— die Lehre v. d. Mania sine delirio nach ihrer Wichtigkeit f. d. Staat, f. d. Psychologen, d. Richter u. Vertheidiger u. f. d. pract. Heilkunde dargest. — A. u. d. T.: Die Lehre v. d. Mania sine delirio psycholog. untersucht u. in ihrer Bezieh. z. strafrechtl. Theorie d. Zurechnung betrachtet. gr. 8. (9 B.) Heidelberg 830, A. Osswald.

— meine Lehre von d. persönl. Fortbauer d. menschl. Geistes nach d. Tode. Neu bearb. Meinen Kindern gewid. 1. Aufl. 810. u. 2. A. 8. (à 3¼ B.) Mannheim 841, Hoff. à

Groos, Friedr., der unverwesl. Leib als d. Organ d. Geistes u. Sitz d. Seelenstörungen. Eine anthropolog. Rhapsodie. gr. 12. (3¼ B.) Heidelberg 837, Groos. Thlr.

— s. Magazin für rc. Seelenkunde.

Groos, Fr., der zwiefache, der äußere u. der innere Mensch. Als 2. Thl. d. Schrift: „Meine Lehre von d. persönl. Fortdauer des menschl. Geistes nach dem Tode." 12. (2⅙ B.) Mannheim 816, Hoff.

— krit. Nachwort üb. d. Wesen d. Geistesstörungen. gr. 12. (2½ B.) Heidelberg 832, Groos.

— ein Nachwort üb. Zurechnungsfähigkeit, als Antikritik üb. d. in d. „Bibliothek d. pract. Heilkunde v. Hufeland u. Osann" enthalt. Recension d. Schrift: Untersuchn. üb. d. moral. u. organ. Bedingungen d. Irrseyn's u. d. Lasterhaftigkeit. gr. 8. (1 B.) Heidelberg 828, Groos.

— die geist. Natur d. Menschen. Bruchstücke zu e. psych. Anthropologie. gr. 12. (8 B.) Mannheim 834, Hoff.

Groos, Frdr., die Seele des Menschen. Enthüllungen über die geistige Natur des Menschen ꝛc. Eine wichtige Schrift f. Jedermann. 2. Aufl. 12. (Titelausg. v.: Groos, Frdr., die geistige Natur des Menschen.) (IV u. 186 S.) Bautzen (834) 851, Reichel. 1/2 ₰

— der Skepticismus in d. Freiheitslehre, in Beziehung zur strafrechtl. Theorie d. Zurechnung. gr. 8. Heidelb. 820. Engelmann. 1 ₰ 6 gr

—— der Skepticismus in d. Freiheits-Lehre, in Beziehung z. strafrechtl. Theorie d. Zurechnung. gr. 8. (10½ B.) Heidelberg 830, Engelmann.

Untersuchungen über die moralischen und organischen Bedingungen des Irrseyns und der Lasterhaftigkeit. ... von Friedrich Groos. Heidelberg & Leipzig: K. Groos 1826. 88 S. 8°

—— Untersuchungen üb. Seelen- u. organ. Leben. Ein Vermächtniß an Psychologen u. philosoph. Aerzte. 8. (9 B.) Mannheim 830, Hoff.

Groos, Frdr., der Weg durch den Vorhof d. polit. Freiheit zum Tempel d. moral. Freiheit. Religiös-Philosophisches, Stoisch-Moralisches u. Psychologisches. Mit e. Autobiographie d. Verf. Hrsg. v. J. W. Friedreich. gr. 8. (VI u. 122 S.) Ansbach 849, Gummi. — 2. verm. Aufl. gr. 8. (VI u. 135 S.) Ebd. 850. 18 ngr

— über d. Wesen d. Seelenstörungen u. ein daraus hergeleitetes Eintheilungs-Princip derselben. (Aus d. Heidelbergischen Jahrbüchern abgedr.) gr. 8. Heidelb. 827, Groos. 8 gr

Groos, G., Zeugnisse vom Wort des Lebens. Bremen 869. Müller. gr. 8. (VIII, 186 S.) n. 20 ngr

Groos, Herm (geb Laasphe in Westf 30. 11. 1839) De panaritio. Berolini (1863) (32 S.) 8°
Berlin, Med. Diss. v. 14 Aug. 1863

Groos, Johann Friedrich Karl, s. G r o s , Johann Friedrich Karl.

Verlags-Katalog über Lehrbücher der neueren Sprachen Methode Gaspey-Otto-Sauer. 1804. 1904. Julius Groos in Heidelberg. (Heidelberg: J. Groos 1904.) (VIII, 100 S.) 8° [Umschlagt.] [05. 1463] 10

Groos, Karl, die Befreiungen der Seele. (26 S.) 8. Jena 909. E. Diederichs. 1. —

Groos, Karl, Einleitung in die Aesthetik. gr. 8. (VII, 409 S.) Giessen 892. J. Ricker. n. 7. —

Groos, Karl, der aesthetische Genuss. gr. 8. (VIII, 263 S.) Giessen 902. J. Ricker. n. 4. 80;

— Der Lebenswert des Spiels. Vortrag, geh. im Hamburger „Verein f. Kunst u. Wissenschaft" am 14. III. 1910. (31 S.) 8. Jena 910. G. Fischer. — 60

Groos, Karl, das Seelenleben des Kindes. Ausgewählte Vorlesgn. (V, 229 S.) gr. 8. Berlin 904. Reuther & Reichard. n. 3. —; geb. n.n. 4. —

— Das Seelenleben des Kindes. Ausgewählte Vorlesgn. 2. umgearb. u. verm. Aufl. (VIII, 260 S.) gr. 8. Berlin 908. Reuther & Reichard. 3. 60

Groos, Karl, die Spiele der Menschen. gr. 8. (VI, 538 S.) Jena 899. G. Fischer. n. 10. —; geb. n. 11. —

Groos, Karl, d. Spiele d. Thiere. gr. 8. (XVI, 359 S.) Jena 896. G. Fischer. n. 6. —

Die Spiele der Tiere. Von Karl Groos. 2. umgearb. Aufl. Jena: G. Fischer 1907. (V, 341 S.) 8° [F.] [07. 3066

—— Die reine Vernunftwissenschaft. Systemat. Darstellg. v. Schellings rationaler od. negativer Philosophie. gr. 8. (X, 190 S.) [Heidelb. 889, G. Weiß' Verlag.] Berl., Philosoph.-histor. Verlag. * 3 —

Groos, Ludwig, Referendar: Die Schadensersatzpflicht bei Beschädigung durch Einsturz eines Gebäudes oder von Teilen eines solchen. *Rostock 1903: C. Hinstorff.* (86 S.) 8° [F.]
Rostock, Jur. Diss. v. [4. Jan.] 1904

Groos, Osc. (geb. Laasphe in Westf. 19. 12. 1835): De corporis laesionibus vi quadam mechanica allatis. Berolini (1857). (28 S.) 8°
Berlin, Med. Diss. v 10. Aug. 1857

Groos, Wilhelm

Groos W., Wanderfahrten durch die Niederlande u. längs der Sprachgrenze in Belgien u. Luxemburg, s. Reiseführer, nationale. Nr. 8.

Groos, W[ilhelm]: Wanderfahrten längs der Sprachgrenzen in der Schweiz. Nationaler Reiseführer. — Bln. 1908: Trowitzsch. 63 S. (Schriften des Allg. Dt. Schulvereins zur Erhaltung des Dtm im Ausl. H. 6.)

Grooß, Aug., die hessischen Eisenbahnen unter preuß. Verwaltung. (55 S.) 8. Darmstadt 908. (E. Roether.) — 40

Die hessischen Eisenbahnen unter preuß. Verwaltung. Von A[ug.] Grooß, Darmstadt, Eisenbahndir. a. D. Darmstadt: Hess. Liberale Wochenschr. 1908. (55 S.) 8° [F.] [08. 9489

Groose, A., Die Finanznot Hessens u. der preussisch-hessische Eisenbahnvertrag. (54 S.) 8. Darmstadt, E. Roether. 1910. —. 50.

— Der hessische Staatshaushalt u. die Eisenbahngemeinschaft im Nachgang zu: Die hessischen Eisenbahnen unter preußischer Verwaltung. (29 S.) 8. Ebd. 909. — 25

Groot, s. a. Hofstede de Groot.

Groot, A., de benedictione, speciatim sacerdotali ejusque formula. Lips. 1721. 4.

de Groot, A. D., Cornets, Javaansche Spraakkunst, uitgegeven in naam en op verzoek vanhet Bataviasche Genootschap van Kunsten en Wetenschappen, door J. F. C. Gericke; tweede verbeterde en vermeerderde uitgaaf, gevolgd door een Leesboek tot oefening in de Javaansche taal, verzameld en uitgegeven door J. F. C. Gericke; op nieuw uitgegeven en voorzien van een nieuw Woordenboek door T. Roorda. gr. 8. Amsterdam 843, Jh. Müller. n. 5 ₰ 3 ngr

Groot, C. W., s. G r o o t e , Chr. Wilhelm.

Die Handzeichnungen Rembrandts. Versuch e. beschreibenden u. krit. Katalogs. Von C[ornelis] Hofstede de Groot. Uitg. door Teyler's Tweede Genootschap. Haarlem: De Erven F. Bohn 1906. (XLIX, 406 S.) 8° [07. 188

de Groot, Cornelis Hofstede [2. Dir. d. kgl. Gemäldegalerie im Haag]: Arnold Houbraken in seiner Bedeutung für die holländische Kunstgeschichte. Zugl. e. Quellenkritik d. Houbrakenschen „Groote Schouburgh" ... (Erscheint vollst. im gl. Verl.) Haag, M. Nijhoff, 1891; 2 Bl., 88 S., 2 Bl. 8.
Leipzig, Phil. Fak., Inaug.-Diss. v. [13. Jan.] 1892

Arnold Houbraken und seine 'Groote Schouburgh' krit. beleuchtet, von Dr. Corn[elis] Hofstede de Groot. *Haag: M. Nijhoff 1893.* (XIV, 530 S.) 8°
Ein Teil erschien als Inaug.-Diss. Leipzig 1892.
— Quellenstudien z. holländischen Kunstgeschichte. [1.]

Groot, Cornelis Hofstede de (Hrsg.), s. Quellenstudien zur holländ. Kunstgeschichte.

Beschreibendes und kritisches Verzeichnis der Werke der hervorragendsten holländischen Maler des XVII. Jahrhunderts. Nach d. Muster von John Smith's Catalogue raisonné zsgest. von Dr. C[ornelis] Hofstede de Groot. Bd 1. Esslingen: P. Neff 1907. 8° [07. 1907]

Groot, Hugo de, s. Grotius, Hugo.

Groot, J. J. M. de, s.: Religionen, die orientalischen.

Groot, J. J. M. de, the religious system of China, its ancient forms, evolution, history and present aspect. Manners, customs and social institutions connected therewith. Published with a subvention from the Dutch colonial government. Vol. I. Book 1. Disposal of the dead. Lex.-8. (XXIV, 360 S. m. Textabbildgn. u. Lichtdr.-Taf.) Leiden 892. E. J. Brill. n.n. 12. —

Groot, J. J. M. de, the religious system of China, its ancient forms, evolution, history and present aspect. Manners, customs and social institutions connected therewith. Published with a subvention from the Dutch colonial government. Vol. II and III. Book 1. Disposal of the dead, Part III, The Grave (2 halfs). Lex.-8. (Mit Textabb. u. Lichtdr.-Taf.) Leiden, Buchh. u. Druckerei vorm. E. J. Brill. n.n. 35. — (1, I.—III.: n.n. 47. —)
II. (VIII u. S. 361—827.) 892. n.n. 15. —
III. (IV u. S. 829—1468.) 897. n.n. 20. —

Groot, J. J. M. de, the religious system of China, its ancient forms, evolution, history and present aspect. Manners, customs and social institutions connected therewith. Published with a subvention from the Dutch colonial government. Vol. IV. Book 2. On the soul and ancestral worship. Part 1, the soul in philosophy and folk-conception. Lex.-8. (X, 467 S. m. 1 Lichtdr.-Taf.) Leiden 901. Buchh. u. Druckerei vorm. E. J. Brill. n.n. 12. —
Vol. I—III. Ebd. 892—897. n.n. 47. —.

Groot, J. J. M. de, the religious system of China, its ancient forms, evolution, history and present aspect. Manners, customs and social institutions connected therewith. Published with a subvention from the Dutch colonial government. Vol V and VI. Lex. 8. Leiden, Buchh. u. Druckerei vorm. E. J. Brill. nn 27. —
V. Book 2. On the soul and ancestral worship. Part 2, demonology. — Part 3, sorcery. (VI u. S. 465—930.) 907. 12. —
VI. Book 2. On the soul and ancestral worship. Part 4, the war against spectres. — Part 5, the priesthood of animism. (VI u. S. 929--1343 m. Fig. u. Taf. VIII—XXI.) 910. nn 15. —

Groot, J. V. de, O. Praed., Leo XIII. u. d. hl. Thomas v. Aquino. Autoris. Übersetzg. v. V. J. Fuß. gr. 8. (67 S.) Regensburg 897. Nationale Verlagsanstalt. n. 1. —

Groot, Fr. J. V. de, summa apologetica de ecclesia catholica ad mentem S. Thomae Aquinatis. 2 partes. gr. 8. (XI, 394 u. 368 S. m. 4 Fig.-Taf.) Regensburg 890. Verlags-Anstalt. n. 10. —

Groot, Fr. J. V. de, summa apologetica de ecclesia catholica ad mentem S. Thomae Aquinatis. Ed. II. ab auctore recognita. gr. 8. (XVI, 821 S. m. 1 Taf. u. 1 Tab.) Regensburg 892. Nationale Verlags-Anstalt. n. 6. 50

de Groot, I. V., Summa apologetica de ecclesia catholica ad mentem s. Thomae Aquinatis. Regensburg, Verlagsanst., 1893, gr. 8°, XVI, 821 S., 2. durchgesehene Aufl., 6,50 Mk.

Groot, J. V. de, O. Praed., Summa apologetica de ecclesia catholica ad mentem S. Thomae Aquinatis. Ed. III ab auctore emendata et aucta. (XVI, 915 S. m. 7 Fig.) gr. 8. Regensburg 906. Verlagsanstalt vorm. G. J. Manz. n. 10. —; geb. in Halbfrz. n. 12. 50

Groot, Jan de, aus Rotterdam: Beitrag zur Kenntniss der Gährungsprozesse im Magen und im Darmkanal. *Gorinchem 1898: J. Noorduyn & zoon.* (40 S.) 8°
Freiburg i. B., Med. Diss. v. 1898

Groot, Johann Hermann

— s. 1) Auszug, chronolog., aus d. Gesch. von Polen. 2) Türpin, Gesch. d. Regierungen.

Groot, Jh. Hrm., († d. 17. Aug. 1789.) Versuch über d. Geist d. Gesetzgebung. 8. Mitau 1769.

de Groot, P. Hofstede, Institt. historiae eccles. Christ. In schol. suarum us. brev. delineat. 8 maj. Gröningen 835. Oomkens. (Bremen, Kaiser.) $1^1/_2$ ß

— Institt. theolog. naturalis. In schol. suarum usum brev. delineatae. 8 maj. Gröningen 834. Oomkens. (Bremen, Kaiser.) 11 gl

de Groot, P. Hofstede. Ary Scheffer. Ein Charakterbild (Mit Portrait und Photographien nach seinen Werken.) Berlin 1870. 8°.

Groot, R. H., Disputatio, in qua epistola ad Hebraeos cum Paulinis epistolis comparatur. 8maj. Utr. 826. (Fr. Fleischer in Leipz.) 1 ß 12 gl

Groot, (S. H.,) de Disputatio qua in epistola ad Hebraeos cum Paulinis epistolis comparatur. gr. 8. Traject. 826, (Fr. Fleischer in Leipzig.)

Groot, Traug., (K. W. Schnitzlein), sicherstes Mittel wider die so häufige Beraubung d. Posten. 4. Nürnb. 769. Felßecker. 3 gl

Groote, Alf., der norddeutsche Bund, das preußische Volk u. der Reichstag. Leipzig 867. Colditz. gr. 8. (47 S.) n. 5 ngr

Groote, Chr. Wilhelm

Groote, Chr. Wlh., († d. 21. Aug. 1792.) Betrachtt. über d. abscheuliche Sünde d. Meineids. gr. 8. Frankf. a. M. 790. Hermann. 18 gl

— Hirtenbriefe an d. Geistlichen d. sämmtl. Fürstl. Nassau-Saarbrück-Usingischen Lande. 5 Stcke. 4. Frankf. a. M. 777—87.

— Versuch einer gründl. Zubereitung der zum Lehramt bestimmten Jugend. 8. Frankf. a. M. 769. Andreä. 6 gl

Groote, Eberhard von

v. Groote, Ebhd., s. 1) Faust's Versöhnung. 2) Gottfried von Straßburg, Tristan. 3) Taschenbuch f. Freunde altdeutscher Zeit.

Groote, E. v., Faust's Versöhnung mit dem Leben. 8. Cölln, J. P. Bachem. 816.

v. Groote, E., s. Hagen. des Meisters Godefrid, Reimchronik.

Groote, E. v., des Ritters Arnold v. Harff Pilgerfahrt, s. Harff.

Groote, G. L., gemeinfaßl. Lehre von Logarithmen ꝛc. 8. Nürnb. Schneider und W. in Commission. 810.

Groote, Georg Wilhelm Fr.

Groote, Geo Wlh. Fr., philosoph. Blicke auf d. Ehe, in Rücksicht auf Gesetz u. verbotene Grade. 8. Essen 788.

Groote, Johann Ludwig von

— s. A. Godeau, Kirchengeschichte.

v. Groote, Jh. Ldw., chronolog. Verzeichniß d. Bischofe, Erzbischöfe zu Utrecht. gr. 8. Augsb. 793. Rieger. 10 ℳ

— chronolog. Verzeichniß d. Bischöfe u. Erzbischöfe in Wien. 8. Augsb. 794. Rieger. 3 ℳ

Groote, Karl Friedmann de: Propositiones et observationes quaedam medicinam obstetriciam et populationem nec non universam medicinae scientiam spectantes. 40 S., gbd.

Erlangae: (Walther) 1784
(Adversaria argumenti physico-medic., Fasc. 5,19)

Groote, Max. v., die Entstehung des jonischen Kapitäls u. seine Bedeutung f. die griechische Baukunst, s. a. Zur Kunstgeschichte des Auslandes. 34. Hft.

Die Entstehung des jonischen Kapitells und seine Bedeutung für die griechische Baukunst. Eine Studie von Maximilian v. **Groote**. Straßburg: J. H. E. Heitz 1905. (VIII, 50 S.) 4°(8°)
= **Kunstgeschichte**, Zur, d. Auslandes. H. 34. [illegible]

Groothoff H, das Patriotische Gebäude, sein Erbauer Th Bülau und der diesjährige Umbau des Hauses. (18 S) Hamburg 1898

Gropengiesser, Fritz, gesammelte Blätter aus meinem Tornister. Erinnerungen an die Zeit des grossen Krieges. (226 S.) 8. Leipzig 910. Modernes Verlagsbureau. 3.—; geb. 4.—

Gesammelte Blätter aus meinem Tornister. Erinnerungen an d. Zeit d. großen Krieges von Fritz **Gropengießer**. Berlin-Leipzig: Wigand 1910. 225 S. 8° [illegible]

Gropengießer, Hermann, a. Braunschweig: **Die Gräber von Attika der vormykenischen und mykenischen Zeit. [T.] 1. Athen 1907: Meissner & Karjaduris. (60 S.) 8°**
Heidelberg, Phil. Fak., Ref. v. Duhn, Diss. v. 29. Jan. 1907
[Geb. 9. Okt. 79 Braunschweig; Wohnort: Heidelberg; Staatsangeh.: Baden; Vorbildung: Gymn. Mannheim Reife M. 98; Studium: Heidelberg 9 S.; Rig. 17. Febr. 06.]

Gröper, Eugen [aus Herrnstadt (Schlesien)]: Ueber die Mechanik der Fettresorption. . . . Berlin, Buchdr. v. M. Niethe (1889); 36 S. 8°
Berlin, Med. Fak., Inaug.-Diss. v. 12. März 1889

Groeper, Fritz, Bank-Assistent: Das Verlöbnis des Bürgerlichen Gesetzbuches auf der Grundlage der neuen Literatur und Gerichtspraxis. Berlin 1905: Buchdr. Roitzsch, Roitzsch. (84 S.) 8°
Rostock, Jur. Fak., Ref. Bernhöft, Diss. v. 20. Jan. 1905
[Geb. 11. Aug. 77 Wilhelmsthal b. Oppeln; Wohnort: Berlin; Staatsangeh.: Preußen; Vorbildung: Friedrich Wilhelms-Gymn. Posen Reife O. 96; Studium: Berlin 7 S.; Rig. 19. Nov. 04.]

Groeper, Richard: Die Philosophie Schopenhauers in ihrem Verhältnis zum Christentum, historisch-kritisch beleuchtet. Frankfurt a. O. 1910: Trowitzsch. 32 S. 4°
Frankfurt a. O., k. Friedrichs-G OP 1910

GROPIUS, Gebr. (Decorationsmaler in Berlin), Masken-Anzüge zu Polterabenden u. Bällen. Mit 24 color. (merkw.) Kpfrn. Berlin 1831. 4°.
Vergriffen u. selten!

Gropius, George

Gropius, Geo., Beiträge z. Geschichte Berlins, s. Beiträge.

— Centralblatt d. deutsch. Kunstvereine, s. a. Centralblatt.

Gropius, George. Centralblatt der deutschen Kunst-Vereine. 1839—1842. Berlin. 4°.

— Chronik von Berlin, s. Chronik.

(Gropius, Geo.,) neuester Fremdenführer f. Berlin ꝛc., s. Fremdenführer ꝛc.

— Kinderwochenblatt, s. Kinderwochenblatt.

Gropius, Karl: Malerische Ansichten ..., s. Ansichten, Maler., u.: Schoppe, J.

Gropius u. Schmieden, Dekorationen innerer Räume. Sep.-Ausg. 1. u. 2. Hft. 12 (lith.) Taf. im reichsten Farbendr. gr. Fol. Berlin 877. Ernst & Korn. cart. n. 30. —

— — Dekoration innerer Räume. Sep.-Ausg. 3. Hft. 7 Taf. in reichstem Farbendr. Fol. (1 Bl. Text.) Berlin 883. Ernst & Korn. In Mappe. n. 20. — (1—3: n. 50. —)

Gropius, Carl. Decorationen auf den beiden Kgl. Theatern in Berlin, unter der General-Intendantur des Hrn. Grafen v. Brühl Nach Zeichnungen des Kgl. Decorateurs Carl Gropius Berlin 1827. Fol.

Gropius, Carl. Ornamente in verschied. Baustylen nach Modellen, welche in der Fabrik aller Arten Verzierungen in Steinpappe v. C. Gropius ausgeführt sind. Zur Benutzung f. Architecten, Baumeister, Bauhandwerker u. Maler. Nach d. Maasstabe gezeichnet. 12 Hfte. qu. Imp.-4. (à Hft. 6 Stnt.) Berlin 844—46, Reimarus. à Hft. 22½ Ngr.

Gropius, Carl, Ornamente in verschied. Baustylen. XIII—XV. Heft. qu. Imp. 4. (à 6 lith. Taf.) Berlin 849. 51, Ernst & Korn. à ¾ ℳ (1—XV: 11¼ ℳ)

Gropius, Carl, Ornamente in verschiedenen Baustylen nach Modellen, welche in der Fabrik aller Arten Verzierungen in Steinpappe von Carl Gropius in Berlin ausgeführt sind. Zur Benutzung für Architecten, Bauhandwerker und Maler. Nach dem Mass-Stabe gez. und hrsg. 3., wohlf. Ausg. 5 Lfgn. qu. Fol. (90 Stnt.) Berlin 857, Ernst und Korn.

Gropius, Carl, Ornamente in verschiedenen Baustylen nach Modellen, welche in der Fabrik aller Arten Verziergn. in Steinpappe v. Carl Gropius in Berlin ausgeführt sind. Zur Benutzg. f. Architekten, Bauhandwerkor u. Maler nach dem Mass-Stabe gezeichnet u. hrsg. Vorräthig in der Fabrik aller Arten Verziergn. in Steinpappe v. Paul Gropius. 90 (lith.) Blatt. 4. Aufl. qu. gr. 4. Berlin 886. Ernst & Korn. cart. n. 16. —

Gropius, Martin (Hrsg.), s. Archiv f. ornamentale Kunst.

—— und Schmieden, Evacuations-Pavillon für die Kranken-Anstalt Bethanien in Berlin. gr. 8. (11 S. mit 1 Kpfrt. in qu. gr. 4.) Berlin 873, Ernst und Korn.
Aus: Zeitschrift für Bauwesen, besonders abgedruckt.

— — das 2. Garnison-Lazareth f. Berlin bei Tempelhof. Nach dem vom königl. Kriegs-Ministerium aufgestellten Bauprogramm entworfen u. ausgeführt. Bearb. u. hrsg. unter Mitwirkung v. Loewer, v. V. v. Weltzien. Mit 7 Kpfrtaf. u. e. Anh. Fol. (19 S. m. eingedr. Holzschn.) Ebend. 879. cart. n. 12. —

Gropius u. Schmieden, das neue Gewandhaus in Leipzig. Nach dem preisgekrönten Concurrenz-Entwurf v. G. u. Sch. erbaut durch H. Schmieden, V. v. Weltzien u. R. Speer. Mit 16 Taf. in Stich u. reichem Farbendr. Fol. (9 S.) Berlin 887. Ernst & Korn. In Mappe. n. 36. —

— u. **Schmieden**, das neue Concerthaus zu Leipzig, erbaut v. G. & S. Orig.-Aufnahme nach der Natur v. G. Koppmann & Co. in Hamburg. 12 Glanzlichtdrucke auf elegantem Carton. gr. Fol. Leipzig 886. Dorn & Merfeld. In Leinw.-Mappe. n. 40. —; Ausg. in Mattdruck f. Architekten. Fol. In Leinw.-Mappe. n. 12. —; Cabinet-Ausg. gr. 8. (9 Lichtdr. Taf.) In Leinw.-Mappe n. 9. —

— — das städtische allgemeine Krankenhaus im Friedrichshain zu Berlin. Text bearb. von V. v. Weltzien. Mit 17 Kpfrtaf. u. vielen in den Text eingedr. Holzschn. Fol. (45 S.) Ebend. 876. n. 30. —

Gropius, Mart., die Provinzial-Irren-Anstalt zu Neustadt-Eberswalde. Mit 13 Kpfrtaff. u. 14 in den Text eingedr. Holzschn. Berlin 869. Ernst & Korn. gr. Fol. (20 S.) n. 4 *ℛ* 20 *ngr.*

Gropius, Martin, u. Schmieden
— — das neue Universitätsgebäude in Kiel. Mit 5 Kpfrtaf. Fol. (3 S.) Ebend. 885. cart. n. 8. —

Gropius, Richard [Oberl.]: Isidor. Hispal. Etymol. XIII, 13 (de diuersitate aquarum) als Handhabe zur Beurteilung von Isidorus-Handschriften. Weilburg, Druck v. A. Cramer (1889); S. 1—10; 4°
Weilburg, f. G, OP 1889 (371)

Gropius, Rich. Die älteren Handschriften der Gymnasialbibliothek zu Weilburg. 15 S. Progr. *Weilburg* 1885.

Gropius, Rich., Lesebuch f. d. erste Stufe d. griech. Unterrichts. gr. 8. (IV, 95 S.) Berlin 897. Winckelmann & Söhne. n. 1. —

[T.] [Kopft.:] **Gropius**, Richard [Oberl.]: Zusammenhängende Lesestücke zur Einübung der regelmässigen Formenlehre des attischen Dialekts. *Berlin, Druck v. W. Pormetter, 1892;* 20 S. 8.
Weilburg, k. G, P 1892 (368)

Gropius, Richard [Prof.]: Das Verhältnis des Codex Weilburgensis No. 3 der Etymologiae des Isidorus Hispalensis zu den Bernenses 101, 224, 36 und 291. Weilburg, Druck v. A. Cramer, *1894;* 1—9 S. 4.
Weilburg, k. G, P 1894 (399)

Gropius, R.: Das erste Vierteljahr des lateinischen Unterrichts in Sexta. Nebst einer Probe aus einer „methodischen Vorschule für den lat. Unterricht." 40 S.– Naumburg, Progr. 1872.

Gropius Rich., deutsche Vorlagen zum Übersetzen ins Griechische. Für die erste Stufe des griech. Unterrichts entworfen u. bearb. gr. 8. (IV, 40 S.) Berlin 899. Winckelmann & Söhne. n. — 60

Gropius, Rich. Griechische Vorschule. gr. 8. (VIII, 144 S.) Berl. 890, Winckelmann u. Söhne. * 1 60

— Die erste Zeit des griech Unterrichts. Entwurf e. griech. Vorschule nebst d. Anfang d. dazu gehörigen Lesebuchs. Pr. 1879. 28 S. 4°. *Weilburg* 1.—

Gropler, Gustav [aus Posen]: Über Carcinoma mammae. 47 Fälle aus der Königlichen chirurgischen Klinik zu Greifwald [sic!]. . . . Greifswald, Druck v. Julius Abel, 1890; 51 S. 8°
Greifswald, Med. Fak., Inaug.-Diss. v. 24. Mai 1890

Gröpler, Büchereien mittelbarer Fürsten u. Grafen Deutschlands u. Oesterreichs. [Aus: „Das Archiv".] 16. (29 S.) Berlin 890. (Liebmann.) n. — 50

Gröpler, Büchereien mittelbarer Fürsten u. Grafen Deutschlands u. Oesterreichs, sowie ehemaliger freien Deutschen Reichsstädte. 2., verm. Aufl. gr. 8. (42 S.) Dessau 891. Kahle's Verl. n. 1. —

Gröpler, Friedrich, appr. Arzt a. Dessau ⟨Anhalt⟩: Aus der Universitäts-Frauenklinik zu Greifswald, Prof. Dr. A. Martin. Über Verhütung und Behandlung von Hernien in Laparotomienarben m. Berücksichtigung d. Resultate aus 98 an d. Greifswalder Frauenklinik v. April 1899 bis Dez. 1905 stattgehabten Laparotomieen. (Oranienbaum) 1907: Buchdr. Oranienbaum. (33 S.) 8°
Greifswald, Med. Fak., Ref. Martin, Diss. v. 23. März 1907
[Geb. 22. Nov. 81 Dessau; Wohnort: Dessau; Staatsangeh.: Anhalt; Vorbildung: Gymn. Dessau Reife O. 01; Studium: Greifswald 4, Halle 2, Greifswald 3 S.; Coll. 9. Febr. 06; Approb. 1. Nov. 06.]

Gröpler, Johann Balthasar

***Gröpler*, Jh Balth., (†...) la vita d'Ernesto, il pio Duca di Sassonia, tradotta etc. 8. Halle 756.** 6 *gr.*

Gröpler, W., s. Zuruf an d. Protestanten.

Alice | die | Gefangene der Freibeuter | oder | der Ueberfall durch die Galeka's. | Eine Erzählung aus Südafrika | von | Kapitän Alex. Gropp. | Stereotyp-Ausgabe. | Reutlingen. Druck und Verlag von Enßlin und Laiblin. (= *Reutlinger Volksbücher*, 141).
o. J., 63 S., 167 × 107, U.-Fig.: *Gefangene und Indianer.* 82 × 80.
LBS d. D. oct K 3171.

Gropp, Alex., Alice, die Gefangene der Freibeuter, oder der Ueberfall durch die Galeka's. Eine Erzählung aus Südafrika. Ster.-Ausg. 8. (63 S.) Reutlingen 879. Enßlin & Laiblin. — 20

Unter den Battacks, | den | Menschenfressern auf Sumatra. Nach | den Mittheilungen eines holländischen | Offizieres erzählt von | Kapitän Alex. Gropp. | Stereotyp-Ausgabe. Reutlingen. | Druck und Verlag von Enßlin und Laiblin. (= *Reutlinger Volksbücher*, 151).
o. J., 64 S., 166 × 107.
LBS d. D. oct K 3198.

— unter den **Battacks**, den Menschenfressern auf Sumatra. Nach den Mittheilungen e. holländ. Offiziers erzählt. Ster.-Ausg. 8. (64 S.) Ebend. 879. — 20

— die Inselburg d. Buschräubers oder Kapitän Gordon u. Flebbu, der Amakose-Häuptling. Eine Erzählung aus dem Grenzerleben am Cap der guten Hoffnung. 8. (64 S.) Reutlingen 878. Enslin & Laiblin. — 20

Gropp, C: Preisbuch über Harzer Holzwaaren. Benneckenstein i. Harz (1903?)

Gropp, C: Specialitäten der »Zeus« Holzfahrradwerke. Benneckenstein i. Harz (1903?)

Gropp, Ernst, Abriss der französischen Verslehre. 8. (20 S.) Leipzig 886. Renger. n. — 40

Gropp, Ernst, u. Emil Hausknecht, Auswahl engl. bezw. französ. Gedichte, s.: Schulbibliothek, französ. u. englische. B.

Gropp, Ernst, u. Emil Hausknecht, }
— — dasselbe, Kommentar, } s. e. Schulbibliothek, französ. u. englische.

— — Kommentar zur Auswahl französischer Gedichte. [Französische u. engl. Schulbibliothek. Serie B. 1. Bd.] Nebst e. Abriss der französ. Verslehre u. e. Auswahl metr. Übersetzgn. gr. 8. (VIII, 187 S.) Leipzig 891. Renger. n. 1. 60; geb. in Leinw. n. n. 1. 80

— — dasselbe, Kommentar. Nebst e. Abriss d. französ. Verslehre u. e. Auswahl metr. Übersetzungen. 2. Aufl. 8. (VIII, 195 S.) Leipzig 896. Renger. Geb. in Leinw. n. 2. —

Gropp, Ernestus: On the Language of the Proverbs of Alfred. Halis Saxonum 1829 [vielmehr: 1879]: Ploetz. 61 S. 8°
Halle-Wittenberg, Phil. Diss. v. [26. Sept. 1879]
Geb. Magdeburg 12. 11. 1854. V.
Im Buchhandel Halis Sax. (Berlin: Anders & Bufleb) 1879

Gropp, *Ernst Mitteilungen uber das neue Schulgebäude. Nach Mitteilungen des Stadtbaurates Paul Bratring.* 4 (S. 17—19, 3 Taf. der Schuln.).
Progr. Städt. höh. Bürgersch. *Charlottenburg* 1892 (116).

Gropp, Hermann

Gropp, Herm., praktische Anleitung zum Lupinenbau. 1. u. 2. Aufl. 853. (31 S.) 3 ngr. — 3—5. Aufl. 854, 55. (47 S.) 6 ngr. — 6., durch neuere Erfahrungen verm. u. verb. Aufl. Leipzig 857. Wallerstein. (Mertens.) 16. (56 S.) 7½ ngr.

—— deutsches Drainbuch. gr. 8. (70 S. mit 2 Stnt. in qu. Fol. und eingedr. Holzschn.) Berlin 852, Wiegandt und Grieben. *

Gropp's Erfahrungen über unterirdische Wasserabzüge mit Thonröhren und Torfsteinröhren auf nassen Ländereien und über den Anbau der weißen und gelben Lupinen auf trockenem Acker. gr. 8. (VI und 66 S.) Zerbst 851, Kummer'sche Buchh. —

— Erfahrungen über unterirdische Wasserabzüge mit Thonröhren und Torfsteinröhren auf nassen Ländereien und über den Anbau der weißen und gelben Lupinen auf trocknem Acker. 2., verm. u. verb. Aufl. Zerbst 852. Kummer. gr. 8. (55 S.) 12½ ngr.

Gropp, Herm., Gedenkblätter landwirthschaftlicher Culturen. gr. 8. (270 S.) Hannover 883. Weichelt. n. 2. 40

Gropp, Herm., Untersuchungen u. Erfahrungen über das Verhalten des Grundwassers u. der Quellen, mit besond. Berücksicht. für den Ackerbau u. die Wiesenwässerg. Lippstadt 868. (Rempel.) 8. (121 S.) n. 12½ ngr.

Gropp, Hm., s.: Zeitung, allgem. landwirthschaftl.

Gropp, Hermann (Red.), s. Zeitung, Landwirthschaftliche, f. d. nordwestliche Deutschland.

Gropp, Ignaz, s. Stöger, Mich.

Gropp, Ignaz

Groppii, Ign., aetas mille annor. antiquiss. et regalis monast. B. M. Virg. in Amorbach. etc. fol. Lps. Weidmann. 736.

Gropp, Ign. Würzburgische Chronik der letzten 300 Jahre. 2 Bde. fol. Würzburg 1748 24,00.

— collectio noviss. scriptor. et rerum Wirceburgens. saec. XVI. XVII. et XVIII. harten. gestar. etc. II Tomi. c. fig. fol. Frft. u. Lps. Hermann. 741—44.

— — idem. II Tomi. cum fig. fol. Lps. Weidmann. 741—44. (à 5 Rthlr. 8 gr.)

Gropp, Ignatius. Monumenta sepulchralia ecclesiae Ebracensis, Inprimis cordium episcoporum Wirceburgensium. Deinde Gertrudis Augustae, & ejusdem Filii Friderici ducis Suevorum. Irenes item Augustae et aliorum quorundam nobilium Figuris aeneis illustrata. Accedunt alia quaedam Monumenta Historica. Collegit & edidit P. Ignatius Gropp ... Wirceburgi, Sumptibus Philippi Wilhelmi Fuggart ... Typis Marci Antonii Engmann ... 1730.
Tit., 3 Bl., 112 S., 2 Bl., 12 Taf. in Kupferst. v. G. F Weigant. 8°.

— vita Bilihildis, ducissae Franciae orient. 4. Würzb. 727.

Gropp, S. E., deutsches Sängerbuch. 200 Lieder. Perlen deutschen Männergesanges. Text-Ausg. gr. 16. (XV, 160 S) Dresden (899). E. Porges. — 75; geb. in Leinw. n. 1. —

Der schönste Christbaum. Eine Weihnachtsdichtung mit Deklamation ... ⟨nach Franz Graf Poccis 'Weihnachtsmärchen'⟩. Text von Eres. Musik von Wilhelm **Gropp**, Op. 56. Textbuch. Leipzig-Connewitz: Spitzner [um 1905]. 13 S. 8° [10. 7463

Groppe, Thdr., Entfernungs-Tabelle der Hauptorte am Rhein, nebst Angabe der Pegel-O-Punkte üb. Amsterdamer Pegel. Nach amtl. Vermessgn. zusammengestellt. 16. (12 S.) Köln 882. (Warnitz & Co.) n. — 50

Groeppel, *Constantius* Albrechtus *Maximilianus Eugenius:* De Euripidis versibus logaoedicis. ... Lipsiae, *Frommannsche Buchdr. in Jena,* 1890; 2 Bl., 94 S., 1 Bl. 8°
Leipzig, Phil. Fak., Inaug.-Diss. v. [25. Okt.] 1890

Groeppel, Albr., de Euripidis versibus logaoedicis. Inaug.-Diss. gr. 8. (95 S.) Leipzig 890. (Fock.) n. 1. 50

Gropper Josef: Kitâbhalk al-insân von al-'Asma'î 1887 PN 463 Diss. Wien, Univ.

Gropper, Kaspar

Die Nuntiatur-Korrespondenz Kaspar **Groppers** nebst verwandten Aktenstücken '(1573 - 1576)' gesamm. u. hrsg. v. W[ilhelm] E[berhard] Schwarz. *Paderborn: F. Schöningh 1898.* (CXX, 458 S., 1 Bl.) 1 Bd 8.
= Quellen u. Forschungen a. d. Gebiete d. Geschichte ... hrsg. v. d. Görres-Gesellsch. Bd 5. [98. 8196 K.

Groepper, Heinr. Johann. (geb. Münster in Westf. 1. 11. 1846): Ueber Geburten bei engem Becken. Berlin (1869). (32 S.) 8°
Berlin, Med. Diss. v. 24. Juli 1869

Gröpperhof, K. Wilhelm H. Stein –, s. S t e i n - G r ö p p e r - h o f , K. Wilhelm H.

Groppius, Ignaz, s. G r o p p , Ignaz.

Groppler, Frz.

Groppler, F., s.: **Normallehrgang f. d. Papparbeits-Unterricht.**

Groppler, F., Volks- u. Fortbildungs-Schulwesen Frankreichs im J. 1900, s.: Brüggemann, F.

Groppler, F., widerspricht der Arbeitsunterricht dem Prinzip der Schule — u. wer soll ihn leiten?, s.: **Sammlung pädagogischer Vorträge.**

Groppler, Robert [aus Königsberg i. Pr.]: Vergleichende Anatomie des Holzes der Magnoliaceen ... (Aus: Bibliotheca botan., Heft 31.) Stuttgart, E. Nägele, 1894: 1 Bl., 49 S., 1 Bl., 2 Taf. 4.
Rostock, Phil. Fak., Inaug.-Diss. v. [14. März] 1894

Groppler, Rob., vergleichende Anatomie d. Holzes der Magnoliaceen, s. a. B i b l i o t h e c a botanica.

Gröppler, Fritz: Die Ausdehnung der Haftung aus dem Feuerversicherungsvertrage auf andere Elementarschäden. Halle a. S. 1910: Noske, Borna-Leipzig. VIII, 60 S. 8°
Halle, Phil. Diss. v. 11. März 1910, Ref. Conrad
[Geb. 18. Okt. 85 Magdeburg: Wohnort: Magdeburg; Staatsangeh.: Preußen; Vorbildung: König-Wilhelms-Gymn. Magdeburg Reife O. 04; Studium: Halle 3, Göttingen 6, Halle 3 S.; Rig. 14. Febr. 10.] [U 10. 1741

Gros, J. A., Biographie u. Charakteristik, s.: G r a u l , R.

Gros, Gesetz-Sammlung f. das Großherzogt. Hessen, s.: Reh.

Gros, Albrecht David Gabriel von, s. G r o ß , Albrecht David Gabriel von.

Gros, Benj. Friedr. (Sindelfingen), De moscho. Diss. med. Präs. Gottl. Conr. Christ. Storr. Tübing. (Schramm) März 1790. 27 S. (5.50) 11798

— **Christoph Ferdinand** (Kircho-Teccensis), De natura affectuum. Disp. metaphys. Präs. Gottfried Ploucquet. Tübing. (Erhardt) 19. IX. 1753. 16 S. (5.50) **11801**

Gros, E., *Περὶ τῆς φυσιολογικῆς φιλοσοφίας παρὰ τοῖς Ἕλλησι πρὸ τῆς ἰωνικῆς αἱρέσεως διατριβή.* 1885. 46 S. 1.25

Gros, E. (Hrsg.), s. S u e t o n i u s : Opera. 1836-37.

Gros, Ernst, appr. Arzt: Über das Verhalten des Schmelzpunktes und der Koagulationstemperatur der roten Blutscheiben unter dem Einfluß von Alkohol, Lecithin und Cobragift. Gießen 1905: v. Münchow. (23 S.) 8°
Gießen, Med. Fak., Ref. Geppert, Diss. v. 15. April 1905
[Geb. 15. Febr. 75 Werneck; Wohnort: Werneck; Staatsangeh.: Bayern; Vorbildung: Gymn. Würzburg Reife O. 96; Studium: Würzburg 10 S.; Coll. 11. März 05.]

Gros, Erwin, auf der Dorfkanzel. Religiöse Betrachtgn. 8. (VIII, 173 S.) Berlin 900. [Deutscher Dorfschriftenverlag.] Deutscher Verlag. n. 2.—; geb. in Leinw. n. 3.—

Gros, Erwin, auf der Dorfkanzel. Religiöse Betrachtgn. 1.—4. Bd. 8. Berlin, Deutscher Verlag. à n. 2.—; geb. à n. 3.—
1. 2. Aufl. (VIII, 163 S. m. 1 Bildn.) (903.) — 2. 1. u. 2. Aufl. (à VIII, 158 S.) 901. 906. — 3. (VIII, 152 S.) (903). — 4. (VIII, 156 S.) (905.)

Gros, Erwin, auf der D o r f k a n z e l. Religiöse Betrachtgn. 1. 2. 5. u. 6. Bd. 8. Stuttgart, W. Kohlhammer. 7.—; geb. 10. 60
1. 3. Aufl. (VIII, 103 S. m. Bildnis.) Berlin (907). 2.—, geb. 3.—
2. 2. Aufl. (VIII, 152 S.) 909. 2.—; geb. 3.—
5. Reif werden f. die Ewigkeit. Religiöse Betrachtgn. (VIII, 134 S.) 909. 1.50; geb. 2. 30
6. Über Alles die Liebe. Gesammelte Andachten. (VIII, 133 S.) 910. 1.50; geb. 2. 30

[F.] Ein' feste Burg ist unser Gott. Abschiedspredigt üb. Hebr. 13,8 u. Antrittspredigt üb. Psalm 73, 23. 24, gehalten v. Erwin Gros, Pfarrer zu Höchstenbach (Westerwald) ... *Göttingen: Vandenhoeck & Ruprecht 1898.* (24 S.) 1 Bd 8. [98. 3777 Go

— Vom Jungbrunnen der Freude, s.: **Aus klaren Quellen.**

Der Lehrer von Hartenhausen. Erzählung von Erwin Gros. *Neuwied [1903]: Raiffeisen-Dr.* (281 S.) 8° [F.] [04. 0383 B

— der L e h r e r v. Hartenhausen. Erzählung. (281 S.) 8. Neuwied (903). (Leipzig, H. Haessel, Comm.-Geschäft.) Geb. in Leinw. n.n. 2. 50

— Von schlichten L e u t e n. Ernste u. heitere Geschichten. Mit 12 Illustr. v. Wilh. Thielmann. (VII, 351 S. m. Bildnis.) 8. Darmstadt 911. Wartburgbuchh. 3.—; geb. 4.—

Gros E.: Mehr Genossenschaftsgeist. Vortr. Erfurt u. A. 8 S. P

G r o s , Erwin: Mehr Genossenschaftsgeist. Neuwied o.J. um 1900.

— s.: **Schrift, die heilige.**

Über alles die Liebe. Gesammelte Andachten von Erwin **Gros**, Pfarrer. Stuttgart, Berlin, Leipzig: Kohlhammer 1910. VIII, 133 S. 8°
(Gros: Auf der Dorfkanzel. Bd 6.) 10. 17589

— was sagt Jesus, s.: **Bücher der Weisheit u. Schönheit.**

Gros, E[ugène]. Le pèlerin à Saint-Maurice d'Agaune, en Vallais. Souvenir de pèlerinage. [Avec 2 vues.] 8. Fribourg 1884.

Gros, F. C., Abhandl. über d. Ruß od. Brand u. andern Mißwachs im Getreide, nebst Angabe derjen. Mittel, durch welche beidem auf d. leichteste Art abgeholfen werden kann. 8. Heilbr. 802. Claß. 4 gr.

Gros, Franz, appr. Arzt: Aus d. Univ.-Augenklinik in Giessen. Über die Staroperationen in der Giessener Universitäts-Augenklinik in der Zeit vom 1. Juli 1906 bis 1. April 1909. Giessen 1910: v. Münchow. 33 S. 8°
Gießen, Med. Diss. v. 19. Juli 1910, Ref. Vossius
[Geb. 5. März 85 Darmstadt; Wohnort: Gießen; Staatsangeh.: Hessen; Vorbildung: Ludwig-Georgs-Gymn. Darmstadt Reife O. 03; Studium: Gießen 5, Berlin 1, Straßburg 1, Heidelberg 2, Gießen 2 S.; Coll. 3. Aug. 09; Approb. 31. Mai 10.] [U 10. 1139

Gros, G., de l'embryogénie ascendante des espèces ou génération primitive, équivoque et spontanée, siehe: B u l l e t i n de la société Imp. des naturalistes de Moscou, tome XXIV, 1. partie.

Gros, G., de Cholera epidemia epistola. gr. 8. (19 S.) Heidelbergae 850. (Bangel & Schmitt.) 3 ngr

-- fragments d'helminthologie, siehe: Bulletin de la société Imp. des naturalistes de Moscou, tome XXII, 1. partie.

— note sur le cristallin et sa capsule, siehe: Bulletin de la société Imp. des naturalistes de Moscou, tome XXV, 1. partie.

— note sur le spermatophore de la seiche, siehe: Bulletin de la société Imp. des naturalistes de Moscou, tome XXI, 1. partie.

— recherches sur la vésiculation du lait, siehe: Bulletin de la société Imp. des naturalistes de Moscou, tome XX, 1. partie.

Gros, J., gedenket der Gebundenen! Predigten u. Reden aus der Arbeit des Blauen Kreuzes. Hrsg. v. G. (92 S.) 8. Stuttgart (905). Buchh. des deutschen Philadelphia-Vereins. n. — 70

Gros, J. B. v., anschauliche Darstellung der electrischen Telegraphie zur Verständlichung des großen Publicums. In einem Briefe an eine Dame. Nach dem Französ. Mit 18 (lith.) Fig. Weimar 857. Voigt. gr. 8. (V, 38 S.) 15 ngr

Gros, J. B. v., anschauliche Darstellung der electrischen Telegraphie zur Verständlichung des großen Publicums. In einem Briefe an eine Dame. Nach dem Französ. 2. verm. Aufl. Mit 18 (lith.) Fig. Weimar 862. Voigt. gr. 8. (VI, 54 S.) 15 ngr

(**Gros**, Baron, (J. B. Louis,) Photographie auf Metallplatten. Praktische Anweisung Lichtbilder in 5—9 Sekunden auf Metallplatten nach der neuesten in Frankreich u. Nordamerika befolgten Methode, anzufertigen. Nach d. Franz. bearb. u. m. Zusätzen verm. v. J. Beyse. 8. (VIII u. 125 S. m. 2 lith. Taf. in Fol.) Leipzig 851, Hartleben. 21 ngr

Gros, J(acq[ues]). Holzbauten Chalets! und verschiedene Schweizer Architekturen. Entwürfe & Zeichnungen. von J. Gros. Architekt in Zürich. Liefg. 1 u. 2. je 10 Bl., *in illustr. Umschlag.* fol. Stuttgart, Konrad Wittwer, [1902].

Gros, J(acq[ues]). Holzbauten Chalets! und verschiedene Schweizer Architekturen. Entwürfe und Zeichnungen. von J. Gros. Architekt in Zürich. Liefg. 3. 10 Bl., *in illustr. Umschlag.* fol. Stuttgart, Konrad Wittwer, [1902].
Vollständig in zehn Lief., à M. 7.50

Gros, J(acq[ues]). Holzbauten Chalets! und verschiedene Schweizer Architekturen. Entwürfe & Zeichnungen. von J. Gros. Architekt in Zürich. Liefg. 4. 10 Bl., *in illustr. Umschlag.* fol. Stuttgart, Konrad Wittwer, [1902].
Vollständig in zehn Lief., à M. 7.50

Gros, J(acq[ues]). Holzbauten Chalets! und verschiedene Schweizer Architekturen. Entwürfe & Zeichnungen. von J. Gros. Architekt in Zürich. Liefg. 5. 10 Bl., *in illustr. Umschlag.* fol. Stuttgart, Konrad Wittwer, [1902].
Vollständig in 10 Lief., à M. 7.50

Gros, Jacques, Holzbauten, Chalets u. verschiedene schweizer Architekturen. Entwürfe u. Zeichngn. 6.—10. Lfg. (50 [5 farb.] Taf. m. III S. Text.) gr. Fol. Stuttgart (903. 904.) K. Wittwer. à Lfg. n. 7.50 (Vollständig in Mappe n. 75.—)

Gros, Jacq., Skizzen f. Wohn- u. Landhäuser, Villen etc. Hauptsächl. Holzarchitekturen. 1. Serie. 10 Lfgn. hoch 4. (à 6 Lichtdr.-Taf. m. 2 S. Text.) Ravensburg 897. O. Maier. à n. 2.— (Kplt. in Mappe: n. 20.—)

Gros J, Skizzen für Wohn- und Landhäuser. Hauptsächlich Holzarchitekturen. Serie I. (60 T) 4° Ravensburg 1898

— Skizzen f. Wohn- u. Landhäuser, Villen etc. Hauptsächlich Holzarchitekturen. 2. Serie. 10 Lfgn. hoch 4. (à 6 Lichtdr.-Taf. m. 2 S. Text.) Ravensburg (900). O. Maier. Mit Mappe à n. 2.—

Gros J, Skizzen für Wohn- und Landhäuser. II. (60 T) 4° Ravensburg (1901)

Gros, Jean [aus Jassy (Rumänien)]: Beiträge zu den Wirkungen des Jodoforms. Zürich (1899). 28 S. 2 Bl. 8°.
Zürich Med. Diss. 1898/99.

Gros, Jean, Beiträge zu den Wirkungen des Jodoforms. gr. 8. (28 S.) Zürich 899. E. Speidel. n. — 50

Gros, Jean, Rückenmarksschwindsucht (Tabes dorsalis). Ihre Ursachen, Wesen u. naturgemässe Behandlg. Populär-wissenschaftl. Abhandlg. gr. 8. (14 S.) Berlin 891. (Leipzig, J. Milde.) — 50

— **Johann** (Franken), De appellationibus. Disp. jur. Giessen (Joh. Reinhard Vulpius) Aug. 1700. 32 S. (6.—) 11803

Gros, Joh. David (Wetzlar)
Dissertatio juridica de attentatis mandatum attentatorum revocatorium excludentibus et non excludentibus.
Giessae [15.] Aug. 1747: Eb. H. Lammers. 28 S. 4°
pro summis in utroque jure honoribus rite obtinendis.

Gros, Johann Friedrich, s. G r o ß , Johann Friedrich.

Gros, Johann Friedrich Karl

Gros, J. F. K.: Abhandlung von Inventuren u. Theill., Vermögensübergaben, Curatel- u. Gemeinderechnungen. *Hadam.*, neue Gel. B. (Lanz in *Weilburg.*) 801. gr. 8. (1 Thl. 6 Gr.)

Groos, J. F. C., Abhandlung von Inventuren und Theilungen, Vermögensubergaben, Curatel- und Gemeinderechnungen. gr. 8. Hadamar, Gelehrten-Buchhandlung. 817.

Gros, Jh. Fr. Karl, Abhandl. von Inventuren u. Theilungen, Vermögens-Uebergaben, Curatel u. Gemeinde-Rechnungen. gr. 8. Hadam. 817. (Lanz in Weilb.) 1 ℛ 6 ggr

— Abhandl. von Testamenten, Codicillen, Schenkungen unter Lebenden u. auf d. Todesfall von Legaten u. d. Quarta Falcidia, von Fidei-Commissen u. d. Quarta Trebellianica, nebst einem Anh. über Errichtung einer Einkundschaft u. e. Anwendung dieser abgehandelten Materie auf d. Herzogth. Nassau. gr. 8. Cobl. u. Hadam. 820. (Lanz in Weilb.) 1 ℛ 6 ggr

Gros, J. F. K: Abhandl. v. Testam., Codic., v. Schenkk. unter Lebenden u. auf d. Todesfall, v. Legaten, u. d. Quarta Trebell.; nebst e. Anh. üb. Erricht. e. Einkindschaft; nebst Anwend. dieser Mat. auf d. Herzogthum Nassau. *Hadamar*, Gel. Buchh. 821. gr. 8. (1 Thl. 6 Gr.)

— Abhandl. über d. Vorbereitung des Bodens zum Pflanzenbau. 8. Reutlingen (Tübing.) 801. (Osiander). 6 ggr

Gros, J. F. C., üb. d. Vorbereit. des Bodens z. Pflanzenbau. 8. Tüb. Heerbrand. 801.

Gros, Joh. Friedr. Carl, der Schuldheiß, od. landwirthschaftl. Abhandl. üb. d. Art u. Weise, wie ders. wohlthätig auf Ackerbau, Viehzucht, überh. auf alles, was z. Emporbringung d. Landwirthschaft seines Wohnortes dient, wirken kann, wenn ihm, wie in dieser Abhandl. geschehen ist, d. erforderl. Anweisn. dazu an Hand gegeben werden. gr. 8. (21 B.) Wiesbaden 828, Schellenberg.

—— zuverläss., alle mögl. Fälle umfass. Wegweiser bei Zubringensinventaren, Eventual- u. Realtheilungen; od. gründl. theoret.-pract. Anleit. zu rechtl. Ausarbeitungen ders., wo, (wie übrigens gewöhnl. d. Fall ist), die communio bonor. particularis unt. Eheleuten besteht. Nebst e. Anh. v. e. sogen. Aufrufer bei Vermögensinventaren. gr. 8. (9½ B.) Wiesbaden 830, Schellenberg.

Gros, Jh. Fr. Karl, Welches ist das zuverlässigste Mittel, unnöthige Auswanderungen zu verhüten? 8°. Stuttgart 1803.

Gros, Jules, Récits d'aventures et expéditions au pôle nord, hrsg. von Ludw. Hasberg, s.: Schulbibliothek, französische u. englische. A. 140.

Gros, Karl Heinrich von

— Geschichte d. Verjährung nach d. Röm. Recht. 8. Götting. 795. Dieterich. 6 gl

v. Gros, K. H.: Lehrb. d. philos. Rechtswissenschaft od. des Naturrechts. 1. Ausg. 802. 5. Ausg. 829. *Stuttg.*, Cotta. gr. 8. (1 Thl. 20 Gr.)

v. Gros, Karl Heinr., Lehrbuch des Naturrechts. gr. 8. Stuttg. ... 2e A. 805. 3e A. 815. 4e A. u. d. T.: Lehrb. d. philosoph. Rechtswissenschaft od. d. Naturrechts. Ebd. 822. 5e A. 829. v. Cotta. 1 rß 20 gl

Groß, K. H., Lehrbuch d. philosoph. Rechtswissenschaft, od. des Naturrechts. 3te Aufl. gr. 8. Tübing: Cotta. 814.

Gros, Karl Heinr.: Lehrbuch der philosophischen Rechtswissenschaft oder des Naturrechts. 3. Ausg. Tübingen 1815.

Gros, Karl Heinr. v., Lehrbuch d. philosoph. Rechtswissenschaft od. d. Naturrechts. 5., verb. Aufl. gr. 8. (22½ B.) Stuttgart 829. Cotta.

K. H. v. Gros: Lehrbuch d. philos. Rechtswissensch. od. d. Naturrechts. *Stuttg.*, Cotta. B. (802-829.) 6e Ausg. 841. gr8° 1 rß 20 gl

— — (Prorector) cum procancellario et rel. senatu acad. successorem suum commend. — De memorabilibus quibusdam bibliothecae academicae Erlangensis comment. VIII. Erlang. (Kunstmann) 3. V. 1808. 2 Bl. (3.—) 11800

— Carl Heinrich, De notione poenarum forensium. Diss. jur. Erlangen (A. E. Junge) Okt. 1798. 39 Seiten. (5.50) 11799

Gros, Liborius

— sieben freitägige Andachten zu d. heil. Vincent v. Ferrarius. 8. Günzburg 774.

Gros, Libor., auserlesene Andachtsübungen zu d. leidenden u. sterbenden Erlöser. 8. Günzburg 773. (Rieger in Augsb.) 9 gl

— Handbüchlein d. christl. Vollkommenheit. 8. Günzburg 777.

Gros, Libor., Marianisches Lustgärtlein. 3e Aufl. 8. Augsburg 760. M. Rieger. 5 gl

Gros, Oscar: Über die Lichtempfindlichkeit des Fluoresceïns, seiner substituierten Derivate, sowie der Leukobasen derselben. Mit 5 Fig. im Text. *Leipzig: W. Engelmann 1901.* (40 S.) 8° ¶ (Aus: Zeitschrift f. physikal. Chemie, Bd 37, H. 2.)
Leipzig, Phil. Diss. v. [22. Mai] 1901

Gros, Oscar, Dr. phil. a. Werneck ⟨Unterfranken, Bayern⟩, Assistent am pharmakol. Institut d. Univ. Leipzig: Aus d. pharmakol. Institut d. Univ. Leipzig. Direktor: Herr Geheimrat Prof. Dr. Böhm. Versuche über die Curarinwirkung bei Kaninchen mit besonderer Berücksichtigung des Entgiftungsverlaufes und des angeblichen Antagonismus zwischen Curarin und Physostigmin. Leipzig 1908: B. Georgi. (40 S.) 8°
Leipzig, Med. Fak., Ref. Boehm, Diss. v. 3. Aug. 1908
[Geb. 13. März 77 Werneck (Bayern); Wohnort: Leipzig; Staatsangeh.: Bayern; Vorbildung: Gymn. Würzburg Reife Juli 96; Studium: Würzburg 4, Leipzig 14 S.; Coll. 8. Aug. 08.]

Gros, Otto, approb. Arzt aus Darmstadt: Aus d. Universitäts-Augenklinik zu Gießen. Bericht über 170 Fälle von Netzhautablösung. *Gießen 1903: v. Münchow.* (73 S.) 8°
Gießen, Med. Diss. v. 1903

Gros, Otto, aus Werneck ⟨Unterfranken⟩: Fibroma lymphangiectodes am unteren Augenlide. *Würzburg 1897 [vielm. 1901/02]: P. Scheiner.* (14 S.) 8°
Würzburg, Med. Diss. v. 1897

Gros, Otto, unterm Hollunderbaum. (172 S. m. Abbildgn.) kl. 8. Worms 904. H. Kräuter. n. 2. 50; geb. n. 3. —

Michel Mort. Hist. Erzählung von Otto Gros, Pfarrer in Zotzenheim. *Kreuznach: R. Voigtländer 1902.* (80 S.) 8° [F.] (03. 31) 6

Gros, R. W., der practische u. vortheilhafte Manufactur-Betrieb in Baumwolle, Leinen, Wolle ꝛc., s. Feldberg, C.

Gros, Robert: Kleine Beiträge zur romanischen Lautforschung. Heidelberg 1910: (Junge, Erlangen). 28 S. 8° ¶ (Aus: Romanische Forschungen. Bd 27, H. 2.)
Heidelberg, Phil. Diss. v. 13. Mai 1910, Ref. Neumann
[Geb. 2. Jan. 87 Frankfurt a. M.; Wohnort: Frankfurt; Staatsangeh.: Preußen; Vorbildung: Kaiser-Friedrichs-Gymn. Frankfurt Reife O. 05; Studium: Frankfurt Handelsakad. 2, Heidelberg 1, Florenz 1, Heidelberg 3 S.; Rig. 21. Juli 08.]
[U 10. 2131

Gros-Claude, A., secrétaire universel. Traité complet et gradué de correspondance à l'usage des écoles, ou recueil des meilleurs lettres parues jusqu'à ce jour. 1—3. partie. Leipsic 857. Reichenbach. 8. (VI, 121; VII, 144; VII, 136 S.) Jede Abth. 15 ngr

Inhalt: Partie 1.: Pour la jeunesse. — 2.: Pour l'âge mûr. — 3.: Pour le commerce.

Gros Claude, A., secrétaire universel. Traité complet et gradué de correspondance à l'usage des écoles, ou recueil des meilleures lettres parues jusqu'à ce jour. 3 Parties. 2. édition. Leipzig 860. Reichenbach. 8. 22⅔ ngr; einzelne Abthlgn. à 15 ngr

Inhalt: 1. Pour la jeunesse. (VI, 121 S.) — 2. Pour l'âge mûr. (VII, 144 S.) — 3. Pour le commerce. (VII, 136 S.)

Grosbauer, J. J., vollständ. Verzeichniß der Straßen, Gassen, Plätze, Schilder, Häuser und Eigenthümer in Wien. 8. Wien, Gerold. 808.

Grosbüsch, J., wie soll ich mein Vieh füttern?, s.: Zanen, J. P.

Grosbüsch, Joh(ann) Jos(ef), a. Rosport ⟨Luxemburg⟩: Rhizobium radicicola H. in verschiedenen Nährmedien. ⟨Hierzu 1 Taf.⟩ Bonn 1907: A. Broch. (31 S.) 8°
Bonn, Phil. Fak., Ref. Strasburger, Diss. v. 17. Mai 1907
[Geb. 15. März 84 Rosport (Luxemburg); Wohnort: Rosport; Staatsangeh.: Luxemburg; Vorbildung: Gymn. Echternach Reife M. 03; Studium: Landw. Hochsch. Hohenheim 4, Univ. Bonn 3 S.; Rig. 15. Mai 07.]

Grosch, Alfred

Grosch, A., das deutsche Auslieferungsrecht u. die Rechtshilfe in Strafsachen im Verhältnis zum Reichsausland m. den annotierten Auslieferungsverträgen des Deutschen Reiches u. der Bundesstaaten. gr. 8. (VIII, 479 S.) Karlsruhe 902. Macklot. Geb. in Leinw. n. 7. 50

Grosch, A., Strafgesetzbuch f. das Deutsche Reich vom 15. V. 1871. Zum Gebrauch f. Polizei-, Sicherheits- u. Kriminalbeamte erläutert. (IV, 219 S.) 8. München 907. J. Schweitzer Verl. Geb. in Leinw. 2. 50

Grosch, A., Zusammenstellung d. jetzt noch gült. Gesetze u. Verordngn. üb. d. Liegenschafts-, Erbschafts- u. Schenkungsaccise im Großherzogt. Baden, s.: Reutti, C.

Grosch, Anny, s.a. Wehlau, Anna v.

Die Stimme des Blutes. Roman von A. v. Wehlau [d. i. Anny Grosch]. Hanau: Chauss & Feddersen 1909. 255 S. 8°

Grosch, Eduard, aus Roedelheim: Über Raumisomerie bei den chlorsubstituierten Thiosemicarbaziden. *Berlin (1898): G. Schade.* (43 S.) 8°
Berlin, Phil. Diss. v. 10. Dez. 1898

Grosch, Ferdinand [pr. Arzt in Neuhaus a. Rg.]: Die Ohrfurunculose und ihre Behandlung. . . . Jena, Frommannsche Buchdr. (Hermann Pohle), 1880; 2 Bl. + 20 S. 8°
Jena, Med. Fak., Inaug.-Diss. v. 27. Jan. 1880

GROSCH, FRANZ: Christkatholisches Gebet- und Gesangbuch. Zum Gebrauche kirchlicher und Wallfahrtsandachten der katholischen Gläubigen. Gesammelt von Franz Grosch und dessen Genossen. Hg. von den Rosenkranz Verein in Dunaszekcsö. Mohács 1906: Johann Blandl. 307 S. - 160 mm

Grosch, Franz Gustav Adolf

(Grosch), Frz. Gust. Ad., Grundzüge des Kirchenrechtes der Katholiken u. Evangelischen. gr. 8. (14⅝ B.) Breslau 845, G. P. Aderholz. *

Grosch, G., d. Entwurf e. preuss. Wassergesetzes. Gutachten d. Verwaltungsrathes d. sächs. Ingenieur- u. Architekten-Vereins, nebst e. Vorbemerkung mitgetheilt. [Aus: „Civilingenieur".] gr. 8. (69 S.) Leipzig 895. A. Felix. n. 1. 40

Grosch, Georg: Geldgeschäfte hansischer Kaufleute mit englischen Königen im 13. u. 14. Jahrhundert. (Berlin: Duncker 1904.) S. 121—171, 265—295. 8° ¶(Aus: Archiv f. Kulturgesch. Bd 2, H. 2. 3.)
Tübingen, Staatsw. Diss. v. 23. Febr. 1909, Ref. Fuchs
[Geb. 10. Aug. 78 Sonneberg; Wohnort: Sonneberg; Staatsangeh.: Sachsen-Meiningen; Vorbildung: Gymn. Koburg Reife O. 98; Studium: Straßburg 2, Gießen 1, Leipzig 11, Berlin 1 S.; Coll. 10. Dez. 08.] [U 09. 3977

Grosch, Georg, a. Sonneberg ⟨Sachsen-Meiningen⟩: Das spätmittelalterliche Niedergericht auf dem platten Lande am Mittelrhein. Eine rechts- und verfassungsgeschichtliche Untersuchung auf Grund der Weistümer. Breslau: M. & H. Marcus 1906. (51 S.) 8° ¶(Erscheint vollst. in: Untersuchungen zur Deutschen Staats- u. Rechtsgeschichte hrsg. v. Gierke [H. 84].)
Tübingen, Phil. Fak., Ref. v. Below, Diss. v. 15. März 1906
[Geb. 10. Aug. 78 Sonneberg; Wohnort: Jena; Staatsangeh.: Sachsen-Meiningen; Vorbildung: Gymn. Coburg Reife O. 98; Studium: Straßburg 2, Gießen 1, Leipzig 6, Berlin 1 S.; Coll. 22. Juni 05.]

Grosch, Georg, Dr. phil.: Das spätmittelalterliche Niedergericht auf dem platten Lande am Mittelrhein. Breslau: M. & H. Marcus 1906. (98 S.) 8° ¶[= Untersuchungen zur deutschen Staats- und Rechtsgeschichte H. 84.]
Leipzig, Jur. Fak., Diss. v. 8. Dez. 1906
[Geb. 10. Aug. 78 Sonneberg; Wohnort: Sonneberg; Staatsangeh.: Sachsen-Meiningen; Vorbildung: Gymn. Casimirianum Coburg Reife O. 98; Studium: Straßburg 2, Gießen 1, Leipzig 8, Berlin 1, Leipzig 2 S.; Rig. 23. Okt. 06.]

Grosch, Gust., u. B. Todt Rede des Prov.-Schulr. T. bei der Einführung des Dir. Gr. — Antrittsrede des Dir. Gr. 12 S. — Ansprache bei Entlassung der Abiturienten. S. 12—16. G. *Nordhausen* 1876.
Progr.

Grosch, Gustavus [Moenchroedenensis]: De codice Coisliniano 120 . . . . Jenae, typ. G. Neuenhahni, 1886; 1 Bl. + 41 S. 8°.
Jena, Phil. Fak., Inaug.-Diss. v. 1886.

Grosch, Gustav Zur Erinnerung an den Umzug des Gymnasiums im Sommer 1891. (Umschlagtitel: . . . 1891. (Bericht und Reden)). 4 (27 S.). Progr. Kgl. G. *Nordhausen* 1892
Darin: Rede zum Abschied vom alten Schulhause am 1. Juli 1891. — Rede zum Einzuge des Gymnasiums in das neue Schulgebäude am 30. Juli 1891. — Ansprache zur Entlassung der letzten Abiturienten im alten Schulhause am 21. März 1891. — Ansprache zur Entlassung der ersten Abiturienten im neuen Schulhause — zugleich Körnerfeier — am 23. September 1891.

Grosch, Gustav [Dir. Dr.]: *Gedächtnisrede auf Gesanglehrer Musikdirektor Armin Früh, gest. am 8. Januar 1894.* Nordhausen, Druck v. C. Kirchner's Buchdr., 1894; 36—41 S. 4.
Nordhausen, k. G, OP 1894 (246)

Grosch, G. Rede zur Feier des Geburtstags Sr. Maj. des Kaisers und zur Entlassung der Abiturienten gehalten am 22. März 1879. S. 15—22. Progr. G. *Nordhausen* 1880.

Grosch, Gustav [Dir. Dr.]: *Rede zum Gedächtnis des Oberl. u. Konrekt. Prof. Dr. Wilhelm Tell, gest. am 20. Jan. 1890.* Nordhausen, Druck v. C. Kirchner's Buchdr. (1890); S. 39—42; 4°
Nordhausen, k. G, OP 1890

Grosch, Gustav *Rede, gehalten Montag den 12. Okt. bei dem Bezug des neuangebauten Flügels des Gymnasiums.* 4 (S. 37—41 der Schuln.). Progr. G. *Nordhausen* 1886 (226).

Grosch, Gustav [Dir. Dr.]: *Rede bei der Trauer- und Gedenkfeier für Dr. Bruno Arnold, gest. am 23. Jan. 1893.* Nordhausen, Druck v. C. Kirchner's Buchdr., *1893*; 46—50 S. 4.
Nordhausen, k. G, P 1893 (247)

Grosch, Gustav [Dir.]: Rede zur Vorfeier des Geburtstags Sr. Majestät Kaiser Wilhelms II. . . . Nordhausen, Druck v. C. Kirchners Buchdr. (Inh.: F. C. Schmülling) (1889); S. 20—26; 4°
Nordhausen, G, OP 1889 (232)

Grosch: Die Sittenlehre des Epiktet. 35 S. – Wernigerode, Progr. 1867.

Grosch, Gustav *Worte beim Heimgange von Prof. Dr. Theodor Perschmann.* 4 (S. 30—32 der Schuln.). Progr. G. *Nordhausen* 1888 (230).

Grosch, Gustavus Adolphus *(geb. Ohle bei Gummersbach im Rheinl. 5. 7. 1813)*: De juris deliberandi origine et ambitu in jure Romano antejustinianeo. [Vratislaviae] (1839.) (VIII, 48 S.) 8°
Breslau, Jur. Diss. v. 30. Juli 1839

Grosch, H., altnorwegische Bildteppiche. Mit Staatsunterstützg. hrsg. v. der Direction des Kunstindustriemuseums (in Kristiania). gr. Fol. (12 farb. Taf. m. 9 S. Text in deutscher u. norweg. Sprache.) Berlin 901. E. Wasmuth. In Mappe n. 50. —

Grosch, H., der Familienabend. Schülerdialoge. 1—3. Heft. 8. Langensalza 908. 09. H. Beyer & Söhne. — 95
1. (27 S.) — 25. 2. (28 S.) — 25. 3. (50 S.) — 45.

Grosch, H., s. Teppich-Muster, altnorwegische.

Grosch, H., altnorwegische Teppich-Muster, hrsg. von der Direction d. Kunstindustrie-Museums zu Christiania. Mit norweg., deutschem u. engl. Text v. H. G. Fol. (9 farb. Taf. m. 4 S. Text.) Berlin 889. Asher & Co. In Mappe. n. 24. —

Grosch, H. Kunstindustri-Museum Christiania. Gamle norske Taepper udgivne af Museets Bestyrelse — Altnorwegische Teppich-Muster herausgegeben von der Direction des Kunstindustrie-Museums zu Christiania . . . Text af H. Grosch . . . Berlin. A. Asher & Co. 1889. Tit., 2 Bl.; 9 farb. Taf. gr 2°.

Grosch, Heinrich

Grosch, Heinr., Wolf Hammer, der Waldläufer. Eine Erzählg. f. die Jugend u. das Volk. Illustr. v. Rob. Herm. Sterl. 8. (80 S. m. 1 farb. Abbildg.) Duisburg (902). J. A. Steinkamp. Kart. — 30

Grosch, Heinr., Jakob Held, der Lehrling d. Wildschützen, s.: Trewendt's Jugendbibliothek.

Grosch, H., Hirtenstab u. Pallasch, s.: Trewendt's Jugendbibliothek.

Grosch, H., Max Hornfried, der Einbrecher, s.: Trewendt's Jugendbibliothek.

— Rosegger, e. Volkserzieher, s.: Sammlung pädagogischer Vorträge.

Grosch, Heinrich: Die letzte Schuld, s. Trewendt's Jugend-Bibliothek.

Grosch, Heinrich: Der Vetter Stadtschreiber, s. Trewendt's Jugend-Bibliothek.

Grosch, Heinr., die Waisen v. Odenhof. Erzählung. Mit 4 Vollbildern v. Max Brösel. (240 S.) 8. Leipzig 905. Deutsche Verlagsactiengesellschaft. Geb. n. 1. 75

Grosch, Heinrich: Der Zitherklaus, s. Trewendt's Jugend-Bibliothek.

Beschreibung der Holsteinischen Gegenden in Briefen (v. Heinrich August Grosch). Jg. 1. (Kopenhagen.) 1790. 8°. Kupfertitel: Briefe ueber Hollstein. Kopenhagen. o. J.

[Holsteins schöne Gegenden der Natur getreulich nachgebildet in Kupfer gestochen v. Heinrich August Grosch.] o. J. [1790.] 8 Bl. Fol.
Vergl. Provinzial-Berichte, Jg. 3, 1789, Heft 4, S. 124.

Grosch, H. A., theorer. Zeichenbuch f. Frauenzimmer. 2 Hft. 4. Coph. Brummer. 805.

Grosch, H. A., theorer. Zeichenbuch f. Frauenzimmer. 2 Hfte. Mit 20 Kpf. gr. 4. Kopenh. 805. N. A. 818. Schubothe. 6 ₰ Hba. Pr. 3 ₰ 12 ℊ

Grosch, H. A., theoretisches Zeichenbuch f. Frauenzimmer, 2 Hefte, mit 20 Kupf. 4. Kopenh. Schubotde. 814.

Grosch, H. A, neues Zeichenbuch für Frauenzimmer. 1r Heft. Mit 10 Kupf. 4. Copenhagen, Schubotde. 818.

Grosch, Hermann, Dr.: Ein Beispiel für tabellarische Darstellung von Unterrichtsstoffen. Bruchstück eines Hilfsbuches f. d. Geschichtsunterricht auf d. Oberstufe höherer Lehranstalten. *Chemnitz 1902: J. C. F. Pickenhahn & Sohn.* (22 S.) 4°
Chemnitz, RG, OP 1902 (611)

Grosch, Hermann: Burchard I., Bischof zu Worms. . . . Jena, Frommannsche Buchdr. (Hermann Pohle), 1890; 3 Bl. + 92 S. + 1 Bl. 8°
Leipzig, Phil. Fak., Inaug.-Diss. v. 10. Jul. 1890

Grosch, Herm. Die Echtheit d. 2. Briefes Petri, untersucht. gr. 8. (VI, 116 S.) Berl. 889, G. Nauck. * 2 —

Grosch, Herm., praktisches Handbuch f. Uhrmacher. Anleitung zur Kenntniß der in Anwendung komm. Metalle ꝛc., zur vortheilhaften Einrichtung der Werkzeuge u. Maschinen, zur Anfertigung v. Uhren u. Uhrtheilen, u. insbesondere zur Reparatur u. genauen Regulirung der Uhren. Nebst e. Anh. v. Tabellen. Mit e. Atlas, enth. 366 Fig. auf 15 (lith.) Foliotaf. (u. 2 S. Text). gr. 8. (XVI, 279 S.) Weimar 879. B. F. Voigt. 9. —

Grosch, Herm., Curt Dietzschold, Alb. Hüttig, praktisches Handbuch f. Uhrmacher. Anleitung zur Kenntnis der in Anwendg. komm. Metalle, zur vorteilhaftesten Einrichtg. der Werkzeuge u. Maschinen, zur Anfertigg. von Uhren u. Uhrteilen u. zur Reparatur u. Regulierung der Uhren. 2. völlig neubearb. Aufl. (VIII, 320 S. m. 263 Abbildgn.) gr. 8. Leipzig 907. B. F. Voigt. n. 9. —; geb. n. 10. 50

Grosch [Hermann], Dr.: Ein Hilfsmittel zur Beantwortung geschichtlicher Wiederholungsfragen. Roßleben 1907: W. Sauer. (9 S.) 4° [F.]
Roßleben, Kloster-S P 1907 (305)

Grosch [Hermann], Dr.: Die lateinische Kasuslehre für den Schulgebrauch in übersichtlicher und gleichförmiger Fassung. Roßleben 1907: W. Sauer. (18 S.) 4° [F.]
Roßleben, Kloster-S P 1907 (305)

Grosch, Hermann: Kants Lehre vom Ideal der reinen Vernunft. Halle a. d. Saale 1884: (Norddeutsche Buchdr. in Berlin). 44 S. 8°
Halle-Wittenberg, Phil. Diss. v. [12. Aug.] 1884
Geb. Trannroda (Kr. Ziegenrück) 31. 5. 1842. V.

Grosch, Herm. Über das Verhältnis des göttlichen Vorherwissens zur menschlichen Willensfreiheit, mit besonderer Berücksichtigung der Lehre Rothe's. 18 S. Progr. *Luckenwalde* 1878.

Grosch, Herrm., die Wahrheit der Auferstehung gegenüber den Einwürfen der Naturwissenschaft. (16 S.) 8. Berlin (907). Vaterländ. Verlags- u. Kunstanstalt. — 40

Grosch, Johann Andreas

— theolog. Abhandl. von d. wahren Beschaffenheit d. Gebets der Christen bei öffentl. Gottesdienst um den Frieden zur Kriegszeit. 8. Jena 760. Melchior. (Cnobloch in Leipz.) 3 ℊ

— theolog. Abhandl. von der wahren Beschaffenheit und Verbindlichkeit des Gebets der Christen bey öffentl. Gottesdienst um den äuserlichen Frieden zu Kriegszeiten. 8. Jena, Melchior. (Gabler.) 760.

— Anweis. zu deutschen Briefen. 8. Jena 753. Cröker. 12 ℊ

— Einleitung z. deutsch Briefen. 8. Jena. Cröcker. 752.

— erneuerte Talandrische Einleit. zu deutschen Briefen. 8. Jena 752.

— Erweis, es sey d. Zwecke u. d. Natur d. griech. Grammatik zuwider, in selbiger die Dialekte unter ihre Regeln zu mischen. 8. Jena 754.

Grosch, Johann Andreas (Präs.), s. Gerding, Georg Wilhelm: De reminiscentia eiusque difficultate.

— inquisitio philosoph. fundamenti definitionem dividendi. 8. Ienae, Frommann. 748.

— logica probabilium etc. 8. Halle 764. Renger. 8 ℊ

Grosch, Jh. Andr., († im Oct. 1796.) ob ein Christ könne u. solle mit gutem Gewissen vom heil. Abendmahle bleiben od. nicht. 8. Jena 758. Melchior. (Gnobloch in Leipz.) 8 gl

— von d. Regeln d. Satyre. 8. Jena 750. Gollner. 8 gl

— gründl. Untersuchung d. ersten allgem. Grundsatzes in d. Auslegung d. heil. Schrift. 8. Jena 760. Melchior. (Gnobloch in Leipz.) 4 gl

Grosch, J. And., gründliche Untersuchung d. ersten allgem. Grundsatzes in der Auslegung heil. Schrift. 8. Jena, Melchior. (Gabler.) 760. Rthlr.

Grosch, Joseph

Grosch, Jos., Beitrag zur Statistik der Hüftgelenkresection unter antiseptischer Wundbehandlung. Inaugural-Dissertation. gr. 8. (111 S.) Dorpat 882. (Karow.) n. 1. 50

Grosch, Karl, aus Roedelheim: Ein Fall hochgradiger puerperaler Osteomalacie. *Würzburg 1898: A. Boegler.* (22 S.) 8°
Würzburg, Med. Diss. v. 1898

[F.] Grosch, Karl: Franz I. und die Kaiserwahl im Jahre 1519. ([Darin:] Discours pour elire le Roy de France Empereur. 1517.) Gotha, Druck v. F. A. Perthes, 1897; 3—28 S. 4.
Gotha, st. R, OP 1897 (732)

Grosch, Karl, English national songs for the use of schools. Words and music. (59 S.) 8. Leipzig 901. Rossberg'sche Verlagsbuchh. Geb. n. 1. 20

Grosch, Karl Friedrich

Grosch, Carl Fried. (Gotha), De urbe Corintho et Theod. Car. Schmid (Gotha), De virtute Prodicia Siliana libelli ad beneficii Kleberiani memor. commend. ed. cum praefat. Heinr. Carl Abr. Eichstad. Jena (Carl Schlotter) 25. VIII. 1812. 40 S. (5.—) 11807

Grosch, Ludwig, appr. Arzt a. Rodach ⟨Hzt. Coburg⟩: Aus d. patholog. Institute d. Univ. München. Multiple Myelome des Schädeldaches. München 1905: Kastner & Callwey. (22 S.) 8°
München, Med. Fak., Ref. v. Bollinger, Diss. v. 22. Dez. 1905
[Geb. 22. Dez. 75 Rodach; Wohnort: Rodach; Staatsangeh.: Sachsen-Coburg-Gotha; Vorbildung: Realgymn. Eisenach Reife O. 95, Nachprüf. Gymn. Jena M. 97; Studium: Jena 3, Berlin 1, München 1, Erlangen 1, München 10 S.; Coll. 22. Dez. 05; Approb. 30. Nov. 05.]

Grosch, Oskar: Über die Kondensation von Dinitrilen mit Phenolen. 1904. 55 S. 8° ¶ Vgl. Journal f. prakt. Chemie. Bd 175. N. F. Bd 67. 1903.
Dresden, Dr.-Ing.-Diss. v. 23. 11. 1904

Grosch, Paul [app. Arzt aus Erfurt]: Eine Herderkrankung des Gehirns mit Ophthalmoplegie und Opticus-Atrophie. . . . Weimar, Druck v. R. Wagner, 1891; 29 S. 8°
Jena, Med. Fak., Inaug.-Diss. v. [21. Apr.] 1891

Grosch, Paul, e. Herderkrankung d. Gehirns m. Ophthalmoplegie u. Opticus-Atrophie. Diss. gr. 8. (29 S.) Weimar 891. (Rudolstadt, H. Dabis.) n. — 60

Grosch, Paul, a. St. Petersburg ⟨Rußl.⟩: Phylogenetische Korallenstudien. ⟨Die Axophylliden.⟩ Berlin 1908: G. Schade. (38 S., 1 Taf.) 8°
Bonn, Phil. Fak., Ref. Steinmann, Diss. v. 3. Juni 1908
[Geb. 17. April 84 St. Petersburg; Wohnort: Karlsruhe; Staatsangeh.: Sachsen-Weimar; Vorbildung: Wilhelm-Ernst-Gymn. Weimar, Gymn. Freiburg i. B. Reife M. 03; Studium: Freiburg i. B. 2, Straßburg 2, Freiburg i. B. 2, Bonn 2 S.; Rig. 24. Juli 07.]

Grosch, Rudolf, aus Cottbus: Die Jugenddichtung Friedrich Hölderlins. *Berlin 1899: B. Paul.* (46 S.) 8° ¶ (Ist nur ein Abschnitt d. eingereichten Arbeit.)
Berlin, Phil. Diss. v. 20. Juli 1899

Grosch

— Samuel Ehrenfried (Lunau/Misn.), De ingenio Francorum orientalium poetico. Präs. Friedr. Theod. Eusebius Simon (Coburg). Wittenbg. (Christian Zimmermann) 30. XI. 1726. 8 Blatt. (6.—) 11808

Grosche, Ge., Vertheid. der evangel. Kirche wid. d. Arnold. Ketzerhist. ꝛc. Fol. Lpz. (Gebhardt und K. auch Hermann in Frankf.) 745.

Grosche, Hugo, Referendar in Halle a. S.: Der § 179 des Bürgerlichen Gesetzbuches. Zur Lehre vom falsus procurator. Leipzig 1904: W. Wigand. (70 S.) 8°
Leipzig, Jur. Fak., Diss. v. 10. Sept. 1904
[Geb. 5. Aug. 80 Bottendorf a. Unstrut; Wohnort: Bottendorf; Staatsangeh.: Preußen; Vorbildung: Stadtgymn. Halle a. S. Reife M. 99; Studium: München 2, Halle 4 S.; Rig. 5. Febr. 02.]

Grosche, J. C. C., Rede am 2. Tage d. Reformationsjubelfestes, vor einem zahlreichen Bergmannscorps in Eisleben gehalten. 8. Halle 817. Kümmel. 2 gl

Grosche, Johann Benjamin

Grosche, Jh. Bnj., († 1802.) Rechenbuch f. Rechnungsfähige. 8. Görlitz 801. (Anton in Halle). 1 ß 4 gl

— Rechnungsübungen. 8. Görl. 801. (Anton in Halle). 10 gl

Grosche, Wilhelm Rudolph (Hergisdorf), De situ capitis foetus vitioso. Diss. med.-obstet. Halle (Ploetz) 30. X. 1846. 28 S. mit Biogr. (M.: H. Noth.) (6.—) 11809
Oppon.: R. Richter, H. Stahl. — Gew.: Johann Christian Leidenroth.

GROSCHEDELIUS, JOH.
Proteus mercurialis geminus exhibens naturam metallorum. Hamburg, 1706. 8vo.

Gröschel, A., u. O. Dittrich, „Üb. Berg u. Thal!" Liederbuch f. Gebirgsvereine. Im Auftrage d. Zentralausschusses d. Gebirgsvereins f. die sächsisch-böhm. Schweiz neu bearb. 2. Aufl. 8. (VIII, 118 S.) Dresden 889. Meinhold & Söhne. geb. n. 1. —

Groeschel, Julius

Nicolaus Gromann und der Ausbau der Veste Heldburg 1560–1564 mit d. Bau-Urkunden d. Burgarchivs von 1558–1566. Von Dr. Julius Groeschel. *Meiningen: Brückner & Renner in Komm. 1892.* (XXIV, 39 S.) 8° [F.]
— Beiträge, Neue, z. Geschichte deutschen Altertums. Lfg 11. (st. 906)

Groeschel, Kurt, Hilfsarzt an d. Landesanst. Hubertusburg i. Sachsen, z. Z. Unterarzt d. R. im Leib-Kürassier-Reg. „Grosser Kurfürst" ⟨Schles.⟩ Nr. 1: Aus der Königlichen Universitäts-Frauenklinik zu Breslau. Direktor: Geh. Medizinalrat Prof. Dr. Küstner. Zur Lehre von der Beckenendgeburt unter besonderer Berücksichtigung der Therapie an der Hand der in der Kgl. Universitäts-Frauenklinik zu Breslau in den Jahren 1893/1904 zur Beobachtung gekommenen Fälle. Breslau 1907: Breslauer Genossenschafts-Buchdruckerei. (42 S.) 8°
Breslau, Med. Fak., Ref. Küstner, Diss. v. 22. Juni 1907
[Geb. 20. Juni 81 Breslau; Wohnort: Breslau; Staatsangeh.: Preußen; Vorbildung: Gymn. Schweidnitz Reife M. 00; Studium: Breslau 9 S.; Coll. 11. Juni 07; Approb. 15. Sept. 05.]

Groschen, d. gefundene. Schsp. 8. Tübingen, Heerbrand. 785.

Groschen, die gefundenen. Schspl. 8. Tübingen 785. (Osiander). 3 gl

Groschen-Ausgabe deutscher Classiker, enthltd. Goethe's, Schiller's, Lessing's sämmtliche Meisterwerke. (In ca. 120 Liefgn.) 1—18. Liefg. Berlin 868. L. J. Heymann. 16. (S. 1—640.) Jede Liefg. 1 ngr.

Groschenbibliothek

—— s. Meinholdt's illustrirte Groschen-Bibliothek.

Groschenbibliothek, Nr. 1—4. 8. Ducherow u. Anklam 884. (Leipzig, Buchh. d. Vereinshauses.) à n. — 10
1. Der Grenadier als General-Superintendent. Eine historische Familien-Anekdote, erzählt nach Wilh. Meinhold. (20 S.)
2. Das Leben Joachim Nettelbecks, d. wackeren Kolbergers, erzählt v. F. Müller. (46 S.)
3. 4. Straßburgs Eichenkranz. Volks-Epos v. Otto Spreer. (20 S.)

Groschen-Bibliothek, humoristische, hrsg. von Meyer und Schulze. 1—3. Bdchn. 32. (à Bdchn. 64 S.) Arnstadt 850—51, Verlags-Comptoir. à Bdchn. * 1 Ngr. *

Groschen-Bibliothek, humoristische, mit Illustrationen von Meyer und Schulze. 4. Bdchn. 32. (64 S.) Schönebeck 855, Berger. *
Bdchn. 1—3. Arnstadt 1850—51., Verlags-Comptoir. * 3 Ngr.

Groschenbibliothek, landwirthschaftliche. Herausg. von Mor. Beyer und Wilh. Protz. 2. Bd. 2—12. Heft. Nordhausen 853. Büchting. 16. (S. 33—384.) Jedes Heft 1 1/4 ngr.

— — 3. Bd. 12 Hefte. Herausg. von Wilh. Protz. Ebend. 854. 16. (382 S.) Jedes Heft 1 1/4 ngr.

Groschen-Bibliothek, Nürnberger. 3. Bd. 1. Heft: Die Ansiedlung in Afrika oder: Der Kampf ums Dasein. Von Ph. Lux. 16. (32 S.) Nürnberg 874, Kunze.

Groschenbibliothek für's deutsche Volk. Nr. 1—10. gr. 16. Barmen 874—76. Klein. à n. — 10
1. Kampf u. Sieg e. gläubigen Familie. Eine Erzählg. aus dem 17. Jahrh. (22 S.)
2. Aus der Zeit Friedrich Wilhelm I. Die Hundehütte. (28 S.)
3. Von 2 Feldpredigern: Pastor Rinck u. Pastor Emil Frommel. — Es mußte sein. — Von Sonntags- u. Blaumontagsstunden. (16 S.)
4. Eine sonderbare Weihnachts-Ausstellung. (18 S.)
5. Ein Ehestandsbild vom Dorfe. Aus der Mappe e. Pastors v. Emil Ohly. (19 S.)
6. Das große Loos. Fürst Bismarck als Gutsherr u. seine Arbeiter Geschichte e. Traubibel. (15 S.)
7. Balthasar Schuppius. Ein Gottesmann aus dem Hessenlande. Von Emil Ohly. (19 S.)
8. Aus dem Handwerksburschen-Leben. Von Adph. Fauth. (22 S.)
9. 10. Johannes Balk u. die Rathsherren v. Danzig. Von Emil Ohly. (29 S.)

— dasselbe. Nr. 1., 5 u. 8. 2. Aufl. gr. 16. Ebend. 877—80. à n. — 10
1. Kampf u. Sieg e. gläubigen Familie. Eine Erzählung aus dem 17. Jahrh. (24 S.)
5. Ein Ehestandsbild vom Dorfe. Aus der Mappe e. Pastors. Von Emil Ohly. (21 S.)
8. Aus dem Handwerksburschenleben. Von Adolph Fauth. 2. Aufl. (24 S.)

Groschen-Bibliothek für's deutsche Volk. Nr. 11—43. gr. 16. Barmen 877—82. Klein. à n. — 10
11. Biegen oder Brechen. Schweizerisches Stillleben aus der guten alten Zeit. Von M. R. S. W. (22 S.)
12. 13. Bilder aus dem Arbeiterleben. (47 S.)
14—16. Am starken Faden. Von N. Fries. (80 S.)
17. Der Schwenzelenz. Von Emil Ohly. (28 S.)
18—20. Linde Hand. Eine Geschichte aus dem Walde. Von N. Fries. 2. Aufl. (48 S.)
21. Der alte Sattel. Einem Veteranen nacherzählt. (25 S.)
22—24. In den Schwachen mächtig. Erzählung von N. Fries. (60 S.)
25. Eine Herberge zur Heimath. Vom Fürsten Nippnopp. Mittel gegen die Schwindsucht. (20 S.)
26. 27. Edler Adler. Eine wahre Geschichte aus dem Badeleben von J. v. Dücker. (28 S.)
28. Dein Wille geschehe! Von Gerh. v. Amyntor. Emil Rittershaus an die Bildungs-Vereine. (16 S.)
29. Verrechnet! Eine wahre Geschichte von Otto Freyer. (26 S.)
30. Die Salome weiß Rath! Von Ottilie Wildermuth. (26 S.)
31. 32. Wie der Vetter Hansjockel in Jeisle's Wollsack hineinkommt. Eine wahre Geschichte. Von Karl Klein. (34 S.)
33—35. Unter Einem Dach. Von N. Fries. (56 S.)
36. Einige Züge aus dem Leben d. Aloys Henhöfer, weil. röm. Priesters, späteren evang. Pfarrers zu Spöck u. Stafforth. (20 S.)
37—39. Unrecht Gut gedeiht nicht! Erzählung v. Fr. Köck. (59 S.)
40. Großmutters Weihnachtsabend. Von Fr. R. Ein Sylvesterabend. Von N. N. Vom Scheiden der Menschenkinder. Von Emil Frommel. (28 S.)
41. Kleinste Kirchengeschichte. Für das Gedächtniß der Christenheit zusammengestellt v. Hermens. (48 S.)
42. Der Tod als Tröster. Von Gerh. v. Amyntor. (24 S.)
43. Für Väter u. Mütter. Zusammengestellt v. Hermes. (28 S.)

Groschen-Bibliothek f. das deutsche Volk. Nr. 44—63. 12. Barmen 883—85. Klein. à n. — 10
44. 45. Aus Livingstones Leben. (35 S.)
46—48. Rosina Steinhauer. Ein Lebensbild aus der Zeit d. Toleranzedikts Kaiser Josephs II. Zur 1. 100jähr. Jubelfeier d. Toleranzedikts am 13. Octbr. 1881. (45 S.) 881.
49. 50. Aus dem Leben Kaiser Wilhelms I. Historische Erinnergn. (37 S.)
51—53. Lutherbüchlein. 8. Aufl. (60 S.)
54—56. Da hast du Schuld. Gottes Lohn. 2 Erzählgn. v. Armin Stein [H. Nietschmann]. (77 S.)
57. Der wandernde Deklamator. Von Dav. Heß. (36 S.)
58. Daniel der Bergknappe. Von Gust. Schilling. (30 S.)
59. Deutsche Sprichwörter, erläutert v. R. S. (31 S.)
60. Aus dem Leben d. Pastor Thaddäus. Eine Erinnerg. an die Zeit der Eroberg. Magdeburgs im J. 1631. (24 S.)
61. 62. Jigells Porträt. Von J. Orth. (21 S.)
63. Gespenstergeschichte. Von Frdr. Jacobs. (22 S.)

—— dass. — Nr. 14—16: Am starken Faden von N. Fries. 12. (80 S.) Ebendas. 888. *
Vgl.: Familienbibliothek für's deutsche Volk, Nr. 13.

—— wiener, oder ungeheure Heiterkeit in der Westentasche. Hrsg. von Gust. Schönstein. 1—7. Heft. 32. (à ca. 48 S.) Wien 856, Wenedikt. à Heft 1 Ngr.

Groschen-Bibliothek, wiener, oder ungeheure Heiterkeit in der Westentasche. 8—20. Heft. 32. (417 S.) Wien 857, Wenedikt. à Heft 1 Ngr.
1—7. Heft. Ebendas. 1856. 7 Ngr.

Anonym: „Das neu eröfnete Groschen-Cabinet. Nebst einer allgemeinen Nachricht von Benennung, Ursprung .... der Groschen und einem Anhange, oder Gespräch zwischen dem Geld und der Armuth", Fach 1, 2; Band 1. Leipzig 1739, 1740. — Vorhanden: Bibl. des Oberlandesgerichts Celle —

Groschenkabinet, worin alle Groschen in Kupfer gestochen u. erklärt sind. 13 Fächer. (12s, 13s Fach, Sächs. Groschenkabinet, v. J. G. Böhme. 1 ₰ 12 ﬀ) 8. Leipz. 739—60. Frommann in Jena. 7 ₰ 20 ﬀ

— — 1s u. 2s Supplem. dazu. 8. Ebend. 749 - 50. (1s 16 gr. 2s 8 gr.)

Groschen-Cabinet, Neu eröffnetes. Leipzig 1749—56. V (Fach I—II): *Joachim*, *Joh. Frdr.* (12 u. 13): *Böhme*, *Joh. Glob.* (Cat. d. Stadtbibl. Zürich. Zürich 1864—97.)

Groschen-Magazin. Unterhaltungsblatt f. Jedermann. 1. Jahrg. Juli 1871— Juni 1872. 26 Hfte. (à ca. 4 B.) hoch 4. München, Renner. à Hft. — 20

Groschenstück, Ein, auf das Jahr 1782. Nebst zweyen neuen Lobliedern über die Vorzüge des Pariserhuts (der Herren) und der Kapüschone (der Damen). Die Weibsbilder sind keine Menschen. Wird sonnenklar probirt aus der Schrift und aus der gesunden Vernunft. Was sind sie denn also? Es wird sich gleich zeigen, nur fortgelesen ... O. J. 1780. V: *Ambros, Mich.* (BGE II[3], 685)

Groschen-Zeitung. Wochenschrift für alle Welt. Politik, Handel und Gewerbe, Wissenschaften und Künste, Literatur und Theater, Musik und Moden. 1—3. Bd. (April — Decbr. 1853.) 39 Nrn. (Bog.) 8. Leipzig, Friedlein. Vierteljährl. ** einzelne Nrn. **

Groschke, äussere Erkrankungen, s.: Veröffentlichungen üb. Krankengeschichten u. Leichenbefunde aus den Garnisonlazarethen.

(Groschke.) Die Jäger-Schwadron des 2. Leib-Husaren-Regiments in den Feldzügen 1813 und 1814. Zur 25jährigen Erinnerung vom Wachtmeister G. (135 S.) 8. Berlin 1839.

Der alte Gott lebt noch. Erzählung von H. **Groschke.** *Berlin: M. Warneck [1901].* (16 S.) 8° [Umschlagt. F.]
— Schneeflocken. 29. [03. 3841

Groschke, H.: Auf falscher Bahn. Erzählung. Berlin: Ostdeutscher Jünglingsbund [1900]. (16 S.) 8°
= Osterglocken. H. 8.

Durchkreuzt. Erzählung von H. **Groschke.** *Berlin: Ostdeutscher Jünglingsbund [1900].* (16 S.) 8° [F.]
— Osterglocken. H. 4. [00. 12009

Es ist aus. Erzählung von H. **Groschke.** *Berlin: Ostdeutscher Jünglingsbund [1900].* (16 S.) 8° [F.]
= Osterglocken. H. 7.

[Umschlagt.:] [F.] Vom silbernen Glöckchen. Erzählg v. H. **Groschke.** *Berlin: M. Warneck [1897].* (15 S.) 1 Bd 8.
= Schneeflocken. H. 6. [98. 12330

Heimkehr. Erzählung von H. **Groschke.** Berlin: Ostdeutscher Jünglingsbund [1901]. (16 S.) 8° [F.]
— Osterglocken. H. 17. [03. 3783

An der Kirchhofsmauer. Erzählung von H. **Groschke.** Berlin: Ostdeutscher Jünglingsbund [1901]. (10 S.) 8° [F.]
= Osterglocken. H. 13.

[Umschlagt.:] [F.] Muttersöhnchen. Erzählg v. H. **Groschke.** *Berlin: M. Warneck [1898].* (14 S.) 1 Bd 8.
= Schneeflocken. H. 11. [98. 12333

Bei Nacht und Nebel. Erzählung von H. **Groschke.** *Berlin: M. Warneck [1901].* (16 S.) 8° [Umschlagt. F.]
— Schneeflocken. 21. [03. 3833

Groschke, H., s.: Osterglocken.

— s.: Schneeflocken.

Seufzer-Jörge. Märchen von H. **Groschke.** *Gütersloh: C. Bertelsmann [1903].* (15 S.) 8° [Umschlagt. F.]
— Schneeflocken. 34. [03. 3846

[Umschlagt.:] [F.] Ueberwunden. Erzählg v. H. **Groschke.** *Berlin: M. Warneck [1898].* (10 S.) 1 Bd 8.
= Schneeflocken. H. 14. [98. 12338

Vollkommen glücklich. Erzählung von H. Groschke. *Berlin: M. Warneck [1899].* (16 S.) 8° [Umschlagt. F.]
= Schneeflocken. No 18.

Groschke, H.: Engels Wanderung. Eine Weihnachtsgeschichte. Berlin: M. Warneck [1899]. (14 S.) 8°
= Schneeflocken. No. 20.

Weihnacht. Erzählung von H. Groschke. *Berlin: M. Warneck [1899].* (16 S.) 8° [Umschlagt. F.]
— Schneeflocken. No 16.

Zum Kampf gerüstet. Erzählung von H. **Groschke.** *Berlin: M. Warneck [1901].* (16 S.) [Umschlagt. F.]
= Schneeflocken. 25. [03. 3837

Groschke, Hans (geb. Berlin): Thesen. Berlin (1870). (2 Bl.) 8°
Berlin, Med. Thes. v. 23. Juli 1870

Johann Gottlieb Groschke

De Empyemate. Goettingae: Dieterich (1784). 37 S. 8°

Göttingen, Med. Diss. v. 1. Mai 1784

Gröschl, Alfr., s.: Beispiele, praktische, f. das Schiessen m. der 8 cm Feldkanone 5.

Gröschl, A., Praktische Beispiele für das Schießen mit der 8 cm-Feldkanone M. 5. 8°. (VI, 197 S.) + K 6.—
Wien: Seidel 1909.

Gröschl, Anton, Praktische Anleitung zur Liquidirung, Journalisirung und Zusammenstellung des monatlichen Abschlusses bei den k. k. Steuerämtern nebst einem completen Scontrirungsoperat. 3. vermehrte Auflage. 8. (117 S.) *2.—
Olmütz: Promberger 1889.

Gröschl, Josef: Dörpfelds Levkas-Ithaka-Hypothese. Historisch und kritisch beleuchtet. 43 S. 8.
Progr. K. k. Kronprinz Rudolf-Gymn. *Friedek* 1907.

— Text und Kommentar zu der homer. Batrachomyomachie des Karers Pigres. Pr. 1910. 22 S.

GROESCHL, Sebastian (Bergkirchen): Ein Fall von accessorischen Lungenlappen.- München: Kastner & Lossen 1895. 23 S., 1 Taf.
14.11.1895 - Chr 1895/96,8; Jv 1895/96,222 (Prom.-Datum: 1896)
Diss. Ingolst.-Landsh.-Mchn.

Gröschner, Hugo, cand. iur., Berlin: **Inwieweit kommen die** Grundsätze von der Unverantwortlichkeit des Monarchen auf den Regenten zur Anwendung? *Berlin 1904: W. Pilz.* (IX, 106 S.) 8°
Freiburg i. B., Rechts- u. staatswiss. Diss. v. 1903

Groeschner, Karl Friedrich

Groeschner, Car. Frid. (geb. Potsdam 1797): Quaedam de evolutione foetus. (Berolini 1820.) (28 S.) 8°
Berlin, Med. Diss. v. 29. Sept. 1820

Groschopf, Arn. Heinrich (vgl. G r o s s c h o p f f, A. H.)

Groschopf, A. H., die Orakel des Propheten Micha übers. 8. Jena, Gabler. 798.

Groschopf, Karl Ernst, approb. Arzt aus Geislingen: Ein Beitrag zur Histogenese der Nebenhodentuberkulose. *Tübingen 1903: G. Schnürlen.* (15 S.) 8°
Tübingen, Med. Diss. v. 1903

Groschopp, F. Das angelsächsische Gedicht Crist and Satan. Diss. Leipzig 1883. 31 S.

Groschopp, Fried. Wilh. Leop. Moritz (Berlin), De notione gangraenae et sphaceli. Disput. med. Präs. Johann Christlieb Kemme. Halle (I. C. Hendel) 16. VI. 1781. 46 S. (5.50) 11810

Groschuf, Fr., s. G r o s c h u p f, Fr.

Groschuff, Albert

Groschuff, A, G. Eichhorn u. **H. Delius**, die preußischen Strafgesetze, erläutert. 3 Lfgn. gr. 8. (XII, 638 S.) Berlin 894. O. Liebmann. n. 17. —; geb. in Halbfrz. n. 19. —

Groschuff, A., G. Eichhorn u. H. Delius, die preußischen Strafgesetze. Erläutert. 2., gänzlich neu bearb. u. verm. Aufl. (Kommentare zu den strafrechtl. Nebengesetzen. 2. Bd.) 4 Lfgn. (XIV, 860 S.) Lex.-8. Berlin 903. 904. O. Liebmann. n. 23. 50; geb. n. 26. —
Bd. 1 der Kommentare s.: Stenglein, M., H. Appelius u. G. Kleinfeller, die strafrechtl. Nebengesetze.

Groschuff, A., G. Eichhorn, H. Delius, d. preuß. Strafgesetze, Suppl., s.: Eichhorn, G., d. preuß. Stempelsteuergesetz.

Groschuff, Erich

Groschuff, E: Neutrale und saure Alkaliformiate. Berlin 1903 (Mitteil. a. d. Physik.-Techn. Reichsanst.)

Groschuff, E: Über das saure Ammoniumformiat. Studien über die Löslichkeit der Salze. 12. Berlin 1903 (Mitteil. a. d. Physik.-Techn. Reichsanst.)

Groschuff, E: Über Bariumoxalate. Studien über die Löslichkeit der Salze. 9. Berlin 1901 (Mitteil. a. d. Physik.-Techn. Reichsanst.)

Groschuff, E: Berichtigung über Eisenanalysen. Berlin 1902 (Mitteil. a. d. Physik.-Techn. Reichsanst.)

Groschuff, Erich: Über E n t s t e h u n g u. Veränderung von wasserhaltigem Glase, s. M y l i u s, F.

Groschuff, E: Über die Jodsäure. Hamburg und Leipzig 1905 (Mitteil. a. d. Physik. Techn. Reichsanst.)

Groschuff, E: Saure Nitrate. Studien über die Löslichkeit der Salze. 13. Berlin 1904 (Mitteil. a. d. Physik.-Techn. Reichsanst.)

Groschuff, Erich, aus Berlin: **Zur Stereochemie der Piperidinreihe. Verhalten d. Vinyldiaceton- u. Triacetonamingruppe gegen salpetrige Säure.** *Berlin (1901): E. Ebering.* (88 S.) 8°
Berlin, Phil. Diss. v. 16. März 1901

Groschuff, F. Erläut. üb. die Lebensbeschr. d. Gen. Cronstroms betr. d. Belag. v. Bergen-op-Zoom 1747. (20.) 8. Frankfurt 1757.

Groschumer, W., Handbuch der Militär-Administration f. die Unter-Abtheilung d. k. u. k. Heeres. gr. 8. (VIII, 332 S.) Wien 871. Seidel & Sohn. n. 4. —

Groschumer, W., Leitfaden für die Unterofficiere aller Waffen zur militär. Würdigg. des Terrains u. seiner Theile; im Recognosciren, Distanzschätzen u. Croquiren. Mit (6 lith.) Taff. (in gr. 8. u. qu. 4.) u. Beispielen erläut. Wien 870. Gerold's Sohn. gr. 8. (III, 37 S.) n. 20 ngr.

—— die Organisation des k. und k. Heeres. Uebersichtlich zusammengestellt. gr. 8. (VIII, 159 S.) Wien 871, Seidel und Sohn. *

Groschupf, Fr.

— s. Abhandl. von d. Zingern rc.

Groschupf, od. Groschuf, Fr. (eigentl. Fabian), († d. 15. Decbr. 1783.) Abhandl. von d. Händesprache, in soweit deren Merkmale bei alten Schriftstellern sich äußern rc. bestätigt. 8. Cassel 750. Cramer. 3 gr.

— histor. Abhandl. von d. Druiden d. Deutschen, worinnen erwiesen wird, daß die Deutschen u. Catten, eben so wie d. Gallier, ihre eigenen Druiden gehabt haben. 8. Erfurt 759.

Groschupff, Heinrich Augustin (Zwönitz), Oratio de gentis Trillerianae ortu, progressu et insignibus, ubi & sigillatim Caufungi plagium Altenburgense enarratur, in venerandi collegii Portensis consessu 1704. Lpz. (Christian Göz) 1705. 28 Seiten. (10.—) 11811

Groschupp, s.: Bausteine f. die Schule.

Groschupp: Allgemeiner Bericht über die Ausstellung Mailand 1906. (Ms.) (Berlin 1907)

Groschupp, Hermann, cand. paed., Annaberg i. Erzgeb.: Die **Sprache** Johann Christian Günthers. Ein Beitrag zur Geschichte d. neuhochdeutschen Schriftsprache. *[Annaberg 1900: M. Muschter.]* (98 S.) 8°
Leipzig, Phil. Diss. v. [8. Dez.] 1900

Groschvetter, Ed., der Tod d. Phaëthon. Epische Dichtung. gr. 8. (2½ B.) Altenburg 836, Pierer.

Groscreutz, Rud. v., Miscellen aus d. Gebiete der Geschichte u. Satire. 12. (10 B.) Berlin 843, Hayn.
Vgl. Grosskreutz, Rud. v.

Groscurd, C., s. G r o s k u r d, K.

De auctore libri qui est Lucii Caecilii ad Donatum Confessorem De Mortibus Persecutorum. Dissertatio philologia quam scripsit **Adolfus Groscurth**, Guestfalus. *Berlin: E. Streisand 1892.* (27 S.) 8° [93. 7630]

Groscurth, F[erdinand], Dr.: Die Entwicklung und Ziele der höheren Mädchenschule. Hamburg 1906: Lütcke & Wulff. (S. 3—8.) 4°
Hamburg, HM St. Johannis OP 1906 [111]

Groscurth, F[erdinand], Dr.: Das **Fremdwort** in der lateinlosen Schule. *Hamburg 1899: Lütcke & Wulff.* (S. 1—44.) 4° [F.]
Hamburg, Unterrichts-Anstalten d. Klosters St. Johannis, HM u. Sm f. Lehrerinnen an HM, OP 1899

Groscurth, F., das Fremdwort in der lateinlosen Schule. Ein nach Stämmen zusammengestelltes Verzeichnis der gebräuchlichsten Fremdwörter. 8. (VIII, 147 S.) Bielefeld 901. Velhagen & Klasing. n. 1. 20; kart. n. 1. 40

Groscurth, F[erd.]. und Curt Schäfer. Gutachten über die Einrichtung von höheren Mädchenschulen mit Oberbau. Hamburg 1906. 8°.
Hamburg, Joh. Wallnow ... St. Johannis, P. 1906.

Groscurth, Ferdinand, über parabolische Coordinaten und die geodätischen Linien auf dem elliptischen Paraboloid. Diss. Marburg 1887, N. G. Elwertsche Univ.-Buchh. 4°. 21 S.

Groscurth, R., Einführung u. Antrittspredigt in der Gemeinde zu U. L. Frauen am 9. II. 1902. 8. (16 S.) Bremen 902. J. Morgenbesser. n. — 20

Grose, Frz., Regeln zur Carricaturzeichnung; nebst e. Versuche über d. Malerei; aus d. Engl. von J. G. Grohmann. Mit 29 Kpft. 8. Leipz. u. Wien 800. Magaz. f. Ind. 3 ℳ Hrbg. Pr. 2 ℳ

— — dasselbe a. Französisch.

Grose, Johann Gottlieb

Grose, Jh. Gtl., († d. 21. April 1798.), s. Betrachtt., schriftmäßige, 1) über d. Haus Israel ꝛc.

Grosecz, Joh. Steph., s. Grosez, Joh. Steph.

Grösel, Karl Fr., über d. verschiedenen Münzfuße in Sachsen. 4. Frberg 811. Graz u. G. 4 gr.

Groesel, Carl Lebrecht Ehregott, De odore medici. Diss. med. Präs. Daniel Wilhelm Triller. Wittbg. (Carl Christ. Dürr) 12. IX. 1777. 36 S. (6.—) 11751

Grošelj, Rud., einige Messungen, betr. die spezifische Ionengeschwindigkeit bei lichtelektrischen Entladgn. (12 S.) gr. 8. Wien 904. (A. Hölder.) n. — 30
Sonderabdruck aus: „Sitzungsber. d. k. Akad. d. Wiss."

Gedenkblatt an die feierliche Proclamation des Herzogs Friedrich VIII. von Schleswig-Holstein. Entw. und auf Stein gez. v. F. Grosenich. Lithogr. Inst. v. Basset & Co. Hamburg. (1864.) 1 Bl. Fol. 40 51 cm.

Groser, H. G., der Heimat zu! Dichtung. Uebers. v. R. Doye. In Segelform ausgestanzt. (8 Bl. m. farb. Illustr.) München 889. Stroefer. cart. n. 1. —

Gröser u. Bruch, Bericht üb. d. Versamml. d. deutsch. Naturforscher, s. Bericht.

Gröser, Johs., Aphorismen über ärztliche Kunst. Mainz 863. Kirchheim. 8. (VII, 72 S.) 7½ ngr.

v. Groset, Ritter, s. Mein Sturz im Preuß. Staate, (Leipz., Baumgärtner). 6 gr.
Vgl. Grosset.

Grosewsky, R., aus der Einsamkeit. Lieder. 16. (151 S.) Mitau 849, Reyher. In Engl. Einb. m. Goldschn. 1½ ℳ

Grosez, Joh. Steph.

Grosecz, ... Diarium Sanctorum. 4. Pressb. 771. Landes. 17 gr.

Grosez. Kleine Heiligen-Legende, s. Hense, F.

Grosez, Joh. Steph., Leben der Heiligen, nebst Betrachtungen u. Gebeten auf alle Tage d. Jahres, sowie auf die beweglichen Kirchenfeste. Nach dem Lat. Hrsg. v. Heinr. Rütjes. gr. 8. (VI, 667 S.) Paderborn 886. Bonifacius-Druckerei. 3. 60

Grosez, Joh. Steph., S. J., Leben der Heiligen nebst Betrachtungen u. Gebeten auf alle Tage des Jahres, sowie auf die bewegl. Kirchenfeste. Nach dem Lat. Hrsg. von Heinr. Rütjes. 4. Aufl. gr. 8. (IV, 676 S.) Paderborn 897. Bonifacius-Druckerei. n. 3. —

Leben der Heiligen [Diarium Sanctorum] nebst Betrachtungen u. Gebeten auf alle Tage d. Jahres, sowie auf d. bewegl. Kirchenfeste. Nach d. Lateinischen d. Pater Joh. Steph. **Grosez**, aus d. Ges. Jesu. Hrsg. von Dr. Heinrich Rütjes, † Pfarrer. Mit vielen Ill. 5. Aufl. Paderborn: Bonifacius-Dr. 1906. (IV, 706 S.) 8° [F.] (06. 8473) 6

Grosez, Joh. Steph., das Tagebuch der Heiligen oder Betrachtungen auf alle Tage des Jahres aus dem Leben der Heiligen, zugleich m. kurzen Betrachtungen über die Sonn- u. Festtags-Evangelien, bearb. nach dem Franz. v. Ferd. Hellweger. gr. 8. (XVI, 628 S. m. 1 Farbendr.) Bozen 881. Wohlgemuth. n. 4. —

Grosez, Joh. Steph., heiliges Tagebuch. Kurze Lebensbeschreibung d. Heiligen m. Betrachtungen u. Gebeten f. alle Tage d. Jahres, nebst Betrachtungen auf alle Sonntage u. bewegl. Feste. Nach d. Franz. bearb. v. W. Reithmeier. 3 Bde. gr. 8. (32½ B.) Schaffhausen 845, Hurter'sche Buchh. à —

Grosez, Joh. Steph., heiliges Tagebuch. Kurze Lebensbeschreibung der Heiligen, mit Betrachtungen und Gebeten auf alle Tage des Jahres, nebst Betrachtungen auf alle Sonntage und bewegl. Feste. Nach dem Französ. bearb. von W. Reithmeier. 3 Bdchn. in 1 Bd. (Wohlf. Ausg.) gr. 8. (835 S. und 1 Kpfrst.) Schaffhausen 850, Hurter'sche Buchh.

Grosfeld, Fritz, Gerichtsass.: Die Ansprüche des Dritteigentümers aus unrechtmässiger Mobiliarzwangsvollstreckung vor und seit dem Inkrafttreten des Bürgerlichen Gesetzbuchs. *Münster 1901: 'Der Westfale'.* (68 S.) 8°
Rostock, Jur. Diss. v. [10. Aug.] 1901

Grosfeld, Peter

Grosfeld, P., Beiträge zur Geschichte der Pfarrei u. Stadt Rheine. Nebst e. Chronicon Bentlacense u. Urkunden. Festschrift zu der Feier d. 200jähr. Bestehens d. Gymnasiums in Rheine. gr. 8. (IV, 116 S.) Münster 875. (Rheine, Kucholt.) n. 1. 20

Grosfeld: Disquisitiones historicae de statu rerum ecclesiasticarum in marcis Winedis imp. Ottone II. 18 S. – Recklinghausen, Progr. 1857.

Grösfeld, Pet., de archiepiscopatus Magdeburgensis originibus. Dissert. histor. Monasterii 856. Coppenrath in Comm. gr. 8. (IV, 76 S.) n. 15 ngr.

Grosfeld, Peter Rückblick auf die Geschichte der Anstalt seit ihrer Erweiterung im Jahre 1861 und Bericht über die Feier ihres zweihundertjährigen Bestehens. 28 S. **Progr.** *Rheine* 1876.

Über Blutungen aus anatomisch unveränderten Nieren v. S. Grosglik (Warschau) ... *Leipzig: Breitkopf & Härtel 1898.* (32 S.) 8.
= **Sammlung** Klinischer Vorträge. N. F. No 203. (98. 1318

Aseptischer Katheterismus. Von Dr. S. **Grosglik.** '(Aus d. chiurg. Abth. des Dr. W. H. Krajewski im Kindlein Jesu-Hospital in Warschau.)' *Wien: Urban & Schwarzenberg 1896.* (93—164 S.) 8.
= **Klinik,** Wiener. 1896. H. 4 u. 5. (96 3169

Grosh, A. B., des sonderbaren Bruders verbessertes Handbuch enthltd. die Geschichte, Vertheidigg., die Grundsätze 2c. des Ordens; die Instruktionen e. jeden Grades u. die Pflichten e. jeden Amtes u. Standes in der sonderbaren Brüderschaft. Sammt Anweisgn. u. Formeln zum Legen von Grundsteinen, Dediciren von Begräbnißplätzen, Hallen 2c. u. die nöthigsten Geschäftsformulare. Mit e. Portr. (in Stahlst.), u. (eingedr.) Holzschn. der Embleme verziert. Aus dem Engl. übertragen von John C. Brunner. Philadelphia 869. (Schäfer & Koradi.) 16. (VI, 498 S.) In engl. Einb. mit Goldschn. n. 2 ₰ 15 ngr.

Des Sonderbaren Bruders verbessertes Handbuch, enthaltend die Geschichte, Vertheidigung, die Grundsätze und Regierung des Ordens [Odd Fellows]; die Instruktionen eines jeden Grades und die Pflichten eines jeden Amtes und Standes in der Sonderbaren Brüderschaft. Sammt Anweisungen und Formeln zum Legen von Grundsteinen, Dediciren von Begräbnisplätzen, Hallen etc., Anordnen von Prozessionen etc., und die nöthigsten Geschäfts-Formulare. Mit einem Portrait des Gross-Sekretärs Jas. L. Ridgely, und Holzschnitten der Embleme verziert. Von dem Ehrw. A. B. Grosh. Aus dem Englischen ins Deutsche übertr. von John C. Brunner. Philadelphia: Bliss
1871. XXII, 562 S. 8°.

Groshans, Geo. Phil. Fred., Prodromus faunae Homeri et Hesiodi. 8maj. (2¼ B.) Lugduni Bat. 839, Luchtmans. (Lipsiae, libr. Weidmann; T. O. Weigel.)

Groshans, Geo. Phil. Fred., prodromus Faunae Homeri et Hesiodi. 8maj. Lugduni Batav. 843, S. et J. Luchtmans. n. 1/6 ₰ — id. liber. Fasc. posterior. 8m. ibid. 843. ¼ ₰

Groshans, Geo. Ph. Fr., Specimen anatomico-physiolog. de systemate uropoietico, quod est radiatorum, articulatorum et molluscorum acephalorum. 8maj. Lugduni Batav. 837. Hazenberg et Soc. (Lipsiae, Weidmann et T. O. Weigel.) n. 1⅙ ₰

Groshans, J. A., des combinaisons chimiques, Cp Hq Or et des nombres de densité des éléments. gr. 8. (83 S.) Berlin 888. Friedländer & Sohn. n. 2. —

Groshans, J. A., Darstellg. d. physikal. Eigenschaften d. chem. Verbindgn. CpHqOr als Funktion d. Atomsumme od. Densitätszahl p + q + r. gr. 8. (VI, 224 S.) Berlin 895. R. Friedländer & Sohn. n. 6. —

GROSHANS, J. A.
Darstellung der physikalischen Eigenschaften der chemischen Verbindungen $C_pH_qO_r$ als Funktion der Atomsumme oder Densitätszahl $p+q+r$. Berlin, 1896. 8vo.

— des dissolutions aqueuses par rapport aux nombres de densité des éléments. gr. 8. (103 S.) Ebd. 888. n. 2. 40

Groshans, J. A., e. neues Gesetz, analog dem Gesetz v. Avogardo. Deutsch v. F. Roth. gr. 8. (III, 80 S.) Leipzig 882. Barth. n. 2. —

Groshans, J. A. v., üb. wässrige Lösungen nach den Untersuchungen v. Gerlach, Kremers u. J. Thomsen. Deutsch v. Fr. Roth. gr. 8. (III, 50 S.) Leipzig 884. Barth. n. 1. 60

Groshans, J. A., de la nature des éléments de la chimie. gr. 8. (VIII, 109 S.) Harlem 875. Erven Loosjes. n. 2. 50

Groshaubt, Johann Georg

Sendschreiben der Ehegemahlin des Herrn Rectoris Magnifici auf der weit und weltberühmten hohen Schule zu Gablitz, an den glorreichen Herrn Author, der neulich den Weibsbildern die Menschheit abgestritten hat, von ihr selbst verfaßt, und publizirt durch *Johann Georg Groshaubt*, Pedellen an der dortigen hohen Schule. Aus schuldigem Respekt u. Ehrfurcht. (Kl. Hlzsch.) O. O. 1782. 8°. 13 S.
Der Pseud. fehlt bei Weller.

Grosheim, Ernst Leopold (Rogozno/Posen), De venarum absorptione. Diss. med. Bln. (Brueschck) 22. XII. 1821. 43 S. mit Biogr. (6.—) 11812
Oppon.: J. Betschler, F. Beltz, A. Richter. — Gew.: L. E. v. Koenen.
Vgl. Grossheim, Ernst Leopold.

Grosheim, G. Christoph

— Euterpe; eine musikal. Quartalschrift. 16 Hft. 8. Heilbronn 795.

Grosheim, G. C. Fragmente aus der Geschichte der Musik. Mainz 1832.

Grosheim, G. Chrstph., Fragmente aus d. Geschichte d. Musik. Lex.-8. (12 B.) Mainz 833, Schott's Söhne.

— Generalbaß-Katechismus, zum Gebr. d. Schullehrer u. Seminaristen. Cassel.

Grosheim, G. Cph., das Leben der Künstlerin Mara. 8. Cassel 823. Luckhardt. 10 gr. (Vergl. Notizen, authentische, d. Sängerin Mara.)

Grosheim, G. Ch., Liederkränze f. Jugend u. Volk. 12. (7⅙ B. u. 6 Bild.) Eschwege 843. (Leipzig, G. Wigand.) 7½ Ngr. Mit ill. Bild.

—— Melodien hierzu. qu. 4. (22½ B.) Ebds. 843.

— über Pflege u. Anwendung d. Stimme. gr. 8. (3 B. u. 2 Tab.) Mainz 830, Schott's Söhne.

—— mein Testament. Für d. Schullehrer Deutschlands, insbesond. f. Kurhessen niedergeschr. gr. 12. (2⅙ B.) Cassel 833, (Krieger.)

— über d. Verfall d. Tonkunst. 8. Götting. 805. Dieterich. 4 gr.

Grosheim, G. Chrstph., Versuch e. ästhet. Darstellung mehr. Werke dramat. Tonmeister ält. u. neu. Zeit. gr. 8. (12¼ B.) Mainz 834, Schott's Söhne. Thlr.

—— chronolog. Verzeichniß vorzügl. Beförderer u. Meister d. Tonkunst, nebst e. kurzen Uebersicht ihr. Leistungen. gr. 8. (9 B.) Mainz 831, Schott's Söhne.

Grosheintz, Albert [med. pract. aus Basel]: Über die Beziehungen der Hypsistaphylie zur Leptoprosopie. Berlin 1898. 24 S. 5 Tab. 7 Fig. 8°. (Sonder-Abdr. aus dem Archiv für Laryngologie. 8. Bd. 3. Heft.)
Basel. Med. Diss. 1898/99.

Grosheintz, E., siehe: *Freiheit, die.*

Grosheintz, Paul. Die Hypernephrome der Niere, nebst Beiträgen zur Kasuistik. Mit 8 Abbildungen auf Tafel I—IV. Diss. Med. Basel. ([Sep.-Abdr. aus:] Zeitschrift für Urologie [Band 1,] 1907.) *Kopftitel:* Aus der patholog.-anatom. Anstalt der Universität Basel. Vorsteher: ... Prof. Dr. Eduard Kaufmann. 49 S. 8. Leipzig, Georg Thieme, 1907.

Grosholz, Frz. Manuel, der Heros. Tragisches Spiel. (20 S.) 8. Freiburg i/B. (908). (F. P. Lorenz.) 1.—

Grosholz, J. L., Antritts-Predigt. Gehalten in d. Haupt-Stadtpfarr-Kirche zu Mannheim am 25. Febr. 1828. gr. 8. (3¼ B.) (Mannheim, Schwan u. Götz.)

Grosjean-Maupin, E., praktisches Esperanto-Lehrbuch, s.: Becker, M.

Grosier, Jean Baptiste Gabriel Alexandre. Allgemeine Beschreibung des chinesischen Reichs... A. d. Franz. ... Frankf. a. M. 1789. Ü: *Schneitler, G. Lorenz.* (EngG) (Ky) (MGT)

Grossier, Abbé, ..., allgem. Beschreib. d. chinesischen Reichs; aus d. Französ. (v. L. Schneidler). 2 Bde. gr. 8. Frankf. a. M. 799. Guilhaumann. 2 ₰ 16 ℊ

Grosier, Abbé, de la Chine, ou déscription général de cet empire, redigée d'après les mémoires de la mission de Pékin. 3e édit. avec 2 Cart. 7 Vol. in 8. Paris. 820.

— üb. Literatur u. Kritik. 8. Frft. Eichenberg. 778.

Grosilhes, H., die geheimen Leiden, Krankheiten des weibl. Geschlechtes u. ihre Heilung. Ein Buch zur Belehrung über die Gesundheits-Pflege, Bleichsucht etc. u. Zufälle während der Schwangerschaft. In's Deutsche übertr. v. Jos. Brunner. 8. (IV u. 100 S.) Gratz 852, Dirnböck & Mühlfeith. 18 ngr

Grosilhes, H., die geheimen Leiden, Krankheiten des weiblichen Geschlechtes, und ihre Heilung. Ein Buch zur Belehrung über die Gesundheitspflege, Bleichsucht, Hysterie, andere Geschlechtskrankheiten, und Zufälle während der Schwangerschaft. In's Deutsche übertr. von Jos. Brunner. Neue (Titel-) Aufl. Gratz (852.) 855. Mühlfeith. 8. (2 Bl., 100 S.) 15 ngr

Grosippus, Paschasius (Pseud.), s. Schoppe, Kaspar (wirkl. Name).

Groskopf, A., zwei- u. dreistimmige Lieder f. den Schulgebrauch bei patriotischen Gedenktagen. Op. 34. 8. (IV, 36 S.) Lübben 890. Bornwerg. n. —25

— erstes Notenheft, f. die Hand der Schüler bearb. u. neben e. Liedersammlg. zu gebrauchen. 8. (27 S.) Lübben 889. Winckler. n. —20

Groskopf, Walth., das Christenleben in Wort u. Tat. Beispielsammlung zum Gebrauche in der Kirche, Schule u Haus. (VIII, 170 S.) gr. 8. Dessau 903. A. Haarth n. 2.—

Groskopf, Walth., Sternbahnen. Ein Epos. (V, 354 S.) 8. Dresden (907). E. Pierson. 4.—; geb. n 5.—

Groskopff, s.: Wahlpredigt, geh. zu Hildesheim.

Groskopff, G. C., s. Großkopff, G. C.

Groskurd, Christian Heinrich, s. Björnstahl: Briefe.

— Etwas über d. Fehlerhafte in d. gewöhnl. Vorbereitung junger Leute zu künft. Predigern.

— Nachricht von d. erneuerten u. verbesserten Einrichtung d. Unterrichts im Stralsund. Gymnasium. 4. Stralf. 779.

Groskurd, Chr. Hnr., (†im Febr. 1806.) Schulbuch f. d. ersten Anfänger in d. deutschen, latein. u. französ. Sprache, mit kurzen Abrissen d. Erdbeschreibung u. bibl. Geschichte etc. 8. Stockholm 775.

Groskurd, Christian Heinrich, s. Sparrmanns Reise.

Groskurd, Christian Heinrich, s. Thunbergs Reise.

Groskurd, Christoph Gottlieb

Groskurd, C. G., Observationes criticae in Strabonis Iberiam sive librum III. Strals. 819. 8. 1 rthlr. 6 gr.

Groskurd, Cph. Gli., observationes criticae in Strabonis Iberiam sive rerum geograph. Libr. III. 8maj. Strals. 820. Löffler. 1 ₰ 6 ℊ

Groskurd, Cph. Gll., vollständ. Sach- u. Namen-Register zu Strabon's Erdbeschreibung, s. Strabon.

— s. Strabonis Iberia u. Erdbeschreibung.

Groskurd, Christoph Wilhelm

Groskurd, Cph. Wlh., († 1788.), s. Geschichte, geheime, d. Königinn Elisabeth.

Groskurd, Just. Er., († 1780.) s. Björnstahl, Reise.

Groskurd, K.: De jure emphyteutico comment. *Gött.*, Dieterich. 803. 8. (5 Gr.)

Groskurt, Johann Heinrich (Nordheim), De abortu. Diss. med. Präs. Johann Andreas Segner. Gött. (A. Vandenhoeck) 13. IX. 1738. 28 S. (6.50) 11813 Gew.: Gerlach Adolph Frh. v. Münchhausen (Strausfurth).

Groskurth, Emil [app. Arzt aus Darmstadt]: Aus d. patholog. Institut zu Giessen. Ueber die Embolie der Arteria meseraica superior ... Giessen, grossh. Hof- u. Univ.-Dr. C. v. Münchow, 1895; 34 S. 8.
Giessen, Med. Fak., Inaug.-Diss. v. 1895

Groskurth, Otto: Ueber heterochrome Photometrie. Marburg 1910: Friedrich. VI, 90 S., 3 Taf. 8°
Marburg, Phil. Diss. v. 29. Aug. 1910, Ref. Richarz, Schaum
[Geb. 20. Sept. 81 Allendorf a. Werra; Wohnort: Marburg; Staatsangeh.: Preußen; Vorbildung: Oberrealsch. Marburg Reife O. 03; Studium: Marburg 4, Lausanne 1, Berlin 1, Marburg 4 S.; Rig. 18. Dez. 09.] [U 11. 3452

Grosmann, Friedrich

Grosmann, Frdr., Dienst-Instruktion f. Spritzenmeister, s.: Instruktionsbüchlein f. d. württemberg. Feuerwehren.

Grosmann F, Ergebnisse der allg. Gebäude-Brandversicherungsanstalt f. Württembg v. 1873-98, d. Einfluss d. Feuerwehren auf diese Ergebn. etc. (152 S) Stuttgart 1900

— Das Feuerlöschwesen im Königreich Württemberg. Denkschrift für die Intern. Ausstellung für Feuerschutz- und Feuerrettungswesen in Berlin 1901. Stuttgart 1901.

Grosmann, [Frdr.]. Das Feuerloschwesen im Kgr. Württemberg vom Jahre 1800 bis auf die neueste Zeit. Denkschrift im Auftrage des Ministeriums des innern (aus Anlass der Berliner Hygiene-Ausstellung). Stuttgart 1883. 4°.

Grosmann, Frdr.: Der Rathgeber im Feuerlosch-Wesen. Stuttgart 1876. 4°. Atlas gr. 2°.

Grosmann, Fr., der Rathgeber im Feuerlösch-Wesen. 2., unveränd. Aufl. **Mit 26** (lith., zum Theil color.) Taf. (in Imp.-Fol.). gr.4. (31 S.) Stuttgart 877. (Bonz & Co.) In Mappe. n.n. 15. —

Grosmann, Georg Justus (Battenberg)
Thesen aus der gesammten Heilkunde.
Giessen 1810.
Dr. med. 1.10.1810.

Grosmann, Georg Justus Philipp (Biedenkopf)
Specimen de malo hysterico.
Giessae 27. April 1785.
Vgl. Großmann, Justus Philipp.

Grosmann, Hedw., Kinderleben. Ein Bilderbuch. gr.4. (18 Chromolith. m. eingedr. Text u. 1 Bl. Text.) Berlin 882. Winckelmann & Söhne. geb. n. 4. 50

Grosmann, Hedwig, meine Puppe! Ein Bilderbüchlein f. kleine Mädchen. gr. 4. (24 color. Taf. m. eingedr. u. 1 Bl. Text.) Berlin 886. A. Hofmann & Co. geb. n.n. 2. 50

Grosmann, Jul., Anleitung zum Unterricht in der Theorie u. Praxis d. Fröbel'schen Erziehungs-Systems f. Vorsteherinnen v. Kindergärtnerinnen-Bildungsanstalten u. Vorsteherinnen Fröbel'scher Kindergärtner. 8. (112 S.) Thorn 886. E. Lambeck. 1. 80

Grosmann, Jul., Kaiserin Bertha. Cultur-histor. Abhandlg. gr. 8. (40 S.) Thorn 875. E. Lambeck. — 75

— das Fröbel'sche Erziehungs-System auf der Basis mathematischer Grundformen. Zum Verständniß der Fröbel'schen Pädagogik. gr. 8. (19 S.) Berlin 873. Staude. n. — 50

Grosmann, J., Zeichnen-Schule nach Fröbel'schen Prinzipien, s.: Hirt's Vorlagen zu Fröbel'schen Beschäftigungen.

— Zeichnen-Schule nach Fröbelschen Prinzipien f. Kindergärten, Volks- u. Mittelschulen, Fortbildungs- u. Arbeitsschulen in 3 Abthlgn. gezeichnet u. erläutert. 1. u. 2. Abth. 4. (à 8 S. m. je 12 Steintaf.) Leipzig 875. Hirt & Sohn. n. 1. 80
1. Für Kindergärten. n. — 80
2. Für Schüler u. Schülerinnen üb. 7 Jahr. n. 1.

Grosner, Karl [aus Vág-Ujhely (Ungarn)]: Ueber die Einwirkung von Natriumaethylat auf Citracon-, Mesacon- und Itaconsaeureaethylester .... Bremen, Druck v. H. M. Hauschild, 1885; 26 S. 8°.
Würzburg, Phil. Fak., Inaug.-Diss. v. 1886.

Grosner, Karl, über die Einwirkung von Natriumaethylat auf Citracon-, Mesacon- und Itaconsaeureaethylester. Diss. Würzburg 1885, Stahelsche Univ.-Buchh. 8°. 26 S.

[Grospellier, Alexandre.] Le jubilé épiscopal de Sa Grandeur Mgr Gaspard Mermillod, Évêque de Lausanne et Genève 1864–1889. Fêtes et Souvenirs. [Avec portrait hors texte.] 8. Fribourg 1890.

(G[rospellier], A[lexandre].) Son Éminence le Cardinal (Gaspard) Mermillod. Récit des fêtes de sa promotion à Rome et de sa réception en Suisse et à Fribourg, Juin-Juillet 1890. [Avec portrait hors texte.] 8. Fribourg 1890.

Grospietsch, Henricus *(geb. Striegau 16. 6. 1824)*: De nonnullis cataractae extractionis methodis. Vratislaviae (1849). (27 S.) 8° *[Auf dem Diplom fälschlich: Grosspietsch.]*
Breslau, Med. Diss. v. 12. Nov. 1849

Grospietsch, Maximilianus (Theodorus) *(geb. Bellwitzhof bei Liegnitz 2. 9. 1846)*: De regularium ficta morte sive de vi et effectu professionis religiosae in causis privatis. Vratislaviae (1871). (77 S.) 8° *[Im Buchhandel 1870 bei Aderholz in Breslau.]*
Breslau, Jur. Diss. v. 23. Febr. 1871

Grospietsch, Victor, Volontärarzt an d. Kgl. med. Klinik zu Breslau: **Aus d. Kgl. med. Klinik zu Breslau. 100 Magensaftuntersuchungen zur Bestimmung der freien Salzsäure und der Gesamt-Acidität unter normalen Verhältnissen für** Breslau und Schlesien. *Breslau 1902: Bresl. Genoss.-Buchdr.* (31 S.) 8°
Breslau, Med. Diss. v. 2. Aug. 1902

Grospitz, K. F. Th., Karte der Vereine für Stenographie nach W. Stolze im J. 1877. Nach dem „Almanach für Freunde der W. Stolze'schen Stenographie" dargestellt. Hrsg. von der Red. der neuen Hammonia. (Lith.) 4. Hamburg 878. Kampmann. — 30

... Rudolpho libero baroni de Gross ... diem tertium mensis Februarii, quo die ante decem lustra ad rem publicam accessit, ... gratulantur ... academiae Ienensis prorector et senatus. Ienae d. III m. Febr. a. d. 1896. *Ienae*, typ. Neuenhahni, *1896;* 1 Bl. 2.

Groß u. Klein, schaut hinein! gr. 4. (12 Farbdr.-Taf. m. eingedr. Text, auf Pappe.) Stuttgart 889. Loewe. geb. 3. —

Groß u. klein schaut hinein. (24 farb. S. m. Text.) gr. 8. Stuttgart (910). Loewe. Auf Pappe, geb. in Halbleinw. 2.—

Abschiedsworte bei der Entlassung der Schüler aus der Elementarschule ... Zum Drucke übergeben von e. Lehrer-Veteranen. [Verf.: Groß.] Nebst e. Anh. enth. verschiedene Gelegenheits-Ansprachen u. -Gedichte. Mit vorgedr. ... Schreiben d. ... Bischofs Andreas [Thiel] v. Ermland. *Rössel, Ostpr.: C. Schlutius 1896.* (63, 29 S.) 8° [F.] [illegible] 10

Grosz, das Denkmal d. Kurfürsten Joachim II. in Spandau. Festschrift zur Enthüllg. d. Denkmals am 1. Novbr. 1889. 8. (68 S. m. 6 Abbildgn.) Spandau 889. Neugebauer. n. — 60

Groß: Festrede am 15. October 1859. 12 S. – Marienwerder. Progr. 1860.

Gross: Die kirchliche Geschichtsschreibung von Mosheim bis Neander. 18 S. –Spandau. Progr. 1867.

Groß, Rede über den Anschluß Oesterreichs, s. Reden, 9.

VEILCHEN und Tulpen aus dem Bereiche der Phantasie und Wirklichkeit (Vf.: *von Gross.*) O. O. u. J. (c. 183*). 8°. Selten!
Anon.-Lex. IV. p. 281 (nach d. Anz. f. Bibl.-Wiss.).

Groß & Co.: Verzeichniß landwirthschaftlicher Maschinen und Geräthe. Leipzig-Eutritzsch 1897

Groß, A. (Hrsg.), s. S c o t t , W.: The Lady of the Lake.

Groß, A.; Boßhart, J.; Kaufmann, Willy, Die Z ü r c h e r Turner am Main und am Rhein, Erinnerungen an das 11. dtsch. Turnf. i. Frankfurt a. M. 18.—24. 7. 1908, Zürich 1909, 70 S., 8°.

Gross, Adph., aus der Praxis für die Praxis. Entworfen u. hrsg. (40 S. m. Abbildgn.) qu. gr. 8. Schwäb. Hall 905. W. German. n. 2. 50

— dasselbe. Rezeptbuch. 2. Aufl. (47 u. X S.) 8. Ebd. 905. n. 1. —

Gross, Adolf [app. Arzt aus Bruchsal]: Ueber die chirurgische Behandlung der tuberculösen Peritonitis ... Bruchsal, Buchdr. v. M. J. Stoll, 1893; 42 S., 1 Bl. 8.
Heidelberg, Med. Fak., Inaug.-Diss. v. [13. Jan.] 1893

Gross, Adf., die Stichomythie in der griechischen Tragödie u. Komödie, ihre Anwendung u. ihr Ursprung. (108 S.) gr. 8. Berlin 905. Weidmann. n. 2. 80

Gross, Adolphus, Hannoveranus: De stichomythiae in tragoedia comoediaque Graecorum usu et origine. Pars 1. Halis Sax. 1904: Wischan & Burkhardt. (61 S.) 8° ¶(Ersch. vollst. in deutscher Sprache bei Weidmann, Berlin.)
Halle, Phil. Fak., Ref. Robert, Diss. v. 4. Okt. 1904
[Geb. 27. Nov. 80 Hannover; Wohnort: Hannover; Staatsangeh.: Preußen; Vorbildung: Gymn. Hannover Reife O. 99; Studium: München 1, Halle 3, Berlin 4, Halle 2 S.; Rig. 1. Juli 04.]

G r o ß, Dr. Albert. Die Wohlthat einer Krippe. Im Interesse der arbeitenden Klasse mitgetheilt von . . . (A Bölcsöde Jótékonysága . . . Deutsch und Ungarisch.) 4. (1 Bogen.) Großwardein, Al. Tichy, 1853.

Groß, Albrecht David Gabriel von, s. B e m e r k u n g e n , Militair., über d. Eroberung v. Holland.

Gross, A. D. G. v., ehemaliger Obristlieut. in holländischen und englischen Diensten etc. Von dem D i e n s t e des O f f i c i e r s im F e l d e, besonders der l e i c h t e n T r u p p e n, sowohl der Cavallerie als Infanterie. Nach dem englischen Original aufs neue bearbeitet und mit Beispielen aus dem s i e b e n j ä h r i g e n und dem letzten R e v o l u t i o n s k r i e g e beleuchtet. Zum Gebrauch der Akademie zu Belvedere bei Weimar. 8. Gotha 1803.

v. Groß, Albr. Dav. Gabr., († d. 18. Nov. 1809.) von d. Dienste d. Officiers im Felde ꝛc. gr. 8. Gotha 804. Ettinger. 1 ℛ

Groß, Albrecht David Gabriel von, s. E x a m e n de la conduite de l'Europe.

Groß, A. G. Frh. v. Historisch-milit. Handbuch f. d. Kriegsgeschichte der Jahre 1792—1808. Mit 1 Atl. Amsterdam 1804. 492 S. 8° u. 2°

Gross, A[lbrecht David] G[abriel] von. Historisch-militärisches Handbuch für die Kriegsgeschichte der Jahre 1792 bis 1808, enthaltend eine genaue Uebersicht aller Feldzüge und Landungen, welche in diesem Zeitraume Statt gefunden haben. Mit [2 Tafeln und] einem topographisch-militairischen Atlasse von 17 Charten und Planen. 8. Amsterdam 1808.

Groß, v., historisch-militarisches Handbuch f. d. Kriegsgesch. d. Jahre 1792—808. mit Charten und Plan. gr. 8. Amsterdam. Kunst- und Indust. Comtoir. 809.

v. Gross, A. G. Histor.-militair. Handbuch der Kriegsgeschichte der J. 1792—1808. (490.) 8. M. 19 Krtn. u. Pl. Amsterdam 1809. — Supplement ib. 1809. 20,50.

— histor. militair. Handbuch f. d. Kriegsgeschichte d. Jahre 1792 bis 1808, enth. eine genaue Uebersicht aller Feldzüge u. Landungen, welche in diesem Zeitraume statt gefunden haben. Mit 19 Kart. u. Pl. gr. 8. Amsterd. 809. (Brockhaus in Leipz.) 819. 6 ℛ 18 ℊℓ ohne Atlaß 3 ℛ d. Atlaß apart 3 ℛ 18 ℊℓ

G r o ß, Obristl. von, histor. milit. Handbuch für die Kriegsgeschichte der Jahre 1792 bis 1808, enth. eine genaue Uebersicht aller Feldzüge und Landungen, welche in diesem Zeitraume statt gefunden haben. Mit einem topographisch-militairischen Atlasse von 19 Karten und Planen. gr. 8. Leipzig, Brockhaus. 819.
ohne Atlaß
Der Atlaß apart

Gross, [Albrecht David Gabriel] von. Journal des principales opérations de la campagne de 1794 dans les sept Provinces-unies et pays de la Généralité: principalement de ce qui s'est passé pendant le blocus & le bombardement de la ville de Grave jusqu'à sa reddition. Par le Major de Gros du régiment suisse de May.... [Avec des figures. 2 planches et 1 carte.] 8. [Berne] 1795.

de Gros, A. D. G. Journal des opérations de la campagne de 1794 dans les sept Provinces Unies et pays de la Généralité, principalement de ce qui s'est passé pendant le blocus et le bombardement de Grave. (X. 256.) 12. Francfort 1795.

— le premier Navigateur, poeme av. 4 grav. gr. 8. Weim. 803. Ind. Compt. 18 ℊℓ

— üb. die höhere Taktik, m. K. 8. Gera, Heinsius. 804.

(v. Gross.) Ueber die höhere Taktik, oder kurze Uebersicht der Veränderungen, welche der letzte Krieg in dem bisherigen Kriegssystem nothwendig machte. Von Oberst v. G***. 8 M. 4 K. Leipzig 1804. 8. M. K. Gera 1805

Gross, Alexander Wilhelm (Peterswaldau/Schles.), De operationibus ophthalmiatricis veterum. Diss. histor.-ophthalm. Bln. (Gebr. Schlesinger) 22. III. 1837. 32 S. m. Biogr. (M.: R. Wenzel.) (5.50) 11814
Oppon.: A. Mueller, F. Quiring, G. Leuschner. — Gew.: Ernst Gross (Vater).

Groß, Alfred, Dr. med., Oberarzt d. med. Klinik: **Beobachtungen über Amöben-Enteritis.** Mit 2 Taf. *Naumburg a. S.: Lippert & Co. 1903.* (23 S.) 8°
Kiel, Med. Hab.-Schr. v. [25. März] 1903

Gross, Alfr., die Dynamomaschine. Kurz gef. prakt. Anleitg. z. Selbstanfertigg. kleiner Dynamomaschinen u. Elektromotoren, nebst Beschreibg. u. Konstruktionszeichngn. ein. Modelle. Für Laien bearb. gr. 8. (36 S.) Stuttgart 898. K. Wittwer. n. 1. —

Gross, Alfr., in Firma Ferdinand Gross, die Dynamomaschine. Kurz gefasste prakt. Anleitg. zur Selbstanfertigg. kleiner Dynamomaschinen u. Elektromotoren nebst Beschreibg. u. Konstruktionszeichngn. einiger Modelle. Für Laien bearb. 2. verm. u. verb. Aufl. gr. 8. (48 S. m. 45 Illustr.) Stuttgart 899. K. Wittwer. n. 1. —

Gross, Alfr., in Firma Ferdinand Gross, die Dynamomaschine. Kurz gefasste prakt. Anleitg. zur Selbstanfertigg. kleiner Dynamomaschinen u. Elektromotoren nebst Beschreibg. u. Konstruktionszeichngn. einiger Modelle. 3. verm. u. verb. Aufl. gr. 8. (66 S. m. 41 Abbildgn. u. 1 Farbdr.-Taf.) Ebd. 900.
Geb. in Leinw. n. 1. 50

— dasselbe. 4. bedeutend verm. u. verb. Aufl. gr. 8. (89 S. m. 77 Abbildgn. u. 1 Farbdr.-Taf.) Ebd. 903.
Geb. in Leinw. n. 2. —

Gross, **Alfr.**, **in Fa. Ferdinand Gross, die Dynamomaschine. Kurz gefasste prakt. Anleitg. zur Selbstanfertigung kleiner Dynamomaschinen u. Elektromotoren nebst Berechng. u. Konstruktionszeichngn. einiger Modelle. 6. Aufl. (92 S. m. 81 Abbildgn. u. 1 farb. Taf.) 8. Stuttgart 908. K. Wittwer.**
Geb. in Leinw. 2. –

Gross, Alfr, **Elektrizität u. Magnetismus.** Gemeinverständliche Darstellung der Grundlagen der Elektrotechnik, m. vielen Anleitgn. zu Versuchen. (IV, 174 S. m. 285 Abbildgn.) gr. 8. Stuttgart 904. Strecker & Schröder. Geb. in Leinw. n. 3. —

Gross, Alfred: Katalog der Lehrerbibliothek (des Staats-Obergymnasiums in Mähr.-Trübau. T. 2 ff. v. Otto Lebwohl). T. 1—4. Mähr.-Trübau '01—04. Mähr.-Trübau, Staats-Ober-G.. Jahres-B. 1901—04.

Gross, Alfred, approb. Arzt aus Mainz: **Zur Kenntnis des Ovovitellins.** *Strassburg i. E. 1899: C. & J. Goeller.* (32 S.) 8°
Strassburg, Med. Diss. v. 1899

Kriminalpsychologische Tatbestandsforschung. Von Dr. jur. Alfred **Gross** in Prag. Mit 7 Tab. Halle: C. Marhold 1907. (56 S.) 8°
— **Grenzfragen**, Juristisch-psychiatrische. Bd 5, H. 7. [07. 6141 0

Das Wichtigste aus der Heimatkunde des Kreises Löwenberg. Beilage z. Flemmingschen Schulkarte d. Kreises Löwenberg. Von A[lois] **Groß**, Lehrer. Glogau: C. Flemming [1905]. (12 S.) 8° [F.] [06. 6316

Groß, Andreas

[–] Herrn A. G. [d. i. Andreas Groß] ERSTE UND LETZTE ANTWORT Auf die sogenannte Erklärung des Herrn Grafen Nicol. Ludwigs von Zinzendorff, Welche Derselbe, Seinem zuerst an einen guten Freund gestellten, und hernach ohne seinen Willen durch den Druck bekannt gewordenen Bericht von der Herrnhutischen Gemeine entgegen gesetzet. Darinnen Die Wahrheit des Berichts nicht mehr ausführlich gerettet, Sondern auch durch diese Veranlassung Noch mehrere Unrichtigkeiten haben offenbar werden müssen. Mit einigen merckwürdigen Beylagen vermehret, In welchen der falsche Ruhm des Herrn Grafen, Daß er aufrichtig Lutherisch, und daß seine Gemeine die Mährische Kirche seye, entdecket, Auch dessen Bezeigen gegen rechtschaffene Prediger vor Augen geleget wird. Alles dem unpartheyischen Leser zur Prüfung. – Franckfurt a. M.: Andreä 1742. 230, 392 S.

[–] Herrn A[ndreas] G[ross] VERNÜNFFTIGER UND UNPARTHEYISCHER BERICHT, an Einen guten Freund, über die Neu-aufkommende Herrnhutische Gemeinde, seiner Würdigkeit wegen zu Jedermanns Besten ans Licht gestellet. Die dritte Auflag nebst einem kurzen Vorbericht. – Franckfurt am Mayn: Wigandt 1740. 83 S.

(–) GEGEN-ANTWORT, Auf Herrn Jonas Paul Weissens So betitultes Antwort-Schreiben An Herrn A. G. In Franckfurth. – Franckfurth am Mayn: Wigandt 1741. 72 S.
beigedr.: 1. Gespräch Zweyer Wächter Uranii und Sereni Von einer neuen Gemeine (S. 40–54).
beigedr.: 2. Sententz Aus dem Rath der Wächter (S. 55–62).
beigedr.: 3. Responsiones ad literas W(eissens) (S. 63–72).

Groß, Anton Johann

Groß, A. J., Handbuch f. Reisende durch d. Erzherzogth. Oesterreich, Steiermark, Salzburg, Krain, Kärnthen, Tyrol, Illyrien, Dalmatien u. d. lombardisch-venetian. Königreich, od. geographisch-malerische Schilderung der merkwürd. Reiserouten durch diese Provinzen, nebst Meilenzeiger u. alphabet. Ortsregister. Nach eigenen u. fremden Erfahrungen. Mit Titelvign. gr. 8. München 830. J. Lindauer. 2 fl 8 kr

Groß, Ant. Joh., Handbuch f. Reisende durch d. österr. Monarchie, mit besond. Rücksicht auf d. südl. u. Gebirgsländer, näml.: Oesterreich, Salzburg, Steiermark, Illirien, Tirol, d. lombard.-venetian. Königr. u. Dalmatien, nebst Meilenzeiger u. alphabet. Ortsregister. Nach eign. Erfahrungen u. d. besten Quellen bearb. 1. Aufl. (30 B. u. Titvign.) 830., 2., verm. A. M. 1 Ansicht v. Wien. (qu. gr. Fol.) (29½ B.) gr. 8. München 834, Lindauer. à
Der Titel der ersten Aufl. weicht, in der Stellung der Worte, von der zweiten etwas ab.

—— der Kahlenberg u. seine Umgebung, od. d. nördl. Gebirgs-Umgebungen Wiens, nach ihrer geograph. u. histor. Bedeutsamkeit dargest. (Nebst naturhistor. Fragmenten v. J. Reautz.) 16. (19 B.) Wien 832, Tendler.

— Reisetaschenbuch f. Donaufahrer, od. geographisch-historische Schilderung alles Merkwürdigen an den Ufern d. Donaustromes, von seinem Ursprunge bis Preßburg. Nebst 1 Anh., 1 lith. u. ill. Stromkarte u. 6 Ansichten. 16. Wien 830. Ant. Doll. (Hartleben in Pesth). 1 fl 18 kr (Auch mit d. Umschlagetitel: d. Donaustrom, vom Ursprunge bis an d. ungarische Grenze, mit seinen nächsten Uferumgebungen u. allen Zuflüssen im größten Maßstabe auf Landkarten dargestellt rc.)

GROSS, Arnold (Bamberg): Beiträge zur Kenntnis der angebornen Pulmonalstenose.- München: Kastner & Lossen 1899. 26 S.
13.3.1900 - Chr 1899/1900,12; Jv 1899/1900,204
Diss. Ingolst.-Landsh.-Mchn.

Gross, Arthur, a. Königsberg i. Pr., prakt. Arzt in Burgwindheim (Oberfr.): **Über die apoplektiformen Anfälle bei Tabes dorsalis.** Erlangen 1906: Junge & Sohn. (46 S.) 8°
Erlangen, Med. Fak., Ref. Penzoldt, Diss. v. 19. Febr. 1906
[Geb. 18. Jan. 73 Königsberg i. Pr.; Wohnort: Burgwindheim; Staatsangeh.: Preußen; Vorbildung: Gymn. Königsberg Reife M. 90; Studium: Königsberg 7, Erlangen 8 S.; Coll. 30. Jan. 06; Approb. 24. Nov. 98.]

Gross, Arth., die Anfänge des ersten thüringischen Landgrafen-Geschlechtes. Ein Beitrag zur thüring. Geschichtsforschung. Inauguraldissertation. 8. (58 S.) Burg b. M. 880. (Göttingen, Vandenhoeck & Ruprecht.) n. 1. 50

Gross, Arthur [Assessor in Leipzig]: **Darstellung des Rechtsmittelsystems des gegenwärtigen deutschen Strafprozesses in seinen Grundzügen** .... Leipzig, Druck v. Bär & Hermann, 1887; 58 S. 8°.
Tübingen, Jur. Fak., Inaug.-Diss. v. 1887.

Gross, Arthur, Darstellung des Rechtsmittelsystems des gegenwärtigen deutschen Strafprozesses in seinen Grundzügen. Diss. Tübingen 1887, Fues' Sort. 8°. 58 S.

Gross, *Arthur* [Dr.]: Das „Reich Gottes" nach den synoptischen Reden Jesu. Forst i. L., Druck v. E. Hoene, 1897; 1—20 S. 4.
Forst i. L., RPG u. PG Georgianum, OP 1897 (102)

Gross, Aug., vollständiges Adressenbuch der sämmtlichen Papier-, Holzstoff- u. Strohstoff-Fabriken Oesterreich-Ungarns, d. deutschen Reiches, der Schweiz, Belgiens u. der Niederlande. gr. 8. (107 S.) Budapest 874. (Leipzig, Haessel.) n. 6. —

Groß, August, prakt. Arzt in Olpe: **Aus d. chirurg. Universitäts-Klinik zu Gießen. Über das tuberkulöse Geschwür der Zunge.** *Gießen 1904: v. Münchow.* (31 S.) 8°
Gießen, Med. Diss. v. 1904

Gross, Benno Georg: Aus d. II. med. Klinik d. Städt. Krankenh. l. d. I. München. Vergleichende Untersuchungen über die Agglutination von Typhus- und Paratyphusbacillen im Verlaufe von Typhuserkrankungen. Jena: Fischer 1908. 22 S. 8° (Aus: Centralblatt f. Bakteriol., Parasitenk. u. Infektionskrankh. Abt. 1. Bd 47, H. 4.)
München, Med. Diss. v. 21. Nov. 1908, Ref. v. Müller
[Geb. 28. Dez. 82 Wehlau Opr.; Wohnort: Wehlau; Staatsangeh.: Preußen; Vorbildung: Gymn. Wehlau Reife O. 02; Studium: Königsberg 6, München 4 S.; Coll. 21. Nov. 08; Approb. 9. Juni 08.] [U 09. 3325

Praktische Anleitung für den Klavierunterricht kurzgefaßt von Betty **Gross**. Charlottenburg: Plothow [1909]. 11 S. quer-8° [09. 10001

Groß, Bruno, die Jacquardmaschine. 1. Tl. Ihre Wirkungsweise, die Bestimmg. der einzelnen Teile, Ursachen u. Beseitigg. v. vorkomm. Fehlern, sowie die gebräuchlichsten Harnisch-Einzüge. Ein Leitfaden f. Fachschulen u. Praktiker. Leicht verständlich bearb. (48 S. m. Abbildgn.) gr. 8. Reichenbach (910). Haun & Sohn. 2. —; geb. in Halbleinw. 2. 25

Groß, C., Begräbnißfeier von Georg Friedrich Pfeiffer, weil. Dr. phil., erster lutherischer Stadtpfarrer und Kirchenrath zu Homburg v. d. H. nebst dessen Testament und Mittheilungen über Adelheid Pfeiffer, geb. Mützel. Homburg 855. (Frankfurt a. M., Völcker.) 8. (19 S.) 3 ngr

Groß, C., die Erkenntnisse d. Reichs-Oberhandelsgerichtes nach den Artikeln des Handelsgesetzbuchs u. der Wechselordnung systematisch zusammengestellt. 1. Hft. gr. 8. (35 S.) Kassel 872. Freyschmidt. n. — 50

— dasselbe. 2. Hft. [Bd. III, IV. u. V. der Entscheidgn. d. O.-H.-G. umfassend.] 8. (44 S.) Ebend. 873. n. — 80

Groß sen., C., In Memoriam. 80 Leichenreden. (VI, 160 S.) 8. St. Louis, Mo. 905. (Zwickau, Schriften-Verein.) Geb. in Halbfrz. n. 3. 60

Groß, C., Repertorium zu dem allgemeinen deutschen Handelsgesetzbuch, s. Scheffer, Fr., und C. Groß, Repertorium.

Groß, C., der Verehrer einer Gräfin, s.: Reiselectüre.

Gross, C. E., der Donnersberg. Wegweiser nebst Beiträgen zur Feststellung dessen histor. Bedeutung. Mit (lith.) Karten u. Zeichnungen von A. Schilling v. Cannstadt. 8. (V, 55 S.) Kreuznach 878. Voigtländer. cart. n. 1. 80

Groß, C. G., vollständ. Anleitung z. Hopfenbau nach d. neuesten Entdeckn. u. Erfahrn. Mit besond. Rücksicht auf seine Behandl. z. Bierbrauen. 8. (1 B.) Leipzig 837, Eisenach.

Groß, Carl, s. G r o ß , Karl.

Groß, Cary: A d e l m a r u. d. Delphin,
s. B e n z i g e r ' s Märchenbücher-Sammlung.

Groß, C., König Ardorhart, Kunimund der Hirtenknabe, die drei Geschwister, Wechselbalg, s. a. Benziger's Märchenbücher-Sammlung.

Gross, C. König Ardorhart, Kunimund der Hirtenknabe, Die drei Geschwister, Wechselbalg. Vier Märchen. Mit Illustr. In-12°. 160 S. Einsiedeln, Benziger & Co. 1890. Halbleinw. 2 50

Groß, Cary, s. Benziger's Märchenbücher-Sammlung.

Groß, Cary,
— Eupbor,
— der Fels im Walde,
— Godwin u. Godwinda,
s.: Benziger's Märchenbücher-Sammlung.

— Höhenluft. Roman. 8. (440 S.) Münster i/W. 893. Regensberg. n. 2. 80; geb. n. 3. 60

— Rolf u. die Bären, s.: Benziger's Märchenbücher-Sammlung.

— St. Peter in Sicht. Roman. 8. (307 S.) Münster i/W. 893. Regensberg. n. 2. —; geb. n. 2. 75

— das Schloß Weißenstein,
— Wildröslein u. die drei Kronen,
s.: Benziger's Märchenbücher-Sammlung.

Gross, Ch. G. (Resp.): Diss. de morbis imaginariis hypochondriacorum, s, A l b e r t i, Mich. (Praes.)

Gross, Charles, Gilda mercatoria. Ein Beitrag zur Geschichte der engl. Städteverfassg. gr. 8. (VI, 109 S.) Göttingen 883. Deuerlich. n. 2. —

Groß, Christian

Gross, Chrn., der Begriff der πίστις im neuen Testamente. gr. 4. (23 S.) Spandau 875. (Jürgens.) n. 1. —

Gross, Chr.: Die I d e n t i t ä t der Subjekte. Eine logische Untersuchung in 3 Abschnitten. 17 S. 4° – Spandow, Progr. 1871.

Gross, Christian: Studien über Biphenylensulfamin. (Berlin 1910: Ebering.) 42 S. 8°
Berlin, Phil. Diss. v. 13. Aug. 1910, Ref. Gabriel
[Geb. 29. Juni 84 Hof i. B.; Wohnort: Charlottenburg; Staatsangeh.: Bayern; Vorbildung: Gymn. Hof Reife Juli 04; Studium: Techn. Hochschulen München 2, Berlin 6, Univ. 4 S.; Rig. 28. Juli 10.] [U 10. 167

Gross, E., u. A. Patin, sollen uns. Gymnasiasten wieder „nach d. Fortgange gesetzt" werden? 2 fachmänn. Gutachten üb. d. Lokation f. alle Freunde der Schule. [Aus: „Blätter f. d. bayer. Gymnasialschulwesen".] gr. 8. (30 S.) München 896. J. Lindauer. n. — 50

Gross, Edgar: Die ältere Romantik und das Theater. Hamburg & Leipzig: Voss 1910. 119 S. 8° ¶(Ersch. auch als: Theatergeschichtl. Forschungen. 22.)
Würzburg, Phil. Diss. v. 14. Febr. 1910, Ref. Brenner, Roetteken
[Geb. 26. Sept. 86 Lankwitz-Lichterfelde; Wohnort: Berlin; Staatsangeh.: Preußen; Vorbildung: Lessing-Gymn. Berlin Reife O. 05; Studium: Berlin Univ. u. Techn. Hochsch. 8 S.; Rig. 28. Mai 09.] [U 10. 4389

Die ältere Romantik und das Theater. Von Dr. Edgar **Groß.** Hamburg & Leipzig: Voss 1910. 119 S. 8°
(Theatergeschichtliche Forschungen. 22.) [10. 5057

Groß, Edgar (Hrsg.), s. R ü c k e r t , Friedr.: Werke.

G r o ß , **Eduard:** Beiträge zur Erklärung alter Schriftsteller vornehmlich durch Hinweise auf die deutsche Literatur. 3 Bl., 72 S. 8.
Progr. K. Neues Gymn. *Nürnberg* 1902.
I. II. Zu Homers Ilias und Odyssee. III. Zu Euripides. IV. Zur Antigone des Sophokles. V. Zu Xenophon. VI. Zu Demosthenes. VII. Zu Platons Apologie des Sokrates. VIII. Zu Sallustius. IX. Zu Livius. X. Zu Horatius. XI. Zu Ovidius.

Beiträge zur Erklärung alter Schriftsteller vornehmlich durch Hinweise auf die deutsche Literatur. — Von Eduard G r o s s, G.-P. — 1902, Nürnberg, J. L. Stich. — P. 1—72. (Dem Andenken an Heinrich Heerwagen gewidmet.)
Progr. Nürnberg, K. Neues Gymn.

Herrn Oberstudienrath Dr. Heinrich **Heerwagen** als Nachklang zur Feier seines 25jährigen Jubiläums als Studienrector am Gymnasium zu Nürnberg in dankbarer Verehrung dargebracht: Kritisches und Exegetisches zu Virgils Aeneis. — Von Eduard **G r o s s,** Stdl. — 1883, Nürnberg, ibid. — S. 5—44 .
Progr. Nürnberg, K. Gymn.

G r o s s, Ed., Kritisches und Exegetisches zu Virgils Aeneis. 8. (44 S.) Nürnberg 883, (Ballhorn.)

Studien zu Vergils Äneis, zum Teil mit Hinweisen auf die deutsche Literatur. — Von Eduard Gross, G.-P. — 1904. Nürnberg, J. L. Stich. — P. 1—34.

Progr. Nürnberg, K. Neues Gymn.

Gross, Egon, Referendar: **Kauf und Verkauf auf Borg durch einen zum Barabschluss Bevollmächtigten und Verwandtes.** Leipzig: Veit 1909. 52 S. 8° ¶(Ersch. auch als Buch ebd.)

Leipzig, Jur. Diss. v. 27. Mai 1909

[Geb. 20. Aug. 83 Dresden; Wohnort: Dresden; Staatsangeh.: Sachsen; Vorbildung: Kgl. Gymn. Dresden-N. Reife O. 03; Studium: Leipzig 2, München 1, Leipzig 4 S.; Rig. 3. Aug. 06.] [U 09. 2523

Gross, Em., Sermon, composé à l'occasion de la Constitution civile proclamée dans la Hesse-Electorale. 8. (1¼ B.) Hanau 831, Koenig.

— s. Th. Spieker, Predigten aus dessen letzten Lebensjahren.

Groß, Emanuel

Gross E.: Bedeutung u. Ziele d. landwirtschaftlichen Versuchswesens. U. St. [1900]. (8) S. 4°.

Groß, Emanuel, s.: **Bildungsstätten,** die landwirtschaftlichen, im deutschen Teile Böhmens.

— der praktische **Gemüsesamenbau.** Zugleich Anleitg. zur Beurteilg. u. zum Erkennen der Gemüsesamen. Mit 3 Abbildgn. im Text u. 135 Samenbildern auf 4 Lichtdr.-Taf. (VIII, 182 S.) gr. 8. Frankfurt a/O. 904. Trowitzsch & Sohn. Geb. in Leinw. n. 4. —

Groß, Eman., Grundregeln des Futterbaues. [Aus: „Fühling's landwirthschaftl. Zeitung."] gr. 8. (23 S.) Leipzig 897. H. Voigt. n. — 60

Groß, Eman., die **Haselnuß,** ihre Kultur u. wirthschaftliche Bedeutung. gr. 8. (VI, 65 S. m. 37 Abbildgn.) Berlin 902. P. Parey. n. 1. 60

— **der Hopfen in botanischer, landwirthschaftlicher u. technischer Beziehung, sowie als Handelswaare.** (Archiv f. Landwirthschaft. Hrsg. v. Hugo H. Hitschmann.) gr. 8. (VIII, 255 S. m. 78 Abbildgn.) Wien 899. (C. Gerold's Sohn.) Geb. in Leinw. n. 9. 60

[...] Der Hopfen in botanischer, landwirthschaftlicher u. technischer Beziehung, sowie als Handelswaare. Von Emanuel Gross, Prof. d. Hoh. landw. Lehranst. Tetschen-Liebwerd. M. 78 Abb. im Text. Wien: Selbstv. v. H. H. Hitschmann; (K. u. k. Hofbuchdr. K. Prochaska in Teschen) 1899. (VIII, 255 S.) 1 Bd 8.

Archiv f. Landwirthschaft. Beil. z. Wiener Landw. Zeitg. [No] 3.

Gross E.: Die amerikanische Kuherbse, Cow pea (Vigna Catiang). Anbau u. Bodenimpfversuche. [1—2]. Wien 1899—1901. 16, 9 S. 5 Tvl. (Særtr.). 4°.

Gross E.: Ueber die Cultur d. Crens. Wien 1899. 7 S. P.

— Ueber die Notwendigkeit d. Errichtung einer besonderen Versuchsstation z. Förderung d. Hopfenbaus in Oesterreich. Wien 1899. 7 S. (Særtr.) P.

— **landwirtschaftliche Reiseeindrücke aus dem Osten v. Nord-Amerika.** Bericht üb. meine Studienreise, anlässlich der Weltausstellg. in St. Louis, unternommen in der Zeit vom 17. VIII. bis 7. X. 1904. (103 S.) gr. 8. Totschen 905. (O. Henckel.) n.n. 1. 60

Gross E.: Der gegenwärtige Stand d. Obstbaues im deutschen Elbetal u. im Mittelgebirge. Dargestellt auf Grund im Jahre 1903 eingehend gepflogener Erhebungen. Aussig (1904). 77 S.

Gross E.: Studien üb. die Düngung d. Getreides. Wien 1899. 8 S. **(Særtr.). P.**

Gross E.: Studien üb. die Rapspflanze. Wien 1900. 10 S. 2 Tvl. (Særtr.). 4°.

Gross, Ernst Georg, approb. Arzt aus Friedberg i. Hess.: **Aus d. pathol. Institute zu Kiel. Die Verletzungen des Penis nebst einem Fall von traumatischem Sequester der Corpora cavernosa penis.** *Kiel 1902: P. Peters.* (20 S.) 8°

Kiel, Med. Diss. v. [14. Jan.] 1902

Gross F, Einführung einer internationalen einheitlichen Garnnumerierung auf Grundlage eines metrisch-dezimalen Systems. (48 S) Manchester 1905

Groß, F., Versuch eines systemat. Entwurfs zur Anordnung eines Schullehrer-Vereins. 8. Bresl. 822. Graß, Barth u. C. 2 ½

Gross, F., illustrirter Westbahn-Führer. Ein Handbuch f. Touristen auf der k. k. priv. Kaiserin Elisabeth-Bahn u. deren Nebenlinien. Mit 1 (chromolith.) Karte (in qu. Fol.) u. 15 Illustr. (Holzschntaf. in qu. 4.) Zeichnungen v. J. J. Kirchner. Holzschn. v. Günther, Grois & Rücker. 8. (XVI, 252 S.) Wien 876. Rosner. geb. n. 4.

Groß, Felix

Gross, Fel., „Form" u. „Materie" des Erkennens in der transzendentalen Ästhetik. Eine erkenntnistheoret. Untersuchg. (VIII, 100 S.) gr. 8. Leipzig 910. J. A. Barth. 2. 80

Groß Felix: Form und Materie des Erkennens in der kritischen Philosophie.

1907 PN 2402 Diss. Wien. Univ.

— **Kant. Laienbrevier.** Eine Darstellg. der Kantischen Welt- u. Lebensanschaug. f. den ungelehrten Gebildeten, aus Kants Schriften, Briefen u. mündl. Äußergn. zusammengestellt. (222 S.) kl. 8. Berlin 909. Reichl & Co. Geb. 3. —

Groß, Ferdinand

Groß, Ferd., Blätter im Winde, s. **Bibliothek für Ost und West.**

Groß, Ferd., Blätter im Winde. Neue Skizzen. 2. veränd. Aufl. 8. (VII, 198 S.) Leipzig 888, Wartig's Verlag. *

— mit dem **Bleistift.** Geschichten und Skizzen. 8. (328 S.) Leipzig 881, Reißner.

Groß, Ferd., mit dem **Bleistift.** Geschichten u. Skizzen. 8. (328 S.) Leipzig 882. Reißner. 1. —

— der erste **Brief,** s. **Theater, neues Wiener.**

— aus der **Bücherei.** Vorträge u. Studien. 8. (VII, 403 S.) Wien 883. Konegen. n. 5. —

— **Ernstes u. Heiteres,** } s.: **Zehnpfennig-Bibliothek.**

Gross, F., D. Frauen a. d. Bühne. (21 S.) Leipzig 1867. Lucius.

Gross, F., die Frauen auf der Bühne. Eine Studie. gr. 16. (21 S.) Leipzig 867, Rhode. *
Aus: Neue allgem. Zeitschrift für Theater und Musik, besonders abgedruckt.

Groß, Ferdinand: Frauenkünste, s. Zehnpfennig-Bibliothek.

— Gedichte. 16. (VIII, 102 S.) Leipzig 879. Pfeil. n. 1. 50; geb. n. 2. 40

Groß, F., Geheimnisse, s.: Theater, neues Wiener.

Groß, Ferd., drei Geschichten, s.: Reclam's Unterhaltungs-Bibliothek.

—— drei Geschichten, s. Universal-Bibliothek Nr. 2307.

Groß, Ferdinand: Lehrreiche Geschichten, s. Zehnpfennig-Bibliothek.

— heut' u. gestern. Geschichten u. Skizzen. 8. (III, 260 S.) Wien 883. Konegen. n. 3. —

Groß, Ferdinand: Die lieben Kleinen, s.a. Katscher, L.

— die lieben Kleinen, s.: Zehnpfennig-Bibliothek.

Groß, Ferd., in Lachen u. Lächeln. Geschichten u. Skizzen. 12. (IV, 239 S.) Stuttgart 898. A. Bonz & Co. n. 2. —; geb. in Leinw. n. 3. —

— Lieder aus dem Gebirge. 8. (45 S.) Wien 888. Konegen. n. 1. —

— moderne Märtyrerinnen, s.: Zehnpfennig-Bibliothek.

Groß, Ferdinand (Red.), s. Mode, Wiener.

— litterarische Modelle u. andere Geschichten. 8. (148 S.) Berlin 887. S. Fischer Verl. n. 2. —

— dasselbe. 2. Aufl. 8. (148 S.) Ebd. 888. n. 1. —

Groß, Ferd., Moment-Bilder in Versen. 16. (IV, 63 S.) Wien 895. G. Szelinski. n. — 60

— kleine Münze, Skizzen u. Studien. Mit einer Einleitung: „Ueber das Feuilleton" von Karl Emil Franzos. 8. (XLVI, 249 S.) Breslau 878. Schottländer. n. 4. —

Groß, Ferd. Zum Nachtisch. Geschichten u. Skizzen. 8. (IV, 238 S.) Lpz. 889, Elischer Nachf. * 4 —; geb. * 5 —

— nichtig u. flüchtig. Skizzen. 8. (VI, 250 S.) Leipzig 880. Pfeil. n. 3. —; geb. n. 4. 50

— Oberammergauer Passionsbriefe. 8. (57 S.) [Leipzig 880, Schlicke.] Berlin, Neufeld. *

—— Oberammergauer Passionsbriefe. Neue Aufl. gr. 8. (57 S.) Ebd. 890. * 1 —

— Reiselatein, s.: Universal-Bibliothek.

Gross, Ferd., Religion und Bühne. 16. (15 S.) Leipzig 868, Rhode. [Lucius.] *

— von der leichten Seite. Geschichten u. Skizzen. 8. (V, 198 S.) Leipzig (900). W. Friedrich. n. 3. —

— Samuel Smiles, s.: Vorträge, volksthümliche, d. allg. n.-ö. Volksbildungsvereines.

— um drei Uhr. Dramolet in 1 Aufzuge. 8. (39 S.) Wien 892. C. Konegen. n. 1. —

— Ungebunden. Geschichten u. Skizzen. 16. (III, 287 S.) Wien 895. G. Szelinski. n. 1. 50

— im Vorbeigehen. Geschichten u. Skizzen. 8. (III, 214 S.) Leipzig 892. W. Friedrich. n. 3. —

— was die Bücherei erzählt. Litterarische Essays. 8. (VII, 308 S.) Leipzig 889. Friedrich. n. 4. —

— Goethe's Werther in Frankreich. Eine Studie. gr. 8. (84 S.) Leipzig 888. Friedrich. n. 2. —

— aus meinem Wiener Winkel. Bilder. 8. (225 S.) Leipzig 885. Friedrich. n. 2. —

—— s. Zehnpfennig-Bibliothek.

Groß, Fr., vier Gesänge, d. Unglücke Polens geweiht. gr. 8. (1 B.) Leipzig 832, Glück.

—— Thränen u. Hoffnungsblüthen, vergossen u. gestreut auf Polens Grab v. d. poln. Grafen K—, allen Polenfreunden ans Herz gelegt. gr. 8. (1 B.) Leipzig 832, Glück.

Groß, Fr. G. K.

Groß, F. G. C., über den Hildebrandslied-Codex der Kasseler Landes-Bibliothek, nebst Angaben u. Vermuthungen über die Schicksale der alten Fuldaer Handschriften-Bibliothek überhaupt. [Aus: „Zeitschr. f. hess. Geschichte u. Landeskunde".] gr. 8. (37 S.) Kassel 879. (Freyschmidt.) n. — 75

Groß, F. G. C., griechische Laut- und Formenlehre, für den Unterricht auf den Gymnasien und Progymnasien bearb. Cassel 855. Fischer. gr. 8. (X, 114 S. u. 4 Bl. Tab.) 12 ngl

Gross, Fr. G. K. Zur Statistik des Lyceum Fridericianum für den Zeitraum von 1779—1835. 61 S. Progr. G. Cassel 1880.

Gross, F. G. C., Vindiciarum Homericarum p. I. Diss. , 1845. 78 S.

Groß, Franz

Groß, Frz., 50 Bilder aus der Weltgeschichte. Mit Text. Stuttgart 855. Metzler. gr. Fol. (14 Bl. u. 12 lith. Taf.) 28 ngl

GROSS, FRANZ: Katholische Rompilger. Etyek 1902. 90 S.

—— Welt-Geschichte in Bildern und Text, eingeleitet von C. W. Böttiger. 1—6. Heft. gr. Fol. (28 S. mit 12 Stnt. in Tondr.) Stuttgart 853, Metzler'sche Buchh.

Groß, Franz Josef

— Einleit. zu den Vorlesungen. gr. 8. Prag 777.

Gross, Frz. Jos., († d. 1. Juni 1790.) institutiones juris Boemiae. T. 1. 8. Prag 763.

— positiones inaugurales ex universo jure divino et humano selectae. 8. Prag 720.

Groß, Friedrich —. Die Augenkrankheiten der großen Ebenen Ungarns und statistische Uebersicht der Leistungen der Privat-Augenkrankenheilanstalt für Arme zu Groß-Wardein durch 25 Jahre von 1830—1856. Im Auftrage der h. k. k. Statthalterei-Abtheilung Großwardein mitgetheilt von ——. Mit 2 Lithographien. Großwardein, 1857. Druck von Alois Tichy. (104 S. 23 Bl. 8.)
Vgl.Grosz, Frz.

Gross, Friedrich [aus Cannstatt]: Ein Beitrag zur Kenntniss der Cyanhydrine von Aldehyden und Ketonen .... Berlin, Buchdr. v. O. Berg, 1887; 100 S. + 1 Bl. 8°.
Berlin, Phil. Fak., Inaug.-Diss. v. 5. Febr. 1887.

Gross, Friedrich, ein Beitrag zur Kenntniss der Cyanhydrine von Aldehyden und Ketonen. Diss. Berlin 1887, Mayer & Müller. 8°. 100 S.

Groß, Friedr., 10 Gleichnisse Jesu, lithogr. v. Elias u. Fr. Federer. Fol. (11 Bl.) Stuttgart 843, Schweizerbart'sche Bh.*

Gross, Friedrich [app. Arzt aus Alsterweiler-Maikammer]: Ueber isolierte, nicht complicierte Luxation des Talus ... Landau, Druck v. J. Meixner, 1894; 19 S. 8.
Strassburg, Med. Fak., Inaug.-Diss. v. 1894.

Groß, Friedr., der schöne Sommer-Sonntag. 4. (32 S. m. 12 color. Lith.) Stuttgart 851, Erhard. n. 28 ngr

Groß, Friedrich Wilhelm

Abenteuer eines Meistersingers und seiner Frau. Von Fr[iedr.] Wilh[elm] **Gross**. *Gera-Untermhaus [1898]: F. E. Köhler.* (35 S.) 8° [F.]
— **Monatsschrift**, Ornithologische, d. Deutschen Vereins z. Schutze d. Vogelwelt. Bd 23, Unterhalt.Beil. [ot. 1179

Gross, G. A., hamburg. musikal. Zeitung, s. Zeitung.

Groß, G. F. D., Organisation der ungar. Gymnasien. gr. 8. Ulm, Wohler. 810.

Groß, G. R. (Red.), s. Wochenblatt, Reichenberger

Gross, Georg [aus Dresden]: Theoretische und experimentelle Beiträge zur Diffusion von Gasen und Dämpfen. ... Dresden, Druck v. B. G. Teubner, 1889; 31 S. u. 1 Taf. 8°
Jena, Phil. Fak., Inaug.-Diss. v. 1889

Groß, Geo., vier Soldaten-Predigten gehalten in Frankreich. gr. 8. (19 S.) Kempten 871. Kösel. — 20

Gross, Geo., die Stickstoffgruppe der neueren Chemie und die den Atomen ihrer Elemente zuzuschreibende Valenz. 4. (26 S.) Hamburg 879, (Jenichen.) *

Gross, Geo., die Stickstoffgruppe der neueren Chemie u. die den Atomen ihrer Elemente zuzuschreibende Valenz. 2., unveränd. Aufl. 4. (26 S.) Hamburg 880. Jenichen. n. 1. —

Gross, Georg Die Stickstoffgruppe und die den Atomen ihren Elementen zuschreibende Valenz. 26 S. Progr. HB *Hamburg* 1879

Gross, G., die mechanische **Wärmetheorie** (Thermodynamik) unt. bes. Berücksicht. d. Molekulartheorie u. d. sich daraus ergeb. Erweiterg. d. Anwendungsgebietes d. Thermodynamik; nebst Anwendungen auf Wärmemotoren, Kältemaschinen u. and. techn. Einrichtgn. Leichtfassl. behandelt f. Ingenieure, Techniker, Industrielle u. z. Selbstunterricht, sow. z. Gebr. an techn. Lehranstalten. 1. Bd. gr. 8. (XIII, 254 S. m. 47 Abb.) Jena 898. H. Costenoble. n. 8. —

GROSS, Georg (Kronstadt): Ueber die Zuckerharnruhr.- München: Weiss 1862. 30 S.
2.8.1862 - Urk (Titel: De polyuria saccharata.); F 70
Diss.Ingolst.-Landsh.-Mchn.

Gross, Gerhard, Beiträge zur Casuistik der Kohlenoxydvergiftung. Diss. Berlin 1886, Mayer & Müller. 8°. 28 S.

— Gerhard (Bockhorn u. Brake a. W./Oldenbg.), Beiträge zur Casuistik der Kohlenoxydvergiftung. Diss. med.-chir. Bln. (Gust. Schade [O. Francke]) 11. VI. 1886. 31 S. mit Biogr. (4.80) 11819
Oppon.: Franz Brewing, Dörschlag, Isaac.

Die Bedeutung des Ästhetischen in der evangelischen Religion. Von G[ustav] **Groß**, Dekan in Leonberg. Gütersloh: C. Bertelsmann 1905. (41 S.) 8° [F.]
— **Beiträge** z. Förderung d. christl. Theologie. Jg 9, H. 6, [1]

Gross, Gustav (Pohlgöns)
Beiträge zur Kenntnis der Grösse des menschlichen Stoffwechsels, insbesondere des Verhältnisses der sensiblen zu den insensiblen Ausscheidungen.
Giessen: Brühl 1855. 10 S.
Diss. med. 18.10.1855.

Groß, G., Glaube u. Leben. Christlicher Unterricht f. Erwachsene. (820 S.) 8. Calw u. Stuttgart 910, Vereinsbuchh. 3.20; geb. in Leinw. 4. —

Groß, G., Glaube, Theologie u. Kirche. Bescheidene Beiträge e. Praktikers zur Verständigg. üb. einige religiöse Fragen. gr. 8. (VI, 125 S.) Tübingen 901. G. Schnürlen. n. 2. —

Glaube, Theologie und Kirche. Bescheidene Beiträge e. Praktikers z. Verständigung über einige religiöse Fragen von G[ustav] **Gross**, Stadtpfarrer in Tübingen. 2., mit e. Anh. vers. Ausg. d. 1. Aufl. *Tübingen & Leipzig: J. C. B. Mohr 1902.* (VIII, 132 S.) 8° [F.] ' [og. 6759 4

Gross, Gust., die **Lehre** vom Unternehmergewinn. gr. 8. (VII, 248 S.) Leipzig 884. Duncker & Humblot. n. 5. —

Groß, Gust., Karl Marx. Eine Studie. gr. 8. (VI, 82 S.) Leipzig 885, Duncker und Humblot. *

Gross, Gust., die Staatssubventionen für Privatbahnen. gr. 8. (VI, 186 S.) Wien 882. Hölder. n. 4. —

Groß, Gust., Steuerreform. [Aus: „Österr. Staatswörterbuch".] gr. 8. (19 S.) Wien 896. A. Hölder. n. — 60

— Verzeichnis der bei dem neuen Gesangbuchentwurf im Vergleich m. dem bisherigen Gesangbuch neuaufgenommenen, verbliebenen u. weggelassenen Lieder, zusammengestellt zur Orientierung der Gemeindeglieder. (16 S.) 8. Stuttgart 906. Buchh. der ev. Gesellschaft. n. — 10

Gross, G., Wirtschaftsformen u. Wirtschaftsprinzipien. Ein Beitrag zur Lehre v. der Organisation der Volkswirtschaft. gr. 8. (VII, 202 S.) Leipzig 888. Duncker & Humblot. n. 4. 20

Groß, Gustav Wilhelm

Groß, Gust. Wilh., Archiv f. d. homöopath. Heilkunst, s. Archiv.

Gross, Gust. Wilh., neues Archiv für die homöopath. Heilkunst, s. Archiv.

Groß, G. Wlh., Beurtheilung d. Anti-Organon des Dr. J. C. A. Heinroth, s. Archiv f. d. homöopath. Heilk. Suppl.

— s. Hahnemann, materia medica.

Diätetisches Handbuch für Gesunde und Kranke mit vorzüglicher Berücks. der homöopathischen Heilkunst von Gustav Wilhelm Groß. Leipzig: Reclam 1824. VIII,310 S. 8°

— d. homöopath. Heilkunst u. ihr Verhältniß zum Staate. gr. 8. Leipz. 829. Baumgärtner. 18 gr.

—— die Teplitzer Heilquellen in ihren posit. Wirkungen auf d. gesunden Menschen u. als antipsor. Heilmittel. Nebst 8 (lith.) Abbild. 8. (13½ B.) Leipzig 832, Reclam.

Gross, Gustavus Guilielmus Dissertatio .. quae versatur in quaestione Num usu sit in curatione morborum nomenclatura? [Praeses:] Ioannes Fridericus Meckel. Halae (1817) Grunert. 26 S. 8°

Halle, Med. Diss. v 6. Jan. 1817

Geb. Kaltenborn bei Jüterbog 6. 9 1794. V

—— über d. Verhalten d. Kreißenden u. Wöchnerin, so wie d. neugebor. Kindes, in diätet. u. therapeut. Rücksicht. (Aus d. „Archiv f. d. homöopath. Heilkunst" abgedr.) gr. 8. (2½ B.) Leipzig 831, (Reclam.)

Groß, Gust. Wlh., das Verhalten der Mutter und des Säuglings, vom Augenblicke der Empfängniß an bis zu dem Zeitabschnitte, wo sie Letzteren entwöhnt; in diätetischer u. heilkundiger Rücksicht. Ein Taschenbuch für Neuvermählte, 8. Dresden u. Leipzig 833. Arnold. ¾ Thlr

Groß, Gust. Wlh., das Verhalten der Mutter u. des Säuglings vom Augenblicke der Empfängniß an, bis zu dem Zeitabschnitte, wo sie Letzteren entwöhnt; in diätetischer u. heilkundiger Rücksicht. Ein Taschenbuch für Neuvermählte. 2. Ausg. kl. 8. Dresden u. Leipz. 845, Arnoldische B. geb. ½ Thlr

—— allgem. homöopath. Zeitung, s. Zeitung.

Groß, Gyula, appr. Arzt a. Magdeburg: 65 Fälle von Einleitung der künstlichen Frühgeburt wegen Beckenenge während eines Dezenniums (1896—1905 inkl.) aus der Halleschen Universitätsfrauenklinik. Halle a. S. 1907: Hohmann. (39 S.) 8°

Halle, Med. Fak., Ref. Veit, Diss. v. 16. Juli 1907

[Geb. 31. Okt. 78 Magdeburg; Wohnort: Magdeburg; Staatsangeh.: Ungarn; Vorbildung: Dom-Gymn. Magdeburg Reife O. 99; Studium: Berlin 2, Halle 1, Berlin 4, Breslau 1, Berlin 1, Breslau 1, München 1 S.; Coll. 9. Juli 07; Approb. 30. Sept. 06.]

Gross, H. (II.) u. C. Hering. Vergleichende Arzneiwirkungslehre in therapeutischen Diagnosen (Arzneimittel-Diagnosen) enth. d. Unterschiede d. ähnl. u. verwandten Mittel. Aus d. Engl. v. Ed. Faulwasser. gr. 4. (575 S.) Lpz. 892, Marggraf. geb. * 20 —

Groß, H., Mac Gregor, der Zigeunerfürst, s.: Volks-Erzählungen, kleine.

Gross, H., die einfacheren Operationen der praktischen Geometrie. Leitfaden für den Unterricht an techn. Lehranstalten u. zum Gebrauche für Gemeinde- u. Corporationstechniker, Wege- u. Wiesenbaumeister, Forst- u. Landwirthe, Feldmesser u. Baubeflissene. Mit 106 in den Text gedr. Holzschn. gr. 8. (VI, 90 S.) Stuttgart 879. Knapp. n. 2. —

Gross, H., die einfacheren Operationen der praktischen Geometrie. Leitfaden f. den Unterricht an techn. Lehranstalten u. zum Gebrauche f. Gemeinde- u. Corporationstechniker, Wege- u. Wiesenbaumeister, Forst- u. Landwirte, Feldmesser u. Baubeflissene. 2., verm. Aufl. Mit 107 in den Text gedr. Holzschn. gr. 8. (VIII, 94 S.) Stuttgart 887. Wittwer n. 2. —

Gross, H. (I.). Die einfacheren Operationen der praktischen Geometrie. Leitfaden für den Unterricht an techn. Lehranstalten u. zum Gebrauche f. Gemeinde- u. Corporationstechniker, Wege- u. Wiesenbaumeister, Forst- u. Landwirte, Feldmesser u. Baubeflissene. 3. Aufl. gr. 8. (VIII, 94 S. m. 107 Holzschn.) Stuttg. 892, Wittwer's Verlag. * 2 —

Gross, H., die einfacheren Operationen der praktischen Geometrie. Leitfaden, f. den Unterricht an techn. Lehranstalten u. zum Gebrauche f. Gemeinde- u. Corporationstechniker, Wege- u. Wiesenbaumeister, Forst- u. Landwirte, Feldmesser u. Baubeflissene bearb. 4. Aufl. gr. 8. (VIII, 94 S. m. 107 Holzschn.) Stuttgart 894. K. Wittwer. n. 2. —; kart. n.n. 2. 20

Gross, H., vierstellige mathematische Tafeln, s.: Teichmann, K.

Gross, H., Der Wert des Geschichtswerkes des Cassius Dio als Quelle für die Gesch. der Jahre 49—44 v. Chr. Diss. 1884. 141 S. 3.—

Groß, H., über den gegenwärtigen Zustand der Homöopathie, über die Juden und mehreres Andere. Sondershausen 858. (Eupel. 8. (15 S.) 2½ Ngr.

Gross, Hanns, s.: Archiv f. Kriminal-Anthropologie u. Kriminalistik.

— gesammelte kriminalistische Aufsätze. gr. 8. (VIII, 429 S.) Leipzig 902. F. C. W. Vogel. n. 14. —

— Gesammelte kriminalistische Aufsätze. 2. Bd. (IV, 872 S.) gr. 8. Leipzig 908. F. C. W. Vogel. 14.—; geb. 15. 25

Gross, H., Beiträge zur Erforschung der Atmosphäre mittels des Luftballons, s.: Assmann, Rich.

Gross, Hans: Über das Ditolylmethan aus Formaldehyd und Toluol. Erlangen 1910: Jacob. 61 S. 8°

Erlangen, Phil. Diss. v. 2. April 1910, Ref. Fischer

[Geb. 16. Juni 83 Kulmbach; Wohnort: Erlangen; Staatsangeh.: Bayern; Vorbildung: Realgymn. Nürnberg Reife 02; Studium: Aschaffenburg Forstl. Hochsch. 4, München 4, Erlangen 5 S.; Rig. 25. Jan. 10.] [U 10. 858

Gross, Hanns, üb. die Ehrenfolgen bei strafgerichtlichen Verurtheilungen. gr. 8. (28 S.) Gratz 874. Verl. Leykam-Josefsthal. n. — 50

Gross, Hanns, die Entscheidungen des k. k. österr. obersten Gerichts- u. Cassationshofes über den § 199a des Strafgesetzes vom 27. Mai 1852 aus der Zeit v. Ende 1850 bis Ende 1878. gr. 8. (III, 118 S.) Wien 880. Gerold's Sohn. n. 3. —

Gross, die Entwickelung der Motor-Luftschiffahrt im 20. Jahrh. Vortrag, geh. am 11. X. 1906 gelegentlich des 25jähr. Jubiläums des deutschen Vereins f. Luftschiffahrt. Mit 8 Separatbildern. (31 S.) gr. 8. Berlin 906. O. Salle. 1. —

Gross, Hanns, Entwurf e. Rechts-Entwicklung. gr. 8. (40 S.) Gratz 873. Verl. Leykam-Josefsthal. n. — 80

Encyclopädie der Kriminalistik von Hanns Gross. *Leipzig: F. C. W. Vogel 1901.* (96 S.) 8°
Aus: Archiv f. Kriminalanthropologie. 6. [01. 10461

— die Erforschung des Sachverhalts strafbarer Handlungen. Ein Leitfaden f. Beamte des Polizei- u. Sicherheitsdienstes des Deutschen Reiches. 1. u. 2. Aufl. gr. 8. (VIII, 194 S.) München 902. J. Schweitzer Verl. Geb. in Leinw. n. 2. 50

— Die Erforschung des Sachverhalts strafbarer Handlungen. Ein Leitfaden f. Beamte des Polizei- u. Sicherheitsdienstes. 3. verb. Aufl. (XI, 192 S. m. Abb.) gr. 8. München 909. J. Schweitzer Verl. Geb. in Leinw. 2. 50

Gross, Hans, Arzt aus Nürnberg: Ueber einen seltenen Fall von Trachealstenose. *Nürnberg (1901): J. L. Stich.* (31 S.) 8°
Erlangen, Med. Diss. v. (23. Jan.) 1901

Groß, Hans. Handbuch f. Untersuchungsrichter, Polizeibeamte, Gendarmen u. s. w. gr. 8. (VIII, 620 S. m. Fig.) Graz 893. Leuschner & Lubensky. n. 12. —; geb. in Leinw. n. 13. 40; in Halbldr. n. 14. 50

Gross, Dr. Hans, Handbuch für Untersuchungsrichter, Polizeibeamte, Gendarmen u. s. w. 2. vermehrte Auflage. Gr.-8. (XII, 805 S.) 6.— In Lnwd. geb. 7.—, in Halbleder geb. 7.60
Graz: Leuschner & Lubensky 1894.

— Handbuch f. Untersuchungsrichter als System der Kriminalistik. 3., verm. Aufl. 1. Hälfte. gr. 8. (400 S. m. Fig.) Ebd. 899. n. 6. —

— Handbuch f. Untersuchungsrichter als System der Kriminalistik. 3. verm. Aufl. II. Hälfte. gr. 8. (XIV u. S. 401—813 m. Fig.) Graz 899. Leuschner & Lubensky. n. 6. —
1. Hälfte. Ebd. 899. n. 6. —.

— Handbuch f. Untersuchungsrichter als System der Kriminalistik. 4. verm. Aufl. Mit üb. 100 Abbildgn. im Text. 2 Bde. (XVIII, 499 u. 452 S.) Lex.-8. München 904. J. Schweitzer Verl. n. 18. —; geb. n. 20. —

Gross, H., Handbuch f. Untersuchungsrichter als System der Kriminalistik. 5., umgearb. Aufl. 2 Tle. (XXIV, 1053 S. m. 188 Abbildgn.) Lex.-8. München '08, J. Schweitzer Verl. 18. —; geb. 20. —

Criminalpsychologie v. Dr. Hanns Gross. *Gratz: Leuschner & Lubensky 1898.* (xII, 721 S.) 1 Bd 8. [98. 1313

Kriminal-Psychologie von Hans Groß, Prof., Prag. 2. Aufl. Leipzig: F. C. W. Vogel 1905. (xII, 701 S.) 8° [05. 1313 6

— Lehrbuch f. den Ausforschungsdienst der k. k. Gendarmerie. (Im Auftrage d. k. k. Ministeriums f. Landesvertheidigg. in Wien verf.) gr. 8. (VII, 368 S.) Ebd. 894. Geb. in Halbleinw. n.n.n. 2. —
Nur f. die Gendarmerie erhältlich u. im Buchhandel nicht zu haben.

Groß, H., der Luftballon im Dienste des Heeres u. der Wissenschaft. (38 S.) 8. Gebhardshagen (904). J. H. Maurer-Greiner Nachf. n. — 75

— s.: Luftfahrten, wissenschaftliche.

— die Luftschiffahrt, s. a. Hillger's illustr. Volksbücher. 9. Bd.

Die Luftschiffahrt von H[ans] Groß, Hauptm. im Luftschiffer-Bat. Mit 40 Ill. Berlin, Leipzig: H. Hillger [1904]. (106 S.) 8° [F.]
= Volksbücher, Hillgers illustrierte. Bd 9. [05. 10967

— die modernen technischen Mittel des militärischen Nachrichtenwesens insbesondere f. die Befehlsübermittelung, s. a. Beiheft zum Militär-Wochenblatt. 1903. Hft. 6.

Die modernen technischen Mittel des militärischen Nachrichtenwesens, insbes. f. d. Befehlsübermittelung. Vortrag geh. 1904 von [Hans] Groß, Hauptm. im Luftschifferbataillon. *Berlin: E. S. Mittler & Sohn (1904).* (S. 203–230.) 8° [F.]
= Militär-Wochenblatt. 1904, Beih. 6, [1.] [04. 8135

— Motor-Luftschiffe. (21 S. m. Abbildgn.) 4. Berlin (905). Boll & Pickardt. n. 1.50
Sonderabdruck aus: „Die Gasmotorentechnik".

Der Raritätenbetrug von Dr. Hanns Gross, Prof., Czernowitz. *Berlin: J. Guttentag 1901.* (VIII, 288 S.) 8° [01. 4839

Kriminalistische Tätigkeit und Stellung des Arztes von Prof. Dr. Hans Gross, Graz. Mit 95 Abb. Wien & Leipzig: W. Braumüller 1908. (XVI, 944 S.) 8°
= Handbuch d. ärztl. Sachverständigen-Tätigkeit. Bd 1. [08. 14180

Gross, Heimann *(geb. Zülz in Oberschles. [16. 6.] 1821)*: De Secali cornuto. Vratislaviae (1844). (49 S.) 8°
Breslau, Med. Diss. v. 19. Sept. 1844

Groß, Heinr., deutsche Dichterinnen u. Schriftstellerinnen in Wort u. Bild. 3 Bde. Mit 118 Portraits u. 115 Autogramm-Fcsm. Ausg. A. Auf einfachem Pap. 4. (VI, 484; 509 u. 504 S.) Berlin 885. Thiel. n. 18. —; geb. n. 27. —; Ausg. B. Auf holzfreiem mittelfeinen Pap. n. 24. —; Ausg. C. Auf holzfreiem Velinpap. n. 30. —; geb. n. 39. —

Gross, Heinr. Deutschlands Dichterinnen und Schriftstellerinnen. Eine litterarhistorische Skizze. 71, 94 SS. 8. [2. Ausg. (IV, 290 SS.) 8. Wien 1882, Gerold's Sohn. 6 Mk.]
Progr. Staatsg. *Triest* 1880. 1881.

Gross, Heinrich, Deutschlands Dichterinnen und Schriftstellerinnen. Eine literarhist. Skizze. 2. Ausg. — Wien: Gerold 1882. 271 S. 8°

Gross, Heinrich [app. Arzt aus Brake a. d. Weser (Oldenb.)]: Ein Fall von Anus praeternaturalis vaginalis ... Strassburg i. E., Buchdr. Ch. Müh & C., 1894; 22 S. 8.
Strassburg, Med. Fak., Inaug.-Diss. v. 1894

Groß, Heinr., Botanischer Formenschatz. E. Sammlg. v. Naturstudien z. Belebg. d. Ornaments in Schule u. Werkstatt. (In 20 Lfgn.) 1. Lfg. Fol. (4 Taf.) Stuttgart 898. Verlag f. Naturkunde. n. 1. —

Groß, Heinr., botanischer Formenschatz. Eine Sammlg. v. Naturstudien zur Belebg. des Ornaments in Schule u. Werkstatt. 72 Taf. in Lichtdr. u. lithograph. Tondruck. 2.—20. (Schluß-)Lfg. (66 Taf. m. 8 S. Text.) Stuttgart (900). Verlag f. Naturkunde. à n. 1. —; (kplt. in Mappe n. 20. —)

Groß, Hnr., Kaiser Friedrich I. Barbarossa, s. Zeit- u. Lebens-Bilder.

Groß, Heinr., die wichtigeren Handelspflanzen in Bild u. Wort. 36 Taf. in Farbendr. Mit einem Vorwort von Ahles. Fol. (V, 34 S.) Eßlingen 880. Schreiber. geb. n. 5. 50

— d. Handelspflanzen in Bild u. Wort. 36 Taf. in Farbendr. M. e. erklär. Text von v. Ahles. (Neue [Titel-] Ausg.) Fol. (V, 34 S.) Eßlingen (880) 895. J. F. Schreiber. Kart. n. 3. —

Gross, Heinrich, Dr., 1. Assist. d. chirurg. Klinik zu Jena: **Zur Kenntnis des osteomyelitischen Knochenabscesses der langen Röhrenknochen in besonderer Berücksichtigung seines anatomischen Verhaltens.** *Tübingen 1901: H. Laupp Jr.* (68 S.) 8° ¶ (Aus: Beiträge zur klinischen Chirurgie, Bd 30, H. 2.)
Jena, Med. Hab.-Schr. v. 1901

Gross, Heinr., Lehrbuch der israelitischen Religion f. die oberen Klassen der Mittelschulen. (VII, 145 S.) 8. Frankfurt a/M. 904. J. Kauffmann.
Geb. in Halbleinw. n. 1. 60

Gross, Heinr., Lehrbuch der israelitischen Religion f. die oberen Klassen der Mittelschulen. 2., völlig neu bearb. Aufl. (207 S.) 8. Frankfurt a/M. 907. J. Kauffmann. Geb 1 60

(Groß, Henricus): De materiae entelechiarumque apud Leibnitium notione 24 Bl. 4° (2°)
Halle-Wittenberg, Phil. Diss. v. 12. Apr. 1866
Geb. Szenitz (Ungarn) 16. 11 1835. V

— Die Satire in der jüdischen Literatur. (64 S.) gr. 8. Augsburg 908. (Frankfurt a/M., J. Kauffmann.) 1. 50
Sonderabdr. a.: „Monatsschr. f. Gesch. u. Wiss. d. Judent."

Gross, Hermann [aus Ellwangen]: Über die Affinitätsgrössen einiger Stickstoffbasen Tübingen, L. F. Fues'sche Buchdr., 1891; 2 Bl., 44 S. 8°
Tübingen, Naturw. Fak. Inaug. Diss. v. 1891

Groß, Herm., die Irrenanstalten zugleich als Heilanstalten betrachtet. Der Staats-Regierung, d. Landständen u. d. Aerzten Kurhessens gewid. Mit d. Bildn. Philipp d. Großmüth. u. e. kurzen Beschreib. v. Merxhausen. 8. (3¼ B.) Cassel 832. (Marburg, Garthe.)

Groß, H., das ostfriesische Pferd, s. a. Monographien landwirtschaftlicher Nutztiere. 7. Bd.

Das Ostfriesische Pferd von H. Gross. Mit 5 Taf., 1 Kt. u. 96 Abb. Hannover: Schaper 1908. 117 S. 4°(8°)
(Monographien landwirtschaftl. Nutztiere. Bd 7.) [09. 11468 7

Groß, Herm., das ostfriesische Rind, s.: Monographien landwirtschaftlicher Nutztiere. 6. Bd.

— eine landwirtschaftliche Studienreise durch Holland. (42 S. m. 5 Taf.) gr. 8. Norden 904. D. Soltau. n.n. 1. 25

Gross, Hermann, Medizinalprakt.: **Experimentelle Untersuchungen über das Sauerstoffoptimum der Choleravibrionen.** Aus d. Hygien. Inst. d. Univ. Freiburg i. B. Emmendingen: Dölter 1910. 25 S. 8°
Freiburg i. B., Med. Diss. v. 1910, Ref. Schottelius
[Geb. 27. Sept. 81 Cöln; Wohnort: Freiburg i. B.; Staatsangeh.: Preußen; Vorbildung: Gymn. Mülheim a. R. Reife O. 03; Studium: Marburg 6, München 2, Heidelberg 1, Freiburg i. B. 3 S.; Coll. 10. Dez. 09.] [U 11. 1070

Gross, Hermann, Justizref. in Stuttgart: Die **Verschuldung des Notstands und ihre strafrechtliche Bedeutung.** *Stuttgart 1899: C. Grüninger.* (80 S.) 8° [J.]
Tübingen, Jur. Diss. v. 1899

— u. Alb. Ellerbroek, das ostfriesische Zuchtgebiet u. seine Zuchten. (IV, 88 S. m. 29 Abbildgn.) gr. 8. Leipzig 903. Berlin, R. C. Schmidt & Co. n. 1. 60

Ⓖ Groß, Herm., u. A. Ellerbroek, d. ostfries. Zuchtgebiet. 903. Jetzt: Hannover, M. & H. Schaper.

Groß, Hubert Jakob

Gross, H J., Beiträge zur Geschichte des Aachener Reichs. gr. 8. (IV, 237 S.) Aachen 894 Cremer. n. 3. —

Schönau. Von H[ub.] J[ac.] Gross, Pfarrer v Osterath. SA. aus Bd IX u. X d. Zeitschr. 'Aus Aachens Vorzeit'. *Aachen: H. Kaatzer 1897.* (2 Bl., 116 S.) 1 Bd 8. (98. 3778

Gross, H. J., Reinard v. Schönau, d. erste Herr v. Schönforst. gr. 8. (57 S.) Aachen 895. Cremer. 1. 50

Groß, J., praktische Anleitung zur Ailanthusraupenzucht [Bombyx cynthya.] Wald 863. (Zürich, Höhr.) 8. (120 S.) n. 20 ngr.

Groß, J. D. bewährte Arzt, nach d. Artzney Ursprung u. Notwendigkeit; u. eines rechtschaffenen Medici eigentl. Beschaffenheit. Frankfurt 1708. 4.

Groß, Darstellung des Brücken- und Straßenbaues in Galizien. m. 2 Planen. Wien, Geistinger

Groß, J. Darstellung d. Brücken- u. Straßenbaues in Galizien; herausg. von J. Jäckel. Mit 2 Plänen. 8. Wien 809. (Gerold). 1 ₰ Hbg. Pr. 12 gl.

Groß, Direkt., topograph. Karte v. Ostgalizien u. Lodomerien in 14 Sectionen nach den neuesten Aufnahmen herausgegeben. Wien. Geistinger. 12 ₰

Gross, J. de recta ratione linguam latin. etc. 8maj. Bern 794. Typogr. Soc. 3 gl.

Grosz, J., Dissertatio de recta ratione linguam latinam in gymnasiis tradendi. Vienn. 794. 4. (64 S.)

Gross, J., Stempel-Vorschriften f. Wechsel, Checks u. andere Handelspapiere, sowie die wichtigsten wechselrechtl. Bestimmgn. ausländ. Staaten, zum Gebrauche f. den Handelsstand bearb. Mit 51 in den Text gedr. Abbildgn. gr. 8. (VIII, 88 S.) Berlin 889. Springer. cart. n. 2. 60

Groß, J., wem gehört Rom, wem gehört der Kirchenstaat, s.: Compaß f. das kathol. Volk.

Groß, J., Wiederholungsstoff für den Geschichts-Unterricht in Mittelschulen. Görlitz 870. Remer. gr. 8. (51 S.) n. 4 ngr.

Groß, J., Wiederholungsstoff f. den Geschichts-Unterricht in Mittelschulen. 2. Aufl. gr. 8. (IV, 56 S.) Görlitz 872. Remer. n. — 40; geb. n.n. — 50

Gross, J. B. Élémens du violoncelle. Elemente des Violoncellspiels. Op. 36. Leipzig.

— Violin-Schule. Bonn.

— Violoncell-Schule. Bonn.

Groß, J. C., die Hufentzündung der Pferde mit besond. Beziehung auf d. Ursachen, das Wesen u. die Behandlung des Knollhufes. Ein Beitrag zur Lehre der Hufkrankheiten. Mit 25 (eingedr.) Abb. gr. 8. (62 S.) Stuttgart 847, J. F. Steinkopf. 1/2 Thlr.

Groß, J. C., Lehr- u. Handbuch der Hufbeschlagskunst. Anleitung zum Beschlag, zur Erkenntniß, Beurtheilung u. Behandlung gesunder u. kranker Hufe der Pferde &c., zum Beschlag des Rindviehs &c. Mit 157 eingedr. Orig.-Holzschn. 3. Aufl., neu bearb. von Frdr. Mayer. Stuttgart 861. J. F. Steinkopf. gr 8. (IV, 336 S.) n. 1 Thlr. 4 ngr.

Groß, J. C., Lehr- u. Handbuch der Hufbeschlagskunde. Anleitung zum Beschlag gesunder u. kranker Hufe der Pferde &c., zum Beschlag des Rindviehs &c., sowie zur Erkenntniß, Beurtheilg. u. Behandlg. der Huf- u. Fußkrankheiten. 4. Aufl., neu bearb. von Frdr. Mayer. Mit 178 (eingedr.) Orig.-Holzschn. Stuttgart 869. J. F. Steinkopf. gr. 8. (VI, 306 S.) n. 1 Thlr. 6 ngr

Groß, J. C.: S a m m l u n g der die Veterinärpolizei im Königreich Württemberg betr. Verordnungen, . . . s. W e i ß , C. F. H.

Gross, J. C.: Theorie und Praxis der Hufbeschlagskunst. E. Anleitung z. Erkenntniss, Beurtheilung u. Behandlung gesunder u. kranker Hufe . . . Mit 160 eingedr. Originaltig. Stuttgart 1842. XII, 357 S.
– 2. Aufl. 1850. XVI, 271 S.
– 3. Aufl. [u. d. Tit.:] Lehr- und Handbuch der Hufbeschlagskunst. Neu bearb. von Friedrich M a y e r. 1861. IV. 336 S.

Groß, J. C., Theorie u. Praxis der Hufbeschlagskunst. Eine Anleitung z. Erkenntniß, Beurtheil. u. Behandlung gesund. u. kranker Hufe, f. Hufschmiede, Thierärzte, Militärs u. Pferdebesitzer. gr. 8. (23 1/2 B. u. 160 eingedr. Fig.) Stuttgart 842, J. F. Steinkopf. Thlr.

—— Theorie und Praxis der Hufbeschlagskunst. Eine Anleitung zum Beschlag, zur Erkenntniß, Beurtheilung und Behandlung gesunder und kranker Hufe der Pferde &c. 2., verb. und umgearb. Aufl. gr. 8. (XVI und 271 S. mit 115 eingedr. Orig.-Holzschn.) Stuttgart 850, J. F. Steinkopf. Thlr. *

Gross, J. Ch. G. Specim. disput. de adjectivis verbalibus in τος et τεος exeuntib. 18 S. . . . .
Progr. Marienwerder 1839

Gross, J. Ch. G. Disputationis de adjectivis verbalibus in τος et τεος exeuntibus specimen alterum. 14 S.
Marienwerder, Progr. 1847

Groß, J. Ch. G. Disputationis de adjectivis verbalibus in τός et τέος cadentibus specimen tertium. 12 S.
Marienwerder, Progr. 1854

Gross, J. G., Eichsfeldi inferioris descriptio geognostica. Mulhusae Thuringor 47 p. mit 1 Tafel. 1867
Schul-/Univ.-Schrift

Groß, J. H., Anweisung zur einfachen Buchführung. Spezerei- & Fettwarengeschäft. (50 S.) gr. 8. Eßlingen 904. W. Langguth. n. — 60

— Gewerbliche Buchführung. Aufgaben aus d. Flaschnergewerbe (Klempner). (24 S.) gr. 8. Ebd. 903. n. — 20

Groß, J. H., kurze deutsche Sprachlehre in Fragen u. Antworten f. Volksschulen. 12. (4 1/2 B.) Kassel 839, Fischer.

Groß, J. H., kurze deutsche Sprachlehre &c. Kassel 839, jetzt Luckhardt. geb. n. 1/6 Thlr.

Groß, J. N., offene Bekenntnisse eines vielgeprüften Schulmannes. Eine großentheils actengemäße Darstellung zur nähern Verständigung über die Entlassung der Volksschullehrer auf administrativem Wege nach der Verordnung vom 4. April 1845, sowie über den Entwurf einer Schulordnung für Holstein. Hamburg 861. (Altona, Hestermann.) gr. 8. (X, 138 S.) n. 15 ngr.

Groß, J. N., analytische Betrachtungen über Lilie und Anti-Lilie. Der Holstein. Central-Schullehrer-Conferenz zugeeignet. gr. 8. Itzehoe 843. (Altona, Aue's Buchh., Schlüter.) n. 1/6 Thlr.

Gross, Jacob *(geb. Guttentag in Oberschles. 10. 8. 1844)*: Ueber die putride Bronchitis. Breslau (1869). (30 S.) 8°
Breslau, Med. Diss. v. 12. Aug. 1869

Groß, Jak., Chronik des Marktes Fürstenfeldbruck. 10 Lfgn. gr. 8. (III, VIII, 647 S. m. 1 Holzschntaf.) Fürstenfeldbruck 877. (München, J. A. Finsterlin.) n. 5. —

Groß, Jak., Chronik des Marktes Fürstenfeldbruck. 10 Lfgn. gr. 8. (III, VIII, 647 S. mit 1 Holzschntaf.) Fürstenfeldbruck 880. (München, J. A. Finsterlin.) *

Gross, Jak. (k. b. Hauptzollamts-Assistent, Mitgl. der histor. Vereine f. Ober- u. Niederbayern), *Chronik von Simbach am Inn u. Umgebung*. (Verh. d. histor. Ver. in Landshut, Bd. X, Heft 2, S. 97—265, nebst 2 Plänen.) 8°. Ppb.

Liederbuch der Loge zur Freimüthigkeit am Rhein im Or.·. Frankenthal. Zsgest. von Jak. Gross. [Frankenthal] o. J.: Göhring & Cie. 62, II S. 8°
46 Gesänge ohne Noten. 282.

Groß, Ignaz

Groß, Ign., Ablaßbüchlein zum Troste der Kranken, der Sterbenden und der Abgestorbenen, s. Schutzengelbrief.

Groß, J., eucharistischer Himmelsschlüssel od. Sammlg. der m. Ablässen bereicherten Gebete u. frommen Werke zu Ehren d. heiligsten Altarssakramentes. [Nach der Raccolta.] 24. (32 S.) Rixheim 886. (Heilbronn, J. Stern.) n. — 15

— goldenes Himmelsschlüsselein od. Sammlg. verschiedener schöner Ablaßgebete f. jung u. alt. — Sammlung kurzer Ablaßgebete zum Auswendiglernen u. öfteren Beten f. Schulkinder, s. u. Schutzengelbrief.

(U.-Titel:) Goldenes | Himmelsschlüsselein | oder | Sammlung verschiedener schöner | Ablaßgebete | für jung und alt. | Von | J. Groß. | Mit bischöflicher Approbation. | Donauwörth. | Druck und Verlag der Buchhandlung L. Auer. (= *Schutzengelbrief*, 104).
o. J. (um 1900), 16 S., 120 × 78.
Diöz.-B. Rottenburg.

— Lilienstrauß f. das christliche Volk, besonders f. christliche Jünglinge u. Jungfrauen, od. Ablaßgebete, um die schöne Tugend der Keuschheit zu erlangen. [Nach der italien. Raccolta.] 16. (32 S.) Rixheim 891. (Heilbronn, J. Stern.) n.n. — 25

Groß, Ign., Luther u. die Bibel ohne Commentar od. konnte Luther das v. Gott auserkorene Werkzeug sein, um, wie er vorgab, die Kirche Gottes zu reformieren od. zu verbessern? 8. (216 S.) Rixheim 883. (Luzern, Foesser Nachf.) n. 1. —

—— die sozialen Principien des Christenthums und ihre Wirksamkeit in der Geschichte. Vortrag, gehalten im kathol. Bürgerverein der Kreuzpfarre in Aachen. 8. (III, 47 S.) Aachen 885, Cremer. *

— himmlisches Schatzkästlein f. die frommen Verehrer d. göttlichen Herzens od. Sammlg. der m. Ablässen bereicherten Gebete u. frommen Werke zu Ehren d. heiligsten Herzens Jesu. [Nach der Raccolta.] 24. (40 S.) Ebd. 886. n. — 15

Groß, J., Schutzgebete, f. welche die Päpste heilige Ablässe verliehen haben. [Oefters zu beten.] Nach der italien. Raccolta. 24. (8 S.) Rixheim 892. (Heilbronn, J. Stern.) n.n. — 5

Gross, Johann *Fedor* [aus Ratibor '(Schles.)']: **Statistische und klinische Beiträge zur Kenntnis der fibrinösen Pneumonie** . . . Berlin, Buchdr. v. G. Schade, *1893;* 39 S. 8.
Berlin, Med. Fak., Inaug.-Diss. v. 13. Okt. 1893

Groß, Joh., Briefe üb. Krankheitsheilung u. Gesundheitspflege, mit vorzügl. Rücksicht auf die Kaltwasser-Heilmethode, jungen Aerzten u. gebild. Layen zum Nachdenken gewidmet. gr. 12. (6 B.) München 842, Franz.

Gross, Johannes). Kurtze Baßler Chroniek: Oder: Summarischer Begriff aller denckwürdigen Sachen... durch Johann Groß.. [Mit Wappenvignette. Neue Ausg.] 8. Basel 1624 [*d. i. Neudruck* 1700/1800].

Gross, Jean, l'eau fraîche, comme excellent diététique et admirable curatif, ou des vertus médicales de l'eau fraîche et de son usage. Tant pour conserver la santé, que pour la rétablir. Ouvrage trad. de l'allemand d'après la 3e édit. Avec 1 planche. 8. Leipsic 840. Brockhaus. (Paris, Brockhaus et Avenarius.) n. 1 ₰

Groß, J., theoretisch-praktisches Lehrbuch der französischen Sprache. Nach einer neuen Methode, und mit vorzüglicher Hinsicht auf die Abweichungen dieser Sprache von der deutschen. Zweyte neu umgearbeitete und vermehrte Ausgabe. gr. 8. Wien, Schaumburg u. Comp. 817.

Groß, Jh. , theoret.-prakt. Lehrbuch d. französischen Sprache. Nach einer neuen Methode, u. mit vorzüglicher Hinsicht auf die Abweichungen dieser Sprache von d. deutschen. gr. 8. Wien 817. 1 ₰ 16 gr. 2e verm. Aufl. gr. 8. Ebend. 824. Tendler. 1 ₰ 8 gr.

— Vorbereitung zum eigentlichen Grammatikal-Studium der französischen Sprache. gr. 8. Ebend. 817.

—— das frische Wasser als vorzügl. Beförderungsmittel der Gesundheit u. ausgezeichnetes Heilmittel in Krankheiten. 4. Aufl. gr. 12. (15⅔ B. u. 1 Stahlst.) München 842, Franz.

— Johann Friedrich (Sontra/Hessen), **De dote filiae illustri nuptae ex domus pacto extra patris concursum ut vocant prae creditoribus paternis statim numeranda. Diss. jur. Präs. Johann Georg Estor. Marburg (Müller) 22. XI. 1764. 38 Seiten. (6.—) 11823**

Groß, od. Gros, Jh. Fr., († d. 5. Febr. 1795.) Grundsätze der Blitzableitungskunst. Nach d. Tode d. Verfass. herausg. v. Jh. Fr. Widenmann. Mit 1 Kpf. gr. 8. Leipz. 796. W. Vogel. 18 gr.

Gross, Joh. Friedr. Grundsätze d. Blitzableitungskunst. Hrsg v. J. Fr. W. Widenmann Leipzig 1796. 8.

Groß, J. F., elektrische Pausen. 8. Lpz. Hilscher. 776.

Gross, Johann Gottfried: „Entwurf eines mit leichten Kosten zu errichtenden Seminarii oeconomico politici, d. i. einer solchen Schulanstalt darinnen die zu Hof-, Civil-, Cameral- und Militairbedienungen, zur Handlung, Marine, Oeconomie, zu Künsten und andern dergleichen Lebens-Arten gewidmete nicht studierende Jugend zu erziehen sein möchte", Nürnberg 1739.
Anmerkung: Es ist aller Wahrscheinlichkeit nach kein Originalexemplar mehr davon in den deutschen Bibliotheken zu haben. Ein Abdruck davon ist in den von Georg Heinrich Zincke herausgegebenen „Leipziger Sammlungen" vom Jahre 1744, Bd. I, S. 338 ff., S. 448 ff., S. 505 ff.

Groß, Jh. Gfr., († d. 12. Juli 1768.) f. Katteiner, d. angehende.

Groß, Johann Gustav

Groß, Joh. Gust., müssen gläubige Christen den Sonntag heiligen? Eine auf das Wort Gottes sich gründ. Untersuch. üb. die zur Zeit in christl.-gläub. Kreisen vielumstrittene Frage nach der Stellg. des Christen zur Heilighaltg. des Sonntags. (48 S.) 8. Eilenburg 909. B. Becker. — 75

Rosen und Dornen bei der Traktatverteilung. Von Johann Gustav **Gross**. *Wiesbaden: Selbstverl. 1900.* (64 S.) 8° [F.] [∞. 6378 4

Groß, Joh. Gust., Rosen u. Dornen bei der Traktatverteilung. 8. (64 S.) Wiesbaden 900. (Cassel, J. G. Oncken Nachf.) — 75; kart. 1. —

Tabelle zur Ermittelung des durchschnittlichen Grundbetrags bei der Berechnung von Invalidenrenten für solche Fälle, in denen verschiedene Lohnklassen in Betracht kommen. Hrsg. von Joh. Gust. **Gross**. *Cassel: Selbstverl. 1899.* (4 Bl.) 8° [F.] [∞. 6379 4

— Tabelle zur Ermittelung des durchschnittlichen Grundbetrags bei der Berechnung v. Invalidenrenten f. solche Fälle, in denen verschied. Lohnklassen in Betracht kommen. (§ 36 des Invaliden-Versicherungs-Gesetzes vom 13. VII. 1899.) gr. 8. (7 S.) Cassel 899. (J. G. Oncken Nachf.) n. — 40

Groß, Joh. Gust., der Weg zur Erlangung e. Invaliden- u. Altersrente auf Grund des Reichsgesetzes vom 13. VII. 1899. 8. (32 S.) Wiesbaden (901). R. Bechtold & Co. n. — 40

— s.: Wirtschaftsbuch der deutschen Hausfrau.

Groß, Joh. Gust., Wirtschaftsbuch der deutschen Hausfrau. Jahrg. 190... 2. Aufl. (IV, 40 S.) 4. Wiesbaden (Dotzheimerstr. 46) 903. Landesfekr. Groß. Kart. n. — 80

Gross, Johann Heinrich.
Reise nach Ostindien . . . Fürth 1775. Ü: *Schad, Georg Friedrich Casimir.* (ML)

Groß, Jh. Hnr., Reise nach Ostindien; aus d. Französ. übersetzt mit Anmerkk. von G. F. C. v. Schad. 8. Fürth 775. N. A. 780. Schade. 10 gl

—· **Johann Jacob** (Württemberg), **De verbis directis et obliquis. Diss. jur. Präs. Justus Henn. Boehmer. Halle (Jo. Gruner) Juli 1707 (1717?). 46 S. mit Widm. v. Präs. (5.—)** **11824**

— — Dasselbe. 1724. (6.—) **11825**

— — Dasselbe. Halle (Jo. Christ. Grunert) 1735. (6.20) **11826**

— — Dasselbe. Lpz. 1768. 52 S. (4.50) **11827**

Groß, Johann Karl

Groff, Bemerkungen zu dem Entwurfe eines Strafgesetzbuchs für das Königreich Sachsen. 1. Abth., den allgemeinen Theil betreffend. Dresden 853. Schönfeld. gr. 8. (2 Bl., 43 S.) n. 10 ngr

Groff, Joh. Carl, Bemerkungen zu d. Gesetz, Erläutern. zu einigen Artikeln d. Criminalgesetzbuchs betreff., v. 16. Juni 1840, u. einigen and. Artikeln dess., nebst Anzeige d. Abweichungen des im Großhrzgth. Sachsen-Weimar public. Strafgesetzbuchs. gr. 8. (6⅛ B.) Dresden u. Leipzig 840, Arnoldische Buchh.

— **Johann Carl** (Leipzig), **De causis matrimonii annullandi. Diss. jur. Saxon. Präs. Johann August Apel. Lpz. (Sommer) 8. III. 1798. 94 S. (6.50) 11821**

—— Criminalgesetzbuch f. Sachsen, f. Criminalgesetzbuch.

Groff, Joh. Carl, Erinnerungen aus den Kriegsjahren. gr. 8. (VI u. 154 S.) Leipzig 850, Voß in Comm. n. 5/6 ß

Groff, (Joh. Carl), Gesetz, die provisorische Einrichtung des Strafverfahrens bei Preßvergehen betreffend, f. Gesetz.

— über die künftige Gestaltung des Strafverfahrens im Königr. Sachsen in Beziehung auf die neuerlich veröffentlichten Grundzüge desselben. gr. 8. (92 S.) Leipzig 851, B. Tauchnitz. 1/2 ß

— — De processu executionis. Diss. jur. Saxon. Lpz. (Carl Tauchnitz) 20. XII. 1803. 58 S. (6.20) **11822**

Gew.: Carl Wilhelm Frh. v. Carlowitz (Stoesitz..).

— alphabet. Verzeichniß der in dem Gesetz- u. Verordnungsblatte für das Königr. Sachsen v. J. 1818 bis mit d. J. 1847 erschien. Gesetze u. Verordnungen m. Ausscheidung aller, nicht fortdauernde Gültigkeit habender. Zur eignen Fortführung eingerichtet. 4. (VIII u. 135 S.) Leipzig 848, Voß. n. 1 ß

Groß, Johann Matth., s. Grosse, Johann Matth.

Gross, Johann Paul, approb. Arzt aus Freiberg: Ueber Cysticercus racemosus des Gehirns. *Leipzig 1903: B. Georgi.* (26 S.) 8°
Leipzig, Med. Diss. v. (1. Dez.) 1903

Groß, Johann Wilhelm

Groß, J. W., Beschreibung d. Oberamts Biberach, f.: Stehrer.

Groß, Joh. Wilh., die Realien nach dem Lesebuche für die katholischen Volksschulen Württembergs als Uebungsstoff für schriftl. Aufsätze. Für die Hand der Schüler bearb. 3. Aufl. 16. (48 S.) Spaichingen 878, Kupferschmid. *

Groß, Joh. Wilh., die Realien nach dem Lesebuche für die katholischen Volksschulen Württembergs als Uebungsstoff für schriftliche Aufsätze. Für die Hand der Schüler bearb. 4. umgearb. und verm. Aufl. gr. 16. (56 S.) Spaichingen 876, Kupferschmid. *

Groß, Joh. Wilh., die Realien im Dienste schriftlicher Übungen. Nach dem Lesebuch f. die kath. Volksschulen Württembergs. Für die Hand der Schüler bearb. 6. Aufl. 8. (47 S.) Biberach 885. Dorn. n.n. — 20

— die Realien im Dienste schriftlicher Übungen. Nach dem Lesebuch für die kath. Volksschulen Württembergs. Für die Hand der Schüler bearb. 7. Aufl. 8. (48 S.) Biberach 888. Dorn. n.n. — 20

Groß, J. W., Rechtschreib-Übungen f. die oberen Klassen der Volksschule, für Präparanden 2c. Anh. zu den Sprach- u. Rechtschreibübgn. desselben Verf. gr. 8. (74 S.) Horb 890. H. Christian. n.n. — 80

Groß, Joh. Wilh., methodisch geordnete Sprach- und Rechtschreibübungen mit den nöthigsten grammatikal. Lehrsätzen für die oberen Abtheilungen der Volksschule. Ausg. A. für die Hand des Lehrers. 8. (XVI, 76 S.) Spaichingen 874, Kupferschmid. *

—— dass. — Ausg. B. für die Hand des Schülers. 8. (76 S.) Ebendas. 874. *

Groß, J. W., methodisch geordnete Sprach- u. Rechtschreib-Übungen mit den nöthigsten Lehrsätzen. Für die Hand der Schüler in Mittel- u. Oberklassen der Volksschule. 3. Aufl. 8. (IV, 64 S.) Biberach 882. Dorn. n. — 35

—— dass. — 4. umgearb. und verm. Aufl. 8. (IV, 68 S.) Ebendas. 884. n.
1. und 2. Aufl. erschienen im Selbstverlage des Verfassers.

— methodisch geordnete Sprach- u. Rechtschreib-Übungen m. den nötigsten Lehrsätzen. Für die Hand der Schüler in Mittel- u. Oberklassen der Volksschule. 5. Aufl. 8. (IV, 68 S.) Ebend. 886. n. — 40

—— Methodisch geordnete Sprach- u. Rechtschreib-Übungen m. den nötigsten Lehrsätzen. Für d. Hand d. Schüler in Mittel- u. Oberkl. d. Volksschule. 7. Aufl. 8. (80 S.) Biberach 892, Dorn. ** — 45

— methodisch-geordnete Sprach- u. Rechtschreib-Übungen m. den nötigsten Lehrsätzen. Für die Hand der Schüler in Mittel- u. Oberklassen der Volksschule. 8. Aufl. 8. (80 S.) Biberach 894. Dorn. n.n. — 45

Groß, J. W., methodisch geordnete Sprach- u. Rechtschreib-Übungen m. den nötigsten Lehrsätzen. Für die Hand der Schüler in Mittel- u. Oberklassen der Volksschule. 9. Aufl. (Neudr.) gr. 8. (80 S.) Biberach 900. Dorn. n.n. — 45

Groß', J. W., Sprachbuch. Methodisch geordnete Sprach- u. Rechtschreib-Uebgn. Für die Mittel- u. Oberklassen der Volksschule. A. Schülerausg. 10. vollständig neubearb. Aufl. (100 S.) 8. Horb (906). P. Christian. n.n. — 45

Groß, Joseph —. Anleitung zur künstlichen Erziehung der vorzüglicheren Waldbaumpflanzen in Saat- und Pflanzenbeeten und ihrer Uebersetzung in's Freie. Von — —. (Abgedruckt aus dem V. Bande der österr. Vierteljahresschrift für Forstwesen.) — —. (32 S. 8.) 1855.

GROSS, JOSEF: Bericht über das Wirken des röm.-kath. Kirchenausschusses in Lippa. Temesvár 1894: Csanáder Diöcesan-Buchdruckerei. 15 S. - 8°

Groß, Jos., König David. Dramatisches Gedicht in 4 Akt. (64 S.) 8. Schäßburg in Siebenbürgen 910. Professor Dr. Groß. 1. —

GROSS, Joseph Wilhelm (Massenbeuern): De scrophulosi, cum propositione remedii unici hoc malum rarefaciendi. (Titel nach der Urkunde)
18.3.1842 - Urk; P 66
Diss. Ingolst.-Landsh.-Mchn.

Groß, Julius

Gross, Jul., u. Ernst Kühlbrandt, die Rosenauer Burg. Hrsg. v. Ausschuss d. Vereins f. siebenbürg. Landeskunde. Lex.-8. (72 S. m. 12 Abb.) [Wien 896. C. Graeser.] Hermannstadt, W. Krafft. n. 2. 80

Gross, Jul. Kronstädter Drucke 1535—1886. Ein Beitrag zur Kulturgeschichte Kronstadts. Festschrift, dem Vereine für siebenbürgische Landeskunde, gelegentlich seiner Jahresversammlung zu Kronstadt im Aug. 1886, gewidmet. Lex.-8. (X, 198 S.) Kronstadt 886, Zeidner. *

Groß, Julius: Die grofsen Gedanken und Schöpfungen des 16. Jahrhunderts. Festrede, gehalten bei der Honterus-Schulfeier im Prüfungssaal des ev. Gymnasiums am 20. Juni 1898. (Umschlagt.: Festrede.) 4 (S. 53—64).
Progr. Ev. G. A. B. u. verbund. Lehranstalten *Kronstadt* 1899.

Groß, Julius: Geschichte des evangelischen Gymnasiums A. B. in Kronstadt. Festschrift zur Honterusfeier. 4 (1 Bl., 112 S.)
Progr. Ev. G. A. B. u. verbund. Lehranstalten *Kronstadt* 1898.

Gross, Julius *Grabrede für den am 9. April 1891 gestorbenen Prof. Albert Rheindt.* 4 (S. 41).
Progr. Ev. G. A. B. u. verb. Lehranstalten *Kronstadt* 1891.

Groß, Julius: Herder und das Gymnasium. [Vortrag zur Feier des hundertjährigen Todestages J. G. Herders.] S. 1 bis 8. 4. Honterusgymn. u. verb. Anstalten *Brassó* (*Kronstadt*) 1905.
Progr.

Die Honterusschulfeier im Jahre 1898. 4 (S. 65—71).
Ev. G. A. B. u. verbund. Lehranstalten *Kronstadt* 1899
Progr.

Gross, Julius Über Jugendlektüre und Schülerbibliotheken. 4 (S. 3—25). **Progr.** Ev. G. A. B. u. verb. Lehranst. *Kronstadt* 1888.

Groß, J., über Jugendlektüre u. Schülerbibliotheken. 4. (25 S.) Kronstadt 888. (Albrecht & Zillich.) n.n. 1. —

(Gross, Julius u. Obert, Franz) Reden, gehalten bei der Einführung des Rektors Julius Gross in sein Amt am 26. April 1894. 4 (S. 3—21).
I. Rede des Stadtpfarrers und Schulinspektors Franz Obert. II. Rede des Rektors Julius Gross.
Ev. G. A. B. u. damit verbund. Lehranstalten *Kronstadt* 1895.
Progr.

Gross, Julius: Renaissance u. Humanismus in Italien u. Deutschl. *Kronstadt. 1898.*
in: **Zeit,** Aus d., d. **Reformation** ... Festschr. z. Honterusfeier. (98. 12)

Groß, Julius: Schiller und die Antike. [Vortrag zur Schillerfeier.] S. 29—40. 4. Honterusgymn. u. verb. Anstalten *Brassó* (*Kronstadt*) 1905.
Progr.

Gross, Julius Schulreise nach Rom. 4 (S. 65—81).
Ev. G. A. B. u. damit verbund. Lehranstalten *Kronstadt* 1895.
Progr.

Groß, Julius:
Die dritte Schulreise nach Rom. 4 (S. 57—64).
Progr. Ev. G. A. B. u. verbund. Lehranstalten *Kronstadt* 1900.

Groß, J[ulius], Dr., Assist. am zool. Inst. zu Gießen: **Untersuchungen über die Histologie des Insectenovariums.** Mit 9 Taf. *Jena: G. Fischer 1902.* (118 S.) 8° ¶(Aus: Zool. Jahrbücher, Abth. f. Anat. u. Ontog. d. Thiere, Bd 18, H. 1.)
Gießen, Phil. Hab.-Schr. v. 1902

Gross, Julius, ⟨aus Riga⟩: **Untersuchungen über das Ovarium der Hemipteren, zugleich ein Beitrag zur Amitosenfrage.** Mit 3 Taf. u. 4 Textfig. *Leipzig: W. Engelmann 1900.* (65 S.) 8° ¶(Aus: Zeitschr. f. wissensch. Zoologie, Bd 69, H. 2.)
Jena, Phil. Diss. v. (5. Mai) 1900

Gross, Julius Vorträge über Italien. 4 (S. 22—38).
Progr. Ev. G. A. B. u. damit verbund. Lehranstalten *Kronstadt* 1895.
1. Von Kronstadt bis Rom. 2. Ausflüge in das Albaner und Sabiner Gebirge. Ein Tag am tyrrhenischen Meer.

Gross, K., De quibusdam Aeschyli Choephororum locis. Pr. 1865. 8 S. 4°. Brandenburg. 1.20

Groß, K. H., Grundzüge der Schulgesundheitspflege. Für Schulbehörden, Lehrer, Aerzte, Baumeister u. Freunde der Schule. Mit einer (lith.) Fig.-Taf. gr. 8. (IV, 50 S.) Nördlingen 878. Beck. n. 1. 20

Gross, K. L., der deutsche Buchhandel u. Herr Prof. Dr. K. Bücher, Leipzig. Einige Bemerkgn. zu der v. Dr. K. Bücher hrsg. Denkschrift des akadem. Schutzvereins. (24 S.) gr. 8. Stuttgart 904. E. Leupoldt. n. — 60

— Ratgeber f. Stellungsuchende des Buchhandels. Anleitung u. Musterbriefe f. Lehrlinge, Volontäre u. Gehülfen im Verlags-, Sortiments-, Antiquariats-, Kommissions- u. Reisebuchhandel, im Kunst-, Musikalien- u. Lehrmittelhandel. (VII, 109 S.) 8. Leipzig (906). G. Uhl. n.n. 1. —

Gross, Carl, die ethische Ausgestaltung der Ehe im Culturleben der Völker. Vortrag. gr. 8. (17 S.) Wien 892. Manz. n. — 60

Gross, Carl, zur Begriffsbestimmung u. Würdigung d. Kirchenrechts. Eine akadem. Antrittsvorlesg. gr. 8. (32 S.) Graz 872. Leuschner & Lubensky. n. 1. —

Groß, Carl, die Beweistheorie im canonischen Prozeß mit besond. Rücksicht auf die Fortentwicklung derselben im gemeinen deutschen Civilproceß. 1. Allgemeiner Theil. Wien 867. Beck'sche Univ.-Buchh. gr. 8. (V, 142 S.) n. 1 *Thlr* 10 *ngr*

Groß, Carl, die Beweistheorie im canonischen Proceß, mit besonderer Rücksicht auf die Fortentwickelung derselben im gemeinen deutschen Civilproceß. II. Besonderer Thl. gr. 8. (IV, 404 S.) Innsbruck 880. Wagner. n. 10. 40
(1. u. 2.: n. 14. 40)

Groß, Carl: Die Beweistheorie im canonischen Proceß mit bes. Rücks. auf die Fortentwicklung im gemeinen deutschen Civilproceß.
1. Allgemeiner Teil. Wien 1867.
2. Besonderer Teil. [Nebentit.:] Das Beweisverfahren im canonischen Proceß. Innsbruck 1880.

Groß, Karl, Aurea dicta. Für Schüler der ersten 5 Kl. des Gymnasiums. (V, 82 S.) 8. Bamberg 905. C. C. Buchner's Verl. — 80

Groß, Karl, Rechtspraktikant a. Wolfstein, Rheinpfalz: Grundlagen der Haftung des Tierhalters de lege lata et de lege ferenda. Zweibrücken 1907: Zweibrücker Druckerei. (75 S.) 8°

Würzburg, Jur. Fak., Ref. Mayer, Diss. v. 28. März 1907

[Geb. 15. Sept. 83 Wolfstein; Wohnort: Landstuhl; Staatsangeh.: Bayern; Vorbildung: Gymn. Kaiserslautern Reife Juli 02; Studium: Berlin 1, Kiel 1, München 2, Würzburg 4 S.; Rig. 30. Jan. 07.]

Gross, Karl, s.: Hottenroth, Ernst, Bauplastik.

Gross, Karl, s. Kaled vpelas plo yel 1888.

Katalog von vortrefflichen Gemälden älterer und neuerer Meister aus der Sammlung des Herrn Dr. med. **Carl Gross** zu Wien u. A. Versteig. zu Köln d. 2. u. 3. Dec. 1901 durch J. M. Heberle (H. Lempertz' Söhne). *Köln 1901: M. Du Mont Schauberg.* (31 S.) 4° [01. 1043] 5

Groß, Carl, Lehrbuch des katholischen Kirchenrechts m. besond. Berücksicht. der particulären Gestaltung desselben in Oesterreich. Lex.-8. (XII, 426 S.) Wien 894. Manz. n. 13. —

Groß, Carl, Lehrbuch des kathol. Kirchenrechts mit bes. Berücksicht. d. particulären Gestaltg. desselben in Oesterreich. 2., verb. u. verm. Aufl. gr. 8. (XIV, 434 S.) Wien 896. Manz. n. 12. —

GROSS, Carl

(F) **Lehrbuch des katholischen Kirchenrechtes** mit besonderer Berücksichtigung der particulären Gestaltung desselben in Oesterreich. Von Dr. Carl Gross. 3 Auflage. Wien. 1899. Manz. Lex.-8°. XIV, 434 S. fl. 6 —

Lehrbuch des katholischen Kirchenrechts mit besond. Berücks. d. particulären Gestaltung desselben in Österreich. Von **Carl Groß**, Prof. in Wien. 4. verb. Aufl. *Wien: Manz 1900.* (XIV, 434 S.) 4°(8°) [F.] [04. 1803] 6

Groß, Carl, Lehrbuch des katholischen Kirchenrechts m. besond. Berücksicht. der particulären Gestaltung desselben in Oesterreich. 4. verb. Aufl. (XIV, 434 S.) gr. 8. Wien 903. Manz. n. 12. —; geb. n. 14. —

Groß, Karl, Lehrbuch des katholischen Kirchenrechts m. besond. Berücksicht. der partikulären Gestaltung desselben in Österreich. 5. Aufl. Nach e. Mskr. des Verf. besorgt v. Paul August Leder. (XIV, 443 S.) Lex. 8. Wien 907. Manz. 11.—; geb. n 13. 60

Gross, Karl [aus Hildesheim, z. Z. Einj.-Freiw. Arzt im Feld-Art.-Reg. v. Scharnhorst zu Celle]: Ueber Nierenaffectionen mit besonderer Berücksichtigung der haemorrhagischen Nephritis beim Unterleibstyphus. ... Göttingen, Druck d. Univ.-Buchdr. v. W. Fr. Kästner, 1889; 50 S. 8°

Göttingen, Med. Fak., Inaug.-Diss. v. 6. Jun. 1889

Gross, K., über Nierenaffectionen mit besond. Berücksicht. der hämorrhagischen Nephritis beim Unterleibstyphus. Inaug.-Diss. gr. 8. (50 S.) Göttingen 889. (Vandenhoeck & Ruprecht's Verl.) n. 1. 20

—— s. Ordo judiciarius incerti auctoris.

Groß [illegible] *tractatus* [illegible] Nach einer Göttweiger [illegible] XII. ex. und [illegible] Wiener [illegible] MII [illegible] herausgegeben und [illegible] Wagner [illegible]

Groß, Karl, unser Patient, s.: Friedrich's, Leo, Einakter-Sammlung. Nr. 7.

(F) **Gross, K.,** Unser Patient. Schwank. [Leo Friedrichs Einaktersammlung. Nr. 7.] Gr.-8°. (32 S.) K 1.—
Wien: Daberkow 1904.

Gross, Carl, das Recht an der Pfründe. Zugleich ein Beitrag zur Ermittelung des Ursprunges des Jus ad rem. gr. 8. (XVI, 318 S.) Graz 887, Leuschner und Lubensky. *

Groß, Karl, Referendar: Privatrechtliche Tatbestände des Luftschiffahrtsbetriebes. Borna-Leipzig 1910: Noske. IX, 66 S. 8°

Erlangen, Jur. Diss. v. 20. April 1910, Ref. Siber

[Geb. 10. Aug. 84 Wilhelmshaven; Wohnort: Kiel; Staatsangeh.: Preußen; Vorbildung: Gymn. Wilhelmshaven Reife M. 03; Studium: Berlin 2, Kiel 4 S.; Rig. 15. Febr. 10.] [U 10. 692

Groß, Karl, Werner, der Schire. Vaterländisches Schauspiel in 3 Aufzügen. (78 S.) kl. 8. Münch. 910. J. J. Lentner. — 75

— Carl August (Kemberg/Saxo), De causis studii singularis Friderici I. imperatoris in jus Romanum. Disquis. histor.-jurid. Präs. Christian Gottlieb Hommel. Wittbg. (Adam Christian Charisius) 19. XII. 1786. 16 S. (5.50) 11815
Gew.: Andreas Wagner, Johann Friedrich Rehkopf. — Widm. v. Präs.

Groß, Karl Heinrich von, s. Gros, Karl Heinrich von.

Gross, Karl Jos., einsame Gänge. Gedichte. (72 S.) 8. Leipzig 907. Modernes Verlagsbureau. 1. —

Einsame Gänge. Gedichte von Karl Josef **Gross**. Leipzig-Berlin: C. Wigand 1907. (72 S.) 8° [08. 3880

Gross, Karl Jos., Kunstgenuss. Eine ästhet. Betrachtg. (48 S.) 8. Berlin 906. E. Ebering. n. 1. —

Gross, Karl Josef, a. Berlin: Sulzers Allgemeine Theorie der Schönen Künste. (Berlin 1905: E. Ebering.) (101 S.) 8°

Berlin, Phil. Fak., Ref. Dilthey, Stumpf, Diss. v. 20. Mai 1905

[Geb. 24. Dez. 76 Cöln am Rhein; Heimatsort: Berlin; Staatsangeh.: Preußen; Vorbildung: Askanisches Gymn. Berlin Reife O. 99; Studium: Berlin 9 S.; Rig. 24. Nov. 04.]

— Lateinisches Übungsbuch, s.: Englmann, Lor.

Groß, L. von

—— über die Ergänzung der topograph. Aufnahme und Kartirung von Deutschland in Bezug auf Thüringen. gr. 8. (72 S. mit 1 lithogr. und ill. Uebersichtskarte.) Weimar 848, Landes-Industrie-Comptoir.

Groß, L. v., Geologie, Geognosie u. Petrefactenkunde. Mit 500 Abbild. der Gebirgsformationen characterisirenden Petrefacten. gr. 8. (21 B. u. 16 Stnt.) Weimar 844, Voigt.

von Gross, L. Freiherr: Geologie. Geognosie und Petrefactenkunde. Mit 55 Abbildungen der die Gebirgsformationen charakterisirenden Petrefacten. Mit 16 Tafeln. Weimar 1844. X, 323 S. 8°.

v. Groß, Frhr. L., allgem. progressive Grund- u. Einkommensteuer, gleiches Maaß u. Gewicht für Deutschland. gr. 8. (46 S.) Jena 848, Frommann. 1/3 ꝶ

Groß, L. Frh. v., die Reinertragsschätzung d. Grundbesitzes, nebst Vorschriften zu e. auf Vermessung, Bonitirung u. Katastrirung gegründ. Steuerregulirung; theoret. u. prakt. dargest. M. 2 Planen. 8. (15½ B. u. 10 Tab.) Neustadt a. d. O. 828, Wagner.

—— die Verhältnisse der projectirten Eisenbahn von Halle über Merseburg 2c. bis an die kurhessische Grenze, z. Anschluß an die Kassel-Frankfurter Bahn, nebst Einleitung z. Bildung ein. thüring.-sächs. Eisenbahn-Actiengesellschaft. gr. 8. (6½ B. u. 3 lith. Pläne.) Weimar 842, Voigt.

Groß, L., wie schreibe ich meine Weihnachtsgrüße u. Neujahrs-Glückwünsche? 100 Orig.-Hilfs-Verse z. Abfassung gereimter Postkarten m. u. ohne „Ansichten" zu Weihnachten, Sylvester u. Neujahr f. jedermann. 12. (31 S.) Stuttgart 898. Schwabacher'sche Verlagsbuchhandlung. n. — 25

Groß, Liborius, s. Gros, Liborius.

Groß Lothar: Zur Geschichte der Bischöfe von Passau.
II. 1909 PN 2656 Diss. Wien, Univ.

Gross, Ludwig: Die Bestandtheile einzelner Organe des Weinstocks (vitis vinifera) in verschiedenen Entwickelungsstadien. Erlangen 1884: Jacob. 43 S. Erlangen, Phil. Diss. 1884 -- 29°

Gross, Ludwig: Hautaffektionen bei Diabetes mellitus. *Erlangen 1897: E. Th. Jacob.* (41 S.) 8°
Erlangen, Med. Diss. v. 14. Juli 1897

Groß, M., schöne Handschrift für Jedermann! Methode „Ellipse". Methodisch-prakt. Anleitung zum Schön- u. Schnellschreiben der Current- u. Lateinschrift, sowohl für den Schulgebrauch, als auch zum Selbstunterricht. 2 Hefte. gr. 8. Hermannstadt (904). G. A. Seraphin. à n. 1. —
1. Die deutsche Schreib- od. Currentschrift m. 12 lith. Vorlagentaf. (in qu. kl. 8.) (16 S.)
2. Die Lateinschrift m. 9 lith. Vorlagentaf. (in qu. kl. 8). (16 S.)

Groß, Magnus, die amerikanische Krisis. Vorträge. 8. (142 S.) New-York 874. Steiger. 1. —

Groß Margarete: Roden Noels Leben und Werke.
II. 1910 PN 2085 Diss. Innsbruck, Univ. 2000

Gross geb. Schmitzdorff, Margarethe, Medizinalprakt.: Experimentelle Untersuchungen über die Frage der Nierenschädigung durch Kochsalz, zugleich e. Beitr. z. Historetention dieses Salzes. München 1910: Kastner & Callwey. 28 S. 8°
¶ (Aus: Annalen d. städt. allg. Krankenhäuser zu München. Bd 14.)
München, Med. Diss. v. 10. Nov. 1910, Ref. v. Müller
[Geb. 19. Febr. 82 Brandenburg a. H.; Wohnort: Brandenburg; Staatsangeh.: Preußen; Vorbildung: Mädchengymn. Karlsruhe Reife Juli 03; Studium: Leipzig 4, Göttingen 1, Heidelberg 1, München 4 S.; Coll. 10. Nov. 10; Approb. 31. Mai 10.] [U 11. 3631

Gross, Maurice [1er Assistant de M. le prof. Dr. Girard, Interne à l'hôpital des enfants]: Des ostéites tuberculeuses isolées de la rotule. Genève 1900. 34 S. 8°.
Bern. Med. Diss. 1899/1900.

Groß, Max, aus Schlawe i. P.: Geffrei Gaimar. Die Komposition seiner Reimchronik u. sein Verhältnis zu d. Quellen. ⟨v. 816—3974.⟩ *Erlangen 1902: Junge & Sohn.* (VI, 136 S.) 8°
Straßburg, Phil. Diss. v. 1902

Gross, Oscar, a. Mainz: Aus d. Laboratorium d. mediz. Klinik zu Freiburg i. B. Ueber die Ausscheidung der Alkalien und alkalischen Erden im Harn. Freiburg i. B. 1905: K. Kuss. (65 S.) 8°
Freiburg i. B., Med. Fak., Ref. Kiliani, Diss. v. 1905
[Geb. 5. März 81 Mainz; Wohnort: Mainz; Staatsangeh.: Hessen; Vorbildung: Gymn. Mainz Reife März 00; Studium: Freiburg 1, Leipzig 1, Freiburg 2, München 1, Berlin 1, Freiburg 3 S.; Coll. 12. Febr. 05.]

Gross, Oskar Curt, approb. Arzt aus Myslowitz ⟨Schles.⟩: Aus d. Universitäts-Frauenklinik zu Kiel. Über vaginalen Kaiserschnitt bei Carcinoma portionis im VI. Schwangerschaftsmonat. *Kiel 1900: H. Fiencke.* (22 S.) 8°
Kiel, Med. Diss. v. [3. Mai] 1900

Gross, Otto, Medizinalprakt.: Krankenh. d. Landesversicherung Schlesien. Augenleiden als Ursache der Invalidität. Breslau 1908: Breslauer Genossensch.-Buchdr. 44 S. 8°
Breslau, Med. Diss. v. 13. Okt. 1908, Ref. Uhthoff
[Geb. 26. Febr. 82 Sulzbach b. Saarbrücken; Wohnort: Breslau; Staatsangeh.: Preußen; Vorbildung: Gymn. Saarbrücken Reife O. 02; Studium: Erlangen 7, Straßburg 1, Berlin 1, München 1 S.; Coll. 27. März 08; Approb. 3. Okt. 08.] [U 09. 549

— der deutsche Barbier, Friseur u. Perückenmacher. Ein Leitfaden f. die Hand der Schüler in Fortbildungsschulen, Innungsfachschulen u. zum Selbstunterricht. Mit e. Anh.: Erklärendes Wörterverzeichnis. (116 S.) kl. 8. Magdeburg 904. Creutz. n. 1.20; geb. n. 1.60

Gross, Otto, Geschäftsgänge f. den Unterricht in der gewerblichen Buchführung f. Barbiere u. Friseure, s.: Scharf, Th.

Gross, Otto [cand. r. min. Dr.]: Die Gotteslehre des Theophilus von Antiochia. Chemnitz, Druck v. J. C. F. Pickenhahn & Sohn, 1896; 34 S. 4.
Chemnitz, RG, OP 1896 (561)

Das Freud'sche Ideogenitätsmoment und seine Bedeutung im manisch-depressivem Irresein Kraepelin's von Dr. Otto Gross, Doz. in Graz. Leipzig: F. C. W. Vogel 1907. (50 S.) 8° [07. 1900]

Gross, Otto, Compendium der Pharmako-Therapie f. Polikliniker u. junge Aerzte. 12. (X, 86 S.) Leipzig 901. F. C. W. Vogel. Geb. in Leinw. u. durchschn. n. 2. —

— Über psychopathische Minderwertigkeiten. (V, 122 S.) Lex. 8. Wien 909. W. Braumüller. 3. —

— die cerebrale Sekundärfunction. gr. 8. (69 S.)
Leipz.: Vogel 1902. n. 3. —

Groß, Otto (Hrsg.), s. Staatspresse, Die.

Gross, Otto: Transplantations-Versuche an Hartgebilden des Integuments und der Mundschleimhaut bei Teleostiern und Amphibien. Basel 1906. 88 S. 8°. [23. VI. 06.]
Basel. Phil. Diss. 1905/1906.

Gross, Otto. Transplantations-Versuche an Hartgebilden des Integuments und der Mundschleimhaut bei Teleostiern und Amphibien. Diss. Phil. Basel. [Illustriert.] 88 S. 8. Basel, Friedrich Reinhardt, 1906.

Gross, Otto [app. Arzt aus Frankfurt a. M.]: Ueber die Trepanation des Schädels bei traumatischer Epilepsie ... Frankfurt a. M., Druck v. Kumpf & Reis, 1895; 46 S., 1 Bl. 8.
Heidelberg, Med. Fak., Inaug.-Diss. v. [27. Apr.] 1894

Gross, *Heinrich* Otto [Realgymnasialoberl. in Chemnitz]: Die Weltentstehungs-Lehre des Theophilus v. Antiochia ... Jena, Frommannsche Hof-Buchdr., 1895; 73 S., 1 Bl. 8.
Leipzig, Phil. Fak., Inaug.-Diss. v. [2. Nov.] 1895

Groß, P., Über das Sprachenwunder am ersten christlichen Pfingstfeste. Eine exegetische Abhandlung über Apgesch. 2, 1—13. Hechingen, 1870, 4°, 21 S., Programm der höhern Bürgerschule.
(Wiener) Allg. Litt. Ztg. 1871, Nro 2.

Gross, Paul. Der Colbertismus im Languedoc nach Colberts Tode. 1683—1715. Diss. Phil. Basel. [Mit 1 graphischen Tafel.] II + 149 S. 8. St. Gallen, W. Müller, 1909.

Gross, Paul, approb. Arzt aus Hohenheim: Ueber stricturirende Darmtuberkulose. *Braunschweig (1901): A. Limbach.* (14 S.) 8°
Tübingen, Med. Diss. v. 1901

Gross, Paul. Die Erwerbstätigkeit der Schulkinder im Kanton St. Gallen nach einer Erhebung vom Dezember 1909. ⟨Mit zwei Kärtchen und einem Diagramm [sowie 16 Tabellen].⟩ Im Auftrag des Polizei- und Militärdepartementes bearbeitet. II + 24 S. 4. St. Gallen, Honegger, 1910.
Statistik des Kantons St. Gallen. Heft 27.

Gross, Paul. Die Heimarbeit im Kanton St. Gallen. Die Ergebnisse der Enquête im Winter 1908/09. Im Auftrag des Volkswirtschaftsdepartementes bearbeitet. Separatabdruck aus der «Zeitschrift für schweizerische Statistik», Jahrg. 45, 1909. II + 30 S. 4. Bern, Stämpfli & Cie., 1909.
Statistik des Kantons St. Gallen. Heft 25.

Groß, Paul, Referendar: Inwieweit kann der Pflichtteilsberechtigte die Herausgabe von Geschenken verlangen? Dargestellt unter Berücksichtigung der geschichtlichen Entwickelung. Neiße 1907: F. Bär. (38 S.) 8° [F.]
Breslau, Jur. Fak., Ref. Leonhard-Meyer, Diss. v. 2. April 1907
[Geb. 25. März 82 Oberglogau; Wohnort: Neiße; Staatsangeh.: Preußen; Vorbildung: Kgl. Gymn. Neiße Reife M. 03; Studium: Breslau 1, München 1, Greifswald 1, Breslau 3 S.; Rig. 14. Jan. 07.]

Gross, Paul. Statistik der Güterschlächterei im Kanton St. Gallen nach Erhebungen vom Frühjahr 1909. ⟨Mit zwei Karten.⟩ Im Auftrag des Volkswirtschaftsdepartementes bearbeitet. II + 30 S. 4. St. Gallen, W. Müller, 1909.
Statistik des Kantons St. Gallen. Heft 26

GROSS, Petrus: Gregorii Nazianzeni doctrina moralis. — (1905) 82 Bl. 4° (Handschr.) Diss. 729
Diss. Wien, Univ.

Gross, Petrvs ⟨geb. am 6 Juli 1836 in Bonn⟩: De Eckhardo philosopho ... Bonnae, form. C. Georgi 1858. 30 S., 1 Bl. 8.
Bonn, Phil. Fak., Diss. v. 5 Aug. 1858

Gross, Peter. Philosophische Propädeutik für Gymnasien. I. Einleitung. (1 S. 3—15.) II. (S. 3—30.) III. (S. 3—20. 1 Taf.) IV. Schluss. (1—24 S.)
G. Thomaeum. *Kemp. a. Rh.* 1886 (407) 1887 (411), 1888 zu 417. 1889 (419)
Progr.

Gross, Pet., philosophische Propädeutik für Gymnasien. I. Einleitung. gr. 4. (15 S.) Leipzig 886, Fock. *

Groß, P., die Tropen u. Figuren. Ein Hilfsbuch für den deutschen, lateinischen u. griechischen Unterricht an höheren Lehranstalten. gr. 8. (VIII, 282 S.) Köln 880. Roemke & Co. n. 3. 50

Groß, P., die Tropen u. Figuren. Ein Hilfsbuch f. den deutschen, latein. u. griech. Unterricht an höheren Lehranstalten. 2., um e. Verzeichnis der citierten griech., röm. u. deutschen Schriftsteller verm. Ausg. gr. 8. (VIII, 309 S.) Leipzig 888. H. Bredt. n. 3.—; Stellenregister ap. (S. 283—309) —30

Gross, Peter. Vorschule der Logik. Ein Handbuch f. die Prima der Gymnasien u. für den Anfang des akadem. Studiums. gr. 8. (VII, 127 S.) Berl. 890, Weidmann. * 1 80

Groß, R., ein Versuch über das deutsche Idiom in den baltischen Provinzen. Vortrag. Riga 869. Bacmeister. gr. 16. (40 S.) n. 7½ ngr.

Gross, Richard, a. Weizenrodau ⟨Reg.-Bez. Breslau⟩: Zur Kenntnis der Chinazolinderivate. Heidelberg 1900: K. Rössler. (32 S.) 8°
Heidelberg, Naturw.-math. Fak., Ref. Curtius, Diss. v. 24. April 1900
[Geb. 26. Mai 79 Weizenrodau, Reg-Bez. Breslau; Wohnort: Weizenrodau; Staatsangeh.: Preußen; Vorbildung: Gymn. Schweidnitz Reife M. 99; Studium: München 1, Breslau 4, Heidelberg 7 S.; Rig. 24. Jan. 00.]

Gross, Robert [app. Arzt aus Hohenheim]: Zur Casuistik der Gonorrhöe. . . . Plieningen, Druck v. F. Find, 1890; 23 S. 8°
Tübingen, Med. Fak., Inaug.-Diss. v. 1890

Gross, Rob. Zur Casuistik der Gonorrhöe. Diss. gr. 8. (23 S.) Plieningen 890. (Tüb., Fues.) * — 80

Gross, Robert [cand. med. aus Schw.-Hall]: Ueber die nach Influenza beobachteten Lähmungserscheinungen ... Erlangen, k. b. Hof- u. Univ.-Buchdr. v. F. Junge, 1894; 68 S. 8.
Erlangen, Med. Fak., Inaug.-Diss. v. 1894

Groß, Rudolf

Groß, Rud., Atlas d. wichtigsten Schlachten u. Treffen Napoleons. Ein Kartenwerk zu allen Geschichten d. Kaisers. Nach d. besten Quellen gez. u. beschrieb. v. ꝛc., gest. v. W. Pobuda. 5 Lfgn. Lex.-8. (30 Bl. m. erläut. Texte.) Stuttgart 810—12, [Scheible, Rieger u. Sattler.] à * ¾ Thlr. *

—— **Schweizer-Atlas** für Schule und Haus. Fol. (10 lithogr. und lithochrom. Karten.) Zürich 854, Beyel. *
Hieraus einzeln: Die Kantone Aargau, Basel, Luzern und Tessin. — Die Kantone Bern und Solothurn. — Der Kanton Graubünden. — Die nordöstl. Schweiz. — Carte de la Suisse française, cont. les cantons de Vaud, Fribourg, Neuchâtel et Genève. à * 5 Ngr. In 8.-Carton à * 8 Ngr. — Historische Karte der Schweiz. * 3½ Ngr. In 8.-Carton * 7 Ngr.

Groß, Frhr. v., eine Brandstifterin. Rechtfertigung der gegen Johanne Begeholdt aus Oberheldrungen wegen vorsätzl. Brandstiftung durch das Schwurgericht zu Eisenach am 10. Decbr. 1856 ausgesprochenen Verurtheilung gegenüber den Bedenken des Hrn. Pfr. Gräser. Nebst 3 Beilagen. gr. 8. (50 S.) Eisenach 857, Baerecke. *

— der **Dampfwagen** oder neuester Führer für Reisende u. Geschäftsleute. Mit 20 (lith.) Kärtchen der Eisenbahnen von Deutschland, Belgien u. Holland, 1 Uebersichtskarte (lith. in gr. 4.), sämmtl. Eisenbahn- u. Dampfschifffahrts-Fahrplänen etc. Nach den neuesten Quellen bearb. 1. Jahrg. 18. (IV u. 92 S.) Stuttgart 847, Malte. — Mit 24 (lith.) Kärtchen der Eisenbahnen von Deutschland, Belgien u. Holland, einer (lith.) Uebersichtskarte der mittel-europ. Eisenbahnen (in 4.), so wie sämmtl. Eisenbahn- u. Dampfschifffahrts-Fahrplänen etc. Nach den neuesten Quellen bearb. 2. Jahrg. 18. (IV u. 111 S.) Ebd. 848. (à 12 ngr) 21 ngr

Gross, Rud., Die Donau von Ulm bis Pressburg ... entw. u. gez. ... [1850?] (Br. Mus.

— die Württemberg. **Eisenbahn** u. der Bodensee. [Mit dem Umschlagstitel: 4 Specialkarten (auf 1 Bl. in gr. 4.) zu Reisen von Heidelberg bis Friedrichshafen.] Lith. Stuttgart 850, Neff. In 16. Carton. ⅓ ß

— **Eisenbahnkarte** der vollendeten, im Baue begriffenen u. projectirten Bahnen in Deutschland, Belgien, Holland u. den angränz. Ländertheilen; nebst Angabe der durch Dampfbote befahr. Flußstrecken. 2. Aufl. (1 lith. u. col. Bl. in kl. Fol.) Stuttgart 843. (Becher.) In Etui n. 5/12 ß

— Eisenbahn- und Flußkarte von Centraleuropa, oder sämmtl. Bahnverbindungen von Deutschland, Holland, Belgien, Frankreich, England, der Schweiz, Oestreich u. Oberitalien, Meer-, Strom- u. Flußdampfbootcourse, sammt Tarifen für den Personentransport. Nach den neuesten Materialien entworfen und gezeichnet. 5. revidirte und durch eine Terrainplatte verm. Aufl. Mit Randansichten interessanter Bahnhöfe, Bahnprofile, Tunnels und Viaducte. Größtes Landkartenformat. Nebst Text, u. d. T.: Der neueste und vollständ. Führer für Eisenbahnreisende in Deutschland und auf den vorzüglichsten Schienenwegen des Auslandes, oder numerische Angaben d. Personen-Transports auf allen Bahnverbindungen, der Betriebs-Nachweisungen u. Fahrpläne, sc wie sonstige specielle Notizen über die Distanzen, die Dauer der Fahrten auf den einzelnen Stationen und die Tarife der Ueberfracht für das Gepäck der Reisenden. Ein unentbehrl. Vademecum; nach den neuesten Materialien ꝛc. entworfen. Stuttgart 845, Becher. In Mappe auf Leinwand 2 ₰ 4 ngl — Unaufgezogen 1 ₰ 4 ngl — Dies. ohne Randansichten in Mappe auf Leinw. 1 2/3 ₰

Gross, Rud., Eisenbahn-Karte der Schweiz mit Angabe der Poststrassen, Dampfschifffahrts- und Telegraphenlinien. fol. Zürich, Schabelitz'sche Buchh. 1872. 2. 50
— — aufgezogen, in Mappe 4. 50

Gross, Rud. Eisenbahnkarte der Schweiz mit Angabe der Poststrassen, Dampfschifffahrts- und Telegraphenlinien. Neue Ausgabe 1879. Zürich, Cæsar Schmidt. 3 —
Aufgezogen 5 —

Gross, R. Eisenbahn-Karte der Schweiz. 4. Aufl. Lithogr. u. color. In-fol. Zürich, Schmidt. 3 15
1883.

— Fluss- u. Gebirgs-Karte der Schweiz nach d. neuesten Materialien entw. u. gez. Verjüngung 1 : 450000 der natürl. Länge. Fol. 4 lithochrom. Bl. Ebd. 852. n. 1 2/3 ₰

— Flusskarte der Schweiz für den Schulgebrauch bearb. Fol. Lith. u. color. Zürich 851, Beyel. n. 2 ngl

— Gebirgs- u. Fluss-Karte des Königr. Württemberg. Imp. 4. In lith. Farbendr. Stuttgart 847, Metzler. n. 1/4 ₰

— Geschichts-Karte von Württemberg. Imp. 4. Lith. u. color. Stuttgart 850, Schweizerbart. n. 6 ngl

Gross, Rud., Karte von Deutschland, Holland, Belgien, der Schweiz, Nord-Italien nebst Theilen von Frankreich, Ungarn, Polen, Slavonien u. Kroatien. M. 1 : 1 700 000. Stuttgart, Malté, 1860. 4 Bll. chromolith. Imp.-Fol. . . . . (Br. Mus.)
——, —— Ebda 1865. . . . . (Br. Mus.)

Gross, Rud., Karte von Deutschland, Oesterreich, den Niederlanden, Belgien, der Schweiz und Nord-Italien. Nebst angränzenden Ländern nach den neuen Grenz-Aenderungen mit allen fahrbaren Eisenbahnen. M. 1 : 1700000. 4 Blatt. Chromolith. Stuttgart, geograph.-artist. Institut (W. Nitzschke), 1868. gr. Fol. . . . . (Br. Mus.)
——, —— Neue Ausg. Ebda. 1869.

— Karte der Eisenbahnen Deutschlands. Für Reisende entworfen u. gezeichnet. Nach dem Stande vom 1. April 1849. Imp. Fol. Lith. Stuttgart 849, Metzler. — 3. Aufl., ergänzt bis 1. April 1850. Imp. Fol. Lith. Ebd. 850. n. 1/4 ₰

— u. J. A. **Bühler**, Karte der Eisenbahnen u. Haupt-Poststrassen Deutschlands. 4. Aufl. ergänzt bis 1. April 1851. Imp. Fol. Stahlst. Ebd. 851. — 5. Aufl. ergänzt bis 1852. Ebd. 852. In gr. 16. Carton. n. 1/4 ₰

Gross, Rud., und J. A. **Bühler**, Karte der Eisenbahnen und Haupt-Poststrassen Deutschlands. 6. Aufl. ergänzt bis 1853. Stuttgart, Metzler, 1853. Imp.-Fol. Stahlst.
Die 1.–3. Aufl. 1849 u. 50 wurde von Rud. Gross allein herausgegeben.

Gross, R. Karte des Kriegsschauplatzes in Vorderindien. fol. Luzern 1857. 0.40.

— neueste Karte des Kriegsschauplatzes in Daenemark [Schleswig-Holstein]. Fol. Lith. u. col. Stuttgart 848, Malté. 6 ngl

— neueste Karte des Kriegsschauplatzes in Ungarn, Slavonien u. Kroatien. (Mit Plan von Wien u. Kärtchen der Umgegend von Wien in 8.) gr. Fol. Lith. Ebd. 848. 9 ngl

Gross, Rud., Karte des deutschen Reich's mit den neuen Grenzen, Oesterreich, Holland, Belgien, Schweiz, Nord-Italien und den angrenzenden Ländern. M. 1 : 700 000. Stuttgart, Nitzschke. Imp.-Fol. Chromolith. . . . . (Br. Mus.)
Ausgg. von 1871. [1872.] 1873, 1875.

Gross, Rud., Karte des Rheingebiets, der Schweiz und des Kriegsschauplatzes in Oberitalien. Verjüngung 1 : 700000 d. n. Länge. Stuttgart, Malté, 1859. Imp.-Fol. Chromolith. . . . . (Br. Mus.)
——, —— ... [1866?] . . . . (Br. Mus.)

— Karte der Schweiz nach den neuesten Materialien entw. u. gez. Verjüngung 1 : 450000 der natürl. Länge. Fol. 4 lithochrom. Bl. Zürich 851, Beyel. n. 1 2/3 ₰; auf Leinw. u. in Futteral n. 2 ₰

Gross, Rud., Karte des Vierwaldstättersee's, sowie der St. Gotthardt- und Brünigstrasse. Fol. Luzern 870, Schiffmann. *

Gross, R., Karte des Vierwaldstättersee's. Buntdruck. Mit Angabe der Rigibahn, Gotthard- u. Brünigstrasse. 2. verb. Aufl. 9 1/2 Zoll hoch und 10 1/2 Zoll breit. Luzern, C. F. Prell. Fr. 1. —.
aufgez. 1871. 1. 40

Groß, R. v., Kritik der Strafproceß-Ordnung für das Herzogth. S. Altenburg vom 27. Febr. 1854, nebst Darstellung ihres wesentl. Inhalts. gr. 8. (58 S.) Jena 854, Frommann. *

Mirri-Marri. Burleske Operette von Fritz Neff & Josef Kellerer. Musik von Rudolf **Groß**. Regie u. Soufflierbuch mit d. vollst. Scenar. München 1896: (L. Baeck & Co.). (41 S.) 8° [F.] 106, 10059

— Panorama der Donau v. Ulm bis Preßburg. Nebst den Plänen v. Ulm, Regensburg, Passau, Linz, Wien u. a. Städten. 62 Zoll lang u. 14 Z. breit. Leipz. 846, Thomas. 5/6 ₰

— neueste Post- und Eisenbahnkarte des deutschen Reichs, der Niederlande, Belgien, Schweiz, Oesterreich, Nord-Italien nebst angrenz. Ländern. Mit Datum-Angabe bei den durch Schlachten und sonst historisch berühmt gewordenen Orten. 1870—1873. *ℳ 2,40.; Ausg. 1874—1875. Fol. Stuttgart, Nitzschke. In Carton *ℳ 2,75.; aufgez. *

Gross, R., Neueste Post- und Eisenbahn-Karte von Deutschland, den Niederlanden, Belgien etc. mit Angabe sämmtl. bis Anfang 1870 fahrbaren und im Bau begriffenen Eisenbahnen. Neue revid. Ausg. Stuttgart, Nitzschke, 1870. gr. Fol.
——, —— Ausgaben. Ebenda 1873–83.

Gross, R. Neueste Post- und Eisenbahnkarte des deutschen Reiches, der Niederlande, Belgiens, der Schweiz, Oesterreichs, Nord-Italiens etc. Ausgabe 1883. Chromolith. In-Folio. Stuttgart, Nitzschke. 2 45

Gross, R. Post- und Reisekarte der Schweiz. 1 : 450 000. Zürich u. Frauenfeld 1852. 4 Bl. c. L.

Groß, R. v., der Betzold'sche Prozeß, s. a. Strafrechtspflege, die, in Deutschland.

Groß, R. Frh. v.: Der Betzold'sche Prozeß. Vorträge. Weimar 1857.
(Die Strafrechtspflege in Deutschland hrsg. von Groß. Jg. 1, H. 1.)

— polytopischer Reiseatlas. — Elegan maps to accompany Murray's handbooks for travellers. Neue Ausg. Süddeutschland u. die Schweiz. 46 (lith.) Karten u. 6 (lith.) Städteplane. hoch 8. Stuttgart 848, Neff. n. 8⅔ ₰; einzeln à n. ⅙ ₰

— vollständigste Reisekarte von Central-Europa mit Angabe aller Eisenbahnen u. Dampfboot-Linien nebst den Hauptpost-Strassen, so wie der auf diesen Verbindungswegen nothigen Fahrzeit, mit einer Specialkarte des Rheinthals von Mannheim bis Dusseldorf. 3. verb. u. vervollstand. Aufl. Imp. Fol. Lith. u. color. Stuttgart 851, Schweizerbart. n. 21 ngl Auf Leinw., mit 7 Beikartchen u. 7 Stadteplanen n. 2 ₰ 4 ngl

Gross, Rud., vollstandigste Reisekarte von Central-Europa mit Angabe aller Eisenbahnen u. Dampfboot-Linien nebst den Haupt-Poststrassen, sowie der auf diesen Verbindungswegen nothigen Fahrzeit. 4. Aufl. Imp. Fol. Lith. Stuttgart 852, Schweizerbart. n. 9 ngl color. m. einer Specialkarte d. Rheinthals, in 8. Carton n. ½ ₰; auf Leinw., m. 7 Beikärtchen u. 7 Stadteplanen in Engl. 8. Carton n. 1 ₰ 18 ngl

— der Rhein u die Rheingegenden von Basel bis Rotterdam in 9 Specialkarten (auf 1 Bl. in gr. Fol.) Lith. Stuttgart 850, Neff. Auf Leinw. in Engl. 16. Carton. ¾ ₰

— Rheinkarten. — Maps of the Rhine. — Cartes du Rhin. hoch 8. Lith. (Aus dem polytop. Reiseatlas abgedr.) Ebd. 848. In Engl. Einb. Ausg. mit 9 Karten 1 ₰ — Ausg. mit 9 Karten u. 4 Planen. 1⅓ ₰

— Rheinkarten. 4 (lith.) Karten (in hoch 8.) zur Reise von Mainz bis Coln. Neue Ausg. (Aus dem polytop. Reiseatlas abgedr.) Ebd. 848. ⅓ ₰

— geograph. Schul-Atlas in 21 in Farbendruck ausgeführten Karten. (In 2 Liefg.) 1. Liefg. qu. Imp.-4. (8 Karten u. 1 Bl. Text.) Stuttgart 846, Schweizerbart. n. 28 ngl

— geographischer Schul-Atlas in 21 in Farbendruck ausgef. Karten. 2. Lfg. qu. Imp. 4. (13 Karten u. 2 Bl. Text.) Stuttgart 847, Schweizerbart. n. 1 ₰ 16 ngl (cmplt. n. 2 ₰ 14 ngl; geb. n. 2 ₰ 24 ngl)

Gross, Rud., neuer geographischer Schul-Atlas in 28 (lith. u.) in Farben gedr. Karten. 2. Aufl. 2. Abdr. Mit eingedr. Namen. Stuttgart (855.) Schweizerbart. qu. Fol. n. 2 ₰ 12 ngl

Gross, Rud., historischer Schul-Atlas in 9 (lithogr. und ill. Blättern.) qu. Fol. Stuttgart 853, Schweizerbart'sche Vrlgsh. *

Gross, Rud., polytopische Karten. Der Schwarzwald. gr. 8. Lith. in Tondr. Stuttgart 852, Neff. 6 ngl

Groß, R. Frhr. v., über das englische Schwur-Gerichtsverfahren. [Aus: Allgemeine Deutsche Strafrechtszeitung.] Leipzig 866. J. A. Barth. gr. 8. (60 S.) n. 8 ngr

— 25 Specialkarten (auf 3 Bl. in gr. Fol.) zu Reisetouren in der Schweiz. Lith. Stuttgart 850, Neff. Auf Leinw. in Engl. 16. Carton. 1½ ₰

— Städte-Atlas in Plänen der interessantesten Hauptstädte der Erde. Vollständig in 50 Blättern. Im Verein mit Mehreren herausg. 1. Lfrg., enthält: Berlin. — Bremen. — Hamburg. — Leipzig. — München. qu. schmal 4. Ebd. 840. n. ¼ ₰

— Städte-Atlas in Plänen der interessantesten Hauptstädte der Erde. Vollständig in 50 Blättern. Im Verein mit Mehreren herausgeg. 2. Liefg. Wien. — Dresden. — Prag. — Stuttgart. — Frankfurt a/M. qu. 4. Ebd. 841. (à) n. ¼ ₰

—— Städte-Atlas in Plänen d. interessantesten Hauptstädte d. Erde. Im Verein m. Mehren hrsg. 10 Lfgn. qu. 4. (50 Blätter.) Stuttgart 840—42, [Scheible, Rieger u. Sattler.] à * ⅓ Thlr. *

— über die Strafproceß-Ordnung für das Herzogthum Sachsen Altenburg vom 27. Febr. 1854. (Beilageheft zu „Blätter f. Rechtspflege in Thüringen.") Jena 854. Frommann. gr. 8. (53 S.) n. 10 ngl

Gros, Rud., Taschen-Atlas des Kriegs-Schauplatzes in dem Königreich beider Sicilien. Für Zeitungsleser. 3 Blatt. Lithogr. und ill. gr. 4. Zürich 860, Ludwig. Thlr.

— Uebersichts-Karte der Schweiz für den Schulgebrauch bearb. Fol. Lithochrom. Zürich 850, Beyel. ⅙ ₰

— Universal-Atlas für Schule u. Haus, für Geschäftsmänner u. Zeitungsleser. Vollständig in 50 Blätt. Im Verein mit Mehreren herausg. 1. Lfrg.: enth.: Aegypten. — China. — England. — Griechenl. — Italien. qu. schmal 4. Ebd. 840. ¼ ₰

—— Universal-Atlas für Schule u. Haus, f. Geschäftsmänner u. Zeitungsleser. Im Vereine m. Mehren hrsg. 10 Lfgn. qu. 4. (50 ill. Blätter.) Stuttgart 840—42, [Scheible, Rieger u. Sattler.] à * ¼ Thlr. *

— Kanton Wallis. [Canton de Valais.] Fol. Lithochrom. Ebd. 850. ⅙ ₰

Groß, R. v., eine Wanderung durch die irländischen Gefängnisse, s. a. Sammlung gemeinverständl. wissenschaftl. Vorträge.

Gross R v, e. Wanderung durch irland. Gefangnisse. (Slg wiss. Vortr. 60) Berlin 1868

—— Winterfahrten-Pläne sämmtlicher Eisenbahnen von Mittel-Europa für 1847—48. 18. (58 S. mit 1 in Farbendr. ausgeführten Uebersichtskarte in gr. 4., in welcher die Dauer der Fahrten eingetragen ist.) Stuttgart 847, Malté's artistische Anstalt.
Bildet einen Anhang zu des Verf.: der Dampfwagen etc. 1. Jahrg.

— das Konigr. Württemberg u. die Hohenzollernschen Furstenthumer. Imp. 4. In lith. Farbendr. Stuttgart 847, Metzler. n. ¼ ₰

Gross R, das Kgr. Württemberg u die hohenzoll. Fürstent. 4° Auf Pappe. Stuttgart 1869

Gross, Rud. Armin (geb. Kaltenborn in d. Mark 31. 10. 1812): De analogia infantilem inter et muliebrem organismum. Berolini 1840. (26 S.) 8°
Berlin, Med. Diss. v. 7. Okt. 1840.

Groß, Rud. Herm., s. Fox, Sam., Beobachtungen über die Bleichsucht.

Gross, S., s.: Handbuch der Geschlechtskrankeiten.

Gross, Siegmund, Menahem ben Saruk. Mit Berücksicht. seiner Vorgänger u. Nachfolger. Ein Beitrag zur Geschichte der hebr. Grammatik u. Lexicographie. gr. 8. (XII, 112 S.) Breslau 872. Skutsch. n. 4. —

Groß, Theobald

Groß, Theob., in hundert Jahren. Ein Zukunftsbild. 16. (23 S.) Chemnitz 880. Hager. — 20

Groß, Theodor

Groß, Thdr., die drei Artikel unseres christlichen Glaubens, erklärt u. verteidigt. gr. 8. (97 S.) Wolfenbüttel 894. J. Zwißler. n. 1. —

Gross, Thdr., kritische Beiträge zur Energetik. I u. II. gr. 8. Berlin 901. M. Krayn. n.n. 5. 25
I. Die Verwandlungen d. Kraft nach Robert Mayer. (XVIII, 58 S.) 901. n.n. 1. 75
II. Hermann v. Helmholtz u. die Erhaltg. der Energie. (X u. S. 59—236.) 902. n. 3. 50

Gross, Thdr. Beiträge zur Theorie des galvanischen Stromes. Lex.-8. (13 S.) Wien 889, (Tempsky). * — 25
Aus Sitzungsber. d. k. Akad. d. Wissensch., besonders abgedruckt.

Gross, Thdr., üb. den Beweis d. Prinzips v. der Erhaltung der Energie. gr. 8. (56 S.) Berlin 891. Mayer & Müller. n. 1. 20

Groß, Thdr., meine Enthebung v. den Functionen e. Hilfsgeistlichen u. meine Dienstentlassung als Renetent in Folge mehrerer Predigten gegen die Union u. gegen unrechtmäß. Erobergn. Aktenmäßiger Bericht. gr. 8. (48 S.) Marburg. Berlin 872. Luckhardt in Comm. n. — 75

Gross, Thdr., üb. e. neue Entstehungsweise galvanischer Ströme durch Magnetismus. Lex.-8. (19 S.) Wien 886. (Gerold's Sohn.) n. — 40

Gross, Thdr., über eine neue Entstehungsweise galvanischer Ströme durch Magnetismus. Lex.-8. (19 S.) Wien 886, (Tempsky.) *
Aus: Sitzungsberichte der k. Akademie der Wissenschaften, besonders abgedruckt.

Groß, Thdr., der geplante Kirchenbund. Ein Wort der Warng. (24 S.) gr. 8. Zwickau 903. J. Herrmann. n. — 30

— geistliche Lieder. 8. (224 S.) Marburg 873. Braun. n. 1. 60

Robert Mayer und Hermann v. Helmholtz. E. krit. Studie v. Dr. Th[eodor] Gross. *Berlin: M. Krayn 1898.* (1 Bl., V S., 2 Bl., 174 S.) 1 Bd 8.

Gross, Th., Robert Mayer u. Hermann v. Helmholtz. Eine krit. Studie. gr. 8. (X, 174 S.) Berlin 898. Fischer's technolog. Verl. n. 4. 50

Gross, Theodor Zur Methodik des griechischen Unterrichts. (Umschlagtitel: Beiträge zur . . .) 4 (12 S.).
Progr. Kgl. kath. G. *Neisse* 1891 (193).

Gross, Theodor [Oberl.]: Zur Methodik des griechischen Unterrichts. (Th. I.) Neisse, Druck v. F. Bär, 1891; S. 1- 12; 4°
Neisse, k. kath. G, OP 1891 (193)

Groß, Thdr., s. 1) J. Sichel, über Augenentzündungen. 2) Stearinlichter.

Groß, Thdr., unsere Trennung v. Breslau. gr. 8. (115 S.) Wetter 888. (Marburg, Elwert's Univ.-Buchh.) n. 1. 50

Groß, Theodor Hermann

Gross, Theod. Herm. (geb. Jüterbog 25. 11. 1819): Quid sit, quod censent, genus humanum aetate provectum debilitate augescente afflictum esse. Berolini (1845). (31 S.) 8°
Berlin, Med. Diss. v. 31. Okt. 1845

Groß, B., und G. F. Heinisch, Lesebuch, s. Heinisch, G. F.

Groß, V. (Red.), s. Schul-Anzeiger für Oberfranken.

Groß, V. Theodor

Gross, V. Thdr., die Nothwendigkeit des Unterrichts in der deutschen Grammatik in Bürgerschulen u. den Elementarklassen höherer Lehranstalten. [Beilage des Uebungsbuches zum Erlernen der deutschen Grammatik.] Mainz 869. Kunze's Nachf. gr. 8. (26 S.) n. 2 ngr.

—— Uebungsbuch zum Erlernen der deutschen Grammatik für Schüler in Bürgerschulen und den Elementarklassen höherer Lehranstalten. gr. 8. (VI, 114 S.) Mainz 869, Kunze's Nachf. *

— Uebungsbuch zum Erlernen der deutschen Grammatik f. Schüler in Bürgerschulen u. den Elementarklassen höherer Lehranstalten. 2. Thl. Lehre vom Satz u. den Satzzeichen. gr. 8. (IV, 67 S.) Mainz 871. Kunze's Nachf. n. — 50; (1. 2.: n. 1. 25)

—— ein Vorschlag zur zeitgemäßen Verbesserung der deutschen Rechtschreibung. 8. (14 S.) Mainz 871, Kunze's Nachf.

— ein Vorschlag zur zeitgemäßen Verbesserung der deutschen Rechtschreibung. 8. (14 S.) Ebend. 874. — 30

Gross, V[ictor]. Les habitations lacustres du lac de Bienne. (Avec huit planches et figures intercalées dans le texte.) [E.] 8. [Delémont 1873.]

Gross, Victor. Histoire militaire de La Neuveville depuis son origine à l'époque française. Extrait du «Jahrbuch für Schweizerische Geschichte», Vol. 33, 1908. II + 40 p. 8. Zurich, Berichthaus, 1908.

Gross, Victor s. Keller, Ferdinand. (Die) Pfahlbauten. Siebenter Bericht. Zürich 1876.

Gross, Vict., les Protohelvètes ou les premiers colons sur les bords des lacs de Bienne et Neuchatel. Avec préface du Virchow. Avec 33 planches en phototypie, figurant 950 objets trouvés pendant les fouilles. gr. 4. (XIII, 115 S.) Berlin 883. Asher & Co. cart. n.n. 20. —

Gross, V., résultat des recherches exécutées dans les lacs de la Suisse occidentale depuis l'année 1866, s.: Mittheilungen der antiquarischen Gesellschaft in Zürich.

Gross, V[ictor]. La station de St-Blaise. Age de la pierre. [Avec 2 planches. E.] 8. [Zürich 1882.]

Gross, W., die Berechnung der Schusstafeln. gr. 8. (IV, 89 S. m. 14 Fig.) Leipzig 901. B. G. Teubner. n. 3. —

Gross, W.: Über den Nutzen und zur Methodik der Altertumsstudien. Eine apologetisch-didaktische Abhdl. 93 S. 8°.– Eichstätt, Progr. 1869.

Groß, W., über den Nutzen u. zur Methodik der Alterthumsstudien. Eine apologetisch-didakt. Abhandlg. Eichstätt 869. (Krüll.) gr. 8. (94 S.) n. 10 ngr.

Groß, W., aus alter Zeit. Chronik v. Dierdorf, der ehemaligen Residenz der Grafen u. Fürsten v. Wied-Runkel. Beitrag zu der Geschichte des wied. Fürstenhauses. Nach archival. u. litterar. Quellen. 1. Tl. Von den ältesten Zeiten bis zum J. 1699. 12. (290 S.) Neuwied 900. F. Gültzkow. n. 2. —; geb. n. 2. 50

Gross, Walter: Ein Fall von Agenesie der linken Lunge. Jena: G. Fischer 1905. (17 S.) 8°

Heidelberg, Med. Fak., Ref. Arnold, Diss. v. 10. Mai 1905

[Geb. 12. Jan. 78 Waldkirch; Wohnort: Augsburg; Staatsangeh.: Baden; Vorbildung: Gymn. Augsburg Juli 96; Studium: Lausanne 1, Berlin 4, Heidelberg 7 S.; Coll. 16. Juli 04; Approb. 9. Febr. 03.]

Gross, Walther, approb. Arzt aus Greifenberg i. P.: Aus d. Kgl. pathol. Institute zu Kiel. Ein Fall von Aneurysma der aufsteigenden Aorta. *Kiel 1903: Schmidt & Klaunig.* (18 S.) 8°

Kiel, Med. Diss. v. [10. Sept.] 1903

Gross, Walth., zur Lehre v. der Tuberkulose seröser Häute nach e. Beobachtung der Tübinger Poliklinik. Diss. (21 S. m. 2. Fig.) gr. 8. Tübingen 903. F. Pietzcker. n.n. — 70

Groß, Wilh., Ansichten über bildende Gartenkunst, dargestellt in populärwissenschaftlichen Abhandlungen. 1. Thl. Berlin 868. (R. Kühn.) 8. (VIII, 116 S.) n. 10 *ngr.*

Gross, Wilhelm (Hrsg.):

s.: Archiv für homöopathische Heilkunst. Bd 1, 5-6, 20-23. Leipzig: 1822-26, 1843-46.

Gross, Wilhelm [pract. Arzt]: Ueber den Einfluss des Nervensystems auf die Säuerung des Muskels nach dem Tode .... Breslau, Buchdr. H. Proskauer jr. (1888); 38 S. + 1 Bl. 8°

Breslau, Med. Fak., Inaug.-Diss. v. 14. März 1888

Gross, Wilh., über den Einfluss des Nervensystems auf die Säuerung des Muskels nach dem Tode. Inaugural-Dissertation. gr. 8. (38 S.) Breslau 888, (Köhler.) *

GROSS, Wilhelm (Brake): Ein Fall von rechtsseitiger, auf chronischer Appendicitis beruhender Ischias, welche operativ geheilt wurde.- München: Wolf 1904. 23 S.
18.1.1904 - Chr 1903/04,17; Jv 1903/04,523

Diss.Ingolst.-Landsh.-Mchn.

Gross, Wilhelm: Ueber die Combinanten binärer Formensysteme, welche ebenen rationalen Curven zugeordnet sind .... Stuttgart, Druck v. Gebr. Kroner, 1887; 51 S. 8°

Tübingen, Naturw. Fak., Inaug.-Diss. v. 1887

Gross, Wilhelm, über die Combinanten binärer Formensysteme, welche ebenen nationalen Curven zugeordnet sind. Diss. Tübingen 1887, Fues' Sort. 8°. 51 S.

—— Regesten zur schlesischen Geschichte, s. Codex diplomaticus Silesiae.

GROSS, Wilhelm (Leiden): Ueber die Wasserscheu beim Menschen.- München 1871.
29.7.1871 - Urk (Titel: De lyssa humana.); F 72; Chr 1870/71,14

Diss. Ingolst.-Landsh.-Mchn.

BOTTWAR (Wurtemb.). — Gross, Willibald (ps.), Sonder- und wunderbare, doch wahre Geschichte wie der Teufel sich einmal in der Gestalt eines Esels auf dem Rathhause zu B....r im W..b..g..schen sehen liess. Zum Beweiss des Daseyns eines Teufels. Im Manuscript und ans Licht gestelt von Paul Weisshammer. O. O. 1786. 8°.

29 SS. Gedicht von 51 Versen, eine Verspottung d. Aberglaubens. In den Anmerkungen am Fusse jeder Seite zahlreiche Ausfälle gegen Missstände aller Art

Gross, W. (ps.), Sonder- u. wunderbare, doch wahre Geschichte, wie der Teufel † † † sich einmal in der leiblichen Gestalt eines Esels auf dem Rathhause zu B . . . r im W . . b . . g . . schen sehen liess. Im Manuscript aufgefunden, auch mit Anmerkgn. versehen v. P. Weisshammer, Pater u. Exorcista im Kloster zu Seefeld in Tirol, auf Kosten d. Verfassers. O. O. 1786. 8°. (4 Mk. 50 Pfg. Rich. Kaufmann, Stuttg., 1898.) Selten!

Die beiden Pseudon. fehlen bei Weller.

GROSS-ALBENHAUSEN, Alfred (Gelsenkirchen): Ueber die Fieberfälle der Kgl. Hebammenschule in München 1903.- München: Ernst 1904. 54 S.
1.7.1904 - Chr 1904/05,11; Jv 1903/04,523

Diss.Ingolst.-Landsh.-Mchn.

Groß-Hoffinger, Anton Johann

Groß-Hoffinger, Ant. J., 1830. Roman. 2 Bde. 8. (1: IV u. 316 S. 2: IV u. 235 S.) Leipzig 818, Hermann in Comm. 3 ℳ (Teubner, herabgef. Pr. n. 1½ ℳ)

Gross-Hoffinger, A. J., † (Hans Normann,) der Adler, s. Adler.

Groß-Hoffinger, Dr. A. J., Adresse an unsern Herrgott. Zweite unveränderte Auflage. Dresden, Adler u. Dietze, 1848. 36 S. 8°.

Groß-Hoffinger, A. J. (psdn. Hans Normann), Archiv der Urkunden u. Beweisstücke zur Geschichte Kaiser Joseph's II., s. unt. **Lebens- u. Regierungsgeschichte Joseph's II.** 4r Bd.

Groß-Hoffinger, A. J., † (Hans Normann,) Austria. Zeitschrift, s. **Austria.**

—— Chronik des J. 1848. Darstellung der wichtigsten Zeitereignisse, polit., socialen und finanziellen Zustände; Charakteristiken und Biographien berühmter Zeitgenossen. Für Jedermann. In zwanglosen Lfgn. 1—3. Heft: Die Revolution in Frankreich. gr. 8. (96 S.) Dresden 848, Adler und Dietze. à Heft 3 Ngr.

—— dass. — 4. Heft: Die Revolution in Wien und die Ereignisse in Berlin. gr. 8. (S. 97—128.) Ebds. 848.

Groß-Hoffinger, Anton Johann: Cilli, die Tyrolerin, s. Novellen-Sammlung.

— [illegible] Darstellung d. Alleinregierung Joseph's d. Zweiten, [illegible] d. polit. [illegible] Reaktion [illegible] d. Geist [illegible] gr. 8. [illegible] Stuttgart 837, (Scheible, Rieger u. Sattler.)

[illegible] den 3. Bd. v. dess. Lebens- u. Regierungsgeschichte Joseph's II.

Gross-Hoffinger, A. J., † (Hans Normann), die Donau vom Ursprung bis in das schwarze Meer. Ein Handb. für Donaureisende von Ulm, Linz, Wien, Pesth, Galatz üb. d. schwarze Meer nach Constantinopel. 8. (17 B. u. 1 Karte v. Süd-Europa.) Breslau 846, Trewendt.

Gross-Hoffinger, Ant. Joh., Der Donaustrom vom Ursprung bis zur Mündung. Breslau, Wien & Pest 1846. (Hr. Mus.)

—**Gallerie der berühmtesten Denker aller Zeiten u. Länder.** (1r Bd.) A. u. d. T.: Die Stifter d. neuen Denkweise in Frankreich, oder Geist aus Voltaire, Rousseau, Bayle, Diderot, d'Alembert, d'Argens, Mirabeau, Helvetius. 1r Bd. Geist aus Voltaire's Schriften. Mit Voltaire's Bildniß. gr. 8. Stuttgart 835. Brodhag. 2¾ ℳ — s. auch Geist aus Voltaire's Schriften.

Galterie d. berühmtesten Denker aller Zeiten u. Länder. (1. Bd.) — A. u. d. T.: Die Stifter d. neuen Denkweise in Frankreich, od. Geist aus Voltaire, Rousseau, Bayle, Diderot, D'Alembert, D'Argens, Mirabeau, Helvetius. 1 Bd. (Geist aus Voltaire's Schriften. gr. 8. (12 B. u. 3 s. Bildn.) Stuttgart 835, [Scheible, Rieger u. Sattler.]

die neuesten Gefahren f. den Staat. Mit besond. Beziehung auf den österreich. Staat. Denkschrift an ein. österreich. Staatsmann. Hrsg. v. H. N. 8. (18 B.) Meißen 845, Goedsche.

— Geschichte Josephs II., s. Hausbibliothek, histor., 4. Bd.

Groß-Hoffinger, A. J. Geschichte Josephs des Zweiten. Leipzig 1847. 337 S. 8.

— Geschichte Josephs II. Neue (Titel-)Ausg. Leipzig (847) 865. Senf. gr. 8. (XI, 337 S. mit dem Portr. Josephs II. in Stahlst.) n. 1 ℛ

—— Geschichte Josephs des Zweiten. 3. (Titel-)Ausg. gr. 8. (XI, 337 S. mit dem Portr. Joseph's II. in Stahlst.) Leipzig (865)70, Senf.

Gross-Hoffinger, Anton Johann (Wien)
Geschichte der oesterreichischen Länder, Voelker, Staaten und Regenten. Bd 1.
Meißen und Leipzig. 1834.
[zur Promotion eingesandt.]
Dr. phil. Giessen 31.12.1834.

—— Geschichte d. österr. Länder, Völker, Staaten u. Regenten. 1. Bd. Das alte Oesterreich unt. d. Römern. Nebst 1 Karte v. alten Oesterr. (Illirici magni et Germaniae magnae partes). (gr. Fol.) gr. 8. ($25\frac{1}{2}$ B.) Meißen 834, Goedsche. 2 Thlr. 12 Gr., Vlnp.
Die Karte apart 8 Gr.

Groß-Hoffinger, die Hölle auf Erden. Roman. 3 Bde. gr. 8. (835 S.) Breslau 873. Gebhardi. n. 7. 50

Groß-Hoffinger, Anton Johann (Red.), s. Industrie-Anzeiger, Allgemeiner.

— Erzherzog Carl von Oesterreich, siehe Hausbibliothek, historische, 5. Bd.

Gross-Hoffinger, A. J. Erzherzog Karl von Oesterreich und die Kriege von 1792—1815. (X. 426) 8. Leipzig 1847. — 2. Ausg. 8. ib. 1865. — 3. Ausg. 8. ib. 1869. 3,00.

Groß-Hoffinger, A. J., Erzherzog Karl von Oesterreich u. die Kriege von 1792—1815. Neue (Titel-)Ausg. Leipzig (847) 65. Senf. gr. 8. (X, 426 S. mit dem Portr. Karl's in Stahlst.) n. 1 ℛ

Groß-Hoffinger, A. J., Erzherzog Karl von Oesterreich ꝛc. 3. (Titel-)Ausg. Leipzig 870. Senf. gr. 8. (X, 426 S.) 15 ngr

Gross-Hoffinger, A. J. Erzherzog Carl von Oesterreich und der Weltstreit von 1792—1815. (41 B.) 8. Stuttgart u. Leipzig 1836. 7,50.

Groß-Hoffinger, A. J., † (Hans Normann,) Erzherzog Karl u. der Weltstreit v. 1792 - 1815. Vaterländ. Geschichtsbild. (5 Lfgn.) Mit d. Portr. d. Erzh. Karl u. d. Schlacht bei Aspern, Kpfrst. gr. 8. (41 B.) Stuttgart 836, 37, [Scheible, Rieger u. Sattler.] Thlr. 2 12

GROSS-Hoffinger, A. J. (Verfasser des „Buch der Freiheit"), Der König. Ein (stellenw. üppig-erotischer) Roman. 2 Bde. Stuttgart. Fr. Brodhag'sche Buchhandlung. 1835. Gr. 8°. (15 Mk., Expl. mit den eingebund. Orig.-Umschlägen, Adolf Weigel, 1907.)
1. Tit., 6 Bll. originelle Widmung („Dem großen Mann geweiht"), 318 S., 1 weißes Bl. 2: Tit., 434 S. (incl. „Trost- u. Bußpredigt an die Leser", S. 425 ff.).

—— der König. Ein Roman. 2 Bde. gr. 8. ($18\frac{1}{2}$ B.) Stuttgart 835, [Scheible, Rieger u. Sattler.] 4 18

Gross-Hoffinger, Dr. Krönungs-Album. Ausführliche Schilderung aller bei der Huldigung in Tirol und der Krönung in Mailand begangenen Feierlichkeiten; Beschreibung der eisernen Krone, des arco della pace etc. nebst einer Festrede. Mit lithograph. Abbild. 8. Wien 1838.

— Leben, Wirken u. Tod des Kaisers. Ein Charakter- und Zeitgemälde. Entworfen bei Gelegenheit des Todes Franz I. am 1. März 1835. (Nebst Anhang: Beschreibung der Trauerfeierlichkeiten, Sammlung der besten Gelegenheitsgedichte u. a. auf den Tod des Kaisers Franz sich beziehende Aufsätze.) Mit 2 Steindr. u. 1 Tab. gr. 8. Stuttgart 835. Brodhag. $1\frac{1}{4}$ ℛ, Velinp. 2 ℛ

—— Leben, Wirken u. Tod d. Kaisers. Ein Charakter- u. Zeitgemälde. Entworf. bei Gelegenheit d. Todes Franz I. am 1. März 1835. (Nebst Anh.: Beschreib. d. Trauerfeierlichkeiten, Samml. d. besten Gelegenheitsgedichte u. a. auf d. Tod d. Kaisers Franz sich bezügl. Aufsätze.) gr. 8. ($21\frac{1}{2}$ B., 1 Tab. u. 2 Stndr.) Stuttgart 835, [Scheible, Rieger u. Sattler.] $1\frac{1}{4}$ Thlr., f. Ausg. 2 —

— Lebens- u. Regierungsgeschichte Joseph's II. und Gemälde seiner Zeit. 1r, 2r u. 4r Bd. Mit Portraits u. 1 Stammtafel. gr. 8. Stuttgart 835—37. Brodhag. $5\frac{1}{2}$ ℛ — 3r Bd., in 5 Lfrgg. gr. 8. (Mit dem Portrait des Verf.) Ebd. 836. Rieger u. Comp. $2\frac{1}{2}$ ℛ Dieser 3e Bd. ist auch unter folg. Tit. ausgeg.: Histor. Darstellung der Allein-Regierung Joseph's II., insbesond. der politisch-kirchlich-moralischen Reaction gegen den Geist seiner Anstalten in u. außerhalb der österreich. Erbländer. Aus dem größeren Geschichtswerke über das Leben u. die Regierung Kaiser Joseph's II. gr. 8 Ebd. 837. $2\frac{3}{4}$ ℛ — 4r Bd. A. u. d. T.: Archiv der Urkunden u. Beweisstücke zur Geschichte Kaiser Joseph's II. gr. 8. Ebd. 836, 37. Brodhag. $1\frac{5}{6}$ ℛ

—— Lebens- u. Regierungsgeschichte Josephs d. Zweiten u. Gemälde seiner Zeit. 4 Bde. gr. 8. Stuttgart, [Scheible, Rieger u. Sattler.] [1. ($30\frac{1}{2}$ B., 9 Portr. u. 1 Stammt.) 835. 2 Thlr., 2. ($26\frac{1}{2}$ B. u. 3 Abbild.) $1\frac{1}{2}$ Thlr., 3. ($38\frac{1}{2}$ B. u. Portr. d. Verf.) 836. $2\frac{1}{2}$ Thlr., 4. ($23\frac{1}{2}$ B. u. 2 lith. Portr.) 837. $1\frac{1}{2}$ Thlr.]

(Groß-Hoffinger, A(nton) J(ohann)): Lebens- und Regierungsgeschichte Josephs des Zweiten und Gemälde seiner Zeit. 2.wohlfeile Ausg. Bd 1 - 4, gbd., Abb.

Stuttgart: { Bd 1 - 2: Brodhag 1842
Bd 3 - 4: Scheible, Rieger & Sattler 1837 - 1842

MANDL, Das schwarze. Oesterreichische Sagen und Geschichten (verfasst von *Anton Johann Gross-Hoffinger*). 2. Aufl. Wien 1841—42.
Anon.-Lex. III. p. 109 (Eigenberichte). — Selten, wie das folgende:

MANDL, Das weisse .... (von Demselben). Ebd. 1842.

—— Fürst Metternich u. das österreich. Staats-System. Ein Gutachten. 2 Bde. 8. ($47\frac{1}{4}$ B.) Leipzig 846, Ph. Reclam jun.

Groß-Hoffinger, Mönch u. Gräfin. Historischer Roman aus der Zeit Wallensteins. 2 Bde. Berlin 866. Sacco Nachf. 8. (IV, 354 S.) 2 ℛ

NOVELLEN, Sagen, Gedichte und vermischte Schriften (von *Anton Johann Groß-Hoffinger*). Leipzig 1833.
Anon.-Lex. III. p. 220 (nach Engelmann). — Selten!

Groß-Hoffinger, Ant. J. | s. Novellen-
— Orient und Occident. | Sammlung.

—— Oesterreich im J. 1835 u. d. Zeichen d. Zeit in Teutschland. 8. (21 B.) Stuttgart 836, (Scheible, Rieger u. Sattler.)

—— ungarisches Portefeuille. 2 Bde. Staatskritik. Reform. — Ungarische Zustände. 8. (48 B. u. 1 Tab.) Leipzig 846, Ph. Reclam jun.

Gross-Hoffinger, Dr. A. J. Ungarisches Portefeuille. 1. Bd. Staatskritik, Reform. 2. Bd. Ungarische Zustände. Anhang. Die Sitten des Adels in Ungarn oder die Ueberschwemmung von Pesth. (2 Bde.) 8. Leipzig 1846.

REICH, Das, der Finsterniss. Zeitklänge (von *Ant. Joh. Gross-Hoffinger*). Leipzig 1832.
Anon.-Lex. III. p. 353 (nach Engelmann). — Selten!

(——) empfindsame Reise e. expatriirten Schwärmers, s. Reise.

[Gross-Hoffinger, A. J.] Empfindsame Reise eines expatriirten Schwärmers durch Teutschland, Böhmen, Oesterreich, ... in die elisäischen Felder. Herausg. von seinem Erben. Leipzig 1835. 8.

— der Roman Napoleon's. Bilder u. Scenen aus seinem Leben u. seiner Zeit. 3 Bde. 8. (1: XII u. 300 S. 2: VI u. 334 S. 3: IV u. 294 S.) Leipzig 848, Arnold. 4 ₰

— Rußland und der Orient. Ein Versuch zur Aufklärung der Verhältnisse. 1. Berlin 853. Nauck'sche Buchhdlg. gr. 8. (1 Bl., 102 S.) 15 ngr

Gross-Hoffinger, Ant[on] J[ohann]: Die Schicksale der Frauen und die Prostitution im Zusammenhange mit d. Princip d. Unauflösbarkeit d. kath. Ehe u. besonders d. österreich. Gesetzgebung u. d. Philosophie d. Zeitalters. — Leipzig: Fest 1847. 400 S. 8°

NORMANN, Hans, privileg. Spassmacher (d. i. *Anton Joh. Gross-Hoffinger*), Oesterreichische Senfkörner. Eine Sammlung nationaler Charakterzüge und belustigender Anekdoten. Mit 1 fein kol. Titelkpfr. Leipzig, Wigand'sche Verlags-Expedition, 1833. 8°. (6 Kr., Expl. im Orig.-Umschl., A. H. Huber, Salzburg, 1908:)

(——) Seufzer aus Oesterreich, s. Seufzer.

Groß-Hoffinger, Ant. J., der Spion oder die Geheimnisse des rothen Buches. 4 Bde. 8. (208. 207. 207 u. 176 S.) Meißen 847, Goedsche. 3⅔ ₰

—— die Theilung Polens u. die Geschichte d. österreich. Herrschaft in Galizien. 8. (28½ B.) Leipzig 846, Arnold'sche Bh.

Gross-Hoffinger, Dr. A. J. Die Theilung Polens und die Geschichte der österreichischen Herrschaft in Galizien. 8. Dresden und Leipzig 1847.

Normann, Hans (d. i. *Ant. Joh. Gross-Hoffinger*). Ungarn das Reich, Land, und Volk wie es ist. Nebst freimüthiger Beleuchtung der ungarischen Reichstagsverhandlungen in den Jahren 1830, 1832 und 1833. 2 Bde. Leipzig 1833. Literarisches Museum. 8°. (In Budapest, Univ.-Bibl.)

—— Urgeschichte der österreich. Länder. Nebst 1 Karte vom alten Oesterreich. gr. 8. (25½ B.) Meißen 846, Goedsche.

Gross-Hoffinger, Anton Johann
Das galante Wien. Sittengemälde. Von A.J. Groß-Hoffinger. Bd 1.2.
Leipzig: Hartknoch 1846. 8°

NORMANN, Hans (d. i. Dr. *Ant. Joh. Groß-Hoffinger*), Wien wie es ist. 2 Thle. Leipzig u. Löwenberg (Meissen), Goedsche, 1833. 8°. 41 Bogen. ($2^5/_6$ Rthl.) (In Breslau, Kgl. u. Univ.-Bibl.: Hist. Germ. V 8°. 1970k, 2 voll.) (2 Mk. 75 Pfg. Schaper, Hannover, 1904; 3 Mk. Wilk. Jacobsohn & Co., Breslau, 1908; 5 Kr. Gilhofer & Ranschburg 1908.)
Auch tit.: Oesterreich wie es ist. Gemälde. Abth. 2. — A. G. Schmidt, Gallerie etc., S. 145; Weller, Lex. Ps. p. 391.

— Wien wie es ist. 1. Heft. „Spaziergang durch Wien." Illustr. von Th. Hosemann. 8. (Mit 1 Titelkpfr.) Leipzig 846, Jackowitz. ¼ ₰

— Wien wie es ist. Illustr. v. Th. Hosemann. 2. Hft.: „Der Hausmeister." 8. (48 S. m. 1 lith. u. color. Taf.) Leipzig 847, Jackowitz. — 3. Hft.: „Der Kavalier." 8. (39 S. m. 1 lith. u. color. Taf.) Ebd. 847. — 4. Hft.: „Der Karneval" u. „Aschermittwoch-Lieder." 8. (40 S. m. 1 u. lith. color. Taf.) Ebd. 847. à ¼ ₰

G r o s s - Klania, L. von: Die Assoziation des landwirtschaftlichen Angebotes. Danzig 1888.

Gross-Nädlitz, Arno v. Poser u.
s. Poser u. Gross-Nädlitz.

Groß von u. zu Trockau, Adm. Fr., s. Bemerkk. über o. 75. §. d. Reichsfriedensdeputationsschlusses.

Groß von Trockau, Anselm Frhr., Beiträge z. Geschichte d. wiedererstand. Griechenlands v. J. 1827 bis 1. Juni 1835. 8. (3¾ B.) Bamberg 839, (Dresch.)

GROSS von Trockau, Ansh. Frhr. v., Geburten des Augenblicks für den Augenblick. O. O. u. J. (184*). 8°. Selten!

v. Groß-Trockau, Frhr. Anselm, Lieder eines Gefangenen. 12. Bamberg 843, Dresch. ¼ ₰

v. Groß-Trockau, Frhr. Anselm, Reise von Bamberg nach Aurach auf Umwegen, da man heut zu Tage auf dem geraden nicht mehr fortkommt, oder auch eine Reise um die Welt. 8. Bamberg 843. (Züberlein.) ⅛ ₰

Groß von Trockau, Auguste Johanna

—— s. Berthen, Juta.

Groß von Trockau, Auguste Johanna: Der Christbaum der Gnomen, s.a. Bloch's, Ludw., Kinder-Theater.

Der Christbaum der Gnomen. Weihnachtssp. von A[uguste] J. Gross v. Trockau. *Berlin: E. Bloch (1900).* (10 S.) 8° [F.]
— Kinder-Theater, Ludwig Blochs. No 82.

Groß v. Trockau, Freiin, Elpenor's Eheglück. Novelle aus der Künstlerwelt. 8. (132 S.) **Berlin 892.** Buchh. „Nord-Berlin" (Hanow). 1. 50

Groß v. Trockau, A. J., die Epen der Erlösung, s.: Studien, katholische.

Groß v. Trockau, A. J., Llanens Erbe, s.: Weber's moderne Bibliothek.

— ich heirate meine Tochter, s. Universal-Bibliothek Nr. 1995.

Groß v. Trockau, Aug. Joh. Freiin v., Comteß Ilka. Salonnovelle. 8. (214 S.) Mainz 884, Kirchheim.

Groß v. Trockau, A. J., e. Nürnberger Kind. Ein Lebensbild als Roman. 12. (IV, 372 S.) Würzburg 888. Stahel. n. 3. —

Groß von Trockau, Auguste Johanna: Das Schwesterlein, s.a. Bloch's, Ludw., Kinder-Theater.

Das Schwesterlein. Weihnachtssp. von A[uguste] J. Gross v. Trockau. *Berlin: E. Bloch (1900).* (12 S.) 8° [F.]
— Kinder-Theater, Ludwig Blochs. No 81. [03. 3379

— des Sohnes Sühne, s.: Familien-Bibliothek.

Groß v. Trockau, Aug. Joh., von der Löwenburg nach Casamicciola, s.: Talkum, Rodt.

Groß von Trockau, Auguste Johanna: Der Zug zur Krippe, s.a. Bloch's, Ludw., Kinder-Theater.

Der Zug zur Krippe. Weihnachtssp. von A[uguste] J. Gross v. Trockau. *Berlin: E. Bloch (1900).* (10 S.) 8° [F.]
— Kinder-Theater, Ludwig Blochs. No 80. [03. 3378

Grossa, Insel, s.: Adriatisches Meer.

Grossalmerode, s.: Preussen. Messtischblätter.

Gross-Apenburg, s.: Preussen. Messtischblätter.

Grossart, August, Referendar zu Straßburg i. E.: Folgen der Unmöglichkeit der dem einen Teile obliegenden Leistung beim gegenseitigen Vertrag. Straßburg i. E. 1904: M. DuMont-Schauberg. (VI, 80 S.) 8°
Freiburg i. B., rechts- u. staatsw. Fak., Ref. Rümelin, Diss. v. 1904
[Geb. 27. März 79 Riedisheim bei Mühlhausen (Elsaß); Wohnort: Straßburg; Staatsangeh.: Reichsland Elsaß-Lothringen; Vorbildung: protest. Gymn. Straßburg; Studium: Straßburg 6 S.; Rig. 18. Juli 04.]

Großauer, K., Roth od. Schwarz? Wichtig f. d. komm. Reichsrathswahlen. 16. (48 S.) Graz 897. U. Moser. n. — 10

Grossbuch, Ernst, Goethes Faust-Fragment. Luzern 1857.
f1095.

Gross-Bartelsdorf, s.: Geologische Karten. Preussen. 104.

Großbauer, C. Fr., neuestes deutsches Volksliederbuch, enth. e. Auswahl der besten u. sangbarsten Chor-, Studenten-, Volks- u. Liebeslieder, Arien, Couplets u. Schnadahüpfln m. Angabe der Tonart, d. Dichters u. Componisten. 16. (XVI, 336 S.) Wien 883. Daberkow. cart. 1. —; geb. 1. 80
Vgl. Großbauer, L. Fr.

Großbauer, C. Fr., neuestes deutsches Volksliederbuch, enthaltend eine Auswahl der besten und sangbarsten Chor-, Studenten-, Volks- und Liebeslieder, Arien, Couplets und Schnadahüpfln mit Angabe der Tonart, des Dichters und Componisten. 16. (XVI, 336 S.) Wien 883, Winkler. cart.
geb.

Großbauer, Franz

Grossbauer, Frz., das Winkler'sche Taschen-Dendrometer neuester Construction in seiner Anwendung zur Baum- und Bestandesschätzung und zu anderen in der forstl. Praxis vorkomm. Messungsarbeiten. gr. 8. (VI und 139 S. mit 63 in den Text eingedr. Holzschn. und 3 Taf.) Wien 864, Braumüller. *

GROSSBAUER, Josef.
Der Hufbeschlag mit besonderer Berücksichtigung der praktischen Durchführung. Mit einem Anhange: Der Klauenbeschlag und der Hufbeschlag für die Pferde (Tragthiere) des k. u. k. Heeres. Von Thierarzt Jos. Grossbauer. Mit 205 Abbildungen. Wien und Leipzig. 1900. Braumüller. Gr.-8°. VIII, 232 S.
Geb. K 7.20

Grossbauer, Jos., der Hufbeschlag m. besond. Berücksicht. der prakt. Durchführung. Mit e. Anh.: Der Klauenbeschlag. 2. Ausg., m. e. Anh.: Vorschrift üb. das Pferdewesen des k. u. k. Heeres, II. Abschn.: Hufbeschlag. gr. 8. (VIII, 250 S. m. 205 Abbildgn.) Wien 902. W. Braumüller. Geb. in Leinw. n. 6. —

Grossbauer, Jos., der Hufbeschlag m. besond. Berücksicht. der praktischen Durchführung. Vorschrift üb. das Pferdewesen des k. u. k. Heeres. II. Abschn.: Hufbeschlag. Mit e. Anh.: Der Klauenbeschlag. 2., neubearb. u. verm. Aufl. (X, 286 S. m. 248 Abbildgn.) gr. 8. Wien 904. W. Braumüller. Geb. in Leinw. n. 6. –

Grossbauer, Jos., der Hufbeschlag. Mit besond. Berücksicht. seiner prakt. Durchführg. u. des Klauenbeschl. 3., neubearb. u. verm. Aufl. (XI, 256 S. m. 242 Abb.) gr. 8. Wien 910. W. Braumüller. Geb. in Leinw. 6. —

Grossbauer. L. Fr., Neuestes deutsches Volksliederbuch, enthaltend d. sangbarsten Volksweisen d. deutschen Nation. (Haus- u. Volksbücher Nr. 6.) Taschenformat. (336 S.) Wien, H. Winkler. 50 kr., geb. 65 kr. 1883.
Vgl. Großbauer, C. Fr.

Großbauer, L. Fr., Neues deutsches Volksliederbuch, enthaltend eine Auswahl der besten und sangbarsten Chor-, Studenten-, Volks- und Liebeslieder, Arien, Couplets und Schnaderhüpfeln. 24. (XVI, 336 S.) .30, in Leinwand geb. —.50
Wien: Daberkow 1897.

Großbauer v. Waldstätt, Ernst, die Erfindung der Schiffsschraube durch Josef Ressel, k. k. Marine-Forstintendant in Triest, im Jahre 1829. (26 S. m. 4 Abbildgn.) 8. Wien 906. (C. Vetter.) n. — 50
Sonderabdruck aus: „Oesterr. Forst- u. Jagd-Ztg."

Großbauer von Waldstätt, Viktor (Red.), s. Hugo's, A., Jagdzeitung.

Grossbeckes, Hans, prakt. Arzt aus Kettwig a. d. Ruhr: Ein Fall von Rundzellensarcom der weiblichen Brustdrüse. *Oberhausen Rheinl. 1898: R. Kühne.* (35 S.) 8°
Würzburg, Med. Diss. v. 1898

Gross-Beeren, s: Preussen. Messtischblätter.

Grossberg, Menasche (auch Grinberg genannt aus Trestuna), Gewul Menasche. Enth. belehr. Aussprüche uns. alten Weisen. Aus e. alten Handschrift in Oxford copiert, u. m. Quellenangaben u. Anmerkgn. vers., nebst e. Anh. enth. Responsen „Libne Menasche". (In hebr. Sprache.) 8. (64 S.) Frankfurt a/M. 899. (J. Kauffmann.) n. 2. —

Großberg, M., s.: Josef ben Abraham Ibn Wakkar, Rosch-Menasche.

[F.] Rosch-Menasche. Responsen m. e. Anhange [mit Sondert.]. Sefer Hajichud von Rabbiner Josef ben Abraham Ibn Wakkar in arab. Sprache. Nach e. Hs. aus d. königl. Hof- u. Staats-Bibl. zu München. Hrsg. v. M. Grossberg ... *Wien: Dr. v. A. Fanto [1897].* [A. T.:] [Hebr.] Šeelôt u-tešûbôt: Rôš Menaššê. Kôllêl š. u. t. ... šeš-šaal ... Menaššê Grossberg ... we-nilwê le-rôš Menaššê s. haj-jihûd le-rabbênû Jôsef Ben-Abrâhâm ... Ibn Wakkar ... (2 Bl., 17 S., 1 Bl., 5 S., 1 Portr.) 1 Bd 8. [97. 6331]

Großberger, Leop., d. deutsche Eichbaum u. s. Heilkraft, s.: Zwierlein, K. A.

Gross-Berlin, s.: Anregungen zur Erlangung e. Grundplanes usw. v. Gross-Berlin.

Groß-Berlin. Berliner illustr. Zeitung. Bilder aus der Ausstellungsstadt, hrsg. v. Alb. Kühnemann. In 17 Hftn. gr. 4. (372 S.) Berlin 896. W. Pauli's Nachf. à Hft. n. — 50

Groß-Berlin. Bilder von der Ausstellungsstadt. Hrsg. von Albert Kühnemann. Red. von Richard Schott. Berlin 1896/97.

Groß-Berlin. Offizielles Organ d. Mieterbundes Groß-Berlin z. Wahrung u. Förderung d. gesamten Mieter-Interessen. Jg. 1, Nr 1–5. [Mehr nicht ersch.] Berlin 1908–09: Steglitzer Buch- u. Kunstdr. 4° [09. 18098]

Gross-Berlin. Offizielles Organ des Mieterbundes Gross-Berlin zur Wahrg. u. Förderg. der gesamten Mieter-Interessen. Red.: R. Friedemann. 1. Jahrg. 1908. 24 Nrn. (Nr. 1. 16 S.) Berlin, Verlagsgesellschaft „Helios". Vierteljährlich 1. —

— Offizielles Organ des Mieterbundes Groß-Berlin zur Wahrg. u. Förderg. der gesamten Mieter-Interessen. Red.: Rud. Friedemann. 1. Jahrg. 1908. 24 Nrn. (à ca. 16 S.) 30,5×23 cm. Berlin-Friedenau (Lenbachstr. 11), Rud. Friedemann 4. —
Erscheint nicht mehr.

Gross-Berlin. Statist. Monatsberichte. Unter Mitwirkg. d. statist. Ämter v. Charlottenburg, Rixdorf, Schöneberg u. Wilmersdorf hrsg. vom statist. Amt der Stadt Berlin. Jahrg. 1910. 12 Hefte. (Jan., 13 u. 41 S. m. farb. Übersichtsplan u. 2 [1 farb.] Taf.) Lex. 8. Berlin, Puttkammer & Mühlbrecht. 8.—; einz. Hefte — 75

Ansiedlungsverein Groß-Berlin. (Nikolassee: Otto 1908.) 2 Bl. 8° [Kopftt.]
(Ansiedlungsverein Groß-Berlin. Flugschrift 1.)
(Schriften d. Ansiedlungsvereins Groß-Berlin. [2a.]) [A 12. 8873]

Pharus-Plan Groß-Berlin. Maßst. 1:23,100. [Mit 2 Nebenkarten.] [Nebst] Führer durch Berlin, sämmtl. Vororte ... u. Ortschaften d. weiteren Umgebung ... *Berlin: Pharus-Verl. [1903].* (1 Kartenbl. 117×88 cm, 27 S.) 8° [kol.] [04. 10545]

Der Großbetrieb. Jg. (1)–3, No 1–17. [Mehr nicht erschienen.] Berlin: Freier Verl. (1901–04). 3 Bde 2°
1. 1901–02. 2. 1902–03. 3. 1903–04. [04. 5404]

Grossbetrieb, der. Chefred.: M. Handl. 2. Jahrg. Aug. 1902—Juli 1903. 24 Nrn. gr. Fol. (à ca. 16 S.) Berlin Freier Verlag. n. 16. —

Grossbetrieb, der. Schriftleitor: Alfr. Striemer. 3. Jahrg. Aug. 1903—Juli 1904. 24 Nrn. (à ca. 16. S. m. Abbildgn.) Fol. Berlin, Freier Verlag. à Jhrg. n. 16. —
Erscheint nicht mehr.

Grossbilder-Katalog der königl. preuss. Messbildanstalt 1906. (30 Taf. in Photogr.) Nebst: Alphabetisches Verzeichnis der Meßbildaufnahmen u. Platten. (34, 2 u. 2 S.) — Ein deutsches Denkmäler-Archiv. Ein Abschlusswort zum 20jähr. Bestehen der königl. Messbild-Anstalt in Berlin. Von A. Meydenbauer. (19 S. m. 1 Taf.) 4. Berlin (W. 56, Schinkelplatz 6) 906. Königl. preuss. Messbild-Anstalt. Geb. in Leinw. u. geh. n.n.n. 10. —

Gross-Borstel, s.: Hamburg.

Grossbothen, s.: Geologische Karten. Spezialkarte. (Sachs.)

Grossbottwar, s.: Württemberg. Höhenkurvenkarte.

Gross-Breitenbach, s.: Geologische Karten (Preussen).

Grossbreitenbach, s.: Preussen. Messtischblätter.

Grossbreitenbach, s.: Thüringen.

Großbreitenbach in Thüringen, Sommerfrische. Mit einer Spezialkarte in Buntdr. Hrsg. vom Verkehrsausschuß in Großbreitenbach i. Th. (15 S. m. Abbildgn.) schmal 8. Leipzig (905). (Dieterich). n. — 30

Großbritannien [Sachl. Ordnungswort]

Großbritanien, e. geograph. Spiel z. lehrreich. Unterhalt. f. Kinder u. Erwachsene. m. Landcharten. 20 Spielchart. u. 200 Loosen. Leipz. Fleischer.

Großbritannien u. d. Briten, s. Welt; u. Menschenkunde 3r Bd.

Grossbritanien und die Briten. Berl. 1813. V: *Bratring, Frdr. Wilh. Aug.* (Ky)

Großbritannien und Irland. Das Heer. Berlin 1897. 4°.

Großbritanien, d. neugeharnischte rc. m. Kupf. 8. Nrnb. Enderr.

Das siegreiche Großbrittanien. Eine skizzirte Darstellung des engl.-franz. Seekrieges vom Jahre 1793 an bis auf den gegenwärtigen Augenblick. Prag 1813. 8°.

Großbritannien, das siegreiche, eine skizzirte Darstellung d. engl. franz. Seekriegs vom J. 1793 an bis auf d. gegenwärt. Augenblick. 8. Prag, Enders. 814.

Großbritannien [Schlagwort]

— s.: Alt-Gallien. — Atlanten. Sydow. — Europa. Kiepert, R. — Hand- u. Reisekarten. 42. 43.

— s. a.: Europa. Noordhoff. —

— s. a.: Generalkarten. Flemming. — Schulwandkarten.

Grossbritannien. Bamberg, K., Schulwandkarte der Britischen Inseln. 1 : 800,000. 9 Blatt. 3. Aufl. Chromolith. qu. gr. Fol. Berlin 890. Chun. n. 9. —; auf Leinw. in Mappe n. 15. —; m. Stäben n. 16. —

Grossbritannien. Bamberg, Karl, Schulwandkarte der Britischen Inseln. 1 : 800,000. 4. Aufl. 9 Blatt à 47,5×39 cm. Farbendr. Berlin 894. C. Chun. n. 9. —; auf Leinw. in Mappe n. 15. —; m. Stäben n. 16. —

Grossbritannien. Bamberg's, Karl, Schulwandkarte der Britischen Inseln. 1 : 800,000. 6. Aufl. 9 Blatt à 47,5×39 cm. Farbdr. Berlin 898. C. Chun. n. 9.—; auf Leinw. in Mappe n. 15.—; m. Stäben n.16.—

Grossbritannien. Bamberg's, Karl, Schulwandkarte der Britischen Inseln. 1 : 800,000. 6. Aufl. (Ausg. m. rot markierten polit. Grenzen.) 9 Blatt à 47,5×39 cm. Farbdr. Berlin 899. C. Chun. n. 9. —; auf Leinw. in Mappe n. 15. —; m. Stäben n. 16. —

Grossbritannien. Bamberg's, Karl, Schulwandkarte der Britischen Inseln. 1 : 800,000. 7. Aufl. (Physikalische Ausg. m. rot markierten polit. Grenzen.) 9 Blatt à 48×39 cm. Farbdr. Berlin (905). C. Chun. n. 9. —; auf Leinw. in Mappe n. 15. —; m. Stäben n. 16. —

Grossbritannien. Bamberg's, Karl, Schulwandkarte der Britischen Inseln. 1:800,000. 8. verb. Aufl. (Physikalische Ausg.) 4 Blatt à 70×57 cm. Farbdr. Berlin (907). C. Chun. 10.—; auf Leinw. m. Stäben 17.50; m. polit. Grenzen 12.—; aufgez. 17.50

— Diercke, C., Schulwandkarten. Britische Inseln. 1:900,000. 156×182 cm. Farbdr. Braunschweig (910). G. Westermann. Auf Leinw. m. Stäben 20. —

— Gaebler, Ed., Wandkarte der Britischen Inseln. (Grossbritannien u. Irland.) 1 : 800,000. 4 Blatt à 79 × 58,5 cm. Farbdr. u. kolor. Leipzig 898. G. Lang. n. 12. —; auf Leinw. in Mappe od. m. Stäben n. 18. —

— Gaebler's, Eduard, Wandkarte der Britischen Inseln (Grossbritannien u. Irland). 1 : 1,800,000. 2. verb. Aufl. 4 Blatt à 78×58 cm. Farbdr. Leipzig (903). G. Lang. n. 12. —; auf Leinw. in Mappe od. m. Stäben n. 18. —

— Gaebler, Eduard, Wandkarte der Britischen Inseln. (Grossbritannien u. Irland.) 1 : 1,800,000. 3. verb. Aufl. 4 Blatt à 78×58 cm. Farbdr. Leipzig (907). G. Lang. 13.—; auf Leinw. m. Stäben 18. —

— Herrich, A., Generalkarte v. Grossbritannien u. Irland. 1 : 1,500,000. 85 × 61,5 cm. Farbendr. Glogau 895. C. Flemming. n. 1. 50

— Petermann, A., Karte von Grossbritannien in 2 Blättern. 1 : 1,500,000. [Stieler's Hand-Atlas Bl. Nr. 38 u. 39.] Kpfrst. u. color. gr. Fol. Gotha 888. J. Perthes. Zusammengesetzt m. Leinw.-Streifen in Carton. n. 2. —; auf Leinw. in Futteral n. 2. 40

— Reichel, Geo., the British Isles after the Sydow-Habenicht wall map, adapted to the teaching of English. 1:750,000. 165×148 cm. Farbdr. Gotha (909). J. Perthes. 10.—; auf Leinw. in Mappe 15.—; m. Stäben 18.—; u. lackiert 21. —

Großbritanniens Fortschritte in d. Staatskunst. gr. 8. Zürich 796. Ziegler. 1 ₰ (Hat 1797 den neuen Titel bekommen: Sallender, J. D., Gesch. d. Mißbräuche bei d. Regier. d. britischen Reichs. Ebd. 1 ₰)

Großbritanniens Männer aus dem Volke. Aus der allgemeinen deutschen Arbeiter-Zeitung. Coburg 863. Streit. gr. 8. (2 Bl., 55 S.) 7½ ngr.

Grossbritannien's Wehrmacht u. ihre politische Bedeutung. Eine Studie. [Aus: „Organ der militärwissenschaftl. Vereine".] gr. 8. (33 S.) Wien 879. (Seidel & Sohn.) n. — 80

Gross-Bruch, s.: Preussen. Messtischblätter.

Gross-Carzenburg, s.: Geolog. Karten (Preussen).

Grosschmid, Marie v., Stunden der Wehmut. Gedichte. 8. (III, 103 S.) Leipzig 893. W. Friedrich. n. 2. —

Grosschopff, Arn. Hnr., s. Micha's Orakel.
Vgl. Groschopf, A.H.

Gross-Christinenberg, s.: Geologische Karten. Preussen. 67.

Grosschupf, Andreas Franz (Hetstad / Mannsfeld), De oppignoratione feudorum, vasallorum et instrumentorum feudalium. Dissert. Präs. Gustav Heinrich Mylius. Lpz. (Breitkopf) 2. X. 1744. 30 S., tlws. dtsch. (6.—) 11828

Groß-Cophta, der, Lustsp. von Göthe. 8. Berl. Unger. 792.
Schreibp.

Großcurth u. Godilo-Godlewsky, Factorentabelle oder Zergliederung aller Zahlen von 1 bis 10 000 in die Grundzahlen. gr. 8. (III, 51 S.) Moskau 880. (Leipzig, Lenz.) n. 1. 10

Grosscurth, F., u. D. Rosell, Lehrbuch der englischen Sprache. 1. Cursus. Elementarbuch. Mit besonderer Berücksichtigung der Aussprache nach Plötz bearb. Göttingen 861. Vandenhoeck & Ruprecht. gr. 8. (IV, 140 S.) n. 10 ngr.

Groscurth, Phil., erstes Buch f. Kinder, zur leichteren Erlernung d. Lesens. 8. (7 B.) Kassel 839, Fischer. *

Groscurth, Ph., erstes Buch f. Kinder. 8. Kassel 839. (Jetzt Luckhardt.) n. ⅙ ₰

Groscurth, Ph., vollständiges Lesebuch für den ersten Unterricht, zur leichteren Erlernung d. Lesens eingerichtet. 2 Abthlgn. Mit 4 Steinabdr. 8. (136 S.) Kassel 849, Hotop. n. ⅓ ₰

Gross-Denkte, s.: Braunschweig. Landeskarte.

Großdeutschland.–

— Des Traumes Erfüllg. Von Christianus Augustanus III, (Hans Brackebusch.) 8. (68 S.) Berlin (S. W., Alte Jacobstr. 35) 899. C. Berg. n. 1. —

Groß-Deutschland, s. a. Odins-Flugblatt. Nr. 4.

Gross-Deutschland. Mit 1 Karte. Odins-Flugblatt Nr. 4. 8. München 1900.

Großdeutschland u. Mitteleuropa um d. J. 1950. Von e. Alldeutschen. 2., vielfach veränd. Aufl. gr. 8. (48 S. m. 1 farb. Karte.) Berlin 895. Thormann & Goetsch. n. 1. —; ohne Karte n. — 50; Karte allein n. — 50

Gross-Dirschheim, s.: Preussen. Messtischblätter.

Große, d., u. Schöne in d. Natur, e. Lesebuch f. d. Jugend. gr. 8. München, Fleischmann, 801.

Große, das, u. Schöne in d. Natur; ein Lesebuch zur Belehrung u. Erbauung f. d. Jugend rc. gr. 8. München 801, auch 813. (Krüll in Landsh.) 11 gr

Der **große** Tag nahet heran; oder Briefe über d. erste Kommunion von e. ehem. amerikan. Missionäre. Nach d. 2. franz. Ausg. bearb. u. hrsg. von Abbé L[udwig] Jung. 18. Aufl. Münster: Regensberg 1908. (189 S.) 8° [F.] [08. 4580

Grosse's Olmützer Conducteur. Olmütz. [1899.] Grosse. 8°. 20 S. erscheint 2mal jährlich à fl. —.10

Grosse's Olmützer Conducteur. Sommer 1900. Olmütz. Grosse. 8°. 23 S. K —.20

Grosse's Olmützer Conducteur. Giltig vom 1. X. 1902. Mit Fiakertaxe u. Dienstmännertarif. 16. (24 S.) Olmütz. F. Grosse. n. — 20

Grosse's Olmützer Kondukteur. 14. Ausg. Giltig vom 1. X. 1906. (32 S.) 16. Olmütz, F. Grosse. n. — 20

Grosse's Olmützer Kondukteur. 22. Ausg. Mit d. Fiakertaxe. Gilt. v. I. X. 1910. (32 S.) 16. Olmütz, F. Grosse. — 20

Grosse, s.: Mensch, d. gesunde u. kranke.

Grosse Ueb. einige Stellen in Jul. Cäsar's Büchern vom Gallischen Kriege. (I. 1, 6, 10—13, 17, 19. III. 13) 8 S. . .

Progr. Stendal 1827

Grosse, A. Vide: Monatsschrift (Socialdemokratische).

Grosse, Abraham Heinrich

— — Controvers. recentiss.: an atheismus necessario ducat ad corruptionem morum, inter cl. dn. Jurieu & cl. dn. Bayle nuper in Belgio agitatam. Präs. Zacharias Grape (Rostock). Rostock (Jacob Richel) Dez. 1697. 12 Bl. (6.20) 11830
Gew.: Johann Siebrand, Albert Willebrand, Bernhard Barnstorff. — Widm. v.: Alb. Willebrandt, Bernh. Barnstorff, Präs., Georg Voit, Jo. Gottlieb Hoffmann (Leipzig), Johann Bernh. Müller (Rostock; dtsch.).

— — Dasselbe. 1709. o. Widm. (6.—) 11831

Grosse, Ad., kurze Kirchenchronik von Zellerfeld. Bei Einweihung der restaurirten St. Salvatoris-Kirche seiner lieben Gemeinde dargestellt. Clausthal 864. Grosse'sche Buchh. gr. 8. (36 S.) n. 2½ ngr.

Grosse, (Guil. Adolph.) Adalb. (geb. Rehungen in d. Prov. Sachs. 1820): De Cannabi Indica. Berolini (1846). (30 S.) 8°
Berlin, Med. Diss. v. 25. Sept. 1846

Grosse, Albert, aus Erfurt: Der Romanus Legatus nach der Auffassung Gregors VII. *Halle a. S. 1901: C. A. Kaemmerer & Co.* (62 S.) 8°
Halle, Phil. Diss. v. 1901

Grosse, Alfred, Assistent am chem. Institut d. Univ.: Derivate des α-Picolyl- und α-Lutidylalkins. Breslau 1907: H. Fleischmann. (82 S.) 8°
Breslau, Phil. Fak., Ref. Ladenburg, Diss. v. 31. Jan. 1907
[Geb. 15. Jan. 83 Breslau; Wohnort: Breslau; Staatsangeh.: Preußen; Vorbildung: Realgymn. z. Heil. Geist Breslau Reife O. 02; Studium: Breslau 10 S.; Rig. 16. Jan. 07.]

Große, Alfred: Anatomisch-systematische Untersuchungen der Myrsinaceen. Halle a. S. 1908: (Breitkopf & Härtel, Leipzig). 48 S. 8° ¶(Aus: Botanische Jahrbücher f. Syst. Bd 41, H. 5.)
Halle, Phil. Diss. v. 20. Aug. 1908, Ref. Noll
[Geb. 9. Juni 81 Beyersdorf, Kr. Bitterfeld; Wohnort: Halle a. S.; Staatsangeh.: Preußen; Vorbildung: Latina Halle Reife M. 02; Studium: Berlin Techn. Hochsch. 1, Halle 8 S.; Rig. 24. Febr. 08.] [U 09. 1651

Große, Andreas, s. Groß, Andreas.

Große, August

Grosse, Aug., Auszüge a. Predigt. üb. d. Evang. u. Epist. rc. 2 Thle. 8. Magdeb. Hessenland. (Schütz a. Sommer in Lpz.) 787—92. (I. 1 Rthlr. 6 gr. II. 1 Rthlr.)

Grosse (Jh.) Aug. (Ldw.) Auszüge aus Predigten über d. Evangelia d. ganzen Jahres. 8. Magdeb. 787. (Lauffer in Leipz.) 1 Rthlr 6 gr 2r Thl. A. u. d. T.: Beiträge z. Popularität in Predigten. 8. Ebd. 792. (Ebd.) 1 Rthlr

Große, Aug., neue Beiträge zur Popularität im Predigen, in gedrängten Auszügen aus Predigten üb. freye Texte. 1r u. 2r Jahrg. gr. 8. Leipz. Cnobloch. 813 und 815. (1r 1 Rthlr. 2r 1 Rthlr. 6 gr.)

Große, A., neue Beyträge zur Popularität in Predigten, in gedrängten Auszügen über freye Texte. 3r Jahrg. gr. 8. Leipzig, Cnobloch. 820.

— Glaube u. Pflicht d. Christen nach Bibel u. Vernunft. e. Jahrg. vollständ. Auszüge aus Predigten. 8. Halle 795. (Renger). 1 Rthlr 16 gr

— ich bin unsterblich. 10 philosoph. Reden. 8. Magdeb. 801. Hessenland. (Renger in Halle). 18 gr

Große, (A.) Seneca im Auszuge, s. Seneca.

— Seneca, im Auszuge mit prakt. Bemerkungen, od. Vernunft u. Glaube, ein Buch d. Weisheit u. Tugend f. Gebildete. 8. Magdeburg 822. Creutz. 1 Rthlr 4 gr

Große, August Gottlob Wilhelm

Große, Aug. Glo. Wlh., zwei Vorspiele u. zwei Fugen, für die Orgel entworfen. Lithogr. Fol. Weimar 835. Voigt. 5/6 Rthlr

Buch der Erinnerungen. ⟨Gedichte.⟩ Von B. J. **Grosse**. Als Ms. gedr. Straßburg i. E.: Selbstverl.; Bouillon & Bussenius in Komm. 1895. (258 S.) 8° [F.] [07. 11394 11

Große, B. J., Rudolf. Eine lyr. Erzählg. 8. (96 S.) Berlin 894. Bibliograph. Bureau. n. 2. —

— aus d. Tagebuch meiner Gedanken. Von e. Arzt (G.). 8. (XV, 201 S.) Ebd. 895. n. 3. —

[F. u. Ant.] **Grosse,** *Bernhard* [Prof. Dr. am Gymn. in Arnstadt]: *Carmen gratulatorium* (z. 50jähr. Gedenkfeier d. Erhebg d. Gelehrtensch. in Sondershausen z. Gymn.) Sondershausen, Hofbuchdr. v. Fr. A. Eupel, 1892; S. 29. 4.
Sondershausen, fürstl. G, OP 1892 (719)

Grosse, B., lateinisches Elementarbuch, s.: Hennings, P. D. Ch.

[F.] **Grosse,** *Bernhard* [Prof. Dr.]: Lateinische Formenlehre für den Anfangsunterricht. Arnstadt, fürstl. Hofbuchdr. v. E. Frotscher, 1893; 48 S. 8.
Arnstadt, fürstl. G, OP 1893 (717)

Grosse, [Bernhard], Prof. Dr.: Zwei Arnstädter **'Heilige-Christ-Komödien'** hrsg. *Arnstadt (1899): E. Frotscher.* (S. 3—19.) 4° [Umschlagt.]
Arnstadt, fürstl. G, OP 1899 (764)

Grosse, Bernh. Über Isokrates Trapezitikos. 18 S. G. *Arnstadt* 1884. **Progr.**

Grosse, Bernhardus. Als die Inaug.-Schrift vertretend wurde angenommen des Verf. Druckschrift: De Graecorum dea Luna. Halis Saxonum 1881: Borchers in Lübeck. 30 S. 8° (4°)
Halle-Wittenberg, Phil. Diss. v. [22. Febr.] 1881
Geb. Fallingbostel bei Lüneburg 19. 8. 1854. V.
War vor dem Druck mit Diss.-Tit. und Vita ersch. als: Lübeck, Gymn.-Progr. 1880. — Verf. erlebte die Diplomerneuerung 1931 als Geheimer Studienrat, Gymnasialprofessor a. D. in Arnstadt,

Grosse, Bernhard, Referendar in Plauen i. V.: Die Tätigkeit des Kommanditisten für seine Gesellschaft. Leipzig: Veit & Co. 1907. (VIII, 56 S.) 8°
Leipzig, Jur. Fak., Diss. v. 19. Sept. 1907
[Geb. 20. Dez. 81 Jahna; Wohnort: Plauen; Staatsangeh.: Sachsen; Vorbildung: Kgl. Gymn. Dresden-N. Reife O. 01; Studium: Leipzig 8 S.; Rig. 7. Febr. 05.]

Grosse, Bernhard Sebastian

— u. Königs, heil. Reden, Gott zur Dankbarkeit u. And. z. Erbauung rc. 8. Eisenach 763. Wittekind.

Grosse, Bhrd. Seb., (†...) historisch-theolog. Religionskatechismus. 8. Eisenach, 2e A. 772. (Bärecke). 6 gr.

Grosse, Bernh. Seb., historisch-theologischer Religionskatechismus. 8. Eisenach, Wittekind. 772.

— fruchtbarer Samen göttl. Worts. 8. Eisenach 765. Wittekind. 6 gr.

— evangel. Zeugnisse. 8. Eisenach 756. Wittekind. 4 gr.

Grosse, Bruno Johannes, appr. Arzt in Dresden: Ein Fall von Ruptur der Herzkammerscheidewand mit retrograder Embolie in der Leber. Rostock 1906: C. Boldt. (35 S.) 8°
Rostock, Med. Fak., Ref. Thierfelder, Diss. v. 20. Okt. 1906
[Geb. 27. Jan. 67 Kötzschenbroda b. Dresden; Wohnort: Dresden; Staatsangeh.: Sachsen; Vorbildung: Gymn. Dresden-Neustadt Reife O. 86; Studium: Leipzig 2, Berlin 3, Rostock 5 S.; Coll. 22. Aug. 06; Approb. 25. März 92.]

Große, Carl, s. G r o ß e , Karl.

Große, Chr. Wilhelm (vgl. G r o ß e , Georg Fr. Wilhelm).

— der schöne Glaube d. wahren Christen, eine religiöse Betrachtung. gr. 8. Leipz. 811. Schönemann. 8 gr.

Große, Chr. Wlh., († d. 26. Jan. 1813.) wandelt wie d. Kinder des Lichts! Eine Predigt am 2ten Bußtage d. Jahres 1809 über Ephes. 5, V. 8. 9. gr. 8. Dresd. 819. Arnold. 4 gr.

Große, Christian August

Große, Chrst. Aug., die dritte Bewegung d. Erde, besteh. in e. bisher noch unbekannten jährl. Umdrehung ders. um e. zweite Axe. Entdeckt u. allen Freunden d. Erd- u. Himmelskunde bekannt gemacht. M. 1 Figtaf. (Fol.) 8. (1 B.) Gera 833, Heinsius.

— Christian August (Obhusa/Thüring.), De diabete. Diss. med. Präs. Johann Christian Rosenmüller. Lpz. (Klaubarth) 23. IX. 1806. 32 S. (5.—) 11833
Gew.: Carl Erdmann Krause.

Große, Chrn. Aug., unser Sonnensystem und dessen Verhältniß zu den unzähligen Fixsternen oder Sonnen in dem grenzenlosen Himmels-Raume, nach den neuesten Entdeckungen aphoristisch dargestellt. Crimmitschau 853. (Leipzig, Deckmann.) gr. 8. (32 S.) n. 4 ngr

Große, Constantin, s. G r o ß e , Konstantin.

Grosse, E. Novus Avianus. Pr. 1868. 26 S. 4°.

Grosse, E., das Dominospiel mit seinen Schlußspielen. 16. (40 S. m. 4 lith. Taf.) Brandenburg 849, Müller. 6 ngr.

Grosse, E., Friedrich Friesen, s. Welt, die, der Jugend.

Grosse, E.: Friedrich Friesen. Leipzig 1860. 26 S. In: Welt der Jugend. Nr. 20.

— Irrlichter. Lieder. 12. (VI, 184 S.) Ebend. 886. geb. m. Goldschn. n. 2. 80

Grosse, E., Das erschütterte königliche und bedrohte bürgerliche Besitztum Mit Andeutungen, wie die zunehmende Verarmung und der dadurch drohende Krieg der Besitzlosen wider den Besitz zu verhindern. 8° Berlin 1848

Große, E. Das erschütterte König- und bedrohte bürgerliche Besitzthum, oder ob Republik ob Monarchie? Für die berliner Wahlmänner. Berlin, Schiementz 1848 16 S. 8.

Grosse, E., un in Jäne lebt sich's beene! Gedicht in Jenenser Mundart. 1. Hft. 12. (VIII, 61 S.) Jena 886. Große Nachf. n. — 75; geb. n. 1. 25

Große, E., s. Un in Jäne lebt sich's beene, 2. Heft.

Große, E. L., Graf Gordo. Trspl. gr. 8. Hannov. 822. Hahn. 1 rthl 8 gr.

Grosse, Eduard: De Annone archiepiscopo Coloniensi. 95 S. 8° (4°)
Halle, Wittenberg, Phil. Diss. v. 12. Jan. 1847
Geb. [Brehna (Kr. Bitterfeld) 8. 3. 1823]
Eine 2. eingereichte Arbeit über Karl Brandon den Herzog von Suffolk u. Marie (historisches Gemälde) wurde dem Verf. als ein opus supererogationis auf Wunsch zurückgegeben und im Diplom nicht erwähnt.

Grosse, Ed., Auswahl Klopstock'scher Oden. Mit Biographie des Dichters, Angabe des Versmaßes, e. Uebersicht des Inhalts u. kurzen Anmerkgn. Zum Gebrauche für Schulen hrsg. Aschersleben 868. Schnock. gr. 16. (VIII, 58 S.) n. 5 ngr.

Große, Ed., Bilder aus den Jahren 1813, 1814, 1815. Der preuß. Jugend gewidmet. Aschersleben (853.) Manniske. 8. (2 Bl., 291 S.) 18 ngl

Grosse, Ed., spanische Charaktere. Eine Gesch. d. neuesten Ereignisse in Spanien. 8. (20 B.) Leipzig 836, Kummer.

Grosse, E., vaterländisches Ehrenbuch, s. Jugend- und Hausbibliothek.

— u. Frz. Otto, vaterländisches Ehrenbuch. Schilderung der wichtigsten Ereignisse aus der Zeit der Befreiungskriege. In Bildern aus den Jahren 1813 bis 1815. 2. gänzlich umgearb. Aufl. Mit 17 Tonbildern, 160 in den Text gedr. Illustr. (Holzschn.), sowie 1 (lith.) Karte des Schlachtfeldes von Leipzig (in 4.) Leipzig 863. Spamer. 8. (XIV, 375 S.) n. 1 ₰ 20 ngr; geb. n. 2 ₰ 10 ngr.

Grosse, E., u. F. Otto, vaterländisches Ehrenbuch. 1. Bd. Große Tage aus d. Zeit d. Befreiungskriege. Gedenkbuch an die glorreiche Zeit von 1813—1815. 5., umgearb. Aufl. Mit 200 Text-Illustr., 4 Tonbildern, sowie e. bunten Titelbilde. gr. 8. (XII, 404 S.) Leipzig 888. Spamer. n. 4. —; geb. n. 5. 50

Grosse, E., der Gold- u. Farbendruck auf Calico, Leder, Leinwand, Papier, Sammt, Seide u. andere Stoffe. Ein Lehrbuch d. Hand- u. Preßvergoldens, sowie d. Farben- u. Bronzedruckes. Nebst Anh.: Grundzüge der Farbenlehre u. Ornamentik. Mit 102 Abbildgn. 8. (VIII, 256 S.) Wien 889. Hartleben. n. 4. —; geb. n. 4. 80

Grosse, Eduard, der Gold- u. Farbendruck auf Kaliko, Leder, Leinwand, Papier, Samt, Seide u. andere Stoffe. Ein Lehrbuch des Hand- u. Preßvergoldens sowie des Farben- u. Bronzedruckes. Nebst Anh.: Grundzüge der Farbenlehre u. Ornamentik. Zum Gebrauch f. Buchbinder, Hand- u. Preßvergolder, Lederarbeiter, Tapeten- u. Buntpapier-Drucker m. Berücksicht. der neuesten Fortschritte u. Erfahrgn. bearb. 2., neubearb. Aufl. (VIII, 248 S. m. 114 Abbildgn.) 8. Wien 905. A. Hartleben. n. 4. —; geb. n. 4. 80

— Vor fünfzig Jahren. Die Befreiung Deutschlands durch die Völkerschlacht bei Leipzig. Patriotische Bilder aus dem Jahre 1813. Mit 5 Tonbildern (Holzschn. in 8., 4. u. Fol.), 55 in den Text gedr. Illustr., sowie 1 (lith.) Karte des Schlachtfeldes von Leipzig (in 4.). Ebend. 863. 8. (VIII, 120 S.) n. 15 ngr.; cart. n. 20 ngr.

Grosse und Langer, naturgeschichtliches Lesebuch in biographischen Bildern für Schule u. Haus. Bevorwortet von F. Körner. Leipzig 855. H. Fritzsche. 8. (VI, 154 S.) n. 8 ngl

Grosse, Ed., und Langer, naturgeschichtliches Lesebuch in biographischen Bildern, vorzugsweise aus dem Thierreiche. Für Schule und Haus hrsg. Wohlfeilere (Titel-)Ausg. 8. (IV und 154 S.) Leipzig (855)63, H. Fritzsche. *

Große, Ed., Don Pedro, oder Geschichte d. neuesten Revolution von Brasilien u. von Portugal. 8. Leipzig 836. Rostosky (u. Jackowitz). 1 ₰

Grosse, Ed., quaestionum grammaticarum de particulis graecis specimen primum. I. De particulis copulativis τέ et καί apud Pindarum. gr. 8. (12 S.) Aschersleben 858, (Huch's Buchh.)

— quaestionum grammaticarum de particulis graecis specimen I. De particulis copulativis τέ et καί apud Pindarum. Aschersleben 858. (Manniske.) gr. 8. (12 S.) 3¾ ngl

Große, Ed., u. Frz. Otto, große Tage aus der Zeit der Befreiungskriege, s.: Ehrenbuch, vaterländisches.

— u. Frz. Otto, Waterloo. Gedenkbuch an das glorreiche Jahr 1815. (Erweit. Abdr. aus dem vaterländ. Ehrenbuche. 2. Aufl.) Leipzig 865. Spamer. gr. 8. (VIII, 103 S. mit eingedr. Holzschn. u. 2 Holzschntaff. in Tondr.) n. 10 ngr.; cart. n. 12½ ngr.

— — Wohlthäter der Menschheit, s. Jugend- u. Hausbibliothek, neue.

Grosse, Emil

Grosse, E. Abschiedsworte aus Goethes Elpenor an die Ostern 1881 entlassenen Abiturienten. S. 13—16. Progr. *Memel* 1882.

Grosse, Emil [Prof. Dr., Dir.]: *Ansprache über das 350jährige Jubiläum der Albertus-Universität in Königsberg.* Königsberg i. Pr., Hartungsche Buchdr., 1895; 9—10 S. 4.
Königsberg i. Pr., k. Wilhelms-G, P 1895 (8)

Grosse, Emil, Auswahl aus D. Martin Luthers Schriften in unveränderter Sprachform m. Bemerkungen üb. dieselbe. 2. Aufl. gr. 8. (VIII, 212 S.) Berlin 885. Weidmann. n. 2. 40

Zur Erklärung von Goethes Gedicht Das Göttliche von (Prof. Dr.) Emil Grosse, (Königsberg Pr.). *Berlin: Weidmann 1902.* (28 S.) 8° [F.]
= Grosse: Zum deutschen Unterricht. H. 2. [03. 1034]

Grosse, Emil [Prof. Dr., Dir.]: Zur Erklärung von Goethes Gedicht Das Göttliche '(und Dauer im Wechsel)'. Königsberg i. Pr., Hartungsche Buchdr., 1892; 20 S. 4.
Königsberg i. Pr., k. Wilhelms-G, P 1892 (8)

Grosse, Emil: Zur Erklärung von Schillers Gedichten „Das Ideal und das Leben" und „Würde der Frauen". Königsberg, Pr., Hartungsche Buchdr., 1889; 1 Bl., 28 S. 4°
Königsberg, Pr., k. Wilhelms-G, OP 1889 (8)

Grosse, Emil. Kaiser Wilhelms I. Glaubensbekenntnis bei der Konfirmation am 8. Juni 1815, Lebensgrundsätze u. letztwillige Aufzeichngn. Zum 22. März 1889 zusammengestellt. gr. 8. (24 S.) Königsb. 889, Koch. * — 50

Grosse, Emil, Prof. Dr., Dir.: Zu **Goethe.** Eine Zusammenstellung für d. Schulgebrauch. *Königsberg Pr. 1899: Hartung.* (88 S.) 8° [F.]
Königsberg i. Pr., k. Wilhelms-G, P 1899 (7)

Grosse: Ueber eine Trierer Handschrift des Statius. 19 S. –Koenigsberg Fr.C., Progr. 1866

Grosse, Emil, über eine Trierer Handschrift des Statius. Königsberg 866. (Academ. Buchh. von Schubert & Seidel.) gr. 4. (19 S.) n. 9 ngr.

Kallias oder über die Schönheit, aus Schillers Briefen an Körner. Nebst Inhaltsangabe d. Gedichtes Das Ideal u. das Leben 'in vernehmlicher Prosa' von (Prof. Dr.) Emil Grosse, (Königsberg Pr.). *Berlin: Weidmann 1902.* (31 S.) 8° [F.]
= Grosse: Zum deutschen Unterricht. H. 4. [03. 1034]

(**Grosse,** Emil, Prof. Dr., Geh. Regierungsrat, Dir.:) **Lehrer und Abiturienten des Königlichen Wilhelmsgymnasiums zu Königsberg Pr. in den ersten fünfundzwanzig Jahren 1874—1899.** Nebst Erinnerungsblättern (5 Schulreden). *Königsberg Pr. 1900: Hartung.* (60 S.) 8°
Königsberg i. Pr., k. Wilhelms-G, P 1900 (7)

(Grosse, *Heinrich Friedrich Emil*): Lehrer und Abiturienten des Königlichen Wilhelmsgymnasiums zu Königsberg Pr. in den ersten fünfundzwanzig Jahren 1874—1899. Nebst Erinnerungsblättern. 8 (60 S.).

I. Rede des Provinzialschulrats Dr. Wilhelm Schrader bei Eröffnung des Wilhelms-Gymnasiums am 15. Oktober 1874. (S. 34—37.)
II. Antrittsrede des Direktors Prof. *Christian Albert Karl* Urban. (S. 37—40.)
III. Rede des Direktors Prof. Urban zur Einweihung des Gymnasialgebäudes am 17. Oktober 1879 (S. 40—43.)
IV. Rede des Direktors Grosse am 90. Geburtstage Kaiser Wilhelm I. (S. 44—53.)
V. Rede des Direktors Grosse zur Vollendung der Aula des Wilhelms-Gymnasiums am 22. März 1890. (S. 53—60.)

Progr. Kgl. Wilhelms-G. *Königsberg Pr.* 1900.

Große, Emil, Leitfaden zum Selbstunterricht in der einfachen Buchführung f. Kleidermacher, nebst e. Anh. u. Erläutergn. üb. die einschlag. Formulare, Wechsel, üb. Correspondenz, Postverkehr u. Orthographie. [Der Fachwissenschaft d. Schneiders. 4. Bd.] hoch 4. (114 S.) Dresden 875. Müller. n. 4. —

Große, Emil, Leitfaden zum Selbstunterricht in der einfachen Buchführung für Kleidermacher, nebst einem Anhang und Erläuterungen über die einschlag. Formulare, Wechsel, über Correspondenz, Postverkehr und Orthographie. [Der Fachwissenschaft des Schneiders 4. Bd.] hoch 4. (114 S.) Dresden 878, Müller's Verlag. *

Große, Emil Leitfaden zum Selbstunterricht in der einfachen Buchführung für Kleidermacher, nebst einem Anhang und Erläuterungen über die einschlagenden Formulare, Wechsel, über Correspondenz, Postverkehr rc. [Der Fachwissenschaft des Schneiders. 4. Bd.] 2. revid. Aufl. gr. 8. (94 S.) Dresden 888, Expedition der Europ. Modenzeitung. *
1.—3. Bd. Ebendas. *ℳ 12.—.

Grosse, Emil, (Dir. Prof. Dr., Geh. Regierungsrat): Die **Nymphen** ⟨Natur⟩ von Karl Lehrs. In Erinnerung an Lehrs hundertj. Geburtstag, 14. Jan. 1902, zum Schulgebrauch bearb. *Leipzig: B. G. Teubner in Komm. 1902.* (29 S.) 8°
Königsberg i. Pr., k. Wilhelms-G, OP 1902 (7)

Grosse, Emil [Prof. Dr., Dir.]: *Rede am Geburtstage des Hochseligen Kaisers Wilhelm I. nach Vollendung der Ausschmückung der Aula.* Königsberg i. Pr., Hartungsche Buchdr., 1890; S. 22–27; 4°
Königsberg i. Pr., k. Wilhelms-G, P 1890

Grosse, Emil *Rede, am 22. März 1887 gehalten.* 4 (S. 19—26 der Schuln.). **Progr.** Wilhelms-G. *Königsberg* 1887 (8).

—— s. Schiller. Die Künstler.

Grosse, Emil Martin Luthers Sendbrief vom Dolmetschen. Zum Schulgebrauch herausgegeben. 26 S. **Progr.** *Memel* 1878.

Grosse, Heinr. Fried. Arnold, geb. Reichenberg bei Nordhausen 24. 9. 1839: Observatorum in Statii Silvis specimen. Berolini (1861). (50 S.) 8°
Berlin, Phil. Diss. v. 1. Aug. 1861

Grosse, Emil, observatorum in Statii silvis specimen. Dissertatio inauguralis. gr. 8. (III und 52 S.) Berlin 861, (Calvary und Comp.) †

Grosse, Emil [Prof. Dr., Dir.]: Übersicht über Lessings Laokoon und Schillers Abhandlung über das Erhabene. Zum Schulgebrauch. Königsberg i. Pr., Hartungsche Buchdr., 1895; 21 S. 8.
Königsberg i. Pr., k. Wilhelms-G, OP 1895 (8)

Übersicht über Lessings Laokoon und Schillers Abhandlung über das Erhabene von (Prof. Dr.) Emil **Grosse,** (Königsberg Pr.). *Berlin: Weidmann 1902.* (27 S.) 8° [𝔉]
= **Grosse:** Zum deutschen Unterricht. H. 1.

Grosse, Emil, zum deutschen Unterricht. 1.—6. Hft. 8. Berlin, Weidmann. n. 3. 45

1. Übersicht üb. Lessings Laokoon u. Schillers Abhandlung üb. das Erhabene. Von Emil Grosse. (27 S.) 902. n. — 50
2. Zur Erklärung v. Goethes Gedicht Das Göttliche. Von Emil Grosse. (28 S.) 902. n. — 50
3. Über Schiller u. den Gang seiner Geistesentwickelung. Von Wilh. v. Humboldt. (42 S.) 902. n. — 60
4. Kallias oder über die Schönheit, aus Schillers Briefen an Körner. Nebst Inhaltsangabe des Gedichtes Das Ideal u. d. Leben „in vernehml. Prosa". Von Emil Grosse. (31 S.) 902. n. — 50
5. Nemesis. Ein lehr. Sinnbild. Von J. G. Herder. Nebst e. Auswahl v. Zugehörigem aus anderen seiner Schriften von Emil Grosse. 1. Tl. (Nemesis). (38 S.) 902. n. — 60
6. Dasselbe. 2. Tl. (Auswahl). (52 S.) 902. n. — 75

Grosse, Emil, zum deutschen Unterricht. 7. Heft. 8. Berlin 903. Weidmann. n. — 75
Aus Immanuel Kants Schriften, ausgew. v. Emil Grosse. (46 S.)

Grosse, Emil, a. Heiligenwald: **Petrographische Untersuchung jüngerer Ergussgesteine Mittelitaliens. (Berlin 1908: E. Ebering.) (103 S.) 8°**
Berlin, Phil. Fak., Ref. Branca, Diss. v. 5. Juni 1908
[Geb. 6. Dez. 80 Heiligenwald; Wohnort: Charlottenburg; Staatsangeh.: Preußen; Vorbildung: Oberrealsch. Saarbrücken Reife O. 01; Studium: Bergakad. Berlin 5, Univ. München 1, Berlin 4 S.; Rig. 5. März 08.]

Grosse, Emil [Prof. Dr., Dir.]: *Verzeichniss der den früheren Programmen der Anstalt beigegebenen Abhandlungen.* Königsberg i. Pr., Hartungsche Buchdr., 1894; 1 S. 4.
Königsberg i. Pr., k. Wilhelms-G, P 1894 (8)

Grosse, Emil [Prof. Dr., Dir.]: *Verzeichniss der den früheren Programmen der Anstalt beigegebenen Abhandlungen.* [Vgl. P-Beil. 1894.] Königsberg i. Pr., Hartungsche Buchdr., 1896; 1 S. 4.
Königsberg i. Pr., k. Wilhelms-G, P 1896 (7)

Grosse, Emil [Prof. Dr., Dir.]: *Verzeichniss der den früheren Programmen der Anstalt beigegebenen Abhandlungen.* [Vgl. P-Beil. 1894. 96.] Königsberg i. Pr., Hartungsche Buchdr., 1897; 1 S. 4.
Königsberg i. Pr., k. Wilhelms-G, P 1897 (7)

Grosse, Emil, Prof. Dr., Dir.: [**Verzeichnis der in den früheren** Programmen seit 1875 enthaltenen Abhandlungen.] *Königsberg i. Pr. 1899: Hartung.* (1 S.) 4°
Königsberg i. Pr., k. Wilhelms-G, P 1899 (7)

Grosse, Emil, Dir. Prof. Dr., Geh. Regierungsrat: [**Verzeichnis** der in den früheren Programmen enthaltenen Abhandlungen. 1875—1899.] *Königsberg i. Pr. 1900: Hartung.* (1 S.) 4°
Königsberg i. Pr., k. Wilhelms-G, P 1900 (7)

Grosse, Emil, Dir. Prof. Dr., Geh. Regierungsrat: [**Verzeichnis** der in den früheren Programmen enthaltenen Abhandlungen. 1875—1900.] *Königsberg i. Pr. 1901: Hartung.* (1 S.) 4°
¶ [Vgl. Progr. 1899. 1900.]
Königsberg i. Pr., k. Wilhelms-G, P 1901 (7)

Grosse, Emil, Dir. Prof. Dr., Geh. Regierungsrat: [**Verzeichnis** der in den früheren Programmen enthaltenen Abhandlungen. 1875—1901.] *Königsberg i. Pr. 1902: Hartung.* (1 S.) 4°
¶ [Vgl. Progr. 1899—1901.]
Königsberg i. Pr., k. Wilhelms-G, P 1902 (7)

Grosse, Emil, Dir., Prof. Dr., Geh. Regierungsr.: [**Verzeichnis** der Programmabhandlungen des k. Wilhelms-Gymnasiums 1875—1902.] *Königsberg i. P. 1903: Hartung.* (S. 23.) 4°
Königsberg i. Pr., k. Wilhelms-G, P 1903 (7)

Grosse, Emil [Prof. Dr., Dir.]: Zusätze zu Herders Nemesis, ein lehrendes Sinnbild, aus Lehrs populären Aufsätzen und Bunsen: Gott in der Geschichte. Z. Schulgebrauch zsgest. (Zusätze zu d. bei Ehlermann in Dresden erscheinenden Schulausg. v. Herders Nemesis.) Königsberg i. Pr., Hartungsche Buchdr., 1896; 22 S. 8.
Königsberg i. Pr., k. Wilhelms-G, P 1896 (7)

Grosse, **Er. Gli. Chr., de consilio, quod Christus in orat. mont. secutus est, libellus. 8. Götting. 818. Vandenhöck u. R. 4 gr.**

Grosse, Erich: Über einige Bestandteile des **sibirischen** Fichtennadelöls. Göttingen 1910: Dieterich. 54 S. 8°
Göttingen, Phil. Diss. v. 10. März 1910, Ref. Wallach
Geb. 6. April 85 Arnstadt; Wohnort: Arnstadt; Staatsangeh.: Schwarzburg-Sondershausen; Vorbildung: Gymn. Arnstadt Reife O. 03; Studium: Göttingen 4, Heidelberg 4, Göttingen 2, München Techn. Hochsch. 1, Göttingen 5 S.; Rig. 15. Dez. 09. [U 10. 1416

Grosse, Ernst, dio Anfängo dor Kunst. gr. 8. (VII, 301 S. m. 32 Abbildgn. u. 3 Taf.) Froiburg i/B. 894. J. C. B. Mohr. n. 6. —; gob. n.n. 8. 50

Grosse, Ernst, Aufgabe u. Einrichtung e. städtischen Kunstsammlung. gr. 8. (33 S.) Tübingen 902. J. C. B. Mohr. n. — 80

—— an den Frhrn. v. Closen, Wiegenlied f. meine jüngste Tochter u. Epistel e. aus Bayern Verbannten an seine in München zurückgelass. Gattin. — 3 Lieder aus d. Verbannung, mit humorist. u. ernsthaften Anmerkn. 8. (3½ B.) Augsburg 831, Vollhart.

— Flora von Aschersleben. Die im Umkreise von einer Meile um Aschersleben wachsenden Phanerogamen nach dem Linne'schen System geordnet u. mit den zum Selbstbestimmen nöthigen Characteren versehen. Aschersleben 861. Huch. gr. 8. (76 S.) 7½ ngr.

Grosse, Ernst, d. Formen d. **Familie** u. d. Formen d. Wirthschaft. **gr. 8. (VI, 245 S.) Freiburg i/B. 896.** J. C. B. Mohr. n. 5. —; **geb.** n.n. 7. 50

Grosse, Ernst, Deutschlands Kulturpflanzen. Ein Hülfsmittel für den botan. Unterricht. Leipzig 1857. 8.
— —. —— 2. (Titel-Aufl. Ebda 1862. 8.

Große, Ernst, Deutschlands Kulturpflanzen. Leipzig 858. Abel. gr. 8. (VI, 192 S.) n. 20 ngr.

Grosse, Ernst, Deutschlands Kulturpflanzen. Ein Hülfsmittel für den botanischen Unterricht auf Real- u. Bürgerschulen, Seminarien u. anderen Bildungsanstalten. 2. Aufl. Leipzig 862. Abel. gr. 8. (VIII, 192 S.) n. 10 ngr.

Grosse, Ernst. **Herbert Spencer's Lehre von dem Unerkennbaren. gr. 8. (VI, 119 S.) Lpz. 890, Veit u. Comp. * 3 20**

Grosse, Ernst: Herbert Spencer's Lehre von dem Unerkennbaren. . . . (Aus: Grosse, Herbert Spencer's Lehre von dem Unerkennbaren.) Leipzig, Veit & Comp., 1890; 1 Bl. + 44 S. 8°
Freiburg i. B., Phil. Fak., Hab.-Schr. v. 1890

Grosse, Ernst [aus Stendal]: Die Literatur-Wissenschaft ihr Ziel und ihr Weg . . . . Halle a. d. Saale, 1887; 3 Bl. + 71 S. + 2 Bl. 8°.
Halle, Phil. Fak. Inaug.-Diss. v. 4. Apr. 1887.

G r o s s e, E r n s t, die Literatur-Wissenschaft ihr Ziel und ihr Weg. Diss. Halle 1887, Lippertsche Buchh. 8°. 71 S.

Grosse, Ernst [Oberl. Dr.]: Über die Naturanschauung der alten griechischen und römischen Dichter. Aschersleben, lithogr. Anst. v. K. Wedel (1890); 1 Bl., 18 S. 4°
Aschersleben, G. m. RPG, OP 1890

Große, Ernst, Referendar in Freiberg: Das gesetzliche Pfandrecht des Gastwirts nach dem Bürgerlichen Gesetzbuche für das Deutsche Reich. Freiberg 1905: H. Köhler. (IX, 89 S.) 8° [F.]
Leipzig, Jur. Fak., Diss. v. 10. Juli 1905
[Geb. 3. Mai 79 Altenberg i. Erzgeb.; Wohnort: Friedeburg b. Freiberg i. S.; Staatsangeh.: Sachsen; Vorbildung: Gymn. Albertin. Freiberg i. S. Reife O. 99; Studium: Leipzig 6 S.; Rig. 18. Juni 03.]

Grosse, Ernst, polit. Schriften, od.: Wie viel Uhr ist's im Reiche Gottes u. d. Weltgeschichte? 12 Bdchn. 16. Augsburg 832, Volkhart. Thlr.

Grosse, Ernst: Kunstwissenschaftliche S t u d i e n. Tübingen, Freiburg i. B. & Leipzig: J. C. B. Mohr 1900. (259 S.) 8°

Grosse, Ernst, Taschenbuch der Flora von Nord- u. Mittel-Deutschland. Zum Gebrauche in Schulen u. auf Excursionen bearb. Aschersleben 865. [Schnock's Buchh.] 8. (VI, 236 S.) n. 12½ ngr.

Grosse, Ernst, aus dem Thierleben der Heimat. Schilderungen aus Haus und Hof, Wald und Feld für die reifere Jugend. Mit 4 (Holzschn.-)Bildern auf getontem Pap. und 60 in den Text gedr. Holzschn. nach Zeichnungen von Guido Hammer, F. Specht, C. Hasse u. A. gr. 8. (IV, 171 S.) [Leipzig 877, Teuffel.] Hamburg, Berendsohn. *

— s. Lorenz v. W e s t e n r i e d e r's sämmtl. Werke.

Grosse, Eugen. (geb. Langendorf b. Weissenfels 22. 11. 1832): De cordis hypertrophia et simplici et dilatatione conjuncta. Berolini (1857). (31 S.) 8°
Berlin, Med. Diss. v. 5. Aug. 1857

Grosse, Fr. Ed. Gustav

Grosse, Fr. E. Gust., der Elb-Spree-Kanal zwischen Dresden u. Berlin. 2. Aufl. Berlin 869. Kortkampf. gr. 8. (IV, 43 S. mit 2 Steintaff. in 4.) 12 ngr.
Die erste Aufl., Decbr. 1868 erschienen, war Selbstverlag des Verfassers.

Grosse, Fr. Ed. Gustav, Ueber den Nutzen der Schifffahrts-Kanäle und die Nothwendigkeit der Anlegung derselben. Berlin 1868. (S. 5163)

Grosse, Franz [aus Strassburg]: Beiträge zur Kenntniss der Mallophagen . . . . Leipzig, Wilh. Engelmann, 1885; 33 S. u. 1 Taf: 8°.
Strassburg, Math-Naturw. Fak., Inaug.-Diss. v. 1885.

Grosse, Franz, Dr.: Die **Verbreitung** der Vegetationsformationen ([Umschlagt.:] Vegetationsformen) Amerikas im Zusammenhang mit den klimatischen Verhältnissen. *Berlin: R. Gaertner 1899.* (26 S.) 4°
Berlin, Achte R, OP 1899 (125)

Grosse, Frz, die Verbreitung der Vegetationsformationen Amerikas im Zusammenhang m. den klimatischen Verhältnisson. Progr. 4. (26 S.) Berlin 899. [R. Gaertner.] Woidmann. n. 1. --

Große, Friedrich

Die Nasenrachenmandel und ihre Bedeutung. Von Dr. med. Friedr. Große in Neuyork. *Bielefeld: A. Helmich [1903].* (S. 9-14.) 8° [F.]
= Abhandlungen, Pädagogische. N. F. Bd 9, H. 5. [2.]

Große, Friedr., Rechenbuch für Seminare, Mittelschulen und die mittleren Klassen höherer Lehranstalten, sowie zum Selbststudium. Als Fortsetzung des Rechenbuchs von Fix 7. Heft: enthaltend Arithmetik und Algebra, sowie Ergänzungen zu verschiedenen Gebieten des prakt. Rechnens. 8. (IV, 168 S.) [Münster 883, Nasse'sche Verlagsh.] Paderborn und Münster, F. Schöningh.

— dasselbe. Antworten u. Lösgn. 8. (120 S.) Ebend. 884. n. 1. —

Grosse, Friedrich Ernst, aus Dresden: **Beiträge zur vergleichenden Anatomie der Onagraceen einschliesslich besonderer Berücksichtigung der Entwickelung und des anatomischen Baues der Vegetationsorgane von Trapa natans.** *Dresden [1898]: C. R. Gärtner.* (67 S.) 8°
Erlangen, Phil. Diss. v. 22. Apr. 1895

Große, Georg Fr. Wilhelm

— s. 1) Aesop's Fabeln. 2) Anleitung zum Uebersetzen aus dem Deutschen in's Griech. 3) Cebet's Gemälde. 4) Cicero, Rede f. d. Archias. 5) Cicero, Lälius. 6) Eutropii breviarium. 7) Einleit. in d. kanon. Bücher d. A. T. 8) A. J. Hecker, französ. Lesebuch. 9) Hülfsbuch zu Jacob's griech. Elementarbuch. 10) Paläphatus. 11) Platon's Phädon. 12) Sallust, Catalina. 13) Virgil, Aeneis.

Große, G. F. W., der schöne Glaube d. wahren Christen, eine religiöse Betrachtung. gr. 8. Leipz. Schönemann Disput. Handl. 811.
Vgl. Große, Chr. Wilhelm.

— vollständiges u. erklärendes Wörterbuch zu Eutropii brev. Histor. Rom. in 2 Abthl. 8. Stend. Franzen u. Große. 811

Grosse, Geo. Fr. Wlh., vollständ. u. erklär. Wörterbuch zu Eutrops kurzem Abriß d. Röm. Gesch. 2 Abthlgg. 8. Stendal 811. 2e A. 819. Franzen u. G. 12 ℊ

— vollständ. u. erklärend. Wörterbuch zu Aesop's Fabeln. Für Schulen bearbeitet. gr. 8. Halle 821. Hendel. 10 ℊ

— vollständ. u. erklär. Wörterbuch zu des Cornelius Nepos Lebensläufen berühmter Männer; z. Schulgebrauch. gr. 8. Halle 825. Hendel. 18 ℊ

Grosse, Georg Karl Theodor Bernhard, s. Grosse, Bernhard.

Große, Gottfried

Grosse, Gf., († 1814.) erste Anfangsgründe d. Feldmeßkunst ꝛc. Mit Holzschn. gr. 8. Halle 798. Renger. 1 ℛ 12 ℊ

GROSSE, G.: Erste Anfangsgründe der Feldmeßkunst mit allgemein fasslichen und populären Beweisen. Ein Buch für Landwirthe, Forstbediente, etc. - Halle 1798

Große, Gottfried, s. Anthologie, Plinianische.

Große, Gottfried, s. Bergmann, T.: Beschreib.

Große, Gottfried, s. Cato, M. Porc.: von der Landwirthsch.

Große, Gf., s. Hillebrand, oder wie könnte ꝛc.

HILLEBRAND, oder wie könnte man wohl zu einer Pfarre gelangen? Beytrag zur Kirchengeschichte des jetzigen Jahrhunderts (von *Gottfr. Große*, 1745—1814). 2 Bde.
Mit 1 Kpfr. Leipzig (gedr. Weissenfels), Weygand, 1785. Rar!
315 u. 302 S. (18 Sgr. Scheible, vor 1870.)
Anon.-Lex. II. p. 285 (nach Kayser u. Meusel).

— arithmet. Jugendfreund. 1r Thl. 8. Magdeb. 810. Heinrichshofen. 1 ℛ 16 ℊ

Große, Gottfried, s. Kohlmeyer.

— Korollarien z. prakt. Geometrie f. diejenigen, deren Beruf es ist, einzelne Feldmarken auszumessen. Mit 5 Kpf. gr. 8. Halle 805. Renger. 1 ℛ 4 ℊ

Große, Gottfried, s. Livius: röm. Geschichte.

Große, Gottfried, s. Plinius: Naturgesch.

— technolog. Spaziergänge. 2 Thle. 8. Magdeb. 797, 806. (Renger in Halle). 1 ℛ 14 ℊ

— metrolog. Tafeln, s. Romé de l'Isle.

Grosse, Gf., metrologische Tafeln üb. d. alt. Maaße, Gewichte u. Münz. Roms u. Griechenl. n. d. Franz. d. Rome de l'Isle. gr. 8. Braunschw. Schulbhdl. 792.

Uebersetzung d. römischen Oeconomen, namentlich d. Cato, Varro, Columella u. Palladius. M. erläuternden Anmerk. v. G. Grosse. (Th. 1-2, 1 Vol.). Halle 1787-88. 1 Tvl.
(O. m. Sertit.; 1 Cato. — 2 Varro).

— geograph. Unterhaltungen. 2 Bdchn. 8. Leipz. 797. Weygand. 1 ℛ 18 ℊ

Große, Gottfried, s. Varro, M.: von der Landwirthsch.

Große, Gustav Friedrich

Große, Gust. Frdr., u. Wilh. Leop. Große, Dies ist der Tag, den der Herr macht. Fest-Predigten. Plauen 862. Hohmann in Comm. gr. 8. (IX, 127 S.) 15 ngr.

Grosse, Gustav Paul. Spital-Skizzen ([aus dem] Bürgerspital Basel). Eine Festgabe für vornehme Frauen und Töchter. [Mit 1 Porträt-Tafel und illustriertem Umschlag.] [28 S.] quer-4. Bad Homburg v.d.H., Wilhelm Gohé — **Au/druck:* Leipzig-Gohlis, August Stein —, [1909]. [M. 1. 50]

Große, H., Instruction über die Beschaffenheit und die Behandlung des Chassepot-Karabiners. 16. (45 S. mit 11 Abbild. in eingedr. Holzschn.) Brandenburg 874, Müller. *

—— Instruction für den Train-Gemeinen und Trainsoldaten über sein Verhalten in und außer dem Dienste. 1.—6. Aufl. gr. 16. (190 S.) Brandenburg 869—75, Müller. *

Große, H., Instruction für den Train-Gemeinen und Trainsoldaten über sein Verhalten in und außer dem Dienste. 7.—9. Aufl. gr. 16. (174 S.) [Brandenburg 875,78, Müller.] Berlin, Eisenschmidt. *

Große, H., Instruction f. den Train-Gemeinen u. Trainsoldaten über sein Verhalten in u. außer dem Dienste. 10. Aufl. 12. (192 S.) Berlin 882. Eisenschmidt. n. — 80

Große, H., Instruction f. den Train-Gemeinen u. Trainsoldaten üb. sein Verhalten in u. außer dem Dienste. 11. Aufl. 12. (192 S.) Berlin 883. Eisenschmidt. n. — 80

Große, H. C., gründl. Anweisung z. richt. mathemat. Zeichnen d. Civil- u. Militair-Kleidungsstücke nach allen Körperkonstitutionen. Zum Gebr. f. Mannskleidermacher. M. 32 Stnt. (gr. 4.) 8. (2½ B. u. 1 Tab.) Leipzig 832, (Kupfer.)
Vgl. Große, K.

Grosse, Heinrich: Beiträge zur kinematischen Geometrie. 1872. 8° Diss. Jena.

Grosse, Heinr., die Elemente der kinematischen Curvenlehre. Ein Leitfaden f. den Schulunterricht. (32 S. m. 1 Steintaf. in 4.) Berlin 874. Wasmut

Die Entwickelung der Landwirtschaftsschule zu Heiligenbeil in den ersten 25 Jahren ihres Bestehens. ⟨1879–1904.⟩ Als Festgabe d. Teilnehmern an d. Feier d. 25j. Bestehens d. Anst. ... überreicht v. Dir. Dr. H(einr.) Grosse. *(Heiligenbeil 1904: R. Helbing.)* (31 S.) 4° [F.]

Grosse, Hnr., s. Hebe, eine Vierteljahrschr.

Grosse, Heinr., Liederbuch für die deutsche Jugend. Enthaltend 60 zweistimmige Lieder. br. 8. (IV u. 60 S.) Oldenburg 850, Schulze. n. 1/3 ₰

Grosse, Henri, Manuel de la sténographie rationelle de Léopold A. F. Arends. A l'usage des écoles et des autodidactes, méthode appropriée à la langue française. Avec 12 (lithogr.) planches. gr. 8. (VI, 40 S.) Berlin 873, Gerold. *

Grosse, Heinr., die Pädagogik u. die Stenographie. Stenographische Zeit- u. Streitfragen f. alle Freunde der Kurzschrift, insbesondere aber für Nichtkenner derselben beleuchtet. Mit 6 lith. Taf. 2., völlig umgearb. u. verm. Aufl. gr. 8. (96 S.) Berlin 879. Fr. Schulze's Verl. n.n. 1. —

Große, H., Reductions-Tabellen, s. Reductions-Tabellen.

Grosse, Heinrich: Swentomest. Ein romantischer Sang von d. Gründung d. Stadt Heiligenbeil z. Jubiläum ihres 600 jähr. Bestehens ⟨9. Aug. 1902⟩ Heiligenbeil (1902): R. Helbing. (15 Bl.) 8°

Große, H., Verhältnißzahlen zur Umrechng. der alten Maaß u. Gewichte, s: Reductions-Tabellen.

Leopold F. A. Arend: Werden und Wirken. Für seine Jünger und Freunde gesch. von Dr. H. Grosse. Buch 1. [einz.] (1797–1844.) Die Jugendzeit d. Meisters. *Heiligenbeil: F. A. Schneider (1896).* (28 S.) 8°

Große, Hermann [Dr.]: Beiträge zur Syntax des griechischen Mediums und Passivums. Dramburg, Druck v. Th. Kämpf, 1889; S. 3–15; 4°
Dramburg, k. G, CP 1889 (125)

Grosse, Herm. Beiträge zur Syntax des griechischen Mediums u. Passivums. gr. 4. (15 S.) Dramburg 889. (Lpz., Fock.) * — 75

[Ant. u. F.] **Grosse, Hermann [Dr.]:** Beiträge zur Syntax des griechischen Mediums und Passivums. Forts. (d. P-Beil. 1889). Dramburg, Druck v. Th. Kämpf, 1891; S. 3—22; 4°
Dramburg, k. G, P 1891 (131)

Grosse, Herm., Beiträge zur Syntax d. griechischen Mediums u. Passivums. Fortsetzung. gr. 4. (22 S.) Leipzig 891. G. Fock. n. 1. — (1 u. 2.: n. 1. 75)

Grosse, Herm., Goethe und das deutsche Alterthum. Inaugural-Dissertation. gr. 8. (38 S.) Dramburg 875. (Göttingen, Vandenhoeck und Ruprecht's Verlag.) *

Grosse, Hermann: Zum deutschen Unterricht. 4 (S. 3–12).
Progr. Kgl. Friedrich-Wilhelms-G. *Greifenberg in Po.* 1899 (142)
1. Der Unterricht im Mittelhochdeutschen. 2. Die Litteratur des 16. Jahrhunderts

Grosse, Hermann, Prof. Dr.: Zum deutschen **Unterricht.** *Greifenberg i. P. (1899): C. Lemcke.* (S. 3–12.) 4° [F.]
Greifenberg i. P., k. Friedrich-Wilhelms-G, OP 1899 (142)

Grosse, Hugo

Ein Mädchenschul-Lehrplan aus dem 16. Jahrhundert: Andr. Muskulus' 'Jungfraw-Schule' vom Jahre 1574. Von Hugo Grosse in Halle a. S. *Langensalza: H. Beyer & Söhne 1904.* (27 S.) 8°
= **Magazin, Pädagogisches.** H. 222.

Eduard Mörike als Lehrer. Von Hugo **Grosse** in Halle a. S. Langensalza: H. Beyer & Söhne 1907. (43 S.) 8°
— **Magazin,** Pädagogisches. H. 288. [07. 3738 3

Grosse, Hugo: Thomas Platter als Schulmann. Ein Gedenkblatt zu dessen 400. Geburtstag. Langensalza: H. Beyer & Söhne 1899. (27 S.) 8°
= Magazin, Pädagogisches. H. 130.

Die Propheten des Alten Testaments im christlichen Religionsunterricht. Von Hugo **Grosse** in Halle. *Bonn: A. Markus & E. Weber 1900.* (36 S.) 8°
Aus: Die Mädchenschule. Jg. 13, H. 7/8. [01. 301

Grosse, Hugo, historische Rechenbücher des 16. u. 17. Jahrh. u. die Entwicklung ihrer Grundgedanken bis zur Neuzeit. Ein Beitrag zur Geschichte der Methodik des Rechenunterrichts mit 5 Titelabbildgn. gr. 8. (183 S.) Leipzig 901. Dürr'sche Buchh. n. 3.60

Chr. Fr. D. Schubart als Schulmann. Von H[ugo] Grosse in Halle a/S. *Langensalza: H. Beyer & Söhne 1899.* (100 S.) 8°
= Magazin, Pädagogisches. H. 117.

Grosse, Hugo, evangelische Schulandachten. Ein Jahrgang Ansprachen u. Gebete, meist im Anschluß an die Sonntagsevangelien, f. höhere Knaben- u. Mädchenschulen, sowie f. Lehrer- u. Lehrerinnen-Seminare. gr. 8. (XV, 149 S.) Gotha 895. E. F. Thienemann's Verl. n. 2. —; geb. n. 2. 25

— Ziele u. Wege weiblicher Bildung in Deutschland, s. Magazin, pädagogisches. 206. Hft.

Grosse, Hugo: Ziele und Wege weiblicher Bildung in Deutschland. Historische Untersuchungen. — Langensalza: Beyer 1903. 108 S. 8° (Pädag. Magazin. 206.)

Grosse, J. F. K. Leitfaden der Botanik für die unteren und mittleren Klassen. I. Allg. Pflanzenkunde. 45 S. 8. . . . .
Progr. Stendal 1835

Grosse, J. Fr. A., kurze Anweis. f. Eltern, welche ihre Kinder nach d. in hiesiger Töchterschule eingeführten Methode im Buchstabiren u. Lesen selbst unterrichten wollen. 8. Zerbst 810.

Große, J. G., die Gleichnisse des Herrn in gebundener Rede bearb. Ein Andachtsbüchlein für Christen u. Bibelfreunde. Nebst e. Anh., enthltd.: Religiöse Oden u. Lieder. Reudnitz 869. Förster. gr. 8. (X, 115 S.) 12½ ngr; cart. mit Goldschn. n. 15 ngr

Grosse, Johann

Grosse, Johs., die freie Arztwahl b. d. reichsgesetzl. Krankenkassen. Auf Grund v. Kundgebgn. d. deutschen Aerztevereinsbundes dargest. 12. (56 S.) Berlin 896. A. Schall. n. — 50

— d. Bestimmgn. üb. d. ärztlichen Bezirksvereine im Königr. Sachsen. M. d. Entwurfe e. ärztl. Standesordng. u. d. Satzgn. d. deutschen Aerztevereinsbundes hrsg. u. erläut. gr. 8. (60 S.) Dresden 896. C. Heinrich. n. 1. —

— die Bestimmgn. d. Reichs-Gewerbeordng. üb. d. Ausübg. d. Heilkunde. M. d. Bekanntmachgn. d. Bundesraths, betr. d. ärztl. Prüfgn., sow. e. Entscheidg. d. Reichsgerichts hrsg. u. erläut. M. ausführl. Sachreg. gr. 8. (49 S.) Leipzig 895. A. Edelmann. n. 1. 50; kart. n.n. 1. 65

— das deutsche Krankenversicherungsgesetz u. d. deutschen Aerzte. Ein Beitrag z. Lösg. e. hochwicht. Zeitfrage. gr. 8. (VIII, 44 S.) Leipzig 898. F. Fleischer, Berl. n. — 60

— Hermann Eberhard Richter, d. Gründer d. deutschen Aerztevereinsbundes. E. Beitrag z. neueren Geschichte d. Medicin. M. e. Bildn. Richter's u. e. Nachbildg. s. Namensunterschrift. gr. 8. (62 S.) Leipzig 896. O. Wigand. 1. 20

— Ignaz Philipp Semmelweis, d. Entdecker d. Ursache d. Kindbett-Fiebers. E. Beitrag z. Geschichte d. Medicin. M. Bildn. v. Semmelweis u. Nachbild. s. Unterschrift. gr. 8. (VII, 57 S.) Wien 898. F. Deuticke. n. 1. 50

Grosse, Johs., s.: Semmelweis, Ign. Phpp., die offenen Briefe an Professoren der Geburtshilfe.

Grosse, Johannes: Versuche über die Stickstoffwirkung des von Krottnaurerschen organischen Düngers. *Chemnitz [1902]: J. C. F. Pickenhahn & Sohn.* (48 S.) 4°(8°)
Leipzig, Phil. Diss. v. [1. März] 1902

Große, Johann August Ludwig, s. Große, August.

Große, Johann Chr., s.a. Grote, J. C. [Pseud.]

Große, Johann Chr., s. Archiv f. d. Kanzel- u. Altar-Vortrag.

Groſſe, J. Ch., Archiv f. d. Kanzel- u. Altar-Vorträge ꝛc. 2 Bde. 8. Frft. Keyser. 810–811. (1r 20 gr. 2r 1 Rthl. 4 gr.)

Große, Joh. Chr., Archiv f. den Kanzel- u. Altar-Vortrag, auch andere Theile d. Amtsführung d. Predigers ꝛc. 3r—6r Bd. 8. Erfurt, Keyser. 812—15. (3r 1 Rthlr. 4r 20 gr. 5r 1 Rthlr. 4 gr. 6r 1 Rthlr. 4 gr.)

Große, J. C., neues Archiv für den Kanzel- und Altar-Vortrag ꝛc. s. Archiv.

Groſſe, Jh. Chr., d. vornehmsten Begebenheiten aus d. Geschichte d. Religionsverbesserung d. 16ten Jahrhunderts. 8. Leipz. 817. 2e A. 818. 3e A. 821. (W. Rauck). 8 gr.

— kirchl. Betstunden = Andachten zum Vorlesen. Nach dem 1sten Briefe Pauli an d. Korinther geordnet u. bearbeitet. gr. 8. Erfurt 816. Keyser. 1 Thlr 6 gr.

Große, (J. C.,) Casual-Magazin f. angehende Prediger ꝛc. s. a. Casual-Magazin.

Groſſe, J. C., Casualmagazin f. angeh. Prediger u. f. solche, die bei gehäuften Amtsgeschäften sich d. Nachdenken erleichtern wollen. 3. Bdchn. 2., umgearb. u. verm. Ausg. v. J. G. Ziehnert. — A. u. d. T.: Reden, Entwürfe u. Altargebete bei d. Beicht- u. Abendmahlsfeier. 8. (13 B.) Meißen 832. [Leipzig, Vetter u. Rostosky.]
1. u. 2. Bdchn. 2. Aufl. u. 4—9. Bdchn. Ebendas. 1818—32. 6 Thlr. 19 Gr.

— Darstellung der vornehmsten Begebenheiten aus der Geschichte der Reformation, nicht nur in Deutschland, sondern aus allen Ländern. Zur Erinnerung an das im Jahr 1817 begangene Reformationsjubiläum. 2te Aufl. 8. Leipzig, Sommer. 818.

— Darstell. d. vornehmsten Begebenheiten aus d. Geschichte d. Reformation. 3e Aufl. 8. Leipz. 821, Sommer.

— Fest- u. Kasualpredigten, mit Rücksicht auf d. Bedürfnisse der Zeit gehalten. 8. Erfurt 809. Keyser. 1 Thlr 4 gr.

Große, Johann Chr., s. Höpfner, A. F.: examinatorium.

— Ideen u. Andeutungen zu Beicht- u. Abendmahlsreden über die sonn- u. festtägl. Pericopen. 2 Bde. 8. Leipz. 814. Steinacker. 1 Thlr 12 gr.

— Predigt über d. Evangelium am Sonntage Reminiscere: Es ist Elternpflicht, d. Kinder durch d. Schutzblattern zu verwahren. gr. 8. Stendal 815. Franzen u. G. 2 gr.

— Predigten, Entwürfe u. Gebete über d. Natur, s. Kasualmagazin 6r Bd.

— Predigten, veranlaßt durch Umstände d. Zeit, des Orts u. des Vaterlandes. 8. Meißen 822. Goedsche. 1 Thlr 6 gr.

— Reden, Entwürfe u. Altargebete bei d. Abendmahlsfeier, bei Begräbnissen, bei d. Erndtefeier, bei Tauf- u. Confirmationsreden, bei Trauungen, s. Kasualmagazin f. Prediger.

— — — — bey Begräbnissen. s. Casual-Magazin 2s Bdchn.

— — — — bey d. Erndtefeyer. s. Casual-Magazin 5s Bdchn.

— — — — Tauf- und Confirmationsreden ꝛc. s. Casual-Magazin 4s Bdchn.

— — — — bey Trauungen. s. Casual-Magazin 1s Bdchn.

— Reden an Personen u. Familien aus d. gebildeten Ständen, zur Vorber. zu d. Feier des Abendmahls Jesu. 8. Leipz. 813. Steinacker. 12 gr.

Große, Johann Chr., s. Sammlung deutscher Aufgaben zur Uebung im Styl.

Große, Johann Chr., s. Sammlung deutsch. Beispiele etc.

Große, Johann Friedrich, s. Groß, Johann Friedrich

Grosse, Johann Heinrich

Groſſe, Jh. Hnr., Melodien, sowohl alter als neuer Lieder, welche bei d. öffentl. Gottesdienst pflegen gebraucht zu werden. 4. Halle 771. Waisenh.-B. Schrbp. 1 Thlr 8 gr.

Grosse, Joh. Matth., Bibliotheca hydrographica, cum Lexico hydrologico; d. i. vollständiges Verzeichniss aller bekannten Schriften, welche von den Heil-, Gesund- und Sauerbrunnen, warmen und wilden Bädern, mineralischen und metallischen Wassern, sowohl in, als ausserhalb Deutschland handeln. Nürnberg 1729. 4. (D.)

Jo. Matth. Grosse bibliotheca hydrographica d. i. vollständiges Verzeichniss aller bekannten Schriften, welche von den Heil-, Gesund- und Sauerbrunnen, warmen und wilden Bädern, mineralischen und metallischen Wassern, sowohl in- als ausserhalb Deutschland handeln, mit Vorrede von Jo. Jac. Baier. Nürnb. 1729. 4.

Grosse, J. Matth., Jubelacte seines Priesterjubiläi. 4. Nrnb. Endter. 749.

Grosse, J. Matth. Burg- u. Markgräflich-Brandenburgische Kriegshistorie von unterschiedlichen grausamen Kriegsverheerungen in Culmbach u. Ansbach. 4. Hof 1748.

Groſze, J. M. Burg- u. Markgräfl. brandenburg. Kriegshistorie der Fürstenthümer Culmbach u. Ansbach, insonderh. des Aischgrundes. Mit Vorw. u. Reg. von A. D. Longolius. Hof 1748. 368 S.

— Branden. Kriegshistorie in Culmbach u. Anspach. 4. Hof, Grau. 748.

— Landes u. Regentenhist. 4. Schwab. Enderes. 749.

— histor. Lexikon evangelischer Jubelpriester. 4. Nürnb. Stein. 727.

– hist. Lexikon evangel. Jubelpriester. 3 Thle. 4. Nürnb. Endter. 727—746.

— — Repertorium darüber. 4. Ebend. 749.

Grossen's, J. M., Gewisse Macht und Ohnmacht des Fürsten der Finsterniß. Regensp. 731. 8.

— Macht u. Ohnmacht d. Fürsten d. Finsterniß ꝛc. 8. Regensb. Montag u. W. 734.

Grosse, Johann Reinhard

Grosse, Jh. Reinh., († d. 13. Juni 1805.) d. Begriff d. Directoriats; eine criminalist. Abhandl. gr. 8. Götting. 804. Vandenhöck u. R. 4 Gl.

Grosse, J. Rh.: D. Begiff, d. Direktariats; eine criminal. Abhandl. Gött., Dieterich. 804. 8. (4 Gr.)

Grosse: Magazin f. d. Criminalrecht. 1 Stck. Marburg, (Krieger in Cassel.) 804. 8. (10 Gr.)

Große, Julius, s. E t h é , Hermann.

Grosse, Jul., der neue Abälard. Roman. 2 Bde. 8. (191; 149 S.) Leipzig 871, E. J. Günther.

— die Abenteuer d. Kalewiden. Estnisches Volksmärchen. 8. (XVIII, 223 S.) Leipzig 875. Weber. n. 3. —

Groſze, Jul., über die Bedeutung der modernen Romantik mit Rücksicht auf die bildende Kunst. Eine Studie. Berlin 854. Schindler. gr. 8. (32 S.) n. 6 ngr

Grosse, J., das Bürgerweib v. Weimar. Eine Stadtgeschichte aus dem 17. Jahrh. in 5 Büchern. 2 Bde. 8. (284 u. 228 S.) Breslau 887. [Schottländer.] Schlesische Verlagsanstalt. n. 9. —; geb. n. 11. —

— der schöne Camill, s.: Reiselectüre.

Grosse, Jul., Charakterbild Ernst Julius Hähnel's, s.: Hähnel's, Ernst Jul., litterarische Reliquien.

Groſze, Jul., Cola di Rienzi. Trauerspiel in 5 Aufzügen u. einem Nachspiel. 8. (IV u. 313 S.) Leipzig 851, Weber. n 1½ ℛ

Grosse, Jul., s.: Constantin, d. Großfürsten, Gedichte.

— Daponte u. Mozart. Roman. 3 Bde. 8. (192, 202 u. 221 S.) Jena 874. Costenoble. 12. —

Grosse, Jul., Daponte u. Mozart. Roman in 5 Büchern. 2. (Titel-)Aufl. 3 Bde. 8. (IX, 192; 202 u. 221 S.) Jena 878. Costenoble. 9. —

Grosse, Jul., e. bürgerlicher Demetrius. Roman in 4 Büchern. 8. (206 S.) Dresden 884. Steffens. n. 3. —; geb. n. 4. —

Große, Julius: D e u t s c h l a n d vorwärts, s. B o d e n s t e d t, Friedrich

Groſze, Jul., epische Dichtungen. München 861. Fleischmann. 16. (V, 221 S.) 1 ℛ 6 ngr

—— erzählende Dichtungen. 6 Bdchn. gr. 8. Berlin 872,73, Lipperheide. à Bdchn. * geb. à Bdchn. *

Inhalt:

Bdchn. 1. Gundel vom Königssee. Erzählende Dichtung aus dem bayer. Hochland in sieben Gesängen. Mit dem Bildnisse des Dichters in Stahlst. nach einer Handzeichnung von Wilh. v. Kaulbach und einem Titelbilde (in Holzschn.) von Paul Thumann. 1. und 2. Aufl. (IV, 112 S.)

" 2. Tamarena. Erzählende Dichtung aus dem Morgenlande in zehn Gesängen. Mit einem Titelbilde von Paul Thumann. 1. und 2. Aufl. (IV, 104 S.)

" 3. Das Mädchen von Capri. Ein italien. Idyll. — Owaja. Ein Bild aus dem Westen nach Armand. Mit Titelbildern von James Marshall und Paul Thumann. (IV, 111 S. mit eingedr. Holzschn. und 2 Holzschntaf.)

" 4. Tarek Muja. Eine morgenländische Novelle. — Die Sphinx. Ein Phantasiestück aus dem 17. Jahrh. Mit Titelbildern von Jos. Watter. (IV, 113 S. mit eingedr. Holzschn. und 2 Holzschntaf.)

" 5. Der Magier. Ein morgenländisches Märchen. — Der graue Zelter. Ein Wald-Idyll aus den Ardennen. Sechs Blätter in Watteau's Manier. Mit Titelbildern von Paul Thumann und James Marshall. (IV, 120 S.)

" 6. Des Ketzers Beichte. Drei Tage aus dem Leben eines Trappisten. — Der Domdechant von Compostella. Eine spanische Historie. Mit Titelbildern von Jos. Watter und P. Thumann. (IV, 85 S.)

— Dornröschen, s.: Reiselectüre.

— der getreue Eckart. Roman in 12 Büchern. 2 Bde. 8. (388 u. 455 S.) Berlin 885. Grote. cart. n. 8. —; geb. n. 9. 60

—— Episoden und Epiloge. Kleinere erzählende Dichtungen, nebst einem lyr. Anhang. 8. (VII, 335 S.) München 888, Callwey. *ℳ 4.—; geb. *

Grosse, Jul. Episoden u. Epiloge. Kleinere erzähl. Dichtungen, nebst e. lyr. Anh. 2. (Titel-) Aufl. 8. (V, 335 S.) Münch. 890, Callwey. * 4 —; geb. * 5 —

— Meister Dürers Erdenwallen. Ein Geburtstag aus seinem Leben dramatisches Charakterbild in e. Aufzuge. 16. (63 S.) Berlin 871. Lipperheide. geb. n. 1. 50

— neue Erzählungen. 3 Bde. 8. Jena 875, Costenoble.

Inhalt:

Bd. 1. Vetter Isidor. — Zur Todesstrafe (Ravensbeck). (274 S.)

" 2. Zur Todesstrafe (Ravensbeck). — Der Stammel-Toni. — St. Elisabeth. (298 S.)

" 3. St. Elisabeth (Schluß). (306 S.)

— Festspiel zur Vermählungsfeier J. k. Hoh. der Prinzessin Maria Josepha, Herzogin zu Sachsen, u. Sr. k. u. k. Hoh. d. Erzherzogs Otto v. Oesterreich. Aufgeführt am 2. Octbr. 1886 im königl. Hoftheater zu Dresden. Mit 2 Portraits in Lichtdr. (auf 1 Bl.). 8. (24 S.) Dresden 886. v. Grumbkow. 1. 50

— Florentine, s.: Verein f. Verbreitg. guter Schriften. Zürich.

— Fortunat. Ein Volksschausp. in 5 Aufzgn. nebst e. Vorspiel. gr. 8. (III, 144 S.) Wien 896. (M. Breitenstein.) Geb. in Leinw. n. 3. —

— wider Frankreich. Altes u. neues. 16. (76 S.) Berlin 870. Lipperheide. — 50

Grosse, Julius
Ein Frauenloos. Roman.
München: Callwey 1888. 256 S. 8°

Große, Jul., Gedichte. 8. (III und 284 S.) Göttingen 857, Wigand. Thlr.

— Gedichte. In neuer, durchgeseh. u. verm. Auswahl, m. e. Zuschrift v. Paul Heyse. 8. (IX, 316 S.) Berlin 882. Grote. cart. n. 3. —; geb. n. 4. —

— Germania. Kriegsbilder m. e. Prolog u. Epiloge. F. d. Aufführg. b. patriot. Anlässen scenisch verwerthet m. Musik, Bildern, Liedern u. Apotheosen v. Herm. Riotte. 8. (20 S.) Leipzig (gr. Fleischergasse 6, II) 897. Dramaturg. Centralbureau. — 60

Große, Jul., der letzte Grieche. Trauerspiel in 5 Aufzügen. Leipzig 867. Weber. 8. (X, 127 S.) n. 20 ngr.

— Gundel vom Königssee. Epische Dichtung aus dem bayerischen Hochland in 7 Gesängen. Leipzig 864. Weber 16. (231 S.) n. 1 Thlr.

— Heimerich. Festspiel d. Thüringer Waldvereins zur Huldigungsfeier der hohen goldenen Hochzeit im Oktbr. 1892. gr. 8. (24 S.) Weimar 892. (L. Thelemann.) n. — 50

Grosse, Julius. Vetter Isidor. 95 S. 8. Zürich, Jacques Bollmann, Mai 1901. fr. —. 15
Verein für Verbreitung guter Schriften. (Zürich) No. 42. 1901.

— versäumte Jugend, s.: Kürschner's, Jos., Bücherschatz.

Versäumte Jugend. Roman in 4 Büchern. Von Julius Grosse. Mit Ill. von Arthur Lewin. (Vorr.: Wilhelm Arminius [d. i.: Wilh. Herm. Schultze].) *Berlin, Eisenach, Leipzig: H. Hillger [1902].* (125 S.) 8° [F.]
= Bücherschatz, Kürschners. No 316. [04. 604

Große, Julius, s. Kaulbach-Album.

— Grosse, Jul., die *deutsche allgemeine u. histor. Kunst-Ausstellung zu München, im Jahre 1858.* Studien zur Kunstgeschichte des XIX. Jahrhunderts. München, J. J. Lentner'sche Buchhdlg., 1859. 8°. Ppb.°)
XVI—250 S., 1 Ill. Inh. 1. Die Hellenisten. 2. Cultus und Kunst. 3. Die Poeten der Malerei. 4. Die Historiker. 5. Land u. Leute. 6. Die deutsche Naturanschauung. 7. Rückblicke.

— eine alte Liebe. Erzählung. Braunschweig 869. Westermann. 8. (222 S.) n. 1 Thlr.

— u. Eug. Friese, unter den Linden. Romantisches Volksschauspiel aus der Vorzeit Berlins in 5 Acten. 8. (112 S.) Dresden 882. v. Grumbkow. n. 1. 50

— natürliche Magie. Roman. 2 Bde. 8. (200 u. 202 S.) Stuttgart 873. Simon. 7. —

— Maria Mamini. Roman. 2. Aufl. 2 Bde. gr. 8. (290 u. 239 S.) Stuttgart 871. Hallberger. 7. 50

— Maria Mancini. Roman. 2 Bde. Stuttgart 869. E. Hallberger. 8. (290 u. 239 S.) 2 Thlr 15 ngr.

— zweierlei Maaß. Roman. 8. (230 S.) Berlin 878. Eckstein's Nachf. n. 5. —

— Sophie Monnier. Roman in 5 Büchern. 2 Bde. 8. (180 u. 163 S.) Dresden 876. Baensch. n. 6. —

Grosse, J., Sophie Monnier. (Mirabeau's Geliebte.) Roman. 2 Bde. Dresden 1877. 8°. (2 Rthl.) (2 Mk. Jos. Jolowicz, Posen, 1908.)

[Umschlagt.:] [F.] Der Narr des Glücks. Novelle v. Julius Grosse. M. d. Bildn. d. Dichters. *Lübeck: Novellenbibl. [1896].* (40 S., 1 Portr.) 1 Bd 8.
= Bibliothek kleiner Novellen u. Erzählgn von Dichtern u. Schriftstellern d. Gegenwart. No 35. [96. 5537

— der Wasunger Not. Ein tragikom. Heldenlied aus dem 18. Jahrh. hoch 4. (123 S.) Berlin 872. Lipperheide. n. 3. 50

— Novellen. 3 Bde. München 862—64. Fleischmann. 8. (339; 345; 355 S.) Jeder Bd. 1 Thlr 12 ngr.

— Novellen. 3 Bde. 8. (III und 339 S., V und 345 S. III und 355 S.) München 862—64, (Merhoff's Verlag. à Bd. 1 Thlr. 12 Ngr.

— Aus den Novellen des Architekten, s.: Reclam's Novellen-Bibliothek.

— aus den Novellen des Architekten, s.: Reclam's Unterhaltungs-Bibliothek.

Grosse, Jul., aus d. Novellen d. Architekten (Die Rache nach d. Tode. Nunziata. Die Perle v. Tingeltangel), s.: Universal-Bibliothek.

[F.] Aus den Novellen des Architekten v. Julius Grosse. Die Rache nach dem Tode. Nunziata. Die Perle vom Tingeltangel. *Leipzig: Ph. Reclam jun. [1896].* (104 S.) 1 Bd 8. [98. 10699 Gr

— Pesach Pardel. — Hilpah u. Shalum, s.: Bibliothek humoristischer Dichtungen.

— ein Revolutionär. Novelle. Ebend. 869. gr. 8. (255 S.) 1 Thlr 10 ngr.

— ein Revolutionär. Novelle 2. Aufl. gr. 8. (255 S.) Stuttgart 872. Hallberger. 4. —

— Abul Kazim's Seelenwanderung. Dichtung in 12 Gesängen. 12. (VI, 195 S.) Berlin 873, Lipperheide. geh. * geb. mit Goldschn. *

— der Spion. Historischer Roman aus der Geschichte d. heut. Rußland. 2 Bde. 8. (284 u. 235 S.) Dresden 887. Pierson. n. 6. —; in 1 Bd. geb. n. 7. —

— der Stabtengel. Ein bürgerl. Roman in 8 Kapiteln. 2 Bde. gr. 8. (208; 206 S.) Stuttgart 874, Hallberger.

— der Stadtengel. Ein bürgerlicher Roman in 8 Kapiteln. 2. Aufl. 2 Bde. gr. 8. (208; 206 S.) Stuttgart 876, Hallberger. M 6.; geb. *

— gegen den Strom. Ideale u. Carricaturen. Roman in neun Büchern. 3 Bde. gr. 8. (VIII, 412; 402 u. 416 S.) Braunschweig 871. Westermann. n. 15. —

— aus bewegten Tagen. Neue Gedichte. Stuttgart 869. Cotta. 8. (VIII, 328 S.) n. 2 ℛ

— Tiberius. Tragödie in 5 Acten gr. 16. (152 S.) Wien 876. Wallishausser. n. 3. —

—— Haus Turnsill, s. Bonn, Frz.

— untreu aus Mitleid. Roman in acht Büchern. 2 Bde. Braunschweig 868. Westermann. 8. (221 u. 219 S.) n. 2 ℛ

— Ursachen u. Wirkungen. Lebenserinnergn. gr. 8. (440 S.) Braunschweig 896. G. Westermann. n. 10. —; geb. n. 11. —

— Frau Valeria, s.: Reiselectüre.

— das Volkramslied. Ein Sang aus unseren Tagen. 1. u. 2. Aufl. gr. 8. (292 S.) Dresden-Striesen 889. 890. Heinze. n. 3. —; geb. n. 4. —

— d. Volkramslied. E. Sang aus uns. Tagen. 3. Aufl. 8. (348 S.) Dresden 897. E. Pierson. n. 4. —; geb. n. 5. —

—— Vox populi. Phantasiestücke aus der Theaterwelt. — Abenteuer einer Seelenwanderung nach den Visionen eines Haschischessers. gr. 8. (291 S.) Braunschweig 869, Westermann. *

— am Walchensee. Roman. 8. (361 S.) Dresden 893. E. Pierson. n. 5. ; geb. n. 6. —
Jetzt: Berlin: Vlg. Berlin-Wien.

Grosse, Jul., ausgewählte Werke. Mit e. Biographie des Dichters v. A. Bartels, unter Mitwirkg. u. m. Einleitgn. v. A. Bartels, J. Ettlinger, H. v. Gumppenberg u. F. Muncker hrsg. v. Antonie Grosse. 1 Portr. u. Fksm. der Handschrift des Dichters. 3 Bde. (LVIII, 180; V, XVII, 183; VI, 364; X, 169 u. VI, 722 S.) 8. Berlin (909). Schöneberg, A. Duncker Verl. Geb. in Leinw. 12.—; in Halbfrz 18. —

Grosse, Jul., gesammelte dramatische Werke. 7 Bde. 8. Leipzig 870. Weber. à n. 2. —
1. Die Ynglinger. Tragödie in 5 Aufzügen. (XVII, 139 S.)
2. Die steinerne Braut. Komödie in 5 Aufzügen. (X, 188 S.)
3. Johann v. Schwaben. Trauerspiel in 5 Aufzügen. (VIII, 134 S.)
4. Friedrich v. der Pfalz. Trauerspiel in 5 Akten u. e. Vorspiel. (X, 140 S.)
5. Der letzte Grieche. Trauerspiel in 5 Aufzügen. (X, 127 S.)
6. Gudrun. Schauspiel in 5 Aufzügen. (VIII, 127 S.)
7. Judith. Tragödie in 5 Aufzügen v. Frdr. Hebbel. Dietrisch bearb. (XII, 106 S.)

— Terka Wissyleni, s. a. Kürschner's, Jos., Bücherschatz.

Terka Wissyleni. Erzählung von Julius Grosse. Mit Ill. von Adolf Hug. *Berlin, Eisenach, Leipzig: H. Hillger [1901].* (120 S.) 8° [J.]
— Bücherschatz. Kürschners. No 267.

Grosse, Julius
Offene Wunden. Novellen. Bd. 1 - 3.
Leipzig: Günther 1873. 8°
(Inhalt: Graziana. Die neue Hagar. Lorbeer und Myrte.)

—— offene Wunden. Novellen. 3 Bde. 8. (221; 207; 270 S.) Leipzig 873, E. J. Günther.

—— kleine Zeitromane. 1. u. 2. Bd. Tante Carldore. Roman. 2 Bde. gr. 8. (180; 190 S.) Dresd. 890, Pierson. * 6 —; geb. * 8 —
Jetzt: Berlin: Vlg. Berlin-Wien.

Grosse, Julius Adolph. (Gerhard.) (geb. Glogau 14. 2. 1818): De embryi morbis. Berolini (1842). (31 S.) 8°
Berlin, Med. Diss. v. 14. März 1842

Große, Julius Waldemar, s. Große, Julius.

Große, K., practische Anleitung z. Zeichnen männl. Kleidungsstücke f. Civil u. Militär. Aufgestellt in 4 großen Planetafeln mit 93 Abzeichnungen u. einer verb. Reductionstabelle. 10., verm. Aufl. 4. (6¼ B. Text.) Weimar 841, Voigt.
Vgl. Große, H. C.

Große, K., vollständiges Lehrbuch d. höhern Bekleidungskunst für Damen. Aufgestellt in 5 (lith.) Plano-Tafeln mit 66 Zuschneidemustern in natürl. Größe, mit 28 kleinen Figuren zum Nachzeichnen der verschied. Aermel u. Pelerinen ꝛc. Nach dem neuesten wissenschaftl. Lehr-System d. Zuschnittes zum gründl. Selbstunterrichte bearb. 3. ganz neue u. sehr verm. Aufl. gr. 8. (29 S.) Erfurt 851, Bartholomäus in Comm. 5/6 ℛ

Grosse, Karl, (nennt sich auch Markis v. Pharnusa), physikalische Abhandl. gr. 8. Zittau 793. Schöps. 16 gr Schrbp. 20 gr

Große, Karl, s. Beattie: moral. Abhandl.

— kleine militairische Bemerkk. 8. Leipz. 798.

Große, Karl, der Blumenkranz. Erzählungen. 2 Bde. 8. Zittau 795, 96. N. A. 806. Schöps. 1 ℛ 20 gr

— Briefe über Spanien. 2 Thle. 8. Halle 793. Hendel. 16 gr

Große, Karl, das goldene Buch für Kinder; oder der lieben Jugend kleine Reisebibliothek. 1., 2. Bd. Reise des Dr. Frommhold u. seiner Familie nach dem gelobten Lande. Mit 2 Plänen u. 1 Abbild. 8. Eilenburg 846, 47. (Schreiber.) geb. à 12 ngr

Große, Carl, das goldene Buch für Kinder; oder der lieben Jugend kleine Reisebibliothek, enth. die merkwürdigen und lehrreichen Erzählungen zwölf verschiedener Reisen zu Wasser und zu Land. 1—4. Bd. 8. Eilenburg, Schreiber. à Bd. 12 Ngr.
Auch unter den Titeln:
Bd. 1., 2. Reise des Dr. Frommhold und seiner Familie nach dem gelobten Lande. 2 Thle. (VI und 358 S. mit 1 ill. Holzschn. und 1 lithogr. und ill. Karte.) 850.
3. Paulowsky, der Verbannte, oder Reiseabenteuer und lehrreiche Erzählungen während seiner Verbannung in Sibirien und Kamtschatka ꝛc. (192 S. mit 2 ill. Kpfrn. und 1 lithogr. und ill. Karte.) 850.
Bd. 4. Paulowsky, der Verbannte, oder Reiseabenteuer und lehrreiche Erzählungen während vielfacher Irrfahrten in Indien, Turkistan, Persien, den Kaukasus-Ländern und Arabien. (Zugleich des vorigen Bdes. Fortsetzung.) (155 S. mit 2 lithogr. Karten in 4.) 851.

GROSSE (Karl). Chlorinde. Aus den Papieren Don Juans. Von B. Mit Titelkupfer von Krethlow. Berlin, Fr. Maurer, 1796. 8°. 416 S.
Hayn-Gotendorf II, 687 (ohne nähere Angaben, demzufolge nicht gesehen). Goedeke V, 493, 22. Sehr selten.

Große, Karl, Denkmäler d. Reformation. M. 8 col. Abbild., Scenen aus Luthers Leben enth., nebst e. Zeittaf. u. d. kurzen Lebensbeschreibungen d. berühmtesten Reformatoren. Ein Festgeschenk, als Andenken u. Erinnerungsb. f. alle, welche d. so merkwürd. 300jähr. Jubelfeier d. Einführ. d. Reformat. erlebten. gr. 12. (9 B.) Leipzig 840, Polet. Thlr.
Beigegeben ist: Die Einführung d. Reformation in d. ehemal. Hrzgth. Sachsen ꝛc.

— der Dolch. 4 Thle. 8. Berl. 795. Maurers B. 1 ℛ 20 gr

Große, Karl, die Einführung d. Reformation in d. Mark Brandenburg u. d. jetz. Königr. Preußen überhaupt. (Mit d. Anh.: Zeittafel d. Reformationsgesch. u. kurze Lebensbeschreibn. d. berühmt. Reformatoren.) gr. 12. (2¾ B.) Leipzig 839, Polet.

—— die Einführung d. Reformation in d. ehemal. Hrzgth. Sachsen od. d. Landen albertin. Antheils. gr. 12. (1½ B.) Leipzig 839, Polet.
Vgl. oben, bess. Denkmäler d. Reformation.

Große, Karl, s. Erhabene, über das.

— üb. d. Erhabene. 8. Göttingen, Brose. 801.

Große, Karl, s. Erzählungen, vom Verfass. des Genius.

— Erzählungen, 2 Theile, mit Kupf. 8. Berlin, 793. Fr. Vieweg. 1 Rthl. 20 ggl.

— — vom Verfasser des Genius (von *Carl Grosse*). 2 Thle. Berlin 1793—94. 8°.
Goedeke V, 493, 14:

(—) Erzähll. u. Romane. 2 Thle. 12. Berl. 793 u. 794. (Vieweg in Braunschw.) 1 ₰ 16 gr

—— ausgewählte bibl. Erzählungen. Für d. reif. Jugend bearb. 2., unveränd. Ausg. Mit viel. Abbildn. (Holzschn.) 8. (22⅛ B.) Leipzig 838, Melzer.

Große, Karl, s. Erzählungen, morgenländ.

Erzählungen,

—, Morgenländische, nebst einigen Anmerkungen über den morgenländischen Roman zur Vorrede (von *Carl Grosse*). Berlin 1795.
Anon.-Lex. II. p. 63 (nach Kayser); Goedeke V, 493, 11, 20.

Große, Karl, s. Genius, Der.

v. Große, Karl Marq., der Genius. 1r Bd. N. Aufl. 8. Leipzig... Joachim. 1⅓ ₰

Der Genius, aus den Papieren des Marquis C. von G*. [d. i. Karl Grosse.] Bd 1—4. Halle: Hendel 1790. 1794. 8°**
TB. 78. Dieser Schauerroman gehört unter die Nachahmungen von Schillers Geisterseher.

Genius, der, aus den Papieren des Marquis C* von G**, von Große, 4 Theile, 8. Halle, 791/95. Hendel. 1 Rthlr. 13 ggl.

—— kurzgef. Geschichte d. Parteien-Krieges in Spanien v. 1833—1836. Nebst d. Constitut. v. 1812. 1. u. 2. Hft. 8. (6⅛ u. 6½ B. u. 2 Portr.) Leipzig 837, Zirges. à

—— kurze Geschichte d. Reformation u. der in ält. u. neuerer Zeit entstand. religiösen Sekten. gr. 12. (6 B.) Leipzig 839, Polet.

— Geschichte der Stadt Leipzig, von der ältesten bis auf die neueste Zeit. 1e—20e Lfrg. Mit 41 Ansichten. gr. 8. Leipzig 837—40. Polet. (à n. ¼ ₰) 5 ₰

— Geschichte der Stadt Leipzig von der ältesten bis auf die neueste Zeit. 21.—23. Liefg. (Mit Abbild.) gr. 8. Leipzig 840—42, Polet. à n. ¼ ₰

— dies. 2 Bde. Mit (21) Abbild. gr. 8. Ebend. 842. 5 ₰

Grosze, Karl, Geschichte d. Stadt Leipzig v. der ältesten bis auf d. neueste Zeit. Auf 80 Abb. u. Plänen n. alten u. selt. Stichen verm. Neudruck d. Ausg. v. 1842. 1.—22. Lfg. gr. 8. (1. Bd. X, 594 S. u. 2. Bd. S. 1—448.) Leipzig 897—898. Alwin Schmidt. à Lfg. n. — 50 (I. Bd. kplt. n. 6. —; geb. n. 7. 50; II. Bd. 1. Hälfte: n. 5. —; geb. n. 6. —)

Grosze, Karl, Geschichte der Stadt Leipzig von der ältesten bis auf die neueste Zeit. Auf 80 Abbildgn. u. Plänen nach alten u. seltenen Stichen verm. Neudruck der Ausg. v. 1842. 23.—30. Lfg. gr. 8. (2. Bd. VI u. S. 449—829.) Leipzig 899. Alwin Schmidt. à n. — 50; (2. Bd. 2. Hälfte n. 4. —; geb. n. 5. —; kplt. n. 15. —; geb. n. 18. —)

— s. Geschichte Ludwig Philipps I.

— Geschichte der spanischen Revolution von 1833. Nebst d. Constitution von 1812. 4 Hfte. Mit 1 Karte von Spanien. 8. Zwickau 837, 38. Laurentius. 1 ₰

—— Geschichte d. span. Revolution v. 1833. Nebst d. Constitut. v. 1812. 4 Hfte. M. 1 (ill.) Karte v. Spanien. 8. (24¾ B.) Zwickau 837, 38. [Grünberg, Levysohn.]

— d. Geschichte von d. Schweiz. 1r Bd. Mit 1 Kpf. 8. Halle 791. Hendel. 1 ₰

Grosze, Carl, Goethe u. Schwan in Teplitz 1813. Weimar 859. Kühn. 8. (15 S.) n. 3 ngr

Grosze, Carl, Grundriß der Kalkulation. Für die Hand der Schüler gewerbl. Fortbildungsanstalten. 1.—3., unveränd. Aufl. 8. (à 54 S.) Berlin-Carlshorst 901. 902. C. Grosse. Kart. n. — 80

Grosse, Carl, der neue Hauspoet. Gelegenheitsgedichte zu Polterabenden, Hochzeiten, Geburtstagen, Neujahr, Toasten, Tafelliedern, Stammbuchsversen rc. für Groß u. Klein. 8. (IV, 116 S.) Delitzsch 882. Pabst. n. 1. —

— Helim, od. über d. Seelenwanderung. 8. Zittau 789. Schöps. 16 gr

— Helim, od. üb. d. Seelenwanderung. 8. Zittau, Schöps. 793.

Grosse, Carl, die Kalkulation, s. 4. Lehrhefte f. den Unterricht an Handwerker- u. Gewerbeschulen.

Grosse C, die Kalkulation (Lehrhefte f. Handw.- u Gewerbesch. 1) Berlin 1894

Die Kalkulation. Leitfaden f. d. Unterricht an gewerbl. Schulen u. Hilfsbuch f. d. selbständigen Handwerker von Carl Grosse. 2. verm. u. verb. Aufl. *Berlin-Carlshorst: C. Grosse 1901.* (VI, 76 S.) 8° [F.]

Grosse, Carl, die Kalkulation. Leitfaden f. den Unterricht an gewerbl. Schulen u. Hilfsbuch f. den selbständigen Handwerker. 3., verm. u. verb. Aufl. (VII, 78 S.) 8. Berlin-Carlshorst 905. C. Grosse. Kart. n. 1. 20

Große, Karl, Karl XIV. Johann v. Schweden in seinem öffentl. u. Privat-Leben u. Wirken. Nach Quellen u. den besten Geschichtswerken gemeinfaßl. dargest. 4 Hfte. 8. (21 B. u. 4 Stnt.) Meißen 844, 45, Goedsche. à —

—— Karl XIV. Johann von Schweden in seinem öffentl. und Privat-Leben und Wirken. Nach Quellen und den besten Geschichtswerken gemeinschaftlich dargestellt. Neue vollständ. Ausg. 8. (378 S. und 4 Stnt.) Meißen 847, Goedsche. Thlr.

— das Leben im Reiche Gottes, oder: Geschichten aus der heil. Geschichte, von der Erschaffung der Welt bis zur Zerstörung Jerusalems. Ein Buch für alle denkende Christen, zuförderst aber für die reifere Jugend. Mit 42 engl. Original-Vignetten. 8. Leipzig 836. Zirges, jetzt Melzer. 1 Thlr., geb. 1 1/6 Thlr., engl. Einband 1 1/4 Thlr.

— Liebe u. Treue. 2 Thle. 8. Halle 796 u. 97. Hendel. 1 Thlr. 4 Gr.

— Magazin f. Naturgesch. d. Menschen, s. Magazin.

Große, Karl, s. Memoiren des Marquis v. G. . . .

MEMOIREN des Marquis von G***. Vom Verf. des Genius *(Carl Grosse)*. 2 Thle. Mit 2 Titelvignetten (der zu 1 frei, nach Pentzel von W. Arndt gestoch.). Berlin, Friedrich Vieweg d. ältere, 1792—95. 8⁰. Cplt. rar! 216 u. 157 S. (3 fl. 30 xr. Scheible; 4 Mk. Wilh. Koebner, Breslau, vor 1885; jetzt theurer!)

— spanische Novellen, 4 Theile, mit Kupf. 8. Daselbst, 794/96. Maurer. Holländisch Papier. 2 Rthl. 10 sgl.
Dasselbe Buch Schreibp. 2 Rthl.

— la Paliniere. 8. Halle 793. Hendel. 6 Gr.

— La Paliniero. 8. Halle ... Hendel. (Leipzia, Joachim.) 1/2 Thlr.

—— Peter d. Gr. in seinem Leben u. Wirken. Ein Beitr. z. Gesch. d. Wachsthumes u. d. Versittlichung d. russ. Reiches u. Volkes. 2 Bde. 8. (24 1/4 B. u. 8 Abbild.) Meißen 836. Goedsche.

—— dass. — Neue Ausg. in 8 Hftn. 8. (24 1/4 B. u. 10 Abbild.) Ebds. 840, 41. à 1/6 Thlr.

Reform der preussischen Rektoratschulen. Ein Vorschlag von Dr. Karl Grosse, Rektor in Hohenlimburg. *Bad-Ems: R. Sommer 1895.* (45 S.) 8° [F.] [93. 4019

Große, Karl, s. Ring, der zerbrochene.

RING, Der zerbrochene, eine interessante Geschichte (von *Karl Grosse*). Berlin 1797.

— kleine Romane, 4 Theile, 8. Halle, 794/95. Hendel. 3 Rthl. 18. sgl.

— kleine Romane. 4 Bde. 8. Ebend. 793—95. (1r u. 2r 2 Rthlr. 3r 20 gr. 4r 18 gr.)

— s. Rousseau's sämmtl. Werke.

Grosse, Carl Marchese von. Die Schweiz. [Mit Vignetten.] 2 Bände. 8. Halle 1791.
Band 1. [Mit 1 Porträt-Tafel.] 2 Theile. — Band 2: 2 Theile

— die Schweiz. 2 Bde, jeder in 2 Theilen. Mit 1 Kpf. u. Vign. 8. Halle 791. 92. Hendel. 2 Thlr. 8 Gr.

Grosse, Karl: Syntactische Studien zu Jean Calvin.... Giessen, C. v. Münchow, Univ.-Buch- u. Steindr., 1888; 61 + 1 S. 8⁰
Giessen, Phil. Fak., Inaug.-Diss. v. 1888

Grosse, Karl, syntactische Studien zu Jean Calvin. Diss. Giessen 1888, J. Rickersche Buchh. 8⁰. 61 S.

Große, Karl, s. Vargas v.: Aufsätze.

— Versuche. 2 Thle. 8. Weißenf. 798, 800. Neue Aufl. Leipz. 811. Hinrichs. 1 Thlr. 20 Gr.

—— die große Völkerschlacht bei Leipzig im J. 1813. Eine Erinnerungsschr. an Leipzigs Schreckenstage währ. ders. gr. 8. (5 1/8 B. u. 1 Plan v. Leipzig.) Leipzig 841, Polet. *
Aus dess., Gesch. d. Stadt Leipzig, besond. abgedruckt.

Große, Karl Fr., Ideen u. Materialien zur kirchl. allgemeinen Todtenfeier. 8. Leipz. 819. Lauffer. 16 Gr.

Grosse, Karl Gottlob

Grosse, Karl Glo., Briefe über d. Widerwärtigkeit d. Studirens. Gera 800. Haller. 8 Gr. (a. Centr.-Compt. in Leipz.) 12 Gr.

Große, Konstantin

Große, C., Mit Gott! Evangelisches Gebetbuch, enth. Morgen- u. Abendgebete auf alle Tage der Woche u. die kirchl. Feste, sowie f. die Kommunion, nebst Gebeten f. besond. Zeiten u. Lagen, ausgewählt aus den besten Büchern u. Gaben alter u. neuer Beter, aus Luther, Arndt, Scriver usw. u. vielen andern Gottesmännern. Vollständig neu bearb. (XX, 496 S. m. 4 Vollbildern) kl. 8. Konstanz (905). C. Hirsch.
Geb. in Halbleinw. n. 1. —; in Leinw. n. 1. 50; m. Goldschn. n. 1. 80; in Ldr. m. Goldschn. n. 2. 50

Die Alten Tröster. Ein Wegweiser in d. Erbauungslitteratur d. ev.-luth. Kirche d. 16. bis 18. Jhs ... Hrsg. von Constantin Grosse, Pastor in Sora b. Wilsdruff. (Vorr.: Fr. Hashagen.) *Hermannsburg: Missionsbuchh. in Komm. 1900.* (VI, 700 S.) 8° [F.] [00. 0357

Grosse, Kurd, Dolores; im Pfarrdorf, s.: Jugendschatz, deutscher.

— ich gratulire! Kleine Wünsche zu Neujahr u. Geburtstag. 8. (46 S.) Kattowitz 883. Siwinna. — 30

Grosse, Kurd, Kinder-Theater. 1—12. Hft. 8. Kattowitz 882. Siwinna. à n. — 50

1. Amoroso oder Ulrich, d. Jäger. Dramatisirtes Kindermärchen in einem Vorspiel, genannt: Prinzessin Entlein, u. 3 Akten. (31 S.)
2. Fragaria, die Erdbeerfee. Dramatisirtes Märchen f. Kinder, begrb. in 3 Akten u. einem Vorspiel, genannt: „Die Buschhexe". (31 S.)
3. Schloß Hohenburg od. das Täubchen. Romantisches Ritterlustspiel in 3 Akten. Mit freier Benutzung einer Erzählung f. Kindertheater bearb. (28 S.)
4. Hänsel u. Grethel, oder die gute u. die böse Fee. Dramatisirtes Kindermärchen in e. Vorspiel, genannt: „Im Geisterreich", u. 4 Akten. (30 S.)
5. Aschenbrödel. Dramatisirtes Märchen in 3 Akten u. 1 Nachspiel. (34 S.)
6. Der Vogel Phönix od. d. Prinzen Abenteuer. Dramatisirtes Märchen in 5 Akten u. 1 Vorspiel, genannt: „Bär u. Prinz". (39 S.)
7. Tischlein deck' dich, Esel streck dich, Knüppel aus dem Sack od. die drei Brüder. Dramatisirtes Märchen in 4 Akten u. e. Vorspiel, genannt: „Strafe muß sein". (32 S.)
8. Der gestiefelte Kater. Dramatisirtes Märchen in 4 Akten u. e. Vorspiel, genannt: „Das sonderbare Testament". (35 S.)

9. Dornröschen. Dramatisirtes Märchen in 4 Akten. [Für größere Kinder.] (30 S.)
10. Am Weihnachtsbaum oder die drei Haulemännchen. Orig.-Märchenspiel in e. Vorspiel, genannt: „Drei brave Kerlchen" u. 4 Akten. (33 S.)
11. Sneewittchen od. die 7 Zwerge. Dramatisirtes Märchen in einem Vorspiel, genannt: „Der Zauberspiegel" u. 5 Akten (37 S.)
12. Traugott Wächter, der Pferdehirt, oder die kleinen Helden. Schauspiel in 4 Akten nach einer Erzählung v. L. M. Fouqué. — Das letzte Heinzelmännchen. Märchenspiel in 1 Akt. (32 S.)

— Ludwig, s.: Jugendschatz, deutscher.

Grosse, Kurd, Prosit! Orig.-Scherze f. Polterabend, Hochzeit rc. 8. (V, 184 S.) Kattowitz 882. Siwinna. n. 1. —; in 4 Hftn. à n. — 40
1. Vorträge f. Damen. (46 S.)
2. Vorträge f. Herren. (46 S.)
3. Vorträge f. Kinder. (40 S.)
4. Kleine Aufführungen f. mehrere Personen. (56 S.)

— Onkel Puff, s. Jugendschatz, deutscher.

Grosse, Kurt [aus Berlin]: Ueber Muskelatrophie bei Tabes dorsalis ... Berlin, Buchdr. v. G. Schade, *1892;* 29 S., 1 Bl. 8.
Berlin, Med. Fak., Inaug.-Diss. v. 26. März 1892

Preisausschreiben d. Deutschen Militair-Musiker-Zeitung z. Hundertjahrfeier '(22. März 1897)' d. Grossen Kaisers Wilhelm I. Der Deutsche Soldat. Gedicht v. O. Moser. Musik v. L. Grosse. *Berlin: Deutsche Militair-Musiker-Zeitung [1898].* 2 Bl. 4. Ioo. 1370

Große, L., gesellige Unterhaltungen. 18 Bdchn. A. u. d. T.: Neueste Polterabendscherze u. Strohkranzreden. Mit 3 Musikbeilagen. 8. Stettin 833. Hessenland. 5/6 ₰ Jetzt Leipzig, Eisenach, u. d. Pr. 1/3 ₰ — 2e Aufl. 8. Ebd. 840. 5/8 ₰

Große, Loni, praktische Winke f. den Haushalt. Ein illustr. Nachschlagebuch, enth. Ratschläge f. alle Fragen des Hauswesens. Mit ausführl. Wortregister. (III, 400 u. XIX S. m. Bildnis.) gr. 8. Dresden (906). Dresdner Verlagsh. M. O. Groh. n. 3. 25; geb. n. 4. —

Große, Louis, Liederhort. Sammlung 2-, 3- u. 4stimm. Lieder u. Gesänge für Männerchor. Für Gymnasien, Realschulen etc. 3., verm. Aufl. (VI, 134 S.) 8. Leipzig (905). C. Glaser. Kart. n. 1. 50

Grosse, Louis, Winke u. Ratschläge f. Klavierschüler m. beigefügten Aussprüchen berühmter Meister. 16. (41 S.) Dresden 891. G. Naumann. n. — 60

Grosse, Louis, Winke u. Ratschläge f. Klavierschüler m. beigefügten Aussprüchen berühmter Meister. (Neue Ausg.) gr. 16. (41 S.) Berlin (901). O. Wernthal. — 60

Grosse, Ludwig [app. Arzt aus Köstritz, Reuss j. L. z. Z. Assistenzarzt am Karl Olga-Krankenh. zu Stuttgart]: Ein Beitrag zur Schädelknochen-Tuberkulose ... Stuttgart, Druck v. W. Kohlhammer, 1895; 25 S., 1 Bl. 8.
Leipzig, Med. Fak., Inaug.-Diss. v. [21. Okt.] 1895

Große, Ludw., Gedichte ernsten u. launigen Inhalts, nebst e. Anh. v. Predigten u. Reden. 8. (8¼ B.) Altenburg 841, (Pierer.)

Große, Ludw., Krankenpflege in Frage u. Antwort. (VII, 159 S. m. 15 Abbildgn.) 8. Stuttgart 910. F. Enke. 2.80; geb. in Leinw. n 3. 20

Grosse, Martha, wir Mädchen ... Gedichte in Prosa u. Versgedichte. Mit e. Vorw. v. Paul Keller. (XI, 108 S.) 8. Paderborn 909. F. Schöningh. Geb. in Leinw. 2. 80

Grosse, Martin, aus Oberstaucha i. S.: Die beiden Afrika-Forscher Johann Ernst Hebenstreit und Christian Gottlieb Ludwig, ihr Leben und ihre Reise. *Leipzig 1902: C. G. Naumann.* (87 S.) 8° ¶[Aus: Mitteil. d. Ver. f. Erdkunde zu Leipzig, 1901.]
Leipzig, Phil. Diss. v. [21. Febr.] 1902

Grosse, Matth., gehalt. Abdankungsreden b. Hochzeiten. 8. Tüb. Cotta. 752.

— Hochzeitreden. 8. Ebend. 756.

— Leichenreden. 8. Ebend. 748.

Grosse, Oskar

Grosse, Osk., die Beseitigg. d. Thurn u. Taxisschen Postwesens in Deutschland durch Heinrich Stephan. Nach amtl. Quellen. gr. 8. (IV, 131 S.) Minden 898. J. C. C. Bruns. n. 1. 25

Grosse, Otto [aus Erfurt]: Aus d. medicin. Klinik in Jena. Über den Einfluss hydrotherapeutischer Massnahmen auf den Stoffwechsel ... Jena, G. Neuenhahn Univ.-Buchdr., 1894; 30 S., 1 Bl. 8.
Jena, Med. Fak., Inaug.-Diss. v. [31. Okt.] 1894

— Die Erkrankgn der Harnorgane, s.: Arzt, der, als Erzieher.

Grosse, Otto, Alpenbad St. Leonhard, s.: Budinsky, Gust. B.

Grosse, Otto, Schutzmittel gegen Geschlechtskrankheiten. (18 S. m. 1 Abbildg.) gr. 8. Leipzig 905. Verlag der Monatsschrift f. Harnkrankheiten usw. n. — 80
Sonderabdruck aus: „Monatsschrift für Harnkrankh. u. sex. Hygiene".

Große, Otto, Dresden: Prinz Xaver von Sachsen und das sächsische Korps bei der französischen Armee. 1758—1763. Leipzig 1907 (Dresden: A. Schönfeld). (92 S.) 8°
Leipzig, Phil. Fak., Ref. Brandenburg-Seeliger, Diss. v. 27. Nov. 1907
[Geb. 3. Jan. 84 Dresden; Wohnort: Dresden; Staatsangeh.: Sachsen; Vorbildung: Drei-König-Sch. (Realgymn.) Dresden Reife O. 03; Studium: Leipzig 8 S.]

Grosse, Otto [aus Berlin]: Ueber Zusammensetzung und Ursache der Schornsteinniederschläge aus Glasfabriken ... Berlin, Druck v. E. Ebering, *1897;* 32 S., 1 Bl. 8.
Berlin, Phil. Fak., Inaug.-Diss. v. 24. Juli 1897

Große, P: Grifftabelle für Klarinette mit ausführlichen Erläuterungen der einzelnen Griffe nebst beigefügten Notenbeispielen sowie mit einer Anleitung zur Anfertigung des Klarinettenblattes. Leipzig (1894)

Grosse, P., Grifftabelle f. Klarinette m. ausführlichen Erläuterungen der einzelnen Griffe, nebst beigefügten Notenbeispielen sowie m. e. Anleitg. zur Anfertigg. des Klarinettenblattes. Ein Suppl. zu jeder Klarinettenschule. Neue Aufl. (18 S.) Lex.-8. Leipzig (905). C. Merseburger. n. — 90; Grifftabelle allein n. — 45

Große, R., Katechismus d. Kanarienzucht, s.: Lauener, C.

Große, Richard

— Durch List zum Ziel! od. Der imitierte Räuberhauptmann im Gasthaus zur „Bleiernen Ente", s.: Lustspiele.

Grohe, Rich., die Lindenwirtin, s.: Lustspiele.

— Meister Pascha od. Liebe kann alles, s.: Lustspiele.

Grosse, Robert, a. Hohenlimburg in Westfalen: Stephan Ritters Grammatica Germanica Nova (Marburg 1616). Marburg 1904: H. Bauer. (68 S.) 8°
Göttingen, Phil. Fak., Ref. Schröder, Diss. v. 19. Sept. 1904
[Geb. 25. Dez. 80 Hohenlimburg; Wohnort: Hohenlimburg; Staatsangeh.: Preußen; Vorbildung: Gymn. Hagen i. W. Reife O. 99; Studium: Bonn 2, Marburg 8 S.; Rig. 3. März 04.]

1810–1910. Beiträge z. Geschichte d. Oberlehrerstandes. Von Dr. Rudolf **Grosse**. Leipzig & Dresden: C. A. Koch 1910. 92 S. 8°

Grosse, Rud., General-Register, s.: Hettner, Herm., Literaturgeschichte d. 18. Jahrh.

Geschichte der Gr. Loge von Preussen gen. Royal York zur Freundschaft von Rud. Grosse. Als Ms. f. Frmr. gedr. Berlin [1909]: Denter & Nicolas. 96 S. 8°
cf. ArSt. 6 (1909) S. 172 (R. Grosse).
Als Anh. eine Geschichtstabelle. 25.

Große, Rudolf, Referendar in Dresden: Die Pflichten des Lagerhalters. Borna-Leipzig 1906: R. Noske. (VIII, 30 S.) 8° [F.]
Leipzig, Jur. Fak., Diss. v. 17. Nov. 1906
[Geb. 17. Aug. 76 Zwönitz; Wohnort: Dresden; Staatsangeh.: Sachsen; Vorbildung: Gymn. Torgau a. Elbe Reife O. 99; Studium: Leipzig 6 S.; Rig. 3. Juli 02.]

Grosse, R(udolf), aus Stendal: Das Postwesen in der Kurpfalz im 17. und 18. Jahrhundert. *Tübingen 1902: H. Laupp jr.* (68 S.) 8° ¶[— Volkswirtsch. Abhandl. d. bad. Hochschulen, Bd 5, H. 4.]
Heidelberg, Phil. Diss. v. 1902

Das Postwesen in der Kurpfalz im 17. und 18. Jahrhundert. Von R. Grosse. *Tübingen & Leipzig: J. C. B. Mohr 1902.* (VII, 67 S.) 8°
— **Abhandlungen, Volkswirtschaftliche,** d. Badischen Hochschulen. Bd 5, H. 4.

Grosse, Rudolf [aus Rheine i. Westf.]: Ueber Reduktionsprodukte des p-Brom- und p-Methyl-Azobenzols ... Heidelberg, Univ.-Buchdr. v. J. Hörning, 1895; 46 S., 1 Bl. 8.
Heidelberg, Naturw.-math. Fak., Inaug.-Diss. v. [10. Aug.] 1895

Grosse, Rudolf: Der Stil des Chrestien von Troies. Ein Beitrag zur Stilistik des altfranzösischen Kunstepos. (Separat-Abdruck aus den Französischen Studien herausgegeben von G. Körting und E. Koschwitz. Verlag von Gebr. Henninger in Heilbronn.) Altenburg, Pierer'sche Hofbuchdruckerei. Stephan Geibel & Co., 1881. 8. 31 S.

Grosse, Rud., der Stil d. Crestien v. Troies. Ein Beitrag der Stilistik des altfranzös. Kunstepos. [Aus: „Französ. Studien".] gr. 8. (81 S.) Heilbronn 882. Henninger. n. 1. —

Grosse, *Siegfried Paul* [aus München]: Ueber Metalltrennungen in einem Chlorwasserstoffstrome ... Heidelberg, Univ.-Buchdr. v. J. Hörning, 1897; 34 S., 1 Bl. 8.
Heidelberg, Naturw.-math. Fak., Inaug.-Diss. v. [7. Aug.] 1897

Grosse, T. Johannes: Geschichte der deutschen Evang.-Lutherischen Gemeinde zu Addison, Du Page Co, Illinois, zum 50jährigen Jubiläum. Chicago, 1888.

Große, T. Johs., Unterscheidungslehren d. hauptsächlichsten sich lutherisch nennenden Synoden, sowie d. namhaftesten Sectenkirchen in den Vereinigten Staaten von Nord-Amerika. Zusammengestellt im Auftrage der ev.-luth. Nord-Illinois-Pastoralconferenz. 8. (V, 132 S.) St. Louis, Mo. 889. (Dresden, H. J. Naumann.) cart. n. 1. —

Große, T. Johs., Unterscheidungslehren der hauptsächlichsten sich lutherisch nennenden Synoden, sowie der namhaftesten Sectenkirchen in den Vereinigten Staaten v. Nord-Amerika. Zusammengestellt im Auftrag der ev.-luth. Nord-Illinois-Pastoralconferenz. Rev. u. verm. Ausg. 8. (VI, 138 S.) St. Louis, Mo. 891. (Zwickau, Schriftenverein.) Geb. in Leinw. n. 1. 25

Große, T. Johs. Unterscheidungslehren d. hauptsächlichsten sich lutherisch nennenden Synoden, sowie der namhaftesten Sectenkirchen in d. Vereinigten Staaten v. Nord-Amerika. Zusammengestellt im Auftrag der ev.-luth. Nord-Illinois-Pastoralconferenz. 1. Ausg. (V, 132 S.) 889; 2. verm. u. rev. Ausg. 8. (VI, 188 S.) St. Louis Mo. 891. (Dresd., H. J. Naumann.) geb. * 1 25

Grosse, Theodor

Grosse's, Thdr., Fresco-Malereien in der östlichen Loggia des städtischen Museums zu Leipzig. Nach den Orig.-Cartons photographirt von F. Hecker in Dresden. Text von Max Jordan. (In 6—8 Liefgn.) 1—4. Liefg. Leipzig 865—70. A. Dürr. qu. Fol. (27 Blatt u. 9 S. Text.) [1—3. Liefg. à n. 5 ℛ 25 ngr.; 4. Liefg. n. 5 ℛ] n. 22 ℛ 15 ngr.

Grosse's, Thdr., Fresco-Malereien in der östlichen Loggia d. städtischen Museums zu Leipzig. Nach den Originalcartons photogr. v. F. Hecker in Dresden. Text v. Max Jordan. 5. Lfg. qu. Fol. (5 Bl. u. 1 Bl. Text.) Leipzig 872. A. Dürr. n. 12. 50

— dasselbe. 6. (Schluss-)Lfg. qu. Fol. (5 Bl. u. 1 Bl. Text.) Ebend. 873. n. 9. — (cplt.: n. 89. —)

Grosse, Thdr., Penaten, 8 Wandgemälde. In Lichtdr. ausgeführt v. Römmler & Jonas in Dresden. gr. 4. (2 Bl. Text.) Leipzig 874. A. Dürr. cart. Herabgesetzter Preis. n. 3. — (früher: n. 6. —)

Grosse, Thdr, Wandgemälde in der Aula der Fürsten- u. Landesschule St. Afra zu Meissen, s.: Pauwels, F.

Friedensverpflegungs-Tabelle. (Fr. V. T.) Hrsg. von T[raugott] Grosse, Geh. Kalkulator. *Berlin: E. S. Mittler & Sohn 1900.* (IV, 47 S.) 8° [F.]

Große, T., Friedensverpflegungs-Tabelle. (F. V. T.) 8. (114 S.) Berlin 902. E. S. Mittler & Sohn. Geb. in Wachstuch n.n. 1. 15

Grosse, Ulrich [app. Arzt]: Aus d. anatom. Institut zu Königsberg i. Pr. No. 6. Über Keratohyalin und Eleidin und ihre Beziehung zum Verhornungsprozesse ... Königsberg i. Pr., Druck v. M. Liedtke, 1892; 3 Bl., 55 S., 1 Bl. 8.
Königsberg, Med. Fak., Inaug.-Diss. v. 18. März 1892

Grosse, Ulr., üb. Keratohyalin u. Eleidin u. ihre Beziehung zum Verhornungsprozesse. Diss. gr. 8. (55 S.) Königsberg i/Pr. 892. (W. Koch.) n. 1. —

Große, Volkmar, Zeugnisse aus dem Leipziger Diakonissenhause. Predigten u. Reden. (63 S.) gr. 8. Leipzig 909. J. C. Hinrichs' Verl. 1. —

Grosse, W., der Äther u. d. Fernkräfte. M. bes. Berücksicht. d. Wellentelegraphie. gr. 8. (VI, 89 S. m. 17 Fig.) Leipzig 898. Quandt & Händel. n. 2. 25

Grosse, W., Ionen u. Elektronen. Eine kurze Darstellung der Entwicklg. u. Begründg. neuerer Anschauungen insbesondere der Ionentheorie. (V, 94 S. m. Fig.) 8. Leipzig 905. Quandt & Händel. n. 2. 25

Grosse, W., Unterhalt. Probleme u. Spiele in mathemat. Beleuchtg. 8. (V, 252 S. m. 176 Fig. u. 1 Taf.) Leipzig 897. Quandt & Händel. n. 5. 20

Große, W., Fürst Wolfgang der Standhafte von Anhalt. Ein Geschichtsbild zur 300jähr. Gedächtnißfeier des Augsburger Religionsfriedens. Dessau 855. Baumgarten u. Co. gr. 8. (94 S.) 15 ngr.

Grosse, Walther, Referendar: Die Erledigung des Rechtsstreits ohne Urteil. Berlin (1907): E. Ebering. (116 S.) 8°
Berlin, Jur. Fak., Ref. Hellwig, Diss. v. 8. Juli 1907
[Geb. 17. Aug. 84 Magdeburg; Wohnort: Berlin; Staatsangeh.: Preußen; Vorbildung: Luisenstädt. Gymn. Berlin Reife M. 02; Studium: Berlin 6 S.; Rig. 8. Juli 07.]

Grosse, Walt., Gedichte. (90 S.) 8. Berlin 906. (Leipzig, Krüger & Co.) Geb. in Leinw. n. 2. —

Grosse. Walt., ein Liebesopfer, } s. a. Weichert's Wochen-Bibliothek.

Ein Liebesopfer. Roman von Walter Grosse. Mit 3 Vollbildern. *Berlin: A. Weichert [1900].* (95 S.) 8° [F.]
= Wochen-Bibliothek, Weicherts. Bd 91. [02. 841

Grosse, Walter, Mutterliebe. Ein Märchen in Versen. 8. (42 S.) München 886. Merhoff. n. 1. —; geb. n. 2. —

Grosse, Walter: Penelope, s.a. Weichert's Wochenbibliothek Bd. 90.

Penelope. Roman von Walter Grosse. Mit 3 Vollbildern. *Berlin: A. Weichert [1900].* (96 S.) 8° [F.]
= Wochen-Bibliothek, Weicherts. Bd 90. [02. 840

Schmetterlinge. Novelle von Walter Grosse. *Berlin: A. Weichert [1900].* (48 S.) 8° [F.]
= Welt, Alle. Bd 3. [02 1167

Die Stellung des Universalfideikommissars im Vergleich mit der Stellung des Nacherben. Von Walther Grosse. Leipzig: A. Deichert 1905. (76 S.) 8° [05. 1013 B

Fremder Wille. Kriminal-Erzählung von Walter Grosse. *Berlin: A. Weichert [1900].* (48 S.) 8° [F.]
= Welt, Alle. Bd 16 [02. 1178

Wuchergold. Novelle von Walter Grosse. *Berlin: A. Weichert [1900].* (48 S.) 8° [F.]
= Welt, Alle. Bd 27. [02. 1189

Große, Wilhelm: Gedanken Schopenhauers über Erziehung und Unterricht. Hamburg 1909: Hirt. 64 S. 8°
Hamburg, R an d. Bismarckstr. OP 1909 (995) [S 09. 143

Grosse, Wilh., Gelebtes u. Gedachtes. 2. Aufl. (112 S.) 8. Bremen 908. H. Drewes. 1, 20

Grosse, Wilhelm, aus Zwickau i. S.: John Crowes Komödien und burleske Dichtung. *Lucka S.-A. 1903: R. Berger.* (116 S.) 8°
Leipzig, Phil. Diss. v. 1903

Große, W., Leitfaden der Erdbeschreibung für Töchterschulen. 1. Lehrgang. 8. (3½ B.) Halle 842, Knapp.

Grosse, Wilhelm: Nachricht von der Herzogl. Töchterschule zu Dessau. Einladungsschrift z. Jubelfest d. 50jähr. Bestehens dieser Anstalt a. 3. Okt. 1836. — Dessau (1836): Fritsche. 27 S. 8°(4°)

Grosse, Wilhelm [aus Hannover]: Über Polarisationsprismen .... Hannover, Schrift u. Druck v. Fr. Culemann, 1886; 2 Bl. + 72 S. u. 2 Taf. 8°.
Kiel, Phil. Fak., Inaug.-Diss. v. 10. März 1887.

Grosse, W., die gebräuchlichen Polarisationsprismen m. besond. Berücksicht. ihrer Anwendung in Photometern. Mit 2 Taf. gr. 8. (III, 72 S.) Clausthal 887. Grosse. n. 1. 60

Große, Wilhelm Leopold

Große, Wilh. Leop., der 8. Artikel nach dem kleinen lutherischen Katechismus in 12 Katechesen, s.: Kretschmar, K. Th.

Große, W. L., kirchliche Gemeinschaftspflege. Vortrag beim Jahresfest des Ephoralvereins Dresden-Land f. innere Mission, am Sonntag Exaudi 1901 in Loschwitz geh. 8. (23 S.) Leipzig 902. F. Jansa. n. — 30

Große, Wilh. Leop., s. Große, Gust. Friedr.

— ich u. mein Haus wollen dem Herrn dienen. Drei Predigten über Ehescheidungen, Ehestand u. Erziehung, in der Trinitatiszeit 1880 geh. gr. 8. (47 S.) Dresden 882. J. Naumann in Comm. n. — 50

Große, Wilh. Leop., Weiherede bei der am 22. Juni 1877 erfolgten Einweihung des neuen Gottesackers in Markranstädt gehalten. gr. 8. (15 S.) Markranstädt 877. Leipzig, [Böhme und Drescher.] Böhme. (* 30 Pf.) *

Grosse, William, aus Oberstaucha: Die Entwicklung des Küstenbegriffs mit einem Anhange über die Gliederungsverhältnisse an Korallenküsten. *Leipzig 1904: C. G. Naumann.* (80 S.) 8°
Leipzig, Phil. Diss. v. 1904

Grosse-Allermann, Wilhelm: Studien über Amoeba terricola Greeff. Marburg i. H. 1909: (Lippert, Naumburg a. S.). 58 S. 8° ¶ (Aus: Archiv f. Protistenkunde. Bd 17, H. 3.)
Marburg, Phil. Diss. v. 11. Okt. 1909, Ref. Korschelt
[Geb. 15. Sept. 85 Elberfeld; Wohnort: Berlin; Staatsangeh.: Preußen; Vorbildung: Oberrealsch. Elberfeld Reife O. 04; Studium: Göttingen 1, Berlin 1, Marburg 8 S.; Rig. 5. Mai 09.] [U 10. 3357

Große-Bohle, A., ebene Trigonometrie zum Gebrauche an Landwirtschaftsschulen, höheren Bürgerschulen u. ähnlich organisierten Anstalten, sowie auch zur Selbstbelehrg. Mit 50 in den Text gedr. Abbildgn. gr. 8. (III, 55 S.) Freiburg i/Br. 885. Herder. n. — 90

Grosse-Bohle, Adam

Grosse-Bohle u. C. Heppe. Vaterländische Geschichte. 1. Tl. Für die Mittelstufe der Volksschule. 3. Tausend. 8. (42 S. m. 1 Bildnis.) Arnsberg 892, Stahl. * — 25

Grosse-Bohle u. C. Heppe, vaterländische Geschichte. 2 Tle. 8. Arnsberg 894. J. Stahl. n.n. — 70
1. Für die Mittelstufe der Volksschule. 7. Aufl. (42 S.) 894. n.n. — 25. — 2. Für die Oberstufe der Volksschule. 4. Aufl. (83 S.) 893. n.n. — 45.

- - Dass. Ausg.A.Für kath.Schulen. Ebda.
1. 14.Aufl.1895.
2. 9.Aufl.1895.

[F.] Vaterländische Geschichte. Hrsg. v. Dr. Grosse-Bohle u. C. Heppe. Ausg. A. T. 1. 2. *Arnsberg: J. Stahl 1897.*
Ausg. A. Für katholische Schulen.
1. Für d. Mittelstufe der Volksschule. 21. Aufl. 1897. (44 S.)
2. Für d. Oberstufe der Volksschule. 15. Aufl. 1897. (86 S., 1 Bl.)

Grosse-Bohle u. C. Heppe, Vaterländische Geschichte. 2. Tle. Ausg. A. Für kathol. Schulen. 8. Arnsberg 898. J. Stahl. n. — 65
1. Für d. Mittelstufe d. Volksschule. 25. Aufl. 102. Taus. (44 S. m. 1 Bildn.) n. — 25
2. Für d. Oberstufe d. Volksschule. 19. Aufl. 75. Taus. (85 S. m. 1 Bildn. u. Schlachtenplänen.) n. — 40

Vaterländische Geschichte. Hrsg. von Schulrat Dr. [Adam] Grosse-Bohle u. C. Heppe. Ausg. A. Für d. kath. Schulen d. Reg.-Bez. Arnsberg. T. 1. 2. *Arnsberg: J. Stahl 1899.* 2 Bde 8° [F.]
1. Für d. Mittelstufe d. Volksschule. 28. Aufl.
2. Für d. Oberstufe d. Volksschule. 22. Aufl. [00. 3396 G

Vaterländische Geschichte. Für d. Mittelstufe d. Volksschule. Hrsg. von Dr. [Adam] Grosse-Bohle u. C[arl] Heppe. Ausg. A. Für d. kath. Schulen d. Reg.Bez. Arnsberg. 40. Aufl. T. 1. *Arnsberg: J. Stahl 1901.* 8° [F.] [02. 1673 G

Grosse-Bohle, u. C. Heppe, vaterländische Geschichte. 2 Tle. Ausg. A. Für die kathol. Schulen des Reg.-Bez. Arnsberg. gr. 8. Arnsberg 902. J. Stahl. n. — 80
1. Für die Mittelstufe der Volksschule. 44. Aufl. (173–176. Taus.) Mit 27 Abbildgn.) (48 S.) n. — 30
2. Für die Oberstufe der Volksschule. 32. Aufl. (125.—128. Taus.) Mit 63 Abbildgn., 5 Schlachten- u. 2 Feldzugsplänen u. 4 Kärtchen, das allmähl. Wachstum des preuß. Staates darstellend. (112 S.) n. — 50

Vaterländische Geschichte. Für d. Mittelstufe d. Volksschule. Hrsg. von [Adam] Grosse-Bohle u. C[arl] Heppe. Ausg. A. Für d. kath. Schulen d. Reg.Bez. Arnsberg. Mit Abb. T. 1. 2. *Arnsberg: J. Stahl 1902.* 2 Bde 8° [F.]
1. 47. Aufl.
2. 35. Aufl. Mit 5 Schlachten- u. 2 Feldzugspl. u. 4 Kärtchen.

Grosse-Bohle, u. C. Heppe, vaterländische Geschichte. Ausgabe A. Für die kathol. Schulen der Reg.-Bezz. Arnsberg u. Düsseldorf. 2 Tle. 8. Arnsberg 906. J. Stahl. n. — 80
1. Für die Mittelstufe der Volksschule. 66. Aufl. (253—264. Taus.) Mit 27 Abbildgn. (48 S.) n. — 30
2. Für die Oberstufe der Volksschule. 52. Aufl. (197—203. Taus.) Mit 63 Abbildgn., 5 Schlachten- u. 2 Feldzugsplänen u. 4 Kärtchen, das allmähl. Wachstum des preuß. Staates darstellend. (112 S.) n. — 50

Vaterländische Geschichte. Hrsg. von Dr. [Adam] Grosse-Bohle u. C[arl] Heppe. Ausg. A. Für d. kath. Schulen d. Reg.Bez. Arnsberg u. Düsseldorf. Mit Abb. T. 1. 2. Arnsberg: J. Stahl 1907. 2 Bde 8° [F.]
1. Für d. Mittelstufe d. Volkssch. (67.–)74. Aufl.
2. Für d. Oberstufe d. Volkssch. Mit 3 Schlachten- u. 2 Feldzugspl. u. 4 Kärtchen. 54.–56. Aufl. [08. 720 G

Grosse-Bohle, u. C. Heppe, vaterländische Geschichte. Ausg. A. Für die kathol. Schulen der Reg.-Bezz. Arnsberg u. Düsseldorf. 2 Tle. 8. Arnsberg 909. J. Stahl. — 80
1. Für die Mittelstufe der Volksschule. 87. u. 88. Aufl. (345—352. Taus.) Mit 27 Abbildgn. (48 S.) — 80
2. Für die Oberstufe der Volksschule. 70. u. 71. Aufl. (277—284. Taus.) Mit 63 Abbildgn., 5 Schlachten- u. 2 Feldzugsplänen u. 4 Kärtchen, das allmähl. Wachstum des preuß. Staates darstellend. (112 S.) — 50

— — dasselbe. Ausg. B. Für evang. Schulen bearb. v. H. Schreff. 8. Ebd. 894. 1.u.2.Aufl. n. — 70
1. Für die Mittelstufe der Volksschule. (IV, 44 S.) n. — 25. — 2. Für die Oberstufe der Volksschule. (89 S. m. Schlachtenplänen.) n. — 45.

- - dass. Ausg.B. Ebda.1895.
1. 4.Aufl.
2. 3.Aufl.

— — dasselbe. (2 Tle.) Ausg. B. Für evang. Schulen. Bearb. v. H. Schreff. 8. Ebd. n.n. — 70
1. F. d. Mittelstufe d. Volksschulen. 12. Aufl. 46. Taus. (44 S. m. 1. Bildn.) 898. n.n. — 25
2. 5. Aufl. 18. Taus. (91 S.) 897. n.n. — 45

—— Ausg. B. Für evangel. Schulen. Bearb. v. H. Schreff.
1. ... 10. Aufl. 1898. (44 S.)
2. ... 6. Aufl. 1897. (90 S., 1 Bl.)

Grosse-Bohle, Adam u. Carl Heppe: Vaterländische Geschichte. Ausg. B. Für ev. Schulen. Bearb. von H. Schreff. Arnsberg: J. Stahl 8°
1. Für d. Mittelstufe d. Volksschule. 16. Aufl. 1899. 24. Aufl. 1901.
2. Für d. Oberstufe d. Volksschule. 9. Aufl. 1899.

Vaterländische Geschichte. Für d. Mittelstufe d. Volksschule. Hrsg. von Dr. [Adam] Grosse-Bohle u. C[arl] Heppe. Ausg. B. Für ev. Schulen. Bearb. von H. Schreff. Mit Abb. T. 1. 2. *Arnsberg: J. Stahl 1901–02.* 2 Bde 8° [F.]
1. 27. Aufl. 1902.
2. 14. Aufl. Mit 5 Schlachten- u. 2 Feldzugspl. u. 4 Kärtchen. 1901.

— — dasselbe. Ausg. B. Für evangel. Schulen. Bearb. v. H. Schreff. 2 Tle. gr. 8. Ebd. 902. n. — 80
1. Für die Mittelstufe der Volksschule. 27. Aufl. (109.—112. Taus.) Mit 27 Abbildgn. (47 S.) n. — 30
2. Für die Oberstufe der Volksschule. 15. Aufl. (57.—60. Taus.) Mit 67 Abbildgn., 5 Schlachten- u. 2 Feldzugsplänen u. 4 Kärtchen, das allmähl. Wachstum des preuß. Staates darstellend. (116 S.) n. — 50

— — dasselbe. Ausg. B. Für evangel. Schulen. Bearb. v. H. Schreff. 2 Tle. 8. Ebd. 906. n. — 80
1. Für die Mittelstufe der Volksschule. 41. Aufl. (161—176. Taus.) Mit 27 Abbildgn. (47 S.) n. — 30
2. Für die Oberstufe der Volksschule. 22. Aufl. (85—92. Taus.) Mit 67 Abbildgn., 5 Schlachten- u. 2 Feldzugsplänen u. 4 Kärtchen, das allmähl. Wachstum des preuß. Staates darstellend. (116 S.) n. — 50

Vaterländische Geschichte. Hrsg. von D. [Adam] Grosse-Bohle u. C[arl] Heppe. Ausg. B. Für evang. Schulen. Bearb. von Schulrat H. Schreff. Mit Abb. T. 1. 2. Arnsberg: J. Stahl 1906–07. 2 Bde 8° [F.]
1. Für d. Mittelstufe d. Volkssch. 44.(–55.) Aufl. 1907.
2. Für d. Oberstufe d. Volkssch. Mit 5 Schlachten- u. Feldzugspl. u. 4 Kärtchen. 22. (u. 23.) Aufl. 1906. [08. 721 G

— — dasselbe. Ausg. B. Für evangel. Schulen. Bearb. v. H. Schreff. 2 Tle. 8. Ebd. 909. — 80
1. Für die Mittelstufe der Volksschule. 54. u. 55. Aufl. (213—220. Taus.) Mit 27 Abbildgn. (47 S.) — 30
2. Für die Oberstufe der Volksschule. 27. Aufl. (105—108. Taus.) Mit 67 Abbildgn., 5 Schlachten- u. 2 Feldzugsplänen u. 4 Kärtchen, das allmähl. Wachstum des preuß. Staates darstellend. (116 S.) — 50

Grosse-Bohle, Adam u. Carl Heppe: Vaterländische Geschichte. Ausg. C. Für kath. Schulen. T. 1. 2. Arnsberg: J. Stahl 1895. 8°.
1. Für d. Mittelstufe d. Volksschule. 12. Aufl.
2. Für d. Oberstufe ... 8. Aufl.

— — dasselbe. (2 Tle.) Ausg. C. Für kathol. Schulen. 8. Ebd. n.n. — 80
1. F. d. Mittelstufe d. Volksschule. 27. Aufl. 109. Taus. (43 S. m. 1. Bildn.) 898. n.n. — 40
2. 13. Aufl. 49. Taus. (88 S.) 897. n.n. — 40

—— —— Ausg. C. Für kathol. Schulen.
1. ... 19. Aufl. 1897. (43 S.)
2. ... 13. Aufl. 1897. (85 S.)

Grosse-Bohle, Adam u. Carl Heppe: Vaterländische Geschichte. Ausg. C. Für kath. Schulen. Arnsberg: J. Stahl 8⁰
1. Für d. Mittelstufe d. Volksschule. 30. Aufl. 1899. – 42. Aufl. 1901.
2. Für d. Oberstufe d. Volksschule. 20. Aufl. 1899.

Vaterländische Geschichte. Für d. Mittelstufe d. Volksschule. Hrsg. von Dr. [Adam] Grosse-Bohle u. C[arl] Heppe. Ausg. C. Für kath. Schulen. Mit Abb. T. 1. 2. *Arnsberg: J. Stahl 1902.* 2 Bde 8° [J.]
1. 45. Aufl.
2. 33. Aufl. Mit 5 Schlachten- u. 2 Feldzugspl. u. 4 Kärtchen.

— — dasselbe. Ausg. C. Für kathol. Schulen. 2 Tle. gr. 8. Ebd. 902. n. — 80
1. Für die Mittelstufe der Volksschule. 40. Aufl. (181.—184. Taus.) Mit 27 Abbildgn. (47 S.) n. — 30
2. Für die Oberstufe der Volksschule. 33. Aufl. (129.—132. Taus.) Mit 63 Abbildgn., 5 Schlachten- u. 2 Feldzugsplänen u. 4 Kärtchen, das allmähl. Wachstum des preuß. Staates darstellend. (112 S.) n. — 50

— — dasselbe. Ausg. C. Für kath. Schulen. 2 Tle. 8. Ebd. 906. n. — 80
1. Für die Mittelstufe der Volksschule. 69. Aufl. (265—270. Taus.) Mit 27 Abbildgn. (47 S.) n. — 30
2. Für die Oberstufe der Volksschule. 54. Aufl. (209—216. Taus.) Mit 63 Abbildgn., 5 Schlachten- u. 2 Feldzugsplänen u. 4 Kärtchen, das allmähl. Wachstum des preuß. Staates darstellend. (112 S.) n. — 50

— — dasselbe. Ausg. C. Für kathol. Schulen. 2 Tle. 8. Ebd. 909. — 80
1. Für die Mittelstufe der Volksschule. 85 u. 86. Aufl. (337—344. Taus.) Mit 27 Abbildgn. (47 S.) — 30
2. Für die Oberstufe der Volksschule. 72 u. 73. Aufl. (285—292. Taus.) Mit 63 Abbildgn., 5 Schlachten- u. 2 Feldzugsplänen u. 4 Kärtchen, das allmähl. Wachstum des preuß. Staates darstellend. (112 S.) 50

Grosse-Bohle, u. E. Heppe, vaterländische Geschichte. Ausgabe D. Für evangel. Schulen der Rheinprovinz. Bearb. v. H. Schreff. 2 Tl. 8. Arnsberg, J. Stahl. n.n. — 50
Für die Oberstufe der Volksschule. 22. Aufl. (85—88. Taus.) Mit 67 Abbildgn., 5 Schlachten- u. 2 Feldzugsplänen u. 4 Kärtchen, das allmähl. Wachstum des preuß. Staates darstellend. (116 S.) 905.

— — dasselbe. Ausg. D. Für evangel. Schulen der Rheinprovinz. Bearb. v. H. Schreff. 2. Tl. Für die Oberstufe der Volksschule. 23. Aufl. (89—92. Taus.) Mit 67 Abb., 5 Schlachten- u. 2 Feldzugsplänen u. 4 (farb.) Kärtchen, das allmähl. Wachstum des preuß. Staates darstellend. (116 S.) 8. Ebd. 910. — 50

Grosse-Bohle, Adam, über das optische Verhalten des Sonarmontits u. der regulären arsenigen Säure. Inaugural-Dissertation. Mit 4 (lith.) Taf. gr. 8. (31 S.) Lüdinghausen 880. Rademann. n. 2. —

Grosse-Bohle, Hubert, aus Wiedenbrück: Beiträge zur Frage der Selbstreinigung der Gewässer. Mit 2 Taf. *Arnsberg: J. Stahl 1900.* (68 S.) 8°
Münster, Phil. Diss. v. [6. Febr.] 1900

Grosse-Brauckmann, Emil: De compositione Pastoris Hermae. Gottingae 1910: Dieterich. 69 S. 8°
Göttingen, Phil. Diss. v. 7. Juni 1910, Ref. Pohlenz, Leo
[Geb. 31. Jan. 87 Flierich; Wohnort: Flierich; Staatsangeh.: Preußen; Vorbildung: Gymn. Gütersloh Reife O. 05; Studium: Freiburg i. B. 1, Berlin 3, Göttingen 5 S.; Rig. 3. März 10.] [U 10. 1417

Grosse-Leege, Ernst [aus Haus Brüggen '(Westf.)']: Über den Einfluss der Blutentziehung auf den Zuckergehalt im Blut ... Würzburg, J. M. Richter's Buch- u. Kunstdr., 1893; 36 S. 8.
Würzburg, Med. Fak., Inaug.-Diss. v. 1893

Grosse-Schoenepauck, Heinrich, approb. Arzt aus Glane (Hann.): Über die Deckung von Defekten in der vorderen Trachealwand nach Tracheotomie und die operative Beseitigung von narbigen Luftröhrenverengerungen. *Greifswald 1901: F. W. Kunike.* (26 S.) 8°
Greifswald, Med. Diss. v. 2. Mai 1901

Große-Weischede, August

[J.] Grubenklänge. Männerchöre f. bergmänn. Vereine v. A. Grosse-Weischede. (Vorr.: [Otto] Taeglichsbeck, Kgl. Berghauptm.) H. 1. *Bochum: W. Stumpf 1897.* 8. [98. 8]

Große-Weischede, A., Grubenklänge. Männerchöre f. bergmänn. Vereine. 1. Hft. 12. (VIII, 90 S.) Bochum 897. W. Stumpf. Geb. n. 1. —

Große-Weischede, A., Grubenklänge. Männerchöre f. bergmänn. Vereine. 2. Hft. 12. (VIII u. S. 91—179.) Bochum 898. W. Stumpf. n. — 75
1. Hft. Ebd. 897. n. 1. —.

Große-Weischede, A., Grubenklänge. Männerchöre f. bergmännische Vereine (nebst e. Anh. v. Volks- u. Gesellschaftsliedern.) 3. Aufl. (X, 250 S.) kl. 8. Bochum 906. A. Stumpf. Geb. n. 1. 50

Grosse-Weischede, A., Orgelbau, Orgelton u. Orgelspiel. (VI, 183 S. m. Abbild.) gr. 8. Bochum 910. W. Stumpf. 4. —

Grosse-Weischede, Heinrich, Gerichtsassessor: Der Teilbesitz nach § 865 des B.G.B. Borna-Leipzig 1905: R. Noske. (VII, 49 S.) 8°
Rostock, Jur. Fak., Ref. Matthiass, Diss. v. 5. Febr. 1905
[Geb. 27. März 75 Bochum; Wohnort: Haspe i. Westf.; Staatsangeh.: Preußen; Vorbildung: Gymn. Bochum Reife O. 96; Studium: München 2, Kiel 2, Göttingen 2 S.; Rig. 9. Juni 04.]

Grösse, Die entblösste, des Hrn Pastors W. O. O. 1757. V: *Koltitz, August Gottlob Friedrich.* (ML)

Friedrichs Gröse ein Gedicht. Von J. C. F. o. J.

Friederichs Grösse. Eine Kantate, aufgeführt bey den Freymäurern der Loge zu den drey Weltkugeln. Berlin, den 2. Sept. 1777. [Berlin 1777]: Decker. 8 S. 8⁰ [Umschlagtit.]
(Sammlung neuer Frmr-Reden. [1, 7.])
cf. Frmr-Bibliothek. 1 (1778) S. 173—174; 2. Aufl. 1782; 3. Aufl. 1792.
Kl. 957. Ohne Noten: „Heil unsrer Maurerey!" Singende Personen: 1. D. Tapferkeit. 2. D. Gerechtigkeit. 3. D. Güte. 4. Preussens Genius. 23. 25.

Friedrichs des Einzigen wahre Grösse in der Menschheit. Einer, dem Andenken des verewigten Monarchen geweiheten, freymäurerischen Trauer-Versammlung vorgehalten, von einem S. O. M. den 21. Sept. 1786. Breslau [1786]: Grass. 14 S. 8⁰ [Umschlagtit.] 232.

Größe des Geistes und Güte des Herzens. Eine Skizze zum Bilde eines großen Mannes. Rede, gehalten in der L. der vollkommnen Einigkeit zu L[udwigsburg]. 1778. 9 S. 8⁰
Kl. 1004.

Grösse und Mannigfaltigkeit, Die, in den Reichen der Natur und Sitten . . . Altd. 1766. V: *Will, Georg Andreas.* (ML)

Grösse und Verfall der Handlung und des Wohlstandes in Norddeutschland. Von G. N. von H****. Braunschweig 1814. gr. 8. . . . . (HC)

Größe u. Verfall d. Handlung u. d. Wohlstandes in Norddeutschland. gr. 8. Braunschw. 814. Vieweg. 6 gr

(G. N. von H . . . .): „Grösse und Verfall der Handlung und des Wohlstandes in Norddeutschland 1814", Frankfurt und Leipzig 1815. — Vorh.: Com. Bibl. Hamburg.

— über die, u. d. Verfall d. Osmanischen Reichs. 8. Nürnb. 783. Grattenauer. 12 gr

Grösse und Einigkeit, Des deutschen Volkes, in seinen geistigen Heroen Friedrich von Schiller und Alexander von Humboldt. Zwei vaterländische Gedichte zur Feier von Friedrich Schillers 100jährigem Geburtstage am 10. November 1859. Zum Besten der Schleswig-Holsteiner. Von einem deutschen Vaterlandsfreunde. Darmstadt 1859. V: *Maurer, Georg Philipp.* (Herman Haupt, Hessische Biographien. Darmstadt 1918. I, 13)

Größe, des deutschen Volkes, u. Einigkeit in seinen geistigen Heroen Frdr. v. Schiller u. Alex. v. Humboldt. Zwei vaterländische Gedichte zur Feier von Frdr. v. Schillers 100jährigem Geburtstage am 10. Novbr. 1859. Darmstadt, Zernin. gr. 8. (7 S.) n. 2 ngr.

Grösse, Die wahre, eine Weihnachtsbetrachtung; a. d. Franz. ... [Halberstadt 1798.] V: *Le Brun.* Ü: *Fischer, Gottlob Nathanael.* (ML)

Grösse, Die wahre, eines Fürsten. Wien 1782. V: *Mieg, Joh. Fch.* (wrztg 1782, Beil. bei Nr. 67, Bücherverzeichnis Schönfeld) (Geissau, Verzeichniss, S. 29) (BIBLPORT)

Die wahre **Grösse** eines Helden wurde in einer Rede, welche an dem feyerlichen hohen Geburtsfeste Friederichs des Grossen, in der ger. und vollk. Freymäurer-Loge Philadelphia zu den drey goldnen Armen [in Halle] gehalten wurde, geschildert von dem Br. Redner. Im Jahr der Freymäurer 5763, den 24sten Jenner. Halle im Magdeburgischen: Hemmerde 1763. 20 S. 4⁰ [Umschlagtit.]
Auszug in: Bh. 9 (1866) S. 89—91.
cf. Maennel, R.: Vor 143 Jahren. 1887 S. 55—56.
Kl. 854, Tt. 2051. Selten. Verf. kann Joh. Daniel Siegfr. Leonhardi sein, oder auch Sam. Bernh. Friedr. John. Preist Friedrich d. Gr. Beigefügt eine Ode zum Lobe des Königs.

Grösse und Weisheit, Die, Gottes, aus der Betrachtung seiner Werke im Reiche der Natur. Nürnberg 1774. V: *Heppe, Johann Christoph.* (KY)

Größe, die, u. Weisheit Gottes, aus d. Betracht. seiner Werke im Reiche d. Natur, (von J. C. Heppe). 4 Bde. 8. Nürnb. 774, 75. Haufe. 1 rthl 16 gr

Großeinkaufs-Gesellschaft, die, deutscher Consumvereine m. beschränkter Haftung im Jahre 1901. Bericht über das 8. Geschäftsj. u. Protokoll der Verhandlgn. der 8. ordentl. General-Versammlg., abgeh. am 26., 27 u. 28. IV. 1902 zu Braunschweig. (Anh.: Protokoll der außerordentlichen Generalversammlg. am 7. IX. 1902 zu Halle.) (88 S.) 8. Hamburg (902). (Verlagsanstalt des Zentralverbandes deutscher Konsumvereine v. H. Kaufmann & Co.) n. — 20

— dasselbe im J. 1902. Bericht über das 9. Geschäftsj. u. Protokoll der Verhandlgn. der 9. ordentl. Generalversammlg., abgeh. am 19. u. 20. V. 1903 zu Dresden. (95 S.) 8. Ebd. 903. n. -- 20

— dasselbe im J. 1903. Bericht über das 10. Geschäftsj. u. Protokolle der außerordentl. Generalversammlg. vom 6. III. 1904 in Chemnitz u. der 10. ordentl. Generalversammlung vom 15. u. 16. VI. 1904 in Hamburg. (79 S.) 8. Ebd. 904. n. — 20

Großeinkaufs-Gesellschaft, die, deutscher Consumvereine m. b. H., Hamburg, im J. 1905. Bericht üb. das 12. Geschäftsj. u. Protokoll der 12. ordentl. Generalversammlg. in Stettin am 21. VI. 1906. (85 S.) 8. Hamburg 906. Verlagsanstalt des Zentralverbandes deutscher Konsumvereine v. H. Kaufmann & Co. — 20

Grossel, J. N.

— Reden über d. Leiden u. Sterben Jesu Christi. gr. 8. Bresl. u. Hirschb. 790.

Grossel, J. N., die Sünde, als die Ursache d. Leidens u. Todes Jesu Christi, in Fastenbetrachtt. gr. 8. Bresl. u. Hirschb. 790.

Grössel, Altes u. Neues aus Pegau, s.: Dillner.

Grössel. Alb., haben Sie etwas zu versollen. s.: **Rost**, Paul.

[F.] Die Mission und die evangelische Kirche im 17. Jahrhundert. Von Dr. Wolfgang Grössel. *Gotha: F. A. Perthes 1897.* (X, 235 S.) 1 Bd 8. [97. 6330

Grössel, *Paulus* Wolfgang *Friedrich:* Die Stellung der lutherischen Kirche Deutschlands zur Mission im 17. Jahrhundert ... Leipzig-R., Druck v. O. Schmidt, 1895; 59 S. 8.
Leipzig. Phil. Fak., Inaug.-Diss. v. [28. Juni] 1895

Grössel, Wolfg., Justinianus v. Welz, der Vorkämpfer der lutherischen Mission, s.: **Faber's**, Wilh., Missionsbibliothek.

Grossen, an die, 2 Briefe über d. bisher. Zustand von Frankreich; aus d. Französ. übersetzt u. mit Anmerkk. versehen (von C. G. Krause). 8. o. O. (Leipz.) 789. Schneider. 8 gl

Grossen, die sechs. Schauspiel in 5 Acten v. A. H. gr. 8. (94 S.) Karlsruhe 884. Reiff. n. 2. —

Grossen. Die G' der Krone Zürich. Bern 1867 s. [**Locher**, Friedrich].

Grossen, F[riedrich]. Die Arbeit an jugendlichen Verbrechern und Verwahrlosten. Referat für den V. deutsch-schweizerischen Instruktionskurs für kirchliche Liebesthätigkeit, 14.—17. Okt. 1901 in Aarau. 16 S. 8. [Zürich, J. Leemann, 1901.]

Grossen, Friedrich. Les lois de certains Etats prévoyant la détention pour une certaine catégorie de délinquants mineurs, quel est le régime à leur appliquer? Les condamnés mineurs doivent-ils être mis en cellule pour toute la durée de leur peine ou pour une partie seulement? Rapport présenté par F' G', ... Trachselwald ‹Suisse›. 9 p. 8. [Berne, Stämpfli & Cie., 1904.]
Congrès pénitentiaire international de Budapest 1905. Travaux préparatoires. IVe Section, 8e Question.

Groessen, Oesterreichs parlamentarische. Ein Beitrag zur neuesten österreichischen Geschichte. Leipzig 1872. V: *Angerstein, Wilhelm.* (EB)

Grossenbacher, Hans, Tierarzt in Burgdorf: Untersuchungen über die Funktion der Milz. ‹Aus dem physiologischen Institut der Universität Bern.› [Mit sechs Figuren im Text.] Berlin 1910. IV + 43 S. und eine Tafel. 8°. [13. V. 10.]
Bern, Vet. med. Diss. 1909/10.

Grossenbacher, Hans Untersuchungen über die Funktion der Milz. Aus dem physiologischen Institut der Universität Bern. Diss. Vet.-Med. Bern. (Mit 6 Figuren im Text und 1 Tafel.) IV + 43 S. 8. Berlin, Julius Springer. 1910.

Grossenbehringen [Schlagwort]

Grossenbehringen, s.: **Geologische Karten. Preussen.** 138.

Grossenhain [Schlagwort]

Grossenhain, s.: **Deutschland.** Grundkarte. Karte (Abt. Sachsen). — **Sachsen.** Messtischblätter.

Grossenhain. Krausse, Max, Heimatatlas der königl. Amtshauptmannschaft Grossenhain. (5 farb. Bl.) gr. 4. Riesa (903). J. Hoffmann. n. — 60

— — Heimatkarte der kgl. Amtshauptmannsch. Grossenhain. 1 : 25,000. 4 Blatt à 79×100,5 cm. Farbdr. Ebd. (903). n.n 19. —; auf Leinw. n.n. 25. —

Grossenkneten [Schlagwort]

Grossenkneten, s.: **Preussen.** Messtischblätter.

Grossenlüder [Schlagwort]

Grossenlüder, s.: **Preussen.** Messtischblätter.

Grössentableau der neuen deutsch-österreichischen Papierformate. Entworfen u. hrsg. vom Bureau d. Papierhandel in Brugg. Imp.-Fol. Brugg 876. (Aarau, Sauerländer.) n.n. 1. —

Grössenwahn, s.: **Gegen den Strom.**

Grössenwahn. Wien 1888. V: *Wengraf, Edmund.* (EB)

Der Grössenwahn, ein Zeichen unserer Zeit. *Paderborn: F. Schöningh 1900.* (S. 93–108.) 8° [F.]
— Broschüren-Cyclus f. d. kathol. Deutschland. Jg. 35, H. 6. [00. 6916

Grosser [Schlagwort]

Grosser Ozean, s.: **Physikalische Karten.**

Grosser Ozean, s.: **Schulwandkarten.**

Grosser Winterberg-Tetschen, s.: **Geolog. Karten** (Sachsen).

Grosser Winterberg. Karte vom Grossen Winterberge nach der Orig.-Zeichnung der ersten Landesvermessung v. J. 1782. Hrsg. v. dem Gebirgsverein f. die sächs. Schweiz. Photolith. 38×54 cm. Dresden 892. (Arnoldische Buchh.) n.n. — 50

Grosser Winterberg. Wünsche, E., Karte der Umgebung vom Grossen Winterberg, sächs. Schweiz. 1 : 26,000. 32×48,5 cm. Farbdr. Dresden 901. C. Damm. n. 1. —

Grosser Winterberg. Wünsche, E., Karte der Umgebung vom Grossen Winterberg (sächs. Schweiz). 1 : 26,000. 3. Aufl. 33,5×49,5 cm. Farbdr. Meissen (909). H. W. Schlimpert. 1.—; auf Leinw. in Futteral 2. —

Grosser [Verfasser]

Grosser, Andenken derer von Schollenstern. 1728.

Grosser, Sek.-Lieut. u. Adj., Anleitung zur Feldbefestigung, s. Handbuch des Pionierdienstes, 2r Thl.

Grosser, Eduard der Dritte. Trspl.; aus d. Französ. 8. Wien 757. ... 2 gl

Grosser, Ratgeber für die Mannschaften des Beurlaubtenstandes (Reserve u. Landwehr), auf Grund der gegebenen Bestimmgn. zusammengestellt. (30 S.) kl. 8. Berlin 905. Militär-Verlag R. Felix. n. — 50

Grosser, Vorschriften f. d. Mannschaften d. Beurlaubtenstandes (Reserve u. Landwehr). Als Unterrichtsbuch u. Ratgeber auf Grund der gegebenen Bestimmgn. zusammengestellt. 2., verm. u. verb. Aufl. 1—5. Taus. (31 S.) kl. 8. Leipzig 910. Teutonia-Verlag. — 50

Grosser, A., Bittet, so werdet ihr empfangen. 12. Glatz 841, Pompejus. 1/3 ℔

Grosser, A., Heimatkunde d. Kreises Neutomischel. Unt. Benutzg. amtl. Mitteilgn. bearb. gr. 8. (16 S.) Lissa 898. F. Ebbecke's Verl. n. — 20; m. Kreiskarte n. — 60

Grosser, A. J., Brünn als Großstadt. Bemerkungen u. Anregg. e. Heimatfreundes. (45 S.) 8. Brünn 908. (C. Winkler.) — 50

Grosser, Bernhard, General-Feldwachtmeister. Beitrag zur Regiments-Geschichte des k. k. Fürst Joseph Lobkowitz'schen, hernach Graf O'Reilly'schen Chevauxlegers-Regiments (jetzt Uhlanen-Reg. Nr. 8). Manuscript. 4. Lubin 1805.

GROSSER, BRUNO. Ueber das ätherische Oel der Früchte von Coriandrum sativum. (Jena) Breslau, 1881.

Reform im Schul-Zeichenunterricht. Zeitgemässe Betrachtungen u. Vorschläge von Emanuel Grosser, Portraitmaler. Mit Vorw. von Prof. B[ernhard] Schwalbe. *Berlin: W. Süsserott 1900.* (29 S.) 8° [Umschlagt. F.] [oo. 11377

Grosser, Emanuel *(geb Polkwitz in Schles [6. 11.] 1829)*: De luis venereae apud antiquos vestigiis. Vratislaviae (1852). (30 S.) 8°

Breslau, Med. Diss. v. 16. Nov. 1852

Ferdinand GROSSER Über die historischen Tragödien von Thomas Southern Diss. Prag 1909/10.

Grosser, H., pädagogische Lesestücke, s.: Sperber, E.

Grosser, Heinrich *Albert Gottfried* [app. Arzt aus Hasselfelde]: Über Vaginalhaematom ... Halle a. S., Hofbuchdr. v. C. A. Kaemmerer & C., 1892; 21 S. 8.
Halle, Med. Fak., Inaug.-Diss. v. [18. Juli] 1892

Grosser, Hugo Friedrich Josef [Unterarzt im 1. Grossherzoglich Hessischen Inf.-Leibgarde-Reg. Nr. 115 u. am K. Charité-Krankenhause]: Casuistischer Beitrag zur Aetiologie der Sarkome .... Berlin, Buchdr. M. Goedecke vorm. E. Müller (1886); 36 + 3 S. 8°.
Berlin, Med. Fak., Inaug.-Diss. v. 11. Aug. 1886.

Grosser, Hugo Friedrich Josef, casuistischer Beitrag, zur Aetiologie der Sarkome. Diss. Berlin 1886, Mayer & Müller. 8°. 36 S.

Grosser, J. E., 300 Denksprüche u. goldene Lehren f. Kinder u. Kinderfreunde. gr. 8. Bresl. 825. 2e A. 827. 3e A. 828. (Hentze). 3 gr

— dreihundert Denksprüche u. goldene Lehren f. Kinder rc. 2e Aufl. 8. Breslau 827, Grüson u. Comp.

— Lebensbeschreib. d. Kapellmeisters Joh. Seb. Bach. Nebst einer Samml. interessanter Anekdoten u. Erzähll., größtentheils aus d. Leben berühmter Tonkünstler u. ihrer Kunstverwandte. III. Mit Bachs Bildn. 8. Bresl. 829. (Hentze). 18 gr

Grosser, J. E., Lebensbeschreibung des Kapellmeisters rc. Joh. Sebast. Bach. Nebst Anekdoten u. Erzählungen aus dem Leben berühmter Tonkünstler u. ihrer Kunstverwandten. N. Ausg. Mit Bach's Bildniß. 8. Breslau 834. Pelz 3/4 ℔

Grosser, J. E. Lebensbeschreibung des Kapellmeister des Fürsten von Köthen, hernach Musikdirektor an der Thomasschule zu Leipzig und königl. polnischer Hofkomponist Johann Sebastian Bach. Neue Ausgabe. Breslau 1834.

— Lebensbeschreibung d. k. k. Kapellmeisters Wolfg. Amad. Mozart. Nebst einer Samml. interessanter Anekdoten u. Erzähll., meist aus d. Leben berühmter Tonkünstler u. ihrer Kunstverwandten. gr. 8. Bresl. 828. (Hentze). 18 gr

Großer, (J. E.,) biograph. Notizen über Jos. Haydn. Nebst e. Samml. interess. Anekdoten rc. gr. 8. Bresl. 827. Grüson.

— biograph. Notizen über Jos. Haydn. Nebst e. Samml. interess. Anekdoten rc. gr. 8. Bresl. 827. (Hentze). 12 gr

— Biograph. Notizen über W. A. Mozart. gr. 12. Bresl. 827, Grüson u. C.

Grosser, J. E., s. Sammlung verschied. Gedichte u. Erzählungen.

(Grosser, J. E.,) Samml. christl. Lieder, s. Sammlung.

Grosser, J. E., Samml. kurzer u. leichter Orgelstücke. 4 Hfte. od. Op. 36—39. 4. Bresl. (Hentze). (à 6 gr) 1 ℔

Grosser, J. E., s. Schul-Andachten.

(- ---) Schul-Anekdoten rc., s. Schul-Anekdoten.

Grosser, J. E., s. Taschenbüchlein für fröhliche Gesellschafter.

—— Taschenbüchlein f. fröhl. Gesellschafter u. alle, die es werden wollen. 1. u. 2. Bdchn. 12. (4 u. 3 B.) Breslau 828, 29, (Hentze.) à

Grosser, J. E., s. Theater-Anekdoten.

—— 100 interess. Theater-Anekdoten f. gebild. Freunde d. Witzes u. d. fröhl. Laune. 1. Bdchn. 8. (4 B.) Breslau 828, [Hentze.]

Grosser, Johann Gottlob (Altenburg. Gorlic.), De pleuritide vera. Diss. med. Präs. Michael Alberti. Halle (Chn. Henckel) Mai 1718. 28 S. (6.20) 11836
Widm. v.: Joh. Chrys. Blochmann (dtsch.), Joh. Gottfr. Kirchhoff, David Gottfr. Kletschke, Andreas Hennick, Gottl. Ehrenr. Richter.

Joannis Henrici Grosser, Analysis medico-oeconomica in bonam hospitalium constitutionem. Wirceburgi 1766: Nitribitt. 53 S. 8°

— analysis medico-oeconom. in bonam hospitalium constitutionem. 8. Würzb. 766. Stahel. 4 gr

— analysis medico-oeconom. in bona hospitalium constitutionum. 8. Würzb. Statel. 767.

— fasc. tentaminum phys.-med.-electricorum, c. not. 8. Würzb. 786. Rienner. 4 gr

Grosser, H., Fasciculus tentaminum phys.-med.-electricorum, cum natis inde reflexionibus. Wirceb. 18°.
1787

Grosser, Jh. Hnr., arzneilicher Grundriß von d. Chocolade, dessen Gebrauch u. Mißbrauch. 8. Würzb. 786. (Griesbach in Cassel) 4 gr N. A. 8. Leipz. 798.

Groiser, J. H., arzneylicher Grundr. v. d. Chocolade. 8. Schweinf. Griesbach. 787.

Grosser, Johann Michael von

Grosser, J. M. von: „Oekonomische Comptabilität, oder Anwendung der kaufmännischen doppelten Buchhaltung auf die landwirthschaftlichen Rechnungen", Wien 1807.

v. Grosser, Jh. Mch., (†...) Phorphorescentia adamantum, novis experimentis illustrata. 8. Wien 777.

Grosser, J. M. Edler von: „Würdigung des Landeigenthums, nach mercantilischen Grundsätzen, durch ein Beispiel vom Ertrag einer Landwirthschaft dargestellt", Wien 1813 (Beck).

Grosser, Isidor, aus Prenzlau ⟨Uckermark⟩: **Ein Fall von Encephalocele sincipitalis nasoethmoidalis, compliciert durch ein fibromatöses Lymphangiom.** *Berlin (1899): G. Schade.* (29 S.) 8°
Berlin, Med. Diss. v. 9. Mai 1899

Grosser, Julius

Grosser, Jul., die Arzneimittel der Pharmakopoea germanica, editio altera, f. die ärztl. Praxis übersichtl. zusammengestellt. 16. (29 S.) Berlin 883. Grosser. — 60

Grosser, Jul., Heidelberger Festtage u. andere. Gesammelte Feuilletons. 8. (XIII, 242 S.) Breslau 887. Schottländer. n. 3. —

Grosser, Jul., s.: Medizinalzeitung, deutsche.

— — s. Notizen, therapeutische.

Grosser, Julius (geb. Freistadt in Schles. 25. 10. 1835): De tumore ovarii colloideo ⟨hydroario multiloculari⟩. Berolini (1859). (36 S.) 8°
Berlin, Med. Diss. v. 10. Okt. 1859

Grosser, Kurt, approb. Arzt aus Zülzhoff i. Schl.: **Ein Fall von Primärer Darmtuberkulose.** *Tübingen: F. Pietzcker 1900.* (24 S.) 8°
Tübingen, Med. Diss. v. 1900

Grosser, O., Pumpen. Hebewerke f. flüss. Körper, s.: Unterrichtswerke f. Selbstunterr., Bureau- u. Schule. Lehrfach 105.

Großer, O: Pumpen-Hebewerke für flüssige Körper. 2. Aufl. Strelitz i. M. (1908)

Grosser, O., Reibungsräder, s.: Unterrichts-Werke (Methode Hittenkofer) f. Selbstunterricht. Nr. 89.

— Zahnräder, s.: Hittenkofer, M., Unterrichts-Werke. Nr. 88.

Grosser, Osw., s.: Familie, e. feine.

Grosser, Otto, vergleich. Anatomie u. Entwicklungsgeschichte der Eihäute u. der Placenta m. besond. Berücksicht. d. Menschen. Lehrb. f. Studierende u. Ärzte. Mit 210 Abb. im Text u. 48 Abb. auf VI chromolith. Taf. (XI, 314 S.) Lex. 8. Wien 909. W. Braumüller. 10. —

Großer Otto, Dr., Zur Entwicklung des Vorderdarmes menschlicher Embryonen bis 5 mm größter Länge (mit 4 Taf. und 7 Textfiguren). S. 120. III. 51 . . . . „ 3.50
Separatabdruck

Grosser, Otto u. Julius **Tandler:** N o r m e n t a f e l zur Entwicklungsgeschichte des Kiebitzes ⟨Vanelluscristatus Meyer⟩. Mit 3 Taf. Jena: Fischer 1909. 58 S. 4°
(Normentafeln z. Entwicklungsgeschichte d. Wirbeltiere. H. 9.)

Grosser, O., die Wege d. fetalen Ernährung innerhalb der Säugetierreihe (einschl. d. Menschen), s. a. S a m m l u n g anatomischer u. physiolog. Vorträge u. Aufsätze. 3. Hft.
— u. J. **Tandler,** Normentafel zur Entwicklungsgeschichte d. Kiebitzes (Vanellus cristatus Meyer), s. a. N o r m e n t a f e l zur Entwicklungsgeschichte d. Wirbeltiere. 9. Hft.

Die Wege der fetalen Ernährung innerhalb der Säugetierreihe ⟨einschliessl. d. Menschen⟩. Von Prof. Dr. O[tto] **Grosser** in Wien. Mit 10 Textfig. Jena: Fischer 1909. 20 S. 8°
(Sammlung anatom. u. physiolog. Vorträge u. Aufsätze. H. 3.) [09. 13001

Grosser, Paul: Arrhenius' Betrachtungen über das Erdinnere und den Vulkanismus. ([S.-A.] Sitzungsberichte der Niederrheinischen Gesellschaft für Natur- und Heilkunde zu Bonn 1901.) Bonn 1901. 13 S. 8°.

Grosser, Paul: Geologische Betrachtungen auf vulkanischen Inseln. ([S.-A.] Verhandlungen des Naturhistorischen Vereins der preussischen Rheinlande, Westfalens und des Regierungsbezirks Osnabrück. Jahrg. 56. 1899. S. 50—63.) (Bonn 1899.) 19 S. 8°.

Grosser, Paul *Bruno* · *Otto* **[aus Lauban '(Schles.)']: Über Ectopia lentis ... Berlin, Buchdr. v. G. Schade,** *1896;* **32 S., 2 Bl. 8.**
Berlin, Med. Fak., Inaug.-Diss. v. 14. Aug. 1896

Grosser, Paul: Die Ergebnisse von Dr. Alphons Stübels Vulkanforschungen. ([S.-A.] Illustrierte naturwissenschaftliche Monatsschrift „Himmel und Erde". Jahrg. 12. Heft 2 u. 3.) Berlin 1900. 14 S. 8°.

Grosser, Paul, approb. Arzt aus Berlin: **Ueber den Zusammenhang von Lungentuberkulose u. Trauma.** *Berlin (1903): L. Simion Nf.* (30 S.) 8°
Leipzig, Med. Diss. v. (10. Dez. 1903)

Grosser, Paul, über Zusammenhang v. Lungentuberkulose u. Trauma. Diss. (30 S.) gr. 8. Berlin (904). (E. Grosser.) n. 1. —

Grosser, *Paul Gerhard Theodor:* **Die Trachyte und Andesite des Siebengebirges ... M. e. geolog. Ktnsk. u. 5 Taf. (Aus: Tschermak's Mineral. u. petrogr. Mitth., Bd. XIII Heft 1.) Wien, A. Hölder, 1892; 78 S., 1 Bl., 1 Kt., 5 Taf. 8.**
Strassburg, Math.-naturw. Fak., Inaug.-Diss. v. 1892

Grosser, Richard

Grosser: Die Amnestie des Jahres 403 vor Chr. 48 S. 8°
—Minden, Progr. 1868

Großer, Rich., die Amnestie des J. 403 v. Chr. gr. 8. (VI, 48 S.) Minden 868, (Volkening.) [Leipzig, Siegismund und Volkening.] *

Grosser, Richard Kritisch-exegetische Beiträge zur Textgestaltung von Xenophons Hellenika. B. III—VII. 4 (15 S.).
Progr. G. *Wittstock* 1888 (88).

Grosser, Rich. Beobachtungen auf dem Gebiete des altsprachlichen Unterrichts. 19 S. **Progr.** *Wittstock* 1876.

Grosser, Rich., Beobachtungen auf dem Gebiete des altsprachlichen Unterrichtes. 4. (19 S.) Wittstock 876, (Rother.) *

Grosser, Rich., zur Charakteristik der Epitome von Xenophon's Hellenica. 4. (23 S.) Barmen 873. Baedeker. n. 1. —

Großer, Rich., Geschichte und Alterthümer der Stadt Kroton. 2 Thle. gr. 8. (XII und 143 S.) Minden 866,67, Volkening. à Thl. * 16 Ngr. *

Grosser, Richard Katalog des Museums und Übersicht des Schuleigentums im Gymnasium zu Wittstock. 1 Bl. 53 S. 8. — Nachtrag I zum Katalog des Gymnasialmuseums zu Wittstock. 16 S. 8. **Progr.** *Wittstock* 1882. 1884.

Großer, Richard [Prof. Dr., Dir.], **Polthier,** Conrad, und **Bünger,** Emil [Dr., w. Hilfsl.]: Neuer Katalog des Gymnasial-Museums zu Wittstock. *Wittstock, Druck v. O. Wessoly, 1893;* 2 Bl., 34 S. 4.
Wittstock, k. G, OP 1893 (90)

Grosser, Richardus: De rebus Crotoniatarum. ⟨P. 1. Topographia et historia.⟩ 79 S. 4° (2°)
Halle-Wittenberg, Phil. Diss. v. 6. Aug. 1858
Geb. [Tambach (Sachs.-Gotha) 15. 2. 1835]
Ersch. in deutscher Umarbeitung u. d. T.: Geschichte und Alterthümer der Stadt Kroton. T. 1. Minden 1866: Bruns. VI, 66 S. 8° [Progr.] Verf. ließ einen T. 2 (77 S.) ebda 1867 folgen.

Grosser, Rich. Statistischer Rückblick auf das erste Decennium des Gymnasiums zu Wittstock. 32 S. **Progr.** *Wittstock* 1879.

Grosser, Richard [Dir. Prof. Dr.]: Statistischer Rückblick auf das zweite Dezennium des Gymnasiums (das dritte der höheren Lehranstalt) zu Wittstock. (Wittstock, Otto Wessoly) 1889; S. 1–27; 4°
Wittstock, k. G, OP 1889 (88

Grosser. Richard, Polthier, Conrad, Bünger, Emil
Kulturhistorische Sammlung Naturalien-Sammlung.
Nachtrag zu dem Katalog der kulturhistorischen und Naturalien-Sammlung des Gymnasiums. 4 (8 S.).
Progr. Kgl. G. *Wittstock* 1894 (90).

Grosser, Richard Schulnachrichten nebst Mitteilungen über die Schulreform. 4 (28 S.). **Progr.** Kgl. G. *Wittstock* 1892 (90).

[Ant. u. J.] **Grosser,** Richard [Dir. Prof. Dr.]: Überblick über die ersten fünfundzwanzig Jahre des Gymnasiums. *Wittstock, Druck v. O. Wessoly, 1894;* 3—19 S. 4.
Wittstock, k. G, OP 1894 (90)

Grosser, Robertus *(geb. Schönau in Schles. 20. 8. 1824)*: De chronico infantum hydrocephalo interno. Vratislaviae (1847). (27 S.) 8°
Breslau, Med. Diss. v. 16. Sept. 1847

Grosser, Samuel

— Anleit. z. Logik. 8. Bautzen, Drachstädt. 721.

Grosser, Sam., Beicht- u. Abendmahlsandacht. 8. Leipz. Korn d. ält. 732.

— wohlverdient. Denk- u. Ehrenmahl in Gedächtnißreden u. Schr. Fol. Görlitz.

— von d. wahr. Erudition. 2 Thle. 8. Dresd. Gerlach. 712.

Grosser, Samuel, Der besiegte GOLIATH // und // erhöhete DAVID, in einem // Poetisch=Musicalischen // DRAMATE, // mit güttiger Vergünstigung // E. Hoch=Edl. Magistrats, // auf dem Görlitzischen THEATRO, // durch // etliche daselbst Studirende // vorgestellt // Anno M DCC IX. // Görlitz /// gedruckt bey Michael und Jacob Zippern. - 28 Blatt (nicht paginiert).
Die Buchstaben unter der Vorrede: M. S. G. // G. R. bedeuten: Magister Samuel Grosser, Gorlicensis Rector.

Grosser, S., de Herode Magno. Gorlicii 1719 f.

Grosseri, Sam., Isagoge stili romani. Gorlic. 703. 8. Lips. 713. 8. Gorlic. 723. 8. 5 gr.

— isagoge styli romani. 8. Görl. Marche. 723.

Grosser, S., de Luca medico. Gorlic. 1729. 4.

— Manuductio ad comparandam latinae linguae facultatem. Lips. 713. 8.

— hist. u. pol. Merkwürdigk. d. Ober- u. Niederlausitz. m. K. Fol. Bautzen. 714.

Grosser, Sam. Oratio in memoriam Leopoldi M. Romani imperatoris. 4. Gorlicii 1705.

— pharus intellectus s. logica etc. 8. Berl. et Budiss. Drachstaedt. 737.

— philosophia instrumentalis. 8. Lps. Korn sen. 732.

— dreyfache Sorgenprobe in Schauspielen. 8. Leipz Fritsch. 702.

— theologia thetica element. 8. Lps. Drachstaedt. 732.

— vita C. Weisii. 8. Lips. Weidmann. 710.

— Vorbereit. z. Reise a. d. Welt gen Himmel. 8. Witth. Ludwig. 730.

— Weltbeschauung in Tabellen, geogr. phys. erkl. ꝛc. Fol. Görl. Gampert. 718.

Grosser,

— **Samuel Friedrich** (Altenburg/Misn.), De jurisdictione ecclesiastica, quatenus magistratui municipali, et in specie Hexapolitano competat. Präs. Christoph Dohndorff. Lpz. (Imman. Titius) 11. IV. 1715. 40 S. (6.—) 11839

Cistaceae. Mit 179 Einzelbild. in 22 Fig. von W[ilhelm] Grosser. *Leipzig: W. Engelmann 1903.* (161 S.) 8°
— Pflanzenreich. H. 14. (IV, 193.) [illegible]

Grosser, W(ilhelm): Arbeit aus dem Königl. Botan. Garten zu Breslau. Die schlesische Inundationsflora eine pflanzengeographische Studie. *Breslau 1898: Dr. R. Galle.* (56 S. mit Taf.) 8°
Breslau, Phil. Diss. v. 12. Mai 1898

Grosser, Guilelmus (Henricus Carolus) *(geb. Liegnitz 27. 10. 1820)*: De arteriarum obliteratione. Vratislaviae (1843). (39 S.) 8°
Breslau, Med. Diss. v. 27. Nov. 1843

— **Wilhelm** (Liegnitz), De arteriarum obliteratione. Diss. anatom. Breslau (Fritz) 27. XI. 1843. 40 S. mit Biogr. (M.: J. Bistrnick.) (5.50) 11840
Oppon.: Th. Scholz, Robert Rohovsky. — Gew.: J. C. L. Barkow, J. C. Koehler.

Grosser, Guilelmus: De ossificatione et naturali et praeternaturali observationes. Vratislaviae (1846). (30 S., 1 Taf.) 4°
Breslau, Med. Fak., Hab.-Schr. v. 7. Dez. 1846

Grosser, (Fridericus) Guilelmus (Adolfus) *(geb. Breslau 8. 10. 1826)*: De spectione et nuntiatione. Vratislaviae (1851). (32 S.) 8°
Breslau, Phil. Diss. v. 22. Nov. 1851

Grosser-Jachimowicz, Czestawa, aus Warschau: Zur Frage über die sogenannte „physiologische Osteomalacie" der Schwangeren. (Aus dem pathologischen Institut Zürich. Prof. Schmidt.) Zürich 1910. 17 S. 8°. [3. VIII. 10.]
Zürich, Univ. Med. Diss. 1909/10.

Grosser-Jachimowicz, Czestawa. Zur Frage über die sogenannte «Physiologische Osteomalacie» der Schwangeren. Aus dem pathologischen Institut Zürich .... Diss. Med. Univ. Zürich. 17 S. 8. Zürich, Schereschewsky, 1910.

Größer, C., Handels- und Gewerbe-Adressen-Buch für Oesterreich ob der Enns, s. Handels- und Gewerbe-Adressen-Buch.

Groesser, Daniel [aus Frankfurt a. M.]: Beiträge zu den durch Magnetismus hervorgerufenen Torsionserscheinungen ... *Frankfurt a. M., Druckerei v. A. Osterrieth, 1894;* 35 S., 10 Taf. auf 9 Bl. 8.
Rostock, Phil. Fak., Inaug.-Diss. v. [30. Juni] 1894

Grösser, Herm., Wörterbuch der Marshall-Sprache, s.: Steinbach, Erwin.

Grösser, Kurt, Lenchen. Schauspiel in 5 Akten. (120 S.) 8. Bremen (904). C. Schünemann. n. 2.—

— vor Paris. Schauspiel in 4 Akten. (95 S.) 8. Ebd. (904). n. 2.—

Grösser, Matthäus. Maria Saal in Kärnten. Klgft., St. Josefs-Druck., 1909. 38 S.

Grosserio, M., on homoeopathik medicine, illustrating its superiority over the other medical doctrines, with an account of the regimen to be followed during the treatement of diseases. Transl. from the French, with notes, cont. the opinions of Brera, Broussais etc., on Homoeopathia. By C. Neidhard. gr. 8. Philadelphia 837. (Leipzig, Brockhaus et Avenarius) n. 1 ₰

Grosset, Ritter von (vgl. Groset.)

Grosset, mein Sturz im preuß. Staat. ꝛc. Lpz. Baumgärtner. 799.

Heimkehr. Ein Beitrag z. Lösung der Raßenfrage von Aryaduta [d. i. G. **Grosset**]. Chemnitz 1900: Wiechert. 47 S. 8° [10. 785 6

Grosset, Ottomar, Biostatik der Stadt Dorpat u. ihrer Landgemeinde in den J. 1860—1881. gr. 8. (66 S.) Dorpat 883. (Karow.) Diss. n. 1. —

Grosseteste, M. W., chemin de fer de Mulhouse à Thann, inauguré le 1er Septembre 1839. Notes et documents présentés à la société industrielle, le 25 Septembre 1889. gr. 8. (VIII, 159 S. m. 17 Taf. in Phototypie.) Mülhausen i/E. 889. (Detloff.) n. 6. —

Gross-Floridsdorf. Sozialpolitische Zeitschrift. Floridsdorf 1902. H: *Nowaczek, Theodor.* (EB)

Gross-Freden, s.: Geologische Karten. Preussen. 91.

Gross-Freden, s.: Preussen. Messtischblätter.

Groß-Friedrichsburg, das Kurbrandenburgische Fort in Guinea. Bericht üb. den Besuch desselben durch die Offiziere S. M. Schiff „Sophie", erstattet an den Chef der kaiserl. Admiralität. Mit 2 Taf. in Steindr. u. 1 Holzschn. [Aus: „Beiheft zum Marine-Verordnungsblatt".] gr. 8. (6 S.) Berlin 884. Mittler & Sohn. n. — 60

Grossfürst Alexis-Hafen, s.: Seekarten.

Grossfuss, Ernst [pr. Arzt in Culmsee]: Die operative Behandlung der Bauchfelltuberculose ... Thorn, Druck d. Rathsbuchdr. E. Lambeck, 1895; 36 S., 2 Bl. 8.
Leipzig, Med. Fak., Inaug.-Diss. v. 20. März 1895

Gross-Garz, s.: Preussen. Messtischblätter.

Großgebauer, Georg, appr. Arzt a. Elberfeld: Bericht über 200 Zangenentbindungen der k. Universitäts-Frauenklinik zu Bonn. Celle 1906: W. Großgebauer. (33 S.) 8°
Bonn, Med. Fak., Ref. Fritsch, Diss. v. 6. April 1906
[Geb. 20. Febr. 80 Elberfeld; Wohnort: Bremerhaven; Staatsangeh.: Preußen; Vorbildung: Gymn. Elberfeld Reife O. 00; Studium: Bonn 4. München 1, Berlin 2, Bonn 2 S.; Coll. 6. April 06; Approb. 1. Juli 05.]

Großgebauer, Johann Adam (Henneberg), De origine querelae inofficiosi occas. L. 2. D. de inoff. test. Präs. Simon Peter Gasser. Halle (Hendel) April 1739. 28 S. (6.—) 11841
Gew.: Georg Christoph Ludwig v. Bredow (Friesack, Liepe), Anton Marsilius Wolff v. Todtenwarth (Steinfeld, Wernshausen), Joh. Diet. u. Joh. Friedr. Nöthing.

GROSZGEBAUER, JOH. VALENT., Consideratio theol. gloriæ corporum beatorum. Ex ep. Pauli ad Phil. Cap. III. Com. 20, 21. Kilonii. 1680. 4. — Samme Bog. Sm. St. o. A. 4. (Forskellig Udg.). — Sm. St. 1701. 4. [Præs. Chr. Kortholt].

Grossgebauer, P., de cereis paschalibus. Jen. 1701. 4.

Grossgebauer, P., (Vimar. 1709. 4.)
de labaro Constantini Magni.

Grossgebauer, P., Schediasmata, de esu mortuorum, von dem Schmatzen der Todten. Vinariae. 4°.
1708

Gross-Gerau, s.: Hessen. Höhenschichtenkarte.

Gross-Germanien u. die Revision der Karte von Europa. 1—3. Aufl. n. 1 ₰ 10 ngr; — 4. unveränderte Aufl. Mit 1 (lith. u. color.) Karte (in Fol.) Berlin 863. J. Abelsdorff. gr. 8. (280 S.) 1 ₰

Großglockner [Sachliches Ordnungswort]

Grossglockner, Der, und die Glockner Bahn ... Salzb. 1892. V: *Waizer, Rudolph.* (Hr)

Grossglockner, Der, (3798 m) in Kärnten und dessen denkwürdigste Besteigungen. Klagenfurt [1896]. V: *Oberlercher, Paul.* (Bücherverz. d. Zentralbibl. d. D. u. Ö. A. V. München 1906.)

Großglockner und Venediger, [J. G. Thöni's Tiroler Weg- und Distanzkarten. Nr. 8] gefalzt K —.30, auf Leinw. K 1.—
Imst: Grissemann 1909.

Großglockner [Schlagwort]

— s.: Salzkammergut. — Touristenkarten.

Gross-Glockner. Freytag, G., Special-Karte der Gross-Glockner-Gruppe. Nach den neuesten Aufnahmen des k. k. militär-geograf. Instituts. 1:40,000. 2. Aufl. Mit Panorama. Chromolithogr. gr. Fol. Wien 888. Hartleben's Verl. In Carton. 1. 80

Grossglockner — Orogr.-Physic. Karte des — und seiner Umgebung. Von Franz Keil. 100,000. (Hor. Curven). G. M. 1860.

Großglockner-Gruppe [Schlagwort]

Gross-Glockner-Gruppe, s.: Alpen. Spezialkarte.

Gross-Glockner-Gruppe. Spezial-Karte der Gross-Glockner-Gruppe. Hrsg. vom deutschen u. österreich. Alpenverein 1900. Bearb. nach den Reambulirungs-Aufnahmen des k. u. k. militär-geograph. Institutes. 1:50,000. 57,5×60 cm. Kpfrst. München 900. (J. Lindauer.) n. 4. —

Gross-Görschen, s.: Preussen. Messtischblätter.

Grossgörschen, s.: Sachsen. Karte. Messtischblätter.

Grossgrundbesitzer, Ein, über die Resultate seiner Wirthschaft. Die Forderung nach einer Enquete ... Danzig 1902. V: *Wüstenberg.* (Berl)

Ein **Grossgrundbesitzer** über die **Resultate** seiner Wirthschaft. Die Forderung nach e. Enquete insbes. mit Rücks. auf d. verschiedenartigen Verhältnisse u. Bedürfnisse in Deutschland. *Danzig 1902: A. W. Kafemann.* (16 S.) 8°

Grosshandels- u. Export-Zeitung f. die Uhren-, Gold- u. Silberwaren-Industrie. Musikwerke, Optik, Mechanik, Elektrotechnik u. verwandte Branchen. 6. Jahrg. 1899. 24 Nrn. gr. 4. (à ca. 16 S.) Leipzig, W. Diebener. n. 3. —

Großhanten, J. P., der Sprach- und Aufsatzschüler, oder Aufgabenbuch für den stufenmäß. Sprach- und Aufsatzunterricht in Volksschulen. 11. Aufl. 1864. und 12., unveränd. Aufl. 8. (96 S.) Duisburg 867, Ewich. geb. *

Großhanten, J. P., der Sprach- u. Aufsatzschüler, oder Aufgabenbuch für den stufenmäß. Sprach- u. Aufsatzunterricht in Volksschulen. 12. u. 13. unveränd. Aufl. Duisburg 867, 69. Ewich. 8. (96 S.) geb. n. 5 ngr.

Großhanten, J. P., der Sprach- u. Aufsatzschüler od. Aufgabenbuch f. den stufenmäß. Sprach- u. Aufsatzunterricht in Volksschulen. 14. unveränd. Aufl. 8. (96 S.) Duisburg 873. Ewich. n. — 50

Großhanten, J. P., der Sprach- und Aufsatzschüler oder Aufgabenbuch für den stufenmäß. Sprach- und Aufsatzunterricht in Volksschulen. 15. und 16. unveränd. Aufl. 8. (96 S.) Duisburg 875.77, Ewich. *

Großhanten, J. P., der Sprach- u. Aufsatzschüler od. Aufgabenbuch f. den stufenmäß. Sprach- u. Aufsatz-Unterricht in Volksschulen. 17. verb. Aufl. 1. Tl. 8. (96 S.) Duisburg 884. Ewich. geb. n. — 50

Grosshauser, Frz., Aesculap u. Hippokrates. Mit e. genealog. u. chronolog. Taf. gr. 8. (III, 32 S.) Wien (899). Leipzig, Buchh. G. Fock. n. 1. —

Großhauser jun., Joh., die Homöopathie am Krankenbette. Handbuch für jede Familie zur homöopath. Behandlung der am häufigsten vorkommenden Krankheiten, namentlich aber für solche Familien, die nicht in der Lage sind, sich den Rath eines homöopath. Arztes zu erholen. Bearb. auf Grund der homöopath. Arzneimittellehre und meiner Erfahrungen. gr. 8. (64 S.) München 883, (L. Finsterlin.) *

Großhauser, Johann B.: Die M i l c h . E. mächtiges Heilmittel bei allen schweren Erkrankgn . . . Zsgst. auf Grund fremder u. eigener Erfahrgn während e. 15 jähr. Praxis. Münster i. W.: Dr. d. Akt.-Ges. 'Der Westfale' 1897. (8 S.) 8°.

Großhauser, Joh., die Milch. Ein mächt. Heilmittel bei allen schweren Erkrankgn. Zusammengestellt auf Grund fremder u. eigener Erfahrgn., während e. 16jähr. Praxis. 3., sehr verm. Aufl. gr. 8. (11 S.) Cleve (901). (Bonn, Plaß & Schrödinger.) n. — 40

Die Milch. Ein mächtiges Heilmittel bei allen schweren Erkrankungen. Zsgest. auf Grund eigener u. fremder Erfahrungen von J(oh.) B. **Grosshauser**. Münster i. W. 4. neueste u. sehr verm. Aufl. *Münster i. W.: Selbstverl. [1903].* (22 S.) 8° [F.] [03. 1078 6

Was fehlt mir? Ein wichtiges homöopathisches Handbuch bei allen vorkommenden Krankheiten. Zsgest. auf Grund fremder u. eigener Erfahrungen während e. 16jähr. Praxis von Johann **Grosshauser**. Th. 1. (Aufgekl.: *Bonn: Plass & Schrödinger 1899.)* 8° [F.] [01. 76.4

Großhauser, Johann B.: W i e erkennst Du aus dem Aeusseren eines Menschen dessen Krankheit? Ein Nachschlagebuch f. Jedermann. Münster i. W.: Selbstverl. (1902). (48, 88 S.) 8°.

Praktische Winke zur leichten Erkennung der Krankheiten aus dem Urin. (Ein wichtiges Handbuch f. Jedermann.) Zsgest. auf Grund fremder u. eigener Erfahrungen während e. 16jähr. Praxis von Johann **Grosshauser**. *(Münster i. W.: D. Westfale' [1899].)* (8 S.) [Umschlagt. F. u. Ant.] 8° [... 3279 6

Praktische Winke zur leichten Erkennung der Krankheiten aus dem Urin. Zsgest. auf Grund fremder u. eigener Erfahrungen während e. 16jähr. Praxis von Johann **Grosshauser**. (Aufgekl.: *Bonn: Plass & Schrödinger [1901].)* (8 S.) 8° [Umschlagt. F.] [01. 1607

Praktische Winke zur Erkennung der Krankheiten aus dem Urin. Zsgest. von J(oh.) B. **Grosshauser**. Münster i. W. 2. Aufl. *Münster i. W.: Selbstverl. [1902].* (24 S.) 8° [F.] [03. 1079 5

Großheim, nützliche u. f. Jedermann faßl. Anweisung, wie man Feuer-Spritzen vor Beschädigungen schützen, lange in kraftvoller Wirksamkeit, u. bei Feuersbrünsten in ausdauernder Anwendung erhalten kann. gr. 8. (1 B.) Frankfurt a/O. 842. (Harnecker u. Comp.) *.

Großheim, Carl, s. G r o ß h e i m , Karl.

Großheim, Emil v., Lexikon zur Goethe-Litteratur. Biographisches Nachschlagebuch üb. diejenigen Personen, m. welchen Goethe vorzugsweise verkehrt, od. üb. welche derselbe in seinen Schriften e. Urtheil gefällt hat u. üb. die Schriftsteller, welche üb. „ihn" geschrieben haben. gr. 8. (78 S.) Quakenbrück 899. (E. Eckhart.) n. 2. —

Lexikon zur Goethe-Litteratur. Biograph. Nachschlagebuch über diejenigen Personen, mit welchen Goethe vorzugsweise verkehrt, oder über welche derselbe in seinen Schriften e. Urtheil gefällt hat u. über d. Schriftsteller, welche über 'ihn' geschrieben haben. Von Emil v. **Grossheim**. *Quakenbrück: Selbstverl. 1899.* (78 S.) 8° [... 9393 7

Lexikon zur Schiller-Litteratur. Biogr. Nachschlagebuch über diejenigen Personen, mit welchen Schiller vorzugsweise verkehrt, oder über welche derselbe in seinen Schriften ein Urtheil gefällt hat u. über die Schriftsteller, welche 'über ihn' geschrieben haben. Von Emil v. **Grossheim**. *Quakenbrück: E. Eckhart 1900.* (42 S.) 8° [F.] [01. 2467

Grossheim, Ernst Leop., Lehrbuch d. operat. Chirurgie. 1. u. 2. Thl. gr. 8. Berlin, Th. Enslin. [1. (36 B.) 830., 2. (44½ B.) 831. à 2 Thlr. 12 Gr.]

Grossheim, Ernst Leop(old): Lehrbuch der operativen Chirurgie. Th.2, 698 S., gbd.

Berlin: Enslin 1831

—— dass. 3. Thl. — A. u. d. T.: Lehrb. d. allgem. operat. Chirurgie. gr. 8. (15½ B.) Ebds. 835. Vgl. Grosheim.

Grossheim, Ernst Leopold, s. Z e i t u n g , Medicinische.

Grossheim, Ern. Maria (geb. Torgau 19. 9. 1832): De ano praeternaturali et fistula stercorali, adjecta morbi historia. Berolini (1859). (32 S.) 8°

Berlin, Med. Diss. v. 8. Aug. 1859

v. Großheim, F., prakt. Rechenbuch, zum Gebrauch in höheren Bürgerschulen. 1s u. 2s Hft. Nebst Auflösungen. gr. 8. Lübeck 840. Aschenfeldt. ½ ngr

Großheim, G. Ch., s. G. Cph. Grosheim.

G r o s s h e i m , G. D. a., de epistola ad Diognetum quae fertur Justini M. Lips. 1828. 4.

Heilige Rede bey Gelegenheit der am 25. Sonntage nach Trinitatis angestellten Prediger-Wahl zur H e y d e in Dithmarschen nach Spruche Salomonis 29, 18 gehalten und dem Druck übergeben v. Georg Wilhelm August **Grossheim**. Altona. 1771. 8°.

Grossheim, Johannes [aus Celle]: Über das Tri-Tetrahydrochinolin-N-Phosphin und dessen Derivate . . . Rostock, C. Hinstorffs Buchdr., 1896; 35 S. 8.
Rostock, Phil. Fak., Inaug.-Diss. v. [11. Juni] 1896

Großheim, Karl

Grossheim, C. Anhalt für die Einrichtung und den Betrieb von Vereinslazaretten, Privatpflegestätten und Genesung-heimen vom Roten Kreuz. Berlin 1909.

Grossheim, Car(l) Eduard) (geb. Schönlanke in Posen 11. 8. 1843): De globulorum sclopetariorum in ossibus incapsulatione. Berolini (1866). (32 S.) 8°

Berlin, Med. Diss. v. 19. Apr. 1866

Großheim. D. Mittel z. Reinhaltung d. Luft in Krankenhäusern. (S.-A.) 1876.

Grossheim, C., das Sanitätswesen auf der Weltausstellung zu Chicago, s.a. Veröffentlichungen aus dem Gebiete des Militär-Sanitätswesens.

Großheim, Dr. K. Das Sanitätswesen auf der Weltausstellung zu Chicago. Mit Abb. Berlin 1893. 117 S.

Großheim. Das Sanitätswesen auf d. Weltausstellung zu Philadelphia i. J. 1876. (S.-A.) 1877.

Großheim, Otto Heinrich

GROSZHEIM, OTTO HENR., Disq. historica an paganis mysterium S. S. Trinitatis plane ignotum fuerit. Altonæ. (1743). 4. P. (Lykonskningsskrift til Jo. Barth. Bluhme).

— Gedanken von der unbeständigen Dauer der Welt. Altona. 1743. 4. P. (Progr. i Anledn. af B. L. V. v. Schomburgs Fødselsdag).

Großheim, Otto H., Gedank., ob sich d. Religion m. d. Staatskunst verbinden lasse. 8. Lpz. (Eisen. Wittekind.) 749

GROSZHEIM, OTTO HENR., Gedanken über das Schicksal der Stadt Altona bey Einweihung der neuerbauten evangelisch-lutherischen Hauptkirche. Altona. 8. Sept. 1743. 4. P.

— Pauca de pietate Davidis in inimicos. Altonæ. 1744. 4. P. (Progr. i Anledn. af B. L. V. v. Schomburgs Fødselsdag).

v. Großheinrich, Karl Fr., s. Kulmann, E., sämmtl. Gedichte.

Großherzog, der, von Oldenburg, u. die Schleswig-Holsteinische Erbfolge. Bremen 864. (Strack.) gr. 8. (42 S.) 7½ ngr.

Großherzogs-Kalender f. das J. 1906. (112, 4 u. 9 S. m. Abbildgn., 1 Farbdr. u. Wandkalender.) gr. 8. Karlsruhe, J. Lang. — 50

Groß- Hof- u. Staats-Expst Lotarlo, v. Feßler, m. illum. Titelkupf. 8. Berl. Maurer. 808.
Velino.

Groß-Hollenstein [Schlagwort]

Gross-Hollenstein, Umgebung, s.: Ausflugskarten.

Grossi, Ernest (Übers.u.Bearb.):

s.: Assalini, Paolo: Taschenbuch für Wundärzte und Aerzte bey Armeen. (Manuale di chirurgia. Dt.) München: 1816

de Grossi, Er., Beurtheilung d. Handbuchs d. allgem. Pathologie, von K. Sprengel. gr. 8. Münch. 813. Lentner. 5 gr.

Grossi, Ernesti de, Opera medica posthuma. Curant. discipulis Seb. Fischer et Franc. Pruner. III Tl. 8 maj. Stuttgardtiae, Cotta.
Tom. I. Pathologia generalis. (24 B.) 831. 2 Thlr.
- II. Semiotice et isagoge in clinicen. (30 B.) 832. 2 Thlr. 16 Gr.
- III. Familiarum morbor. humanor. expositio. (15½ B.) 831. 1 Thlr. 6 Gr.

— Versuch einer allgem. Krankenlehre, entworfen von dem Standpunkte d. Naturgeschichte. 2 Bde. gr. 8. Münch. 811. Lentner. 3 Thlr 8 gr

GROSSI, Mich.: Collatio juris civilis Romani cum recessibus Imp. Rom. Germ. maxime per differentias. Sect. I—XX. *Tubing*. 703—21. 4.

Grossi, Tommaso, la rondinella. Gedicht. Verdeutscht in dem Versmaasse des Orig. von Heinr. v. Lobsdorf. (Italienisch u. deutsch.) Prag 869. Steinhauser. gr. 16. (15 S.) 7½ ngr.

Grossi, T., Marco Visconti, s.: Biblioteca italiana.

Grossi, Tommaso, Marco Visconti, s. Universal-Bibliothek Nr. 1631—1634.

Grossi, Thom., Marco Visconti, ein histor. Roman aus dem 14. Jahrh. Aus d. Italien. durch O. von Czarnowski. 2 Thle. gr. 12. Köln u. Aachen 835. Kohnen. 3 Thlr

Grossi, Th., Marco Visconti. Geschichte aus dem 14. Jahrhundert. Aus dem Italien. von Glob. Fink. Schaffhausen 859. Hurter. 8. (604 S.) 1 Thlr 18 ngr.

Grossier, Jean Baptiste Gabriel Alexandre, s. Grosier, Jean Baptiste Gabriel Alexandre.

Gross-Jestin, s.: Geologische Karten. Karte (Preussen).

Grossin, v., Grundbegr. d. verneh. Handwerk. u. Künste. 8. Berl. Mlelin. 805. Rthlr.

Grossin, A., Uebersicht d. Brandenburg-Preuß. Geschichte f. Schulen. 8. (2½ B.) Coblenz 828, [Hergt.]

Grossin, Prosper, cours complet de langue anglaise. Grammaire théorique et pratique à l'usage des étrangers de toute nation. Frankfurt a. M. 859. Auffarth. gr. 8. (VIII, 344 S.) n. 1 Thlr 12 ngr.

— — 2. édition. Entièrement refondue et considérablement augmentée. Cassel 863. Trömner & Dietrich. gr. 8. (X, 396 S.) n. 1 Thlr 15 ngr.

Grossin, Prosper, cours complet de langue anglaise. Grammaire théorique et pratique à l'usage de étrangers de toute nation. 3. Ed. revue, corrigée et considérablement augmentée. gr. 8. (X, 418 S.) Kassel 872. Hotop. geb. n. 6. —

— a practical grammar of the french language for the use of schools a. private teachers on a methodical, comprehensive, a. essentially practical plan, adapted to learners of all capacities. gr. 8. (260 S.) Ebend. 872. geb. n. 5. —

Grossin, Prosper, a practical Grammar of the French Language for the Use of Schools and private Teachers on a methodical, comprehensive and essentially practical Plan, adapted to Learners of all Capacities. 2d edit. gr. 8. (IV, 260 S.) Berlin (872)78, Grieben. * M 2,50.; geb. *
—— dass. — Key. gr. 8. (51 S.) Ebendas. 878. *

Die Grossindustrie Augsburgs. den Festteilnehmern an der XV. Wanderversammlung des Verbandes Deutscher Architekten- und Ingenieur-Vereine in Augsburg vom 1.—3. September 1902.

Gross-Industrie, die, Oesterreichs. Festgabe zum glorreichen 50jähr. Regierungsjubiläum Sr. Maj. des Kaisers Franz Josef I. Dargebracht von den Industriellen Oesterreichs 1898. Unter dem hohen Protectorate Sr. k. u. k. Hoh. des durchlauchtigsten Hrn. Erzherzogs Franz Ferdinand. 5 Bde. gr. Fol. (1. Bd. IX, 348 S. m. Abbildgn., 5 Lichtdr.-Taf. u. 1 Bildnis.) Wien 898. L. Weiss. Geb. in Leinw. n. 125. —; Luxus-(Kaiser-)Ausg., geb. in Ldr. m. Goldschn. n.n. 335. —

Die **Gross-Industrie Oesterreichs.** Festgabe z. glorreichen 50jähr. Regierungsjub. d. Kaisers Franz Josef I. Dargebracht von den Industriellen Oesterreichs 1898. Unter d. Protect. d. Erzherz. Franz Ferdinand. (Hrsg.: Prof. Dr. Josef Grunzel.) 1–6. *Wien: L. Weiss 1898.* 6 Bde 2° [illegible]

Gross-Industrie (Die) Oesterreichs. Festgabe zum glorreichen 50-jährigen Regierungs-Jubiläum Sr. Majestät des Kaisers Franz Josef I. Dargebracht von den Industriellen Oesterreichs, 1898. 5 Bde. gr. Fol. Wien, L. Weiss, 1899.

Gross-Industrie, die, Österreichs. Festgabe, z. glorreichen Regierungs-Jubiläum Sr. Maj. des Kaisers Franz Jos. I. dargebracht v. d. Industriellen Österr. 1908. 3 Bde. (XXXII, 306; V, 392 u. VI, 393, XVI u. XIV S. m. Abbildgn. u. 5 [1 farb.] Taf.) 44,5×32 cm. Wien 908. L. Weiss. Geb. in Leinw. nn 65. —; Kaiserausg. geb. in Ldr. m. Goldschn. nn 217. —

Groß-Industrie, die, des Königr. Sachsen in Wort u. Bild. Eine Ehrengabe f. Se. Maj. König Albert v. Sachsen, gewidmet v. den dankbaren Groß-Industriellen. 1. u. 2. Tl. Imp.-4. Leipzig, Eckert & Pflug. Geb. in Ldr. m. Goldschn. n.n. 110. —
1. (110 Lichtdr.-Taf. m. 93 Bl. Text.) 892. n.n. 60. —
2. (90 Lichtdr. Taf. nebst VII S. u. 116 Bl. Text m. Abbildgn. u. 2 Bildnissen.) 893. n.n. 50. —

Grossindustrie (Die) des Kgr. Sachsen in Wort und Bild. Eine Ehrengabe für Se. Maj. König Albert von Sachsen, gewidmet von den dankbaren Grossindustriellen. 2 Bde. Imp.-4°. Leipzig, Eckert u. Pflug, 1894.

Großing, s. Großinger.

Grundgesetze des Rosen-Instituts. [Von Franz Matthäus Grossinger.] Halle a. S.: Hendel i. Comm. 1786. 96 S. 8° [Kupfertit.]
Kl. 2125. Die Mitgl. des Rosen-Instituts waren aus Geschlechtern. KB.
[illegible]l. Großinger, Franz Rudolf von.

Großinger (Großing), Franz Rudolf von

— s. Aloysi. v. Blumenau.

BLUMENAU, Aloysia von, eine junge reiche Wittwe, Pater Bartlme Schlieff ein Jesuit und Provinz-Prokurator (,) Isaak Löwl Schäbes ein Jud und Handelsmann. Eine concentrirte Jesuitengeschichte (von *Franz Rudolf v. Grossing*). Konstantinopel (Prag, Schönfeld) 1784. Kl. 8°. Rar! (3 fl. ÖW. Gilhofer & Ranschburg, Wien, 1897.)

— — Dasselbe m. d. Titel: Aloysia von Blumenau. Eine wahre Jesuitengeschichte. Frankfurt u. Leipzig (ebend.) 1785. 8°. (6 Mk. Baer & Co., 1894.)
Tit. m. Vign., 136 SS.

— — Dasselbe m. d. Titel: Aloysia v. Blumenau, eine konzentrirte Jesuitengeschichte. Konstantinopel, auf Kosten des Grosssultanischen Serails (ebend.). 1786. 8°.

Großing, Frz. Rud. v., Damenbibliothek. a. 1785—87. 8. Berl. Schöne.

Großinger, Franz Rudolf von, s. Damenjournal.

— Damenjournal. a. 1784—85. 8. Ebend.

v. Großing, auch Großinger, Frz. Rud., lehrreiche Erzählungen. 2 Bde. 8. Berl. 787. 2e A. 793. Schöne. 1 ℛ 20 gℓ Ders. 3r Bd. A. u. d. T.: Scenen, s. K. A. Ragotzky.

— — derselben 3r Bd. von einem andern Autor herausgeg. 8. Ebend. 793.

— Flora; ein Journal von u. für Damen. 4 Bde. 8. Halle 786.

— Grundsätze d. Roseninstituts. 8. Halle 786. Heller. 4 gℓ
Vgl. Großinger, Franz Matthäus.

— mythol. Handbuch für Künstler u. Kunstliebhaber. 2 Thle. 8. Berl. 787, 88. Schöne. 1 ℛ 16 gℓ N. Ausg., umgearb. u. verb. v. H. E. Müller unt. d. T.: Lexicon mythologicum, oder mytholog. Handwörterbuch für Künstler u. Kunstliebhaber. 2 Bde. 8. Ebd. 791. (Nauck). 1 ℛ 8 gℓ

Großinger, Franz Rudolf von, s. Harmonie.

Grossing, (Frz. R.,) Innocentia. Original-Erzähll. u. Reiseabenteuer. Für junge Damen. 16. Wien 827, Beck.

— jus publ. Hungariae, unica complex. dissertatione. 8. Halle 785. (Eggenberger in Pesth). 16 gℓ

— — id. l. 8. Halae, Heller. 786.

— jus publ. Hungariae. 8. ibid. 787.

—— Jus public. Hungariae unica complex. dissertatione. *Halae*, (Eggenberger in *Pesth.*) 797. 8. (16 Gr.)

—— Die Kirche u. d. Staat, ihre beiderseitige Pflicht, Macht u. Gränzen. *Berlin*. 784. 8.

— d. Kirche u. d. Staat, ihre Pflichten rc. gr. 8. (Berl.) 784. (Andreä in Frankf. a. M.) 16 gℓ

—— Lexicon mythologicum, od. mythologisches Handwörterbuch f. Künstler u. Kunstliebende. Durchges. u. verb. v. H. C. Müller. 2 Bde. Berl. 791. (Nauck.)

— s. Louise v. Lilienwald.

LILIENWALD, Louise von, oder die unglücklich gewordene Tugendhafte, eine Erzählung in zwei Bänden. Aus dem Englischen von C. G. S. (Deutsches Original von *Franz Rudolf v. Grossing = Grossinger.*) 2 Bde. Mit Titelvignetten. Berlin, Schöne, 1791. 8⁰. 688 fortlaufend gez. S.
Zuerst ebd. 1787. (Anon.-Lex. III. p. 88, nach Kayser u. Wurzbach).

Großinger, Franz Rudolf von, s. Monatsschrift für Damen.

— Papstengeschichte im Grundrisse. 8. Offenb. 798. Brede. 20 gr.

—— Refutatio jur. public. Hungariae. *Halae*, (Eggenberger in *Pesth.*) 791. 8. (20 Gr.)

— Rosenblatt von u. für Damen. 2 Bde. 8. Halle 786. Schöne in Berl. 1 Thl.

— Schicksale s. Lebens, v. ihm s. beschr. 8. 786.

Großinger, Franz Rudolf von, s. Schurkereien.

— d. Souverain od. d. erst. Grunds. e. monarch. Regier. gr. 8. Wien, Camesina. 780.

— der Souverain, oder d. ersten Haupt- u. Grundsätze e. monarch. Regierung. gr. Wien 780. (Heubner). 12 gr.

— Staatenjournal. 14 Stücke. 8. Nürnb. u. Berl. 787, 88. Schöne. 4 Thl. 16 gr. Fortsetz., s. Staatenjournal.

Grossing, F. R. H. von: „Staatenjournal", 14 Stücke, Berlin 1787—1788. — Fortsetzung: „Neues Staatenjournal", 14 Stücke, Berlin 1789—1790.

—— Ungar. allgem. Staats- u. Regimentsrecht. *Wien*. Wucherer. 786. 8.

— — dasselbe. 8. Leipz. Graffé. 786.

— Statistik aller kathol. geistl. Reichsstifte in Deutschland. 1r Thl. gr. 8. Halle 786. Gebauer. 1 Thl. 6 gr.

— allgem. Toleranz u. Religionssystem für alle Staaten u. Völker. gr. 8. Leipz. 783. Brede in Offenb. 16 gr.

GROSSINGER, Franz Rudolph von 1753 -
Allgemeines Toleranz und Religions System für alle Staaten und Völker der Welt von Franz Rudolph von Großing ...
Leipzig. 1784. 6, 215 S. 8⁰.
British Museum London

Grossinger, I. B., univ. historia physica Regni Hungariae. V Tom. 8. maj. Pos. Weber. (I. 1 Rthlr. 8 gr. II.— V. à 1 Rthlr.)

— Zoologia, s. hist. quadr. Hung. ist 1r Thl. d. vorherg.

Grossinger, Joseph (Hrsg.), s. Acta coronationis Mathiae II.

GROSSINGER Josef. Über das Antwortschreiben des Fürsten von Kaunitz-Rietberg an S. M. Von –. Kurzbeck, Wien 1781.
1 vol. 16 S.

Grossinger, Jos., s. Babylon oder Das große Geheimniß der europäischen Mächte.

BABYLON oder Das große Geheimniß der europäischen Mächte. O. O. (Wien) 1784. 8⁰. 31 S.
Seltene, ohne Angabe des Druckers erschienene Ausgabe der jesuitenfeindlichen Schrift.
[Verfasser: Jos. Grossinger.]

GROSSINGER, Joseph 174. - 181 .
Bewährte und anwendbare Asiatische, Afrikanische, und Amerikanische Beiträge zur Europäischen Arzneykunde, aus glaubwürdigen Nachrichten gesammelt, und mit praktischen Anmerkungen herausgegeben von Joseph Grossing.
Wien: Johann Thomas Edler von Trattnern. 1799. 246 S. 8⁰.
Universitätsbibliothek Wien

— Berlin u. Wien, in Betreff d. Gelehrsamkeit u. Aufklärung etc. 8. Frankf. u. Leipz. (Wien) 784.

- Eine Wiener-Broschure von der Gelehrsamkeit. Von –. Hartl, Wien 1783. 1 vol. 8 Bl.

— Geschenk f. d. mannbare adel. Jugend. 8. Wien 797. (Schaumburg u. C.) 4 gr.

Großinger (Großing), Josef, s. Mendelsohn M.: opera philosoph.

GROSSINGER Josef. Freundliches Notabene für den Verfasser der Schmahschrift über die Universität in Wien. Von –. Kurzbeck, Wien 1781. 1 vol. 16 S.

GROSSINGER Joseph. Ob die Heurathen der Fürsten die Heurathen ihrer Staaten sind. Berlin 1784.

— nothwendige Pulslehre für Land- u. Wundärzte. 8. Wien u. Leipz. 778.

Grossinger, Ios., ratio propositi inducendae etc. sanioris philosophiae. 4. Vien. Iahn. 781.

GROSSINGER, JOSEF: Die pseudopolitische Religionshypothese unsers aufgeklärten Pöbels. (Uiber das Antwortschreiben des Herrn Fürst Kaunitz-Rietberg an Se. Kaiserl. Majestät). Wien o. J. (1781): Joseph Edler von Kurzböck. 48 S. - kl. 8⁰

— pseudopolit. Religionshypothese unsers aufgeklärten Pöbels. 8. Wien 782.

— tabulae chronologicae, quibus regum, Primat. Palatin. etc. Fol. Pressb. 806. Belnay. 1 Thl. 16 gr.

Großinger (Großing), Josef, s. Unwahrscheinlichkeiten.

UNWAHRSCHEINLICHKEITEN (von *Joseph Grossing = Grossinger*). Freyburg (Wien, Wucherer) 1785. 8⁰. 32 S. (In München: Pol. g. 968m.) (3 Mk. Gust. Fock, Lpz., 1909.)
Weller, fing. Dr.; Anon.-Lex. IV. p. 274 (nach Weller, Kayser, Meusel, Wurzbach).
— — Dasselbe. Philadelphia 1785. 8⁰.
Bibl. Dieterichs, Sect. III. Regensb. 1814. p. 118; Weller, fing. Dr.

Großing, J., wie soll in e. Monarchie d. Adeliche, d. Bürger u. Bauer etc. s. zweyte Erziehung bekommen? 8. Wien Kaulfuß. 797.

— wie soll in e. Monarchie d. Adelige, d. Bürger u. Bauer etc. seine zweite Erziehung bekommen? 8. Wien 797. (Schaumburg u. Comp.) 8 gr.

Großinquisitor, der, in Madrid. 8. Leipz. 805. Joachim. 1 Thl. 8 gr.

Grossjohann, H., Führer d. d. Sauerland, s.: Kneebusch.

Grossjohann, H. (Hrsg.), s. Hornungs Kleiner Führer durch das Sauerland.

Grossjohann, H., u. A. Hennig, Lehrbuch d. vereinfacht. deutsch. Stenographie (Einigungssystem Stolze-Schrey-Velten). 2. Aufl. 8. (43 S.) Dessau 898. Berlin Gerdes & Hödel. n. — 80

Grossjohann, H., u. A. Hennig, Lehrbuch d. vereinf. deutschen Stenographie (Einigungssystem Stolze-Schrey-Velten). 2. Aufl. 8. (43 S.) Dessau 898. R. Kahle. n. — 80

Grossjohann, H., u. A. Hennig, Lehrbuch der vereinfachten deutschen Stenographie (Einigungssystem Stolze-Schrey). 3., umgearb. Aufl. (63 S.) 8. Berlin 906. Gerdes & Hödel. n. 1. —

Wegweiser durch das Märkische Sauerland v. H. Grossjohann u. A. Hennig. *Lüdenscheid: P. Dalichow 1898.* (XV, 148, II, XXII S., 1 Kt.) Bd 8.

Großkaufmann, der deutsche. Hrsg. auf Veranlassg. des deutschen Verbandes f. das kaufmänn. Unterrichtswesen unter Mitwirkung v. R. van der Borght, Chr. Gruber, M. Harzmann u. a. 7 Lfgn. (XII, 576 S.) Lex.-8. Leipzig (905). B. G. Teubner. n. 7. —; geb. in Leinw. n. 8. —

— dasselbe. Abteilungs-Ausg. Lex.-8. Ebd. Geb in Leinw. n. 11. 20
Geld- u. Kreditverkehr im Großhandel. Das internationale Frachtwesen u. die Spedition im internationalen Verkehr üb. Land. Das Seefrachtwesen u. die Seeversicherung. Zollwesen. Von E. Schwencke, H. Barth, W. Teetzmann, O. Emminghaus, Ch. Behr. (II u. S. 372—517.) 905. Geb. n. 2. 60
Das Großhandelsgeschäft. Ausländischer Großhandel. Die Buchführg. im Großbetriebe. Kaufmännisches Rechnen. Die Arbitrage u. Warenkalkulation. Von W. Teetzmann, M. Harzmann, R. Stern, F. Schreyer u. H. Heinemann. (II u. S. 152—370.) 905. Geb. n. 3. 80
Die für den Großkaufmann wichtigsten Rechtsbestimmungen. Besondere Einrichtungen f. den Großhandel u. Export. Von O. Ballin u. C. Johannes. (II u. S. 441—565.) 905. Geb. n. 2. —
Volkswirtschaftliche Grundlehren. Die Weltwirtschaft u. der internationale Güteraustausch. Wirtschaftsgeographie d. Ozeane u. außerdeutschen Kulturländer. Von R. van der Borght u. Chr. Gruber. (II u. S. 1—151.) 905. Geb. n. 2. 80

— dasselbe. Einzelausgaben. Lex.-8. Ebd. 905. n. 11. —
Ballin, Osc., die für den Großkaufmann wichtigsten Rechtsbestimmungen. (S. 441—481.) n. — 80
Barth, Hans, W. Teetzmann u. O. Emminghaus, das internationale Frachtwesen u. die Spedition im internationalen Verkehr über Land. Das Seefrachtwesen u. die Seeversicherg. (S. 409—439.) n. — 80
Behr, Chr., Zollwesen. (S. 483—517.) n. — 80
Borght, R. van der, die Grundlehren der Volkswirtschaft. (S. 1—57.) n. 1. —
— die Weltwirtschaft u. der internationale Handel. (S. 59—98.) n. — 80
Gruber, Chr., Wirtschaftsgeographie der wichtigsten Kulturländer. (S. 99—148.) n. 1. —
Johannes, C., besondere Einrichtungen f. den Großhandel u. Export. (S. 519—565.) n. 1. —
Schreyer, Fritz, u. Herm. Heinemann, kaufmännisches Rechnen. Stern, R., die Arbitrage u. Warenkalkulation. Sonder-Abdr. (S. 293—370.) n. 1. 20
Schwencke, E., Geld- u. Kreditverkehr im Großhandel. (S. 372—407.) n. — 80
Stern, R., die Arbitrage u. Warenkalkulation, s.: Schreyer, F.
— die Buchführung im Großbetriebe. (S. 257—292.) n. — 80
Teetzmann, W., u. Harzmann, das Großhandelsgeschäft. Ausländischer Großhandel. (S. 152—256.) n. 2. —

Großkopf, A.

— die Cavallerie in der Schlacht bei Vionville-Mars la Tour am 16. VIII. 1870. Vortrag, geh. zur 30jähr. Gedenkfeier im Cavallerie-Verein zu Altenburg. gr. 8. (31 S.) Altenburg 901. (Schnuphase.) n. — 30

Grosskopf, A., Mitgliederverzeichnis d. **Kavallerie-Vereine d. Herzogt. Sachsen-Altenburg 1898.** 12. (48 S. m. 1 Bildn.) Altenburg 898. (Schnuphase.) n. — 75

Grosskopf, A., Mitglieder-Verzeichnis der Kavallerie-Vereine des Herzogt. Sachsen-Altenburg. Jubiläums-Ausg. 1903. (114 S. m. 2 Bildnissen.) 8. Altenburg 903. (Schnuphase.) n. — 80

Großkopf, Alfred

Großkopf, A., s.: Bildersaal deutscher Geschichte.

Sagenbildung im Geschichtsunterricht, ausgeführt an den bekanntesten griech. Heldensagen. Von A[lfred] Grosskopf, Seminarl in Weimar. *Langensalza: H. Beyer & Söhne 1899* (22 S.) 8°
= Magazin, Pädagogisches. H. 119.

Der letzte Sturm und Drang der deutschen Litteratur, insbes. d. moderne Lyrik. Von Alfred Grosskopf. *Langensalza: H. Beyer & Söhne 1901.* (34 S.) 8°
= Magazin, Pädagogisches. H. 168.

Großkopf, J. F., vollständiges Vieh-Arzneibuch. Oder gründlicher Unterricht alle innerlichen und äußerlichen Krankheiten der Pferde, des Rindviehes, der Schafe, Ziegen, Schweine und Hunde zu erkennen und zu heilen. Nebst einer kurzgefaßten und praktischen Belehrung über die Wartung, Pflege und Zucht der nutzbaren Hausthiere. Für Oeconomen, Viehzüchter und Viehbesitzer bearb. Prüm 856. (Aachen, Benrath u. Vogelgesang.) 8. (XXIX. 602 S.) n. 1 ₰ 10 ngr

Großkopf, Johann August

Großkopf, J. Aug., Forst-, Jagd- und Weidwerkslexikon. 8. Leipzig, Schneider. 758.

Großkopf, Jh. Aug., (†...) neues u. wohleingerichtetes Forst-, Jagd- u. Waidwerks-Lexikon. 8. Langensalza 759. Schneider. 7 ℛ

GROSSKOPF, Johann August: Neues und wohl eingerichtetes Forst-, Jagd- und Weidewercks-Lexicon, worinnen fast alle und jede, bey dem Forst- und Jagd-Wesen vorkommende Wörter und Benennungen, nach rechter Jäger-Manier und Weidmännischer Mund-Art ausgedrückt, auch deren Verstand und Inhalt deutlich beschrieben, alles aus selbst eigner Erfahrung zusammen getragen, und der Jägerey-lernenden Jugend zum Besten in alphabetische Ordnung gebracht. - Langensaltza 1759. 352 S.

Großkopf, Jul., allerlei Finkenlieder. Gedichte f. christl. Familien jeder Konfession. Ausg. f. Deutschland. 12. (IV, 175 S.) Leobschütz 890. G. Schnurpfeil. Geb. m. Goldschn. n.n. 3. 20
Vgl. Großkopff, Julius.

— dasselbe. Ausg. f. Oesterreich-Ungarn u. die Schweiz. 12. (IV, 155 S.) Ebd. 890. Geb. m. Goldschn. n. 2. 40

Großkopf, J.: Lehr- und Handbuch für den Bureau- und Kassendienst der preußischen Verwaltungs- und Gerichtsbehörden in system. Darstellung. 3. Aufl. Breslau (1898).

Großkopff, G. C., s. Archiv f. die Praxis d. gesammten im Großh. Oldenburg gelt. Rechts.

Groskopff, G. C., zur Lehre vom Retentionsrechte. Oldenburg 858. Stalling. 8. (VII, 127 S.) n. 18 ngr

Lehr- und Handbuch für den Büreau- und Kassendienst der preuss. Verwaltungs- und Gerichtsbehörden in systematischer Darstellung v. Julius **Grosskopff.** Abth. 1. 2. Aufl. Berlin. 1899; Abth. 2. Wiesbaden. 1900. 8°.

Vgl. Großkopf, Julius.

Großkopff, Jul., poetisches Wander-Büchlein der Erstkommunikanten. In neuer Bearbeitg. 12. (VIII, 64 S.) Heiligenstadt 899. F. W. Cordier. n. 1. –

GROSSKOPFF, Clemens (Habichtswald): Zur Kenntniss der Cysto-Myome des Uterus.- München: Bayerische Landeszeitung 1884, 45 S.
6.3.1884 - Urk (Titel: De cysto-myoma uteri.); Chr 1883/84,13
Diss.Ingolst.-Landsh.-Mchn.

Die Entzündungen des äußeren Gehörganges. Von Dr. Wilhelm **Großkopff** in Osnabrück. *Jena: G. Fischer 1901.* (S. 413–426.) 8°
= **Vorträge**, Klinische, aus d. Geb. d. Otologie u. Pharyngo-Rhinologie. Bd 4, H. 6. [03. 14373]

Grosskopff, Wilhelm *Maria* [pr. Arzt]: Die Markstreifen in der Netzhaut des Kaninchens und des Hasen ... (Aus: Anat. Hefte, Abth. 1 Heft IV.) Würzburg, kgl. Universitätsdr. v. H. Stürtz, 1892; 27 S., 1 Taf. 8.
Marburg, Med. Fak., Inaug.-Diss. v. [17. Aug.] 1892

Die Ozaena. Eine Monographie u. Studie von Dr. Wilhelm **Großkopff** in Osnabrück. *Jena: G. Fischer 1902.* (S. 297–338.) 8°
= **Vorträge**, Klinische, aus d. Geb. d. Otologie u. Pharyngo-Rhinologie. Bd 5, H. 5. [03. 14374]

Gross-Kotzenburg, s.: Preussen. Messtischblätter.

Gross-Krebs, s.: Geolog. Karten (Preussen).

Gross-Krebs, s.: Preussen. Messtischblätter.

Grosskreutz [Schlagwort]

Gross-Kreutz, s.: Geolog. Karten (Preussen).

Gross-Kreutz, s.: Mark.

Grosskreutz [Verfasser]

GROSSKREUTZ, Rudolph v., Miscellen aus dem Gebiete der Geschichte und Satire. Berlin, Hayn, 1843. Kl. 8°. (In Warmbrunn.)

Vgl. Groscreutz, Rud. v.

Gross-Krüssin, s.: Geologische Karten. Karte (Preussen).

Gross-Krotzenburg, s.: Geologische Karten. Preussen. 77.

Großkuns, Rudolf: Die Natur in den Werken und Briefen des amerikanischen Schriftstellers Washington Irving. *Leipzig 1902: Pöschel & Trepte.* (45 S.) 4°
Leipzig, IV. st. R, OP 1902 (636a)

Grössler: Der Streit um die Translation der frankfurter Ordinari-Reichs-Deputation. (1658–1661.) 26 S. – Stargard, Progr. 1870.

Größler, Frz., Arnold v. Brescia. Tragödie in 5 Akten. 8. (135 S.) Stuttgart 880. Ullrich. n. 1. 40

Größler, Frz., Gedichte. 8. (IV, 120 S.) Schw. Gmünd 873. Schmid. 1. 50

Größler, Frz., Gedichte. (2. Sammlung.) gr. 8. (80 S.) Stuttgart (901). (Zeller & Schmidt's Verl.) n. 1. —

— Maximilian. Dramatische Dichtung in 2 Thln. 12. (359 S.) Ebend. 882. n. 3. —

Größler, Hermann

Größler, Herm., kleines Allerlei. (15 S.) 8. Eisleben 900. Prof. Dr. Größler. n. — 30
Aus: Mansfelder Blätter.

Größler, Herm., die Altäre der S. Andreas-Kirche zu Eisleben. gr. 8. (7 S.) Eisleben (894). Prof. Dr. Größler. n. — 20
Aus: Mansfelder Blätter.

— einige in der Grafsch. Mansfeld gehobene Altertümer aus Kupfer od. zinnarmer Bronze. gr. 8. (5 S. m. 2 Taf.) Ebd. (901). n. — 50
Aus: Mansfelder Blätter.

Größler, Herm., die Altertümer-Sammlung d. Vereins f. Geschichte u. Altertümer der Grafsch. Mansfeld. Zusammengestellt u. beschrieben. I u. II. gr. 8. Eisleben, Prof. Dr. Größler. n. 1. 60
I. Die vor- u. frühgeschichtl. Altertümersammlg. des Bergrats Bülmicke, weiland in Eisleben. (35 S.) (900.) n. — 60
II. Die vor- u. frühgeschichtl. Altertümersammlg. des Landrats v. Kerssenbrock, weiland in Helmsdorf. (44 S.) n. 1. —
Aus: Mansfelder Blätter.

— das Aquamanile v. Liederstedt im Kreise Querfurt. (6 S. m. 1 Taf.) gr. 8. Ebd. (905). n. — 60
Aus: Mansfelder Blätter.

— u. E. Blümel, die Ausflüge des Vereins f. Geschichte u. Altertümer der Grafsch. Mansfeld in den J. 1886—1889. Ein Erinnerungsblatt f. die Teilnehmer, e. Führer f. die Nachfolger. gr. 8. (41 S.) Ebd. (899). n. 1. —
aus: „Mansfelder Blätter" besonders abgedruckt.

Größler, Herm., die Ausgrabung d. Klosterkirche Holzzelle, früher Hornburg (877). (16 S. m. 1 Abb.) 8. Magdeburg 907. Eisleben, Selbstverlag. — 60
Sonderabdr. aus „Montagsblatt. Wissenschaftl. Wochenbeilage d. Magdeburger Zeitg."

— Ausgrabung v. „Rössener" Wohngruben in der Flur Helfta (Mansf. Seekr.). (Mit e. Lageplan u. 2 Abb.) (7 S.) 8. Eisleben, Selbstverlag 906 — 20
Sonderabdr. aus „Mansfelder Blätter".

Grössler, Herm. Die Ausrottung des Adoptianismus im Reiche Karls des Großen. 59 S. Progr. G. *Eisleben* 1879.

— das Bahrtuch Dr. Mart. Luthers im Luther-Sterbehause zu Eisleben. (4 S.) 8. Ebd. 903. n. — 10
Aus: Mansfelder Blätter.

— Adf. **Brinkmann** u. Gust. **Sommer**, Bau- u. Kunstdenkmäler d. Mansfelder Seekreises, s.: Darstellung, beschreib., d. ält. Bau- u. Kunstdenkmäler d. Prov. Sachsen.

— die Bedeutung der Ortsnamen im Kreise Querfurt. (43 S.) 8. Ebd. 903. n. 1. —
Sonderabdruck aus: „Mansfelder Blätter".

— Die Begründung d. christl. Kirche in dem Lande zwischen Saale u. Elbe. (S. 94—145.) gr. 8. Magdeburg 907. Eisleben, Selbstverlag. 1.60
Sonderabdr. aus „Ztschr. d. Ver. f. Kirchengesch. in d. Prov. Sachsen."

— Bericht üb. e. im salzigen See bei Eisleben gefundenen Einbaum. gr. 8. (4 S. m. Taf.) Ebd. (895). n. — 30
Aus: Mansfelder Blätter.

— die Besitzer des Geburtshauses des Erfinders der Buchdruck-Schnellpresse Friedrich Gottlob König zu Eisleben. gr. 8. (3 S.) Ebd. (894). n. — 20
Aus: Mansfelder Blätter.

— die Beziehungen v. Rotenschirmbach bei Eisleben zu Paulinzelle in Thüringen. gr. 8. (6 S.) Ebd. (900). n. — 20
aus „Mansfelder Blätter" besonders abgedruckt.

Größler, Herm., s.: Blätter, Mansfelder.

Grössler, Hermann Die Blütezeit des Klosters Helfta bei Eisleben. 4 (38 S.) Progr. G Eisleben 1887 (215).

— Bösenburg u. seine Umgebg. Nach mündl. Mitteilgn. v. H. Ludw. Kreidner u. Sachse in Burgisdorf aufgezeichnet. gr. 8. (2 S.) Eisleben (896). Prof. Dr. Größler. n. — 10
Aus: Mansfelder Blätter.

Grössler, H., s.: Chronicon Islebiense.

— die Darstellung des Gekreuzigten auf Mansfelder Kunstdenkmälern. gr. 8. (17 S. m. 12 Abbildgn. im Text u. auf 1 Taf.) Ebd. (898). n. — 50
Sonderabdruck aus: „Mansfelder Blätter".

Größler, Herm., die Einführung des Christenthums in die nordthüringischen Gaue Friesenfeld und Hassengau, s. Neujahrsblätter, hrsg. von der Historischen Commission der Prov. Sachsen.

— die Einteilung des Landes zwischen unterer Saale u. Mulde in Gaue u. Archidiakonate. (S. 17—44 m. 1 Karte.) gr. 8. Eisleben 905. Prof. Dr. Grössler. n. 1.50
Sonderabdr. aus: „Mitteilgn. d. Ver. f. Erdkde. zu Halle a. S."

— Die Lutherstadt Eisleben. s.: Wartburghefte Nr. 41.

— Die Entstehung u. Zusammensetzung des Kreises Querfurt. Bemerkungen zu e. geschichtl. Karte d. Kreises Querfurt. (18 S.) 8. Eisleben 907. Selbstverl. — 60

— die Entstehungszeit u. Geburtsstätte des Lutherliedes „Ein feste Burg ist unser Gott". (13 S.) 8. Ebd. 903. n. — 30
Sonderabdruck aus: „Mansfelder Blätter".

HERMANN GRÖSSLER, Die geschichtliche Entwickelung des Mansfelder Kupferschieferbaues. Ein Gedenkblatt zur Feier seines 700jährigen Bestehens. Sonderabdruck aus der Festnummer der Eisleber Zeitung vom 12. Juni (12. Brachmondes) 1900. (Beilage zum 14. Jahrg. der „Mansfelder Blätter") Eisleben (1900). Verlag von Ed. Winkler 8°.

— die geschichtliche Entwickelung des Mansfelder Kupferschieferbaues. Ein Gedenkblatt zur Feier seines 700jähr. Bestehens. 8. (23 S.) Eisleben 900. E. Winkler. — 25
Sonderabdruck aus: „Eisleber Zeitung."

— zwei Familien-Chroniken des 18. Jahrh. aus Helfta u. Eisleben. gr. 8. (58 S.) Eisleben 891. Prof. Dr. Größler. n. 1. —
Aus. Mansfelder Blätter.

Grössler, Herm., Führer durch das Unstrutthal von Artern bis Naumburg f. Vergangenheit u. Gegenwart. 2 Tle. [Aus: „Mitteilgn. d. Ver. f. Erdkde. zu Halle".] gr. 8. Freiburg a/U., (J. Finke). à n.n. 2. —
1. Das obere Thal von Artern bis Nebra. (68 S. m. 1 Taf. u. 1 farb. Karte.) 892.
2. Das untere Thal von Vitzenburg bis zur Unstrutmündung. (64 S.) 893.

Führer durch das Unstruttal von Artern bis Naumburg für Vergangenheit und Gegenwart von Prof. Dr. Hermann Größler in Eisleben. 2. verm. u. verb. Aufl. (Mit 1 Karte d. Unstruttals.) *Freiburg (Unstr.): J. Finke 1904.* (XVI, 256 S.) 8° [F.] [03. 1403] 3

— vorgeschichtliche Funde aus der Grafsch. Mansfeld. gr. 8. (10 S. m. 2 Taf.) Ebd. (898). n. — 50
Aus: Mansfelder Blätter.

— Das Helmsdorfer Fürstengrab. Von d. Leiter der Aufdeckg., G. (27 S.) gr. 8. Ebd. 908. — 60
Sonderabdr. aus „Magdeburg. Zeitg., Montagsblatt".

—, Adf. Brinkmann u. Gust. Sommer, der Mansfelder Gebirgskreis, s.: Darstellung, beschreibende, der älteren Bau- u. Kunstdenkmäler der Prov. Sachsen.

— Die schnurverzierten Gefäße in der Sammlung d. mansfeldischen Geschichts- u. Altertumsvereins zu Eisleben. (18 S. m. 1 Taf.) 8. Ebd. — 60
Aus: Mansfelder Blätter

— die Gemeinde- u. Kirchensiegel des Kreises Querfurt. (22 S.) 8. Eisleben 904. Prof. Dr. H. Größler. n. — 50
Aus: Mansfelder Blätter

— zur älteren Geschichte v. Bayer-Naumburg im Kreise Sangerhausen. gr. 8. (14 S.) Ebd. (895). n. — 30
Aus: Mansfelder Blätter.

— zur Geschichte des Dorfes u. der Burg Bornstedt bei Eisleben. gr. 8. (13 S.) Ebd. (893). n. — 30
Aus: Mansfelder Blätter

— Geschichte des Dorfes Rotenschirmbach im Kreise Querfurt. (20 S.) 8. Ebd. 906. — 45
Sonderabdruck aus „Mansfelder Blätter".

Grössler, Herm., urkundliche Geschichte Eislebens bis zu Ende d. 12. Jahrh. 8. (VI, 34 S.) Halle 875. Buchh. d. Waisenh. n. 1. —

— Geschlechtskunde der Edelherren von Hakeborn. gr. 8. (54 S. m. 1 Stammtaf.) Ebd. (890). n. 1.10
Aus: Mansfelder Blätter.

— Geschlechtskunde des Grafen v. Mansfeld. — Geschlechtskunde der edlen Herren v. Friedeburg, e. Nebenlinie der Grafen v. Mansfeld Hoyerschen Stammes. gr. 8. (44 S.) Ebd. (889). n. 1. —
Aus: Mansfelder Blätter.

— Geschlechtskunde der Edlen u. der Ministerialen v. Schochwitz. gr. 8. (8 S.) Ebd. (892). n. — 20
Aus: Mansfelder Blätter.

— Geschlechtskunde der Grafen v. Seeburg u. der Edelherren v. Lutisburg. gr. 8. (30 S.) Ebd. (889). n. — 60
Aus: Mansfelder Blätter.

— Geschlechtskunde der Edelherren v. Wippra. gr. 8. (16 S.) Ebd. (890). n. — 35

Aus: Mansfelder Blätter.

— die gräfl. Mansfeldischen Holzteilungen v. 1501 u. 1565. gr. 8. (40 S.) Ebd. (895). n. — 80

Aus: Mansfelder Blätter.

GRÖSSLER, Inscriptiones Islebienses. Die Inschriften der Stadt Eisleben gesammelt, übersetzt und erläutert. Festschrift des Vereins für Geschichte und Altertümer der Grafsch. Mansfeld zu Eisleben anlässlich der Einweihung des Lutherdenkmals am 10. Nov. 1883. Eisleben, 1883. Druck von Ernst Schneider. 8°.
Dasselbe, 2. Auflage. ib. 1883. O. Mähnert.

— Inscriptiones Islebienses. Die Inschriften der Stadt Eisleben, gesammelt, übers. und erläutert. 1. und 2. Aufl. gr. 8. (IV, 108 S.) Eisleben 883, Mähnert's Verlag. *

— die bis jetzt bekannt gewordene älteste Karte der Grafsch. Mansfeld. gr. 8. (7 S.) Ebd. 902. n. — 40
aus: „Mansfelder Blätter“ besonders abgedruckt.

— s.: Knothe, Hans, e. Gedicht üb. die Erbauung der Kirche zu Pfützenthal.

— die Kupfer- u. Bronzekelte der Sammlung des Vereins f. Geschichte u. Altertümer der Grafsch. Mansfeld. (9 S. m. 1 Taf.) 8. Ebd. 904. n. — 40
Sonderabdruck aus: „Mansfelder Blätter“.

— Die Lage d. in der Drübecker Stiftungsurkunde erwähnten Klosters Hornburg. (10 S.) 8. Ebd. 907. — 30

Aus: Mansfelder Blätter.

— Hermann v. Luxemburg der Knoblauchskönig. gr. 8. (34 S. m. 1 Titelbild.) Eisleben 891. Prof. Dr. Größler. n. — 50

Aus: Mansfelder Blätter.

— die Grafsch. Mansfeld od. ihre Umgebung die Heimat des Helianddichters. gr. 8. (5 S.) Ebd. 900. n. — 20

Aus: Mansfelder Blätter.

— sechs Messingdosen im Besitze des Vereins f. Geschichte u. Altertümer der Grafsch. Mansfeld. (4 S.) 8. Eisleben 901. Prof. Dr. H. Größler. n. — 10

Aus: Mansfelder Blätter.

— Mitteilgn. aus Eislebischen Kirchenbüchern, die J. 1632—1780 umfass. [Aus: „Mansfelder Blätter“.] gr. 8. (23 S.) Eisleben 888. Selbstverl. n. — 50

— die Mansfelder Mundart, ihre Grenzen, innere Gliederung u. Abkunft. gr. 8. (14 S.) Ebd. (890). n. — 35

Aus: Mansfelder Blätter.

[F.] Mansfelder Münzen im Besitze des Vereins für Geschichte und Altertümer der Grafschaft Mansfeld zu Eisleben. Beschr. v. Prof. Dr. Hermann Grössler zu Eisleben ... *Eisleben: Dr. v. E. Schneider 1896.* (2 Bl., 72 S.) 1 Bd 8.
— Blätter, Mansfelder. Jg. 9. Beilage. (96. 1004

— Mansfelder Münzen im Besitze d. Vereins f. Geschichte u. Altertümer d. Grafsch. Mansfeld zu Eisleben. Beilage z. 9. Jahrg. d. „Mansfelder Blätter“. gr. 8. (IV, 72 S.) Eisleben 896. (G. Reichardt.) n. 2. —

— Nachlese v. Sagen u. Gebräuchen d. Grafsch. Mansfeld u. ihrer nächsten Umgebg. [Aus: „Mansfelder Blätter“.] gr. 8. (III, 52 S.) Eisleben 887. Selbstverl. n. 1. —

— 2.—8. Nachlese v. Sagen u. Gebräuchen der Grafsch. Mansfeld u. deren nächsten Umgebung. gr. 8. Ebd. n. 3. — 2. (20 S.) (890.) n. — 40. — 3. (8 S.) (891.) n. — 20. — 4. (16 S.) (893.) n. — 35. — 5. (16 S.) (893.) n. — 35. — 6. (6 S.) (896.) n. — 20. — 7. (63 S.) (897.) n. 1. 30. — 8. (8 S.) (899.) n. — 20.

Aus: Mansfelder Blätter.

— 9. Nachlese v. Sagen u. Gebräuchen der Grafsch. Mansfeld u. ihrer Umgebung. (16 S.) 8. Ebd. 907. — 50

— Neues zur ältesten Geschichte v. Beyernaumburg im Kreise Sangerhausen. (16 S.) 8. Ebd. 906. — 40
Sonderabdruck aus „Mansfelder Blätter“.

— Neues üb. d. Sturz d. thüringischen Königreichs. (Mit e. Kärtchen d. Gegend v. Runibergun. (S. 249 bis 268.) 8. Ebd. 904. — 75
Sonderabdr. aus „Ztschr. f. thüring. Gesch. u. Altertumskde“.

— Nochmals d. thüringisch-fränkische Krieg v. 531. (S. 452—490.) 8. Ebd. 907.
Sonderabdr. aus „Ztschr. f. thüring. Gesch. u. Altertumskde“.

— Novalis, der Romantiker. Ein Erinnerungsblatt zum 100. Todestage des Dichters. Vortrag, geh. am 25. III. 1901 im Verein f. Geschichte u. Altertümer der Grafsch. Mansfeld. gr. 8. (12 S.) Ebd. (901). n. — 35

Aus: Mansfelder Blätter.

— Personen-Verzeichnis zum Chronicon Islebiense, Eisleber Stadtchronik a. den J. 1520—1738, hrsg. v. Herm. Größler u. Frdr. Sommer, Eisleben 1882. (26 S.) 8. Ebd. 903. n. — 50

Aus: Mansfelder Blätter.

— die Familie v. Pful in Helfta, Polleben u. Wimmelburg. gr. 8. (6 S.) Ebd. (892). n. — 20

Aus: Mansfelder Blätter.

— Radegundis, Prinzessin v. Thüringen, Königin v. Frankreich, Schutzpatronin v. Poitiers. [Aus: „Mansfelder Blätter“.] gr. 8. (24 S.) Ebd. 888. n. — 50

Grössler, Prof. Dr. Herm., Radegundis, Prinzessin v. Thüringen, Königin v. Frankreich, Schutzpatronin v. Poitiers. »Mansfelder Blätter.« (19 S.) Eisleben 1894. Selbstverlag.

Größler, Herm., Reisen u. Erlebnisse des Sittichenbacher Klosterverwalters Hans Schreck (1550—1582). gr. 8. (19 S.) Eisleben (898). Prof. Dr. Größler. n. — 40

Aus: Mansfelder Blätter.

— der Reliquienfund zu Batterode im Mansfelder Gebirgskreise. (7 S. m. 1 Taf.) 8. Ebd. (905). n. — 60

Aus: Mansfelder Blätter.

Größler, Herm., Sagen der Grafschaft Mansfeld u. ihrer nächsten Umgebung. gr. 8. (XVI, 258 S.) Eisleben 880. Mähnert in Comm. n. 3. —

— die Sagen v. Winfried-Bonifatius. gr. 8. (29 S.) Ebd. (899). n. — 50
aus: „Mansfelder Blätter“ besonders abgedruckt.

— Schraubitzhain u. Schraubenstein bei Klosterode (Kreis Sangerhausen). (7 S.) 8. Ebd. 904. n. — 20
Aus: Mansfelder Blätter.

[F.] Schriftennachweis zur Mansfeldischen Geschichte u. Heimatkunde. Zsgest. v. Prof. Dr. Hermann Grössler in Eisleben. *Eisleben: Dr. v. A. Klöppel 1898.* (IV, 108 S.) 1 Bd 8.
= Blätter, Mansfelder. Jg. 11. Beilage. [98. 9038

— s.: Schulze, Joh. Chrn., Denkwürdigkeiten.

— der Schwan auf den Lutherdenkmünzen u. das Schwanenpult Luthers im Luther-Geburtshause zu Eisleben. (10 S.) 8. Ebd. 904. — 20
Sonderabdruck aus: „Mansfelder Blätter".

— poëtisch gestimmte Seifensieder. gr. 8. (11 S.) Eisleben (901). Prof. Dr. Größler. n. — 30
Sonderabdruck aus: „Mansfelder Blätter".

— ein in Felsen gehauenes Stammbuch bei Groß-Jena a. d. Unstrut. Beschrieben u. erklärt. (12 S.) 12. Freyburg (Unstrut) 904. J. Finke. n. — 30
Sonderabdr.aus: Größler: Führer durch das Unstruttal.

[F.] Altheilige Steine in der Provinz Sachsen. Von Hermann Grössler. *Halle: O. Hendel 1896.* (64 S.) 1 Bd 8.
= Neujahrsblätter. Hrsg. v. d. Histor. Kommission d. Prov. Sachsen. [No] 20. [96. 2019

— Thüringens Sturz. Dramatische Dichtg. in 2 Tln. 8. (VIII, 280 S.) Dresden 902. E. Pierson. n. 3. —

— Ueberblick üb. die Geschichte u. die Sehenswürdigkeiten v. Freyburg a. d. Unstrut. (39 S.) 12. Ebd. 904. n. — 40
Sonderabdruck aus: „G., Führer durch das Unstruttal".

— s.: Urkunden, die älteren, d. Stadt Hettstedt.

Größler, Herm., drei Urkunden üb. die Eislebischen Apotheken, im Besitze des Vereins f. Gesch. u. Altert. (9 S.) 8. Eisleben 902. Prof. Dr. Größler. n. — 20
Aus: Mansfelder Blätter.

— der Ursprung der Edelherren v. Arnstein u. v. Biesenrode im Mansfelder Gebirgskreise. gr. 8. (6 S.) Eisleben (900). Prof. Dr. Größler. n. — 20
Aus: Mansfelder Blätter.

— der erste verunglückte Versuch, Dr. Martin Luther in der Grafsch. Mansfeld e. Denkmal zu errichten. (47 S.) 8. Ebd. 905. n. 1.20
Aus: Mansfelder Blätter.

— Verzeichnis der anläßlich des Besuchs der Deutschen anthropologischen Gesellschaft am 26. IX. 1900 im Wiesenhause zu Eisleben ausgestellten vor- u frühgeschichtlichen Gesamtfunde im Besitze des Vereins f. Geschichte u. Altertümer der Grafsch. Mansfeld. gr. 8. (10 S.) Ebd. (900). n. — 20
Aus: Mansfelder Blätter.

Grössler, Hermann: Verzeichnis der Schüler-Bibliothek des Königlichen Gymnasiums zu Eisleben. T. 1: Geschichte, Erdkunde und Reisen. *Eisleben 1898: E. Schneider.* (82 S.) 8° [F.]
Eisleben, k. G, OP 1898 (240)

Grössler, Hermann, Prof. Dr.: Verzeichnis der Schüler-Bibliothek des Königlichen Gymnasiums zu Eisleben. T. 2: Naturwissenschaften [&] 3: Sprache u. Litteratur. *Eisleben 1899: E. Schneider.* (65 S.) 8° [F.] ¶ [Forts. d. P-Beil. 1898.]
Eisleben, k. G, OP 1899 (242)

— Vom Einzelhof zum Stadtkreis. Ein Blick auf die Entwickelg. der Stadt Eisleben, s. Neujahrsblätter. Hrsg. v. d. histor. Komm. f. d. Prov. Sachsen. 34.

Vom Einzelhof zum Stadtkreis. Ein Blick auf d. Entwickelung d. Stadt Eisleben von Hermann Grössler. Halle a. S.: Hendel 1910. 34 S. 4°(8°)
(Neujahrsblätter. Hrsg. von d. Hist. Kommission f. d. Prov. Sachsen. 34.) [10. 3517

— wann u. wo entstand das Lutherlied Ein feste Burg ist unser Gott? (42 S.) Lex.-8. Magdeburg 904. Ev. Buchh. n. 1. —
Sonderabdruck aus: „Ztschr. d. Ver. f. Kirchengesch. in d. Prov. Sachsen".

— das Wappen der Grafsch. Mansfeld u. die Wappen der Städte Eisleben, Alsleben, Gerbstedt, Schraplau, Hettstedt, Mansfeld, Leimbach, Ermsleben u. Querfurt. Vortrag. gr. 8. (15 S. m. 5 Taf.) Ebd. 902. n. 1.50
Aus: Mansfelder Blätter.

— das Werden der Stadt Eisleben. 1. Tl. Ein Beitrag zur Heimatkunde. (III, 56 S.) 8. Ebd. 905. n. 1. —
Sonderabdruck aus: „Mansfelder Blätter".

Größler, Herm., das Werden d. Stadt Eisleben. Ein Beitrag zur Heimatkunde. 2—5. Tl. 8. Eisleben, Selbstverlag. nn 4.35
2. (III u. S. 57—134.) 906. 1.25. — 3. (III u. S. 135—180.) 907. 1.25. — 4. (III u. S. 181—204.) 908. — 60. — 5. (III u. S. 205—282.) 909. nn 1.25
Sonderabdr. aus „Mansfelder Blätter".

Grössler, Hermann [Prof. Dr.]: Das Werder- und Acht-Buch der Stadt Eisleben aus der ersten Hälfte des 15. Jahrhunderts. Nach der Urschrift herausgegeben. Eisleben, Druck v. E. Schneider, 1890; 1 Bl., VIII, 78 S. 8°
Eisleben, k. G, OP 1890

Grössler, Siegfried, Kgl. Preuß. Leutnant a. D.: Die Schranken der Gehorsamspflicht des Beamten nach deutschem Recht. Berlin 1908: W. Pilz. (XI, 56 S.) 8°
Heidelberg, Jur. Fak., Ref. Jellinek, Diss. v. 1908
[Geb. 3. Okt. 73 Eisleben; Wohnort: Berlin; Staatsangeh.: Preußen; Vorbildung: Klostersch. Ilfeld a. Harz Reife O. 95; Studium: Berlin 7 S.; Rig. 18. Dez. 07.]

Gross-Leschienen, s.: Geologische Karten. Preussen. 98.

Gross-Leuthen, s.: Preussen. Messtischblätter.

v. Großler, ..., s. Nachr., neue, über Italien.

Gross-Lichtenau, s.: Preussen. Messtischblätter.

Groß-Lichterfelde [Schlagwort]

— s. a.: Berlin.

Gross-Lichterfelde, s.: Berlin. Kiessling.

Gross-Lichterfelde. Funcke, Eug., (neuester) Uebersichtsplan v. Gross-Lichterfelde u. (nächster) Umgebung. 1:10,000. 84×61 cm. Farbdr. Mit Straßen-Verzeichnis. (4 S.) 8. Gross-Lichterfelde 907. B. W. Gebel. — 75

Gross-Litzner, s.: Schweiz. Atlas.

Allgemeine Preussische Grossloge betreffend die Feier des 25jährigen Maurerjubiläums Sr. Majestät des Königs. Verhandelt im Ordenshause der Grossen Landesloge der Freimaurer von Deutschland zu Berlin, am 22. Mai 1865. 10 S. 4⁰. [Kopftit.] 21.

Grossmacht, Die, der Presse. Ein Wort für unsere Tage aus der mitteleuropäischen Staatengruppe. Regensburg 1866. V: *Molitor, Wilhelm.* (Kn)

Großmacht, die, der Presse. Ein Wort für unsere Tage aus der mitteleuropäischen Staatengruppe. Regensburg 866. Pustet. gr. 8. (28 S.) 2 ngr

Grossmacht, die, im Reiche des Geistes. 10 Exemplare. In-16⁰. Basel, Jäger & Kober. 1895.

Großmächte [Sachl. Ordnungswort]

Die Grossmächte und die Schleswig-Holsteinische Angelegenheit. (Stuttgart. 1847.) 8⁰.

Großmächte [Schlagwort]

Grossmächte. Rothert, Eduard, die acht Grossmächte in ihrer räumlichen Entwicklung seit 1750. Karten u. Skizzen. (20 farb. Karten m. 1 Bl. u. 4 S. Text.) Lex.-8. Düsseldorf 904. A. Bagel. Geb. in Halbleinw. n. 6. 50; in Leinw. n. 7. —

Grosmama, die, Lustspiel in 4 Aufz. von F. W. Ziegler. gr. 8. Leipzig, Köhler. 818.

Großmama in d. Wochenstube. Guter Rath für angehende Mütter aller Stände über d. erste Kinderpflege. In e. Samml. ächter Familienbriefe mitgetheilt von einer Jugendfreundin. 8. Aarau 820. Sauerländer. 1 ꝛß 8 ℊ 2e Aufl., s. Rath, guter, über d. erste Kinderpflege.

Großmamas Märchen. (134 S. m. Abbildgn.) gr. 8. München (905). (C. Andelfinger & Co.) Geb. in Leinw. n. 5. —

Großmann [Sachliches Ordnungswort]

Großmann, Superint. u. Pastor Prof. Dr. Ch. Glo. Lehr., Skizze seines Lebens nebst seinem (lith.) Portrait (in 4.) u. Facsimile u. der Beschreibung seines feierlichen Begräbnisses. Leipzig 857. Glück. (Reclam sen.) gr. 8. (24 S.) 6 ngr

Großmann, Dr., u. die erste Kammer in der 12. Sitzung den 10. Oct. 1845. Gedicht. gr. 8. Zeitz 846, Webel. (Annaberg, Rudolph u. Dieterici.) 1 ngr

Grossmann, Karoline, eine biographische Skizze ... Göttingen 1784. V: *Neefe, Chn Glob.* (ML) (Ky) (MGT) (BrMm)

Großmann, Karoline; eine biograph. Skizze (von Chr. Glo. Neefe). Mit Portr. u. Vign. 8. Götting. 785. Dieterich. 8 ℊ

Großmann [Verfasser]

Grossmann. Dictionar german-romin. (In 40—45 Fasc.) Vol. I. Fasc. 1—7. 4. (S. 1—112.) Jassy 889—91. (Czernowitz, Pardini.) à Fasc. * — 50; * 3 50

Lfg. 1 erschien ursprünglich im Selbstverlage.

Handbuch der direkten Steuern in Preussen. Für d. Praxis bearb. von Dr. Grossmann, Bürgermeister in Naumburg a. S. *Berlin: K. Hoffmann 1899.* (964 S.) 8° [F.] [et. 1875]

Großmann, der preußische Jäger u. Forstbeamte. Zusammenstellung der Bestimmungen über die Behandlung der vorschriftsmäßig gelernten Jäger von ihrem Eintritt in die Lehre an, bis zu ihrem Ausscheiden aus dem Jäger-Corps, durch Anstellungen als Forstbeamter, Invalidität ꝛc. Berlin 862. Mittler's Sortbhdlg. gr. 8. (IV, 155 S.) n. 15 ngr

Grossmann, s.: Uhrmacher-Kalender, deutscher.

Grossmann, A. Die philosophischen Probleme in Platos Protagoras. 17 S. [Progr.] *Neumark* 1883.

— s.: Vorbereitungen f. Deutsch.

Großmann, Adelaide v., Heiteres u. Ernstes in einfachen Geschichten für Knaben u. Mädchen aus allen Ständen. Leipzig 860. Schlicke. 8. (2 Bl., 108 S. m. Holzschn.) 18 ngr

—— Reich und Arm. Kleine Erzählungen für Kinder von 8 bis 10 Jahren. br. 8. (58 S. mit 4 Holzschnt. in Tondr.) Leipzig 859, Schlicke.

Großmann, A. v., Wahn u. Wahrheit. Socialer Roman. 2 Bde. Leipzig 865. Grunow. 8. (552 S.) 2 ꝛß 20 ngr

— — 2. (Titel-)Ausg. 2 Bde. Ebend. 869. 8. (252 u. 300 S.) 2 ꝛß

Lyricorum graecorum carmina, quae ad Horatium pertinent, selecta iterum ed. Adolfus Grossmann. Leipzig & Berlin: Teubner 1910. 12 S. 8° A 11.6.11

Grossmann, Adolph. (geb. Gnesen 13. 3. 1835): De neoplasmatum generibus. Berolini (1860). (32 S.) 8°

Berlin, Med. Diss. v. 4. Okt. 1860

Großmann, Adf., der menschliche Körper. Bau u. Leben seiner Organe, nebst Anleitg., sie gesund zu erhalten. Mit 78 Abbildgn. u. 1 Taf. gr. 8. (VIII, 158 S.) Leipzig 899. Dürr'sche Buchh. n. 1. 70; kart. n. 1. 80

Großmann, Adolf, Prof.: Lesefrüchte für die Horazstunde. Marienwerder 1905: R. Kanter. (16 S.) 8° [F.]

Marienwerder, k. ev. G P 1905 (38)

Grossmann, A., der Rechenunterricht in d. Volksschule, s.: Braune, A

Grossmann, *Adolf*: Das erziehende Zusammenwirken der Schule und der Familie. Berent, gedr. in d. Buchdr. v. A. Schueler, 1892; 3—16 S. 4.

Berent, k. PG, OP 1892 (25)

Grossmann, Adolph Theophil (Dresden), De specifica nervorum sensibilium energia. Dissert. med. Lpz. (Staritz) 29. III. 1842. 24 S. (5.—) 11844

Gew.: Carl August Haase (Dippoldiswalde), Carl Heinrich Frauenstein (Dresden).

Grossmann, Albert: Beitrag zur Kenntnis der Amidine. 1903. 41 S. 8⁰ ¶ Vgl. Journal f. prakt. Chemie. Bd 186. N. F. Bd 78. 1908.
Dresden, Dr.-Ing.-Diss. v. 30. 7. 1903

— **Andreas** (Sangerh./Thür.), De incauto contrahente cum universitatibus. Disp. jur. Rector Philipp Wilhelm Grf. v. Boineburg. Präs. Tobias Jacob Reinharth. Erfurt (Joh. Heinr. Grosch) 21. III. 1711. 16 Bl. (6.—) 11845

Grossmann, August [Kgl. Reallehrer]: Über einige neue Oxalessigsäureester ... Weissenburg a. S., Druck d. Buch- & Steindr. v. Braun & Elbel, 1896; 30 S. 8.
Würzburg, Phil. Fak., Inaug.-Diss. v. 1896

Grossmann, Bruno, Anleitung zur Zinsenberechnung in Conto-Correnten m. doppeltem u. wechselndem Zinsfuss. Progr. gr. 8. (23 S.) Wien 894. Hölder. n. — 60

Grossmann, Bruno, Lehr- u. Ubungsbuch des kaufmännischer Rechnens, s.: Schigut, Eug.

Grossmann, Bruno, u. Eug. **Schigut,** Lehr- u. Übungsbuch der kaufmänn. Arithmetik f. 2classige Handelsschulen. 3. verb. Abdr. gr. 8. (IV, 308 S.) Wien 898. A. Hölder. Kart. n. 2. 80

Großmann, Carl, s. Großmann, Karl.

Großmann, Chr. Ludw. v.: Ueber den dermaln Einem Königl. Preußischen geh. Ober-Tribunale zur Entscheidung vorliegenden zwischen Untengenanntem, als Klägern, und dem Justiz-Kommissar **Seyffarth** in Weißenfels, als Verklagten, schwebenden Prozeß. (Weißenfels 1824.)

Großmann, Christian Aenoth. Orthobius, s. Großmann, Christian Gottlob Leberecht.

Großmann, Christian Gottlob Leberecht

Großmann, Chrstn. Gtlo. Leber., zwei Abschiedspredigten, gehalten zu Weihnachten 1828 in Altenburg. gr. 8. (3 B.) Altenburg 829. (Leipzig, Fr. Fleischer.)

Großmann, Chr. Glo. Lebr., zwei Abschiedspredigten, gehalten zu Weihnachten 1828 in Altenburg. gr. 8. Altenb. 829. (Dresd., Hilscher). baar 4 gGr.

—— Altar-Rede bei d. Einweih. u. Einsegnung d. neu. Magistrats zu Leipzig am 5. April 1831. gr. 8. (1 B.) Leipzig, Fr. Fleischer.

— — **Anecdoton graecum Philonis Judaei de Cherubinis exod. 25, 18.** (Rector Otto Linné Erdmann memor. coeptae per Lutherum reformat. eccles. christ. et solemn. inaug. success. in summo magistratu acad. Friedr. Tuch.) Lpz. (Edelmann) 31. X. 1856. 21 S. (4.50) 11864

— — Dasselbe. Lpz. (Friedr. Fleischer, Druck: A. Edelmann.) (4.50) 11865

Grosmann, Chrstn. Gtlo. Leber., Antrittspredigt in d. Thomaskirche zu Leipzig, am Neujahrstage 1829 gehalt. gr. 8. (2 B.) Leipzig 829, Fr. Fleischer. Thlr.

—— die Begeisterung f. uns. Glauben. Eine Pred. am Reformationsfeste d. 31. Oct. 1830 gehalten. gr. 8. (1¼ B.) Leipzig 830, Fr. Fleischer.

— ausführl. Bericht d. Einäscherung von Prießnitz am 16. Oct. 1806, nebst drei Gedächtnißreden ꝛc. gr. 8. Jena 810. Joch. 10 gGr.

Großmann, Chr. Glob. Leber., die kirchl. Bewegung d. Gegenwart als ein Zeichen der Zeit f. die evangel. Kirche. Predigt am Reformationsfeste 31. Octbr. 1845 zu St. Thomä gehalt. gr. 8. (1½ B.) Leipzig 845, Kollmann. Thlr.

— — **De collegio Pharisaeorum commentatio.** (Rector Friedr. Buelau sacra pentecostalia.) Lpz. (Staritz) 8. VI. 1851. 32 S. (4.50) 11863

— C. G. L., Comment. de locis nonnullis Platonis et duobus Horatii locis. Gel. 1827. 16 S. —.90

— De pharisaeismo Judaeorum Alexandrino. 3 Tle. Pr. 1846—1850. 18, 30, 40 S. 4°. zus. 8.—

— — De Pharisaismo Judaeorum Alexandrino commentatio II. (Rector Ludwig v. Pfordten sacra pentecostalia.) Lpz. (Staritz) 23. V. 1847. 30 S. (4.50) 11861

— — Dasselbe. III. De disciplina ascetica. (Rector Friedrich Buelau sacra instaurat. eccles. evangel.) Lpz. (Staritz) 31. X. 1850. 40 S. (5.—) 11862

(— —) **De philosophia Sadducaeorum commentatio qua viro Carl Gottfried Bauer (ad aedem Nicolait. Lips. archidiac.) sacra semisaecularia muneris eccles. gratul. collegae Lips.** Lpz. (B. G. Teubner) 1836. 24 S. mit Namen d. Gratul. (4.50) 11855

— — **Dasselbe. II. De fragmentis eorum exegeticis.** (Rector Friedr. Adolph Schilling memor. instaur. eccles. christ. et sol. inaug. success. in summo magistr. acad. Wilh. Ferdin. Steinackeri). Lpz. (Wilh. Staritz) 31. X. 1837. 28 S. (4.—) 11856

— — **Dasselbe. III. De statu eorum literario, morali et politico.** Lpz. (Staritz) 27. V. 1838. 30 S. (4.50) 11857

(— —) **Dasselbe. IV.** (Memor. viri Carl Friedr. Kregel v. Sternbach orat. annivers.) Lpz. 21. X. 1838. 23 S. (4.—) 11858

Grossmann, C. G. L., de philosophia Sadducaeorum. I–IV. Lips. 1836–39. 4.

— — **De Philonis Judaei operum continua serie et ordine chronologico comment. I.** (Rector Moritz Wilhelm Drobisch sacra instaurat. eccles. evangel. et sol. inaug. success. in summo magistr. acad. viri Georg Benedict Winer). Lpz. (Wilh. Staritz) 31. X. u. 7. XI. 1841. 28 S. (4.—) 11859

— — **Dasselbe. II.** Lpz. (Wilh. Staritz) 15. V. 1842. 31 S. (4.—) 11860

— — **De Judaeorum disciplina arcani I.** (Wilhelm Andreas Haase, rector, sacra instaur. eccles. christ. et Heinr. Wilh. Brandes success. design. ausp.) Lpz. 31. X. 1833. 28 S. (4.20) 11853

— — Dasselbe. II. Lpz. 16. V. 1834. 44 Seiten. (4.50) 11854

— — De ascetis Judaeorum veterum ex Philone epistola qua Christoph Heinrich Kretzschmar (Loedlau) sacra semisaecularia muneris eccles. gratul. Altenburg 1833. 26 S. (5.—) 11852

— — Epistola ad viros August Matthiae et Ludwig Ramshorn. Altenburg 1827. 16 S. (4.80) 11848

Großmann, C. G. L., zur Glockenweihe. Eine Predigt am Kirchweihfeste, gehalten den 25. Nov. 1816. Neustadt a. d. O., Wagner.

— Glockenweihe. Eine Predigt am Kirchweihfeste. gr. 8. Neust. a. d. O. 817. Wagner. 3 gr.

— Grabrede für die Opfer d. 12. August, s. Opfer.

— Grabrede bei den am 29. Aug. 1846 ꝛc. Verunglückten ꝛc. gehalten, s. Bericht üb. das, d. Stadt Leipzig am 29. Aug. 1846, betroff. Brandunglück.

— die Macht d. Evangeliums in ihrer Bewährung an treuen Zeugen. Predigt z. 300jähr. Gedächtnißfeier v. Dr. M. Luthers Tode am Sonntage Seragesimä 1846 geh. gr. 8. (1½ B.) Leipzig, Fr. Fleischer.

— **Christian Gottlob Leberecht,** De procuratore parabola Jesu Christi ex re provinciali Romanorum illustrata. Memor. annivers. inaug. ante hos 280 annos scholae provinc. Portensis. Lpz. (Fried. Christ. Wilh. Vogel) 1823. 61 u. VII S. mit Schulnachr. u. Schülerverz. (6.50) 11847
Anh. S. II kurze Biogr. v. Ernst Constantin Herbst.

— de Procuratore, parabola Jesu Christi ex re provinciali Roman. illustr. Commentat. historico-exegetica ad. Luc. XVI, 1—9. 4maj. Leipz. 824, W. Vogel. 12 gr.

(Großmann, Superintendent) Petition an die königlich sächsische hohe Ständeversammlung in Dresden, zunächst an die hohe erste Kammer, die Uebergriffe der römisch-katholischen Priesterschaft im Königreiche Sachsen betreffend. Als Manuscript gedruckt. (Dresden 1843.) 30 S. 8.

— Predigt am Erntefeste ꝛc., s. Predigten.

— Predigt zum Erntefeste 1835. Zum Besten der Armenschüler. gr. Lex.-8. Leipzig 835. Schreck. n. 1/8 Rthlr.

— Predigt zur vierten Jahresfeier der Constitution. gr. Lex.-8. Leipzig 835. Schreck. n. 1/8 Rthlr.

— Predigt am Jubelfeste d. Augsburg. Confession, am 25. Juni 1830 in d. Thomaskirche zu Leipzig gehalten. gr. 8. (2 B.) Leipzig 830, Fr. Fleischer.

— Predigt auf Se. Maj. den König und Herrn Hrn. Friedrich August II. König von Sachsen ꝛc. gehalten den 2. Septbr 1834 im evangel. Betsaale zu Franzensbrunn. gr. 8. (15 S. Leipzig 854, Teubner.

Großmann, Chrstn. Gtlo. Leber., Predigt am Constitutions-Feste, s. Predigten.

— Predigt am Sonntage Misericordias Domini 1828, dem Gedächtnißtage des Siegeseinzuges d. königl. preuß. u. verbündeten Heere in Paris. 8. Naumb., Wild. 1 gr.

— Predigt, zur vierten Säcularfeier d. Erfind. d. Buchdruckerkunst am Johannistage 1840 in d. Thomaskirche zu Leipzig gehalten. gr. 8. (2¼ B.) Leipzig 840, Fr. Fleischer.

— Predigt am dritten Säkularfeste d. leipziger Reformation, als am ersten Pfingstfeyertage d. 19. May 1839 in d. Thomaskirche zu Leipzig gehalten. gr. 8. (1¾ B.) Leipzig 839, Fr. Fleischer.

— Predigt am Tage d. kirchl. Huldigungsfeier beim Regierungs-Antritt d. durchl. Fürsten u. Herrn, Friedrichs, Herzogs v. Sachsen-Altenburg, gehalten d. 26. Nov. 1826 in d. Schloßkirche zu Altenburg. gr. 8. Altenb. 826. Liter.-Compt. 2 gr.

— Predigt am Tage d. kirchl. Todesfeier d. verewigten Fürsten u. Herrn, Friedrichs IV., letzten Herzogs v. Sachsen Gotha u. Altenburg, gehalten am 20. März 1825 in d. Schloßkirche zu Altenburg. 8. Altenb. 825. Liter.-Compt. 3 gr.

— s. Predigten, 9 patriot.

— zwei Predigten auf Befehl Eines K. Sächs. Hochpreißl. Kirchenraths, am letzt. Sonnt. n. Trinit. u. Mittwochs darauf in d. Hof- u. Sophienkirche zu Dresden gehalt. gr. 8. (2 B.) Dresden 829, (Arnold.)

— und J. Chr. Künstler, zwei Predigten z. Kirchweihe in Niederwiera. gr. 8. (1½ B.) Altenburg 828, (Schnuphase.)

— und Chr. Fr. H. Sachse, zwei Predigten am Sonnt. Oculi 1828, nach d. am 4. März zu Altenburg vollzog. Hinrichtung d. Raubmörders Georgi. gr. 8. (2 B.) Altenburg 828, Schnuphase.

— Quaestiones Philoneae. — I. De theolog. Philonis fontibus et auctoritate. — II. De λόγῳ Philonis. 4 maj. (9 B.) Lipsiae 829, Fr. Fleischer. 1 Thlr. 12 Gr., Vlnp.

— — u. (Respond.) **Friedrich Adolph Heinichen** (Pegau), Quaestionum Philonearum primae particula prima de theologiae Philonis fontibus et auctoritate. Lpz. (B. G. Teubner) 15. IX. 1829. 65 S. (6.50) 11850

— — Dasselbe. II. De ΛΟΓΩ Philonis. Lpz. (B. G. Teubner) 16. IX. 1829. 70 S. (6.—) 11851

— quaestiones Philoneae. I. De theologiae Philonis fontibus et auctoritate quaest. I. p. I. II. De λόγῳ Philonis. Quaestio II. 4maj. Leipz. 830. Fr. Fleischer. 1 Rthlr. 12 gr. Velinp. 3 Rthlr.

— Rede am Grabe d. D. Tittmann, s. Rede.

— Rede am Grabe Sr. Hochwürd. Magnific. des Hrn. Prälat D. Jh. Aug. Hnr. Tittmann, am 2. Jan. 1832, herausg. u. mit e. biograph. Skizze d. sel. Dr. Tittmann begleitet von W. Th. M. Becher. gr. 8. Leipz. (Fest). 4 gr.

Großmann, Chr. Gottl. Leber., Rede zur Weihe des Denkmals auf dem Monarchenhügel bei Liebertwolkwitz am 19. Oktbr. 1847 gehalten. gr. 8. (15 S.) Leipzig 847, Fr. Fleischer. 3 gr.

— Rede zur Weihe der Schwedenfahne, die als Ehrengeschenk der Bäckerinnung zu Leipzig Gustav II. Adolf 1631 verehrt u. Karl XIV. Johann 1842 erneuert. gr. 8. (1 B. u. 1 Abbild.) Leipzig 843, Schreck. *

— über e. Reformation d. protestant. Kirchenverfass. im Königr. Sachsen. Vota d. Diöces Leipzig u. amtl. Gutachten. gr. 8. (5¼ B.) Leipzig 833, Fr. Fleischer.

— Gottes Reich unser Leitstern in Zeiten d. Sorge. Eine Pred. am 15. Sonnt. n. Trinit. d. 19. Sept. 1830 gehalten. gr. 8. (1½ B.) Leipzig 830, Fr. Fleischer.

— — Actum solemnem inaugurat. viri Joh. Gottlob Doelling, adhuc collab. gymnas. Plauiensis, nunc munus profess. II nostri gymnas. auspic. — Praemissum est lexici Platonici specimen primum. Altenburg 22. IV. 1828. 16 S. (4.80) 11849

— Programma. Praemissum est Lexici Platonici spec. I. 8 maj. (1 B.) Altenburgi 828, (Schnuphase.)

— die Verdienste der Churfürsten von Sachsen um den Abschluß des augsburger Religionsfriedens. Rede zur akadem Jubelfeier des augsburger Religionsfriedens in der Aula der Universität Leipzig gehalten den 31. Octbr. 1855. gr. 8 (36 S.) Leipzig 855, Teubner.

— Warnung vor Selbstrechtfertigung. Predigt am 12. März 1830. gr. 8. Leipz. 830. Fr. Fleischer. 3 gl.

— Worte am Grabe Hrn. Dr. Joh. Dav. Goldhorns, treuverd. Pastors zu St. Nicolai u. ordentl. Prof. d. Theol., am 26. Oct. 1836 gesprochen rc. gr. 8. (½ B.) Leipzig 837, Schreck. *

— Zeiten d. Anfechtung, Zeiten d. Segens f. d. Kirche. Eine Pred., am Reformationsfeste 1838, in d. Thomaskirche in Leipzig gehalten. gr. 8. (1¼ B.) Leipzig 839, Fr. Fleischer. *

Großmann, Daniel Heinrich

— Gespräche zwischen einem Lehrer u. seinem Kinde vom Nutzen d. frühzeit. Bekehrung. 8. Königsb. 773.

Großmann, Dn. Hnr., († d. 2. Juli 1798.) Lebensgeschichte des Rabbi Duitsch. 8. Königsb. 773.

Grossmann, D. H. Gesammelte Nachrichten von d. Stadt Schippenbeil. 8. Königsberg 1778.

Großmann, E., das Kirschfest. Eine vaterländ. Scene d. Vorzeit. Dramatisirt. 8. Leipz. 792. Weygand. 5 gl.

Großmann, E., deutsches Lesebuch, s. Lesebuch.

Großmann, Edgar, Referendar: Wie verhält sich der handelsgeschäftliche Werklieferungsvertrag (§ 381 Abs. 2 HGB.) zum Bürgerlichen Gesetzbuch? Königsberg i. P. 1910: Kahan. VIII, 50 S. 8°
Erlangen, Jur. Diss. v. 19. Nov. 1910, Ref. Oertmann
[Geb. 29. März 87 Strasburg Wpr.; Wohnort: Danzig; Staatsangeh.: Preußen; Vorbildung: Gymn. Strasburg Reife O. 05; Studium: Freiburg i. B. 1, Berlin 5 S.; Rig. 3. März 10.] [U 11. 803

Grossmann, Emil [app. Arzt aus Lörrach i/B.]: Ueber die Indikationen zur örtlichen Therapie der Puerperalkrankheiten ... Strassburg, Univ.-Buchdr. v. J. H. E. Heitz, 1895; 38 S. 8.
Strassburg, Med. Fak., Inaug.-Diss. v. 1895

Großmann, Emil, a. Bamberg: Der Schutz des Firmenrechtes. Aschaffenburg 1906: Gottinger. (166 S.) 8°
Würzburg, Jur. Fak., Ref. Mayer, Diss. v. 17. Aug. 1906
[Geb. 12. Febr. 82 Bamberg; Wohnort: Aschaffenburg; Staatsangeh.: Bayern; Vorbildung: Gymn. Aschaffenburg Reife Juli 01; Studium: München 3, Würzburg 5 S.; Rig. 30. Mai 06.]

Grossmann, Emil, der Schutz des Firmenrechtes. IV 166 S.) 8. Würzburg 906. (Gnad & Co.) n. 2. 80

Beobachtungen am Repsoldschen Meridiankreise der v. Kuffnerschen Sternwarte in Wien-Ottakring in d. J. 1896–1898 von Dr. Ernst Grossmann. Mit 4 Textfig. *Leipzig: B. G. Teubner 1901.* (210 S.) 4°(8°)
— **Abhandlungen** d. K. Sächs. Gesellschaft d. Wiss. Math.-phys. Cl. Bd 27, No 1. [01. 11793

Orientierg am Himmel bei geogr. Ortsbestimmgn bes. in d. Tropen, z. Gebr. in d. Schulen ... Angefertigt v. Dr. [E.] Grossmann. *Berlin: D. Reimer 1896.* (2 Bl., 4 Kt.) 1 Bd 8. [97. 1086

Grossmann, Ernst *August Friedrich Wilhelm* [Assist. an d. kgl. Sternwarte]: Untersuchung über systematische Fehler bei Doppelsternbeobachtungen ausgeführt in Verbindg m. e. Bahnbestimmg d. Doppelsterns „η coronae borealis" ... Göttingen, Druck d. Dieterich'schen Univ.-Buchdr., 1892; 2 Bl., 57 S. 4.
Göttingen, Phil. Fak., Inaug.-Diss. v. [3. Mai] 1892

Grossmann, Ernst, Untersuchung üb. systematische Fehler bei Doppelsternbeobachtungen, ausgeführt in Verbindung m. e. Bahnbestimmung d. Doppelsterns „η coronae borealis". Diss. gr. 4. (III, 57 S.) Göttingen 892. (Vandenhoeck & Ruprecht.) n. 2. 60

Grossmann, Ernst Arno, Referendar in Bautzen: Die Ersitzung des Eigentums beweglicher Sachen nach neuem deutschen bürgerl. Recht. Borna-Leipzig 1905: R. Noske. (VIII, 50 S.) 8° [J.]
Leipzig, Jur. Fak., Diss. v. 5. Nov. 1904
[Geb. 17. Sept. 76 Großröhrsdorf; Wohnort: Bautzen; Staatsangeh.: Sachsen; Vorbildung: Gymn. Dresden-N. Reife O. 96; Studium: Heidelberg 3, Leipzig 5 S.; Rig. 1. Juli 01.]

Grossmann, Erwin, s.: Bauhandbuch, technisches.

Großmann, E., Technisches Bauhandbuch. Wegweiser durch Technik und Industrie des Hoch- und Tiefbauwesens sowie verwandter Gebiete in Reihenfolge der Bauausführungen. 2 Bde. Hannover, 1905. 1934 S.

Grossmann, Erwin, ausgef. Familien-Häuser. Prakt. Vorbilder in bill. bis mittl. Preislagen, nebst Grundrissen, Beschreibgn. u. Kostenanschlägen. 1.—7. Lfg. Fol. (28 Lichtdr. m. illustr. Text 56 S. in Lex.-8.) Ravensburg 897—898. O. Maier. à n. 2.—

— ausgeführte Familien-Häuser. Prakt. Vorbilder in bill. bis mittl. Preislagen, nebst Grundrissen, Beschreibgn. u. Kostenanschlägen. 8.—10. Lfg. Fol. (12 Lichtdr. m. 16 S. illustr. Text in Lex.-8.) Ravensburg 899. O. Maier. à n. 2.—; (kplt. in Mappe n. 21.—)

— kleinere städtische Geschäftshäuser. Wohnhäuser, Miethäuser etc. Vorlagen mustergilt. Neubauten u. Umbauten nebst Grundrissen u. kurzer Beschreibg. (In 15 Lfgn.) 1.—7. Lfg. (à 5 Taf.) Fol. Ebd. (902). à n. 2.—

Grossmann, Erwin, kleinere städtische Geschäftshäuser. Wohnhäuser, Miethäuser etc. Vorlagen mustergilt Neubauten u. Umbauten nebst Grundrissen u. kurzer Beschreibg. 8.—15. (Schluss-)Lfg. (à 5 Taf.) Fol. Ravensburg (903). O. Maier. Mit Mappe à n. 2.—

Grossmann, Erwin, Haus-Thore u. Thüren. Mustergült. Sammlg. v. Haus-Thoren u. Thüren m. Grundrissen u. Schnitten, sow. allen nöt. Detaillen in grösserem Massstab. (In 5 Lfgn.) 1. u. 2. Lfg. gr. Fol. (à 5 Taf. in Zinkotyp.) Stuttgart 896. E. Grossmann. à n. 3.—

— Hausthüren u. Hausthore. Sammlung mustergilt. Hausthüren m. Grundrissen u. Schnitten etc. gr. Lex.-8. (24 Taf. m. III S. Text.) Ebd. 899. In Mappe n. 9.—

— eiserne Thore. E. Sammlg. mustergilt. schmiedeeiserner Gitterthore, nebst vollst. Berechngn. m. Gewichts- u. Preisangaben. 5 Lfgn. hoch 4. (20 Taf. m. 7 S. Text.) Ravensburg 896. O. Maier.
In Mapppe n. 4. —; à Lfg. n. — 80

— billige Wohnhäuser in moderner Bauart. Mustergiltig ausgeführte Ein- u. Zwei-Familienhäuser zu Baupreisen von 8 bis 15000 Mark. Photographische Aufnahmen nebst geometr. Darstellgn., Grundrissen, Schnitten, sowie m. beschreib. Text. 10 Lfgn. hoch 4. (à 8 Taf.) Ebd. 899. à n. 1.50; (kplt. in Mappe n. 15.50)

Grossmann, Erwin, einfache Wohnhäuser in modernen Ausführungen zu Baupreisen von 20000—30000 Mark. Praktische Vorbilder anerkannt tücht. Leistgn. m. Grundrissen, Beschreibungen u. Kostenanschlägen. (In 10 Lfgn.) 1.—4. Lfg. Fol. (à 4 Lichtdr.-Taf. m. je 1 Bl. illustr. Text.) Ravensburg 894. O. Maier. à n. 2.

— einfache Wohnhäuser in mod. Ausführgn. zu Baupreisen v. 20,000—30,000 Mark. Prakt. Vorbilder anerkannt tücht. Leistgn. m. Grundrissen, Beschreibgn. und Kostenanschlägen. 5.—10. (Schluss-) Lfg. Fol. (à 4 Lichtdr.-Taf. m. je 1 Bl. illustr. Text.) Ebd. 895—896. à n. 2. —

Grossmann, Eugen [von Höngg]: Die Finanzen der Stadt Zürich. (Basel) 1904. 97 + 2 S. 8°. [17. II. 04.]
Zürich Jur. Diss. 1903 1904

Grossmann, Eugen. Die Finanzen der Stadt Zürich. IV + 99 S. 8.
Ausg. A: Diss. Staatsw. Univ. Zürich. *o. O.* 1904.
Ausg. B: Basel, Helbing & Lichtenhahn, 1904. [fr. 2.50]

Großmann, Eug., Ernest **Brees** u. Rob. **Schachner,** Gemeindebetriebe in d. Schweiz, in Belgien u. in Australien, s. a. Schriften des Vereins f. Socialpolitik.

Grossmann, Eug., Ernest *Brees* [und] Rob. *Schachner,* Gemeindebetriebe in der Schweiz, in Belgien und in Australien. Leipzig 1909. 8°.
(Gemeindebetriebe. Bd 3, Tl 3.)
(Schriften d. Ver. f. Socialpolitik. Bd 130, Tl 3.)

Grossmann, E[ugen]. Der zürcherische Steuerprozess und seine Reform. (Separat-Abdruck aus dem Schweizerischen Zentralblatte für Staats- und Gemeinde-Verwaltung. Jahrg. 7, Nr. 4, 5 und 6.) II + 39 S. 8. Zürich, Orell Füssli, 1906.

Großmann, Eustach., Naturgeschichte u. Naturlehre, s.: Geißler, Mart.

Großmann, Eustach, das Nötigste aus der deutschen Sprache u. den Realien, s.: Seyfried, Geo.

Großmann, Eustach., das Nötigste aus der deutschen Sprachlehre 2c., s.: Seyfried, Geo.

— die Oberpfalz, s.: Sterner, Matthäus.

Grossmann, Felix: ⟨Aus der medizinischen Klinik zu Jena.⟩ Hysterische und organische Paraplegien ⟨Paraparesen⟩ in differential-diagnostischer Hinsicht. Jena 1906: A. Kämpfe. (79 S.) 8°
Jena, Med. Fak., Ref. Stintzing, Diss. v. 10. Mai 1906
[Geb. 21. Apr. 83 Neumark; Wohnort: Marienwerder; Staatsangeh.: Preußen; Vorbildung: Gymn. Marienwerder Reife O. 01; Studium: Jena 1, Königsberg 3, Jena 5 S.; Coll. 7. Apr. 06; Approb. 31. Dez. 06.]

Grossmann, Felix: Experimentelle Untersuchungen über die Beugung elektromagnetischer Wellen an dielektrischen und metallischen Zylindern. Breslau 1909; Grass, Barth & Co. 30 S. 8°
Breslau, Phil. Diss. v. 7. Aug. 1909, Ref. Lummer
[Geb. 20. Okt. 75 Leobschütz; Wohnort: Breslau; Staatsangeh.: Preußen; Vorbildung: Gymn. Lauban Reife O. 01; Studium: Breslau 17 S.; Rig. 28. Juni 09.] [U 09. 001

Großmann, Fr., Anleitung zum Betriebe der gymnastischen Freiübungen auf Volksschulen, m. Abb., Angerburg 1861, 34 S., 8°.

Großmann, Fr., Anleitung zum Betriebe der gymnastischen Freiübungen auf Volksschulen. Mit 7 in den Text gedr. Holzschn. 2. verm. u. verb. Aufl. Königsberg 861. Gräfe & Unzer in Comm. gr. 8. (V, 41 S.) n. 5 ngr.

Grossmann, F., die Mineralquellen von Ems in ihrer Wirkungsweise u. Anwendung. Nach Untersuchungen dargestellt für Aerzte. Mainz 867. v. Zabern. gr. 8. (VI, 49 S.) n. 10 ngr.

— statistische Mittheilungen über die Mineralquellen u. Badeorte des nassauischen Taunus während der letzten 4 Jahre. Ebend. 869. gr. 8. (38 S. mit 6 Tabb. in gr. 8. u. qu. 4.) n. 7½ ngr.

— statistische Mittheilungen über die Mineralquellen u. Badeorte mit Einschluss der Privat-Bade- u. Heilanstalten des nassauischen Taunus während des J. 1869. II. Ebend. 870. 8. (52 S.) n. 5 ngr.

Grossmann, Fr., Schlangenbad, Wildbad und Waldluft-Curort. gr. 8. (40 S.) Wiesbaden 888, Bergmann. *

—— Selters, Fachingen, Geilnau und Cronthal. gr. 8. (32 S.) Ebendas. 887. *
Vorstehende zwei Schriften sind aus: Die Heilquellen des Taunus, besonders abgedruckt.

Grossmann, F., Soden am Taunus. Seine kalten und warmen Quellen, seine Molkenanstalt und seine klimatischen Verhältnisse. Nach eigenen Beobachtungen für Aerzte dargestellt. Mit 2 (lith.) Ansichten von Soden. Mainz 858. v. Zabern. 8. (X, 195 S.) n. 18 ngr.

Grossmann, Fr. Aug., die Inventur des Buchhändlers. Ein pract. Versuch. 2. Aufl. hoch 4. (VIII, 48 S.) Weissensee [Leipzig] 869, Grossmann. ** *M.* 1,50.; geb. **

Großmann, Franz

Großmann, Frz., d. bürgerl. Gesetzbuch, s.: Pfaffrath, Karl.

— s.: Sammlung, systematische, der in Elsaß-Lothringen geltenden Gesetze.

Großmann, Friedrich, approb. Arzt aus Berlin: Ueber die angeborenen Blut-Cysten des Halses. *Leipzig 1902: B. Georgi.* (54 S.) 8°
Leipzig, Med. Diss. v. (10. Jan.) 1903

Grossmann, Frdr., der Boden u. die landwirthsch. Verhältnisse d. Preuss. Staates, s.: Meitzen, Aug.

Grossmann, Friedrich Über den Gebrauch der Kasus bei Sallust. 4 (S. 3—26) **Progr.** Kön. Rsch. (Rg.) *Berlin* 1886 (89).

Grofsmann, Friedrich: Herder und die Schule. 4 (17 S.).
Progr. Erste Rsch. (Höh. Bürgersch.) *Berlin* 1899

Grossmann, Frdr., Herder u. die Schule. Progr. 4. (17 S.) Berlin 899. [R. Gaertner.] Weidmann. n. 1. —

Grossmann, Friedrich, a. Leipzig: Löslichkeitsverhältnisse des Manganammoniumphosphats. Leipzig 1904: Metzger & Wittig. (47 S.) 8°

Leipzig, Phil. Fak., Ref. Ostwald u. Hantzsch, Diss. v. 17. Dez. 1904

[Geb. 6. Nov. 79 Leipzig; Wohnort: Leipzig; Staatsangeh.: Sachsen; Vorbildung: Realgymn. Borna Reife M. 99; Studium: Leipzig 10 S.; Rig. 26./27. Juli 04.]

Grossmann, Friedrich [aus Bischofswerda i. S.]: Über die gutsherrlich-bäuerlichen Rechtsverhältnisse in der Mark Brandenburg vom 15. bis 18. Jahrhundert. . . . (Aus: Staats- u. socialwiss. Forsch., hrsg. v. G. Schmoller. Bd. 9. H. 1.) Leipzig, Duncker & Humblot, 1889: 31 S. + 1 Bl. 8°

Berlin. Phil. Fak., Inaug.-Diss. v. 21. Dez. 1889

Grossmann, Friedr. Über die gutsherrlich-bäuerlichen Rechtsverhältnisse in der Mark Brandenburg vom 16.—18. Jahrh., s.a. Forschungen, staats- u. socialwissenschaftliche.

Grossmann F, über die gutsherrlich-bäuerlichen Rechtsverhältnisse in der Mark Brandenburg vom 16.-18. Jahrh. (Forsch., staatsw. IX, 4) Leipzig 1890

Großmann, Friedr[ich], Finanzassessor: Schadensersatzansprüche von Fischereiberechtigten gegen den Staat infolge von Flußregulierungen. Ein spezieller Fall d. Ersatzpflicht d. Staates f. rechtmäß. Eingriffe in bestehende Privatrechte. München & Berlin: Schweitzer 1910. 49 S. 8°

Heidelberg, Jur. Diss. v. 12. Aug. 1910, Ref. Fleiner

[Geb. 18. Dez. 79 Neckargartach; Wohnort: Ulm a. D.; Staatsangeh.: Württemberg; Vorbildung: Gymn. Heilbronn Reife 97; Studium: Tübingen 7 S.; Rig. 16. Dez. 09.] [U 10. 1880

Grossmann, Fr., die Vererbg. d. ländl. Grundbesitzes in d. Prov. Hannover unter Einschluss des Kreises Rinteln u. d. Fürstent. Waldeck,
— dasselbe i. d. Prov. Posen,
} s.: Vererbung, d., d. ländl. Grundbesitzes im Königr. Preussen.

Großmann, Friedrich Wilhelm

Grossmann, Frdr. Wilh., König Enzio. Ein Beitrag zur Geschichte der J. 1239 bis 1249. gr. 8. (85 S.) Berlin (1883). (Göttingen, Vandenhoeck & Ruprecht.) n. 2. —

Grossmann, Fritz, die Bezeichnung d. Arzneimittel- u. Gift-Behältnisse ausserhalb d. Apotheken. (96 S.) 8. Magdeburg 907. Verlags-Gesellschaft vorm. H. Teubner. Kart. 2. 40

Grossmann, Fritz, über Gangrän bei Diabetes mellitus. gr. 8. (134 S.) Berlin 900. A. Hirschwald. n. 3. 60

Grossmann, Fritz [aus Glogau]: Ueber die axillaren Lymphdrüsen . . . (Soll vollst. ersch.) Berlin, C. Vogts Buchdr., *1896*; 48 S., 1 Bl. 8.

Berlin, Med. Fak., Inaug.-Diss. v. 14. Aug. 1896

Grossmann, Fritz, üb. d. Lymphdrüsen u. -Bahnen d. Achselhöhle. Gekrönte Preisschrift. gr. 8. (50 S. m. Fig.) Berlin 896. A. Hirschwald. n. 1. 50

Grossmann, Fritz, die Präsent-Packung. Ein hervorrag. Mittel zur Steigerg. des Umsatzes. (30 S. m. Abbildgn.) qu. gr. 8. Magdeburg (906). Verlags-Gesellschaft. n. 3. 50; geb. n. 4. —

Grossmann, Fritz. Schmücke Dein Schaufenster. Handbuch der Schaufenster-Reclame in Wort u. Bild. (In 10 Lfgn.) 1.—3. Lfg. qu. gr. 4. (S. 1—80 m. Abb.) Magdeburg (901. 902). H. Teubner. à n. 1. 50

— schmücke Dein Schaufenster. Handbuch der Schaufenster-Reclame in Wort u. Bild. 4.—7. Lfg. (S. 81—144 m. Abbildgn.) qu. gr. 8. Ebd. (905. 906) à n. 1. 50

Großmann, Georg, s. Großmann, Johann Georg

Grossmann, Gustav [aus Budapest, Ungarn]: Ueber das elektrische und thermische Leitungsvermögen einiger Kupfer-Zinn-Legierungen. Zürich 1903. 78 + 1 S. 8°. [4. XI. 03.]

Zürich. Phil. Diss. II. S. 1903/1904.

Grossmann, Gustav. Über das elektrische und thermische Leitungsvermögen einiger Kupfer-Zinn-Legierungen. Diss. Phil. [II.] Univ. Zürich. [Mit Figuren.] IV + 79 S. 8. Zürich, F. Lohbauer, 1903.

Grossmann, Gustav [aus Ahlden a. d. Aller]: Über die Reduction von Amarin und Furfurin. . . Erlangen, k. b. Hof- u. Univ.-Buchdr. v. F. Junge, 1890; 26 S., 1 Bl. 8°

Erlangen, Phil. Fak., Inaug.-Diss. v. 1890

Großmann, Gustav Friedrich Wilhelm, s. Blondheim, Wilhelmine.

— die schwarzen Brüder. Schspl. in 4 A. 8. Altenb. 806. Petersen. 14 gr.

— die Ehestandscandidaten. Lstspl. 8. Rostock 806. Stiller. 6 gr.

— Eigensinn u. Launen d. Liebe. Singspl. 8. Frankf. 783. Hermann. 6 gr.

Großmann, Gustav Friedrich Wilhelm, s. Feuersbrunst, Die.

Großmann, Gustav Friedrich Wilhelm, s. Harlekin etc.

— Henriette, od. sie ist schon verheirathet. Lstspl. in 5 A. 8. Leipz. 784. (W. Vogel). N. A. gr. 8. Hamb. 784. (Hahn in Hannov.; a. v. Jenisch u. St. in Augsb.) 4 gr.

— die Irrungen. Lstspl. nach Shakspeare. 8. Frankf. 779. Fleischer. 4 gr.

Großmann, Lessings Denkmal, s. Lessing.

Großmann, Gust. Fr. Wlh., († d. 20. Mai 1796) Lessings Denkmal; eine vaterländische Geschichte. gr. 8. Hannov. 791. Hahn. 12 gr.

— { Lessings Minna v. B.

— nicht mehr als 6 Schüsseln. Familieng. in 5 A. 8. Bonn 780. 3e A. Leipz. 785. Dyck. 12 gr. Frankf. 786. Hermannn. 5 gr. Augsb. 786. v. Jenisch u. St. 5 gr.

Großmann, G. F. W., Schauspiele. (Wittenb. 806. Kühne). 1 Thlr.

Großmann, neue Schauspiele. (enth: 1) d. schwarzen Bruder; 2) d. Taschenbuch; 3) die Teufel im Actenschrank.) 8. Altenburg, Petersen. 806.

— Singspiele. 1r Bd. 8. Frankf. 783. Herrmann. 16 gr.

— das Taschenbuch, od. d. Banknoten. 8. Altenb. 806. Petersen. 4 gr.

— Adelheid von Veltheim. Lstspl. mit Ges. in 4 A. 8. Leipz. 780. Dyck. 8 gr.

Adelheit von Veltheim. Ein Schauspiel mit Gesang in 4 Akten (von Großmann). Leipz. 1781. 8o.

— was dem einen recht ist, ist dem andern billig. Sgspl. 8. Frkf. 783. Hermann. 6 gr.

— was vermag ein Mädchen nicht. Sgspl. in 4 A. 8. Braunschw. 789. Schulbuchh. 6 gr.

— Gustav Theodor Adolph (Frankenhausen), De frictione medica. Diss. med. Präs. Johann Ch. Gottfried Joerg. Lpz. (Hirschfeld) 2. XII. 1834. 19 S. (5.—) 11866
Gew.: Carl August Kuhl, Johann Carl Wilh. Walther, Johann Heinr. Ferd. Hartmann.

Grossmann, H., freistehende Einfamilienhäuser. Kleine Häuser zum Alleinbewohnen, f. die prakt. Ausführg. in Stadt u. Land entworfen u. hrsg. gr. Fol. (25 Taf. m. 1 Bl. Text. Stuttgart (900). K. Wittwer.
In Mappe n. 12. —

Großmann, H., die Entstehung d. Satans u. d. Sünde. Vortr. (24 S.) kl. 8. Gotha (908). (Missionsbuchh. P. Ott.) — 20

— s.: Forschet in der Schrift.

— Gedanken üb. den Epheser-Brief. Eine kurze Auslegg. dieses Briefes f. Kinder Gottes. (88 S.) 8. Gotha (909). Missionsbuchh. P. Ott. — 75

— Gibt es e. Verbindung m. der Geisterwelt? Vortr. (23 S.) kl. 8. Gotha (908). (Missionsbuchh. P. Ott.) — 20

— Haushalter üb. Gottes Geheimnisse. (1. Kor. 4, 1—5.) Eine kurze Betrachtg. der Geheimnisse Gottes f. Kinder Gottes. (60 S.) 8. Ebd. (908). — 60

— Jaget nach d. Heiligung! Gedanken aus Bibelstunden üb. Hebräer 12,14 bis 17. (48 S.) 8. Ebd. (908). — 40

— Ist das Gesetz u. der Sabbat d. Gemeinde gegeben? Aus e. Bibelstunde. (24 S.) 8. Berlin-Rixdorf (Weichselstr. 10) (909). Prediger H. Großmann. — 20

— Ist Gott schuldlos, wenn Menschen verloren gehen? Vortr. (24 S.) kl. 8. Gotha (908). (Missionsbuchh. P. Ott.) — 20

— Kann der moderne Mensch d. Bibel glauben? Vortr. (24 S.) kl. 8. Ebd. (908). — 20

— Das Kreuz v. Golgatha od.: Jesus in Gethsemane u. auf Golgatha. Vortrag. (24 S.) kl. 8. Ebd. (908). — 20

— Alte u. neue Lieder. Zum Gebrauch in Zelt-, Evangelisations- u. Glaubens-Versammlgn. zusammengest. (31 S.) kl. 8. Ebd. (908). nn — 10

— Für denkende Menschen. Allerlei Zweifel u. Fragen der Menschen, beseitigt u. beantwortet in 6 Vortr. 2. Aufl. (112 S.) 8. Berlin-Rixdorf (Weichelstr. 10) (909). Prediger H. Großmann. 1.—; geb. 1.60

— Was tat Gott vor Schöpfung der Welt? Vortrag. (24 S.) kl. 8. Ebd. (908.) — 20

Grossmann, Hans, dipl. Chemiker aus Zürich: I. Beitrag zur Kenntnis des Verfahrens von Parr zur Bestimmung der Verbrennungswärme von Brennstoffen. II. Prüfung der Methoden zur Wertbestimmung von Natriumsuperoxyd. Zürich 1905. 56 S. 8°. [20. VI. 05.]
Zürich. Phil. Diss. II. S. 1904/1905.

Grossmann, Hans. 1. Beitrag zur Kenntnis des Verfahrens von Parr zur Bestimmung der Verbrennungswärme von Brennstoffen; 2. Prüfung der Methoden zur Wertbestimmung von Natriumsuperoxyd. Diss. Phil. [II.] Univ. Zürich. 56 S. 8. Zürich, Gebr. Leemann & Co., 1905.

Grossmann, Heinrich, Dr.: Zur Geschichte des höhern Unterrichts in Saargemünd (1704—1804). Saargemünd 1904: Straßburger Druckerei. (55 S.) 8°
Saargemünd, G P 1904 (603)

Grossmann, Heinrich, a. Reußendorf, Bez. Breslau: Das angelsächsische Relativ. (Weimar 1906: R. Wagner Sohn.) (VI, 94 S.) 8°
Berlin, Phil. Fak., Ref. Brandl, Diss. v. 24. Nov. 1906
[Geb. 12. Jan. 80 Reußendorf, Kr. Waldenburg, Schlesien; Wohnort: Charlottenburg; Staatsangeh.: Preußen; Vorbildung: Gymn. Strehlen (Schlesien) Reife O. 00; Studium: Berlin 9 S.; Rig. 10. Mai 06.]

Grossmann, Hellmuth, aus Breslau: Ben Jonson als Kritiker. *Berlin 1898: A. W. Hayn's Erben.* (33 S.) 8° [J.]
Jena, Phil. Diss. v. (31. Juli) 1897

Grossmann. Herm., s.: Agenda de l'horloger.

Die kommunale Bedeutung des Straßenbahnwesens beleuchtet am Werdegange der Dresdner Straßenbahnen von Hermann **Großmann**, Dr. d. Staatswiss. *Dresden: W. Baensch 1903.* (VIII, 272 S.) 8°

Die Bedeutung der chemischen Technik für das deutsche Wirtschaftsleben. Von Dr. H. **Grossmann**. Halle a. S.: W. Knapp 1907. (XI, 140 S.) 8°
= **Monographien** über chem.-techn. Fabrikations-Methoden. Bd 8.

— u. Alb. Neuburger, die synthetischen Edelsteine. Ihre Geschichte, Herstellg. u. Eigenschaften. Nach Jacques Boyer: La synthèse des pierres précieuses. Autoris. deutsche Ausg. (57 S. m. 12 Abb.) Lex. 8. Berlin 910. M. Krayn. 2. 50

— s.: Fortschritte d. Chemie, Physik u. physikal. Chemie.

Grossmann, Hermann: Horlogerie Théorique, s. Grossmann, Jules.

Grossmann, H., die geplante Linien- u. Tarif-Änderung d. städt. Strassenbahnen zu Dresden (kritisch gewürdigt). Ein Beitrag zur Tarifpolitik d. Strassenbahnen. (63 S.) gr. 8. Dresden (908). C. Heinrich. 1.—

Großmann, Hermann, Referendar bei d. Kgl. Amtsgericht in Eberswalde: Das Prinzip der Selbstverteidigung im deutschen Bürgerlichen Gesetzbuch. *Berlin (1903): E. Ebering.* (92 S.) 8° [J.]
Berlin, Jur. Diss. v. 2. März 1903

Neue analytische Trennungsmethoden des Nickels vom Kobalt, Zink und Eisen. Von Privatd. Dr. Hermann **Grossmann** u. Dr. Bernhard Schück. Kattowitz: Gebr. Böhm 1907. (10 S.) 8°
Aus: Berg- u. Hüttenmännische Rundschau.
= **Sammlung** Berg- u. Hüttenmännischer Abhandlungen. H. 16.

Grossmann, Hugo, a. Münster i. W.: Das Verhalten der organischen Substanz des Bodens und der osmotische Druck desselben. Merseburg 1908: F. Stollberg. (93 S.) 8°
Münster, Phil. Fak., Ref. König, Diss. v. 22. Juni 1908
[Geb. 25. Febr. 82 Münster; Wohnort: Münster; Staatsangeh.: Preußen; Vorbildung: Realgymn. Münster Reife O. 03; Studium: Münster 10 S.; Rig. 28. Febr. 08.]

Das Ammoniak und seine Verbindungen. Von Dr. J. **Grossmann**, Manchester. Halle a. S.: W. Knapp 1908. (VIII, 103 S.) 8°
— **Monographien** üb. chem.-techn. Fabrikations-Methoden. Bd 17.

Grossmann, J., Elementar-Algebra für Mittelschulen. Pest 862. Kilian. gr. 8. (VIII, 338 S.) n. 1 Rthlr 15 ngr.

Grossmann, J. (L.), Führer in der geometrischen Analyse der Krystallographie. Ein Hilfsbuch zu den krystallograph. Werken Naumann's insbesond. zu dem, als Leitfaden beim Schulunterricht dienenden Buche: Anfangsgründe der Krystallographie. gr. 8. (XII und 188 S. mit 29 eingedr. Holzschnitt. und 1 Stnt. in qu. gr. 4.) Leipzig 857, Engelmann.

—— Jakob Kern. Eine biograph. Skizze. gr. 8. (34 S.) Wien 864, (Knöpflmacher und Sohn.)

Aus: Die Neuzeit, 4. Jahrg. 1864, besonders abgedruckt.

Großmännin, J., Kochbuch. 8. Wien, Doll. 796.

Grossmann's, J. methodisch geordnete Tabelle der Formwandlungen in der ungarischen Sprache. 1 Bog. in Imp.-Fol. Pest 857, Lampel.

Großmann, J. H., Kanzelvorträge über die heiligen Sacramente der Buße u. des Altars, während der Fastenzeit gehalten. Freiburg im Br. 862. Herder. gr. 8. (VIII, 192 S.) 12 ngr.

Großmann, J. W., das Angebinde. Schspl. in 1 A. 12. Aschaffenb. 810. N. A. 826 Etlinger in Würzb. 4 gl.

— die Belagerung der Stadt Hanau u. deren Befreiung am 13. Juni 1636. Schspl. 8. Wiesbad. 812. Schellenberg. 12 gl.

Großmann, Ida, das gerngesehene Dienstmädchen. Ein nützl. Büchlein f. unsere dien. Mädchen. (Für unsere Dienstmädchen!) (38 S.) kl. 8. Nürnberg (910). C. Koch. p — 30

— J.: Mädchen-Taschenbuch, deutsches.

— Wie u. wann soll ich meine Haus-Aufgaben machen?, nebst anderen prakt. Winken e. Mutter f. Eltern u. Kinder. Für Eltern u. Schüler! (23 S.) 8. Ebd. (907). -- 40

Wiesen-Idyll. Von Ida **Grossmann**. (Berlin: F. Schulze [1900].) (S. 10–16.) 8° [Umschlagt. Text stenogr.]
— **Zehnpfennigbücher**, Schulzes. No 46, [2.] 07. 1907

Großmann, Ignaz

Großmann, Ign., 613 Gesetze der Mosaischen Lehre. Im Orig.-Texte u. deutscher Uebersetzg. nach der v. Zunz revidirten Bibel. Nebst 16 Commentaren von 1) Don Isac Abarbanel, 2) Abraham b. Esra, 3) Ahron Halevi aus Barcelona, החנוך, 4) Midrasch Bachja ben Ascher, 5) Bunsen, 6) Chiskiah b. Manoach, חזקוני, 7) Jul. Fürst, 8) J. Hamburger, 9) Salomo Jizchaki, רש"י, 10) Aug. Knobel, 11) J. P. Lange, 12) S. D. Luzatto, 13) Maimonides, רמב"ם, 14) Moses Mendelssohn, 15) Nachmanides, רמב"ן, 16) L. Philipsohn, wie auch vielen Erläutergn. aus Midrasch u. Talmud, u. mehreren exeget. Bemerkgn. v. J. G. gr. 8. (XIII, 211 S.) Cincinnati 892. (Wien, Ch. D. Lippe.) Geb. in Leinw. n. 10. –

Großmann, Ign., drei Predigten. gr. 8. (47 S.) Wien 868, (Herzfeld und Bauer.) [Brüder Winter.] *

—— **Rede bei der Trauer-Andacht für weiland Sr. Majestät Maximilian, Kaiser von Mexiko, gehalten am 14. Juli 1867, in Butschowitz. gr. 8. (12 S.) Wien 868, (Herzfeld und Bauer.) [Brüder Winter.]** *

— Johann Emanuel Wilhelm (Leubingen/Thür.), Anatomiam foetus maturi externam ab obstetricibus instituendam. Diss. med. Präs. Georg Rudolph Boehmer. Wittbg. (Tzschiedrich) 2. X. 1795. 26 S. (5.50) 11867
Gew.: Johann Christian Grossmann (Vater).

Großmann, Johann Georg

Grossmann, G., Homerica. (De quarto, quod vocatur, conditionalium enuntiationum genere. — πίπτειν ἐν. — Coniectanea crit. in Iliadem). Pr. 1866. 32 S. 4°. 1.20

Grossmann: De quarto, quod vocatur, conditionalium enuntiationum genere. 32 S.–Bayreuth, Progr. 1866

Horatiana (Epist. I und II). — Von Großmann, Str. — 1879, Bayreuth. — S. 3–31.
Progr. Bayreuth, K. Gymn.

— Horatiana. De iisdem versibus et formis dicendi apud Horatium repetitis observationes grammaticae. Pr. 1900. 17 S. 2.—

— Joh. Haubold (Pirna), De mania. Dissert. med. Präs. Irenäus Vehr. Frankfurt/O. (Christoph Zeitler) April 1701. 60 S. (7.—) 11868

Grossmann, J. H., De mania. 60 pp. Frcf. ad V. 4°. 1702

Großmann, Johann Phil.

Großmann, Jh. Phil., Aufgaben aus der berechnenden Geometrie. Für d. Schul- u. Selbstunterricht. 1. Thl. 1. Abthl. A. u. d. T.: Allgemeine Aufg. aus der berechnenden Planimetrie nebst deren Auflösungen. Mit 37 in d. Text eingedr. Figuren. gr. 8. Stuttgart 846, Köhler. 1/3 ₰

— dass. 1. Thl. 2. Abthl. A. u. d. T.: Numerische Aufgaben aus d. berechnenden Planimetrie. Mit 6 in d. Text eingedr. Figuren. gr. 8. Ebend. 846. 7 ngl

— dass. 2. Thl. 1. Abthl. A. u. d. T.: Allgemeine Aufgaben aus d. berechnenden Stereometrie nebst deren Auflösungen. Mit 2 in d. Text eingedr. Figuren. gr. 8. Ebend. 846. 1/2 ₰

— dass. 2. Thl. 2. Abthl. A. u. d. T.: Numerische Aufgaben aus d. berechnenden Stereometrie. gr. 8. Ebend. 846. 7 ngl

— Resultate zum 1. Thl. Berechnende Planimetrie. gr. 8. Ebend. 846. 4 ngl

— dies. zum 2. Thl. Berechnende Stereometrie. gr. 8. Ebend. 846. 4 ngl

Großmann, Jonas

Grossmann, J., die Bedeutung der hypnotischen Suggestion als Heilmittel. Gutachten u. Heilberichte der hervorragendsten wissenschaftlichen Vertreter des Hypnotismus der Gegenwart. Hrsg. v. J. G. A. Ausg. im Orig.-Text. gr. 8. (XVIII, 160 S.) Berlin 891. Deutsches Verlagshaus Bong & Co. n. 3. –

— dasselbe. B. Deutsche Ausg. 1.—3. Aufl. gr. 8. (XVIII, 163 S.) Ebd. 894. n. 2. 50

Die Erfolge der hypnotisch-suggestiven Behandlung bei Gelenkerkrankungen, mit bes. Berücks. d. chron. Gelenkrheumatismus u. d. Gicht. Von J[onas] **Großmann**-Berlin. *Berlin: Fischer (1904).* (36 S.) 8°
= **Klinik**, Berliner. H. 193.

— die Erfolge der Suggestionstherapie [Hypnose] bei Influenza. gr. 8. (38 S.) Berlin 892. H. Brieger. n. 1. —

— dasselbe bei nicht hysterischen Lähmungen u. Paralyse. gr. 8. (40 S.) Ebd. 892. n. 1. —

— die hypnotische Suggestion bei der Reposition u. Nachbehandlung von Knochenbrüchen u. Verrenkgn. [Aus: „Zeitschr. f. Hypnotismus etc.“] gr. 8. (11 S.) Ebd. 894. n. — 50

Großmann, Jonas (Red.), s. Zeitschrift für Hypnotismus .... u. verwandte psycholog. Forschungen.

Großmann, Josef

Grossmann, Jos., die Bekämpfung der Sturzwellen durch Öl u. ihre Bedeutung für die Schiffahrt. gr. 8. (III, 140 S. m. Fig.) Wien 892. C. Gerold's Sohn. n. 2. —

Grossmann, Joseph, appr. Arzt a. Münster i. W.: Über einen Fall von Placenta praevia bei Zwillingen. Greifswald 1905: J. Abel. (23 S.) 8°
Greifswald, Med. Fak., Ref. Martin, Diss. v. 22. Juni 1905
[Geb. 18. März 77 Münster i. W.; Wohnort: Delmenhorst; Staatsangeh.: Preußen; Vorbildung: Gymn. Burgsteinfurt Reife M. 98; Studium: Greifswald 4, München 2, Greifswald 4 S.; Coll. 3. Mai 05; Approb. 13. Apr. 04.]

Großmann, Jos., Gewerbekunde der Holzbearbeitung. Leitfaden f. Fortbildungsschulen, vollständig in 3 Bdn. 1. Bd. 8. München 906. H. Köhler. Geb. n. 2. —
Technologie des Holzes. Mit 81 Textabbildgn. u. 7 Taf. m. 63 farb. Abbildgn. der wichtigsten in- u. ausländ. Holzarten. (V, 120 S.)

Großmann, Jos., Kommentar zum Invalidenversicherungsgesetz, s.: Landmann, Rob. v.

Großmann, Jos., unsere Nutzhölzer, s. a. Bücher des Wissens.

Unsere Nutzhölzer. Von Josef **Großmann**, Gewerbe-Hauptl. Mit 19 Abb. Berlin & Leipzig: Hillger [1910]. 95 S. 8°
(Bücher d. Wissens. Bd 139.) [10. 17444

— die Schmiermittel. Methoden zu ihrer Untersuchg. u. Wertbestimmung. gr. 8. (VIII, 186 S. m. 25 Abbildgn.) Wiesbaden 894. C. W. Kreidel. n. 4. 80

Grossmann, Jos., die Schmiermittel. Methoden zu ihrer Untersuchg. u. Wertbestimmg. Im Anschluss an das 1885 erschienene Buch: „Die Schmiermittel u. Lagermetalle", sowie an das 1894 erschienene Buch: „Die Schmiermittel". 2. Aufl. (X, 284 S. m. 45 Abbildgn.) 8. Wiesbaden 909. C. W. Kreidel. Geb. in Leinw. 6. 50

Grossmann, Jos., die Schmiermittel u. Lagermetalle f. Lokomotiven, Eisenbahnwagen, Schiffsmaschinen, Lokomobilen, stationäre Dampfmaschinen, Transmissionen u. Arbeitsmaschinen. Mit 10 Holzschn. im Texte. gr. 8. (VIII, 192 S.) Wiesbaden 885. Kreidel. n. 3. 60

Grossmann J, chem.-techn. Vollendungsarbeiten d. Holzindustrie. (23 S) Linz 1895

— das Warmlaufen der Maschinenlager. Eine Abhandlg. üb. die Ursachen u. Wirkgn. d. harmlosen Warmlaufens der Lager u. die zur Unterscheidg. v. dem gefährl. Warmlaufen dien. Mittel. gr. 16. (31 S.) Wien 885. v. Waldheim. n. — 70

GROSSMANN, Joseph Carl (Regensburg): De castratione.- Monachii: Auer 1832. 16 S.
23.12.1831 - Urk; F 60
Diss. Ingolst.-Landsh.-Mchn.

Grossmann, Jules, (et) Grossmann, Hermann. Horlogerie Théorique. Cours de Mécanique appliquée à la Chronométrie. Par J' G'.... en collaboration avec son fils H' G'.... Ouvrage publié sous les auspices du Technicum du Locle.... 1er Volume. [Avec des figures, 13 planches et 2 portraits hors texte.] 408 p. 8. Berne, E. Magron, 1908. [relié fr. 15. —]

Grossmann, Jul., Lehrbuch der Uhrmacherei nach den Gesetzen der Mechanik, hrsg. u. vervollständigt v. Herm. Grossmann. Mit Bewilligg. des Verf. ins Deutsche übers. v. L. Arndt u. L. Defossez. (In etwa 25 Lfgn.) 1.—8. Lfg. (1. Bd. III, 248 S. m. Abbildgn. u. 2 Taf.) gr. 8. Bautzen 904. E. Hübner. à n. 1. —
(1. Bd. vollständig geb. n. 9. —)

Großmann, Julie v., das bin ich u. das bist Du. Spiegelbilder f. Kinder v. 5—14 Jahren. gr. 8. (14⅓ B.) Jena 846, Luden.

GROSSMANN, J. v. *Moralische Erzählungen* für kleine Mädchen von 4 bis 6 Jahren. Von Julie von Großmann. Mit [8] colorirten Bildern (= Kupferstichen). Stuttgart, Rud. Chelius, 1861. 2 Bl. 175 S. Kl.-8°. Sehr hübscher Or.Prägeband aus weißem Glanzkarton m. reicher Rankendekoration in Gold u. Rot u. goldgedr. Titel. 28.—
★ Originalausgabe. Seltenes, sehr hübsches, reizend illustr. Buch. Auch der schöne Einband ist, obwohl leicht bestoßen u. benutzt, im Ganzen gut erhalten. Einige Fleckchen.

Großmann, Julie v., moralische Erzählungen für kleine Mädchen von 4 bis 6 Jahren. 2. Aufl. Stuttgart 867. Chelius. 16. (IV, 175 S. mit 8 ill. Bildern in Stahlst.) cart. 25 ngr.

—— Feierabende f. gute Kinder, m. Beiträgen von Agnes Franz. 8. (14 B. u. 4 Stahlst.) Leipzig 844, Hinrichssche Buchh.

— s. Franz, Agnes, literar. Nachlaß.

Großmann, Julie v., Freud' und Leid. Sechs einfache Geschichten. 2 Bde. Nordhausen 858. Büchting. 8. (246; 234 S.) 2 ₰ 20 ngr.

Großmann, Julie v., Gedichte. gr. 12. (13 B.) Breslau 839, Kern. •

— siehe: Gesellschaft, eine gemischte.

—— Hazardspiele, in Erzähln. 8. (17 B.) Bunzlau 837, Appun's Buchh.

—— Prüfungen, zwei Novellen. 8. (18 B.) Bunzlau 837, Appun's Buchh.

v. Großmann, Julie, kleine Romane, s.: Bibliothek, Europäische. 627. Bd.

(——) die Schleichhändler, s. a. Schleichhändler.

Grossmann, Julie (Florentine) von
Die Schleichhändler. Novelle.
Berlin: Duncker & Humblot 1829. 213 S. 8°
Titelbl. fehlt.

— Sommer- u. Wintersaat in Gedichten. 2. Aufl. Dresden 861. am Ende. gr. 16. (IV, 144 S.) n. 20 ngr.

— In der Stadt und auf dem Lande. Ein Buch für kleine u. große Kinder. 2 Bdchn. Mit 4 color. Stahlst. Leipzig 853. Baumgärtner. 16. (IV, 126; IV, 135 S.) 24 ngr.

—— das Haus Torelli. Eine Erzähl. 2 Thle. 8. (26½ B.) Berlin 830, Duncker u. Humblot.

—— aus Vorzeit u. Neuzeit. 6 Erzählungen. 8. (27 B.) Berlin 846, (47), Vereinsbuchhandlung.

— Was eine Schwalbe der andern erzählt. Ein Geschichtchen für Kinder. Mit 2 Bildern (in Farbendr.). 859. 8 ngr. — Wohlfeilere (Titel-)Ausg. Leipzig 863. H. Fritzsche. 16. (44 S.) n. 5 ngr.

— die Waschfrau und ihr Pflegekind. Eine Erzählung für die Jugend. Nach einer wahren Begebenheit. Leipzig 858. Schlicke. 16. (1 Bl., 62 S. u. 4 Lithogr.) 21 ngr.

Großmann, Julius

Grossmann, Jul., die Amsterdamer Börse vor 200 Jahren. Ein Beitrag zur Geschichte der Politik u. d. Börsenwesens im mittleren Europa [1672—1673.] Nach den Akten d. Wiener Staats-Archives. gr. 8. (VI, 114 S.) Haag 876. Nijhoff. n. 2. 80

— Ernst Berner, Geo. Schuster u. Karl Thdr. Zingeler, Genealogie des Gesamthauses Hohenzollern. Nach den Quellen bearb. u. hrsg. (XXVII, 590 S.) Lex.-8. Ebd. 906. Geb. in Leinw. n. 36. —

Ist der Familienname unseres Kaiserhauses Zollern oder Hohenzollern? Eine familiengeschichtl. Untersuchung von Julius **Grossmann**. Berlin: W. Moeser 1906. (18 S.) 4° [n6. 1908]

— der kaiserliche Gesandte Franz v. Lisola in Haag 1672—1673. Ein Beitrag zur oesterreich. Geschichte unter Kaiser Leopold I. Nach den Acten d. Wiener Staatarchives. [Aus: „Archiv f. oesterr. Geschichte."] gr. 8. (193 S.) Wien 874. Gerold's Sohn. n. 3. 20

Grossmann, (Karl) Julius (Franz) *(geb. Chmielowitz bei Oppeln 2. 3. 1845)*: Ernst von Mansfeld und die Schlacht an der Dessauer Brücke 1626. Breslau 1869. (33 S.) 8° *[Vollst. 1870 bei Kern in Breslau unt. d. T.: „Des Grafen Ernst von Mansfeld letzte Pläne und Thaten".]*

Breslau, Phil. Diss. v. 29. Juli 1869

Grossmann, Jul., Raimund Montecuccoli. Ein Beitrag zur österreich. Geschichte d. 17. Jahrh., vornehmlich der Jahre 1672—1673. [Aus: „Archiv f. österr. Geschichte".] Lex.-8. (64 S.) Wien 878. Gerold's Sohn in Comm. n. 1. —

Grossmann, J., s.: **Monumenta Zollerana.**

Großmann, Julius, des Grafen Ernst v. Mansfeld letzte Pläne u. Thaten. Breslau 870. Kern's Verlag. 8. (IV, 155 S.) n. 25 ngr.

Grossmann, Jul., Wetterperioden? 1. Aufl. (22 S.) 889; 2. umgearb. u. verm. Aufl. gr. 8. (39 S.) Berl. 890, Moeser. 1. Aufl. * 1 —; 2. Aufl. * 1 50

Grossmann, Justus Ph., Diss. de malo hysterico. Giss. 4°. A. L. Z. 85, III, p. 196. 1785.

Vgl. Grossmann, Georg Justus Philipp.

Grossmann K, zur Prüfung auf Farbenblindheit. Stuttgart 1889

Großmann, Karl, Abschieds-Predigt üb. Apostelg. 4, 12, geh. am 7. Sonntag n. Trin. 1895, 28. Juli, in d. Klosterkirche zu Grimma bei Niederlegg. s. Aemter. gr. 8. (15 S.) Grimma 895. G. Gensel's Verl. — 30

Großmann, Karl, Anleitung zur praktischen Behandlung der biblischen Geschichten alten u. neuen Testaments in den Unter- u. Mittelklassen der Volksschule. Für Lehrer u. Schulamtspräparanten bearb. u. hrsg. gr. 8. (XIV, 265 S.) Meißen 885. Schlimpert. n. 2. —

Großmann, Karl, vorläufiger Bericht üb. die 5. Hauptversammlung des evangelischen Vereins der Gustav-Adolf-Stiftung an meine Herren Wähler im Antwerpener, Leipziger u. Schleizer Hauptvereine. gr. 4. (24 S.) Leipzig 847, Vogel in Comm. n. 3 ngr

Großmann, K., Entwürfe u. Dispositionen zu Unterredungen über die biblischen Geschichten des alten u. neuen Testaments. Für Lehrer u. Freunde des göttl. Wortes überhaupt. gr. 8. (VIII, 352 S.) Wittenberg 882. Herrosé Verl. n. 3. —

— Entwürfe u. Dispositionen zu Unterredungen üb. die biblischen Geschichten d. alten u. neuen Testaments. Für Lehrer u. Freunde d. göttl. Wortes überhaupt bearb. 2. Aufl. gr. 8. (VIII, 352 S.) Wittenberg 886. Herrosé's Verl. n. 3. —

— Entwürfe und Dispositionen zu Unterredungen über den kleinen Katechismus Dr. Martin Luthers. Für Schulamtspräparanden und angehende Lehrer bearb. gr. 8. (VIII, 234 S.) Ebendas. 881.

— Entwürfe u. Dispositionen zu Unterredungen üb. den kleinen Katechismus Dr. Martin Luthers. Für Schulamtspräparanden u. angeh. Lehrer bearb. gr. 8. (VIII, 234 S.) Ebend. 882. n. 2. 40

— Entwürfe u. Dispositionen zu Unterredungen üb. den kleinen Katechismus Dr. M. Luthers. Für Lehrer u. Freunde d. göttl. Wortes überhaupt bearb. 2. Aufl. gr. 8. (VIII, 234 S.) Ebend. 886. n. 2. 40

Großmann, Karl, a. Dresden: Der Gemäldezyklus der Galerie der Maria von Medici von Peter Paul Rubens. Straßburg 1906: J. H. Ed. Heitz. (112 S.) 8° ¶ (Ersch. mit 9 Taf. als: Zur Kunstgeschichte des Auslandes H. 44.)

Leipzig, Phil. Fak., Ref. Schmarsow-Studniczka, Diss. v. 4. Sept. 1906

[Geb. 14. Febr. 76 Dresden; Wohnort: Dresden; Staatsangeh.: Sachsen; Vorbildung: Realgymn. Dresden Reife O. 95; Ergänzungsprüfung Wettiner Gymn. M. 97; Studium: Leipzig 3, München 2, Leipzig 10 S.; Rig. 27. Juli 06.]

Der Gemäldezyklus der Galerie der Maria von Medici von Peter Paul Rubens von Karl **Grossmann**. Mit 9 Lichtdrucktaf. Strassburg: J. H. E. Heitz 1906. (112 S.) 4° (8°)
= **Kunstgeschichte**, Zur, d. Auslandes. H. 45.

— biblische Geschichten d. alten u. neuen Testaments. Für die Unter- u. Mittelklassen der Volksschule ausgewählt u. bearb. gr. 8. (IV, 104 S.) Meißen 885. Schlimpert. n. — 40

Großmann, Karl, Handbuch zur Einführung in die deutsche Dichtung. Für die oberen Klassen mittlerer u. höherer Volksschulen. gr. 8. (VIII, 316 S.) Wolfenbüttel 876. Zwißler. n. 1. 25; geb. n. 1. 50

— Handbuch zur Einführung in die deutsche Literatur. Für die oberen Klassen mittlerer und oberer Volksschulen, sowie gehobener Bildungsanstalten überhaupt. 2 Thle. gr. 8. Ebendas. 877. à Thl. * M. 1,25. *

Inhalt:
Thl. 1. Die Poesie. 2. Aufl. (VIII, 316 S.)
" 2. Die Prosa. (VII, 316 S.)
Die 1. Aufl. des 1. Theiles erschien im Selbstverlag.

Grossmann, Carl, die Lehre v. Situations-Zeichnen nach rein prakt. Ansichten bearb. Ein Handb. f. Alle, welche ohne bedeut. mathemat. Kenntnisse d. Situations-Zeichnen doch gründl. erlernen wollen. M. 5 Figtaf., 17 Vorlegebl. z. Erlernen d. Signaturen u. Bergstriche, 1 ill. u. 2 schw. vollst. ausgeführten Plänen (Stndr.) gr. 4. (6 B. u. 1 Tab. kl. Fol.) Breslau 834, Hentze.

Großmann, Karl, Predigt über 1 Petr. 4, 10. 11. bei der 11. Hauptversammlung des Evangelischen Vereins der Gustav-Adolf-Stiftung etc. zu Coburg am 6. Septbr. 1853 gehalten. Leipzig, Vogel in Comm. gr. 8. (16 S.) n. 2 ngr

— Reden bei Feierlichkeiten u. festlichen Veranstaltungen in der Volksschule geh. u. zum Gebrauche f. Lehrer an derselben hrsg. gr. 8. (IV, 130 S.) Berlin 880. Stubenrauch. n. 2. —

Großmann, Karl, die Visitations-Acten der Diöces Grimma aus dem ersten Jahrhundert seit der Reformation. 1. Hft. gr. 8. (192 S.) Leipzig 873. Hinrichs' Verl. n. 4. —

— kurzgefaßter Wegweiser auf dem Gebiete der speziellen Methodik in der Volksschule. Für Schulamtspräparanden u. angeh. Lehrer bearb. gr.8. (IV, 167 S.) Berlin 880. Stubenrauch). n. 2. 40

Grossmann, Karl, u. Joh. Duchek, üb. den Werth d. Infanterie-Feuers auf grossen Distanzen u. üb. Distanzschätzen u. Distanzmessen in militärischer Beziehung. Distanzmesser v. Rokantić. gr. 8. (47 S. m. 2 Steintaf. in qu. Fol. u. qu. gr. Fol.) Wien 876. (Seidel & Sohn.) n. 1. 60

— Carl Heinrich (Eibenstock/Misn.), De exanthemate miliari. Diss. med. Präs. Carl Christian Krause. Lpz. (Saalbach) 4. IX. 1789. 32 Seiten. (6.—) 11846
Gew.: Heinrich Grossmann (Boitzenburg). — Widm. v. Präs.

Großmann, Leopold

Grossmann, Leop., die Augenpflege im gesunden u. kranken Zustande. Populärer Leitfaden f. Alle, die ihre Sehkraft gesund erhalten wollen. Mit 8 in den Text gedr. Abbildgn. 8. (VI, 64 S.) Budapest 874. Aigner. n. 1. 20

Grossmann, L., zur Diagnostik der Augenkrankheiten m. Bezug auf Lokalisation v. Cerebrospinalleiden, s.: Klinik, Wiener.

Grossmann, Leop., die syphilitischen Erkrankungen d. Auges, s.: Klinik, Wiener.

Großmann, Leop., Schach der Dame. Lustspiel in 1 Acte. gr. 8. (36 S.) Wien 884. (Leipzig, Literar. Anstalt A. Schulze.) n. — 80

Großmann, Leop., das geflügelte Wort. Lustspiel in 1 Akte. gr. 8. (32 S.) Wien 894. (Leipzig, Literar. Anstalt A. Schulze.) n. — 80

Die Aenderung der Temperatur von Tag zu Tag an der deutschen Küste in den Jahren 1890/99. Von Dr. L[ouis] Grossmann, Hamburg. *Hamburg 1900: Hammerich & Lesser in Altona.* (51 S.) 4°
= Archiv, Aus dem, der Deutschen Seewarte. Jg. 23, No 5. [01. 13075]

Grossmann, L., prakt. Anleitg. z. Berechnung d. Konstanten d. Bessel'schen Formel f. d. tägl. u. jährl. Gang periodischer Elemente. gr. 4. (6 S.) Altona 895. Schlüter. n. 1. —

Großmann, Louis: Ueber die Anwendung der Bessel'schen Formel in der Meteorologie, insbes. die Berechnung d. Koeffizienten in d. Hauptfällen d. meteorolog. Praxis. Hamburg 1894: Hammerich & Lesser in Altona (20 S.) 4°
= Archiv, Aus dem, d. Deutschen Seewarte. Jg. 17. No. 5.

Grossmann, meteorologische Divisionstafeln. gr. 4. (4 Tab. m. 1 Bl. Text.) Altona 887. (Schlüter.) n. — 80

Die Drehung der Winde an der deutschen Küste im täglichen und jährlichen Gang. Von Dr. L[ouis] Großmann. Mit 5 Fig. u. 1 Taf. *Hamburg 1903: Hammerich & Lesser in Altona.* (22 S.) 4°
= Archiv, Aus dem, d. Deutschen Seewarte. Jg. 26, No 4. [04. 8716]

Großmann, Louis, Elementarbuch f. d. Unterricht in der Botanik. Mit besond. Berücksichtig. der Flora v. Schw. Hall. gr. 8. (11¾ B.) Stuttgart 843, Ebner u. Seubert. -

Die Extrem-Temperaturen in Hamburg in den Jahren 1876–1900. Von Dr. L[ouis] Grossmann. Hamburg. *Hamburg 1900: Hammerich & Lesser in Altona.* (22 S.) 4°
= Archiv, Aus dem, der Deutschen Seewarte. Jg. 23, No 1. [01. 13073]

Großmann, Louis: Häufigkeit, Menge und Dichtigkeit der Niederschläge an der Deutschen Küste, nach 15 jähr. Beobachtungen d. Normal-Beobachtungen d. Normal-Beobachtungs-Stationen d. Deutschen Seewarte. Hamburg 1893: Hammerich & Lesser in Altona. (16 S.) 4°
= Archiv, Aus dem, d. Deutschen Seewarte. Jg. 16, No. 3.

—— genetisches Lehrbuch der ebenen Geometrie. Zum Gebr. beim Unterr. in Realschulen u. Gymnasien bearb. 8. (7½ B. u. 2 Stnt.) Stuttgart 845, Ebner u. Seubert. -

Großmann, L., die Raumlehre, entwickelt. 1. Thl. A. u. d. T.: Die Lehre von den Liniengebilden in der Ebene. gr. 8. (XII und 168 S. mit 2 Stnt. in 4.) Stuttgart 854(55,) Lindemann. *

Grossmann, L., Dr., Die Deutsche Seewarte in Hamburg. (Sonder-Abdr. a. d. Mittheilungen der Sektion des Deutschen Fischerei-Vereins für Küsten- und Hochsee-Fischerei, 1890.)

Grossmann, L., Dr., Eine Studie über die absolute Feuchtigkeit der Luft. (Aus dem Archiv d. D. S. 1885, No. 3.) Hamburg 1886.

Grossmann, L., die Stürme u. Sturmwarnungen an der deutschen Küste in den J. 1886/95. gr. 4. (40 S.) Hamburg 898. (L. Friederichsen & Co.) n.n. 3. —
Sonderabdruck aus: „Aus d. Archiv d. deut. Seewarte".

Die Stürme und die Sturmwarnungen an der deutschen Küste in den Jahren 1886–95. Von Dr. L. Grossmann, Assist. bei d. Seewarte. *Hamburg 1898: Hammerich & Lesser in Altona.* (40 S.) 4°
= Archiv, Aus dem, d. Deutschen Seewarte. Jg. 21, No 4. [99. 10979]

Grossmann, L., die Stürme u. die Sturmwarnungen an der deutschen Küste in den J. 1896—1905. (47 S.) Lex. 8. Hamburg 909. (L. Friederichsen & Co.) nn 3. 50
Sonderabdruck aus dem Archiv der deutschen Seewarte.

Die Stürme und die Sturmwarnungen an der deutschen Küste in den Jahren 1890 bis 1905. Von Prof. Dr. L[ouis] Grossmann. Hamburg 1909: (Altenburg: Pierer). 47 S. 4°
(Aus dem Archiv d. Deutschen Seewarte. Jg. 32; Nr 2.) [10. 5614 4]

Grossmann, Louis (Adolph) (*geb. Brooklyn bei New York 24. 9. 1855*): Theorie der numerischen Berechnung der Constanten der inneren und äusseren Reibung von Gasen und Flüssigkeiten mittelst schwingender Scheiben; nebst experimenteller Untersuchung der äusseren Reibung zwischen Wasser und Quecksilber. Breslau (1880). (56 S.) 8° *[Im Buchhandel 1880 bei Koebner in Breslau.]*
Breslau, Phil. Diss. v. 29. Mai 1880

Großmann, Ludwig

— Fragmente neuerer mathematisch-technischer Disciplinen der Versicherungs- u. Finanzwissenschaft, begründet auf Ergebnissen selbständ., exact wissenschaftl. Forschg.; m. Commentaren u. Ergänzgn. zu dem Werke „Die Mathematik im Dienste der Nationalökonomie". 1. Thl. (80 S.) Lex.-8. Wien (III, Sophienbrückengasse 14), 905. Dr. Ludw. Grossmann. n. 5. —

Grossmann, Ludw., Fragmente neuerer mathematisch-technischer Disciplinen der Versicherungs- u. Finanzwissenschaft, begründet auf Ergebnissen selbständ., exact wissenschaftl. Forschg.; m. Commentaren u. Ergänzgn. zu dem Werke „Die Mathematik im Dienste der Nationalökonomie". 2—5. Thl. (68, 64, 64 u. 64 S.) Lex. 8. Wien (III, Sofienbrückengasse 14) 906—09. Selbstverlag. à 5. —

Grossmann, L., Fragmente neuerer mathematisch-technischer Disciplinen der Versicherungs- u. Finanzwissenschaft, begründet auf Ergebnissen selbständ., exact wissenschaftl. Forschg.; m. Commentaren u. Ergänzgn. zu dem Werke „Die Mathematik im Dienste der Nationalökonomie". 3. Tl. (64 S.) Lex.-8. Wien '07 (III, Sophienbrückengasse 14), Selbstverlag. 5. —

— allgemeine Integration der linearen Differential-Gleichgn. höherer Ordnung. Eine neue wissenschaftl. Errungenschaft auf dem Gebiete der reinen Mathematik. 4. (III, 28 S.) Wien 889. (Leipzig, B. G. Teubner.) n. 2. 40

Grossmann, Ludw., Compendium der praktischen Volkswirthschaft u. ihrer mathematischen Disciplinen. Eine Sammlg. populärwissenschaftl. Essays, betr. das Wesen u. die Fortschritte auf dem Gebiete des gesammten Versicherungs-, Bank- u. Finanzwesens vom prakt. Standpunkte; unter Zugrundelegg. der mathemat. Gesetze der politischen Oekonomie. (In 6 Thln.) 1. u. 2. Thl. Lex.-8. (80 u. 80 S.) Wien 892. 893. III., Sophienbrückengasse 5, L. Grossmann's Selbstverl. à n. 5. —

Grossmann, Ludw., Compendium der praktischen Volkswirthschaft u. ihrer mathematischen Disciplinen. Eine Sammlg. populärwissenschaftl. Essays, behandelnd das Wesen u. die Fortschritte auf dem Gebiete des gesammten Versicherungs-, Bank- u. Finanzwesens vom prakt. Standpunkte, unter Zugrundelegg. der mathemat. Gesetze der polit. Oekonomie. 3. Thl. Lex.-8. (IV, 78 S.) Wien (III, Sophienbrückengasse 14) 901. Selbstverlag. 5. —

Grossmann, Ludw., Compendium der praktischen Volkswirthschaft u. ihrer mathematischen Disciplinen. Eine Sammlg. populärwissenschaftl. Essays, behandelnd das Wesen u. die Fortschritte auf dem Gebiete des gesamten Versicherungs-, Bank- u. Finanzwesens vom prakt. Standpunkte; unter Zugrundelegg. der mathemat. Gesetze der polit. Oekonomie. 4.—6. Thl. (IV, 80; 80 u. 76 S. m. Bildnis.) Lex.-8. Wien (III, Sophionbrückengasse 14), 902—904. Dr. Ludw. Grossmann. à n. 5. —

Grossmann, L., Compendium der praktischen Volkswirthschaft u. ihrer mathematischen Disciplinen. Eine Sammlg. populärwissenschaftl. Essays, behandelnd das Wesen u. die Fortschritte auf dem Gebiete des gesammten Versicherungs-, Bank- u. Finanzwesens vom prakt. Standpunkte, unter Zugrundelegg. der mathemat. Gesetze der polit. Oekonomie. 5. Thl. (80 S.) Lex.-8. Wien '03, (III, Sophienbrückengasse 14), Selbstverlag. 5. —

Grossmann, Ludw., die Mathematik im Dienste der Nationalökonomie mit Hinweis auf die Theorie und Lösung der irreductibelen transcendenten Gleichungen, einer neuen wissenschaftl. Errungenschaft auf dem Gebiete der reinen Mathematik; mit neuen Fundamenten für die Zinseszins- und Rentenrechnung und die Finanzwissenschaft im Allgemeinen für Lehrkräfte aller Mittelschulen, sowie auch höherer Bildungsanstalten besonders geeignet. 1. und 2. Lfg. gr. 8. (à Lfg. IV, 80 S.) Wien 887. III. Sofienbrückengasse 5. Selbstverlag. à Heft *ℳ 5.—. *

—— dass. — mit Hinweis auf die Theorie und Lösung der irreductibelen transcendenten Gleichungen, einer neuen wissenschaftl. Errungenschaft auf dem Gebiete der reinen Mathematik; mit neuen Fundamenten für die Finanzwissenschaft und Versicherungstechnik im Allgemeinen, für Versicherungs- und Bank-Institute, sowie auch Lehrkräfte höherer Bildungsanstalten besonders geeignet. 3. Lfg. gr. 8. (IV, 80 S.) Wien 888, III. Sofienbrückengasse 5. Selbstverlag. *

—— Die Mathematik im Dienste der Nationalökonomie unter Rücksichtnahme auf die praktische Handhabung der Disciplinen der Finanzwissenschaft u. Versicherungstechnik etc. 4.—6. (Schluss-) Lfg. gr. 8. (IV, 60; IV, 72; IV, 74 S. u. Anh. 28 S.) Wien III., Sofienbrückeng. 5. 889—92, Selbstverlag. à Lfg. * 5 —; * 15 —
1.—3. Lfg. Ebd. 1887,88. * 15 —.

Grossmann, Ludw., d. Mathematik im Dienste d. Nationalökonomie unt. Rücksichtnahme auf d. prakt. Handhabg. d. Disciplinen d. Finanzwissenschaft u. Versicherungstechnik m. ein., durch selbständ. wissenschaftl. Errungenschaften auf d. Gebiete d. reinen Mathematik begründ., neuen Fundamenten d. polit. Arithmetik, f. Versicherungs- u. Bank-Institute, sow. auch Lehrkräfte höherer Bildungsanst. bes. geeignet. 7.—10. Lfg. gr. 8. (Suppl.-Bde. à IV, 80 S.) Wien (III, Sofienbrückeng. 14). 895—898. Selbstverl. à 5. —

— die Mathematik im Dienste der Nationalökonomie unter Rücksichtnahme auf die praktische Handhabg. der Disciplinen der Finanzwissenschaft u. Versicherungstechnik m. einigen, durch selbständ. wissenschaftl. Errungenschaften auf dem Gebiete der reinen Mathematik begründeten, neuen Fundamenten der polit. Arithmetik, f. Versicherungs- u. Bank-Institute, sowie auch Lehrkräfte höherer Bildungsanstalten besonders geeignet. 11. u. 12. (Schluss-)Lfg. gr. 8. (Suppl.-Bd. IV, 80 S. u. VIII, 80 S. m. Kurventaf.) Ebd. 899. 900. à 5. —

Großmann, M. Über die Ersatzansprüche an die Eisenbahnen auf Grund der Haftpflicht- und Unfallvers.-Gesetze. S. A. Wien 1901.

Grossmann, M[arcel]. Über den Aufbau der Geometrie. [Mit Figuren.] Separatabdruck aus der »Schweiz. Pädagog. Zeitschrift«, Heft 5, Jahrg. 1909. 16 S. 8. [Zürich, Orell Füssli.]

Grossmann, Marcel. Metrische Eigenschaften reziproker Bündel. Von M' G' in Frauenfeld ⟨Schweiz⟩. Sonderabdruck aus Archiv der Mathematik und Physik. III. Reihe. [Band] 9. Heft 2. [Mit Figuren.] II S. + S. 143—150. 8. Leipzig, B. G. Teubner, [1905].

Grossmann, Marcel. Ueber die metrischen Eigenschaften kollinearer Gebilde. Diss. Phil. [II.] Univ. Zürich. [Mit 3 Tafeln.] II + 27 S. 4. Frauenfeld, Huber & Co., 1902.

Grossmann, Marcel. Ueber die metrischen Eigenschaften kollinearer Gebilde. [Mit 3 Tafeln.] II + 27 S. 4.
Programm der Thurgauischen Kantonsschule (in Frauenfeld. Bericht über das Schuljahr 1901/1902. Frauenfeld, Huber & Co., 1902. (Beilage.)

Grossmann, Marcel, analytische Geometrie. Leitfaden f. den Unterricht an höheren Lehranstalten. (104 S. m. 38 Fig.) 8. Basel 906. Helbing & Lichtenhahn. Kart. n. 2. —

Grossmann, Marcel. Darstellende Geometrie. Leitfaden für den Unterricht an höheren Lehranstalten. 71 S. 8. Basel, Helbing & Lichtenhahn, 1906. [cart. fr. 1. 50]

Grossmann, Marcel. Die fundamentalen Konstruktionen der nichteuklidischen Geometrie. Mit 23 Figuren im Text. II + 38 S. 4.
Ausg. A: Programm der Thurgauischen Kantonsschule (in Frauenfeld). Bericht über das Schuljahr 1903/1904. Frauenfeld, Huber & Co., 1904. (Beilage.)
Ausg. B: Beilage zum P' der Th' K' für das Sch' 1903/04. Frauenfeld, Huber & Co., 1904.

Großmann, Maria, geb. Maus, kurzgefaßtes Kochbuch, den Frauen u. Jungfrauen, sowie allen denen gewidmet, welche die feinsten u. delikatesten Speisen u. insbesondere die mannigfaltigsten leichten u. gesunden Mehlspeisen u. Backwerke sicher u. ohne Furcht des Mißlingens herstellen wollen. 4., verm. Aufl. Kreuznach 865. Voigtländer. gr. 16. (XIII, 200 S.) 15 ngr.

Grossmann, Max, die Theorie der harmonischen Abstimmung der Resonanzplatten bei der Geige u. die hauptsächlichst. Einwände dagegen. (26 S.) gr. 8. Berlin 907. Schöneberg, Dr. E. Euting. — 60

Kritische Uebersicht über Neuerungen und Streitfragen im Geigenbau in den Jahren 1904 und 1905. Von San.R. Dr. Max **Grossmann.** Berlin: Deutsche Instrumentenbau-Zeitung 1906. (60 S.) 8° [Umschlagt.]
Aus Deutsche Instrumentenbau-Zeitung. [07. 3395 II

— Kritische Übersicht üb. Neuerungen u. Streitfragen im Geigenbau in d. J. 1906, 1907 u. 1908. (66 S.) gr. 8. Ebd. 2. 40
1906. (94 S.) 907. — 90. — 1907. (66 S.) 908. — 90. — 1908. (40 S.) 909. — 60.
Sonderabdrucke aus „Deut. Instrumentenbau-Ztg."

Kritische Übersicht über Neuerungen und Streitfragen im Geigenbau im Jahre 1908. Von San.R. Dr. Max **Grossmann.** Berlin Deutsche Instrumentenbau-Zeitung 1909. 40 S. 8°
Teilw aus Deutsche Instrumentenbau-Zeitung. [11. 1130

Ueber die Ursachen des Niederganges des Geigenbaues. Von San.R. Dr. Max **Grossmann.** Berlin: Dtsch. Instrumentenbau Zeitg 1906. (28 S.) 8°
Aus Deutsche Instrumentenbau-Zeitung. [06. 9031

— verbessert das Alter u. vieles Spielen wirklich den Ton u. die Ansprache der Geige? Eine ketzer. Studie. (82 S.) gr. 8. Berlin 904. Schöneberg, Dr. E. Euting. n. 1. 80

Verbessert das Alter und vieles Spielen wirklich den Ton und die Ansprache der Geige? Eine ketzerische Studie von San.R. Dr. Max Grossmann in Friedrichsfelde. *Berlin: 'Deutsche Instrumentenbau-Zeitung' 1904.* (82 S.) 8° [Umschlagt.] [04. 6851

Grossmann, Max, wie bestimmt man d. Stärkeverhältniss d. Resonanzplatten bei d. Geige? E. Beitrag z. Physik d. Geige u. e. Versuch d. Erklärg. d. Geheimnisses d. altitalien. Geigenbaukunst, f. Geigenmacher u. Geiger geschrieben. [Aus: „Musik-Instrumenten-Zeitg."] gr. 8. (25 S.) Berlin 898. M. Warschauer. n. — 60

Großmann, Michael

Grossmann, Mich. Über die Athembewegungen des Kehlkopfes. I. u. II. Thl. Lex.-8. Wien, (Tempsky). * 1 60
I. Das Respirationscentrum insbesondere des Kehlkopfes. (44 S. m. 8 Fig.) 889. * 1 —.
II. Die Wurzelfasern d. Kehlkopfnerven. (25 S. m. 4 Textfig.) 890. * — 60.
Aus: Sitzungsber. d. k. Akad. d. Wissensch., besonders abgedruckt.

Grossmann, Mich., experimentelle Beiträge zur Lehre vom nasalen Asthma. Nach e. auf dem 16. internationalen medizin. Kongress in Budapest geh. Vortrage. (33 S. m. Fig.) gr. 8. Wien 910. M. Perles. — 80
Sonderabdruck aus „Wiener med. Wochenschr."

— Über Dyspnoe u. Apnoe. Vortrag, geh. in der „Wiener laryngolog. Gesellschaft" am 18. III., 14. IV. u. 12. V. 1909. (48 S.) gr. 8. Ebd. 909. 1. 20

— Trachealstenosen, s.: Klinik, Wiener.

Grossmann, M., s.: Verhandlungen des I. internationalen Laryngo-Rhinologen-Kongresses.

Großmann, Moritz

Grossmann, Mor., Abhandlung üb. die Konstruktion einer einfachen, aber mechanisch vollkommenen Uhr [Preis-Schrift], nebst einer Abhandlung über das Reguliren der Uhren m. Tabellen. 8. (V, 95 u. 99 S. m. eingedr. Holzschn.) Glashütte 880. (Bautzen, Rühl.) n. 2. 50

Grossmann, Mor., der freie Ankergang der Uhren. Praktische u. theoretische Abhandlung. Bedeutend verm. u. verb. (Preis-Schrift.) Glashütte 866. (Bautzen, Rühl.) gr. 8. (VIII, 207 S. mit einem Atlas von 20 gravirten lith. Zeichnungen u. zahlreichen eingedr. Holzschn. u. Tabb.) n.n. 2 ₰ 10 ngr.

Grossmann, Mor., Der freie Ankergang für Uhren. (Vom Horological Institut gekrönt.) Bautzen 1874. Text 8°. Atlas von 20 grav. Zeichnungen. q. Form.

Grossmann, Mor. Der freie Ankergang für Uhren. Praktische u. theoret. Abhandlung. 2. vollst. umgearb. u. verm. Aufl. von L. Strasser. Mit Holzschn. u. Tab., Biogr. u. Portr. G's. (In 7 Lfgn.) 1. u. 2. Lfg. gr. 8. (S. 1—88.) Bautzen 892, Rühl.
à Lfg. * 1 —; * 2 —

Grossmann, Mor., der freie Ankergang f. Uhren. Praktische u. theoret. Abhandlg. Preisschrift. 2., vollständig umgearb. u. verm. Aufl. v. L. Strasser. Mit e. Atlas von 20 Taf., zahlreichen Holzschn. u. Tab., sowie e. Biographie u. e. Bildnis Grossmann's. 7 Lfgn. gr. 8. (XV, 352 S.) Bautzen 892. 893. E. Hübner. à n. 1 —

— dasselbe. Atlas v. 20 Taf. 4 Abthlgn. qu. Fol. Ebd. 892. 893. à n. 2. — (kplt. m. Atlas: n. 15 —; in 2 Bde. geb. n.n. 17. —)

Grossmann, Moritz. Der freie Ankergang für Uhren. 2. Auflage von L. Strasser mit Atlas. Bautzen 1894.

Grossmann, Mor., l'échappement libre à ancre. Traité pratique et théorique. Oeuvre couronnée. Ed. fortement augmentée et améliorée. Illustré par 20 planches gravées (in qu. Fol.), formant un atlas séparé, et nombreuses gravures sur bois et tables de proportions. gr. 8. (VIII, 165 S.) Glashütte 867. (Bautzen, Rühl.) n. 8. —

Grossmann, M., die Konstruktion e. einfachen, aber mechanisch vollkommenen Uhr, mit 44 in den Text gedr. Holzschn. 2. (Titel-) Aufl. 8. (III, 95 S.) Bautzen 890. Rühl. n. 2. 50

Grossmann, Mor., die Konstruktion e. einfachen, aber mechanisch vollkommenen Uhr, m. 44 in den Text gedr. Holzschn. 3. unveränd. Aufl. (III, 128 S.) gr. 8. Bautzen 903. E. Hübner. n. 2. 50

Grossmann's Notiz-Kalender für Uhrmacher auf das J. 1886. Hrsg. von M. Rosenkranz. 9. Jahrg. 16. (XXXVI, 186, 128 S. mit 1 Lichtdr.-Portr. und 1 Eisenbahnkarte.) Naumburg, Schirmer. geb. in Leinw. *
geb. in Leder *

—— dass. — auf die J. 1887—1889. Hrsg. von R. Felsz. 10.—12. Jahrg. 16. (XVIII, 192, 128; XXI, 186, 128; VI, 138, 192 S. mit Fig.) Naumburg, Schirmer.
geb. in Leinw. à Jahrg. *
geb. in Leder à Jahrg. *
Frühere Jahrge. u. d. T.: Notizkalender für Uhrmacher.

—— Notiz-Kalender f. Uhrmacher auf d. J. 1890—1892. Hrsg. v. R. Felsz. 13.—15. Jahrg. 16. (VI, 140, 196; VI, XXXIV, 186 S. m. Fig. u. Schreibkal.; XL, 184 S. m. Fig. u. Schreibkal.) [Naumburg, Schirmer's Verlag.] Berl., Kühl.
geb. in Leinw. à Jahrg. * 2 25; geb. in Ldr. à Jahrg. * 3 —
Fortsetzung s. u. d. T.: Uhrmacher-Kalender, deutscher.

— das Reguliren der Uhren für den bürgerlichen Gebrauch, nebst Tabellen zur Erleichterung des Regulirens. 8. (VII, 59 S. m. eingedr. Holzschn.) Ebend. 880. n. 1. —

— das Regulieren der Uhren. Für den bürgerl. Gebrauch m. Tab. u. 14 in den Text gedr. Holzschn. 2. (Titel-)Aufl. 8. (40 S.) Bautzen 890. Rühl. n. 1. 20

— das Regulieren der Uhren. Für den bürgerl. Gebrauch m. Tabellen u. 14 in den Text gedr. Holzschn. 3. unveränd. Aufl. (55 u. 19 S.) gr. 8. Bautzen 903. E. Hübner. n. 1. 20

— Taschen-Wörterbuch für Uhrmacher, enth. die techn. Ausdrücke der Uhrmacherei, sowie das Nöthigste aus den Hülfswissenschaften, dem geschäftl. Leben u. dem Verkehr in Werkstätten. Deutsch-englisch-französisch. 16. Ebend. 880. In 1 Bd. geh. n. 5. —; einzeln à n. 2. —

1. Deutsch-englisch-französisch. (VIII, 62 S.) — 2. Français-allemand-anglais. (VIII, 59 S.) — 3. English-german-french. (VII, 56 S.)

—— Taschen-Wörterbuch f. Uhrmacher, enth. die techn. Ausdrücke der Uhrmacherei, sowie das Nöthigste aus den Hilfswissenschaften, dem geschäftl. Leben u. dem Verkehr in Werkstätten. Deutsch-Englisch-Französisch. 2. (Titel-) Aufl. 12. (62; 56; 59 S.) Ebd. 890. * 3 —

— Taschen-Wörterbuch f. Uhrmacher, enth. die techn. Ausdrücke d. Uhrmacherei, sowie das Nöthigste aus den Hilfswissenschaften, dem geschäftl. Leben u. dem Verkehr in Werkstätten. Deutsch-Englisch-Französisch. 2. (Titel-)Aufl. 12. (62, 56 u. 59 S.) Ebd. 891. n. 3. —

— Taschenwörterbuch f. Uhrmacher, enthalt. die techn. Ausdrücke der Uhrmacherei, sowie das Nötigste aus den Hilfswissenschaften, dem geschäftl. Leben u. dem Verkehr in den Werkstätten. Deutsch-englisch-französ. Abtlg. 2. verm. Aufl., bearb. u. hrsg. v. M. Loeske. (178 S.) 8. Ebd. 903. n. 2. 40

Grossmann's, Mor., Taschen-Wörterbuch f. Uhrmacher, enth. die techn. Ausdrücke der Uhrmacherei, sowie das Nötigste aus den Hilfswissenschaften, dem geschäftl. Leben u. dem Verkehr in den Werkstätten. 2. verm. Aufl., bearb. u. hrsg. v. M. Loeske. (Deutsch-englisch-französisch in 1 Bde.) (178, 168 u. 162 S.) kl. 8. Bautzen (908). E. Hübner. 5.60; geb. in Leinw. 6.—; englisch voran u. d. T.: Horological pocket-dictionary, u. französisch voran u. d. T.: Dictionnaire de poche pour l'horloger zu gleichen Preisen.

— a practical a. theoretical treatise on the detached lever escapement for watches a. timepieces. Prize-essay. Illustrated by 20 engraved plates (in qu. Fol.) a. numerous wood cuts a. tables. Author's english ed. Revised, corrected a. greatly enlarged. gr. 8. (VIII, 179 S.) Ebend. 866. n. 9. —

v. Grossmann, Oskar: Über die Oxydationsprodukte der Behenolsäure. . . . Leipzig, Druck v. Carl Marquart, 1800; 30 S. + 1 Bl. 8°
Leipzig, Phil. Fak., Inaug.-Diss. v. 11. Aug. 1800

Großmann, Otto

Großmann, O., an den Grenzen des Wissens. 3 Vorträge. 1. Glauben u. Wissen. 2. Das Geheimnis des Lebens. 3. Das Weltproblem in Wissenschaft u. Glauben. (III, 128 S.) 8. Potsdam 909. Stiftungsverlag. 1.25; geb. 2. —

Otto Grossmann ... (Handelsgärtnerei und Samenhandlung), Aarau, Schweiz. ([Illustrierte] Kataloge.) 8.

Nr. 119. Preis-Verzeichniss (der) Baumschulen ... = Catalogue général .... 1901 — 1903. IV + 72 S.
Nr. 121. Auszug aus dem Hauptkatalog Nr. 119 der Baumschulen = Supplément au Catalogue.... 1902. IV + 18 S. (Aarau, Sauerländer.)
Nr. 122. Preis-Verzeichnis von Samen, Topf- und Gruppen-Pflanzen = Prix-Courant de graines.... 1903. IV + 56 S. (Aarau, H. R. Sauerländer & Comp.)
Nº 123. Preisverzeichnis (der) Baumschulen ... = Catalogue général .... 1903—1905. IV + 68 S. Aarau, Sauerländer, (September 1903).

Großmann, P. (Hrsg.), s. Almanach, Moskauer

Grossmann, P., u. J. Knöbel, Führer durch Moskau u. Umgebungen. Mit einem (lith. u.) kolor. Plane der Stadt u. nächster Umgebung. 12. (VIII, 263 S.) Moskau 882. Deubner. geb. n. 4. 50

Grossmann, P., und J. Knöbel, Führer durch Moskau und Umgebungen. Mit 1 (lithogr. und) kolor. Plane der Stadt und nächster Umgebung. 12. (VIII, 263 S.) Moskau 882, Grossmann und Knöbel. geb. *

Grossmann, Paul: Gerichts-Kostengesetze mit den dieselben aband. und erl. Bestimmungen für die Justizbehörden des Oberlandesgerichtsbezirks Celle für Sachen der streitigen und nichtstreitigen Gerichtsbarkeit. Mit Erl. u. Tab. Bentheim 1882. fol.

Grossmann, P[aul] *[geb Chmiellowitz bei Oppeln 2 10. 1846]*
Thesen. Breslau [1870]. (1 Bl.) 2°
Breslau, Med. Thesen v [20. Juli 1870]

Grossmann, Paul [aus Löbejün]: Ueber primäre Tumoren im Peritoneum, Netz- und Mesenterium und über einen Fall von primärem Fibrom des grossen Netzes .. Halle a. S., Plötz'sche Buchdr. (R. Nietschmann), 1887; 53 + 1 S. + 1 Bl. 8°.
Halle, Med. Fak., Inaug.-Diss. v. 20. März 1887.

Grossmann, Paul, ueber primäre Tumoren im Peritoneum Netz- und Mesenterium und über einen Fall von prymärem Fibrom des grossen Netzes. Diss. Halle 1887, Lippert-sche Buchh. 8°. 53 S.

Grossmann, (Georg) Paul (Albrecht) *(geb. Chmiellowitz bei Oppeln 2 10. 1846)* Ueber die Veränderungen des kindlichen Kopfes durch die Geburt. (Ein Beitrag zur Lehre vom Geburtsmechanismus. Breslau 1871 (20 S., 1 Taf.) 4°
Breslau, Med. Diss., nachgeliefert von dem am [20. Juli 1870] auf Thesen promovierten Verf.

Großmann, R., Lehrbuch der französischen Sprache f. Bürgerschulen, s.: Wolf, A.

Der Schuldenbauer. Schauspiel in 3 Akten (Zürcher Mundart) von R. Großmann. Zürich C. Schmidt 1904. (76 S.) 8° [F.]
— Sammlung schweizer. Dialektstücke. No 54. [05. 600

Grossmann, R. Vide: Thaumazo, F., u. Grossmann, R.

Großmann, Reinhold, gründl. Anleitung zur Bereitung eines vorzügl. Zuckers, Syrups u. Biers rc. aus Kartoffeln, nebst specieller Beschreibung der dazu nothwend Geräthschaften u baulichen Einrichtungen, letztere durch Zeichnungen veranschaulicht, zunächst für Landwirthe berechnet rc. Mit Abbildungen. 8 (VI u 60 S. m. 2 lith. Taf.) Berlin 849, G. Heymann. 3/4 ß

Großmann, Reinh. Frdr., Berthas Geburtstag, s.: Liebhaber-Theater.

Großmann, Rich., etwas zum Gruseln u. andere Scherz-Gedichte. (83 S.) 8. Berlin 907. M. Lilienthal. 1. 20

Grossmann, R(ichard), approb. Arzt aus Dresden 9 Fälle von rupturierter Tubargravidität und 9 Fälle von Tubarabort. *Leipzig 1900: B. Georgi.* (57 S.) 8°
Leipzig, Med. Diss. v (16. Juli) 1900

Großmann, Richard[us]: De legibus, quas tensio aquae vaporum in aëre dispersorum et per annum et per diem sequitur. 24 Bl., 13 Bl. Taf. 4°
Halle-Wittenberg, Phil. Diss, v. 3. Juli 1847
Geb. Wüstegiersdorf (Schles.) 11 7. 1823. V.

Großmann, Robert: Die technische Entwicklung der Glasindustrie in ihrer wirtschaftlichen Bedeutung. Leipzig [1908]: Klinkhardt. IV, 121 S. 8° ¶(Ersch. auch als: Technisch-volksw. Monographien. Bd 3)
München, Staatswirtsch. Diss. v. 17. Juni 1908, Ref. Brentano
[Geb. 10. Juli 85 Pollerskirchen; Wohnort Pollerskirchen; Staatsangeh.: Österreich; Vorbildung: Obergymn. Iglau Reife Juni 04; Studium: Leipzig Handelshochsch. 2, Univ Phil. 1, Staatsw München 5 S.; Rig. 17 Juni 08.]
[U 09. 3260

Grossmann, Rob., die technische Entwicklung der Glasindustrie in ihrer wirtschaftlichen Bedeutung, s.a. Monographien, technisch-volkswirtschaftliche. 3.

Grossmann, Robert [aus Münster]: Die Mängel der jetzigen Futter- und Nahrungsmittel-Analyse und Vorschläge für ihre Verbesserung ... Münster, Aktienges. „D. Westfale", 1895; 48 S., 2 Bl. 8.
Münster, Phil. Fak., Inaug.-Diss. v. [1. Juli] 1895

Großmann, Rudolf

Großmann, Rud., Anleitung zur Erklärg. u. Verwertg. d. Lesestücke d. deutsch. Lesebuches, s.: Suchomel, Binc.

Grossmann, Rud., s.: Ramus, Pierre.

Grossmann, Rudolf J., a. Altkirch: Ueber die Einkünfte des 'Herzogtums Mazarin' insbesondere die der Herrschaft Altkirch im XVII. und XVIII. Jahrhundert. Zabern 1910: Fuchs. 45 S. 8° ¶ (Ersch. auch als: Bausteine z. els.-lothr. Geschichts- u. Landesk. H. 11.)
Straßburg, Rechts- u. staatswiss. Diss. v. 4. Mai 1910, Ref. Knapp
[Geb. 7. Sept. 86 Freiburg i. B.; Wohnort: Straßburg; Staatsangeh.: Elsaß-Lothringen; Vorbildung: Gymn. Altkirch Reife M. 04; Studium: Freiburg i. B. 2, München 1, Heidelberg 1, Freiburg i. B. 1, Straßburg 6 S.] [U 10. 4016

Ueber die Einkünfte des 'Herzogtums Mazarin' insbesond. die d. Herrschaft Altkirch im XVII. und XVIII. Jh. Von Dr. Rudolf J. Grossmann. Zabern: Fuchs 1910. 45 S. 8°
(Bausteine z. Elsaß-Lothr. Geschichts- u. Landeskunde. H. 11.) [10. 17805

Grossmann, S. J., dictionar German-Român complect. (In 40—45 Lfgn.) Vol. I. Lfg. 1. 4. (16 S.) Jassy 889. (Grossmann's Selbstverl.) n. — 50

Grossmann, S. J., dictionar german-romîn. Vol. I. Fasc. 2—7. 4. (S. 16—112.) Jasi 890. 891. (Czernowitz, Pardini.) à n. — 50 (1—7.: n. 3.50)

Grossmann, S. L., Moadim l'simchah. Compendium der Fest-, Fast- und ereignissreichen Tage, aus der Geschichte der Juden, nebst Daten über deren Geistesheroen. Seit Erschaffung der Welt bis zur Jetztzeit nach Reihenfolge der Tage im Kalenderjahre. gr. 8. (576 S.) Fünfkirchen 887. (Wien, Lippe.) *

Grossmann, S[alomon]. Synthese des 4'-Oxyflavons. Diss. Phil. Bern. 43 S. 8. Bern, W. Wälchli, 1901.

Stefan Großmann. Die Gasse. Geschichten. Umschlagzeichn. von Georg Tippel. Berlin: Bard, Marquardt & Co. 1904. (103 S.) 8° [Ant. u. Z.]
= Bard, Bibliothek. Bd 18.

Großmann, Stef., die Gasse, s.a. Bibliothek Bard 15. Bd.

Großmann, Stef., herzliche Grüße. Geschichten. (176 S.) gr. 8. Berlin 909. Buchh. Vorwärts. 2.—; geb. 2.80

Grossmann, St., s. Mai, 1., 1909.

Grossmann, St., s. Märzschrift 1909.

Grossmann, S., s. Märzschrift 1910.

— österreichische Strafanstalten. 1.—5. Tauf. (154 S.) kl. 8. Wien 905. Wiener Verlag. n. 1. —; geb. n.n. 2. —

(F) Stefan Grossmann. Die Treue. Novellen. Umschlagbild von Fidus. Wien. 1901. Wiener Verlag (Rosner). 8°. 174 S. K 2.40

— der Vogel im Käfig. Schauspiel in 5 Akten. (III, 139 S.) 8. Ebd. 906. n. 2. —

Großmann, W., Predigt üb. Ev. Matth. C. 7. V. 13—14 bei der Confirmationsfeier am Trinitatisfeste 1875 in der Sct. Michaeliskirche zu Hof geh. gr. 16. (14 S.) Hof 875. Grau & Co. n. — 20

Grossmann, W., Regeln zur leichteren Erlernung der hebräischen Formenlehre. gr. 8. (31 S.) Leipzig 877. Teubner. — 45

Grossmann, W., Regeln zu leichterer Erlernung der hebräischen Formenlehre. 2. Aufl. gr. 8. (IV, 30 S.) Leipzig 887. Teubner. cart. — 45

Grofsmann, *Wilhelm* [Dr., Dir.]: *Bericht über seine Einführung als Direktor der Anstalt.* Rastenburg, Druck v. W. Kowalski, *1894;* 19—23 S. 4.
Rastenburg, k. G, P 1894 (15 [vielm. 14])

Grofsmann, *Wilhelm* [Dr., Dir.]: Festbericht über die 350-jährige Jubelfeier des Königlichen Herzog-Albrechts-Gymnasiums zu Rastenburg. Rastenburg, Druck v. W. Kowalski, *1897;* 80 S. 4.
Rastenburg, k. Herzog-Albrechts-G, P 1897 (14)

Grossmann, W. De particulis ne — quidem. Part. I. 21 S. u. 2 Tab.
Progr. *Allenstein* 1881.

Grossmann, W., De particula „quidem". I. Diss. 1880. 89 S.
— — cplt 1888. 112 S.

Grossmann, Wilh., de particula „quidem". gr. 8. (111 S.) Königsberg 881, (Hartung'sche Verlagsdr.)

Grossmann, Wilh., de particula „quidem". gr. 8. (111 S.) Königsberg 882. (Hartung.) n. 2. —

Grossmann, Wilh., Versicherungsmathematik, s.a. Sammlung Schubert. XX.

Versicherungsmathematik von Dr. Wilhelm Grossmann. Leipzig: Göschen 1902. VI, 218 S. 8°
(Sammlung Schubert. 20.)

Grossmann, Wilhelm, a. Bromberg in Posen: Frühmittelenglische Zeugnisse über Minstrels (circa 1100 bis circa 1400). (Brandenburg a. H. 1906: J. Wiesike.) (109 S.) 8°
Berlin, Phil. Fak., Ref. Brandl, Diss. v. 17. März 1906
[Geb. 28. Febr. 81 Glogau; Wohnort: Charlottenburg; Staatsangeh.: Preußen; Vorbildung: Realgymn. Bromberg Reife O. 00; Studium: Greifswald 4, Berlin 5 S.; Rig. 2. März 05.]

Fest-Schrift zur 100jährigen Jubelfeier der Firma F. G. Herrmann & Sohn, Bischofswerda-Sachsen am 7. Juli 1900. (Verf.: KommerzienR. Ernst Grossmann-Herrmann.) (*Berlin 1900: A. Schumann.*) (74 S.) 8° [01. 11970

Berliner Großmaul. (12. Aug. bis 25. Dezember 1848.) Berlin. 11 Nummern. 4.

Großmaul, Berliner. 1. Jahrg. 1848. 12. August bis Decbr. 21 Nrn. Fol. (Beg. m. Holzschn.) Berlin, Reichardt & Co. 24 ngr.

Großmaul, des Herrn Peter von, Taufpathe Münchhausens, seltsame Reisen u. Abenteuer, mit 20 Vignetten. 8. Peru. (Wien, Gerold.) 812.

REISEN, Seltsame, und Abenteuer von Herrn Peter von Großmaul, Taufpathen Münchhausens. Von ihm selbst beschrieben. Mit vielen amüsanten Kpfrn. Peru (Wien, Tendler) 1812. 8°. 320 S. (6 Mk., etwas fleckig, Max Jaeckel, Potsdam; 8 Mk., geles., nicht ganz vollst. Leihbibl.-Expl., Max Harrwitz, Berlin, 1909.)
Luftschiffahrten, Posttouren, Massengeburt, Kriegserlebnisse etc.

Grossmeister, Dem Durchl. Hochw., am 22. Februar 1809 ... gewidmet ... O. O. V: *Thurn und Taxis, Carl Alexander Fürst von.* (st)

Großmeyer, P. F. H., Etwas über Krankenhäuser im Allgemeinen, und einige Bemerkungen über das neu zu erbauende Krankenhaus in St. Georg. gr. 8. Hamburg, Hoffmann und Campe. 819.

Grossmith, George and Weedon Grossmith. The diary of a nobody, s. Library, English.

Gross-Moyeuvre, s.: Preussen. Messtischblätter.

Grossmünster, Der, in Zürich. I: Geschichte: Zürich 1841. V: *Vögelin, Salomon.* (Cat. d. Stadtbibl. Zürich. Zürich 1864—97.)

[Grossmünsterkirche Die G.-K. in Zürich.] Njbl. s. [Cramer Johann Jacob].

Großmuth, d., eine Gesch. 8. Leipz. Hilscher. 771

Großmuth, über die, (von F. W. J. Dillenius). 8. Leipz. 788. Schwickert. 15 gr

Großmuth u. Dankbarkeit. Schspl. in 1 A. 8. Eisennach 810. Wittekind. (Bärecke). 6 gr

— für **Großmuth.** Lstsp. v. Chr. Fel. Weiße. 8. Lpz. Dyk. 769.

Grossmuth, Die, edler Herzen oder die durch widrige Schicksale geprüfte und standhafte Liebe in der Geschichte des Chevalier d'Ulmy und der Miss Zulmie Warthei. Aus dem Französischen. Ü: *Risbeck, Caspar.* (Biogr. Denkmal Risbecks. Kempten 1786. S. 28) (Biblport)

— edler Herzen, od. d. durch widrige Schicksale geprüfte und standhafte Liebe, Zulmy u. Wartey, a. d. Franz. 8. Salzburg Mayr. 786.

Grossmuth, Die österreichische. Oder: Carolus V. ... in einem musical. Schauspiele ... vorgestellet ... O. O. 1712. V: *König, Joh. Ulrich v.* (schr)

Preußische Großmuth und polnische Greuelthaten. — Mehrere hier anwesende Polen. Gedruckt bei Gebr Unger 1 Bl. Fol. Flugblatt. Berlin, 6. Mai 1848.

Grossmuth, Die Römische. Oder: Calpurnia. In einem Musical. Schauspiel ... aufgeführet. Hamburg 1716. V: *König, Johann Ulrich von.* (schr)

Grossmuth und Tugend, oder die schöne Malerin, Lustspiel in fünf Aufzügen ... Frankfurt u. Leipzig 1773. V: *Nesselrode, F. G. Freih. von.* (Minor, Weisse. Innsbr. 1880. S. 256.) (GGr) (Ky)

— u. Tugend, oder die schöne Malerin. Lstspl. (v. F. G. v. Nesselrode). 8. Frankf. 774. Fleischer. ..

— dass. 8. Leipz. 777. Jacobäer. 8 gr

Großmüthige, der,. Lstsp. v. Wetzel. 8. Bayreuth, Lübeck. 773.

Großmüthige, der, ein Lustspiel in 3 Aufz. von F. W. Wetzel. 8. Leipz. Hinrichs. 773.

Großmüthige, die. Lstspl. 8. Gera 774. Rothe. 3 gr

— der,. Lstsp. 8. Gera, Rothe. 774.

Großmutter, die, eine Familiengeschichte, nach d. Franz. v. Fanny Tarnow. 2 Thle. 8. ($40\frac{1}{2}$ B.) Leipzig 841, Kollmann.

Großmutter erzählt! (Von Anna Trübenbach.) (54 S.) 8. Leipzig (906). (A. Hahn.) n. — 75

Großmütterchen, das gute, erzählt kleine Geschichten und zeigt hübsche Bilder. qu. 16. (16 S. mit 6 ill. Stnt.) Frankfurt a. M. 856, Krebs-Schmitt.

Großmütterchen, d. jüdische, od. der schreckbare Geist der Frau im schwarzen Gewande. 2 Thle. 8. Prag, Widtmann. 798–99. (à 20 gr.)

Großmütterleins neuestes Märchen-Buch für Jung u. Alt von Musäus dem Jüngern. 8. (211 S.) Wien 848, Dorfmeister. Leipzig, Hunger. 12 ngr

Großmutters Heiner, s.: Grüß Gott. 6. Hft.

Großmutters Märchen u. Erzählungen. Für kleine Knaben u. Mädchen u. zum Vorlesen. gr. 16. (127 S. m. 5 Chromolith.) Berlin 873. Kastner. 1. 50

Großmutter's Mährchenbuch für liebe Kinder. Müllheim a. R. 867. Bagel. 8. (IV, 176 S. mit 1 Holzschntaf.) cart. 10 ngr

Großmutters Wilhelm. Von M. v. O. (8 S.) 8. Schwerin (906). F. Bahn. n.n. — 05
Sonderabdruck aus: „Jauchzet d. Herrn".

Gross-Naedlitz, s.: Poser u. Gross-Naedlitz, v.

Großnickel, Friedrich, Tierarzt: Aus d. med. Klinik d. Tierärztl. Hochsch. in Hannover. Leiter: Malkmus. Das Vorkommen von Nephritis bei Brustseuche. Hannover: Schaper 1910. 63 S. 8°
Gießen, Veterinär-Med. Diss. v. 11. Juli 1910, Ref. Pfeiffer
[Geb. 23. Sept. 82 Horn, Lippe; Wohnort: Verden; Staatsangeh.: Lippe; Vorbildung: Gymn. Lemgo Reife M. 02; Studium: Hannover Tierärztl. Hochsch. 7 S.; Rig. 23. Juli 09.] [U 10. 1202

Großniklaus, G. E., Anleitung zur Buchhaltung, zum Briefschreiben u. allerlei schriftl. Aufsätzen aus d. Gewerbs- und Berufsleben, nebst e. Anhange der gebräuchl. Fremdwörter. gr. 8. Bern 841, Fischer. n. ½ ₰

Großniklaus, G. E., Anleitung zur gesetzlichen Buchhaltung, zum Briefschreiben u. zu allerlei schriftlichen Aufsätzen, gesetzlichen Verträgen u. Formularen aus dem Gewerbs- u. Berufsleben, wie auch über die allgemeine Münz- u. Wechsellehre; nebst einem Anhang über das bernische Erbrecht 2c. Für Haus- u. Landwirthe, Professionisten, Handelsleute 2c. 4. verm. u. verb. Aufl. Thun 853. Christen. gr. 8. (VIII, 1 Bl., 262 S.) n. 25 ngr

Großniklaus, G. E., Anleitung für Gläubiger und Schuldner über das gerichtl. Verfahren in Schuldbetreibungen. Mit einem Anhange über Hypothekarkasse und Kantonalbank. Neue Aufl. nach dem neuen Betreibungsgesetz. 8. (IV und 143 S.) Bern 848, [Blom.]

Großniklaus, G. E., Anleitung für Gläubiger u. Schuldner über das gerichtliche Verfahren in Schuldbetreibungen. Mit einem Anhang über Hypothekarkasse u. Kantonalbank. Neue Aufl. nach dem neuen Betreibungsgesetz. 8. (IV u. 143 S.) Bern 848, Jenni Vater. 1/3 *rf*

Adeliges Gut **Groß-Nordsee**, Kreis Rendsburg. (Beschreibung für den Verkauf.) Kiel, den 24. Mai 1902. Fol. Hektographiert.

Grossofficiant, Ritter von Süden, Purpurband. [Rudolstadt ca. 1804—1806. H: *Schröder, Friedrich Ludwig.* (тт 1332) (wolfstieg II, 546)

Grosofficiant, Ritter vom Süden, Purpurband. (Rudolstadt, Geheimdruckerei ca. 1805.) 8. 45 S.

Gross-Osingen, s.: Preussen. Messtischblätter.

Groß-Österreich. Zeitstudie e. Deutschösterreichers. (80 S.) 8. Reichenberg i/B. 908. Rud. Gerzabek & Co. (Nur direkt.) 1. —
Sonderabdruck aus „Reichenberger deut. Volksztg."

Grosow, J. G. v., kleine Beiträge z. Erlernung d. franz. Sprache. 8. Stolp. (Erfurt, Müller.) 811.

Gross-Paglau, s.: Geologische Karten. Preussen. 124.

Gross-Paglau, s.: Preussen. Messtischblätter.

Gross-Peisten, s.: Geolog. Karten (Preussen).

Gross-Peking, Das geistige. Wien [1892]. V: *Kilian von Gayrsperg, Franz Xaver* [?]. (EB)

Grosspietsch, Augustus [Silesius]: De τετραπλῶν vocabulorum quodam genere. Pars I ... [Erschien vollst. als Heft 5 d. VII. Bds von: Bresl. Philol. Abh.] Vratislaviae, G. Koebner, 1895; 2 Bl., 34 S., 1 Bl. 8.
Breslau, Phil. Fak., Inaug.-Diss. v. 14. März 1895

Grosspietsch, Aug., de τετραπλῶν vocabulorum genere quodam, s.a. Abhandlungen, Breslauer philolog.

Großpitsch, J., Lehrbuch der deutschen Sprache für die mittleren Lehr-Anstalten. 1. Thl.: Etymologie. 8. (IV, 108 S.) Moskau 888. J. Deubner. — 90

Großpietsch, J., ausgew. Stücke russischer Autoren, z. Übersetzen ins Deutsche einger. u. m. Anmerkgn. u. e. Wörterbuch versehen. 1. u. 2. Tl. (In russ. Sprache m. deutschen Anmerkgn.) (VII, 199 u. VII, 169 S.) gr. 8. Moskau 895. J. Deubner. à n.n. 1. 65

Gross-Plowenz, s.: Geologische Karten. Preussen. 97.

Großpreußen od. die verfehlte Neugestaltung Deutschlands. Eine Auseinandersetzg. f. den deutschen Spießbürger v. dem Verf. d. Flugschrift „Berlin e. französ. Stadt" gr. 8. (58 S.) Berl. 891, R. Reinecke. * — 80
Vgl.: Antisemiten u. Bismarck.

Großpreußen u. die Union der evangelischen Kirche in Deutschland. Briefe eines süddeutschen an einen norddeutschen Kirchenmann von H. v. H. Elberfeld 867. Friderichs. gr. 8. (VII, 146 S.) n. 20 *ngr.*

Grosspriesen, s.: Geologische Karten. Hibsch.

Gross-Rade, s.: Geologische Karten. Preussen. 122.

Grossratscommission. An die Tit. Grossratsk' für das Beamten- und Besoldungsgesetz, Basel. ([Eingabe] Namens des Gewerbeverbandes Basel-Stadt und seiner Sektionen, des allgemeinen Meisterverbandes d. Bauhandwerkes und des Lebensmittelverbandes. Basel. den 23. Februar 1907.) *Maschinenschrift.* 11 S. kl.-fol.

Großratstagblatt
v. Amtsblatt der Republik Bern.

Grossrathsverhandlungen. Ueber die G' des Kantons Schwyz vom 27. und 28. Brachmonat. (Hrg. von Bürgern des Bezirks Einsiedeln. Einsiedeln, am 10. Juli 1834.) 4. *o. O.*

Gross-Reifling, Umgebung, s.: Ausflugskarten.

Gross-Riets, s: Preussen. Messtischblätter.

Gross-Rohdau, s.: Geolog. Karten (Preussen).

Gross-Rohdau, s.: Preussen. Messtischblätter.

Gross-Sabow, s.: Geologische Karten. Preussen. 96.

Großschedel, Bernhardine Freiin v., neues Kochbuch f. Zuckerkranke, der einfachen u. feinen Küche entsprechend bearb. Mit e. ärztl. Begleitworte v. Frdr. Crämer. 8. (IV, 105 S.) München 902. Th. Ackermann.
Geb. in Leinw. n. 2. —

Gross-Schlemanen, s.: Geologische Karten. Preussen. 98.

Großschiffahrtsweg, der, Berlin-Stettin in östl. u. westl. Linienführg., s.: Mitteilungen des Binnenschiffahrtsvereins f. d. Norden u. Westen d. Prov. Brandenburg. Nr. 3.

Gross-Schläfken, s.: Preussen. Messtischblätter.

Gross-Schmetterlinge, die, d. Leipziger Gebietes, zusammengestellt vom entomolog. Verein „Fauna" zu Leipzig. gr. 8. (48 S.) Leipzig 889. (E. Heyne.) n. 1. —

Grossschmetterlinge, die palaearktischen, u. ihre Naturgeschichte. Bd. I. bearb. v. Fritz Rühl. II. Bd.: Nachtfalter. 1. Abtlg. Bearb. v. Max Bartel. 17.—22. Lfg. II. Bd. 1.—6. Lfg. gr. 8. (S. 1—288.) Leipzig 900—902. [E. Heyne.] J. Paul. à 1. 50
Lfg. 1—16 u. d. T.: Rühl, F., d. palaearkt. Grossschmetterlinge jetzt Ebd. 892—895. à 1. 20.

Gross-Schöndamerau, s.: Geologische Karten. Preussen. 84.

Gross-Schönebeck, s.: Geolog. Karten (Preussen).

Grossschupf, Friedrich: De Theodori Prodromi in Rhodantha elocutione. Lipsiae 1897: O. Schmidt. (58 S.) 8°
Leipzig. Phil. Diss. v. [2. Nov.] 1897.

Gross-Schwansfeld, s.: Geolog. Karten (Preussen).

Gross-Sittensen, s.: Preussen. Messtischblätter.

Die **Großstadt.** Vorträge u. Aufsätze z. Städteausstellung von K[arl] Bücher [u. a.]. Gehe-Stiftung zu Dresden Winter 1902–1903. (Hrsg.: Theodor Petermann.) *Dresden: v. Zahn & Jaensch 1903.* (282 S.) 8° [Ü.]
= Jahrbuch d. Gehe-Stiftung zu Dresden. Bd 9. [03. 7096

Großstadt-Dokumente. Hrsg. v. Hans Ostwald. 1.—17. u. 19.—26. Bd. gr. 8. Berlin, H. Seemann Nachf.
à n. 1.—; geb. à n. 2.—
Arndt, Arno, Berliner Sport. (102 S.) (Bd. 10.) (905.)
Bab, Jul., die Berliner Bohème. 8. Aufl. (90 S.) (Bd. 2.) (905.)
Bader, Emil, Wiener Verbrecher. (184 S.) (Bd. 16.) (905.)
Bernhard, Geo., Berliner Banken. 6. Aufl. (77 S.) (Bd. 8.) (905.)
Buchner, Eberh., Sekten u. Sektierer in Berlin. (110 S.) (Bd. 6.) (905.)
— Variété u. Tingeltangel in Berlin. 2. Aufl. (98 S.) (Bd. 22.) (905.)
Deutsch-German, Alfr., Wiener Mädel. (104 S.) (Bd. 17.) (906.)

Ostwald, Hans, Berliner Kaffeehäuser. 5. Aufl. (88 S.) (Bd. 7.) (905.)
— Berliner Tanzlokale. (93 S.) (Bd. 4.) (905.)
— dunkle Winkel in Berlin. 10. Aufl. (106 S.) (Bd. 1.) (905.)
— Zuhältertum in Berlin. (87 S.) (Bd. 5.) (905.)
Salten, Fel., Wiener Adel. (96 S.) (Bd. 14.) (905.)
Weidner, Alb., aus den Tiefen der Berliner Arbeiterbewegung. (88 S.) (Bd. 9.) (905.)
Werthauer, J., Berliner Schwindel. (120 S.) (Bd. 21.) (905.)
Winter, Max, im unterirdischen Wien. (78 S.) (Bd. 13.) (905.)
— das goldene Wiener Herz. 3. Aufl. (96 S.) (Bd. 11.) (905.)
Der 18. Bd. ist noch nicht erschienen.

Großstadt-Dokumente. Hrsg. v. Hans Ostwald. 3. 5. 18. 20. 23 u. 26—50. Bd. gr. 8. Berlin, H. Seemann Nachf.
(Urspr. Pr. à 1.—; geb. 2.—)
Bahn, Walt., meine Klienten. Beiträge zur modernen Inquisition. (116 S.) (908.) (Bd. 42)
Baer, M., der internationale Mädchenhandel. 3. u. 4. Aufl. (Je 96 S.) (908.) (Bd. 37)
Beamte, Berliner, v. Clerk. (84 S.) (908.) (Bd. 43)
Benario, Leo, die Wucherer u. ihre Opfer. (76 S.) (908.) (Bd. 38)
Buschan, Geo, Geschlecht u. Verbrechen. 3. Aufl. (96 S.) (908.) (Bd. 48)

Colze, Leo, Berliner Warenhäuser. (80 S.) (908.) (Bd. 47)
Ebeling, Großstadt-Sozialismus. (102 S.) (908.) (Bd. 44)
Edel, Edm., Neu-Berlin. 3. Aufl. (84 S.) (908.) (Bd. 50)
Freimark, Hans, moderne Geisterbeschwörer u. Wahrheitssucher. (104 S.) (907.) (Bd. 36)
Goetz, Adf., Ballin, e. königlicher Kaufmann. 6. Aufl. (78 S.) (908.) (Bd. 18)
Günther, Vikt., Pétersbourgs'amuse. (104 S.) (907.) (Bd. 32)
Hammer, Wilh., zehn Lebensläufe Berliner Kontrollmädchen u. zehn Beiträge zur Behandlung der geschlechtlichen Frage. 14. Aufl. (120 S.) (907.) (Bd. 23)

Hammer, Wilh., zehn Lebensläufe Berliner Kontrollmädchen u. zehn Beiträge zur Behandlung der geschlechtlichen Frage. 2. Aufl. (104 S.) (Bd. 23.) (905.)
— die Tribadie Berlins. 10 Fälle weibweibl. Geschlechtsliebe aktenmäßig dargestellt, nebst 10 Abhandlungen üb. die gleichgeschlechtl. Frauenliebe. (116 S.) (Bd. 20.) (906.)
Im Deutschen Reiche verboten.
Herschmann, Otto, Wiener Sport. (76 S.) (Bd. 12.) (905.)
Hirschfeld, Magn., Berlins drittes Geschlecht. (77 S.) (Bd. 3.) (905.)
Hoeniger, Frz., Berliner Gerichte. (87 S.) (Bd. 24.) (906.)
Klubs, Berliner, v. Spectator. (73 S.) (Bd. 25.) (906.)
Loeb, Mor., Berliner Konfektion. (92 S.) (Bd. 15.) (906.)
Mensch, Ella, Bilderstürmer in der Berliner Frauenbewegung. (89 S.) (Bd. 26.) (906.)
Noack, Vict., was ein Berliner Musikant erlebte. (118 S. (Bd. 19.) (906.)

Hirschfeld, Magnus, Berlins drittes Geschlecht. 15. Aufl. (77 S.) (907.) (Bd. 3)
— Die Gurgel Berlins. (132 S.) (907.) (Bd. 41)
Hyan, Hans, schwere Jungen. (76 S.) (906.) (Bd. 28)
Lasson, Alfr., gefährdete u. verwahrloste Jugend. Mit e. Vorwort von v. Kaphengst-Kohlow. (110 S.) (908.) (Bd. 49)
Lebeweltnächte der Friedrichstadt, v. Satyr. 2. Aufl. (87 S.) (907.) (Bd. 30)
Mann, der Hamburger junge, v. Triton. (74 S.) (907.) (Bd. 39)
Marcuse, Max, uneheliche Mütter. (105 S.) (906.) (Bd. 27)
Mensch, Ella, Bilderstürmer in der Berliner Frauenbewegung. 5. Aufl. (89 S.) (907.) (Bd. 26)
Olden, Balder, der Hamburger Hafen. 1—3. Aufl. (80 S.) (908.) (Bd. 46)

Ostwald, Hans, das Berliner Spielertum. Mit Beiträgen v. Krim.-Komm. Hans v. Manteuffel. (92 S.) (908.) (Bd. 35)
— Zuhältertum in Berlin. 6. Aufl. (88 S.) (907.) (Bd. 5)
Polizei, die Berliner. Von Assessor ***. (83 S.) (907.) (Bd. 34)
Schuchardt, Ernst, 6 Monate Arbeitshaus. Erlebnisse e. wandernden Arbeiters. (112 S.) (907.) (Bd. 33)
Südekum, Alb., großstädt. Wohnungselend. 3. Aufl. (75 S.) (908.) (Bd. 45)
Tews, J., Berliner Lehrer. (88 S.) 907. (Bd. 20)
Turszinsky, Walt., Berliner Theater. 1. u. 2. Aufl. (124 S.) (907.) (Bd. 29)
Werthauer, J., Moabitrium. Szenen aus der Großstadt-Strafrechtspflege. 1. u. 2. Aufl. (95 S.) (907.) (Bd. 31)
— Sittlichkeitsdelikte der Großstadt. (85 S.) (907.) (Bd. 40)

Großstädte, die, in ihrer Wohnungsnoth und die Grundlagen einer durchgreifenden Abhilfe. Von Arminius. Mit einem Vorwort von Prof. Th. Frhr. v. der Goltz. gr. 8. (XII, 260 S. mit 1 Stnt. in Fol.) Leipzig 874, Duncker und Humblot. *

GROSZSTADT-Ereigniſſe. Geheime Wonnen. Maſochiſtiſche Epiſoden aus dem Leben des Barons Theodor von S. I. Bd. von R. B. (um 1910). 8°.
Verb. d. Ldg. I Berlin 38 J. 36/12.

Großstadtjugend, unsere, in Flur u. Wald. Schülerwandergn. Hrsg. v. der Ortsgruppe Leipzig des deutschen Vereins f. Volkshygiene, bearb. v. der Führerkommission. (V, 134 S. m. Abb.) gr.8. Leipzig 908. E. Wunderlich.
1.60; geb. 2.—

Großstadt-Zeitung. Ein illustr. Familienblatt. 1. u. 2. Jahrg März 1903—März 1905. à 80 Hefte. (à ca. 16 S.) 4. Dresden, R. H. Dietrich. à Hft. —10
Erscheint nicht mehr.

Gross-Steinort, s.: Geologische Karten. Preussen. 110.

Gross-Stepenitz, s.: Geologische Karten. Preussen. 93.

Groß-Strehlitz [Sachliches Ordnungswort]

Groß-Strehlitz. Ein Führer durch d. Stadt u. ihre Umgebung. Groß-Strehlitz [1910]: Hübner. 20 S. 8° [Umschlagt.] 10. 9039 2

Groß-Strehlitz, der Kreis. Mit 1 (farb.) Karte. 8. (6 S.) Groß-Strehlitz 893. A. Wilpert. n. —75

Groß-Strehlitz [Schlagwort]

Gross-Strehlitz, s.: Kreiskarten.

Gross-Strehlitz, Kreis, s.: Oppeln, Reg.-Bez.

Gross-Strehlitz. Karte d. Kreises Gross-Strehlitz. Nach amtl. Quellen gezeichnet. 1:50,000. 4 Blatt. Farbendr. u. kolor. à 57,5×78 cm. Gross-Strehlitz 892. A. Wilpert. n.n. 9.—; auf Leinw. in Mappe od. m. Stäben n.n. 14.—; einzelne Blatt à n.n. 2.50
1. Stubendorf. — 2. Keltsch. — 3. Gross-Strehlitz. — 4. Ujest.

— — d. Kreises Gross-Strehlitz. 1:150,000. Farbendr. 32×40,5 cm. Ebd. 893. n. —50

Gross-Strehlitz. Karte des Kreises Gross-Strehlitz. 1:150,000. 32×40,5 cm. Farbdr. Gross-Strehlitz (909). A. Wilpert. —50

Gross-Stürlack, s.: Geologische Karten. Karte (Preussen).

Groesst, Joannes [Berolinensis]: Qua tenus Silius Italicus a Vergilio pendere videatur .... Aquis Mattiacis, typ. Schellenbergi expr., 1887; 62 S. + 1 Bl. 8°.
Halle, Phil. Fak., Inaug.-Diss. v. [1. Aug.] 1887.

Groesst, Joa., qua tenus Silius Italicus a Vergilio pendere videatur. Dissertatio inauguralis. gr. 8. (62 S.) Wiesbaden 887. (Berlin, Mayer und Müller.) *

Gross-Tabarz, s. Thüringen.

Grossthaten, Napoleons.
Eine Haupt- und Staats-Aktion. Zeitz 18??
V: *Webel, Wilhelm.* (Ky)

Grossthaten, Die, Napoleons, eine Haupt-Staatsaction. Strassburg (Zeitz, Webel) 1814.
Weller, fing. Druckorte.

Napoleons Grossthaten und sein Ruhm als Feldherr. 8. Leipzig 1814. 1,50.

Grossteich, der, bei Hirschberg in Nord-Böhmen. Naturwissenschaftliche Untersuchgn., s.a. Monographien u. Abhandlungen zur internationalen Revue der gesamten Hydrobiologie u. Hydrographie.

Der Großteich bei Hirschberg in Nord-Böhmen. Naturwissensch. Untersuchungen veranlaßt u. hrsg. von d. Gesellschaft z. Förderung deutscher Wissenschaft, Kunst u. Lit. in Böhmen. 1. Leipzig: Klinkhardt 1910. 4°
(Monographien u. Abhandlungen z. Internat. Revue d. gesamten Hydrobiologie u. Hydrographie. H. 1.) [10. 1604]

Gross-Twülpstedt, s.: Preussen. Messtischblätter.

Gross-Umstadt, s: Deutschland. Kürschner-Pelp.

Gross-Umstadt, s.: Geolog. Karten (Hessen).

Gross-Umstadt, s.: Hessen, Grossherzogtum.

Gross-Vahlberg, s.: Braunschweig. Landeskarte.

Gross-Vargula, s.: Preussen. Messtischblätter.

Grossvater, Der. Ein Lebensbild. Stuttgart 1881. V: *Zahn, Adolph.* (Hauptkat. der Univ.-Bibl. Tübingen. K, Nachtr. 26.)

Großvater, der, u. seine Enkel. Aufmunterung zur Tugend u. Herzensgüte; n. d. Franz. v. Gust. Holting. (2 Bde.) Mit ill. Bildern. 8. Berlin 837, Winckelmann u. Söhne.

— Gregor, s. Klein.

Großväterchen u. Großsöhnlein. Gedicht in 8 Gesängen. 16. (72 S.) Norden 879. Fischer Nachf. n. 1. 50

Großväterchen und Großsöhnlein. Gedicht in 8 Gesängen. 16. (72 S.) Bremen 879, Kühtmann und Comp. *

Großvaters Dämmerstunden. Kleine Erzählungen. Ihren lieben Nichten u. Neffen gewidmet zur Erinnerung an Tante Louise. Leipzig 857. Hübner. 16. (VI, 92 S.) 6 ngr

Großvaters, des, Namensfest, s. Jugendbibliothek, dramatisch-deklamatorische.

Großvaters Zuversicht, s.: Sammlung v. Kinderschriften.

Gross-Venediger-Gruppe, s.: Salzkammergut.

Großvezier, der, s. Gaben d. Genius.

Grossvezier, der, Schauspiel in 4 Akt. 8. Leipzig, Liter. Central-Comt. 817.

Gross-Voldekow, s.: Geolog. Karten (Preussen).

Gross-Waplitz, s.: Preussen. Messtischblätter.

Gross-Wartenberg, s.: Breslau. Reg.-Bez. — Kreiskarten.

Großwendt, F., die inneren Krankheiten der landwirthschaftlichen Haussäugethiere. Ihre Erkennung, Behandlung u. Verhütung. Mit einem Nachtrag üb. die Milchfehler. 8. (VIII, 174 S.) Berlin 878. Parey. geb. n. 2. 50

Gross-Wien. Eine bisher noch unbesprochene Hauptfrage: Der Frachten- und Zonen-Tarif. Die Kohle. Das Gas. Das Sparcassenwesen. Gr.-8. (42 S.) —.40
Wien: Sintenis 1890.

Groß-Wien. Plan-Karte nach den bei der k. k. Statthalterei gepflogenen Enquête-Berathungen. Mit den bisherigen Gemeinde-Grenzen und der neuen Bezirks-Eintheilung. Maßstab 1 : 35.000. Auf Grund amtlicher Quellen und der neuesten Verhandlungen. Quer-Folio. Chromolithographie. 1. u. 2. Aufl. Gef. —.80, auf Leinen in Decke 1.60
Wien: Artaria 1890.

— Skizze seines Entstehens u. Beschreibung seiner neuen Grenzen. Graphische Darstellgn. der Bevölkerungs-, Steuer-, Areal- u. Bauverhältnisse in 7 Diagr. u. 3 statist. Tab. Bearb. auf Grund der amtl. Publicationen der Gemeinde Wien u. der dem n.-ö. Landtage zugegangenen Regierungs-Vorlage, sowie nach Mittheilgn. der h. n.-ö. Statthalterei. Lex.-8. (16 S.) Mit e. nach amtl. Quellen zusammengestellten Karte 1 : 35,000 m. der neuen Bezirkseintheilg. u. den bisher. Gemeindegrenzen. Farbendr. 52,2×56,5 cm. Wien 891. Artaria & Co. n. 2. 40; ohne Karte n. 1. 20

Groß-Wien, 's lustige. Redigirt und herausgegeben von Johann Hrabe. I. Jahrg. 1891. 52 Nrn. 4. Mit zahlreichen Illustrationen * 3.—, pro Quartal * —.75, pro Monat * —.25
Wien: Administration 1891.

Groß-Wien-Kalender pro 1892. 8. (96 S.) —.25
Wien: Fritz & C. 1891.

Groß-Wien-Kalender. 1893. gr. 8. (112 S. m. Abbildgn.) Wien. (Lpz., Literarische Anstalt, Aug. Schulze.) * — 50

Groß-Wien-Kalender 1895. gr. 8. (96 u. 16 S. m. Abbildgn.) Wien 894. (Leipzig, Literar. Anstalt A. Schulze.) n. — 50

Groß-Wien-Kalender 1898. gr. 8. (96 u. 16 S. m. Abb.) Wien. (Leipzig, Literar. Anstalt, A. Schulze.) n. — 50

Gross-Wusterwitz, s.: Geolog. Karten (Preussen).

Gross-Ziethen, s.: Geologische Karten. Preussen. 80.

Grosz wodwi. Kolęda. Na korzyść braci-tułaczy kształcących się we francyi. 12. (23 S.) Posen 851, Stefanski's Verlag.

Grósz, Emil v., über die ärztliche Ausbildung. Antrittsvorlesung, geh. an der k. ung. Universitätsaugenklinik in Budapest am 18. IX. 1905. Aus dem Ung. übers. (23 S.) 8. Budapest 906. (Tübingen, F. Pietzcker.) n. — 60

— die Grundprinzipien der Trachombekämpfung. Aus dem Ung. übers. (15 S.) gr. 8. Ebd. 903. n. — 50

Grósz, Emil v., der Universitäts-Unterricht der Augenheilkunde. Antrittsvorlesung. Aus dem Ungar. übers. gr. 8. (17 S.) Budapest 901. (Tübingen, F. Pietzcker.) n. — 60

Grosz, Frz., die Augenkrankheiten der grossen Ebenen Ungarns und statistische Uebersicht der Leistungen der Privat-Augenkrankenheilanstalt für Arme zu Gross-Wardein durch 25 Jahre von 1830 – 1856. Im Auftrage der k. k. Statthalterei-Abtheilung Grosswardein mitgetheilt. Mit 2 Lithogr. Grosswardein 857. (Wien, Braumüller.) 4. (2 Bl., 150 S.) n. 1 ₰ 24 ngr

Vgl. Gross, Friedrich.

Grosz, Heinr., d. Geschichte d. deutschen Schiffszimmerer m. bes. Berücksicht. d. hamburg. Verhältnisse. E. Mahnwort an alle im Schiffbauer-Gewerbe beschäft. Arbeiter, sich zu e. gewerkschaftl. Organisation zusammenzuschließen. gr. 8. (166 S. m. 1 Taf.) Stuttgart 896. J. H. W. Dietz Nachf. n. 2. 25; geb. n. 3. —

Grósz, Leopold, Dr. der Medicin und Chirurgie, Magister der Geburtshilfe, Sectionsrath im k. ungar. Ministerium des Innern etc. Die Cholera im Jahre 1872/73, deren Entstehung, Verbreitung und Verlauf, sowie die bei diesem Anlasse gemachten Wahrnehmungen. Ueber Auftrag des k. ungar. Ministers des Innern auf Grund amtlicher Erhebungen zusammengestellt. 8. Budapest 1874.

Groszheim, v., die deutsche Villa, s.: Kayser.

Groszheim, s.: Villa, die deutsche.

Grot, H., das Ganze der Conditorei u. Butterbäckerei nebst Bereitung seiner warmer u. kalter Pasteten, Mehlspeisen u. der verschiedenartigsten Puddings. Mit vielen Abbildungen (auf 1 lith. Taf. in Fol.) Leipzig 859. E. Schäfer. 8. (XIII, 194 S.) 15 ngr.

Grot, Jacob s. Waldmann, Franz, und Grot, Jacob.

Grot, Joachim Christian

Grot, Joach. Chr., († d. 2. Jan. 1800.) Beitrag zur Beförderung d. Gottesverehrung u. guter Gesinnungen in Religionsliedern. gr. 8. Königsb. 793. Nicolovius. 1 ₰

Grot, Joach. Chr., Beytrag z. Gesch. d. Luther. Kirche in Rußland. gr. 8. Mietau, Hinz. 772. Rthlr.

— Beitrag zur Geschichte d. evangelisch-luther. Kirche in Rußland. gr. 8. Mitau 772. Hinz. (W. Nauck in Leipz.) 3 ℊ

— Beytr. z. Gesch. der evangel. lutherischen Kirche in Rußland. gr. 8. Lpz. Sommer.

— Beitrag zum Nachdenken über wichtige Vorfälle unseres Zeitalters, in Religionsvorträgen. gr. 8. Leipz. 797. Dyck. 9 ℊ

— Bemerkk. über d. Religionsfreiheit d. Ausländ. im Russ. Reiche. 3 Bde. gr. 8. Leipz. 797, 98. Dyck. 4 ₰

— Betrachtt. über d. göttl. Gerichte in Erbauungsreden. gr. 8. Leipz. 774. Gleditsch. (Brockhaus). 3 ℊ

— drei Kanzelreden von d. Blatterneinimpfung. gr. 8. Mitau 769 — 75. Hinz. 8 ℊ

Grot, Joachim Christian: Die Kielische Gesellschaft der schönen Wissenschaften. . . . [Gedicht b. d. Abreise nach Jena auf Johann Bartram Mielke [Mielck], Pastor, 1756.] — Kiel 1756: Bartsch. 2 Bl. 4°

Grot, Joachim Christian: Leichenpredigt auf den General Nikolaus Friedrich v. Korff. 4°. St. Petersburg 1766.

— St. Petersburg. Kanzelvorträge. 2 Thle. gr. 8. Leipz. u. Riga 781, 82. Hertel. 2 ₰ 8 ℊ

Grot, Joach. Chr., († d. 22. Dec. 1799.) die dankbare Treue; ein Schäferspl. 8. Hamb. 757.

— Zelmde; ein Trspl. in Versen u. 5 Aufz., (nach Saintfoy). 8. Königsb. 760.

Grot, Jul., geistl. Lieder zu Preis u. Lob d. weltversöhn. u. heiligenden Liebe Jesu Christi, d. ewigen Sohnes vom Vater. 8. (12¼ B.) Libau 836. (Mitau 837, Lucas.)

Grot, Nikolaus

Grot, Nik., Nietzsche u. Tolstoi. Autor. Übersetzg. aus d. Russ. v. Alexis Markow. gr. 8. (24 S.) Berlin 898. H. Steinitz. n. — 50

Grot, Rud. v., über die in der hippokratischen Schriftensammlung enthaltenen pharmakologischen Kenntnisse. Inaugural-Dissertation. gr. 8. (84 S.) Dorpat 887, (Karow.) *

Grot, Rudolph, Curländer, Das Verhältniss des Nervus vagus zur Herzaction nach eigenen Untersuchungen. Diss. Dorpat. 8°. 67 pp. mit einer lithographirten Tafel. 1861.

Grot, T., sicher. Mittel wid. d. Beraub. d. Posten. 4. Nürnberg, Felsecker. 769.

Grot, Johann, P., das tapfere Schneiderlein, s. Märchen, deutsche, in Bildern.

Grote u. Bismarck, od. das alte u. das neue Recht. Eine Appellation an die beleidigte Majestät d. Rechtes u. der Wahrheit, sowie d. Königs v. Preußen. Erweiterte Betrachtgn. aus den „Hessischen Blättern." gr. 8. (37 S.) Melsungen 873. (Cassel, Jungklaus.) n. — 50

Grote, Frh, Führer durch die Umgebung der Bergstadt Wildemann, Bad u. klimat. Kurort. Nebst Wegekarte. 12. (47 S.) Lautenthal 893. (Osterwieck, A. W. Zickfeldt.) n. — 75

Grote, die Zukunft d. Herrn u. d. Gemeinschaft d. Seinigen unt. einander, s.: Konferenz, d. 3. westfälische rc.

Grote (A.). Entw. u. Stoffbildung der Pflanzen. Goett. 1873. 8°.

Grote, A. Radcliffe, A. M., die Apateliden,
— Entwurf e. diphylet. Stammbaumes d. europ Tagfalter,
— die Saturniiden (Nachtpfauenaugen),
— System d. nordamerikanischen Schmetterlinge,
— die Schmetterlingsfauna von Hildesheim,
} s. a. Mitteilungen aus d. Roemer-Museum, Hildesheim.

Grote, A. Radcliffe: Die Apateliden. ‹Mit 2 photogr. Taf. u. 3 Zinkogr. im Texte.› (Hildesheim: A. Lax 1896.) (18 S.) 4° [Kopft.] = Mittheilungen aus d. Roemer-Museum, Hildesheim. No. 3.

Grote, A. Radcliffe: Entwurf eines diphyletischen Stammbaumes der europäischen Tagfalter. (Hildesheim: [A. Lax] 1897.) (2 Bl.) 4° = Mittheilungen aus d. Roemer-Museum, Hildesheim. No. 9.

Grote, A. Radcliffe, North American Lepidoptera. The Hawk Moths of North America. gr. 8. (63 S.) Bremen 886. (Rühle und Schlenker.) *

Grote, A. Radcliff. North America Lepidoptera. Revised Check List of the North American Noctuidae. Part 1. Thyatirinae — Noctuinae. gr. 8. (VIII, 52 S.) Bremen 890, (Rühle u. Schlenker). * 4 —

Grote, A. Radecliffe: Die Saturniiden (Nachtpfauenaugen) (Hildesheim. A. Lax 1896.) (28 S.) 4° [Kopft.] = Mittheilungen aus d. Roemer-Museum, Hildesheim. No. 6.

Grote, A Radcliffe: Die Schmetterlingsfauna von Hildesheim. Th. 1. (Hildesheim: A. Lax 1897.) 4° = Mittheilungen aus d. Roemer-Museum, Hildesheim. No. 8.

Grote, A Radcliffe: System der nordamerikanischen Schmetterlinge (Hildesheim: A Lax 1896.) (2 Bl.) 4° [Kopft.] = Mittheilungen aus d Roemer-Museum, Hildesheim. No 7

Grote, A. Radcliffe, A. M., Systema lepidopterorum Hildesiae, s. a. Mitteilungen a. d. Roemer-Museum, Hildesheim. 11.

— systema lepidopterorum Hildesiae juxta opera praeliminaria, quae ediderunt Bates, Scudder, Guil. Mueller, Comstock, Dyar, Chapman, compositum. Lex.-8. (4 S.) Hildesheim 895. A. Lax. n. — 80

Grote, C u. Debo, L. Gemeinnützige Bauvereine (Bericht.) Hannover 1861 8°

Grote, C., über e. Eisenbahnsystem f. Deutschland. Allen Staats- u. Gewerbsmännern Deutschlands ans Herz gelegt. gr. 8. (3¼ B.) Göttingen 834, Vandenhoeck u. Ruprecht.

Grote, C., die Gesetzgebung über das Staatsschuldenwesen des Königreichs Hannover. Zusammengestellt u. mit Anmerkungen versehen. Hannover 860. Helwing. gr. 8. (IX, 128 S.) n. 20 ngr.

Grote (Freiherr C.), Ueber Zweck, Bedeutung und Anordnung mineralogischer Sammlungen nach den Lagerstätten, insbesondere über die derartige etc. in dem neuen Museum für Kunst und Wissenschaft zu Hannover mit aufgestellte Sammlung. Hannover 1856. 8.

Grote, C. G., Unterricht f. Hebammen, über d. Kennzeichen der Schwangerschaft; zum Behuf d. vorkommenden gründl. Untersuchungen. 8. Leipz. (W. Nauck). 2 K

Grote, C W, s. Grote, Karl Wilhelm.

Grote, E. Frh., Die letzte Herzogin von Celle, Eleonore Desmier d'Olbreuse. Hannover 1886.
Deutsche Uebersetzung des Werkes: Une mésalliance dans la maison de Bronsvic, Eleonore Desmier d'Olbreuse, duchesse de Zell, par Vicomte de Beaucaire.

Grote, E v. (Hrsg.), s. Zeit, Altdeutsche, u. Kunst.

NICHT eine Familiengeschichte. (Frivoler Roman.) Von *E. F. Gr(ote).* Mit freier Titelvign. (Grazientanz). O. O. 1782 8° Selten!
196 S. (incl. Tit. u. 1 Bl. Vorw.). Tolles Machwerk! -- Fehlt im Anon.-Lex.

Grote, E. F., nicht eine Familiengeschichte. 8. Halle, Hendel. 782.

Die Richthofen. Eine familiengeschichtl. Studie von E[mmo Frh.] G(rote). Goritz C. A. Starke 1907 (24 S.) 8° [08. 2351

Grote, E. Frhr., s. a. Richthofen, die.

Grote, F D Chylus e. Ferment Danz. 35 p. 1864. Schul-/Univ.-Schrift

Grote, Frz., Dienstfrei, s.: Geburtstag, 87., Sr. Majestät.

— dasselbe, s.: Bloch's, Ludw., Militär-Festmappe.

Grote, Friedrich von, bacc. iur. a. Livland: Beiträge zum Recht der Luftschiffahrt. Borna-Leipzig 1907: R. Noske. (VI, 59 S.) 8°
Leipzig, Jur. Fak., Diss. v. 21. Dez. 1907
[Geb. 18. Mai 78 Weinheim; Wohnort: München; Staatsangeh.: Rußland; Vorbildung: Gymn. Baden-Baden Reife Juli 98; Studium: München 1, Bonn 3, Berlin 5, Leipzig 1 S.; Rig. 30. April 02.]

Grote, Fritz. Kraft- und Stoffwechselversuch mit hydrolysiertem Eiweiss am Hund. Diss. Med. Basel. 20 S. 8. Braunschweig, Friedrich Viewog & Sohn, 1907.

Grote, Fritz s. Versuche über den Kraft- und Stoffwechsel.... Braunschweig 1907 — Versuche über Stoffwechsel und Energieverbrauch.... B' 1907.

Grote, G., Germania in Freud' u. Leid. Ein Gedenkbüchlein zur 25jähr. Jubel-Feier d. Deutschen Reiches. gr. 8. (19 S.) Wald-Solingen 895. Vossen. — 25

Grote, G., Kinder-Mund. Aus d. Leben gegriffen f. Groß u. Klein. (19 S.) 8. Dresden (908). E. Pierson. — 75; geb. n 1. 75

Grote, G. L.

Grote, Lehre v. Logarithmen. 8. Bremen, Müller. 1804.

Grote, G. L., Lehre von Logarithmen, f. Anfänger u. zum Selbstunterricht. 8. Bremen 804. (Petersen in Altenb.) 6 K (Nürnb. 810. Schneider u. W.) 6 K

Grote, Georg: Aus d. anatom. Institut zu Konigsberg i. Pr No. 2. Ueber die Glandulae anales des Kaninchens.... Königsberg i. Pr., Druck v. M. Liedtke, 1891; 27 S., 2 Bl., 1 Taf. 8°
Königsberg, Med. Fak., Inaug.-Diss. v. 12. Jun. 1891

Grote, Geo. Ueber die Glandulae anales d. Kaninchens. Diss. gr. 8. (24 S. m. 1 Taf.) Königsb. i. Pr. 891, (Koch). * 1 —

Grote, Georg August

Grote, Geo. Aug., d. „große Anfang". Eine aktuelle populärwissenschaftl. Abhdlgn. f. Freigeister aller Stände. (104 S.) 8. Leipzig-Gohlis 908. B. Volger. 2.50

— **Georg August (Hannover), De relocatione et reconductione tacita operarum maxime quousque et in quod tempus inita censeatur. Diss. jur. Götting. (Joh. Chn. Dieterich) 20. X. 1796. 37 S. (4.50) 11870**
Gew.: Christoph Heinrich Gottfried Kannengiesser.

Grote, George

Grote, Geo., Geschichte Griechenlands. Nach der 2. Aufl. aus d. Engl übertr. v. N. N. W. Meißner. 1. Bd. 2 Abthlgn. 2. Bd. 2 Abthlgn. gr. 8. (1. Bd.: XXXVI u. 801 S. m. 2 lith. Karten in qu. gr. 4 u. Fol. 2. Bd.: XXIV u. 618 S. m. 2 lith. Karten in Fol.) Leipzig 850 — 52, Dyk (1. Bd. 1. u. 2. Abthlg. u. 2. Bd. 1. Abthlg. à 3 rf 2. Bd. 2. Abthlg.: 2¼ rf) 11¼ rf

Grote, Geo., Geschichte Griechenlands. Aus dem Englischen übertr. von N. N. W. Meißner. 3—5. Bd. Enthltd.: den 5—10. Bd. des Originalwerkes. Leipzig 853—55. Dyk. Lex.-8. 3. Bd. (XXVIII, 696 S., 1 lith. Karte in Fol. u. 3 lith. Pläne in 8. u. 4.) 4 rf 22½ ngr. — 4. Bd. (XXIV, 732 S. u. 2 lith. Pläne.) 4 rf 22½ ngr. — 5. Bd. (XXXII, 718 S., 5 lith. Karten u. 3 lith. Pläne in 8. u. 4.) 5 rf 15 ngr 15 rf

—— dass. — Aus dem Engl. übertr. von N. N. W. Meißner und vom 6. Bde. an fortges. von Ed. Höpfner. 6. Bd. 1. Abthl. gr. 8. (III und S. 1—416.) Ebds. 856.

— vom 6. Bde. fortgesetzt von Ed. Höpfner. 6. Bd. 1. u. 2. Abth. Leipzig 857. Dyk. Lex.-8. (XXXI, 816 S., 1 Lithogr. u. 3 lith. Karten.) 5 aß 15 ngr

Grote, Geo., Geschichte Griechenlands. Ausführliches Namen- u. Sachregister. Leipzig 859. Dyk. gr. 8. (IV, 100 S.) n. 28 ngr.

Grote, Geo., Geschichte Griechenlands. Aus dem Engl. 2., rev. Aufl. (In 30 Lfgn.) 1—29. Lfg. gr. 8. (1. Bd. X, 712 S. m. lith. Portr. d. Verf. u. 3 lith. Karten in 4., 2. Bd. S. 1—647 m. 2 lith. Karten, 3. Bd. 709 S., m. 7 lith. Karten, 4. Bd. S. 1—544, 5. Bd. 672 S. m. 5 lith. Karten u. 6. Bd. S. 1—757 u. 3 lith. Karten.) Berlin 880—82. Th. Hofmann. à n. 2. —

Grote, Geo., Geschichte Griechenlands. Aus dem Engl. 2. rev. Aufl. 30. (Schluß-)Lfg. gr. 8. (4. Bd. S. 545—728 m. 2 lith. Karten.) Gera 883. Th. Hofmann. n. 2. —

Grote, Geo., Geschichte Griechenlands. Aus dem Engl. 2. revid. Aufl. Mit lithogr. Portr. des Verf. und 22 lithogr. Karten in 4. 30 Lfgn. oder 6 Bde. gr. 8. (X, 712; 647; 709; 728; 672; 757 S.) [Berlin 883, Th. Hofmann.] Hamburg, L. M. Glogau. à Lfg. *ℳ 2. (*ℳ 60.)

Grote, George, a history of Greece, from the earliest period to the close of the generation contemporary with Alexander the Great. A new edit. in 12 Vols. With portr., maps and plans. Leipzig 869, 70. A. Dürr. 8. geb. Jeder Bd. n. 2 aß
I. (XXVIII, 473 S.), II. (XVI, 466 S.), III. (XV, 488 S.), IV. (XVIII, 494 S.), V. (XX, 491 S.), VI. (XVIII, 433 S.), VII. (XVIII, 452 S.), VIII. (XVII, 483 S.), IX. (XXIII, 460 S.), X. (XXI, 447 S.), XI. (XXII, 502 S.), XII. (XVII, 422 S.)

— Platon's Lehre von der Rotation der Erde u. die Auslegung derselben durch Aristoteles. Mit Bewilligung des Verfassers aus dem Englischen übersetzt von Jos. Holzamer. Prag 861. Credner. gr. 8. (IV, 36 S.) n. 8 ngr.

—— griechische Mythologie und Antiquitäten, s. a. Mythologie und Antiquitäten, griechische.

(—) Mythologie u. Antiquitäten, griechische, nebst dem Kapitel über Homer u. auserwählten Abschnitten über die Chronologie, Literatur, Kunst, Musik etc. übersetzt aus Geo. Grote's Griech. Geschichte von Thdr. Fischer. 4. Bd. Leipzig 860. Teubner. gr. 8. (550 S.) n. 3 aß
1—3. Bd. s. Fischer, Th..

Grote, H., der Obstbau in rauhen Lagen. Kurze Anleitg. z. erfolgreichen Kultur d. Obstbäume u. Beerensträucher in rauhen Lagen in Wort u. Bild. (VIII, 84 S. m. 101 Fig. u. 20 farb. Taf.) Lex. 8. Wiesbaden (910). R. Bechtold & Co. 2. 50

Grote, Hans: Aus d. pathol. Inst. d. Univ. Göttingen. Über Geschwülste der Tunica vaginalis propria (mit 3 Fig.). Emden 1908: Davids. 28 S. 8°
Göttingen, Med. Diss. v. 13. Nov. 1908, Ref. Kaufmann
[Geb. 27. Nov. 81 Zorge; Wohnort: Wedtlenstedt; Staatsangeh.: Preußen; Vorbildung: Gymn. Katharineum Braunschweig Reife O. 02; Studium: Göttingen 5, Marburg 1, Göttingen 5 S.; Coll. 30. Jan. 08; Approb. 7. Nov. 08.] [U 09. 1307

Grote, Harriet, George Grote. Sein Leben u. Wirken aus Familienpapieren, Tagebüchern u. Originalbriefen zusammengestellt. Autoris. deutsche Uebersetzg. v. Leop. Seligmann. Mit Portrait in Stahlst. u. Facsimile. gr. 8. (XXV, 411 S.) Leipzig 874. Brockhaus. n. 8. —

Grote, Heinrich *Wilhelm Louis* [app. Arzt aus Kl.-Bülten]: Aus d. patholog. Institut zu Kiel. Ein Fall von angeborener Ektasie und Hypertrofie der Harnblase und der pars prostatica urethrae. . . . Kiel, Druck v. L. Handorff, 1891; 15 S. 8°
Kiel, Med. Fak., Inaug.-Diss. v. [16. Febr.] 1891

Grote, Heinr., e. Fall v. angeborener Ektasie u. Hypertrofie der Harnblase u. der pars prostatica urethrae. Diss. gr. 8. (15 S.) Kiel 891. (Gnevkow & v. Gellhorn.) n. — 60

Grote, Hermann

Grote, H. (Hrsg.), s. Anzeiger, Numismatischer. Jg. 3.

Grote, H., Blätter f. Münzkunde, s. a. Blätter.

Grote, H.: „Hannöversche Blätter für Münzkunde", Band 1 bis 4, Hannover 1834 bis 1840.

Grote, Herm., Gedichte. Grotes sämmtl. Gedichte. gr. 8. (VII, 238 S. m. 1 Abbildg.) Hannover 899. (Hildesheim, Gerstenberg.) n. 2. —

Gedichte und Kirchenlieder von Hermann Grote. Hrsg. 1882. Selbstverl. d. Verf. *Hildesheim [1899]: Gebr. Gerstenberg.* (87 S.) 8° [F.] [co.no83 7

— u. L. Hölzermann, lippische Geld- u. Münzgeschichte. Detmold 867. Klingenberg'sche Buchh. gr. 8. (VII, 380 S. mit 8 Steintaff. u. Münz-Abbild.) n. 2 aß 20 ngr.

Grote, H., Osnabrück'sche Geld- u. Münz-Geschichte. [Aus: Münzstudien.] Leipzig 864. Hahn'sche Verlagsh. gr. 8. (211 S. mit 7 Steintaff.) n. 1 aß 20 ngr.

—— die Geldlehre. Insbesondere: der Wiener Münzvertrag von 1857; die Goldkronen und die deutschen Handelsvereine. gr. 8. (IV und 240 S.) Leipzig 865, Hahn'sche Verlagsh. *

—— Geschichte der Welfischen Stammwappen. gr. 8. (III und 124 S.) Leipzig 863, Hahn'sche Verlagsh.
Aus: Münzstudien, besonders abgedruckt.

Grote, H., Geschichte des königlich preußischen Wappens. Krit., histor. und kunst-histor. gr. 4. (184 Sp. mit 1 Stnt.) Leipzig 861, (Hahn'sche Verlagsbuchh.) *

Grote, H., Geschichte des Königlich Preußischen Wappens. Kritisch, historisch u. kunst historisch. (Abdr. aus den Münzstudien.) Leipzig 862. Hahn in Comm. gr. 4. (184 Sp. u. 1 lith. Taf.) n. 1 aß 10 ngr.

Grote, H., Geschlechts- und Wappenbuch des Königr. Hannover und des Herzogth. Braunschweig. Nichtfarbige Ausg. mit der Beschreibung der abgebildeten Wappen. gr. 4. (140 Stnt. und 16 S. Text.) Hannover 851(52,) Rümpler. *

—— dass. — Vollständige Ausg. mit Abdr. in Farben mit Gold und Silber. gr. 4. (140 lithochrom. und 4 Stnt. mit 8 S. Text.) Ebds. 1851. *

—— hannoversche Landesblätter, s. Landesblätter.

(——) die Militair-Verfass. d. deutsch. Bundes, s. Militair-Verfassung.

— die münsterschen Münzen des Mittelalters und das ältere Münz- und Geldwesen Westfalens. gr. 8. (160 S. mit 10 Stnt.) Leipzig 856(58), Hahn'sche Verlagsbuchh.
aus: Münzstudien, hrsg. von H. Grote, besonders abgedruckt.

—— Münzstudien, s. Münzstudien.

Grote, H., Stammtafeln, s.: Münzstudien.

Grote, Hermann, aus Elberfeld, Referendar am kgl. Amtsgericht zu Ohligs: Die Unterscheidung von nothwendigen und nützlichen Geschäften bei der freiwilligen Geschäftsführung. *Erlangen 1899: F. Junge.* (41 S.) 8°
Erlangen, Jur. Diss. v. 22. Dez. 1898

Grote, Hubert (Hrsg.), s. Grote-Küster, Josefine: Lose Blätter.

Grote, J. C. [Pseud.], s.a. Große, Johann Chr. [Wirkl. Name].

Grote, J. C., (Jh. Chr. Grosse), neues ABC-, Lese- u. Bilderbuch. Mit 98 ill. Abbildd. 8. Meißen 828. Goedsche. 8 gr

Grote, J., neues ABC-, Lese- u. Bilderbuch. M. 98 ill. Abbild. 8. (3 B.) Meißen 828. [Leipzig, Vetter u. Rostosky.]

— lehrreiche u. unterhalt. Erzähll. u. Mährchen f. d. Jugend. Mit 8 ill. Steintaf. 8. Meißen 829. Goedsche. 22 gr

— lehrr. u. unterhalt. Erzählungen u. Mährchen f. d. Jugend. Ein Geschenk z. Belohnung f. gute u. fleiß. Kinder. M. 8 ill. Stnt. 8. (13½ B.) Meißen 829. [Leipzig, Vetter u. Rostosky.]

Grote, J. C., Kindermährchen, zur Bildung und Unterhaltung der Jugend, mit 8 gemalten Kupf. 12. Meißen. Gödsche. 818.

— neuer norddeutscher Robinson, od. Reise d. Onkels Franz durch alle Welttheile. 2 Thle. Mit 16 Kpf. 8. Meißen 822. Goedsche. 3 rℓ

— neuer verdeutschter Robinson, od. Reise eines Deutschen durch alle Welttheile. Ein Lesebuch f. diejenigen, welche nicht blos unterhalten, sondern auch belehrt seyn wollen. 2 Thle. mit 4 Kpf. 8. Meißen 819. Goedsche. 2 rℓ 6 gr N. Ausg. unter d. Titel: Anstands- u. Sittenbuch, od. die Familie Elfeld, eine Erzähl. f. d. erwachsene Jugend rc. Mit 6 ill. Kpf. 12. Ebd. 1 rℓ 12 gr schwarz 1 rℓ 4 gr

Grote, J. W., Geschichte der Stadt Nordheim; mit e. Beitrag verm. herausg. von D. F. Reddersen. 8. Einbeck 807.

Grote, Joh., approb. Arzt aus Rhade i. Hannover: Einfluss der Geburtsleitung bei engem Becken auf Morbidität und Mortalität von Mutter und Kind. *Leipzig (1899): A. Edelmann.* (63 S.) 8°
Leipzig, Med. Diss. v. 3. Aug. 1899

Grote, Johann August

Grote, Joh. Aug., Leitfaden der deutschen Stenographie oder Kurz-Schrift. Zum Selbstunterricht und für Schulen. 3., verb. Aufl. 8. (82 und 32 lithogr. S.) Berlin 861, (Uthemann und Müller.)

Grote, Joh. Aug., Leitfaden der deutschen Stenographie oder Kurz-Schrift. Die Kunst in 6—8 Stunden das Stenographiren zu erlernen. Zum Selbstunterricht und für Schulen. 4.—7., verb. Aufl. gr. 8. (64 S., wovon 32 lithogr.) Berlin 862—67, (Nauck'sche Buchh.)

— Johann Gottfried (Hamm, Marc./Westf.), De incongrua praxi doctrinae, de sponsalibus de futuro et de praesenti in foris protestantium. Diss. jur. Präs. Justus Henning Böhmer. Halle (Johann Christian Zahn) Sept. 1712. 56 S. (6.20) 11871

— — Dasselbe. Halle (Gruner) 1723. (6.20) 11872

— — Dasselbe. Halle (Grunert) 1731. (6.20) 11873

JULIUS GROTE, Urkundliche Beiträge zur Geschichte des Königreichs Hannover und Herzogthums Braunschweig von 1243—1579. Wernigerode 1852. Druck von B. Angerstein. 8°.

Grote, Jul., und J. Sarnighausen, der betende Bergmann. Ein Gebetbuch, aus Rhesen's andächtigem Bergmann im Auszuge bearb. Göttingen 857. Vandenhoeck u. Ruprecht. gr. 8. (VIII, 144 S.) n. 10 ngr

Grote, Jul., Handbuch für die Amts- und Geschäftsführung der Geistlichen im Bezirke des königl. Consistorii zu Hannover. Göttingen 862. Vandenhoeck & Ruprecht. gr. 8. (VIII, 100 S.) n. 15 ngr

Grote, Carl: Ist die Resectio nervi optici zur Verhütung der Ophthalmia sympathica eine geeignete Operation? *Berlin (1898): G. Schade.* (37 S.) 8°
Berlin, Med. Diss. v. 25. Febr. 1898

GROTE, Carl Gottlieb: Entwurf der Forstwissenschaft, besonders in Absicht der Tangelwaldungen. - Chemnitz 1765. 412, 23 S., Reg.

— Entwurf d. Forstwissenschaft, besonders v. Tangelwaldungen. 8. Chemnitz 765. Mauke. 12 gr

Grote, Karl Gottlieb: Forstkalender, s.a. Zanthier, H. D. v.

Grote, Karl Gtl., (†...) Forstkalender, s. Forstkalender.

Grote, Karl Wlh., († d. 27. April 1818.) histor.-geograph.-, statist.-literar. Jahrbuch f. Westphalen u. d. Niederrhein. 1r, 2r Bd. gr. 8. Wesel 818. (Central-Compt, in Leipz.) 3 rℓ 8 gr

— Münsterisches poetisches Taschenbuch f. 1818. Mit Kpf. 12. Wesel 818. (Central-Compt, in Leipz.) 1 rℓ

— u. Fr. Raßmann, Thusnelda rc. s. Thusnelda.

— Zeitlosen. Eine Blüthenlese aus d. Gaben der Freunde u. eigenen Dichtungen. 16 Bdchn. 8. Wesel 817. (Rein in Leipz.) 1 rℓ 3 gr (Becker in Wesel). 12 gr

Grote, L., üb. Bromsulfophenol, Bromamidophenol u. Jodnitrophenole. Inaugural-Dissertation. 8. (46 S.) Hannover 874. (Göttingen, Vandenhoeck & Ruprecht's Verl.) n. — 80

Grote, Ludw., Lucas Cranach, der Maler der Reformation. Eine biograph. Skizze. 8. (111 S.) Dresden 883. H. J. Naumann. n. — 50

Grote, Ludwig. Offene Entgegnung an den geheimen Verfasser der Urkunden zur geheimen Geschichte des neuesten Religionsstreites im Kanton Bern. 8. Bern 1847.

Grote, Ludw., Gedichte. 16. (VI u. 216 S.) Halle 848, Mühlmann in Comm. ½ rℓ

Grote, Ludw., zur Geschichte Hannovers. Actenstücke u. Stimmen aus d. J. 1806 nebst e. Anh. aus d. J. 1848. 1. u. 2. verm. Aufl. Hannover 869. (Brandes.) gr. 8. (VII, 55 S.) n.n. 7½ ngr

— und C. Barthel, Harfe und Leyer, s. Harfe und Leyer.

Grote, L., Heinrich der Löwe. Ein altes deutsches Volksbuch. Neu verfaßt. 2. Aufl. gr. 8. (16 S. mit 12 Holzschn.) Hannover und Celle 887, Schulbuchhandlung. *

— der Jäger von Soest und das wunderbare Vogelnest, nach Hans Jacob Chrph. v. Grimmelshausen bearb. 8. (IV, 240 S.) Hannover 883, (Schulbuchhandlung.) *

-- Juvenilien. 16. (X u. 182 S.) Leipzig 851, Hinze. n. 5/6 ℛ
In Engl. Einb. mit Goldschn. n. 1 1/6 ℛ

Grote, Ludw., aus der Kinderstube. Niedersächsisches Kinderbuch, e. Reim- u. Liederschatz f. Eltern u. Kinder. 8. (VI, 490 S.) Hannover 871. Grote's Selbstverl. 3. —; geb. n. 3. 25

Aus der Kinderstube. Niedersächsisches Kinderbuch, ein Reim- und Liederschatz für Eltern und Kinder, hrgg. v. Ludwig Grote. 2. Aufl. Hannover. 1872. 8°

— Leibniz u. seine Zeit. Populäre Vorlesungen gehalten im Anfange des J. 1869. Ebend. 869. gr. 8. (VI, 562 S.) n. 2 ℛ

—— Leibniz und seine Zeit. Populäre Vorlesungen gehalten im Anfange des J. 1869. gr. 8. (VI, 562 S.) Hannover 870, Brandes. (2.Aufl.) *

— einsame Lieder. 16. (VII, 273 S.) Hannover 873. (Leipzig, Roßberg). geb. m. Goldschn. n. 4. —

—— Martin Luther und seine Mitstreiter. Eine Gedichtsammlung. 16. (194 S.) Dresden 883, H. J. Naumann. *
geb. *

-- Margarethe, s. Margarethe.

Grote, Ludw., Wolfgang Musculus, ein biographischer Versuch. Mit dem Bildnis des Wolfg. Musculus (in Holzschn.). Hamburg 855. Agentur des Rauhen Hauses. gr. 12. (XI, 197 S.) 15 ngr

— zwei angefochtene Predigten aus dem J. 1866 am Johannisfeste u. Reformationsfeste gehalten u. mit e. Vor- u. Nachworte versehen, zugleich als Beitrag zur Geschichte seiner Suspension. Harp bei Bockenem 868. (Dresden, Naumann.) gr. 8. (48 S.) n. 7½ ngr

Grote, Ludw., Bartholomäus Sastrow, ein merkwürdiger Lebenslauf des 16. Jahrhunderts. Für Jung u. Alt bearb. Mit Vorwort von Phil. Nathusius. Halle 860. Fricke. gr. 8. (XVI, 411 S.) 1 ℛ 15 ngr

Grote, Ludw., offenes Sendschreiben an Herrn Geh. Reg.-R. Brüel u. Herrn Dr. theol. Münkel. gr.8. (16 S.) Hannover 880. (Schulbuchh.) n.n. — 30

— Singet dem Herrn. Geistliche Dichtungen. 8. (350 S.) Hannover 871. Grote's Selbstverl. n. 4. —; geb. n. 5. —

— gegen den Strom. Zeitgedichte. 1. Bd. 16. (190 S.) Hannover 875. (Herm. Schulze.) geb. m. Goldschn. n. 3.—

—— Trutznachtigall. Poetische Stimmen alter und neuer Zeugen. 16. (308 S.) Dresden 882, H. J. Naumann. *

— Trutznachtigall. Poetische Stimmen alter u. neuer Zeugen. 16. (308 S.)
Hannover: Schulbuchh. 1882.

Grote, Ludw., s.: Volks-Kalender, alt-hannoverscher.

— was ist die Union? Die brennende Kirchenfrage der Gegenwart unter besond. Berücksichtigung der Hannoverschen Landeskirche beantwortet. Harp bei Bockenem 867. (Hannover, Schulze'sche Buchh.) gr. 8. (XI, 308 S.) n. 1 ℛ

Grote, Ludw., hie Welf! Poetische Bilder, aus Sage, Geschichte u. Natur Niedersachsens gesammelt u. erläutert. 8. (IV, 376 S. m. Abbildgn.) Hannover 876. (Leipzig, Verlag der akadem. Buchh. [W. Faber].) n. 3. -

—— Wer ist ein Verleumder: Herr Pastor Freytag oder ich? Eine Gewissensfrage an die Leser des Hannoverschen Sonntagsblattes. gr. 8. (45 S.) Hannover 880, (Schulbuchhandlung.) **

GROTE, Max: Casuistischer Beitrag zur Lehre von der sogenannten Autoinfection in der Schwangerschaft und im Puerperium.- München: Schaumberg 1897. 31 S.
23.7.1897 - Chr 1897/98,16; Jv 1897/98,212 (Prom.-Datum: 1898)
Diss. Ingolst.-Landsh.-Mchn.

Grote, Otto, approb. Arzt: Aus d. psychiatr. Klinik zu Rostock. Alkohol und Syphilis in Beziehung zur progressiven Paralyse. *Rostock 1903: C. Hinstorff.* (59 S.) 8°
Rostock, Med. Diss. v. [9. Mai] 1903

Grote, Otto, Lucrezia Borgia. Eine Novelle aus der Geschichte der Päpste. 8. (99 S.) Zürich 877. Verlags-Magazin. n. 1. 25

Katalog der Bibliothek aus dem Nachlasse des bekannten Bibliophilen Otto Frh. v. Grote-Wannsee. Weltliteratur. Theater. Kunst- u. Kulturgeschichte ... in Verbindung mit e. Sammlung von Architektur-, Ornament-, Holzschnitt- u. Kupferwerken des 16.–18. Jhs. aus d. Nachlasse d. Architekten L. H. Philippi-Hamburg. Berlin: Perl 1909. 160 S. 8°
(Max Perl: Auktionskatalog.) log. 12340 10

Grote, Otto Frhr., Lexicon deutscher Stifter, Klöster u. Ordenshäuser. (In ca. 20 Lfgn.) 1—4. Lfg. gr. 8. (IV u. S. 1—256.) Osterwieck 880. 82. Zickfeldt in Comm. à n. 1. —

Grote, Otto Frhr., Lexicon deutscher Stifter, Klöster u. Ordenshäuser. 5. Lfg. gr. 8. (1. Halbbd. IV u. S. 257—316.) Osterwieck 884. (Zickfeldt.) n. 1. —

—— Ortia Lindemann oder der Zaubereiproceß zu Egeln 1612. Mit Benutzung geschichtl. Quellen bearb. gr. 8. (62 S.) Osterwieck 877, Zickfeldt. *

Grote, Robert [aus Adenstedt]: Beiträge zur Entwicklung des Wiederkäuermagens ... (Aus: Zeitschr. f. Naturw., Bd. 69.) Halle a. S., Gebauer-Schwetschke'sche Buchdr., 1897; 1 Bl., 95 S., 1 Taf. 8.
Leipzig, Phil. Fak., Inaug.-Diss. v. [17. Febr.] 1897

Grote, Rob., Beiträge zur Entwicklg. d. Wiederkäuermagens. Mit 1 Taf. [Aus: „Ztschr. f. Naturwiss."] gr. 8. (93 S. m. 1 Bl. Erklärgn.) Leipzig 897. C. E. M. Pfeffer. n. 1. 30

Grote, Wilhelm s. Vogt, Carl, und Hofer, Bruno. Die Süsswasserfische von Mittel-Europa. Frankfurt a. M., Leipzig 1908—1909.

Grote-Ebstorf, Frhr., Beiträge zur Geschichte der Elbinseln vor Hamburg. Hrsg. v. Verein f. Heimatkunde in Wilhelmsburg. (110 S. m. 1 Taf.) 8. Wilhelmsburg bei Hamburg (908). (Gottfr. Veith.) (Nur direkt.) 1.50; erh. Pr. 2. 80

Beiträge zur Geschichte der Elbinseln vor Hamburg. Von Oberstleutnant FREIHERRN GROTE-EBSTORF. Herausgegeben und verlegt vom Verein für Heimatkunde in Wilhelmsburg. (Mit 1 Tafel.) (Wilhelmsburg.) Druck von Hugo Böhme, „Wilhelmsburger Gemeinde-Zeitung". 8°.

Grote-Küster, Josefine, lose Blätter. Gedichte. Hrsg. v. Hub. Grote. (35 S.) 8. Münster (910). G. W. Visarius. — 60

Grotefend, Predigt zum Gedächtniß des Heimgangs Sr. Maj. des Königs Georg V. gehalten in dem Trauergottesdienst der Marktkirche am 16. Juni 1878. 1. und 2. Aufl. 8. (11 S.) Hannover 878, (Brandes.) *

Grotefend, (Friedrich) August (L. Adolf)

Grotefend,(F.)A.(L. A.), Commentatio in qua doctrina Platonis ethica cum christiana comparatur ita ut utriusque tum consensus tum discrimen exponatur etc. 4. Goettingae, Vandenhök et Ruprecht. 820.

Grotefend,(F.)A.(L. A.) Commentatio, in qua doctrina Platonis ethica cum christiana comparatur ita, ut utriusque tum consensus, tum discrimen exponatur. Gekr. Pr. 1820. 76 S. 4°. 1.50

Grotefend, August (Rector), Ad publicam explorationem progr. gymnasii Gottingensis invit. — Insunt: 1. Ad. Herrmann (Conrector). de undecima Odysseae rhapsodia comment. 2. Annales gymnas. Götting. (Friedr. Ernst Huth) 1833. 32 S. (4.80) 11874

— Programma. Insunt: 1) Ad. Hermanni, Gymn. Conrect., de XI Odysseae rhapsodia comment. 2) Annales gymnasii et solemnium descriptio. 4 maj. Göttingen 833. (Vandenhoeck et Ruprecht.) 1/3 ℛ

Grotefend, F. Aug. (L. Ad.), lateinisches Elementarbuch für die untern Gymnasialklassen. gr. 8. Hannover 833. Hahn. 2/3 ℛ —

Grotefend, Aug., Latein. Elementarbuch f. d. unt. Gymnasialklassen. gr. 8. (17 B.) Hannover 834, Hahn.

Grotefend, Aug., latein. Elementarbuch f. d. unt. Gymnasialklassen. 2. Aufl. gr. 8. (17 B.) Hannover 838, Hahn'sche Hftb.

Grotefend, August. Lateinisches Elementarbuch für die untern Gymnasialklassen. 3. Aufl. Hannover 1844. H: *Grotefend, Carl Ludwig.* (Ky)

Grotefend, Aug., latein. Elementarbuch f. die untern Gymnasialklassen. 3., durchges. u. verm. Aufl. (Hrsg. v. C. L. Grotefend.) gr. 8. (18 B.) Hannover 844, Hahn'sche Hofbuch.

Grotefend's, Aug., lateinisches Elementarbuch für untere Gymnasialklassen. 4. Aufl., umgearb. von Johs. Frei. 1. Abth.: Grammatik. — 2. Abth.: Uebungsbuch. Zürich (857.) Höhr. gr. 8. (VIII, 118; VII, 136 S.) n. 27 ngl; jede Abth. einzeln n. 17 ngl

Grotefend's, Aug., lateinisches Elementarbuch für untere Gymnasialklassen. 4. Aufl., umgearb. von Johs. Frei. 2 Abthlgn. gr. 8. Zürich 858, Höhr. *
Inhalt:
Abthl. 1. Grammatik. (VIII und 148 S.) Einzeln * 17 Ngr.
„ 2. Uebungsbuch. (VII und 136 S.) Einzeln * 17 Ngr.

— — Ad publicam explorationem progr. gymnasii Gottingensis invit. — Insunt: 1. Ad Hartungium u. d. de principiis ac significationibus casuum epistola. 2. Annales gymnas. Götting. (Friedr. Ernst Huth) 1835. 28 S. (4.80) 11875

Grotefend, F. Aug. (L. Ad.), ausführl. Grammatik d. lateinischen Sprache, zum Schulgebrauche. 1r Thl. d. Lehre vom Worte. gr. 8. Hannov. 829. Hahn. 12 gl 2r Thl. d. Lehre vom Satze. gr. 8. Ebd. 830. 1 ℛ 12 gl

— Grundzüge einer neuen Satztheorie, in Beziehung auf d. Theorie d. Prof. Herling. 8. Hannov. 827. Hahn. 8 gl

— Commentar zu d. Materialien latein. Stylübungen, nebst eingestreuten grammat. Bemerkk u. Excursen. 8. Hannov. 825. Hahn. 1 ℛ

— s. Krüger, G. T. A., Grammatik der latein. Sprache.

— s. G. H. Lünemann's latein. u. deutsches Handwörterbuch.

Grotefend, (A.,) Materialien latein. Stylübungen f. d. höhere Klassen d. Gelehrtenschul. 8. Hannov. 824. Hahn. Rthlr.

—— Materialien latein. Stilübungen f. d. höh. Classen d. Gelehrtenschulen. Mit Uebersetzungswinken verseh. 2., verm. Ausg. 8. (16 B.) Hannover 828, Hahn.

—— Materialien z. Uebersetzen a. d. Deutschen ins Latein., f. d. mittl. Gymnasialklassen. 1. Curs. 1. Hft. u. 2. Curs. 1. Hft. gr. 8. Göttingen, Vandenhoeck u. Ruprecht. [I. 1. (8 B.) 834. 8 Gr., II. 1. (7¾ B.) 835. 8 Gr.]

—— Materialien z. Uebersetzen aus d. Deutschen ins Latein., f. d. mittl. Gymnasialklassen. 1. Curs. 2. Hft. u. 2. Curs. 2. Hft. gr. 8. Göttingen, Vandenhoeck u. Ruprecht. [1. 2. Nach d. Tode d. Verf. fortges. v. A. H. C. Geffers. (11 B.) 841. 2. 2. (11 B.) 840. à ½ Thlr.] Thlr.
1. Curs. 1. Hft. u. 2. Curs. 1. Hft. Ebendas. 1834, 35. à 8 Gr.

—— Materialien z. Uebersetzen aus d. Deutschen ins Lateinische f. d. mittleren Gymnasialklassen. 2., verm. Ausg. v. A. H. C. Geffers. 1. Cursus. 1. Hft. gr. 8. (11 B.) Göttingen 844, Vandenhoeck u. Ruprecht.

Grotefend, Aug., Materialien zum Uebersetzen aus dem Deutschen ins Lateinische für die mittleren Gymnasialklassen. 2., verm. Ausg. von A. H. C. Geffers, 2. Cursus. 1. Heft. gr. 8. (VI und 173 S.) Göttingen 854, Vandenhoeck und Ruprecht's Verlagsb. Thlr.

Grotefend, Aug., Materialien zum Uebersetzen aus dem Deutschen ins Lateinische für die mittleren Gymnasialklassen. 3. revid. Aufl. von A. H. C. Geffers. 1. Cursus. 1. Heft u. 2. Cursus. 1. Heft. Göttingen 861, 63. Vandenhoeck & Ruprecht. gr. 8. (XII, 164; VI, 146 S.) Jedes Heft 15 ngr.

Grotefend, Aug., Materialien zum Uebersetzen aus dem Deutschen ins Lateinische. f. die mittlern Gymnasialklassen. 4. verm. u. verb. Aufl. v. D. Ringe. 1. Cursus. gr. 8. (V, 157 S) Göttingen 874. Vandenhoeck & Ruprecht's Verl. n. 1. 60

—— Latein. Schulgrammatik. gr. 8. (28½ B.) Hannover 833, Hahn.

Grotefend, C. L., s. Grotefend, Karl Ludwig.

Grotefend, Friedrich August L. Adolf, s. Grotefend, August.

Grotefend, Georg

Grotefend G., practischer Lehrgang für den Unterricht in der deutschen Sprache zunächst für höhere Töchterschulen. Wismar 858. Hinstorff. gr. 8. (2 Bl., 107 S.) 10 ngl

Grotefend, Geo., Leitfaden für den Unterricht in der biblischen Geschichte. Zunächst für höhere Töchterschulen bearb. Wismar 859. Hinstorff. 8. (IV, 60 S.) n. 5 ngr.

— Lese-, Lern- und Uebungsbuch für die Mittelklassen der Töchterschulen. Zunächst ein Ergänzungsbuch zu des Verf. practischem Lehrgang für den Unterricht in der deutschen Sprache. Ebend. 860. gr. 8. (V, 163 S.) 15 ngr.

Grotefend, Georg August

Grotefend, Geo. Aug., deutsche Einheit und Fürsten Souveränetät. Eine historische Reflexion zu politischen Bestrebungen der Gegenwart. Cassel 860. Fischer. gr. 8. (36 S.) 7½ ngr.

Die Erlasse zur Ausführung und Erläuterung der Gesetze des preussischen Staats und des deutschen Reichs. Aus d. amtl. Veröffentl. d. preuss. u. d. Reichs-Centralbehörden zu d. einz. Gesetzen zsgest. u. hrsg. von G[eorg] A[ug.] **Grotefend**. 3., ganz neu bearb. Aufl. von 'Grotefends Kommentar'. Bd 1–3. *Düsseldorf: L. Schwann 1895–1902.* 3 Bde 8° [F]
1. 1809–1877. 1895. 2. 1878–1895 1896.
3. (Erg.Bd.) 1896–1901. 1902.

Grotefend, G. A, die Erlasse zur Ausführung u. Erläuterung der Gesetze des preußischen Staats u. d. deutschen Reichs. 1809–1891. Aus den amtl. Veröffentlichgn. der preuß. u. der Reichs-Central-Behörden zu den einzelnen Gesetzen zusammengestellt u. hrsg. 3., ganz neu bearb. Aufl. von „Grotefends Kommentar". (In ca. 15 Lfgn.) 1. u. 2. Lfg. gr. 8. (S. 1–288.) Düsseldorf 895. L. Schwann. à n. 2.

Grotefend, G. A., d. Erlasse z. Ausführg. u. Erläuterg. d. Gesetze d. preußischen Staates u. d. deutschen Reichs. 1809–1895. Aus d. amtl. Veröffentlichgn d. preuß. u. d. Reichs-Central-Behörden zu d. einzelnen Gesetzen zusammengestellt u. hrsg. 3., ganz neu bearb. Aufl. von „Grotefends Kommentar". 3.–16. Lfg. gr. 8. (1. Bd. IV u. S. 289–883 u. 2. Bd. 1146 S.) Düsseldorf 895–896. L. Schwann. à n. 2. — (1. Bd. n. 14. —; 2. Bd. n. 18. —; Einbdc. à n.n. 2. —)

Grotefend, G. A., Die Erlasse zur Ausführung u Erläuterung der Gesetze des preussischen Staates u. des deutschen Reichs. Aus den amtl. Veröffentlichgn. der preuss. u. der Reichs-Central-Behörden zu den einzelnen Gesetzen zusammengestellt u. hrsg. 3., ganz neu bearb. Aufl. v. „Grotefends Kommentar". 3. Bd. (Ergänzungs-Bd.) 1896–1901. (III, 734 S.) gr. 8. Düsseldorf, L. Schwann. 1902. 10. —; geb. in Halbfrz 12. —

Grotefend, Geo. Arn. Aug., de exceptione divisionis. Commentatio in certamine literario civium academiae Georgiae Augustae praemio regio ornata. 4maj. (VII und 71 S.) Gottingae 852, Vandenhoeck und Ruprecht's Vrlgsh. *

Grotefend, Georg Aug., Geschichte der allgemeinen landständischen Verfassung des Königreichs Hannover in den J. von 1814–1848. Staatsrechtliche Versuche. Hannover 857. Helwing. gr. 8. (VII, 270 S.) n. 25 ngr.

— Gesetz üb. d. Auswanderungswesen,
— Bürgerl. Gesetzbuch nebst d. Einführungsgesetze,
s.: Schwann's Hand-Ausgaben deutscher u. preuß. Gesetze.

Grotefend G. A.: Die Gesetze und Verordnungen [illegible] Reskripten, Anweisungen u. Instruktionen der preuß. u. deutschen Centralbehörden aus den Gesetzsammlungen f. d. Kgr. Preußen u. d. Deutsche Reich zsgest. u. hrsg. (1904 ff.) fortges. von C. Cretschmar. 1875–1911. Dusseldorf. [illegible]

[Fortges. u. d. Tit.:]

Das gesamte preuß. u. deutsche Gesetzgebungs-Material. Die Gesetze u. Verordnungen [illegible]

Grotefend, G. A.: Die Gesetze und Verordnungen nebst den sonstigen Erlassen für den preußischen Staat u. das deutsche Reich. Chronol. zsgest. u. kommentirt. 7 Bde

[Sondertit.:]

1. Das Allg. preuß. Landrecht u. die Gesetze u. Verordnungen für den preuß. Staat aus der Zeit vor 1806. Dusseldorf 1879.
2. Die Gesetze . . . (1806–75.) Aus den Gesetzsammlungen für das Konigreich Preußen, den Norddeutschen Bund u. das Deutsche Reich zsgest. u. kommentirt. Bd 1–3. Koln u. Neuss 1875–76.

Wort- u. Sachreg. 1876.
Suppl. Bd: 1876–79. Dusseldorf 1880.
" " : 1880–83. 1884.

Grotefend, G. A., die Gesetze u. Verordnungen nebst den sonstigen Erlassen f. den preußischen Staat u. das deutsche Reich. [1806–1875.] Aus den Gesetzsammlgn f. das Königr. Preußen, den norddeutschen Bund u. das deutsche Reich chronologisch zusammengestellt u. kommentirt. 1–20. Lfg. Lex.-8. (1. Bd. 864, 2. Bd. 800 u. 3. Bd. 1113 S. Wort- u. Sachreg. S. 1–160.) Köln u. Neuß 874–76. Schwann. 39. —

— die Gesetze u. Verordnungen nebst den sonstigen Erlassen für den preußischen Staat u. das deutsche Reich. [1806–1875.] Aus den Gesetzsammlungen für das Königreich Preußen, den Norddeutschen Bund u. das Deutsche Reich chronologisch zusammengestellt u. kommentirt. 21. u. 22. [Schluß-]Lfg. [Wort- u. Sachregister.] Lex.-8. (S. 160–415.) Ebend. 877. 3. 50 (cplt.: 42. 50)

— dasselbe. Jahrg. 1876. Aus den Gesetzsammlgn. f. das Königr. Preußen u. das Deutsche Reich, dem Reichs-Controlblatt, dem Ministerialblatt f. die innere Verwaltg. u. dem Justizministerialblatt chronologisch zusammengestellt. 1. u. 2. Hft. gr. 8. (S. 1–321) Ebend. 876. à 2. —

— dasselbe. Jahrg. 1876. Aus den Gesetzsammlungen für das Königreich Preußen u. das Deutsche Reich, dem Reichs-Centralblatt, dem Ministerialblatt für die innere Verwaltung u. dem Justizministerialblatt chronologisch zusammengestellt. 3. u. 4. Hft. gr. 8. (S. 321–573.) Ebend. 877. 3. 20 (cplt.: 7. 20)

—— dass. — Jahrg. 1877. 5 Hefte. gr. 8. Ebendas. [1. Heft. (S. 1–48.) 877. 60 Pf.; 2. und 3 Heft. (S. 49–336.) 877. *M* 3,60.; 4. und 5. Heft. (S. 337–583.) 878. *M* 3,30.] *M* 7,50.; geb. *

—— dass. — Jahrg. 1878. Aus den Gesetzsammlungen für das Königr. Preußen und das Deutsche Reich, dem Reichs-Centralblatt und den amtl. Mittheilungen der staatl. und kirchl. Centralbehörden in Preußen chronolog. zusammengestellt. 3 Hefte. gr. 8. Ebendas. [1. und 2. Heft. (S. 1–240.) 878. *M* 3.; 3. Heft. (S. 241–390.) 879. *M* 2.] *M* 5.; geb. *

—— dass. — Jahrg. 1879. 7 Hefte. gr. 8. Ebendas. [1. Heft. (S. 1–48.) 60 Pf.; 2. Heft. (S. 49–128.) *M* 1.; 3. Heft. (S. 129–224.) *M* 1,20.; 4. Heft. (S. 225–440.) *M* 3.; 5. Heft. (S. 441–568.) *M* 1,60.; 6. Heft. (S. 569–648.) *M* 1.; 7. Heft. (S. 549–718.) 90 Pf.] *M* 9,30.; geb. *

— dasselbe. Jahrg. 1879. gr. 8. (763 S.) Ebend. 879. 80. 9. 30

— dasselbe. Suppl.-Bd. 1876–1879. gr. 8. (694 S.) Ebend. 880. n. 10 —; geb. n. 11. 50

Grotefend, G. A., die Gesetze und Verordnungen nebst den sonstigen Erlassen für den preußischen Staat und das deutsche Reich. Jahrg. 1880. Aus den Gesetzsammlungen für das Königr. Preußen und das Deutsche Reich, dem Reichs-Centralblatt und den amtl. Mittheilungen der staatl. und kirchl. Centralbehörden in Preußen chronologisch zusammengestellt. 6 Hefte. gr. 8. (418 S.) Düsseldorf 881, Schwann'sche Verlagsh. *M* 6,50.; geb. *

— dasselbe. Jahrg. 1880. 6 Hfte. gr. 8. (418 S.) Ebend. 880—82. 6. 50; geb. n. 8. —

— dasselbe. Jahrg. 1881. 4 Hfte. gr. 8. (592 S.) Ebend. 882. 9. 25

— dasselbe. Jahrg. 1882. 1—5. Hft. gr. 8. (368 S.) Ebend. 882. 5. 75

Grotefend, G. A., die Gesetze u. Verordnungen, nebst den sonst. Erlassen f. den preuß. Staat u. das deutsche Reich. Jahrg. 1882. Aus den Gesetzsammlgn. f. das Königr. Preußen u. das deutsche Reich, dem Reichs-Centralblatt u. den amtl. Mittheilgn. der staatl. u. kirchl. Centralbehörden in Preußen chronologisch zusammengestellt. 6. u. 7. [Schluß-]Hft. gr. 8. (S. 369—636.) Düsseldorf 883. Schwann. 4. 25 (cplt.: 10.—; Einbd. n.n. 1. 50)

—— dass. — Jahrg. 1883. 7 Hefte. gr. 8. (726 S.) Ebendas. 884. *M 11,25.; geb. *

— dasselbe. Suppl.-Bd. 1880—1883. Lex.-8. (345 S.) Ebend. 884. n. 6. —

— dasselbe. Jahrg. 1880. [Aus: „Gesetze u. Verordngn. 2. Suppl.-Bd."] gr. 8. (67 S.) Ebend. 884. n. 2. —

— dasselbe. [1806—1883.] 1—3. Bd. 2. Aufl. gr. 8. Ebend. 884. à n. 12. —
1. 1806—1849. (VII, 782 S.) — 2. 1850—1868. (856 S.) — 3. 1869—1875. (817 S.)

— dasselbe. Wort- u. Sachregister — Staatsverträge. 2. Aufl. gr. 8. (IV, 418 u. 45 S.) Ebend. 884. n. 2. —

—— dass. — Jahrg. 1884. 6 Hefte. gr. 8. (401 S.) Ebendas. 885. *M 6,25.; geb. *

— dasselbe. Jahrg. 1884. Suppl. gr. 8. Ebend. 885. n. 1. 25
Theorie u. Praxis d. deutschen Reichsgerichts u. d. preußischen Oberverwaltungsgerichts. Jahrg. 1884. (71 S.)

Grotefend, G. A., die Gesetze und Verordnungen nebst den sonstigen Erlassen für den preußischen Staat und das Deutsche Reich. Aus den Gesetzsammlungen für das Königr. Preußen und das Deutsche Reich, chronologisch zusammengestellt und kommentirt. 1.—3. [Suppl.-]Bd. gr. 8. Düsseldorf, Schwann. *M 24.—.; geb. *

Inhalt:
1. Suppl.-Bd. 1876—1879. (694 S.) *M 10.—.; geb. *M 11.50.
2. " 1880—1883. (345 S.) *M 6.—.; geb. *M 7.50.
3. " 1884—1887. (529 S.) 1888.
Diese Bände bilden eine Fortsetzung zu: Grotefend, Gesetzgebungs-Material. — Bd. 3. ist identisch mit Bd. 6. des nachstehenden Werkes.

—— die Gesetze und Verordnungen nebst den sonstigen Erlassen für den preußischen Staat und das Deutsche Reich (1806—1887). Aus den Gesetzsammlungen für das Königr. Preußen, den norddeutschen Bund und das Deutsche Reich chronologisch zusammengestellt und kommentirt. 4. und 6. Bd. gr. 8. Ebendas. *

Inhalt:
Bd. 4. 1876—1883. (868 S.) 884.
" 6. Ergänzungs-Bd. 1884—1887. (529 S.) 888.
1.—3. und 5. Bd. Ebendas. 1884. *M 38.—.
Bd. 6. ist identisch mit Suppl.-Bd. 3. des vorhergenannten Werkes. Einzelne Bände werden nicht mehr abgegeben. Gesamtpreis *M 54.—.; geb. *M 65.—.

— die Gesetze u. Verordnungen nebst den sonstigen Erlassen f. den preußischen Staat u. das deutsche Reich. Aus der preuß. Gesetzsammlg. u. dem Reichs-Gesetzblatt chronologisch zusammengestellt u. erläutert. (4.) Suppl.-Bd. 1888—1891. gr. 8. (392 S.) Ebd. 892. n. 6. —; geb. n.n. 7. 50

— d. Gesetze u. Verordngn. nebst d. sonst. Erlassen f. d. preuß. Staat u. d. deutsche Reich. Aus d. preuß. Gesetz-Sammlg. u. d. Reichs-Gesetzblatt chronologisch zusammengest. u. erläut. (5.) Suppl.-Bd. 1892—1895. gr. 8. (482 S.) Düsseldorf 896. L. Schwann. n. 7. 50; geb. in Halbfrz. n.n. 9. —

Grotefend, G. A., die Gesetze u. Verordnungen für die Provinz Hannover aus der hannoverschen u. preußischen Gesetz-Sammlung chronologisch zusammengestellt u. durch die darauf bezügl. Verordnungen der Landdrosteien, Konsistorien 2c. erläutert. 15 Lfgn. gr. 8. (VII, 1173 S.) Düsseldorf 878. 79. Schwann. à n. 1. 50

Grotefend, G. A., das gesamte preußisch-deutsche Gesetzgebungs-Material. General-Register zum Jahrg. 1876—1885 einschließlich. gr. 8. (IV, 175 S.) Ebendas. 886. *; geb. *
Vorstehendes bildet vom Jahrg. 1884 an die Fortsetzung zu des Verfassers Kommentar zur preußischen und deutschen Gesetzsammlung, 1. und 2. Ausg. — Bis zum Jahrg. 1884 (incl.) lautete der Titel: Grotefend, G. A., die Gesetze und Verordnungen nebst den sonstigen Erlassen für den preußischen Staat und das Deutsche Reich.

—— das gesamte preußisch-deutsche Gesetzgebungs-Material. Die Gesetze und Verordnungen, nebst den Erlassen, Reskripten, Anweisungen und Instruktionen der preuß. und deutschen Zentralbehörden. Aus den Gesetzsammlungen für das Königr. Preußen und das Deutsche Reich, dem Reichs-Zentralblatt, dem Justiz-Ministerialblatt, dem Ministerialblatt für die innere Verwaltung, dem Zentralblatt für die gesamte Unterrichtsverwaltung, dem kirchl. Gesetz- und Verordnungsblatt, dem Amtsblatt des Reichs-Postamts, dem Eisenbahn-Verordnungsblatt und dem Zentralblatt der Abgabengesetzgebung, chronologisch zusammengestellt und nebst den Entscheidungen des deutschen Reichsgerichts und des preuß. Oberverwaltungsgerichts hrsg. Jahrg. 1885—1888, à Jahrg. 7 Hefte, nebst Supplementen u. d. T.: Theorie und Praxis des deutschen Reichsgerichts 2c. [s. unten]. gr. 8. Düsseldorf, Schwann. [Jahrg. 1885. (546, 100 S.) *M 9.70.; geb. *M 11.20.; Jahrg. 1886. (394, 113 S.) *M 8.—.; geb. *M 9.50.; Jahrg. 1887. (512, 159 S.) *M 10.—.; geb. *M 11.50.; Jahrg. 1888. (501, 158 S.) *M 10.—.; geb. *M 11.50.] *M 37.70.; geb. *

Supplement dazu:
—— Theorie u. Praxis d. deutschen Reichsgerichts u. d. preußischen Oberverwaltungsgerichts, nebst e. ausführl. Sach-Register zu d. Jahrgängen 1884—1888. Jahrg. 1888. gr. 8. (III, 158 S.) Ebd. * 2 40

—— dass. — [ohne Sach-Register.] Jahrg. 1889 u. 1890. gr. 8. Ebd. [Jahrg. 1889. (III, 193 S.) * 3 25. Jahrg. 1890. (III, 160 S.) * 2 65.] * 5 90
Nicht weiter erschienen.

—— Das gesammte preußisch-deutsche Gesetzgebungs-Material. Die Gesetze u. Verordnungen, sowie die Erlasse, Reskripte, Anweisgn. u. Instruktionen der preuß. u. deutschen Zentralbehörden, aus den Gesetzsammlgn. f. das Königr. Preußen u. das Deutsche Reich, dem Reichs-Zentralblatt, dem Justiz-Ministerialblatt, dem Ministerialblatt f. die innere Verwaltg., dem Zentralblatt f. die Unterrichtsverwaltg., dem kirchl. Gesetz- u. Verordnungsblatt, dem Amtsblatt d. Reichs-Postamts, dem Eisenbahn-Verordnungsblatt u. dem Zentralblatt der Abgabengesetzgebg. chronologisch zusammengestellt u. nebst den Entscheidgn. d. deutschen Reichsgerichts u. des preuß. Oberverwaltungsgerichts hrsg. Jahrg. 1889—92. gr. 8. Ebd. [Jahrg. 1889: 7 Hefte. (III, 449; 193 S.) * 11 —; geb. ** 12 50. Jahrg. 1890: 5 Hefte. (III, 340; 160 S.) * 7 75; geb. ** 9 25. Jahrg. 1891: 5 Hefte. (449 S.) * 6 80; geb. ** 8 30. Jahrg. 1892: 1.—5. Heft. (S. 1—448.) * 6 75.] * 32 30

— dasselbe. Jahrg. 1892. 7 Hfte. gr. 8. (701 S.) Ebd. 892. 893. n. 10. 75; geb. n.n. 12. 25

— dasselbe. Jahrg. 1893. 6 Hfte. gr. 8. (469 S.) Ebd. 893. 894. n. 7. —; geb. n.n. 8. 50

— dasselbe. Jahrg. 1894. 1.—5. Hft. gr. 8. (416 S.) Ebd. 894. n. 6. 25

— d. ges. preußisch-deutsche **Gesetzgebungs-Material.** Die Gesetze u. Verordngn., sowie d. Ausführungs-Anweisgn., Erlasse, Verfüggn. 2c. d. preuß. u. deutschen Centralbehörden, a. d. Gesetzsammlgn. f. d. Kgr. Preußen u. d. Deutsche Reich, d. Reichs-Centralblatt, d. Justiz-Ministerialblatt, d. Ministerialblatt f. d. inn. Verwaltg., d. Centralblatt f. d. Unterrichtsverwaltg., d. kirchl. Gesetz- u. Verordnungsblatt, d. Amtsblatt d. Reichs-Postamts, d. Eisenbahn-Verordnungsblatt, d. Centralblatt d. Abgabengesetzgeb. u. andern amtl. Veröffentlichgn. zusammengest. u. hrsg. Jahrg. 1894. 6. (Schluß-) Hft. gr. 8. (S. 417—541.) Ebd. 895. n. 2. —
(1894 kplt.: n. 8. 25; geb. n.n. 9. 75)

— dasselbe. Jahrg. 1895. 8 Hfte. gr. 8. (746 S.) Ebd. 895—896. n. 11. 50; geb. n.n. 13. —

— dasselbe. **Generalregister 1876—1895.** gr. 8. (III, 220 S.) Ebd. 897. n. 4. —; geb. in Halbfrz. n. 5. 50

— dasselbe. Jahrg. 1896. 6 Hfte. gr. 8. (542 S.) Ebd. 896—897. n. 8. 25; geb. n.n. 9. 75

— dasselbe. **Bürgerliches Gesetzbuch,** nebst Einführungsgesetz v. 18. VIII. 1896. Handelsgesetzbuch, nebst Einführungsgesetz v. 10. V. 1897. gr. 8. (VIII, 848 S.) Ebd. 897. n. 3. —; geb. in Halbfrz. n.n. 4. 50

— dasselbe. Jahrg. 1897. 7 Hfte. gr. 8. (603 S.) Ebd. 897—898. n. 9. 25; geb. n.n. 10. 50

— dasselbe. Jahrg. 1898. 1.—5. Hft. gr. 8. (432 S.) Ebd. 898. n. 6. 50

Grotefend, G. A., das gesammte preußisch-deutsche **Gesetzgebungs-Material.** Die Gesetze u. Verordngn., sowie die Ausführungs-Anweisgn., Erlasse, Verfüggn. 2c. 2c. der preuß. u. deutschen Centralbehörden, aus den Gesetzsammlgn. f. d. Kgr. Preußen u. d. Deutsche Reich, dem Reichs-Centralblatt, dem Justiz-Ministerialblatt, dem Ministerialblatt f. d. innere Verwaltg., dem Centralblatt f. d. Unterrichtsverwaltg., dem kirchl. Gesetz- u. Verordnungsblatt, dem Amtsblatt des Reichs-Postamts, dem Eisenbahn-Verordnungsblatt, dem Centralblatt der Abgabengesetzgebg. u. andern amtl. Veröffentlichgn. Jahrg. 1898. 6. u. 7. Hft. gr. 8. (S. 433—706.) Ebd. 899. n. 4. —; (1898 kplt n. 10. 50; geb. n.n. 12. —)

— dasselbe. Jahrg. 1899. 8 Hfte. gr. 8. (VI, 879 S.) Ebd. 900. n. 13. 50; geb. in Halbfrz. n.n. 15. —

Grotefend, Das gesammte deutsche u. preussische Gesetzgebungs-Material. Die Gesetze u. Verordngn., sowie die Ausführungs-Anweisgn., Erlasse, Verfüggn. etc. der preuss. u. deutschen Centralbehörden. Jahrg. 1900. gr. 8. (977 S.) Düsseldorf 1900, L. Schwann. 15. —; geb. in Halbfrz. 16. 50.

— Das gesammte deutsche u. preussische Gesetzgebungs-Material. Die Gesetze u. Verordngn., sowie die Ausführungs-Anweisgn., Erlasse, Verfüggn. etc. der preuss. u. deutschen Centralbehörden. Jahrg. 1901. (XXIV, 573 S.) gr. 8. Düsseldorf '01, L. Schwann. 9. —; geb. in Halbfrz. 10. 50.

— dasselbe. Jahrg. 1902. 1.—9. Hft. gr. 8. (560 S.) Ebd. (902). n. 8. 50

Grotefend, G. A., das gesammte deutsche u. preußische **Gesetzgebungs-Material.** Die Gesetze u. Verordngn., sowie die Ausführungs-Anweisgn., Erlasse, Verfüggn. 2c. der preuß. u. deutschen Centralbehörden aus den Gesetzsammlgn. f. das Deutsche Reich u. d. Königr. Preußen, dem Reichs-Centralblatt, dem Justiz-Ministerialblatt, dem Ministerialblatt f. d. innere Verwaltg., dem Centralblatt f. d. Unterrichtsverwaltg., dem kirchl. Gesetz- u. Verordnungsblatt, dem Ministerialblatt f. Medizinal- u. medizin. Unterrichts-Angelegenheiten, d. Ministerialblatt der Handels- u. Gewerbeverwaltg., d. Amtsblatt d. Reichs-Postamts, d. Eisenbahn-Verordnungsblatt, dem Centralblatt der Abgabengesetzgebg. u. anderen amtl. Veröffentlichgn. zusammengestellt u. hrsg. Jahrg. 1902. 10. bis 12. Heft. (XXXII, S. 561—760 u. 59 S.) gr. 8. Düsseldorf (903). L. Schwann. n. 4 —;
(Vollständig: n. 12. 50; geb. n.n. 14. —)

Grotefend, G. A., Das gesamte deutsche u. preussische Gesetzgebungs-Material. Fortgesetzt v. C. Cretschmar. Jahrg. 1903. (XXXVIII, 601 S.) gr. 8. Düsseldorf '03, L. Schwann. 9. 25; geb. in Halbfrz. 10. 75.

— dasselbe. Jahrg. 1904. 12 Hefte. (XLIII, 763 S.) gr. 8. Ebd. (904). n. 12. —; geb. in Halbfrz. n.n. 13. 50

Grotefend, G. A., Das gesamte deutsche u. preussische Gesetzgebungs-Material. Die Gesetze u. Verordngn., sowie die Ausführungs-Anweisgn., Erlasse, Verfüggn. etc. der preuss. u. deutschen Zentralbehörden, begründet v. G., hrsg. v. C. Cretschmar. Jahrg. 1905. (XLV, 722 S.) gr. 8 Düsseldorf '05, L. Schwann. 11. —; geb. in Halbfrz. 12. 50.

— dasselbe. Jahrg. 1906. 1.—21. Heft. (S. 1—1328.) gr. 8. Ebd. (906). n. 19. 50

— Das gesamte deutsche u. preußische **Gesetzgebungs-Material.** Die Gesetze u. Verordngn., sowie die Ausführungs-Anweisgn., Erlasse, Verfüggn. 2c. der preuß. u. deutschen Zentralbehörden aus den Gesetzsammlgn. f. das Deutsche Reich u. d. Königr. Preußen, dem Reichs-Zentralblatt, dem Justiz-Ministerialblatt, d. Ministerialblatt f. d. innere Verwaltgn., dem Zentralblatt f. d. Unterrichtsverwaltg., d. kirchl. Gesetz- u. Verordnungsblatt, dem Ministerialblatt f. Medizinal- u. medizin. Unterrichts-Angelegenheiten., d. Ministerialblatt d. Handels- u. Gewerbeverwaltg., d. Ministerialblatt d. kgl. preuß. Verwaltgn. f. Landwirtschaft, Domänen u. Forsten, d. Amtsblatt d. Reichs-Postamts, d. Eisenbahn-Verordnungsblatt, dem Zentralblatt der Abgabengesetzgebg., d. Armee-Verordnungsblatt u. and. amtl. Veröffentlichgn., begründet v. G., hrsg. v. C. Cretschmar. Jahrg. 1906. 22. u. 23. Heft; 1907, 13 Hefte; 1908, 12 Hefte; 1909, 19 Hefte u. 1910, 1—13. Heft. gr. 8. Düsseldorf, L. Schwann. 57. 75

1906. Heft 22. 33. (L u. S. 1329—1487.) 906. 1. 50
(Kplt. 21. —; geb. n 22. 50)
1907. 13 Hefte. (XXXII, 837 S.) (907.) 12. 75; geb. 14. 25
1908. 12 Hefte. (XXXI, 716 S.) (908. 09.) 11. 50; geb. 13. 50
1909. 19 Hefte. (XXXIII, 1237 S.) (909. 10.) 19. —; geb. 21. —
1910. Heft 1—13. (S. 1—848.) 910. 13. —

— preußisch-deutsche **Gesetz-Sammlung 1806—1895.** D. Gesetzsammlg. f. d. preuß. Staat, d. Bundes-Gesetzblatt f. d. Norddeutschen Bund u. d. Reichs-Gesetzblatt, zusammengest. n. d. zeitl. Reihenfolge d. Gesetze, u. m. genauer Angabe d. gegenwärt. gült. Inhalts ders. hrsg. 3., ganz neu bearb. Aufl. v. Grotefend's „Gesetze u. Verordngn." 5 Bde. gr. 8. Düsseldorf, L. Schwann. n. 61. —; geb. in Halbfrz. n.n. 70. —

1. 1806—1859. (807 S.) 895. n. 13. —; geb. n.n. 15. —
2. 1860—1874. (894 S.) 896. n. 14. —; geb. n.n. 16. —
3. 1875—1885. (896 S.) 896. n. 14. —; geb. n.n. 16. —
4. 1886—1895. (903 S.) 896. n. 14. —; geb. n.n. 16. —
5. Sachreg. u. Verzeichn. d. Staatsverträge. (402 u. 34 S.) 896. n. 6. —; geb. n.n. 7. —

Erschien auch in 32 Lfgn. à n. 2. —.

— dasselbe. 1806—1899. 3. ganz neubearb. Aufl. v. Grotefend's „Gesetze u. Verordngn." Neue [Titel-]Ausg. 4 Bde., Sachregister u. Ergänzungsbd. gr. 8. Ebd. n. 66. —; geb. in Halbfrz. n.n. 75. —; Ergänzungsbd. einz. n. 18. —; geb. in Halbfrz. n.n. 20. —

1. 1806—1859. (VI, 807 S.) [895.] 899. — 2. 1860—1874. (894 S.) [896.] 899. — 3. 1875—1885. (896 S.) [896.] 899. — 4. 1886—1895. (903 S.) [896.] 899. — Sachregister u. Verzeichniß der Staatsverträge 1806—1895. (402 u. 34 S.) [896.] 899. — Ergänzungsbd. 1896–1899. (IV, VIII, 1311 S.) 900.

— Gesetz-Sammlung 1806—1902. 4. Aufl. In systematischer Anordng. u. in gegenwärt. Geltg. neubearb. unter Mitwirkg. v. Cretschmar, Hoffmann, Mielcke, Petersen, Strutz. 1.—15. Lfg. gr. 8. (1. Bd. S. 1—128; 2. Bd. S. 1—784 u. 3. Bd. S. 1—144.) Ebd. 902. n. 13. 50

— preußisch-deutsche Gesetz-Sammlung 1806—1904, 4. Aufl. in systemat. Anordnung unter Mitwirkung v. Cretschmar, Hoffmann, Mielcke, Petersen, Strutz hrsg. v. G. u. fortgeführt v. C. Cretschmar. 16.—99. (Schluß-) Lfg. gr. 8. Ebd. 902—905. n. 67. 50 (Vollständig, erhöhter Preis: n. 109. 50; geb. in Halbfrz. n. 120. –)

I. Bd. 1. Abtlg. Verfassungsrecht. (XXIV u. S. 129—1232.) (Vollständig n. 18. —; geb. in Halbfrz. n.n. 19. 50)
2. Abtlg. Reichs- u. Finanzwesen, Kommunalabgaben. (XXV, 904 S.) n. 10. —; geb. n.n. 11. 50
II. Bd. Die Verwaltung. (XXVI u. S. 785—1346.) (Vollständig n. 18. —; geb. in Halbfrz. n.n. 19. 50)
III. Bd. 1. Abtlg. Versicherungswesen, Gewerbe, Gewerbegerichte, Bergbau. (XVI, S. 145—910 u. S. 737E—887E.) (Vollständig n. 14. —; geb. in Halbfrz. n.n. 15 50)
2. Abtlg. Landwirtschaft. (XIX, S. 737—1570.) (Vollständig n. 13. —; geb. in Halbfrz. n.n. 14. 50)
IV. Bd. Bürgerliches Recht, Strafrecht, Rechtspflege. (XXI, 1666 S.) Subskr.-Pr. n. 14. —; geb. n. 15. 50; Einzelpr. n. 25. 50; geb. n. 27. —
V. Bd. Systematische Übersicht, chronologisch geordnete Zusammenstellung der im Gesamtwerk abgedruckten Gesetze, Ergänzgn., Verzeichnis der Staatsverträge, alphabetisches Sachregister üb. das Gesamtwerk. (XLI, 630 S.) n. 11. —; geb. n. 12. 50

—— Die deutsche Gewerbeordnung m. den reichs- u. landesrechtlichen Bestimmungen zur Ergänzung u. Ausführung derselben und sonstigen Erläuterungen. gr. 8. (VIII, 334 S.) Ebd. 892. * 3 50; geb. in Leinw. ** 4 —

Grotefend, G. A., d. deutsche Gewerbeordnung u. deren Nebengesetze, nebst d. Ausführungserlassen. 2. Ausg. gr. 8. (VIII, 176 S., S. 176a—m u. 177—376.) Ebd. 895. n. 3. 50

Grotefend, G. A.: Die Deutsche Gewerbeordnung und deren Nebengesetze nebst den Ausf.-Erlassen hrsg. 2. Ausg. Düsseldorf 1896.

— 2. Aufl. Neue Ausg., am 1. Juli 1898 abgeschlossen. Düsseldorf 1899.

Grotefend, Georg August: Die deutsche G e w e r b e o r d n u n g und deren Nebengesetze nebst den Ausführungserlassen und sonstigen Erläuterungen. 2. Aufl. Neue Ausg., am 1. Juli 1898 angeschlossen. [Nebst] Ergänzungsheft. Düsseldorf: L. Schwann 1898. 99. 2 Bde 8°
Gewerbeordnung. 1899. Ergänzungsh. 1898.
= Hand-Ausgabe, Schwann'sche, deutscher u. preussischer Gesetze. No 5. 5a.

— dasselbe, } s. a. Schwann's Hand-Ausgaben deutscher u. preußischer Gesetze.

Grotefend, G. A., Grundriß des preußischen Finanz- u. Militärrechts. [Aus „Grundriß des Verfassungs- u. Verwaltungsrechts im norddeutschen Bunde" rc.] Arnsberg 870. Grote. gr. 8. (VI. 139 S.) n. 15 ngr.

G. A. Grotefend, Grundriß des preuß. Finanz- u. Militärrechts. Arnsberg, H. F. Grote. 1871. (1. Abth. 1. Tit.: das Kassen- u. Rechnungswesen.)

—— Grundriß des Verfassungs- und Verwaltungsrechts im norddeutschen Bunde und preußischen Staaten. gr. 8. (XII, 459 S.) Arnsberg 870, Grote. *

— Grundriß d. Verfassungs- u. Verwaltungsrechts der Provinz Hannover. gr. 8. (XV, 177 S.) Arnsberg 872. Grote. n. 2. —

— die Grundsätze d. Kommunalsteuerwesens in den östlichen u. westlichen Provinzen d. preußischen Staates. Nach den Gesetzen u. der Praxis f. den prakt. Gebrauch dargestellt. gr. 8. (156 S.) Elberfeld 874. Püttmann. n. 2. 25

— Handbuch f. die Polizeiverwaltung u. Strafrechtspflege im Reg.-Bez. Düsseldorf. gr. 8. (XII, 676 S.) Köln u. Neuß 876. Schwann. n. 8. —

— Handbuch der Provinzial-, Kreis- u. Kommunal-Verwaltung in Hessen-Nassau. gr. 8. (VI, 278 S.) Marburg 878. Elwert's Verl. n. 4. —

Grotefend, Georg August: H a n d e l s g e s e t z b u c h . . ., s. S c h w a n n ' s Hand-Ausgaben dt. u. preuß. Gesetze.

[F.] Hülfsbuch für die Exekutiv-Beamten der Polizei-Verwaltung im Preussischen Staate. Von G[eorg] A[ug.] Grotefend, Geh. Reg.-R. 4. neu bearb. Aufl. d. 'Instruktionsb. f. die Polizei-Exekutiv-Beamten'. *Köln a. Rh.: J. Püttmann 1894.* (3 Bl., 175 S.) 1 Bd 8. [94. 7164

—— Instructions-Buch für die Polizei-Beamten und Gendarmen im preußischen Staate und alle, die es werden wollen. 8. (187 S.) Elberfeld 878, Püttmann. *

—— Instructions-Buch für die Polizei-Beamten und Gendarmen im preußischen Staate. 2. vervollständ. Aufl. 8. (144 S.) [Elberfeld 876.] Köln, Püttmann. *

— Instruktionsbuch f. die Polizei-Exekutiv-Beamten [Polizei-Kommissare, Gendarmen, Schutzmannschaften, Polizeidiener, Feld- und Forsthüter rc.] im preußischen Staate. 3., verm. Aufl. 12. (VI, 200 S.) Köln 888. Püttmann. cart. n. 1. 20

— Kommentar zur preußischen Gesetzsammlung u. zum deutschen Reichs-Gesetzblatt. 2 Thle. gr. 8. (1352, 1288 u. Reg. 117 S.) Düsseldorf 880—82. Schwann. n. 41. —; geb. n. 48. —

— Kommentar. Authentische Ergänzg. u. Erläuterg. der Gesetze u. Verordngn. des preuß. Staates u. des deutschen Reiches. Aus dem amtl. Material bearb. Suppl.-Bd. gr. 8. (III, 556 S.) Ebend. 886. n. 8. —; geb. n. 9. 50

—— Kommentar zur preußischen Gesetzsammlung und zum deutschen Reichsgesetzblatt. Authentische Ergänzung und Erläuterung der Gesetze und Verordnungen des preuß. Staates und des Deutschen Reiches. Aus amtl. Material bearb. Suppl.-Bd. [zur 1. Ausg.]. gr. 8. (III, 556 S.) Düsseldorf 887, Schwann. *M 8.—.; geb. *
Hauptwerk, 2 Thle. Ebendas. 1882. *M 41.—.; geb. *M 48.—. — 2. Ausg. u. d. T.:

—— Kommentar zur preußischen und deutschen Gesetzsammlung. Sammlung der Erlasse der preuß. und deutschen Centralbehörden, sowie der gerichtl. und verwaltungsgerichtl. Erkenntnisse, welche zur Erläuterung und Ausführung der Gesetze und Verordnungen des preuß. Staates und des deutschen Reiches dienen. Aus den amtl. Veröffentlichungen zusammengestellt und bearb. (1806—1883). 2. Ausg. 3 Bde. Lex.-8. (V, 1352; 1232; 532 S., Register 146 S.) Ebendas. 886,87. * geb. *

Das Werk reicht bis zum J. 1883; die Fortsetzung bilden die Jahrgc. 1884 u. fg. des „Gesetzgebungs-Materials". — Einzelne Bände werden nicht mehr abgegeben. — Der 3. Bd. des vorstehenden Werkes ist identisch mit dem „Kommentar zur preuß. Gesetzsammlung und zum deutschen Reichsgesetzblatt".

— das Kommunalabgaben-Gesetz u. das Gesetz wegen Aufhebg. direkter Staatssteuern, s.: Schwann's Hand-Ausgaben deutscher u. preuß. Gesetze. Nr. 9.

— das allgemeine preußische Landrecht u. die Gesetze u. Verordnungen für den preußischen Staat aus der Zeit vor 1806. gr. 8. (770 u. VI, 105 S.) Ebend. 878. 18. —

— das allgemeine preußische Landrecht und die Gesetze und Verordnungen für den preußischen Staat aus der Zeit vor 1806. gr. 8. (770 S.) Düsseldorf 879, Schwann.

— Lehrbuch d. preußischen Verwaltungsrechts. 1. Tl. 7 Lfgn. gr. 8. Berlin 890. Habel. n. 12. —; geb. n. 14. —
Die Organisation der unmittelbaren u. mittelbaren Staatsverwaltung in Preußen. (XVI. 736 S.)

— Lehrbuch d. preußischen Verwaltungsrechts. 2. Tl. Das innere Verwaltungsrecht. gr. 8. (XVI, 880 S.) Berlin 891. 892. C. Habel. n. 16. —; geb. n. n. 18. — (kplt.: n. 28. —; geb. n. n. 32. —)

— das Leichen- u. Begräbnißwesen im preußischen Staate, besonders für Polizei- u. Medicinalbeamte, Pfarrer u. Kirchenvorstände bearb. Ebend. 869. 8. (VII, 152 S.) n. 15 ngr.

— das Leichen- und Begräbnißwesen im preußischen Staate, besonders für Polizei- und Medicinalbeamte, Pfarrer und Kirchenvorstände bearb. 8. (VII, 152 S.) Arnsberg 870, Grote. *

— die Organisation der staatlichen u. kommunalen Verwaltung in der Rheinprovinz. Handbuch f. den prakt. Gebrauch. gr. 8. (XIX, 494 S.) Düsseldorf 887. Schwann. n. 6. —; geb. n. 6. 80

— die Organisation der staatlichen und kommunalen Verwaltung in der Rheinprovinz. Handbuch für den prakt. Gebrauch. 2. verm. Aufl. gr. 8. (XIX, 494 S.) Ebendas. 888. * geb. *

Polizei-Handbuch von G[eorg] A[ugust] Grotefend. Geh. Reg.R. Gänzl. neu bearb. u. fortgeführt von R. Hildebrand, Polizeiass. 5., verm. u. verb. Aufl. Leipzig & Berlin: J. Püttmann (1906). (XII, 369 S.) 8° [J.]
Frühere Aufl. u. d. T.: Grotefend: Instruktionsbuch f. d. Polizei-Exekutiv-Beamten. [07. 6127]

Grotefend, G. A., Polizei-Handbuch. Gänzlich neu bearb. u. fortgeführt v. R. Hildebrand. 6. verm. u. verb. Aufl. (XVII, 369 u. Nachtrag III, 99 S.) kl. 8. Leipzig (909). J. Püttmann. 3.50; geb. 4. 50

— allgemeines Polizei-Lexikon. Handbuch des preußisch-deutschen Verwaltungsrechts mit Berücksichtigung des deutschen Strafrechts. 16 Hfte. gr. 8. (1200 S.) Oberhausen 877. Spaarmann. n. 16. —

— die im Regierungsbezirke Arnsberg bestehenden Polizei-Verordnungen. Unter Berücksicht. der allgemeinen Polizeigesetze im amtl. Auftrage zusammengestellt. gr. 8. (VI, 287 S.) Arnsberg 871. Grote. n. 3. —

— dasselbe. [Nachtrag.] gr. 8. (IV, 210 S.) Ebend. 875. n. 2. —

— das Recht der Fabriken nach der preußischen u. deutschen Gewerbegesetzgebung. Für den prakt. Gebrauch der Polizeibehörden, Baubeamten u. Fabrikanten. gr. 8. (VI, 211 S.) Düsseldorf 872. de Haen. n. 2. 50

— publicistische Skizzen. Hannover 806. Klindworth. gr. 8. (VII, 360 S.) n. 1 ℛ 20 ngr.

— das deutsche Staatsrecht der Gegenwart. Berlin 869. Kortkampf, Lex.-8. (850 S.) n. 5 ℛ 15 ngr.

— System des öffentlichen Rechts der deutschen Staaten. 1. Abth. u. 2. Abth. 1. Hälfte. Ebend. 860. 63. gr. 8. (X, 218 S.; XXI, 310 S.) 2 ℛ 15 ngr.

Grotefend, Geo. Aug., System des öffentlichen Rechts der deutschen Staaten. 2. Abthl.: System des deutschen Staatsrechts. (1. Hälfte.) gr. 8. (XXI und 310 S.) Cassel 863,65, Fischer.
1. Abthl. Ebendas. 1860. 1 Thlr.

— Theorie und Praxis des deutschen Reichsgerichts und des preußischen Oberverwaltungsgerichts. [Suppl. zu Grotefend's Gesetzgebungs-Material.] Jahrg. 1885—1888. gr. 8. Ebendas. [Jahrg. 1885. (100 S.) *ℳ 1.65.; Jahrg. 1886. (III, 113 S.) *ℳ 1.75.; Jahrg. 1887. (159 S.) *ℳ 2.50.; Jahrg. 1888. Nebst einem ausführl. Sach-Register zu den Jahrgn. 1884—1888. (III, 158 S.) *ℳ 2.40.] *

— Theorie u. Praxis d. deutschen Reichsgerichts, des preußischen Kammergerichts u. d. preußischen Oberverwaltungsgerichts. Jahrg. 1889. gr. 8. (III, 193 S.) Ebd. 890. n. 3. 25

— Theorie u. Praxis d. deutschen Reichsgerichts, d. preußischen Kammergerichts u. d. preußischen Oberverwaltungsgerichts. Jahrg. 1890. [Suppl. zu Grotefend's Gesetzgebungsmaterial.] gr. 8. (III, 160 S.) Düsseldorf 891. L. Schwann. n. 2. 65

— die neuen rheinischen Verwaltungsgesetze. Mit erläut. Anmerkungen und einem ausführl. Sachregister. gr. 8. (XVIII, 273 S.) Ebendas. 887. *ℳ 2.80.; geb. *

— die Verwaltungs-Verordnungen für den Regierungsbezirk Düsseldorf aus dem Amtsblatt de 1816—1878 zusammengestellt. gr. 8. (VII, 796 S.) Düsseldorf 878, de Haen. *

Grotefend, G. A., rheinisches Civilgesetzbuch, nebst den dasselbe ergänz. und abänd. Gesetzen. 1. und 2. vervollständ. Aufl. 16. (IV, 603 S.) Düsseldorf 877,79, Schwann. cart. *ℳ 3,50.; geb. *

Grotefend, Georg Friedr. (Hrsg.), s. Abhandlungen des frankfurtischen Gelehrten - Vereins...

— Anfangsgründe d. deutschen Prosodie, ein Anhang zu Roth's Sprachlehre. 8. Gießen 815. Heyer. 16 gr.

Grotefend, Georg Friedr., Anlage u. Zerstörung der Gebäude zu Nimrud nach den Angaben in Layard's Niniveh. Nebst 1 Steindrtaf. (in qu. gr. Fol.) [Aus dem 5. Bd. der Abhandlungen der Königl. Gesellschaft d. Wiss. zu Göttingen.] gr. 4. (48 S.) Göttingen 851, Dieterich. n. 16 ngr. *

Grotefend, Geo. Friedr., neue Beiträge zur Erläuterung d. babylon. Keilschrift, nebst e. Anh. üb. d. Beschaffenheit d. ältesten Schriftdrucks, bei d. vierten Secularfeier d. Erfindung d. Bücherdrucks v. Gutenberg, hrsg. M. 1 Stnt. u. and. belehr. Zugaben. gr. 4. (9 B.) Hannover 840, Hahn'sche Hofbuchh. *

— neue Beiträge zur Erläuterung d. persepolitan. Keilschrift, nebst e. Anh. üb. d. Vollkommenheit d. ersten Art ders., bei d. ersten Secularfeier d. Georgia Augusta in Göttingen, hrsg. M. 4 Stnt. gr. 4. (6 B.) Hannover 837, Hahn'sche Hofbuchh. *

— Bemerkungen zur Inschrift eines Thongefässes mit babylon. Keilschrift. gr. 4. (18 S. und 2 Stnt. in qu. Fol.) Göttingen 848, Dieterichsche Buchh. *
Aus: Abhandlungen d.kgl.Ges.d.Wiss. zu Göttingen.Bd.4.

—— Bemerkungen zur Inschrift eines Thongefässes mit ninivitischer Keilschrift. gr. 4. (22 S. und 3 Stnt. in gr. 4. und gr. Fol.) Göttingen 850, Dieterichsche Buchh. *
Aus: Abhandlungen d.kgl.Ges.d.Wiss. zu Göttingen.Bd.4.

—— Nachträge zu den Bemerkungen über ein ninivitisches Thongefäss. gr. 4. (15 S.) Göttingen 850, Dieterichsche Buchh. *
aus: Abhandlungen der kgl. Gesellschaft der Wissenschaften zu Göttingen. IV.

Grotefend, Georg Friedrich

— G. F., Commentatio de pasigraphia sive scriptura universali. (Viro Christian Gottlob Heyne diem natal. septuages. gratul. societas privata Gottingensis.) Götting. (Joh. Chn. Dieterich) 26. IX. 1799. 16 S. (5.—) 11877

Grotefend, Geo. Friedr., Erläuterung zweier Ausschreiben des Königs Nebukadnezar in einfacher babylon. Keilschrift mit einigen Zugaben. gr. 4. (44 S. mit 1 Stnt. in qu. Fol.) Göttingen 853, Dieterichsche Buchh. *
Aus: Abhandlungen d.kgl.Ges.d.Wiss. zu Göttingen.Bd.6.

—— Erläuterung einer Inschrift des letzten assyrisch-babylonischen Königs aus Nimrud mit drei andern Zugaben. gr. 4. (44 S. mit 1 Stnt.) Hannover 853, Hahn'sche Hofbuchh.

—— Erläuterung der babylonischen Keilinschriften aus Behistun. gr. 4. (28 S. mit 1 Stnt. in qu. Fol.) Göttingen 853, Dieterichsche Buchh. *
aus: Abhandlungen der königl. Gesellschaft der Wissenschaften zu Göttingen, Bd. 6., besonders abgedruckt.

—— Erläuterung der Keilinschriften babylonischer Backsteine mit einigen andern Zugaben. gr. 4. (IV und 31 S. mit 1 Stnt.) Hannover 852, Hahn'sche Hofbuchh.

— s. Geographen, die alten.

—— zur Geographie u. Geschichte von Alt-Italien. 5 Hfte. gr. 4. Hannover, Hahn'sche Hofbuchh. à ⅓ Thlr.
Hft. 1. Aelteste Kunde v. Italien bis z. Römerherrschaft. M. 1 Karte v. Italien nach Skylax v. Karyanda. (6½ B.) 840.
- 2. Der Griechen älteste Sagengeschichte v. Italien. M. 1 Karte v. Italien nach Lykophron's Alexandra. (6 B.) 840.
- 3. Der Römer älteste Sagengeschichte v. Italien. M. 1 Karte v. Mittel-Italien nach Virgil's Aeneide. (7 B.) 841.
- 4. Italiens Bevölkerungsgeschichte bis z. Römerherrschaft. Mit 1 Karte griech. Pflanzstädte in Unter-Italien u. Sicilien. (7 B.) 841.
- 5. Nomenclatur d. Völker Alt-Italiens. M. 1 Stnt. ital. Schriftproben. (6 B.) 842.

— Zur Geographie u. Geschichte von Alt-Italien. I. III—V. 1840—42. 52, 56, 56, 48 S. 4°. à 1.50

— größere latein. Grammatik f. Schulen, nach Wenk's Anlage umgearb. 1r Bd., welcher d. Formenlehre u. Syntax, nebst Vorerinnerung enthält, 2e verb. A. gr. 8. Frankf. 817. 3e A. 819. 4e A. 823. Varrentrapp. 16 gGr. 2r Bd. 2e A. 820. 4e verb. Aufl. gr. 8. Ebd. 824. 16 gGr. (Vergl. H. B. Wenck).

Grotefend's lateinische Grammatik für Schulen. Frankfurt 817. 2 Theile. 8. 1 rthlr. 4 gr. Ebend. 820. 2 Theile. 8. 1 rthlr. 6 gr. Vgl. Wenck.

Grotefend, G. F., lateinische Grammatik, für Schulen nach Wenck's Anlage umgearbeitet. 2 Bde. 3te Aufl. gr. 8. Frankf. a. M., Varrentrapp 820. à 16 Gr. Rthlr.

Grotefend, Geo. Fr., kleine latein. Grammatik f. Schulen. gr. 8. Frankf. 821. 2e A. 826. Varrentrapp. 14 gGr.

—— schriftstellerische Laufbahn des Horatius. gr. 8. (31 S.) Hannover 849, Hahn'sche Hofbuchh.

Grotefend, G. Fr., Erste Nachricht vom Lyceum zu Hannover seit der neuen Einrichtung desselben zu Michaelis 1821. Nebst Lectionsplan. Hannover 822. 4. Zweite Nachricht — nebst Lectionsplan. Ebend. 822. 4.

— Georg Friedrich (Director), De publicarum scholarum praestantia et utilitate. (Ad aud. orat. quae novi muneris scholastici rite auspic. causa invit.) Hannover (G. C. Schlueter) 17. X. 1821. 23 S. (5.—) 11878

—— Rudimenta linguae oscae ex inscriptionibus antiq. enodata. 4maj. (7¼ B. u. 2 Stnt.) Hannoverae 839, libr. aul. Hahn.

— Rudimenta linguae Oscae ex inscriptionibus antiquis enodata. Pr. 1839. 58 S. u. 2 Taf. 4°. 2.—

—— Rudimenta linguae umbricae ex inscriptionibus antiq. enodata. VIII Part. 4maj. Hannoverae, libr. aul. Hahn. à ⅓ Thlr.
Part. I. Fundamenta totius operis. (2¾ B. u. 1 Stnt.) 835.
- II. Ex iguvinis tabulis quart. c. sexta septimaque comparans. (4½ B.) 835.
- III. Inscriptiones umbricas sommatim explicans. (4 B.) 836.
- IV. Iguvinarum tabular. preces interpretans. (3½ B.) 837.
- V. Quartam iguvinam tab. exponens. (4 B.) 837.
- VI. Iguvinarum tabular. sextam septimamq. illustrans. (4 B.) 839.
- VII. Iguvinas tabulas nondum explicatas complectens. (5 B.) 838.
- VIII. Res tractatas summatim repetens. (5 B.) 839.

Grotefend, G. F., Rudimenta linguae Umbricae ex inscriptionibus antiquis enodata. 8 Tle. Pr. 1835—39. 22 S. u. 1 Taf. 34, 27, 28, 32, 32, 40, 40 S. 4°. à 1.50

— s. Sanchuniathon's Urgeschichte der Phönizier.

— s. Scheller's Handlexicon.

— die Tributverzeichnisse des Obelisken aus Nimrud nebst Vorbemerkungen über den verschied. Ursprung u. Charakter der persischen u. assyr. Keilschrift u. Zugaben üb. die babylon. Current- u. medische Keilschrift. Mit 2 lith. u. 2 gedr. Taf. (in qu. gr. Fol. u. gr. 4.) [Aus d. 5. Bd. der Abhandlungen der K. Gesellschaft der Wissenschaften zu Göttingen.] gr. 4. (93 S.) Göttingen 852, Dieterich. n. 1½ ₰

Grotefend, Hermann

H. GROTEFEND, Arminius war römischer Bürger und hat im römischen Heere gedient. Antwort auf das Offene Sendschreiben des Herrn August Schierenberg an den Vorstand des Vereins für Geschichte und Alterthumskunde zu Frankfurt a. Main. (Ohne bes. Titelblatt. — Druck von Kumpf & Reis in Frankfurt am Main.) 8°.

Beilage zu No. 3 u. 4 d. Korrespondenzbl. d. Gesammtvereins der deutschen Geschichts- u. Alterthumsvereine. 1884.

Grotefend, H., die Bestätigungsurkunde d. Domstiftes zu Frankfurt am Main v. 882 u. ihre Bedeutung f. das Stift erläutert. Mit e. (photolith.) Fcsm. gr. 4. (16 S.) Frankfurt a/M. 884. Völcker. n. 3. —

FESTGABE seinem Präsidenten Herrn Justizrath Dr. L. H. Euler zum fünfzigjährigen Doktorjubiläum überreicht vom Verein für Geschichte und Alterthumskunde zu Frankfurt am Main am 8. August 1884. (Mit 1 Tafel.) Frankfurt am Main. 1884. Druck von Kumpf & Reis. — A. u. d. T.: Die Bestätigungsurkunde des Domstiftes zu Frankfurt am Main von 882 und ihre Bedeutung für das Stift erläutert von H. GROTEFEND. Mit 1 Facsimile. ib. 1884. K. Th. Völcker's Verlag. 4°.

Grotefend, Burg, Stadt und Geschlecht Cronberg. Jahresbericht des Taunusklubs zu Frankfurt a. M. für 1883. Frankfurt. 8. Auch S.-A.

—— Christian Egenolff, der erste ständige Buchdrucker zu Frankfurt a. M. und seine Vorläufer. Gedenkblatt an die 350jähr. Jubelfeier der Einführung der Buchdruckerei in Frankfurt. gr. 4. (VII, 28 S. mit 2 Taf.) Ebendas. 881. *

Grotefend, H., Christian Egenolff, der erste ständige Buchdrucker zu Frankfurt a. M. u. seine Vorläufer. Gedenkblatt an die 350jähr. Jubelfeier der Einführung der Buchdruckerei in Frankfurt. Mit 2 Taf. gr. 4. (VII, 28 S.) Frankfurt a/M. 882. Völcker. n. 2. 40

— die Familie v. Eschborn u. ihr Zusammenhang m. der Familie v. Cronberg, s.: Ritsert, F.

Grotefend, H., Zur Genealogie und Geschichte der Breslauer Piasten. 1873. 8.

Grotefend, H., Handbuch der historischen Chronologie d. deutschen Mittelalters u. der Neuzeit. hoch 4. (VIII, 200 S.) Hannover 872. Hahn. n. 9. —

Grotefend, H., s.: Jahrbücher d. Vereins f. mecklenburg. Geschichte u. Alterthumskunde.

Grotefend, H., s.: Quellen zur Frankfurter Geschichte.

Grotefend, H., über Sphragistik. Beiträge zum Aufbau der Urkundenwissenschaft. gr. 8. (54 S.) Breslau 875. Max & Co. n. 1. —

H. GROTEFEND, Stammtafeln der schlesischen Fürsten bis zum Jahre 1740. Entworfen und mit Anmerkungen herausgegeben. Breslau 1875. Josef Max & Co. 4°.

— Stammtafeln der schlesischen Fürsten bis zum J. 1740. Entworfen u. m. Anmerkgn. hrsg. gr. 4. (IV, 64 S.) Ebend. 876. n. 2. —

Grotefend's Stammtafeln der schlesischen Fürsten. Nachträge u. Berichtigungen. gr. 4. (8 S.) Breslau 882. Max & Co. n. — 20

Grotefend, H., Stammtafeln der schlesischen Fürsten bis zum J. 1740, m. Anmerkgn. versehen. 2., verb. Aufl. gr. 4. (IV, 72 S.) Breslau 889. Max & Co. n. 2. —

— Stammtafeln der Familie von Heimbruch von 1142 bis zur Neuzeit. Frankfurt a. M. 1887. Nicht im Handel.

— Stammtafeln d. Geschlechts v. Oeynhausen, s. Oeynhausen, Jul. Graf v. Geschichte.

— Taschenbuch d. Zeitrechnung d. deutschen Mittelalters u. d. Neuzeit. Für d. prakt. Gebrauch u. zu Lehrzwecken entworfen. 8. (IV, 166 S.) Hannover 898. Hahn. Geb. in Leinw. n. 3. 50

— Taschenbuch der Zeitrechnung des deutschen Mittelalters u. der Neuzeit. 2. verm. u. verb. Aufl. (IV, 186 S.) 8. Hannover 905. Hahn Geb. in Leinw. n. 3. 50

Grotefend, H[ermann]. Taschenbuch der Zeitrechnung des deutschen Mittelalters und der Neuzeit. Entworfen von Dr. H. G'. 3. vermehrte und verbesserte Aufl. IV + 216 S. 8. Hannover und Leipzig, Hahn, 1910. [geb. M. 4.80]

— der Königsleutnant Graf Thoranc in Frankfurt am Main. Aktenstücke üb. die Besetzg. der Stadt durch die Franzosen 1759—1762. Im Auftrage des Vereins f. Geschichte u. Altertumskunde zu Frankfurt am Main hrsg. (XIV, 328 S. m. 1 Fksm.) gr. 8. Frankfurt a/M. 904. K. Th. Völcker. n. 6. —

Grotefend, H., Urkundenbuch der Familie von Heimbruch. 2 Bde. Frankfurt a. M. 1882—86. Nicht im Handel.

— Verzeichniss v. Abhandlungen u. Notizen zur Geschichte Frankfurt's aus Zeitschriften u. Sammelwerken. gr. 8. (VIII, 95 S.) Frankfurt a/M. 885. Völcker. n. 1. 60

Grotefend, Herm., der Werth der gesta Friderici imperatoris des Bischofs von Freising für die Geschichte des Reichs unter Friedrich I. Hannover 870. Hahn'sche Hofbuchh. gr. 8. (70 S.) n. 10 ngr.

Grotefend, H., Zeitrechnung d. deutschen Mittelalters u. der Neuzeit. 1. Bd. Glossar u. Tafeln. 4. (VIII, 214 S. u. 148 S. Taf.) Hannover 891. Hahn. n. 16. —

— dasselbe. 2. Bds. 1. Abth.: Kalender der Diöcesen Deutschlands, der Schweiz u. Skandinaviens. Lex.-8. (IV, 256 S.) Ebd. 892. n. 10. —

— Zeitrechnung d. deutschen Mittelalters u. d. Neuzeit. 2. Bd. 2. Abth. (Schluss): Ordenskalender. Heiligenverzeichnis. Nachträge z. Glossar. 4. (VIII, 210 S.) Ebd. 898. n. 9. — (Kplt.: n. 35. —)

Grotefend, J. G., Ansichten, Gedanken u. Erfahrungen über d. geistige Beredsamkeit. gr. 8. Hannov. 824. Hahn. 1 ₰ 6 gr

— s. A. Chr. Brand, Rechenbuch.

Grotefend, Karl Ludwig

Grotefend, C. L., chronologische Anordnung der athenischen Silbermünzen. gr. 8. (23 S.) Hannover 872. (Meyer.) — 75

Grotefend, C. L., Die Edelherren von Boldenselo oder Boldensen. 1) Zur Genealogie des Geschlechts. 2) Des Edelherrn Wilhelm von Boldjenselo Reise nach dem gelobten Lande. Besonderer Abdruck aus der Zeitschrift des historischen Vereins für Niedersachsen. Hannover 1855.

— Carl Ludwig (Hannover), De demis sive pagis Atticae disquisitio. Götting. (Dieterich) 1829. 47 Seiten. (6.—) 11876
Gew.: Georg Friedr. Grotefend.

C. L. GROTEFEND, Die Entwickelung der Stadt Hannover bis zum Jahre 1369. Vortrag zur Einführung des Urkundenbuches der Stadt Hannover bei der 25jährigen Stiftungsfeier des historischen Vereins für Niedersachsen am 19. Mai 1860 gehalten. Hannover. 1860. Druck von Fr. Culemann. 8°.

Grotefend, C. L., Epigraphisches. (I. Ein Stempel eines Römischen Augenarztes. Norica). S. A. 1857. 16 S.
— — III. 73 Stempel röm. Augenärzte. S. A. 1858. 48 S.

Grotefend, C. L. Epigraphisches. IV. Über die römischen Legionen. 8. Bonn 1862.

Grotefend, Carl Lud., Geschichte d. Buchdruckereien in d. hannoverschen u. braunschweig. Landen. Hrsg. v. F. G. H. Culemann. M. 9 Stnt. (u. vielen Vign.) 4. (17¾ B.) Hannover 840, Hahn'sche Hofbuchh.

Grotefend, Karl Ludwig (Hrsg.), s. Grotefend, August: Latein. Elementarbuch . . . 3. Aufl.

Grotefend, C. L., Imperium romanum tributim descriptum. Die geographische Vertheilung der römischen Tribus im ganzen römischen Reiche. Hannover 863. Hahn. Lex.-8. (173 S.) n. 1 ₰ 10 ngr.

Grotefend, C. L., Die Legio I. adiutrix, von Galba, nicht von Nero errichtet. 1849 18 S.

Grotefend, C. L. Die Legio I adjutrix von Galba errichtet. Hannover 1862.

Grotefend, Karl Ludwig (Hrsg.), s. Leibnitz, Gottfr. Wilh. v Ermahnung an die Teutsche . .

Grotefend, C. L., s. v. Leibnitz, G. W., gesamm. Werke. — Leibnitz-Album. —

—— die Münzen d. griech., parthischen u. indoskytischen Könige v. Baktrien u. d. Ländern am Indus. M. 2 lith. Taf. (u. Titvign.) gr. 8. (7¼ B.) Hannover 839, Hahn'sche Hofbuchh.

—— unedirte griechische und römische Münzen, s. Ahrens, H. L.

Grotefend, C. L., die Stempel der römischen Augenärzte. Gesammelt u. erklärt. Hannover 867. Hahn'sche Hofbuchh. gr. 8. (34 S.) n. 1 *ℛ* 10 *ngr.*

—— die Sanchuniathonische Streitfrage nach ungedr. Briefen gewürdigt. gr. 8. (1¾ B.) Hannover 836, Hahn'sche Hfbh.

– und G. F. Fiedeler, Urkundenbuch der Stadt Hannover, s. Urkundenbuch des historischen Vereins für Niedersachsen.

Grotefend, Otto, aus Breslau **Meklenburg unter Wallenstein und die Wiedereroberung des Landes durch die Herzöge.** *Marburg 1901: Bärensprung in Schwerin i. M.* (60 S.) 8° [F.]
Marburg, Phil. Diss. v [21 Mai] 1901

Grotefend, Otto, Regesten der Landgrafen v. Hessen. 1. Lfg. 1247—1308. (S. 1—180.) Lex. 8. Marburg 909. N. G. Elwert's Verl. 4. 80

Regesten der Landgrafen von Hessen Bearb von Otto **Grotefend.** Lfg 1 Marburg Elwert 1909 8°
(Veröffentlichungen d. Hist Kommission f. Hessen u. Waldeck [5]) [09. 6083

Grotefend, Siegfried. Die Erwerbungspolitik Kaiser Karls IV Zugleich e Beitrag z. polit Geographie d deutschen Reiches im 14 Jh.
Berlin. Ebering 1909 128 S. 8°
(Historische Studien. H. 66.)

Grotefend, Siegfried: Erwerbungspolitik Kaiser Karls IV. T. 1, Abschn. 3. Karls Erwerbungen im heutigen Süddeutschland. Halle a. S. 1909: (Ebering, Berlin). 64 S. 8° ¶(Ersch. vollst. als: Histor. Studien. H. 66.)
Halle, Phil. Diss. v. 25. Febr. 1909, Ref. Lindner
[Geb. 28. Juni 85 Merseburg; Wohnort: Merseburg; Staatsangeh.: Preußen; Vorbildung: Latina Halle Reife M. 05; Studium: Halle 7 S.; Rig. 26. Nov. 08.]
[U 09. 1652

Grotefend, W., zwei Predigten. 8. (1½ B.) Hannover 846, Hahn'sche Hofbuch. *

Grotefend, W., vier Worte der Schrift und des Herzens. Celle 862. Schulze. 16. (47 S.) n. 5 *ngr.*

Grotefend, Wilhelm

Grotefend, W. Zur Charakteristik Philipps von Schwaben und Ottos IV von Braunschweig . . Trier, Fr. Lintz'sche Buchdr., 1886; 1 Bl. + 75 S. 8°.
Jena, Phil. Fak., Inaug.-Diss. v 1886.

Grotefend, W., zur Charakteristik Philipps von Schwaben und Ottos IV. von Braunschweig. Diss. Jena 1886, G. Neuenhahn. 8°. 75 S.

Grotefend, Wilhelm, approb. Arzt aus Bückeburg: **Die Kinderverluste in der Marburger Entbindungsanstalt in den Jahren 1883—1899.** *Marburg 1901: J. Hamel.* (19 S.) 8°
Marburg, Med. Diss. v. 17 Okt. 1901

Grotefend, W., Regesten zur Geschichte des gräfl. u. freiherrl. Groteschen Geschlechts. Nach den Sammlgn. des königl. hannov. Generallieutenants Freiherrn Louis Grote-Neuhof u. des Reichsfreiherrn Julius Grote-Schauen, Erbschenk des Fürstenth. Halberstadt, Rechtsritters des St. Johanniter-Ordens, im Auftrage der Gesammtfamilie bearb. gr. 4. (VI, 144 S. m. 4 Lichtdr. u. 1 Stammtaf.) Kassel 899. (F. School.) n.n. 10. —

Grotefendt, Emil, aus Ratibor i. Schl., Referendar am kgl. Landgericht zu Hirschberg i. Schl. **Vollkaufmann und Minderkaufmann nach dem Handelsgesetzbuche vom 10. Mai 1897.** *Breslau 1899: A. Stenzel.* (II, 45 S.) 8°
Erlangen, Jur. Diss. v 10. März 1899

Groeteken, Autbert, O. S. F., Paschalis Baylon. Ein Heiligenbild aus Spaniens gold. Jahrhundert. (188 S. m. 82 Abbildgn.) 8. Einsiedeln 909. Verlagsanstalt, Benziger & Co. Geb. in Leinw. 2. 80

— Die Volksmissionen der norddeutschen Franziskaner vor dem Kulturkampf. (1849—1872.) Nach meist ungedr. Akten bearb. (187 S.) gr. 8. Münster (910). Alphonsus-Buchh. 1. 80

Gröteken, Heinrich

Gröteken, Heinr., des Siegers Einzug, s.: Jacobi's neues Vereinstheater. 1. Hft.

Gröteken, Heinr., d. Siegers Einzug. Dramatisches Spiel f. die h. Weihnachtszeit. Musik v. Frdr. Koenen. 8. (70 S.) Aachen 883. Jacobi & Co. n. — 80

Gröteken, H., des Siegers Einzug. Dramatisches Spiel f. die heil. Weihnachtszeit. 2., verm. Aufl. kl. 8. (78 S.) Aachen 888. Jacobi & Co. n. — 80

-- des Siegers Einzug. Dramatisches Spiel f. d. hl. Weihnachtszeit. Musik v. Frdr. Koenen. 3. Aufl. 12. (77 S.) Ebd. 894. n. — 80

— des Siegers Einzug. Dramatisches Spiel f. die hl. Weihnachtszeit. 4. Aufl. 12. (77 S.) Aachen 900. A. Jacobi & Co. n. — 80; 7 Gesänge dazu f. Männerstimmen v. Frdr. Koenen. gr. 4. (9 S.) n. 2. —

Gröteken, Heinr., der hl. Engelbert v. Köln. Ein Schauspiel in 4 Akten. 8. (119 S.) Köln 880. Theissing. n. 1. 20

Der hl. Engelbert von Köln. Ein Schauspiel in 4 Akten von Heinr. **Gröteken,** Pfarrer. 2. Aufl. *Köln: H. Theissing [1900].* (119 S.) 8° [F.]
[00. 2416 5

— die Heilslehre der katholischen Kirche. Für das christliche Volk vollständig dargestellt. gr. 8. (XVI, 763 S. m. 1 Holzschntaf.) Freiburg i/Br. 880. Herder. n. 6. —

Gröteken, Heinr., der Pilger Heimfahrt. Ein kleines Weihnachtsspiel f. Kinder u. Erwachsene. 12. (27 S.) Aachen 894. A. Jacobi & Co. n. — 40

Gröteken, Heinr., die Lehre v. der Unfehlbarkeit d. päpstlichen Lehramtes nach der Glaubensentscheidung d. päpstlichen Concils erklärt u. begründet. gr. 8. (22 S.) Emmerich 870. Romen. n. — 25

Gröteken, H. Herr Fritz Mende und seine Grundsätze. Ein Wort zur Charakterisirung der Sozialdemokratie und zur Volksaufklärung. 8°. Köln u. Neuss, L. Schwann, s. a.

— Herr Fritz Mende u. seine Grundsätze. Ein Wort zur Charakterisirg. der Socialdemokratie u. zur Volksaufklärg. 16. (24 S.) Köln & Neuß 871. Schwann. — 15

— Violus. Zwinger, der Vogt. 2 kleine Lustspiele. gr. 16. (IV, 107 S.) Ebend. 885. n. 1. —

Groeteken, H. Katholischer Volkskatechismus. Die Heilslehre der katholischen Kirche für das christliche Volk vollständig dargestellt. Mit 1 Titelbild in Farbendruck. Neue Ausg. gr. 8. (XVI, 764 S.) Freiburg 889, Herder. 3 —; geb. 4 —

Groeteken, Heinr., katholischer Volkskatechismus. Die Heilslehre der kathol. Kirche, f. das christl. Volk vollständig dargestellt. 2. (Titel-)Aufl. (v. G., Heilslehre der kathol. Kirche). gr. 8. (XVI, 763 S. m. Titelbild.) Freiburg i/B. 893. Herder. Geb. in Leinw. 4. —

— deutsches Volksliederbuch. 32. (VII, 368 S.) Aachen 871. Jacobi & Co. n. — 50

Grotemayer, Hermann, s. Grotemeyer, Hermann.

Grotemeyer, Fritz, unsere Kinder. Skizzen aus dem Pestalozzi-Froebel-Hause zu Berlin. qu. Fol. (33 Lichtdruck-Taf. m. eingedr. u. 6 Bl. Text u. 5 S. Fksm. der Kaiserin Friedrich u. v. Froebel.) Berlin 893. H. Walther. In Leinw.-Mappe. n. 25. —

— dasselbe. Ergänzung, s.: Hammineck-Schepel, Annette, ausführliche Bearbeitung der „Vier Monatsgegenstände" im Pestalozzi-Froebel-Hause.

Grotemeyer, Hermann (Josef)

Grotemeyer, Herm., Homers Grundansicht von der Seele. Warendorf 1854, Programm d. Gymn. 38 S.

Grotemeyer, H., Ueb. Tertullians Leben u. Schriften. 2 Tle. I. Mit e. Exkurs üb. die Schriften ad nationes. II. Mit e. Exkurs üb. die Schrift adv. Judaeos. Pr. 1863 u. 65. 24, 26 S. 4°. à 1.20

Grotemeyer: Über Tertullians Leben und Schriften. I. II. 50 S.– Kempen, Progr. 1863, 65.

Grotemeyer, Herm., Studien zu den Visionen der gottseligen Augustinernonne Anna Katharina Emmerich (geboren zu Coesfeld am 8. IX. 1774, gestorben zu Dülmen am 9. II. 1824). 1. u. 2. Hft. gr. 8. Münster, Aschendorff. à n. 1. —

1. Enth. 2 Abhandlgn. I. üb. das Buch Judith, II. üb. den feierl. Einzug Jesu in Jerusalem. (III, 80 S.) 900.
2. Enth. 3 Abhandlgn. I. Gedeons Sieg üb. Madian nebst zwei Exkursen. II. Kapharnaum u. seine Umgebg. 1. Tl.: Geographisches u. Topographisches. III. Über den Krieg des arab. Fürsten Aretas gegen Herodes Antipas im Todesjahre des Erlösers. (III, 64 S.) 902.

Grotemeyer, H.(J.) Ueber die Verwandtschaft der indogermanischen und semitischen Sprachen. I. II. III. IV. Kempen, G., 1871, 1873, 1876, 1877. 20, 26, 26, 25 S. 4. Progr.

Groten, Dieterich von (Westfäl. Adel), De judice in causis principum protestantium matrimonialibus. Diss. jur. publ. Präs. Jac. Friedrich Ludovici. Halle (Chn. Henckel) 30. III. 1702. 56 S., tlws. dtsch. (6.50) 11880

— — Dasselbe. 1715. (6.20) 11881

— — Dasselbe. Halle (Jo. Christ. Grunert) 1739. (6.—) 11882

Grotenfelt, Arwid, das Webersche Gesetz und die psychische Relativität. Akadem. Abhandlung. 8. (VII, 188 S.) Helsingfors 888, (Edlund's Buchh.) *

Grotenfelt, Arvid, geschichtliche Wertmassstäbe in der Geschichtsphilosophie bei Historikern u. im Volksbewusstsein. (VI, 211 S.) gr. 8. Leipzig 905. B. G. Teubner. n. 5. —

Die Wertschätzung in der Geschichte. Eine krit. Untersuchung von Dr. Arvid Grotenfelt, Dozent, Helsingfors. *Leipzig: Veit & Co. 1903.* (VII, 227 S.) 8° [03. 6474

Grotenfelt G.: Studien üb. die Zersetzungen d. Milch. (Rudolstadt 1889). 20 S. Fig. (Særtr.). P.

Grotenfelt, Kustavi, Katalog d. Bibliothek d. finnisch. Litteraturgesellschaft. Litteratur üb. finn. Sprachen u. Völker. gr. 8. (XIII, 276 S.) Helsingfors 894. Finn. Litteratur-Gesellschaft. 3. —

Groteske, eine. hoch 4. (58 S.) Kassel 881. (Leipzig, Lorentz.)

Groteske, Eine. Kassel 1882. V: *Ruhl, Ludwig Sigmund.* (Krüger, Pseudoromantik 1904, S. 179 »1822«) (Zeitschr. f. Büch. 1923, S. 87)

Groteske, eine. hoch 4. (58 S.) Kassel 882. (Leipzig, Lorentz.) n. 4. —

Grotesken aus dem Künstlerleben. [Wiener Zeitschr. für Kunst, Theater, Literatur und Mode 1845, Nr. 144.] S.-A. V: *Lyser, Joh. Peter.* (Friedrich Hirth: J. P. Lyser. München u. Leipzig 1911. S. 560)

Grotesken, Satyren u. Naivitäten a. d. J. . . . Hg.: J. D. Falk.
1806. M. 11 Umrissen.
1807.
Fortsetzung von: Taschenbuch f. Freunde des Scherzes u. der Satire. Lpzg. 1797/1803. S. dort.
Tübingen. Goed. VIII, 48, 7 b.

GROTESKEN, Satyren u. Naivitäten auf das Jahr 1807. Mit 5 Umrissen nach Parmegiano, Annibal Carrach u. Raphael. Hrsg. v. J. D. Falk. Tübingen, Cotta. 12°. Culturhistorisch interessant.

Groteskklinie, die, u. ihre Spiegelvariation im modernen Ornament u. in der Dekorationsmalerei. 2 Serien. Berlin, Kantor & Mohr. In Halbleinw.-Mappe n. 44. —
1. Hrsg. v. Jul. Klinger u. Hanns Anker. 61 (farb.) Taf. m. 422 Motiv. qu. kl. 4. Nebst Variationsspiegel. 12. n. 20. —
2. Hrsg. v. M. P. Verneuil, G. Auriol u. A. Mucha. 58 (farb.) Taf. m. 276 Motiven. qu. 4. n. 24. —

(B) Groteskklinie, die. I. Ser. Jetzt: Leipzig, Baumgärtner.

Groteskscenen, turnerische. Nr. 1 u. 2. 8. Leipzig 906. Rauh & Pohle. à n. 1. —
1. Nachtwächter Dusel u. die arretierten Turner. Komische Groteskszene m. turner. Uebgn. am Reck f. e. belieb. Anzahl v. Turnern. Von Aug. Kozian. (7 S.)
2. Direktor Kraftmeier m. seiner berühmten Akrobatengruppe. Humoristische Scene f. 4 Herren. Von Aug. Kozian. (8 S.)

Grotewold, s.: Kolonialkarten. Sprigade.

Grotewold, Christian: Die Ausnahmegütertarife für den Seeverkehr bei den Preussisch-Hessischen Eisenbahnen. Bremen [1910]: Burkhardt. 54 S. 8°
Heidelberg, Phil. Diss. v. 3. Febr. 1910, Ref. Gothein
[Geb. 27. Sept. 73 Bremen; Wohnort: Steglitz; Staatsangeh.: Bremen; Vorbildung: Realgymn. Vegesack Reife als Extr.; Studium: Leipzig 3, Berlin 3 S.; Rig. 27. Nov. 09.] [U 10. 2132

Das Finanzsystem des Deutschen Reiches in politischer und wirtschaftlicher Beziehung. Seine Einrichtung u. hist. Entwicklung, s. Fehler, sowie Vorschläge zu deren Beseitigung. Von Chr[istian] **Grotewold.** Leipzig: C. E. Poeschel 1906. (VII, 150 S.) 8° [F.] [06. 13409

Grotewold, Chr., die deutsche Hochseefischerei in der Nordsee, s.: Bibliothek der Technik u. Industrien.

Unser Kolonialwesen und seine wirtschaftliche Bedeutung von Ch[ristian] **Grotewold.** Stuttgart: E. H. Moritz 1907. (248 S.) 8° [F.]
— **Bibliothek** d. Rechts- u. Staatskunde. Bd 18⁴. [07. 6148

Die Parteien des Deutschen Reichstags. Von Chr[istian] **Grotewold.** Leipzig: G. H. Wigand 1908. (338 S.) 8° [F.]
— **Politik**, Die, d. Deutschen Reiches. Bd 1. [08. 6038

Grotewold, Christian (Hrsg.), s. Politik, Die, d. Dt. Reiches in Einzeldarstellungen.

— **Die Tabakindustrie, s.a. Bibliothek der Technik u. Industrien.**

Grotewold, Ch., Die Tabakindustrie. Ihr Rohmaterial, ihre Technik und ihre volkswirtschaftliche Bedeutung. Stuttgart, [1907.] 152 S. mit 44 Abb.

— **Die Zuckerindustrie, s.a. Bibliothek der Technik u. Industrien.**

Grotewold, Ch., Die Zuckerindustrie. Ihr Rohmaterial, ihre Technik und ihre volkswirtschaftliche Bedeutung. Stuttgart, [1907.] 178 S. mit 43 Abb.

Groth, Klaus, und die plattdeutsche Dichtung, s. Eggers, K.

Groth's Nachschlagebuch f. gewerbliche Arbeiter. Mit vorgehängten Notiz- u. Skizzenblättern. gr. 16. (32 u. VIII, 119 S.) Schwerin 888. Bärensprung'sche Hofbuchdr. geb. in Leinw. n.n. 1. —; in Ldr. m. Widmungstitel in Lichtdr. n. 2. —

Groth, Adolf: Christentum und Sozialdemokratie. Vortrag geh. im 'Kirchl.-liberalen Centralwahlverein in Berlin' . . .
Berlin: Rosenbaum & Hart 1897. (16 S.) 8°

Groth, de M. Terentii Varronis de lingua latina librorum codice Florentino, s.a. Dissertationes philologicae Argentoratenses.

Groth, Adolfus [Suerinensis]: De M. Terentii Varronis de lingua latina librorum codice Florentino. Argentorati apud Carolum I. Truebner, 1880. 8. 68 S.

Groth, Adf., unfertige Gedanken. Ein Buch f. reife Leser u. Leserinnen. (195 S.) 8. Strassburg 910. J. Singer. 3. —

GROTH, Alfred: Ueber den Lobus impar der Medulla oblongata bei Cyprinoiden.- München: Kestner & Lossen 1900. 25 S.
26.7.1900 - Chr 1900/01,19; Jv 1901/02,271 (Prom.-Datum: 1901)
Diss.Ingolst.-Landsh.-Mchn.

Groth, Alfr., u. Mart. Hahn, die Säuglingsverhältnisse in Bayern. (88 S. m. 3 Taf. u. 7 farb. Karten.) 32×23,5 cm. München 910. (J. Lindauer.) 2. —
Sonderabdr. a. „Zeitschr. d. bayer. statist. Landesamts".

Groth, C. F., Sammlung heilsamer Belehrungen aus der heiligen Schrift. Ein Spruchbüchlein f. Jedermann. 8. (71 S.) Teterow 870. (Güstrow, Opitz & Co.) n. — 50

Groth, Ernst

Groth, Ern. (Rud.) (geb. Katzdangen in Kurland $\frac{a}{n}$ 6. 1835): De musculorum, qui appellantur organici, tono. Berolini (1863). (31 S.) 8°
Berlin, Med. Diss. v. 8. Juli 1863

Groth, Ernst Johann

Groth, Ernst, Anthologie engl. Gedichte, s.: Williams', M. C. pearls of poesy.

Groth, Ernst, Bemerkungen zum Geschichts-Unterricht. Progr. gr. 8. (28 S.) Leipzig 894. (G. Fock.) n. — 80

Groth, Ernst: Bericht über die preussischen Reformen im höheren Mädchenschulwesen. Leipzig 1909: Bär & Hermann. S. 3—8. 8°
Leipzig, 1. st. HM OP 1909 [170] [S 09. 144

Bilder aus dem Universitätsleben von einem Grenzboten. [Verf.: **Ernst Johann Groth.**] *Leipzig: F. W. Grunow 1892.* (232 S.) 8° [92. 1709

Groth, Ernst Joh., deutsche Bürgerkunde, s.: Hoffmann, Geo.

— Collection of tales and sketches, s.: Authors, English.

— s.: Collection of tales and sketches.

— Einheitsträume u. Einheitskämpfe. Festrede, geh. a. 18. Jan. 1896 i. Leipzig. Germanias Huldigung. Festspiel. Progr. gr. 8. (16 S.) Leipzig 895. R. Voigtländer. n. — 60

— Erzählgn. aus d. deutschen Geschichte, } s.: Andrä, J. C.

— Erzählungen u. Lebensbilder aus der deutschen Geschichte, s.: Andrä, J. C.

— Erzählungen aus der Weltgeschichte, s.: Andrä, J. C.

— deutsches Frauenleben. Dramat. Kulturbilder. (Frau Ursula [Zeitalter d. Reformation]. Madame Breitkopf [Rokokozeit]. Leier u. Schwert [Zeit d. Befreiungskriege].) 8. (95 S.) Leipzig 896. F. W. Grunow. n. 1. —

— Deutsches Frauenleben, s.a. Universal-Bibliothek.

Groth, Ernst Johann: Deutsches Frauenleben. Dramat. Kulturbilder. Mit 1 Musikbeilage. Leipzig: Reclam [1908]. 79 S. 8°
(Frauenbühne. Bdch. 1.)
(Universal-Bibliothek. 5045.)

— das Germanentum in Spanien. Fest-Rede, geh. am 22. März 1884. 8. (14 S.) Ebend. 884. n. — 50

Groth, Ernst: Der Gesetzentwurf über das höhere Mädchenbildungswesen in Sachsen. (Königl. Dekret vom 14. Nov. 1909.) Leipzig 1910: Bär & Hermann. S. 1—15. 8°
Leipzig, 1. st. HM OP 1910 [170] [S 10. 151

— die drei Kanoniere u. andre Geschichten. 8. (VII, 208 S.) Leipzig 900. F. W. Grunow. Geb. in Leinw. n. 4. —

— Charles Kingsley als Dichter u. Sozialreformer. [Aus: „Grenzboten".] Lex.-8. (55 S.) Leipzig 893. F. W. Grunow. n. 1. —

Groth, E. J. Composition und Alter der altenglischen (angelsächsischen) Exodus. Diss. Göttingen 1883. 41 S.

Groth, Ernst Joh., Composition u. Alter des altenglischen [angelsächsischen] Exodus. gr. 8. (41 S.) Berlin 883. (Mayer & Müller.) n. 1. 20

Der alte Korpsstudent und andre Geschichten von Ernst Johann **Groth.** 2. Ausg. d. Bilder aus d. Universitätsleben. Leipzig: F. W. Grunow 1900. (232 S.) 8° [F.] [00. 9474

— Die Kuhhaut, s.: Volksbücher d. dtsch. Dichter-Gedächtnis-Stiftg.

Groth, E. J., J. A. de Baifs Psaultier, s. Sammlung französischer Neudrucke.

— Roswitha v. Gandersheim. Dramat. Kulturbild in 2 Aufzügen. 8. (56 S.) Ebd. 901. n. — 75; geb. in Leinw. n. 1. 25

— Studienreisen u. Reisestipendien der Neuphilologen. Vortrag, auf d. 1. sächs. Neuphilologentage am 16. Juni 1895 geh. gr. 8. (16 S.) Leipzig 895. Buchhdlg. G. Fock. n. — 60

— Tilsit 1807. Ein histor. Bild in 1 Aufzuge. (31 S.) 8. Leipzig 907. F. W. Grunow. — 50

Groth, Ernst Joh., stürmische Zeiten. Abenteuer u. Kriegserlebnisse e. jungen Seemanns unt. Admiral Drake. M. Benutzg. v. Charles Kingsley's Westward Ho! M. 15 Vollbild. in Farben- u. Tondruck v. Geo. Koch u. 2 Karten. gr. 8. (VII, 499 S.) Bielefeld 896. Velhagen & Klasing. Geb. in Leinw. n. 9. —

Groth, Friedr. Emil, Predigt z. Feier d. 18. Okt., üb. d. Evangelium am 21. Sonnt. n. Trinit. 1834. 8. (1¼ B.) Wismar 835, Schmidt u. v. Cossel's Rathsbuchh.

Groth, H., u. R. Ridder, Fachrechnen. Aufgaben f. den Rechenunterricht in Tischlerklassen der gewerbl. Fortbildungs- u. Handwerkerschulen. 1. Tl. (60 S.) 8. Essen 909. G. D. Baedeker. 1. 20

Groth, Hans Hr.

Deutungen naturwissenschaftlicher Reformbestrebungen. Von H. H. Groth. Lehrer in Kiel. *Langensalza: H. Beyer & Söhne 1900.* (30 S.) 8° = Magazin, Pädagogisches. H. 149.

Groth, H. H., Naturstudien. Theoretisch-praktisches Handbuch f. den Lehrer der Naturgeschichte. 2. verm. Aufl. v. Aus meinem naturgeschichtl. Tagebuche. (VI, 365 S.) gr. 8. Langensalza 904. H. Beyer & Söhne. n. 4. —; geb. n. 5. —

Groth, Stoff f. den ersten Unterricht in der Tierkunde, s. a. Magazin, pädagogisches.

Groth, Hans Hr.: S t o f f für den ersten Unterricht in der Tierkunde. Langensalza: Beyer 1909. 17 S. 8°
(Pädagogisches Magazin. H. 358.)

Groth, H. H., aus meinem naturgeschichtlichen Tagebuche. Beobachtungen u. Aufzeichnungen f. e. fruchtbaren naturgeschichtl. Unterricht. gr. 8. (V, 158 S.) Langensalza 891. H. Beyer & Söhne. n. 1. 60; geb. n. 2. 40

Groth, H. H., der biologische Unterricht, s. a. Magazin, pädagogisches.

Groth, Hans Hr.: Der biologische U n t e r r i c h t. Langensalza: Beyer 1908. 14 S. 8°
(Pädagogisches Magazin. H. 342.)

Groth, Hedwig: Der Zeichenunterricht in der geforderten Umgestaltung. ⟨2. T. eines Vortrags, geh. in Düsseldorf am 21. Febr. 1903 ...⟩ *Essen 1903: G. D. Baedeker.* (S. 15—21.) 4° [F.]
Essen a. d. Ruhr, st. HM, P 1903

Groth, Hermannus: Quaestiones Tibullianae. Halis (1872): Lipke. 34 S. 8°
Halle-Wittenberg, Phil. Diss. v. 23. Juli 1872
Geb. Berlin 17. 2. 1849. V.

Groth, *Hermann* Der griechische Unterricht in Tertia. 4 (26 S.).
Progr. Kaiserin-Augusta-G. *Charlottenburg* 1888 (68).

Groth, Herm. Vergleich, Metapher, Allegorie und Ironie in dem Nibelungenlied und der Kudrun. 19 S. Progr. *Charlottenburg* 1879.

Groth, Hugo, zur Dynamik des Himmels. gr. 8. (IV, 74 S.) Hamburg 901. (A. B. Laeisz.) n. 3. —

Groth, J. C., die Kunst des Skat-Spiels oder theoretischer und praktischer Unterricht im regelrechten Skat-Spiel und den verschiedenen Spielen desselben. Nebst Beispielen und Berechnung der Spiele. Jedem Gebildeten und insbesondere der studirenden Jugend gewidmet von einem alten Hause. 8. 1.—4. Aufl. (73 S.) Berlin 876—79, Mode's Verlag. *

Groth, J. C., die Kunst des Skat-Spiels oder theoret. und prakt. Unterricht im regelrechten Skat-Spiel und den verschiedenen Spielen desselben. Nebst Beispielen und Berechnung der Spiele. 4.—8. verm. und verb. Aufl. 8. (73 S.) Berlin 880—84, Mode's Verlag.

Groth, J. C., die Kunst des Skatspiels oder theoret. und prakt. Unterricht mit regelrechtem Skat-Spiel und den verschiedenen Spielen desselben. Nebst Beispielen und Berechnung der Spiele. Jedem Gebildeten und insbesondere der studirenden Jugend gewidmet von einem alten Hause. 9.—13. Aufl. 8. (73 S.) Berlin 885—89, Mode's Verlag. *

Groth, J. C., die Kunst des Skat-Spiels od. theoret. u. prakt. Unterricht im regelrechten Skat-Spiel u. den verschiedenen Spielen desselben. Nebst Beispielen u. Berechng. der Spiele. 16. Aufl. 8. (73 S.) Berlin 893. S. Mode's Verl. n. 1. —

Groth, J. C., die Kunst des Skat-Spiels od. theoretischer u. prakt. Unterricht im regelrechten Skat-Spiel u. den verschiedenen Spielen desselben. Nebst Beispielen u. Berechnung der Spiele. Jedem Gebildeten u. insbesondere der studir. Jugend gewidmet v. e. alten Hause. 19. Aufl. 8. (73 S.) Berlin (900). S. Mode's Verl. n. 1. —

Groth, J. Gf, Verzeichniß der Gemälde in der Herzog. Gallerie zu Schwerin. gr. 8. Schwerin, Bodner. (a. Gräff in Leipzig.) 792.

Groth, Jo. Car. [Henr.], De febre typhode. Diss. inaug. med. Kiliae. 1815. 4. P. (U. B.).

Groth, Johann, approb. Arzt aus Brunsbüttel in Dithmarschen: Ueber unicondyläre Fracturen des Kniegelenks und Genu varum s. valgum im Anschluß an dieselben. *Leipzig 1902: B. Georgi.* (48 S.) 8°
Leipzig. Med. Diss. v. (25. Okt.) 1902

Groth, Klaus (Hrsg.), s. A l m a n a c h, Schleswig-holsteinischer gemeinnütziger.

Ansprache an die Fünfundachtziger bei ihrem festlichen Einzuge in Kiel den 20. Juni 1871. (Von Klaus Groth. Kiel. 1871.) 8°.

Groth, Klaus, hundert Blätter. Paralipomena zum Quickborn. Hamburg 854. Perthes-Besser u. Mauke. 16. (6 Bl., 134 S.) n. 1 ngl

— Briefe an s. Braut Doris Finke. Hrsg. v. Herm. Krumm. Mit e. Bildnis u. dem Fksm. e. Gedichtes. (XI, 264 S.) 8. Braunschweig 910. G. Westermann. 4.—; geb. 5. —

— Briefe an Eduard Hobein, s.: Reuter, Fritz

Groth, Klaus, Briefe über Hochdeutsch und Plattdeutsch. 12. (III und 171 S.) Kiel 858, [Homann.] Thlr. *

— Briefe über Hochdeutsch und Plattdeutsch. Kiel 858. Schwers. 12. (2 Bl., 171 S.) n. 24 ngl

— **Briefe an die Familie Konrad Ferdinand Lange.** Von Ernst u. Luise Sieper. (52 S.) Lex. 8. Erlangen 906. F. Junge. 2. —
Sonderabdruck aus „Festschr. z. 12. deutschen Neuphilologentag 1906"

Klaus Groths Briefe an Otto Speckter. Mitgeteilt v. Rosa Schapire. (Stuttgart. 1909.) Fol. Ausschnitt aus: Über Land und Meer. Jg. 51, Nr. 49 u. 50.

Deutsche Ehre, deutsche Erde. (Dütsche Ehr un dütsche Eer) [v. Klaus Groth. Sonderabdruck aus desselben: Fif nie Leder etc. Kiel. 1864.] 8°.

— üb. den **Einfluß** des Zeitungswesens auf Litteratur u. Leben, s.: **Bulthaupt, H.**

Erinnerungen an Kaiser Friedrich v. Klaus Groth. Ausschnitt aus: Die Gegenwart. Jg. 27. Bd. 54. Nr. 27. Berlin. 1898. 4°.

Musikalische Erlebnisse v. Klaus Groth. [Berlin.] 1897. 8°
Sonderabdruck aus der „Gegenwart". 1897, Nr. 44.

Groth, Klaus, drei plattdeutsche **Erzählungen,** zum Theil Erlebtes u. Erinnerungen von 1848 aus Schleswig-Holstein. [Auch als 3. veränd. Aufl. Vertelln. I. Bd.] 8. (IX, 175 S.) Berlin 881. Freund & Jeckel. n. 3. —; geb. n. 4. —

Festspiel zum letzten April 1861 gedichtet v. Klaus Groth. Bremen. 1861. 8°

An Seine Hoheit Friedrich VIII Herzog von Schleswig-Holstein beim ersten Besuch Seines Landes Ditmarschen. Gedicht v. Klaus Groth. Gesprochen bei Albersdorf den 21. Juni 1864. o. O. (1864.) 2 Bl. 8°.

Groth, Klaus, en **Geschichte** vun min Vetter voer min Herzog to sin Geburtsdag den 6. Juli 1864. Kiel 864. Schwers. 8. (15 S.) n. 4 ngr.

Giebelrede gesprochen vom Dachstuhle des neuen Krankenhauses zu Kiel am 12. December 1860 vom Zimmermann Schwensen. [Verf.: (Klaus Groth).] Kiel. (1860.) 8°

— **voer de Goern.** Kinderreime alt und neu. Mit 52 Holzschn. (im Text) nach Originalzeichnungen von Ludw. Richter, geschnitten von A. Gaber. Leipzig (858.) G. Wigand. 4. (2 Bl., 103 S.) n. 2 ₰ 20 ngr.

— **Vaer de Goern.** Kinderreime, alt u. neu. Mit 52 Holzschn. nach Orig.-Zeichngn. v. Ludw. Richter. 2. veränd. Aufl., hrsg. unter Mitwirkg. des Hamburger Jugendschriften-Ausschusses. (64 S.) gr. 8. Leipzig (907). G. Wigand. Geb. 2. 50

An unsere Herzogin [v. Klaus Groth]. Kiel, 12. Juni 1865. Unterzeichnet: Frauen und Jungfrauen Kiels. 1 Bl. 8°.

Groth, Klaus, ut min **Jungsparadies.** Dree Vertellen. 8. (VII, 184 S.) Berlin 876, [Stilke.] Freund und Jeckel. *
geb. *

Die Kampfgenossen an die Landesversammlung (v.) Klaus Groth. Datiert: Rendsburg. 8. Mai 1864. o. O. (1864.) 1 Bl. 8°.

— **Rothgeter Meister Lamp** und sin Dochder. Plattdeutsches Gedicht. 16. (V und 104 S.) Hamburg 862, Mauke Söhne. geb. mit Goldschn.

Groth, K., **Lebenserinnerungen.** (Hrsg. v. E. Wolff.) 12. (125 S. m. Bildnis u. Nachbildg. seiner Handschrift.) Kiel 890. Lipsius & Tischer, Verl. geb. m. Goldschn. n. 3. —

— **Lebenserinnerungen.** [Hrsg. v. Eug. Wolff.] 12. (125 S. m. Portr. u. Facsm.) Kiel 891. Lipsius & Tischer. Geb. m. Goldschn. n. 3. —

— dasselbe, s.: **Schriften,** deutsche, f. Litteratur u. Kunst.

Fiv nie Leder ton Singn und Beden vaer Schleswig-Holsteen [v. Klaus Groth]. Hamburg. 1864. 8°.

— **Lieder** aus und für Schleswig-Holstein gesammelt und herausg. Hamburg 864. Mauke Söhne. 8. (VI, 170 S.) n. 12 ngr.

Groth, Klaus, min **Modersprak.** Aus dem 1. u. 2. Tl. des „Quickborn" u. der Prosaerzählg. „Ut min Jungsparadies" f. die Jugend ausgewählt. Mit Bildern v. Otto Speckter. (110 S.) 8. Kiel 905. Lipsius & Tischer. Geb. in Leinw. n. 1. —

Groth, Klaus, über **Mundarten** und mundartige Dichtung. gr. 8. (IV, 80 S.) Berlin 873, Stilke. *

Nachruf an den edlen Grafen Karl von der Gröben vom Ziethenschen Husarenregiment, gefallen vor Missunde den 2. Febr. 1864 (v. Klaus Groth). [Kiel. 1864.] 2 Bl. 8°.

Neujahrsmorgen 1864 [v. Klaus Groth. Kiel]. 1864. 2 Bl. 8°.

16. November 1864. (Lied für Männerchor v.) K[laus] G[roth] nebst 4stimmigem Notensatz. (Kiel. 1864?) Lithogr. 1 Bl. 4°. geb. in 8°.

— **Quickborn.** Volksleben in plattdeutschen Gedichten ditmarscher Mundart nebst Glossar. Mit einem Vor- u. Fürwort von **Harms.** 853. (XIV, 252 S.) — 2. durchges. u. verm. Aufl. Hamburg 853. Perthes-Besser u. Mauke. 8. (XIX, 292 S.) n. 24 ngr.

— — Volksleben in plattdeutschen Gedichten ditmarscher Mundart. 3. sehr verm. u. verb. Aufl., mit einem Glossar nebst Einleitung von **K. Müllenhoff.** Ebend. 854. 12. (XXII, 332 S.) n. 1 ₰

Quickborn. Gedichte aus dem Volksleben v. Klaus Groth. Aus Dithmarscher Mundart übertragen v. A. v. Winterfeld. Berlin. 1856. 8°

— dass. — Ins Hochdeutsche übertr. von F. A. Hoffmann. gr. 16. (XVI und 295 S.) Braunschweig 856, Vieweg und Sohn. *

Groth, Klaus. Quickborn. Aus dem Plattdeutschen übertr. von S. Z. Gotha 1856. Ü: *Szepansky.* (Haller, Bibliothek humoristischer Dichtungen. I, 128.)

— dass. — Aus dem Plattdeutschen übertr. von S. Z. 16. (VIII und 120 S.) Gotha 856, Scheube. *

Quickborn v. Klaus Groth. Mit Holzschnitten nach Zeichnungen v. Otto Spekter. Glossar nebst Einleitung v. Karl Müllenhoff. (4. Aufl., 1. Aufl. der illustr. Ausgabe.) Hamburg. 1856. 8°.

— — Mit Holzschn. (im Text) nach Zeichnungen von **Otto Speckter.** Glossar nebst Einleitung von **Karl Müllenhoff.** Ebend. 856. 4. (XVI, 432 S.) n. 4 ₰

— — Mit einer wortgetreuen Uebersetzung und einem Vorwort für hochdeutsche Leser unter Autorität des Verf. herausg. 5. verm. rc. Aufl. Erste mit der Uebersetzung. Ebend. 856. 12. (XXVIII, 574 S.) n. 1 ₰ 15 ngr.

— — Mit einem Glossar nebst Einleitung von **K. Müllenhoff.** 6. verm. rc. Aufl. Ebend. 856. 12. (VIII, 375 S.) n. 1 ₰

— — 7. Aufl., besorgt u. mit einer Nachricht für die Leser eingeleitet von K. Müllenhoff. Ebend. 857. 8. (XXX, 320 S.) n. 1 ß

— Quickborn. Volksleben in plattdeutschen Gedichten ditmarscher Mundart. 8. Aufl. mit einem Glossar von K. Müllenhoff. Ebend. 860. 8. (XIII, 320 S.) n. 1 ß

—— Quickborn. 9. Aufl. gr. 16. (XII und 304 S.) Hamburg 864, Mauke Söhne.
geb. mit Goldschn.

—— Quickborn (Springquell.) Uebers. von M. J. Berchem. gr. 16. (XI und 275 S.) Crefeld 866, Klein.
geb. mit Goldschn.

—— dass. — Mit Holzschn. nach Zeichnungen von Otto Speckter. 2. unveränd. Aufl. der illustr. Ausg. [10. Aufl. des Quickborn.] 10 Lfgn. gr. 8. (VIII, 410 S. mit eingedr. Holzschn.) Hamburg 868, Mauke Söhne. [Berlin, Stilke.] à Lfg. 75 Pf.
geb. mit Goldschn.

—— Quickborn. 10.—12. Aufl. gr. 16. (XII, 304 S.) Hamburg 869—73, Mauke Söhne. [Berlin, Stilke.]

— Quickborn. 2. Thl. Volksleben in plattdeutscher Dichtung ditmarscher Mundart. 8. (XXIV, 336 S.) Leipzig 871. Engelmann. 4. 50. (I. II.: n. 7. 50)

— Quickborn. 13. Aufl. gr. 16. (X, 304 S.) Ebend. 879.
n. 4. —; geb. m. Goldschn. n. 5. 25

—— Quickborn. 1. Thl. 14. und 15. verm. Aufl. 16. (XIII, 311 S.) Ebendas. 883. ℳ 4,50.; geb.

— dasselbe. 1. Thl. 16. Aufl. 8. (XII, 321 S. m. Bildnis.) Berlin 891. Freund & Jeckel. n. 4. 50

— Quickborn. 17. Aufl. 8. (XII, 321 S. m. Bildnis.) Kiel 892. Lipsius & Tischer. n. 4. 50;
geb. in Leinw. m. Goldschn. n. 6. —

— Quickborn. 22.—24. Aufl. 8. (XX, 264 S. m. Bildnis.) Ebd. 899. n. 3. —; geb. in Leinw. m. Goldschn. n. 4. —

— dasselbe. Hrsg. u. m. e. Einleitg. versehen v. Herm. Krumm. Mit Holzschn. nach Zeichngn. v. Otto Speckter. 25. (Jubel-)Aufl. (3. Aufl. der illustr. Ausg.) gr. 8. (XXXVIII, 421 S. m. Bildnis u. Fksm.) Ebd. 900.
Geb. in Leinw. m. Goldschn. n. 10. —

— Quickborn. 28. u. 29. Aufl. (XX, 264 S. m. Bildnis.) kl. 8. Ebd. 906. Geb. in Leinw. m. Goldschn. n. 4. —

— **Quickborn. 30. u. 31. Aufl. (VIII, 264 S. m. Bildnis.) kl. 8. Kiel 910. Lipsius & Tischer. 3. —; geb. in Leinw. 4. —**

—— dass. — s. Classiker des In- und Auslandes.

— Vertelln. Plattdeutsche Erzählungen. 1. u. 2. Aufl. Kiel 855. Schwers. 16. (2 Bl., 155 S.) n. 24 ngr

— — In's Hochdeutsche übertr. von Reinhold Otto. Braunschweig 856. Vieweg. 16. (VIII, 152 S.) n. 20 ngr

—— **Vertelln. Plattdeutsche Erzählungen. 2. Bd. A. u. d. T.: Trina. 2., unveränd. (Titel-)Aufl. gr. 16. (V und 243 S.) Kiel (859)60, Homann. * 1 Thlr. 6 Ngr.; geb. ***
1. Bd. Ebendas. 1855. * 24 Ngr.

Groth, Klaus (Hrsg.), s. Weber, Ferdinand: Plattdeutsche Gedichte.

Groth's, Klaus, gesammelte Werke. 4 Bde. 8. (XXII, 264; VI, 350; VII, 361 u. VIII, 352 S. m. Bildnis.) Kiel 893. Lipsius & Tischer. Geb. in Leinw. n. 10.

Groth's, Klaus, gesammelte Werke. 4 Bde. 3. Taus. 8. Kiel 898. Lipsius & Tischer. n. 8. —; geb. in Leinw. n. 10. —
1. 2. Quickborn. (XX, 264 u. VI, 350 S. m. Bildnis.)
3. Plattdeutsche Erzählungen. (VII, 361 S.)
4. Plattdeutsche Erzählgn. — Hochdeutsche Gedichte. (VIII, 360 S.)

Groth's, Klaus, gesammelte Werke. 4 Tle. in 2 Bdn. 5. Taus. (XX, 264; VI, 350; VII, 361 u. VIII, 360 S. m. Bildn.) kl. 8. Kiel 909. Lipsius & Tischer. 8. —; geb. in Leinw. 10. —

Willkam in Kiel (v. Klaus Groth. Kiel). [1869.] 2 Bl. 8°.

Groth, M. Handbuch für Unfall- und Haftpflichtversicherungs-Agenten. Hannover 1905.

Groth, Otto, über die Schicksale der farblosen Elemente im kreisenden Blute. Eine Untersuchung aus dem physiolog. Institut zu Dorpat. gr. 8. (90 S.) Dorpat 884, (Karow. — Krüger.) Diss.

Groth, Paul, Ueber Apparate und Beobachtungs-Methoden für krystallographisch-optische Untersuchungen. (Aus Poggendorff's Ann., Bd. CXLIV.)

Groth, Paul (Heinrich): Beiträge zur Kenntniss der überchlorsauren und übermangansauren Salze.
Berlin 1868. (38 S.) 8°
Berlin, Phil. Diss. v. 1. Mai 1868

Einleitung in die chemische Krystallographie von P[aul] Groth. Mit 6 Textfig. Leipzig: W. Engelmann 1904. (IV, 80 S.) 8° [illegible] 11

Groth, P., Führer durch die Mineraliensammlung d. bayerischen Staates im Gebäude der kgl. Akademie der Wissenschaften (Wilhelminum) in München von dem Conservator der Sammlung P. G. 8. (330 S.) München 891. (G. Franz' Verl.) n. 2.

Groth, P., das Gneiss-Gebiet von Markirch im Ober-Elsass, s.: Abhandlungen zur geologischen Specialkarte von Elsass-Lothringen.

Groth, Paul, Grundriss der Edelsteinkunde. Ein allgemeinverständl. Leitfaden zur Bestimmung und Unterscheidung roher und geschliffener Edelsteine. gr. 8. (VI, 165 S. mit 1 Farbentaf. und 43 Holzschn.) Leipzig 887, Engelmann. *
geb. **

Groth, P: Chemische Krystallographie. Leipzig
T. 1. Elemente. Anorganische Verbindungen ohne Salzcharakter. Einfache und complexe Halogenide, Cyanide und Azide der Metalle, nebst den zugehörigen Alkylverbindungen. 1906
T. 2. Die anorganischen Oxo- und Sulfosalze. 1908
T. 3. Aliphatische und hydroaromatische Kohlenstoffverbindungen. 1910
T. 4. Aromatische Kohlenstoffverbindungen mit einem Benzolringe. 1917
T. 5 (Schluß). Aromatische Kohlenstoffverbindungen mit mehreren Benzolringen. Heterocyclische Verbindungen. 1919

- chemische Krystallographie. (In 4 Tln) 1. Tl. Elemente. Anorganische Verbindgn ohne Salzcharakter. Einfache u. complexe Halogenide, Cyanide u. Azide der Metalle nebst den zugehör. Alkylverbindgn. (VIII, 626 S. m. 389 Fig) Lex.-8. Ebd. 906.
Geb. in Leinw. n. 20. —

Groth, P., chemische Krystallographie. 2. u. 3. Tl. gr. 8. Leipzig, W. Engelmann. Geb. in Leinw. 62. —
2. Die anorgan. Oxo- u. Sulfosalze. (VII, 914 S. m. 522 Fig.) 908. Geb. 32. —
3. Alipatische u. hydroaromat. Kohlenstoffverbindgn. (IV, 804 S. m. 648 Fig.) 910. Geb. 30. —

Groth (P.), Physikalische Krystallographie. Leipzig 1876. 8.
Desgl. 2. Aufl. 1885.
Desgl. 3. Aufl. 1895.

Groth, P., physikalische **Krystallographie** u. Einleitung in die krystallographische Kenntniss der wichtigeren Substanzen. Mit 557 Holzschn. im Texte, e. Buntdr. u. 2 lith. Taf. (in qu. Fol.) gr. 8. (XVI, 530 S.) Leipzig 876. Engelmann. n. 16. —

Groth, P., physikalische **Krystallographie** u. Einleitung in die krystallographische Kenntniss der wichtigeren Substanzen. 2. Aufl. Mit 631 Holzschn. im Text u. e. Buntdr.-Taf. gr. 8. (XV, 712 S.) Leipzig 885. Engelmann. n. 16. —; Einbd. n.n. 2. —

— physikalische **Krystallographie** u. Einleitung in die krystallographische Kenntniss der wichtigeren Substanzen. 3., vollständig neu bearb. Aufl. gr. 8. (1. Hälfte. 528 S. m. 575 Fig., 3 Taf. u. 1 Bl. Erklärgn.) Leipzig 894. W. Engelmann. n. 18. —

— physikalische **Krystallographie** u. Einleitung in die krystallographische Kenntnis der wichtigsten Substanzen. 4., neubearb. Aufl. Mit 750 Abbildgn. u. 3 Buntdr.-Taf. (XIV, 820 S.) Lex.-8. Ebd. 905. n. 19. —; geb. in Leinw. n. 22. —

— die **Mineraliensammlung** der Kaiser-Wilhelms-Universität Strassburg. Ein Supplement zu den vorhandenen mineralog. Handbüchern. Mit 6 (lith.) Taf. 4. (X, 271 S.) Strassburg 878. Trübner. geb. n. 16. —

—— über die **Molekularbeschaffenheit** der Krystalle. Festrede, gehalten in der öffentlichen Sitzung der k. b. Akademie der Wissenschaften zu München zur Feier des 129. Stiftungstages am 28. März 1888. gr. 4. (29 S.) München 888, (Franz' Verlag.) **

—— **Repertorium** der mineralogischen und krystallographischen Literatur vom Ende des J. 1876 bis Anfang des J. 1885 und Generalregister der Zeitschrift für Krystallographie und Mineralogie Bd. 1—10. gr. 8. (VI, 208, 146 S.) Leipzig 886, Engelmann. *M 11.—.; geb. *
Repertorium allein *M 7.—.; geb. **
Generalregister allein *M 5.—.; geb. **

— u. F. **Grünling**, Repertorium der mineralogischen u. krystallographischen Literatur vom Anfang des J. 1885 bis Anfang des J. 1891 u. Generalregister der Zeitschrift f. Krystallographie u. Mineralogie XI.-XX. Bd. 2 Thle. gr. 8. Ebd. 893. n. 21. —
1. Repertorium v. P. Groth. (III, 266 S.) n. 9.
2. Generalregister v. F. Grünling. (III, 287 S.) n. 12.

— u. F. **Grünling**, Repertorium der mineralog. u. krystallograph. Literatur, Fortsetzg., s.: Weinschenk, E., u. F. Grünling.

— über das **Studium** der Mineralogie auf den deutschen Hochschulen. Lex.-8. (22 S.) Strassburg 874. Trübner. n. 1. —

—— über das **Studium** der Mineralogie auf den deutschen Hochschulen. Lex.-8. (22 S.) Ebendas. 875. *

— tabellarische **Uebersicht** der einfachen Mineralien, nach ihren krystallographisch-chem. Beziehgn. geordnet. gr. 8. (XX, 120 S.) Braunschweig 874. Vieweg & Sohn. n. 4. —

— tabellarische **Uebersicht** der Mineralien, nach ihren krystallographisch-chemischen Beziehungen geordnet. 2., vollständig neu bearb. Aufl. gr. 4. (X, 134 S.) Braunschweig 882. Vieweg & Sohn. n. 6. 80

— tabellarische **Übersicht** der Mineralien, nach ihren krystallographisch-chemischen Beziehungen geordnet. 3., neu bearb. Aufl. 4. (X, 167 S.) Braunschweig 889. Vieweg & Sohn. n. 8. 50

Tabellarische Übersicht der Mineralien nach ihren krystallographisch-chem. Beziehgn geordn. v. P[aul] **Groth.** 4. vollst. neu bearb. Aufl. *Braunschweig: F. Vieweg & Sohn 1898.* (VIII, 184 S.) 1 Bd 4. [98. 85

— **Uebersichtstabelle** der 32 Abtheilungen der Krystallformen, m. Erläuterungen, Beispielen u. graphischer Darstellung nach Gadolin zusammengestellt. qu. gr. Fol. Ebd. 892. n. 1. —

— s.: **Zeitschrift** f. Krystallographie u. Mineralogie.

Groth, Walter, Oberarzt, appr. Arzt: **Beitrag zu den metastatischen Hirnabszessen pulmonalen Ursprungs.** Berlin 1910: G. Schade. 35 S. 8°
Berlin, Med. Diss. v. 24. Dez. 1910, Ref. Hildebrand
[Geb. 12. Sept. 83 Charlottenburg; Wohnort: Berlin; Staatsangeh.: Preußen; Vorbildung: Kaiserin-Augusta-Gymn. Charlottenburg Reife O. 02; Studium: Berlin K. W. A. 10 S.; Coll. 23. Dez. 10; Approb. 27. Juni 08.] [U 11. 57

Groth, Willy, Referendar aus Waren: Die **Nacherbschaft** nach B.G.B. *Rostock 1900: Adler's Erben.* (86 S.) 8°
Rostock, Jur. Diss. v. [31. Mai] 1900

Grothaus

— s. a. **Grotthaus.**

Grothaus, über die politisch. **Wichtigkeiten** d. Hrn. v., s. Wichtigkeiten.

de Grothaus. Discours sur l'art militaire, prononcé à Gottingue. 4. Breslau 1779.

v. *Grothaus*, Baron ..., **discours** sur l'art militaire, latin. et franç. gr. 4. Bresl. 799. W. G. Korn. 6 gl

v. Grothaus. Rede von der Kriegskunst. 8. Prag 1780.

Grothaus. Uebersichts-Plan von den Städten **Elberfeld** und **Barmen.** 1 : 5000. Barmen 1841. 1 Bl. c. Hz.

GROTHAUS, Martin (Alfhausen): Die Spondilitis cervicalis und ihre erfolgreiche Gewichtsbehandlung.- München 1883.
9.4.1883 - Urk (Titel: De spontylitide cervicali eiusque therapia.); Chr 1882/83,16
Diss.Ingolst.-Landsh.-Mchn.

Grothaus, Nicolaus Anton Heinrich Julius von (Osnabrücker Adel), **Statuta Stadensia de anno 1279 ex codice authentico accurate descripta, cum introductione historica, lectionum variantium farragine, et glossarii specimine.** Präs. Johann Stephan Pütter. Götting. (Hager/Ern. Dav. Alberti) 24. III. 1766. 122 S. (10.—) 11883
Widm. v.: Georg Friedrich August v. Wense, Died. Heinr. Lud. v. Ompteda, Carl Ernst Albrecht (Hildesheim; dtsch.).

de GROTHAUS, N. Ant. H. Jul.: **Statuta Stadensia de a. 1279, ex cod. authent. accurate descr.** *Göttingen,* Bossiegel. 766. 4. (5 Gr.)

Grothaus, Wilhelm, Assistenzarzt beim Inf.-Reg. No 77 in Celle: **Statistischer Beitrag zur Ätiologie des Icterus.** *Göttingen 1902: L. Hofer.* (61 S.) 8°
Göttingen, Med. Diss. v. [3. Jan.] 1903

Grothaus, Wilh., statistischer Beitrag zur Ätiologie des Icterus. Diss. (61 S.) gr. 8. Göttingen 902. (Vandenhoeck & Ruprecht.) n. 1. 60

Grothe, u. Herm. **Grothe**, die Ermittelung d. wirklichen **Wollgehaltes** der käuflichen Wollen u. Woll-Gespinnste durch absolute Trockng. u. Entfettg. [Schweißbestimmg., Conditionirg., Titrirg.] gr. 8. (27 S.) Berlin 871. Grieben. n. 1. —

Das praktischste **Weihnachts-Geschenk**. Eine Erzählung aus d. Leben. [Verf.: **Grothe.**] *Wiesbaden: Selbstverl. (1901).* (8 S.) 8°

Grothe, Adolf

Grothe, Adf., Geschichte f. Mittelschulen, } s.: **Froning, R.**
— vaterländische Geschichte,

Grothe, Ad., Heimatkunde v. Halle u. Umgegend, s.: **Wisotzky & Schleichert.**

Praktisches Schnellschönschreiben. Neue Lehr- u. Übungshefte z. Gebr. f. Fortbildungsschulen u. ähnliche Lehranstalten, sowie f. d. Selbstunterr. Hrsg. von Adolf **Grothe**, Mittelschulrektor, F[e]r[dinand] Kirchert, Mittelschullehrer. H. 1. *Halle a. S.: Gebauer-Schwetschke 1904.* 4° [Umschlagt.]

— u. K. Kläbe, was haben wir erreicht u. was erstreben wir? Nachtrag zu Kläbe's Entwurf zum Ausbau der Hilfsschule. 8. (16 S.) Leipzig 901. C. Merseburger. n. —20

Grothe, D.

Grothe, die Experimental-Physik. Dargestellt in 29 lith. Taf. mit physikal. Apparaten nach d. Natur gezeichnet u. lith. von Ed. Schulte, u. begleitet v. e. erläut. Texte. 2 Abthlgn. Fol. (VIII u. 95 S. m. 29 Taf.) Hagen 849. 60, Butz. 3 ₰

Grothe, D., mechanische Technologie f. den Unterricht an polytechnischen u. Realschulen sowie zum Selbststudium f. Fabrikanten u. Industrielle. gr. 8. (VI, 506 S.) Gorinchem 874. Leipzig, Brockhaus' Sort. in Comm. n. 10. 50
Vgl. Grothe, Hermann.

Grothe, J. W., s.: **Brief des Grafen Anton Günther an Großherzog August v. Oldenburg.**

Grothe, Fr., u. H. Grunhage, Fibel nach der Normalwörtermethode. 8. (52 S., wovon 22 lith.) Osnabrück 880. Wehberg. n.n. — 40

— — Fibel für katholische Schulen. 2. Tl. 8. (64 S.) Ebendas. 881.

— — dasselbe, für katholische Schulen. 2. Tl. 8. (64 S.) Ebend. 882. n.n. — 25

— — Schreib-Lese-Fibel. 8. (22 S., wovon 22 lith.) Ebend. 880. n.n. — 25

Grothe, Gust., das Skatspiel. Eine genaue Beschreibg. des Spieles u. seiner Regeln m. e. ausführl. Skatberechnungstafel. (36 S.) 8. Leipzig (907). S. Schnurpfeil. — 25

Grothe, H., s. **Siemens, C., die Zuckerfabrikation.**

Grothe, Hermann

Grothe, Herm., die Baumwollkarde von Foss & Pevey. [Mit 6 (eingedr. Holzschn.-)Abbildgn.] gr. 8. (10 S.) Berlin 880. Burmester & Stempell. n. — 30

Grothe, Herm., üb. die Bearbeitung des Flachses u. üb. die Flachs-Brech- u. Schwingmaschinen v. Fr. Kaselowski. gr. 8. (19 S.) Berlin 872. Grieben. n. 1. —

Grothe, H: Ueber die Bedeutung der Kleinmotoren als Hülfsmaschinen für das Kleingewerbe. Berlin 1884

Grothe H, Bericht uber die internationale Ausstellung von Gegenständen für den hausl. u gewerbl. Bedarf der arbeitenden Klassen zu Amsterdam 1869. Halle 1870

Grothe, Herm., die Betheiligung Deutschlands an der Pariser Ausstellung 1878. gr. 8. (14 S.) Berlin 876, [Springer.] Burmester und Stempell. *

Grothe, Herm., Bilder u. Studien zur Geschichte der Industrie u. des Maschinenwesens. 1. Sammlung. Berlin 870. Springer's Verl. gr. 8. (VIII, 420 S.) n. 2 ₰ 20 ngr.

— Bilder u. Studien zur Geschichte vom Spinnen, Weben, Nähen, Vorkommen, Erzeugg., Benutzg., Handel, Verarbeitg., Verbrauch der Gespinnstfasern [Seide, Baumwolle, Flachs, Wolle] in allen Jahrhunderten historisch dargestellt. 2. Aufl. der „Bilder u. Studien zur Geschichte der Industrie u. d. Maschinenwesens." gr. 8. (III, 421 S.) Ebend. 874. n. 4. —

— Bilder und Studien zur Geschichte vom Spinnen, Weben, Nähen, Vorkommen, Erzeugung, Benutzung, Handel, Verarbeitung, Verbrauch der Gespinnstfasern [Seide, Baumwolle, Flachs, Wolle] in allen Jahrhunderten historisch dargestellt. 2. Aufl. der „Bilder und Studien zur Geschichte der Industrie und des Maschinenwesens". gr. 8. (III, 421 S.) Ebendas. 875. *

— **Herr Dr. Karl Braun über „die Industrie Amerika's".** Abfertigung einer krit. Compilation desselben. 1. und 2. Abdr. gr. 8. (IV, 64 S.) Berlin 878, Burmester und Stempell. *

— die Brennmaterialien und die Feuerungsanlagen, s. Schauplatz, neuer, der Künste und Handwerke. 285.

Grothe, Dr. H., Die Brennmaterialien und die Feuerungsanlagen für Fabrik, Gewerbe u. Haus. Mit Atlas von 71 Tfln. u. 378 Fig. Weimar 1870. Text 8°. Atlas 8°.

Grothe, nicht explodierende Dampfkessel. (Slg wiss. u krit. Schrift. 8) Berlin 1877

— nicht explodirender **Dampfkessel** [System Root]. 1. und 2. verb. Aufl. gr. 8. (15 S.) Ebendas. 878. *

Grothe, Dr. Herm., Der Einfluss des Manchesterthums auf Handwerk und Hausindustrie, gezeigt an der Hand- und Hausweberei. (Zeitschr. f. deutsche Volkswirthschaft, 2. Bd. 1881, 3. Bd. 1882, 4. Bd. 1883.) 2. Abdr. Lex.-8°. Berlin, Luckhardt, 1884.

Grothe, Herm., der Einfluss d. Manchesterthums auf Handwerk u. Hausindustrie, gezeigt an dem Ergehen der Hand- u. Hausweberei. Eine Studie. 2. Abdr. Lex.-8. (VIII, XLVIII, 347 S.) Berlin 884. F. Luckhardt. n. 12. —

— **die Entwickelung des Maschinenwesens u. die großen Ingenieure.** Vortrag. Berlin 867. Springer's Verlag. 8. (40 S.) 7½ ngr.

Grothe H und Beutner, revidierter Entwurf eines autonomen Zolltarifs für das Deutsche Reich. Berlin 1878

Grothe, Hermann: Die Ermittelung d. wirkl. Wollgehaltes d. käuflichen Wollen . . .
s. Grothe.

— **über die technischen Fachschulen.** Bericht, erstattet an den Centralverein der deutschen Wollenwaaren-Fabrikanten. Lex.-8. (55 S.) Berlin 883. Burmester & Stempell. n. 1. —

— **die technischen Fachschulen in Europa u. Amerika,** s. d. **Verhandlungen** d. Vereins zur Beförderung d. Gewerbfleisses.

Grothe, d. technischen Fachschulen in Europa u. Amerika. Berl. 882.

Grothe H, die technischen Fachschulen in Europa u Amerika. (149 S) 4° Berlin 1892

— **Fachschulen u. Unterrichtsanstalten für Textil-Industrie.** Ein Gutachten, erstattet im Auftrage des Centralvereins d. deutschen Wollenwaaren-Fabrikanten. gr. 8. (46 S.) Berlin 879. Burmester & Stempell. n. 1. —

— die Gespinnstfasern aus dem Pflanzenreiche. Nach den Materialien der Ausstellungen in London, Petersburg, Neapel, Kopenhagen, Amsterdam, Moskau, Mailand, Wien, Philadelphia, Paris u. A. gr. 8. (VIII, 52 S.) Ebend. 879. n. 1. 50

Grothe H, Philipp von Girard, Erfinder der mechanischen Flachsspinnerei. Berlin 1873

— Haftpflicht u.. Arbeiterversicherung. Arbeiterpensionsfonds. Ein Vortrag, geh. 1880. gr. 8°. Berlin, Burmester u. Stempell, 1880.

— Haftpflicht und Arbeiterversicherung. Arbeiterpensionsfonds. Ein Vortrag, gehalten 1880. gr. 8. (33 S.) Berlin 882, Burmester und Stempell.

— die Hauptmomente der wirthschaftlichen Entwickelung Russlands. Eine v. der Société industrielle de Mulhouse preisgekrönte Denkschrift. Lex.-8. (93 S.) Berlin 884. F. Luckhardt. n. 1. —

Grothe, Herm., Jahresbericht über die Fortschritte der mechanischen Technik und Technologie. 1. Jahrg. die Jahre 1861—1862. Mit 17 in den Text gedr. Abbildgn. (Holzschn.) Berlin 863. J. Springer. gr. 8. (V, 232 S.) 1 ₰ 7½ ngr.

— — 2. Jahrg. Mitte 1862—Mitte 1863. Mit 23 in den Text gedr. Holzschn. Ebend. 864. gr. 8. (VII, 264 S.) 1 ₰ 15 ngr.

— — 3. Jahrg. Mitte 1863—Mitte 1864. Mit 53 in den Text gedr. Holzschn. u. vollständigen Namen- u. Sachregistern zu den 3 bisher erschienenen Jahrgängen. Berlin 865. J. Springer. gr. 8. (VI, 335 S.) 1 ₰ 27½ ngr.

— Jahresbericht über die Fortschritte der mechanischen Technik u. Technologie. 4. u. 5. Jahrg. Mitte 1864 bis Mitte 1866. (In 4 Liefgn.) Berlin. Springer's Verl. gr. 8. [1. Liefg. (S. 1—160 mit 18 in den Text gedr. Holzschn. u. 6 Steintaff.) 867. 1 ₰, 2. Liefg. (S. 161—304 mit 30 in den Text gedr. Holzschn. u. 2 Steintaff.) 867. 27 ngr., 3. u. 4. Liefg. (XVI u. S. 305—672 mit 102 in den Text gedr. Holzschn. u. 4 Steintaff.) 867. 2 ₰ 10 ngr.] 4 ₰ 7 ngr.

— die Industrie Amerika's [Vereinigte Staaten von Nordamerika], ihre Geschichte, Entwicklung u. Lage unter besonderer Berücksichtigung der Volkswirthschaft u. Handelspolitik, der Erfindungen u. Fortschritte des Maschinenwesens etc. u. der Weltausstellung zu Philadelphia. Mit vielen Illustrationen in Stahlstich u. Holzschn. im Text u. auf 35 Taf. Lex.-8. (VI, 386 S.) Berlin 877. Burmester & Stempell. n. 25. —

Grothe, Herm., die americanische Industrie und die Ausstellung in Philadelphia 1876. Ein Vortrag, gehalten in der Polytechn. Gesellschaft zu Berlin. gr. 8. (38 S.) Berlin 877, [Springer.] Burmester und Stempell. (* 60 Pf.) *

— Irrungen des Freihandels und die Umkehr. 1.—3. Abdr. gr. 8. (VIII, 180 S.) Ebendas. 879. (* ℳ 2.) *

Grothe, Herm., Katechismus der Bleicherei, s. a. Weber's, (J. J.), illustrirte Katechismen.

– Katechismus der Bleicherei, Färberei und des Zeugdruckes oder Lehre von der chemischen Bearbeitung der Gespinnstfasern. (Aus: „J. J. Weber's Illustrierte Katechismen" Nr. 52.) — Leipzig 1862.

Grothe, Herm., Katechismus für Färberei und Zeugdruck s. a. Weber's, J. J., illustr. Katechismen. 119.

— Katechismus f. Färberei u. Zeugdruck. 2., vollständig neu bearb. Aufl. Mit 78 in den Text gedr. Abbildgn. 8. (X, 288 S.) Leipzig 885. Weber. geb. n. 2. 50

Grothe, Katechismus f. Färberei u. Zeugdruck, 3. Aufl., s.: Ganswindt, A., Leitfaden der Färberei.

— Katechismus der Spinnerei, Weberei u. Appretur, s. a. Weber's, J. J., illustrirte Katechismen. 43.

Grothe, Hermann. Katechismus der Spinnerei, Weberei und Appretur, oder Lehre von der mechanischen Verarbeitung der Gespinnstfasern ... Leipzig, Verlagsbuchhandlung von J. J. Weber 1861.
X + 144 S. m. 90 Holzschn. 8°.

Grothe, Herm., Katechismus der Spinnerei 2c., 4. Aufl., s.: Reiser, Niclas, Lehrbuch der Spinnerei.

— Katechismus der Wäscherei, Reinigung und Bleicherei, s. a. Weber's, J. J., illustrirte Katechismen. 52.

Grothe, Katechismus der Wäscherei, Reinigung u. Bleicherei. Leipzig 1884. Weber. Geb.

— Katechismus der Wäscherei, Reinigung u. Bleicherei. 2., vollständig umgearb. Aufl. Mit 41 in den Text gedr. Abbildgn. 8. (VIII, 151 S.) Ebend. 884. geb. n. 2. —

— technische Mittheilungen v. der Weltausstellung in Wien. 1873. Eine Revue üb. die Entstehg., das Arrangement, die Vorgänge der Ausstellg. u. die Ausstellungsobjecte aus dem Gebiete der Technologie. Mit 320 (eingedr.) Abbildgn. in Holzschn. u. 8 (lith.) Taf. Fol. (224 S.) Berlin 874. Springer's Verl. n. 10. —

Grothe, Hermann (Red.), s. Musterzeitung für Färberei, Druckerei . . . u. für d. ges. Farbenanwendung . . .

— die Nessel als Textilpflanze, s. Bouché, C. B.

— das Patent-Gesetz für das Deutsche Reich. Mit Erläuterungen zum prakt. Gebrauch für Patentnehmer, Ingenieure, Gewerbtreibende, Fabrikanten, mit Angaben üb. Auslandspatente, internationales Patentrecht, Verein der Patentanwälte etc. Eingeleitet durch eine Geschichte des deutschen Patentgesetzes. gr. 8. (VIII, 161 S.) Berlin 877. Guttentag. n. 4. —

— der internationale Patent-Congress in Wien (4.—9. Aug. 1873). 8. (75 S.) Berlin 873, Springer's Verlag.

Grothe, H., Ramie, Rheea, Chinagras u. Nesselfaser, s.: Bouchée, C. B.

— Spinnerei, Weberei, Appretur auf den Ausstellungen seit 1867, unter besonderer Berücksichtigung der Ausstellung Paris 1878, sowie der Ausstellungen Philadelphia 1876, Wien 1873, Moskau 1872 etc. Mit vielen Illustrationen auf 15 (lith.) Taf. u. in (eingedr.) Holzschn. gr. 8. (VI, 303 S.) Berlin 879. Burmester & Stempell. n. 13. 50

Grothe, Herm., die Spinnerei, Weberei u. Appretur auf der Welt-Ausstellung zu Paris 1867. [Gespinnstfasern, Gespinnste, Gewebe, Maschinen u. Geräthschaften.] Mit 15 in den Text gedr. Holzschn. u. vielen Abbildgn. auf 10 (lith.) Figg.-Taff. (in qu. 4.) Ebend. 868. gr. 8. (III, 131 S.) n. 2 ₰ 15 ngr.

— Stimmen üb. Kunstgewerbe auf der Ausstellung in Wien 1873. Eine krit. Beleutg. gr. 8. (42 S.) Berlin 874. Springer's Verl. n. — 80

— **Technologie der Gespinnstfasern. Vollständiges Handbuch der Spinnerei, Weberei, Appretur etc. Mit zahlreichen in den Text gedr. Holzschn. u. lith. Taf. 1. Bd. Streichgarn-Spinnerei. I. Wolle u Wollenwaschen. gr. 8. (165 S. m. e. Steintaf.) Berlin 874. Springer's Verl. n. 5. —**

— dasselbe. **1. Bd. II. Das Krempeln der Wolle. Mit 175 in den Text gedr. Holzschn. u. 7 (lith.) Taf. (in qu. 4. u. qu. Fol.) gr. 8. (S. 167—453.) Ebend. 875. n. 9. —**

— dasselbe. 1. Bd. **III. Die eigentl. Spinnmaschinen u. das Verspinnen der Wolle u. Kunstwolle. gr. 8. (XIV u. S. 455—781.) Ebend. 876. n. 20. —**

— **Technologie der Gespinnstfasern.** Vollständiges Handbuch der Spinnerei, Weberei u. Appretur. 2. Bd. A. u. d. T.: Die Appretur der Gewebe [Methoden, Mittel, Maschinen]. Mit 551 (eingedr.) Holzschn. u. 24 (lith. u. Holzschn.-)Taf. Lex.-8. (XII, 876 S.) Berlin 882. Springer. geb. n. 30. — (1. u. 2.: n. 64. —)

Grothe H, mechanische Technologie. Leipzig 1874

Vgl. Grothe, D.

Grothe, Herm., Leonardo da Vinci als Ingenieur u. Philosoph. Ein Beitrag zur Geschichte der Technik u. der inductiven Wissenschaften. Mit 77 (eingedr.) Holzschn. u. e. (lith.) facsimil. Taf. gr. 4. (94 S.) Berlin 874. Nicolai's Verl. n. 5. —

— **die Wolle. Mittheilungen d. Vereins der Wollinteressenten Deutschlands üb. Schafzucht, Wollkunde, Spinnerei, Weberei, Appretur, Färberei, Tuch- u. Wollhandel. Lex.-8. (796 S. m. vielen Steintaf.) Berlin 874. Grieben. n. 4. —**

Grothe, H: Sachliche Würdigung der in Deutschland ertheilten Patente. Klasse 8. Bleichen, Färben, Zeugdruck und Appretur. Berlin [1892]

Grothe, Hermann (Red.), s. Z e i t s c h r i f t des Vereins der Wollinteressenten Deutschlands.

Grothe, Hermann (Red.), s. Z e i t s c h r i f t für deutsche Volkswirtschaft.

Grothe, Hermann (Hrsg.), s. Z e i t u n g , Deutsche allgem. polytechnische.

— Zollschutz für Producte des Kunstgewerbes. Eine Vorlage an die Tarifcommission des deutschen Reichs. gr. 8. (21 S.) Berlin 879. Burmester & Stempell. n. — 30

Grothe, Zollschutz für Rohprodukte des Kunstgewerbes. (Sammlung wissenschaftlicher und kritischer Schriften 14) Berlin 1879

— der Zolltarif. Entwurf für das deutsche Zollgebiet. Ein Vortrag, gehalten im Vereine für deutsche Volkswirthschaft zu Berlin, am 17. April 1879. gr. 8. (32 S.) Ebend. 879. n. — 50

Grothe, Hugo, s.: **Archiv, orientalisches.**

Grothe, Hugo, Dr. jur., aus Wiesbaden: **Die Bagdadbahn und das Schwäbische Bauernelement in Transkaukasien und Palästina.** *München: J. F. Lehmann 1902.* (53 S.) 8° [F.]
Würzburg, Phil. Diss. v. 1902

— s.: **Beiträge zur Kenntnis des Orients.**

Grothe, Hugo, Deutsche Besiedlungsarbeit in Transkaukasien (Asien 1902). Nr. 3. Berlin: Paetel

Grothe, (L.) Hugo: B i l d e r aus dem Inneren Tripolitaniens. (Von Tripolis nach dem Djebel Rharian.) ([S.-A.] Beilage zur „Allgemeinen Zeitung". No 27 u. 28 vom 2. und 3. Februar 1899.) München 1899. 27 S. 8°.

— **Geographische Charakterbilder aus der asiat. Türkei u. dem südlichen mesopotamisch-iranischen Randgebirge (Puscht-i-kûh). Eine Darstellg. d. Oberflächengestalt, Bevölkerg., Siedlg. u. Wirtschaft. 176 Orig.-Aufnahmen u. 3 (farb.) Karten. (100 Taf. m. XV S. Text.) 20×24 cm. Leipzig 909. K. W. Hiersemann. Mit Goldschn., in Leinw.-Mappe 25. —**

Auf türkischer Erde. Reisebilder u. Studien von Hugo **Grothe**, Dr. phil. et jur. Mit 22 Abb. Berlin: Allg. Ver. f. Deutsche Litt. 1903. (455 S.) 8° [F.]
— **Verein,** Allgemeiner, f. Deutsche Litteratur. Abt. 29, [2.] [03. 1889 4

Auf türkischer Erde. Reisebilder u. Studien von **Hugo Grothe**, Dr. phil. et iur. Mit 22 Abb. 2. Aufl. *Berlin: Allgem. Ver. f. Deutsche Litt. 1903.* (455 S.) 8° [F.]
— **Verein, Allgemeiner,** f. Deutsche Litteratur. Abth. 29, [2.] [04. 0796

Hugo Grothe-Harkányi [d. i. Hugo **Grothe**]. Frauenprofile. Illusionen. München: Albert; (Zürich: Verl.-Magazin 1895). 83 S. 8°

— s.: **Geographie, angewandte.**

Grothe, Hugo: Zur Geschichte der schwäbischen Ansiedelungen in Transkaukasien. ([S.-A.] Beilage zur [Münchener] Allgemeinen Zeitung. No. 152 und 160 vom 6. und 16. Juli 1901.) München 1901. 23 S. 8°.

Grothe, Hugo, Am deutschen Herd in Transkaukasien.
— Reisebilder und Studien. 455 S. Berlin: Allgem. V. F. D. Literatur 1903

Grothe, Hugo (Hrsg.), s. J a h r b u c h der Münchner Oriental. Gesellschaft. [Umschlagtitel:] Beiträge z. Kenntnis des Orients.

Grothe, Hugo, aus Wiesbaden: **Die Immobiliarerbfolge der Weiber im Mittelalter nach Land- und Stadtrecht.** *Berlin 1899: G. Schade.* (62 S.) 8°
Rostock, Jur. Diss. v. [20. Nov.] 1899

Zur Landeskunde von Rumänien. Kulturgeschichtliches u. Wirtschaftliches von Hugo **Grothe**, Dr. phil. et jur. Halle a. S.: Gebauer-Schwetschke 1907. (XV, 126 S.) 8°
= **Geographie**, Angewandte. Ser. 3. H. 1.

Grothe, Hugo, Referendar a. Alt-Töplitz b. Potsdam: Die Lehre vom dolus causam dans und incidens nach gemeinem Rechte und dem Rechte des Bürgerlichen Gesetzbuchs. Greifswald 1904: J. Abel. (46 S.) 8°
Greifswald, Jur. Fak., Ref. Pescatore, Diss. v. 30. Sept. 1904
[Geb. 7. Sept. 79 Alt-Töplitz b. Potsdam; Wohnort: Alt-Töplitz; Staatsangeh.: Preußen; Vorbildung: Viktoria-Gymn. Potsdam Reife M. 99; Studium: Berlin 2, Heidelberg 1, München 1, Greifswald 4 S.; Rig. 2. Aug. 04.]

-- Lieder vom Kuß. Ein Buch deutscher Liebeslyrik aus klass. u. moderner Zeit. 8. (VIII, 187 S.) Leipzig 892. M. Erhardt. Geb. in Leinw. 3. —

— s.: **Orient, der.**

— **Meine Studienreise durch Vorderasien (Kleinasien, Mesopotamien u. Persien) 1906 u. 1907,** s.: **Orient, der. 6. Hft.**

— **Tripolitanien u. der Karawanenhandel nach dem Sudan, s. a. Hochschul-Vorträge f. Jedermann. 31. Hft.**

Grothe, (L.) H., Tripolitanien u. der Karawanenhandel nach d. Sudan. Vortrag, geh. im Kaufmänn. Verein in Leipzig (am 1. IV. 1898) u. im Centralverein f. Handelsgeographie zu Berlin (am 22. IV. 1898). gr. 8. (28 S.) Leipzig 898. Dr. Seele & Co. n. — 50

— Tripolitanien, Landschaftsbilder u. Völkertypen. gr. 8. (47 S.) Ebd. 898. n. 1. —

Grothe, (L.) Hugo: Tripolitanien und seine Zukunft als Wirtschaftsgebiet. Mit drei Abbildungen. ([S.-A.] Geographische Zeitschrift. Jahrg. 4. Heft 10.) Leipzig 1898. 20 S. 8°.

— Wanderungen in Persien. Erlebtes u. Erschautes. (VIII, 366 S. m. 50 Abbildgn. auf Taf.) gr. 8. Berlin 910. Allgemeiner Verein f. deutsche Literatur. 6.—; geb. 7. 50

Grothe, Hugo, Welt u. Seele. Dichtungen. 8. (135 u. III S.) Dresden 892. E. Pierson. n. 2. —; geb. n. 3. —

Grothe, Jacob. Anne, dissertatio literaria inaugur. de Socrate Aristophanis. 8 maj. (12 B.) Trajecti ad Rhenum 843. (Kemink et filius.) *

Grothe, J. A., De Socrate Aristophanis. Diss. 1843. XXII, 164 S.

Grothe, Ignaz, Communionreden. Vor- u. nachmittäg. Anreden an die Kinder am Tage der ersten heiligen Communion. gr. 8. (132 S.) Paderborn 874. Junfermann. 1. 20

Grothe, Ign., Kommunionreden. Vor- u. nachmittäg. Anreden a. d. Kinder a. Tage d. 1. hl. Kommunion. 2. Aufl., besorgt v. Ludw. Hagemann. gr. 8. (152 S.) Paderborn 895. Junfermann. 1. 50

Kommunionreden. Vor- u. nachmittägige Anreden an d. Kinder am Tage d. ersten heil. Kommunion. Von Ignaz Grothe, weil. Pfarrer. 3. Aufl., besorgt von Ludwig Hagemann, Pfarrer zu Warburg. *Paderborn: Junfermann 1903.* (154 S.) 8° [J.]

Grothe, Carl: Aus der medizinischen Poliklinik zu Kiel. Ein Fall von Situs viscerum inversus totalis mit Atresie der Arteria pulmonalis. *Kiel 1898: P. Peters.* (24 S.) 8°
Kiel, Med. Diss. v. [13. Juni] 1898

Grothe, L. Hugo, s. Grothe, Hugo.

Grothe, Louis

Grothe, L. (Red.), s. Assecuranz-Tribüne, Die.

Grothe, Louis, im Chaos der Gefühle. (Am Lebenswege.) Gedichte u. Sprüche. 12. (72 S.) Wiesbaden 902. H. Staadt. n. 1. 50; geb. n. 2. —

— s.: Wochenschrift, deutsche, f. Versicherungswesen.

Grothe, Otto, Lesebuch f. Forstlehrlingsschulen, zusammengestellt u. hrsg. (X, 376 S.) 8. Neudamm 906. J. Neumann. Geb. n. 2. —; Geschenk-Ausg. geb. n. 2. 50

Grothe, Otto. Ueber Metajodorthonitro- und Amido Benzoësäuren, sowie über isomere Nitrobenzylcyanide und Paranitrophenylessigsäure. Kiel, 1880.

Grothe, O., forstliche Rechenaufgaben. Ein Wiederholungs- u. Uebungsbuch zur Vorbereitg. auf die Jäger- u. Försterprüfg. Mit in den Text gedr. Fig. 3., erweit. Aufl. der „Sammlg. v. forstl. Rechenaufgaben". gr. 8. (VI, 137 S.) Berlin 888. Springer. cart. n. 1. 40

Grothe, Otto, forstliche Rechenaufgaben. E. Wiederholungs- u. Übungsbuch z. Vorbereitg. auf d. Jäger- u. Försterprüfg. 4., verm. u. verb. Aufl. gr. 8. (VI, 147 S. m. Fig.) Berlin 894. J. Springer. Kart. n. 1. 40

Grothe, Otto, forstliche Rechenaufgaben. Ein Wiederholungs- u. Uebungsbuch zur Vorbereitg. auf die Jäger- u. Försterprüfung. 5., verm. u. verb. Aufl. gr. 8. (VI, 164 S. m. 85 Fig.) Berlin 902. J. Springer. Kart. n. 1. 80

Grothe, Otto, forstliche Rechenaufgaben. Ein Wiederholungs- u. Übungsbuch zur Vorbereitg. auf die Jäger- u. Försterprüfg. 6., verm. u. verb. Aufl. (VII, 174 S. m. 88 Fig.) gr. 8. Berlin 908. J. Springer. Kart. 1. 80

Grothe, Otto, Sammlung von forstlichen Rechenaufgaben. Mit Berücksicht. des prakt. Bedürfnisses für Forstlehrlinge zur Vorbereitung auf die Jägerprüfung bearb. und hrsg. Nebst einem Anhang, enthaltend das metr. Maß-, Gewichts- und Münzsystem, die wichtigsten prakt. Regeln über die Berechnung der Flächen und Körper und die Ausziehung der Quadrat- und Kubikwurzel. 1. und 2. durchges. und verb. Aufl. gr. 8. (62 S.) Berlin 881,82, Springer. *

— dienstliche Schreiben d. Försters. E. Anleitg. in Regeln u. ausgef. Beispielen z. Erlerng. d. Geschäftsstils f. Forstlehrlinge, d. gelernten Jäger b. d. Bataillonen u. angeh. Forstsekretäre. M. Berücksicht. d. Ministerial-Erlasse v. 20. Mai u. 19. Juni 1896 bearb. u. hrsg. gr. 8. (79 S.) Neudamm 896. J. Neumann. n. 1. —

— dienstliche Schreiben des Försters. Eine Anleitg. in Regeln u. ausgeführten Beispielen zur Erlerng. des Geschäftsstils f. Forstlehrlinge, die gelernten Jäger bei den Bataillonen u. angeh. Forstsekretäre. Mit Berücksicht. der Ministerial-Erlasse vom 20. V. u. 19. VI. 1896 bearb. u. hrsg. 2., verm. u. verb. Aufl. (87 S.) gr. 8. Ebd. 903. n. 1. —

Grothe, R., e. diplomatische Frage, s.: Dilettanten-Mappe.

Grothe, R. M., Handbuch f. Metall-Arbeiter. Prakt. Hülfsbuch zur Selbstherstellung aller Beizen, galvan. Bäder, Härtemittel, Lacke, Legiergn. etc. (In 25—30 Lfgn.) 1. Lfg. gr. 8. (IV u. S. 1—24.) Berlin 899. H. Blum. n. — 25

Grothe, Walter, aus Salzwedel: Ueber die Einwirkung von sulfinsauren Salzen, Kaliumsulfhydrat, Kaliumcyanid u. Kaliumrhodanid auf Chloracetylderivate aromatischer Amidokörper. *Berlin [1900]: Denter & Nicolas.* (32 S.) 8°
Rostock, Phil. Diss. v. [16. Juli] 1900

Grothe, Wilh., Belladonna, s. Eisenbahn-Unterhaltungen.

[Kopft.:] [J.] Berlin bei Nacht oder Der Nachtgesellen Leben und Treiben in der Reichshauptstadt Berlin. E. Aufsehen erregender Volksroman v. Wilhelm Grothe. (In 50 Heften.) *(Berlin: W. Grosse [1892].)* (1200 S., 49 Taf.) 1 Bd 8.

Grothe, Wilh., Berlin bei Nacht od. der Nachtgesellen Leben u. Treiben in der Reichshauptstadt Berlin. Ein Aufsehen erreg. Volksroman. 50 Hfte. gr. 8. (1200 S. m. 50 Bildern.) Berlin 893. Verlagshaus f. Volkslitteratur u. Kunst. à Hft. — 10; kplt.: 5. —; geb. 6. 25

Grothe, Wilh., Bartholomäus Blume, der Bürgermeister von Marienburg, s. Eisenbahn-Unterhaltungen.

Grothe, Wilh., Brandenburg üb. Alles. Historische Erzählg. In vereinfachte deutsche Stenographie (System Stolze-Schrey) übertr. v. Wilh. Kesseler. gr. 8. (112 S.) Berlin (898). Fr. Schulze. n. 1. 20; geb. n. 1. 50

Brandenburg über Alles. Histor. Erzählg v. Wilhelm Grothe. In vereinf. deutsche Stenogr. '(System Stolze-Schrey)' übertragen v. Wilhelm Kesseler. *Berlin: F. Schulze [1899].* (1 Bl., 112 S.) 1 Bd 8. [Text lith.]

— ein Dämon. Roman aus der Zeit der Napoleonischen Fremdherrschaft. Berlin 864. Grothe. 8. (240 S.) 1 ₰ 10 ngr.

— Erbachau. Aus dem Leben eines Dichters. Eine Erzählung in Versen u. Liedern. Berlin 861. Sandrog & Co. (Grothe.) 16. (IV, 103 S.) n. 18 ngr.

Grothe, Wilh., die Flibustier, s. Bibliothek interessanter Erzählungen.

Grothe, Wilh., zwei Frauen. Kriminal-Roman. (96 S.) 8. Neuweißensee (906). E. Bartels. 1. —

Grothe, Wilh., Frauenhaß u. Frauenliebe. Historischer Roman. Berlin 868. Grothe. 8. (259 S.) n. 1 ₰ 10 ngr.

—— Gedichte. 8. (XV und 210 S.) Berlin 863, Sandrog und Comp.

— das Glück u. seine Launen od. die Entführung der Braut. Sensations-Roman aus der Gegenwart. 2 Thle. gr. 8. (636 u. 644 S. m. je 40 color. Holzschntaf.) Dresden 882. C. G. Lohse. 8. —

Grothe, W., König Hiarne und das Tyrfingschwert. Oper in 4 Aufzügen. Musik von Heinrich Marschner. 8. 8. (40 S.) Berlin (885), Ad. Fürstner. **

—— Jaczko, oder Herz und Volk. Dramat. Gedicht. 1. und 2. Aufl. 16. (XI und 116 S.) Berlin 861, [Grothe.] *

— die Kinder d. Glücks, od. Deutschlands Erhebg. Historisch-romant. Erzählg. (In 30 Lfgn.) 1—4. Lfg. gr. 8. (1. Bd. S. 1—192.) Berlin 875. 76. Chun. à — 40

— die Kinder des Papstes. Historischer Roman. (1. Abthl.) 2 Bde. 8. (442 S.) Berlin 867, Grothe. *

— das — 2. Abthl. Glanz und Fall. 2 Bde. 8. (409 S.) Ebendas. 867. *

—— aus dem Komödiantenleben. Erinnerungen eines alten Schauspieler-Vagabunden. 8. (XI und 285 S.) Berlin (861)62, [Grothe.]

— ein Künstlerherz, s.: Kühling's, A., Album für Liebhaber-Bühnen.

— Clara Liedtke. Erinnerungsblatt an die zu früh gestorbene Künstlerin. Berlin 863. Grothe. 8. (32 S.) 6 ngr.

— unter dem geflügelten Löwen, } s.: Eisenbahn-Unterhaltungen.

—— Mesalliancen. Roman aus der Gegenwart. 2 Thle. 8. (240 S.) Berlin 866, Grothe. *

—— Nebel und Sonnenschein. Roman aus der Gegenwart. 3 Bde. 8. (XVII und 804 S.) Berlin (861)62, [Grothe.]

Grothe, Wilhelm: Die Nihilisten, s. Eisenbahn-Unterhaltungen.

—— Nordlands-Sagen. Balladenstrauß. 16. (V und 87 S.) Berlin 861, [Grothe.] * 18 Ngr.; geb. *

—— Novellen. 2. Aufl. 8. (336 S.) Berlin 868, Grothe.

Grothe, Wilh., russische Rebellen, } s. Eisenbahn-Unterhaltungen.

— aus dem Reiche der Lampen u. der Schminke. 1—4. Bd. Ebend. 8. Jeder Bd. n. 1 ₰

1. Bd. Bühnenlust u. Schauspielerleid. (V, 271 S.) 865.
2. Bd. Komödiantenstreiche. Komischer Roman. (232 S.) 866.
3. Bd. Theolog u. Komödiant. Humoristisch-komischer Roman. (VII, 213 S.) 867.
4. Bd. Onkel Dickchen. Theater-Roman. (196 S.) 868.

—— aus dem Reiche der Lampen und der Schminke. 1. Bd.: Bühnenlust und Schauspielerleid. 2. (Titel-)Aufl. 8. (III, 271 S.) Berlin (865)68, Grothe.

Grothe, Wilhelm, u. Lossa b. Memleben: Der heilige Richard und seine Kinder ⟨St. Willibald, St. Wunibald, St. Walpurgis⟩. (Berlin 1908: E. Ebering.) (114 S.) 8°
Berlin, Phil. Fak., Ref. Schäfer, Diss. v. 16. Mai 1908
[Geb. 7. Juli 84 Lossa b. Memleben; Wohnort: Berlin; Staatsangeh.: Preußen; Vorbildung: Königstädt. Gymn. Berlin Reife M. 03; Studium: Berlin 8 S.; Rig. 13. Febr. 08.]

Grothe, W., Sagen u. Märchen f. Jung u. Alt. 8. (III, 214 S.) Berlin 890. Lüstenöder. n. 1. 50

Grothe, Wilh., Sagen u. Märchen f. Jung u. Alt. 8. (III, 214 S.) Berlin 891. Lüstenöder. n. 1. 50

— Schildhorn und Teufelssee. Märkische Sage. Berlin 864. Grothe. 16. (VII, 82 S.) 15 ngr.

— Schwert und Kapuze, oder: König Wenzeslav und die Seinen. Historischer Roman aus den ersten Zeiten der Hussiten. 3 Bde. Berlin 861. Sandrog & Co. (Grothe.) 8. (XV, 797 S.) 4 ₰

— das Schwert des Rebellen und die Rose vom Geyersberg oder Ritterstolz und Bauernknechtschaft. Historischer Roman. 26 Hefte. gr. 8. (1030 S. mit eingedr. Holzschntaf.) Leipzig 878,79, Otto und Kadler. à Heft 40 Pf.

— verlorene Söhne. Kriminal-Roman. (96 S.) 8. Ebd. (906). 1. —

Grothe, Wilhelm: Im Sturm der Leidenschaft, s. Eisenbahn-Unterhaltungen.

—— der Herzog von Valentinois. Historischer Roman. 2 Bde. 8. (442 S.) Berlin 867, Grothe.

—— deutsche Volks-Roman-Bibliothek. 1.—91. Heft. gr. 8. (à Heft 1—1½ Bog. mit Holzschntaf.) Ebendas. 878,79. à Heft 10 Pf. *

—— Was mein Auge sah und mein Ohr hörte. Novellen. 8. (VI und 336 S.) Berlin 863, Sandrog und Comp.

—— die Wilderer, s. Bibliothek interessanter Erzählungen.

Grothe-Harkányi, Hugo [Pseud.], s. G r o t h e , Hugo [Wirklicher Name.].

Grothelm, Albert

Grothelm, Alb., d. russische Handelsvertrag u. d. niedr. Getreidepreise. M. e. Anh.: Die Landwirtschaft u. d. Zwischenhandel. 8. (21 S.) Gera 896. J. Becker. n. — 30

— Schöffen u. Geschworene. E. Hinweis darauf, wer zu diesen Aemtern herangezogen werden kann, wer sie ablehnen darf, u. was f. Pflichten e. Schöffen bezw. e. Geschworenen obliegen. 8. (20 S.) Ebd. 896. n. — 30

— wahrhaft glücklich. E. soziale Erzählg. gr. 8. (136 S.) Berlin 897. Buchh. d. Deutschen Lehrerzeitung. n. 1. 50; geb. in Leinw. n. 2. —

Grothmann, H.

— Für den Zeichenunterricht mit method. Beiträgen etc. (80 S 8 T) Berlin 1905

Grothmann, H., das Zeichnen an den allgemein bildenden Schulen m. besond. Berücksicht. der preußischen Lehrplanbestimmungen. (158 S. m. Abbildgn. u. z. Tl. farb. Taf.) Lex.-8. Berlin 905. F. Ashelm. n. 6. —; geb. n. 7. —

Grothmann, H., das Zeichnen an den allgemein bildenden Schulen, m. besond. Berücksicht. der preuß. Lehrplanbestimmungen. 4., gegen die 3. unveränd. Aufl. (162 S. m. 132 Abbildgn. im Text u. auf z. Tl. farb. Taf.) Lex. 8. Berlin 910. F. Ashelm. Geb. in Leinw. nn 6. 50

Grothmann, Rud., üb. Brom- u. Bromnitro-Salicylsäuren u. zugehörige Phenole. gr. 8. (31 S.) Stade 882. (Göttingen, Vandenhoeck & Ruprecht.) n. — 80

Grothof, C.

Grothof: Horaz als Satiriker. 9 S.–Heiligenstadt, Progr. 1863

Grothof, C.: O c t a v i a . Ein Lebensbild aus dem römischen Altertum. 18 S.–Heiligenstadt, Progr. 1869.

Grothus, Theodor Wilhelm (Osnabrück), Aegrum hydrope ex quartana laborantem et restitutum. Diss. med. Präs. Friedrich Hoffmann. Halle Nov. 1725. 24 S. mit Widm. v. Präs. (6.20) 11884

Grothusen, Gerhard: Ueber mehrfache, angeborene Schädel- und Rückgratsspalten. *Berlin (1898): E. Ebering.* (43 S.) 8°
Berlin, Med. Diss. v. 15. Febr. 1898

Grothuß, Joach. Ulr., († d. 20. April 1815.), s. Briefe an meine Mitbürger

Grothuß, Otto v., lyrische Gedichte, s. Gedichte.

Grothuß, Otto Frhr. v., Lichter u. Schatten. Gedichte. 8. (12 B.) Berlin 838, Ende.

Grothuß, Theodor von, s. G r o t t h u ß , Theodor von.

Groethuysen, B., ein Brief Kants. Mitgeteilt v. G. (6 S.) Lex.-8. Berlin 906. (G. Reimer.) n. — 50
Sonderabdr. aus: „Sitzungsber. d. preuss. Akad. d. Wiss."

Groethuysen, Bernhard, aus Berlin: Das **Mitgefühl.** ⟨Kap. 1.⟩ *Leipzig: J. A. Barth 1904.* (32 S.) 8° ¶ [Erschien vollst. 1904 in: Zeitschrift f. Psychol. u. Physiol. d. Sinnesorgane, Bd 34.]
Berlin, Phil. Diss. v. 3. Febr. 1904

Groethuysen, Philipp. Joseph. (geb. Straelen im Rheinl. 26. 5. 1832): De hydrocele. Berolini (1856). (28 S.) 8°
Berlin, Med. Diss. v. 18. Dez. 1856

Grotjahn, Alfr., Alkohol u. Arbeitsstätte. Eine Abhandlg. üb. Wesen, Ursache u. Wirkg. des Alkoholgenusses während der Arbeit u. in den Arbeitspausen, sowie e. Uebersicht der Maßnahmen, die schon getroffen od. noch zu treffen sind, um den Genuß geist. Getränke v. den Arbeitsstätten fernzuhalten. Im Auftrage des deutschen Vereins gegen den Mißbrauch geist. Getränke. (V, 94 S.) gr. 8. Berlin (903). Mäßigkeits-Verlag. n. 1. 50; geb. in Leinw. n. 2. —

Grotjahn, A., Alkohol-Genuß, Alkohol-Mißbrauch, s. a. Sammlung Sassenbach. Nr. 8.

Alkohol-Genuss, Alkohol-Missbrauch. Ein hygien. Merkbüchlein f. d. werkthät. Volk von Dr. A[lfred] **Grotjahn**, Arzt in Berlin. *Berlin, Paris: J. Sassenbach [1900].* (31 S.) 8° [F.]
= **Sassenbach,** Sammlung. No 8. [00. 8750

Grotjahn, Alfred: Der A l k o h o l i s m u s , s. H a n d b u c h der Hygiene. IV. Suppl.- Bd.

Der Alkoholismus nach Wesen, Wirkung u. Verbreitung v. Alfred **Grotjahn.** *Leipzig: G. H. Wigand 1898.* (X, 412 S.) 1 Bd 8.
— **Bibliothek** f. Socialwissenschaft. Bd 13. [98. 10987

— s.: **Archiv f. soziale Hygiene.**

Grotjahn, Alfred [aus Schladen am Harz]: **Beitrag zur Lehre von der Purpura** ... Berlin, Buchdr. v. G. Schade, *1894;* 32 S., 1 Bl. 8.
Berlin, Med. Fak., Inaug.-Diss. v. 31. Juli 1894

— Hygiene, s.: Volksbibliothek, wissenschaftliche.

Grotjahn, Alfred: Soziale H y g i e n e u. Entartungsproblem, s. H a n d b u c h der Hygiene. IV. Suppl.- Bd.

— s.: **Jahresbericht über etc. soziale Hygiene u. Demographie.**

Krankenhauswesen und Heilstättenbewegung im Lichte der Sozialen Hygiene. Von Dr. med. Alfred **Grotjahn**, Berlin. Leipzig: F. C. W. Vogel 1908. (VIII, 406 S.) 8° [08. 3403

— die hygienische Kultur im 19. Jahrh., s. a. Am Anfang des Jahrhunderts. 9. Hft.

Die hygienische Kultur im 19. Jahrhundert. Von (Dr.) Alfred **Grotjahn.** *Berlin: Aufklärung 1902.* (55 S.) 8° [F.]
= **Anfang,** Am, des Jahrhunderts. H. 9. [02. 3693

— s.: **Luther, e. Charakterbild aus seinen Werken.**

— soll man bei der Arbeit Alkohol genießen? Im Auftrage des deutschen Vereins gegen den Mißbrauch geist. Getränke. (V, 30 S.) gr. 8. Berlin (903). Mäßigkeits-Verlag. n. — 15
Sonderabdruck aus: „Alkohol u. Arbeitsstätte".

Soll man bei der Arbeit Alkohol geniessen? Von Alfred **Grotjahn**, Dr. med. (4. Aufl.) Berlin: Mässigkeits-Verl. [1906]. (30 S.) 8° [c8. 14394 11

Soll man bei der Arbeit Alkohol geniessen? Im Auftr. d. Deutschen Vereins gegen d. Missbrauch geistiger Getränke. Von Alfred **Grotjahn**, Dr. med. (5. Aufl.) Berlin: Mässigkeits-Verl. [1907]. (30 S.) 8° [Ff.] [c8. 1174

Grotjahn, Alfr., soll man bei der Arbeit Alkohol genießen? Im Auftrage des deutschen Vereins gegen den Mißbrauch geist. Getränke. (6. Aufl. 38—42. Taus.) (IV, 30 S.) gr. 8. Berlin (908). Mäßigkeits-Verlag. p — 15

Soll man bei der Arbeit Alkohol genießen? Im Auftr. d. Deutschen Vereins gegen d. Missbrauch geist. Getränke. Von Alfred **Grotjahn**, Dr. med. (6. Aufl.) Berlin: Mäßigkeits-Verl. [um 1910]. 30 S. 8° [10. 13304

Über Wandlungen in der Volksernährung. Von Dr. med. Alfred **Grotjahn**, Berlin. *Leipzig: Duncker & Humblot 1902.* (VI, 72 S.) 8°
— Forschungen, Staats- u. socialwissenschaftl. Bd 20, H. 2.

Grotjahn, A., s. Zeitschrift f. soziale Medizin.

Grotjahn, Robert, aus Schladen [a. Harz, Hannover]: Beiträge zur Casuistik der Aortenaneurysmen. Zür. D. Bürkli Dr. (1865). 33 S. 1 Bl. Thesen. 8°.
Zürich, Med. Diss. v. 25. März 1865.

Grotjan, J., Einrichtung e. Damen-Salons, — Schlafzimmer, } s.: Mobilien-Entwürfe.

Grotjan, Johann August

Grotjan J. A.: Vollständige Abhandlung von dem Bau d. Levcojen, Nelken u. Auriculn, welcher ... zeiget, wie ... die Sommer- u. Winter-Levcojen ... zu erziehen, zu vermehren u. auszuwintern ... Leipz. u. Nordhausen 1758. 384 S.

Grotjan, Joh. Aug., Abhandl. v. d. Bau d. Levkojen, Nelken u. Aurikeln. 8. Nordhausen, 1758. 2. Aufl. 1762. Grosse. (Leipzig, Dyk.) — 15

——— „Calendarium perpetuum, oder immerwährender Land- und Gartencalender zum nützlichen Gebrauch beym Ackerbau und den Gärten etc.", 6 Teile, Frankfurt und Leipzig 1756.

— Calendarium perpetuum, od. immerwährender Land- u. Gartenkalender. 6 Thle. 8. Frankfurt u. Leipzig, 1756 u. Gotha, 1765—72. Brönner. 2. 5

— calendarium perpetuum, od. immerwährender Land- und Gartenkalender. 6 Thle. 8. Gotha 765—73. Brönner. 2 rß 4 gr

Grotjan, Johann August: Eines Nordhäusers güldene Kunst Brantewein zu brennen, Welche Nach Anweisung einiger Tab. und beygefügten Erl. Die wahren und bisanhero gar geheim gehaltenen Vortheile des Branntwein-Brennens aufrichtig entdecket, und deutlich zeiget: Wie aller mögliche in den Früchten steckende Wein aus selbigen heraus zu bringen, ingleichen Wie zu verhüten, daß der Brantewein keinen branderichen Geschmack bekommen möge. Nordhausen: Groß 1754. 76 S. -- 4
--- Dass. Ebd. 1761. 76 S. -- 24.

GROTJAN, JOH. AUG., Ergötzende Sommer-Belustigung, welche die Sommer-Gewächse nach ihrem Anbau, richtigen Benennungen etc. gäntzlich betrachtet. (1—)2. Th. Lpz. und Nordhausen. 1759—64.

— ergötzende Sommerbelustigung, welche d. Sommergewächse nach ihrem Anbau, richtigen Benennung, Nutzen, Gebrauch u. Merkwürdigkeiten gründl. betrachtet. Nach alphabet. Ordnung mit Gartenkalender. 2 Thle. 8. Leipzig u. Nordhausen, 1759. 2. Aufl. u. 2. Thl. 1764. Ebend. — 20

— ergötzende Sommerbelustigungen. 2 Thle. 8. Nordhaus. (Gotha) 764. Brönner. 16 gr

— phys. Winterbelustigungen mit Hyacinthen, Jonquillen, Tazzetten, Tulipanen, Nelken, Levkoien rc. 8. Nordhaus. 750. 2e A. 762. 2e Ausg. 2 Thle. 766. u. 3r Thl. 774. Nitzsche. 1 rß

— physikal. Winterbelustigungen mit Hyacinthen, Jonquillen, Tazetten, Tulipanen, Nelken, Levkojen etc. 3 Thle. 8. Nordhausen, 1751. 2. Aufl. 1762. 2. Ausg. 2. Thl. 1766 u. 3. Thl. 1774. Nitzsche. (Leipzig, Dyk.) (3. —) 1. —

Grotian, Johann Nicolaus (Hamburg), Spec. inaug. quo theoria pactorum et contractuum generatim sumtorum explicatur et in ordinem redigitur. Giessen (Braun) 2. V. 1754. 42 S. (4.50) 11885

— **Raetcke Joachim** (Hamburg), De phrenitide vera semper biliosa. Diss. med. Präs. Christian Gottfried Gruner. Jena (Mauk) 22. X. 1794. 32 S. (5.—) 11886
Gew.: Joh. Aug. Heinr. Reimar.

Grotius, Hugo, Schsp. in 4 Akt. v. Kotzebue. 8. Lpz. Kummer. 803.

Grotius, Adolph, de fundamento doctrinae fidei. 4. Lips. 725.

Grotius, Guilelmus: Vitae tripartitae jurisconsultorum veterum, s. Rutilius, Bernardus.

Grotius', Hugo, Biographie, s.: Neumann, N.

Grotius, Hugo: Annotationes in Novum Testamentum. II. Tmi. ex recensione de Windheim. Erlangen 1755. 4°.

Grotius, Hugo, annotationes in N. Testam., auxit C. E. de Windheim. II Tom. 4maj. Halle 769. Waisenh.-Bchh. 5 rß

Grotii, Hugo, Annotationes in N. Testamentum. Denuo emendat. editae. Vol. VI et VII. 8 maj. Groningae. (Lipsiae, Weigel.)
Vol. VI. Annotat. in Pauli epistol. ad Romanos, Corinthios, Galatas. (38 B.) 828. 2 Thlr. 16 Gr.
Vol. VII. Annotat. in Pauli epistol. ad Ephesios—Philomonem, et in epist. ad Hebraeos. (82½ B.) 829. 2 Thlr. 16 Gr.
Vol. I—V. Ebendas. 1826, 27. 9 Thlr. 8 Gr.

Groot, Hugo de. Annotationes in Vetus Testamentum ... Halis 1775. H (Bd. 2. 3): *Döderlein, Joh. Chph.* (Ky)

— annotationes in Vet. Test., ed. et aux. G. J. L. Vogel. Tom. I. (T. II. III. ed. J. C. Döderlein.) 4maj. Halle 775, 76. (Lange in Berl.) 6 rß

— Annotation. in Vet. Test. ed. et aux. Vogel. III Tmi. 4. maj. Halae, Curt. 775—76.

— s. Anthologia graeca.

— Anthologia graeca c. vers. lat. ed. de Bosch. II Tmi. 4. maj. Ultraj. Wild. 795—97. (à 5 Rthlr.)
Schreibp. (à 7 Rthlr. 8 gr.)

— Hugonis Grotii de Novi Testamenti auctoritate liber ab Eduardo Pocokio [sic] in linguam arabicam translatus. In usum Iudaeorum orientalium seorsum recudendum curavit Io. Henr Callenberg. Halae 1733.

— annotationum in V. T. auctuarium observat. in libros poeticos ed. J. C. Doederlein. 4maj. Halle 779. (Laue in Berl.) 1 ℛ

— — auctuarium sc. Doederlein T. I. 4. maj. Halle: Curt. 1779.

- , Christus patiens, verdeutscht durch D. W. Triller. Leipzig, (1723) siehe Daniel Wilhelm Triller.

Grotius, Hugo. Leidender Christus. Trauer-Spiel: aus dem beygefügten Lateinischen Grund-Text in teutsche Verse übersetzet und mit vollständigen Anmerkungen erläutert, auch mit einem poetischen Anhange verschiedener Paßions-Andachten begleitet von Daniel Wilhelm Triller Zweyte, vom (!) neuen (!) genau übersehene, durchgehends verbesserte und weit vermehrtere Auflage. Hamburg, Chr. Herold, 1748. 8°. 25 Bl. 763 S. 24 Bl. Benutzter Pbd. d. Z.
Ter Meulen-Diermanse 41. FJF 797 Beste Ausgabe.

— Falisc. Cynegeticon et M. Aurel. Olymp. Nemesiani Cynegeticon c. not. Titii, Barthii etc. 8. maj. Lips. Sommer. 775.

— defensio fidei cathol. de satisfactione Christi, c. elencho Anti-Dippeliano ed. Ioach. Lange. 4. Lps. (Frommann, Jenae) 730.

Grotius, Hugo: Le droit de la guerre et de la paix. Nouv trad. par J Barbeyrac. 2 v. 4. Basle 1746.

— le Droit de la Guerre et de la paix, trad. p. Jean. Barbeyrac. II Vol. 4. Basle, Flick. 748—67.

— le droit de la guerre et de la paix, trad. pr. Jean Barbeyrac. II Vols. 4. Basel 748—67. (Neukirch). 4 ℛ 16 ℊ

— le même, II Vols. trad. par J. Barbeyrac. gr. 4. Basel. (Varrentrapp in Frankf.) 4 ℛ 8 ℊ

— — le même. II Vols gr. 4. Basle, Tourneisen. 768.

— epistolae ineditae ex Museo Meermanniano. 8maj. Harlem 806. (Weidmann in Leipz.)

HUGONIS GROTII Schöne Gedancken Von denen Richtern über die Schilder auf Erden Nebst Erleuterung Joh. Henrich Ackers. Breslau, M. Rohrlach, 1729. 64 S., 1 leeres Bl

Grotius, Hugo, hinaus mit den Türken aus Europa! Ein Wort zur Situation. gr. 8. (22 S.) Erfurt 877. Bartholomäus. n. — 60

— institution. juris naturae et gentium, a Vitriario conscr. 8. Wien. 726.

Grotius, Hugo, de jure belli et pacis. c. comment. I. H. Boecleri. 8. Argent. 704. Rthlr.

— — c. observ. Jaegeri. 8. Tüb. Cotta. 710.

— de jure belli et pacis. c. not. Gronov. et Barbeyrac. Vol. II. 8. Amsterd. (Sommer, Lips.) 720. Schreibp.

Grotius, Hugo. De jure belli ac pacis, libri tres, in quibus jus naturae et gentium, item juris publici praecipua explicantur. Editio nova cum annotatis auctoris, ex postrema ejus ante obitum cura et praefatione Christiani Wolfii. 8. Marburgi 1734.

— — in nuce p. F. C. Scheibe. 8. Leid. 738.

— de jure belli et pacis l. III. c. not. J. G. Gronovii et J. Barbeyrac et cum commentario H. de Cocceji, insertis observationibus Sam. L. B. de Cocceji. V Tom. 4maj. Lausanne 752. et in Fol. Genf 755.

— — c. not. I. G. Cronovii et altera recens. I. Barbeyrac. II Tmi. 8. maj. Lips. (Vien. Camesina.) 758.

— de jure belli et pacis c. not. J. G. Gronovii et altera recens. J. Barbeyrac. II Tom. 8maj. Leipz. 758. (List in Berl.) 2 ℛ 16 ℊ Schrbp. 4 ℛ (Volke in Wien). 3 ℛ

Grotius, H., de jure belli ac pacis, cum notis variorum. 2 Vol. 8maj. Leipz. 758, jetzt Klemann in Berlin.

— de jure belli ac pacis, cum not. rar. ed. M. Tydemann. II Vol. 8maj. Grüning. 773. v. Bückeren.

Grotii, Hugonis, de jure praedae commentarius. Ex auctoris codice descripsit et vulgavit H. G. Hamaker. Haag 869. Nijhoff. gr. 8. (XVI, 359 S.) n. 3 ℛ

Grotius, Hugo: De veteri iure Germanico et Suecico commentariolum. Marburgi 1746.

Grotius, Hug., de veteri jure german. et Suecico. 4. Marb. Kessler. 747.

Groot, H. de. Drey Bücher von Kriegs- und Friedensrechten ... Frankf. a. M. 1709. Ü: *Serlin, Johann Nicolaus.* (R-N)
Vgl. Grotius: Vom Rechte des Krieges...

Groot, Hugo de. Vom Kriegs- und Fridens-Recht, in Frag und Antwort ... a. d. Lat. Zürich 1718. Ü: *Gessner, Joh. Jac.* (Cat. d. Stadtbibl. Zürich. Zürich 1864—97.)

Grotius, Hugo: Von Kriegs- und Friedens rechten; mit Anm. vieler gelehrter Männer. fol. Frankfurt 1721.

— 3 Bücher v. Kriegs- und Friedensrechten, m. Anm. rc. Fol. Frankf. Gebhardt u. K. Hermann. (a. Brönner.) 728.

— manes ab iniquis obtrectationib. vindicati etc. II pts. 8. Delph. (Compt. f. Litt. Lips.) 727.

— opera omnia theol. IV Tmi. fol. Basel, Thurneisen. 732. Schreibp.

— parallelon rerum publicarum liber tertius: de moribus ingenioque populorum Atheniensium, Romanorum, Batavorum. Mit Anmerkk. v. Jh. Meermann. III Tm. 8maj. Harlem 801. (Perthes u. B. in Hamb.) 3 ℛ 8 ℊ

— Parallelon rerum publicar. liber IIIus: de moribus ingenioq. Atheniensium etc. Vit een echt Handschrift etc. door Ioh. Meermann. Ite Deel. gr. 8. Hamb. Perthes. 802.

Grotius, Hugo. Baptizatus puer, verdeutscht durch J. Rachel. Bremen, (1707) siehe Joachim Rachel.

Grotius, H. Drei Bücher vom Rechte des Krieges und des Friedens, darinnen das Recht der Natur und der Völcker erklart und durch Anmerck des Verfassers hinzugefüget werden. Aus dem Latein. von Schütz. (1200) 4. Leipzig 1707. – (1200) fol Franckfurt 1709.
Vgl. Grotius: Von Kriegs-u. Friedens-rechten...

Grotius, Hugo, über das Recht des Krieges und Friedens, s.a. **Bibliothek, philosophische.**

— Des Hugo, drei Bücher über das Recht des Krieges und Friedens, in welchem das Natur- und Völkerrecht und das Wichtigste aus dem öffentlichen Recht erklärt wird. Aus dem Lateinischen des Urtextes übersetzt, mit erläuternden Anmerkungen und einer Lebensbeschreibung des Verfassers versehen von J. H. v. Kirchmann. (Aus „Kirchmann. Philosophischer Bibliothek" etc. 15. und 16. Bd.) (2 Bde.) 8. Berlin 1869.

Grotius, Hugo: Drei Bücher über das Recht des Krieges und des Friedens. Deutsch von J. H. v. Kirchmann. 2 Bde. 8. Berlin 1871.

Hug. Grotii de causis, iure, et ratione belli vera sententia, ex immortali ipsius de iure belli et pacis opere depromta, et per varios eius commentatores, inprimis Ill. Lib. Bar. de Cocceji illustrata et asserta, nunc in usum nostri temporis denuo publicata 1756.

Grotius, Hugo; Florum sparsio ad jus Justinianeum. (*Amst.* 643.) c. praef. Ge. Ch. Gebaueri. *Hal.* 729. 8.

— Florum Sparsio ad Jus Justinianeum. 8. Halae, Krug. 729.

— de veritate religionis christ. c. praef. E. S. Cypriani. 8. Lips. Gleditsch. 726.

— — in lingua hungarica. 8. Marb. 732.

— — cura I. C. Koecheri. III Tmi. 8. Halae, Waisenhaus. 734—39. (à 8 gr.)

— de veritate religionis christianae. Edit. nov. cur. et selecta annotat. instrux. Jo. Theod. Bergman. Vol. I. 8 maj. (22 B.) Lugd.-Bat. 831. (Roterdami, Hartmann jun.) Thlr.

Hugo **Grotius** vortreffliche Abhandlung, betitelt: Vortheidigung des allgemeinen Glaubens von der Genugthuung Christi wider Socin. Aus dem Lateinischen ins Deutsche übersetzt v. Nicolai Johannsen. Flensburg und Leipzig. 1800. 8°.

— Vertheidig. d. Glaub. v. der Genugthuung Christi wid. Sozin, a. d. Latein. v. K. Johannsou. gr. 8. Schleswig, Christiani. (a. Korte in Flensburg.) 800.

— — Vertheidigung des Glaubens von der Genugthuung Christi. gr. 8. 810. Hat jetzt Hammerich in Altona.

— 6 Bücher v. d. Wahrheit d. christl. Relig. a. d. Lat. 8. Frankf. Hermann. (a. Gebhardt u. K.) 746.

Groot, H. de. Von der Warheit der christlichen Religion ... Marb. 1746. Ü: *Duysing, Heinrich Otto.* (Adel) (stri) (ML)

Grotius, Hugo, 6 Bücher von d. Wahrheit d. christl. Religion; aus d. Latein. mit Anmerkk. von Chr. D. Hohl. 4. Chemnitz 768. Mauke. (Starke). 1 Rthl 8 Gr

Grotius, L., e. moderner Jude. Culturbild. 8. (242 S.) München 876. Arenz. 3. —

Grotkass, Ernst [aus Uelzen]: Beiträge zur Syntax der französischen Eigennamen .... Göttingen, Druck d. Dieterichschen Univ.-Buchdr. W. Fr. Kastner, 1886; 1 Bl. + 81 S. 8°.
Göttingen, Phil. Fak., Inaug.-Diss. v. 1886.

Grotkass, Ernst, Beiträge zur Syntax der französischen Eigennamen. gr. 8. (80 S.) Erlangen 886. Deichert. n. 1. 20

Ist Freiheitsberaubung in Deutschland straflos? Hrsg. von Ernst Grotkass. [Magdeburg 1903: Sperling & Co.] 33 S. 8°.
Behandelt das Vorgehen des Eug. v. Kuycke gegen seinen Sohn. Ist gewissermassen eine Ergänzung zu W. 16834. 358.

Ein solcher Mensch und Freimaurer richtet sich selbst! Als Ms. gedr. [Unterz.:] **Ernst Grotkass.** [Magdeburg 1902: Friese.] 22, 47 S. 8° [Umschlagtit.]
Betr. die Angelegenheit Grotkass—Kuycke. Nebst Anl. 140. 193. 358.

GROTKASS, Karl (Ülzen): Ueber Kniegelenkresectionen bei antiseptischer Wundbehandlung.- München: Schaumberg 1878. 28 S.
12.3.1878 - Urk (Titel: De articulorum genualium resectionibus modo antiseptico instituendis.); Chr 1877/78,10
Diss. Ingolst.-Landsh.-Mchn.

Grotke-Tremessen, Ländlich-Kujawisches aus den J. 1857 bis 1867. (96 S.) gr. 8. Bromberg 903. (Mittler. — Inowrazlaw, H. Olawski.) n. 2. —

Grotke, Traugott (Lissa/Polen), De multifariis febrium divisionibus ad unam commode revocandis. Diss. med. Jena (Prager & Co.) 22. XI. 1811. 23 S. (4.50) 11887

Grotmann, Hermann [aus Flape in Westf.]: Aus d. Greifswalder gynäcolog. Klinik. Über Graviditas tubaria ... Greifswald, Druck v. C. Sell, 1894; 29 S., 1 Bl. 8.
Greifswald, Med. Fak., Inaug.-Diss. v. 16. Juni 1894

Grotowski, B., Ockomedyi T. M. Plauta p-t- „asinaria". Pr. 1901. 16 S.

Grotowski, Maryan, de Rawa: L'effet photoélectrique et la phosphorescence. Paris 1910. VI + 103 S. 8°.
Freiburg i Schw. Math.-naturw. Diss. 1909/10.

Grotowski, Zelislaw. Geschichte der Armenpflege in Warschau. Diss. Jur. Freiburg in der Schweiz. 126 S. 8. Warschau, Buchdr. Siegmund Halaciński in Lemberg, 1907.

Grotowsky, Hans, aus Koepsen: Ueber das Phenylacetylacetophenon und über Abkömmlinge des 1.4 Benzopyranols. *Tübingen: F. Pietzcker 1902.* (94 S.) 8°
Tübingen, Naturw. Diss. v. 1902

Gedichte von Paul **Grotowsky**. Großenhain & Leipzig: Baumert & Ronge 1894. (VII, 132 S.) 8° [F.] [07. 6339

— der große Kaiser im deutschen Lied. Ein Gedenkbuch f. Schule u. Haus. 8. (XVI, 221 S.) Leipzig 892. Deutscher Verlag. n. 2. 50; geb. n.n. 3. 50

— dasselbe. (Neue [Titel-]Ausg.) gr. 8. (XVI, 221 S.) Gießen 894. K. Krebs. n. 1. 50; geb. in Leinw. n. 2. 50

— der eiserne **Kanzler** im deutschen Lied. Ein Gedenkbuch f. das deutsche Volk. gr. 8. (IX, 146 S.) Ebd. 894. n. 3. —; geb. n. 4. —

— der toten **Mutter**. Ein Liederkranz. 8. (44 S.) Großenhain 893. Baumert & Ronge. n. 1. 20; geb. n. 2. —

Grotowsky, Paul, s.: Reichsbankblätter, deutsche.

Grotrian, Otto: Zum Gedächtnis von Friedrich Gustav Herrmann, s. Köchy, Otto.

Grotrian, Otto. Ueber das galvanische Leitungsvermögen der Schwefelsäure, Salzsäure und Kochsalzlösung in seiner Abhängigkeit von der Temperatur und dem Concentrationsgrade. (Göttingen) Braunschweig, 1873

Grotrian, Richard

Grotrian, Rich., praktische Anweisung zum Ausstopfen von Vögeln u. Säugetieren. Mit 15 in den Text gedr. Abbildgn. gr. 8. (62 S.) Leipzig 886. Siegismund & Volkening. n. 1. —; geb. n. 1. 25

Grotrian, R., praktische **Anweisung** zum Ausstopfen v. Vögeln u. Säugetieren. Mit 15 in den Text gedr. Abbildgn. 2. u. 3. Aufl. 8. (64 S.) Leipzig 889. Siegismund & Volkening. 1. —; geb 1. 25

Grotrian, Rich., praktische Anweisung zum Ausstopfen v. Vögeln u. Säugetieren. 4. Aufl. gr. 8. (64 S. m. 15 Abbildgn.) Leipzig 892. Siegismund & Volkening. n. 1. —

Grotrian, Rich., prakt. Anweisg. z. **Ausstopfen** v. Vögeln u. Säugetieren. 5. Aufl. gr. 8. (72 S. m. 15 Abb.) Leipzig 897. (Siegismund & Volkening.) 1. 20; geb. n. 1. 60

— **Zoologie**, Botanik, s.: Ule's, O., Warum u. Weil.

Grötsch, J. C., s.: Ems, Bad, u. seine Umgebung.

Groetsch, Johann Friedrich (Buchholz), De tribus *ΦΥΣΕΙ, ΜΑΘΗΣΕΙ* et *ΑΣΚΗΣΕΙ*, ad eruditionem acquirendam adminiculis disserit, simulque viro Christian Gottfried Hermann jur. utr. doct. longe celeb. honoris gradum, quem 17. V. 1767. Lipsiae accepit, gratul. Annaberg (Friese). 4 Bl. (4.80) 11752

Grötsch, Johann Georg

Grötsch, (J. G.,) Aristodemos. Ein Trauersp. in 5. A. 8. Bamb. 822, (Frankf., Wesché.)

Grötsch, J. G., Aristodemos. Trspl. in 5 A. 8. Bamberg 823. (Wesché in Frankf.) 18 gr.

— s. Arnulph.

Grötsch, J. Geo., Herzog Richelieu, seine Welt u. seine Zeit. Ein Lustsp. in 5 Aufz. 8. (10½ B.) München 840, Franz.

Grötsch, Jh. Geo., der Zug d. Normanen nach Jerusalem. Romantisches Heldengedicht in 12 Gesängen. 8. Leipz. 819. Brockhaus. 2 ₰

Grötsch, Joh. Wilhelm (Zeitz), De ecclesia subterranea. Präs. Christoph Sonntag. Altdorf (Kohles) 27. VIII. 1710. 12 S. (5.—) 11753

Groetschel, Eugen (*geb. Katscher in Schles. 18. 11. 1851*): Ueber Gastroectasie. Berlin (1875). (31 S.) 8°
Berlin, Med. Diss. v. 19. März 1875

Groetschel, Eugenius Franciscus (*geb. Rosen in Oberschles. 1 1 1821*): De uteri prolapsu. Vratislaviae (1845). (43 S.) 8°
[*Verf. erlebte die Diplomerneuerung 1895 als Kreischirurg in Leobschütz.*]
Breslau, Med. Diss. v 22. Nov. 1845

Grott, G., Isagoge ad praxin fori Batavici. 4. Leod. 701.

Grott, M[aximilian], Dir.: [**Bericht über die Einweihungsfeier des neuen Schulhauses.**] *Graudenz 1902: G. Röthe.* (S. 14—17.) 4°
Graudenz, st. OR, OP 1902 (48)

Grott, M[aximilian], Dir.: **Die Entwicklung der Graudenzer Unterrichts-Anstalten mit besonderer Berücksichtigung der Oberrealschule.** *Graudenz 1901: G. Röthe.* (S. 1—51.) 8°
Graudenz, st. OR (i. Entw.), Festschr. 1901 (47)

Zur Geschichte der Freimaurerei in Westpreussen. Von [Maxim.] Grott. [Berlin 1907: Denter & Nicolas.] 13 S. 8⁰ [Kopftit.]
Aus: Bbl. 21 (1907) S. 51—64. 97.

Grottanelli, (Stanisl.,) ad Auctae et chronicae splenoditis, in humilibus praesertim Italiae locis consideratae, eidemque succedentium morborum historias animadversiones. 8. (199 Seit.) Florenz 821.

Grottendiek, Fr., Lichtblicke d. genialsten Geister, od. Anthologie aus d. Werken d. berühmtesten Dichter u. Prosaiker. Eine Quelle d. Bildung u. e. Schule d. Weisheit, Welt-, Menschen- u. Selbst-Kenntniß. Eine Auswahl d. gediegensten Stammbuch-Aufsätze. Als d. Früchte e. mehrjähr. Arbeit hrsg. 16. (10 B.) Passau 840, Pustet'sche Buchh. •

Frag: Was ist die Freymaurerey. Zur aufrichtigen Wahrnung junger, und unerfahrner Personen sich von dieser Sect zu hûten. beschrieben von Ad. R[ev.] P[atr.] Fr[anz] G[rotter] C. D. Cum permissu superiorum. [Augsburg: Bullmann] 1784. 97 S. 8⁰
Recens: WJ. 1, 4 (1784) S. 227—228.
Kl. 463. Selten. Die Frmrei, eine Gesellschaft bösartiger, gottvergessener Personen.

[2. Aufl. u. d. Tit.:]
Was ist die Freymaurerey? Beantwortet von Ad. R. H. Fr[anz] G[rotter] C. D. Cum permissu superiorum. 2. verm. Aufl. [Augsburg] 1785. 95 S. 8⁰ [Umschlagtit.]

[Dasselbe.] [Ebendas.] 1785. 95 S. 8⁰ (Neueste Sammlung jener Schriften, die v. einigen Jahren her ûb. verschied. wicht. Gegenstånde z. Steuer d. Wahrheit im Druck ersch. sind. 1785. 16,4.)

Grottewitz, Curt, hie **gläubig**! hie modern! Modernisierung der zehn Gebote. Eine Scheidg. der Geister. 8. (32 S.) Berlin 892. H. Conitzer. n. — 50

— **Jugendstürme**. Roman. 8. (253 S.) Leipzig 894. B. Elischer Nachf. n. 3. —

— **neues Leben**. Moderner Roman. 8. (232 S.) Berlin 891. [F. & P. Lehmann.] Stuttgart, Union. n. 3. —; geb. n. 4. —

Grottewitz, Curt, die Naturgeschichte im 19. Jahrh., s.a. Am Anfang des Jahrhunderts. 8. Hft.

Die Naturgeschichte im 19. Jahrhundert. Von (Dr.) Curt Grottewitz. Mit Abb. *Berlin: Aufklärung 1902.* (57 S.) 8° [F.]
— Anfang, Am, des Jahrhunderts. H. 8. [oe. 3691

— e. Siegernatur. Moderner Roman. 8. (221 S.) Berlin 892. M. Hochsprung. n. 3. —

—— Sonnenaufgang, s. Lauenstein, Alex.

Sonntage eines großstädtischen Arbeiters in der Natur. Von Curt Grottewitz. (Vorr.: Wilhelm Bölsche.) Berlin: Vorwärts 1906. (79 S.) 8° [F.] [o6. 800

Grottewitz, Curt, Sonntage e. großstädtischen Arbeiters in der Natur. Mit e. Vorwort v. Wilh. Bölsche. 3. Aufl. (79 S. m. Bildnis.) gr. 8. Berlin 909. Buchh. Vorwärts. —60; geb. 1. —

Unser Wald. Ein Volksbuch von Curt Grottewitz. Hrsg. von Wilhelm Bölsche. Berlin: Vorwärts 1907. (159 S.) 8° [F.] [o8. 1616

— die Zukunft der deutschen Litteratur im Urteil unserer Dichter u. Denker. Eine Enquête. 8. (128 S.) Ebd. 892. 1. 50

Grottger, Arthur, Eine Reminiszenz, s. A r e n , F.M.

Grottger, Art., der Krieg. Ein Bilderzyklus. Mit Vorrede v. Berta v. Suttner. (12 Bl. m. VI S. Text.) 38,5 ×29,5 cm. Wien (908). G. Szelinski. 5. —

Grottger's, Arth., Nachlass. Gesammelt u. hrsg. v. seiner Schwester. 10 Hfte. Fol. (à 2 Heliograv., m. 1 Bl. Text.) Wien 893. 894. M. Perles. à n. 2. —; poln. Ausg. à n. 2. —; Leinw.-Mappe. dazu n.n. 6. —

Grotthaus

— s. a. **Grothaus.**

Grotthaus zu Ledenburg, Heinrich Philipp von (Osnabrücker Adel), De familiarum nobilium splendore. Disp. jur. Präs. Nic. Christoph Lyncker (Fluhrstädt & Kötschau). Jena (Werther) 6. III. 1689. 32 S. (6.50) 11888
Widm. v.: Präs., Joh. Bernhard Friese.

— — Dasselbe. 1703. 36 S. (6.20) 11889

Grotthoff, Franz *Josef* [aus Greven '(Westf.)']: '(Aus d. Geburtshülfl. Klinik d. Geh.-Rat Prof. Dr. Gusserow.)' Über einen Fall von Sogn. [!] fötaler Rachitis. '(Chondromalacia foetalis.)' ... Berlin, Buchdr. v. G. Schade, *1895;* 30 S., 1 Bl. 8.
Berlin, Med. Fak., Inaug.-Diss. v. 8. März 1895

GROTTHUSS, Arved Frh. von (Venedig): Zwei Gemeinden im Kanton Wallis. (Titel nach der Urkunde.) 16.2.1906 - Urk; Chr 1905/06,23
Diss. Ingolst.-Landsh.-Mchn.

Grotthuß, Baronin Elisabeth v. Gräfin Alma Adlerskyöld. Roman. 8. (523 S.) Augsb. 891, Schmid's Verlag. * 4 40

Grotthuß, Elisabeth v., die Adoptiv-Geschwister. Roman. Wien 870. Kirsch. br. 8. (253 S.) 20 ngr.

Grotthuß, Baronin Elis. v., Celeste Alland od. die gemischten Ehen. Socialer Roman. 2. Ausg. 8. (421 S.) Augsburg 883. Schmid's Verl. n. 3. —

Grotthuß, Elisabeth Baronin v., Meine Belehrung. Augsburg, Schmidt, 1893, 8°, 37 S., 40 Pf.
Konvertierte 26. Juni 1855 zu Mariaschein. Vgl. Stimmen a. M.-Laach Bd. 46, S. 461—2. Litt. Anzeiger f. d. kath. Österr. Jahrg. 8, S. 168.

Grotthuß, Baronin Elisab. v., Bilderbuch ohne Bilder. Humoreske. 8. (16 S.) Wien 878. (Augsburg, Schmid's Verl.) n. — 25

Grotthuß, Baronin Elisabeth v., Ginevra Cantarini. Roman. Seltsam aber wahr. Erzählung. 8. (274 u. 82 S.) Augsburg 887. Schmid's Verl. n. 3. 50

Grotthuß, Elisabeth v., Graf Bruno Degenhardt. Socialer Roman. 8. (469 S.) Wien 872. Kirsch. 3. 60

— Bruno Degenhart od. in der alten u. in der neuen Welt. Socialer Roman. 2. Ausg. 8. (469 S.) Ebend. 883. n. 3. —

— das amerikanische Duell. Roman. Die Räuberspelunke. Einer wahren Begebenheit nacherzählt. Aus Gustchen's Kinderjahren. Erzählung. 8. (206, 20 u. 98 S.) Ebd. 888. n. 3. 40

Grotthuß, Elisab. v., Bertha Dürrsprung. Roman. 8. (241 S.) Augsburg 897. B. Schmid's Verl. n. 2. 40

—— die gemischten Ehen. Socialer Roman. 8. (421 S.) Wien 873, Kirsch.
2.Ausg.s.:Grotthuß: Celeste Alland...

— das falschverstandene Ehrgefühl. Novelle. 8. (74 S.) Augsburg 874. Schmid's Verl. n. — 80

— Eleonore. Roman. 8. (376 S.) Augsburg 878, (Schmid'sche Verlagsh.) *

—— Erzählungen. I. Die Geraubte. II. Des Großvaters Erzählungen. 8. (III, 120 S.) Wien 868, Sartori. *

— l'esprit de la mère. Récit. Traduit de l'allemand avec l'autorisation de l'auteur. 8. (119 S.) Wien 883. Sintenis. n. 1. 50

Grotthuß, Baronin Elisabeth v., Pastor Freimann. Roman. 8. (294 S.) Augsburg 876, (Schmid'sche Verlagsh.) *

—— das Gasthaus zum grünen Baum. Erzählung. 8. (III, 124 S.) Wien 869, Kirsch.

— das Gasthaus zum grünen Baum. Erzählung. Wien 869. Mechith.-Congr.-Buchh. 8. (III, 124 S.) 12 ngr.

— das Gasthaus zum grünen Baum. Erzählung. 2. Aufl. 8. (170 S.) Ebend. 879. n. 1. 20

— Gehorsam bis zum Tode. Eine Erwägg. gr. 8. (15 S.) Ebend. 876. n.n. — 25

—— die Geschichte der Großmutter. 2. verb. Aufl. 8. (106 S.) Regensburg 880, Manz.
1. Aufl. erschien 1867.

— Geschichte d. Schlaghahn. Ein Märchen. 8. (76 S.) Ebd. 892. n. — 80

— Helene Grandpré. Socialer Roman. 8. (552 S.) Augsburg 885. Schmid's Verl. n. 4. —

—— die wunderbare Heilung. Eine wahre Begebenheit. 8. (15 S.) Wien 874. (Augsburg, Schmid's Verlag.) **

— Wilhelm Hort. Socialer Roman. Die Wanduhr. Nach wahren Begebenheiten erzählt. 8. (272 u. 28 S.) Ebend. 886. n. 3. —

—— die Kinder des Nihilisten. Socialer Roman. 8. (330 S.) Augsburg 883, Schmid'sche Verlagsb. *

— Kochbuch u. Conversations-Lexikon, s.: Theater-Repertoir, Wiener.

—— vier Lebensbilder aus dem Tagebuche einer Schwester des dritten Ordens. 8. (160 S.) Augsburg 875, (Schmid'sche Verlagsb.) *

—— die Leibeigenen. Socialer Roman. 8. (299 S.) Ebendas. 881. *

— die Leibeigenen. Socialer Roman. 8. (299 S.) Augsburg 882. Schmid's Verl. n. 3. —

—— Lucie. Erzählung. 8. (79 S.) Ebendas. 881. *

— Lucie. Erzählung. 8. (79 S.) Ebend. 882. n. — 50

— der Magnetiseur. Lustspiel in 3 Aufzügen. [Den Bühnen gegenüber Mskr.] 8. (67 S.) Wien 876. F. Beck. n. 1. 80

Die Männer der Loge oder Mysterium iniquitatis. Socialer Roman von Baronin Elisabeth v. Grotthuss. Berlin: Kirsch 1871. V, 560 S. 8°
TB. 363. 358a.

— die Männer der Loge od. mysterium iniquitatis. Socialer Roman. br. 8. (V, 590 S.) Wien 871. Kirsch. 4. —

— Maria de St. Croix. Roman. — Susanne. Novelle. 2 Tle. in 1 Bd. 8. (175 u. 165 S.) Ebd. 895. n. 3. 50

— Martha. Socialer Roman. 8. (498 S.) Ebd. 889. n. 4. —

— Novellen. Wien 867. Sartori. 8. (IV, 125 S.) 12 ngr.

—— Novellen. 2. Bd.: Aus Doktor Berners Leben. Graf Kurzeggs Umkehr. 8. (213 S.) Augsburg 877, (Schmid'sche Verlagsb.) *
1. Bd. [Wien 1867, Sartori.] Regensburg. Manz. * ℳ 1,20.

— Novellen, der Wahrheit nacherzählt. III. u. IV. Bd. 8. Ebd. n. 7. — (I.–IV.: n. 10. 20)
III. Getäuscht. Pater Monowsky. Auf dem Sterbebette getraut. (130, 138 u. 73 S.) 892. n. 3. 50
IV. Prof. Sternmeyer's Verbrechen. Helge Latterburg. — Der geheimnißvolle Fabrikarbeiter. — Glück in Tollwuth. — Rückerinnerungen des Grafen Hartberg. (111, 60, 59, 51 u. 41 S.) 893. n. 3. 50

— zwei Onkel aus Amerika. Lustspiel in 5 Aufzügen. [Den Bühnen gegenüber Mscr.] 8. (70 S.) Leipzig 875. (Augsburg, Schmid's Verl.) n. 1. 80

— les orphelins. Roman. Traduit de l'allemand avec l'autorisation de l'auteur. 8. (275 S.) Wien 882. Sintenis. n. 3. —

—— die Rache Anna Dimitrowna's. Roman. 8. (267 S.) Augsburg 884, Schmid'sche Verlagsb. *

— Anna Rosenberg. Wien 867. Sartori. 8. (III, 343 S.) 18 ngr.

Die Familie Runenthal oder Die Umtriebe der geheimen Gesellschaften. Socialer Roman von Baronin Elisabeth v. Grotthuss. Wien: Mayer & Co. 1869. III, 208 S. 8°
TB. 362.

— die kleine Samariterin. Erzählg. „Mir fehlt der Sohn!" Novelle. 8. (134 u. 105 S.) Ebd. 896. n. 2. 40

— scheintodt. Roman. 8. (142 S.) Ebd. 894. n. 3. 40

— die beiden Schwägerinnen. Roman. Wer ist der Schuldige? Novelle. 8. (307 u. 107 S.) Ebd. 890. n. 3. 60

— Severine. Erzählg. 8. (124 S.) Ebd. 896. n. 1. 20

Grotthuß, Baronin Elisab., die Söhne des Räubers. Roman. 8. (152 S.) Augsburg 899. B. Schmid's Verl. n. 1. 60

— Adelheid Steinau. Erzählg. — Elsbeth Sommer. Novelle. 8. (116 u. 69 S.) Ebd. 898. n. 2. —

— die Verwaisten. Roman. — Der Geist der Mutter. Erzählung. 8. (328 S.) Ebend. 880. n. 3. —

— die beiden Vettern. Roman. 8. (281 S.) Augsburg 879. Schmid's Verl. n. 2. 50

— mit u. ohne Vokation. Socialer Roman aus der Zeit Joseph II. 8. (368 S.) Ebend. 882. n. 3. —

Grotthuß, Jeannot Emil Frhr. v., s.: Am Webstuhl der Zeit.

Grotthuß, Jeannot Emil Frhr. v., s.: Bücher der Weisheit u. Schönheit.

— Aus deutscher Dämmerung. Schattenbilder e. Übergangskultur. 2. Aufl. (VII, 357 S.) 8. Stuttgart 909. Greiner & Pfeiffer. 3. —; geb. in Leinw. 4. —

Grotthuß, Jeannot Emil Frhr. v., das baltische Dichterbuch. Eine Auswahl deutscher Dichtgn. aus den balt. Provinzen Rußlands, m. e. litterarhistor. Einleitg. u. biographisch-krit. Studien hrsg. Mit 21 Holzschn.-Portraits u. 1 Titelbilde. 1. u. 2. durchgeseh. u. bearb. Aufl. gr. 8. (XLVIII, 488 S.) Reval 894. 895. F. Kluge. n. 6. —; geb. n. 8. —

Grotthuß, Jeannot Emil Frhr. v., die Halben. Ein Roman aus unserer Zeit. 8. (359 S.) Stuttgart 900. Greiner & Pfeiffer. n. 4. —; geb. in Leinw. n. 5. —

— Heinrich Heine als deutscher Lyriker, s.: Zeitfragen des christlichen Volkslebens.

[F.] Probleme und Charakterköpfe. — Studien zur Litteratur unserer Zeit. Von Jeannot Emil Frh. v. Grotthuss. M. 10 Portr. 2. Aufl. (3.–4. Tausend.)' *Stuttgart: Greiner & Pfeiffer 1898.* (VIII, 419 S., 1 Bl., 10 Taf.) 1 Bd 8.

— Probleme u. Charakterköpfe. Studien z. Litteratur uns. Zeit. M. 10 Porträts. 3. Aufl. (5.–6. Taus.) gr. 8. (VIII, 426 S.) Ebd. 898. n. 5. 50; geb. in Leinw. n. 7. —

— Probleme u. Charakterköpfe. Studien zur Litteratur unserer Zeit. Mit 10 Porträts. 4. Aufl. (9.—10. Tausd.) gr. 8. (VIII, 427 S.) Ebd. 902. n. 5.50; geb. in Leinw. n. 7. —

— Probleme u. Charakterköpfe. Studien zur Literatur unserer Zeit. Mit 10 Porträts. 11—12. Taus. (VIII, 426 S.) 8. Stuttgart (904). Greiner & Pfeiffer. n. 5. 50; geb. in Leinw. n. 7. —

Probleme und Charakterköpfe. Studien z. Litteratur unserer Zeit. Von Jeannot Emil Frh. v. **Grotthuß**. Mit 10 Portr. Stuttgart: Greiner & Pfeiffer [nach 1904]. VIII, 425 S. 8°

v. Grotthuss, Frhr. Der Segen der Sünde. Geschichte eines Menschen. Stuttgart 1898. 169 S. 8°. Mk. 2.—.

Der Segen der Sünde. Geschichte e. Menschen. Von Jeannot Emil Frh. v. **Grotthuss**. 3. Aufl. *Stuttgart: Greiner & Pfeiffer [1898]*. (169 S.) 8° [J.]

— der Segen d. Sünde. Geschichte e. Menschen. 4. Aufl. (8.—10. Taus.) 8. (169 S.) Ebd. 899. n. 2. —; geb. n. 3. —

Grotthuß, Jeannot Emil v., am Strome der Zeit. Dichtungen. 8. (XVI, 147 S.) Riga 885. Kymmel's Verl. n. 2. 50; geb. m. Goldschn. n. 4. —

— s.: Türmer, der.

— s.: Türmer-Jahrbuch.

Grotthuß, Jeannot Emil Frhr. v., Gottsuchers Wanderlieder. Dichtgn. 8. (VIII, 181 S.) Stuttgart 898. Greiner & Pfeiffer. n. 4. —; geb. in Leinw. m. Goldschn. n. 5. —

GROTTHUSS, THEODOR FREIHERR VON [*really* CHRISTIAN JOHANN DIETRICH].

Grotthuss, Thdr. v., Abhandlungen üb. Elektrizität u. Licht, s.a. Ostwald's, Wilh., Klassiker der exakten Wissenschaften.

Abhandlungen über Elektrizität und Licht. Von Theodor v. **Grotthuß**. Hrsg. von R[obert] Luther u. A[rthur Joachim] v. Oettingen. Mit 1 Bildn. u. 5 Fig. Leipzig: W. Engelmann 1906. (198 S.) 8°
— **Klassiker**, Ostwald's, d. exakten Wissenschaften. No 152. [07. 14028

v. **Grothuß**, Thdr. (Chr. Jh. Dietr.), († d. 2. März 1822.) physisch-chemische Forschungen. 1r Bd. Mit 2 Kpft. gr. 4. Nürnb. 820. Schrag. 1 Rthlr 21 gr

— Verbindungsverhältniß, od. chemische Aequivalententafeln, in Raum u. Gewichtstheilen der einfachen u. zusammengesetzten Körper d. unorgan. Reichs ꝛc. Fol. Nürnb. 821. Schrag. 18 gr

— Verbindungsverhältnisse oder chemische Aequivalententafeln in Raum und Gewichtstheilen der einfachen und zusammengesetzten Körper des unorganischen Reichs. Nürnberg 1821. fol.

Grottian, Walter: Beiträge zur Kenntnis des Geotropismus. Dresden (1908): Heinrich. 35 S. 8° ¶(Aus: Beihefte z. Botan. Centralblatt. Bd 24, Abt. 1.)
Kiel, Phil. Diss. v. 23. Okt. 1908, Ref. Reinke
[Geb. 23. April 86 Lübeck; Wohnort: Lübeck; Staatsangeh.: Lübeck; Vorbildung: Realgymn. Lübeck Reife O. 04; Studium: Jena 2, Heidelberg 1, Berlin 1, Kiel 4 S.; Rig. 23. Mai 08.] [U 09. 2311

Grottkau, Kreis, s.: Kreiskarten.

Grottkau, Kreis, s.: Oppeln, **Reg.-Bez.**

Grottkau, Paul, und Joh. Most, Discussion über das Thema: „Anarchismus oder Communismus", geführt am 24. Mai 1884 in Chicago. 8°. Chicago, Central-Comité der Chicagoer Gruppen der I. A. A.

Grotwahl, Franz, approb. Arzt aus Harburg a. d. Elbe: Aus d. pathol. Institute zu Kiel. **Beitrag** zur Lehre vom Selbstmord. *Kiel 1901: P. Peters.* (20 S.) 8°
Kiel, Med. Diss. v. [14. März] 1901

Grotz, Aug., J. J. Rousseau et l'éducation. Conférence faite á Strasbourg, Mulhouse, et Montbéliard. 8. (60 S.) Strassburg 874. Treuttel & Würtz. n. — 60

—— l'Union. Sermon prêché à Strasbourg le 15 mars 1874. gr. 8. (22 S.) Strassburg 874, Treuttel und Würtz. *

Grotz, [Heinrich]: Geschichte der Erziehungs- und Unterrichtsanstalt in Stetten i. R. 1831—1852. Stuttgart 1908: Liebich. S. 1—36. 4°
Stuttgart, Karls-G P 1908 (779) [S 08. 148

Grotz, Josef G.

Grotz, J. G., Barren-, Leiter- und Stemmer-Gruppen, Augsburg 1889, 8°.

Grotz, J. G., Gruppen an Leitern u. hängendem Reck. (36 Taf. m. 2 autogr. S. Text.) qu. gr. 8. Hof (904). R. Lion. n. 2. 50

Grotz, J., Gruppen an den Schweberingen u. an d. 3fachen Barren. qu. 12. (29 farb. Taf. m. Text auf d. Umschlag. Hof 895. R. Lion. n. 1. 50

Grotz, Jos. G., Lampionreigen d. Turnvereins Augsburg, s.: Reigen f. das Turnen der Knaben, der Mädchen u. der Erwachsenen.

— s.: Pyramiden f. Turner.

Grotz, J. G.: Ringer-Stellungen der Mustergruppe des Turnvereins Augsburg beim 6. deutschen Turnfeste in Dresden. Augsburg 1885. 10 Taf.

— — 2. Aufl. 1891. 10 Taf.

— Ringer-Stellungen. 2. Aufl. qu. 12. (IV S. m. 10 lith. Taf.) Hof 891. R. Lion. n. 1. 20

Turnordnung und Kampfrichter-Buch für das 11. Bayr. Bundesturnfest in Landshut 20.—23. 7. 1901, zsgest. v. Kreisturnwart J. G. Grotz, Augsburg 1901, 16 S., 1 Pl., Kl.-8°.

Grotz, J. G., Turnordnung und Kampfrichterbuch für das 12. Bayerische Bundesturnfest in Kempten 23.—25. 7. 1905, Kempten 1905, 26 S., 8°.

Grotz, K. H., s.: Korrespondenz-Blatt f. die höheren Schulen Württembergs.

— Lateinische Übungsbücher, s.: Herzog, S.

Grotz, K. H., Weltgeschichte, s.: Becker, K. F.

Grotzfeld, Jakob

Grotzfeld, Jak., Borussia. Die Geschichte des Vaterlandes in gebundener Rede. Für Preußens Jugend. 2. Aufl. Aachen 863. Hensen in Comm. 12. (2 Bl., 54 S.) $7\frac{1}{2}$ ngr

— Lehrgang zur leichten Erlernung der deutschen Sprache. Für die Volksschule angefertigt. 1—5. Heft. Ebend. 16. $13\frac{1}{2}$ ngr
1. Heft. 861. $1\frac{1}{2}$ ngr — 2. Aufl. 863. (18 S.) $2\frac{1}{2}$ ngr — 2. Heft. 861. 2 ngr — 2. Aufl. 863. (30 S.) $2\frac{1}{2}$ ngr — 3. Heft. 861. (36 S.) $2\frac{1}{2}$ ngr — 4. Heft. 861. (51 S.) 3 ngr — 5. Heft. 863. (72 S.) 3 ngr

— Lehrgang zur leichten Erlernung der deutschen Sprache. Für die Volksschule angefertigt. 6 Hefte. 12. Aachen, [Jacobi und Comp.] [1. Heft. 2.—4. Aufl. (18 S.) 863—65. * 1 Ngr., 2. Heft. 2. Aufl. (30 S.) 863. * 1½ Ngr., 3. Heft. 2. Aufl. (36 S.) 864. * 1½ Ngr., 4. Heft. 2. Aufl. (52 S.) 865. * 2 Ngr., 5. Heft. (72 S.) 863. * 2½ Ngr., 6. Heft. (90 S.) 865. * 4 Ngr.] *–

Grotzfeld, Jac., Lehrgang zur leichten Erlernung der deutschen Sprache. Für die Volksschule angefertigt. 2. und 4. Heft. 3. Aufl. 8. Aachen 870, Jacobi und Comp. [2. Heft. (32 S.) * 15 Pf.; 4. Heft. (52 S.) * 20 Pf.] *

Grotzfeld, Jac., Lehrgang zur leichten Erlernung der deutschen Sprache. Für die Volksschule angefertigt. 1.—4. Heft. 8. Aachen 875—77, Jacobi und Comp. [1. Heft. 5.—8. Aufl. (18 S.) * 12 Pf.; 2. Heft. 4. und 5. Aufl. (32 S.) * 16 Pf.; 3. Heft. 3. und 4. Aufl. (36 S.) * 16 Pf.; 4. Heft. 3. Aufl. (48 S.) * 20 Pf.] *
5. und 6. Heft. Ebendas. 1865,70. * 68 Pf.

Grotzfeld, J., Lehrgang zur leichten Erlernung der deutschen Sprache. Für die Volksschule angefertigt. Neu bearb. von P. Grotzfeld. 1. Heft. 9. Aufl. 8. (32 S.) Aachen 883, Jacobi und Comp. *
2.–4. Heft. Ebendas. 1875—77. * 52 Pf.

Grotzfeld, J., Lehrgang zur leichten Erlernung der deutschen Sprache. Für die Volksschule angefertigt. Neu bearb. v. P. Grotzfeld. 4 Hfte. 8. Aachen 883. 85 Jacobi & Co. n.n. — 91
1. 10. Aufl. (32 S.) n. — 16. — 2. 3. 5. Aufl. (55 u. 56 S.) à n.n. — 25. — 4. 4. Aufl. (54 S.) n.n. — 25

Grotzfeld, J., Lehrgang zur leichten Erlernung der deutschen Sprache. Für die Volksschule angefertigt. Neu bearb. von P. Grotzfeld. 1. und 2. Heft. 8. Aachen, A. Jacobi und Comp. [1. Heft. 10. Aufl. (32 S.) 885. * 20 Pf.; 2. Heft. 7. Aufl. (56 S.) 888. ** 25 Pf.] **
3. und 4. Heft. Ebendas. 1875—77. * 36 Pf.

Grotzfeld, Jac., Sieges- u. Friedensfeier in der Volksschule. 16. (24 S.) Aachen 871. Jacobi & Co. n. — 10

Die Heimkehr. Festspiel f. d. Schulfeier d. Geburtstages Sr. Maj. d. Kaisers u. Königs Wilhelms II. Von Peter Grotzfeld. Düsseldorf: L. Schwann [1904]. (15 S.) 8° [F.] [05. 1400

Grotzfeld, Pet., eine Schulprüfung. Festspiel f. die Schulfeier des Geburtstages Sr. Maj. des Kaisers u. Königs. (20 S.) kl. 8. Aachen (908). Hubertusbuchh. — 25

Rechtsanwalt [Ernst] Groetzner. Hofball und Armee. Ein Blick hinein. T. [1.] 2. München: Steinebach 1910–11. 8°
1. 1910. 2. Die Antwort an d. bayer. Kriegsminister auf s. amtl. Darstellung im Landtage. 1911. [11. 9729

Groetzner, Hofball u. Armee. Ein Blick hinein. 1. u. 2. Aufl. (47 bezw. 48 S.) gr. 8. München 910. M. Steinebach. — 75

Groetzner, Casparus *(geb. Eichau in Schles. 4. 12. 1795)*: Dissertatio . . . sistens haematemesis cum haematuria et haemathidrosi complicatae casum singularem, subjuncta epicrisi physiologica et pathologica. Vratislaviae (1818). (50 S.) 4° *(Verf. erlebte die Diplomerneuerung 1868 als Sanitätsrat in Breslau)*

Breslau, Med. Diss. v. 2. Dez. 1818

Grötzner, C., der Krampf, insbesondere d. Mundstarrkrampf, in nosologischer u. therapeut. Hinsicht. gr. 8. Bresl. 828. Gosohorski. 14 gr.

Grötzsch, Christian Ludwig (Zeitz), De obligatione inter patrem et filium. Diss. jur. Präs. Heinrich Hildebrand. Altdorf (Heinr. Meyer) 24. I. 1703. 62 S. (7.—) 11754
Widm. v.: Christoph, Joh. Mich. u. Johann Christoph Sonntag, Präs., Aug. Friedr. Schilling (Pegau), G. F. u. H. R. Pfreundt.

Des Herzens Golgatha. Gedichte von Georg Groetzsch. Steglitz-Berlin: Kraft u. Schönheit [1907]. (122 S.) 8° [F.] [08. 13866

Groetzsch, Heinr. Gottlob (Zeitz), De observanda in correos adulterii poenarum aequalitate. Diss. jur. Präs. Johann Philipp Streit. Erfurt (Joh. Heinr. Grosch) 25. I. 1719. 20 S. (6.—) 11755

Grötzsch, J. C., Predigten; nach dessen Tode herausg. mit d. Lebensbeschreib. versehen von J. H. Chr. Beutler. 8. Frankf. u. Leipz. 791.

Grötzsch, (Landrichter,) K., Instruction f. die Gemeinde-Vorsteher, Gemeindeausschüsse u. Gemeindeschreiber wegen Führung d. Gemeindebücher u. Gemeindelisten. 8. 841. 2. Aufl. 8. Bayreuth 842, Buchner'sche Buchh. ¼ Thlr. — 3. Aufl. 8. Ebend. 843. n. ¼ Thlr. — 4. Aufl. 8. Ebend. 844. n. ¼ Thlr.

Grötzsch, Kamillo: Störungstheorie und Berührungstransformationen. Leipzig-R. 1898: O. Schmidt. (48 S.) 8°
Leipzig, Phil. Diss. v. [1. März] 1898

Grötzsch, Rob., Nauckes Luftreise u. andere Wunderlichkeiten. Geschichten f. Arbeiterkinder. Zeichnerische Ausstattg. v. Rob. Langbein. (182 S.) 8. Dresden 908. Kaden & Co. Kart. 1. —

Grötzsche, J. W., angenehme Gesellschaft frommer Christen u. Jesu, od. Evangelienpostille. 4. Leipz. 793. (Buchbinder) Barnbeck. 1 Thlr.

— deutsche Reden. 5 Thle. 8. Leipzig, Martini. 723.

Grou, Johann Nicolaus: Anleitung zur christl. Vollkommenheit, s. Anleitung . . .

Grou, Abbé, caractères de la vraie dévotion. 8. Münster 788. Theissing. 4 gr.

Grou, Joh., geistliche Denksprüche mit Erläuterungen. Nach der neuesten Ausg. aus dem Französ. übers. Regensburg 864. Manz. 24. (504 S.) 10 ngr.

Grou, Joh. Nic., S. J., geistliche Denksprüche. Frei bearb. v. e. Priester d. Diöcese Paderborn. gr. 16. (VII, 398 S.) Paderborn 897. Junfermann. n. 1. 50

— Eigenschaften der wahren Gottseligkeit. Aus d. Französ. von e. kathol. Weltpriester. Im Anhange: Sechs Betrachtungen von d. Herausgeber dieses Werkchens. gr. 12. Münster 843. Deiters. n. ½ Thlr.

— geistliche Einsamkeit in Betrachtungen über die Liebe Gottes. Sammt einem Schriftchen: Ueber die Hingabe unserer Selbst an Gott. Nach der neuesten Ausg. aus dem Französ. übers. 32. (852 S.) Regensburg 866, Manz.

Grou, Abbé, Grundsätze des geistigen Lebens, f. Führer, treue, zum himml. Vaterlande, 4. u. 5. Thl.

Grou, J., S. J., Grundsätze f. das innere Leben. Neu bearb. v. Pet. Wenger, S. J. gr. 16. (VI, 169 S.) Würzburg (900). F. X. Bucher. n. — 80; Einbd. n.n.n. — 20

Grou, Joh., S. J., Handbuch f. innerliche Seelen. Getreu nach dem Originale ins Deutsche übertr. v. Sr. Maria Gabriela vom hlst. Sakrament, O. Carm. (362 S.) 8. Münster 903. Alphonsus-Buchh. n. 2. 50

Grou, Johs., S. J., Handbuch f. innerliche Seelen. Getreu nach dem Originale ins Deutsche übertr. v. Sr. Maria Gabriela vom hlst. Sakrament (Hedw. v. Liszt). 2. Aufl. (388 S.) 8. Münster 910. Alphonsus-Buchh. 2.50; geb. 3. —

Grou, das Heil der Welt, oder: Die praktische Kenntniß des Kreuzes in den Sakramenten der Buße und des Altars. Deutsch von B. Wörner. Augsburg 856. Kollmann. 12. (VI, 186 S.) 10 ngr

— die Heiligung des Christen durch das Gebet des Herrn. Aus dessen nachgelassenen Papieren. Nach dem Französ. übers. von Fr. v. D.... Münster 858. Aschendorff. 32. (112 S.) $2^1/_2$ ngr

—— die Heiligung des Christen durch das Gebet des Herrn. Nach der neuesten Ausg. aus dem Französ. übers. 32. (181 S.) Regensburg 865, Manz.

—— die Hingabe des Herzens an Gott. Uebers. aus dem Französ. gr. 16. (62 S.) Wien 857, [Mayer und Comp.] *

— die Hingabe des Herzens an Gott. Uebers. aus dem Französ. Wien 857. Wendelin. 16. (62 S.) n. 4 ngr

— von der Hingabe seiner selbst an Gott. Mit e. Beigabe aus den Schriften desselben Geisteslehrers u. e. kleinen Anh. v. Gebeten. Nach dem französ. Originale ins Deutsche übertr. v. Sr. Maria Gabriela vom hlst. Sakrament aus dem Orden Unserer Lieben Frau vom Berge Karmel. (VIII, 139 S. m. Titelbild.) 8. Innsbruck 904. F. Rauch. n. 1. —

— Jesus und Maria. Anleitung zur christlichen Vollkommenheit. Nach der neuesten Aufl. aus dem Französ. übers. 2 Thle. Regensburg 858. Manz. 24. (507; 458 S.) 21 ngr

—— die Kennzeichen der wahren Frömmigkeit. Nach der neuesten Ausg. aus dem Französ. übers. 32. (195 S.) Regensburg 865, Manz.

— das innere Leben Jesu und Mariä. Aus dem Französ. nach der 11. Pariser Ausg. von Jos. de Weldige gen. Cremer. Zugleich ein Leitfaden für die Betrachtung der sonn- u. festtägl. Evangelien. 1. Thl. Münster 858. Regensberg. gr. 12. (XVIII, 337 S.) 15 ngr

Grou, das innere Leben Jesu und Mariä. Aus dem Französ. nach der 11. Pariser Ausgabe von Jos. de Weldige gen. Cremer. Zugleich ein Leitfaden für die Betrachtung der sonn- u. festtäglichen Evangelien. 2. Thl. Münster 859. Regensberg. gr. 12. (XIX, 321 S.) 15 ngr

— – christliche Lebensregeln nach den Bekenntnissen des heil. Augustin. Nach der neuesten Ausg. aus dem Französ. übers. 32. (816 S.) Regensburg 865, Manz.

— maximes spirituelles av. des explications. 8. Münst. 798. Theissing. 12 gr

—— Schatzkästlein für Freunde des innern Lebens. Nach der neuesten Ausg. aus dem Französ. übers. 16. (671 S.) Regensburg 867, Manz.

Grou, die Schule Jesu Christi. Hrsg. u. m. e. Einleitg. versehen v. Doyotte. Autoris. Uebersetzg. 2 Bde. 12. (XXXII, 364 u. VII, 368 S.) Paderborn 894. Bonifacius-Druckerei. à 2. 40

—— und Pierre Marin, die Wissenschaft des Kreuzes. In Betrachtungen dargelegt. Nach der neuesten Aufl. aus dem Französ. übers. 32. (218 S.) Regensburg 859, Manz.

— die Wissenschaft des Kreuzes, verwirklicht in dem Gebrauche der heiligen Sakramente der Buße und des Altars. Nach der neuesten Aufl. aus dem Französ. übers. Regensburg 859. Manz. 32. (320 S.) $7^1/_2$ ngr

— praktische Wissenschaft vom Kreuze beim Empfange der heil. Sakramente der Buße u. des Altars. Aus dem Französ. übers. u. mit den gewöhnl. Gebeten versehen von einem Priester der Diöcese Rottenburg. Schaffhausen 866. Hurter'sche Buchh. 16. (VIII, 267 S.) 15 ngr

Ground-Plan of the Vienna Universal Exhibition 1873. With all the buildings, pavilions and detached exhibitions. Fol. Wien 873, Gerold's Sohn. 80 Pf.; color. geb.

Grouner s. Gruner.

v. Grouner, (Sam.,) Beschreib. seiner Reise durch das Königr. d. Niederlande, auf Veranlassung d. landwirthschaftl. Vereins in Baiern. Herausgeg. v. C. W. Wimmer. 2 Bde. gr. 8. Passau 826, Pustet. 3 12

v. Grouner, Sam., Beschreib. seiner Reise durch d. Königr. der Niederlande, auf Veranlassung d. landwirthschaftl. Vereins in Baiern. Herausg. von C. W. Wimmer. 2 Bde. Mit 18 Kpfst. gr. 8. Passau 827. (Pustet in Regensb.) 4 ß 8 gr

Grouner, S., Beschreibung einer Reise durch das Königreich der Niederlande. Herausg. von C. W. Wimmer. 2 Bde. mit 18 Kpfrtaf. gr. 8. Passau 827. (Kollmann in Augsb.) $4^1/_3$ ß

de Grousilliers, Adolph. Ern. (Car. Ludov.) (geb. Dallmin in d. Mark 12. 3. 1835): De ossium cranii diastasi in meningitide tuberculosa observationibus duabus clinicis illustrata. Berolini (1860). (32 S.) 8°
Berlin, Med. Diss. v. 12. Mai 1860

Grousilliers, Albert de

Grousilliers, A. de, das Bismarck-Museum in Bild u. Wort. E. Denkmal deutscher Dankbarkeit. Hrsg. m. huldvoller Genehmigg. d. Fürsten Otto v. Bismarck unt. Mitwirkg. v. W. L. Schreiber. (1.—20. Taus.) 25 Hfte. (194 S. m. 118 Taf.) Berlin 898. A. de Grousilliers. à n. 1. — (Kplt. geb. in Leinw. n. 32. —)

— dasselbe. Prachtausgabe, s.: Bismarck-Museum.

Das Bismarck-Museum in Bild und Wort. Ein Denkmal deutscher Dankbarkeit. Hrsg mit Genehm. d. Fürsten Otto v. Bismarck unter Mitw. von W. L. Schreiber von A. de Grousilliers. *Berlin: Selbstverl. 1899.* (193 S., 116 Taf.) 2° [F.] [ct. 4840]

Grousilliers, H. de, Gleich u. Gleich, s.: Kühling's, A., Volks-Schaubühne.

Grousilliers, H. de, Nathan der Weise und die Antisemiten-Liga. gr. 8. (32 S.) Berlin 880, [Polenz.] M. Schulze. *

— gegen Virchow u. Genossen oder Offenbarung u. Wisson. 1. u. 2. Aufl. gr. 8. (38 S.) Ebend. 880. n. — 50

Grousset, Paschal, u. Fr. *Jourde*, die Märtyrer der Commune in Neu-Caledonien. Bericht zweier Entwichenen. (Aus d. Französ.) Leipzig, Genossenschaftsbuchdr., 1876. Kl. 8°. Cart.
68 S. — „Der Ertrag dieser deutschen Uebersetzung ist für die deportirten Communards u. deren Familien bestimmt."
Verboten von d. kgl. preuss. Reg. zu Schleswig. d. 2. Novbr. 1878.

Laurie, André [d. i. Paschal Grousset]: Mémoires d'un collégien. Ed autor., suivie d'un comment. et d'un répétiteur par R[ichard] C[ornelius] Kukula. Revue par J. Delâge. Vienne: C. Graeser & C°. (auf d. Umschl.: Leipsic & Berlin: B. G. Teubner) 1902. 2 Bde 8°
1. Texte et vocabulaire.
2. Notes et répétiteur.
(Bibliothèque franç. à l'usage des classes.)

Mémoires d'un collégien. Par André Laurie (d. i. Paschal Groussot). Im Ausz. mit Anm. [= Anhang] z. Schulgebr. hrsg. von Prof. Dr. Eugen Wolter, Dir. in Berlin. [Nebst] Wörterbuch. *Bielefeld & Leipzig: Velhagen & Klasing 1903.* 3 Bde 8°
— Sammlung, Velhagen & Klasings, franz. u. engl. Schulausgaben. Prosateurs franç. Lfg 148 B.

Mémoires d'un collégien. Par André Laurie (d. i. Paschal Grousset). Texte abrégé et ann. à l'usage des écoles par Eugen Wolter, Dir. à Berlin. [Nebst] Commentaire. *Bielefeld & Leipzig: Velhagen & Klasing 1904.* 2 Bde 8°
— Sammlung, Velhagen & Klasings, franz. u. engl. Schulausgaben. Reform-Ausgaben. No 1.

Grouvelle. Ph.

Grouvelle und Jaunez, Dampfmaschinen, | f. Schauplatz, neuer,
—— —— Handbuch über den Bau der Dampfmaschinen, | der Künste rc., 158. und 159. Bd.

Grouvelle, P., Handbuch über den Bau rc. der Dampfmaschinen, s. a. Schauplatz, neuer, der Künste rc. 158. und 159. Bd.

Grouvelle, Ph., Handbuch über den Bau, die Aufstellung, Bedienung, Heizung, Abwartung u. Conservirung aller Arten von Dampfmaschinen, sowohl stehender u. locomobiler als auch Locomotiven u. Schiffsmaschinen. Deutsch bearb. von Dr. C. Hartmann. Mit 22 Tfln. Weimar 1861. 2 Bde. 8°.

Grouvelle P, Handbuch über den Bau etc. aller Arten von Dampfmaschinen. Dtsch v. C Hartmann. 2 Bde 3. A. (m 22 T) (Schaupl. d. K. 158. 159) Weimar 1861

Grouvelle, Ph. A., Memoiren über d. Tempelherren, od. neue Aufklärungen über ihre Geschichte rc.; aus d. Französ. übersetzt von C. Fr. Cramer. 8. Leipz. 806. Voß. 1 ℛ 20 gr

Memoiren über die Tempelherren oder Neue Aufklärungen über ihre Geschichte, ihren Process, die gegen sie vorgebrachten Beschuldigungen, und die geheimen Ursachen ihres Untergangs; zum Theil aus verschiedenen in Deutschland bekanntgemachten Urkunden und Schriften entlehnt. Von Phil. Grouvelle. Aus d. Franz. übers. von C[arl] F[riedr.] Cramer. Leipzig: Voss 1806. VI, 452 S. 8°
cf. ALZ. 1807 S. 649—655.
Kl. 2268, Tt. 815. 23. 25.

Grouven, Anton, Referendar a. Düren: Ist nach dem B.G.B. die Genehmigung des Vormundschaftsgerichts zu einem Rechtsgeschäfte anfechtbar nach den für die Anfechtung von Rechtsgeschäften wegen Willensmängel geltenden Vorschriften? Erlangen 1907: Junge & Sohn. (VII, 39 S.) 8°
Erlangen, Jur. Fak., Ref. Sehling, Diss. v. 3. Okt. 1907
[Geb. 28. Dez. 69 Düren; Wohnort: Cöln; Staatsangeh.: Preußen; Vorbildung: Gymn. Düren Reife O. 89; Studium: Bonn 5, München 1 S.; Rig. 22. Juli 07.]

Grouven, Carl [aus Düren]: Aus d. medicin. Klinik in Bonn. Über die eosinophilen Leucocyten der Schleimhaut des Respirationstractus ... Bonn, Univ.-Buchdr. v. C. Georgi, 1895; 39 S. 8.
Bonn, Med. Fak., Inaug.-Diss. v. [22. Febr.] 1895

Grouven, Friedrich Carl Otto, Referendar, aus Euskirchen (Reg.-Bez. Köln): Die Wirkung der Resolutivbedingung bei Begründung dinglicher Rechte. *Bonn 1898: J. F. Carthaus.* (59 S.) 8°
Jur. Diss. v. 16. Okt. 1898

Grouven, Hubert, meteorologische Beobachtungen nebst Beobachtungen über die freiwill. Wasser-Verdunstung und über die Wärme des Bodens in verschied. Tiefen angestellt im J. 1863 zu Salzmünde auf der Versuchsstation des landwirthschaftl. Central-Vereins der Provinz Sachsen rc. gr. 8. (36 S. mit 4 Stnt. in gr. 4. und qu. Fol.) Halle 864. Pfeffer.

— erster Bericht über die Arbeiten der agriculturchemischen Versuchsstation des landwirthschaftlichen Centralvereins der Provinz Sachsen rc. zu Salzmünde. gr. 8. (XV und 308 S.) Halle 862 Schrödel und Simon. *

— zweiter Bericht über die Arbeiten der agriculturchemischen Versuchsstation des landwirthschaftlichen Centralvereins der Provinz Sachsen rc. zu Salzmünde. A. u. d. T.: Physiologisch-chemische Fütterungs-Versuche über den Nährwerth einiger allverbreiteten, stickstofflosen Nahrungsbestandtheile, ausgeführt zu Salzmünde in den Jahren 1861 u. 1862 und chemische Untersuchungen über die Respiration verschiedener Thiere, ebendaselbst ausgeführt im Jahre 1863. Nebst 5 Kpfrtaf. über den Versuchsstall u. Respirationsapparat zu Salzmünde (in Fol.). Berlin 864. Wiegandt & Hempel. gr. 8. (XXIV, 579 S. u. 10 Tab. in 4.) n. 4 ℛ

— dass. — zweiter Bericht. A. u. d. T.: Physiologisch-chemische Fütterungs-Versuche über den Nährwerth einiger allverbreiteten, stickstofflosen Nahrungsbestandtheile, ausgeführt zu Salzmünde in den J. 1861 und 1862 und chemische Untersuchungen über die Respiration verschied. Thiere, ebendaselbst ausgeführt im J. 1863. gr. 8. (XXIV und 579 S. mit 5 Kpfrt. über den Versuchsstall und Respirationsapparat zu Salzmünde, in gr. Fol., und 10 Tab. in qu. gr. 4.) Berlin 867, Wiegandt und Hempel. *

— dritter Bericht über die Arbeiten der agricultur-chemischen Versuchsstation zu Salzmünde. A. u. d. T.: Ueber den Zusammenhang zwischen Witterung, Boden und Düngung in ihrem Einflusse auf die Quantität und Qualität der Erndten. Nach Versuchen, ausgeführt unter Subvention des „Vereins für Rübenzucker-Industrie im Zollverein." gr. 8. (X und 364 S.) Glogau 868, Flemming. *

Grouven, Hubert, ein Besuch in Asnières und Kritik der dort seit einem Jahre versuchten Methode zur Reinigung des Pariser Cloakenwassers. 8. (III, 59 S.) Berlin 868, Wiegandt, Hempel und Parey. *

— kritische Darstellung aller Fütterungs-Versuche und der daraus für den praktischen Gebrauch resultirenden chemischen Fütterungs-Normen. Gekrönte Preisschrift. 1. u. 2. Aufl. Köln 863. Hassel. gr. 8. (XI, 374 S.) n. 2 ℛ 10 ngr

Grouven, H., üb. die Ersatzfrage d. Peru-Guano. Lex.-8. (29 S.) Leipzig 873. Schmidt & Günther. — 50

— Physiologisch-chemische Fütterungs-Versuche üb. den Nährwerth einiger allverbreiteten, stickstofflosen Nahrungsbestandtheile ... u. chem. Untersuchungen üb. die Respiration verschiedener Thiere ... Berl. 1864. 579 S. 5 Tvl.
(= 2. Bericht üb. die Arbeiten d. agriculturchem. Versuchsstation ... zu Salzmünde).

— Kanalisation oder Abfuhr? Eine andere Gestaltung dieser Frage. Glogau 867. Flemming. gr. 8. (52 S.) 7½ ngr

— Rübendüngungs-Versuche im J. 1866. (Versuche über die Rentabilität und zweckmäßigste Form der Kalidüngung.) Bericht über die im J. 1866 Seitens der Versuchsstation zu Salzmünde arrangirten gemeinsamen Düngungsversuche, ausgeführt auf 22 Rübenzuckerwirthschaften. gr. 4. (56 S. mit 1 Stnt.) Glogau 867, Flemming.
Aus: Neue landwirthschaftliche Zeitung, besonders abgedruckt.

Grouven H.: Salzmünde. Eine landwirthschaftliche Monographie. Berl. 1866. 217 S. 3 Pl. 4°.

— Salzmünde. Eine landwirthschaftliche Monographie. Berlin 867. Wiegandt & Hempel. Lex.-8. (VIII, 218 S. mit chromolith. Karten u. Plänen in Lex.-8. u. qu. 4.) n. 1 ℛ 20 ngr

Grouven, H., Vorträge über Agricultur-Chemie mit besond. Rücksicht auf Thier- und Pflanzen-Physiologie, gehalten in den Städten: Köln, Bergheim, Düren, Zülpich, Euskirchen und St. Vith vor den dortigen landwirthschaftl. Vereinen. gr. 8. (XII und 620 S.) Köln 859, [Affenheimer und Comp.] geb. *

— Vorträge über Agricultur-Chemie mit besond. Rücksicht auf Thier-Physiologie. 2., ganz umgearb. Aufl. gr. 8. (XVI und 766 S.) Cöln 862, Hassel. * 3 Thlr. 10 Ngr.; geb. *

— Vorträge über Agricultur-Chemie mit besonderer Rücksicht auf Thier-Physiologie. 1. Bd. 3. ganz umgearb. Aufl. gr. 8. (XXXVI, 471 S.) Köln 872, Hassel. geb. *

Grouven, Hub., Vorträge üb. Agricultur-Chemie m. besond. Rücksicht auf Thier-Physiologie. 2. Bd. 3. Aufl. gr. 8. (XIII u. S. 474—842.) Köln 882. Hassel. geb. n. 6. 50 (cplt.: n. 13. 50)

Grouven, H., Vorträge üb. Agricultur-Chemie m. besond. Rücksicht auf Thier-Physiologie. 2 Bde. 4., umgearb. Aufl. gr. 8. (XXVI, XIII, 842 S.) Köln 889. Hassel. In 1 Bd. geb. 7. 50

Grouven H.: Ueber den Zusammenhang zwischen Witterung, Boden u. Düngung in ihrem Einflusse auf die Quantität u. Qualität d. Erndten ... Glogau 1868. 364 S.
(= 3. Bericht üb. die Arbeiten d. agrikulturchem. Versuchsstation in Salzmünde).

Groux, Eugène A. (Hrsg.), s. Abhandlungen und Notizen über E.A.Groux's Fissura sterni congenita von den berühmtesten Ärzten Europas.

Die Firma David Grove, (Berlin) von 1864—1904. [Mit Abb.] [Berlin: Selbstverl. 1904.] 7 Bl., 17 Taf. quer-4°

Die Firma David Grove (Berlin) von 1864—1904. — (Berlin 1904: Meisenbach, Riffarth & Co.) 9 Bl., 17 Taf. quer-4° Aus: Gesundheits-Ingenieur.

Grove's neuerfundene Methode den Caffee so zu brennen und zuzubereiten, daß derselbe den höchsten aromatischen Wohlgeschmack u. die angenehmste Stärke erhält, nebst Bereitung der in Damen-Cirkeln u. Kränzchen beliebtesten warmen und kalten Getränke; wie auch die Herstellung von Dessert-Backwerken. 2. verm. Aufl. qu. 8. Quedlinburg 815, Ernst. verklebt 1/6 ℛ — 3. verm. Aufl. qu. 8. Ebend. 816. verkl. 1/6 ℛ

Grove's neuerfundene Methode, den Caffee so zu brennen u. zuzubereiten, daß derselbe den höchsten aromat. Wohlgeschmack u. die angenehmste Stärke erhält rc. 4. verm. Aufl. qu. 8. Quedlinburg 817, Ernst. Verklebt. 1/6 ℛ

Grove, David

Grove, D: Das Brause-Bad als Bad der Zukunft. Berlin 1889

Ausgeführte Heizungs- und Lüftungs-Anlagen v. David Grove. Enthaltend die Heizg u. Lüftg im Deutschen Reichstagshause in Berlin. Reichsgericht in Leipzig, Rathhaus in Hamburg ... sowie d. Heizg. Lüftg, Be- und Entwässerg im Schloss Friedrichshof in Cronberg am Taunus ... M. e. Atlas v. 51 Taf. in Gross-Folio u. 73 in d. Text gedr. Holzschn. [Text. Atlas.] *Berlin: W. Ernst & Sohn 1895.* 1 Bd 4.(S.) 1 Bd gr. 2.
[Text]. (VII, 183 S.) [Atlas.] (1 Bl. 51 Taf.)

Grove, Dav., ausgef. Heizungs- u. Lüftungs-Anlagen. Enth. d. Heizg. u. Lüftg. im deutschen Reichstagshause in Berlin, Reichsgericht in Leipzig, Rathhaus in Hamburg, Justizgebäude in München, Garnison-Lazareth in Potsdam, kgl. Schauspielhause in Berlin, Reichsversicherungsamt in Berlin, sow. die Heizg., Lüftg., Be- u. Entwässerg. im Schloss Friedrichshof in Cronberg a. Taunus, Besitzthum d. Kaiserin Friedrich. M. e. Atlas v. 51 Taf. in Gross-Folio (in Mappe) u. 73 in d. Text gedr. Holzschn. Neue wohlf. [Umschlag-] Ausg. Lex.-8. (VII, 183 S.) Berlin (895) 898. M. Spielmeyer. n. 50. —

Grove, D: Katalog über 1. Grove's Consolcloset. Grove's Mantelcloset. 2. Der Blackman'sche Ventilator. 3. Grove's Waschtoiletten. Berlin (1891?)

Grove, Emanuel Rassmus

Grove, E. R., Widerlegung der vom Grafen Arthur Reventlow verfaßten Schrift, betitelt: „Ueber die Marschbildung an der Westküste des Herzogthums Schleswig." Husum 863. — Kiel, Akadem. Buchhdlg. gr. 8. (53 S.) n. 11/4 ngr.

Grove, E. R., Widerlegung der vom Grafen Arthur Reventlow verfaßten Schrift, betitelt: „Ueber die Marschbildung an der Westküste des Herzogth. Schleswig." gr. 8. (53 S.) Husum 863. Kiel, [G. v. Maack's Verlag.] *.

Grove, George, Beethoven u. seine neun Symphonien. Deutsche Bearbeitg. v. Max Hehemann. (IX, 365 S.) 8. London (906). Novello & Co. n. 5. —

Grove, Gerhard L. (Hrsg.), s. Grund, Georg: Bericht über Rußland in den Jahren 1705–1710.

Grove, Otto, Formeln, Tabellen und Skizzen für das Entwerfen einfacher Maschinentheile. Fol. (70 autogr. Taf. mit 2 S. Text.) Hannover 879, Schmorl und v. Seefeld. *

Grove, O: Formeln, Tabellen und Skizzen für das Entwerfen einfacher Maschinentheile. Hamburg 1880. Fol.

Grove, Otto, Formeln, Tabellen und Skizzen für das Entwerfen einfacher Maschinentheile. (Neuer unveränd. und 3. Abdr.) Fol. (70 autogr. Taf.) Hannover 881,83, Schmorl und v. Seefeld. * ℳ 6.; cart.

Grove, Otto, Formeln, Tabellen u. Skizzen f. das Entwerfen einfacher Maschinentheile. (Neuer unveränd. Abdr.) Fol. (70 autogr. Taf.) Hannover 882. Schmorl & v. Seefeld. n. 6. —; cart. n. 7. —

Grove, Otto, Formeln, Tabellen und Skizzen für das Entwerfen einfacher Maschinentheile. 4. und 5. Abdr. (70 autogr. S.) 1885,86; 6. Abdr. Fol. (72 Taf. mit 1 Bl. Text.) Hannover 889, Schmorl und v. Seefeld. *
cart. *

Grove, O., Formeln, Tabellen u. Skizzen f. das Entwerfen einfacher Maschinentheile. [7. Abdr.] Fol. (72 Taf. m. 1 Bl. Text.) Hannover 890. Schmorl & v. Seefeld Nachf. n. 6. —; cart. n. 7. —

Grove, Otto, Formeln, Tabellen u. Skizzen f. das Entwerfen einfacher Maschinentheile. (8. Abdr.) Fol. (72 Taf. m. 1 Bl. Text.) Hannover 892. Schmorl & v. Seefeld Nachf. n. 6. —; kart. n. 7. —

— dasselbe. (9. Abdr.) Fol. (III S. u. 72 Taf.) Ebd 894. Kart. n. 7

Grove, Otto v., Formeln, Tabellen u. Skizzen f. d. Entwerfen einf. Maschinentheile. 10. Aufl. Fol. (III S. u. 72 autogr. Taf) Hannover 897. Schmorl & v. Seefeld Nachf. Kart. n. 7. —

Grove, Otto v., Formeln, Tabellen u. Skizzen f. das Entwerfen einfacher Maschinentheile. 11. u. 12. Aufl. Fol. (à III S. u. 72 autogr. Taf.) Hannover 899. 901. Schmorl & v. Seefeld Nachf. Kart. n. 7. —

Formeln, Tabellen und Skizzen für das Entwerfen einfacher Maschinentheile von Prof. Dr-Ing. O[tto] v. Grove. 13. Aufl. *Leipzig: S. Hirzel 1902.* (76 Taf.) 4°

— Konstruktionslehre der einfachen Maschinenteile. 1. Tl. Mit 16 Taf. Zeichngn. in Mappe. Lex.-8. (336 S. m. Abbildgn.) Ebd. 902. n. 12. —

Grove, O. v., Konstruktionslehre der einfachen Maschinenteile. Mit 390 Textfig. u. 28 Taf. Zeichngn. in Mappe. (X u. S. 337—557.) Lex.-8. Leipzig 906. S. Hirzel. n. 10. — (Vollständig: n. 22. —; geb. n. 24. —)

Grove, P. V., Dänemark. Illustrirtes Reisehandbuch, hrsg. vom Vereine „Fremtiden". Uebersetzt v. O. C. Lohse. Mit 13 (lith. u. chromolith.) Karten (in 8., 4. u. qu. Fol.) 8. (XXII, 418 S. m. eingedr. Holzschn.) Kopenhagen 872. (Leipzig, Brockhaus' Sort.) geb. n. 8. —

Grove, William Robert

Grove, W. R., die Verwandtschaft der Naturkräfte. Deutsche autor. Ausg. nach der 5. Aufl. d. engl. Orig. hrsg. durch E. v. Schaper. Mit e. Anh. enth. die Rede d. Autors „üb. den ununterbrochenen Zusammenhang in der Natur", gehalten als Präsident der British Association zu Nottingham 1866, nebst e. Vorworte zur deutschen Uebersetzg. v. R. Clausius. gr. 8. (XIX, 270 S.) Braunschweig 871. Vieweg & Sohn. n. 4. 50

Grove, W. R., die Wechselwirkung der physischen Kräfte. Nach der 3. Aufl. aus dem Engl. übers. von E. v. Russdorf. Berlin 863. J. Springer. gr. 8. (VII, 203 S.) 1 ℳ

Grover, Frederick W[arren]: Über die Wirbelströme in einem Blech oder Zylinder mit Rücksicht auf die Theorie der Induktionswage untersucht. Leipzig 1909: Teubner. 70 S. 8°
München, Phil. Diss. v. 23. Juli 1908, Ref. Sommerfeld
[Geb. 3. Sept. 76 Lynn, Mass.; Wohnort: Washington; Staatsangeh.: Vereinigte Staaten; Vorbildung: Mass. Inst. of Technol. Boston B. Sc. Juni 99; Studium: Boston Mass. Inst. of Technol. 8, Wesleyan Univ. Middletown 4, Washington 4 S.; Rig. 23. Juli 08.] [U 10. 3648

Groevig, Nicolas: Handbuch der Geographie, zunächst für die Klassen des Königl. Grossh. Athenäums zu Luxemburg bearbeitet.
Luxemburg: V. Bück.
1. Theil. 1860. - 24 S. 12°
2. Theil. 1861. - 112 S. 12°
3. Theil. 1862. - 87 S. 12°

Groevig, Nicolas: Handbuch der Geographie für Primärschulen. Das Grossherzogthum Luxemburg.
Luxemburg: V. Bück 1864. - 100 S. 8°

Groevig, Nicolas: Luxemburg. Land und Volk in seinen jetzigen politischen und socialen Verhältnissen. Illustrirt.
Luxemburg: Pet. Brück 1867. - 16 S. 4°

Grovius, Georg Heinrich

Grovius, Geo. Hnr., über d. deutschen Dynasten- od. Herren-Stand. 8. Hamb. 796. Nutzenbecher. 4 ℳ

Grovius, G. H., üb. d. deutsch. Dynasten-Stand. 8. Hamb. Nutzenbecher (Villaume.) 796.

— 9 Monate a. m. Leben in rechtlicher Hinsicht. Ebend.

Growald, Ernst, der Plakat-Spiegel. Erfahrungssätze f. Plakat-Künstler u. Besteller. (78 S.) 8. Berlin (904). Kampffmeyer'scher Verl. n. 3. —

Der Plakat-Spiegel. Erfahrungssätze f. Plakat-Künstler u. Besteller von Ernst **Growald**. Berlin: O. L. Salomon [1904]. (78 gez. Bl.) 8° [03. 13034

Growe gen. Stahlhoff, Franz: Aus d. Psychiatr. Klinik zu Kiel. Zur Symptomatologie und Pathologie der eitrigen Meningitis. Kiel 1909: Fiencke. 22 S. 8°
Kiel, Med. Diss. v. 13. Juli 1910, Ref. Siemerling
[Geb. 23. Dez. 82 Holtum, Kr. Soest; Wohnort: Holtum; Staatsangeh.: Preußen; Vorbildung: Gymn. Attendorn Reife O. 04; Studium: Freiburg i. B. 1, München 1, Würzburg 3, Berlin 2, Kiel 3 S.; Coll. 21. Mai 09; Approb. 26. Juni 10.] [U 10. 2440

Groyen, A., der Kräuter-Brust-Syrup. d. Hoflieferanten F. W. Bockius in Otterberg u. seine Heilkraft bei Krankheiten der Athmungsorgane sowohl der Erwachsenen als Kinder. gr. 8. (22 S.) Kaiserslautern 872. Rohr. — 30

Groyen, (Guil. Max.) Alex. (geb. Aachen 7. 9. 1837): De morbo Brightii. Berolini (1863). (31 S.) 8°
Berlin, Med. Diss. v. 10. Okt. 1863

Groyer, Frdr., zur vergleichenden Anatomie des Musculus orbitalis u. der Musculi palpebrales (tarsales). (50 S. m. 5 farb. Taf.) gr. 8. Wien 903. (A. Hölder.) n. 2 —.
Sonderabdruck aus: „Sitzungsber. d. k. Akad. d. Wiss."

Grohmer, Talbot, der Letzte seines Stammes, s.: Berlepsch, Lina Freifrau v., Romanbibliothek. 36. Bd.

Groysmann, Elie, a. Odessa: Das Muskelsystem eines Herero-Kindes mit Berücksichtigung der Innervation. Mit 2 Taf. Jena: Fischer 1909. 25 S. 4° ¶ (Aus: Jenaische Denkschriften. Bd 15. Schultze, Forschungsreise in Südafrika. Bd 3, Lfg 1.)
Jena, Med. Diss. v. 17. Juli 1909, Ref. Maurer
[Geb. 11. Jan. 80 Dubossary; Wohnort: Komraten; Staatsangeh.: Rußland; Vorbildung: Oberrealsch. Komraten Reife M. 01; Studium: Techn. Tomsk Techn. Hochsch. 2, Med. Jena 9 S.; Rig. 10. März 09.] [U 09. 2137

Groz Theodor und Söhne in Ebingen. 50jähriges Jubiläum. 1852-1902. (31 S 8 T) Stuttgart 1902

Groz, Daniel, Medicinalprakt.: Aus d. pathol. Inst. d. Rudolf Virchow-Krankenh. in Berlin. Prosector: v. Hansemann. Mikrogyrie und Balkenmangel im menschlichen Grosshirn. Berlin 1909: Schumacher. 16 S. 8° ¶ (Aus: Archiv f. Psychiatrie u. Nervenkrankh. Bd 45, H. 2.)
München, Med. Diss. v. 1. April 1909, Ref. v. Bollinger
[Geb. 10. Mai 82 Ebingen, O.-A. Balingen; Wohnort: Stuttgart; Staatsangeh.: Württemberg; Vorbildung: Eberhard-Ludwigs-Gymn. Stuttgart Reife Juni 00; Studium: München 2, Tübingen 3, Kiel 1, München 6 S.; Coll. 1. April 09; Approb. 2. Juni 08.] [U 09. 3326

Groze, M. la, abrégé de l'histoire universelle; revue, continuée et enrichie de quelques notes par M. Formay. IIIe edit. 8. Gött. Dieterich. 772.

Grözinger, K., Mythische Grundlagen des deutschen Hexenglaubens. Krems 1867. 4°, Progr. d. Gymn.

Grun, Ernst, Cäsar Borgia. Trauerspiel in 5 Aufzügen. gr. 8. (120 S.) Berlin 881. Mitscher & Röstell. n. 2. —

— Kaiser Friedrich der Erste. Schauspiel in 5 Aufzügen. gr. 8. (130 S.) Ebend. 881. n. 2. —

Bausteine. Eine Auswahl verschiedener, grösstentheils maurerischer Dichtungen. Vorgetragen in den verschiedenen Logen Berlins, vornehmlich bei der Mittwochstafel in der Gr. Landesloge von Deutschland [in Berlin] von Franz **Grua.** Berlin: Lüderitz 1845. VIII, 326 S. 8°
Recens: FZ. 1 (1847) S. 63.
Tt. 2347. Sammlung von Dichtungen verschiedener Verfasser, ohne Angabe der Namen, gewidmet dem Prinzen Wilhelm von Preussen. 23. 25.

Gruau de la Barre, intrigues dévoilées de Louis XVII, dernier roi légitime de France, décédé à Delft, le 10 Août 1845. Tom. I. 8 livrs. et Tom. II. livr. 1—4. Lex.-8. Rotterdam 846, 47. (Bädeker.) n. 6⅚ ₰

Über einige Reichsstädte Teutschlands .... (von *Christian Friedr. Grub*). O. O. 1786.
Anon.-Lex. IV. p. 234 (nach Meusel).

Grub, Fr., Bericht der Stuttgarter Milchkur-Anstalt über deren Betrieb und Entwickelung, erstattet nach dem VI. Betriebsjahr. gr. 8. (15 S.) Stuttgart 881, (Metzler'sche Sortimentsh.) **

Grub, Fr., Bericht der Stuttgarter Milchkur-Anstalt über deren Betrieb u. Entwickelung, erstattet nach dem VI. Betriebsjahr. gr. 8. (15 S.) Stuttgart 882. (Metzler's Sort.) n.n. — 50

Grub: Milchkur-Anstalt am Viktoriapark. Berl. 1888. 7 S. 4°.

Grub, Peter Arnold (Kirchberg/Rheinpreuss.), Casum singularem morbi contagio mallei humidi in hominem translato, orti. Diss. med. Bln. (Aug. Petsch) 21. IX. 1829. 31 S. mit Biogr. (M.: Ph. Bartz.) (5.50) 11891
Oppon.: A. Wickert, J. Michels, G. Lauer. — Gew.: v. Kantrzinsky, Philipp Maull.

Grubas, G. B. V. M., nuovo Costiere del Mare adriatico. Ediz. arrichita delle scoperte più recenti. gr. 8. (11½ u. Ttlvign.) Trieste 842, Favarger.

Grubbauer, Math., Anwendung des metrischen Masses u. Gewichtes speciell für die Papierbranche m. Berücksicht. der neuen Rieseintheilung à 1000 Bogen. Unentbehrliche Uebersichts-Tabellen f. sämmtl. Papierfabriken, sowie für Papierhandlungen u. Buchdruckereien. gr. 8. (23 S.) Linz 876. (Ebenhöch.) n.n. 1. —

Grubbe, Otto. Ueber das optische Drehungsvermögen des Invertzuckers. Berlin, 1884.

Grube, aus der, (Th. Gf. Gruber), s. Amor u. Hymen.

Grube, die, zu Dorothea, ein Schauspiel in 5 Aufz. von A. Klingemann. gr. 8. Helmstädt, Fleckeisen. 817.

Grube, Adph. Ed., Gedächtnissrede auf ihn, s.: Zaddach, G.

Grube, Adolph Eduard: Actinien, Echinodermen und Würmer des Adriatischen und Mittelmeers nach eigenen Sammlungen beschrieben. 92 S., gbd., 1 Taf.

Königsberg: Bon 1840

—— zur Anatomie u. Physiologie d. Kiemenwürmer. Mit 2 Kpfrt. gr. 4. (10½ B.) Königsberg 838. (Gebr. Bornträger.) *

Grube, Adph Ed., **Anneliden,** s. Reise der österreich. Fregatte Novara. Zoolog. Thl. 2. Bd.

Grube, Ed., Annulata Semperiana, s. Mémoires de l'Académie impériale des sciences de St.-Pétersbourg.

Grube, Adph. Ed., ein **Ausflug** nach Triest und dem Quarnero. Beiträge zur Kenntniss der Thierwelt dieses Gebietes. Mit 5 Kpfrtaf. (in 8. u. 4.) Berlin 861. Nicolai's Verlhdlg. gr. 8. (VIII, 175 S.) n. 2 ₰

— die **Bedeutung** der Thierwelt für den Menschen. Eine Rede, gehalten bei der Uebernahme des Rectorats den 15. Octbr. 1863. Breslau 863. Hirt. gr. 8. (22 S.) n. 5 ngr.

Grube, Adph. Ed., Bemerkungen über die Phyllopoden nebst einer Uebersicht ihrer Gattungen und Arten. Mit 4 Kpfrtaf. (Aus dem Archiv für Naturgeschichte.) Berlin 853. Nicolai'sche Verlhdlg. gr. 8. (108 S.) n. 1 ₰

— **Beschreibungen** neuer oder weniger bekannter Seesterne und Seeigel. Mit 3 (color.) Steindrtaf. (Aus „Acta Acad. Caes. Leop.-Carol. naturae curiosorum.") Jena 860. Frommann. gr. 4. (52 S.) n. 1 ₰ 10 ngr.

— über die Bildung des thierischen Körpers aus dem Ei, gelesen in der physikal.-ökonom. Gesellschaft zu Königsberg am 17. Mai 1844. gr. 8. (Mit 1 lith. Taf.) Ebend. 844. ⅓ ₰

Grube. Die Crustaceenfauna des adriatischen und Mittelmeeres. 1863.

Grube, Adph. Ed., die Familien der Anneliden m. Angabe ihrer Gattungen u. Arten. Ein systemat. Versuch. [Die 1. Abth. ist im Archiv f. Naturgeschichte Jahrg. XVI. abgedr.] gr. 8. (IV u. 164 S. m. 1 lith. Taf. u. 1 Tab. in gr. 4.) Berlin 851, Nicolai. n. 1 ₰

— über die **Gattungen** Estheria u. Limnadia u. einen neuen Apus. Berlin 865. Nicolai's Verlag. gr. 8. (80 S. mit 4 Taff. in Kupferst.) n. 1 ₰

— die Insel **Lussin** und ihre Meeresfauna. Nach einem sechswöchentlichen Aufenthalte geschildert. Nebst 1 (lith.) Taf. mit Abbildgn. u. 1 (lith.) Karte von Lussin. Breslau 864. Hirt. Lex.-8. (V, 116 S.) n. 1 ₰ 10 ngr.

—— de **Pleione** caruncolata, dissert. zootomica. C. tab. aën. 4maj. (4½ B.) Regiomontii Pruss. 837, (Fratr. Borntraeger.) *

Grube, Ad. Ed., Untersuchungen über die Entwicklung der Anneliden. 1. Hft. A. u. d. T.: Untersuchungen über die Entwicklung der Clepsinen. Mit 3 Kupfertaf. gr. 4. Königsberg 844, Gebr. Bornträger. n. 1½ ₰

— **Verzeichniss** der Arachnoiden Liv-, Kur- u. Ehstlands. (Aus dem Archiv für die Naturkunde Liv-, Ehst- u. Kurlands abgedr.) Mit 1 Steindrtaf. Dorpat 859. (Glaser.) gr. 8. (72 S.) n. 16 ngr.

Grube, Adolph Eduard: Vorkommen eines Generationswechsels bei den Anneliden. 1863.

Grube, August Wilhelm

Grube, Aug. Wilh., s.: **Am Sarge** etc.

Grube, A. W., Alpenwanderungen. Fahrten auf hohe und höchste Alpenspitzen. Nach den Originalberichten ausgewählt, bearb. und gruppirt für junge und alte Freunde der Alpenwelt. 2 Thle. in 9 Lfgn. Mit zahlreichen Illustr. in Ton- und Farbendr. gr. 8. (V, 280; 217 S.) Oberhausen 878, Spaarmann. [Leipzig, Kummer.] à Lfg. *M 1. * geb. *

Grube, A[ugust] W[ilhelm]. Alpenwanderungen. Fahrten auf hohe und höchste Alpenspitzen. Nach den Originalberichten ausgewählt, bearb. und gruppirt für junge und alte Freunde der Alpenwelt. [Mit 17 Tafeln.] (2 Theile; 9 Lieferungen.) 8. Oberhausen u. Leipzig 1873 (*Umschläge:* 1874).

Theil 1. Aus den Centralgruppen der Schweizer-Alpen. Mit zahlreichen Illustrationen in Ton- und Farbendruck [12 Tafeln]. O' u. L' 1873(–1874). (Theil 2. [Aus den Tiroler- und Oesterreicher-Alpen. Mit 5 Tafeln.] 1874.)

Grube, A. W., Alpenwanderungen. Fahrten auf hohe und höchste Alpenspitzen. Nach Orig.-Berichten bearb. und gruppirt für Freunde der Alpenwelt. Neu bearb., berichtigt und ergänzt von C. Benda. 3. Aufl. 2 Thle. (In 9 Lfgn.) gr. 8. (288; VI, 247 S. mit 17 Illustr. in Ton- und Farbendr.) Leipzig 885,86, Kummer. à Lfg. *M 1.—; compl. geb. *

Grube, A. W., aus der Alpenwelt, s. a. Jugend- u. Volksbibliothek, deutsche.

Grube, A[ugust] W[ilhelm]. Aus der Alpenwelt der Schweiz. [Mit 1 Tafel.] 2. Aufl. 8. Stuttgart 1877.
(Deutsche Jugend und Volksbibliothek. [N° 21.])

Grube (A. W.). Aus d. Alpenwelt d. Schweiz. 3 Aufl. 12. (122 S.) Stuttg. 1900. kart. M. —.75

Grube, A. W., culturgeschichtliche Bilder. 2 Thle. in 1 Bd. 12. (77; 74 S. mit vielen Holzschn. und 4 feinen Farbendr.-Bildern.) Eßlingen 881, Schreiber. geb. *

— culturgeschichtliche Bilder. Mit vielen Holzschn. u. 4 feinen Farbendr.-Bildern. 2 Thle. in 1 Bd. 12. (77 u. 74 S.) Eßlingen 882. Schreiber. geb. n. 1. 50

Grube, Aug. Wilh., Bilder u. Scenen aus dem Natur- u. Menschenleben in den fünf Haupttheilen der Erde. Nach vorzügl. Reisebeschreibungen f. die reifere Jugend ausgewählt u. bearb. Eine Festgabe in 4 Thln. m. Bildern u. feinen Holzschn. 8. 1. Thl. Bilder u. Scenen aus Asien u. Australien. Mit (1 lith.) Abbildg. (VIII u. 235 S. m. eingedr. Holzschn.) 2. Thl. Bilder u. Scenen aus Afrika. (222 S. m. 1 Lith.) 3. Thl. Bilder u. Scenen aus Europa. (240 S. m. 1 Lith. u. eingedr. Holzschn.) 4. Thl. Bilder u. Scenen aus Amerika. (241 S. m. 1 Lith. u. 1 Holzschntaf.) Stuttgart 852, J. F. Steinkopf. (à 17 ngr) 2 rf 8 ngr

GRUBE, A. W. *Bilder und Scenen* aus dem Natur- und Menschenleben in den fünf Hauptheilen der Erde. Nach vorzüglichen Reisebeschreibungen für die reifere Jugend ausgewählt und bearbeitet von A. W. Grube. Eine Festgabe in 4 Theilen mit [4 Titel-]Bildern und feinen Holzschnitten [in 2 Bänden]. Stuttgart, Steinkopf, 1853. Kl.-8°. Blindgepreßte schwarze Or.Leinenbde. m. Rückenvergoldung. 14.—

Merget 234/35: „... überaus unterhaltend und belehrend." ★ 1. Ausg. — Gutes Ex., einige leichte Fleckchen.

— **Bilder und Scenen aus dem Natur- und Menschenleben in den fünf Haupttheilen der Erde.** Nach vorzüglichen Reisebeschreibungen für die Jugend ausgewählt u. bearbeitet. Eine Festgabe in 4 Thln. mit (8 in Kpfr. gest. u. lith.) Bildern und feinen Holzschn. (im Text.) 2. Aufl. Stuttgart 853, 54. J. F. Steinkopf. 8. Jeder Thl. 17 ngr
1. Thl.: Bilder u. Scenen aus Asien u. Australien. (255 S.) — 2. Thl.: Bilder u. Scenen aus Afrika. (266 S.) — 3. Thl.: Bilder u. Scenen aus Europa. (263 S.) — 4. Thl.: Bilder u. Scenen aus Amerika. (239 S.)

Grube, A. W., Bilder und Scenen aus dem Natur- und Menschenleben in den fünf Haupttheilen der Erde. Nach vorzüglichen Reisebeschreibungen für die Jugend ausgewählt u. bearb. Eine Festgabe in 4 Thln. mit (8 in Kpfr. gest. u. lith.) Bildern u. feinen Holzschn. 3. verm. Aufl. Stuttgart 860. J. F. Steinkopf. 8. Jeder Thl. 17 ngr
Inhalt: 1. Bilder u. Scenen aus Asien u. Australien. (276 S.) — 2. Bilder u. Scenen aus Afrika. (276 S.) — 3. Bilder u. Scenen aus Europa. (258 S.) — 4. Bilder u. Scenen aus Amerika. (253 S.)

— **Bilder u. Scenen aus dem Natur- u. Menschenleben in den 5 Haupttheilen der Erde.** Nach vorzügl. Reisebeschreibungen für die Jugend ausgewählt u. bearb. Eine Festgabe mit Bildern u. feinen Holzschn. 4 Bde. 4. verm. u. verb. Aufl. Stuttgart 868. J. F. Steinkopf 8. Jeder Bd. 18 ngr; geb. Jeder Bd. n. 22 ngr
1. Bd. Asien u. Australien. (336 S. mit eingedr. Holzschn. u. 2 Holzschntaff.)
2. Bd. Afrika. (319 S. mit eingedr. Holzschn. u. 2 Holzschntaff.)
3. " Europa. (320 S. mit eingedr. Holzschn. u. 2 Holzschntaff.)
4. " Amerika. (316 S. mit eingedr. Holzschn. u. 2 Holzschntaff.)

— **Bilder u. Scenen aus dem Natur- u. Menschenleben in den 5 Haupttheilen der Erde.** Nach vorzügl. Reisebeschreibgn. f. die Jugend ausgewählt u. bearb. Eine Festgabe in 4 Thln. m. Bildern. 5. verm. Aufl. 8. Stuttgart 874. J. F. Steinkopf. à 2. 25; geb. à 2. 60
1. Asien u. Australien. (336 S.)
2. Bilder u. Scenen aus Afrika. Mit Abbildgn. (in eingedr. Holzschn.) (296 S.)
3. Bilder u. Scenen aus Europa. Mit Abbildgn. (in eingedr. Holzschn.) (336 S.)
4. Amerika. (316 S.)

— **Bilder u. Scenen aus dem Natur- u. Menschenleben in den 5 Haupttheilen der Erde.** Nach vorzügl. Reisebeschreibungen für die Jugend ausgewählt u. bearb. Eine Festgabe in 4 Thln. m. Bildern. 6., verm. u. verb. Aufl. 8. (Mit eingedr. Holzschn. u. je 1 Holzschntaf.) Stuttgart 880. J. F. Steinkopf. à 2. 25; geb. à n. 3. —
1. Asien u. Australien. (338 S.) — 2. Afrika. (325 S.) — 3. Europa. (328 S.) — 4. Amerika. (332 S.)

Grube, A. W., Bilder u. Scenen aus dem Natur- u. Menschenleben in den 5 Hauptteilen der Erde. Nach vorzügl. Reisebeschreibgn. f. die Jugend ausgewählt u. bearb. Eine Festgabe in 4 Tln. m. Bildern. 7., verm. Aufl., bearb. v. P. Buchholz. 8. (Mit je 1 Titelbild.) Stuttgart 888. J. F. Steinkopf. à 2. 25; geb. à n. 3. —
1. Asien u. Australien. (326 S.) — 2. Afrika. (363 S.) — 3. Europa. (367 S.) — 4. Amerika. (312 S.)

— **Bilder u. Scenen aus dem Natur- u. Menschenleben in den 5 Hauptteilen der Erde.** Nach vorzügl. Reisebeschreibungen f. die Jugend ausgewählt u. bearb. 4 Tle. 8. verm. Aufl., neu bearb. v. J. Frohnmeyer u. L. Frohnmeyer. 8. Stuttgart, J. F. Steinkopf. à 2. 25; geb. in Leinw. à. n. 3. —
1. Asien u. Australien. (384 S.) 901. — 2. Afrika. (384 S.) 901. 3. Europa. (366 S.) 900. — 4. Amerika. (322 S.) 901.

Grube, A. W., Bilder u. Szenen aus dem Natur- u. Menschenleben in den 5 Hauptteilen der Erde. Nach vorzügl. Reisebeschreibgn. f. die Jugend ausgewählt u. bearb. (In 4 Tln.) 3. Tl.: Europa. 9. verm. Aufl. (Neu bearb. v. L. Frohnmeyer.) (352 S.) 8. Stuttgart 910. J. F. Steinkopf. Geb. in Leinw. 3. —

Grube, A. W. (Aug. Wilh.), von der sittlichen Bildung der Jugend im ersten Jahrzehend des Lebens. Pädagogische Skizzen für Eltern, Lehrer u. Erzieher. Leipzig 855. Brandstetter. 8. (VII, 344 S.) 24 ngr

— Biographieen aus der Naturkunde, in ästhetischer Form und religiösem Sinne. Nebst einem Worte über die ästhet. Seite des naturkundl. Unterrichts. 1. Aufl. (XII und 300 S.) und 2., verb. Aufl. gr. 8. (XIII und 306 S.) Stuttgart 851, J. F. Steinkopf. Thlr.

— **Biographieen aus der Naturkunde, in ästhetischer Form u. religiösem Sinne. Nebst einem Worte über die ästhetische Seite des naturkundlichen Unterrichts. 1. Reihe. 3. verb. u. verm. Aufl. 854. (352 S.) — 4. verb. rc. Aufl. Stuttgart 858. J. F. Steinkopf. gr. 8. (359 S.)** 27 ngr

— Biographieen aus der Naturkunde, in ästhetischer Form und religiösem Sinne. Nebst einem Worte über die ästhetische Seite des naturkundlichen Unterrichts. 1. Reihe. 5. verb. Aufl. Stuttgart 864. J. F. Steinkopf. gr. 8. (360 S.) 27 ngr

— **Biographieen aus der Naturkunde, in ästhetischer Form u. religiösem Sinne. 1. Reihe. 6. verb. Aufl. Ebend. 869. gr. 8. (364 S.)** 27 ngr

— Biographieen aus der Naturkunde in ästhetischer Form u. religiösem Sinne. 1. Reihe. 7., verb. Aufl. gr. 8. (372 S.) Ebend. 877. 3. —

— — Neue Reihe. Mit 1 Steintaf. 853. (264 S.) — 2. sorgfältig durchges. u. verb. Aufl. Ebend. 854. gr. 8. (267 S.) 22½ ngr

— — 2. Reihe. Mit 1 Steintaf. 3., sorgfältig durchges. u. verb. Aufl. Ebend. 862. gr. 8. (268 S.) 22½ ngr

— — **2. Reihe. Mit einer Steintaf. 4., sorgfältig durchgesehene u. verm. Aufl. Ebend. 870. gr. 8. (290 S.)** 27 ngr

— dasselbe. 2. Reihe. 5., sorgfältig durchgeseh. u. verm. Aufl. 8. (310 S.) Ebend. 879. 3. —; geb. n. 4. —

— — 3. Reihe. Mit 4 Lithogr. Ebend. 858. gr. 8. (270 S.) 27 ngr

— — 3. Reihe. Mit 4 Lithogr. 2. verb. Aufl. Ebend. 862. gr. 8. (267 S.) 27 ngr

— Biographien aus der Naturkunde in ästhet. Form u. religiösen Sinne. 3. Reihe. Mit 4 Lith. 3. verm. u. verb. Aufl. gr. 8. (276 S.) Ebend. 875. 3. —

— — **4. Reihe m. 4 Lith. (in Tondr.) Ebend. 868. gr. 8. (331 S.)** 1 rf 6 ngr

— dasselbe. 4. Reihe. Mit 4 Lith. u. Holzschn. 2. Aufl. 8. (336 S.) Ebend. 878. 3. 60

— Blicke in's menschliche Kulturleben, s.: Jugendbibliothek, neue deutsche.

Grube, A. W., Blicke in das Seelenleben der Tiere, s.: Jugend- u. Volksbibliothek, deutsche. 7. Bdchn.

— Blicke in's Triebleben der Seele. Psychologische Studien für angehende Pädagogen u. Psychologen, wie auch für gebildete Väter u. Freunde der Seelenkunde überhaupt. Leipzig 861. Brandstetter. 8. (IV, 306 S.) 1 rf

— vom Bodensee, früheren Rheinthalgletscher u. aus dem Bregenzer Walde. Skizzen. Mit 13 Illustr. (in eingedr. Holzschn. u. Holzschntaf.) 8. (VI, 112 S.) Stuttgart 875. Hofmann & Hohl. 2. —

— vom Bodensee, früheren Rheinthalgletscher und aus dem Bregenzer Walde. Skizzen. 8. (VI, 112 S. mit 13 Illustr. in eingedr. Holzschn. und Holzschntaf.) [Stuttgart 875, Risch.] Eßlingen, Schreiber.

Grube, A. W. Bregenz am Bodensee. Kurze Schilderung seiner unvergleichlich schönen Lage, seiner Geschichte und nächsten Aussichtspunkte. Von — — Mit einem Bodenseekärtchen. Bregenz, 1857. Dr. von J. N. Teutsch. (29 S. kl. 8.)

Grube, A[ugust] W[ilhelm]. Bregenz am Bodensee. Kurze Schilderung seiner... Lage, seiner Geschichte und nächsten Aussichtspunkte. Von A. W. G'. Mit einem Bodenseekärtchen (und [Ignaz Franz] Castelli's Gedichte auf den St. Gebhardsberg). 4., berichtigte Aufl. 8. Bregenz 1862.

— das Buch der Naturlieder f. junge u. alte Freunde der Natur m. besond. Rücksicht auf die ästhet. Belebung des naturkundl. Unterrichts. gr. 8. (XVI u. 308 S.) Leipzig 851, Brandstetter. 1 rf

— geographische Charakterbilder in abgerundeten Gemälden aus der Länder- u. Völkerkunde. Nach Musterdarstellungen der deutschen u. ausländ. Literatur f. die obere Stufe des geograph. Unterrichts in Schulen, sowie zu einer bildenden Lectüre f. Freunde der Erdkunde überhaupt bearb. 2 Thle. gr. 8. (XIV u. 620 S.) Ebd. 850. — 2. verb. u. sehr verm. Aufl. 2 Thle. gr. 8. (1: XII u. 379 S. 2: IV u. 368 S.) Ebd. 851. 2¼ rf

— **geographische Charakterbilder in abgerundeten Gemälden aus der Länder- und Völkerkunde. Nach Musterdarstellungen der deutschen u. ausländischen Literatur für die obere Stufe des geograph. Unterrichts in Schulen, so wie zu einer bildenden Lectüre für Freunde der Erdkunde überhaupt. 2 Thle. 4. verb. rc. Aufl. 853. (XII, 379; IV, 368 S.) — 5. verb. Aufl. 854. (XIV, 441; IV, 372 S.) — 6. Aufl. 855. (XIV, 441; IV, 372 S.) — 7. Aufl. Leipzig 858. Brandstetter. gr. 8. (XV, 474; VI, 458 S. u. 2 Lithogr. in Farbendr.)** 2 rf 7½ ngr

— — **3. Thl. A. u. d. T.: Charakterbilder deutschen Landes u. Lebens für Schule u. Haus bearb. u. gruppirt. 854. (XVI, 358 S.) — 2. unveränd. Abdr. 855. (XVI, 374 S.) — 3. Aufl. Mit e. Ansicht des Doms von Köln (in Stahlst.). Ebend. 858. gr. 8. (XVI, 398 S.)** 1 rf 5 ngr

— geographische Charakterbilder in abgerundeten Gemälden aus der Länder- und Völkerkunde. Nach Musterdarstellungen der deutschen u. ausländischen Literatur für die obere Stufe des geographischen Unterrichts in Schulen, so wie zu einer bildenden Lektüre für Freunde der Erdkunde überhaupt bearb. 3 Thle. Leipzig, Brandstetter. gr. 8. (XXXVIII, 1425 S. m. Holzschn. u. 3 Stahlst.) 3 rf 12½ ngr

1. Thl. 8. Aufl. 860. — 9. Aufl. 864. — 2. Thl. 8. Aufl. 860. — 9. Aufl. 864. — 3. Thl. 4. Aufl. 860. — 5. Aufl. 864.

— geographische Charakterbilder in abgerundeten Gemälden aus der Länder- u. Völkerkunde. Nach Musterdarstellungen der deutschen u. ausländischen Literatur für die obere Stufe des geograph. Unterrichts in Schulen, so wie zu einer bildenden Lektüre für Freunde der Erdkunde überhaupt bearb. 1. u. 2. Thl. 10. verm. u. verb. Aufl. u. 3. Thl. 6. Aufl. Leipzig 866. Brandstetter. gr. 8. (XXXVIII, 1490 S. mit eingedr. Holzschn. u. 3 Stahlst.) 3 rf 12½ ngr; geb. 4 rf 5 ngr

Der 3. Thl. apart u. d. T.: Charakterbilder deutschen Landes u. Lebens für Schule u. Haus. 1 rf 5 ngr

—— geographische **Charakterbilder** in abgerundeten Gemälden aus der Länder- und Völkerkunde. Nach Musterdarstellungen der deutschen und ausländischen Literatur für die obere Stufe des geographischen Unterrichts in Schulen, sowie zu einer bildenden Lectüre für Freunde der Erdkunde überhaupt. 3 Thle. mit je 1 Stahlst. gr. 8. Leipzig, Brandstetter. [1. Thl. 13. Aufl. 1873, und 14. Aufl. (XVI, 725 S.) 875. ℳ 4,50.; 2. Thl. 13. Aufl. 1873, und 14. Aufl. (VI, 484 S.) 875. ℳ 3,30.; 3. Thl.: Charakterbilder deutschen Landes und Lebens für Schule und Haus. 9. Aufl. 1873, und 10. Aufl. (XIV, 490 S.) 875. ℳ 3,30.] ℳ 11,10.; geb. *

—— geographische **Charakterbilder** in abgerundeten Gemälden aus der Länder- und Völkerkunde. Nach Musterdarstellungen der deutschen und ausländischen Literatur für die obere Stufe des geographischen Unterrichts in Schulen, sowie zu einer bildenden Lectüre für Freunde der Erdkunde überhaupt. 3 Thle. mit je 1 Titel-Stahlst. gr. 8. Leipzig 878, Brandstetter. [1. Thl. 15. Aufl. (X, 751 S.) ℳ 4,50., geb. ℳ 5,50.; 2. Thl.: 15. Aufl. (VI, 563 S.) ℳ 3,30, geb. ℳ 4,30.; 3. Thl.: (Charakterbilder deutschen Landes und Lebens für Schule und Haus.) 11. Aufl. (X, 496 S.) ℳ 3,30., geb. ℳ 4,30.] geb. *

— geographische **Charakterbilder** in abgerundeten Gemälden aus der Länder- u. Völkerkunde. Nach Musterdarstellungen der deutschen u. ausländ. Litteratur für die obere Stufe des geograph. Unterrichts in Schulen, sowie zu einer bild. Lektüre für Freunde der Erdkunde überhaupt bearb. u. hrsg. 3 Thle. gr. 8. Leipzig 882. Brandstetter. n. 12. 50; geb. n. 16. —

1. u. 2. 16., verm. u. verb. Aufl. Mit 2 Stahlst. u. 18 (eingedr.) Holzschn. (XII, 732 u. VI, 574 S.)
3. Charakterbilder deutschen Landes u. Lebens für Schule u. Haus. 12., verm. u. verb. Aufl. Mit 1 Stahlst. u. 10 (eingedr.) Holzschn. (XII, 477 S.)

— geographische **Charakterbilder** in abgerundeten Gemälden aus der Land- u. Völkerkunde. Nach Musterdarstellgn. der deutschen u. ausländ. Litteratur f. die obere Stufe d. geograph. Unterrichts in Schulen, sowie zu e. bild. Lektüre f. Freunde der Erdkunde überhaupt bearb. u. hrsg. 3 Thle. (I. u. II.: 17. Aufl. -- III.: 13. Aufl.) Mit 3 Stahlst. u. 30 Holzschn. gr. 8. (X, 735; VIII, 602 u. XIV, 489 S.) Leipzig 885. Brandstetter. n. 12. 50; 3 Einbde. n.n. 3. 50

— geographische **Charakterbilder** in abgerundeten Gemälden aus der Länder- u. Völkerkunde. Nach Musterdarstellgn. der deutschen u. ausländ. Litteratur f. die obere Stufe d. geograph. Unterrichts in Schulen, sowie zu e. bild. Lektüre f. Freunde der Erdkunde überhaupt bearb. u. hrsg. 3 Tle. gr. 8. Leipzig 891. Brandstetter. n. 13. 50; geb. n. 17. 10

1. 18., verm. Aufl. (XII, 784 S. m. 1 Stahlst. u. 11 Holzschn.) n. 5. 40; geb. n.n. 6. 60
2. 18., verm. Aufl. (VIII, 655 S. m. 1 Stahlst. u. 10 Holzschn.) n. 4. 40; geb. n.n. 5. 60
3. Charakterbilder deutschen Landes u. Lebens. 14., verm. Aufl. (XIV, 583 S. m. 1 Stahlst. u. 10 Holzschn.) n. 3. 70; geb. n.n. 4. 90

-- geographische **Charakterbilder** in abgerund. Gemälden aus d. Länder- u. Völkerkunde. Nach Musterdarstellgn. d. deutschen u. ausländ. Litteratur f. d. ob. Stufe d. geograph. Unterrichts in Schulen, sow. zu e. bild. Lektüre f. Freunde d. Erdkunde überhaupt bearb. u. hrsg. 3 Tle. gr. 8. Leipzig 897. F. Brandstetter. n. 13. 50; Einbde in Leinw. n.n. 3.50

1. 19., verm. u. verb. Aufl. (XII, 790 S. m. 1 Stahlst. u. 11 Holzschn.) n. 5.40
2. 19., verm. u. verb. Aufl. (VIII, 663 S. m. 1 Stahlst. u. 10 Holzschn.) n. 4.40
3. 15., verm. u. verb. Aufl. (XII, 595 S. m. 1 Stahlst. u. 10 Holzschn.) n. 3. 70

Grube, A(ugust) W(ilhelm). Geographische Charakterbilder von A. W. G'. Eine Sammlung geographischer Schilderungen für die obere Stufe des geographischen Unterrichts sowie zu einer bildenden Lektüre für Freunde der Erdkunde überhaupt, bearb. und hrg. von Dr. Hans Stübler. Teil 1: Arktis – Europa – Afrika. 20. Aufl. Mit Bunt- und Schwarzbildern [im Text und auf 10 Tafeln]. XII + 744 S. 8. Leipzig, Friedrich Brandstetter, 1907. [geb. M. 7.50]

— Geographische **Charakterbilder**. Eine Sammlg. geograph. Schildergn. f. die obere Stufe des geograph. Unterrichts sowie zu e. bild. Lektüre f. Freunde der Erdkunde überhaupt. 2. u. 3. Tl. gr. 8. Leipzig, F. Brandstetter. à 6.50; geb. in Leinw. à 7.50

2. Bearb. u. hrsg. v. Hans Stübler. Amerika—Asien—Australien (Ozeanien)—Antarktis. 20. Aufl. Mit 5 Buntbildern, 16 Tonbild. u. 1 farb. Karte. (VIII, 791 S.) 909.
3. Charakterbilder deutschen Landes u. Lebens. Neubearb. u. hrsg. v. Rud. Reinhard. 16., verm. Aufl. m. 32 Abbildgn. in Dreifarben- u. Tondr. u. 1 farb. Karte v. Berlin. (VIII, 718 S.) 910.

— **Charakterbilder** aus der Geschichte u. Sage f. e. propädeut. Geschichtsunterricht gesammelt, bearb. u. gruppirt. 3 Thle. gr. 8. 1. Thl. Die vorchristl. Zeit. (XII u. 204 S.) 2. Thl. Das Mittelalter. (IV u. 206 S.) 3. Thl. Die neue Zeit. (VI u. 347 S.) Ebd. 852. — 2. unveränd. Aufl. 3 Thle. gr. 8. Ebd. 852. (1: 27 ngr 2: 1 ß 3: 1 ß 3 ngr) 3 ß

— **Charakterbilder** aus der Geschichte und Sage, für einen propädeutischen Geschichtsunterricht gesammelt, bearb. u. gruppirt. 3 Thle. 2. unveränd. Aufl. 852. — 3. unveränd. Aufl. 854. — 4. unveränd. Aufl. 856. — 5. Aufl. Ebend. 858. gr. 8. 3 ß

Inhalt: 1. Thl.: Die vorchristliche Zeit. (XIV, 204 S.) 27 ngr. — 2. Thl.: Das Mittelalter. (IV, 260 S.) 1 ß. — 3. Thl.: Die neue Zeit. (VIII, 347 S. u. 2 Stahlst.) 1 ß 3 ngr

— **Charakterbilder** aus der Geschichte und Sage, für einen propädeutischen Geschichtsunterricht gesammelt, bearb. u. gruppirt. 3 Thle. 6—9. Aufl. Mit 3 Stahlst. Ebend. 860—64. gr. 8. 3 ß; geb. 3 ß 15 ngr.

Inhalt: 1. Die vorchristliche Zeit. (XIV, 234 S.) 27 ngr. — 2. Das Mittelalter. (VI, 296 S.) 1 ß — 3. Die neue Zeit. (VI, 398 S.) 1 ß 3 ngr.

— **Charakterbilder** aus der Geschichte u. Sage, für den propädeut. Geschichtsunterricht, bearb. u. gruppirt. 3 Thle. 10. Aufl. Mit 3 Stahlst. Leipzig 865. Brandstetter. gr. 8. 3 ß; geb. 3 ß 15 ngr.

1. Thl. Die vorchristliche Zeit. (XVIII, 234 S. mit dem Bildniß Alexanders des Großen.) 27 ngr.
2. Thl. Das Mittelalter. (VII, 296 S. mit dem Bildniß Karls des Großen.) 1 ß
3. Thl. Die neueste Zeit. (VI, 398 S. mit dem Bildniß Friedrichs des Großen.) 1 ß 3 ngr.

—— **Charakterbilder** aus der Geschichte und Sage, für einen propädeut. Geschichtsunterricht gesammelt, bearb. und gruppirt. 14.—17. Aufl. 3 Bde. gr. 8. Leipzig 871—75, Brandstetter. 9 — geb. in 1 Bd. * 10 50

Inhalt:
Bd. 1. Die vorchristliche Zeit. (XVI, 234 S. mit dem Bildnisse Alexanders des Großen in Stahlst.) ℳ 2,70.
" 2. Das Mittelalter. (VI, 296 S. mit dem Bildniß Karls des Großen in Stahlst.) ℳ 3.
" 3. Die neue Zeit. (XI, 403 S. mit dem Bildniß Friedrichs des Großen in Stahlst.) ℳ 3,30.

Grube, A. W., **Charakterbilder** aus der Geschichte und Sage, für einen propädeut. Geschichtsunterricht gesammelt, bearb. und gruppirt. 3 Bde. 18.—21. Aufl. gr. 8. Leipzig 875—79, Brandstetter. geb. in 1 Bd. *

Inhalt:
Bd. 1. Die vorchristliche Zeit. (XVI, 234 S. mit dem Bildniß Alexanders des Großen in Stahlst.) ℳ 2,70.
" 2. Das Mittelalter. (VI, 296 S. mit dem Bildniß Karls des Großen in Stahlst.) ℳ 3.
" 3. Die neue Zeit. (XI, 402 S. mit dem Bildniß Friedrichs des Großen in Stahlst.) ℳ 3,30.

—— Charakterbilder aus der Geschichte und Sage, für einen propädeut. Geschichtsunterricht gesammelt, bearb. und gruppirt. 3 Bde. gr. 8. Ebendas.
geb. in 1 Bd. *

Inhalt:
Bd. 1. Die vorchristliche Zeit. Mit dem Bildniß Alexanders des Großen in Stahlst. 22. Aufl. (XVI, 234 S.) 880; 23. Aufl. (XXI, 226 S.) 882. ℳ 2,70.
- 2. Das Mittelalter. Mit dem Bildniß Karls des Großen in Stahlst. 22. Aufl. (VI, 296 S.) 880; 23. Aufl. (VI, 302 S.) 882. ℳ 3.
- 3. Die neue Zeit. Mit dem Bildniß Friedrichs des Großen in Stahlst. 22. Aufl. (XI, 402 S.) 880; 23. Aufl. (VII, 452 S.) 882. ℳ 3,30.

—— Charakterbilder aus der Geschichte und Sage, für einen propädeut. Geschichtsunterricht hrsg. 3 Bde. 27. Aufl. gr. 8. Ebendas. 888. *
geb. in 1 Bd. *

Inhalt:
Bd. 1. Die vorchristliche Zeit. (XVIII, 226 S. mit dem Bildniß Alexander des Großen und einer Ansicht des Forum romanum in Stahlst.)
- 2. Das Mittelalter. (VI, 302 S. mit dem Bildniß Karls des Großen in Stahlst.)
- 3. Die neue Zeit. (VII, 452 S. mit dem Bildniß Friedrichs des Großen in Stahlst.)

Grube, A. W., Charakterbilder aus der Geschichte u. Sage, für einen propädeut. Geschichtsunterricht hrsg. 3 Bde. 28. Aufl. gr. 8. Leipzig 890. Brandstetter.
n. 9.—; geb. in 1 Bd. n. 10.50
1. Die vorchristliche Zeit. (XVIII, 226 S. mit dem Bildniß Alexander d. Großen u. e. Ansicht des Forum romanum in Stahlst.) n. 2.70
2. Das Mittelalter. (VI, 302 S. mit dem Bildniß Karl's des Großen in Stahlst.) n. 3.—
3. Die neue Zeit. (VII, 452 S. mit dem Bildniß Friedrich's des Großen in Stahlst.) n. 3.30

Grube, A. W., Charakterbilder a. d. Geschichte u. Sage f. e. propädeut. Geschichtsunterricht hrsg. 30. Aufl. 3 Tle. gr. 8. Ebd. 894. n. 9.—; Schulbde. à n.n.n. —30; geb. in 1 Leinw.-Bd. n. 10.50
1. Die vorchristl. Zeit. M. d. Bildnis Alexanders d. Großen u. d. Ansicht d. Forum romanum (nach e. Rekonstruktion v. G. Bauernfeind. (XXI, 226 S.) n. 2.70
2. Das Mittelalter. M. d. Bildnis Karls d. Großen. (VI, 302 S.) n. 3.—
3. Die neue Zeit. M. d. Bildnis Friedrichs d. Großen u. e. Zeittafel (als Anh.). (VII, 452 S.) n. 3.30

— Charakterbilder aus Geschichte u. Sage, f. e. propädeut. Geschichtsunterricht hrsg. 32. Aufl. 3 Tle. gr. 8. Leipzig 900. F. Brandstetter. n. 9.—;
in 1 Leinw.-Bd. n.n. 10.50
1. Die vorchristliche Zeit. Mit dem Bildnis Alexanders des Großen u. der Ansicht des Forum Romanum (nach e. Rekonstruktion v. G. Bauernfeind). (XV, 230 S.) n. 2.70
2. Das Mittelalter. Mit dem Bildnis Karls des Großen. (VI, 308 S.) n. 3.—
3. Die neue Zeit. Mit dem Bildnis Friedrichs des Großen u. e. Zeittafel (als Anh.). (VII, 466 S.) n. 3.30

— Charakterbilder aus Geschichte u. Sage, f. e. propädeut. Geschichtsunterricht hrsg. 3 Tle. 33. Aufl. gr. 8. Ebd. 903. n. 9.—; in 1 Leinw.-Bd. n. 10.50
1. Die vorchristliche Zeit. Mit dem Bildnisse Alexanders des Großen u. der Ansicht des Forum romanum (nach e. Rekonstruktion v. G. Bauernfeind). (XV, 230 S.) n. 2.70
2. Das Mittelalter. Mit dem Bildnisse Karls des Großen. (VI, 308 S.) n. 3.—
3. Die neue Zeit bis zur Gegenwart. Mit dem Bildnisse Friedrichs des Großen. (VII, 479 S.) n. 3.30

— Charakterbilder aus der heiligen Schrift im Zusammenhange einer Geschichte des Gottesreiches dargestellt u. für Lehrer u. Leser des Bibelworts verfaßt. 2 Thle. Ebend. 853, 54. gr. 8. 3 ℛℬ 21 𝔫𝔤𝔯
Inhalt: 1. Thl.: Das alte Testament. (XIV, 426 S.) 1 ℛℬ 15 𝔫𝔤𝔯. — 2. Thl.: Das neue Testament. 1. Abth.: Das Leben Jesu. (VII, 400 S.) 1 ℛℬ 12 𝔫𝔤𝔯. — 2. Abth.: Die Apostelgeschichte. (X, 194 S.) 24 𝔫𝔤𝔯

—— indischer Dichterhain. Ein Lesebuch für die Jugend, besonders als Festgabe für die Zöglinge der Gymnasien, Real- und höhern Töchterschulen. 8. (XII und 287 S.) Leipzig 855(56), Brandstetter.

—— aus dem indischen Dichterhain. Die schönsten Sagen und Dichtungen der Inder. Ein Lesebuch für die Jugend, besonders als Festgabe für die Zöglinge der Gymnasien, Real- und höhern Töchterschulen verfaßt. 2. Ausg. 8. (XIV und 288 S.) Leipzig 858, Brandstetter.

—— der Elementar- und Volksschulunterricht im Zusammenhange dargestellt zur Lösung der Frage: „Wie ist der Volksschulunterricht von seiner abstrakten Richtung zu erlösen und für die Gemüthsbildung fruchtbar zu machen?“ Für die Lehrer, Freunde und Regenten der Volksschule. gr. 8. (VIII und 211 S.) Erfurt 851, Körner. *

—— Federzeichnungen aus dem sittlichen und religiösen Leben der Völker. Eine Festgabe für die reifere Jugend. gr. 8. (VII und 275 S. mit 6 Lithogr. und 3 Holzschn.) Leipzig 863, Brandstetter. geb. *

Grube, A. W., Benjamin Franklin, — Friedrich d. Grosse, } s.: Büchersammlung f. Gabelsberger'sche Stenographen.

Grube, Aug. Wilh., Deutsche Geschichten in deutschen Gedichten. Ein nationales Lesebuch f. die Jugend d. deutschen Volks mit besonderer Rücksicht auf den Unterricht in der vaterländ. Geschichte. gr. 8. (XII u. 319 S.) Leipzig 850, Brandstetter. 3/4 ℛℬ

Grube, A. W., General Gneisenau, s. Jugend- u. Volksbibliothek, deutsche.

— s.: Jugendbibliothek, deutsche.

— Napoleon's Kriegszug nach Moskau im J. 1812, s.: Jugend- u. Volksbibliothek, deutsche.

— Scharnhorst's Leben u. Wirken, s.: Jugend- u. Volksbibliothek, deutsche.

Grube, A. W., Die Leibesübungen, Gotha 1863, 57 S., 8°.

Grube, A. W., Leitfaden f. das Rechnen in d. Elementarschule, nach den Grundsätzen ein. heuristischen Methode. Ein pädagog. Versuch z. Lösung der Frage: „Wie wirkt der Unterricht sittliche Bildung?“ 8. (12 3/4 B.) Berlin 842, Th. Enslin.

— Leitfaden f. das Rechnen in der Elementarschule, nach den Grundsätzen e. heuristischen Methode. Ein pädagog. Versuch zur Lösung der Frage: „Wie wirkt der Unterricht sittliche Bildung?“ 2. verm. u. verb. Aufl. 8. (XVI u. 160 S.) Berlin 852, Th. Enslin. 1/2 ℛℬ

— Leitfaden für das Rechnen in der Elementarschule, nach den Grundsätzen einer heuristischen Methode. Ein pädagog. Versuch zur Lösung der Frage: „Wie wirkt der Unterricht sittliche Bildung?“ 3. verm. ꝛc. Aufl. Berlin 856. Th. Enslin. 8. (XVI, 164 S.) 15 𝔫𝔤𝔯

— Leitfaden für das Rechnen in der Elementarschule, nach den Grundsätzen einer heuristischen Methode. Ein pädagog. Versuch zur Lösung der Frage: „Wie wirkt der Unterricht sittliche Bildung?“ 4. Aufl. Berlin 865. Th. C. F. Enslin. 8. (XI, 164 S. mit eingedr. Holzschn.) 15 𝔫𝔤𝔯

— Leitfaden f. das Rechnen in der Elementarschule, nach den Grundsätzen e. heurist. Methode. 5. verm. u. verb. Aufl. gr. 8. (XI, 140 S.) Berlin 873. Enslin. n. 1. 80

—— Leitfaden für das Rechnen in der Elementarschule nach den Grundsätzen einer heurist. Methode. Ein method. Beitrag zum erziehenden Unterricht. 6. verb. Aufl. [Mit Berücksicht. der neuen Maß- und Gewichtsordnung.] gr. 8. (XII, 138 S.) Berlin 881, Th. Chr. Fr. Enslin. *

— Leitfaden für das Rechnen in der Elementarschule nach den Grundsätzen einer heurist. Methode. Ein method. Beitrag zum erzieh. Unterricht. 6., verb. Aufl. [Mit Berücksicht. der neuen Maß- u. Gewichtsordnung.] gr. 8. (XII, 138 S.) Berlin 882. Enslin. n. 1. 80

— Leitfaden f. das Rechnen in der Elementarschule nach den Grundsätzen e. heuristischen Methode. Ein method. Beitrag zum erzieh. Unterricht. 7. unveränd. Aufl. gr. 8. (XII, 138 S.) Hamburg 899. H. Grand. n. 1. 80

— Abraham Lincoln, s.: Jugend- u. Volksbibliothek, deutsche.

— Lindau, Bregenz u. Umgebung. Mit (3 lith.) Karten (in qu. 4., Fol u. gr. Fol.) u. (2 lith.) Panoramen (auf 1 Bl. in qu. Fol.) v. A. Waltenberger u. G. L. Schindler. gr. 16. (VIII, 86 S.) Lindau 874. Ludwig's Buchh. geb. n. 2. 40

— Lindau, Bregenz u. Umgebung. Mit (chromolith.) Karten u. (lith.) Panoramen v. A. Kinkelin u. A. Waltenberger. 2., umgearb. Aufl. gr. 16. (VIII, 100 S.) Lindau 879. Ludwig. cart. n. 2. —

— biographische Miniaturbilder. Zur bildenden Lektüre für Jung und Alt verfaßt. 2 Bde. Leipzig 856, 57. Brandstetter. gr. 8. 4 ℛ︀
1. Bd. 1. Abth.: (VII, 245 S.) 1 ℛ︀; 2. Abth.: (VII, 504 S.) 1 ℛ︀. — 2. Bd.: (2 Bl., 493 S.) 2 ℛ︀

—— biographische Miniaturbilder. Zur bildenden Lectüre für die reifere Jugend verfaßt. 2 Thle. 2. verb. Aufl. Mit 4 Bildnissen (Raphael, Rauch, van Beethoven, Stein) in Stahlst. gr. 8. (VII, 343; III, 358 S.) Leipzig 869, Brandstetter. (ℳ 7,50.) ℳ 8.; geb.

GRUBE. *Biographische Miniaturbilder.* 2 Theile in 1 Band. 3. verb. Aufl. Lpz., Brandstetter, 1872. M. 5 Stahlstichtaf. 8°. Gepr. Orlwd. 7.—

—— biographische Miniaturbilder. Zur bildenden Lectüre für die reifere Jugend verfaßt. 2 Thle. 3.—5. verb. Aufl. Mit 4 Bildnissen (Raphael, Rauch, van Beethoven, Stein) in Stahlst. gr. 8. (VIII, 342; IV, 372.) Leipzig 871—77, Brandstetter. geb. in 1 Bd.

—— biographische Miniaturbilder. Zur bildenden Lektüre für die reifere Jugend verfaßt. 2 Tle. 6. verm. und verb. Aufl. Mit den (Stahlst.-)Bildnissen von Raph. Santi, Chr. Rauch, L. van Beethoven, Zwingli, Ignatius Loyola und des Frhrn v. Stein. gr. 8. (VIII, 344; III, 367 S.) Leipzig 884, Brandstetter. *ℳ 7.; geb. *

— Biographische Miniaturbilder. In neuer Bearbeitg. hrsg. v. Otto Eduard Schmidt. 2 Tle. 8. Aufl. Mit Buchschmuck v. Karl Bauer. gr. 8. Leipzig 910. F. Brandstetter. à Bd. 4.50; geb. in Leinw. 5. 50
1. Religion, Kunst, Wissenschaft. Mit 4 Bildnissen in Bunt- u. in Tondr. (VII, 384 S.)
2. Staat, Krieg, Gesellschaft. Mit 5 Bildnissen in Bunt- u. in Tondr. (IV, 409 S.)

— der welsche Nachbar, s. a. Jugend- u. Volksbibliothek, deutsche.

— der welsche Nachbar. Lebensbilder aus dem großen Kriege v. 1870/71. Nach wahrheitsgetreuen Dokumenten geschildert. 8. (134 S.) Stuttgart 871. J. F. Steinkopf. 1. 50

— Naturbilder. Ausgewählt aus den „Biographien aus der Naturkunde.“ 9 Bdchn. 8. (99, 108, 119, 126, 127, 104, 128, 128 u. 128 S. m. je 1 Titelbild in Holzschn.) Stuttgart 874—76. J. F. Steinkopf. à — 75

— Naturbilder. Ausgewählt aus den „Biographieen aus der Naturkunde“. 10—15. Bdchn. gr. 16. (125, 134, 132, 125, 111 u. 128 S. m. je 1 Holzschntaf.) Stuttgart 877. 78. J. F. Steinkopf. cart. à — 75

— Naturbilder. Ausgewählt aus den „Biographieen aus der Naturkunde“. 1. u. 2. Bdchn. 2. Aufl. 12. (Mit je 1 Titelbilde.) Stuttgart 893. J. F. Steinkopf. Kart. à — 75
1. Geschichte e. Wassertropfens. Der Bernstein. Die Koralle. Die Fichte. Die Palme. Die Gazelle. Der Yak. (99 S.)
2. Das Gold. Das Eisen. Die Steinkohle. Der Diamant. Die Perlen. Die Cochenille. Die Seidenraupe. (108 S.)

— Naturbilder. Ausgewählt aus den „Biographien aus der Naturkunde“. 1.—3. u. 5. Bdchn. kl. 8. Stuttgart, J. F. Steinkopf. Kart. à n. — 75
1. Geschichte e. Wassertropfens. Der Bernstein. — Die Koralle. Die Fichte. Die Palme. Die Gazelle. Der Yak. 4. Aufl. (99 S. m. Abbildgn. u. Titelbild.) 904.
2. Das Gold. Das Eisen. Die Steinkohle. Der Diamant. Die Perlen. Die Cochenille. Die Seidenraupe. 4. Aufl. (108 S. m. Titelbild.) 905.
3. Das Leben des Lichts. Das Silber. Das Kupfer u. Zinn. Das Roggenkorn. Der Weinstock. Die Honigbiene. 3. Aufl. (119 S. m. Titelbild.) 905.
5. Der Elefant. Der Walfisch. Der Strauß. Die Giraffe. Das Krokodil. Die Wildkatze. Löwe u. Tiger. 2. Aufl. (128 S. m. Titelbild.) 905.

— Naturbilder. Ausgewählt aus den „Biographien aus der Naturkunde“. 4. Bdchn. kl. 8. Stuttgart 906. J. F. Steinkopf. Kart. — 75
Die Eiche. Die Linde. Der Kuckuck. Die Nachtigall. Das Eichhörnchen. Der Edelhirsch. 2. Aufl. (128 S. m. Titelbild.)

— Natur- und Kulturleben in vergleichenden Bildern. Für alte u. junge Leser verfaßt. 2 Bdchn. Wiesbaden 859, 60. Kreidel. gr. 8. (VII, 246; III, 275 S.) Jedes Bdchn. n. 24 ngr.

GRUBE. *Der Robinson der Wildniß.* Erlebnisse und Abenteuer einer in den Prairien des fernen Westens verirrten Auswanderer-Familie. Mit [14 blattgr. u. zahlr. kleineren] Holzschnitten von A. HOHENSTEIN, C. ALLGAIER und SIGLE. 2. Abdruck. Stuttgart, J. B. Müller [1852]. VI, 291 S. Kl.-8° Dunkelgrüner Halbldrbd. d. Z. m. romantischer Rv. 15.—
Gute Bearbeitung eines Romans des Captain MAYNE REID. — Stellenweise etwas fleckig; Einband leicht berieben.

— der Robinson der Wildniß. Erlebnisse u. Abenteuer einer in den Prairien des fernen Westens verirrten Auswanderer-Familie. Für die reifere Jugend. Mit Holzschnitten von A. Hohenstein, C. Allgaier u. Sigle. 852. (VII, 311 S.) — 2. Abdr. Stuttgart (853.) J. B. Müller. (Leipzig, C. F. Winter.) 8. (VI, 291 S.) 1 ℛ︀ 3 ngr.

Grube, August Wilhelm

Ueber den St. Gotthard. Reise-Skizzen. Berlin: Lesser (1871). 250 S. 8°

Grube, A. W., über den St. Gotthard. Reise-Skizzen. 8. (XIII, 250 S. m. 1 Steintaf. in 4.) Berlin 871. Leipzig, Schulze & Co. 3. —

— Frhr. v. Stein, s.: Büchersammlung f. Gabelsberger'sche Stenographen.

— Streiflichter auf die Wandlungen u. Schwankungen im neuhochdeutschen Sprachgebrauch. gr. 8. (IV, 110 S.) Leipzig 876. Brandstetter. 1. 50

Grube, A. W., pädagogische Studien und Kritiken für Lehrer und Erzieher. Vermischte Aufsätze aus den Jahren 1845—60. Leipzig 860. Brandstetter. 8. (X, 406 S.) 1 ℛ︀ 15 ngr.

—— Studien und Kritiken für Pädagogen und Theologen. Neue Reihe. br. 8. (IV, 228 S.) Leipzig 871, Brandstetter.
I. Ebendas. 1860. *ℳ 4,50.

— pädagogische Studien u. Kritiken für Lehrer u. Erzieher. 3. Reihe. 8. (VIII, 294 S.) Leipzig 882. Brandstetter. n. 3. 60 (1—3.: n. 10. 10)

—— das psychologische Studium des Volksschullehrers, auf Grund und Boden seiner Praxis. Erfahrungen und Rathschläge aus dem Lehrerleben. gr. 8. (VIII und 148 S.) Erfurt 848, Körner.

— das psycholog. Studium d. Volksschullehrers, auf Grund u. Boden seiner Praxis. Erfahrungen u. Rathschläge aus d. Lehrerleben. gr. 8. (VIII u. 148 S.) Erfurt 849, Körner. 1/2 ₰

— charakteristische Scenen in ausgewählten Erzählungen der neuesten französ. Literatur. Deutsch nach pädagog. Rücksichten bearb. Eine Festgabe f. die reifere weibl. Jugend. Mit 8 (lith. u.) color. Bildern. 8. (XII u. 268 S.) Berlin 849, Winckelmann & Söhne. 1 ₰

— charakteristische Scenen u. Geschichten. Aus dem Franz. u. Engl. nach pädagog. Rücksichten bearb. Eine Festgabe f. die Jugend. 2. verb. Aufl. Mit 8 color. Bildern. (Steintaf.) gr. 16. (266 S.) Berlin 873. Winckelmann & Söhne. geb. 3. 75

— Taschenbuch der Reisen für Freunde der Geographie, insbesondere für die Jugend u. ihre Lehrer bearb. u. herausg. 1. Jahrg. Mit (2) erläuternden (lith.) Karten (in 4.) u. 7 lith. Illustr. (in Farbendr.) Leipzig 858. Brandstetter. 8. (VI, 252 S.) n. 1 ₰ 10 ngr

— — 2. Jahrg. Mit (2) erläuternden (lith.) Karten u. Illustr. Ebend. 859. 8. (V, 278 S. mit Holzschn. im Text, 1 Stahlst., 2 Lithogr. in Farbendr. u. 1 lith. Portrait.) n. 1 ₰ 9 ngr

— Taschenbuch der Reisen für Freunde der Geographie, insbesondere für die Jugend und ihre Lehrer bearb. u. herausg. 3. Jahrg. Mit (3) erläuternden (lith.) Karten (in 8. u. Fol.) u. Illustr. (Holzschn. im Text, 4 Holzschnitttaf., 1 Stahlst. u. 4 Lithogr. in 8. u. 4.) Ebend. 859. gr. 8. (IV, 276 S.) n. 1 ₰ 10 ngr

— Tier- u. Jagdgeschichten, s.a. Jugendbibliothek, deutsche.

— Thier- u. Jagdgeschichten, s.a. Schmidt's, F., deutsche Jugendbibliothek.

Grube. *Tier- und Jagdgeschichten.* Mit 16 Holzschnitten [im Text]. 2. Aufl. Kreuznach und Leipzig, Voigtländer [c. 1888]. 2 Bll. 290 SS. 1 Bl. Kl.-8°. Orlwd (Deutsche Jugendbibl. 66/67). 8.—

Tier- und Jagdgeschichten. Schilderungen f. junge Leser von A[ugust] W[ilhelm] Grube. Mit 16 Holzschn. 6. Aufl. *Berlin: Neufeld & Henius [1903].* (286 S.) 8° [F.]
= [Jugendbibliothek, Deutsche. Bd 66. 67.] [04. 6349

— Tier- u. Jagdgeschichten. Schilderungen f. junge Leser. Mit 4 farb. Vollbildern u. zahlreichen Textillustr. v. C. Fraebel. 26—28. Taus. (216 S.) 8. Berlin (909). Neufeld & Henius. Geb. in Leinw. 3. —

— dasselbe. 10. Aufl. (287 S. m. 16 Holzschn.) kl. 8. Ebd. (910). 1.50; geb. in Leinw. 2. —

— u. E. Gude, Unterhaltungen u. Studien aus dem Natur- u. Menschenleben, s.: Gude, E.

— aesthetische Vorträge. 1. Bdchn. Iserlohn 864. Bädeker. 8. (IX, 214 S.) 25 ngr
Inhalt: Göthe's Elfenballaden u. Schiller's Ritterromanzen nach ihrem Ideengehalt, ihrer Formenschönheit u. ihrem Stylgegensatze erläutert.

— ästhetische Vorträge. 2. Bdchn. Deutsche Volkslieder. Vom Kehrreim des Volksliedes. Der Kehrreim bei Göthe, Uhland u. Rückert. Iserlohn 866. Bädeker. br. 8. (VI, 306 S.) 1 ₰ 5 ngr

—— Wiederholungsbuch zu den Charakterbildern aus der Geschichte und Sage. gr. 8. (VI und 70 S.) Leipzig 865, Brandstetter.

Grube, C., Erklär. d. 5 Hauptst. d. Katchism. 8. Königsb. 735.

Grube, Carl, s. Grube, Karl.

Grube, E., s.: Choix de nouvelles modernes.

Grube, E.: Prinzessin Flunkerli, s. Kinderbibliothek, Kolor.

— d. Hannele, s.: Kinderfreund, der.

— d. Kornblume,
— neues Märchenbuch, } s.: Kinder-Bibliothek, kolor.

Grube, E., Wörterbuch zu Victor Duruy's kleiner römischer u. griechischer Geschichte. gr. 8. (III, 71 S.) Berlin 875. Grote. n. 1. —

Grube, E., Wörterbuch zu Victor Duruy's kleiner griech. u. röm. Geschichte. 2., verb. Aufl. gr. 8. (76 S.) Berlin 887. Grote. cart. n. 1. —

Grube, Eduard, s. Grube, Adolph Eduard.

Grube, Elimar (Max) geb. Maxkeim in Ostpr. 31. 12. 1851 [vielmehr 1852]: Suparṇādhyāyaḥ, Suparṇi tabula. Berolini (1875). (XXVI, 55 S.) 8°
Berlin, Phil. Diss. v. 20. März 1875

Grube, Elisab., geb. Diez, Dramen. Düsseldorf 864. (Schaub'sche Buchh.) 8. (332 S.) n. 1 ₰

Grube, Elisabeth, und Katharina Diez, Gedichte, s. Diez, Katharina.

Grube, geb. Diez, Elisabeth, Gedichte u. Erzählungen. 2 Thle. 8. (31 1/2 B.) Düsseldorf 840. Schreiner.

Grube, Elisab., geb. Diez, Friedrich Wilhelm Grube u. seine Reise nach China u. Indien. gr. 8. (338 S.) Crefeld 848, Funcke & Müller. n. 1 1/2 ₰

Grube, Elisabeth, geb. Diez, Friedrich Wilhelm Grube und seine Reise nach China und Indien. 2. (Titel-)Ausg. Elberfeld 856. Bädeker. 8. (339 S.) n. 20 ngr

— u. Kath. Diez, Wiesenblumen rc., s.: Diez, Kath.

Grube, Emil

Grube, E. On the condition of the English language at the close of the 14th century. Diss. Rostock 1868. 30 S.

Grube, Emil (Hrsg.), s. Mackarness, Matilda Anne: A trap to catch a sunbeam.

Die Christrose. Eine Weihnachtsgeschichte von E[rik] Grube. Berlin: Christl. Zeitschriftenver. 1895. (16 S.) 8° [F.]
= Kleinkindergarten. No 11. [05. 6061

Auf der Dorfstraße. Von Erik Grube. Berlin: Christl. Zeitschriftenver. 1897. (16 S.) 8° [F.]
= Kleinkindergarten. No 23. [05. 6073

Nina, das Negerkind. Eine Kindergeschichte von Erik Grube. Berlin: Christl. Zeitschriftenver. 1896. (16 S.) 8° [F.]
= Kleinkindergarten. No 10. [05. 6060

Osterblumen. Ein Ostermärchen von Erik Grube. Berlin: Christl. Zeitschriftenver. 1895. (16 S.) 8° [F.]
= Kleinkindergarten. No 6. [05. 6056

Passionsblumen. Von Erik Grube. Berlin: Schriftenvertriebsanst. 1897. (16 S.) 8° [F.]
= Kleinkindergarten. No 25. [05. 6075

Eine Spatzengeschichte. Von Erik Grube. Berlin: Schriftenvertriebsanst. 1897. (16 S.) 8° [F.]
= Kleinkindergarten. No 24. [05. 6074

Grube, F. W., Atlas des Regierungs-Bezirks Düsseldorf, topographisch dargestellt in seinen 13 Kreisen: Düsseldorf, Solingen, Lennep, Elberfeld, Duisburg, Rees, Cleve, Geldern, Kempen, Crefeld, Gladbach, Grevenbroich, Neuß. 13 lithograph. Blätter in gr. Fol. (Mit beigedr. Statistik.) Crefeld 835. Funcke. 4 Thlr. — ders. Atlas (ohne statist. Text) 1 Thlr.

Grube, F. W., topographische Karte des Regierungs-Bezirks Düsseldorf. Entworfen u. ausgeführt durch W. Werner. 8 lith. u. illum. Blätter. Wohlfeile Ausg. Roy.-Fol. Crefeld 841, Funcke'sche Buchh. n. 1⅔ Thlr.

Grube, Franz: Über die Anziehung einer elliptisch-parabolischen Schale.
Schleswig. 1875. 4⁰. Schleswig. Gymn.-Progr.

Grube, Franc., de cylindri et coni attractione. Dissertatio inauguralis. gr. 4. (52 S. mit 1 Stnt.) Göttingen 859, (Vandenhoeck und Ruprecht's Verlagsh.) **

Grube, Franz: Beiträge zur Kenntnis des o-Amidobenzonitrils. Marburg 1909: Köster & Schell. 51 S. 8°
Marburg, Phil. Diss. v. 9. Sept. 1909, Ref. Zincke
[Geb. 28. März 86 Stollhamm; Wohnort: Marburg; Staatsangeh.: Oldenburg; Vorbildung: Oberrealsch. Oldenburg Reife O. 05; Studium: Marburg 3, München 1, Marburg 4 S.; Rig. 4. Aug. 09.] [U 10. 3358

Grube, F. Zur Geschichte des Problems der Anziehung der Elipsoide. 23 S. Progr. *Schleswig* 1883.

Grube, *Franz* Zur Geschichte des Problems der Anziehung der Elipsoide. II. Teil. (Laplace und Legendre.) 4 (28 S.).
Progr. Domsch. *Schleswig* 1888 (273).

Grube, Frdr., kurzer Führer durch den Dom St. Blasii zu Braunschweig. Mit 9 Abbildgn. 8. (48 S.) Braunschweig 886. (Schulbuchh.) n.n. — 50

Grube, Friedrich, appr. Arzt a. Göttingen: Vergleichende Untersuchungen über die Wirkung des Atropin, Homatropin und Eumydrin auf das Auge. Göttingen 1904: Dieterich. (24 S.) 8°
Göttingen, Med. Fak., Ref. v. Hippel, Diss. v. 19. Dez. 1904
[Geb. 24. März 80 Göttingen; Wohnort: Göttingen; Staatsangeh.: Preußen; Vorbildung: Gymn. Göttingen Reife O. 99; Studium: Göttingen 4; Tübingen 2, Göttingen 4 S.; Coll. 29. Nov. 04; Approb. 10. März 04.]

Grube, Georg

— Compend. juris prutenici, c. annot. pract. 4. ibid. 708.

Grube, Ge.: Corpus constitutionum Prutenicarum, oder Königliche Preußische Reichs-Ordnungen, edicta u. mandata sambt unterschiedenen rescripten ... zusammengetragen. Th. 1—3. Nebst Reg. Königsberg 1721. fol.

Grube, Geo., corpus constitution. prutenicarum od. Preuß. Reichsordnung etc. 3 Thle. Fol. Ebend. 741.

Grube, Georg, a. Göttingen: Über einige Magnesiumlegierungen. Leipzig 1906: Metzger & Wittig. (62 S., 2 Taf.) 8° ¶ (Aus: Zeitschrift f. anorgan. Chemie Bd 44. 45. 46. 49.)
Göttingen, Phil. Fak., Ref. Tammann, Diss. v. 24. Sept. 1906
[Geb. 6. Mai 83 Göttingen; Wohnort: Göttingen; Staatsangeh.: Preußen; Vorbildung: Gymn. Göttingen Reife O. 01; Studium: Göttingen 2, München 1, Göttingen 7 S.; Rig. 7. Febr. 06.]

Grube, H., der Alpenkönig. Roman aus den Schweizer Bergen. 8. (395 S.) Karlsruhe 887. Gebr. Bollmann. 6. —

Grube, H., Anleitung zum Obstbaumschnitt und der Rebenzucht nach dem neuesten französischen System von Prof. M. Scheybecker. Düsseldorf 864. Schaub in Comm. gr. 8. (47 S. m. Holzschn.) n. 15 ngr.

— hie Mann — hie Weib! Schauspiel in 5 Aufzügen. 8. (113 S.) Ebd. 887. 2. —

— der letzte Schultheiß v. Bardowick. Historische Erzählg. aus der Zeit der Zerstörg. v. Bardowick. 8. (VII, 228 S.) Ebd. 887. 3. 50

Grube, H., der Heidelberger Studentenkrieg od. so war's vor 500 Jahren. Orig.-Novelle aus der Urgeschichte der Universität Heidelberg. 8. (205 S.) Karlsruhe 886. Gebr. Bollmann. 1. 80; geb. 2. 80

— badische Treue od. die Grundsteinlegung Karlsruhes. Orig.-Novelle. 2. Aufl. 8. (169 S.) Ebend. 886. 1. 50

Grube, H., d. Tuskarora-Kinder, s.: Indianer-Erzählgn.

— der Verbrecher aus Ehrgeiz. Orig.-Roman aus unseren Tagen. 8. (301 S.) Ebd. 887. 4. 50

Grube, H. B., Fürst Bismarck. E. Lebensbild d. großen Kanzlers in ernsten u. heit. Episoden. M. zahlr. Abb. im Text, 1 Dreifarbendr., 6 farb. Illustr.-Taf. u. 1 großen Kunstbeilage: Fürst Bismarck in Kürassier-Uniform. Im Auftr. d. Kaisers f. d. Reichskanzler-Palais gemalt v. Frz. v. Lenbach. Hrsg. v. Wilh. Köhler. gr. 8. (131 S.) Minden 898. W. Köhler. n. — 75

Grube, Hanna, Amor generilis. (Er u. — jene Andoren. Apokalypse. 17. Kap. 5. Vers. Das Weib des Hothitors. Titanenkampf. Die Tragikomödie. Sein Tempelgeheimnis. Ihr Perlenhalsband.) (146 S.) 8. Wien 905. Akadem. Verlag f. Kunst u. Wissenschaft. n. 2. 50

Grube, Heinr. Ludw. Kurzgefaßte Biographie des Johannes Ronge. Allen Freunden dieses großen Reformators gewidmet. 2. Aufl. Berlin 1845. 4 S. 8.

Bauern-Regeln und Los-Tage. Weisheits-, Wahr- u. Wetter-Sprüche d. deutschen Bauern. Mit e. Einl. von Heinz Grube, Gartendir. a. D. Aachen: G. Schmidt [1905]. (XIII, 79 S.) 8° [06. 300]

Grube, Herrmann: Ueber einen Fall von Luxatio mandibulae spontanea. *Kiel 1898: P. Peters.* (14 S.) 8°
Kiel, Med. Diss. v. [9. Juni] 1898

Grube, Hermann: Der vordere Scheidenleibschnitt, s. Technik u. Indikation mit inter operationem aufgenommenen Situationsbildern.
Mit Ill. u. 11 Taf. Halle a. S.: C. Marhold 1905.
(59 S.) 8⁰ = Sammlung zwangloser Abhandlungen aus d. Geb. d. Frauenheilkunde u. Geburtshilfe. Bd 6, H. 8.

Rückblicke aus dem Logenleben der ger. und vollk. St. Johannis-Loge Friederike zur Unsterblichkeit im Or. von Stade. Festgabe zur Feier des fünfundzwanzig-jährigen Bestehens dieser Loge und des Einweihungstages des neuen Logen-Hauses von J[oh.] Grube. Stade 1870: Heimberg. 15 S. 8⁰ [Umschlagtit.]
Tt. 523. 139.

— **Johann Reinhold** (Königsberg/Pr.), De occasione conceptione ac intentione constitutionis criminalis Carolinae. Diss. jur. Präs. Christian Thomasius. Halle (Chr. Henckel) 1. VI. 1711. 64 S., tlws. dtsch. (6.50) 11893

— — Dasselbe. 1731. (6.50) 11894

— — Dasselbe. Halle (Jo. Christ. Grunert) 1739. (6.50) 11895

Grube, Josef

Andeutungen zur Würdigung der Idee des Absoluten in einigen Denkmälern griechischer Poesie. Von Jos. Grube, Relgel. am G. — 1831. Ebend. — S. 3—30. — Dem Jahresber. S. 14—15 ist angehängt: Die vier Jahreszeiten. Chor mit Quartett in Musik ges. v. J. T. Eisenhofer, — u. S. 16 einige Druckverbesserungen zu obigem Progr.
Progr. Würzburg.

Grube, K., Elementarkursus der deutschen Grammatik, s.: Donner, W.

Grube, K.

—— Elementarkursus der [neuen] deutschen Orthographie, } s. Donner, W.

Grube, Karl, s.a. Grube, Karl Lorenz.

Grube, Karl, allgem. u. spec. Balneotherapie m. Berücksicht. d. Klimatotherapie. gr. 8. (VII, 235 S.) Berlin 897. A. Hirschwald. n. 7. —

— d. diätet. Behandlung d. Zuckerkrankheit. gr. 8. (VIII, 83 S.) Bonn 898. C. Georgi. n. 2. —

Grube, Karl, die diätetische u. hygienische Behandlg. der Zuckerkrankheit. 2. verm. u. verb. Aufl. gr. 8. (VIII, 96 S.) Bonn 901. C. Georgi. n. 2. —

Die diätetische und hygienische Behandlung der Zuckerkrankheit von Dr. Karl Grube, Privatd. 3. verm. u. verb. Aufl. Bonn: C. Georgi 1906. (VIII, 111 S.) 8° [06. 6318 B

Grube, Carl [aus Ruhrort]: Aus d. chirurg. Klinik zu Bonn. Über die operative Behandlung der Blasenscheidenfisteln. . . . Bonn, Univ.-Buchdr. v. Carl Georgi, 1890; 27 + 1 S. + 1 Bl. 8°
Bonn, Med. Fak., Inaug.-Diss. v. [5.] März 1890

Grube, Karl: Der Diabetes mellitus. Sein Wesen u. s. Behandlung.... Berlin: Fischer 1910. 47 S. 8° [Umschlagt.]
(Berliner Klinik. H. 261.)

Grube, Karl, d. Kurprinz v. Brandenburg, s.: Lindner, A.

Die Meininger von Karl Grube. Berlin & Leipzig: Schuster & Loeffler [1904]. (75 S.) 8°
— Theater, Das. Bd 9. [05. 343

Grube, Carl [aus Lübeck]: Über den Nominalismus in der neueren englischen und französischen Philosophie. . . . Halle a. S., *Frommannsche Buchdr. (Hermann Pohle) in Jena*, 1889; VI + 91 + 1 S. 8°
Halle, Phil. Fak., Inaug.-Diss. v. [6. Jun.] 1889

Grube, Carl, Dr. Ritter aus Chicago, s.: Universal-Bibliothek.

Grube, C[arl]: Der Unterricht in der Philosophie. *Hamburg 1903: Lütcke & Wulff.* (30 S.) 4°
Hamburg, Gelehrten-S d. Johanneums, P 1903 (834)

Grube, C., der Unterricht in der Philosophie. Progr. (30 S.) gr. 4. Hamburg 903. (Herold.) n.n. 2. 50

Grube, Carl. Englisch-deutsches medizinisches Wörterbuch. gr. 16. (IV, 132 S.) Bonn 890, [Cohen u. Sohn.] Fr. Cohen. geb. * 3 —

Grube, Karl Lorenz

Grube, Karl Lor., der heilige Bischof Altfried v. Hildesheim, Gründer d. ehemal. freien Reichsstiftes Essen. Eine Weihegabe zu seinem 1000jähr. Todestage. gr. 8. (47 S.) Hildesheim 875. Kornacker. n. — 50

Grube, Karl Lor., der heilige Bischof Altfried von Hildesheim, Gründer des ehemal. freien Reichsstiftes Essen. Eine Weihegabe zu seinem 1000jähr. Todestage. gr. 8. (47 S.) Hildesheim 876, Kornacker. *

Grube, Karl, Johannes Busch, Augustinerpropst zu Hildesheim. Ein katholischer Reformator des 15. Jahrh. [Sammlung historischer Bildnisse.] 8. (VI, 303 S.) Freiburg i/Br. 882. Herder. n. 1. 80; geb. n. 2. 60

Grube, Karl, Johannes Busch, Augustinerprobst zu Hildesheim. Ein kathol. Reformator des 15. Jahrh. [Sammlung histor. Bildnisse.] 8. (VI, 303 S.) Freiburg i. Br. 884, Herder'sche Verlagsh. * ℳ 1,80.; geb. *

GRUBE, Karl Lorenz (Hannover): Darlegung der hermeneutischen Grundsätze Justins des Martyrers.- Mainz, Kupferberg 1880. 1 Bl., 42 S.
26.7.1879 - Urk (Titel: De arte hermeneutica S. Justini martyris.); Chr 1879/80,13
Diss. Ingolst.-Landsh.-Mchn.

Grube, Karl, Gerhard Groot u. seine Stiftungen. [2. Vereinsschrift f. 1883 der „Görres-Gesellschaft".] gr. 8. (VII, 100 S.) Köln 883. (Bachem.) n. 1. 80

Grube, Karl Lor., Johannes Leunis, Dr. philos., Prof. u. Domvicar zu Hildesheim etc., nach seinem Leben u. Wirken in kleinen Bildern dargestellt. Mit Leunis' Portr. (in Tondr.). gr. 8. (VII, 86 S.) Hannover 876. Hahn. cart. n. 1. 20

Grube, Louis, über Nitroamidobenzoesäure u. Abkömmlinge derselben. Inaugural-Dissertation. 8. (49 S.) Göttingen 877. (Vandenhoeck & Ruprecht.) n. 1. —

Grube, M., Stammtafel der Familie Grube. 1886. fol. Nicht im Handel.

Grube, Max, im Bann der Bühne. Gedichte e. Schauspielers. 8. (188 S. m. Bildnis.) Dresden 901. E. Reißner. n. 3. —; geb. n. 4. —

Grube, Max, im Bann der Bühne. Gedichte e. Schauspielers. Billige Volks-[Titel-]Ausg. (188 S. m. Bildnis.) 8. Dresden [901] 909. E. Reißner. 1. 50

Grube, Max, Christian Günther. Schauspiel in 5 Acten. gr. 8. (III, 135 S.) Oldenburg 882. Schulze. n. 2. —; geb. 3. —

Grube, Max, u. Frz. Koppel-Ellfeld, Hanns im Glück. Volksstück in 4 Acten. 2. Aufl. gr. 8. (64 S.) München 889. (Rubinverlag.) n. 1. —

Grube, Max: Adalbert Matkowsky. Ein Kunst- u. Lebensbild nach persönl. Erinnerungen. Mit 3 Ill. Berlin: H. Paetel 1909. 140 S. 8°
(Dramaturgische Plauderein. Bd 4.)

Grube, Max, Strandgut. Schauspiel in 1 Act. gr. 8. (III, 34 S.) Oldenburg 885. Schulze. n. 1. —

Im Theaterland von Max Grube. Berlin: A. Hofmann & Co. 1908. (211 S.) 8° [F.] [08. 1617

— Das Glas Wasser, s.: Scribe, E.

Was ist Gottessohnschaft? Bibelstudie von [Nik.] Grubé, Niederl. Oberlt. a. D. Düsseldorf: Grubé [um 1907]. (29 S.) 8° [F.]

Grube, Oscar [app. Arzt aus Königsberg i. Pr.]: Über Bursitis trochanterica. . . . Kiel, Druck v. H. Fiencke, 1889; 16 S. + 1 Bl. 8°
Kiel, Med. Fak., Inaug.-Diss. v. 11. Jul. 1889

Grube, Osc. Ueber Bursitis trochanterica. Diss. gr. 8. (16 S.) Kiel 889, (Gnevkow u. v. Gellhorn). * — 80

Grube, Oscar. Anthropologische Untersuchungen an Esten. Diss. Dorpat. 8°. 39 pp., zwei Tabellen und eine lithographirte Tafel. 1878.

Grube, Robert, a. St. Petersburg: Das Wandergewerbe in Rußland. Berlin (1905): Buchdr. Gutenberg. (VIII, 116 S.) 8°
Leipzig, Phil. Fak., Ref. Stieda & Bücher, Diss. v. 6. Juni 1905
[Geb. 6. (18.) Okt. 83 St. Petersburg; Wohnort: St. Petersburg; Staatsangeh.: Rußland; Vorbildung: Gymn. St. Petersburg Reife M. 00; Studium: Berlin 2, Leipzig 6 S.; Rig. 11. Nov. 04.]

Grube, Wilh., ein Beitrag zur Kenntniss der chinesischen Philosophie. T'ūng-Šū des Čeū-Tsï, mit Cū-Hï's Commentare, nach dem Sing-Li Tsing-i chinesisch mit mandschuischer und deutscher Übersetzung und Anmerkungen hrsg. 1. Thl. Cap. I—VIII. gr. 8. (IX, 45 S.) Leipzig 882, T. O. Weigel. *

Grube, Wilh. Ein Beitrag z. Kenntniss d. chines. Philosophie. T'ūng-Šū des Čeū-Tsï etc. 2. Thl. Cap. IX—XX. gr. 8. (46 S.) Lpz. 881, Köhler's Antiq. Preis für beide Theile ** 2 50
1. Thl. Lpz. 1880, s. — Beide Theile sind jetzt von obiger Firma zu beziehen.

Grube, Wilh., T'ung—Sü des Ceü—Ts'i (Cap. IX—XX). Chinesisch u. Mandschuisch. Mit Übersetzg. u. Commentar. Habilitationsschrift. gr. 8. (46 S.) Leipzig 881. O. Harrassowitz. n.n. 1. —

Grube, Wilh., s.: Geschichte, allgemeine, der Philosophie.

Geschichte der chinesischen Litteratur. Von Dr. Wilh. Grube, Prof. in Berlin. *Leipzig: C. F. Amelang 1902.* (IX, 467 S.) 8°
— Litteraturen d. Ostens in Einzeldarstellungen. Bd 8.

— s.: Lesebuch, religionsgeschichtliches.

Grube, W., s.: Literaturen, die orientalischen.

— Religion u. Kultus der Chinesen. (VII, 220 S. m. Abbildgn. u. 8 Taf.) 8. Leipzig 910. R. Haupt. 3.—; geb. 3. 75

Die Sprache und Schrift der Jučen v. Dr. Wilhelm Grube, a. o. Prof. ... zu Berlin. *Leipzig: Komm.-V. O. Harrassowitz; (Dr. v. Gebr. Unger, Berlin) 1896.* (XI, 147 S.) 1 Bd 4. [Text z. Th. autogr.]

— die sprachgeschichtliche Stellung des Chinesischen. gr. 8. (20 S.) Ebend. 881. n. — 80

Pekinger Todtengebräuche. Von Dr. Wilhelm Grube. *Peking 1898: Pei-T'Ang Press.* (64 S.) 8° [Umschlagt.]
Aus: Peking Oriental Society Journal. Vol. 4.

Wilhelm Grube: Zur Pekinger Volkskunde. *Berlin: W. Spemann 1901.* (160 S., 10 Taf.) 4°
= Veröffentlichungen aus d. kgl. Museum f. Völkerkunde. Bd 7, H. 1–4.

— Giljakisches Wörterverzeichniss, nebst grammatischen Bemerkungen, s: Schrenck, Leop. v., Reisen u. Forschungen im Amur-Lande.

Grube-Einwald, Ludwig

Geognostisch-geologische Exkursionen im Kyffhäusergebirge und in dessen Umgebung. Von Dr. ph. L. Grube-Einwald, Oberl. ... zu Frankenhausen. *Frankenhausen am Kyffh.: C. Werneburg 1896.* (147 S.) 1 Bd 8.

Grube-Einwald, (*Theodor August Heinrich*) *Ludwig* Geognostisch-geologische Exkursionen in der Umgebung Frankenhausens. I. Teil. 8 (58 S.).
Progr. Vollberecht. städt. Rprg. *Frankenhausen* 1894 (720).

Grube-Einwald, L., geognostisch-geologische Exkursionen in der Umgebung Frankenhausens. I. Tl. gr. 8. (58 S.) Frankenhausen 894. (C. Werneburg.) n. — 50

Grube-Einwald, *Ludwig* [Dr.]: Geognostisch-geologische Exkursionen in der Umgebung Frankenhausens. II. Tl. [Forts. d. P-Beil. 1894.] Frankenhausen a. Kyffh., Druck v. E. Krebs, 1896; 1 Bl., 59—147 S. 8.
Frankenhausen a. Kyffh., st. RPG, OP 1896 (733)

Grube-Einwald, L., die Spaziergänge in d. näh. u. weit. Umgebung Frankenhausens. Für Kurgäste, Fremde u. Einheim. zusammengest. 8. (III, 105 S. m. Abb.) Frankenhausen 897. C. Werneburg. n.n. — 60

Grube-Lörcher, von d. Urahne, s.: Führe uns nicht in Versuchung.

Grube-Templin, Carl, Leonorens Zopf, s.: Universal-Bibliothek.

Grubel, B. Katalog der Lehrerbibliothek des kön. Friedrich-Wilhelmsgymnasiums. 32 S. 8. Progr. Fr. Wi. G. *Posen* 1878.

Grubel, B. De satirae romanae origine et progressu. 12 S. Progr. Fr. Wi. G. *Posen* 1883.

Grubel, Martin, aus Fraustadt, Prov. Posen: Ueber die Hereditat des Carcinoms. Mit Berücks. d. Materials d. Greifswalder Medizin. Klinik. *Greifswald 1899: J. Abel.* (34 S.) 8°
Greifswald, Med. Diss. v. 20. Febr. 1899

Grubel, Walther, approb. Arzt aus Fraustadt: Über die Luxation der Linse in die vordere Kammer. *Rostock 1902: Adler's Erben.* (42 S.) 8°
Rostock, Med. Diss. v. [30. Juli] 1902

Grübel, Konrad, u. seine Nachfolger in der Nürnbergischen mundartlichen Dichtung, s. Priem, Joh.

Grübel, F. J., s. Thomann's, J. J., Haus- u. kaufmänn. Rechenbuch.

Grübel, Friedr., An die Oberpfalz! Zum neuen Jahr 1838. (Gedicht.) 8. (Mit 3 Holzschn.) Münch. 838. (Franz.)

Grübel, J. Sam., Beschr. d. Churfürstl. Begräbnisse ꝛc. z. Freyberg. 8. Dresden. 732.

Grübel, J. V., s. Grübel, V.

GRÜBEL, Joh. Konrad (geb. am 3. Juni 1736 in Nürnberg. Dialektdichter, Mitgl. des pegnes. Blumenordens, † 8. März 1809. — Den biogr. Apparat s. bei Goedeke VII, 557, 74). — „G's erstes ohne sein Wissen gedrucktes Gedicht „Der Steg" erschien 1790."
— — Die Auction. 4 Bll. O. O. 1805. M. Titelkupfer. — Der Kindleinsmarkt am Thomastag. 4 Bll. 1805. M. Titelkupfer. — Das Kränzlein. 4 Bll. O. O. u. J. M. Titelkupfer. — Die Neufranken. 4 Bll. O. O. 1796. M. Titelkupfer. — Neujahrsgespräch (auf das J. 1797). 4 Bll. O. O. 1797. M. Titelkupfer. — Dasselbe (auf das J. 1798). 4 Bll. O. O. 1798. M. Titelkupfer. — Dasselbe (auf das J. 1800). 4 Bll. O. O. 1800. M. Titelkupfer. — Die alten und die neuen Pumpen. 4 Bll. O. O. 1805. — Das Steckenpferd. 4 Bll. O. O. u. J. M. Titelkupfer. — Dasselbe. Zweite Schwadron, 4 Bll. O. O. u. J. M. Titelkupfer. — Die Veränderung auf dem Markt. 4 Bll. Nürnb. 1807. M. Titelkupfer. — Das bürgerliche Volontair-Corps in Nürnberg. 4 Bll. O. O. 1803. M. Titelkupfer. — Der 99. Winter. 4 Bll. O. O. 1799. M. Titelkupfer. — Die Alt und neue Zeit. 4 Bll. O. O. 1797. M. Titelkupfer. 4°. Sämmtlich seltene Original-Ausgaben.
Goedeke's Bibl. (F. A. Brockhaus' Leipziger Juni-Auction 1888, no. 389.)

— — Ankündigung. „Es hoben mih scho langa Zeit", Einblattdruck. 8°. (In Berlin: Magistratsbibl.) Höchst selten!

— Auswahl von Gedichten in Nürnberg. Mundart, f. d. deklamat. Vortrag bearbeitet u. mit Erklärr. begleitet von C. F. Solbrig. 8. Magdeb. 809. (Lauffer in Leipz.) 16 ℊ

— — Auswahl von Gedichten in Nürnberger Mundart von Grübel, für den deklamatorischen Vortrag ..... bearbeitet ...... von Carl Friedrich Solbrig. 2 Bdchn. Magdeburg, 1809. Adolph Friedrich v. Schütz. 8°. 146 u. 110 S. (In Berlin: Magistrats-Bibl.)

Grübel, Konrad, Die Einquartierung der Franzosen. Der sechzehnwöchige Aufenthalt der Franzosen in Nürnberg. 1801. 8°. 47 S. (In Berlin, Magistratsbibl.)

Grübel, Jh. Konr., († d. 8. März 1809.) die Einquartierung u. 16wöchiger Aufenthalt d. Franzosen in Nürnberg. 8. Nürnb. 802. Bauer. 4 ℊ

— Gedichte in Nürnberger Mundart. 3 Bdchn. Mit Kpf. 8. Nürnb. 798. 2e Ausgabe. Ebend. 803. Bauer. 1 ℛ 12 ℊ 4s Bdchn. nach seinem Tode herausg. von Witschel u. Osterhausen. 8. Ebd. 812. Monath u. K. 16 ℊ 5s Bdchn. A. u. d. T.: Grübels Correspondenz u. Briefe. 8. 805. N. Aufl. Mit 1 Vign. 8. Nürnb. 824. Campe. 12 ℊ Mit Kpf. (1s—4s Bdchn. 4e Aufl. 823—25.) 8. Ebd. Campe. 2 ℛ 12 ℊ

— — Gedichte in Nürnberger Mundart. Mit Titelvign., 2 Kpfrn. und 1 Glossar. O. O. (Nürnb.) 1799. 8°.
2. Aufl. 1802; 3: 1811; 4: 1823. 8°.
— — — — Bdchn. 2. O. O. (Ebd.) 1800. 8°.
2. Aufl. 1802; 3: 1811; 4: 1823. 8°.
— — — — Bdchn. 3. Nürnberg 1803. 8°.
2. Aufl. 1811; neue Aufl. 1825. 8°.
— — — — Bdchn. 4. Nach s. Tode hrsg. von Witschel und Osterhausen. Nürnberg 1812. 8°.
Neue Aufl. 1825. 8°.
— — Dasselbe. (Nachdruck.) 4 Bdchn. Nürnberg (zuerst bei Bauer und Mann, dann bei Joh. Lorenz Schmidmer) 1802—11. 8°.
Vgl. Ergänzungsbll. zur Allg. Lit.-Ztg. 1807. Nr. 87. Bd. 1. Sp. 689—693. Mit Probe.
— — Dasselbe. 4 Bdchn. Ebd., bey Joh. Lorenz Schmidmer. 1802—26. 8°. (In Berlin: Magistratsbibl.)

— Gedichte in Nürnb. Mundart. 3 Bdch. m. K. 8. Nürnberg, Schmidmer. 802. 3. (à 12 gr.)

Grübel, Gedichte in Nürnberger Mundart. 3r Bd. 2te Aufl. m. K. 8. Nürnb. Campe. 811.

— dieselben; nach seinem Tode herausg. von Witschel u. Osterhausen. 4s Bdchen. 8. Nürnb. Kußler. 812.

Grübel, Gedichte in Nürnberger Mundart. 2tes Bdchen. 3te Aufl. 8. Nürnberg, Campe. 821.

Grübel, Gedichte in Nürnberger Mundart. 1s Bdchen. 4e Aufl. Mit 3 Kpfn. u. 1 Vign. 8. Nürnb. 824, Campe.

— dess. 2s, 3s Bdchen. 4e Aufl. 823. à 12 gr. 1 Rthlr. 5s Bchen. Auch u. d. T.: Grübels Correspondenz u. Briefe. N. Aufl. Mit 1 Vign. 8. Nürnb. 824, Campe. 12 gr. Alle 5 Bdchn.

— — *Grübel's* Gedichte [und Correspondenz] in Nürnberger Mundart. Bdchn. 1. Dritte vermehrt- und verbesserte Auflage. Mit Kpfrn. Ebd. 1823. — Bdchn. 2. Dritte Auflage. 1826. — Bdchn. 3. Neue Auflage. 1826. — Bdchn. 4. Neue Auflage. 1825. — Bdchn. 5. Neue Auflage. 1824. 8°.
So bei Goedeke VII, 558, 74, 8.

Grübel's Gedichte in Nürnberger Mundart. In einer Auswahl hrsg. von Fr. Hartmann. Mit Wörterbuch. 8. (XI, 181 S.) [München 881, Bibliographisch-artist. Institut.] Leipzig, Unflad. *ℳ 2.; geb. *

Grübel's, Konr., Gedichte in Nürnberger Mundart. Auswahl. 12. (VII, 189 S. m. Bildnis.) Nürnberg 898. Heerdegen-Barbeck. Geb. in Leinw. n. 1. 50

— Correspondenz u. Briefe in Nürnberg. Mundart, sammt Gedichte 5s B.

Grübel's Correfpondenz und Briefe in Nürnberger Mundart. 1806. 8o.

— — Sternsänger, Die in und um Nürnberg herumziehenden. Mit doppelblattgroßem figurenreichen Titelkupfer, worunter die Melodie des „Nürnberg. Sternsingerliedes" gestochen (ohne die Adresse von Zeichner und Stecher). O. O. 1803. Gr. 8°. (In Dresden.)
Derb-satyrische Reime. 6 unpag. Bll. (incl. 2 Bll. Titelkpfr.).

— — *Grübels* Sämmtliche Werke. Drei Bände. Nebst Witschels kurzer Lebensgeschichte Grübels (nebst Portrait), Göthes (so!) Beurtheilung der Grübelschen Gedichte, und Wurms Glossar dazu. Nürnberg, Friedrich Campe. 1835. Kl. 8°. I. XXII u. 292 S. II. VI u. 364 S. III. VI u. 274 S. (In Berlin, l. c.) (3 Rthl.) (4 Mk., Orig.-Cart., Rich. Bertling, Dresden, 1892.)

— — Dasselbe. Neu hrsg. und mit einem gramatikalischen (!) Abriß und Glossar versehen von Georg Karl Frommann. 6 Thle. Ebd. 1856 ff. 12°.
— — Dasselbe. 2. Auflage. Ebd. 1864. 12°.

Grübel's, (Joh. Konr.), sämmtliche Werke. Neu hrsg. und mit einem grammatikal. Abriß und Glossar versehen von Geo. Carl Frommann. 8 Thle. oder 12 Lfgn. 16. Nürnberg 857, J. L. Schmid's Verlag. [1. Thl. (XXIII und 254 S. mit Portr. in Stahlst. und 2 Holzschnt.) 2. (IV und 323 S.) 3. (IV und 312 S. mit 3 Holzschnt.) à Lfg. 5 Ngr.]

Grübel's sämmtliche Werke. Neu hrsg. von G. K. Frommann. Mit grammatikal. Abriß und Glossar. 6 Bdchn. Nürnberg 872, Heerdegen. (*ℳ 6.) *

— — *Grübel's* Sämmtliche Werke. Neu herausgegeben und mit einem grammatikalischen Abriß und Glossar versehen von Georg Karl Frommann. Sechs Bändchen. Nürnberg. Fr. Herdegen'schen Antiquariat. 1873. I. u. II: XXII u. 254 S. III. u. IV: IV. u. 323 S. V. u. VI: IV u. 311 S. (In Berlin: Magistratsbibl.)

Grübel's sämmtliche Werke. (In Nürnberger Mundart.) 7. vollständige, mit vielen Zusätzen und Glossar verseh. Aufl. 6 Bdchn. kl. 8. (XXII, 254; IV, 323; IV, 260; 14 S. mit 5 Holzschn.) Nürnberg 884, Heerdegen-Barbeck. geb.

Grübel, V.

— s. Amtshandbuch für den kgl. bayr. Reg.-Bez. Oberpfalz und Regensburg; — dass. für Unterfranken ꝛc.

Grübel, J.) V., Amts-Handbuch für den königl. bayerischen Regierungsbezirk Unterfranken und Aschaffenburg. Nach amtlichen Quellen bearb. Würzburg 862. (Stuber.) Lex.-8. (X, 257 S.) u. 1 ℛ 2 ngr.

Grübel, J.) V., Amts-Handbuch für den königl. bayer. Regierungsbezirk Unterfranken u. Aschaffenburg. Nach amtl. Quellen bearb. Neue verb. Aufl. Würzburg 865. (Stuber.) gr. 8. (X, 275 S.) n.n. 26 ngr.

Grübel, V., statistisches Amts- und Adreß-Handbuch für den k. bayerischen Regierungsbezirk Unterfranken und Aschaffenburg. Neue verb. Aufl. gr. 8. (V, 227 S.) Ansbach 874. (Würzburg, Stuber.) *

Grübel, V., Gemeinde-Lexikon für das Deutsche Reich. Alphabetische Zusammenstellung der selbständigen Ortschaften und Gutsbezirke politischen Gemeinden im deutschen Reichsgebiete mit Angabe der einschlägigen Amtsgerichte, Verwaltungsbehörden, Landgerichte. Oberlandesgerichte u. Regierungsbezirke. Bearbeitet ... Ansbach 1878. 4. ....

Grübel, V., Gemeinde-Lexikon f. das Deutsche Reich. Alphabetische Zusammenstellg. der selbstständ. Ortschaften u. Gutsbezirke [polit. Gemeinden] im deutschen Reichsgebiete, nebst Angabe der einschläg. Amtsgerichte, Verwaltungsbehörden, Landgerichte, Oberlandesgerichte u. Regierungsbezirke. 4. (VII, 607 S.) Ansbach 888. Selbstverlag d. Verfassers. n. 5. —

Grübel, V., Gemeinde-Lexikon d. Deutschen Reiches. Alphabetische Zusammenstellg. der sämmtl. selbstständ. Ortschaften u. Gutsbezirke (polit. Gemeinden) im deutschen Reichsgebiete, nebst Angabe der einschläg. Amtsgerichte, Verwaltungsbehörden, Landgerichte, Oberlandesgerichte u. Regierungsbezirke. 2., verb. Aufl. 4. (VIII, 606 S.) Würzburg 892. Stahel. Geb. n.n. 6. 20

Gemeinde-Lexikon des Deutschen Reiches. Alphab. Zusammenstellung d. sämmtl. selbstständ. Ortschaften u. Gutsbezirke ... nebst Angabe d. einschläg. Amtsgerichte, Verwaltungsbehörden, Landgerichte, Oberlandesger. u. Regierungsbez. Bearb. von V. **Grübel**, Reg.-Registr. a. D. [Nebst] Nachtrag. Würzburg: O. Stahel (1892–1906). 2 Bde 4°(8°) [F.]

Grübel, V., Gemeinde-Lexikon des deutschen Reiches. Nachtrag. Enth. alle seit Erscheinen der letzten Aufl. infolge zahlreicher Umbenenngn., Teilgn., Zusammenleggn. u. Neubildgn. v. Gemeinden, sowie bezüglich der Zugehörigkeit der Ortschaften zu den Gerichts- u. Verwaltungsbehörden bis gegen Mitte 1906 bekannt gewordenen Verändergn. (IV, 70 S.) gr. 8. Würzburg (907). Stahel's Verl. 1.50; kart. 2. —
Hauptwerk. Ebd. 892. Geb. 6. 20.

— — geographisch-statistisches Hand-Lexikon über das Königr. Bayern. Nach den zuverlässigsten Quellen bearb. 9 Lfgn. gr. 8. (440 S.) Würzburg 863, Stuber. à Lfg. 6 Ngr.

— — dass. — 2., wohlf. (Titel-)Ausg. gr. 8. (440 S.) Ebendas. (863)68.

Grübel, V., statistisches Orts-Lexikon des Königreichs Bayern. Ein Handbuch für Amts- u. Gerichts-, dann Post-, Telegraphen- u. Eisenbahn-Verkehr. Hrsg. nach authentischen Quellen u. amtlichen Mittheilungen der königl. Post- u. Eisenbahnbehörden, sowie nach Maßgabe der vom 1. October 1879 u. 1. Jan. 1880 an bestehenden neuen Gerichts- u. Amtsbezirke. (In ca. 15 Lfgn.) 1. Hft. Lex.-8. (64 S.) Ansbach 879. Brügel & Sohn. n. — 80

Grübel, V., statistisches Orts-Lexikon des Königreich Bayern. Ein Handbuch für Amts- und Gerichts-, dann Post-, Telegraphen- und Eisenbahn-Verkehr. Hrsg. nach authent. Quellen und amtl. Mittheilungen der königl. Post- und Eisenbahnbehörden, sowie nach Maßgabe der vom 1. Octbr. 1879 und 1. Jan. 1880 an bestehenden neuen Gerichts- und Amtsbezirke. 2.—15. (Schluß-) Lfg. Lex.-8. (LII, S. 65—880.) Ansbach 879,80, Brügel und Sohn. à Lfg. 80 Pf.
1. Lfg. Ebendas. 1879. * 80 Pf.

Grübel, V., statistisches Orts-Lexikon d. Königr. Bayern. 2. Aufl. 2 Hälften. gr. 8. (IV, XLIX, 824 S.) Ansbach 883. (Brügel & Sohn.) n. 8. —; in 16 Lfgn. à n. — 50

Grübel, V., statistisches Orts-Lexikon d. Königr. Bayern. E. Handbuch f. Amts- u. Gerichts-, dann Post-, Telegraphen- u. Eisenbahn-Verkehr. Hrsg. n. authent. Quellen u. amtl. Mittheilgn. d. kgl. Post- u. Eisenbahnbehörden, sow. n. Maßgabe d. v. 1. Oktbr. 1879 u. 1. Jan. 1880 an besteh. neuen Gerichts- u. Amtsbezirke. 3., verb. u. verm. Aufl. gr. 8. (IV, 830 u. 48 S.) Ansbach 896. C. Brügel & Sohn. n. 8. —; geb. in Leinw. n. 9. —
Erschien auch in 16 Lfgn. à — 50.

Grübel, V., statistisches Orts-Lexikon des Königr. Bayern. Ein Handbuch f. Amts-, Gerichts-, Post-, Telegraphen-, Telephon-, Eisenbahn- u. Geschäfts-Verkehr. Bearb. nach authent. Quellen u. amtl. Mitteilgn. der kgl. Post- u. Eisenbahnbehörden. 4. verb. u. verm. Aufl. (VI, 46 u. 869 S.) gr. 8. Ansbach 904. C. Brügel & Sohn. n. 9. —; geb. in Leinw. n. 10. —

— — Statistik sämmtlicher Rentämter der diesrheinischen Kreise des Königr. Bayern. Mit höchster Ministerial-Genehmigung. 8. (VII, 180 S.) Würzburg 870, Stuber.

— Statistik der deutschen Schulen im Kreise Mittelfranken. Mit hoher Regierungsbewilligg. bearb. gr. 8. (VI, 437 S.) Ansbach 883. Seybold. 4. —

— Statistik der deutschen Schulen im Kreise Unterfranken u. Aschaffenburg, s.: Scheer, G.

— u. G. Scheer, Statistik der katholischen deutschen Schulen im Kreise Unterfranken u. Aschaffenburg. Mit hoher Regierungsbewilligg. bearb. gr. 8. (IV, 386 S.) Ebend. 884. cart. 4. —

— — dasselbe der protestantischen deutschen Schulen. gr. 8. (IV, 93 S.) Ebend. 884. cart. 2. —

— Taschen-Fremdwörter-Büchlein. [Erklärung der in den deutschen Schriften u. Zeitgn., sowie in gerichtl. Angelegenheiten am häufigsten vorkomm. Fremdwörter.] Zum Gebrauche u. zur Belehrg. f. Schulen, sowie f. den Geschäfts- u. Landmann. 16. (32 S.) Ansbach 874. (Junge.) — 18

Gruben, Frhr. v., s.: Born, Wilh. v.

Gruben, Frhr. v., die soziale Frage. Rede, gehalten auf der 31. General-Versammlung der Katholiken Deutschlands zu Amberg am 1. Septbr. 1884. gr. 8. (22 S.) Amberg 884, Habbel.

Gruben, Fr. v., und A. v. Daniels, das sächsische Weichbildrecht, s. Rechtsdenkmäler des deutschen Mittelalters.,

Frhr. v. Gruben, Frz.: Abhandlgn. über Gegenstände des öffentlichen Rechts des deutschen Bundes und des Staatsrechts der Bundes-Staaten. 1s, 2s Heft. *Stuttg.*, Balz. gr. 8. 3. B. (1 Thl. 4 Gr.)
1stes Heft: Ueber das Verhältniss des öffentl. Rechts d. deutsch. Bundes zu dem Staatsrechte der Bundes-Staaten. 835. (14 Gr.)
2tes Heft: Ueber die Bedeutung des in dem Artikel LVII der Schlussacte aufgestellten Princips u. dessen Folgen im Bezug auf landständische Wirksamkeit. Betrachtungen über das bundes-gesetzliche Schiedsgericht. 836. (14 Gr.)

Gruben, Frh. v., die deutschen Bundes-Staaten. Am Vorabend d. Konferenzen zu Wien. 8. (1¾ B.) München 834, Jaquet.

Gruben, Lina v., u. Luise Hartdegen, d. Küche d. Friedrich-Stifts. Ein prakt. Kochbuch f. Familie u. Haushaltungsschule. gr. 8. (VIII, 233 S. m. Abb.) Karlsruhe 896. Chr. Fr. Müller. Geb. in Leinw. n. 3. 50

Gruben, Lina v., u. Luise Hartdegen, die Küche des Friedrich-Stifts. Ein prakt. Kochbuch f. Familie u. Haushaltungsschule. 4. durchgeseh. Aufl. (VIII, 272 S. m. Abbildgn.) 8. Karlsruhe 905. Ch. F. Müller. Geb. in Leinw. n. 3. 50

Gruben, R. v. d. (Pseud.), s.a. Pawelß, Richard von [Wirkl. Name].

Gruben, R. v. der, der Exjesuit. Roman aus dem Offiziersleben. 8. (139 S.) Berlin 899. O. Janke. n. 1.—

Gruben, R. v. der (Rich. v. Pawelsz), Seelenwucher. Roman. (221 S.) 8. Berlin (905). R. Eckstein Nachf. n. 2.—; geb. n. 3.—

Gruben- u. Hüttenanlagen d. Mansfeld'schen kupferschieferbauenden Gewerkschaft. In Lichtdr. hergestellt nach photograph. Aufnahmen. qu. Fol. (27 Taf. m. 2 Bl. Text.) Eisleben (900). Kuhnt. In Leinw.-Mappe n. 12.—

Gruben- und Transport-Bahnen, Elektrische, ausgeführt von der Allgemeinen Elektrizitäts-Gesellschaft in Berlin. Berlin, 1891. 13 S. mit Abb.

Gruben- und Fabrikbeamten-Zeitung, Deutsche. Organ des Deutschen Gruben- und Fabrikbeamten-Verbandes. [Früher u. d. T.: Wochenblatt des Deutschen Gruben- und Fabrikbeamten-Verbandes.] Jg. 12—17 (1903—1908). Bochum, 1903—1908.

Grubenbecher, L. H., die lauretanische Gnadenkapelle in der Pfarrkirche zur hl. Maria in der Kupfergasse. Eine Festschrift zur 600jähr. Feier der Uebertragg. des hl. Hauses nach Loreto (10. Dec. 1894). 8. (XII, 116 S. m. Abbildgn. u. Titelbild.) Köln 894. J. P. Bachem. Kart. n. 1.20

Der Grubenbrand in Přibram am 31. Mai 1892. Hrsg. vom K. K. Ackerbauministerium. Wien, 1892. 30 S.

Grubenbrand, der, und die bösen Wetter in den Bergwerken des Oberharzes am 21. Octbr. 1848. Nach authent. Nachrichten erzählt. gr. 8. (IV und 24 S. mit 1 Stnt. in gr. Fol.) Clausthal 849, Schweiger'sche Buchh.

Gruben-Explosion, die, in den Schachten „Segen Gottes" u. „Neue Hoffnung" [Besitzer Frhr. v. Burgk.] im Plauen'schen Grunde bei Dresden. 2. Ausg. Finsterwalde 869. Schneider. 8. (8 S.) 2½ ngr.

Gruben-Katastrophe, die entsetzliche, zu Frankenholz b. Homburg in d. Rheinpfalz, wobei 42 Mann getötet u. 45 schwer verbrannt wurden. gr. 8. (14 S. m. 2 Abb.) Wytikon-Zürich 897. G. Schilde. —15

Grubenklänge. Eine Liedersamml. f. Bergleute, bergmänn. Sänger-Chöre u. Freunde d. bergmänn. Gesanges; hrsg. v. d. Gewerkschaft d. Zeche Wiesche bei Mülheim a. d. Ruhr. 1. Aufl. (12 B.) 838. * 7/12 Thlr., 2., mit e. Anh. verm. Aufl. gr. 12. (15 B.) Mülheim a. d. Ruhr 840, [Nieten u. Moellenhoff.] *.

Grubenmann, Rudolf

Grubenmann, R., durch Nacht zum Licht. 2 Predigten an Charfreitag u. Ostern 26. u. 28. März 1880. gr. 8. (32 S.) Chur 880. Gsell. n. —50

Grubenmann, R., Frei und fromm. Predigt. 14 Stn. 8. Chur, Fr. Gsell. 1874. —.20

Grubenmann, R., Pfarrer in Chur. Gebet- und Andachtsbuch für das christliche Volk. Gr. in-8°, XIII u. 322 S., mit Widmungsblatt. St. Gallen, Huber & Cie. (E. Fehr.) 1887. Geheftet 1 70
in Hldrbd. mit Titel 2 —
Lwdbd. mit Gold- u. Blindpressueg 2 50
Elegant Leinwand mit Goldschnitt 3 60

Grubenmann, R., Gebet- u. Andachtsbuch f. das christliche Volk. 3. Aufl. gr. 8. (XIII, 322 S.) St. Gallen 889. Huber & Co. n.n. 1.70; geb. in Halbldr. n. 2.—; in Leinw. n. 2.50; m. Goldschn. n. 3.20

Grubenmann, R. Gebet- und Andachtsbuch für das christliche Volk. 5. u. 6. Aufl. In-8°. XVIII, 328 S. St. Gallen, Fehr'sche Buchhdlg. 2 — 1894. Lwd. 2 50; eleg. geb. m. G. 3 60

Grubenmann, R., Gebet- u. Andachtsbuch f. das christl. Volk. 7. Aufl. gr. 8. (XX, 328 S. m. Bildnis.) St. Gallen 900. Fehr. Geb. in Halbldr. n. 2.—; in Leinw. n. 2.50; m. Goldschn. n. 3.20

Grubenmann, R. Gebet- und Andachtsbuch für das christliche Volk. Mit Portrait u. Widmungsblatt. 8. Aufl. 8°. XX, 328 S. St. Gallen, Fehr'sche Buchhandlung. ½ Leder mit Goldtitel. 1900. 2 — Ganz Leinw. 2 50 eleg. geb. mit Goldschnitt. 3 60

Grubenmann, Rud., ausgewählte Predigten. Aus d. Nachlasse hrsg. gr. 8. (VI, 329 S. m. Bildn.) St. Gallen 896. Fehr. n. 3.20; geb. in Leinw. n.n. 4.40

Grubenmann, Ulrich, von Teufen. (Kt.: Appenzell A.-Rh.: Die Basalte des Hegau's. Eine petrographische Studie. [S. 1—36 S.A. aus: Mittheilungen der thurg. naturforsch. Ges., Bd VII, S. 100—127. Frauenfeld J. Huber Dr. 1886. 39 S. 8°.
Zürich, Phil. Diss. [v. 21. Dec. 1886].

Grubenmann, U. Ein Beitrag zur Kenntniss des Bessemer-Processes. In-4°, 32 S. mit Tafel. Frauenfeld, J. Huber. 1882.
*** Separatabdruck aus dem Programm der thurgauischen Kantonsschule pro 1881—82.

Grubenmann, Ulr., über d. Rutilnadeln einschliessend. Bergkrystalle vom Piz Aul im Bündneroberland, s. a. Neujahrsblatt, hrsg. v. d. naturf. Gesellschaft. 101.

Grubenmann, Ulrich. Ueber die Rutilnadeln einschliessenden Bergkrystalle vom Piz Aul im Bündneroberland. Mit einer Tafel. (Njbl. Naturf. Ges. Zürich 1899.) 4. Zürich.

Beiträge zur Geologie des Unterengadins. T. 1. Das Gebiet der Sedimente. Von Dr. Chr. Tarnuzzer. T. 2. Die kristallinischen Gesteine. Von Prof. Dr. U[lrich] Grubenmann. Mit 1 geol. Kt., 1 Profilkt u. 25 Textfig. Bern: Francke in Komm. 1909. XII, 248, XII S. 4°
(Beiträge z. Geolog. Karte d. Schweiz. N. F. Lfg 23.) [II. 6708 2

Grubenmann, U(lr[ich]). Über einige schweizerische Glaukophangesteine. (Mit einer Tafel und einer Textfigur.) Sonder-Abdruck aus der Festschrift zum siebzigsten Geburtstage von Harry Rosenbusch, gewidm. v. seinen Schülern. II + 24 S. 4. Stuttgart. E. Schweizerbart, 1906.

Grubenmann, U[lrich]. Der Granatolivinfels des Gordunotales und seine Begleitgesteine. Sonderabdruck aus Jahrg. 53, 1908 [der] Vierteljahrsschrift der Naturforschenden Gesellschaft in Zürich... II + 28 S. 8. Zürich, Zürcher & Furrer.

Grubenmann, U[lrich]. Vorläufige Mitteilung über einen schweizerischen Sillimanitgneiss. Sonderabdruck aus Jahrg. 52, 1907 [der] Vierteljahrsschrift der Naturforschenden Gesellschaft in Zürich... II S. + S. 279—282. 8. Zürich, Zürcher & Furrer.

Grubenmann, U[lrich]. Principien und Vorschlaege zu einer Klassifikation der kristallinen Schiefer. [SA. aus: Compte Rendu de la 10e Session du Congrès Géologique International, Mexico 1906, 2me Partie.] II + 17 S. 4. México, Imprenta ... de la Secretaria de Fomento, 1906.

Grubenmann, U[lrich]. Die kristallinen Schiefer, von Dr. U. G', ... Zürich. 2 [Bände]. 8. Berlin, Gebrüder Borntraeger, 1904–1907.

[Band] 1: Allgemeiner Teil. Mit 7 Textfiguren und 2 Tafeln. VI + 105 S. 1904. [geb. M. 3.40]
[Band] 2: Specieller Teil. Mit 8 Textfiguren und 8 Tafeln. VIII + 175 [+ *Tafel-Erklärungen* 16] S. 1907. [geb. M. 9.60]

Die kristallinen Schiefer. Eine Darstellung d. Gesteinsmetamorphose u. ihrer Produkte von U[lrich] Grubenmann, Prof. Mit 23 Textfig. u. 12 Taf. 2. neu bearb. Aufl. Berlin: Borntraeger 1910. XII, 298 S. 4°(8°)

Grubenmann, Ulrich]. Über Steinbeile aus den thurgauischen Pfahlbauten bei Steckborn und Kreuzlingen. Sonderabdruck aus Heft 18 der Mitteilungen der Thurg. Naturf. Gesellschaft. 9 S. 8. [Frauenfeld, Huber & Co., 1908.]

Grubenriss von dem Pfaffen- und Meiseberge bei Harzgerode. Harzgerode, 1894.

Lithographirte Grubenrisse vom Oberharz. 12 Blätter. Clausthal.

Grubenunglück, das, zu Karwin am 14. Juni 1894. Nach authent. Berichten geschildert. Ausg. A. Kleine Ausg. m. Bildern. 12. (16 S.) Leipzig 894 J. Wilde — 15

— dasselbe. Ausg. B. Große Ausg. m. Bildern. gr. 8. (31 S.) Ebd. 894. — 50

— dasselbe. Ausg. C. Große Ausg. ohne Bilder. 8. (30 S.) Ebd. 894. — 25

Grubenunglück, das, zu Reden, Kreis Ottweiler, am 28. I. 1907. Von Veritas. (64 S. m. Titelbild.) 8. Trier 907. Paulinus-Druckerei. (Urspr. Pr. — 40).

Gruber, Frau; Fortsetzung von »Der neue Hut«. Basel [1904]. V: *Zellweger-Steiger, Lilly.* (BBullschw 4, 1904)

Gruber, A., s.: Abhandlungen, zoologische, August Weismann gewidmet.

Gruber, A., siehe: *Gartenkalender.*

Gruber, A. Der Obstbau gegen Branntweinpest und Volksverarmung. Wien 1882.

Gruber, A. G., Beobachtungen über Temperatur- u. Pulsverhältnisse bei Gebärenden. Inauguraldissertation. [Gekrönte Preisschrift.] Bern 867. (Dalp.) gr. 4. (VI, 23 S. mit 10 Tabb. in qu. Fol.) n. 24 ngr.

Gruber, A. G., Beobachtungen über Temperatur- und Pulsverhältnisse bei Gebärenden. Inauguraldissertation. [Gekrönte Preisschrift.] gr. 4. (VI, 23 S. mit 10 Tab. in qu. Fol.) Bern 870, (Dalp'sche Buchh.) *

Gruber, A. P., Anleit. f. Lehrer z. Vortr. d. Vaterlandskenntniß. 8. Wien, Sammer. 790.

Gruber, Adolph. Iulius (geb. Halle a. S. 2. 9. 1820): De animi commotionum in corpus efficacia. [o. O.] (1843). (26 S.) 8°
Berlin, Med. Diss. v. 14. Dez. 1843

Gruber, Alex. Georg, Untersuchungen üb. die Atmosphäre d. menschl. Körpers. gr. 8. (6 B.) Petersburg 844. (Berlin, Hirschwald'sche Buchh.) *

Gruber, Alois, Jesus Christus als Heilarzt und Hygieniker. gr. 8. (34 S.) Wien 883, Mayer und Comp. *

Gruber, Alois, über die freundschaftl. Liebe. 12. (84 S.) Wien 847, Mechitaristen-Congregations-Buchh.

Gruber, Dr. Alois, Radicale Massregeln zur definitiven Beseitigung der Wohnungsnoth. 8°. Wien, Selbstverl., 1872.

— Petition des kathol. polit. Casinos Josephstadt an das h. Haus der Abgeordneten des Reichsrathes, um Revision der Gewerbeordnung vom Jahre 1859, resp. der jüngsten Novelle zum Gewerbegesetze. 8°. Wien, Selbstverlag d. Casinos, 1882.

— Eine Schutzrede für die Lehrjungen und Lehrmädchen. 8°. Wien, Selbstverlag, 1871.

Gruber, Anton

Gruber, A., der Kinderarzt, nach den Grundsätzen von Formey für medizinische Praxis bearbeitet. 1r Theil. 8. München, Lentner. (Leipzig, Hartmann.)

Gruber, Ant., der Kinderarzt, nach d. Grundsätzen von Formey f. medicin. Praxis bearbeitet. 1r Theil. 8. München 816. Lentner. 6 gl.

Gruber, Anton: Studien zu Pacianus von Barcelona. *München (1901): G. Schuh & Co.* (60 S.) 8°
München, Phil. Diss. v. 1901

Gruber, Anton: Studien zu Pacianus von Barcelona. 60 S. 8. Progr. Kgl. Progymn. *Schäftlarn* 1901.
I. Leben des P. u. seine litterarischen Quellen. II. Textkritische Bemerkungen zu Peyrots Ausgabe.] III. Ueber die Sprache Pacians.

Gruber, Arthur

Gruber, Arth., Buchdruckmaschine, s.: Spiel u. Arbeit.

— Heliograph, s.: Spiel u. Arbeit.

— Pantograph (Storchschnabel), s.: Spiel u. Arbeit.

Gruber, Arth., wie lerne ich Modellieren? Eine leichtfaßl. Anleitg. f. Anfänger zum Erlernen d. Modellierens. Mit 1 Modellbogen, 3 Volltaf. u. 15 Textillustr. (85 S.) 8. Ravensburg (908). O. Maier. 1.20

— Zink-Klischees. Mit e. Anh.: Photozinkographie, Linoleum- u. Farbendruck, s.: Spiel u. Arbeit.

Gruber, August

Gruber, Aug., über Amoeba viridis Leidy, s.: Jahrbücher, zoologische. VII. Suppl.-Bd.

Gruber, Aug., über die Bedeutung der Conjugation bei den Infusorien. gr. 8. (2 S.) Freiburg i. Br. 887, Mohr. *

Gruber, Aug., Beiträge zur Kenntniss der Physiologie u. Biologie der Protozoën. gr. 8. (24 S. m. 1 holiotyp. Taf.) Freiburg i/Br. 886. Mohr. n. 1. 60

— weitere Beobachtungen an vielkernigen Infusorien. Mit 2 Taf. [Aus: „Berichte d. naturforsch. Gesellsch. zu Freiburg i/Br."] gr. 8. (14 S.) Ebd. 887. n. 1. 80

Gruber, Aug., s.: Berichte d. naturforsch. Gesellschaft zu Freiburg i/B.

Gruber, Aug. Die naturforschende Gesellschaft zu Freiburg i. B. in den 70 Jahren ihres Bestehens. Nebst e. Register ihrer sämmtl. Publikationen u. e. vollständ. Mitglieder-Verzeichnisse. gr. 8. (V, 76 S.) Freib. i. Br. 891, J. C. B. Mohr. * 1 50
Aus: Berichte d. naturforsch. Gesellschaft zu Freiburg i. B., besonders abgedruckt.

— kleinere Mittheilungen über Protozoën-Studien. gr. 8. (14 S. mit 1 lithogr. Taf.) Ebendas. 887. *

— die Protozoen d. Hafens v. Genua. Mit 5 (lith., z. Thl. farb.) Taf. [Aus: „Nova Acta d. ksl. Leop.-Carol. Deutschen Akad. d. Naturforscher."] gr. 4. (67 S.) Halle 884. (Leipzig, Engelmann.) n. 8. 50

— üb. einige Rhizopoden aus dem Genueser Hafen. Mit 1 lith. Taf. [Aus: „Berichte der naturforsch. Gesellsch. zu Freiburg i/Br."] gr. 8. (12 S.) Ebd. 888. n. 1. 60

Gruber, Aug., über zwei Süsswasser-Calaniden. Mit 2 lith. Taf. (in qu. Fol.). gr. 8. (34 S.) Leipzig 878. Engelmann. n. 2. —

GRUBER, August (Laenischkensis): De graviditatis extrauterinae therapia. (Titel nach der Urkunde) 27.1.1884 - Urk; Chr 1883/84,13
Diss. Ingolst.-Landsh.-München.

Gruber, August Otto

Viro amplissimo, doctissimo, humanissimo Traug. Gotth. **Voigtel**, ... professori regio, ... societatis historicae praesidi et moderatori, memoriam muneris ante hos quinquaginta annos suscepti publice recolenti pie congratulari voluit Augustus Otto **Gruber**, Halensis, societ. histor. sodalis [Halle 1837]: Grunert. 3 Bl. 8° (4°)

Latein. Gedicht. Verf. war stud. theol. & phil. und societ. histor. sodalis.

Gruber, Erzbischof v. Salzburg, Fürst Augustin, prakt. Handbuch d. Katechetik f. Katholiken, od. Anweisung u. Katechisationen im Geiste des heil. Augustinus, als Fortsetzung d. katechet. Vorlesungen. 1r Thl. Elementar-Unterricht der Kleinen. 8. Salzb. 832. Mayr. 12 gr
(=Gruber: Katechet.Vorlesungen...Bd.2.)

Gruber, Augustin, practisches Handbuch der Katechetik f. Katholiken. Im Geiste der hochsel. Kirchenfürsten fortgesetzt v. P. Heinr. Schwarz. Religionsunterricht f. die Schüler der oberen Klassen. 3 Bde. gr. 8. (VII, 309, 298 u. VIII, 232 S.) Regensburg 876. Coppenrath. n. 8. 40

Gruber, Augustin, practisches Handbuch der Katechetik für Katholiken. Im Geiste des hochsel. Kirchenfürsten fortgesetzt von Heinr. Schwarz. Religionsunterricht für die Schüler der obern Classe. 4. Bd. gr. 8. (VIII, 282 S.) Regensburg 877. Coppenrath. 3. —

— dasselbe. 5. Bd. gr. 8. (VIII, 547 S.) Ebend. 879. n. 5. —

Gruber, Augustin, praktisches Handbuch der Katechetik für Katholiken. Im Geiste des hochsel. Kirchenfürsten fortgesetzt von Heinr. Schwarz. Religionsunterricht für die Schüler der oberen Klassen. 6. und 7. (Schluß-)Bd. gr. 8. Regensburg, Coppenrath. [6. Bd. (VIII, 392 S.) 883. *M 3,50.; 7. Bd. (VIII, 560 S.) 884. *M 5.]
1.—5. Bd. Ebendas. 1876—79. *M 16,40.

Gruber, Augustin, practisches Handbuch der Katechetik f. Katholiken. Im Geiste d. hochsel. Kirchenfürsten fortgesetzt v. Heinr. Schwarz. Religionsunterricht f. die Schüler der oberen Klassen. 7. (Schluß-)Bd. gr. 8. (VIII, 560 S.) Regensburg 885. Coppenrath. n. 5. — (cplt.: n. 24. 90)

Gruber, August, theoretisch-praktisches Handbuch der Katechetik für Katholiken im Geiste des heil. Augustin, überarb. u. durch zwei Zugaben verm. von einem Priester der Diözese Regensburg. 2 Thle. Regensburg 870. Pustet. gr. 8. (VIII, 1048 S.) 1 ß 15 ngr.

— Predigt, am 2. Mai 1824 in d. Domkirche zu Salzburg gehalten. gr. 8. Salzb., Mayr. 2 gr

— Predigt am Schlusse des allgem. Jubiläums in d. Erzdiöcese Salzburg, am 16. Oct. 1826 in d. Domkirche zu Salzburg gehalten. 8. Salzb., Mayr. 2 gr

— Predigt am Schlusse der zweiten Säcularfeier d. Einweihung der hohen Metropolitan-Kirche zu Salzburg, am 28. Septbr. 1828 in d. Metropolitankirche zu Salzburg gehalten. gr. 8. Salzb., Mayr. 2 gr

Gruber, Augustin, katechet. Vorlesungen üb. d. heil. Augustinus Buch: Von d. Unterweisung d. Unwissenden in d. Religion. (1. Bd.) gr. 8. (21 B.) Salzburg 830, Mayr.

—— dass. 2. Bd. — A. u. d. T.: Prakt. Handbuch d. Katechetik f. Katholiken, od. Anweisung u. Katechisation im Geiste d. heil. Augustinus rc. 1. Thl. Elementar-Unterricht d. Kleinen. 1., u. 2. u. 3., unveränd. Aufl. (à 11 B.) gr. 8. Ebds. 832—35. à

Gruber, Augustin, katechetische Vorlesungen über des heiligen Augustinus Buch: Von der Unterweisung der Unwissenden in der Religion. 1r Bd. Theorie der Katechetik für Katholiken. 2e unveränd. Aufl. 8. Salzb. 836. Mayr. 1 ß — 2r u. 3r Bd. A. u. d. T.: Prakt. Handbuch der Katechetik für Katholiken, oder Anweisung der Katechisation im Geiste des heil. Augustinus rc. 1r Thl. Elementar-Unterricht der Kleinen. 3e unveränd. Aufl. 8. Ebd. 836. 4e Aufl. 836. 5e Aufl. 840. 5/12 ß — 2r Thl. Religions-Unterricht für die Schüler der ersten Klasse. (2 Abthll.) 8. Ebd. 834. 2e Aufl. 839. 1 2/3 ß

Gruber, Augustin, katechet. Vorlesungen üb. d. heil. Augustinus Buch: Von d. Unterweisung d. Unwissenden in d. Religion, rc. 3 Bde. 8. Salzburg, Mayr'sche Buchh.

A. u. d. Tiln.:

Bd. 1. Des heil. Augustins Theorie d. Katechetik f. Katholiken; übers. u. erläut. f. unsere Zeit u. ihre Bedürfnisse. 2., unveränd. Aufl. m. 2 Vorr. u. Inhaltsanzeige. (21 B.) 836. 1 Thlr.
" 2. Prakt. Handbuch d. Katechetik f. Katholiken, od. Anweis. u. Katechisationen im Geiste d. heil. Augustinus. rc. 1. Thl. Elementar-Unterricht d. Kleinen. 4. u. 5., unveränd. Aufl. (à 11 B.) 836, 39. à 10 Gr.
" 3. Dess. 2. Thl. Religions-Unterricht f. d. Schüler d. ersten Klasse. 2., unveränd. Aufl. m. ein. umfass. Vorbericht. (2 Abthl.) (30½ B.) 839. 1 Thlr. 16 Gr.

Gruber, Augustin, katechet. Vorlesungen über des heil. Augustinus Buch: Von der Unterweisung der Unwissenden in der Religion. 3 Bde. gr. 8. Salzburg 844, Mayr'sche Buchh.

A. u. d. Tiln.;

Bd. 1. Des heiligen Augustin Theorie der Katechetik f. Katholiken. Uebers. u. erläutert f. unsere Zeit u. ihre Bedürfnisse im Geiste desselben. 3., unveränd. Aufl. (22 B.) 1 Thlr. 5 Ngr.
" 2. Prakt. Handbuch d. Katechetik f. Katholiken rc. 1. Thl. Elementar-Unterricht der Kleinen. 6., unveränd. Aufl. (11¼ B.) 15 Ngr.
" 3. Prakt. Handbuch der Katechetik f. Katholiken rc. 2. Thl. Religions-Unterricht f. die Schüler d. 1. Klasse. 3., unveränd. Aufl. (29½ B.) 1 Thlr. 20 Ngr.

Gruber, Bernhard

Gruber, B., Christ u. Israelit. Ein Friedenswort zur Judenfrage. gr. 8. (23 S.) Reichenbach i/Schl. 880. Heege & Güntzel. n. — 50

Gruber, Bernh., der Herr, dem Wind u. Meer gehorsam ist. Predigt üb. Evang. Matthäi 8, 23—27 am 4. Sonntage nach Epiphanias 1876 geh. 8. (12 S.) Reichenbach i/Schl. 876 Kuh in Comm. n. — 40

Gruber, Bernh., horographia trigonometrica etc. 4. Prag 718.

Gruber, Carl, s. Gruber, Karl.

Gruber, Caroline. s. Gruber, Karoline.

Gruber, Charlotte v., Im Kinderkreise. Kleine Erzählungen für Kinder von 8 bis 12 Jahren. 16. (140 S. mit 4 color. Bildern.) Stuttgart 874, Risch. cart. (M 1,80.)

Gruber, Christian: Neuer Atlas f. Handels- u. kaufmänn. Fortbildungsschulen, s. Ebeling, Philipp

Gruber, Chrn., das Münchener Becken, s. a. Forschungen zur deutschen Landes- und Volkskunde.

Gruber, Christian: Das Münchener Becken. Ein Beitrag zur physikalischen Geographie Südbayerns. Mit einer Kartenskizze und zwei Profilen. Stuttgart 1885. 46 S. = Forschungen zur deutschen Landes- und Volkskunde. Bd. 1. Heft 4. 8°.

Gruber, Chrn., die Bedeutung der Isar als Verkehrsstrasse. [Im Anschlusse an d. gleichen Verf.: „Die Isar nach ihrer Entwicklg. u. ihren hydrolog. Verhältnissen".] Mit Titelbild, 3 Taf. Zeichngn. u. 6 Anhängen. gr. 8. (X, 86 S.) München 890. Lindauer. n. 2. 50

Gruber, Chrn., die Entwickelung der geographischen Lehrmethoden im XVIII. u. XIX. Jahrh. Rückblicke u. Ausblicke. Mit 2 Kärtchen u. 8 Skizzen. gr. 8. (VIII, 254 S.) München (900). R. Oldenbourg. Geb. in Leinw. n.n. 3. 50

Gruber, Christian, wirtschaftliche Erdkunde, s. a. Aus Natur u. Geisteswelt. 122. Bdchn.

Wirtschaftliche Erdkunde. Von Prof. Dr. Ch[ristian] Gruber. (Hrsg.: Eugen Schaefer.) Leipzig: B. G. Teubner 1906. (VIII, 137 S.) 8° [J.] — Natur, Aus, u. Geisteswelt. Bdch. 122. [07. 9061]

Gruber, Chrn., die landeskundliche Erforschung Altbayerns im 16., 17. u. 18. Jahrh., s. a. Forschungen zur deutschen Landes- u. Volkskunde.

Gruber, Christian: Die landeskundliche Erforschung Altbayerns im 16., 17. und 18. Jahrhundert. Mit einer Karte. Stuttgart 1894. 77 S. = Forschungen zur deutschen Landes- und Volkskunde. Bd. 8. Heft 4. 8°.

— Geographie als Bildungsfach. (XVI, 156 S.) gr. 8. Leipzig 904. B. G. Teubner. n. 2. 80

— über Geographie u. geographischen Unterricht an höh. Lehranstalten. Kritische Betrachtgn. Progr. gr. 8. (III, 122 S.) München 901. M. Kellerer. n. 1. 50

Der Hesselberg am Frankenjura u. seine südl. Vorhöhen. Von Dr. Christian Gruber. M. 1 Kt., 1 hypsogr. Kurve u. 5 Abb. *Stuttgart: J. Engelhorn 1896.* (2 Bl., 375—452 S., 1 Tab., 1 Kt.) 8. = Forschungen z. deutschen Landes- u. Volkskunde. Bd 9. H. 6. [96. 3177]

Gruber, Chrn. Die Isar nach ihrer Entwicklung u. ihren hydrologischen Verhältnissen. gr. 8. (VII, 100 S. m. 8 Taf. Diagrammen.) Münch. 889, [Literarisch-artist. Anstalt.] Bassermann. * 4 —
Fortsetzung u. d. T.:
Gruber: D. Bedeutung d. Isar als Verkehrsstraße.

Gruber, Christian, über das Quellgebiet und die Entstehung der Isar. Orographische und hydrologische Studien aus dem mitleren Karwendel. Diss. Leipzig 1887, Gustav Fock. 8°. 68 S. mit einer Karte.

Gruber, Christian: Ueber das Quellgebiet und die Entstehung der Isar. Orographische und hydrologische Studien aus dem mittleren Karwendel . . . . München, Akad. Buchdr. v. F. Straub, 1887; 1 Bl. + 68 S. + 1 Bl. u. 1 Karte 8°
Leipzig, Phil. Fak., Inaug.-Diss. v. 27. Dez. 1887

—— über das Quellgebiet und die Entstehung der Isar. Orographische und hydrolog. Studien aus dem mittleren Karwendel. gr. 8. (68 S. mit 1 Karte.) München 887, (Literarisch-artist. Anstalt.) *
Aus: Jahresbericht der Geographischen Gesellschaft zu München 1887, besonders abgedruckt.

— das Ries, s. a. Forschungen zur deutschen Landes- u. Volkskunde. XII. 3.

Gruber, Christian: Das Ries. Eine geographisch-volkswirtschaftliche Studie. Mit zwei Kartenbeilagen und 12 Textillustrationen. Stuttgart 1899. 105 S. = Forschungen zur deutschen Landes- und Volkskunde. Bd. 12. Heft 3. 8°.

— Schilderungen zur Heimatkunde Bayerns. Mit 1 Kärtchen, 4 Profilen u. 3 landschaftl. Skizzen. Im Anschlusse an die „Geograph. Anschauungsbilder" v. Frz. Engleder. gr. 8. (80 S.) München 892. R. Oldenbourg, Abtlg. f. Schulbücher. n. 1. 50

Wirtschaftsgeographie mit eingehender Berücksichtigung Deutschlands von Dr. Christian Gruber, Prof. in München. Mit 12 Diagrammen u. 5 Karten. Leipzig & Berlin: B. G. Teubner 1905. (X, 235 S.) 8° [J.] [05. 11930]

Wirtschaftsgeographie mit eingehender Berücks. Deutschlands. Von Dr. Christian Gruber, Prof., München. Neu bearb. von Dr. Hans Reinlein. Mit 12 Diagr. u. 5 Karten. 2. Aufl. Leipzig & Berlin: B. G. Teubner 1908. (XII, 242 S.) 8° [J.] [08. 8499]

— dasselbe. Ausg. in 2 Tln. 8. Ebd. 908. à 1. 40
1. Deutschland einschließlich seiner Kolonien. Mit 12 Diagr. u. 5 (farb.) Karten. (V, 110 S.)
2. Die außerdeutschen Länder. (VI u. S. 111—242).

— Wirtschaftsgeographie Deutschlands, s.: Kaufmann, der deutsche.

— Wirtschaftsgeographie der wichtigsten Kulturländer, s.: Großkaufmann, der deutsche.

— u. Hans Reinlein, deutsches Wirtschaftsleben, auf geographischer Grundlage geschildert, s. a. Aus Natur u. Geisteswelt.

Gruber Ch, Deutsches Wirtschaftsleben. Auf geographischer Grundlage geschildert. (137 S 2 K) (Aus Natur und Geisteswelt 42) Leipzig 1902

Deutsches Wirtschaftsleben. Auf geogr. Grundlage geschildert von Dr. Christian Gruber. Neubearb. von Dr. Hans Reinlein. 2. Aufl. Leipzig: B. G. Teubner 1907. (VI, 123 S.) 8° [J.] — Natur, Aus, u. Geisteswelt. Bdch. 42. [07. 19064]

Gruber, E., Kein Magenkrampf mehr! Belehrung über ein neues u. verbürgtes Mittel gegen diese häufige Plage. Leipzig 864. Wilfferodt. 8. (16 S.) 6 ngr.

—— Rath und Hilfe für Alle, welche an Menstruationsstörungen (Bleichsucht), körperlicher und geistiger Erschöpfung, Hals-, Brust- und Lungenleiden rc. so wie ferner für die, welche an Kolik, Magenkrampf, Blähungen rc. leiden. Nebst Angabe eines sichern Schutzmittels gegen die Pocken. 8. (36 S.) Leipzig 864, Wilfferodt.

— die Tsa-Tsin [Chinesische Katamenienspecies] als specifisches und sicher wirkendes Mittel gegen Bleichsucht u. Menstruationsstörungen jeder Art. Leipzig 864. Matthes. 8. (24 S.) 7½ ngr.

Gruber, Eberhard Ludwig

[-] SUMMARISCHER GRÜNDLICHER ERWEISS, Daß Hrn Joachim Langens, Theol. Prof. Ordin. Auf Gutbefinden Der Sämtlichen Theologischen Facultät auff der Universität Halle herausz-gegebene Schrifft Von unmittelbaren Offenbahrungen: Und zwar erstlich ins gemein; Und dann fürnemlich von den gantz besondern Leibes-Bewegungen, auch Prophetischen Ein- und Auß-Sprachen. dieser Zeit kein wahrer, Sondern ein unzulänglicher, partheyischer und höchst-gefährlicher Unterricht sey. Zur heylsamen Prüfung und Warnung verfasset und mitgetheilet Vom Testimonio Veritatis (d.i. Eberhard Ludwig Gruber). – Im Jahr 1715. 108 S.

[-] ZWEYTER SUMMARISCHER GRÜNDLICHER ERWEISS, Daß Hrn. Joachim Langens, Prof. zu Halle, In Sachen Der gantz besondern Leibes-Bewegungen, auch Prophetischen Ein- und Auß-Sprachen, dieser Zeit, praetendirende kurtze Abfertigung Des Ersten Erweises, in einer gewissen Vorrede, abermal unzulänglich, partheyisch und höchst-gefährlich, sey. Wobey das Inspirations-Werck So wol in seiner Richtigkeit, als auch nach denen dabey verspürten Mängeln, christlich, auffrichtig und bescheidentlich, vorgestellet; Auch wegen der vorgeworffenen harten Schreibart des ersten Erweises gnugsame Erklärung gethan wird: Vom Testimonio Veritatis (d.i. Eberhard Ludwig Gruber). – o.O. u. J. [um 1715]. 70 S.

[-] NÖTHIGES UND NÜTZLICHES GESPRÄCH von der wahren und falschen Inspiration, aufgesetzt von Einem Lichts-Genossen. Zum Druck übergeben im Jahr 1716 und nun zum zweiten Male abgedruckt und Als eine Zugabe der 1. Sammlung mit beigefüget. Hos. 12,11. Matth. 16,3. 21,16. Luc. 19,40. – o.O. 1743. 170 S.

[-] JESUS LIEDER FÜR SEINE GLIEDER ... gelallet von einem der suchet wie er der ewigen Liebe gefalle [d.i. Eberhard Ludwig Gruber]. [Nebst:] Fortgesetzte Jesus-Lieder ... und weitere Jesus Lieder. – o.O. 1720–1725.

– KENNZEICHEN DER GÖTTLICHKEIT DER WAHREN INSPIRATION als eine ErLäuterunG über die Disputen und Einwürfe der Herren Professoren u.s.w. in Tübingen u.s.w., nebst einem Briefe Grubers gleichen Inhaltes. – o.O. 1725.

Gruber, Eberhard Ludwig (Hrsg.), s. Psalterspiel, Davidisches....

[-] HISTORISCHE UMSTÄNDE Zur Prüfung des Geistes Der so genannten Inspirirten und Inspiration; Ob das Werck von GOtt oder vom Satan sey? In der Furcht GOttes Auß eigener Erfahrung gesammlet, Und zu Gott-gesinnter Ueberlegung recommendiret. Matth. 23,29. – Anno 1715, Mense Febr. 50 S.

[-] KURTZE DOCH GRÜNDLICHE UNTERWEISUNG von dem inneren Wort GOttes; um der Einfältigen willen in Frag und Antwort gestellet von Einem Liebhaber desselben [d.i. Eberhard Ludwig Gruber laut R.E. 9, 204.] 1712. 28 S.

[-] – Kurtze, doch gründliche, Unterweisung von dem inneren Wort Gottes, Um der Einfältigen willen in Frag und Antwort gestellet von Einem Liebhaber desselben, und nun zum andern mal in Druck gegeben. – 1713. 89 S.

[-] – Kurtze gründliche und überzeugende Unterweisung. ... Nunmehro aber zum drittenmal gedruckt und der 2. Sammlung [d.i. Aufrichtige und wahrhaftige Extracta aus dem allgemeinen Diario der wahren Inspirations-Gemeinen, 2. Sammlung] mit beygefüget. – o.O. 1745. 100 S.

Gruber, Eberhard Ludwig (Hrsg.), s. Zeugnisse, Unterschiedliche erfahrungsvolle....

Gruber, Ed., ein Blick auf d. vereinigten Staaten Nordamerika's in geograph., statist. u. religiöser Hinsicht. gr. 16. (15¾ B.) Altenburg 837. Pierer.

Gruber, Eduard [aus Freiburg i. B.]: Über Aufbau und Entwickelung einiger Fucaceen. Stuttgart 1896. 34 S. 4°. 7 Tafeln.
Basel. Phil. Diss. 1896/97.

Über Aufbau und Entwickelung einiger Fucaceen v. Eduard Gruber. M. 7 Taf. *Stuttgart: E. Nagele 1896.* (2 Bl., 34 S., 7 Taf.) 4.
== Bibliotheca botanica. H. 38.

Gruber, Eduard: Experimentelle Untersuchungen über die Helligkeit der Farben ... (Aus: Wundt, Philos. Studien, Bd. IX Heft 3.) Leipzig, W. Engelmann, 1893; 30 S., 1 Bl. 8.
Leipzig, Phil. Fak., Inaug.-Diss. v. [15. Dez.] 1893

Gruber, Emil

Die Sparkasse zu Strassburg i. E. Festschrift zur Einweihung des neuen Verwaltungsgebäudes. Im Auftr. d. Vorst. verf. v. E. Gruber. — Strassburg: Fischbach 1905. 61 S. 4°.

Gruber, E., die Sparkassen u. das Scheckgesetz m. besond. Berücksicht. der Verhältnisse in Elsass-Lothringen. (53 S.) Lex. 8. Strassburg 909. L. Beust. 2. —

Elsass-Lothr. Sparkassen-Verband. Das Sparkassenwesen in Elsass-Lothringen (von E[mil] **Gruber**, Sparkassendir.). Entwicklung, gegenwärt. Organisation u. Reformvorschläge. Strassburg i. E.: (L. Beust) 1908. (78 S.) 8° [08. 10818

Gruber, F., s. Prophezeihung des Pater Leo.

Gruber, F. J., alphabet. Bilderhalle. Ein leicht faßl. Lesebüchlein, ausgest. m. 22 ill. Kpferbldchn., lehrr. Erklärn., gemüthl. Erzähln., Parabeln, Liedern u. Sittensprüchen 2c. f. Kinder v. 7—12 Jahr. gr. 12. (6 B.) München 838, Jaquet.

Gruber, J. F., Bildungsbuch in Erzählungen, Geschichten u. Gedichten f. die Jugend. Mit 6 (in Kpfr. gest.) u. color. Bildern. (Neue Titel-Ausg.) 12. (192 S.) Nürnberg (825) 851, Lotzbeck. 1/3 ℛ
1. Ausg. u. d. T.: Der Blumenpfad z. Tugend.

— Blumenknospen auf d. Altare deutscher Dichtkunst niedergelegt. 1s Hft. 8. München 821. Fleischmann. 12 ℊ

Gruber, F. J. U., der Blumenpfad zur Tugend, od. Bildungsbuch in neuen moral. Erzählungen, Geschichten u. leichtfaßlichen Dichtungen. Mit 6 ill. Kpf. 8. Nürnb. 825. Geh. 1 ℛ
Neue Ausg. u. d. T.: Bildungsbuch...

Gruber, (F. J.,) d. Blumenpfad z. Tugend, od. Bildungsbuch in neuen moral. Erzählungen, Geschichten u. leichtfaßl. Dichtungen. Mit 6 ill. Kpfrn. 8. Nürnb. 826. Geh.

—— Blumen-Sträußchen in Rosen, Lilien u. Veilchen. Deutschlands gebild. Töchtern u. Söhnen in d. Zueignung e. Weihnachts-, Neujahrs-, Oster-, Namens- u. Geburtstags-, dann sonst. Preis- u. Ermunterungs-Geschenkes überreicht. 8. (17½ B.) Augsburg 829, Veith u. Rieger. (Wolff.)

Gruber, F. J., Charakterzüge aus d. Lebens- u. Wirkungskreise d. Menschen u. Thiere, in sinn- u. lehrr. Fabeln entfaltet. M. 61 lith. Abbild. 8. (3½ B.) Prag, Leitmeritz u. Teplitz 838, Medau.

(——) Erzählungen u. Gedichte 2c., s. Erzählungen.

Gruber, F. J., des Kinderlebens schönster Fruchtbaum od. neuestes ABC- u. Lesebuch mit leichtfaßl. Erzähln., nützl. Aufsätzen, Sittensprüchen u. and. lehrr. Inhalt. M. 25 ill. Abbild. (Kpfrst.) 8. (6½ B.) Nürnberg, Renner u. Comp. Thlr.

— Frühlings-Blumen-Kranz f. d. zarte Jugend, in neuen gemüthl. Erzählungen, Fabeln, Parabeln 2c. Mit 6 fein color. Kupfern. gr. 12. Nürnb. 824. Geh. 1 ℛ

— neuestes kathol. Gebetbuch f. gebildete Beter. Mit Kpf. 12. Regensb. 820. Daisenberger. 10 ℊ

—— die 17 blüthenreichen Haupttugenden d. menschl. Lebens. Eine lehr- u. blumenreiche Erbauungsschrift. 2 Bdchn. 12. (8 u. 7½ B. u. à 5 ill. Kpfr.) Nürnberg (837), Renner u. Cp.

—— die fromme Herzensstimme kindl. Andacht. Neuestes Andachts- u. Erbauungs-Buch f. d. kathol. Jugend in Städten u. auf d. Lande. 8. (7 B. u. lith. Ttl. m. Vign.) Gotha 838, [Gläser.]

— Krystalle. Lehr- und unterhaltungsreiche Bildungsschrift zur Veredlung des Herzens für Kinder u. Kinderfreunde. Mit 5 ill. Kpfrn. 8. Nürnberg... Renner u. Comp. geb. 2/3 ℛ

—— Lebensgemälde in fünf u. sechzig Fabeln. M. 65 Abbild. 8. (4¼ B.) Prag, Leitmeritz u. Teplitz 838, Medau.

— Leiden- u. Todesgeschichte Jesu Christi, in gemüthl. Versen geschildert. Nebst e. Anh. gottesdienstl. Cantaten, Betrachtt. 2c. Andachts- u. Erbauungsbuch f. Katholiken. Mit 2 Kpf. u. 5 Vign. 8. Augsb. 828. 2e A. 829. Bäumer. 16 ℊ

—— Leiden- u. Todes-Geschichte Jesu Christi, in gemüthl. Versen geschildert. Nebst e. Anh. gottesdienstl. Cantaten, Betrachtn., u. neuer Morgen-, Abend- u. Schullieder. Andachts- u. Erbauungsb. f. Katholiken. (M. 2 Kpfr., 5 Vign. u. 4 v. Czerny, Schiedermayr u. A. v. Schneider in Musik gesetzten Liedern.) 1. u. 2. Aufl. (à 9 B.) 8. Augsburg 829. Bäumer. à

— u. Karoline Gruber, dramatisches Lustgärtchen für Kinder u. Kinderfreunde. 12. Erfurt 840. Hennings u. Hopf. 5/12 ℛ

—— und Caroline Gruber, dramat. Lustgärtchen f. Kinder u. Kinderfreunde. 12. (7½ B.) Erfurt 841, Hennings u. Hopf.

— der Mutter- u. d. Vater-Segen in d. Geschichte Theodosia und Wunibald, der edelsten Kinder hart geprüfter Eltern. Mit 6 ill. Kpf. 8. Nürnb. 827. Geh. 22 ℊ

—— der Mutter u. Vater Segen in d. Gesch. Theodosia u. Wunibald, d. edelsten Kinder hartgeprüfter Eltern. Zwei lehrr. Erzähln. f. Geist u. Herz. M. 6 ill. Kpfr. 8. (10½ B.) Nürnberg 828, Zeh.

— Theodosia u. Wunibald od. Mutter- u. Vater-Segen. Zwei lehrreiche Erzählgn. f. die Jugend. Neue (Titel-)Ausg. Mit 6 color. Kpfrn. 8. (162 S.) Ebd. (827) 851. ⅓ ß

— anschaulich gemachte Natur- u. Körperlehre, nebst einigen wichtigen Geschlechtsregeln. Ein unterhalt. Lese- u. faßl. Unterrichts-Buch f. d. Jugend. Mit 4 ill. Kpf. gr. 12. Nürnb. 824. Zeh. 8 gr

— Nürnberg u. Fürth in industriöser, commerzieller u. geselliger Verbindung bei der erfreulichen Gelegenheit, wo die auf Actien gegründete Ludwigs-Eisenbahn im Königr. Bayern als die erste aufging u. befahren wurde, geschildert. Mit einer getreuen bildlichen Darstellung der Eisenbahn als dreifaches Telorama u. dem Musik-Texte des National-Liedes: „heran, heran,“ rc. componirt von Kantor Köhler. 8. Nürnberg 835. Renner u. Schuster. 1 ß

— der Obelisk auf dem Carolinen-Platze zu München, oder: Bewährte Schilderung der ausgestandenen Unfälle und gewirkten Kriegsthaten des k. bayer. Armeekorps im Feldzuge 1812 wider Rußland. Nach einem geführten Tagebuche verfaßt. Mit Abbildung des Obeliskes. 8. Regensburg 834. Reitmayr. ½ ß

Gruber, Dr. F. J. Der Obelisk auf dem Karolinenplatz in München. Mit Bld. Regensburg 1834. 109 S.

—— der starke Schmiedbalthes zu Kochel, Fahnenträger u. Anführer d. wackern Hochländer bey d. bayer. Volksaufstande in d. Christnacht 1705. Abgebildet im Kirchengemälde zu Untersendling. Eine bayer. Volkslegende, aus d. in e. Kalender d. J. 1734 schriftl. niedergelegten Aufsatze, welcher d. Verf. zu Kochel mitgetheilt wurde, geschöpft. 8. (4 B.) München 832, [Jaquet.]

—— des Kinderlebens ewig grüne Segensfrucht. Lesebuch f. Kinder, mit alphabet. geordneten, aus d. Lebens- u. Wirkungskreise guter Kinder geschöpften Tugendbeispielen, lehrr. Aufsätzen rc. M. 25 ill. Abbild. 8. (6 B.) Nürnberg, Renner u. Comp.

Gruber, Dr., Sonnenblumen. Kleine Lesegabe in Bildern für die Jugend. 16. (Mit 6 Steindrücken.) Prag, Leitmeritz u. Teplitz 840. Medau. ⅓ ß

Gruber, F. J., Tegernsee. Hexametr. Landschafts- u. Charakter-Zeichnung. gr. 4. (8 B.) Regensburg 829, (Reitmayr.) 16 Gr., m. 2 Ansichten 1 Thlr., Vlnp. Thlr.

Gruber, F. J.: Theodosia u. Wunibald, s. Gruber: Der Mutter- u. Vater segen ...

Gruber, F. J. L., s. Thillaye, Darstellung.

— das goldene Tugend-Alphabet, in 24 neuen moralischen Erzählungen aus dem Fürsten- u. Familien-Leben. (Mit 6 lithograph. Abbildd.) 8. Weimar 839. (Leipz., Melzer. ⅝ ß

—— das goldene Tugend-Alphabet, in 24 neuen moral. Erzähln. aus d. Fürsten- u. Familien-Leben. Ein Lesеb. f. d. deutsche Jugend. 8. (11 B. u. 6 lith. Abbild.) Weimar 839. [Leipzig, Schreck.]

— Tugend-Gallerie in moral. Charaktergemälden, aus dem Leben frommer u. edler Jünglinge u. Mädchen, zur Belehrung u. Veredlung d. Gefühls, u. zur Beförder. häusl. Tugenden f. d. Jugend bearb. Mit 8 ill. Kpf. 8. Nürnb. 826. Zeh. 1 ß 4 gr

—— fürstliche Tugendkronen. Eine Anreihung noch unbekannter tugendhafter Handlungen aus dem segengekrönten Lebens- u. Wirkungskreise edler Regenten u. Regentinnen, rc. 8. (6⅓ B.) Erfurt 838, Henningsu. Hopf.

— Ulmenblätter. Romant. Gemälde aus alter u. neuer Zeit. Enthaltend: Die Brieftasche, Wunibald, Herbenstein u. Klotilde Jeselin. Das Priester- u. Frauengrab. 8. Münch. 827, Lindauer.

—— warum führen d. deutschen Tuch- u. Zeuchmacher Kron' u. Scepter u. d. burgund. Kreuz in ihrem Handwerks-Schilde? Eine histor. Abhandl., die Ursachen erörternd, warum dieses hochgeadelte Handwerk, welches einst e. d. blühendsten in Bayern u. überhaupt in ganz Deutschland war, hauptsächl. durch d. unersättl. Alleinhandelssucht d. Juden so herabkommen mußte. gr. 8. (4¼ B.) Augsburg 828, Bäumer.

GRUBER, Ferd. Jos., Mitglied mehrerer gelehrten Vereine, Lambert, Herzog von P**, und Adolph Graf von Schönborn. Ein fürstliches Charakter-Gemälde aus dem 17. Jahrh. Nürnberg u. Leipzig, Zeh, o. J. (1824). 8°. (1⅓ Rthl.) TKpf., 3 Bll., 286 S. Ziemlich zahm.

Gruber, Ferd. Jos., neue religiöse Lieder f. Kinder u. Kinderfreunde. 8. (50 S.) Sulzbach 851, v. Seidel. ⅙ ß

Gruber, Fr. d. jüng., s. Flora v. Hildesheim.

Gruber, Frz. Ritter v., u. Max Gruber, Anhaltspunkte f. die Verfassung neuer Bau-Ordnungen in allen die Gesundheitspflege betr. Beziehungen, s. a. Abhandlungen, wissenschaftliche, aus dem k. k. Obersten Sanitätsrathe.

v. Gruber, Franz. Anhaltspunkte für die Verfassung neuer Bau-Ordnungen in allen die Gesundheitspflege betreffenden Beziehungen. — Bericht, erstattet dem K. K. obersten Sanitätsrathe etc. Wien 1883. 8.

Gruber, Frz., Aufgaben zur Erzielung und Beförderung der nothwendigen Sprach- und Schreibfertigkeit für Schule und Haus. 1. und 2. Heft. 8. Innsbruck 870, Wagner'sche Universitäts-Buchh. *

Inhalt:
Heft 1. 92 Aufgaben enthaltend. (19 S.) * 20 Pf.
2. 162 Aufgaben enthaltend. (53 S.) * 40 Pf.

Gruber, Franz, k. k. ordentl. Prof. der Architektur am höheren Genie-Kurse und an der technischen Militär-Akademie. Beispiele (Heft 1) für die Anlage von Infanterie-Kasernen. Mit 14 Blättern. (Heft 2) Beispiel für die Anlage einer Jäger-Kaserne. Mit 4 Blättern. (Heft 3) Beispiele für die Anlage von Cavallerie-Kasernen. Mit 13 Blättern. (Heft 4) Beispiel für die Anlage einer Artillerie-Kaserne für die I., II. oder III. Batterie-Division eines Feld-Artillerie-Regimentes. Mit 4 Blättern. (Heft 5) Beispiel für die Anlage eines Truppen-Spitales. Mit 3 Blättern. Im Auftrage des k. k. Reichs-Kriegs-Ministeriums auf Grund der „Anleitung für die Anlage von neu zu erbauenden Kasernen, Maroden-Häusern und Truppen-Spitälern“ (zu Paragraph 5 des Einquartierungs-Gesetzes) ausgearbeitet. Herausgegeben vom k. k. technischen und administrativen Militär-Comité.
Fol. Wien 1880.

— Eberhard I. Erzbischof v. Salzburg. Biographische Abhandlg. gr. 8. (74 S.) Regensburg 873. Coppenrath. n. 1. 50

Eberhard II., Erzbischof von Salzburg. 1200—1246. Erster Teil. — Von Dr. Franz Gruber, Stdl. — 1878. Burghausen, ibid. — S. 3—54.
Dasselbe, zweiter Teil. — 1879, Burghausen, ibid. — S. 3—46.
Dasselbe, dritter Teil. — 1880, Burghausen, ibid. — S. 3—32.
Progr. Burghausen, K. Gymn.

Eberhard II., Erzbischof von Salzburg, 1200—1246. Vierter Teil. Von Dr. Franz Gruber, Stdl. — 1884, München, ibid. — S. 3—34.
Progr. München, Ludwigsgymnasium

— Fibel. Erstes Lesebuch für Volksschulen und für Privatunterricht. 4. verb. und verm. Aufl. gr. 8. (78 S.) Wien 874, Sallmayer und Comp. geb. *

Gruber, Frz., Fibel. Erstes Lesebuch für Volksschulen und für den Privatunterricht. 5. und 6. verb. und verm. Aufl. 8. (80 S.) Wien 876,77, [Sallmayer und Comp.] Graeser. geb. **

Gruber, F. von. Geschichte der k. k. Ingenieur- und der k. k. Genie-Akademie. Sonderabdruck aus: „Zeitschrift des österr. Ingenieur- und Architekten-Vereines." 1902, Nr. 45. 8. Wien 1902.

Gruber, Frz., der Casernen-Bau in seinem Bezuge zum Einquartirungs-Gesetze. gr. 8. (IV, 72 S. mit 3 photolithogr. Taf. und 2 Tab.) Wien 880, [Lehmann und Wentzel.] Spielhagen und Schurich. *

Gruber, Franz —. Die Kirchenmusik und ihre Hebung. Eine Abhandlung über den gegenwärtigen Zustand der Kirchenmusik und über die Mittel zu deren Hebung. Von — —. Salzburg, 1855. Duyle'sche Buchdruckerei. (29 S. 8.)

Gruber, F., neuere Krankenhäuser, s.a.Bericht über die Weltausstellung in Paris 1878.

Gruber, F. Neuere Krankenhäuser. (Weltausstellg i. Paris 1878. VII.) Wien 1879.

GRUBER, Franz (Benau): De misingitide spinali. (Titel nach der Urkunde)
27.7.1666 - Urk; F 71
Diss. Ingolst.-Landsh.-Mchn.

Gruber, Frz. Ritter v., das Rudolfiner-Haus in Wien. [Aus: „Wiener Bauindustrie-Zeitg."] gr.4. (8 S. m. 5 Taf.) Wien 895. Volkswirtschaftl. Verl. A. Dorn. n. 1. 70

Gruber, Franz Bernhard Engelbert: Denkmal unserer Freundschaft, s. Auffenberg, Benedikt von.

Gruber, Franz Xaver

Gruber, Fr. X., Philosophie des Denkens. gr. 8. (20 3/4 B.) Bern 842 [Fischer.] *

Gruber, F[ranz] X[aver], Rotovillensis: Stoicorum sententiae de moribus. Tur. typ. F. Schulthess 1837. 1 Bl., 48 S., 1 Bl. 8°.
Zürich, Phil. Diss. v. 18. März 1837.

Gruber, Friedrich, a. Kreuzenort ⟨Schlesien⟩: Beitrag zur Kasuistik der sexuellen Perversionen. Emmendingen: Druck- u. Verlags-Ges. vorm. Dölter 1907. (33 S.) 8°
Freiburg i. B., Med. Fak., Ref. Hoche, Diss. v. 1907
[Geb. 19. April 82 Kreuzenort; Wohnort: Freiburg i. B.; Staatsangeh.: Preußen; Vorbildung: Gymn. Neiße Reife O. 02; Studium: Wien 1, Berlin 8, Freiburg i. B. 1 S.; Coll. 31. Mai 07; Approb. 27. Mai 07.]

Gruber, Friedrich, ueber Complication von Ileotyphus und Tuberculose. Diss. München 1887, A. Buchholz. 8°. 19 S.

GRUBER, Friedrich: Ueber Complication von Ileotyphus und Tuberculose.- München: Wolf 1887. 19 S.
28.5.1887 - Chr 1886/87,13; Jv 1886/87,186
Diss. Ingolst.-Landsh.-Mchn.

Gruber, Georg

Gruber, Geo., kurze Abhandlung üb. die Wohlthat der freien Verwaltung d. Gemeinde-Angelegenheiten nach d. Gemeinde-Gesetze vom 17. März 1849. Mit Beantwortung der Fragen: 1. Wie können u. sollen sich die Gemeinden diese Wohlthat zu Nutzen machen? 2. Welches Benehmen haben die Gemeinden gegenüber den polit. Behörden zu beobachten? 3. Ist es wahr, daß die Auslagen der Gemeinden sich durch dieses Gesetz gesteigert haben? Mit einer weitern Hindeutung auf die bis zum Erscheinen dieses Gesetzes bestandenen Heimathrechte. 8. (51 S.) Linz 851. (Leipzig, Hübner.) n. 1/3 ℛ

Gruber, Geo., kurzgefaßte Glaubens- u. Sittenlehre. Ein Hülfsbuch f. den Confirmanden-Unterricht u. f. den abschließ. Katechismus-Unterricht in höheren Schulen. 8. (33 S.) Guben 884. König. n. — 25

GRUBER, Georg (Köfering): Synopsis morborum cutis.- Ratisbonae: Pustet 1835. 30 S.
23.12.1834 - Urk; F 61
Diss.Ingolst.-Landsh.-Mchn.

Gruber, Georg B[enno]: Über die Beziehung von Milz und Knochenmark zu einander, ein Beitrag zur Bedeutung der Milz bei Leukämie. (Leipzig: Vogel) 1908. S. 289—318. 8° [Umschlagt.] ¶ (Aus: Archiv f. exper. Pathol. u. Pharmakol. Bd 58.)
München, Med. Diss. v. 10. Dez. 1909, Ref. v. Müller
[Geb. 22. Febr. 84 München; Wohnort: München; Staatsangeh.: Bayern; Vorbildung: Luitpold-Gymn. München Reife Juli 03; Studium: München 10 S.; Coll. 10. Dez. 09; Approb. 30. Nov. 09.] [U 10. 3509

Gruber, Geo. B., Geschichtliches üb. den Alkoholismus, s.a.Schriften des „Freiland". Hft. 3. 4.

Geschichtliches über den Alkoholismus von Dr med. Georg B. Gruber. München: Reinhardt 1910. 94 S. 8°
(Schriften des 'Freiland'. H. 3/4.)

— Ueber Wesen u. Wertschätzung der Medizin zu allen Zeiten. Vortrag, geh. in der medizin. Gesellschaft „Iris" zu München. (73 S.) gr. 8. München 909. Verlag der ärztl. Rundschau. 1. 40

GRUBER, Gregor Maximilian 1739 - 1799
Abriß akademischer Vorlesungen über die synchronistische Universalhistorie zum Leitfaden seiner Zuhörer in zween Theilen herausgegeben von Gregorius Gruber ...
Erster [- Zweiter] Theil.
Wien: Trattner. 1777 [- 1780]. 8°.
Universitätsbibliothek Freiburg/Br.

— gründl. Einleitung zur systemat. Universalhistorie. 2 Thle. 8. Wien 777, 80. Trattner. 19 ℊ

— die ersten Einwohner u. glänzenden Völker Europens im ächten Alterthume. 4. Wien 773.

Gruber (a St. Ignatio) Greg. Max., († d. 22. April 1799.) Lehrsystem einer allgem. Diplomatik, vorzügl. f. Oesterr. u. Deutschland. 1r, 2r Thl. 3r Thl. unter d. T.: Lehrsystem. diplomat. Zeitkunde. Mit Kpf. gr. 8. Wien 783—84. Camesina. 3 ℛ 8 ℊ Auszug daraus, od. kurzgefaßtes Lehrsystem ꝛc. Mit 6 Kpf. gr. 8. Wien 784. 2e A. 789. Beck. 1 ℛ 12 ℊ

Gregor Grubers Lehrsystem einer allgemeinen Diplomatik vorzüglich für Oesterreich und Deutschland in zween Theile, einen theorischen und einen praktischen, zusammengefasst, und mit nöthigen Kupfern versehen. 8°.
Th. 1—2. Wien. 1783 Krauss.
Th. 3. Lehrsystem diplomatischer Zeitkunde worinn alle politischen, kirchlichen und astronomischen Urkundendatums abgehandelt worden sind. ebd. 1784.

Gruber, G. Lehrer der Diplomatik und Heraldik zu Wien. Auszug aus seinem grössern diplomatischen Lehrsysteme zum Gebrauch der öffentlichen Vorlesungen auf Lyceen und Universitäten sammt einem dazu anpassenden und alles aufklärenden Kupfer. 8. Wien 1784.

— s ... kurzgefaßtes Lehrsystem seiner diplomatischen und heraldischen Kollegien. 2. neu umgearbeitete, verm. Auflage. Wappler, Wien 1789. 1 vol. 384 S. + 6 Tafeln.

Gregor Grubers Lehrsystem diplomatischer Zeitenkunde. Wien. 1784. = desselben Lehrsystem einer allgemeinen Diplomatik. Th. 3. 8°.

— das durchl. Erzhaus Oesterreich nach seinem ganzen Umfange, universalhistor. u. systemat. vorgestellt. 4. Wien 777.

— Privatabhandl. über d. Evidenz u. d. höchsten Grad d. Gewißheit in der Diplomatik. 4. Wien 785.

— Rede über d. Diplomatik, als Brodstudium. 4. Wien 783.

GRUBER, GREGOR: Rede auf den Gedächtnistag des heiligen Stephanus, Königs in Hungarn, in der Kirche des heiligen Wolfgangs zu Wondorf ober Oedenburg im Jahre 1778 einer ansehlichen Versammlung vorgetragen. Preßburg (1778): F. A. Patzko. 19 S. - 8°

Gruber, H., General-Feldmarschall Friedrich Leopold Graf v. Geßler. Ein Lebensbild. 8. (9 S. m. 1 Bildn.) Berlin 895. E. S. Mittler & Sohn. — 40

Gruber, H. v., 600 deutsche u. englische Redensarten u. Redewendungen. Idiomatic German and English phrases. 12. (III, 87 S.) Dresden 894. C. Tittmann. Kart. n. 1. 20

Gruber, H., Repetitorium der evangelischen Religionslehre f. obere u. mittlere Klassen, sowie zur Vorbereitg. f. die Abgangsprüfg. an höh. Schulen, Lehrer- u. Lehrerinnenseminarien u. f. die höhere Lehramtsprüfg. 1. Tl.: Repetitorium der Kirchengeschichte. 8. (V, 32 S.) Leipzig 893. B. G. Teubner. n. — 40

Gruber, H. A.: Kurzgefaßte Berichte über die südbrasilianischen Kolonien mit bes Berücks. kommercieller, industrieller oder kolonisatorischer Unternehmungen — Bln: Allg. Verl.-Agentur 1885. 80 S.

Gruber, H. A., kurzgefaßte Berichte üb. die südbrasilianischen Kolonien m. besond. Berücksicht. kommercieller, industrieller od. kolonisatorischer Unternehmungen. Nach eigenen Anschaugn. u. Untersuchgn. zusammengestellt. I. gr. 8. (80 S.) Berlin 886. Allgemeine Verlags-Agentur. n. — 60

Gruber, Hans, Führer d. Salzburg, s.: Purtscheller, Ludw.

Gruber, Hans, die Goldberg(Sonnblick)-Gruppe in den Hohen Tauern. Touristischer Spezialführer. (79 S. m. 1 Karte.) kl. 8. Innsbruck 904. A. Edlinger. In Leinw. kart. n. 1. 80

— St. Wolfgang-Bad Fusch, klimatischer Höhencurort 1231 Meter üb. dem Meere (Kronland Salzburg), u. seine Umgebung. Illustr. Führer. Mit 8 Abbildgn. nach photogr. Aufnahmen v. F. Würthle & Sohn, Salzburg u. 2 Kärtchen. 12. (40 S.) Salzburg 902. H. Dieter. n. — 80

Gruber, Hans, aus Landshut: Ueber paralytische **Skoliosen** im Anschluß an spinale Kinderlähmung. *Würzburg 1902: C. J. Becker.* (17 S.) 8°
Würzburg, Med. Diss. v. 1902

— Wegweiser auf der Salzburg-Tiroler (Gisela-)Bahn,
— Wegweiser a. d. Salzkammergut-Local- u. Salzkammergut-Staatsbahn,
s.: Purtscheller, Ludw.

Gruber, Herm., S. J., s. a.: Gerber, Hildebr.

[F.] Aberglaube und Unglaube bei den Anhängern des lutherischen bezw. reformirten Bekenntnisses. Einige Glossen z. kirchen-polit. Ausschlachtg d. Vaughan-Schwindels durch d. Superintend. H. Gallwitz in Sigmaringen. Von P. Hermann **Gruber** S. J. (Umschlagt.: Von Hildebr. Gerber ...) *Berlin: Germania 1897.* (45 S.) 1 Bd 8. (97. 6338

Betrug als Ende eines Betruges. Oder: Die Kundgebung Leo Taxil's vom 19. April 1897 und der Hereinfall, bezw. die Schwindeleien, deutscher „Culturkämpfer" anlässlich derselben. Von Hildebr. Gerber [d. i.] (P[ater] Herm. Gruber S. J.) Berlin: „Germania" 1897. 116 S. 8°
Recens: Theologisch-praktische Quartalschrift. 1900 S. 146 (Nostitz-Rieneck).
cf. OF. 22 (1898) S. 37—40 (G. Schuster); S. 4 (1897) S. 85—91 (J. G. Findel).

Gruber, Herm. August Comte, d. Begründer d. Positivismus. — Der Positivismus vom Tode August Comte's bis auf unsere Tage. (1857—1891), s.a. Stimmen aus Maria-Laach. Ergänzungsheft.

Gruber, H., August Comte, der Begründer d. Positivismus. Sein Leben u. seine Lehre. [Ergänzungshefte zu den „Stimmen aus Maria-Laach". 45. Hft.] gr. 8. (VII, 144 S.) Freiburg i/Br. 889. Herder. n. 2. —

Einigungs-Bestrebungen und innere Kämpfe in der deutschen Freimaurerei seit 1866. Unter besonderer Berücksichtigung des neuestens durch Herm. Settegast entfachten Monstre-Logen-Zwistes. Von Hildebrand Gerber, [d. i.] (P[ater] Herm. Gruber. S. J.) Berlin: Germania 1898. 214, IV S. 8°
Recens: Bh. 41 (1898) S. 352 (C. Gotthold); FZ. 52 (1898) S. 327 (K. Pilz); L. 21 (1898) S. 176; HL. 31 (1898) S. 2696; Theolog.-prakt. Quartalsschrift. 1900 S. 147—149 (Nostitz-Rieneck).
cf. S. 5 (1898) S. 102—103 (J. G. Findel).

Die Freimaurerei und die öffentliche Ordnung. Nach dem Entscheid des Oberverwaltungsgerichts in Berlin vom 22. April 1893. Mit zahlreichen und wichtigen neuen Enthüllungen von Hildebrand Gerber [d. i. Herm. Gruber, S. J.]. Berlin: Germania 1893. 180, X S. 8°

[Dasselbe.] [2. Aufl.] Ebendas. 1893. 180, X S. 8°
Recens: Bh. 36 (1893) S. 344 (C. Gotthold); BstF. 2 (1893) S. 112—113; Bbl. 7 (1893) S. 432 bis 436 (A. W. Sellin); FZ. 47 (1893) S. 284 bis 285 (K. Pilz), 291—293 (J. G. Findel); HL. 26 (1893) S. 2139—2140; BrL. 11 (1893 bis 1894) S. 31; OF. 17 (1893) S. 178.
Stellt die Frmrei als die Zerstörerin der Religion u. aller staatlichen Ordnung hin u. fordert deren Unterdrückung zum Heile der Menschheit.

— Freimaurerei u. Umsturzbewegung, s.a. Broschüren, zwanglose. I.

Freimaurerei und Umsturzbewegung. Zugleich ein wichtiger Beitrag zur Zeitgeschichte und zur römischen Frage. Von Herm. Gruber S. J. Mit kirchlicher Druckgenehmigung. Warnsdorf: Opitz [1901]. 48 S. 8⁰ (Zwanglose Broschüren. 1.)

Recens: BZC. 30 (1901) S. 471—472.
Auszug aus Grubers „Mazzini, Frmrei u. Weltrevolution".

Der „giftige Kern" oder Die wahren Bestrebungen der Freimaurerei mit Rücksicht auf neuere freimaurerische Vertheidigungs-Versuche actenmäßig nachgewiesen von Hildebrand Gerber [d. i.] (P[ater] Herm. Gruber, S. J.). Th. 1. Berlin: Germania 1899. 8⁰

1. Typische Thatsachen u. Vorgänge aus d. inneren Bundesleben d. Frmrei. 313, V S.
Recens: AQC. 12 (1899) S. 99 (G. W. Speth); BstF. 8 (1899) S. 63—64; Bbl. 13 (1899) S. 234 bis 238 (G. Diercks); Theol.-prakt. Quartalsschrift. 1900 S. 149 (Nostitz-Rieneck).
cf. G. 1 (1899) Nr 5, Auszug in: FZ. 58 (1899) S. 197—198; HL. 32 (1899) S. 2773—2774 (J. Moltmann).

Gruber, Herm., Mazzini, Freimaurerei und Weltrevolution. Eine Studie zum 30. Jahrestage der Einnahme Roms und zur Jahrhundertwende. gr. 8⁰. Regensburg, Verl.-Anst. vorm. G. J. Manz, 1900.

Mazzini, Freimaurerei und Weltrevolution. Eine Studie zum dreissigsten Jahrestage der Einnahme Roms und zur Jahrhundertwende allen Freunden der öffentlichen Ordnung gewidmet von Herm. Gruber S. J. Regensburg: Manz 1901. 288 S. 8⁰
Recens: BZC. 30 (1901) S. 25—26.
cf. Bbl. 14 (1900) S. 571—576 (G. Diercks); S. 8 (1901) S. 6—7 (J. G. Findel); Histor.-polit. Blätter f. d. kathol. Deutschland. 127 (1901) S. 538—540 (v. Mentzingen). 25.

Der Odd-Fellow-Orden und das Dekret der Congregation der Inquisition vom 20. Aug. 1894 von Hildebrand Gerber [d. i. Herm. Gruber]. Berlin: Germania 1896. 79 S. 8⁰. 1.

Leo Taxil's [d. i. Gabr. Jogand-Pagès] Palladismus-Roman. Oder: Die „Enthüllungen" „Bataille's", [Domenico] Margiotta's und „Miss [Diana] Vaughans" über Freimaurerei und Satanismus kritisch beleuchtet von Hildebrand Gerber [d. i. P[ater] H[erm.] Gruber S. J.]. Th. 1—3. Berlin: Germania 1897. 8⁰

1. Einl. Bataille der Diable au XIXe siècle und die Revue mensuelle. 180 S. [Dasselbe.] 2. Aufl. 180 S.
2. Domenico Margiotta und seine „Enthüllungen" über „Palladismus" u. Frmrei. 268 S.
3. Der „Diana-Vaughan"-Schwindel. 308, XII S.

[Umschlagtit. z. Th. 3.] 1898.
Recens: L. 20 (1897) S. 80; Theolog.-prakt. Quartalsschr. 1900 S. 145 (Nostitz-Rieneck).
cf. f. T. 1. S. 4 (1897) S. 43—44 (J. G. Findel); OF. 22 (1898) S. 37—40 (G. Schuster).

Gruber, Herm., der Positivismus vom Tode August Comte's bis auf unsere Tage (1857—1891), s. a. Stimmen aus Maria-Laach. Ergänzungshft.

— Der Positivismus vom Tode August Comte's bis auf unsere Tage, 1857—1891. (Stimmen aus Maria Laach, Ergänzungsheft 52.) gr. 8⁰. Freiburg i. Br., Herder, 1891.

„Schwindler und Beschwindelte", oder: Bilder aus der inneren Geschichte der Freimaurerei von Hildebrand Gerber [d. i. Herm. Gruber]. Berlin: Germania [1892]. 76 S. 8⁰ (Katholische Flugschriften zur Wehr und Lehr. 27.)

[Dasselbe.] 2. Aufl. Ebendas. [1892]. 76 S. 8⁰

[Dasselbe.] [3. Aufl.] Ebendas. [1892]. 76 S. 8⁰

[Dasselbe.] [4. Aufl.] Ebendas. [1892]. 76 S. 8⁰
Recens: OF. 17 (1893) S. 178.
cf. S. 4 (1897) S. 4—5 (J. G. Findel).

Gruber, Hermann, a. Geithain: Über einige neue Substitutionsprodukte des Bittermandelölgrüns. Weida i. Thür. 1905: Thomas & Hubert. (47 S.) 8°
Leipzig, Phil. Fak., Ref. Beckmann u. Ostwald, Diss. v. 23. Febr. 1905
[Geb. 26. Nov. 76 Geithain; Wohnort: Geithain; Staatsangeh.: Sachsen; Vorbildung: Realgymn. Leipzig Reife O. 97; Studium: Leipzig 14 S.; Rig. 10. Febr. 05.]

— die ungerechte Verfolgung der kathol. Ordensgenossenschaften in Frankreich. gr. 8. (45 S.) Leutkirch 902. J. Bernklau. n. — 50

Gruber, Herm., die Zustände der Gegenwart. Rede an die deutsche Nation aus Anlaß der 50jährigen Gedenkfeier der Völkerschlacht bei Leipzig. Geithain 863. (Leipzig, O. Voigt.) gr. 8. (15 S.) n. 2 ngr.

Gruber, Hugo: Über die Anatomie des Holzes von Pinus Larix, Picea excelsa und Pinus silvestris. Bartenstein, gedr. bei Gebr. Kraemer, 1890; 31 S. 4⁰
Bartenstein, k. G, OP 1890

Gruber, (Maximil. Car.) Hugo: De dysenteria. Berolini (1849). (28 S.) 8⁰
Berlin, Med. Diss. v. 24. Dez. 1849

[F.] Rationelle Erziehung der Töchter unserer heutigen Gesellschaft. Von Oberl. Dr. Hugo Gruber. *Berlin: H. Steinitz (1897).* (47 S.) 1 Bd 8. [97. 5030

Gruber, Hugo: Rationelle Erziehung der Töchter unserer heutigen Gesellschaft. — Berlin: Steinitz 1898. 47 S. 8°

— Ruths Erziehung. 2. Aufl. v. „Unserer Ruth Lernjahre". (X, 288 S.) 8. München 910. R. Oldenbourg. Geb. in Leinw. 4.—

Gruber, Hugo, Erziehungs- u. Unterrichtslehre f. Lyzeen (höh. Lehrerinnenseminare, Lehrerinnenseminare u. Frauenschulen). Gemäß den Bestimmgn. üb. die Neuordng. des höheren Mädchenschulwesens vom 18. VIII. u. 12. XII. 1908. 1. u. 2. Bd. 8. Leipzig, G. Freytag. Geb. in Leinw. 10.40

1. (352 S.) 910. Geb. in Leinw. 3. 80
2. (646 S. m. 19 Abbildgn.) 911. Geb. in Leinw. 6. 60

Gruber, Hugo [aus Posen]: Zu dem mittelenglischen Dialog 'Ipotis'. I. Zwei bisher ungedruckte Texte. II. Untersuchung über das Handschriften-Verhältnis .... Berlin, Druck v. G. Bernstein, 1887; 35 + 1 S. 8°.
Berlin, Phil. Fak., Inaug.-Diss. v. 16. Apr. 1887.

Gruber, Hugo, zu dem mittelenglichen Dialog „Ipotis." I. Zwei bisher ungedruckte Texte. II. Untersuchung über das Handschriften-Verhältniss. Diss. Berlin 1887, Mayer & Müller. 8°. 85 S.

Gruber, Hugo, zu dem mittelenglischen Dialog „Ipotis". Inaugural-Dissertation. gr. 8. (35 S.) Berlin 887. (Halle, Niemeyer.) *

Pädagogische Irrtümer in Schule und Haus. Von Dr. Hugo Gruber, Dir. zu Wilmersdorf. *Essen: G. D. Baedeker 1900.* (72 S.) 8° [F.] [00. 5363

Gruber, E. Hugo, Theodor Körner in Dichtg. u. Wahrheit, s.a. Sammlung gemeinverständl. wissenschaftl. Vorträge.

Gruber H, Theodor Körner in Dichtung und Wahrheit. (36 S) (Sammlung gemeinverständl. wissenschaftl. Vortrage N F 223) Hamburg 1895

— Methodischer Lehrgang der englischen, bezw. französischen Sprache, s.: Dubislav, Geo.

— Unserer Ruth Lernjahre. Beitrag z. Erziehung d. weibl. Jugend. — München u. Berlin: Oldenbourg 1902. IX, 297 S. 8°

Gruber, Hugo: Methode Rustin. Engliche Selbstunterrichtsbriefe ... Hrsg. vom Rustinschen Lehrinstitut ... Lfg. 1. Potsdam & Leipzig: Bonnesss & Hachfeld [1902]. 4° (8)
= Selbst-Unterrichts-Briefe. [4.] Lfg 1.

Gruber, Hugo, s.: Unterricht, der.

— Was fangen wir mit unsern ledigen Töchtern an? Welche Aussichten bieten ihnen die verschiedenen Berufsthätigkeiten f. d. Lebensunterhalt? — Berlin: Steinitz 1895. 50 S. 8°

Gruber, Hugo, welche Aussichten bieten die akademischen Berufe? 8. (83 S.) Berlin (899). H. Steinitz. n. 1.—

[F.] Wie lernt man eine moderne fremde Sprache? Von Dr. Hugo Gruber ... *Berlin: H. Steinitz (1898).* (96 S.) 1 Bd 8. [98. 6097

— wie lernt man e. moderne fremde Sprache? 2. Aufl. gr. 8. (96 S.) Ebd. 899. n. 1.—

Zeitiges und Streitiges. Briefe e. Schulmannes an e. Mutter. Von Dr. Hugo Gruber, Dir. zu Wilmersdorf. Leipzig: Dürr 1909. (167 S.) 8° [F.] [08. 13030

Gruber, J., Betrachtungen über Gott, seine Eigenschaften u. mein Verhältniß zu ihm. Ein Andachtsbüchlein für nachdenkende Christen zum Gebrauche in u. außer der Kirche. Zell 866. Salzburg, Glonner. 16. (XI, 179 S.) n. 10 ngr.

Gruber J.: Das Rechnen mit unvollständigen Decimalbrüchen. 28. Laibach R. 76.
Progr.

Gruber, J., Tabelle zur Bestimmung der in Deutschland wild wachsenden Holzgewächse [Bäume u. Sträucher], s.: Frank, A.

Gruber, J. C., Der wohlgelegte Endstein. Zeitz 1754. 4.

Die heilige Nacht. Ein Weihnachtsspiel mit Musik in 1 Aufzug, nach Fragmenten e. uralten oberbayer. Krippenspiels gedichtet u. komp. von Jakob Gruber. Op. 51. Düsseldorf: L. Schwann [1904]. (27 S.) 8° [F.] [05. 1403

Gruber, Ignaz

Gruber, Ign., statistische Beiträge zur Frage der Währung der österreichisch-ungarischen Monarchie. 1. Hft. gr. 8. (III, 40 S. m. 2 lith. Taf.) Jena 890. Fischer. n. 2.—

Gruber, J. Bericht, betreffend eine Statistik der internationalen Zahlungsbilanz. (International Statistical Institute.) London 1905.

Gruber, nationales od. internationales Geld? Die Quintessenz der Währungsfrage. gr. 8. (131 S.) Wien 892. (Lesk & Schwidernoch.) n. 1 —

Gruber, Ignaz, die österreichische Gesetzgebung über Münze, Papiergeld und Geldzahlungen. Mit Berücksicht. der bezügl. ungar. Gesetz-Artikel. (Abgeschlossen Ende December 1885.) kl. 8. (VIII, 149 S.) Wien 886, Manz'sche Hof-Verlagsb. *
A. u. d. T.: Manz'sche Gesetz-Ausgabe Nr. 27.

— die Haushaltung der arbeitenden Klassen, s. Studien, staatswissenschaftliche.

Gruber, J., Die Haushaltung d. arbeitenden Klassen. (178 S.) Jena 1887. G. Fischer.

Gruber, Ignaz (Hrsg.):

s.: Jacquin, Joseph (Franz) Freiherr von: Grundzüge der allgemeinen und medicinischen Chemie. Bd 1 - 2. Wien: 1836

Gruber, Ignaz: Neuere Stimmen aus der Levante über die Pest des Orients, gesammelt für die K.K.Gesellschaft der Ärzte in Wien. 42 S., gbd.

Wien: typ.PP.Mechitaristen 1839

Gruber, Ign., System der Rechnungswissenschaft. gr. 8. (IV, 219 u. VIII S.) Wien 892. Selbstverl. d. Verf. n. 6.—

GRUBER, IGNAZ.
Ueben den Zustand der neueren organischen Chemie in ihrer Anwendung auf Agricultur vor dem Jahre 1840. Wien, 1840. 8vo.

Gruber, Johann

Gruber, Joh., die gewerbliche Buchführung. 2 Übungshefte dazu. 4. Wien 885, Graeser. [1. Heft. (24 S.) 24 Pf.; 2. Heft. (32 S.) * 30 Pf.] *

—— Die gewerbliche Buchführung. Übungsheft. 2 Hefte. 4. Wien 892, Graeser. [1. Heft. (24 S.) * — 24; 2. Heft. (32 S.) * — 30.] * — 54

— u. Karl Wallantschek, die gewerbliche Buchführung. Übungshefte. 1. u. 2. Heft. Lex.-8. Wien (905). F. Deuticke. n. — 80
1. (Zum Beispiele: Der Kleinbetrieb.) (24 S.) n. — 30
2. (Zum Beispiele: Der Mittelbetrieb.) (56 S.) n. — 50

Gruber, Joh., die gewerbl. Buchführung. Übungshefte. 1. u. 2. Heft. gr. 8. Wien 906. F. Deuticke. n. — 54
1. (Zum prakt. Beispiel Nr. 1.) (24 S.) n. — 24
2. (Zum prakt. Beispiel Nr. 2.) (32 S.) n. — 30

Gruber, Johann (Hrsg.), s. Buchführung, Die gewerbl., und das Wichtigste aus der Wechselkunde.

Gruber, Johann, Die gewerbl. Buchführung u. d. Wichtigste aus d. Wechselkunde. Ein Leitfaden f. d. Unterricht an gewerbl. Fortbildungsschulen, zugl. Handbuch f. Gewerbetreibende. (Lehrtexte f. d. österr. gewerbl. Fortbildungsschulen, III.) 8. (182 S.) Wien. Carl Graeser. cart. 32 kr. 1885.

Gruber, Joh., u. Wallantschek, die gewerbliche Buchführung u. das Wichtigste aus der Wechselkunde, f. d. Lehrtexte f. die österreich. gewerblichen Fortbildungsschulen.

Gruber Johann, Die gewerbliche Buchführung und das Wichtigste aus der Wechselkunde. Ein Leitfaden für den Unterricht an Werkmeisterschulen, Fachschulen, gewerblichen Fortbildungsschulen und Handwerkerschulen, zugleich Hilfsbuch für Gewerbetreibende. Auf Veranlassung und mit Unterstützung des Ministeriums für Kultus und Unterricht herausgegeben. Vollständig umgearbeitet von Karl Wallantschek. 4. Auflage. Wien 1904. Karl Graeser & Kie. Preis, kartoniert 80 h.

Gruber Johann und Wallantschek Karl, Die gewerbliche Buchführung und das Wichtigste aus der Wechselkunde. Ein Leitfaden für den Unterricht an Werkmeisterschulen, Fachschulen, gewerblichen Fortbildungsschulen und Handwerkerschulen, zugleich Hilfsbuch für Gewerbetreibende. Auf Veranlassung und mit Unterstützung des k. k. Ministeriums für Kultus und Unterricht herausgegeben. 5. Auflage. Wien 1907. Franz Deuticke. Kart. K 1.—.

Gruber, J. und Wallantschek, K., Die gewerbliche Buchführung und das Wichtigste aus der Wechselkunde. 6. Aufl. Gr.-8°. (168 S.) kart. K 1.—
Wien: Deuticke 1910.

Gruber, Joh., die einfache u. doppelte Buchhaltung. Lehrbuch f. Handelslehranstalten. gr. 8. (VII, 288 S.) Wien 886. Manz. geb. n. 4.—

Gruber, Johann, u. Karl Wallantschek
— — La contabilità delle industrie minori con cenni di diritto cambiario e dello chèque, s.: Libri di testo per le scuole industriali di perfezionamento. III.

— contabilità per le piccole industrie etc., s.: Libri di testo per le scuole industriali di perfezionamento austriachi.

Gruber, Johs., das göttliche Drama. gr. 16. (44 S.) Paderborn 896. F. Schöningh. Kart. m. Goldschn. n. — 80

Gruber, Johs. v., lateinische Grammatik für die oberen Gymnasialklassen. gr. 8. (LXXVI und 288 S.) Stralsund 851, Löffler'sche Buchh.

Gruber, Johs. v., lateinische Grammatik für Gymnasien und Realschulen. 2. Aufl. gr. 8. (LXXVI und 289 S.) Stralsund 861, Hingst.

Gruber, Johs. v., lateinische Grammatik für Gymnasien u. Realschulen. 1. Thl.: Formenlehre. 4. Aufl. Stralsund 868. Hingst Nachf. gr. 8. (VIII, 124 S.) n. 12½ ngr.

— — 2. Thl.: Syntax. 2. Aufl. Ebend. 870. gr. 8. (184 S.) n. 1 ₰

Gruber, Johs. v., lateinische Grammatik f. Gymnasien u. Realschulen. 1. Thl. Formenlehre. 5. Aufl. gr. 8. (VIII, 125 S.) Leipzig 874. Teubner. 1. 50

Gruber, Johs. v., Grundriß e. histor. Geographie, f. Gymnasien entworfen. gr. 8. (11½ B.) Stralsund 838, Löffler'sche Bh.

von Gruber, Johannes: Grundriss einer historischen Geographie für Gymnasien. Stralsund 1838. X. 146. XXVII S. 8°.

Gruber, Joh., Kneipps Heilerfolge auf brieflichem Wege. 100 wicht. Krankengeschichten. Mit e. Prolog v. Kneipp. 8. (XVI, 176 S. m. Bildnis.) Brixen 892. Buchh. d. kath.-polit. Preßvereins. n. 1. —

Gruber, Johann, u. Karl Wallantschek
— — Lehrbuch der gewerblichen Buchführung. Ergänzungshefte, hrsg. v. Karl Wallantschek. I—IV u. Formular-Mappe zu IV. 8. Wien, F. Deuticke. n. 5. 10
I. Die Buchhaltung des Tischlers. Von Karl Wallantschek. (91 S.) 905. n. — 80
II. Die Buchhaltung des Buchdruckers. Von Eug. Schlgut. (III, 82 S.) 906. n. — 80
III. Die Buchhaltung des Herrenschneiders. Von Karl Wallantschek u. Wilh. Neckam. (III, 77 S.) 906. n. — 80
IV. Die Buchhaltung des Gastwirtes. Von Adf. Fr. Heß. (113 S.) 906. n. 1. 20: Formularien-Mappe dazu n. 1. 50

— — Lehrbuch der gewerblichen Buchführg. Ergänzungshefte, hrsg. v. Karl Wallantschek. V—X. 8. Wien, F. Deuticke. 6. 80
Heine, Wilh., die Buchhaltung des Mechanikers. (II, 106 S.) 909. (VII.) 1. —
— Die Buchhaltung des Schlossers. (III, 108 S.) 909. (VI.) 1. —
Petsche, Matthias, die Buchhaltung des Zimmermanns. (II, 118 S. m. 3 Fig. u. 10 Taf.) 910. (IX.) 1. 50
— u. Hans Wolfsgruber, die Buchhaltung des Maurers. (II, 118 S. m. 2 Fig. u. 16 Taf.) 910. (X.) 1. 50
Wallantschek, Karl, u. Rob. Knösel, die Buchhaltung des Schuhmachers. (III, 55 S.) 909. (VIII.) — 60
— u. Wilh. Neckam, die Buchhaltung des Damenschneiders. (III, 84 S.) 907. (V.) 1. —

— Leitfaden der einfachen u. doppelten Buchhaltung. Zum Gebrauche an einklass. Handelsschulen u. kaufmänn. Fortbildungsschulen. gr. 8. (176 S.) Wien 887. Graeser. geb. n. 2. —

GRUBER, Johann
Leitfaden der einfachen und doppelten Buchhaltung. Zum Gebrauche an zweiclassigen Handelsschulen. Von Johann Gruber. 2., verbesserte Auflage. Mit Erlass des hohen k. k. Ministeriums für Cultus und Unterricht vom 2. September 1901, Z. 25.565, zum Unterrichtsgebrauche an zweiclassigen Handelsschulen allgemein zulässig erklärt. Wien. 1901. Manz. Gr.-8°. 276 S. Geb. K 3.20

— Leitfaden der einfachen u. doppelten Buchhaltung. Zum Gebrauche an zweiklass. Handelsschulen. 3. Aufl. (276 S.) 8. Wien 905. Manz. Geb. in Leinw. n. 3. 20

— quaderno per esercizi pratici di contabilità per le piccole industrie, traduzione E. Buchta. I. e II. 4. Ebd. 887. n. — 54
I. (24 S.) n. — 24. — II. (36 S.) n. — 30.

— Quaestio de tempore atque serie epistolar. Ciceronis. 4. (5½ B.) Sundiae 836, libr. Loeffler.

Gruber, J. v., De tempore atque serie epistolarum Ciceronis. Pr. 1836. VI, 38 S. 4°.

Gruber, Joh.v.: De diversa a Romanis nostra ratione utendi Nominibus, Verbis, Particulis. 10 S. – Stralsund, Progr. 1854.

de Gruber, Joh. Novam Latini Lexici instituendi rationem addito specimine proposuit. 12 S.
Stralsund, Progr. 1843

Gruber, Johs. v., die Samniterkriege nach Livius. Lateinisches Lesebuch mit Wörterbuch u. (lith.) Karte (in 4.). Stralsund 853. Löffler. (Hingst.) gr. 8. (VIII, 56, 28 S.) 9 ngl

de Gruber, J. Novae Suetonii editionis specim. (Caes. c. 4—6.) 20 S. . . . .

Progr. Stralsund 1837

Gruber: Ueber die veränderte Stellung und Bedeutung des lateinischen Unterrichts auf Gymnasien. 10 S. – Stralsund, Progr. 1864.

v. Gruber, Jh., s. *Tacitus*, Germania.

— Uebungsbuch für den Elementarkursus der lateinischen Formenlehre. 1. Abthl. gr. 8. (IX, 85 S.) Stralsund 868, Hingst Nachf. *

v. Gruber, Johannes, Uebungsbuch zum Uebersetzen aus dem Deutschen in das Lateinische für Tertia, in zusammenhängenden Stücken nach der Folge der syntaktischen Regeln in Zumpts Grammatik. 8. Stralsund 835. Löffler. 5/12 ℛ

— Uebungsbuch zum Uebersetzen aus dem Deutschen in das Lateinische f. Tertia in zusammenhängenden Stücken nach der Folge der syntakt. Regeln in Zumpts Grammatik. 2. Aufl. m. vermehrter Phraseologie. 8. (X u. 173 S.) Ebd. 849. 5/12 ℛ

— Uebungsbuch zum Uebersetzen aus dem Deutschen in das Lateinische für Tertia in zusammenhängenden Stücken nach der Folge der syntakt. Regeln in Zumpts Grammatik. 3. verm. Aufl. Ebend. 855. 8. (X, 148 S.) 12½ ngl

— Uebungsbuch zum Uebersetzen aus dem Deutschen in das Lateinische für Tertia in zusammenhängenden Stücken nach der Folge der syntaktischen Regeln in Zumpts Grammatik. 4. verb. Aufl. Ebend. 860. gr. 8. (VIII, 148 S.) 12½ ngr

— Uebungsbuch zum Uebersetzen aus dem Deutschen in das Lateinische für Tertia in zusammenhängenden Stücken nach der Folge der syntakt. Regeln in Zumpts Grammatik. 5. verb. Aufl. Ebend. 866. gr. 8. (XII, 156 S.) 12½ ngr

Gruber, Johs. v., Uebungsbuch zum Uebersetzen aus dem Deutschen in das Lateinische für Tertia in zusammenhängenden Stücken nach der Folge der syntaktischen Regeln in Zumpt's Grammatik. 6., unveränd. Aufl. 8. (XII, 156 S.) Stralsund 878. Hingst Nachf. 1. 25

Gruber, Johs. v., Übungsbuch zum Übersetzen aus dem Deutschen in das Lateinische für Tertia in zusammenhängenden Stücken. 8. eingehend umgearb. und 9. unveränd. Aufl., besorgt von Kromayer. 8. (VI, 157 S.) Stralsund 886,88, Hingst Nachf. geb. *

Gruber, Joh., u. Wallantschek, Übungsformulare z. gewerbl. Buchführung. I u. II. Wien, F. Deuticke. 1. 48
I. Zum Beispiele: Der Kleinbetrieb. (4 Hefte à 7 S.) 31,5 × 24,5 cm. (908). — 48
II. (Zum Beispiele: Der Mittelbetrieb.) 8 Hefte. 11, 16, 11, 11, 7, 11, 7 u. 11 S.) 30,5 × 23,5 cm. (909.) 1. —

— — dasselbe. Ausg. B. 4 Hefte. (11, 15, 19 u. 16 S.) 32 × 24,5 cm. Ebd. (909). In Mappe — 80

[Gruber, Johannes v.] Verzeichniss sämmtlicher Abhandlungen in den auf preussischen Gymnasien erschienenen Programmen von 1825—1837, nach dem Inhalte wissenschaftlich geordnet. Berlin 1840. Verlag von Wilhelm Logier. Progr.

Gruber, Johann. Einfältige Warnungs- und Wächter-Stimme an die gerufene Seelen dieser Zeit. Germantown: Saur, 1741. HSP

— Ein Zeignis eines Betrübten, der seine Klage ausschüttet über die unzeitige, eigenmächtige, übereilte Zusammen-Berufung und Sammlung verschiedener Partheyen und erweckten Seelen, so unter dem Namen Immanuels vorgegeben wird. Germantown: Saur, 1742. HSP

Gruber, Johann Chr.

Gruber, Jh. Chr., (d. 17. März 1810.), s. W. F. R. Lauhn, nutzbarer Gebrauch.

Gruber, Johann Daniel

Gruber, Jo. Dan. (Praes.), s. Culemann, Rud.: De Judaeo milite.

— — u. (Respond.) **Sigismund Theophil Hempel** (Winzig/Schles.), De cultura historiae universalis. Exercit. acad. Halle (Chn. Henckel) Sept. 1714. 24 S. (6.—) 11903

— — Differentias juris Romani & Germanici in re militari. Diss. jur. Präs. Jo. Peter v. Ludewig. Halle Okt. 1721 (Hendel) 1740. 28 Seiten. (6.—) 11904

Gruber, Joh. Daniel [Präs.] u. Joh. Conr. Maria Jos. Heeser (Wetzlar) [Auct. et Resp.]
Dissertatio juris publici auspicalis de magnitudine Moguntiae speciatimque de primatu Moguntino.
Giessae 1726. 128 S. 4°

Gruber, Johann Daniel, s. Fleury, Cl.: Institutiones juris eccles.

— **Johann Daniel** (Ipsheim/Frk.), Germania princeps postcarolingica sub Conrado I. orientalium Francorum rege. Präs. Johann Peter Ludewig. Halle (Zeitler) Sept. 1710. 62 S. (6.50) 11902

— origines Livoniae sacrae et civilis s. chronicon etc. fol. Halae, Waisenh. 710.

— commercii epistolici Leibnitiani Tmi. prodr. p. I. et II. 8. Hannov. Schmidt. 745.

— — Tabulae clientelares, quibus Philippus II. Hispaniarum rex Cosmo I. Florentiae duci anno christian. 1557 civitatem Senensem cum universo Senensi dominio concessit in feudum ligium e codice illius aevi mscto. Halle (Joh. Fried. Krottendorff) 1722. 16 S. (5.50) 11905

Gruber, Johann Daniel [Präs.] u. Jo. Conr. Joseph Maria Heeser (Wetzlar) [Resp.]
Theses de jure vitae et necis in liberos, ad § 2. I. de patr. potest.
Gissae Aug. 1726: Vulpius. 24 S. 4°
pro summis in utroque jure honoribus rite capessendis

Zeit- und Geschicht-Beschreibung der Stadt Göttingen .... (von *Joh. Daniel Gruber*). Hannover u. Göttingen 1734—38.
Anon.-Lex. IV. p. 428. (Eigenbericht.)

Gruber, Johann Georg — Gemüthliche Aufsätze zur Erheiterung und Belehrung. Gmunden, 1856. Druck und Verlag von Johann Habacher. (79 S. 8.)

Gruber, Johann Georg — Mögliche Hypotheken-Banken in den verschiedenen Kronländern des Kaiserthums Oesterreich zur Wiederbelebung des bäuerlichen und gewerblichen Besitzes. Ideen hierüber von — —. Gmunden, 1856. Druck und Verlag von Johann Habacher. (16 S. 8.)

Gruber, Johann Gottfried s.a. G r i m m , Adolf (Pseud.).

Gruber, Johann Gottfried, s. A c t e n s t ü c k e d. Fichteschen Atheismus.

Gruber, Jh. Gf., poet. Anthologie d. Deutschen, f. Frauenzimmer. 2 Bde. gr. 8. Rudolst. 808, 9. Hof-, Buch- u. Kunsthdl. (à 2 ß 12 gl) 5 ß

— Vater Berthold u. seine Kinder, od. ABC d. Sittlichkeit ꝛc. Taschenbuch f. d. Jugend. Mit 8 Kpf. 8. Leipz. 803. (Brockhaus). 1 ß 12 gl ill. 2 ß

— Vater Berthold u. s. Kinder od. ABC d. Sittlichk. ꝛc. Taschenb. f. d. Jug. m. K. 8. Leipz. Gleditsch. 803. illum.

J. Gf. **Gruber's** Taschenb. f. d. gebild. Jug.; Vater Berthold u. se. Kinder, od. ABC d. Sittlichkeit u. Weish. *Lpz.*, Richter. 803. 8° 1 ß 20 gl

— Beschreibung von Island. Mit ill. Kpf. gr. 4. Leipz. 805. Schiegg. (Cnobloch). 16 gl

Gruber, Johann Gottfried, s. B e s t i m m u n g d. Menschen.

J. Gf. **Gruber** üb. d. Bestimmung d. Menschen; f. das gebildete Publicum. *Zür.* u. *Lpz.*, Schiegg. 800. 2 Thle. 8° 2 ß 8 gl Neue wohlf. A. 809. 8° 1 ß 16 gl

— über d. Bestimmung d. Menschen, f. d. gebildete Publikum. 2 Thle. 8. Zürich u. Leipz. 800. N. A. 809. (Cnobloch). 1 ß 16 gl

— über die Bestimmung des Menschen, für das gebildete Publikum. 2 Thle. 8. Leipzig, Schiegg. 809.

– s. B i l d e r b u c h , geograph.-naturhistorisches.

– s. B l u m e n b a c h , J. F.: Kleine Schriften.

Gruber, Johann Gottfried (Übers.):

s.: Blumenbach, Joh(ann) Friedr(ich): Über die natürlichen Verschiedenheiten im Menschengeschlechte. (De generis humani varietate nativa liber. Editio tertia. Dt.) Leipzig: 1798

— Charakteristik Herders, s. J. Tr. L. Danz.

Gruber, J.G. (Hrsg.), s. C h a r i s.

– s. D u m a s , K. L.: Physiologie.

– s. E i n l e i t u n g in d. Moral.

Gruber, J. G., und J. S. Ersch, allgemeine Encyklopädie der Wissenschaften und Künste, s. E n c y k l o p ä d i e, allgemeine, der Wissenschaften und Künste.

— Encyklopädie d. Alterthümer Griechenlands, Etruriens und Roms. 1s, 2s Hft. mit 5 Kpft. 4. Leipz. 801. Baumgärtner. 1 ß 10 gl

Gruber, J. G., Encyklopädie d. röm. u. griech. A l t e r t h ü m e r. 1s u. 2s Heft. 4. Leipzig, Baumgärtner. (1s 18 gr. 2s 16 gr.)

— etwas über Franz von Sonnenberg's Leben u. Charakter. gr. 8. Halle 807. Hofbuchhandl. in Rudolst. 12 gl

– s. F e n e l o n ' s Lebensbeschreibung.

– s. F r a n k , J. P.: Über Kindererziehung.

– s. F r e v i l l e : Geschichte ber. Hunde.

— Friede m. Frankr. 8. Leipz. Höfer. 797.

— Friede mit Frankreich. 8. Leipz. ... 2e A. 797. Höfer. 4 gl

— Geist u. Geschichte d. Religion, ein Lehrbuch. 8. Riga 806. Hartknoch in Leipz. 16 gl

— Geschichte des menschl. Geschlechts. 2 Bde. 8. Riga 806, 7. Hartknoch in Leipz. 2 ß 20 gl

— Grönland u. Spitzbergen, s. Bilderbuch, geograph.-naturhistorisches.

— Grönland u. Spitzbergen ꝛc. 4 Thl. m. K. u. Karten. 4. Leipz. Schlegg. (a. Vollmer in Hamb.) 803.

Gruber, Johann Gottfried: Aus der G r u b e , s. A m o r und Hymen.

Gruber, Jh. Gf., erste Gründe des moral. u. religiösen Unterrichts f. d. Jugend. 8. Leipz. 800. Junius. 4 gl

– s. H e l m u t h , H.: Himmelsrose.

– s. H e y d e n r e i c h , K. H.: Betrachtungen.

— — Hofkabale und Mädchenlist. Weißenfels u. Leipzig, b. Friedr. Severin. 1794. 8°. (2 Mk. 50 Pfg. H. Lesser, Breslau, c. 1875.)
Pikanter u. leichtfertiger Roman, L. F. Bretzner gewidmet. — XVI (incl. Tit. m. Vign.) u. 302 S.

Gruber, Jh. Gf., Hofkabale u. Mädchenlist. 8. Leipz. 794. Feinb. 20 Gr.

– s. Hölle, Die, auf Erden.

— die Hölle auf Erden, od. Geschichte d. Familie Fredini. Ein Gegenst. zu Salzmann's Himmel auf Erden. 8. Leipz. 800. Kummer. 1 Rthlr.

GRUBER, Joh. Gottfr. (geb. 29. Novbr. 1774), Die Hölle auf Erden in der Geschichte der Familie Fredini. Gegen Salzmanns Himmel auf Erden. Leipzig (o. Adresse) 1802. 8°. (2 Mk. 50 Pfg. Max Weg, Lpz., 1909.)
VIII u. 264 S. Selten!

– s. Hunter, W.: Reisen.

– s. Jacobs, A.; Leben Niemeyers.

— Jesus u. Sokrates, od. die Anweis. zu einem glückl. Leben in dieser, u. d. Hoffnung e. seel. in jener Welt. 8. Leipz. 796.

— — (Prorector), Index scholarum in univers. litt. Frideric. Hal. c. Viteb. p. hiemem 1840/41. Halle (Hendel) VII, 12 S. (3.50) 11908

— Island s. Island.

— Judith. Geschichte der Urwelt. Weißenfels u. Leipzig, Severin, 1795. 8°. (1 Rthl.)
Koberstein, 5te Aufl. IV. p. 234, Anmerk. 42. — Kayser hat d. J. „1796".

— Katechisationen über d. gesammte Moral u. Religion. 1r Bd. 8. Leipz. 801. N. A. 808. (Cnobloch). 20 Gr.

— neuer astronom. Kinderfreund. Mit 2 Kpf. 8. Leipz. 800. Barth. 1 Rthlr. 3 Gr.

– s. Klopstock's Oden.

– s. Knigge, A. v.: Umgang....

Gruber, Johann Gottfried, s. Kunst, Die, sein Leben der Tugend . . . gemäß zuführen.

— d. Kunst, s. Leben d. Tugend, Weish. u. gut. Lebensart gemäß z. führen. 8. Leipz. Schiegg. 799.

—— Klopstocks Leben. — Aus d. neuen Ausg. v. „Klopstocks Oden" besond. abgedr. gr. 8. (9½ B.) Leipzig 832, Göschen.

—— Aug. Lafontaine's Leben u. Wirken. Mit L's. Bildn. gr. 12. (19½ B.) Halle 833, Schwetschke u. Sohn.

—— August Hermann Niemeyer's Leben, s. Niemeyer.

Wielands Leben, bearb. von J[oh.] G[ottfr.] Gruber. Th. 1. 2. Leipzig: Göschen 1824—1827. 8°
(Wieland, C. M.: Sämmtl. Werke. Neue Aufl. Leipzig. 50. 51.)
[Heinsius: Allgem. Bücher-Lexikon. 7 (1828) Sp. 457.]

—— C. M. Wielands Leben. Neu bearb. Mit Einschluß vieler noch ungedr. Briefe Wielands. 4 Thle. Mit d. Portrait Wielands (in Kpfrst.) 8. (102¼ B.) Leipzig 827, 28, Göschen. Drckp. 4 Thlr., Velinp.

—— dass. Ausg. in Taschenformat. 4 Thle. (100 B. u. Portr. in Stndr.) Ebds. 827, 28.
Bildet auch den 50—53. Bd. von Wieland's Werken, s. diese.

– s. Lehre von der Glückseligkeit.

GRIMM, Adolph (d. i. *Joh. Gottfr. Gruber*), Lenchen. Ein komischer Roman in Jüngers Manier. 2 Bdchn. Leipzig, Wien u. Berlin, Schiegg, 1802. (1803?). 8°. (1½ Rthl.)

LENCHEN. Ein komischer Roman in Jünger's Manier (von *Joh. Gottfr. Gruber*). 2 Thle. Leipzig, Wien und Berlin 1803. 8°.
Goedeke V, 524, 44, 10; Anon.-Lex. III. p. 524 hat: „O. O. 1801" (nach Meusel).
— — Dasselbe. Neue Auflage. 2 Thle. Leipzig, o. J. (c. 1805). Kl. 8°. (1 Mk. 50 Pfg., geles. Expl., Beck, Nördl., 1892; 9 Mk. [!] Hugo Streisand, Berlin, 1907.)

— allgem. mytholog. Lexikon. Aus Originalquellen bearb. 3 Bde. A. u. d. T.: Wörterbuch d. altclassischen Mythologie u. Religion. gr. 8. Weimar 810—14. Landes-Ind.-Compt. 7 Rthlr. 12 Gr.

— — Sophia's Lieblingsstunden. Leipzig, Schiegg, 1811. 8°. (1 Rthl.)

— Mimer; Anleit. f. Jünglinge von 10—15 Jahren, vernünftig u. gut zu werden. 8. Leipz. 795. (W. Rauck). 10 Gr.

— Mimer, Anl. f. Jünglinge, vernünft. u. gut zu werden. 8. Leipz. Sommer. 795.

– s. Mode-Magazin, Leipziger.

— zweite Nahrung f. d. gesunden Menschenverstand, als Fortsetz. von Thieme's erster Nahrung. 8. Leipz. 798. N. A. (nur neuer Titel) 821. (Aue in Alt.) 1 Rthlr. (A. u. d. T.: Vorbereitungskenntnisse zu e. richtigen Nachdenken über Gott etc.)

— zweyte Nahrung f. d. gesund. Menschenverst. als Fortsetz. v. Thiemes erst. Nahrung. 8. Leipz. Jacobäer. 798.
(dass. Buch a. unt. d. Titel: Vorbereitungskenntnisse etc.)

Gruber, (J. G.,) zweite Nahrung f. d. gesunden Menschenverstand. 8. Leipz. 821, Busch in Alt.

Gruber, Johann Gottfried: Aesthetica philolophiae pars. Dissertationis academicae sectio prima, quam... pro facultate docendi publice defendet Jo. Godofredus Gruber. 30 S. 8°.
Jenae 1803: Maukius.

— — Prolusione de disciplinis historiae studium adiuvantibus. Wittenbg. (Grässler) 31. V. 1811. 33 S. (5.50) 11907

– s. Pudel, der, auf Reisen.

– s. Schiller, Fr. v.: Skizze e. Biographie.

Gruber, Johann Gottfried: Sitten, Gebräuche u. Kleidung d. Russen ... s.a. Geißler, Chrn. Gottf. Hnr.

Gruber, J. G., u. Ch. G. H. Geissler, Sitten, Gebräuche und Kleidung der Russen in St. Petersburg, dargestellt in Gemählden mit Beschreibg. 8 Hefte mit 40 illum. (hübsch color.) Kpfrn. Mit deutsch. u. französ. Text. Leipzig, o. J. (180*). 4°. Selten! (36 Mk. Völcker, Frankf. a. M., c. 1895.)

Sitten, Gebräuche und Kleidung der Russen in St. Petersburg .... mit Beschreibungen (Text von *Joh. Gottfr. Gruber*). Mit Kupfertafeln. Leipzig (1801—3). (Im British Museum.) Sehr selten!

– s. Sitten u. Gebräuche merkw. Nationen.

SITTEN und Gebräuche der merkwürdigsten Nationen.... (von *Joh. Gottfr. Gruber*). Leipzig, Th. Seeger, 1803. 8⁰. (In München: H. g. hum. 103b.)
Anon.-Lex. IV. p. 88 (nach Kayser, Meusel, Engelmann u. dem Neuen Nekrolog).

– s. Stimme, eine, an d. Publikum.

— — Susanna. Eine Geschichte der Urwelt. Weissenfels u. Leipzig, Nerr, 1795. 8⁰. (⅓ Rthl.) (7 Sgr. Steinkopf, Stuttgart, vor 1870; jetzt theurer!)

Gruber, J. G., Deutsche Synonymik, s.: Eberhard, J. A.

— System d. Erziehungswissenschaft; ein Buch f. d. Bedürfnisse d. Menschheit. 8. Leipz. 794.

– s. Thieme, K. T.: Grundlinien.

J. Gf. Gruber's Vers. e. pragmat. Anthropol., als Anleit. z. Menschenkenntn. f. junge Leute, die in d. Welt treten wollen. *Lpz.*, **Hartknoch. 803. 8⁰ 1 ß 6 gl**

— Vers. e. pragmat. Anthropologie. 8. Leipz. Hartknoch. 804.

Gruber, Joh. Gfrd. Versuch einer allgemeinen deutschen Synonymik in einem kritisch-philosophischen Wörterbuche der sinnverwandten Wörter der hochdeutchen Mundart. Bd. 1—6. Leipzig 1826—1830. . . . . (BPA.)

— russische Volksvergnügungen, s. a. Volksvergnügungen.

GRUBER, Dr., Hofrath Richter und C. G. H. Geißler, Russische Volksvergnügungen, dargestellt in Gemälden und Beschreibungen von —. 2 Hefte mit 12 vorzüglichen Kupfern. 1807. Fol. Velinp. (6 Rthl.) Rar!

—-Vorbereitungskenntnisse zu einem richtigen Nachdenken über Gott, s. oben: zweite Nahrung f. d. gesunden Menschenverstand.

Gruber, J. G., Vorbereitungskenntnisse zu einem richtigen Nachdenken über Gott, Natur und Menschenleben. Neue unveränd. Aufl. 8. Leipzig, Jacobäer. 821.

— — Wann hört ein Mädchen auf ein Kind zu seyn? Roman. O. O. (Leipzig, Schiegg) 1812. 8⁰. (⅝ Rthl.) (6 Kr. Halm & Goldmann, 1907.)
Seltener Roman in Althing's Manier. — Bibl. Günth. III. no. 6320.

— — Herr Werther Siebenmal auf Freiersfüßen, Siebenmal Bräutigam und doch keine Frau! 2 Bdchn. Mit Titelkpf. Leipzig, Fleischer, o. J. (1804). 8⁰. (Auction Wiebe nur Bdchn. 2: 37 (!) Mk., weil angeblich seltener Beitrag zur „Werther-Litteratur".)

WERTHER, Herr, auf Freiersfüssen, Siebenmal Bräutigam und doch keine Frau (von *Adolf Grimm = Joh. Gottfr. Gruber*). 2 Thle. Leipzig, in Fleischers Buchhandlung, o. J. (1805). 8⁰.
Anon.-Lex. IV. p. 392 (nach Goedeke).

Christoph Martin Wieland geschildert. Von Joh. Gottfr. Gruber. Mit gest. Titelblättern, 2 Kpfrn u. Facs. Leipzig u. Altenburg: Brockhaus 1815. 8⁰

[Kaiser: Vollst. Bücher-Lexikon. 1 (1834) S. 413.]

Gruber, J. G. Christoph Martin Wieland. 2 Bde. Mit 2 gestochenen Titeln, 2 Kupfern und 1 Faksimile. Leipzig, Brockhaus, 1815/16.

– s. Wieland's sämmtl. Werke.

— Wörterbuch zum Behuf d. Aesthetik, d. schönen Künste ɪc 1r Thl. 1r Bd. gr. 8. Weim. 810. Ind.-Compt. 4 ℛ

Gruber, Johann Nepomuk

Gruber, Joh. Nep., die Ophiten. Historische Inaugural-Abhandlung. Würzburg 864. (Passau, Elsässer & Waldbauer.) gr. 8. (V, 183 S.) 15 ngr.

Gruber, Johann Sebastian

Gruber, I. Seb., Examen fortificatorium oder Unterr. zur Kriegsbaukunst. 8. Augsb. Zedler. 703.

Gruber, Johann Sebastian, Major. Neue und Gründliche Mathematische Friedens- und Kriegs-Schule. Worinnen der Kern und die nothwendigsten Stücke der Sechs Nachfolgenden Wissenschaften, als: Geometriae theoreticae et practicae, der Erdmess-Kunst; Architecturae civilis, der Burgerlichen Bau-Kunst; Architecturae militaris, der Kriegs-Bau-Kunst; Artis tormentariae, der Artillerie oder Büchsen-Meisterey; Pyrotechniae damnosae, des Ernst-Feuer-Wercks; Pyrotechniae jucundae, des Lust-Feuer-Wercks. Aus eigener Erfahrung, sowohl alten, als neuen vielen berühmten Autoren, zu Jedermanns nützlichen Gebrauch, mit gehörigen Figuren, kürztlich, ordentlich und deutlich, auch an vielen Orten verbessert, aufgesetzet und zusammengetragen. Zum Andern mal gedruckt. (Mit 1 Titelkupfer und 94 Taf.) (Geb. in 2 Bdn.) kl. 8. Nürnberg 1702.

Gruber, J. S. Die Heutige, neue, vollkommene Kriegs-Disciplin und Exercir-Kunst. Frankfurt 1702. 8⁰.

Gruber, Johann Sigmund, s. Auswahl französ. Aesop. Fabeln.

Gruber, Jh. Sigm., († d. 3. Decbr. 1805.) Beiträge zur Literatur d. Musik. 2 Stcke. 8. Nürnb. 785—92. Grattenauer. 14 ℛ

— Beyträge zur Literat. der Musik. 2 Stck. 8. Ebendas. 791.

– s. Bibliographie der Bienenzucht.

Gruber, J. S., Bibliothek d. deutsch. peinl. u. Lehnrechts. 8. Nürnberg, Grattenauer. 791.

– s. Biographie e. Tonkünstler.

Gruber, J. Sig., Biograph. ein. Tonkünstler. 8. Nürnb. Grattenauer. 791.

– s. Censorinus: de die natali.

— Literatur d. Kaufleute, oder Anführung zur Bücherkunde der Handlungswissenschaft. 8. Frankf. u. Leipz. 787. 2e A. 794. (Lauffer in Leipz.) 16 ℛ

Gruber, J. S., Literatur d. Kaufleute. 8. Frankf. u. Leipz (Grattenauer, Nrnb.). 794. Rthlr.

– s. Literatur d. Musik.

(Gruber, Joh. Sigm.) Litteratur der Musik. Nürnberg 1783.

— Literatur d. Musik od. Anl. z. Kenntn. musikal. Bücher. 8. Ebend. 791.

– s. Persius: Satirae. 1803.

– s. Rutilius Claudius Numant.

(Gruber, Joh. Siegm.) Versuch eines Entwurfs einer Bibliothek des deutschen peinlichen und Lehnrechts. Frankfurt u. Leipzig 1788. 8.

— Versuch e. Handbuchs der Literatur d. bürgerl. u. Wasserbaukunst. Nach seinem Tode herausgeg. 8. Nürnb. 810. Lechner. (v. Ebner). 4 ℛ Schrbp. 6 ℛ

– s. Westphal, E. C.: Anleitung zur Kenntniß d. besten Bücher.

Gruber, Johanna, Register, s.: Zeitschrift f. Psychologie u. Physiologie der Sinnesorgane.

Gruber, Johannes, s. Gruber, Johann.

Gruber, Josef

Gruber, Jos., tägl. Andachten f. kathol. Christen. kl. 18. (360 S.) Füssen 832. (Augsburg, Kollmann.)

GRUBER, JOSEF: Beitrag zur Verherrlichung der Feierlichkeit, die bei Gelegenheit der Einweihung Sr. Gnaden des hochw. Ladislaus von Köszeghi zum wirklichen Bischofe des Csanader Bisthums, vor sich ging. Pesth o. J. (1800). Gedr. bey Franz Joseph Patzko 16 S. - 12°

—— Gebethbuch f. kathol. Christen. 12. (16 B.) Füssen 832. (Augsburg, Kollmann.)

Gruber Josef: Das Ohm'sche und II. Kirchhoff'sche Gesetz im Mittelschulunterrichte. 8. Bielitz R. 96.
Progr.

Die Handels- und Gewerbe-Kammer in Prag in den ersten fünfzig Jahren ihres Bestandes 1850—1900. Aus Anlass ihres fünfzigjährigen Jubiläums im Auftrage des Kammerpräsidiums verfasst von J.U.Dr. Josef Gruber. I. Theil: Bis zur Wahlordnung vom Jahre 1884. II. Theil: Die Kammer nach der Wahlordnung vom Jahre 1884. Prag, 1900. Verlag der Handels- und Gewerbekammer. [In Comm.] Řivnáč. Gr.-8°. 605 S. mit 16 Tafeln.

Gruber, Jos., üb. e. abnorme Höhle im Felsentheile d. Schläfebeins. [Aus: „Monatsschr. f. Ohrenheilkde."] gr. 8. (3 S. m. 1 Fig.) Berlin 896. O. Coblentz. n. 1 —

Gruber, Jos., Lehrbuch der Ohrenheilkunde mit besonderer Rücksicht auf Anatomie u. Physiologie. Mit 88 (eingedr.) Holzschn. u. 2. chromolith. Taff. Wien 870. Gerold's Sohn. gr. 8. (XVI, 647 S.) n. 5 ₰ 20 ngr.

Gruber, Jos., Lehrbuch der Ohrenheilkunde m. besond. Rücksicht auf Anatomie u. Physiologie. 2., umgearb. Aufl. Mit 150 in den Text gedr. Abbildungen u. 2 chromolith. Taf. Lex.-8. (XXII, 676 S.) Wien 888. Gerold's Sohn. n. 24. —

Gruber, Jos., u. Otto Stadler, erprobter Lehrgang f. das moderne Zeichnen. 30 Taf. in Vierfarbendr. nebst erläut. Text. Bearbeitung v. G., Zeichngn. v. St. (34 S.) 4. Linz 906. Verlag des Lehrerhausvereins. In Mappe n. 15. —

GRUBER, Josef: Lites de sic dictis tribus capitulis agitatae exponantur. — (1879) 141 S. 4° (Handschr.) Diss. 333
Diss. Wien, Univ.

— s.: Monatsschrift f. Ohrenheilkunde.

Gruber, Jos., die Pädagogik des Kindergartens u. der Bewahranstalt. Kritisch-practisch dargestellt. Berlin 869. Frank. 8. (XV, 203 S. mit 16 Steintaff.) 25 ngr.

—— dass. — Neue (Titel-)Ausg. 8. (XV, 200 S. mit 16 lithogr. Taf.) Leipzig (869)73, Heitmann. [Siegismund und Volkening.] (ℳ 2.) *

— anatomisch-physiologische Studien über das Trommelfell u. die Gehörknöchelchen. Ebend. 867. gr. 8. (VI, 73 S. mit 2 Steintaff. in 4.) n. 1 ₰

— Graf Stefan Széchenyi als Pädagog. Vortrag, geh. in der Generalversammlg. d. „Oedenburger Lehrervereins" zu Eisenstadt am 17. Juni 1875. Mit e. Vorworte v. Jos. Rill. Lex.-8. (17 S.) Budapest 875. Kokai in Comm. n. — 40

Gruber, Josef Anton

Gruber, Jos. Ant., Beitrr. zur Organisation d. medicin. Polizei; ein Taschenb. f. Aerzte, Geistliche ꝛc. 8. Kempten 805. Dannheimer. 12 ℛ

GRUBER, Julius: Compositio et argumentum orationis montanae apud s. Matthaeum cap. 5, 1—7, 29 proponantur. — (1888) 108 s. 4° (Handschr.)
Diss. Wien, Univ. Diss. 426

Gruber, Jul., s: Gesetzbuch, bürgerliches, f. d. Deutsche Reich m. französ. Uebersetzg.

Gruber, Jul., bürgerliches Gesetzbuch f. das Deutsche Reich nebst Einführungsgesetz. Deutsche Ausg. m. französ. Übersetzg. 3. Aufl. (XIX, 1080 S.) kl. 8. Straßburg (909). Straßburger Druckerei u. Verlagsanstalt. 9.—; geb. in Halbfrz. n 11. —

— Handelsgesetzbuch f. d. Deutsche Reich, s.: Ritleng, Alfr.

Gruber, K., der Schwefel- u. Magnetkiesbergbau am Silberberge bei Bodenmais. — Weinschenk, Ernst, die Kieslagerstätte im Silberberg bei Bodenmais. Ein Beitrag zur Entstehungsgeschichte der „Fahlbänder". gr. 4. (S. 337—410 m. Fig. u. 6 Taf.) München 901. (G. Franz' Verl.) n. 4. —
Sonderabdruck aus: „Abhandlgn. d. bayer. Akad. d. Wiss."

Gruber, Karl, ausführl. Anleitung z. Gebr. d. „Rechenunterrichts in d. Elementarschule," nebst d. Beantwortung der in dies. Buche enthalt. Fragen u. Aufgaben. Für Elementarlehrer bearbeitet. gr. 8. (11¼ B.) Karlsruhe 840, Braun'sche Hofbuchh. *

— ausführliche Anleitung z. Gebrauch des „Rechenunterrichts in der Elementarschule" nebst der Beantwortung der in diesem Buche enthaltenen Fragen u. Aufgaben. Für Elementarlehrer bearb. 2. verm. Aufl. gr. 8. Ebd. 844. n. ¾ ₰

Gruber, Karl, ausführliche Anleitung zum Gebrauche d. „Rechenunterrichts in der Volks- u. höhern Bürgerschule" nebst der Beantwortung der in diesem Buche enthalt. Fragen u. Aufgaben. Für den Lehrer bearb. 3. bedeutend verm. Aufl. gr. 8. (XVIII u. 289 S.) Karlsruhe 851, Braun. n. 1 ⅙ ₰

Gruber, Karl, ausführliche Anleitung zum Gebrauche des „Rechenunterrichts in der Volks- u. höhern Bürgerschule" nebst der Beantwortung der in diesem Buche enthaltenen Fragen u. Aufgaben. Für den Lehrer bearb. 4. Aufl. Karlsruhe 861. Braun. gr. 8. (XVIII, 314 S.) n. 1 ₰ 5 ngr.

Gruber, Carl, ausführliche Anleitung zum Gebrauche des „Rechenunterrichts in der Volks- u. höheren Bürgerschule" nebst Beantwortung der in diesem Buche enthalt. Fragen u. Aufgaben. Für den Lehrer bearb. 5. Aufl. Karlsruhe 865. Braun'sche Hofbuchh. gr. 8. (XVIII, 312 S.) n. 1 ℳ 6 ngr.

Gruber, Karl, ausführliche Anleitung zum Gebrauche d. „Rechenunterrichts in der Volks- u. höheren Bürgerschule" nebst der Beantwortg. der in diesem Buche enth. Fragen u. Aufgaben. Für den Lehrer. 7., nach dem neuen Münz-, Maß- u. Gewichtgesetze vollständig umgearb. Aufl. gr. 8. (XVI, 336 S.) Karlsruhe 874. Braun. n. 3. 60

Gruber, K., ausführliche Anleitung zum Gebrauche des Rechenunterrichts in der Volks- u. höheren Bürgerschule, nebst der Beantwortung der in diesem Buche enthaltenen Fragen u. Aufgaben. Für den Lehrer bearb. 8. Aufl. 8. (VIII, 176 S.) Karlsruhe 890. Braun. n. 2. 40

Gruber, Carl, die kleine Back- u. Süsspeisenküche. Neuestes illustr. Hand- u. Nachschlagewerk f. den tägl. Gebrauch in Herrschafts- u. bürgerl., Hôtel- u. Restaurationsküchen sowie Pensionaten. Eine reiche Sammlg. erprobter u. zuverläss. Rezepte sowie wertvoller Winke u. Ratschläge aus der modernen Praxis. Nebst e. Anh.: Die Weck'sche Frischhaltg. in der Back- u. Süsspeisenküche. Bearb. v. Elisab. Jäger. (XVII, 118 S.) 8. Frankfurt a/M. (906). (C. Blažek.) Geb. in Leinw. n. 2. 50

Gruber, Carl, die kleine Back- u. Süsspeisenküche. Neuestes illustr. Hand- u. Nachschlagewerk f. den tägl. Gebrauch in Herrschafts- u. bürgerl. Hôtel- u. Restaurationsküchen sowie Pensionaten. Eine reiche Sammlg. erprobter u. zuverläss. Rezepte sowie wertvoller Winke u. Ratschläge aus der modernen Praxis. Nebst e. Anh.: Die Weck'sche Frischhaltg. in der Back- u. Süsspeisenküche. Bearb. v. Elisab. Jäger. (XVII u. S. 3—118 m. Abbildgn.) 8. Frankfurt a/M. (910). (Leipzig, M. Prager.) Geb. in Leinw. 2. 50

Gruber, Carl, a. München: Bau und Entwicklung der äußeren Genitalien bei Cavia cobaya. Leipzig: W. Engelmann 1906. (24 S.) 8° ¶ (Aus: „Morpholog. Jahrbuch", Bd 36, H. 1.)
Erlangen, Phil. Fak., Ref. Fleischmann, Diss. v. 1. Aug. 1906
[Geb. 1. Febr. 70 Weißenburg in B.; Wohnort: Obergünzburg; Staatsangeh.: Bayern; Vorbildung: Gymn. Eichstätt bis Juli 88; Studium: München Tierärztl. Hochsch. 5, Stuttgart Tierärztl. Hochsch. 5 S.; Rig. 7. Dez. 05.]

Karl Gruber. Über die Behandlung des geometrischen Unterrichts in Gymnasien und höheren Bürgerschulen. 8° 18 S.
Baden, P 1859

Gruber, Karl, zeitgenössische Dichtung des Elsasses. (CXXXV, 296 S.) 8. Strassburg 905. L. Beust. n. 5. —; geb. in Leinw. n. 6. —

Gruber, Carl Die Salzburger Emigranten. 8 (71 S., 1 S. Druckf.).
Progr. Kgl. G. *Marienburg* 1893 (35)

Gruber, Karl, appr. Arzt a. Freiburg i. B.: Über die Erfolge der Krönleinschen temporären Resection der äußeren Orbitalwand bei Entzündungen der Augenhöhle. Freiburg i. B.: Speyer & Kaerner 1905. (39 S.) 8°
Freiburg i. B., Med. Fak., Ref. Axenfeld, Diss. v. 1905
[Geb. 30. Okt. 81 Freiburg; Wohnort: Freiburg; Staatsangeh.: Baden; Vorbildung: Gymn. Freiburg Reife Juli 99; Studium: Freiburg 4, München 3, Freiburg 4 S.; Coll. 3. März 05; Approb. 28. Febr. 05.]

— die Formen- u. Raumgrößenlehre in der Volks- und Fortbildungsschule. Für den Lehrer bearb. gr. 8. Karlsruhe 843, Artist. Institut, Gutsch u. Rupp. 1/2 ℳ

— die Formen- u. Raumgrößenlehre in der Volks- u. Fortbildungsschule. Für den Lehrer bearb. gr. 8. (8 5/8 B.) Karlsruhe 843, Artistisches Institut. [Leipzig, Hermann.]

Gruber, Carl, die Conditorei in Wort u. Bild. Neuestes Spezialwerk als prakt. Hilfs- u. Nachschlagebuch, in Illustration u. Text den modernsten Anfordergn. entsprechend bearb. Ein unentbehrl. Werk f. Conditore, Pâtissiers, Köche, Feinbäcker, Hoteliers, Cafetiers, Conservenfabrikanten, sowie f. jeden Haushalt. 3. Aufl. Das vollkommenste u. billigste Werk der Neuzeit. (340 S. m. 8 farb. Taf.) Lex.-8. Frankfurt a/M. (904). (C. Blažek.) Geb. in Leinw. n. 7. 50
2. Aufl. (320 S.) 903. Geb. n. 5. 50.

— „Die Conditorei in Wort u. Bild". Neuestes Spezialwerk als prakt. Hilfs- u. Nachschlagebuch, in Illustration u. Text den modernsten Anfordergn. entsprechend bearb. Ein unentbehrl. Werk f. Conditoren, Pâtissiers, Köche, Hoteliers, Cafetiers, Conserven-Fabrikanten, sowie f. jeden Haushalt. 4. bedeutend verm. u. vergrösserte Aufl. m. ca. 1600 der gewähltesten u. zuverlässigsten Rezepte u. zahlreichen Illustrationsseiten, teilweise in Farbdr. (415 S. m. 12 farb. Taf.) Lex. 8. Frankfurt a/M. (907). (Blažek & Bergmann). Geb. in Leinw. 9. —

Gruber. Zur Organisation der höheren Bürgerschulen. Baden, H. B., 1862. 12 S. Progr.

— die Raumformen- u. Raumgrößenlehre in Verbindg. m. dem Zeichnungs-Unterrichte. Zum Gebrauche f. Lehrer an Volks- u. Gewerbschulen. 2. verm. Aufl. gr. 8. (XII u. 187 S. m. eingedr. Holzschn.) Mannheim 850, Bassermann. 21 ngr

Gruber, C., die Raumformen- und Raumgrößen-Lehre in Verbindung mit dem Zeichnungs-Unterrichte. Zum Gebrauche für Lehrer an Volks- und Gewerbschulen. 2. verm. Aufl. gr. 8. (XII, 187 S. mit 162 Fig.) Heidelberg 870, Bassermann'sche Verlagsh.

—— der Rechenunterricht in d. Elementarschule. Eine lückenlos fortschreit. Reihe v. Fragen u. Aufgaben. 1. Aufl. (8 3/4 B.) 839. * 1/2 Thlr., 2., fast unveränd. Aufl. gr. 8. (6 1/4 B.) Carlsruhe 841, Braun'sche Hofbuchh. *

— der Rechenunterricht in der Elementarschule. Eine lückenlos fortschreitende Reihe von Fragen u. Aufgaben. 2. Aufl. 841. 4. Aufl. 4 Stufen. gr. 8. Karlsruhe 844, Braun. n. 1/4 ℳ — Dass. 4 Stufen. 5. Aufl. Ebend. 845. n. 1/4 ℳ — 6. Aufl. 846. n. 1/4 ℳ

— der Rechenunterricht in der Volks- u. höhern Bürgerschule. Eine lückenlos fortschreitende Reihe v. Fragen u. Aufgaben. 5. Stufe. 11. Aufl. (IV S. u. S. 85—102.) Karlsruhe 850, Braun. n. 1 3/4 ngr — 6. Stufe: Physikalische Aufgaben. Von (J.) Frick. Mit 36 (eingedr.) Holzschn. gr. 8. (S. 103—122.) Ebd. 852. n. 3 ngr (1—6: n. 13 ngr)

Gruber, Karl, der Rechenunterricht in der Volks- und höhern Bürgerschule. 6. Stufe. Physikalische Aufgaben. Von Frick. 2. verm. Aufl. Mit 37 (eingedr.) Holzschn. Karlsruhe 861. Braun. gr. 8. (23 S.) n. 3 ngr.

— der Rechenunterricht in der Volks- und höhern Bürgerschule. Eine lückenlos fortschreitende Reihe von Fragen u. Aufgaben. 1—5. Stufe. Karlsruhe 864. Braun. gr. 8. Jede Stufe n. 2 ngr.
1. Stufe. 8. Aufl. (16 S.) — 2. Stufe. 15. Aufl. (24 S.) — 3. Stufe. 11. Aufl. (16 S.) — 4. Stufe. 19. Aufl. (28 S.) — 5. Stufe. 5. Aufl. (18 S.)

— der Rechenunterricht in der Volks- u. höheren Bürgerschule. Eine lückenlos fortschreit. Reihe v. Fragen u. Aufgaben. Nach dem neuen Münz- u. Maß-Gewichtssystem umgearb. Aufl. 1—5. Stufe. gr. 8. (116 S.) Ebend. 874. à n. — 20

Gruber, Karl, der Rechenunterricht in der Volks- u. höhern Bürgerschule. Eine lückenlos fortschreitende Reihe von Fragen u. Aufgaben. 6. Stufe. Physikalische Aufgaben. Von Frick. 4., verm. Aufl. Mit 37 (eingedr.) Holzschn. 8. (S. 103—126.) Karlsruhe 877. Braun. n. — 30

Karl Gruber. Rede, gehalten beim feierlichen Schlussakt am 19. August 1851. Gedruckt 1852. 8 S. Ettenheim. P 1852

Derselbe. Auszug aus der Rede beim feierlichen Schlussakt am 19. August 1853. 11 S. Ettenheim, P 1854

Derselbe. Rede beim Schlussakt 1868, veröffentlicht im Programm des folgenden Jahrs. S. 1—16. Baden, P 1869

—— der zusammengesetzte Satz und seine Behandlung in der Volksschule. Ein Beitrag zu einem naturgemäßen Unterricht in der deutschen Sprache. (Fortsetzung zu: „Germanus, über die deutsche Volksschule.") gr. 8. (VIII und 48 S.) Karlsruhe 847, Braun'sche Hofbuchh. *

Gruber, Karl, s. Schulbote, d. Badische.

Gruber, Karl, d. arithmetische Unterricht in Gymnasien u. höhern Bürgerschulen. Eine Fortsetzung d. Rechenunterrichts in d. Elementarschule. 8. Karlsruhe 840, Braun. n. 11/12 ß

—— der arithmetische Unterricht in Gymnasien u. höhern Bürgerschulen. Eine Fortsetzung d. Rechenunterr. in der Elementarschule v. demselben Verf. gr. 8. (16¾ B.) Karlsruhe 842, Braun'sche Hofbuchh. * -

—— der arithmetische Unterricht in Gymnasien und höhern Bürgerschulen. Zum Gebrauch des Lehrers bearb. 1. Thl. 2. Aufl. gr. 8. (XII und 260 S.) Karlsruhe 863, Groos. *

—— dass. — Für den Schüler bearb. 1. Thl. 2. Aufl. gr. 8. (VIII und 163 S.) Ebendas. 863. *

— der arithmetische Unterricht in Gymnasien u. höheren Bürgerschulen. Für den Schüler bearb. 1. Thl. 3. Aufl. Eine Fortsetzung des Rechenunterrichtes in der Volks- u. höheren Bürgerschule von demselben Verf. Karlsruhe 868. Groos. gr. 8. (VIII, 151 S.) 14 ngr.

— der arithmetische Unterricht in Gymnasien, höheren Bürger- u. Realschulen. [Allgemeine Arithmetik u. Algebra.] Für den Schüler bearb. 1. Thl. 4. Aufl. gr. 8. (VIII, 157 S.) Karlsruhe 874. Groos. n. 1. 40

Gruber, Carl, der Unterricht in der Planimetrie, Stereometrie und ebenen Trigonometrie zum Gebrauche an Gymnasien und höhern Bürgerschulen. gr. 8. (XVIII und 406 S. mit 11 Stnt. in qu. Fol.) Karlsruhe 854, Braun'sche Hofbuchh. *

—— dass. — Für den Schüler bearb. gr. 8. (X und 210 S. mit 7 Stnt. in qu. Fol.) Ebds. 854. *

—— der Unterricht in der Planimetrie, Stereometrie und ebenen Trigonometrie zum Gebrauche an Gymnasien und höhern Bürgerschulen. Für den Schüler bearb. 2. Aufl. gr. 8. (X, 228 S. mit 8 Stnt. in qu. 4.) Karlsruhe 868, Braun'sche Hofbuchh. *

—— der Unterricht in d. Raumlehre od. Geometrie. Ein Handb. f. Lehrer u. Schüler. gr. 8. (4¾ B. u. 1 Stnt.) Karlsruhe 839, Braun'sche Hofbuchh. *

Gruber, Carl, der Unterricht in der deutschen Sprache in niederen und mittleren Bürgerschulen. Für den Lehrer bearb. 2., verm. Aufl. gr. 8. (XVI und 265 S. mit 1 Tab. in qu. 4.) Karlsruhe 850, Braun'sche Hofbuchh. Thlr. * .

— der Unterricht in der deutschen Sprache in Volks-, höheren Bürgerschulen u. Schullehrer-Seminarien. Für den Lehrer bearb. 3. Aufl. Karlsruhe 867. Braun'sche Hofbuchh. gr. 8. (XVI, 260 S.) n. 28 ngr

Gruber, Carl, ein Wasgauherbst. Von der Schönheit der Nordvogesen. (VII, 310 S.) gr. 8. Strassburg 909. L. Beust. 4.—; geb. in Leinw. 5.—

— über das Ziel der Volksschulbildung u. die Mittel zur Erreichung d. Zieles. Eine Ansprache an die Ortsschulräthe u. Lehrer der Volksschule. 8. (22 S.) Karlsruhe 871. (Braun.) n. — 40

Gruber, Karl Anton von s. Gruber von Grubenfels, Karl Anton.

— **Carl August Christ.** (Weissensee/Thür.), De delegationibus capita quaedam. Lpz. (Dürr) 10. V. 1814. 18 S. (5.—) 11899
Gew.: Carl Friedrich Stollberg, Aug. Andr. Gottfr. Maertens.

Gruber's, Karl Friedr., zwei letzte Predigten, welche er kurz vor seinem Abgange nach Amerika gehalten hat. Nebst e. biograph. Anhange. 8. Cahla 839. Ludwig. (Leipz., Polet.) ¼ ß

Gruber, Karl Joseph —. Der erfahrene praktische Landwirth oder kurzgefaßtes allgemein nützliches Handbuch zur praktischen Landwirthschaft für jeden Gutsbesitzer, Beneficiaten, Wirthschaftsbeamten und sonstigen Landwirthen, von — —. Zweite vermehrte und verbesserte Auflage. 8. (VI, 276 S.) Prag. Druck von Bernhard Ferdinand Mohrmann. 1853.

Gruber, Carl Jos., der erfahrene praktische Landwirth, oder kurzgefaßtes allgemein nützliches Handbuch zur praktischen Landwirthschaft, für jeden Gutsbesitzer, Beneficiaten, Wirthschaftsbeamten und sonstigen Landwirthen. 2. verm. u. verb. Aufl. Prag 853. (Teplitz, Pohlig.) 8. (276 S.) n. 24 ngr

Gruber, Karl W(ilhelm), a. Augsburg: Die Hauptquellen des Corpus-, Epinaler und Erfurter Glossares. Erlangen 1904: Junge & Sohn. (95 S.) 8° ¶ (Soll vollst. in: Romanische Forschungen Bd 20, H. 2 u. als Sonderausgabe erscheinen.)
München, Phil. Fak., Ref. Schick, Diss. v. 24. Juli 1903
[Geb. 8. Aug. 78 Oppertshofen, B.-A. Donauwörth; Wohnort: Augsburg; Staatsangeh.: Bayern; Vorbildung: St. Anna-Gymn. Augsburg Reife Juli 97; Studium: München 9 S.; Rig. 24. Juli 03.]

Gruber, Caroline, dramat. Lustgärtchen, s. Gruber, F. J.

Gruber, Caroline, Maiblümchen. Ein Sträußchen neuer gemüthl. Erzählungen, Volkslegenden, Balladen, Lieder, Sinnbilder, dann Kern- u. Sittensprüche, relig. u. moral. Inhalts. M. 3 ill. Kpfr. gr. 12. (10 B.) München 832, Jaquet.

— das heil. Meßopfer der kathol. Kirche, nach d. dabei vorgeh. Andachtsübungen des Priesters metrisch erklärt u. mit erbaul. Betrachtt. u. heilsamen Entschlüssen ausgestattet. Mit 1 Steindr. u. 8 Holzschn. 12. Münch. 831. Jaquet. 2 ⁄

Gruber, Karoline, das heil. Meß-Opfer der christkathol. Kirche, nach den dabei vorgehenden Andachtsübungen des Priesters, in metrischer Erklärung mit erbauenden Betrachtungen und heilsamen Entschlüssen ausgestattet. Nebst einem Anhange frommer Lieder. 2e verb. u. verm. Aufl. 12. München 834. Jaquet. 1½ ⁄

—— Unterhaltungen in d. Erholungsstunden f. d. reif. Jugend. Eine Reihe gemüthl. Erzähln., Balladen, Lieder u. Sittensprüche. M. 3 (ill.) Kpfr. gr. 12. (10 B.) München 834, Jaquet.

— Unterhaltungen in d. Erholungsstunden f. d. reif. Jugend. Eine Reihe gemüthl. Erzähln., Balladen, Lieder u. Sittensprüche. 2. Aufl. gr. 12. (10 B. u. Titlbild.) München 838, Jaquet.

Gruber, L. [Pseud.], s.a. A n z e n g r u b e r, Ludwig [wirkl. Name]

Gruber, L., die Heilgymnastik als Orthopädie im Vergleich mit der Maschinen-Orthopädie und eine skizzirte Frage zur Broschüre: „Streiflichter u. Schlagschatten" [Erlangen 1861]. Mit besonderen Erklärungen des Entstehens von Gebrechen, der Anwendung der Uebungen zur Heilung des menschlichen Körpers u. besondern Beobachtungen u. Bemerkungen für den Laien während der Kur in populärer Sprache für Aerzte u. Familien. Nebst lith. Beilagen (auf 1 Taf. in Fol.). Regensburg 862. Pustet in Comm. gr. 8. (47 S.) 15 ngr.

Gruber, L., die Kreuzelschreiber, — der Meineidbauer, — der Pfarrer von Kirchfeld, | s.: Theater, neues Wiener.

Gruber, Leonh. (Th. Leonh.), (†...) Anfangsgründe d. Arithmetik u. Algebra, zum Gebrauch d. Schulen in Baiern. 8. München 776.

— Anfangsgründe d. Geometrie u. Trigonometrie, zum Gebrauch d. Schulen in Baiern. 8. Münch. 776.

— Anfangsgründe d. Naturlehre. 8. Münch. 776.

— einige analyt. Beispiele u. Anwendungen d. verschiedenen Wendungen der krummen Linien. 4. Münch. (Franz). 4 gl.

Gruber, Leonhard, s. B e u r t h e i l u n g d. Oesterr. Normalschulen.

— ein Brief von d. Berechnung des im Jahre 1769 erschienenen Kometen. Mit 1 Kpf. 4. Münch. (Franz). 6 gl.

Gruber, Leonhard, s. G r u n d s ä t z e d. nöthigsten pädagog. Kenntnisse.

— einige Grundsätze der Theorie d. Centralkräfte, in Rücksicht auf d. Astronomie. Mit 2 Kpf. 4. Münch. (Franz). 8 gl.

— von d. Polhöhe. Mit 2 Kpf. 4. Münch. (Franz). 12 gl.

Gruber, Leonhard, s. V o r ü b u n g zum Briefschreiben.

Gruber, Leop., s. *Specimen* bibl. Austriacae.

Gruber, Lorenz

Gruber, L. Anleitung zum Militär-Schnellbrückenbau u. zu anwendbaren Turnübungen im Kriege. München 1850. 7 Taf. mit Erklär. 2°

Gruber, Lorenz, Appenzell. Dissertatio inauguralis physico-medica de febre acuta epidemica exanthematico-dysenterica.

Basel; med. Diss. 1747

Gruber, Lor., Entwurf zu Militär-Sanitäts-Wägen nebst Einleitung für Sanitäts-Truppen. gr. 4. (12 S. mit 4 Stnt. in Imp.-Fol. gezeichnet von K. F. Gruber.) München 851(52.) Leipzig, (Thomas.) *

Gruber, L., Handbuch des vollständigen Militärturnens (Gymnastik) in 3 Abschnitten u. 9 Abstufungen, enthaltend: Elementar-Turnen, Turnen mit Gerüsten, Turnen, anwendbar im Kriege, zu Manövers u. Bildung einer Sturmschar, m. Abb., Regensburg 1862, als Hs. gedr., VII u. 146 S., 7 Taf., 8°.

Gruber, L. Handbuch des vollständigen Militär-Turnens <Gymnastik> in 3 Abschnitten u. 9 Abstufungen. Mit Zeichn. ɛc. Regensburg 1862. 116 S.

Gruber, L., Inhalt d. Worte: Fromm, Frisch, Fröhlich und Frei! Regensburg 1862, 32 S., 16°.

Gruber, Lor., Nutzen d. Turnkunst. Für alle Jene, welche bisher dieser Kunst aus Vorurtheil u. Unkenntniß entgegenwirkten. gr. 12. (1⅓ B.) München 835, Franz.

— der Turner und Feuerwehrmann, wie er sein soll. Das Turnen und sein Nutzen, für Eltern und Lehrer, besonders aber für jene, welche dem Turnen abhold sind, in Kürze erläutert. 16. (32 S.) Regensburg 862, (Pustet.)

Gruber, Ludwig

Gruber, Ludw., üb. e. **Apparat** zu Coincidenzbeobachtungen bei Schwerebestimmungen m. Hilfe d. Reversionspendels. [Aus: „Sitzungsber. d. k. Akad. d. Wiss."] Lex.-8. (6 S.) Wien 875. (Gerold's Sohn.) 5

— **Bahnbestimmung** d. Planeten (138) Tolosa nebst Ephemeriden f. die Opposition 1875. [Aus: „Sitzungsber. d. k. Akad. d. Wiss."] Lex.-8. (6 S.) Ebend. 875. n. 20

Gruber, Ludw. 44. Gesetzartikel vom J. 1883 üb. die Manipulation der öffentlichen Steuern, s. Mober, Tibor. 43. Gesetzartikel vom J. 1883 betr. die Errichtung d. Finanz-Verwaltungsgerichts.

Gruber, Ludw., List üb. List, od. Der neue Herr Adjunkt, s.a. Schul- u. Vereinsbühne, christliche, Nr. 28.

(F) Gruber, L., List über List oder Der neue Herr Adjunkt. Schwank in einem Aufzuge. (Christl. Schul- und Vereinsbühne. Nr. 28.) 8°. (24 S.) K —.30
Linz-Urfahr: Kath. Preßverein 1904.

Gruber, Ludw., der Reisebund, s.: Schul- u. Vereinsbühne, christliche, Nr. 85.

Gruber, Matthias

Gruber, M., Handbüchlein zur Verehrung der heiligsten Kindheit Jesu Christi, s.: Sintzel, M.

Gruber, Math., S. J., wunderbares Leben d. hl. Stanislaus Kostka, S. J. Nach authent. Documenten bearb. 12. (VII, 139 S. m. 1 Stahlst.) Freiburg i/B. 896. Herder. n. — 80; geb. in Halbleinw. n. 1. —

Gruber, Math., S. J., wunderbares Leben d. hl. Stanislaus Kostka, S. J. Nach authent. Dokumenten bearb. 2., verm. Aufl. 12. (VII, 139 S. m. 1 Stahlst.) Freiburg i/B. 902. Herder. n. — 80; geb. in Leinw. n. 1. 30

Gruber, Matthias, S. J., wunderbares Leben des hl. Stanislaus Kostka, S. J. Nach authent. Dokumenten bearb. 3. Aufl. (VII, 175 S. m. 1 Stahlst.) kl. 8. Freiburg i. B., (910.) Herder. 1.—; geb. in Leinw. 1. 60

— Lebensbild d. heiligmäß. Jünglings Gustav Martini, Scholastikers d. Gesellschaft Jesu, bearb. n. A. Pruvost, S. J. 12. (IV, 156 S.) Innsbruck 895. F. Rauch. n. — 80

Gruber, Max v., die Alkoholfrage in ihrer Bedeutung f. Deutschlands Gegenwart u. Zukunft. Fest-Vortrag auf der Jubiläums-Jahresversammlg. des deutschen Vereins gegen den Mißbrauch geist. Getränke in Cassel am 16. IX. 1908. [Aus: „Bericht üb. d. Jubiläums-Vers. (25. Jahresvers.) d. deutschen Vereins gegen d. Mißbrauch geist. Getränke, Cassel 1908".] (20 S.) 8. Berlin 909. Mäßigkeits-Verlag. — 20

Gruber, Max; Anhaltspunkte f. d. Verfassung neuer Bau-Ordnungen . . . s. Gruber, Franz.

Gruber, Max, s.: Archiv f. Hygiene.

Gruber, Max, üb. den Einfluss der Uebung auf den Gaswechsel. [Aus: „Zeitschr. f. Biologie".] Diss. gr. 8. (28 S.) München 892. (Bern, H. Koerber.) n. — 60

Gruber, Max, über die Einwirkung von Brom auf das Triamidophenol bei Gegenwart von Wasser, s. Weidel, H.

—— über die Einwirkung von Salpetrigsäure-Anhydrid auf Protocatechusäure. [Aus dem Universitäts-Laboratorium des Prof. v. Barth, XXII.] Lex.-8. (25 S.) Wien 879, (Gerold's Sohn.) *

Aus: Sitzungsberichte der k. Akademie der Wissenschaften, besonders abgedruckt.

— über die Fleisch- u. Wurstvergiftungen, s.: Vorträge des Vereines zur Verbreitung naturwissensch. Kenntnisse in Wien. 39. Jahrg. 10. Hft.

— neuere Forschungen üb. erworbene Immunität, s.: Vorträge d. Vereines z. Verbreitung naturwissensch. Kenntnisse in Wien. 40. Jahrg. 15. Hft.

— führt die Hygiene zur Entartung der Rasse? [Sonder-Ausg. des in der Münchener medizin. Wochenschrift veröffentlichten, auf der Generalversammlg. des deutschen Vereins f. Volkshygiene in Dresden am 31. VII. 1903 geh. Vortrags.] (35 S.) gr. 8. Stuttgart 903. E. H. Moritz. n. — 75

— s.: Fürsorgewesen.

— u. A. Weichselbaum, Gutachten üb. die Wirksamkeit v. Asbestfiltern zur Gewinnung v. sterilem Wasser, s. a. Abhandlungen, wissenschaftliche, aus dem k. k. Obersten Sanitätsrathe.

Gruber, Dr. M. und Dr. A. Weichselbaum, Gutachten des k. k. obersten Sanitätsrathes über die Wirksamkeit von Asbestfiltern (nach dem System Breyer) zur Gewinnung von sterilem Wasser. Lex.-8. (34 S.) * —.30
Wien: Hölder 1891.

— Hygiene des Geschlechtslebens, dargestellt f. Männer, s.: Bibliothek der Gesundheitspflege. 13. Bd.

— Hygiene des Ich. (Vortrag, geh. auf dem X. internat. Kongreß gegen den Alkoholismus in Budapest am 12. IX. 1905.) Hrsg. vom deutschen Verein gegen den Mißbrauch geist. Getränke. (24 S.) gr. 8. Berlin 906. Mäßigkeits-Verlag. n. — 50
Sonderabdruck aus: „Deutsche Revue".

GRUBER, Max (Teisendorf): Jahres-Bericht der unter ärztlicher Leitung von Prof. Dr. A.Rothmund jun. stehenden Augen-Klinik in München für das Jahr 1864/65.- Berlin: Reimer 1866. 57 S.- S.-Abdr.aus: Göschens Deutsche Klinik. 1866,10.
28.11.1865 - Urk (Titel: De clinico ophthalmologico Monacensi 1865.); F 71
Diss. Ingolst.-Landsh.-Mchn.

Kolonisation in der Heimat. Vortrag, geh. in d. Generalversammlung d. Deutschen Ver. f. Volkshygiene in Berlin 1907 von Obermed.R. Prof. Dr. Max Gruber, München. 1. Aufl. München & Berlin: R. Oldenbourg 1907. (48 S.) 8° [F.]
—Veröffentlichungen d. Deutschen Vereins f. Volks-Hygiene. H. 14.

Gruber, Max, Kolonisation in der Heimat. 8°. München, Oldenbourg, 1908. (Veröffentlichungen d. Vereins f. Volkshyg., Heft 14.)

— Zehn Lebensläufe Berliner Kontrollmädchen u. zehn Beiträge z. Behandlung d. geschlechtl. Frage. 2. Aufl. — Berlin u. Leipzig: Seemann [1905]. 103 S. 8° (Grossstadt-Dokumente. Bd 23.)

— das Lebensmittelgesetz u. seine Durchführung, s.: Verwaltung, sociale, in Oesterreich. II. 7.

Gruber, Dr. Max, Professor an der Universität in Wien, Pasteur's Lebenswerk im Zusammenhange mit der gesammten Entwicklung der Mikrobiologie. Vortrag, gehalten am 8. November 1895 vor der k. k. Gesellschaft der Aerzte in Wien. Gr.-8. (39 S.) —.48
Wien: Braumüller 1896.

— Mädchenerziehung u. Rassenhygiene, s. a. Schriften des „Freiland".

Gruber, M. v.: Mädchenerziehung und Rassenhygiene. München 1910. 31 S.

— d. bauliche Neugestaltg. d. Wiener medicin. Facultät. [Aus: „Neues Wiener Tagblatt".] gr. 8. (40 S.) Wien 895. F. Deuticke. n. 1. —

Gruber Max: Über Oxydationsprodukte der Protocatechusäure. S. 77. II. 1878 . . . K —.16
Separatabdruck

— Die Pflicht, gesund zu sein, s. a. Schriften des „Freiland".

Gruber, Max v., Die Pflicht gesund zu sein, Vortr., München 1909, 37 S., 8°.

— die Prostitution vom Standpunkte der Sozialhygiene aus betrachtet, s. a. Vorträge u. Abhandlungen, hrsg. vom sozialwissenschaftlichen Bildungsverein in Wien. III.

Gruber, Prof. Dr. Max, Die Prostitution vom Standpunkt der Sozialhygiene aus betrachtet. Vortrag, geh. im sozialwissenschaftlichen Bildungsvereine an der Wiener Universität am 9. Mai 1900. (Aus „Deutsche Worte.") (38 S.) Wien 1900. F. Deuticke in Komm.

Gruber, M. Die Prostitution vom Standpunkte der Sozialhygiene aus betrachtet. 2. Aufl. [Vorträge und Abhandlungen. Nr. III.] Gr.-8°. (47 S.) K 1.—
Wien: Deuticke 1905.

— die Quelle der Muskelkraft, s.: Vorträge d. Vereines zur Verbreitung naturwissensch. Kenntnisse in Wien. 41. Jahrg. 12. Hft.

— das Schreiben Hofrat Prof. Max Grubers an die Redaktion des „Abstinenten" üb. Professor Hueppes Vortrag am österreichischen Brauertag. [Extraausg. des „Abstinent".] (2 S.) 4. Wien 904. Brüder Suschitzky. 100 Stück n.n. 2.—

— Schulärzte. Sammelreferat, hervorgegangen aus der Tätigkeit der Schularztkommission des ärztl. Bezirksvereins München, erstattet in der Sitzg. dieses Vereins am 12. VII. 1905. (24 S.) gr. 8. München 905. Seitz & Schauer. n. 1.—

Ⓑ — Schulärzte. 905. Jetzt: Münch., Verlag d. ärztl. Rundschau.

— üb. Schutzimpfung, s.: Vorträge d. Vereines zur Verbreitung naturwissenschaftlicher Kenntnisse in Wien.

Gruber, Prof. Dr. Max, Ueber Schutz- und Heilserum. Vortrag, gehalten den 5. December 1894. 8. (30 S.) In Comm. —.30
Wien: Braumüller 1895.

Tuberkulose und Wohnungsnot. Referat erstattet der 14. Hauptversammlung d. 'Bundes d. Deutschen Bodenreformer' von Prof. Dr. Max **Gruber**, München. (2. Taus.) Berlin: 'Bodenreform' [1905]. (22 S.) 8° [F. u. Ant.]
— **Zeitfragen**, Soziale. 16.

— s.: Unterricht, der.

Gruber, Max: Die Verunreinigung der öffentl. Gewässer u. die Verhütung derselben in Oesterreich, s. Verwaltung, Sociale, in Oesterreich. II. 6.

— Volkswohlfahrt u. Alkoholismus. [Aus: „Der Alkoholismus, seine Wirkgn. u. seine Bekämpfg."] (32 S.) 8. Berlin 909. Deutscher Verlag f. Volkswohlfahrt. —50

— acht Vorträge aus der Gesundheitslehre, s.: Buchner, H.

— u. Emil **Kraepelin,** Wandtafeln zur Alkoholfrage. 10 farb. Bl. je 79×100 cm. München (907). J. F. Lehmann's Verl. In Mappe 10.—; m. Metalleisten u. Ringen bar 12.—; auf Leinw. m. Ringen 26.—; einz. Taf. 1.50; bezw. 2.— u. 3.—; erläut. Text m. den 10 verklein. Taf. (35 S.) gr. 8. 1.50

Gruber, M., die bacteriolog. Wasseruntersuchung u. ihre Ergebnisse, s.: Vorträge d. Vereines zur Verbreit. naturwissensch. Kenntnisse in Wien.

Vorträge des Vereines zur Verbreitung naturwissenschaftlicher Kenntnisse in Wien. XXX. Jahrgang. Heft 5. Inh.: Prof. Max Gruber, Die bacteriologische Wasser-Untersuchung und ihre Ergebnisse. Vortrag, gehalten den 11. December 1889. 8. (36 S.)
Wien: Hölzel 1890. —.30

Gruber, Max u. Attilio Rella: Die Wasserversorgg. u. Reinigung d. österr. Ortschaften mit 1000 u. mehr Einwohnern, s. Verwaltung, Sociale, in Oesterreich. II. 6.

— **Wohnungsnot u. Wohnungsreform in München.** Vortrag, geh. in der vom allgem Münch. Mieterverein am Dienstag, den 15. XII. 1908 im alten Rathaussaal veranstalteten öffentl. Versammlg. (26 S.) gr. 8. München 909. E. Reinhardt. —60

GRUBER, Max Emanuel (Hemau): Notizen über die operative Thätigkeit auf der chirurgischen Abtheilung des Städt. Krankenhauses l./I. in den Jahren 1878 und 1879.- München: Rieger 1883. 57 S. 13.1.1883 - Urk (Titel: De operationibus chirurgicis in clinica chirurgica nosocomii Monacensis anno 1878/79 factis.); Chr 1882/83,17
Diss.Ingolst.-Landsh.-Mchn.

Gruber, Michael

Gruber, Mich., Darstellung d. forstschädlichen Insekten. Nach ihren Kennzeichen, ihrer Lebens-Oekonomie u. ihrer Schädlichkeit, dann pract. Anleitung zu ihrer Vertilgung. Vollständig in 2 Abtheil. (1. Abthl. enthält die dem Nadelholze schädlichen Arten. 2. Abthl. die dem Laubholze gefährlichen Insekten.) gr. 8. Wien 842. Ign. Klang. 5/12 ₰

Gruber, O., unseres Königs Geburtstag. Festvortrag am 15. Octbr. 1854 gehalten in der Mädchen-Oberschule zu Erfurt. (Erfurt 854. Keyser. 16. (1 Bl., 8 S.) n. 2 ngr

Gruber, Oskar von

Gruber, O. v., u. L. Brunner, Canalisation od. Abfuhr? Eine staatswirthschaftl. Frage, nebst e. neuen experimentell erprobten Vorschlage zur Verarbeitg. der menschl. Excremente. gr. 8. (VIII, 48 S.) Berlin 871. Wiegandt, Hempel & Parey. n. 1.—

GRUBER, OSCAR VON. Ueber Toluol-Schweflige Säure und ihre Zersetzungsproducte. (Göttingen) Greifswald, 1867.

Gruber, P. F., Casus theolog. morales de sacramentis etc. 8. Augsb. Zedler. 755.

Gruber, P. Kaltschmidt-
s. **Kaltschmidt**-Gruber. [10. 1·463

Festrede des Br. [Paul Otto] Gruber, am 19. Febr. 1856. [Erfurt 1856: Ohlenroth.] 15 S. 8° [Kopftit.]
Üb. die ideale (Idee), positive (Symbole, Lehren) u. reale (Betrieb) Seite der Loge Karl. 23.

Gruber, Philibert, Der göttliche Friede zwischen Theologie u. Philosophie während der ersten 6 Jahrhunderte des Christentums. Innsbruck, Rauch, 1800, 8°, 2 Teile.

Gruber, R. Über das Recht des Versicherten auf die Prämienreserve nach dem Entwurf zu einem Gesetz über Versicherungsgesellschaften für das Königreich Norwegen (1897).

Gruber, Richard Ritter von, k. u. k. Hauptmann des Gstbs.-Corps. Geschichte des k. und k. Feld-Jäger-Bataillons Nr. 16, 1849—1899. Anlässlich des 50jährigen Bataillons-Jubiläums verfasst. Mit 5 Textfiguren, 12 Beilagen, 4 Übersichts-Plänen und 15 Skizzen. 8. Wien 1902.

Gruber, Rosalie: Familien-Kochbuch, s. Apel, Louise

Gruber, Rosalie: Vollständiges K o c h b u c h für Hausfrauen und angehende Köchinnen . . . , s. A p e l , Louise

Gruber, Theodor

Gruber, Thdr., die Arten der Gattung „Sarcina". [Aus: „Arbeiten des bakteriol. Instituts der grossh. Hochschule zu Karlsruhe."] gr. 8. (54 S.) Karlsruhe 896. Wiesbaden, O. Nemnich. n. 1. 80

Gruber, Tobias

— Abhandl. über d. Ausdünstung des Wassers im leeren Raume d. Barometers. 8. Dresd. 789. Walther. 4 gr

Physikalische Abhandlung über die Strahlenbrechung und Abprallung auf erwärmten Flächen, von Tob. *Gruber*. Dresden, Walthersche Buchhandlung, 35 S. 4. mit 2 Kupfert. 1787.

Gruber, (Tobias), Abbé: Physikalische und oryktologische aus dem Riesengebirge gesammelte Bemerkungen. 110 S.(S.161 - 270), Tab. Dresden: 1791

s.: Beobachtungen auf Reisen nach dem Riesengebirge. Veranstaltet und herausgegeben von der Königl.Böhm.Gesellschaft der Wissenschaften. Dritte Abtheilung.

Gruber, Tobias. Briefe hydrographischen und physikalischen Inhalts aus Krain ... Wien 1781. H: *Born, Ignaz Edler von.* (BrMm)

Gruber T.: Briefe hydrographischen u. physikalischen Inhalts aus Krain an I. v. Born. Wien 1781. 159 S. Fig.

Gruber, Tob., († d. 31. März 1806.) Briefe hydrograph. u. physikal. Inhalts aus Krain. Mit 3 Kpf. u. 29 Vign. gr. 8. Wien 781. (Heubner). 1 Thlr 8 gr

Gruber, Tob., Briefe hydograph. u. physikal. Inhalts a. Krain. m. K. gr. 8. Wien, Camesina. (a. Sommer in Leipz.) 781.

GRUBER Tobias. Denkschrift über Große und Ruhm . . . von –. o. V., Prag 1792 1 vol. 38 S.

— krit. Uebersicht d. Linearperspektive. Mit 9 Kpf. gr. 8. Prag 804. Widtmann. 20 gr Hrbg. Pr. 16 gr Neue Bearbeit. unter d. T.: Unterricht in d. Fernkunde, od. krit. Uebersicht d. Linearperspektive nach den strengsten Beobachtt. der Natur, zur Vereinfachung u. Versinnl. d. Unterrichts f. angehende Künstler etc. Mit 9 Kpst. Für d. Abhandll. d. k. böhm. Gesellschaft d. W. gr. 8. Ebd. 831. v. Mayregg. 1 Thlr

Gruber, Tob., theoret.-prakt. u. zugleich gründl. u. leicht faßl. Unterr. in d. Fernkunde, od. krit. Uebersicht d. Linearperspektive nach d. strengsten Beobachtn. d. Natur, z. Vereinfachung u. Versinnlichung d. Unterr. f. angeh. Künstler etc. M. 9 Kpfrt. (gr. 4.) Für d. Abhandln. d. k. böhm. Gesellsch. d. Wissenschn. gr. 8. (7 B.) Prag 831, v. Mayregg.
Ist eine neue Bearbeitung v. dess. „krit. Uebersicht d. Linearperspective." gr. 8. Prag, Widtmann. 1804. 20 Gr.

Gruber, Wenzel, Abhandlungen aus der menschlichen und vergleichenden Anatomie. gr. 4. (VIII und 160 S. mit 11 Stnt.) St. Petersburg 852. (Leipzig, Voss.) **

Gruber, Wenzel, vier Abhandlungen aus dem Gebiete der medic.-chirurg. Anatomie. Mit 5 lith. Taf. gr. 8. (VI u. 103 S.) Berlin 847, Förstner. $1\frac{1}{2}$ Thlr

Gruber, W. Über den Acromialknochen und das accidentelle Acromialgelenk des Menschen. 1859.

Gruber, Wenzel: Menschliches A n a l o g o n der thierischen Vagina nervi trigemini ossea am Felsenbeine,
s. M é m o i r e s de l'Acad. Imp. des Sciences de St.-Petersbourg.

Gruber, Wenzel, A n a t o m i e der Eingeweide des Leoparden (Felis Leopardus) mit vergleichenden Bemerkungen über andere Felis-Arten. Mit 4 (lith.) Taf. (Aus d. Mémoires des Savants étrangers abgedr.) St. Petersburg (854). (Leipzig, Voss.) gr. 4. (50 S.) nn. 20 ngr

—— Anatomie der Eingeweide des Leoparden (Felis Leopardus) mit vergleichenden Bemerkungen über andere Felis-Arten. gr. 4. (50 S. mit 4 Stnt.) St. Petersburg, 855. (Leipzig, Voss.) **

Gruber, Wenzel: Anatomie eines Monstrum bicorporeum eigenthümlicher (Thoraco-gastro-Didymus). 52 S., gbd., 6 Taf.

Prag: Ehrlich 1844

JB 881

— neue Anomalien als Beiträge zur physiolog., chirurg. u. patholog. Anatomie. Mit 7 (lith.) Taf. gr. 4. (VI u. 56 S.) Berlin 849, Förstner. n. $1\frac{5}{6}$ Thlr

Gruber, Wenzel: A u s z u g aus einem Schreiben an den Akademiker Brandt.
St. Petersburg 1859.

Gruber, Wenzel: B e i t r ä g e zur Anatomie des Keilbeines,
s. M é m o i r e s de l'Acad. Imp. des Sciences de St.-Petersbourg.

—— Beiträge zur Anatomie, Physiologie u. Chirurgie. 1. Abthl. gr. 4. ($8\frac{3}{4}$ B. u. 4 Taf.) Prag 846. (Ehrlich.) *

—— Beiträge zur Anatomie, Physiologie, Chirurgie etc. 2. Abthl., enth. die Monographie eines merkwürd. osteosclerotischen Kopfes des anatom.-physiolog. Museums in Prag. gr. 4. (118 S. mit 4 Stnt.) Prag 848, (Ehrlich.) *
Aus: Abhandlungen der k. böhm. Gesellschaft der Wissensch. 5. Folge. 5. Bd., besonders abgedruckt.
1. Abthl. Ebendas. 1846. * 1 Thlr.

— Beiträge zur Anatomie, Physiologie, Chirurgie etc. 2. Abth., enth. die Monographie e. merkwürd. osteosclerotischen Kopfes des anatom.-physiolog. Museums in Prag. Mit 4 (lith.) Tafeln. [Aus den Abhandlungen d. k. böhm. Gesellschaft d. Wissensch. V. Folge, Bd. 5. abgedr.] gr. 4. (118 S.) Prag 851, Ehrlich in Comm. n. 1 Thlr

Gruber, Wenzel, Beiträge zur Anatomie des Schädelgrundes, s. Mémoires de l'acad. impér. des sciences de St.-Pétersbourg.

Gruber, Wenzel, Beobachtungen aus der menschlichen und vergleichenden Anatomie. 1. und 2. Heft. gr. 4. (IV, 75 S. mit 5 lithogr. Taf.; IV, 88 S. mit 5 lithogr. Taf.) Berlin 879, Hirschwald. à Heft * M 8. *

Gruber, Wenzel, Beobachtungen aus der menschlichen und vergleichenden Anatomie. 3. und 4. Heft. gr. 4. Berlin, Hirschwald. [3. Heft. (V, 61 S. mit 4 Kpfrtaf.) 882. ℳ 6.; 4. Heft. (VII, 22 S. mit 1 Kpfrtaf.) 883. ℳ 3.]
1. und 2. Heft. Ebendas. 1879. à ℳ 8.

—— dass. — 5. Heft: Monographie über den Musculus ulnaris digiti V. und seine Reductionen auf einen supernumerären Radialbau und auf eine Handrückensehne des Musculus ulnaris externus und deren Homologie. gr. 4. (VIII, 32 S. mit 1 Tab. und 2 Kpfrtaf.) Ebendas. 884. *

Gruber, Wenzel, Beobachtungen aus der menschlichen und vergleichenden Anatomie. 6.—8. Heft. gr. 4. Berlin, Hirschwald. *

Inhalt:

Heft 6. Monographie über den Musculus extensor digiti indicis proprius und seine Varietäten bei dem Menschen und den Säugethieren. (V, 70 S. mit 1 Tab. und 4 Kpfrtaf.) 885. ℳ 6.—.

» 7. I. Ueber die anomalen Epiphysen am Os metacarpale I., Os metacarpale II. et Os metatarsale I. vom 7. Lebensjahre aufwärts. — II. Monographie über den Musculus extensor proprius digiti medii bei dem Menschen und bei den Säugethieren. — III. Monographie über den Musculus peroneus digiti V. und seine Reductionen etc. (III, 82 S. mit 3 Tab. und 5 Kpfrt.) 886. ℳ 9.—.

» 8. Monographie über den normalen Musculus flexor brevis digiti V. pedis und über den seltenen anomalen Musculus opponens digiti V. pedis [metatarsi V.] beim Menschen und bei den Säugethieren. Zurückweisung der Aufstellung des Musculus opponens digiti V. pedis wie e. Muskel der Norm. (27 S. mit 1 Tab. [4 Fig.]) 887. ℳ 4.—.

1.—5. Heft. Ebendas. 1879—84. ℳ 29.—.

Gruber, Wenzel (Leop.) Beobachtungen aus der menschlichen u. vergleichenden Anatomie. 9. Heft. Mit 4 Taf. [81 Fig.] gr. 4. (IV, 52 S.) Berl. 889, Hirschwald. * 6 —
1.—8. Heft. Ebd. 1879—87. * 48 —.

— über die männliche Brustdrüse u. über die Gynaecomastie, s. Mémoires de l'acad. impér. des sciences de St.-Pétersbourg.

Gruber W.: Ueber die männliche Brustdrüse u. über die Gynaecomastie. St. Petersb. 1866. 32 S. 1 Tvl. 4°.
(Mém. de l'Ac. imp. d. sc. de St. P. Sér. 7. Tome 10. No. 10).

Gruber, Wenzel: Die supernumerären Brustmuskeln des Menschen, s. Mémoires de l'Acad. Imp. des Sciences de St.-Petersbourg.

— die Bursae mucosae der Spatia intermetacarpo-phalangea et intermetatarso-phalangea. (Aus. d. Mémoires des Savants étrangers abgedr.) St. Petersburg 858. (Leipzig, Voss.) gr. 4. (31 S.) nn. 13 ngr

—— über den anomalen Canalis basilaris medianus des Os occipitale beim Menschen, s. Mémoires de l'Académie impériale des sciences de St.-Pétersbourg.

—— üb. die durch Wassersucht bedingte krankhafte Erweiterung des zwischen dem Musculus gastrocnemius internus, dem Musculus semimembranosus u. d. Kniegelenkskapsel gelagerten Schleimbeutels in chirurg.-anat., chirurg.-diagnostischer u. operativer Beziehung. gr. 4. (4½ B. u. 2 Taf.) Leipzig 846, G. Wigand. Thlr.

— über die Halsrippen des Menschen mit vergleichend-anatomischen Bemerkungen, s. Mémoires des l'acad. impér. des sciences de St.-Pétersbourg.

—— über den seitlichen Hermaphroditismus, s. Mémoires de l'acad. imp. des sciences de St.-Pétersbourg.

— Über die Infraorbitalkanäle bei dem Menschen u. bei den Säugethieren. St. Petersb. 1874. 27 S. 2 Tvl. 4°.
(Do. Sér. 7. Tome 21. No. 10).

Gruber, W., üb. die Infraorbitalkanäle bei dem Menschen u. bei den Säugethieren,
— über das 1. Intermetatarsalgelenk d. Menschen.
} s. Mémoires de l'académie impériale des sciences de St.-Pétersbourg.

Gruber, Wenzel: Über den Infraorbitalrand bei Ausschliessung d. Maxillare superius von seiner Bildung beim Menschen, s. Mémoires de l'académie impériale des sciences de St.-Pétersbourg.

— die Kniescbleimbeutel (bursae mucosae genuales). Eine Monographie. Mit 14 Abbildgn. auf 3 (lith.) Taf Prag 857. Ehrlich. gr. 4. (VI, 30 S.) n. 1 ℛ 10 ngr

Gruber, Wenzel: Menschliche Missbildung mit Spaltungen an der Rücken- und Bauchfläche und noch anderen Deformitäten. 14 S., gbd., 3 Taf.

St. Petersburg: Kaiserliche Akademie der Wissenschaften 1849
aus: Mémoires des savants étrangers. T. VI.

JB 882

—— Missbildungen, s. Mémoires de l'acad. imp. des sciences de St.-Pétersbourg.

Gruber, W. Mittheilung über die Oberschulterhakenschleimbeutel (Bursae mucosae scapulares supracoracoideae). 1859.

—— Monographie der Bursae muscosae cubitales, s. Mémoires de l'académie impér. des sciences de St.-Pétersbourg. 7. Série. Tome X, Nr. 7.

— Monographie des canalis supracondyloideus humeri und der processus supracondyloidei humeri et femoris der Säugethiere und des Menschen. Mit 3 (lith.) Taf (Aus d. Mémoires des Savants étrangers.) St. Petersburg 856. (Leipzig, Voss.) gr. 4. (78 S.) nn. 1 ℛ 10 ngr

Gruber, Wenzel: Monographie über das Corpusculum triticeum u. über die accidentelle Musculatur der Ligamenta hyo-thyreoidealateralia, s. Mémoires de l'académie imperiale des sciences de St.-Pétersbourg.

Gruber, Wenzel: Monographie über das zweigetheilte erste Keilbein der Fusswurzel – os cuneiforme I. bipartitum tarsi – beim Menschen, s. Mémoires de l'académie impériale des sciences de St.-Pétersbourg.

— Monographie üb. das zweigetheilte Jochbein os zygomaticum bipartitum bei dem Menschen u. den Säugethieren u. Bericht üb. die Leistgn. der prakt. Anatomie an der medico-chirurg. Akademie in St. Petersburg in den J. 1858/59—1871/72. Mit e. lith. Taf. gr. 4. (IV, 67 S.) Wien 873. Braumüller. n. 4.—

— Monographie d. Musculus flexor digitorum brevis pedis u. der damit in Beziehung stehenden Plantarmuskulatur bei dem Menschen u. bei den Säugethieren. [Aus: „Denkschr. d. k. Akad. d. Wiss."] Imp.-4. (88 S. m. 2 Taf.) Wien 889. (Tempsky.) n. 2. 80

Gruber, Wenzel: Monographie über die aus wahren [hyalinischen] Cartilagines praeformirten Ossicula sesamoidea in den Ursprungssehnen der Köpfe des Musculus gastrocnemius bei dem Menschen und bei den Säugethieren,
s. Mémoires de l'Académie impér. des sciences de St.-Pétersbourg.

—– die Musculi subscapulares (major et minor) und die neuen supernumerären Schulter-Muskeln der Menschen. Imp.-4. (40 S. mit 4 Stnt., 22 Fig. enthaltend.) St. Petersburg 857. Leipzig. Voss. **
Aus: Mémoires des Savants étrangers, Tom. VIII, besonders abgedruckt.

Gruber, Wenzel: Über den Musculus anconeus d. Menschen, s. Mémoires de l'académie impériale des sciences de St.-Pétersbourg.

— über den Musculus epitrochleo-anconeus, s. Mémoires de l'académie impér. des sciences de St.-Pétersbourg. 7. Série. Tome X, Nr. 5.

Gruber W.: Ueber den Musculus epitrochleo-anconeus d. Menschen u. d. Säugethiere. St. Petersb. 1866. 26 S. 3 Tvl. 4°.
(Do. Sér. 7. Tome 10. No. 5).

—– die Oberschulterhakenschleimbeutel, s. Mémoires de l'académie imp. des sciences de St.-Pétersbourg.

— über den Sinus communis etc., s. Mémoires de l'académie impér. des sciences de St.-Pétersbourg. 7. Série. Tome VII, Nr. 2.

Gruber W.: Ueber den Sinus communis u. die Valvulae d. Venae cardiacae u. üb. die Duplicität d. Vena cava superior bei dem Menschen u. den Säugethieren. St. Petersb. 1864. 82 S. 2 Tvl. 4°.
(Mém. de l'ac. imp. d. sc. d. St.-P. Sér. 7. Tome 7. No. 2).

— über das Spatium intraaponeuroticum suprasternale und dessen sacci coeci retro-sternocleidomastoidei, s. Mémoires de l'académie impér. des sciences de St.-Pétersbourg. 7. Série. Tome XI, Nr. 11.

Gruber W.: Ueber das Spatium intraaponeuroticum suprasternale u. dessen Sacci coeci retro-sternocleidomastoidei. St. Pétersb. 1867. 11 S. 2 Tvl. 4°.
(Mémoires de l'Académie imp. des sciences de St. Pétersbourg. 7. sér. Tome 11. Nr. 11).

Gruber, Wenzel: Über den Stirnfontanellknochen, s. Mémoires de l'académie impériale des sciences de St.-Pétersbourg.

— über einen neuen secundären Tarsalknochen — s. Mémoires de l'Académie impériale des sciences de St. Pétersbourg.

— über die Varietäten des Musculus palmaris longus, s. Mémoires de l'académie impér. des sciences de St.-Pétersbourg. 7. Série. Tome XI, Nr. 14.

Gruber, Wenzel: Über die Verbindung der Schläfenbeinschuppe m. dem Stirnbeine,
s. Mémoires de l'académie impériale des sciences de St.-Pétersbourg.

Gruber von Grubenfels, Karl Anton, s. Buttler's Hudibras.

Gruber v. Grubenfels, Karl Ant., Elegia et Epigraphica. 4. Poson. 805. Belnay. 10 Kr

— fasti triumphales. 4. Berl. 814. (Rücker). 8 Kr (Rein in Leipz.) 6 Kr

Gruber, C. A., Fasti triumphales. 4. Lips. Rein. 815. -

Gruber, Karl Ant., die Försterfamilie. 8. Wien 802. Cammer. (Pichler). 10 Kr

GRUBER VON GRUBENFELS, CARL ANTON: Freuden-Empfindung bei Gründung des Kirchenmusik-Vereins an der Dom- und Stadt-Pfarrkirche zum heiligen Martin in der königl. freien Krönungsstadt Pressburg, ausgesprochen von Carl Anton von Gruber Pressburg (1836). - 4°

Gruber, Car. Ant. a, Historia linguae Ungaricae. 8. (8 B.) Posonii 830, Landes.

— Hymnus an Pallas-Athene. 8. Wien 802. Pichler. 12 Kr

— — dasselbe. 8. Presburg, Belnay.
engl. Velinp.

— Hymnus an Pannonia. 8. Wien 804. Pichler. 8 Kr

GRUBER, Carl Ant. v., Das Ideal. (Roman.) Penig 1804, bey F. Dienemann u. Comp. — *A. E.:* Chemnitz, gedr. bei C. G. Kretschmar.
Tit. u. 232 S. (incl. 1 Bl. Vorb.). In Briefen, theilweise etwas frei.

— das Ideal. 8. Penig 804. Dienemann. (Leich in Leipz.) 18 Kr

Gruber, C. v. Grubenf., Idyllen. 8. Presb. (Mahler u. Kaven, Altona.) 794.

— Idyllen. 8. Altona 794. 2e verb. Aufl. 12. Wien 800. (Mahler in Preßb.) 10 Kr

— Vanina Ornano; e. Tragödie in 5 Akt. 8. Pesth. 811. Leyrer.

Gruber von Grubenfels, Karl Anton, s. Phädrus: Neu entdeckte Fabeln.

Gruber v. Grubenfels, Karl Ant., das Osmanische Reich. Geograph.-statist. u. geschichtl. dargestellt. Mit 1 Karte. 8. Wien 812. Gerold. 1 ℔ Hbg. Pr. 16 Kr

Gruber v. Grubenfels, Karl Ant., Saul. Tragödie in 5 A. gr. 8. Wien 819. Beck. 16 Kr

— Spaetlinge. (Gedichte.) breit 12. (4 B.) Pressburg 832. (Wien, Wallishausser.)

— Torquato: Tasso. Ein Roman. 8. Penig 805. Dienemann. (Leich in Leipz.)

— s. Versuche, dramatische.

— dramat. Versuche. 8. Presb. (Sommer in Leipz.) 807.

Grueber, Bernhard

Grueber, Bernh., allgemeine Baukunde. Zum Gebrauche für Techniker, Beamte u. Werkleute sowie für den Unterricht bearb. 1. Thl. A. u. d. T.: Die Baumaterialien-Lehre. Mit Holzschn. Berlin 863. Ernst & Korn. Lex.-8. (XVIII, 301 S.) n. 1 ß 10 ngr.

— die mittelalterliche Baukunst. 1. Thl. Die Ornamentenlehre in chronol. Auswahl der vorzügl. Verzierungsformen vom 9. Jahrh. bis in die Blütezeit des deutschen Baustyles. Mit 49 Taf. 2. Thl. Die Construktionslehre. Enth. die alten Meisterregeln, die Pfeiler- u. Säulenstellungen, d. Grundrisse u. die Verhältnisse. gr. Med.-$\frac{1}{2}$Fol. Ebd. 840, 41. à 8 ß

Grueber, Bernh., deutsche Bauverzierungen v. Gebäuden aus d. 13. u. 14. Jahrh. in Bayern. Auf Stein gez. v. J. A. Sterzer. Roy.-Fol. (6 Bl. u. 2 Bl. Text.) München 836, Hermann. *

Gruber, B., deutsche Bauverzierungen von Gebäuden aus dem 13. u. 14. Jahrhundert in Bayern. Auf Stein gezeichnet von F. A. Sterzer. (6 Bl. u. 2 Blatt Text.) Roy.-Fol. München 836. Hermann. (Leipzig, Rud. Weigel.) $2\frac{1}{4}$ ß

— der Dom zu Regensburg. Fol. (2 Stahlst. u. 1 B. Text.) Regensburg 843, Manz. *

Grueber, Bernh., Donaupanorama von Linz bis Wien. Gezeichn. im Vogelperspective. In Stahl gest. v. H. Winkles. 1 Bl. in Stahlst. (111$\frac{1}{2}$ Zoll lang u. 15$\frac{1}{2}$ Zoll breit.) Regensburg 846, Manz.

— dass. Von d. Einmündung des Ludwigs-Kanals bis Linz. 1 Bl. in Stahlst. (124$\frac{1}{2}$ Zoll lang u. 15$\frac{1}{2}$ Z. breit.) Ebds. 846.

— dass. Von d. Einmündung des Ludwigs-Kanals bis Wien. 1 Blatt in Stahlst. (214$\frac{1}{2}$ Zoll lang u. 15$\frac{1}{2}$ Zoll breit.) Ebds. 846. *

Grueber, Bernh., Donaupanorama von Ulm bis Wien. Gezeichnet im Vogelperspective. In Stahl gestochen von H. Winkles. Fol. Regensburg 847, Manz. n. $6\frac{1}{2}$ ß

— dass. von Ulm bis Regensburg. Fol. Ebd. 847. n. $2\frac{1}{6}$ ß

Grueber, Bernh., die Elemente der Kunstthätigkeit erläutert. gr. 8. (IX, 290 S. m. eingedr. Holzschn.) Leipzig 875. Brockhaus. n. 6. —

Grueber, Bernhard (kgl. Lehrer des Architektur-Ornamenten-Zeichnens) „Die künstlichen Gewerbe in ihrer Ausübung durch Handwerker und durch Fabrikanten". pg. 3—8. 4°. Stadtamhof, Joseph Mayr.
Regensburg, Progr. 1840/41

Grueber, Bernh., die Hauptperioden der mittelalterlichen Kunstentwicklung in Böhmen, Mähren, Schlesien und den angrenzenden Gebieten. Lex.-8. (IV, 44 S.) Prag 871. (Leipzig, Brockhaus' Sortiment und Antiquarium.) *
Aus: Mittheilungen des Vereins für Geschichte der Deutschen in Böhmen, besonders abgedruckt.

Die Kaiserburg zu Eger und die an dieses Bauwerk sich anschließenden Denkmale. Aufgen. u. beschr. von Bernhard Grueber. Mit 19 lith. Abb. — Prag: Calve in Comm.; Leipzig: Brockhaus in Comm. 1864. 67 S. 4°
(Beiträge z. Gesch. Böhmens. Abt. 3, Bd. 2.)

Grueber, Professor Bernhard, Die Kathedrale des heiligen Veit zu Prag und die Kunstthätigkeit Kaiser Karl IV. Eine architektonisch-archaeologische Studie. (Sonder-Abdruck aus den technischen Blättern, Vierteljahrsschrift des deutschen Ingenieur- und Architekten-Vereines in Böhmen, I. Jahrgang I.—III. Heft.) gr. 8. (67 S.) Prag, Calve'sche U.-B. (O. Beyer.) in Comm. 1870. 1 fl

— die Kunst des Mittelalters in Böhmen. Nach den bestehenden Denkmalen geschildert. Hrsg. mit Unterstützung des k. k. Ministeriums für Cultus und Unterricht von der k. k. Central-Commission für Erhaltung der Baudenkmale. 1. Thl.: Der romanische Styl, beiläufig von 1070—1230. 1.—4. Lfg. gr. 4. (VI, 108 S. mit eingedr. Holzschn.) Wien 871,72, (Gerold's Sohn.) à Lfg. * ℳ 2. *

— dass. — 2. Thl.: Die Zeit des Uebergangsstyles und der Frühgothik [1230—1310]. 5.—9. Lfg. gr. 4. (131 S. mit eingedr. Holzschn. und 3 Stnt.) Ebendas. 873,74. à Lfg. * ℳ 2. *

— die Kunst des Mittelalters in Böhmen nach den bestehenden Denkmalen geschildert. Hrsg. auf Kosten des k. k. Ministeriums für Cultus und Unterricht durch die k. k. Central-Commission für Erforschung und Erhaltung der Kunst- und histor. Denkmale. 3. Thl.: die Periode des Luxemburg. Hauses 1310—1437. 6 Lfgn. Imp.-4. (167 S. mit eingedr. Holzschn., 2 Holzschn.- und 6 Stnt.) Wien 876,77, (Gerold's Sohn.) à Lfg. * ℳ 2. *

— dass. — 4. Thl.: Die Spätgothik, 1310—ca. 1600. 7 Lfgn. Imp.-4. (VI, 218 S. mit eingedr. Holzschn. und 1 Stnt.) (Ebendas.) 877—79.
1.—5. Lfg. à * ℳ 2.; 6. und 7. Lfg. à * ℳ 4. *
1. und 2. Thl. Ebendas. 1871—74. * ℳ 18.

Grueber, Bernh., Panorama der Donau von Ulm bis Wien. Aufgen. u. gez. . . . [1853?]
(Br. Mus.)

— Regensburg und seine Umgebungen. Geschildert u. in Abbild. 1. Heft. Fol. (5 Stahlst. u. Text.) Ebend. 843. n. $2\frac{1}{6}$ ß — Daraus apart: der Dom zu Regensburg. Fol. (2 Stahlst. u. Text.) Ebend. 843. n. $1\frac{1}{6}$ ß — Walhalla. Fol. (2 Stahlst. u. Text.) Ebend. 843. n. $1\frac{1}{6}$ ß

— vergleich. Sammlungen f. christl. Baukunst. 2 Thle. Fol. (19 B. u. 99 Stnt.) Augsburg 839, 41, Zanna u. Comp. *

— s. Stift, das, des heil. Johannis des Täufers in Monza.

(—) das Stift d. heil. Johannes d. Täufers in Monza. (Ein Beitr. z. Gesch. Theudelindas v. Bayern, u. d. Kunstbildung ihrer Zeit.) M. 11 Lithogr. gr. 4. (3 B.) Regensburg 840, (Pustet'sche Buchh.) *

— u. Adalb. Müller, d. bayerische Wald (Böhmerwald). Illustr. u. beschrieben. gr. 8. ($24\frac{7}{8}$ B., 37 Stahlst. u. 1 Musikbeil.) Regensburg 846, Manz. *

Grueber, Bernh., und Adelbert Müller, der bayrische Wald (Böhmerwald). Illustrirt und beschrieben. 2., verm. Aufl. 8. (IV und 419 S. mit 37 Stahlst., 1 Musikbeilage, Reiserouten und 1 in Stahl gest. und ill. Karte in gr. 4.) Regensburg 851, Manz. *

— Walhalla. Fol. (2 Stahlst. u. $2\frac{1}{2}$ B. Text.) Regensburg 843, Manz. *

Grueber, Bernh., die Wallfahrtsbilder zu Polling und Ettal, ihre Verehrung und künstler. Bedeutung. Ein Beitrag zur Kunstgeschichte Bayerns. gr. 8. (36 S. mit 2 Holzschn.-Abbild.) Regensburg 882, Manz. *

— allgem. Zeichnungsschule zum Gebrauch für Gewerbeschulen. 13 Hft. Vorlegeblätter zur Figurenzeichnung (13 Steintaf.) gr. 4. Regensburg 834. Reitmayr. $\frac{1}{4}$ ß

Grueber, Eman., Bern. Dissertatio de dispositione cataractae.
Basel, med. Diss. 1707.

Ludwig Arndts, R[r] v. Arnesberg. Zur Erinnerung an d. 100 j. Wiederkehr s. Geburtstages ⟨1903⟩. Von Dr. jur. Erwin Grueber, Prof., München. *München: (J. G. Weiß) 1904.* (25 S.) 8° [Fr.]
Aus: Hist.-polit. Blätter. Bd 134.

Grueber, Erwin (Hrsg.), s. Arndts, Ludwig: Juristische Encyclopädie und Methologie.

Grueber, Erwin, üb. den Einfluss der Eigenthumsklage auf die Ersitzung nach römischem Rechte. Eine historisch-dogmat. Abhandlg. gr. 8. (45 S.) München 875. Th. Ackermann. n. 1. 20

Grueber (B.) Erwin. M. A., Einführung in die Rechtswissenschaft. Eine jurist. Enzyklopädie u. Methodologie. (VIII, 174 S.) 8. Berlin 908. O. Häring. Geb. in Leinw. 3. —

Grueber, Erwin. Das römische Recht als Theil d. Rechtsunterrichtes an den englischen Universitäten, s.a. Zeit- u. Streit-Fragen, deutsche. 48.

Grüber E, das römische Recht als Teil des Rechtsunterrichts an englischen Universitäten. (Zeit- und Streitfragen, Deutsche Neue Folge 48) Hamburg 1889

GRUEBER, Erwin (Arnsberg): Versuch einer Erklärung der L.9.§.1.D.de jure dotium.- München: Ackermann 1874. 56 S.
14.3.1874 - Urk (Titel: Interpretationis L. 9 § 1 D de jure dotium specimen.); Chr 1873/74,14
Diss.Ingolst.-Landsh.-Mchn.

Grueber, Erwin, Versuch einer Erklärung der L. 9. §. 1. D. de jure dotium. gr. 8. (86 S.) München 874, Th. Ackermann. *

— Die Vorbildung der Juristen u. ihre Reform. (19 S.) gr. 8. Nürnberg (910). U. E. Sebald. — 50
Sonderabdr. aus: „Seuffert's Blätter f. Rechtsanwendg."

Grüber, Frz., Pinsel-Spiele. Hochinteressante. belehr. u. belustig. Beschäftigg. m. Pinsel u. Farbe f. Klein u. Gross, f. Schule u. Haus. (In 3 Tln.) I. Tl. Der Pinseldruck. Die einfachste Form des Pinseldruckes als Ausgangspunkt zur Darstellg. e. Fülle v. Lebensformen. (10 Bl. m. Text auf dem Umschlag.) qu. 8. W.-Jena (906). Thüringer Verlags-Anstalt. n. 1. —

Grüber, Frz., Pinsel-Spiele. Belehrende u. belustig. Unterhaltg. u. Beschäftigg. m. Pinsel u. Farbe im Dienste der Kunsterziehg. u. Kunstübg. Für jung u. alt, f. Schule u. Haus. I. Tl.: Pinseldruck. (3 Hefte.) 2 u. 3. Heft. 18,5×24,5 cm. W.-Jena. Chemnitz-Gablenz Thüringer Verlags-Anstalt. à 1 —
2. (10 z. Tl. farb. Taf. m. Text auf der Rückseite u. d. Umschlag.) (906).
3. Das Pinselblockieren als beste Grundlage f. die Darstellg. bewegl. Lebensformen u. f. das Phantasiezeichnen. (10 z. Tl. farb. Taf. m. Text auf der Rückseite u. dem Umschlag.) (907).

Grüber, Frz., Pinsel-Spiele. Belehrende u. belustig. Unterhaltg. u. Beschäftigg. m. Pinsel u. Farbe im Dienste der Kunsterziehung u. Kunstübung. II. Tl. 1—3. Heft: Zwei neue Blockierverfahren z. Darstellg. v. bewegl. Lebensformen f. das Gedächtnis- u. Phantasiezeichnen. (à 10 Taf. m. Text auf der Rückseite u. dem Umschlag.) 18,5×24 cm. W.-Jena (907—09). Chemnitz-Gablenz, Thüringer Verlags-Anstalt. à 1. —

— dasselbe. 7. Heft. Die menschl. Figur in Pinselflocken. (12 Taf. m. Text auf dem Umschlag.) 20×24 cm. Chemnitz-Gablenz (910). Thüringer Verlagsanstalt. 1. —

Grüber, F., der Zeichenprüfer f. Freihandzeichner. Ausg. A. 1 Blatt aus Gelatine m. 1 Bl. Text. gr. 8. Suhl 892. (Schleusingen, H. Adler.) n. — 25; Ausg. B. aus Celluloid n. — 40

GRUEBER, Franz Carl, Satirische (meist derbkomische) Gedichte zu unschuldigem Zeitvertreib. Deutschland (Mayr in Salzburg: gedruckt bei Wagner in Ulm) 1790. 8°. (3 Mk. 30 Pfg. Taussig, 1907.)
72 S. (incl. Tit. mit typ. Ornament: Pegasus, u. 1 Bl. Vorr). Lat. Lett. — Ebeling III, 420.

Grüber, F. K. A., satyr. Gedichte z. unschuld. Zeitvertreib. 8. Leipz. Gräff. 790.

Remscheid. Führer durch Stadt u. Umgebung. Mit e. Einl. über d. Geschichte Remscheids u. d. Bergischen Landes ... bearb. von Oberturnlehrer K. **Grüber** u. Prof. P[aul] Hohlstein. Remscheid: Verkehrs- u. Verschönerungs-Verein [1910]. 275 S. 8° [10. 5394

Grüber, K., u. P. Hohlstein, Remscheid. Führer durch Stadt u. Umgebg. Mit e. Einleitg. üb. die Geschichte Remscheids u. des Berg. Landes. Im Auftrage des Remscheider Verkehrs- u. Verschönerungsvereins bearb. (275, VI u. VIII S. m. 1 eingedr. Kartenskizze, Abbildgn., 1 Taf., 1 farb. Titelbild, 1 farb. Karte u. 2 farb. Plänen.) 8. Remscheid (910). (W. Witzel.) Geb. nn 1. 50

Karl Johann R[r] v. **Grueber.** Lebenserinnerungen eines Reiteroffiziers vor hundert Jahren. Hrsg. von s. Neffen Fr. v. St. Wien: L. W. Seidel & Sohn 1906. (VII, 223 S.) 8° [F.] [06. 3931

Grueber, Oskar von

(Grueber v.): Methoden z. Untersuchung d. Kunstdüngemittel. 2. verb. Aufl. Berl. 1898. 41 S. P.

Die Superphosphatfabrikation. Von Dr. (Oskar) R[r] v. **Grueber.** Halle: W. Knapp 1907. (83 S.) 8°
= **Monographien** über chem.-techn. Fabrikationsmethoden. Bd 5. [07. 6680 3

Grueber, P. J., Predigten von d. Almosen. 8. Grätz 804. Ferstl. 16 gr. Hbg. Pr. 12 gr.

Grubert, Adam: Die Siedelungen am Maindreieck. Stuttgart 1909: Union. 90 S. 8° ¶(Ersch. vollst. als: Forschungen z. dtsch. Landes- u. Volkskunde. Bd 18, H. 1.)
Würzburg, Phil. Diss. v. 1. März 1909, Ref. Regel
[Geb. 28. Juli 82 Ochsenfurt; Wohnort: Nürnberg; Staatsangeh.: Bayern; Vorbildung: Realgymn. Würzburg Reife Juli 02; Studium: Würzburg 8 S.; Rig. 23. Juli 08.] [U 09. 4163

Grubert, Adam: Die Siedelungen am Maindreieck. Mit 2 Textabb. Stuttgart: Engelhorn 1909. 102 S. 8°.
(Forschungen z. deutschen Landes- u. Volkskunde. Bd 18, H. 1.)

Grubert, Edgar, e. Beitrag zur Physiologie d. Muskels. gr. 8. (26 S.) Dorpat 883. (Karow.) n. — 50

Grubert, Edwin, der sachverständige Reisebegleiter. Ein Handbuch zum Verständnis der Naturerscheingn. u. der wichtigsten Verkehrsmittel der Neuzeit. Mit üb. 100 Textfig. (X, 260 S.) kl. 8. Hannover 909. Bremen, Hansa-Verlag. (Urspr. Pr. 5.—; geb. in Leinw. 5. 50)

Amor im Kontor! Lustspiel in 1 Akt von Otto **Grubert.** Paderborn: F. Schöningh [1904]. (18 S.) 8° [F.]
= **Dilettanten-Theater.** N. F. 8. [05. 1066

— der Armenarzt od. Schnelle Hilfe wirkt doppelt, s.: Heidelmann's, A., Theaterbibliothek. 131. Hft.

Durch Dunkel zu hellichtem Tag. Orig.-Schauspiel von Otto Grubert. Kempen (Rh.): Klöckner & Mausberg [1904]. (78 S.) 8° [F.]
— Theater-Bibliothek. H. 33. [o4. 5403

— durch Dunkel zu hellichtem Tag. Orig.-Schauspiel (in 4 Aufzügen). (78 S.) 8. Kempen (904). Thomas-Druckerei u. Buchh. n. 1. 25

Geld ist die Loosung. Schwank in 1 Akt von Otto Grubert. *Paderborn: B. Kleine [1902].* (19 S.) 8° [F.]
— Theater, Kleines. H. 322. [o3. 9037

Grubert, Otto, am Johannistage, s.: Theater, kleines.

Lehrt uns nur die Weiber kennen. Lustspiel in 2 Akten von Otto Grubert. *Paderborn: B. Kleine [1903].* (31 S.) 8° [F.]
— Theater, Kleines. H. 341.

— Liebesgaben, s.: Arbeiter-Bühne. Nr. 11.

— Pech im Dienste, Glück in der Liebe, s.a. Heidelmann's Theaterbibliothek.

Pech im Dienste, Glück in der Liebe. Militärschwank in 1 Akt von Otto Grubert. Bonn: A. Heidelmann [1903]. (15 S.) 8° [F.]
— Theaterbibliothek, A. Heidelmann's. H. 110. [o4. o634

Grubert jr., Otto, Pseudonym, s.: Theaterbibliothek.

— Die Rekruten sind da!, s.a. Heidelmann's, A., Theaterbibliothek.

'Die Rekruten sind da!' Militär-Humoreske in 1 Akt von Otto Grubert. Bonn: A. Heidelmann [1903]. (14 S.) 8° [F.]
— Theaterbibliothek, A. Heidelmann's. H. 111. [o4. o635

So wird studiert! Orig.-Schwank in 1 Akt von Otto Grubert. Paderborn: F. Schöningh [1904]. (15 S.) 8° [F.]
— Dilettanten-Theater. N. F. 9. [o4. 1067

— Solidarität, s.: Arbeiter-Bühne. Nr. 8.

Grubert, Otto: Aus vergangenen Tagen, s. Theater, Kleines.

— „Veni, vidi, vici!" (Ich kam, sah u. siegte!), s.: Teich's Vereinstheater. Nr. 12.

— dem Weibe der höchste Preis od. Liebesglück durch e. Tasse Tee!, s.: Heidelmann's, A., Theaterbibliothek. 183. Hft.

Wenn man die Schwiegermutter bei sich hat. Schwank in 1 Akt von Otto Grubert. *Paderborn: B. Kleine [1903].* (15 S.) 8° [F.]
— Theater, Kleines. H. 342. [o4. 5991

— Ein Wiedersehen, s.: Bibliothek, illustr., der Reisen u. Abenteuer.

Wolken am Ehehimmel. Lustspiel in 1 Akt von Otto Grubert. (2. Aufl.) *Paderborn: B. Kleine [1901].* (21 S.) 8° [F.]
— Theater, Kleines. H. 311.

Grubert, R. Fr., Frühlingsblüthen u. Herbstblätter. Vermischte Gedichte. 16. (56 S.) Weimar 898. (H. Grosse). Kart. — 75

Grubert, Rich., Cyclamen. — Maiblumen. — Remontant-Nelken. — Rosen, s.a. Radetzki, gärtnerische Kultur-Anweisungen.

Cyclamen. Die Anzucht u. Behandlung d. Cyclamen von Rich. Grubert. 4. Aufl. Berlin: Berliner Gärtner-Börse [1904]. (15 S.) 8°
— Kultur-Anweisungen, Gärtnerische. H. 10. [o4. 170

Maiblumen. Die Vorkultur u. Treiberei d. Maiblumen von Rich. Grubert. 2. Aufl. Berlin: Berliner Gärtner-Börse [1904]. (8 S.) 8°
— Kultur-Anweisungen, Gärtnerische. H. 12.

Remont.-Nelken. Die Kultur u. Treiberei d. Remontant-Nelken von Rich. Grubert. 2. Aufl. (Neu durchges. u. verm.) Berlin: Berliner Gärtner-Börse [1904]. (10 S.) 8°
— Kultur-Anweisungen, Gärtnerische. H. 5. [o4. 167

Rosen. Die Treiberei d. Rosen in Töpfen u. ausgepflanzt, sowie deren Vorkultur von Rich. Grubert. 3. Aufl. Berlin: Berliner Gärtner-Börse [1904]. (20 S.) 8°
— Kultur-Anweisungen, Gärtnerische. H. 11. [o4. 173

Grubert, Rob., geistliche Reden f. gebildete Christus-Bekenner. gr. 8. (8½ B.) Breslau 845, Trewendt.

Grubhofer, Joh. Ev., kathol. Litaneienbuch, eine Auswahl v. 150 Litaneien mit dazu passenden Kirchengebeten u. Andachtsübungen, nebst einem Anhang auserlesener Morgen-, Abend-, Meß-, Beicht- rc. Andachten. gr. 8. (VIII u. 551 S.) Passau 848, Pustet. 1⅙ ℳ

Grubhofer, Tony, Reiseerinnerungen aus Tirol. 1. Lfg. hoch 4. (6 Bl. in Photolithogr. und Autotypie und 2 Bl. Text.) Berlin 885, A. Duncker.
Nicht weiter erschienen.

—— s. Salzburg und Umgebung.

Grubhofer, T., am Wörthersee. Illustr. v. T. G. Mit Beiträgen v. F. Marx, H. Noé, E. Rauscher, P. K. Rosegger. 12. (16 S.) Klagenfurt, Leon sen. n. 2. —

Grubhofer, Tony. Am Wörthersee. Klgft., Leon, (1889) 15 S.

Grubich, Johannes: Über das Verhältnis Hartmanns zu Hegel und Schopenhauer. Leipzig: Eckardt 1908. 72 S. 8° ¶(Aus: Zeitschr. f. Philos. u. philos. Kritik. Bd 134.)
Münster, Phil. Diss. v. 6. Febr. 1909, Ref. Meumann
[Geb. 17. Dez. 86 Schneidemühl; Wohnort: Münster i. W.; Staatsangeh.: Preußen; Vorbildung: Gymn. Schneidemühl Reife O. 05; Studium: Münster 2, Berlin 2, Münster 3 S.; Rig. 27 Juli 08.] [U 09. 3586

Grubich, Joseph [aus Nakel]: Kämpfe der Griechen und Normannen um Unteritalien. . Posen, Druck v. E. Schmaedicke, 1886; 66 S. + 1 Bl. 8°.
Jena, Phil. Fak., Inaug.-Diss. v. 1886.

Grubich, Joseph, Kämpfe der Griechen und Normannen um Unteritalien. Diss. Jena 1886, G. Neuenhahn. 8°. 66 S.

Grubitz, Albert. (geb. Neuhaldensleben 7. 1. 1820) De oophoritide. Berolini (1842). (27 S.) 8°
Berlin, Med. Diss. v. 5. Febr. 1842

Grubitz, E. Kritische Untersuchung über die angelsächsischen Annalen bis 893. Diss. Göttingen 1868. 34 S.

Grubitz, Ernst, Emendationes Orosianae e codice Portensi aliisque fontibus ductae. Schol. prov. Portens. memor. annivers. Naumburg (C. A. Klaffenbach) 1835. 50, 18 S. mit Schulnachr. v. Theol. Kirchner. (6.—) 11909

Grubitz, E. Emendationes Orosianae, e cod. Portensi aliisque fontibus ductae. 50 S. . . . .
Progr. Schulpforte 1835

Grubitz, Ern., Emendationes Orosianae, ex cod. Portensi aliisque fontibus ductae. 4maj. (6½ B.) Lipsiae 836, (Vogel.) *

Grubitz, Paul (geb. Magdeburg 17. 12. 1844): Ueber den Lage- und Stellungswechsel der Frucht im Uterus. Berlin (1868). (31 S.) 8°
Berlin, Med. Diss. v. 4. Aug. 1868

Grübl, Raim., s.: Gemeinde-Verwaltung, die, d. k. k. Reichshaupt- u. Residenzstadt Wien.

Grübl, Dr. Raimund, Die Gemeinde-Verwaltung der k. k. Reichshaupt- und Residenzstadt Wien in den Jahren 1889—1893. Mit 8 Abbildungen. Gr.-8. (XXVII, 742 S.) In Comm. In Leinwand gebunden 5.—
Wien: Braumüller 1895.

Grübler, Georg. Ueber ein krystallinisches Eiweiss der Kürbissamen. (Tübingen) Leipzig, 1881.

Grübler, Carl, ob Congreß, ob nicht! Ein Mahnwort an Oesterreich. gr. 8. (58 S.) Zürich 878. Verlags-Magazin. n. 1. —

— Muhammedanismus, Panslavismus u. Byzantismus. gr. 8. (132 S.) Leipzig 877. O. Wigand. n. 2. —

Grübler, M., Vergleichende Festigkeitsversuche an Körpern aus Zementmörtel. Berlin, 1907. 19 S. mit 7 Abb.

Gruebler, Robert: Rechtsrecht und Reuklage in den Pandekten. St. Gallen 1889. 57 S. 8°.
Bern. Jur. Diss. 1898/99.

Gruebler, Robert. Die Vollstreckung ausländischer Civilurteile in der Schweiz. IV + 104 S. 8. Basel, Helbing & Lichtenhahn, 1906. [fr. 2. —]
Vom Schweizerischen Juristenverein preisgekrönt.

Grübnau, Dr. ..., die Amortisation der Pfandbriefe insbesond. der westpreußischen aus d. staatswirthschaftl. Gesichtspunkte betrachtet. Nothwendige Erwiederung auf Hrn. v. Hennig's Schrift über Zwangsamortisation der Pfandbriefe. 8. Danzig 842, (844,) Kabus. 6 ngr

— s. Beleuchtung d. Motive zu d. Entwurfe e. Gesetzes üb. d. Erbverpachtung v. Lehns- u. Fideikommißgütern in Preußen.

Grübnau, der Inhalt d. Religionsunterrichtes in seinem Verhältnisse zu den übrigen Lehrgegenständen der Volksschule. Ein Beitrag zur Lösg. der Schulfrage. gr. 8. (47 S.) Danzig 873. Kafemann. — 75

Grübnau, der Lehrbegriff der Kirche aus dem Standpunkte der wissenschaftlichen Naturerkenntniß betrachtet. gr. 8. (III, 399 S.) Leipzig 877. Denicke. n. 5. —

— dasselbe. 2. Aufl. gr. 8. (III, 398 S.) Ebend. 880. n. 3. —

— das höhere Volksschulwesen in Preußen, verglichen mit d. gewerbl. u. staatsbürgerl. Anforderungen unserer Zeit. gr. 8. (3¾ B.) Danzig 842, Kabus. *

Grübnau, Daniel Friedrich

Grübnau, D. Fr., causeries et lectures françaises à l'usage des jeunes personnes. 1. cours. Danzig 856. Homann. 8. (1 Bl., 118 S.) n. 10 ngr

— leçons de grammaire française. Danzig 856. Homann. 8. (3 Bl., 233 S.) n. 15 ngr

—— Leitfaden f. d. grammat. Unterricht in der engl. Sprache auf höh. Bürgerschulen. gr. 8. (8 B.) Danzig 843, Kabus. *

Grübnau, (Daniel Friedr.), Lesestücke f. die weibliche Jugend m. Rücksicht auf den deutschen Sprachunterricht in höheren Töchterschulen, in 3 Abstufungen hrsg. 1. Lehrstufe. 8. (VIII u. 308 S.) Danzig 850, Homann. n. 18 ngr — Mittlere Lehrstufe. 8. (VIII u. 320 S.) Ebd. 851. n. ½ ß — Obere Lehrstufe. 8. (IV u. 320 S.) Ebd. 851. n. ½ ß (cmplt. n. 1 ß 18 ngr)

Grübnau, observations sur le génie de la langue française. Progr. der Petrischule. Danzig 1845.

— die Städteordnung als Vorbild einer künft. Staatsordnung. Rede gehalten am 19. Novbr. 1847. [Abdr. aus d. Danziger „Allgem. polit. Ztg."] gr. 8. (20 S.) Danzig 847, Gerhard'sche Buchh. n. 4 ngr

—— die Städteordnung als Vorbild einer künft. Staatsordnung. Rede gehalten am 19. Novbr. 1847. gr. 8. (20 S.) Danzig 848. [Berlin, Grobe.] *

Gruby, Dav., Morphologia fluidorum pathologicorum. Tom. I. Pars I. Accedunt Tabellae septem et Tabb. litho sculptae quinque. Et s. titulo: Observatt. microscopicae, ad morphologiam pathologicam. 8maj. Vindobonae 840. Singer et Goering. 1 ß

— Observatt. microscopicae, ad morphologiam pathologicam spectantes. Accedunt tabb. quatuor litho sculptae. 8maj. Vindobonae 839. Singer et Goering. ⅜ ß

Gruchla, J., Elementarz do Czytania dla szkoł miejskich i wiejskich ułozony. (Elementarbuch zum Lesenlernen etc.) 8. (8 B.) Opolu 843, Weilshaeusera.

— rzymsko-katolicki Katechizm, dla dziatek pierwszéj klasy, z niemieckiego tłumoczony. 8. w Gliwicach 846, Landsbergera. n. 1/24 ß

Gruchot. Ausgeführter Lehrplan für den lateinischen Unterricht. Pr. 1888 37 S. 4°.

Gruchot, *Hermann*: *Bericht über seine Einführung als Direktor der Anstalt.* 4 (S. 15—16).
Progr. Kgl. Laurentianum *Arnsberg* 1898

Gruchot, [Hermann], Dir.: Zur Erinnerung an den Königlichen Gymnasial-Direktor Dr. Franz Joseph Scherer, gest. am 3. Sept. 1900 zu Arnsberg. *Arnsberg (1901): F. W. Becker.* (S. 3—4.) 4°
Arnsberg, k. Laurentianum, P 1901 (374)

Gruchot, *Hermann* [Dir.]: Zur Geschichte der Braunsberger Buchdruckerei. Braunsberg, Heyne'sche Buchdr. (1890); S. 3 24; 4°
Braunsberg, k. G, OP 1890 (8)

Gruchot, *Hermann* [Dir.]: Zur Geschichte des Gymnasiums während der letzten fünfundzwanzig Jahre. (Vgl. Festprogr. 1865.) Braunsberg, Heyne'sche Buchdr., *1891*; S. 21—44; 4°
Braunsberg, k. G, OP 1891 (8)

Gruchot, Hermann Zur Geschichte des Jesuiten-Kollegiums zu Braunsberg. Verzeichnis der Braunsberger Drucke. 4 (30 S.).
Progr. G. *Braunsberg* 1887

Gruchot, J. A., s.: Beiträge z. Erläuterg. d. Deutschen Rechts.

Gruchot, J. A., preußisches Erbrecht in Glossen zum allgemeinen Landrecht auf römischer u. germanischer Grundlage, unter Berücksichtigung der neueren Gesetzgebungen dargestellt. 3 Bde. Hamm [Berlin], Grote'sche Verlagsh. gr. 8. [1. Bd. 1. Hälfte. (S. 1—240.) 865. n. 1 ₰, 1. Bd. 2. Hälfte. (IV, S. 241—624.) 865. n. 1 ₰ 20 ngr., 2. Bd. (562 S.) 866. n. 2 ₰ 10 ngr., 3. Bd. (XVI, 400 S.) 867. n. 1 ₰ 20 ngr.] n. 6 ₰ 20 ngr.

Gruchot, J. A., die Lehre v. der Zahlung der Geldschuld nach heutigem deutschen Rechte. gr. 8. (XI, 273 S.) Berlin 871. Vahlen. n. 4. 50

Über ansteckende Krankheiten. (Vortrag, geh. 1903 zu Hamm.) Von Kreisarzt Dr. [Jul.] Gruchot. *Bielefeld: A. Helmich [1903].* (8 S.) 8°
= Abhandlungen, Pädagogische. N. F. Bd 9, H. 5. [1.]

Gruchot, Iulius (geb. Soest 21. 7. 1843): De pseudarthrosi. Berolini (1866). (31 S.) 8°
Berlin, Med. Diss. v. 15. März 1866

Gruchow, Ernst: Die Bismarckhose u. a. Humoresken. 1.– 4. Taus. Berlin: R. Eckstein Nf. [1898]. (144 S.) 8°.
= Eckstein's Humoristische Bibliothek. Nr. 88.

Die Vogesen von Eduard Grucker. Mit 130 Abb. Bielefeld & Leipzig: Velhagen & Klasing 1908. (176 S.) 4°(8°) [F.]
— Monographien, Geographische. 22. [08. 16,184

Grucker, Emile, Lessing. (In französ. Sprache.) gr. 8. (XVI, 666 S.) Nancy 896. Berger-Levrault & Co. n. 6.40

Das soziale Wirken der katholischen Kirche in der Diözese Laibach (Herzogtum Krain). Von Dr. Josef Gruden, Prof. Laibach: Leo-Gesellsch. in Wien 1906. (97 S.) 8°
— Wirken, Das Soziale, d. kath. Kirche in Österreich. Bd 4, H. 1. [07. 9397

Gruden, Josip. Zgodovina slovenskega naroda. V Celovcu, St. Hermagoras-Druck., 1910. Bd. 1.

Grüder, Wilhelm [aus Bergen a. Rg.]: Über Larynxgeschwüre beim Abdominaltyphus. . . . Berlin, Buchdr. v. Gustav Schade (Otto Francke) (1889); 29 + 1 S. + 1 Bl. 8°
Berlin, Med. Fak., Inaug.-Diss. v. 16. März 1889

Grudsinski, Steph. „Lenore" in Polen, e. litterarhistor. Abhandlg. gr. 8. (87 S.) Bochnia 890, Pisz. ** 1 —

Grudziński, Stephan: Der Vocalismus und Consonantismus der „Wiener Genesis". S. 3—30. 8.
Progr. K. k. deutsches Staats-Gymn. *Kremsier* 1901.

Gruëber, Paul, die Gailflussregulirung in den Hochwasserkatastrophen vom Herbste 1882. gr. 8. (23 S. mit 1 Tab. und 2 Zeichnungsbl.) Wien 888. (Klagenfurt, Raunecker.) *

—— die Hochwasserbecken des Gailthales. Eine geotektonisch-hydrotechn. Studie. gr. 8. (26 S. mit 1 Zeichnungsbl.) Ebendas. 886.
Vorstehende zwei Schriften sind aus: Zeitschrift des österreichischen Ingenieur- und Architekten-Vereins, besonders abgedruckt.

—— Mittel zur Gehänge-Fixirung in Südfrankreich. Reisestudie. gr. 8. (16 S. mit 1 Zeichnungsbl.) Ebendas. 885. *

Gruëber, Paul, die Schelde und ihre Bedeutung für Antwerpen. Eine Reisestudie. gr. 8. (17 S. mit 4 Textfig. und 4 Zeichnungsbl.) Wien 887. (Klagenfurt, Raunecker. *

—— die hydrotechnischen Verhältnisse Oberitaliens und der Kanal Cavour. gr. 8. (63 S. mit 1 Tab. und 10 Zeichnungsbl.) Ebendas. 886.
Vorstehende drei Schriften sind aus: Allgemeine Bauzeitung, besonders abgedruckt.

Grüel, C. A., Die Gas-Accord-Harmonika. (S. 5361)

Grüel, C. A., Ueber eine elektromagnetische Maschine mit oscillirenden Ankern. (S. 5113)

— Verfahren zur Herstellung astatischer Nadelpaare. (S. 5361)

Grüel, Joachim Friedrich (Grünefeld/Mittelmark), De motu post pastum. Diss. med. Präs. Johann Juncker. Halle (Joh. Christian Hilliger) Mai 1745. 48 S. (6.50) 11911
Gew.: Martin Friedrich Grüel.

Grüel, Karl

C. Grüel. Aufschlüsse über die Bedeutung des angeblich Schikanederschen Textes zu'Mozarts Zauberflöte. Magdeburg: Creutz 1868. 28 S. 8°. 358a.

Grüel, Karl, Ist es jetzt an der Zeit, den Heiden die christliche Predigt zu senden? Rede an die Gegner (Matth. 12, 30.) des Missionswesens unter den evangel. Geistlichen. gr. 8. Magdeburg 839. Rubach'sche Buchh. (Fabricius.) n. 1/4 ₰

—— das Haus Morville. Roman. 2 Bde. 8. (221; 261 S.) Jena 869, Costenoble.

Grüel, Carl, wie bist Du gläubig worden? Briefwechsel zwischen zwei theolog. Universitätsfreunden. gr. 8. (12⅓ B.) Magdeburg 841, Rubach'sche Buchh. Thlr

Gruel, M. G., Sprachunwissenh., e. gr. Verhinder. des Religionsunterrichts. 8. Berlin, Realsch. 776.

Grüel, Paul, die Farben. Kurzer Grundriss der Farbenlehre und Farbenharmonie, mit besond. Berücksicht. des prakt. Bedürfnisses. Für Industrielle, Werkmeister, Gewerbegehilfen und Lehrlinge, sowie für Laien. gr. 8. (VI, 50 S.) Halle 887, Knapp. *

Gruev, Bulgarische Grammatik für Bulgaren. Wien 865. Wenedikt. 8. (IV, 144 S.) n. 25 ngr.

Gruft, Der Funkischen, im Namen einiger Freunde. O. O. 1764. V: *Hippel, Theodor Gottlieb von.* (MI.)

Gruft, entdeckte, natürl. Geheimnisse, d. Landgüter z. verbessern ꝛc. 8. Leipzig. (Helwing, Hannov.) 718.

Gruft, Natürlicher Geheimnisse Entdeckte, ... Siebende Aufl. [von Joh. Christoph Pachelbel von Gehag]. Leipz. 1752. V: *Bilderbeck, Christoph Laurenz.* (EB)

Gruft, entdeckte, natürl. Geheimnisse zur Verbesser. d. Landgüter ꝛc. 7e Aufl. mit Zus. 8. Leipz. 752. (Frommann in Jena). 9 gr.

Gruft, die, des Grauens, oder der Hungertod in der Kapelle. 8. (64 S.) Urfahr-Linz 878. Kraußlich. — 20

Grüger, Alfons, Assistenzarzt an der chirurgischen Abteilung des St. Joseph-Krankenhauses in Breslau: Über Hemianopsie mit Orientierungsstörungen. Hamburg & Leipzig: L. Voss 1906. (68 S.) 8° ¶ (Aus: Beiträge zur Augenheilkunde H. 66.)
Breslau, Med. Fak., Ref. Uhthoff, Diss. v. 5. April 1906
[Geb. 3. Okt. 79 Neurode; Wohnort: Breslau; Staatsangeh.: Preußen; Vorbildung: Gymn. Glatz Reife O. 99; Studium: Breslau 5, München 1, Freiburg i. B. 1, Breslau 3 S.; Coll. 24. Febr. 06; Approb. 15. Sept. 04.]

Über Hemianopsie mit Orientierungsstörungen. Von Alfons **Grüger**, Breslau. Hamburg & Leipzig: L. Voss 1906. (68 S.) 8° [Umschlagt.]
= **Beiträge z. Augenheilkunde. H. 66.** [06. 5899

Grüger, C. F., der Selbst-Rechner nach neuem Gewicht, oder: gründliche Anleitung bei dem Verkauf mit nur wenig Ziffern, meist aber im Kopfe, fast augenblicklich den Preis eines Pfundes oder Lothes aus dem Preise eines Centners oder Pfundes richtig zu berechnen und eben so schnell zu wissen, wie viel man für einen bestimmten Kauf-Betrag Pfunde und Lothe verabreichen muß, nebst 5 Tabellen, darunter 2 Verkaufs-Tabellen, und einem Anhange über die Ersparung von Gewichten u. die Vortheile der Brückenwagen. Neurode 858. Fischer. (Leipzig, Mertens.) 8. (28 S.) n. 5 ngr

Grüger, Hermann [aus Neurode (Schlesien)]: **Ueber Sulfitokobaltammoniakverbindungen. Breslau 1898. 49 S. (Mit 1 Tabelle.) 8°.**
Zürich. Phil. Diss. 11. 8. 1897/98.

Gruhl, Universal-Bibliothek rc., s. Universal-Bibliothek.

[F.] Ursachen und Wirkungen im Eisenbahnbetriebe und deren Abhilfe. Von A. **Gruhl**. *Charlottenburg: Selbstv.; (Dr. v. M. Driesner, Berlin) 1897.* (53 S.) 1 Bd 8. [98. 538

Gruhl, E., Elemente d. analyt. Geometrie, s.: Gandtner, J. O.

Gruhl, E., Lehrbuch der analytischen Geometrie. 1. Bd. gr. 8. Berlin 873. Weidmann. n. 5. —
Analytische Geometrie der Ebene. Mit e. Anh.: Aufgaben v. J. Töplitz. (XII, 139 S.)

Gruhl, E. Lehrverfassung der Realschule. 13 S. *Mülheim a. d. Ruhr* 1877
Progr.

GRUHL, ED. v., s. Schleswig-Holsteinische Volksfreund, der. 1837.

Gruhl, Emil: Beitrag zu einer elementaren Behandlung schwingender Bewegungen. 16 S. – Hagen, R. I. O., Progr. 1871.

Gruhl, G., das rechnerische Austragen v. Werksteinen. (47 S. m. 49 Abb.) gr. 8. München (909). E. Pohl. 2. 40

— **Gottlob Ehrenfried,** De variis feudorum divisionibus. Exercit. feudal. II. Präs. Gottfr. Ludw. Mencken. Wittbg. (Wwe. Gerdes) Mai 1719. 24 Seiten. (5.50) 11943

Gruhl, K., s. handschriftliches Rechnenbuch für Schulkinder.

Gruhl, Paul

Gruhl, P., die trigonometrische Berechnung der ebenen Figuren. (62 S. m. Fig.) gr. 8. Leipzig 903. Dürr'sche Buchh. n. — 80

Gruhl, Paul, die Lösung der Gleichung 2. Grades m. 1 Unbekannten u. ihre Anwendung auf Gleichungen höheren Grades, s. Zur Fortbildung des Lehrers. 5. Heft.

Die Lösung der Gleichung 2. Grades mit einer Unbekannten und ihre Anwendung auf Gleichungen höheren Grades von Paul **Gruhl**, Seminarl. Berlin: Gerdes & Hödel 1908. 62 S. 8°
(Zur Fortbildung d. Lehrers. H. 5.) [10. 13173

Gruhl, Paul [aus Oberröblingen a. S.]: **Verbindungen des Arsen- und Antimontrioxydes mit den Halogeniden mehrwertiger Metalle ... München, kgl. Hof- u. Univ.-Buchdr. v. Dr. C. Wolf & Sohn, 1897; 28 S. 8.**
München, Phil. Fak., Inaug.-Diss. v. 1897

Gruhl, Reinhold: Versuche zur Synthese des Phenylcyclopropylamins. (Potsdam 1909: Stein.) 33 S. 8°
Berlin, Phil. Diss. v. 20. März 1909, Ref. Gabriel
[Geb. 27. Sept. 83 Berlin; Wohnort: Charlottenburg; Staatsangeh.: Preußen; Vorbildung: Dorotheenstädt. Realgymn. Berlin Reife O. 03; Studium: Berlin 8 S.; Rig. 1. März 09.] [U 09. 179

Gruhl, Woldemar, a. Niesky (O./L.): **Beiträge zur Kenntnis der fettaromatischen Diazoamidoverbindungen. Berlin 1906: G. Klemm. (36 S.) 8°**
Tübingen, Naturw. Fak., Ref. Wislicenus, Diss. v. 24. Juli 1906
[Geb. 18. Okt. 80 Königsberg i. Pr.; Wohnort: Niesky; Staatsangeh.: Preußen; Vorbildung: Gymn. Görlitz Reife M. 01; Studium: Königsberg 5, Tübingen 3, München 1 S.; Coll. 24. Juli 06.]

Grühl, Ernst, Referendar in Elberfeld: **Die Rechtsstellung des von der Geschäftsführung ausgeschlossenen offenen Handelsgesellschafters. Borna-Leipzig 1907: R. Noske. (VI, 65 S.) 8° [F.]**
Leipzig, Jur. Fak., Diss. v. 3. Jan. 1907
[Geb. 26. Apr. 81 Hückeswagen; Wohnort: Elberfeld; Staatsangeh.: Preußen; Vorbildung: Realgymn. Barmen Reife O. 02; Studium: Marburg 1, Berlin 2, Bonn 3 S.; Rig. 9. Dez. 05.]

Gruhle, Hans W[alter], appr. Arzt: Ergographische Studien. (Mit 11 Fig. im Text.) Leipzig: W. Engelmann 1912. S. 339—418. 8° ¶ (Aus: Psychologische Arbeiten. Bd 6.)
München, Med. Diss. v. 29. Jan. 1907, Ref. Kraepelin
[Geb. 7. Nov. 80 Lübben; Wohnort: Heidelberg; Staatsangeh.: Bayern; Vorbildung: Wettiner-Gymn. Dresden Reife O. 99; Studium: Med. Leipzig 4, Würzburg 1, Med. u. Phil. München 6 S.; Coll. 29. Jan. 07; Approb. 28. Aug. 04.] [U 12. 6387

Gruhle, Julius, Zeichnung zur Erbauung einer Turnhalle in Hartha, Vorderansicht, Grundriß, Schnitt und Situationsplan, 2 Bl.

Gruhle, Oswald, prakt. Arzt a. Leipzig: **Über ein präsacrales Teratom mit besonderer Berücksichtigung der Ätiologie.** München 1908: C. Wolf & Sohn. (23 S.) 8°
München, Med. Fak., Ref. v. Bollinger, Diss. v. 3. Juli 1908
[Geb. 10. Febr. 74 Leipzig; Wohnort: Pasing b. München; Staatsangeh.: Sachsen; Vorbildung: Realgymn. Leipzig Reife O. 93, Erg.-Prüfung Gymn. Wurzen M. 97; Studium: Naturw. Leipzig, Königsberg, München, Straßburg, zus. 7 S., Med. München 9 S.; Coll. 3. Juli 08; Approb. 13. Mai 03.]

Unsere Heimat. Das Ries. Eine Heimatkunde f. Schule u. Haus. Zsgest. von Fritz **Gruhler**. Stuttgart-Cannstatt: Hopf (1909). 68 S. 8°
A 12. 1070

Gruhler, Fritz, Unsere Heimat. Das Ries. Eine Heimatkunde f. Schule u. Haus. (68 S. m. Abbildgn. u. 1 farb. Karte.) 8. Stuttgart-Cannstatt (910). G. Hopf. — 50

— Nördlingen u. das Ries. Eine Heimatkunde. (68 S. m. Abbildgn. u. 1 farb. Karte.) 8. Ebd. (910). — 50

Gruhler, Johanna, an unsere Konfirmandinnen! Ein Mahnwort, geschrieben im Auftrage des Vereins „Magdeburger Jugendschutz". (8 S.) 8. Magdeburg (906). (Ev. Buchh. E. Holtermann.) n.n. — 10

Gruhler, Johannes *s.* Wackernagel, Wilhelm *II*, und Gruhler, Johannes.

Gruhlig, Ad. Bogislaus, s. Grulich, Ad. Bogislaus.

Gruhlmann, J. Ge., Deliciae medicae et chirurgicae, oder curiöse Anmerk. 2c., erstes präsent bis zehntes. Lpz. 1703. 1704. 1705. 8°.
Haller, Bibl. chir. I. 562.

Gruhlmann, Jo. Ger., Diss. de novo contra caliginem oculorum remedio tanquam specifico, herularia. Jen. 4°.
1706

Joh[ann] Gottfr[ied] Gruhlmanns [Gruhlmann: De luxationum Synthesi in genere et in specie. Deutsch:] Neuer anatomisch- chirurgischer Tractat [Traktat] darinnen von bequemer Einrichtung u. Zusammenfügung der Verrenckungen... ausführlich gehandelt... wird. Erstlich in lat. Sprache beschrieben, hernach ins Teutsche übers., verm. u. ... z. Dr. befördert. Leipzig: Brandenburger 1706. 140 S. 8°

Gruhn's Führer, verm. u. illustr. 7. Aufl. I. Abtlg. Bad Warmbrunn. II. Abtlg. Krummhübel. III. Abtlg. Brückenberg. (VI, 180 u. II, 55 S.) 16. Warmbrunn (904). E. Gruhn. Kart. n. 1. —

Gruhn, Alb., d. deutsche Kapital u. d. Polonismus. gr. 8. (86 S.) Berlin 895. [R. G. Wiegandt.] H. Friedrich. n. — 80

Gruhn, *Ludwig Friedrich* Albert [aus Posen]: Der Kreuzzug Richards I., Löwenherz, von England ... (Enth. nur Kap. III.) Berlin, Buchdr. v. G. Schade, *1892*; 47 S. 8.
Berlin, Phil. Fak., Inaug.-Diss. v. 13. Mai 1892

Gruhn, Alb. Der Kreuzzug Richards I., Löwenherz, v. England. Diss. gr. 8. (47 S.) Berl. 892, (Heinrich). * 1 —

Gruhn, Alb., die byzantinische Politik zur Zeit der Kreuzzüge. Progr. (31 S.) 4. Berlin 904. Weidmann. n. 1. —

Gruhn, Alb., der Schauplatz der Ilias u. Odyssee. 1—3., 5., 6 u. 9. Heft. Lex. 8. Berlin-Grunewald. Friedrichshagen b/Berlin (Westend 5), Selbstverlag. 16. —
1. Die Lage der Stadt Troja. (61 S. m. 1 Kte.) 909. 2. —
2.3. Die Umgebung der Stadt Troja. (135 S. m. 1 Karte.) 909. 4. —
5. Die Ebene v. Troja. (112 S.) 910. 3. —
6. Das Schiffslager vor Troja. (102 S.) 910. 3. —
9. Kyklopen u. Phäaken. (144 S.) 910. 4. —
Heft 4, 7 u. 8 sind noch nicht erschienen.

— das Schlachtfeld v. Issus. Eine Widerlegg. der Ansicht Jankes. (V, 47 S. m. 1 Karte.) gr. 8. Jena 905. H. Costenoble. n. 1. —

Staat und Schule. Von Dr. Albert Gruhn. Jena: H. Costenoble 1905. (79 S.) 8° [F.] [05. 7786

[F.] Aus der Werdezeit. Gedichte v. Albert Gruhn ... *Berlin: K. G. Wiegandt 1896*. (VI, 113 S.) 1 Bd 8. [96. 5076

Gruhn, Heinrich [app. Arzt aus Gemünden (Rheinpreussen)]: Ueber Dacryocystoblennorrhoe bei Erkrankungen der Nase. . . . (Aus d. Münch. Med. Wochenschr.) München, Jos. Ant. Finsterlin, 1888; 1 Bl. + 16 S. 8°
Würzburg, Med. Fak., Inaug.-Diss. v. 1888

Gruhn, R., Heimatkunde d. Kreises Kosten. Unt. Benutzg. amtl. Quellen. gr. 8. (19 S.) Lissa 898. F. Ebbecke. n. — 20; m. Karte n. — 60

Gruhn, Carl Ernst August (geb. Sternberg in d. Mark 7. 8. 1846): Thesen. Berlin (1870). (2 Bl.) 8°
Berlin, Med. Thes. v. 19. Juli 1870

Gruhn, Otto Ludw. (geb. Bukarest 19. 1. 1838): Ueber Mineralsäure-Vergiftungen. Berlin (1870). (32 S.) 8°
Berlin, Med. Diss. v. 28. Juli 1870

Gruhn, P., mathematische Formelsammlg. (62 S. m. Fig.) kl. 8. Hannover 909. Dr. M. Jänecke. Kart. 1. 20

Grühn, Philipp Albert

Grühn: Ueber d. Integrabilität d. Differenzialfunktionen. 18 S. 4°–Mehldorf, Progr. 1868

Grühn, Philipp Albert [Prof. Dr.]: Katalog der Bibliothek des Gymnasiums in Meldorf
s. **Lorenz**, Wilhelm, & Grühn, Ph. A.: Katalog ...

Grühn, Phil. Albert Das Klima Meldorfs nach den Beobachtungen der meteorologischen Station. 27, 29 SS. *Meldorf* 1884. 1885.
Progr.

Grühn, *Philipp Albert* Das Klima von Meldorf nach den Beobachtungen der meteorologischen Station. Teil III. (Umschlagtitel: Das Klima Meldorfs. III. Atmosphärische Feuchtigkeit und Niederschläge.) 4 (S. 3—29). Teil IV. (Umschlagtitel: Das Klima Meldorfs. IV. Atmosphärische Feuchtigkeit und Niederschläge, Luftdruck und Wind.) 4 (S. 3—22). Progr. G. *Meldorf* 1889 (270). 1890 (276).

Grühn, Philipp Albert: Über die Kriterien d. Integrabilität d. Differential-Ausdrücke.
Diss. Göttingen. 1865 8°.

[Ant. u. F.] **Grühn**, *Philipp* [Prof. Dr.]: Die Temperaturverhältnisse Schleswig-Holsteins und Dänemarks. (I.) Meldorf, Buchdr. v. B. S. Darger, 1896; 30 S. 4.
Meldorf, k. G, OP 1896 (287)

[Ant. u. F.] **Grühn**, *Philipp* [Prof. Dr.]: Die Temperaturverhältnisse Schleswig-Holsteins und Dänemarks. '(Schluss.)' (Schluss d. P-Beil. 1896.) Meldorf, Buchdr. v. B. S. Darger, 1897; 24 S. 4.
Meldorf, k. G, OP 1897 (290)

Gruhner, Karl Otto, Geschichtliche Rückblicke auf das Chemnitzer Turnwesen v. J. 1830—1897, Chemnitz 1900, 127 S., 8°.

Gruhnert, J. G., A. Loth, K. F. Kittler u. F. E. Francke, Unserm vielgeliebten Freunde Karl Friedrich Freiesleben, am Tage seiner Promotion. Lpz. (Joh. Friedr. Glück) 20. VI. 1822. 2 Bl. (4.50) 11944

Radium. Eine allgemeinverständl. Beschreibung. Mit 6 Fig. Spiridon [Dj.] Grujitsch [Grujić]. Berlin: R. Kühn 1904. (24 S.) 8°

Grujić, Spiridon Dj., das Wesen der Anziehung u. Abstossg. Hypothese. gr. 8. Berlin 902. H. Peters. n. 1. —

Gruithuisen, Frz. v. Paula, Analekten der Erd- u. Himmelskunde, s. Analekten etc.

Gruithuisen, Frz. v. Paula, neue Analekten f. Erd- u. Himmelskunde, s. Analekten.

Gruithuisen, Franz v. P., Anthropologie, oder von der Natur des menschlichen Lebens u. Denkens. Für angehende Philosophen u. Ärzte. München, Lentner, gr. 8°, 1810, 2 Mk.

— Beiträge zur Physiognosie u. Eautognosie, f. Freunde d. Naturforschung, auf dem Erfahrungswege von d. Jahren 1809, 10 u. 11. Mit 4 Kpf. u. Kart. gr. 8. München 812. Lentner. 2 ₰ 6 ℊ

— von den Beschaffenheiten, statt einer Metaphysik d. Sinnlichen. 8. Münch. 811. Lentner. 12 gGr.

Gruithuisen, Fr. v. P. Beweis von der Grösse der Urmeere. (Aus dessen astronomischen Jahrb. f. d. Jahr. 1846.)

Gruithuisen, Fr. v. P., Neuer kosmoaitiologischer Beweis von der Existenz Gottes, u. daß F. H. Fries sich in die Philosophie unserer Zeit nicht finden kann. Landshut, Krüll, 1812, 8°.

Gruithuisen, Franz v. Paula, bedeutungsvolle u. neue Erscheinungen bei der Sonnenfinsterniß v. 8. Jul. 1812. Den Astronomen, Physikern u. Liebhabern d. Sternkunde bekannt gemacht 2c. gr. 8. (1 B.) Stuttgart 842, Hoffmannsche Vrlgsbh. *

— über d. Existenz d. Empfindung in d. Köpfen u. Rümpfen der Geköpften, u. v. d. Art, sich darüber zu belehren. 8. Nürnb. 809.

— Gedanken u. Ansichten über d. Ursachen d. Erdbeben, nach der Aggregations-Theorie d. Erde. gr. 8. Nürnb. 825. Schrag. 9 gGr.

— Handbuch d. Vorbereitungslehre an d. königl. baier. Schulen, f. Chirurgen. A. u. d. T.: Einleit. in d. Studium d. Arzneikunde. Enthaltend d. allgem. Naturlehre, u. von der angewandten Naturlehre d. medicin. Chemie, Meteorologie, Organologie u. Pharmakologie. Nebst Register u. Anhang. Mit Holzschn. gr. 8. Nürnb. 824. Schrag. 3 Rthlr.

Gruithuisen, Fr. von P., Hippocrates d. zweiten ächte medizin. Schriften ins Deutsche übersetzt. Ein Taschenbuch f. junge Aerzte. 8. Münch. Lentner. 814. Rthlr.

medicin. Schriften, s.a. Hippokrates,

astronomisches Jahrbuch, s. Jahrbuch.

Gruithuisen, Franz v. Paula, naturwissenschaftl.-astronom. Jahrbuch, s. Jahrbuch.

Gruithuisen, Frz. v. Paula, Kritik der Rede Schellings zum 75. Jahrestag der Königl. Bayer'schen Akademie der Wissensch. gr. 8. München 834. (Fleischmann.) 1/6 Rthlr.

—— Kritik d. neuesten Theorieen d. Erde, u. Sieg d. Natur üb. dieselben. Für Geologen, u. überh. f. Naturhistoriker, Physiker u. Astronomen. gr. 8. (2 1/8 B.) Landshut 838, Palm'sche Vrlsbh.

Gruithuisen, Frz. v. Paula, Lieblingsobjekte im Felde d. Naturforschung. gr. 8. München 817. J. Lindauer. 16 gGr.

— neue einfache trigonometrische Methode die Höhen der Berge zu messen ohne sie zu besteigen, bewirkt durch die Auffindung der wahren terrestrischen Refraction. gr. 8. (1 1/2 B. u. 1 Tab.) München 842, Palm's Hofbuchh.

— über d. Natur d. Kometen, mit Reflexionen auf ihre Bewohnbarkeit u. Schicksale bei Gelegenheit d. Kometen von 1811, mit 1 Kpf., 3 Steindr. u. 2 Tabellen. 8. München 811. Lentner. 1 Rthlr. 8 gGr.

— über Naturforschung, nebst Anhang: Uebersicht d. Arbeiten d Verf. im Felde d. Naturforschung. gr. 8. Augsb. 824. Wolff 12 gGr.

—— Naturgeschichte d. gestirnten Himmels. Eine neue, zufolge ihrer Einrichtung jed. scient. Gebildeten faßl. Darstell. d. neuesten Lehren d. Astronomie; nebst tabellar. Astronomie als Anh. gr. 8. (29 1/4 B.) München 836, Fleischmann.

— d. Naturgeschichte im Kreise d. Ursachen u. Wirkungen. gr. 8. München 810. Lentner. 1 Rthlr. 2 gGr.

— Organozoonomie, od. das niedrige Lebensverhältniß, als Propädeutik zur Anthropologie; mit einem Anhange: Versuch eines Terminologiums d. allgem. physik. Ausdrücke, zum Theil mit besondern Bemerkk. umgearb. gr. 8. München 811. Lentner. 1 Rthlr. 18 gGr.

— Organozoonomie, od. das niedrige Lebensverhältniß, als Propädeutik zur Anthropologie; mit einem Anhange: Versuch eines Terminologiums d. allgem. physik. Ausdrücke, zum Theil m. besond. Bemerk. umgearb. gr. 8. Ebend. 812.

— Siegfried, od. kurze Biographie d. Verstandes bis auf den Zwist mit seinen Kindern. 8. München 812. Lentner. 9 gGr.

— naturhistor. Untersuchungen über d. Unterschied zwischen Eiter u. Schleim durch das Mikroskop. Mit 1 Kpf. 4. Münch. 809. Fleischmann. 7 gGr.

Grulev, Michail Vladimirovič

Grulew, M., Das Ringen Russlands u. Englands in Mittel-Asien. Übers. v. Rottmann. (XII, 180 S.) gr. 8. Berlin, Zuckschwerdt & Co. 1909. 6. —
Russland in Asien, X. Bd.

Grulich, Adolf Bogislaus, s.a. Garrey, Corb. (Pseud.).

Grulich, Ad. Bogisl.; ein Beitrag z. Charakteristik d. Geistlichen. 8. Ronneb. (Zwickau) 799. Gebr. Schumann. 5 gGr.

— e. Beytr. z. Gelehrt. Gesch. 8. Zwickau, Schumann. 799.

— Salomonische Betrachtt. 8. Altenb. 783. (Hennings in Neisse). 16 gGr.

— Ad. Bogislaus, Salomonsche Betrachtungen. Altenb. (Academ. Handl. in Jena.) 784. 8°.

Grulich, A. B., üb. die griechische Gelehrsamkeit des Ap. Paulus. Wittenb. 1773. 8.

Grulich, Ad. Bogisl., († d. 29. Juli 1798.) Heptadem observationum historico-ecclesiasticarum Jobilaeis plausibus adjecit. 4. Torgau 755.

Grulich, Adolf Bogislaus, s. Heumann, Chr. A.: Erweis . . .

— Lemuel; ein Circularaufsatz über d. 31. Kap. Salom. gr. 8. Jena 781. Autor. 3 gGr.

— Sulamith; ein Circularaufsatz, der e. Gedanken über d. hohe Lied Salomonis enthält. 8. Jena 782. Autor. 3 gGr.

Grulich, Friedrich Josef

Grulich, Fr. Jos., merkwürd. Anreden an d. ersten Stände des evangel. Deutschlands, ihren Cultus betreffend. gr. 8. Neust. 821. Wagner. 18 gGr.

— Beiträge zur religiösen Feier d. 19. Jahrhunderts, zunächst an meine Amtsbrüder. 8. Neust., Wagner. 6 gGr. Hbg. Pr. 2 gGr.

Grulich, Bemerkungen über eine zweydeutige Handlung Jesu. 8. Gera, Haller. 798.

— über d. körperl. Beredsamkeit Jesu. Ein Beitrag zu fr. Charakteristik. gr. 8. Berl. 827. Mittler. 12 gGr.

Grulich, Friedr. Jos., beruhigende Betrachtung üb. d. neuesten Versuch, das Leben Jesu in e. Sage zu verwandeln. 8. (3¼ B.) Leipzig 836, Wienbrack.

Grulich, Friedr. Jos., christl. Betrachtungen u. Gebete z. Stärkung d. Glaubens u. e. gottgefäll., zufried. Lebens f. d. häusl. Erbauung. 8. (10 B. u. Titvign.) Torgau 832, Wideburg.

Grulich, Friedr. Jos., christliche Betrachtungen und Gebete zur Stärkung des Glaubens und eines gottgefälligen, zufriedenen Lebens für die häusl. Erbauung. 2., wohlf. (Titel-)Ausg. 8. (IV und 155 S.) Torgau 854, Wienbrack'sche Buchh. *

— Compendia script. sacrae in us. plebis etc. non esse facienda. 8. Lips. Ioachim. (Wagner, Neust.) 804.

—— Denkwürdigkeiten d. altsächs. kurfürstl. Residenz Torgau, aus d. Zeit u. z. Gesch. d. Reformation, nebst 3 Anh. u. 2 lith. Bl. gr. 8. (9¼ B.) Dessau 834, Neubürger.

— Denkwürdigkeiten der altsächsischen kurfürstlichen Residenz Torgau aus der Zeit und zur Geschichte der Reformation, nebst Anhängen und Lithographien. 2. verm. Aufl. von J. Chr. A. Bürger. Torgau 855. Wienbrack. gr. 8. (XVI, 340 S. u. 9 Lithogr.) n. 1 ₰ 24 ngl

Grulich, Friedrich Joseph, De duratione beatae conditionis primorum hominum. Neustadt a./Orla (Kathe) 1790. 15 S. (5.50) 11945

— histor. Eingänge zu Landpredigten, aus d. alt. Test. gesammelt. 16 Bdchn. 8. Gera 800. Haller. (Joachim in Leipz.) 8 gl.

Grulich, F. J., de eloquentia corporis in Jesu conspicua. Torg. 1813. 8; erweitert in dess.: Ueb. d. körperliche Beredsamkeit Jesu. Berl. 1827. 8.

Grulich, F. J., Juliani ad Arsacium de rebus Christianorum epistola, notis illustrata. Torg. 1832. 4.

— Geschichte u. Lehre d. Augsburg. Glaubensbekenntnisses, zur dritten Jubelfeier desselben u. zur Ehre der protestant. Kirche. Ein Volksbuch. 8. Berl. 829. Mittler. 10 gl.

— de verbosa Socratis Xenophontei in disputando jejunitate; munus scholasticum auspicaturus quaerit. 8. Meissen 820.

—— über d. Ironieen in d. Reden Jesu, noch e. Beitr. zu seiner Charakteristik. gr. 8. (9 B.) Leipzig 838, Wienbrack.
1. Beitr. Berlin 827, Mittler. 12 Gr.

— de lectione Novi Testamenti in scholis recte instituenda. 4. Torgau 809.

Grulich, (Fedr. Jos.,) Leidenserfahrungen u. Leidensgewinn. 8. Torgau 826, Wideburg (Leipz., Enobloch.)

—— Leidenserfahrung u. Leidensgewinn. Für trostbedürft. Aeltern. 2. Aufl. gr. 8. (2 B.) Torgau 828, Wideburg.

— Preußens Noth u. Rettung in d. Jahren 1806 bis 1815; ein biblisches Gedenkbüchlein f. d. Alten u. Jungen auf d. Lande. 8. Halle 819. (Waisenh.-B.) 4 gl.

Grulich, F. J. De religionis pietatisque christianae principatu in gymnas. constituendo, salva optimarum artium doctrina. 25 S. . . . .
Progr. Torgau 1828

— — (Neustadt a./Orla), Veteres Graeciae et Latii scriptores promotae per Germaniam eleutheriomaniae crimine absolvit simulque viro Christian Friedr. Schnauss sacra secularia munerum per 50 annos dign. gestorum auct. et jussu societ. lat. Jenensis gratul. Jena (Goepferdt) 1793. 22 Seiten. (5.—) 11946

Grulich

— **Jo. Anastasius** (Freyberg), De servitute erudita pace religiosa sublata comment. acad. Präs. Johann Gottlob Heyne. Wittbg. (Gerdes) 5. XI. 1755. 25 S. (6.—) 11947
Gew.: Martin Grulich (Torgau; Vater).

Grulich, Kaspar Daniel

Grulich, Casp. Dan., Mythologie. 8. Dresden. 754.

Grulich, Curt, approb. Arzt aus Halle a. S.: Über die vorzeitige Ablösung der normal sitzenden Placenta. *Halle a. S. 1903: Wischan & Wettengel.* (53 S.) 8°
Halle, Med. Diss. v. 12. März 1903

Grulich, Mart., († d. 30. Nov. 1772.) heil. Andachtsflammen e. würdigen Communicanten bei d. Liebestafel Jesu. 2 Thle. 8. Bresl. 744. N. A. 751. (Gosohorsky). 5 gl.

— annales, od. hist. Nachricht v. a. Merkwürdigk., d. sich in Kirchen ec. seit der Reform. zugetr. 4. Dresden, Gerlach. 734.

— Bibelhistorie m. Anm. erl. 8. Dresden. 744.

— Erquickstunden unt. d. Kreuze Jesu od. Passionsbetr. ec. 8. Leipzig, Hilscher. 748.

— evangel. Glaubenskette od. Glaubensartikel. 4. Annab. (Friese in Pirna.) 743.

— **Martin,** Systematis theologiae moralis, ex mente praestantiss. in hoc scientiarum genere doctorum ichnographia. Dresden (Joh. Wilh. Harpeter) o. J. 16 S. (1.—) 11948

— Communionandachten. 8. Chemnitz, Stößel. 732.

— Licht u. Pflicht a. d. ordentl. Evangel. ec. 4. Chemnitz, Stößel. 738.

— orthotomia credendorum. 8. Dresd. 742. Ed. nov. 8. Torgau 753. (Gerlach in Dresd.) 3 gl.

— dogmat. Reden v. wicht. Artik. d. evang. Glaubens. 8. Chemnitz, Stößel. 732.

— Religionsspötter. 8. Dresden, Gerlach. 734.

— histor. Sabbath, oder Betrachtt. d. Wege Gottes, in Regierung seiner Kirche bei den mancherlei Schicksalen d. Welt. 4 Thle. 4. Leipz. 752. Hilscher. 2 ₰ 12 gl.

Grulich, Mart., histor. Sabbath. od. Betr. d. Wege Gottes ec. d. d. mancherl. Schicksal. d. Welt. 4. Leipz. Hilscher. 753. Rthlr.

— theologia symbolica od. Handbuch. 8. Ebend. 743.

— dogmat. Tugendsystem oder Erklär. d. Sittengesetz. 8. Ebend. 747.

— bibl. Vergnügen m. Gott. od. Betr. d. Wes. u. d. Eigensch. Gottes. 8. Dresden, Gerlach. 736.

— Forts. v. Löschers evang. Zehenden. 8. Magdeb. Scheidhauer. 734.

Grulich, Oskar

Grulich, Osc., Geschichte der Bibliothek u. Naturaliensammlung der kaiserl. Leopoldinisch-Carolinischen deutschen Akademie der Naturforscher. gr. 8. (IX, 300 S. m. 1 Titelbilde.) Halle 894. (Leipzig, W. Engelmann.) n. 6. —

Grulich, Osc., s.: Katalog d. Bibliothek d. kaiserl. Leopoldinisch-Carolin. deutschen Akademie d. Naturforscher.

Grulich, O., De quodam hiatus genere quaestiones in Homeri carminibus institutae. Diss. 1876. 86 S. 1,20

Grulich, Osc., quaetiones de quodam hiatus genere in Homeri carminibus. gr. 8. (123 S., wovon 37 autogr.) Halle 876. Lippert'sche Buchh. n. 2. 40

Grulich, Osc., Quaestiones de quodam hiatus genere in Homeri carminibus. gr. 8. (123 S., wovon 37 autogr.) Halle 876, Niemeyer. *

Grulich, Paul, Dämon Berlin. Aufzeichnungen eines Obdachlosen. (77 S.) 8. Berlin (907). Deutscher Verl. 1. —
Sonderabdruck aus: „Das deutsche Blatt".

Grülling, Phil., Medicinae practicae libri V. In quibus non modo omnes fere corporis humani morbi describuntur, verum etiam eorum causae, signa, prognosis et curationes perspicue proponuntur. Jam editione hac plane nova, post obitum authoris, diligenter recensiti, et prope infinitis iisque optimis experimentis ac observationibus locupletati. 922 pp. Lps. et Frcf. 1712. 4°.

Grüling, Phil. Gerh., deutsch. Arzneybuch. 4. Leipzig, 720.

— chym.-medicin. Arzneyschatz ꝛc. 4. Ebend. 748.

— de triplici in medicina univ. evacuationis genere. 4. ibid. 715.

Grüll, Benjamin [aus Zolkiew, Galizien]: Die Lehre vom Kosmos bei Maimuni und Gersoniden. Lemberg 1901. 40 S. 8°.
Bern. Phil. Diss. 1902/1903.

Grüll, Benjamin. Die Lehre vom Kosmos bei Maimuni und Gersonides. Diss. Phil. Bern. 40 S. 8. Lemberg, Verlag des Verfassers, Druck von A. Goldman, 1901.

Grüll, F. W. A., Anleit., nach welcher d. Gesundheitszustand bei d. schlachtbaren Hausthieren zu erkennen, u. durch welche Kennzeichen man diejenigen Krankheiten dieser Thiere kennt, dessen Fleischgenuß für d. menschl. Gesundheit nachtheilig ist ꝛc. 8. Bresl. 826. Gosohorsky. 4 gr

Grüll, F. W. A., Anleitung den Gesundheitszustand u. die Krankheiten der schlachtbaren Hausthiere im lebenden wie geschlachteten Zustande zu erkennen. Zum Gebrauch f. Fleischer, Viehhändler u. Landwirthe. 2. verm. u. verb. Aufl. gr. 8. (36 S.) Breslau 848. Gosohorsky. 1/6 ℛ

Grüll, Franz J.

Grüll, F. J., die k. k. österreichische Armee in den Jahren 1848 u. 1849. Nach k. k. Feld-Akten u. anderen meist offiziellen Quellen bearb. 1—3. Liefg. Wien 858. (Gerold.) gr. 8. (S. 1—296.) Jede Liefg. n. 16 ngr

Grüll, F. J., k. k. Hauptmann, die k. k. österreichische Armee in den Jahren 1848 und 1849. Nach k. k. Feld-Acten und andern meist officiellen Quellen. Mit Portr. des Feldmarschalls Grafen Radetzky. 4—7 (Schluß-) Lief. Lex. 8. (S. 297—613.) Wien, typ. lit. artist. Anstalt. 1860.

Grüll, F. J., Feldzug der k. k. österreichischen Armee in Italien im Jahre 1848. Nach k. k. Feld-Akten u. anderen meist offiziellen Quellen. Mit dem Portr. des Feldmarschalls Grafen Radetzky (in Stahlst.). 4—7. Liefg. Wien 860. Typogr.-literar.-artist. Anstalt. gr. 8. (XI, S. 297—613.) Jede Liefg. n. 12 ngr; complet n. 2 ℛ 20 ngr.

1—3. Liefg. jetzt in demselben Verlage.

Grüll, Frz., der Offizier im Felde. Praktisches Taschenbuch für Offiziere aller Waffen. Nach den neuesten k. k. Vorschriften und besten Quellen bearb. br. 8. (XVIII und 294 S. mit 17 lithogr. Plänen.) Wien 854, [Hügel.] *

Grüll, F. J., der Offizier im Felde. Praktisches Taschenbuch für Offiziere aller Waffen. Nach den neuesten k. k. Vorschriften und besten Quellen bearb. (Mit 17 lith. Plänen.) Wien 855. Seidel 16. (XVIII, 294 S.) n. 1 ℛ 20 ngr

— der Officier im Felde. Praktisches Taschenbuch für k. k. Officiere aller Waffen. Nach den neuesten k. k. Vorschriften u. besten Quellen bearb. Mit 222 lith. Fig. (auf 13 Taf.) 3. verb. Aufl. Ebend. 860. gr. 16. (XVI, 238 S.) n. 1 ℛ 10 ngr.

— Schematismus der pensionirten k. k. Generale, s. Schematismus.

Grüllich, ärztliche Hilfe, Kranke u. Krankenkassen auf dem Lande, s.: Krankenkassen-Bibliothek. 5. Hft.

Grüllich, (Oskar) Adalbert

Grüllich, A., zum Anschauungsunterricht u. zur Heimatskunde. [Aus: „Unterricht in der Volksschule".] gr. 8. (S. 817—992.) Meißen 891. H. W. Schlimpert. n. 2. —

Grüllich, A., zum Anschauungsunterricht u. zur Heimatkunde. [Aus: „G., Unterricht in der Volksschule, 2. Tl."] 2. Aufl. (Mit 1 Karte v. Sachsen u. 1 Karte: Einführung in das Kartenverständnis.) gr. 8. (194 S.) Meißen 900. H. W. Schlimpert. n. 2.25; geb. n. 2.75

— behufs Wiederholung kurzgefaßte Behandlung der heil. zehn Gebote. gr. 8. (IV, 80 S.) Ebd. 888. n. 1. —

Grüllich, A., kurzgefaßte Behandlung der hl. zehn Gebote. 2. Aufl. (86 S.) gr. 8. Meißen 905. H. W. Schlimpert. n. 1. —; kart. n. 1. 40

Grüllich, A., zur unterrichtlichen Behandlung der Bergpredigt d. Herrn Jesu Christi in den Schulen, beim Confirmandenunterrichte od. bei den religiösen Unterredungen m. der erwachsenen Jugend. gr. 8. (VIII, 148 S.) Meißen 886. Schlimpert. n. 2. —

Grüllich, A., zur unterrichtlichen Behandlung der Bergpredigt des Herrn Jesu Christi in den Schulen, beim Konfirmandenunterrichte od. bei den religiösen Unterredungen m. der erwachsenen Jugend. Mit e. Vorwort v. Mäder. 3. Aufl. (VIII, 148 S.) gr. 8. Meißen 908. H. W. Schlimpert. 2.—; geb. n 2.50

Grüllich, (Osk.) Adalb., Beitrag zur Methodik d. Geschichtsunterrichts an höheren Lehranstalten, insbesondere an den Seminarien, nebst speciellem Lehrplan in der Geschichte u. Religion. Anh.: Bericht üb. das kgl. Seminar zu Löbau. gr. 8. (80 S.) Löbau 874. Oliva's Buchh. n. 1. 25

Grüllich, A., Beitrag zur Methodik der Volksschule, in Berücksichtigung der seit Einführung des neuen Volksschulgesetzes gemachten Erfahrungen, mit speciellen Lehr- u. Lectionsplänen für 3—6klassige Schulen. Anhang: Der Unterricht in den weiblichen Handarbeiten von E. Krause. gr. 8. (IV, 72 u. Anh. XIX S. m. 1 Steintaf. in Fol.) Meißen 877. Schlimpert. n. 1. 50; Anh. ap. n. — 50

— 2. Beitrag zur Methodik der Volksschule, mit besonderer Berücksichtigung des Religions-Unterrichts u. Hinzufügung eines Lehr- u. Lektionsplanes für 2- u. 7classige Schulen. gr. 8. (146 S.) Ebend. 878. n. 1. 60

— 4. Bericht d. Seminars zu Plauen. Ostern 1873. gr. 8. (54 S.) Plauen 873. Neupert. n. — 80

— ein Einblick in die Volksschule unter Beachtung wichtiger Zeitfragen. Rede, geh. bei der Jahresconferenz der Lehrer des Schulinspectionsbezirks Löbau. Anhang: Einige methodologische Bemerkungen. gr. 8. (32 S.) Meißen: Schlimpert 1880. n. — 50

Grüllich, A., Entwürfe f. den Anschauungsunterricht im I. u. II. Schuljahre. gr. 8. (IV, 379 S.) Meißen 888. Schlimpert. n. 4. 50

— Entwürfe f. den Anschauungsunterricht im I. u. II. Schuljahre. 3. Aufl. (In 3 Hftn.) 1. Hft. gr. 8. (S. 1—128.) Ebd. 894. n. 1. 50

Grüllich, A., Entwürfe f. d. Anschauungsunterricht im I. u. II. Schuljahre. 3. Aufl. 2. u. 3. Hft. gr. 8. (IV u. S. 129—384.) Meißen 894. H. W. Schlimpert. à n. 1. 50

— Entwürfe f. den Anschauungsunterricht im I. u. II. Schulj. 5. Aufl. gr. 8. (IV, 387 S.) Meißen 900. H. W. Schlimpert. n. 4. 50; geb. n. 5. 50

— zur Geographie Deutschlands in der einfachen Volksschule. [Aus: „Der Unterricht in der Volksschule".] 2 Hälften. gr. 8. Ebd. à Hälfte n. 1. 20; geb. à n. 1. 50
1. Süddeutschland. Mit Gäblers Karte v. Deutschland (in Farbendr.). (IV u. S. 1077—1172.) 892.
2. Norddeutschland. (S. 1173—1277.) 893.

— zur Geographie Deutschlands in der einfachen Volksschule. [Aus: „G., der Unterr. in d. Volksch."] 2. Aufl. gr. 8. (IV, 219 S. m. Abbildgn. u. 1 farb. Karte.] Ebd. 902. n. 2. 50; geb. n. 3.—

— zur Geographie Sachsens in der einfachen Volksschule. [Aus: „Der Unterricht in der Volksschule".] gr. 8. (III u. S. 993—1076 m. 1 farb Karte.) Ebd. 892. n. 1. 20; geb. n. 1. 50

— zur Geographie Sachsens in d. einfachen Volksschule. [Aus: „G., d. Unterr. in d. Volksch."] 2. Aufl. gr. 8. (123 S. m. Abbildgn. u. 1 farb. Karte.) Ebd. 902. n. 1. 60; geb. n. 2. —

— biblische Geschichten, s.: Bartko, J.

— zum Geschichtsunterrichte u. zur Naturkunde in der Volksschule. [Aus: Der Unterricht in der Volksschule".] gr. 8. (X, 199 S.) Ebd. 894. n. 2. 25; geb. n. 2. 75

— Geschichtszahlen f. d. Unterr. in d. einf. Volksschule. 3 Wandtafeln à 73×54 cm. Dresden 896. A. Huhle. n. 2. 10; auf Pap. aufgez. m. Leinw.-Schutzrand u. Oesen n. 3. —; auf Pappe n. 3. 60; Schülerheftchen. 8. (8 S.) n. — 10

— Geschichtszahlen f. den Unterricht in der einfachen Volksschule. 5. Aufl. (8 S) 8. Dresden 905. A. Huhle. n. — 10

— die Gliederung d. biblischen Geschichtsstoffes nebst Bibellesen in den Oberclassen der Volksschule. gr. 4. (28 S.) Löbau 883. (Oliva.) n.n. — 75

— dasselbe u. Skizzen zur unterrichtlichen Behandlung wichtiger Abschnitte f. die Oberklassen der Volksschule. 2. Aufl. gr. 8. (VIII, 193 S.) Meißen 885. Schlimpert. n. 2. —

Grüllich, (Osc.) Adalb., erster Jahresbericht des Seminars zu Plauen. Michaelis 1869. Plauen 869. Neupert. gr. 8. (VI, 170 S.) n. 12 ngr.

Grüllich, Osc. Adb., Lehrplan für die Volksschule. 1. und 2. Lfg. gr. 8. Löbau 875, (Oliva's Buchh.) [1. Lfg. 1. Aufl. (S. 1—72.), 2. Aufl. (IV, S. 1—70.) ** ℳ 1,25.; 2. Lfg. (S. 71—152.) ** ℳ 1,50.] **

— Lehrplan f. d. einfache Volksschule. Ein Beitrag z. Methodik d. Volksschule. 3., verm. Aufl. Anh.: Die Schulordng. u. e. Lehrmittelverzeichnis. gr. 8. (228 S.) Meißen 896. H. W. Schlimpert. n. 2. 25; geb. n.n 2. 75

— Lehrplan f. die einfache Volksschule. Ein Beitrag z. Methodik der Volksschule. 4. verm. Aufl. Anh.: Die Schulordng. u. e. Lehrmittelverzeichnis. gr. 8. (253 S.) Ebd. 900. n. 2. 50

— Rede s.: Jentsch.

—— über den confessionellen, insbesondere evangelisch-luther. Religionsunterricht. Rede, gehalten beim Entlassungsactus des Seminars zu Plauen Ostern 1870. gr. 8. (14 S.) Plauen 871, Neupert. *

— der Religionsunterricht in der Volksschule. Zur Instruction f. den Unterricht in der Seminarschule zu Plauen 8. (73 S.) Plauen. 873. Neupert. n. — 80

Grüllich, A., Religionsunterricht in einer Volksschule von vier Classen. Plauen 870. (Neupert.) Fol. (16 S.) n.n. 6 ngr.

—— das erste Schuljahr. Kurze Instruction für den Unterricht in der Seminarschule zu Plauen verfasst. br. 8. (52 S.) Plauen 872, Neupert.

— unsere Seminararbeit, e. Beitrag zur Organisation des sächs. Seminarwesens. (VII, 531 S. m. 4 Tab.) gr. 8. Meißen 904. H. W. Schlimpert. n. 5. —; geb. n. 6. —

Grüllich, A., Skizzen zur unterrichtlichen Behandlung d. kleinen Katechismus Dr. Luthers. gr. 8. (VIII, 360 S.) Meißen 884. 85. Schlimpert. n. 8. —

— dasselbe. 2. Aufl. 3 Tle. in 1 Bd. gr. 8. (VIII, 360; 271 u. 84 S.) Ebend. 885. n. 8. —

— Skizzen zur unterrichtlichen Behandlung des kleinen Katechismus Dr. Luther's. 3. Aufl. 8 Hfte. gr. 8. (XII, 733 S.) Ebd. 887. n. 8. —; geb. n. 9. —

— dasselbe. 3. Aufl. Ergänzungsheft. gr. 8. Ebd. 887. n. — 75
Skizzen zur unterrichtlichen Behandlung des I. Artikels, nebst Einleitung in das II. Hauptstück, entnommen der veränd. 3. Aufl. der Skizzen zur unterrichtl. Behandlung d. kleinen Katechismus. (79 S.)

— Skizzen z. unterrichtl. Behandlg. d. kleinen Katechismus Luthers. 5. Aufl. (In 5 Hftn.) 1.—3. Hft. gr. 8. (VI u. S. 1—456.) Ebd. 898. à n. 1.50

Grüllich, A., Skizzen zur unterrichtlichen Behandlung des kleinen Katechismus Dr. Luthers. 5. Aufl. 4. u. 5. (Schluß-) Hft. gr. 8. (S. 457—789 u. 4 S.) Meißen, H. W. Schlimpert. à n. 1. 50; auch in 3 Tln. n. 7. 50; geb. n. 9. 25
1. Das erste Hauptstück. (VII, 328 S.) 898. n. 3. —; geb. n. 3.75
2. Das zweite Hauptstück. (IV u. S. 329—575.) 899. n. 2. 50; geb. n. 3. —
3. Das dritte bis fünfte Hauptstück. (IV u. S. 577—789.) 899. n. 2. —; geb. n. 2. 50

— der Unterricht in der sächsischen Fortbildungsschule. gr. 8. (40 S.) Ebend. 880. n. — 60

— der Unterricht in der Volksschule. I. Tl. u. II. Tl. 1.—7. Hft. gr. 8. Ebd. 889. 890. n. 8. 25
I. (IV, 114 S.) n. 1. 25. — II. 1—7. (S. 1—672.) n. 7. —.

— der Unterricht in der Volksschule. II. Tl. 8.—15. Hft. gr. 8. (XVI, XVI u. S. 673—1475 u. 2 farb. Karten.) Ebd. 891—893. à Hft. n. 1. —

— was können wir aus Freytag's „Ahnen" lernen? Vortrag. gr. 8. (32 S.) Ebd. 888. n. — 50

Grüllich, A., ein Wegweiser f. den Religionsunterricht in der Volksschule, sowie in niederen Klassen der Seminare, Realschulen u. Gymnasien. [Aus: „Der Unterricht in der Volksschule".] gr. 8. (XVI, 815 S.) Meißen 891. H. W. Schlimpert. n. 8. —

— ein Wegweiser f. den Religionsunterricht in der Volksschule sowie in den niederen Klassen der Seminare, Realschulen u. Gymnasien. 2. Aufl. 2 Tle. gr. 8. Ebd. à n. 4. —; geb. à n. 4. 50
1. (XII, 389 S.) 905.
2. Nach dem Tode des Verf. besorgt v. Max Grüllich. (VII, 412 S.) 906.

— ein Wegweiser f. den Unterricht in den Realien in der Volksschule. [Aus: Der Unterricht in der Volksschule"] gr. 8. (XVI u. S. 817 1475. Ebd. 894 n 7. —; geb. n. 8. —

Grüllich Ewid Immau, über Stirnlagen. Leipz 1863
Schul-/Univ.-Schrift

Grüllich, Max

Grüllich, M., biblische Geschichten, s.: Bartko, J.,

Grüllich, Oskar Adalbert, s. G r ü l l i c h , Adalbert.

Gruelmann, Jo. Conr., Diss. Obs. de usu cicutae, camphorae, sulphuris aurati antimonii et corticis peruviani in quibus morbis. 30 pp. Gott. 4°. 1782

Grumach, Wilhelm [pr. Arzt aus Riesenburg, W./Pr.]: Über einen behaarten Rachenpolypen ... Konigsberg i. Pr., Druck v. M. Liedtke, 1895; 2 Bl., 37 S., 2 Bl. 8.
Konigsberg, Med. Fak., Inaug.-Diss. v 29. Juli 1895

Grumach, Wilh., üb. e. behaarten Rachenpolypen. Diss. gr. 8. (37 S.) Königsberg 895. (W. Koch.) n. — 80

Grumann, Max: Aus der Kongl. Psychiatrischen und Nervenklinik der Universität Kiel. Ein Fall von multipler Sklerose mit ausgesprochenen psychischen Störungen. Kiel 1906: Vollbehr & Riepen. (25 S.) 8°
Kiel, Med. Fak., Ref. Siemerling, Diss. v. 4. Mai 1906
[Geb. 23 April 82 Kiel, Wohnort Kiel, Staatsangeh. Preußen; Vorbildung: Gymn. Kiel Reife O. 01, Studium Kiel 7, München 1, Kiel 2 S.; Coll. 8 Mai 06, Approb. 1 Mai 06.]

Grumbach [Sachl. Ordnungswort]

Grumbach, Friedlieb, od. meine Gesch. f. d. lesenden Damen zu Gernewitz, m. Silhouetten. 3 Thle. 8. Germanien. (Krieger in Marb.) 783

Grumbach, Friedlieb, oder meine Geschichte als Dedication und Vorläufer an die schönen lesenden Damen zu Gernwiz vor einen ganz neuen Roman von 40 Bänden, 4 Theile mit Silhouetten, 8. Germanien, 783-84. 1 Rthl. 23 sgl.

Grumbach, Friedlieb, oder meine Geschichte als Dedication ... an die schönen lesenden Damen zu Gernwitz ... Germanien [Giessen u. Marburg] 1783—84. V: *Seidel*, *Carl Aug.* (BGE) (Ky) (WT) (OL) (MGT)

Grumbach, Wilhelm von, Landfriedenbrecher, Fürstenmörder, Ächter. Leipz. 1795. V: *Volkhardt*, *J. K.* (Ky) (MGT)

Grumbach, Wilhelm von, Landfriedenbrecher, Fürstenmörder, Aechter, eine Geschichte aus dem sechzehnten Jahrhundert, mit 1 Kupf. 8. Leipzig, 795. B. Fleischer. 20 sgl.

Grumbach [Schlagwort]

Grumbach, s.: Preussen. Messtischblätter.

Grumbach [Verfasser]

Grumbach, Frz., Anleitung zur Errichtung und Einrichtung landwirtschaftlicher Fortbildungsschulen [Fortbildungscurse] an Volksschulen. Für Lehrer und Schulfreunde auf Grundlage der sich auf das landwirtschaftl. Fortbildungsschulwesen beziehenden gesetzl. Verordnungen zusammengestellt. 2. gänzlich umgearb. und verm. Aufl. gr. 8. (28 S.) [Reichenberg 885, Fritsche.] Znaim, Fournier und Haberler. *

— die Fortbildungsschulfrage und die Stellungnahme der deutsch-österreichischen Lehrerschaft. 8. (88 S.) Reichenberg 886, Fritsche. *
Aus: Kaadner Nachrichten, besonders abgedruckt.

Grumbach, H., die Entwicklg. d. berlin. Fortbildungsschulwesens. gr. 8. (71 S.) Berlin 898. L. Oehmigke's Verl. n 1. 20

Grumbach, Karl (Hnr.), Andachtsbuch für gefühlvolle Christen. In Gedichten. gr. 12. Berl. 832. Lüderitz. 18 gr.

Grumbach, Karl (Heinr.), Andachtsbuch f. gefühlvolle Christen. (In Gedichten.) gr. 12. (11 B.) Berlin 832, [Schröder.]

Grumbach, Karl (Heinr.), Andachtsbuch f. gefühlvolle Christen. 2. Ausg. gr. 12. (11 B. u. 1 Stahlst.) Berlin 838, Schroeder.

— Anthoboron, oder Gedanken z. Erweckung d. Schönen, Wahren u. Guten. Gesammelt aus den Schriften von Alxinger, Anakreon, Apel, Ariost, Baggesen, Bouterweck rc. 8. Leipz. 811. Joachim. 20 gr.

— von d. ernsten Bedeutung, die furchtbare Naturbegebenheiten auf d. Menschenherz zu äußern vermögend sind. Pred. gr. 8. (1 B.) Torgau 830, (Wienbrack.)

— Bilderfreuden, e. belehr. u. ergötzend. Erzählungsbüchlein z. Belohn. f. artige u. wißbegier. Kinder; zugleich als Uebungen im Denken u. Lesen. 8. (5 B. u. 24 col. Bild.) Berlin 835, [Danz.] * 1 Thlr., hrbas. Pr.

— Bilderfreuden, ein belehrendes u. ergötzendes Erzählungsbüchlein z. Belehrung für artige u. wißbegierige Kinder; zugleich als Uebungen im Denken und Lesen, mit 24 color. Bildern. 8. Berlin 835. Gropius. 1 Rthlr.

—— Sionas Blumenkörbchen; od.: Neue Fabeln u. Kindergedichte; e. Geschenk f. die wißbegier. Jugend; zugleich als Declamations- u. Leseübungen zu Hause u. in d. Schule. 16. (5½ B. u. Ttlkpfr.) Berlin 836, [Heymann.]

— das Buch für Leidende, oder Rath und Trost der Religion Jesu Christi bei den verschied. Wechselfällen des menschlichen Glücks und Lebens unter dem Druck irdischer Prüfungen. 8. Berlin 839. Schroeder. ½ Rthlr.

— d. Führer durch d. Thal, oder Geschichten u. Lieder für Kindheit u. Jugend, als kurze Anleit. zu einem verständ. u. frommen Leben. 8. Leipz. 825. Lauffer. 6 gGr. Mit ill. Kpf: 16 gGr.

— d. Garten d. Jugend, oder Erzähll. u. Gedichte f. gute u. fromme Kinder z. Lehre, Warnung u. Erheiterung. Mit 5 illum. u. 3 schwarz. Bildern. 12. Meißen 827, Klinkicht (Mittler in Leipz.)

—— der Garten d. Jugend, od. Erzähln. u. Gedichte f. gute, fromme Kinder, zur Lehre, Warnung u. Erheiterung. M. 8 Kpfr. 12. (7 B.) Meißen 829, [Klinkicht u. Sohn.]

—— das christl. Gebetbuch, od. Bitte, Lob u. Danksagung, d. Herrn geweiht, an Wochen-, Fest- u. Feiertagen, so wie bei ganz besond. Lagen u. Fällen d. menschl. Lebens zur Erweckung u. Beförderung d. häusl. u. d. kirchl. Andacht. 8. (16½ B. u. Ttlkpfr.) Berlin 835, [Danz.] * 1 Thlr., brdas. Pr.

— das christliche Gebetbuch, oder Bitte, Lob- u. Danksagung, dem Herrn geweiht, an Wochen-, Fest- u. Feiertagen, so wie bei ganz besondern Lagen u. Fällen des menschlichen Lebens zur Erweckung und Beförderung der häuslichen u. kirchlichen Andacht. Mit Titelkpfr. 8. Berlin 835. Gropius. 1 Rthlr.

—— Geschenk f. art. u. fleiß. Kinder, besteh. in kleinen Erzähln. z. Unterhalt. u. Belehr., nebst e. Kränzlein v. Kindergedichten an Geburtstagen d. nächsten Verwandten. 8. (9½ B. u. 4 col. Kpfrt.) Berlin 836, Schroeder.

— Glaube, Liebe u. Hoffnung, in Gesängen d. Andacht, des Trostes u. d. Erhebung f. d. denkenden, gefühlvollen Christen u. Christinnen. 8. Leipz. 826, Hartmann.

— Glaube, Liebe u. Hoffnung, in Gesängen d. Andacht, d. Trostes u. d. Erhebung für den denkenden, gefühlvollen Christen u. Christinnen. 8. Leipz. 826. (Lehnhold). 8 gGr.

— Glaube, Liebe, Hoffnung, drei christliche Gesänge zur Einsegnung oder zu Geburtstagsgaben für gute Kinder. 8. Berl. 835. Fröhlich u. C., jetzt Heymann. 1/12 Rthlr. — 2e Ausg. u. d. T.: Glaube, Liebe, Hoffnung in Gesängen d. Andacht, d. Trostes u. der Erhebung für denkende, gefühlvolle Christen u. Christinnen. 8. Leipzig 841. Lehnhold. ¼ Rthlr.

—— Glaube, Liebe u. Hoffnung in Gesängen d. Andacht, d. Trostes u. d. Erhebung f. denkende, gefühlvolle Christen u. Christinnen. 2. Ausg. 8. (7 B.) Leipzig 841, [Wöller.]

— Gymnasion, oder d. Buch d. Lehre u. d. Unterhaltung. Mit 7 ill. Kpf. 8. Leipz. 820. N. A. 827. Magaz. f. Ind. 18 gGr.

—— Immortellen. Ein Erbauungsbuch f. denk. Christen u. Christinnen, in e. Reihe relig. Aufsätze, Gebete u. Dichtungen. M. 1 lith. Zeichn. gr. 12. (10 B.) Meißen 830, Klinkicht u. Sohn.

—— kleine Jugendbibliothek, od. kleine moral. Erzählungen, Gedichte, Charaden u. Räthsel; eine Gabe f. lernbegier. Kinder v. 6—10 Jahren. 8. (7 B.) Berlin 836, Schroeder.

— d. Jugendspiegel; ein Lehr- u. Sittenbuch für d. deutsche Jugend. 8. Leipz. 820. Magaz. f. Ind. 18 gGr. Dass., mit 7 schw. Kpf. 1 Rthlr. Dass., mit 7 ill. Kpf. 1 Rthlr. 8 gGr.

—— Kinderlieder; od. Gesänge f. d. zarte u. reif. Alter, zu Nutz u. Frommen deutscher Jugend. M. 3 Musikbeil. gr. 12. (5½ B.) Meißen 831, Klinkicht u. Sohn.

— Kinderreisen, od. des wißbegierigen Wilibalds Durchzüge merkwürd. Länder u. Völker d. Welt. 2 Thle, mit 12 lithogr. Darstell. 8. Leipz. 827. Lauffer. (à 18 gGr.) 1 Rthlr. 12 gGr. (Vergl. Kinderreisen.)

(——) Kinder-Reisen, od. Erzähln. d. merkwürd. Gegenstände fremder Länder. 3., verb. Aufl. M. 8 ill. Kpfrt. u. ill. Ttlvign. 8. (5 B.) Leipzig 830, Lauffer.
Hieran schließen sich:

Grumbach, Karl (Heinr.), Kinder-Reisen, od. d. wißbegier. Wilibalds Durchzüge merkwürd. Länder u. Völker d. Welt, auf seiner Stube gemacht u. ans Licht gezogen. 2. Folge als für sich betrachtet. M. 12 ill. Darstell. 8. (8½ B.) Leipzig 828, Lauffer. Thlr.
1. Folge. Ebendas. 1827. 18 Gr.

Grumbach, Karl. *Mittheilungen aus der Bilderwelt;* oder Vater Siegfried im Kreise seiner Kinder. Ein Büchlein zur Belehrung und Unterhaltung guter, nachdenkender Kinder, vom Verfasser des Jugendspiegels . . . Karl Grumbach. Mit Kupfern. Leipzig, Wilhelm Lauffe [c. 1820]. Handkol. gestoch. Titel, 1 Bl. 130 S., 1 Frontispiz und 23 Abbildungen auf 6 Tafeln, alles in Kupfer gestochen u. handkoloriert (Chr. Gottfr. Heinr. Geissler del. J. F. Schröter jun. sc.) Kl.-8°. Etw. bestoßener bedruckter Or.Karton (Rücken teilw. überklebt). 33.—
Selten! Kleine Aufsätze über Tiere, Naturerscheinungen etc. u. Erzählungen u. Gedichte. Hübsch illustr. — Benutztes Ex. mit kleinen Rissen u. Flecken. Die Kupfer teilw. eingeklebt.

— Mittheilungen aus d. Bilderwelt, od. Vater Siegfried im Kreise seiner Kinder. Mit 25 ill. Abbildd. 12. Leipz. 827. Lauffer. 21 gGr.

— Mnemosyne. Samml. vorzügl. Gedanken d. besten Schriftsteller, zum Behuf für Stammbücher. 1e—3e Samml. 8. Leipz. 811—13. Fischer. 18 gGr.

— Mnemosyne. Sammlung vorzügl. Gedanken d. besten Schriftsteller, zum Behuf f. Stammbücher. 8. Leipz. Fischer. (Bruder.) 813.

—— das Morgenstündchen; od. unterhalt. u. belehr. Erzähln. zur Veredlung d. Verstandes u. Herzens wißbegier., guter Kinder; nebst Schildern. aus d. Gesch., Gedichten u. Räthseln. M. 16 ill. Bild. 8. (12 B.) Meißen 829, [Klinkicht u. Sohn.]

—— Novellen u. Erzählungen a. d. Gebiete d. Wirklichkeit u. d. Phantasie. 8. (12½ B.) Meißen 834, Klinkicht u. Sohn.

—— Opferblüthen, od. Original-Samml. v. Gedichten an Geburtstagen, bei Trauungen, z. neu. Jahre, z. Feier d. Amtsantrittes, so wie b. Begräbnissen u. a. festl. Gelegenheiten, f. d. häusl. u. öffentl. Gebr. 8. (6 B.) Berlin 832, Gropius.

Grumbach, Karl (Hnr.) dichterische Proben. 8. Halle 818. (Renger). 14 gGr. Schrbp. 18 gGr.

—— die Reisemappe. Enthalt. Auszüge a. Reisebeschreibungen, Städte-Räthsel u. Sinngedichte, z. angeneh. u. nützl. Unterhalt. f. d. mittl. Jugend. 2 Thle. M. 13 col. u. schw. Bild. gr. 12. (20 B. u. Ttlvign.) Meißen 831, Klinkicht u. Sohn.

—— Scherz u. Ernst in heit. u. belehr. Erzähln., Gedichten u. Räthseln f. gute Kinder v. 5—10 Jahr. 16. (14 B.) Leipzig 829, Leo.

Grumbach, Karl, Scherz u. Ernst in heiteren und belehrenden Erzählungen, Gedichten u. Räthseln für gute Kinder v. 5—10 Jahren. 2. Ausg. 16. Leipz. 846, H. Fritzsche. geb. n. 1/3 Rthlr

—— die Schicksale d. Familie Dietrich; od. d. Führungen Gottes sind wunderbar; e. Familiengeschichte in Duodez, zu Nutz u. Frommen f. Jung u. Alt. 8. (8 1/2 B. u. 4 Bild.) Berlin 839, 40, G. Gropius. (f)

—— Siona, der Weg zu Gott. Ein christl. Erbauungsbuch in Gesängen. Mit Ttlkpfr. gr. 8. (23 B.) Leipzig 829, Hinrichs. 1 Thlr. 6 Gr., mit Ttlkpfr. Vinp.

—— Siona, der Weg zu Gott. Ein christl. Erbauungsbuch in 161 Gesängen. 2., verbess. u. sehr verm. Ausg. gr. 8. (24 1/2 B. u. Ttlkpfr.) Leipzig 836, Hinrichssche Buchh. 1 1/2 Thlr., Vinp.

— s. Sulamith, ein christliches Taschenbuch.

—— Sulamith. Kleine Samml. zweckmäß. Sprüche u. Liederverse auf alle Tage im Jahre, f. d. kleinern Schulkinder jed. Geschlechtes, nebst kurzen Gebeten u. Denksprüchen. 12. (6 1/2 B.) Meißen 832, Klinkicht u. Sohn.

—— Unterhaltungen f. Kinder, z. Bildung ihres Geistes u. Herzens; in Erzähln., Gedichten, Charaden u. Räthseln. Mit Compositionen. v. C. F. Becker. Nebst 8 col. Bild. gr. 12. (7 B.) Meißen 830, [Klinkicht u. Sohn.]

—— Unterhaltungs-Bibliothek f. Söhne u. Töchter gebild. Familien; e. Beitr. z. Bild. u. Veredl. d. Geistes u. Herzens. 8. (9 3/4 B.) Berlin 836, Schroeder.

—— Vacuna, od. der Liebe Gaben u. Opfer, in kleinen Erzähln. u. Dichtn., z. Versittlichung u. Unterhalt. f. Kinder. M. 8 ill. Kpfr. 16. (7 B.) Berlin (832), Hasselberg.

— Vacuna, oder der Liebe Gaben u. Opfer, in kleinen Erzählungen u. Dichtungen, zur Versittlichung u. Unterhaltung für Kinder. Mit 8 ill. Kpfrn. 16. Berlin (833). Hasselberg. 1 1/6 Rthlr

Grumbach, Karl, Veilchenblätter, Züge u. Darstell. aus der Gemüthswelt. 1r Thl. 8. Leipz. 806. (Lehnbold). 18 gr.

Grumbach, L. v., Christen u. Menschen. Erzählung in 3 Tln. 2. Aufl. gr. 8. (X, 416 S.) Erfurt 897. E. Moos. n. 3. —; geb. n. 5. —; Extra-Ausg. n. 8. —

Grumbach, Otto: Ueber die im Anschluss an Parotitis epidemica auftretenden Erkrankungen des Auges. Heidelberg 1909: Hörning. 32 S. 8°
Heidelberg, Med. Diss. v. 30. Juli 1910, Ref. Leber
[Geb. 21. Juli 85 Basel; Wohnort: Frankfurt a. M.; Staatsangeh.: Preußen; Vorbildung: Wöhler-Gymn. Frankfurt Reife O. 04; Studium: Heidelberg 10 S.; Coll. 27. Mai 09; Approb. 15. Juli 10.] [U 10. 2058

Grumbach, S., s. Deutsch, L., Der Lockspitzel Asew.

Grumbacher, Fritz, Rudern u. Trainiren. Ein Leitfaden im Rudersport. Illustrirt. 16. (107 S.) Wien 880. F. Beck. n. 1. 20

Grumbacher, Fritz, Rudern u. Trainiren. Ein Leitfaden im Rudersport. 2. Aufl. Illustrirt. 16. (X, 119 S.) Wien 886. F. Beck. cart. n. 2. —

Grumbacher, Fritz : (Red.), s. Wassersport.

Grumbachische Händel, s. Ortloff, Friedr.

Grumbeerepannekuche, de. 1.—5. Tausend. 16. (2 S.) Kaiserslautern 889. Gotthold. n. — 10

Grumbine, Harvey C(arson): An Introduction to 'The Misfortunes of Arthur'. *(Erfurt) 1900: (Ohlenroth).* (S. 17—54.) 8° ¶ (Erscheint vollst. u. d. T.: 'The Misfortunes of Arthur by Thomas Hughes and Others. Ed. with an Introduction, Notes a. Glossary' als H. 14 d. Litterarhist. Forschungen.)
München, Phil. Diss. v. 1900

Grumbine, Harvey Carson, the Misfortunes of Arthur by Thomas Hughes and others, s.: Forsohungon, litterarhistorisoho. XIV.

Grümbke, Christian Stanislaus (Greifswald), De disquirendo charactere plantarum essentiali singulari. Präs. Adolph Julian Bose (Wittenberg). Lpz. (Langenheim) 6. XI. 1765. 40 S. (6.—) 11914
Gew.: (v. Präs.): Christian Gottlieb Ludwig, Georg Rudolph Boehmer, Georg Friedrich Baermann.

Grümbke, Johann Jakob

Grümbke, Jh. Jak., geograph.-statist.-histor. Darstell. von d. Insel u. d. Fürstenthum Rügen. 2 Thle. gr. 8. Berl. 819. Reimer. 2 Rthlr 18 gr

— s. auch Indiaena.

Grümbke, J. J., gesammelte Nachrichten z. Geschichte d. ehemal. Cisterzienser Nonnenklosters St. Maria in Bergen auf d. Insel Rügen. 8. (16 B. u. 1 Stndr.) Stralsund 833, Löffler.

Grumbkow, s.: Briefwechsel Friedrichs des Großen.

von **Grumbkow,** Fritz [aus Pommern]: Beitrag zur Aetiologie der Peritonitis .... Greifswald, Druck v. Julius Abel, 1887; 36 S. 8°.
Greifswald, Med. Fak., Inaug.-Diss. v. 17. März 1887.

Grumbkow, Fritz von. Beitrag zur Aetiologie der Peritonitis. Diss. Greifswald 1887. Jul. Bindewald. 8°. 36 S.

Grumbkow, Ina v., Isafold. Reisebilder aus Island. Mit 2 farb. Taf., 55 Textabb. u. 1 Karte. (XXIII, 202 S.) gr. 8. Berlin 909. D. Reimer. Kart. 6. —

Grumbkow, Otto von

— und J. G. **Kutzner,** Atlas des preussischen Staates. 11 (lith.) Landkarten-Anlagen für die Hand der Schüler. 3. verm. Aufl. Breslau 864. Morgenstern in Comm. qu. Fol. n. 7 1/2 ngr.

Grumbkow, von, und J. G. Kutzner, Atlas des Preussischen Staates. ... [1866?] (Br. Mus.)

Grumbkow, Otto v., fortificatorische Figuren-Tafeln zum Gebrauch bei der Vorbereitung für das Officier-Examen. Breslau 861. Aland in Comm. (Morgenstern.) gr. Fol. (14 lith. Taf.) n. 22 ngr.

Grumbkow, O. v., fortificatorische Figurentafeln. 5. Aufl. umgearb. nach der „genetischen Skizze des Lehrstoffes für den Unterricht auf den königl. Kriegsschulen." Potsdam 869. Riegel. gr. Fol. (26 Steintaff. mit eingedr. Text.) n. 1 Rthlr

Grumbkow, Otto v., fortificatorische Figurentafeln m. Berücksicht. der genet. Skizze d. Lehrstoffs f. den Unterricht in der Fortfication auf den königl. Kriegsschulen entworfen u. gezeichnet. 6. sehr verb. u. verm. Aufl. Fol. (17 Steintaf. in gr. Fol. m. 4 S. Text in 4.) Potsdam 871. Stein. n. 3. —

Grumbkow, Otto v., fortificatorische Figurentafeln, mit Berücksicht. der genet. Skizze des Lehrstoffs für den Unterricht in der Fortification auf den königl. Kriegsschulen. 7. Aufl. (20 Stnt. in qu. gr. Fol. und 4 S. Text.) 1874; 8. ganz umgearb. und verm. Aufl. Fol. (26 Stnt. in qu. gr. Fol. mit 3 S. Text.) Potsdam 878, Stein's Verlag. *

Grumbkow, v., Wandkarte von Deutschland und dem Preussischen Staate. Leipzig, Brauns, 1847. 5 Bll. lith. u. kolor. Imp.-Fol. und 1 Nebenbl. in 4. (1⅙ ℛ)

— Wandkarte der Provinz Schlesien. Nach den besten Quellen entworfen u. ausgeführt. 4 color. Bl. in Imp.-Fol. (Breslau 836. Leuckart.) 2/3 ℛ

v. Grumbkow, O., Wandkarte vom Preuß. Staate. Nach den besten Hülfsquellen entworfen. 4 lithogr. u. ill. Bl. Roy.-Fol. Breslau 838. Leuckart. n. 1 ℛ

Grumbkow, R. v., illustrirter Führer durch Schloß Stolpen. Historisch u. topographisch dargestellt. Mit mehreren Abbildgn. 16. (48 S.) Dresden 885. v. Grumbkow. n. — 50

Grumbkow, R. v., illustrirter Führer durch Stadt u. Schloß Stolpen, historisch u. topographisch dargestellt. 3. verm. u. verb. Aufl. Mit 14 Ansichten, 1 Grundriß, 1 Wegekarte u. 1 Portr. (50 S.) 16. Dresden 906. R. v. Grumbkow. n. — 50

Grumbkow, R. v., illustr. Führer durch Stadt u. Schloß Stolpen. Historisch u. topographisch dargest. 4. verm. u. verb. Aufl. Mit 14 Ansichten, 1 Grundriß, 1 Wegekarte u. 1 Portr. (48 S.) kl. 8. Dresden-Blasewitz 910. E. Leonhardi, — 50

— Genealogie Derer von Grumbkow, sogen sächsische Linie. Dresden 1884. Nicht im Handel.

Grumbkow, R. v., Vorlagen für Wappen-Stickerei auf Canevas, s.: Clericus, L.

Grumblat, Hans: Über einige Urkunden Friedrichs II. für den Deutschen Orden. Innsbruck 1908: Wagner. 40 S. 8° ¶(Aus: Mitteilungen d. Inst. f. österr. Geschichtsforschung. Bd 29; enthält nur zwei Kapitel d. vorgelegten Arbeit, ein drittes ersch. in: Zeitschrift d. Vereins f. thüring. Geschichte u. Altertumsk. N. F. Bd 17.)
Gießen, Phil. Diss. v. 18. Aug. 1908, Ref. Haller
[Geb. 27. Okt. 84 Eydtkuhnen; Wohnort: Gießen; Staatsangeh.: Preußen; Vorbildung: Gymn. Memel Reife O. 03; Studium: Braunschweig Techn. Hochschule 1, Königsberg 3, Wien 3, Königsberg 2 S.; Rig. 31. Nov. 07.] [U 09. 1306

Grumbrecht, A., über einige Folgen der Einverleibung Hannover's in den preußischen Staatsverband. Harburg 867. Dandwerts. gr. 8. (23 S.) 3 ngr.

Johann Friedrich Grumbrecht

De praecipuis Morbis qui ex interceptis excretionibus proficiscuntur. Helmstadii (1769:) Schnorr. 48 S. 8°

Helmstedt, Med. Diss. v. 21. Dez. 1769

Grumbt, Wilh., s.: Monats-Börsenkurse, Dresdner.

(Grumel, J G)
Aus der Geschichte des Dorfes Deutschheim. Vom Verf. des Morgenlandes [d.i. J.G. Grümel].
Zwickau: Verein Volksschriften 1846. 168 S. 8°

Grumm's Strecken-Karten. Locograph Nr. 9: St. Pölten—Krems—Retz—Znaim—Brünn [und retour]. 2 Blätter 8×93 cm. Wien. [1899.] [In Comm.] Artaria & Co. In Umschlag fl. —.60

Grumm's Strecken-Karten. Locograph Nr. 10: Leoben—Hieflau—Steyr—Enns · Linz—Efferding [und retour.] 2 Blätter. 8×105 cm. Wien. [1899.] [In Comm.] Artaria & Co. In Umschlag fl. —.60

Grumm's Strecken-Karten. Locograph Nr. 11: Wien—Tulln—Mautern—Steyregg—Linz [und retour.] 2 Blätter 8×109 cm. Wien. [1899.] [In Comm.] Artaria & Co. In Umschlag fl —.60

Grumm's Strecken-Karten. Locograph Nr. 12: Salzburg—Ischl—Aussee St Michael [und retour]. 2 Blätter 8×105 cm. Wien. [1899.] [In Comm.] Artaria & Co. In Umschlag fl. —.60

Grumm's Strecken-Karten f. Radfahrer. Enthalten die Kilometerzahl, Kilometermarken a. d. Strasse, sowie Bezeichnung d. Eisenbahn-Stationen, Post-, Telegraphen- und Telephon-Aemter, der Hotels, Gast- u. Kaffeehäuser. Ferner die Entfernung einer Ortschaft zur andern. Jede Nummer enthält Tour- und Retourkarte —.60
Inhalt: Serie I: Strecke 1 Wien—Graz, Strecke 3 Bruck an der Mur—Judenburg—Klagenfurt, Strecke 5 Marburg—Klagenfurt—Spital a. d. D., Strecke 6 Wien—St. Pölten—Melk—Linz. Serie II: Strecke 2 Graz—Laibach, Strecke 4 Klagenfurt—Laibach—Triest, Strecke 7 St. Pölten—Mariazell—Kapfenberg oder Mürzzuschlag, Strecke 8 Wien · Znaim—Iglau.

Wien: Artaria 1898.

[F.] Grumme, Albert [Dir. Hofr. Dr.]: *Kirchenrath und Oberpfarrer Ludwig Barth, gest. am 27. Aug. 1896.* Gera, Druck v. Th. Hofmann, 1897; 21—22 S. 4.
Gera, fürstl. G Rutheneum u. VS, OP 1897 (742)

[Ant. u. F.] Grumme, Albertus [Dr. Dir.]: Einige Bemerkungen über die neuen preussischen Lehrpläne für den Unterricht des Gymnasiums in den alten Sprachen und der alten Geschichte. (Umschlagt.: Commentatio de pensis gymnasiorum borussicorum nuper nova ratione descriptis.) (Th. 1.) Gerae, ex typogr. Hofmanniana, 1892; 16 S. 8.
Gera, fürstl. G Rutheneum u. VS, Einladungsschr. 1892

Grumme, A., einige Bemerkungen üb. die neuen preußischen Lehrpläne f. den Unterricht d. Gymnasiums in den alten Sprachen u. der alten Geschichte. gr. 8. (27 S.) Gera 892. Th. Hofmann. n. — 50

[F. u. Ant.] Grumme, Albertus [Dr. Dir.]: Die wichtigeren Beschlüsse der Berliner Schulkonferenz von 1890 nebst ein paar kurzen Betrachtungen über d. Reform d. höheren Schulwesens. (Umschl.-Tit.: Commentatio de gravioribus consilii scholastici Berolinensis placitis deque ea quae jam exspectatur scholarum superiorum nova institutione.) (Vollst. ersch. 1891; 30 S.) Gerae, ex typogr. Hofmanniana, 1891; 16 S. 8°
Gera, fürstl. G Rutheneum u. VS, Einladungsschr. 1891

[Ant. u. F.] Grumme, Albertus [Dr. Dir.]: Die wichtigeren Besonderheiten der homerischen Syntax. ([Umschlagt.:] Graviores syntaxis Homericae proprietates in discipulorum usum compositae.) Gerae, ex typogr. Hofmanniana, 1895; 3—13 S. 8.
Gera, fürstl. G Rutheneum u. VS, Einladungsschr. 1895

Grumme, A., die wichtigeren Besonderheiten d. homer. Syntax für reifere Schüler. 2., verm. u. verb. Aufl. gr. 8. (IV, 18 S.) Gotha 897. F. A. Perthes. Kart. n. — 50

Grumme. A., De Taciti Historiarum lib. I. cap. LXXX. Pr. 1872. 8 S. 4°.

Grumme, Alb., commentatio de Taciti historiarum libri primi capite LXXX. gr. 4. (8 S.) Gerae 873. (Berlin, Calvary & Co.) n. — 60

Grummii, A., de Pindari Ol. II. commentatio, s. Schneidewin, M.

Grumme, A., De Pindari Ol. II. commentatio et M. Schneidewini carmen Graecum. Gel. 1862. 66 S. 1.25

— Ciceronis orationis Milonianae dispositio. 8 (S. 3—15). Progr. zur Schüsslerfeier G. Rutheneum Gera 1889.

Grumme, Albertus, Dr. Dir., Princ. Ruthen. a consil. aul.: Ciceronis orationis Milonianae dispositio. Editio 2 aucta et emendata. *Gerae 1900: Hofmann.* (15 S.) 8°
Gera, fürstl. G Rutheneum m. VS, Einladungsschr. 1900**

Grumme, Alb., Ciceronis orationis Milonianae dispositio. Ed. II, aucta et emendata. gr. 8. (15 S.) Gera 900. H. Kanitz' Verl. n. — 40

Grumme, Albert Ciceronis orationis Murenianae dispositio. 8 (S. 3—16). Progr. zur Schüsslerfeier G. Rutheneum Gera 1887.

Grumme, A., Ciceronis orationis Murenianae dispositio. gr. 8. (16 S.) Gera 887. Kanitz' Verl. n. — 40

Grumme, Albertus: Ciceronis orationis Murenianae dispositio. (Editio altera aucta et emendata.) *Gerae 1898: Hofmann.* (15 S.) 8° ¶ (Die erste Auflage erschien als Einladungsschrift 1887.)
Gera, fürstl. G Rutheneum u. VS. Einladungsschr. 1898**

Grumme, Alb., Ciceronis orationis Murenianae dispositio. Ed. II. aucta et emendata. gr. 8. (15 S.) Gera 898. H. Kanitz Verl. n. — 40

Grumme, Alb., Ciceronis orationis Sestianae dispositio. gr. 8. (15 S.) Gera 885. Kanitz' Sort. Sep.-Cto. n. — 40

— Ciceronis orationis Sestianae dispositio. Ed. II, aucta et emendata. gr. 8. (15 S.) Ebd. 902. n. — 40

Grumme, Albertus, Dr., Dir., Princ. Ruthen. a consil. aul.: Ciceronis orationis Sestianae dispositio. Ed. altera aucta et emendata. *Gerae 1902: Hofmann.* (15 S.) 8°
Gera, fürstl. G Rutheneum m. VS, Einladungsschr. 1902

Grumme, A[lbert], Hofrat Dir. Dr.: Disposition des ersten Buches der Schrift Ciceros über die Pflichten. Gera 1904: Th. Hofmann. (27 S.) 8° [F.]
Gera, st. RG OP 1904 (830)

Grumme, A., Disposition des ersten Buches der Schrift Ciceros üb. die Pflichten. (27 S.) 8. Gera 904. H. Kanitz. n. — 60

Grumme, *Ernst Ludwig Friedrich* Albert Dispositiones Horatianae. 8 (S. 3—15). Progr. zur Schüsslerfeier G. Rutheneum Gera 1894.

— dispositiones Horatianae. 8. (15 S.) Gera 894. H. Kanitz' Verl. n. — 40

Grumme, A., Rei metricae poetarum Graecorum et Latinorum prima elementa ad discipulorum usum accomodata. Gel. 1888. 18 S.

— rei metricae poetarum Graecorum et Latinorum prima elementa ad discipulorum usum accommodata. Das Wichtigste aus der griechischen u. römischen Metrik, kurz dargestellt. 2. Aufl. des Geraer Schüßler-Programms. v. 1883. gr. 8. (16 S.) Ebd. 894. n. — 45

Grumme, Albert, Hofrat Dir. Dr.: Ergänzungen zu K. E. Georges ausführlichem deutsch-lateinischem Handwörterbuche. Gera 1904: (Th.) Hofmann. (15 S.) 8°
Gera, fürstl. G Ruthenum 1904

Grumme, Albert, Hofrat Dir. Dr.: Ergänzungen zu K. E. Georges ausführlichem deutsch-lateinischem Handwörterbuche. Gera 1905: Hofmann. (16 S.) 8° ¶ [Forts. d. P-Beil. 1904]
Gera, fürstl. G Rutheneum OP 1905

Grumme, A[lbert]: [Die Feier der Übergabe und Weihe einer neuen Schulfahne.] *Gera 1898: Th. Hofmann.* (25—26 S.) 4° [F.]
Gera, fürstl. G Rutheneum u. VS, OP 1898 (753)

[Ant. u. F.] Grumme, Albertus [Dr. Dir. Princ. Ruthen. a consil. aul.]: Festrede zur Feier des 25jährigen Regierungs-Jubiläums Sr. Durchl. des Fürsten Heinrichs XIV., am 12. Juli 1892 in d. Aula d. Gymn. geh. — Rede zur Enthüllung des Liebe-Denkmals, am 18. Okt. 1896 auf d. Hainberge bei Gera geh. ([Umschlagt.:] Duae orationes, quarum altera in schola, altera in publico habita est.) Gerae, ex typogr. Hofmanniana, 1897; 16 S. 8.
Gera, fürstl. G Rutheneum u. VS, Einladungsschr. 1897

— Hauptregeln der griechischen Syntax, s.: Frohwein, E.

Grumme, Albertus [Phil. Dr. Dir.]: Index locorum zur vierten Auflage von Dr. Eugen Frohweins Hauptregeln der griechischen Syntax. (Umschlagt.: Index locorum ad Eugenii Frohweinii syntaxis Graecae editionem quartam conscriptus.) Gerae, ex typogr. Hofmanniana, 1893; 3—15 S. 8.
Gera, fürstl. G Rutheneum u. VS, Einladungsschr. 1893

Grumme: De lectionibus Pindaricis nuper a Tycho Mommsenio prolatis. 14 S.-Bielefeld, Progr. 1866

Grumme, Albert Vetustissimae Gymnasii Gerani leges ex Io Friderici Koeberi exemplo nunc primum editae. 8 (S. 3—16). Progr. z. Schüsslerfeier G. Rutheneum Gera 1886.
Nicht im Tauschverkehr.
Progr.

Grumme, Alb. Homerische Miscellen. No. I. Zur homerischen Parataxis. No. II. Ein Gebrauch der Partikel καί. 19 S. G. Gera 1879.
Progr.

Grumme, Albert Duae orationes, quarum prior in schola, posterior in conventu publico habita est. 8 (S. 3—15). Progr. z. Schüsslerfeier G. Rutheneum Gera 1888.
Inhalt: Zur Entlassung der Abiturienten und zum Abschluss des Schuljahres am 23. März 1886. (S. 3—8.) — Zur Feier des 70. Geburtstags Sr. Durchlaucht des Fürsten Bismarck am 1. April 1885. (S. 9—15.)

Grumme, (Ernst Ludwig Friedrich) Albert: Duae orationes scholasticae. 8 (S. 3—14). Progr. Progr. z. Schüsslerfeier G. Rutheneum Gera 1899.
Zur Lutherfeier am 10. November 1883. Zur Entlassung der Abiturienten am 28. Februar 1891.

Grumme, Albert, Dr., Dir., Hofrat: Tres orationes scholasticae. *Gerae 1903: Hofmann.* (16 S.) 8° [F.]
Gera, fürstl. G Rutheneum, Einladungsschr. 1903

Grumme, A., Quaestiones Horatianae I. De Horat. carm. I. 3, 1–8. Pr. 1880. 8 S.

[Ant. u. F.] Grumme, Albertus [Dr. Dir. Princ. Ruthen. a consil. aul.]: I. Rede zur 25jährigen Jubelfeier der Wiederaufrichtung des deutschen Kaiserreiches am 18. Januar 1896. — II. Rede zur Entlassung der Abiturienten am 17. März 1896. ([Umschlagt.:] Duae orationes scholasticae hoc anno habitae.) Gerae, ex typogr. Hofmanniana, 1896; 3—14 S. 8.
Gera, fürstl. G Rutheneum u. VS, Einladungsschr. 1896

Grumme, A[lbert], Dir. Hofr. Dr.: Übersicht der Frequenz in den letzten 18 Schuljahren. *Gera 1900: Th. Hofmann.* (S. 21.) 4° ¶ (Forts. d. Übersicht im Progr. 1882.)
Gera, fürstl. G Rutheneum m. VS, OP 1900 (766)

Grumme, A., de Iliadis prooemii versu quinto et de parataxis Homericae quodam genere. gr. 4. (8 S.) Gera 878. (Reisewitz.) n. -- 50

Grumme, Albertus, Dr., Dir., Princ. Ruthen. a consil. aul.: **Walther von der Vogelweide, ein deutscher Dichter.** (Vortrag, im Kaufmänn. Verein zu Gera geh. am 25. Febr. 1895.) *Gerae 1901: Hofmann.* (16 S.) 8°
Gera, fürstl. G Rutheneum m. VS, Einladungsschr. 1901

Grumme, Albertus [Dr. Dir.]: Wie ist die pädagogische und didaktische Vorbildung der Kandidaten des höheren Schulamts am zweckmäßigsten zu gestalten? (Umschl.-Tit.: Commentatio de candidatorum muneris scholastici institutione.) Gerae, ex typogr. Hofmanniana, 1890; S. 3—19; 8°
Gera, fürstl. G Rutheneum u. VS, Einladungsschr. 1890

— **wie ist die pädagogische u. didaktische Vorbildung der Kandidaten d. höhern Schulamts am zweckmäßigsten zu gestalten? Eine Zeit- u. Streitfrage, erörtert. gr. 8. (19 S.) Gera 890. Kanitz Verl. n. — 40**

Grumme, *Erich Eduard Julius* Friedrich [aus Gera '(Reuss j. L.)']: Ueber einen Fall von Kleinhirntumor ... Berlin, C. Vogts Buchdr., *1895;* 26 S., 3 Bl. 8.
Berlin, Med. Fak., Inaug.-Diss. v. 22. Febr. 1895

Grumme, Heinrich [pract. Arzt in Barsinghausen]: Zur Lehre von der progressiven amyotrophischen Bulbaerparalyse mit Berücksichtigung ihres Verhältnisses zur progressiven Muskelatrophie und amyotrophischen Lateralsklerose .... Helmstedt, Druck v. J. C. Schmidt, 1885; 39 S. 8°.
Göttingen, Med. Fak., Inaug.-Diss. v. 1885.

Grumme, Heinr., zur Lehre v. der progressiven amyotrophischen Bulbärparalyse m. Berücksicht. ihres Verhältnisses zur progressiven Muskelatrophie u. amyotrophischen Lateralsklerose. gr. 8. (39 S.) Helmstedt 885. (Göttingen, Vandenhoeck & Ruprecht.) n. 1. —

Grumme, W.

Grumme: De codicibus Propertianis, Groningano et Neapolitano. – 32 S. – Aurich, Progr. 1868.

Grummer, C. G.: „Versuch nützlicher Sammlungen der Natur- und Kunstgeschichte", 36 Teile, Schneeberg 1753—1757.

Grummert, E. Mich.: Beantwort. d. Schrift, welche d. Tit. führt: Erläut. d. Frage, ob d. H. v. Zugehör d. den fremden Ministern in Polen zusteh. Vorrechte d. Völkerrechts geniessen könne? *s. l.* 786. 4.

M. *Gottfried Heinrich Grummert* aus Bjala in Pohlen, Beyträge zum Wachsthum der Natur und Grössenlehre. Erstes Stück. Von einer sehr vortheilhaften Verfertigung grosser Objectivgläser und dergleichen, durch den Druck einer hohen Wassersäule. Gestellt an die Erlauchte Königl. Preussische Akademie der Wissenschaften in Berlin. Mit Kupfern. Dresden und Leipzig, bey Friedrich Heckel. 4. 8 Bog. 2 Kupfertaf. — Zweites Stück. Von der Verfertigung grosser Objective und der Brennspiegel, durch den Druck der Luft. 4 Bog. 1 Kupfertaf. Beide mit fortlaufenden Seitenzahlen. 1747.

Gottfried Heinrich Grummerts [Grummert] Betrachtungen über die Mondenluft bey Gelegenheit der grossen Sonnenfinsterniß...1748. Nebst etlichen wichtigen Vortheilen die Sonne zu betrachten. Dresden & Leipzig: Hekel 1748. 44 S. 8°

Grummert, Gottf. Heinr. Zufällige Gedanken von der regulären Befestigung, sonderlich der irregulären Polygonen von innen hinaus. (Mit 1 Taf.) 4. Dresden 1749.

Grummert, Gf. H., Gedank. v. d. regul. Befestigung. 4. Dresd. Walther. 749.

Grumprecht, T. E. (Hrsg.), s. Zeitschrift für allgemeine Erdkunde.

Glocken von Eisen und von Gold. Eine Gedichtsammlung in 5 Th. von James **Grun** mit Portr. u. Schlussvignette von Hans Thoma. Frankfurt a. M.: Mahlau & Waldschmidt 1893. (72 S.) 8° [07. 1837

Grun, James: Die Rose vom Liebesgarten, s. Pfitzner, Hans.

Grun, Paul

Grun, Anschauungstafel f. d. theoret. Unterricht in d. Schiesslehre. 2 Blatt à 49,5×71 cm. Farbbdr. Berlin 897. Liebel. n. 1. 50

Anschauungstafel für den theoretischen Unterricht in der Schiesslehre. Entworfen u. gezeichnet von [Paul] **Grun**, Lt. im Inf. Rgt. 58. 2. Aufl., auf Grund d. Schiessvorschr. 1899 ⟨Gewehr 98⟩ 1. 2. *Berlin: Liebel [1901].* 2 Bl. quer-gr. 2° [01. 7345

Grun, Paul, Anschauungstafel f. d. theoretischen Unterricht in der Schiesslehre. (Für Gewehr 98.) (2 Taf. m. Fig.) 51,5×74 cm. Berlin (906). Liebel. n. 1. 50

Grun, Paul, Anschauungstafel f. d. theoretischen Unterricht in der Schiesslehre. Entworfen u. gezeichnet. Nr. 1 u. 2. 50×72 u. 51,5×74 cm. Farbdr. Berlin (910). Liebel. 1. 50

— Anschauungstafel f. den Unterricht in der Schiesslehre. (Sch. V. f. d. Inf. v. 21. X. 1909.) Nr. 3. Gefechtsschiessen. 80×100 cm. Farbdr. Ebd. (910). 1. 40

Grun, W[illibald]: Beiträge zur Theorie und Konstruktion der Leit- und Laufvorrichtungen für Turbo-Pumpen, insbesondere für Turbo-Gebläse und -Kompressoren. [1907.] 22 S. 4°
Hannover, Dr.-Ing.-Diss. v. 11. 3. 1907

Grün, A. F., der kleine Engländer, od. d. Kunst, d. engl. Sprache ohne Lehrer auf e. leichte u. ganz faßl. Art in einigen Tagen selbst ohne vorher e. Wort davon zu verstehen, vollkommen richtig sprechen zu lernen. Ein Hülfsb. f. Auswanderer rc. 1., u. 2., verb. Aufl. 8. (à 4 B.) Hanau 841, 42, Edler'sche Bh. à

——— der kleine Engländer, od. die Kunst, die engl. Sprache ohne Lehrer auf eine leichte u. ganz faßl. Art in einigen Tagen richtig sprechen zu lernen. 3., umgearb. u. verm. Ausg. 16. (6 B.) Hanau 844, Edler'sche Buchh.

Grün, A. F. (Pseudon.), der kleine Engländer od. die Kunst die engl. Sprache ohne Lehrer auf eine leichte u. ganz faßl. Art in einigen Tagen selbst ohne vorher ein Wort davon zu verstehen, richtig sprechen zu lernen. Ein Hülfsbuch f. Auswanderer u. diejenigen, welche schnell englisch lernen wollen. 4. ganz umgearb. u. verm. Aufl. 16. (VI u. 84 S.) Hanau 847, Edler. — (5. verm. Aufl.) gr. 16. (96 S.) Ebd. 849. — 6. verm. Aufl. gr. 16. (96 S.) Ebd. 852. 1/6 ℔

Grün, A. F., deutscher National-Briefsteller f. alle Stände, od. gründl. Anweisung z. richtigen Abfassung aller Gattungen von Briefen u. schriftl. Aufsätzen, welche im Geschäfts- u. gemeinen Leben, sowie in freundschaftl. Verhältnissen vorkommen. 1. Aufl. (23 1/2 B.) 812. u. 2., verb. u. verm. Aufl. gr. 8. (25 B.) Hanau 847, Edler'sche Buchh. Thlr.

— deutscher National-Briefsteller für alle Stände, oder gründliche Anweisung zur richtigen Abfassung aller Gattungen von Briefen u. schriftlichen Aufsätzen, welche im Geschäfts- u. gemeinen Leben, sowie in freundschaftlichen Verhältnissen vorkommen. gr. 8. Ebend. 842. 1/2 Thlr. — 2. Aufl. 846. 1/2 Thlr.

— der poetische Rathgeber. Eine Sammlung wohlausgewählter Gelegenheits-Dichtungen zu Neujahrs-, Geburts-, Verlobungs-, Jubel- u. andern Festen, nebst einer Auswahl v. Tischreden, Toasten u. Stammbuch-Aufsätzen. Gesammelt u. mit neuen Zugaben verm. gr. 16. (XII u. 207 S.) Ebd. 850. 5/12 Thlr.

— der lustige Sänger oder Westentaschen-Liederbuch für fröhliche Gesellschaften 2c. Eine Auswahl von 300 der vorzüglichsten Lieder und scherzhaften Trinksprüche. 32. (254 S.) Hanau 851(52,) Edler'sche Buchh.

— der elegante Stutzer, od. Regeln d. feinen Lebensart u. d. guten Tons. 12. (8 1/2 B.) Hanau 839, Edler'sche Buchh.

— der elegante Stutzer oder Regeln der feinen Lebensart und des guten Tons. Zum Besten der Männer bearb. 3. Aufl. 16. Ebend. 842. geb. 1/3 Thlr. — 4. Aufl. 12. Ebend. 846. geb. 5/12 Thlr.

der elegante Stutzer, od. Regeln der feinen Lebensart u. des guten Tons. Zum Besten der Männer bearb. 3. u. 4. Aufl. 12. (12 1/2 u. 8 1/2 B.) Hanau 842, 47, Edler'sche Buchh.

Grün, A. F., s. Wandergern, der Handwerker in der Fremde.

Grün, Adf. v., unser Bismarck, s. Muse, heitere.

Grün, Adolf. Über die Konstitution der Fette. Habilitationsschr. Phil. [II] Univ. Zürich, Juni 1907. 124 S. 8. Zürich, J. J. Meier, 1908.

Grün, Adolf, Dr. Über die Konstitution der Fette. Zürich 1908. 124 S. 8°. [24. IX 08.]
Zürich Phil Hab Schr 1908/09

Grün, Adolf. Ueber Triammin- u. Aethylendiaminamminverbindungen. Diss. Phil. [II.] Univ. Zürich. 58 S. 8. Zürich, Müller, Werder & Cie., 1901.

Grün, Adolphus, die Vernunft u. der Rationalismus od. die neuere Theologie. gr. 8. (4 1/4 B.) Magdeburg 845, Falckenberg u. Comp.

Grün, Albert, A-B-C der Aesthetik. 5 Vorlesungen, gehalten zu Straßburg. 8. (VII und 168 S.) Straßburg 856, Treuttel und Würtz. *

— Goethe's Faust. Briefwechsel mit einer Dame. Gotha 856. Scheube. gr. 8. (4 Bl., 238 S.) n. 1 Thlr.

Grün, Albert, Deutsche Flüchtlinge. Zeitbild. 8. (IV u. 219 S.) Hamburg 850, Hoffmann & Campe. 1 Thlr.

Grün, A., das Forsthaus in den Vogesen. Wahrheit und Dichtung. 4 Bde. 8. (IV, 210; 120; 207; 201 S.) Leipzig 874, E. J. Günther. *

Grün, Alb., Friederike. Schauspiel. Mit 1 (lith.) Facsimile der Titelheldin (in 4.). Straßburg 859. Treutel & Würtz. 8. (XXXIV, 290 S.) n. 1 Thlr.

Grün, A., die Poesie der Natur. Eine Winter-Vorlesung. gr. 8. (30 S.) [Strassburg 877.] Mannheim, Schneider. *

Grün, Alb., die deutsche Rechtschreibung, mit besonderer Berücksichtigung der preussischen u. badischen Verordnungen. Vortrag. gr. 8. (34 S.) Karlsruhe 881. Reuther. n. — 50

— die Schlitter und Holzhauer aus den Vogesen oder vierundzwanzig Stunden im Hohwald. Natur- und Menschenskizzen, mit 43 (lith.) Original Zeichnungen von Theophilus Schuler. Straßburg 854. Treuttel u. Würtz. gr. 4. (14 S.) n. 4 Thlr.

Grün, Alb., der deutsche Sprachverein und seine Gegner. Vortrag, gehalten im Straßburger Zweigverein. 8. (30 S.) Straßburg 888, Schmidt's Universitäts-Buchh. *

— das Frankfurter Vorparlament, s. a. Wahrheitsschenke.

Grün, Albert. Wahrheitsschenke für Vornehm und Gering. Eine Reihe von Volksbüchern über die Hauptereignisse und Lebensfragen der Gegenwart. Heft 1. Das frankfurter Vorparlament und seine Wurzeln in Frankreich und Deutschland. Leipzig, Wigand 1849. 124 S. 8.

Grün, Alfred, bacc. iur. a. Dresden: Das Ehrenakzept. Leipzig 1904: W. Wigand. (54 S.) 8°
Leipzig, Jur. Fak., Diss. v. 10. Nov. 1904
[Geb. 6. Dez. 81 Dresden; Wohnort: Dresden; Staatsangeh.: Sachsen; Vorbildung: Kreuzgymn. Dresden Reife O. 01; Studium: Freiburg i. B. 3, Berlin 1, Leipzig 3 S.; Rig. 2. Juli 04.]

Grün, Anastasius, s. a.: Auersperg, Ant.

— Festschrift, s. Radics, P.

Grün, Anastasius, s. Klassiker, moderne.

† Grün, Anastasius, (Ant. Alex. Graf v. Auersberg,) Blätter d. Liebe. (Gedichte.) 8. (8 B.) Stuttgart 830, [Hallberger.]

— u. Ludw. Aug. Frankl, Briefwechsel, s. a. Aus dem 19. Jahrhundert.

— (Ant. Alex. Graf v. Auersperg), u. Ludw. Aug. Frankl, Briefwechsel (1845—1876). Hrsg. von Bruno v. Frankl-Hochwart. Neue [Titel-] Ausg. (V—XI u. 402 S.) 8. Berlin [897] 905. Concordia. n. 4. —; geb. n. 5. —

Grün, Anast. Gedichte. — s. National-Bibliothek, deutsch-österreichische.

— dasselbe, s.: Universal-Bibliothek.

† Grün, Anastasius, (Graf Ant. Alex. v. Auersperg,) Gedichte. 1. u. 2. Aufl. (à 14 3/4 B.) 837, 38, 3. verm. A. (16 1/2 B.) 841. u. 4., verm. A. gr. 12. (17 B.) Leipzig 843, Weidmann'sche Buchh. à

† Grün, Anastasius (Ant. Alex. v. Auersperg), Gedichte. 5., verm. Aufl. 8. (26 3/4 B.) Leipzig 841, Weidmann'sche Buchh.

Grün, Anastasius, (Anton Alex. Graf Auersperg), Gedichte. 6. Aufl. (Miniatur-Ausg.) 16. (X u. 420 S. nebst Titelkpfr.) Leipzig 847, Weidmann. geb. m. Goldschn. 2 1/2 Thlr. — 7. Aufl. 8. (VIII u. 420 S.) Ebd. 847. 2 Thlr. — 8. Aufl. 16. (VIII u. 375 S. m. 1 Stahlst.) Ebd. 850. In Engl. Einb. m. Goldschnitt 2 1/2 Thlr. — 9. Aufl. gr. 12. (VIII u. 420 S.) Ebd. 850. 2 Thlr. — 10. Aufl. 16. (VIII u. 375 S. m. 1 Stahlst.) Ebd. 852. In Engl. Einb. m. Goldschn. 2 1/2 Thlr.

— dass. — 7. Aufl. 8. 1847 und 9. Aufl. gr. 16. (à VIII und 420 S.) Ebds. 852.

† Grün, Anastasius, (Ant. Alex. v. Auersperg) Gedichte. 11. Aufl. 16. (VIII und 375 S. mit in Stahl gest. Titel.) Berlin 856, Weidmannsche Buchh.

Grün, Anastas., [Graf Auersperg,] Gedichte. 12. Aufl. 8. (VIII und 375 S.) Berlin 857, Weidmann'sche Buchh. *

Grün, Anastasius, Gedichte. 11. Aufl. Berlin 858. Weidmann. 16. (VIII, 375 S. u. 1 Stahlst.) geb. 2 ℛ 15 ngr

Grün, Anast., Gedichte. 13. Aufl. 16. (VIII und 376 S.) Berlin 866, Weidmann'sche Buchh. geb. mit Goldschn.

† Grün, Anastasius [Ant. Alex. Graf v. Auersperg], Gedichte. 14. Aufl. 8. (VIII, 376 S.) Berlin 869, Weidmann'sche Buchh. *

Grün, Anastasius, Gedichte. 13. Aufl. Neue Ausg. 16. (VIII, 375 S.) Wien 875. Braumüller. geb. m. Goldschn. n. 6. —

—— dass. — 14. Aufl. 8. (VIII, 375 S.) Ebendas. 875. * geb. mit Goldschn.

— Gedichte. 15. Aufl. 8. (351 S.) Ebendas. 877. geb. *

Grün, Anastasius, Gedichte. 18. Aufl. 8. (351 S. m. Bildnis.) Berlin 893. G. Grote. Geb. in Leinw. n. 5. —

— Gedichte, s. a. Bibliothek der Gesamtliteratur.

Gedichte von Anastasius Grün [d. i. Anton Alexander Graf v. Auersperg]. Mit e. Vorbemerkung von Dr. Arthur Ploch u. e. Bilde d. Dichters. Halle a. S.: O. Hendel [1907]. (VI, 200 S.) 8° [F.]
(Bibliothek d. Gesamtliteratur d. In- u. Auslandes. No 2025–2027.) [07. 689]

—— s. Geistlichen, die, im Kotter.

Grün, Anast., Robin Hood. Ein Balladenkranz nach altenglischen Volksliedern. Stuttgart 864. Cotta. 8. (VI, 224 S.) 27 ngr

Nikolaus Lenau. Lebensgeschichtl. Umrisse von Anastasius Grün [d. i. Anton Alexander Graf v. Auersperg]. Mit e. Anh.: Briefe von u. an [Nikol.] Lenau, ausgewählt u. erl. von Johannes Proelß. *Stuttgart & Berlin: J. G. Cotta Nachf. [1902].* (195 S.) 8° [F.]
— Handbibliothek, Cotta'sche. No 21. [02. 14543]

Grün, Anastasius, Melodram: Die Martinswand. Gedicht v. G. Musik v. Frz. Krinninger. gr. 8. (3 S.) Leipzig 895. M. Brockhaus. n. — 10

— Nibelungen im Frack. Ein Gedicht. 8. (7 B.) Leipzig 843, Weidmann'sche Buchh.

—— Nibelungen im Frack. Ein Capriccio. 2. Aufl. 16. (XII und 107 S. mit 1 Stahlst.) Leipzig 853, Weidmannsche Buchh.

Grün, A.,
— Nibelungen im Frack, } s.: National-Bibliothek,
— Pfaff vom Kahlenberg, } deutsch-österreichische.

— Pfaff vom Kahlenberg, s.: National-Bibliothek, allgemeine.

—— Pfaff vom Kahlenberg. Ein ländliches Gedicht. 16. (272 S. mit 1 Stahlst.) Leipzig 850, Weidmann'sche Buchh.

—— dass. — 8. (310 S.) Ebds. 850.

—— Pfaff vom Kahlenberg. Ein ländl. Gedicht. Neue Ausg. 16. (272 S.) Wien 875, Braumüller. geb. mit Goldschn. *

— Pfaff vom Kahlenberg. Ländliches Gedicht. 3. Aufl. 8. (231 S.) Ebend. 877. geb. n. 5. —

— Pfaff vom Kahlenberg. Ländliches Gedicht. 3. Aufl. 8. (321 S.) Ebendas. 877. geb. *

Anton ([Alexander] Graf) Auerspergs (Anastasius Grüns) Politische Reden und Schriften. In Ausw. hrsg. u. eingel. von Stefan Hock. Wien: Lit. Verein 1906. (XXXV, 533 S.) 8° [F.]
— Schriften d. Literar. Vereins in Wien. 5. [06. 7940 II]

—— der letzte Ritter. Romanzen-Kranz. Mit Titvign. 4. (27 B.) Stuttgart 830, [Hallberger.]

† Grün, Anastasius, (Graf Ant. Alex. v. Auersperg,) der letzte Ritter. Romanzenkranz. 2., durchges. Aufl. gr. 8. (14¼ B.) Stuttgart 838, Hallberger'sche Buchh. Thlr.

—— der letzte Ritter. Romanzenkranz. 3. u. 4. Aufl. gr. 12. (à 10 B.) Leipzig 844, 45, Weidmann'sche Buchh. à

—— der letzte Ritter. Romanzenkranz. 5. Aufl. (Miniatur-Ausg.) 16. (304 S. und 1 Stahlst.) Leipzig 847, Weidmann'sche Buchh.

—— dass. — 6. Aufl. 16. (VIII und 228 S. mit 1 Stahlst.) Ebds. 851.

—— dass. — 7. Aufl. 8. (238 S.) Ebds. 852.

—— der letzte Ritter. Romanzenkranz. 8. Aufl. 16. (XVI und 232 S. mit 1 Stahlst.) Berlin 860, Weidmann'sche Buchh. geb.

—— der letzte Ritter. Romanzenkranz. 8. Aufl. Neue Ausg. 16. (XIV, 232 S.) Wien 874, Braumüller. geb. mit Goldschn. *

— der letzte Ritter. Romanzenkranz. 8. Aufl. Neue Ausg. 16. (XIV, 232 S.) Ebend. 875. geb. m. Goldschn. n. 6. —

— Der letzte Ritter. Romanzenkranz. 10. Aufl. (191 S.) 8. Berlin 906. G. Grote. Geb. in Leinw. 2. —

Grün, A., der letzte Ritter, } s.: National-Bibliothek, deutsch-
— Schutt, } österreichische.

—— Schutt. Dichtungen. 2., unveränd. Aufl. u. 3—5., durchges. A. gr. 12. (8½, 8⅔, 8¾ u. 13⅙ B.) Leipzig 836 – 42, Weidmann'sche Buchh. à

—— dass. 6. Aufl. gr. 12. (9 B.) Ebds. 844.

— Schutt. Dichtungen. Miniatur-Ausg. 16. (13 B. u. 1 Stahlst.) Leipzig 846, Weidmann'sche Buchh. In engl. Einb. m. Goldschn.

—— Schutt. Dichtungen. 8. Aufl. 8. (206 S.) 847. 1 Thlr. und 9. und 10. Aufl. 16. (207 S. mit 1 Stahlst.) Leipzig 849, 51, Weidmann'sche Buchh.

—— Schutt. Dichtungen. 11. Aufl. 16. (207 S.) Berlin 856, Weidmannsche Buchh.

—— Schutt. Dichtungen. 12. Aufl. 16. (207 S. mit 1 Stahlst.) Berlin 869, Weidmann'sche Buchh. geb. mit Goldschn.

—— dass. — 12. Aufl. Neue Ausg. 16. (206 S.) Wien 875, Braumüller. geb. mit Goldschn. *

†Grün, Anastas. [Ant. Alex. Graf von Auersperg], Schutt. Dichtungen. 13. Aufl. 8. (157 S.) Berlin 877, Grote'sche Verlagsh. geb. *

—— Schutt. 14. Aufl. 8. (III, 159 S.) Berl. 890, Grote. geb. in Leinw. * 3 50

— Serben-Lieder. Mitgetheilt von P. v. Radics. 8. (29 S.) Leipzig 879. Webel. n. — 60

— Spaziergänge eines Wiener Poeten, s. a. Spaziergänge.

—— Spaziergänge eines Wiener Poeten. 6. Aufl. Neue Ausg. 16. (X, 141 S.) Wien 875, Braumüller. geb. mit Goldschn. *

—— Spaziergänge eines Wiener Poeten. 7. Aufl. 8. (VIII, 92 S.) Ebendas. 876. geb. *

— Spaziergänge e. Wiener Poeten, s. a. National-Bibliothek, deutsch-österreichische.

Nationalbibliothek, Deutsch-österreichische, Nr. 28. Inhalt: Anastasius Grün, Spaziergänge eines Poeten. 2. sorgfältig durchgesehene Auflage mit Anmerkungen. 8. (36 S.) —.10
Wien: Weichelt 1893.

— Spaziergänge e. Wiener Poeten. Auswahl aus „Schutt", m. e. Einleitg. v. V. Pollak, s. a. Graeser's Schulausgaben klassischer Werke. 71.

Anastasius Grün ⟨Anton Alexander Graf Auersperg⟩. Spaziergänge eines Wiener Poeten. Ausw. aus 'Schutt'. Mit Einl. u. Anm. versehen von Dr. Valentin Pollak. 1.–3. Taus. Leipzig: B. G. Teubner 1907. (73 S.) 8° [F.]
(Graesers Schulausgaben klassischer Werke.)

— Spaziergänge e. Wiener Poeten u. andere Zeitgedichte, s. a. Universal-Bibliothek.

— in der Veranda. Eine dichter. Nachlese. 8. (X, 315 S. m. Holzschn.-Vignetten.) Ebend. 876. n. 3. —; geb. n. 4. —

—— Volkslieder aus Krain, s. Volkslieder.

Grün, Anastasius [d. i. Anton Alexander Graf v. Auersperg]: Spaziergänge eines Wiener Poeten u. andre Zeitgedichte. Hrsg. u. eingel. von Dr. Albert Zipper. Mit d. Bildn. d. Dichters. Leipzig: Reclam [1908]. 111 S. 8°
(Universal-Bibliothek. 5007.)

Anastasius Grüns (d. i. Anton Alexander Maria Graf v. Auersperg) Werke. In 6 T. Hrsg. (5: unter Mitw. von Ivan Prijatelj), m. Einl. u. Anm. vers. von Eduard Castle. Berlin, Leipzig, Wien, Stuttgart: Bong [1909]. 8°
T. 1. Politische Dichtungen. Mit e. Lebensbild vers. 2. 3. Lyrische Dichtungen. 1. 2. 4. Epische Dichtungen. 5. Übersetzungen u. Nachdichtungen. 6. Aufsätze u. Reden.
(Goldene Klassiker-Bibliothek.) [10. 10551

— Ausgewählte Werke, s. a. Klassiker-Bibliothek, deutsch-österr.

(F) Grün, A., Ausgewählte Werke. I. Bd. Der letzte Ritter. Herausg. von Dr. O. Rommel. [Deutsch-österr. Klassikerbibliothek. 8. Bd.] 8°. (XIX, 188 S.) geb. K 1.—
Teschen: Prochaska 1909.

Grün's, Anastasius, gesammelte Werke. Hrsg. von Ludw. Aug. Frankl. 5 Bde. 8. (351, 409, 351, 312 u. 356 S. m. eingedr. Vignetten. Berlin 877. Grote. 18.—

Grün's, Anastasius (Ant. Alex. Graf Auersperg), gesamm. Werke. Hrsg. v. Ludw. Aug. Frankl. Neue [Titel-]Ausg. 5 Bde. (LXII, 351, 409, 348, 312 u. 354 S. m. Bildnis.) kl. 8. Berlin [877] 907. G. Grote. Geb. in Leinw. 10.—; in Halbfrz. 12. 50

Anastasius Grüns (Anton Alexander Graf v. Auersperg) sämtliche Werke in 10 Bden. Hrsg. von Anton Schlossar. Mit 6 Bild., 6 Abb., 2 Titelkupfern d. ersten Ausgabe u. e. Briefe als Handschriftprobe. Bd 1–10 (in 2 Bden). Leipzig: M. Hesse (1907). 2 Bde 8° [F.]
1. Biogr. Einl. 2. Gedichte. 3. In der Veranda.
4. Jugendgedichte. Gedichte früherer u. späterer Zeit. Ungedruckte Gedichte.
5. Der letzte Ritter. Spaziergänge e. Wiener Poeten. 6. Schutt.
7. Nibelungen im Frack. Der Pfaff v. Kahlenberg. 8. Volkslieder aus Krain.
9. Robin Hood. 10. Vorrede zu Lenaus Nachlaß u. übrige Prosa.
(Max Hesses Neue Leipziger Klassiker-Ausgaben.) [07. 3669

— Sämtliche Werke in 10 Bdn. Hrsg. v. Ant. Schlossar. Mit 6 Bildnissen, 6 Abbildgn., 2 Titelkpfrn. der ersten Ausgaben u. e. Briefe als Handschriftprobe. (200, 212, 192, 100, 178, 100, 240, 106, 142 u. 208 S.) kl. 8. Leipzig (907). Hesse & Becker Verl. 3.—; in 2 Bde. geb., Leinw. 4.—; feine Ausg., Halbfrz. 6.—; Luxusausg., Liebhaber-Halbfrz. 8. —

Grün, C., der Einfluß d. Ideen Pestalozzis auf die Entwicklung des preuß. Volksschulwesens, s. a. Abhandlungen, pädagogische. XIV, 5.

Der Einfluß der Ideen Pestalozzis auf die Entwicklung des preußischen Schulwesens. Von C. Grün, stud. phil. in Zürich, früher Seminarpräparandenlehrer in Kettwig a. d. Ruhr. Bielefeld: Helmich [1910]. 11 S. 8° [Umschlagt.]
(Pädagogische Abhandlungen. N. F. Bd 14, H. 5.) A 11. 7991

Grün, Carl, s. Grün, Karl.

Grün, Clemens, s. Grün, Klemens.

Grün, Dionys, Geographie. Leitfaden für die erste Stufe erdkundl. Unterrichts. 8. (VI und 118 S.) Wien 866, Beck's Verlag. *

Grün, Dionys, Geographie. Länder- u. Völkerkunde. (In 6 Liefgn.) 1. Liefg. Wien 870. F. Beck's Verl. gr. 8. (VIII, S. 1—160.) 10 ngr

Grün, Dionys, Geographie. Länder- u. Völkerkunde. 2—6. (Schluß-) Lfg. gr. 8. (IV u. S. 161—1012.) Wien 870—71. Fr. Beck's Verl. à 1. —

Grün, Dionys, die Geographie als selbstständige Wissenschaft. Bei der Inaugurirg. der neucreirten Lehrkanzel f. Geographie an der k. k. Universität zu Prag am 1. Mai 1875 als Antritts-Vortrag geh. gr. 8. (18 S.) Prag 875. Calve. n. — 80

—— Länder- und Völkerkunde. gr. 8. (XII, 1012 S.) Wien 873, Fr. Beck's Verlag. *

Grün Dionys. — Lerchengrüße zum 23. April. (Gedichte.) Wien. 1855. Verlag von Carl Hölzl. Gedruckt bei A. Pichler's Witwe und Sohn. (128 S. kl. 8.) geh.

Grün, Dionys, Lerchengrüsse. 2. Aufl. 16. (134 S.) Prag 881. (Dominicus.) n. 1. 60

Grün, Dionys: Die Peutinger'sche Tafel. Vortrag, gehalten am 12. Mai in der k. k. Geographischen Gesellschaft zu Wien. ([S.-A.] Mittheilungen der k. k. Geographischen Gesellschaft zu Wien. Bd. 17. 1874.) Wien 1874. 61 S. 8°.

Grün, E. Die Besteuerung des Branntweins und des Bieres in Preussen. 8°. Berlin s. a.

Grün, E., die Splanchnologie in 13 Vorträgen nach ihrem neuesten Standpunkte. Zum besond. Gebrauch f. Cursisten bearb. 8. (79 S.) Berlin 874. Cohn's Verl. n. 1. 50

Grün, E. Th., Otto der Dritte. Ein Trauerspiel in 5 Aufzügen. Den Bühnen gegenüber unter Vorbehalt aller weiteren Rechte als Mscr. gedr. 8. (112 S.) Plauen 874. Neupert. n. 1. 50

Grün, Ed., der Scharfrichter von Köln oder das Mädchen am Rhein. Historische Erzählung. 25 Hefte. Düsseldorf 866. Spaarmann. gr. 8. (IV, 1194 S.) Jedes Heft 3 ngr.

Grün, Ed., der Scharfrichter v. Köln od.: das Mädchen am Rhein. Historische Erzählg. gr. 8. (V, 104 S.) Berlin 871. Burmester & Stempell. 7. 50

Grün, Edm., aus tschechischer Prosa. Ernstes u. Heiteres v. Svatopsuk Čech, Jan Lier u. Jaroslav Vrchlický. Autoris. Übersetzg. v. E. G. 8. (239 S.) Leipzig 893. Slav. Buchh. n. 2.

Grün, Ewald, hinter den Coulissen. Parteigeschichten. 8. (60 S.) München 885. Ernst. n. 1. —

Grün, Frz. Otto, lyrische Augenblicke. 8. (31 S.) Dresden 902. E. Pierson. n. — 75; geb. n. 1. 75

GRÜN, Edmund, Rauch und Schlacken: Freie Gedichte. Prag 1881. 8°. 102 S. (Mk. 2—.) (1 Mk. Taussig, 1906.)

Grün, Friedrich [approb. Arzt aus Langenberg (Rheinland)]: Ueber Fibroma molluscum multiplex .... Würzburg, Paul Scheiner's Buchdr, 1886; 23 S. 8°.
Würzburg, Med. Fak., Inaug.-Diss. v. 1886.

Grün, Friedrich, ueber Fibroma molluscum multiplex. Diss. Würzburg 1886, Stahelsche Univ.-Buchh. 8°. 23 S.

Flitterwochenleid. Zwiegespräch f. 1 Herrn u. 1 Dame von Gerda Grün. Mühlhausen i. Th.: G. Danner [1906]. (16 S.) 8° [F.]
— Hochzeits-Album. H. 16. [07. 6592 3

— die Gesellschaft im Fräuleinstift, s. a. Danner's, G., Damen-Scenen. 22.

Die Gesellschaft im Fräuleinstift. Zwiegespräch f. Damen von Gerda Grün. Mühlhausen i. Th.: G. Danner [1906]. (12 S.) 8° [F.]
— Damen-Scenen, G. Danners. No 22. [07. 6472 3

— Soldatentreue, s. a. Danner's, G., Damen-Scenen. 23.

Soldatentreue. Zwiegespräch f. Damen von Gerda Grün. Mühlhausen i. Th.: G. Danner [1906]. (12 S.) 8° [F.]
— Damen-Scenen, G. Danners. No 23. [07. 6473 3

Grün, Gottfried [Prag]: Beiträge zur Kenntniss der Permanganate ... Prag, Druck v. G. Schmelkes, 1892; 32 S. 8.
Erlangen, Phil. Fak., Inaug.-Diss. v. 1892

Grün, Gust., die Hermannsschlacht. Seinem Ulrich Hagen gewidmet. (Gedicht.) Lex.-8. (1½ B.) Zwickau 842, Richter'sche Buchh. *

Gruen, H., u. R. Maurmeier, der Wittelsbacher Ruhm u. Ehre. Festspiel. gr. 8. (15 S.) Kempten 880. Dannheimer. n. — 40

Grün, H., welche Aufgaben stellt das Fürsorge-Erziehungs-Gesetz v. 2. VII. 1900 den Lehrern u. Lehrerinnen d. Volksschule u. wie können diese überhaupt zu e. gedeihlichen Durchführung dieses Gesetzes mitwirken? Nach d. Orig.-Mskr. d. verstorbenen Verf. neu bearb. u. hrsg. v. C. Grün. (48 S.) kl. 8. Leipzig 908. Verlag f. Literatur, Kunst u. Musik. 1. —

Grün, H. B., s.: Baldung Grün, H.

Grün, Heinr., das Ketzertum in der Medizin. Eine kurze krit. Beleuchtg. einiger Gegner des wissenschaftl Aerztestandes. (31 S.) gr. 8. Wien 903. F. Deuticke. n. — 80

Grün, Heinr., Prostitution in Theorie u. Wirklichkeit. (48 S.) gr. 8. Wien 907. J. Deubler. 1. 50

Grün, Hermann, Einige Winke für den Gesangs-Unterricht. 8. (15 S.) Wien. C. A. Müller. 20 kr. 1884.

Grün, Herm., einige Winke f. d. Gesangs-Unterricht. gr. 8. (15 S.) Frankfurt a/M. 895. B. Firnberg. n. — 50

Grün J. Das blaue Buch. Erzählungen für die Jugend. Prag u. Leitmeritz, C. W. Medau 1852. kl. 8.

Grün, J., bayerisches Disziplinargesetz für richterliche Beamte vom 26. März 1881. Nach den Motiven, den Ausschuß- u. Kammerverhandlungen erläutert. 12. (V, 106 S.) München 881. Franz. n. 1. 60

Grün, J. — (Müller.) Josef Max. Eine kleine Schilderung seines Lebens; verfaßt und den Angehörigen, den Freunden und Kunstverwandten des verewigten Meisters gewidmet von — —. Diese Biographie ist mit dem Bildnisse des Künstlers in den September-Blättern der illustrirten Leipziger Zeitung für das katholische Deutschland abgedruckt worden. Prag, 1855. Druck von Johann Spurny. (8 S. 4.) (Josef Max, Bildhauer, ward geboren zu Bürgstein in Böhmen am 8. Jänner 1804, und starb am 18. Juni 1855.)

Grün, J., der *bayerische Staatsdiener*, seine Rechts- u. Gehaltsverhältnisse. Nach d. Quellen dargestellt. München, G. Franz, 1880. 8°. Ppb.
2 Bll., 103 S., 2 S. Inh., 3 S. Reg.

Grün, J. — Volkserzählungen für belehrende Unterhaltung von — —. 8. (128 S.) Prag und Leitmeritz. Druck und Verlag von C. W. Medau. 1852.

Grün, J. W., Ausführungsgesetz zu der Grundbuchordng. u. zu dem Gesetz üb. die Zwangsversteigerung u. die Zwangsverwaltung vom 10. VI. 1899. Mit Erläutergn. 12. (IV, 149 S.) Würzburg 899. J. Staudinger's Verl. Kart. n. 1. 40

Grün, Johann Gottfried (Finnland), De odontalgia. Spec. med.-chir. Jena (Fiedler) 1795. 38 Seiten. (5.—) 11915

Grün, Jul., Briefsteller für Liebende beiderlei Geschlechts. Eine Sammlung von Musterbriefen in zarten Angelegenheiten. Mit einem Anhang von Stammbuchversen. 6., verm. Aufl. 16. (136 S.) Bern 878. Heuberger. 1. 20

Grün, Julius. Briefsteller für Liebende beiderlei Geschlechts. Eine Sammlung von Musterbriefen in zarten Angelegenheiten. Mit einem Anhange von Stammbuchversen. 7. Aufl. 136 S. 8. Bern, J. Heuberger, 1902. [fr. 1. 50]

Grün, Karl, neue Anekdota. gr. 8. (20¼ B.) Darmstadt 845, Leske.

— Meine Ausweisung aus Baden, meine gewaltsame Ausführung aus Rheinbaiern und meine Rechtfertigung vor dem deutschen Volke. gr.-8°. Zürich und Winterthur, Liter. Compt., 1843.

— meine Ausweisung aus Baden, meine gewaltsame Ausführung aus Rheinbaiern u. meine Rechtfertigung vor dem deutschen Volke. gr. 8. (10¼ B.) Zürich u. Winterthur 843. [Leipzig, Verlagsbureau.]

— Bausteine. Zusammengetragen und mit einem Sendschreiben an seine Osnabrücker Freunde begleitet. 8°. Darmstadt, Leske, 1844.

— die soziale Bewegung in Frankreich u. Belgien. Briefe u. Studien. gr. 8. (30 B. u. 1 Tab.) Darmstadt 845. Leske.

— über wahre Bildung. Eine Vorlesung geh. d. 28. April 1844 zu Bielefeld. 8. (1¼ B.) Bielefeld 844, Helmich. *

Grün, Carl, Fest-Rede gesprochen bei der Freiligrath-Feier am 1. Juli 1867 zu Heidelberg. (Mit angehängtem „Trotz alledem.") gr. 8. (16 S.) Mannheim 867, Schneider.

Grün. Karl, Ludwig Feuerbach in seinem Briefwechsel u. Nachlass sowie in seiner philosophischen Charakterentwicklung dargestellt. 1. u. 2. Bd. Mit dem Bildniss Feuerbachs (Stahlst.) gr. 8. Leipzig 874. C. F. Winter. n. 15. 60
1. Ludwig Feuerbach's philosoph. Charakterentwicklg. Sein Briefwechsel u. Nachlass. 1820—1850. (435 S.) n. 9. —
2. (VIII, 333 S.) n. 6. 60

Grün, Karl, Fragmente aus Italien. Natur und Kunst. München 862. Fleischmann. 8. (2 Bl., 342 S.) n. 1 ₰ 20 ngr.

— Fragmente aus Italien. Natur und Kunst. 8. (III und 342 S.) München 862, [Merhoff's Verlag.]

Grün, Karl, die Gefahren des Bankfiebers oder Entwicklung des Kapitalbegriffs. Stuttgart 857. Sonnewald in Comm. 8. (XII, 70 S.) n. 15 ngr.

— die Gegenreformation u. die Jesuiten, s.: Sammlung gemeinnütz. Vorträge.

— Geschichte des ersten deutschen Bundesschießens zu Frankfurt a. M. Coburg 862. Streit. Lex.-8. (IV, 176 S. u. 1 Lithogr.) n. 20 ngr.

— über Göthe vom menschl. Standpunkte. 8. (22½ B.) Darmstadt 846, Leske.

Grün, Carl (II.), Italien im Frühjahr 1861. 5 Lfgn. 8. (V und 425 S.) München 861, Fleischmann's Separat-Conto. à Lfg. * 12 Ngr. *

— die Judenfrage. Gegen Bruno Bauer. 12. (6½ B.) Darmstadt 844, Leske.

— Kulturgeschichte d. 16. Jahrhunderts. gr. 8. (VIII, 415 S.) Leipzig 872. C. F. Winter. n. 6. —

Grün, Karl, Kulturgeschichte des 17. Jahrhunderts. 2 Bde. 8. (VI, 626 u. III, 436 S.) Leipzig 880. Barth. n. 15. —

— s. Landtags-Abschiede.

— s. Monatsschrift (Bielefelder).

— Musik und Kultur. Festrede zur Jubelfeier der Mozartstiftung [25. Juni 1863]. Frankfurt a. M. 863. Auffarth. gr. 8. (IV, 12 S.) n. 5 ngr.

— die Philosophie in der Gegenwart. Realismus u. Idealismus. Kritisch und gemeinfaßlich dargestellt. gr. 8. (VIII, 384 S.) Leipzig 876. O. Wigand. n. 6. —

— die Revolution im J. 1848, s. Revolution.

— Friedrich Schiller als Mensch, Geschichtschreiber, Denker u. Dichter. Ein gedrängter Kommentar zu Schiller's sämmtl. Werken. 5 Hfte. gr. 12. (32½ B.) Leipzig 844, Brockhaus. à Hft. * 16 Ngr. *

Grün, Carl, Friedrich Schiller als Mensch, Geschichtschreiber, Denker und Dichter. Ein Kommentar zu Schillers sämmtl. Werken. Neue Ausgabe. gr. 12. (VIII und 777 S.) Leipzig 849, Brockhaus. *

Grün, Karl, Schillerrede gehalten zu Brüssel am 10. November 1859. Trier 859. Lintz. gr. 8. (17 S.) n. 4 ngr.

Grün, Karl, Sendschreiben an Karl Gutzkow in Betreff seiner „Zeitgenossen." (Als Vorrede zu dessen „Buch der Wanderungen.") 8. Cassel 839. Fischer. ¼ ₰

— s. Studien (Demokratische).

— üb. Wesen u. Einfluß des Geschichtsunterrichtes auf höheren Lehranstalten, namentlich auf Realschulen. gr. 8. (2¼ B.) Weilburg 843, Lanz.

— glückliches Wien! Die Stadt u. ihre Kunstschätze. Wien 869. F. Beck's Verl. 8. (VIII, 195 S.) n. 1 ₰

Grün, Klemens

Grün, Clem., das ist ausgezeichnet! Humoristikum. Dialektvorträge in Versen u. Prosa. Mit Orig.-Beiträgen v. G. Braunmüller, W. Capilleri, C. de Carro rc. 12. (VIII, 312 S.) Frankfurt a/M. 894. Kesselring. Geb. in Leinw. n. 4. —

Grün, Mathias, Pater Engelbert, s.: Dilettantenbühne, katholische.

Grün, Milo J. Nep.

— s. Geschichte d. Königr. Böhmen.

Grün, Milo J. Nep., Laurentinische Litaney. Zum Nutzen seiner Heer de ausaeleat. 8. Jglau 795.

— Sätze aus d. Moral- u. Pastoraltheologie. 4. Prag 805—7.

Grün, Nathan. Anfangs-Unterricht in der mosaischen Religion. 1. Stufe. 8. (51 S.) Prag 889, Brandeis. cart. * — 40

Grün, Dr. Nathan, Reschith dath morascha. Anfangs-Unterricht in der mosaischen Religion. 3. verbesserte Auflage. Prag 1891. B. Brandeis. (Min.-Erl. v. 15. Juni 1894, Z. 12313.) Cartonnirt —.20

Grün, Dr. Nathan, Reschith dat morascha. Anfangsunterricht in der israelitischen Religion. I. Stufe. 5., verbesserte Auflage. Prag. J. Brandeis. Preis, cartoniert 40 h. 1902.

Grün, Dr. Nathan, Reschith dath morascha. Anfangsunterricht in der israelitischen Religion. I. Stufe. 6., vermehrte und verbesserte Auflage. Prag 1905. Jakob B. Brandeis. Kart. K —.40.

—— Lehrbuch der mosaischen Religion u. d. biblischen Geschichte. II. Stufe. gr. 8. (56 S.) Ebd. 889. cart. * — 60

Grün, Dr. Nathan, Thorath dath morascha. Lehrbuch der Geschichte Israels und der israelitischen Religion. II. Stufe. 4., vermehrte und verbesserte Auflage. Prag 1906. Jakob B. Brandeis. Geb. K —.72. Dieses von der israelitischen Kultusgemeinde in Prag als zulässig erklärte Lehrbuch kann beim israelitischen Religionsunterrichte an allgemeinen Volksschulen mit deutscher Unterrichtssprache innerhalb des Sprengels der genannten Kultusgemeinde und — die Zulässigkeitserklärung der betreffenden israelitischen Kultusgemeinde vorausgesetzt — auch an anderen allgemeinen Volksschulen mit deutscher Unterrichtssprache verwendet werden.

Grün, Nathan, Lehrbuch der mosaischen Religion u. der israelitischen Geschichte. III. u. IV. Stufe. gr. 8. (à 108 S.) Prag, J. B. Brandeis. Kart. à n. 1.— (I—IV.: n. 3.—)
III. 891. — IV. Von dem babylonischen Exil bis zur Gegenwart. 893.

Grün, Dr. Nathan, Thorath dath morascha. Lehrbuch der Geschichte Israels und der israelitischen Religion. Prag 1907. Jak. B. Brandeis. III. Stufe (von der Einsetzung des Königtums bis zur Zerstörung des 1. Tempels). 3., vermehrte und verbesserte Auflage. Geb. K 1.—. IV. Stufe (von dem babylonischen Exil bis zur Gegenwart). 2., vermehrte und verbesserte Auflage. Geb. K 1.—. Dieses Lehrbuch, welches vom Vorstande der israelitischen Kultusgemeinde in Prag als zulässig erklärt worden ist, kann beim Unterrichte in der israelitischen Religion an allgemeinen Volks- und Bürgerschulen mit deutscher Unterrichtssprache innerhalb des Sprengels der genannten Kultusgemeinde verwendet werden.

Grün, Nathan, der hohe Rabbi Löw u. sein Sagenkreis. gr. 8. (III, 40 S.) Prag 885. Brandeis. n. — 60

—— Sage und Geschichte aus der Vergangenheit der israelitischen Gemeinde in Prag. Vortrag, gehalten am 14. Jänner 1888 im Vereine „Afike Jehuda" in Prag. gr. 8. (25 S.) Prag 888, Pascheles. *

Grün, P. C., das Vaterland, ein Lesebuch für die obern Classen der Volksschule. Altona 854. Lehmkuhl u. Co. gr. 8. (1 Bl., 588 S.) 22½ ngl

Grün, Richard, Assist. am chem. Labor. d. Univ.: Das Verhalten von Benzimidazolen gegen Benzoylchlorid. Weida i. Th. 1909: Thomas & Hubert. 30 S. 8°
Jena, Phil. Diss. v. 14. Jan. 1910, Ref. Wolff
[Geb. 23. Juli 83 Mannheim; Wohnort: Jena; Staatsangeh.: Baden; Vorbildung: Gymn. Mannheim Reife Juli 03; Studium: Jena 11 S.; Rig. 29. Juli 09.] [U 10. 2342

Grün, Rob., Carlstein. Histor. Bild aus d. XIV. Jahrh. 16. (25⅞ B. u. 8 Stahlst.) Prag 844, Sandtner.

Grün, W., der Champignon u. seine Kultur. Prakt. Unterweisg. in der Zucht u. Pflege des Champignons, sowie Ratschläge f. Neuanlage v. Champignonkulturen in geschlossenen Räumen u. im Freien. Nebst viel. Rezepten f. Konservierg. u. Zubereitg. der Champignons. Bearb. auf Grund langjähr. eigener Erfahrgn. u. prakt. Versuche. gr. 8. (IV, 87 S. m. Abbildgn.) Erfurt (899). [J. Frohberger.] Leipzig, Amthor. Kart. n. 1. 50

Grün-Leschkirch, Lieder eines Einsamen. 1. Folge (Documents humains), gewidmet den Tschandalas der Liebe. (50 S.) gr. 8. Leipzig (903). M. Spohr. n. 1. 20

Grüna, F. S., Schbaßl Boedische Knallerbsen für lachlust. Leide. (58 S.) gr. 8. Leipzig(-Lindenau, Gundorferstraße 42) (906). F. G. Seifert. n. 1. —

Grunack, Fr., Christi passionalia Vet. Test. 4. Berl. Nicolai. 724.

Grunard, B. A.

—— Anweisung z. Anbau d. Kardendistel (Weberkarde). 8. (1 B. u. Abbildn.) Quedlinburg 838, Basse.

Grunard, B. A., prakt. Anweisung z. Hopfenbau, nach d. neuesten, bewährtesten Methoden. 8. (2 B.) Quedlinburg 838, Basse.

—— Hülfsbuch f. den preuß. Subaltern-Beamten. Insbesond. f. angeh. Steuer- u. Polizeioffizianten, Gensdarmen, Executoren, Gerichtsboten ꝛc., um sich die zu ihrem Dienste erforderl. Vorkenntnisse zu erwerben. 8. (18 B.) Quedlinburg 836, Basse.

Grunau, Aug. [Apothekenbesitzer in Goch]: Beiträge zur gerichtlichen Chemie des Arsens ... Rostock, Univ.-Buchdr. v. Adler's Erben, 1893; 28 S., 1 Bl. 8.
Rostock, Phil. Fak., Inaug.-Diss. v. [27. Sept.] 1893

Grunau, Georgius *Albertus* [presbyter Varmiensis]: De coadjutoribus episcoporum. Part. 1 ... (Soll vollst. in deutscher Sprache ersch.) Vratislaviae, typ. R. Nischkowsky, 1894; 30 S., 1 Bl. 8.
Breslau, Kath.-theol. Fak., Lic.-Diss. v. 6. Aug. 1894

Grunau, Geo., de coadjutoribus episcoporum. Partic. I Diss. gr. 8. (30 S.) Breslau 894. (Müller & Seiffert.) n. 1. —

Grunau, Gustav. Album-Verse. Zusammengestellt aus den Werken verschiedener Dichter und Denker älterer und neuerer Zeit. [Mit Titelvignette und illustriertem Umschlag.] 8. Bern, Gustav Grunau, 1905.
Ausg. A: [Mit Inseraten-Anhang.] 48[+ 24] S. [gratis]
Ausg. B: [Vermehrte Aufl.] 56[+ 4] S. [fr. 1. —]

Grunau, Gustav. Anträge an die Tagsatzung, Schweizerische Ehrendenkmünzen einzuführen. [Mit 1 Figur und 7 Tafeln.] (Separatabdruck aus den Blättern für bernische Geschichte, Kunst und Altertumskunde, Jahrg. 5, Heft 4, vom Dezember 1909.) 24 S. 8. Bern, Gustav Grunau, 1910.

Grunau, Gust., s.: Blätter f. bernische Geschichte.

Grunau, Gustav. Bernische Druck- und Verlagssignete. ⟨Separatabdruck aus den «Blättern für bernische Geschichte, Kunst und Altertumskunde» [Jahrg. 2, Heft 2].⟩ [Illustriert.] 17 S. 8. Bern, Gustav Grunau, 1906.

Grunau, Gustav. Erläuterungen zu Twardowsky. (Dichtung von Otto Kayser; Komponist Ferdinand Pfohl.) [Mit Vignetten.] 22 S. 8. Bern, Gustav Grunau. 1910. [fr. —. 30]

Grunau, Gustav. Gedenkschrift zum 50-jährigen Bestehen der Berner Musikschule ⟨Gegründet am 1. Mai 1858⟩. Verfasst von Dr. G' G', Sekretär der Bernischen Musikgesellschaft. [Umschlag mit Vignette.] 75 S. 8. Bern, Gustav Grunau, 1908.

Grunau, Gustav. Die Hallermedaille und ihre Geschichte. (Separatabdruck der «Revue suisse de Numismatique,» Bd. 12.) [Illustriert.] IV + 170 S. 8. Genf, L. Jarrys & fils, 1904. [fr. 1. 25]

Grunau, Gustav: Inschriften und Darstellungen römischer Kaisermünzen von Augustus bis Diocletian. Biel 1898. 153 S. und 4 Taf. 8°.
Bern. Phil. Diss. 1898/99.

Grunau, Gust., Inschriften u. Darstellgn. römischer Kaisermünzen v. Augustus bis Diocletian. gr. 8. (XVI, 152 S. m. 4 Lichtdr.-Taf.) Biel 899. E. Kuhn. n. 8. —

Grunau, Herrm., üb. das Flimmerethel auf dem Bauchfelle d. weiblichen Frosches u. üb. den Eileiterbau desselben. Inaugural-Dissertation. gr. 8. (28 S.) Königsberg 875. (Leipzig, Keßler.) n. 1. 20

Grunau, Gustav. (Treue und Ehre:) Zwei schweizerische militärische Verdienstmedaillen. [Mit 1 Tafel.] (Separatabdruck aus der «Revue suisse de numismatique», Band 15. Heft 2.) II + 197 S. 8. Bern, Gustav Grunau, 1909. [fr. 4. —]

Ueber Frequenz, Heilerfolge und Sterblichkeit in den öffentlichen preußischen Irrenanstalten von 1875 bis 1900. Von Dr. [Hermann] Grunau in Elbing. Halle a. S.: C. Marhold 1905. (64 S.) 8°

[F.] Die ersten 40 Jahre '(v. 1. Apr. 1855 bis 31. März 1895)' der Westpreussischen Provinzial-Irrenanstalt zu Schwetz. (Vf.: Sanitätsr. Dir. Hermann Grunau.) *Danzig: A. W. Kafemann 1897.* (2 Bl., 87 S., 2 Taf., 1 Pl.) 1 Bd 4.

Grunau, Jos. Elm., der heilige ungenähte Rock zu Trier. gr. 8. (16 S.) Neuß 891. J. van Haag. n. — 20

Grunau, Jos. Vinc., Bilder v. der Katholikenversammlg. zu Düsseldorf v. 16—20. VIII. 1908. (80 S.) 8. Neuß (908). Gesellschaft f. Buchdruckerei. (Nur direkt.) — 30

Bilder von der Katholiken-Versammlung zu Essen-Ruhr. 19.–23. Aug. 1906. Von Jos. Grunau. Essen a. d. Ruhr: Hoeves & Oebbecke 1906. (53 S.) 8° [F.]

Grunau, Jos. Vinc., Bilder v. der Katholiken-Versammlg. zu Osnabrück, 25.—29. VIII. 1901. 8. (54 S. m. eingedr. Bildnissen.) Osnabrück 901. B. Wehberg. n. — 25

Grunau, Jos. Vinc., Bilder v. der Katholiken-Versammlung zu Straßburg i. E. 20—25. VIII. 1905. (36 S.) 8. Neuß 905. L. Nutz. n. — 30

Grunau, Martin, Referendar zu Marienwerder, Westpr.: Der badisch-schweizerische Vertrag vom 28. April 1878 und der deutsch-schweizerische Vertrag vom 24. Juni 1879. *Greifswald 1904: J. Abel.* (60 S.) 8°
Greifswald, Jur. Diss. v. [25. Jan.] 1904

Simon Grunau's Preussische Chronik. Im Auftr. des Ver. f. d. Gesch. d. Prov. Preussen (Bd II f.: von Ost- u. Westpreussen) hrsg. v. Dr. M[ax] Perlbach (Bd II.: v. ... Perlbach, R[udolf] Philippi u. Dr. P. Wagner; Bd III.: v. ... Wagner). (In 9 Lfgn.) Bd I—III. *Leipzig: Duncker & Humblot 1876—96.* 3 Bde 8.
I. Tractat I–XIV. 1876. (10 Bl., VIII, 755 S.)
II. Tractat XV—XXII. 1889. (XXIV, 786 S.)
III. Tractat XXIII—XXIV u. Register. 1896. (5 Bl., 440 S.)
= Geschichtschreiber, Die Preussischen, d. XVI. u. XVII. Jahrhunderts. Bd I—III.
(Publication d. Vereins f. d. Geschichte v. Ost- u. Westpreussen.) [96. 4635

Grünau [Sachl. Ordnungswort]

Nach Grünau, Müggelberge, Karolinenhof, Schmöckwitz. Wegebeschreibung mit farb. Landkarte u. Ansichtspostkarte. Berlin: W. Holz [1907]. (4 Bl.) 8°
= Ausflüge von Berlin. H. 5. [07. 8510

Grünau [Schlagwort]

Grünau, s.: Adlershof. — Oberspree.

Grünau, s.: Friedrichshagen.

Grünau, s.: Wanderkarten.

Grünau [Verfasser]

Grünau, Arth., der Damen-Freund oder geheimer Rathgeber für das schöne Geschlecht. Enthltd. die Kunst, die Männer beurtheilen, gewinnen u. fesseln zu lernen, — anmuthig u. anziehend zu erscheinen, — sich lange das jugendl. Aussehen zu erhalten. Ferner Abhandlungen über Liebe, Heirathserklärung u. Ehestand. Ein Begleiter liebender Damen u. Aller, die sich Männerherzen erobern u. erhalten wollen. Auf Erfahrung begründet. Quedlinburg 870. Ernst. 16 (VIII, 132 S.) n. 10 ngr.

Grünau, Arth., u. Eug. Hammer, der Damenfreund. Enthaltend: die Kunst, Männerherzen beurtheilen, gewinnen u. fesseln zu lernen, — anmuthig u. anziehend zu erscheinen, u. sich lange das jugendliche Ansehen zu erhalten. Ferner: Abhandlungen über Liebe, Verlobung, Hochzeit u. Ehe. Ein Begleiter für liebende Damen, welche sich Männer-Herzen erobern u. erhalten wollen. 2., verb. Aufl. 8. (VI, 128 S.) Quedlinburg 878. Ernst. 1. 25

— — dasselbe. 3., verb. u. erweit. Aufl. 8. (VIII, 136 S.) Ebend. 880. 1. 50

GRÜNAU, Arthur, Der Damenfreund. Ein Unterricht für liebende Damen, welche Männerherzen erobern und sich dauernd erhalten wollen. Mit Skizzen über Liebe und Ehe. Quedlinburg, o. J. 8°. (1½ Rthl.)
— — Dasselbe. 3. Aufl. Ebd. 1882. 8°. (Mk. 1,50.)

Grünau, Arth., u. Eug. Hammer, Liebe, Verlobung, Hochzeit u. Ehe. Ein Ratgeber f. lieb. Damen. 4., verb. Aufl. (v. A. Grünau's Damenfreund). 8. (VIII, 158 S.) Leipzig 899. Ernst. 1. 50

Grünau, Arth., u. Eug. Hammer, die Kunst, Männer zu fesseln u. in kurzer Zeit glückliche Braut zu werden. Vielversprechende Winke f. junge Damen, Männerherzen im Sturme zu erobern u. durch siegreiches Liebesgeplänkel das Lebensschiff, ohne Schiffbruch zu erleiden, sicher u. m. Erfolg in den Hafen der Ehe zu steuern. 5. verb. Aufl. (VIII, 158 S.) 8. Leipzig (908). Ernst. 1.50

Grünau, Hans v., d. Schnurrbart, s.: Thalia.

Grünau, Heinr., Exil. Drama aus dem jüd. Leben. 8. (90 S.) Dresden 902. E. Pierson. n. 2. —

Grünau, Heinr., unterwegs. Drama aus d. jüd. Leben in 3 Akten. (132 S.) 8. Köln 909. Jüd. Verl. 1. 50

Die staats- und völkerrechtliche Stellung Ägyptens. Von Dr. jur. Fr. Werner v. Grünau. *Leipzig: Duncker & Humblot 1903.* (XIII, 338 S.) 8° [03. 8300

Grünau-Echo. (Mitteilungen über das) Institut Grünau, Bern (Schweiz). [Mit Vignetten.] 8.
No. 38. Frühling 1901. 40 S. Bern, Neukomm & Zimmermann.
No. 39. August 1903. 48 S. (Bern, N' & Z'.)

Grunauer, Emil, Beiträge zur Texteskritik des Q. Curtius Rufus. Frauenfeld 1870. Progr.

Grunauer, E. Kritische Bemerkungen zum Text des Livius. Beigabe zum Programm des Gymnasiums in Winterthur. In-4°, 12 S. Winterthur, Druck von Bleuler-Hausheer & Cie., 1882.

Grunauer, E., kritische Bemerkungen zum Texte d. Livius. gr. 4. (12 S.) Winterthur 882. (Basel, Schneider.) n. — 80

Grunauer, Aemil., älteste Denkmale der Züricher Literatur, s. Büdinger, M.

Grunauer, Emil. De fontibus Historiæ Frechulphi, Episcopi Lixoviensis, dissertationem ad dignitatem philosophiæ doctoris (in Universitate literarum Turicensi) capessendam scripsit Æmilius G'.... [Accedit tabula.] 4. Vitoduri 1864.

Grunauer, Aemil., de fontibus historiae Frechulphi episcopi Lixoviensis dissertatio. Zürich 864. (Orell, Füssli & Co.) 4. (64 S. u. 1 lith. Taf. in Fol.) n. 25 ngr

Grunauer, E[mil]. Altgriechische Münzsorten. [Mit 1 Tafel. Progr.] 4. [Winterthur 1877.]

Grunauer, E., altgriechische Münzsorten. gr. 4. (22 S. m. 1 Lichtdr.-Taf.) Winterthur 877. (Basel, Schneider.) n. 2. —

Grunauer, E., altgriechische Münzsorten. gr. 4. (22 S. mit 1 Lichtdr.-Taf.) Winterthur 877. (Mannheim, Schneider.) *

Grunauer, J. Abr., Kochbuch. 4. Nrnb. 726.

Grunauer. J[acob] C[hristoph]. Leichenrede bei der Beerdigung von Herrn Carl Huber, Kaufmann, gehalten ... den 23. October 1857 ... [zu Basel]. 8. [Basel.]

Grunauer. J[acob] C[hristoph]. Leichenrede bei der Bestattung des Herrn Emanuel Paracicini Sohn, gehalten ... den 20. Juli 1851 ... [zu Basel]. 8. Basel.

Grunauer, Jacob Christoph *s.* Schmezer, , und Grunauer, Jacob Christoph.

Grünbauer, Georg

Grünbauer, G., die Dachsbracke. Kynologisch-jagdl. Studien. Mit 18 photograph. Abbildgn. v. Dachsbracken, Vignetten, Randverziergn. u. 3 Vollbildern nach Orig.-Federzeichngn. des Verf. gr. 8. (VIII, 195 S.) Neudamm 899. J. Neumann. n. 4. —; geb. n. 5. —

Grünbauer, Geo., „Tannenreiser". Lieder aus d. Jägerstube. 8. (VIII, 72 S. m. Abb.) München 897. (Th. Kaiser.) n. 1. 20

Gruenbaum (Gondos), Übertragung der Gabelsbergerschen Stenographie auf die französische Sprache, s.: Stammbuch d. Gabelsbergerschen Systems.

Grünbaum, A., Rede bei dem in der Synagoge zu Ansbach am 7. Novbr. Statt gefundenen Trauergottesdienste für die höchstsel. Königin Therese von Bayern. Nebst dem vom Rabbiner Grünbaum dazu in hebräischer und deutscher Sprache verf. Gebete und dem Programme. Ansbach 854. Gummi. (München, Lentner.) gr. 8. (16 S.) n. 2 ngr

Grünbaum, A. B., s. Dessauer, J. H., Gebetbuch f. die Hausandacht d. Israeliten.

Grünbaum, Abraham Anton, a. Odessa ⟨Rußland⟩: Über die Auffassung der Gleichheit. E. Beitrag z. Psychologie d. Abstraktion. Mit 2 Fig. im Text. Leipzig: W. Engelmann 1908. (145 S.) 8° ¶(Erschien u. d. T.: „Über d. Abstraktion d. Gleichheit. Ein Beitrag z. Psychologie d. Relation" in: Archiv f. d. ges. Psychologie Bd 12 H. 1/3.)
Würzburg, Phil. Fak., Ref. Külpe, Diss. v. 25. Mai 1908
[Geb. 14. Mai 85 Odessa; Wohnort: Odessa; Staatsangeh.: Rußland; Vorbildung: Privatlehranstalt Odessa Reife 02; Studium: Techn. Hochsch. Karlsruhe 1, Univ. Heidelberg 1, Leipzig 4, Würzburg 4 S.; Rig. 19. Dez. 07.]

Grünbaum, Albert [aus Passenheim (Ostpreussen)]: Neue Synthese von Chinazolinderivaten. Erlangen s. a. 51 S. 8°.
Basel. Phil. Diss. 1897/98.

Grünbaum, Albert. Neue Synthese von Chinazolinderivaten. Erlangen, *n. d.* [1898].

Grünbaum, C. Wilhelm B.

Grünbaum, Wilh., Declamationsstücke f. Gymnasien u. andere höhere Unterrichtsanstalten, ausgewählt u. m. Bezeichnung des Satzaccentes u. ein. Einleitung üb. declamator. Vortrag versehen. Mit 18 Bildn. deutscher Dichter. 8. (17 B.) Leipzig 844, Naumburg.

Grünbaum, C. W. B., ausgewählte Declamationsstücke für höhere Unterrichtsanstalten und Bürgerschulen. 2., gänzlich umgearb. Aufl. Leipzig 864. Naumburg. gr. 8. (318 S.) 18 ngr

Grünbaum, C. W. B., Schnickschnack f. die lieben Kinder. 4. (17 Bl. m. color. Holzschn. u. Text.) Leipzig 851, Naumburg. n. 21 ngr

Grünbaum, C. W. B., Schnickschnack für die lieben Kinder. 5. Aufl. Leipzig (858.) (Mainz, Janitsch.) gr. 4. (17 Bl. mit color. Holzschn. im Text.) 18 ngr

Grünbaum, C. W. B., Schnickschnack für die lieben Kinder. 5. Aufl. gr. 4. (17 ill. Holzschnt. mit Text.) Leipzig 859. (Mainz, Janitsch.)

Grünbaum, Carl, s. Grünbaum, Karl.

Grünbaum, Chr., Othello, der Mohr v. Venedig; Oper in 3 Aufz.; aus d. Italien. Wien 819. Wallishausser. 5 ℳ

Grünbaum, Chr., s. Tancred.

Grünbaum, D(avid), appr. Arzt in Nürnberg: Aus dem physiologischen Institut zu Würzburg. Vergleichende Untersuchungen über die molekulare Konzentration des mütterlichen und fötalen Blutes und des Fruchtwassers unter Berücksichtigung der chemischen Zusammensetzung des Fruchtwassers. ⟨Von der mediz. Fakultät zu Würzburg preisgekrönte Arbeit.⟩ Würzburg: A. Stuber 1904. (161 S.) 8°
Würzburg, Med. Fak., Ref. Hofmeier, Diss. v. 26. Nov. 1904
[Geb. 28. Apr. 80 Schwabach; Wohnort: Nürnberg; Staatsangeh.: Bayern; Vorbildung: Melanchthon-Gymn. Nürnberg Reife Juli 99; Studium: Würzburg 5, München 1, Berlin 2, Würzburg 1 S.; Coll. 22. Juni 04; Approb. 19. Juni 04.

Vergleichende Untersuchungen über die molekulare Konzentration des mütterlichen und fötalen Blutes und des Fruchtwassers, unter Berücks. d. chemischen Zusammensetzung d. Fruchtwassers von Dr. D. Grünbaum, Nürnberg. ⟨Von d. med. Fak. zu Würzburg preisgekr. Arbeit.⟩ *Würzburg: A. Stuber 1904.* (S. 67–161.) 8°
— Verhandlungen d. physikal.-medic. Gesellschaft zu Würzburg. Bd 37, No 3.

Grünbaum, Edgar, Medizinalprakt. a. Eisenach: Chlorretention bei künstlich erzeugtem Fieber. Erlangen 1907: Junge & Sohn. (32 S., 2 Tab.) 8°
Erlangen, Med. Fak., Ref. Rosenthal, Diss. v. 15. Nov. 1907
[Geb. 24. Okt. 83 Eisenach; Wohnort: Eisenach; Staatsangeh.: Sachsen-Weimar; Vorbildung: Karl-Friedrichs-Gymn. Eisenach Reife O. 02; Studium: Genf 1, München 4, Berlin 2, Straßburg 1, Erlangen 2 S.; Coll. 9. Okt. 07; Approb. 24. April 07.]

Grünbaum, Eduard Siegbert: De encephalomalacia. Berolini (1844). (30 S.) 8°.
Berlin, Med. Diss. v. 25. Apr. 1844

Grünbaum, Emanuel —. Behandlung der Cholera. Bearbeitet und herausgegeben von — —. Wien. 1855. Druck von U. Klopf s. und Alexander Eurich. (7 Bl. 22 S. 8.) geh.

Grünbaum, Eman., die Krankheiten der Prostata, nebst einem von Autoritäten als incurabel erklärten glücklich geheilten Krankheitsfalle. Wien 863. (Lechner.) gr. 8. (VI, 53 S.) n. 1 ngr

Grünbaum, Eman., Versuch einer speciellen Pathologie u. Therapie der Diabetes mellitus, nebst einer selten geheilten complicirten Krankheits-Geschichte. Bearb. u. hersg. nach J. Vogel. Wien 865. (Lechner's Universitäts-Buchh. gr. 8. (XVI, 93 S.) n. 1 *ngr.*

Grünbaum, Ernst, Referendar: Die bindende Kraft einer Entscheidung über die Zuständigkeit. Breslau 1910: Breslauer Genossensch.-Buchdr. XI, 76 S. 8°
Breslau, Jur. Diss. v. 23. Juli 1910, Ref. Fischer, Schott
[Geb. 4. März 88 Breslau; Wohnort: Greiffenberg i. Schl.; Staatsangeh.: Preußen; Vorbildung: König-Wilhelms-Gymn. Breslau Reife O. 06; Studium: Freiburg i. B. 1, München 1, Breslau 5 S.; Rig. 17. Dez. 09.] [U 10. 489

Grünbaum, Ernst (geb. Bernstein in d. Neum. 23. 3. 1853): Ueber das Verhältniss des mütterlichen Kopfes zum kindlichen. Berlin (1879). (31 S.) 8°
Berlin, Med. Diss. v. 11. Okt. 1879

Grünbaum, F., u. R. Lindt, das physikalische Praktikum des Nichtphysikers. Theorie u. Praxis der vorkomm. Aufgaben für alle, denen Physik Hilfswissenschaft ist. Zum Gebrauch in den Uebungen der Hochschule u. in der Praxis zusammengestellt. (XVI, 386 S. m. 123 Abbildgn.) 8. Leipzig 905. G. Thieme. Geb. n. 6. —

Gruenbaum, Ferdinand [app. Arzt aus Passenheim (Ostpreussen)]: Blutkörperchenzählung und Haemoglobinbestimmung in einem Fall von latentem Magenkrebs. . . . Freiburg i. B., Lith. Kunst-Anst. u. Accidenzdr. v. Max Fischer, 1888; 30 S. + 1 Bl. 8°
Freiburg i. B., Med. Fak., Inaug.-Diss. v. 1888

Gruenbaum, Ferd., Erklärg. d. Stotterns, dessen Heilung u. Verhütung. gr. 8. (63 S.) Leipzig 897. Verlag d. „Reichs-Medicinal-Anzeigers" B. Konegen. n. 1. —

Grünbaum; Fritzl, Liebe? — Mumpitz! Gedichte. Zeichnungen v. Hans Lindloff. (72 S. m. 6 Vollbildern.) 8. Berlin (908). Harmonie. 2.—; geb. n 3. —

Grünbaum, Fritz, aus Berlin: Zur Photometrie der Absorptionsspektren von Lösungen. *Berlin 1902: C. Kornfeld.* (40 S.) 8°
Berlin, Phil. Diss. v. 13. Dez. 1902

Gruenbaum, Heinrich (Bielitz; Krakau), De aneurysmatibus eorumque diagnosi. Dissert. med.-chir. Bln. (Nietack) 5. X. 1835. 48 S. mit Biogr. (6.—) 11916
Oppon.: H. Kronenberg, S. Markusfeld, J. Bruener. — Gew.: Joseph u. Franz Gruenbaum.

Grünbaum, Heinr., isolierte u. reine Gruppen u. die Marbe'sche Zahl „p", e. krit. Studie zur Wahrscheinlichkeitslehre. (34 S.) gr. 8. Würzburg 904. Ballhorn & Cramer Nachf. n. 1. 20

Grünbaum, Heinrich, cand. math. aus Karlsruhe: Zur Kritik der modernen Causalanschauungen. *Würzburg 1899: H. Stürtz.* (S. 324—364, 379—419.) 8° ¶(Aus: Archiv f. systemat. Philosophie, Bd 5, H. 3 u. H. 4. 1899.)
Würzburg, Phil. Diss. v. 1899

Grünbaum, Heinr., Lehr- u. Übungsbuch der Differential-Rechnung (enth. üb. 750 Übungsaufgaben) f. mittlere techn. Lehranstalten, Realgymnasien, Oberrealschulen ꝛc., sowie zum Selbststudium. 12. (VI, 137 S. m. Fig.) Würzburg 901. J. Frank. n. 2. 80; kart. n. 3. 20; erm. Pr. n. 2. —; geb. n. 2. 50

Grünbaum, Heinr., Lehr- u. Uebungsbuch d. Differential-Rechnung für mittlere technische Lehranstalten, Realgymnasien, Oberrealschulen usw., sowie zum Selbststudium. 2. verb. Aufl. (VIII, 119 S. m. Fig.) gr. 8. Würzburg 907 J. Frank. n. 1. 75; geb. n. 2. 25

Der mathematische Unterricht an den deutschen mittleren Fachschulen der Maschinenindustrie von Dr. Heinrich **Grünbaum.** Leipzig & Berlin: Teubner 1910. 99 S. 4°(8°)
(Abhandlungen über d. math. Unterricht in Deutschland. Bd 4, H. 1.) [10. 13430

Grünbaum, Herbert, a. Eisenach: Über Verbindungen des Antimontrifluorids (ihr Verhalten in Lösung mit Rücksicht auf ihre Verwendbarkeit als Farbbeizen.) (Berlin 1908: M. Driesner.) (46 S.) 8°
Berlin, Phil. Fak., Ref. Nernst, Diss. v. 29. April 1908
[Geb. 30. Okt. 83 Geisa a. Rhön (Sachsen-Weimar); Wohnort: Charlottenburg; Staatsangeh.: Sachsen-Weimar; Vorbildung: Carl-Friedrich-Gymn. Eisenach Reife O. 02; Studium: Straßburg 1, Leipzig 5, Berlin 4 S.; Rig. 5. März 08.]

Grünbaum, Herm., wissenschaftliche Abhandlung der Baunscheidtschen Heilmethode zum Nutzen und zur Aufklarung seiner geehrten deutschen Landsleute in verständlicher, der Bildung des Volkes angemessener Sprache. Bonn 864. Habicht in Comm. gr. 8. (V, 52 S.) n. 10 *ngr.*

Grünbaum, J. C. (Textb.), s. Bazin, François

Grünbaum, J. C., s. **Berlioz, H.,** d. moderne Instrumentat.

Grünbaum, J. C., s. **Scribe, Ali-Baba.**

Grünbaum, Carl, prakt. Arzt aus Berlin: **Diabetes insipidus und Syphilis.** *Leipzig 1903: B. Georgi.* (30 S.) 8°
Leipzig, Med. Diss. v. (24. Okt.) 1903

Grünbaum, Carl, Jodofan, e. neues Ersatzmittel f. Jodoform. (8 S.) gr. 8. Leipzig 908. Verlag d. Monatsschrift f. Harnkrankh. — 60
Sonderabdr. aus „Monatschr. f. Harnkrankh. usw."

Grünbaum, L., Führer durch die Herzogliche Haupt- u. Residenzstadt Altenburg u. seine Umgebung. Mit (lith.) Plan der Stadt und Plan der Sitzplätze des Herzoglichen Hoftheaters. 12. (VII, 130 S.) Altenburg 882. Blücher. n. 1. —

Grünbaum, M., Mischsprachen u. Sprachmischungen, s. a. Sammlung gemeinverständlicher wissenschaftlicher Vorträge.

Grünbaum M. Mischsprachen u Sprachmischungen. (Slg wiss. Vortr. 473) Berlin 1886

Grünbaum, Max, gesammelte Aufsätze zur Sprach- u. Sagenkunde. Hrsg. v. Fel. Perles. gr. 8. (XVIII, 600 S.) Berlin 901. S. Calvary & Co. n. 12. —

Grünbaum, M., neue Beiträge zur semitischen Sagenkunde. gr. 8. (III, 291 S.) Leiden 893. E. J. Brill. n.n. 7. 50

Ⓑ **Grünbaum, M., neue Beiträge z. semit. Sagenkde. 893. (KBL 27.) Jetzt: Frankfurt a./M., J. Kauffmann. Erm. Pr. nn 3.50**

Grünbaum, Max, jüdischdeutsche Chrestomathie. Zugleich ein Beitrag zur Kunde der hebräischen Literatur. gr. 8. (XII, 587 S.) Leipzig 882. Brockhaus. n. 14. —

Grünbaum, M., jüdisch-spanische Chrestomathie. Mit Unterstützg. d. Zunzstiftg. gedruckt. gr. 8. (IV. 160 S.) Frankfurt a/M. 896. J. Kauffmann. n. 4. —

— die jüdisch-deutsche Litteratur in Deutschland, Polen u. America. [Aus: „Winter u. Wünsche, d. jüd. Litt. seit Abschluss d. Kanons".] gr. 8. (III, 91 S.) Trier 894. S. Mayer. n. 1. 80

Grünbaum, Maximilianus: Ueber die Publizistik des dreissigjährigen Krieges von 1626—1629. Halis Saxonum 1879: Karras. 26 S. 8°
Halle-Wittenberg, Phil. Diss. v. 19. Dez. 1879
Geb. Bernstein (Neumark; Kr. Soldin) 2. 5. 1856. V.
Ersch. vollst. im Buchhandel Halle: Niemeyer 1880. 126 S. (Hallesche Abhandlungen zur neueren Geschichte. H. 10.) — Verf. erlebte die Diplomerneuerung 1929 als Oberstudienrat a. D., Professor in Brandenburg a. d. Havel.

Gruenbaum, Maximilien, manuel de sténographie d'après les principes universels de F. X. Gabelsberger. De nouveau corrigée et adaptée à la langue française. 3. éd. Partie I. gr. 8. (VIII, 50 S.) Wien 881. Bormann & Altmann. n. 2. —

Grünbaum, M. (II.), Manuel de sténographie supérieure [2. Thl.], s. Gindi-Grünbaum, M.

Gruenbaum, Maxim., sténographie perfectionnée d'après les améliorations les plus récentes du système universel de F. X. Gabelsberger. 1. Part. Avec des planches. gr. 8. (68 S. wovon 36 lith. u. 1 authogr. Tafel in Fol.) Budapest 873. Zilahy. n. 2. 40

Grünbaum, Paul (geb. Bernstein in d. Neum. 12. 9. 1854): Zur operativen Behandlung des genu valgum nach der Methode von Ogston. Berlin (1870). (40 S.) 8°
Berlin, Med. Diss. v. 11. Okt. 1870

Grünbaum, Paul: Die Priestergesetze bei Flavius Josephus. Eine Parallele zu Bibel und Tradition .... Halle, *Druck v. H. Itzkowski, Berlin*, 1887; 55 + 1 S. 8°
Halle, Phil. Fak., Inaug.-Diss. v. [13. Nov.] 1887

Grünbaum, Paul, die Priestergesetze bei Flavius Josephus. Eine Parallele zu Bibel und Tradition. Diss. Halle 1887, Lippertsche Buchh. 8°. 55 S.

Grünbaum, Wilhelm, s. Grünbaum, C. Wilhelm B.

Grünbeck, Josef, s. Grünpeck, Josef.

Grünberg [Sachl. Ordnungswort]

— — Ein Roman, vom Verf. des Strumpfbandes. Theil 1. (einz.). Danzig, Troschel, 1797. 8°.
Ein Roman „Das Strumpfband" vor 1797 fehlt bei Kayser.

Grünberg. Ein Roman, vom Verf. des Strumpfbandes. 1r Thl. 8. Leipz. 806. (Brockhaus). 1 ℛ 6 gℊ

Grünberg, e. Roman v. Verf. d. Strumpfbandes. 1 Thl. m. K. Leipz. Gleditsch. 806.

Grünberg. Ein Roman vom Verfasser der Geschichte eines Strumpfbandes. Leipzig 1807. V: *Gruber, Johann Gottfried* (pseud. *Adolf Grimm*). (Zeitschr. f. Büch. 1923, S. 87)

Grünberg. Ein Roman ..., Leipzig 1807. V: *Teubern, Hans Ernst von.* (GGr)

Grünberg, d. Kaufmann, a. Sachsen. Lstsp. 8. Frkft. Hermann. (Gräff in Lpz.) 779.

Grünberg, Kaufmann aus Sachsen, oder d. Liebe nach d. Mode. Lustspl. in 3 A. 8. Frankf. 779. (Wienbrack in Leipz.) 3 gℊ

Grünberg [Schlagwort]

Grünberg i. Schl., s.: Deutschland. Karte (Abt. Preussen).

— s. a. Kreiskarten.

Grünberg, Kreis. Entfernungskarte, amtliche, des Kreises Grünberg i. Schl. (Reg.-Bez. Liegnitz). Auf Grund amtl. Unterlagen angefertigt im Katasteramte zu Grünberg, rev. im Katasterbureau der königl. Regierung zu Liegnitz. Hrsg. 1902. 1:75,000. 47,5×75 cm. Farbdr. Glogau, C. Flemming. n. 2. —

Grünberg. Hilscher, A., Karte d. Kreises Grünberg. 1:150,000. Ausg. ohne Amtsbezirksgrenzen. Chromolith. qu. Fol. Liegnitz 887. Zippel. n. — 75

Grünberg. Karte des Kreises Grünberg im Reg.-Bez. Liegnitz. Hrsg. von der kartogr. Abteilg. der königl. preuss. Landesaufnahme 1905. 1:100,000. 49×89 cm. Farbdr. Berlin (906). (R. Eisenschmidt.) n.n. 2. —;

Grünberg [Verfasser]

Grünberg. Luthers und Zwinglis reformatorische Ansichten und Bestrebungen in Bezug auf den Gottesdienst.
*** Theologische Studien und Kritiken. 1888. Heft 3.

Grünberg's, Hauslehrer f. d. oberen Klassen d. Mittelschulen. I. Serie: Mathematik. 6. Bd. Trigonometrie. (IV, 242 S. m. 62 Fig. u. 70 Tab.) 8. Laibach 910. I. v. Kleinmayr & F. Bamberg. Geb. in Leinw. 3. 30
Bd. 1—5 sind noch nicht erschienen.

Grünberg, singe, wem Gesang gegeben, s.: Volksbibliothek, deutsche.

Grünberg, A.: Zum lateinischen Unterricht in der Sexta. Neustadt-Ebersw. 1865.
Schul-/Univ.-Schrift

Grünberg. A., Zum latein. Unterrichte in der Sexta. Pr. 1895. 25 S. 4°.

Grünberg, Albert. Kritische Bemerkungen zu Sophokles. 4 (S. 3—17).
Gymnasio ... Altonensi ... sacra saecularia agenti gratulatur
Progr. G. *Ploen* (1888).

Grünberg, Albert [Oberl.]: Kritische Bemerkungen zu Sophokles. Ploen, S. W. Hirt's Buchdr. (1890); S. 1—27, 1 Taf. 4°
Ploen, t. G, OP 1890

Grünberg, A., Zur Kritik des Aeschylos. Krit.-exeget. Abhandlung. (Threnos in den Choephoren v. 152—62). Pr. 1869. 19 S. 4°. 1.20

Grünberg, Alois, s.: Assanierung, die, v. Wien.

Grünberg, Braïna, Beiträge zur Ätiologie des Ohrschwindels. Diss. gr. 8. (29 S. m. 1 Taf.) Bern 894. (H. Körber.) n. — 60

Grünberg, Ehrhard: Beitrag zur Frage der agglutinierenden Eigenschaften des Serums Typhuskranker auf Paratyphus- und verwandte Bakterien. München 1905: E. Mühlthaler. (36 S.) 8°
Leipzig, Med. Fak., Ref. Curschmann, Diss. v. 7. April 1905
[Geb. 19. Jan. 80 Leipzig; Wohnort: Leipzig; Staatsangeh.: Sachsen; Vorbildung: Nikolaigymn. Leipzig Reife O. 00; Studium: Leipzig 10 S.; Coll. 13. Apr. 05; Approb. 23. März 05.]

Grünberg, Ernst [app. Arzt aus Coerlin '(Pomm.)']: Ein Fall von schwerer Missbildung durch amniotische Verwachsungen. '(M. e. lithogr. Taf.)' ... Halle a. S., Hofbuchdr. v. C. A. Kaemmerer & C., 1893; 34 S., 2 Bl., 1 Taf. 8.
Halle, Med. Fak., Inaug.-Diss. v. 19. Mai 1893

Grünberg, Frz., Abendunterhaltungen mit seinen kleinen Kindern über d. Erde, Natur u. Menschen. 3 Bde. 8. Nürnb. 803 –5. Bauer u. R. 2 ₰ 12 ℋ 1821 unt. d. T.: lehrr. Unterhaltungen eines Vaters mit seinen Kindern über d. Erde u. d. Menschen, 3 Bde, mit 3 Kpf. 8. Ebd. 2 ₰

Grünberg, Frz., Abendunterhalt. m. s. kl. Kind. üb. d. Erde ꝛc. 3 Bde. 8. Nrnb. Raspe. 803—5. (1r 1 Rthlr. 2r 16 gr. 3r 20 gr.)

Grünberg, Franz, Referendar: Zur systematischen Stellung des Meineides. *Berlin 1900: A. Henderbett.* (24 S.) 8°
Rostock, Jur. Diss. v. [12. Nov.] 1900

Grünberg, H., Qualitativer u. quantitativer Nachweis d. Seidenchargen, s.: Steiger, O.

Grünberg, H., der 13. November 1872. Gedanken über d. Sturmfluthen der Ostsee, ihre Ursachen u. ihre Folgen. Ein Vortrag. 8. (IV, 73 S.) Stralsund 873. Bremer. n. —. 80

Grünberg, Heinrich

Gruenberg, Henr. (Augustus Frid. Aemil.) (geb. Leopoldshagen in Pomm 3. 5 1830): De typho abdominali. Berolini (1854). (31 S.) 8°
Berlin, Med. Diss. v. 13. Juni 1854

Grünberg, I., s.: **Jahrbuch d. schweizer. Presse.**

Grünberg, Jadwiga

— — Aber Amor. (= Geheimnisvolle Bibliothek, Bd. 13.) Dresden, Dresdener Roman-Verlag (um 1900). 8°.
Verb. d. Ldg. Dresden A. V. 398/02.

— — Dufte Mädel. Nicht für kleine Kinder. (= Geheimnisvolle Bibliothek, Bd. 4.) Dresden, Dresdener Roman-Verlag (um 1900). 8°.
Verb. d. Ldg. Dresden A. V. 398/02.

Sonja Petrowna. Erzählung aus d. Wirren Rußlands von Jadwiga **Grünberg.** Berlin: Berliner Roman-Verl. [1905]. (48 S.) 8° [F.]
= Geschichten, Intime. 65.

Auf unerlaubten Wegen. Erzählung von Jadwiga **Grünberg.** Berlin: Berliner Roman-Verl. [1905]. (48 S.) 8° [F.]
= Geschichten, Intime. 63.

Grünberg, Jakob

Grünberg, Jac., e. Beitrag zur Behandlung complicirter Retroflexionen u. Prolapse. Inaug.-Diss. gr. 8. (65 S.) Dorpat 890. (Karow.) n. 1. 60

Grünberg, Karl

Grünberg, K., Agrarpolitik. Schmoller-Festschrift, 1908.

Grünberg, Karl, s.: Archiv f. die Geschichte d. Sozialismus u. der Arbeiterbewegung.

Grünberg, Karl: Die Bauernbefreiung und die Auflösung des gutsherrl.-bäuerl. Verhältnisses in Böhmen, Mähren und Schlesien. Bd 1. 2. — Lpg: Duncker & Humblot 1893—1894. XII, 432 S.; XI, 497 S.

Grünberg, Karl, die Bauernbefreiung u. die Auflösung des gutsherrlich-bäuerlichen Verhältnisses in Böhmen, Mähren u. Schlesien. 2 Bde. gr. 8. Leipzig 894. Duncker & Humblot. n. 16. —
1. Überblick der Entwicklung. (X, 432 S.)
2. Die Regulierung der gutsherrlich-bäuerlichen Verhältnisse von 1680 bis 1848 nach den Akten. (XI, 497 S.)

Bauten auf fremdem Grund. Ein Beitrag z. Würdigung d. Erbbaurechtes. Von Dr. Karl Grünberg, Prof., Wien. *Wien: F. Deuticke 1903.* (IV, 95 S.) 8°
= Schriften d. Österr. Gesellschaft f. Arbeiterschutz. H. 4.

Grünberg, Karl, Dr. med.: Beiträge zur Kenntnis der Labyrintherkrankungen. Mit 9 Abb. auf 4 Taf. **Wiesbaden: Bergmann 1909.** 52 S. 8° ¶(**Aus:** Zeitschr. f. Ohrenheilk. Bd 57. 58.)
Rostock, Med. Hab.-Schr. v. 1909

Grünberg, K., s.: Bericht üb. die Naturgeschichte der niederen Tiere. N. F. 15. Bd.

Grünberg, Karl, die handelspolitischen Beziehungen Österreich-Ungarns zu den Ländern an der unteren Donau. gr. 8. (VII, 317 S.) Leipzig 902. Duncker & Humblot. n. 6. 60

Grünberg, Karl, **Culicidae v. Madagaskar, den Comoren u. Ostafrika,** s.: **Reise in Ostafrika.**

— Diptera, Zweiflügler, s.: Süsswasserfauna, die, Deutschl.

Die blutsaugenden Dipteren. Leitfaden z. allgem. Orientierung, mit besond. Berücks. d. in d. deutschen Kolonien lebenden Krankheitsüberträger. Von Dr. Karl **Grünberg,** Assist. zu Berlin. Mit 127 Abb. Jena: G. Fischer 1907. (VI, 188 S.) 4°(8°) [07. 6340

Grünberg, Karl, Ephemerida, Plecoptera, Lepidoptera, s.: Klapálek, Fr.

Grünberg, Karl [aus Stralsund]: **Zwei Fälle von perforierendem Sarkom des Schädels ... Greifswald, Druck v. J. Abel, 1897; 40 S. 8.**
Greifswald, Med. Fak., Inaug.-Diss. v. 30. Apr. 1897

GRÜNBERG, **Karl**
(F) Der socialpolitische Gehalt der österreichischen Civilprocessgesetzgebung. Von Dr. Karl Grünberg. Separatabdruck aus der „Allgemeinen österreichischen Gerichts-Zeitung". Wien. 1900. Manz. Gr.-8°. 53 S. K 1.—

GRÜNBERG, Karl
Die Grundentlastung. Von Dr. Karl Grünberg. Separatabdruck aus dem zur Feier des Regierungs-Jubiläums Sr. Majestät des Kaisers Franz Josef I. herausgegebenen Werke: „Geschichte der österreichischen Land- und Forstwirtschaft und ihrer Industrien 1848 bis 1898". Wien. 1899. In Comm. Perles. Lex.-8°. 80 S. fl. 1.20

— Lepidoptera v. westl. u. zentralen Südafrika, s.: Denkschriften d. medicinisch-naturwiss. Gesellschaft zu Jena.

Studien zur österreichischen Agrargeschichte. Von Dr. Karl **Grünberg,** Prof., Wien. *Leipzig: Duncker & Humblot 1901.* (VI, 281 S.) 8° [F.] [01. 4841

Grünberg, Karl: Studien zur österreichischen Agrargeschichte und Agrarpolitik. Teil 3: Die bäuerlichen Unfreiheitsverhältnisse und deren Beseitigung in der Bukowina. In: JG, 24/1900, S. 1477–1556. Sonderdruck: Leipzig: Duncker & Humblot 1901.

— s.: Studen zur Sozial-, Wirtschafts- u. Verwaltungsgeschichte.

Grünberg, Karl, aus Mainz: **Untersuchungen über die Keim- und Nährzellen in den Hoden und Ovarien der Lepidopteren.** Ein Beitrag zur Kenntnis d. Entwicklung u. Ausbildung d. Keimdrüsen bei d. Insekten. *Marburg 1903: (Breitkopf & Härtel in Leipzig).* (68 S.) 8° ¶(**Aus:** Zeitschr. f. wiss. Zool., Bd 74, H. 3. — Ohne Abb.)
Marburg, Phil. Diss. v. [20. Juni] 1903

Grünberg, L., Universelles terminol.-med. Lexikon (lat., deut., russ.) aller z. Physik, Pharm., med. Chem., Naturg., Botanik u. Veterinärkunde. gehör. Benenngn. u. Ausdrücke. 4 Tle. Berl. 39/42. Reimer. M. 26.50
I.—II. Lateinisch-Deutsch-Russisch. M. 16.—
III. Deutsch-Latein. M. 6.—
IV. Russisch-Latein. M. 4.50

—— Universal terminolog.-medicin. Lexicon in d. latein., deutschen u. russ. Sprache, mit Einschluss aller zur Physik, Pharmacie, medicin. Chemie, Naturgeschichte, Botanik, wie auch d. Veterinärkunde gehör. Benennungen u. Ausdrücke, u. etymolog. Erklär. aller in d. Medicin vorkomm. Wörter griech. Ursprungs. 4 Thle. gr. 8. Berlin, Reimer. *
Thl. 1. Latein.-deutsch-russisch. A—L. (36 B.) 839. * 2 Thlr. 16 Gr.
- 2. Desgl. M—Z. (38⅞ B.) 840. * 2 Thlr. 16 Gr.
- 3. Deutsch-lateinisch. (27¾ B.) 841. * 2 Thlr.
- 4. Russisch-lateinisch. (19⅜ B.) 842. * 1 Thlr. 12 Gr.

Grünberg, L.: Terminolog. medizin. Wörterbuch in latein. deutscher, französ. u. russ. Sprache, mit Einschluss aller z. Pharmacie. medizin. Physik, Chemie etc. gehörigen Ausdrücke. 2. Aufl. 1864.

Gruenberg, Leo (Raphaëlowicz) (geb. Koretz in Russland 1. 3. 1794): De calore animali praemissa caloris adumbratione generaliori. [!] Berolini (1820). (50 S.) 4°
Berlin, Med. Diss. v. 7 Jan. 1820

Grünberg, L., Theorie d. oriental. Cholera, od. versuchte Beantwortung d. von d. russ. Regierung aufgegeb. Frage üb. diese Krankheit. gr. 8. (20 B.) Berlin 836, Reimer.

Grünberg, L(eo): Versuch einer Theorie über das Wesen des Pestcontagiums und seine Behandlung nach electrisch-chemischen Grundsätzen und eigenen Beobachtungen bearbeitet. 128 S., gbd.

St. Petersburg: Brieff } 1833
Leipzig: Weygand }

Grünberg, M., kritische Darstellung d. bestehenden Handelshochschul. in d. Hauptkulturländern Europas. Mit e. Vorworte v. H. Nicklisch. (III, 47 S.) 8. Leipzig 910. C. E. Poeschel. 1.—

Grünberg, Max, u. Kurt **Singer,** Methodik d. Violinspiels, s. a. Handbücher d. Musiklehre.

Methodik des Violinspiels. Systemat. Darstellung d. Erfordernisse f. e. rationellen Lehrgang unter Mitw. von Dr. Kurt Singer verf. von Max **Grünberg**. Leipzig: Breitkopf & Härtel 1910. VIII, 111 S. 8°
(Handbücher d. Musiklehre Bd 5.) [10. 13406

Grünberg, Moses, experimentelle Untersuchungen üb. die Regeneration der Blutkörperchen in den Lymphknoten. Diss. gr. 8. (78 S.) Jurjew (Dorpat) 891. (E. J. Karow.) n. 1. 50

Grünberg, Otto, Leitfaden der Geschichte für Kreisschulen, Töchterschulen und die unteren Klassen höherer Lehranstalten. 1. Kurs. gr. 8. (VII, 151 S.) Reval 884, Kluge's Verlag. cart. *

Grünberg, Otto, Leitfaden der Geschichte f. Kreisschulen, Töchterschulen u. die unteren Klassen höherer Lehranstalten. 1. u. 2. Kurs. gr. 8. Reval, Kluge. cart. n. 3.30
1. 2. Aufl. (VII, 169 S.) 886. n. 1. 50. — 2. (VII, 197 S.) 885. n. 1. 80

Grünberg, Otto, Leitfaden der Geschichte für Kreisschulen, Töchterschulen und die unteren Klassen höherer Lehranstalten. 1. und 2. Kursus. gr. 8. Reval, Kluge. [1. Kursus 3. verb. Aufl. (VII, 169 S.) 886. cart. *M 1.50.; 2. Kursus (VII, 197 S.) 885. cart. *M 1.80.] *

Grünberg, Otto. Leitfaden der Geschichte. 1. Kurs. 4. verb. Aufl. gr. 8. (V, 169 S.) Reval 889. Kluge. cart. * 1 50

Grünberg, Otto, Leitfaden d. Geschichte. 1. Kursus. 5., verm. Aufl. gr. 8. (V, 169 S.) Reval 896. F. Kluge. Kart. n. 2. —

Grünberg, Otto, Leitfaden der Geschichte. I. Kurs. 7. verb. Aufl. (V. 169 S.) 8. Reval 908. F. Kluge. Kart. 2. —

Gruenberg, Otto Leixner von
s. Leixner, Otto von

Grünberg, Pfr. Lic. **Paul,** Handbuch für die innere Mission in Elsass-Lothringen. Herausg. im Auftrag der „Evangelischen Gesellschaft in Strassburg zur Förderung der inneren Mission" in Verbindung mit mehreren Mitarbeitern. (278 S. mit 34 Abbildgn.) Strassburg 1899. Buchh. d. evang. Gesellschaft. Geb. in Leinw.

Grünberg, Paul, Ist Religion Privatsache? 8°. Stuttgart, Ch. Belser, 1908. (Zeitfragen des christl. Volkslebens, Heft 250.)

Ist Religion Privatsache? Von D. Paul **Grünberg**, Pfarrer. Stuttgart: Ch. Belser 1908. (39 S.) 8° [F.]
= **Zeitfragen** d. christlichen Volkslebens. Bd 33, H. 2.

Die evangelische Kirche, ihre Organisation u. ihre Arbeit in der Grossstadt von Paul **Grünberg**. Göttingen: Vandenhoeck & Ruprecht 1910. VIII, 164 S. 8°
(Praktisch-theologische Handbibliothek. 14.) [11. 2833 7

Grünberg, Paul, zur elsässischen Lage u. Frage, s. a. Beiträge zur Landes- u. Volkeskunde v. Elsass-Lothr. 36. Hft.

Gruenberg, Paul, Zur elsässischen Lage und Frage. Strassburg 1909. 8°.

— Meine Lehre ist nicht mein, sondern des, der mich gesandt hat. Predigt üb. Joh. 7, 14—18, geh. am Sonntag d. 22. IX. 1907. (20 S.) kl. 8. Straßburg 907. Buchh. d. ev. Gesellschaft. — 30

Grünberg, P., biblische Redensarten, s. a. Zeitfragen des christlichen Volkslebens.

Grünberg, P., Biblische Redensarten. Eine Studie über den Gebrauch und Missbrauch der Bibel in der deutschen Volks- und Umgangssprache. Heilbronn 1889. 8
1st. Zeitfr. d. chr. Volksl. Bd. 14. Nr. 2. ……………………

[F.] **Grünberg,** Paul: Philipp Jakob Spener. Sein Leben u. Wirken. Ersten Bds 1. Buch. [Bd 1 erschien vollst. 1892 im gl. Verl.] Göttingen, Vandenhoeck & Ruprecht, 1892; V S., 1 Bl., 124 S. 8.
Strassburg, Theol. Fak., Inaug.-Diss. v. 1892

Grünberg, Paul, Philipp Jakob Spener. 1. Bd. Die Zeit Speners. Das Leben Speners. Die Theologie Speners. gr. 8. (VIII, 531 S.) Göttingen 893. Vandenhoeck & Ruprecht. n. 10. —; geb. n.n. 11. 50

Grünberg, Paul, Philipp Jakob Spener. 2. u. 3. Bd. gr. 8. Göttingen, Vandenhoeck & Ruprecht. n. 14. —; geb. n. 17. —; (Kplt. n. 24. —; geb. n. 28. 50).
2. Spener als prakt. Theologe u. kirchl. Reformer. Zur 200jährig. Wiederkehr des Todestages v. Philipp Jakob Spener (gest. den 5. II. 1705). (VIII, 250 S.) 905. n. 4. 60; geb. n. 6. —
3. Spener im Urteil der Nachwelt u. seine Einwirkg. auf die Folgezeit. — Spener-Bibliographie. — Nachträge u. Register. (VIII, 447 S.) 906. n. 9. 40; geb. n. 11. —

— Spener-Gedenkbuch, zur 200jähr. Wiederkehr des Todestages v. Philipp Jakob Spener (gestorben den 5. II. 1705) der evangel. Christenheit dargeboten. 1.—4. Taus. (16 S. m. 1 Bildnis.) 8. Ebd. 905. n. — 50

Das Übel in der Welt und Gott. Vorträge geh. in Berlin (Okt. 1906) von D. theol. Paul **Grünberg**, Pfarrer. Gr. Lichterfelde-Berlin: E. Runge 1907. (50 S.) 8° [F.] [07. 12809

— Johann Hinrich Wichern. Ein Gedenkblatt zur 100-jähr. Wiederkehr seines Geburtstages (21. IV. 1808). (16 S. m. Abb.) 8. Straßburg 908. Buchh. d. ev. Gesellschaft. p — 20

Grünberg, Rosa. Zwei typische Fälle von Lipomatosis symmetrica diffusa (à prédominance cervicale). Diss. Med. Univ. Zürich. 24 S. 8. Zürich, A. Schereschewsky, 1910.

Grünberg, Sigmund

(F) Grünberg, S., Der Dienstvertrag nach der Novelle zum allgemeinen bürgerlichen Gesetzbuch. Anhang: Text der Regierungsvorlage. Sonderabdruck a. d. „Allg. österr. Gerichts-zeitung". 59. Jahrg. Nr. 15—18. Gr.-8. (46 S.) K 1.20
Wien: Manz 1908.

Grünberg, S., Der Entwurf e. Handlungsgehilfengesetzes. [Aus: „Allg. öst. Gerichts-Zeitg."] (34 S.) gr. 8. Wien, Manz. 1908. —. 85.

— Gesetz v. 16. I. 1910 üb. den Dienstvertrag d. Handlungsgehilfen, s.: Mayer, Fel.

GRÜNBERG, Sigmund (Warschau/Polen): Fieberunterdrückende Mittel (Antipyretica, Antithermica).- München: Wolf 1879. 25 S.
29.6.1879 - Urk (Titel: De remediis antipyreticis.); Chr 1879/80,15
Diss.Ingolst.-Landsh.-Mchn.

— Die Reform d. Dienstvertrages. (40 S.) 8. Wien 910. Manz. 85
Sonderabdr. aus „Allgem. öst. Ger.-Ztg."

Grünberg, Siegm., das Speditionsrecht in seinen Grundzügen. (154 S.) gr. 8. Wien 907. (M. Perles.) n. 3. —
Sonderabdruck aus: „Zoll- u. Speditions-Zeitg."

Grünberg, Viktor

— Ableitung des Potentialbegriffes. 15 und 1 Figurent. ibd. 01.
Progr.

— Beschreibung eines Apparates zur Darstellung elektrischer Mittheilung. 4. ibd. 02.
Progr.

Grünberg V.: Beschreibung zweier Schulapparate zur Darstellung des elektrischen Grundversuches und der Gesetze des elektrischen Stromes. 10. Znaim R. 01.
Progr.

Grünberg, Vict., Farbengleichung m. Zuhilfenahme der drei Grundempfindungen im Young-Helmholtzschen Farbensystem. (10 S. m. 1 Fig.) gr. 8. Wien 904. (A. Hölder.) n. — 30
Sonderabdruck aus: „Sitzungsber. d. k. Akad. d. Wiss."

Hypothese zur Thermodynamik. Versuch einer leichtfaßl. Darstellung einiger Prinzipe d. Molekulartheorie mit Zugrundelegung d. Keplerschen Gesetze f. d. Planetenbewegung. Von Viktor Grünberg, Prof. in Znaim. Mit 10 Fig. u. 7 Tab. *Leipzig: J. A. Barth 1903.* (VI, 73 S.) 8°
[03. 7916]

Grünberg, Vict., das Verbrechen: Liebe, s.: Enßlin's Roman- u. Novellenschatz. 38. Bd.

— das Verbrechen: Liebe. Aus d. Tagebüchern d. Fräulein v. H. 8. (140 S.) Ebd. 895. n. 1. 70

Grünberg, Vict., drei Novellen. 8. (III, 130 S.) Brünn 895. Karafiat & Sohn. n. 2. —

Grünberg, Vikt., zur Theorie der mikroskopischen Bilderzeugung. gr. 8. (90 S. m. Fig.) Leipzig 903. J. A. Barth. n. 3. —; geb. n. 4. —

Grünberg, Woldemar [aus Riesa]: Der objective Accusativ in den ältesten französischen Sprachdenkmalen .... (Sep.-Abdr. aus den Romanischen Forschungen ... Bd. 3. H. 3.) Erlangen, Druck d. Univ. Buchdr. v. Junge & Sohn, 1887; 64 S. + 1 Bl. 8°.
Leipzig, Phil. Fak., Inaug.-Diss. v. 21. Jun 1887.

Grünberg, Woldemar, der objective Accusativ in den ältesten französischen Sprachdenkmalen. Diss. Leipzig 1887. Gr. 8°. 64 S.
Sonder-Abdruck aus: Romanische Forschungen, hrsg. von Karl Vollmöller. III. Band 3. Heft. Erlangen, Andreas Deichert.

Grünberger, Emil

— Darstellung der Linien gleicher Helle für krumme Flächen. 22 u. 5 Fig. Taf.
Progr. Budweis 1904.

Grünberger E.: Isophoten-Constructionen für windschiefe Flächen mit 2 Taf. 8. Pilsen R. 84.
Progr.

Grünberger Emil: Das Schneiden von Kreisen unter gleichen Winkeln mit Einschluss der Berührung. (Mit 2 Taf). 14. Budweis R. 91.
Progr.

GRÜNBERGER, Johann Georg: Einige Ansichten von dem Forstwesen in Baiern; mit Bemerkungen über die echten Ansichten der Waldungen und Forste des Landesdirektionsraths Josef von Hazzi. - München 1805. 96 S.

Grünberger, J. Geo., (d. 17. Febr. 1820.) einige Ansichten von d. Forstwesen in Baiern. gr. 8. Münch. 805. J. Lindauer. 9 K

— Beiträge zur Theorie d. Wagnerei. Mit 1 Kpf. 4. München, Franz.

Georg v. Grünberger, Einige Bemerkungen über die von dem General-Comité des l. Vereins gekrönte Preisschrift des Geometers Gebhard, die Güter-Arrondierung betreffend.
München 1817

— Berechnung u. Beobachtung d. den 24. Juni 1778 eingefallenen Sonnenfinsterniß. 8. Münch. 778.

Grünberger, J. Geo. Kurzgefasste Geschichte und Darstellung der Kataster-Commissions-Arbeiten. 8°. München, Fleischmann, 1820.

GRÜNBERGER, Johann Georg u. Georg Anton DÄZEL: Lehrbuch für die pfalzbaierischen Förster. - München 1788-1790. 3 Tl. - 1. Tl. v. Georg Grünberger: Erster Theil, welcher die Anfangsgründe der Rechenkunst und Meßkunst enthält. 1788. 616 S., 7 Abb. - 2. Tl. v. Georg Anton Däzel: Die Physiologie der Holzpflanzen und die Forstbotanik. - 1788. 426 S. - 3. Tl. v. Georg Anton Däzel: Die Holzzucht, Forstpflege und Forstnutzung. - 1790. 379 S.

— u. G. Ant. Däzl, Lehrbuch für d. pfalzbaier. Förster. 3 Bde, mit 7 Kpft. 8. Münch. 788—90. Fleischmann. 3 rf 8 K

Rede von der mannichfaltigen Brauchbarkeit mathematischer Kenntnisse, und dem Nutzen eines verbreiteten Unterrichts in denselben, geh. ... von Georg Grünberger. (München) Akademie der Wiss. 1784: Vötter. 73 S. 8°

— Rede von d. mannichfaltigen Brauchbark. mathematischer Kenntnisse ꝛc. 4. München, Lentner. 784.

Rede von der mannigfaltigen Brauchbarkeit mathematischer Kenntnisse, und dem Nutzen eines verbreiteten Unterrichts in denselben, gehalten in einer öffentlichen Versammlung der churfürstl. Akad. der Wissenschaften an dem höchsterfreulichen Geburtstage Sr. churf. Durchl. Karl Theodors, von *G. Grünberger.* München. 73 Seit. 4.
1785.

— Rede von d. mannigfaltigen Brauchbarkeit mathemat. Kenntnisse etc. gr. 4. Münch. 785. Lentner. 6 gr (Franz). 6 gr

— Gründliche Theorie und praktische Vorschläge von Wittwenkassen. Braunschweig und Hildesheim 1782.

— über Wittwengesellschafts-Berechnungen. 4. Münch., (Franz). 10 gr

Grünberger, I. Geo. Ueber Wittwengesellschafts-Berechnungen. München 1779?

Grünberger, Ph., Humor beim Wein aus der Pfalz am Rhein. Gedichte in Pfälzer Mundart. 12. (94 S.) Worms 897. H. Fischer. Geb. in Leinw. n. 1.80

Grünbergs-Höhe, die, erbaut im Jahre 1860 vom Grünberger Gewerbe- u. Garten-Verein, zum Andenken seines 25jährigen Bestehens. Deren Begründung u. Einweihung. Grünberg 862. Weiß in Comm. 16. (66 S. u. 1 Lithogr.) n. 6 ngr.

Der Grünborn. Lieder von Frankfurter Aerzten. Gesammelt z. 50. Stiftungsfest d. Aerztl. Vereins zu Frankfurt a. M. 3. Nov. 1895. (Vorr.: Dr. Leopold Laquer.) Frankfurt a. M.: Mahlau & Waldschmidt 1895. (135 S.) 8° [J.]

Grünbühel, s.: Mayrhofer v. Grünbühel.

Grünburg in Oberösterreich. Nach der Natur gezeichnet und lithogr. von L. Czerny. Gr. Quer-Quart. Tondruck. Wien, Anton Paterno. 1864. 25 kr., color. 50 kr.

Grund [Sachl. Ordnungswort]

Bernh. Jos. Grund, Breslau, 1738—1759—1909. Ein Gedenkblatt. Berlin.

— Einhalt u. Hoheit der Genugthuung JesuCh. 8. Danz. Knoch. 743.

Grund und Erbauung auf den allerheiligsten Glauben . . . Altdorf 1727. V: *Titius, Zacharias.* (WILL)

—— Gottes, der feste, und sein Siegel. 8. (32 S.) Elberfeld 880, Faßbender's Buchh. *

— Gottes, der feste, u. sein Siegel. 8. (32 S.) Elberfeld 880. (Langewiesche.) n. — 40

Grund, der feste, Gottes u. seine Siegel. 2. Aufl. 8. (32 S.) Elberfeld 889. (Faßbender.) — 15

Grund, der feste, Gottes u. sein Siegel. 3. Aufl. 8. (32 S.) Elberfeld 898. R. Brockhaus (durch J. Faßbender). n. — 15
— [Schriften z. Erbauung u. Befestigg der Gläubigen.] No 235.

Grund, fester. Lieder vom Heile in Christo. 16. (32 S.) Gernsbach 882. Christl. Colportage-Verein. n. — 15

Grund, Der ganze, der Christlichen Lehre, in kurzen Fragen und Antworten vorgetragen . . . Fürth 1726. V: *Lochner, Carl Frdr.* (Bibliotheca Norica Williana. Altdorf 1772—78. I, 3, 163.)

GRUND, Der, der Gesellschaft in der rechten Art des Ehestandes und der glücklichsten Erziehung. Aus d. Französ. (Hrsg. von Joh. Joach. Schwabe?) Ulm 1765. 8°.
Ehestandsalmanach II. p. 287; Anon.-Lex. II. p. 241 (nach Krusche).

Grund d. Gesellschaft, in d. ächten Art d. Ehestandes. 8. Ulm 765. Bartholomäi. 8 gr

Grund, Der, nützlicher Kenntnisse. (Zeitschrift.) Wien 1787. H: *Schweighofer, Joh. Mich.* (A. F. Geisler d. Jgre., Skizzen a. d. Karakter Josephs II. Halle 1783/1791. Bd. 13, S. 10.) (BIBLPORT)

— d. Plauensche, u. Tharand. Mit 3 ill. Ansichten. 12. Dresd. 802. Beger. 9 gr

Anonym: „Der Grund der Steuerfreiheit der Mecklenburgischen Ritterschaft", Wismar 1759.

Grund und Summa der Lehre der Wahrheit nach der Gottseeligkeit . . . s. Gmehlin, Wilhelm Christian.

Grund u. Ursprung des Verbots, resp. der Mißbilligung der gemischten Ehen. Eine Gabe an Deutschlands kathol. Söhne u. Töchter, von R. v. K. 8. (6½ B.) Solingen 846, Amberger. *

Ueber den Grund d. Verbindlichkeit bei positiven Gesetzen. *Hannov.*, Hahn. 775. 8. (2 Gr.)

Grund, Vertheidigter, des an die allgemeine Reichs-Versammlung genommenen Recurses . . . die vordere Sponheimische Herrschaft Ebernburg an der Nahe betreffend. O. O. 1770. V: *Preuschen, Georg Ernst Ludw. v.* (HOLZ)

Der wahre **Grund** des Friedens. (Elberfeld: R. Brockhaus [1905].) (4 S.) 8° [Kopft. J.]
— [**Schriften** z. Erbauung d. Gläubigen.] No 201.

Grund, Der wahre, der wider die Pachtsteigerung . . . ergangenen Landesgesetze in Teutschland. Hanau 1767. V: *Hundeshagen, Johann Balthasar.* (KY) (MGT)

Grund (Der wahre) der Landgesetze in Deutschland wider die Pachtsteigerung der Güter. (Von Jh. B. Hundeshagen.) 8°. Hanau, Schulz, 1767.

— d. Zschoner, mit 2 ill. Kpf. 12. Dresd. 802. Beger. 6 gr

Grund [Schlagwort]

Grund. Rittershaus, W., u. Freymuth, Promenaden- u. Ortsplan v. Grund u. Umgegend. (Specialkarte v. Bad Grund u. Wildemann.) Mit Wegmarkirgn. nach Oertel. 1 : 16,000. Farbendr. u. kolor. Mit Erläutergn. am Rande. Neue Ausg. 40,5×40 cm. Clausthal 891. H. Uppenborn. n. — 50

Grund. Winter, W., neuester Orts- u. Promenadenplan v. Bad Grund u. Umgebung. 1 : 20,000. Farbendr. gr. Fol. Mit Text auf dem Umschlag. 12. Harzburg 890. Stolle. — 75

Grund [Verfasser]

Grund, A. (Hrsg.), s. Aphorismen aus versch. literar. u. belletr. Werken.

Grund Alfred, Dr.: Beiträge zur Geschichte der hohen Gerichtsbarkeit in Niederösterreich. (Zugleich auch Abhandlungen zum Historischen Atlas der österreichischen Alpenländer VIII.) Ar. 99. 267 . . . . — .80
(Historischer Atlas der österreichischen Alpenländer. 2. Lieferung.)
Separatabdruck

Beiträge zur Morphologie des Dinarischen Gebirges von Dr. Alfred **Grund**, Prof. Mit 12 Abb., 1 Taf. u. 3 Kt. Leipzig & Berlin: Teubner 1910. 230 S. 4°(8°)
(Geographische Abhandlungen. Bd 9, H. 3.)

Grund, Alfr., vorläufiger Bericht über physiogeographische Untersuchungen im Deltagebiet des kleinen Mäander bei Ajasoluk (Ephesus). (22 S. m. 1 Karte.) gr. 8. Wien 906. (A. Hölder.) n. — 90
Sonderabdruck aus: „Sitzungsber. d. k. Akad. d. Wiss."

— **Vorläufiger Bericht üb. physiographische Untersuchungen in den Deltagebieten d. grossen u. kleinen Mäanders. (18 S.) gr. 8. Wien 906. (A. Hölder.) — 50**
Sonderabdr. aus „Sitzungsber. d. k. Akad. d. Wiss."

— s.: **Jahresbericht**, geographischer, aus Österreich.

Die Karsthydrographie. Studien aus Westbosnien von Dr. **Alfred Grund**. Mit 14 Abb. *Leipzig: B. G. Teubner; Wien: K. Graeser & K° 1900.* (200 S.) 4°(8°)
= Abhandlungen, Geographische. Bd 7, H. 3.

— Das Karstphänomen, s.: **Charakterbilder**, geologische.

— Landeskunde von Oesterreich-Ungarn, s. a. **Sammlung Göschen**.

Leipzig 1905
Grund A, Landeskunde v. Osterreich-Ungarn. (139 S 1 K) (Samml. Gösch. 244) 16°

— die Probleme der Geomorphologie am Rande von Trockengebieten. (27 S.) gr. 8. Wien 906. (A. Hölder.) n. — 80
Sonderabdruck aus: „Sitzungsber. d. k. Akad. d. Wiss."

Grund, Alfr., die Veränderungen der Topographie im Wiener Walde u. Wiener Becken, s. a. **Abhandlungen**, geographische. VIII. 1.

GRUND, Alfred: Die Veränderungen der Topographie im Wiener Walde und Wiener Becken. - Leipzig 1901. 239 S. - (Geogr. Abh. Bd. 8, H. 1)

Grund Alfred: Topographische Veränderungen zwischen Traisen und Leitha und ihre Ursachen.
1899 PN 1205 Diss. Wien, Univ.

Grund, C. Katalog der Detail-Modelle eiserner Brücken nach Angabe des Professor Winkler. Wien 1873. 4.

Grund, C. G., (Kürschner), Gedichte. 8. Annab. 181..

Grund, Christoph

Grund, ...: „Abhandlung über das Recht der Pensionen", Regensburg 1811. — Vorh.: Preuß. Staatsbibliothek Berlin.

Grund, Cph., über d. Recht d. Pensionen. gr. 8. Straubingen 813. Heigl.

— ist eine bürgerl. Verbesserung d. Juden in Deutschland dem Rechte u. d. Klugheit gemäß? 8. Regensb. 798.

Grund, Christoph: Über die Steuerpflichtigkeit d. christl. Clerus im deutschen Reiche; e. Resultat d. allgem. u. d. posit. deutschen Staatsrechts; als Gegenstück zu d. Schriften: die Steuerfreyh d. christl. Clerus im D. R., u.: Etwas über d. jüngste Besteuerungsbreve d. Papstes Pius VI.
Regensb., Montag. 1799. 8°.

— Versuch über d. rechtl.-polit. Verhältniß d. öffentl. Sachwalter zum Staate. 8. Regensb. 805.

Grund, Emil Aimé, wissenschaftliche Abhandlung über die mögliche, aber nicht geistige Attraction. 8. (IV und 58 S.) Köln 858. (Leipzig, R. Hoffmann.)

Grund, Emil, e. neue Schwingungstheorie u. e. von der bisherigen abweichende Stoffanschauung. Bildliche Darstellg. u. Erklärg. der Atombeschaffenheit der Grundstoffe, sowie der verschiedenen Stoffbewegn., welche Wärme, Licht, Electricität u, s. w. repräsentiren. Hierzu e. Nachweis der Unhaltbarkeit d. Newton. Attraktionsgesetzes bei Anwendg. desselben auf die Himmelskörper. 2. verb. u. verm. Aufl. der im J. 1857 u. 1858 hrsg. Schrift „Wissenschaftliche Abhandlg. über die mögl. Attraktion durch e. neue Schwingungs- u. Atomtheorie". Mit e. bedeutenden Anzahl Fig. (auf 1 Steintaf.) gr. 8. (120 S.) Cöln 872. (Mann.) 3. —

Grund, Emil Aimé, eine neue Schwingungstheorie od. e. neue Darstellg. des Wesens der Schall- wie der Lichtwellen, gegen welche d. bisher. auf ganz falschen Auffassgn. beruht. Nachweis e. allgem. allgegenw. existier. Weltkraft, Entstehungsart d. chem. Grundstoffe u. e. neuen Ausführg. üb. das astronomisch-mechan. Verhältnis uns. Fixsternensystems (39 u. 3 S.) 8. Cöln-Nippes (Merheimerstr. 139), Selbstverl. 1. —

Seitenkuppelung für Eisenbahnwagen (patentirt im deutschen Reich und im Ausland) von Emil **Grund**. Köln-Nippes. *[Köln: J. G. Schmitz in Komm. 1894].* (4 Bl.) 4°

Grund, Francis J., die Amerikaner in ihren moral. etc. Verhältnissen, s. a. Reisen u. Länderbeschreibungen. 12e Lfrg.

Grund, Francis P.: Die Americaner in ihren moralischen, politischen und gesellschaftlichen Verhältnissen. In's Deutsche übersetzt vom Verfasser. Stuttgart u. Tübingen 1837. 444 S.
= Reisen und Länderbeschreibungen der älteren und neuesten Zeit. Lfg. 12. 8°.

Grund, Francis J., die Aristokratie in Amerika, aus d. Tagebuch e. deutschen Edelmanns. 2 Bde. gr. 8. (29½ B. u. General Jackson's u. van Buren Bildn., Stahlst.) Stuttgart u. Tübingen 839, Cotta'sche Buchh.

Grund, Franc. J., Handbuch u. Wegweiser für Auswanderer nach den Vereinigten Staaten von Nordamerika u. Texas enthalt. Gesetze, Sitten u. Gebräuche, Rathschläge u. Warnungen etc. 1. Aufl. (16 B. u. 1 Karte.) 843. 1 Thlr. 7½ Ngr. u. 2. Aufl. gr. 8. (17⅝ B. u. 1 Karte.) Stuttgart 846, Cotta'sche Buchh. *

—— das Untersuchungsrecht. Zur Beurtheilung der zwischen den Vereinigten Staaten v. Nordamerika u. der kgl. grossbritann. Regierung obschwebenden Frage. gr. 8. (1½ B.) Leipzig 842. [Lorck.] *—

Grund, Francis J., das Untersuchungsrecht. Zur Beurtheilung der zwischen den Vereinigten Staaten von Nordamerika u. der Königl. Großbritannischen Regierung obschwebenden Frage. gr. 8. Leipzig 842, Weber. n. 5/12 ℛ︀ℬ

Grund Franz: Die Geschichte der Entstehung der Anstalt. (11). Karlsbad 93.
Progr.

Des Kgl. Dänischen Envoyé Georg **Grund's** Bericht über Russland in den Jahren 1705-1710. Nach dem im Kgl. Dän. Reichsarchiv zu Kopenhagen befindl. Originale mitgeth. von G(erhard) L. Grove, Archivsecr. daselbst. *St. Pétersbourg: Acad. Imp. d. Sciences 1900.* (VI, 55 S.) 4°
= Mémoires de l'Académie Impériale d. sciences de St.-Pétersbourg. Sér. 8. Classe histor.-philol. Vol. 4, No 7.

Grund, Georg, approb. Arzt: **Ueber den Gehalt des Organismus an gebundenen Pentosen.** *Straßburg: K. J. Trübner 1903.* (23 S.) 8° ¶ (Aus: Zeitschr. f. physiol. Chemie, Bd 35.)
Heidelberg, Med. Diss. v. 1903

Grund, Georg, Dr., Assistenzarzt d. med. Klinik: Organanalytische Untersuchungen über den Stickstoff- und Phosphorstoffwechsel und ihre gegenseitigen Beziehungen. München 1910: Oldenbourg. 83 S. 8°
Halle, Med. Hab.-Schr. v. 1910 [U 10. 1814

Grund, Hans [Arzt aus Jena]: Ein Fall von ephemerer Pneumonie... Würzburg, Buchdr. d. „Neuen Bayer. Landeszeitg", 1891; 34 S. 8.
Würzburg, Med. Fak., Inaug.-Diss. v. 1891

Grund, Heinr. am, Bruder Klaus u. Hr. Prof. Ernst Ludw. Rochholz in Aarau. gr. 8. (34 S.) Luzern 874. Räber. n. — 40

— Johann Friedr. (Hamburg), De secretione. Diss. med. Götting. (Schultz/F. A. Rosenbusch) 4. II. 1758. 38 S. (6.—) 11953
Gew.: Carpser.

Grund, Johann Gottfried. Afbildning af Nordmands-Dalen, i den Kongelige Lyst-Hauge ved Fredensborg. Udgivet af Johann Gottfried Grund ... Abbildung des Normannsthals, in dem Königlichen Lustgarten zu Friedensburg. Herausgegeben von Johann Gottfried Grund ... Kiøbenhavn, Trykt hos Nicolaus Møller ... 1773.
16 S. m. 1 Kupferst.; auf 17 Taf. 33 Kupferst. von A. Heckel. 2°.

Grund, J. G., Abbild. u. Beschreib. des Normannsthales im königl. Lustgarten zu Friedensburg. Fol. Kopenh. 773. Pelt. 6 ℛ

Grund, Johann Gottfried. Abbildung des Normannsthals, in dem Königl. Lustgarten zu Friedensburg. (Dänisch und deutsch.) Mit Kupfertafeln (hauptsächlich Kostümbilder). Kopenhagen 1773. Fol.

Grund, Jh. Jak., d. Malerei d. Griechen, oder Entstehung, Fortschritt, Vollendung u. Verfall d. Malerei. Ein Versuch. 2 Thle. gr. 8. Dresd. 810, 11. Walther. 3 ℛ

Grund, Norb., s. Reise, maler., nach Rom.

(**Grund**, Johann Jakob Norbert): Malerische R e i s e eines deutschen Künstlers nach Rom . . . Hochenleitter u. Kompagnie. Wien 1789. 2 Tle. in 1 vol.

Grund, Karl: Die Anschauungen des Rodulfus Glaber in seinen Historien. Greifswald 1910: Adler. 104 S. 8°
Greifswald, Phil. Diss. v. 19. Febr. 1910, Ref. Bernheim
[Geb. 10. März 84 Neiße; Wohnort: Münsterberg i. Schl.; Staatsangeh.: Preußen; Vorbildung: Gymn. Patschkau Reife O. 04; Studium: Breslau 5, Greifswald 6 S.; Rig. 10. Nov. 09.] [U 10. 1615

Grund, Karl Theodor (Frankfurt)
Ueber das Wesen und den Zweck der Staats-Polizey.
[lt. Promotionsakten handschriftlich vorgelegt.]
Dr. phil. Giessen 22.3.1823.

Grund, Oskar

Grund, Osc., die Wahl Rudolfs v. Rheinfelden zum Gegenkönig. Leipzig 870. Duncker & Humblot. gr. 8. (V, 104 S.) n. 20 ngr.

Grund, Otto, braucht das Volk die Kunst? (Betrachtgn. e. „Laien".) gr. 8. (IV, 32 S.) Dresden 902. E. Pierson. n. —.50

Grund, Otto, der hungerige Ritter. — Eine Schiller-Reliquie in Berlin, s.: Gabelsberger-Bibliothek. 69. Bd.

GRUND, Paul: Ueber einen Fall von Gallertkrebs beider Ovarien.- München: Huber 1894. 1 Bl., 14 S., 1 Bl.
25.6.1894 - Chr 1893/94,15; Jv 1894/95,201 (Prom.-Datum 1895)
Diss. Ingolst.-Landsh.-Mchn.

Grund Vincenz: Zur Einführung in den Geschichtsunterricht auf der Unterstufe der Mittelschule. (II.) Elbogen. 93.
Progr.

Grund Vincenz: Die Elbogener Oberrealschule in ihrem 50jährigen Bestande 1852—1902. 46. Elbogen R. 02.
Progr.

Grund, W. A., das Kalmückenkind. Mit e. Vorwort von L. Adametz. (68 S.) gr. 8. Wien 905. C. Fromme. n. 1.—

Grund, Wilhelm August Ferdinand

[**Grund, Guilelmus Augustus Ferdinandus**]: De plantarum phosphorescentia. 34 S. 4° (2°)
Halle-Wittenberg, Phil. Diss. v. 7. Dez. 1843
Geb. [Heinrichau (Schles.) 31. 5. 1818]

Gründahl, Hans *Friedrich Karl* [aus Strassburg i./Els.]: Ein Fall von Keratosis der Glans penis ... Greifswald, Druck v. J. Abel, 1894; 38 S. 8.
Greifswald, Med. Fak., Inaug.-Diss. v. 7. Aug. 1894

Allgemeine Grundsätze des Treubundes „Mit Gott für König und Vaterland." Berlin am 3. Mai 1849 (Unterzeichnet: Graf v. Luckner, C. W. Wolff u. a.) (Berlin, Decker 1849.) 8 S. 8.

Grundbegriffe, Drey einfache, der ältesten und einzig ächt gebliebenen Freymaurerey ... Breslau [1821].
V: *Kamecke, Rochus Graf.* (SJL)

Grundbegriffe, drei einfache, d. ältesten u. einzig ächt gebliebenen Freimaurerei 2c., vom Grafen C....ans. 2e Aufl. 8. Bresl. 822. Schöne. 18 ℊℊ

Grundbegriffe, 3 einfache, der *ältesten u. einzig ächt gebliebenen Freimaurerei,* worin der reine Endzweck des Ordens, in welchem alle Hieroglyphen sich auflösen, ausgesprochen ist. Den Geistlichen aller Confessionen . . . . gewidmet vom Grafen *C-nos*, ächtem Maurer der höchsten Grade u. Malteser-Ritter. 3., durch e. *Zugabe: Advocaten-Spiegel* betitelt, vermehrte Aufl. Gera, Heinsius, 1836. 8°. Cart
1 Bl. u. 98 S. Kloss no. 622; Taute no. 1603: „Die erste Aufl. erschien 1821, die 2. 1822 in Breslau, jedesmal mit etwas anderem Titel."

Grundbegriffe, drei einfache, der ältesten u. einzig ächt gebliebenen Freimaurerei, worin der reine Endzweck des Ordens, in welchem alle Hieroglyphen sich auflösen, ausgesprochen ist. Den Geistlichen aller Confessionen, zur möglichsten Verminderung des nach den Zeichen d. Zeit höchst wahrscheinl. allgemeinen Abfalls, gewidmet vom Grafen C—nos, ächtem Maurer der höchsten Grade der Maltheser-Ritter. 3e, durch eine Zugabe: Advocaten-Spiegel betitelt, verm. Aufl. 8. Gera 836. Heinsius. 5/8 ℛ

-- über einige, d. Ontologie, Kosmologie u. Größenlehre. 1r Thl. 8. Weißenf. 794. Severin. (Baumgärtner in Leipz.) 8 ℊℊ

Grundbegriffe (Ueber die) einer christlichen Sozialordnung. Von Dr. ***r. 8°. Aachen 1874.

Der **Grundbesitz** im Herzogthume **Bukowina** nach der Stellung der Besitzer und nach Grössenclassen des Besitzes bearb. vom statist. Landesamte d. Herzogth. Bukowina. Veröffentl. von Anton Zachar, Vorstand. *Czernowitz: H. Pardini in Comm. 1902.* (Getr. Pag.) 4°(8°)
= Mitteilungen d. Statistischen Landesamtes d. Herzogth. Bukowina. H. 9.

Grundbesitz u. **Grundsteuer,** besprochen v. e. ehemal. Mitgliede d. Abgeordnetenhauses. gr. 8. (36 S.) Graz 892. (Leykam.) n. — 60

Grundbesitz, der kleine, mittlere u. große, der Provinz Posen u. der ihr verwandten Landestheile. Von einem Landwirth. gr. 8. (V, 239 S.) Berlin 882. J. Luckhardt. n. 4. —

Grundbesitz, der, muß frei werden! Zur Beseitigung der Feudallasten u. zum Ordnen verschied. anderer ländl. u. gutsherrl. Verhältnisse. Petition d. Glazer Rustikal-Vereins. 8. (19 S.) Breslau 849, F. Aderholz. 1/12 ℳ

Grundbesitz, der ungarische, 1903. Adressenbuch der in Ungarn über 100 Joche besitz. Grundbesitzer u. Gutspächter m. e. Erläuterg. über Schätzungswerth der landwirtschaftl. Immobilien u. Arbeiterzustände. Red. u. verf. auf Grund origineller Daten u. Angaben v. Frz. Rédei u. Emil Elek. (In ungar. u. deutscher Sprache.) (IV, 481 S.) gr. 4. Wien 903. G. Szolinski. Geb. in Leinw. n. 22. —

Grundbesitz-Arrondirung. Gesetze u. Vorschriften, betr. die Arrondirg. v. Grundstücken, insbesonders v. Waldgrenzen, sowie die Vereinigg. d. Waldlandes v. fremden Enclaven, dann die Zertheilg. u. bürgerl. Abtrenng. v. Liegenschaften. [Redactionelle Beilage d. „kärntner. Gemeindeblattes".] gr. 8. (16 S.) Klagenfurt 891. (F. v. Kleinmayr.) n. — 48

Grundbesitzer, der. Organ für Domänen, Gemeinden und die k. k. Schätzungs-Kommissionen, deren Mitglieder, k. k. Referenten, Geometer. Redact.: Ant. Schweitzer. 5.—9. Jahrg. 1875—1879. à Jahrg. 24 Nrn. (Bog.) Fol. Wien, Expedition. à Jahrg. **

Grundbesitzer, die, einzige Staatsbürger? Gegen Hrn. Benzenberg. (Aus d. Nemesis besond. abgedr.) gr. 8. Weimar 816. Industr.-Compt. 6 gr

Grundbesitzer, die, einzige Staatsbürger? Gegen Hrn. Benzenberg. (Aus d. Nemesis besond. abgedruckt.) gr. 8. Weimar, Industrie-Comt. 817.

Grundbesitzer-Zeitung. Organ f. Hausbesitzer u. Bauinteressenten (früher: Grundbesitzer-Zeitung des Westens). Vereinsblatt f. 11 Haus- u. Grundbesitzer-Vereine. Red.: Diefke. 5. Jahrg. 1901 52 Nos. gr. 4. Berlin, Verlag d. Grundbesitzer Zeitung. Vierteljährl. 1. —

Grundbesitzer-Zeitung. Organ für Hausbesitzer u. Bauinteressenten (früher: Grundbesitzer-Zeitung des Westens). Vereinsblatt f. 11 Haus- u. Grundbesitzer-Vereine. Red.. Diefke. 6. Jahrg. 1902. 52 Nos. gr. 4 Berlin, Verlag d. Grundbesitzer-Zeitung. Vierteljährl. 1. —

Grundbesitzer-Zeitung. Organ f. die Rechtsverhältnisse u. wirtschaftl. Interessen des Grundbesitzes u. Bauwesens. Vereinsblatt für 14 Haus- u. Grundbesitzer-Vereine. (Früher: Grundbesitzer-Zeitung des Westens.) Red.: Max Diefke. 7.-9. Jahrg. 1903—1905. à 52 Nrn. (à ca. 12 S.) 4. Berlin (W., Neue Winterfeldtstr. 44), G. Loewenstein. à Jhrg. n. 4. —

Grundbesitzer-Zeitung. Organ f. d. Rechtsverhältnisse u. wirtschaftl. Interessen d. Grundbesitzes u. Bauwesens. Redakt. M. Diefcke. 10/11. Jahrg. 1906/07. 52 Nos. gr. 8. Berlin, G. Löwenstein. Vierteljährl. 1. —

Grundbesitzer-Zeitung. Organ f. d. Rechtsverhältnisse u. wirtschaftl. Interessen d. Grundbesitzes u. Bauwesens. Red.: M. Diefke. 12. Jahrg. 1908. 52 Nrn. gr. 8. Berlin, G. Löwenstein. Vierterjährl. 1. 50.

Grundbesitzer-Zeitung. Organ f. d. Rechtsverhältnisse u. wirtschaftl. Interessen d. Grundbesitzes u. Bauwesens. Red.: M. Diefke. 13. Jahrg. 1909. 52 Nrn. gr. 8. Berlin, G. Löwenstein. Vierteljährl. 2. —

Grundbestimmungen, die gesetzlichen, über das Gewerbswesen in Bayern, nebst der Vollzugsverordnung vom 21. April 1862. 1.—3. Abdr. gr. 8. (69 S.) Nördlingen 862, Beck'sche Buchh. *

Grundbestimmungen, die gesetzlichen, über das Gewerbswesen in Bayern und die Vollzugsvorschriften vom 17. Decbr. 1853. Nördlingen 854. Beck. 8. (140 S.) 5 ngr

—— die, für das Gewerbswesen im Königr. Bayern, s. Handbibliothek der bayerischen Staatsbürger.

die, für das Gewerbswesen im Königreiche Bayern. Nebst der Vollzugs-Instruktion vom 17. Dezbr. 1853. Augsburg 854. Kollmann. gr. 8. (1 Bl., 70 S.) 6 ngr

Grundbestimmungen f. d. freiwill. Hilfstätigk. d. Königr. Bayern i. Kriege. München. (O. J.)

Grundbestimmungen, über d., eines Credit-Vereins. 8. Münch. 823. (Finsterlin). 4 gr

Grundbestimmungen für den Schwesternverein der Loge Brudertreue in Aarau. [Aarau 1866.] 4 S. 8° [Kopftit.] 193. 358.

Grundbestimmungen des Technikums für Textilindustrie in Reutlingen und Statut des Webschulvereins Reutlingen. (13 S.) Stuttgart 1910

Grundbestimmungen für den Berliner Turnrat (gegr. 1857), (früh. — d. —). Berlin 1862, 1882, 1893.
— f. d. Bezirke d. B. T. R. u. Geschäftsordnung, Grundgef. d. Kr. IIIb u. d. D. T., 8°. 3 Bde.

Grundbestimmungen u. Verfassung der deutsch-kathol. Gemeinde zu München. gr. 8. (16 S.) München 849. (Franz.) n. 1 ngr

Grundbestimmungen der K. Zentralstelle für Gewerbe und Handel von 1900 und 1903 (16, 4 S.) und von 1909. (12 S.) Stuttgart 1903. 09

Nachtrag

— VI. Zur amtlichen Ausgabe der mit Verordnung des k. k. Handels-Ministers vom 18. October 1876, Nro. 30084, festgestellten „Grundbezüge der Vorschriften für den Verkehrsdienst auf Eisenbahnen mit normalem Betriebe". 8. (2 S.) —.01
Wien: Hof-u.Staatsdruckerei 1898.

Grundbindungen, neueste, f. Schaft- u. Jacquard-Webereien wollener, baumwollener u. seid. Kleiderstoffe. Musterschatz f. Fabrikanten u. Webschulen d. Textil-Industrie. Für d. Praxis entworfen u. gezeichnet v. hervorrag. Fachmännern. 1. Serie. 1.—11. Lfg. Fol. (à 6 Farbdr. m. 1 Bl. Text.) Gera-Untermhaus 897—898. F. E. Köhler. à n. 4. —
Ursprünglich kostete jede Lfg. n. 6. —, seit d. 5. Hft. wurde der Preis jedoch auf n. 4. — ermässigt.

Grundbindungen, neueste, für Schaft- u. Jacquard-Webereien wollener, baumwollener u. seidener Kleiderstoffe. Musterschatz f. Fabrikanten u. Webschulen der Textil-Industrie. Für die Praxis entw. u. gezeichnet v. hervorrag. Fachmännern. I. Serie. 12. Lfg. gr. Fol. (6 farb. Taf. m. III S. u. 1 Bl. Text.) Gera (899). Plauen, Ch. Stoll. n. 4.—; (kplt. in Mappe n. 48.—)

Grundbindungsarten, die drei in der Weberei: „Tuch, Köper u. Satin" u. deren verschiedene Abweichungen. Mit Musterzeichnungen nach Bona. Grünberg 1875. 8°. brosch. (41 S. u. 12 Blatt Zeichnungen.)

Grundbindungs-Arten, die drei, in der Weberei: „Tuch, Köper u. Satin" u. deren verschiedene Abweichgn., nebst beigefügten Muster-Zeichngn. nach ehemal. Dir. Bona. gr. 8. (41 S. m. 21 Steintaf.) Grünberg 876. Weiß Nachf. n. 3. —

Grundbuch, Das, und dessen Anlegung in Vorarlberg. [Bregenz 1901.] V: *Schöpf, Heinrich.* (WFM II, S. 129)

Grundbuch d. ev. Schulstellen u. Schullehrer in Württemberg. Hrsg. v. württemb. evang. Lehrerunterstützungsverein. (195 S.) gr. 8. Stuttgart 907. Buchh. d. ev. Gesellschaft. Geb. 6. —

Quellen zur Geschichte der Stadt Wien. Herausgegeben vom Alterthums-Vereine zu Wien. Redigirt von Dr. Anton Mayer. III. Abtheilung: Grundbücher der Stadt Wien. I. Band: Die ältesten Kaufbücher (1368 bis 1388). Bearbeitet von Franz Staub. Mit 4 Tafeln. 4. (LXXIX, 458 S.) In Comm. 12.—
Wien: Konegen 1898.

Grundbuch- u. Hypotheken-Gesetze, die, vom 5. Mai 1872. 8. (90 S.) Berlin 872. Kortkampf. n. 1. 20

— — **die preußischen, vom 5. Mai 1872 nebst Ausführungs-Verfüggn. 2. vervollständ. Aufl. 8. (IV, 156 S.) Ebend. 873.** n. 1. 80

— — die neuen preußischen. gr. 8. (72 S.) Königsberg 872. Hartung'sche Verlagsdr. n. — 75

Grundbuch- u. Hypotheken-Gesetze, die preußischen, vom 5. Mai 1872 nebst Ausführungs-Verfüggn. Gesetz üb. den Eigenthumserwerb u. die dingl. Belastg. der Grundstücke, Bergwerke und selbständ. Gerechtigkeiten. — Grundbuchordnung nebst Formularen. — Kostentarif f. Grundbuchsachen 2c. Mit ausführl. Sachregister. gr. 16. (IX, 80 S.) Breslau 872. Kern's Verl. — 75

Grundbuch- u. Hypotheken-Gesetze, die preußischen. Vom 5. Mai 1872. Mit ausführlichem Sachregister. 2. Aufl. gr. 16. (VIII, 76 S.) Breslau 877. Kern's Verl. — 75

Grundbuch- u. Hypotheken-Gesetze, die preußischen. Vom 5. Mai 1872. Mit Berücksicht. der Aendergn. durch die neuere Gesetzgebg. Mit ausführl. Sachregister. 3. Aufl. 12. (III, 84 S.) Breslau 894. J. U. Kern's Verl. — 75

Die **Grundbuchgesetze** des Deutschen Reiches nebst den Preussischen Ausführungsbestimmungen. Mit ausführl. Inh.-Verz. u. alphab. Sachreg. *Breslau: J. U. Kern 1900.* (131 S.) 8° [F.]
(Deutsche Reichsgesetze.) [00. 636

Grund- u. Sylabirbüchlein, mit ill. Kpf. Nürnb., Schneider u. W. 4 K

Grundbuchordnung, s.a. Reichs-Grundbuchordnung.

Die **Grundbuchordnung** nebst den preussischen Ausführungsbestimmungen mit Kommentar u. syst. Uebersicht über d. materielle Grundbuchrecht. Von Dr. A[lexander] Achilles, Reichsger.R. a. D. †, u. O[tto] Strecker, Amtsrichter. (In 2 Th.) *Berlin: J. Guttentag 1901.* (XII, 590 S.) 8° [F.] [00. 1098

[F.] Die deutsche **Grundbuchordnung** f. d. Praxis bearb. v. W[ilh.] Schwarze, Amtsgerichtsr. *Berlin: F. Vahlen 1897.* (V, 129 S.) 1 Bd 8. [97. 6355

— die deutsche, u. das Gesetz üb. die Zwangsversteigerung u. Zwangsverwaltung sowie die zugehörigen badischen Ausführungsgesetze u. Verordnungen. Textausg. m. Sachregister. 8. (VII, 199 S.) Karlsruhe 901. [K. Scherer.] Weinheim, F. Ackermann. Geb. in Leinw. n. 2. 50

Die Deutsche **Grundbuchordnung** vom 24. März 1897. Mit Erl. u. e. ausführl. Sachreg. hrsg. von Paul Fahnert. *Leipzig: A. Berger 1897* (VI, 36 S.) 8° [F.]
— **Handbibliothek, Meinholds Juristische.** Bd 86.

— die, u. das Gesetz üb. den Eigenthums-Erwerb u. die dingl. Belastg. der Grundstücke, Bergwerke u. selbstständ. Gerechtigkeiten vom 5. Mai 1872. Mit e. 2½ Bogen starken erläut. Vorwort f. Nicht-Rechtskundige. 8. (65 S.) Bunzlau 873. (Priebatsch.) n. 1. —

Grundbuch-Ordnung vom 22. Juni 1893 m. 20 Formularen. gr. 4. (69 S.) Straßburg 893 Straßburger Druckerei u. Verlags-Anstalt. In Leinw. kart. n. 1. 50

Grundbuchordnung, Die, im Lichte und Dunkel der Praxis. Griesgrämliche Herzensergiessungen eines alten Praktikers. Berlin 1874. V: *Lyon, Wilhelm.* (KGBerlin I, 1535)

— die, im Lichte u. Dunkel der Praxis. Griesgrämliche Herzensergießgn. e. alten Praktikers. gr. 8. (IV, 51 S.) Berlin 874. Guttentag. n. 1. 20

Grundbuchordnung v. 5/5. 72. Textausg. Berlin.
Mit Erläuterungen von:

Achilles. 3. Aufl. Berl. 881.	12	—	**Neubauer.** Erltgn. Berl. 874.
Bahlmann. 3. Aufl. Berl. 880.	12	—	**Philler.** Mgdbg. 872.
Basch. Berlin 888.	2	80	**Staas.** Fkft. 878.
Bendix. Brsl. 888.	2	50	**Turnau.** 5. Aufl. 2 Bde. Paderb. 892.
Fischer. 2. Aufl. Berl. 892.	1	50	**Werner.** Ausg. m. Materialien. 2 Thle. Berlin 872.
Hölinghaus. 2. Aufl. Berl. 872.	4	—	— kl. Ausg. Berlin 873.
Matthis. Berlin 884.	5	—	**Willenbücher.** Berlin 882.
Menzen. Bonn 888.	1	—	

Grundbuch-Ordnung. Vom 5. Mai 1872. Gesetz über den Eigenthumserwerb und die dingl. Belastung der Grundstücke, Bergwerke und selbstständ. Gerechtigkeiten. — Gesetz über die Form der Verträge, durch welche Grundstücke zertheilt werden. — Gesetz, betr. die Stempelabgaben von gewissen, bei dem Grundbuchamte anzubring. Anträgen. gr. 8. (104 S.) Berlin 872, v. Decker'sche Geh. Ober-Hofbuchdr.

—— Vom 5. Mai 1872. Nebst den darauf bezügl. Gesetzen, der ministeriellen Anweisung und den allgemeinen Verfügungen. 2 verm. Aufl. gr. 8. (155 S.) Berlin 872, v. Decker'sche Geh. Ober-Hofbuchdr. *

Grundbuch-Ordnung. Vom 5. Mai 1872. Nebst den darauf bezügl. Gesetzen, der ministeriellen Anweisung und den allgemeinen Verfügungen. 3.—5. Aufl. gr. 8. (155 S.) Berlin 876—79, v. Decker's Verlag. *

Grundbuch Ordnung. Vom 5. Mai 1872. Nebst den darauf bezügl. Gesetzen, der ministeriellen Anweisung und den allgemeinen Verfügungen. 6. und 7. Aufl. (155 S.) 1881. * M 1.; 8. Aufl. gr. 8. (155 S.) Berlin 884, v. Decker's Verlag.

Grundbuch-Ordnung. Vom 5. Mai 1872. Nebst den darauf bezügl. Gesetzen, der ministeriellen Anweisung und den allgem. Verfügungen und Abänderung vom 14. Mai 1882. 9. Aufl. gr. 8. (155 S.) Berlin 887, R. v. Decker's Verlag. *
Vergriffen.

Grundbuch-Ordnung. Vom 5. Mai 1872. Nebst den darauf bezügl. Gesetzen, der ministeriellen Anweisg. u. den allgemeinen Verfügn. u. Abänderg. vom 14. März 1882. 10. Aufl. gr. 8. (155 S.) Berl. 890, v. Decker. * 1 —

Grundbuchordnung, die. V. 24. III. 1897. (Reichs-Gesetz-Bl. 1897. S. 139.) gr. 16. (28 S.) Berlin 897. R. v. Decker. Kart. n. — 40

Grundbuchordnung, die, vom 24. III. 1897. In der Fassg. der Bekanntmachg. vom 20. V. 1898. Textausg. m. Anmerkgn. 12. (IV, 35 S.) Berlin 898. A. Nauck & Co. Kart. n. — 50

Grundbuchordnung vom 24. März 1897 (in d. Fassung d. Gesetzes v. 20. Mai 1898). Erl. von Dr. Carl Melchior, Amtsrichter. *Hamburg: C. Boysen 1901.* (X, 239 S.) 8° [F.] [01. 9753

Grundbuchordnung vom 24. März 1897. Berlin: Deutscher Verl. 1902. (30 S.) 8°
= Kroon, S.: Deutsches Bürgerl. u. Gewerberecht. No. 11.

Grundbuchordnung vom 24. März 1897. Textausg. mit Einl., Hinweisungen auf d. Landesrecht sämtlicher Bundesstaaten, Anm. u. Sachreg. von Dr. Johannes Krech. 3. verm. Aufl. München: C. H. Beck 1907. (VIII, 132 S.) 8° [F.]

— dasselbe, s.: Handbibliothek, Leipz. jurist.

— v. 24. III. 1897 u. Gesetz üb. d. Zwangsversteigerung u. d. Zwangsverwaltg., nebst d. Einführungsgesetze dazu, v. 24. III. 1897. Textausg. m. Einleitgn. u. Sachreg. 8. (108 S.) Leipzig 897. Roßberg. Kart. n. 1. 60

[F.] Grundbuchordnung für das Deutsche Reich. Vom 24. März 1897. — Gesetz über die Zwangsversteigerung und die Zwangsverwaltung f. d. Deutsche Reich. Vom 24. März 1897. Ausg. m. erläut. Anm. nach d. amtl. Gesetzesmaterialien. F. d. prakt. Gebr. hrsg. v. d. Redaction d. Reichs-Gesetzbuches f. Industrie, Handel u. Gewerbe ... *Berlin: Bruer & C. 1897.* (VI, 54 S.) 1 Bd 8. [97. 6086

[F.] Grundbuchordnung für das Deutsche Reich u. Reichs-Gesetz üb. d. Zwangsversteigerg u. d. Zwangsverwaltg. Nebst d. Einführgsgesetz. Ergänzt u. erl. durch d. amtl. Materialien d. Gesetzgebg v. R[ichard] Höinghaus. M. ausführl. Sachreg. *Berlin: F. Dümmler 1897.* (124 S., 1 Bl.) 1 Bd 8. [97. 6895

[F.] Grundbuchordnung für das Deutsche Reich. V. 24. März 1897. Text-Ausg. m. Einl., Anm. u. Sachreg. v. Dr. Otto Fischer, ord. Prof. ... an d. Univ. Breslau. *Berlin: J. Guttentag 1897.* (114 S.) 1 Bd 8.
= Sammlung, Guttentag'sche, Deutscher Reichsgesetze. No 42. [97. 3630

[F.] Grundbuchordnung für das Deutsche Reich v. 24. März 1897. M. Materialien ... sowie ausführl. Registern. *Berlin: C. Heymanns 1897.* (2 Bl., 166 S.) 1 Bd 8. [97. 5191

— f. d. Deutsche Reich v. 24. III. 1897. M. Materialien (d. Denkschrift z. Entwurfe u. d. Berichte d. Kommission) sow. ausführl. Registern. 3. Aufl. gr. 8. (IV, 166 S.) Berlin 897. C. Heymann's Verl. Kart. n. 1. 40

[F.] Die Grundbuchordnung für das Deutsche Reich. Wortlaut des Ges. zugest. m. d. einzelnen Abschnitten d. Denkschr. u. d. Kommissionsberichts v. Heinrich Brogsitter, Kgl. Amtsrichter in Neunkirchen. *Düsseldorf: L. Schwann 1898.* (2 Bl., 66 S., 2 Bl.) 1 Bd 8.
= Handausgaben, Schwann'sche, deutscher u. preuss. Gesetze. No 2. [98. 10094

Grundbuchordnung für das Deutsche Reich nebst den preussischen Ausführungsbestimmungen. Text-Ausg. m. Einl., Anm. u. Sachreg. von Dr. Otto Fischer, Prof., Breslau. 2. Aufl. *Berlin: J. Guttentag 1900.* (254 S.) 8° [F.]
— Sammlung, Guttentagsche, Deutscher Reichsgesetze. No 42. [00. 7509

Grundbuchordnung für das Deutsche Reich in der Fassung der Bekanntmachung vom 20. Mai 1898. Mit Materialien (der Denkschr. z. Entwurfe u. d. Berichte d. Kommission) sowie ausführl. Registern. 4. Aufl. *Berlin: C. Heymann 1900.* (166 S.) 8° [F.]

Grundbuchordnung für das Deutsche Reich nebst den preußischen Ausführungsbestimmungen. Text-Ausg. mit Einl., Anm. u. Sachreg. von Dr. Otto Fischer, Prof, Breslau. 3. Aufl. *Berlin: J. Guttentag 1903.* (306 S.) 8° [F.]
— Sammlung, Guttentag'sche, Deutscher Reichsgesetze. No 42.

Grundbuchordnung, die, f. das Deutsche Reich vom 24. III. 1897, s. Meyer's Volksbücher. Nr. 1383.

Grundbuchordnung, die, f. das Deutsche Reich vom 24. III. 1897. Textausg. mit Einleitg., Anmerkgn. u. Sachregister. Von e. prakt. Juristen. (56 S.) 16. Leipzig, Bibliograph. Institut. 1904 —. 10.
Meyers Volksbücher Nr. 1383.

Die Grundbuchordnung für das Deutsche Reich u. d. preuß. Ausführungsbestimmungen. Erl. von Georg Güthe, Amtsrichter. Bd 1. 2. Berlin: F. Vahlen 1905. 2 Bde 8° [F.]

Grundbuchordnung für das Deutsche Reich nebst d. Preuß. Ausführungsbestimmungen. Text-Ausg. mit Einl., Anm. u. Sachreg. von Dr. Otto Fischer, Prof., Breslau. 4. Aufl. Berlin: J. Guttentag 1906. (258 S.) 8° [F.]
— Sammlung, Guttentagsche, Deutscher Reichsgesetze. No 42. [07. 7…

Grundbuchordnung für das Deutsche Reich vom 24. März 1897 unter besond. Berücks. d. bayer. Ausführungsgesetzes u. d. einschläg. Vollzugsvorschriften erl. von Georg Meikel in München. (In 5 Lfgn.) München: J. Schweitzer 19(05–)08. (VII, 505 S.) 8° [F.] [08. 3495

Grundbuchordnung für das deutsche Reich nebst d. preuß. Ausführungsbestimmungen. Text-Ausg. mit Einl., Anm. u. Sachreg. von Dr. Otto Fischer, Prof., Breslau. 5. Aufl. Berlin: Guttentag 1909 266 S. 8°
(Guttentag'sche Sammlung deutscher Reichsgesetze. Nr 42.) [09. 9885

Grundbuchrecht, das vom 1. I. 1900 ab geltende (v. Rosenmüller), s.: Vorträge üb. Gesetzeskunde. Hft. 5/6.

Grundbuchsgesetz, das allgemeine, sammt allen ergänzenden und erläuternden Gesetzen und Verordnungen und den grundsätzl. Entscheidungen des obersten Gerichtshofes. Die Gesetze über die Anlegung neuer Grundbücher. Die Vorschriften über Eisenbahnbücher. Die Gesetze und Vorschriften über das Wasserrecht. 2. verm. Aufl. 8. (XII, 407 S. mit 1 Holzschntaf.) Wien 880, Manz'sche Hofverlagsb. *M 4,40.; geb. *

Grundbuchsgesetz, das allgemeine, sammt der Instruction zu demselben, die Vorschriften üb. Eisenbahnbücher, Bergbücher u. Naphthabücher, die Gesetze üb. die Anlegung neuer Grundbücher 2c., s. Gesetze, die österreichischen.

[F.] Das allgemeine Grundbuchsgesetz sammt der Instruction zu demselben, die Vorschriften über Eisenbahnbücher, Bergbücher u. Naphthabücher, d. Gesetze üb. d. Anlegg neuer Grundbücher, nebst allen übrigen einschlägigen Ges. u. Verordngn u. d. Entscheidgn d. Obersten Gerichtshofes. 6. Aufl. *Wien: Manz 1898.* (XV, 737 S.) 1 Bd 8.
= Taschenausgabe, Manz'sche, d. österreich. Gesetze. Bd 18. [98. 6555

(F) Das allgemeine Grundbuchsgesetz samt der Instruction zu demselben. 7. Aufl. [Manz'sche Taschenausgabe der österr. Gesetze. 18. Bd.] 8°. (XV, 765 S.) K 5.50, geb. K 6.50
Wien: Manz 1902.

(F) Das allgemeine Grundbuchsgesetz samt der Instruktion zu demselben, die Vorschriften über Eisenbahnbücher, Bergbücher und Naphthabücher, die Gesetze über die Anlegung neuer Grundbücher nebst allen übrigen einschlägigen Gesetzen und Verordnungen und den Entscheidungen des Obersten Gerichtshofes. 8. Aufl. [Manz'sche Gesetzausgabe. 18. Bd.] 8°. (XV, 835 S.)
Wien: Manz 1909.

Grundbuchs-Gesetz, Das, vom 25. Juli 1871 (R. G. B. Nr. 95) mit allen dasselbe ergänzenden Gesetzen u. Verordnungen nebst Formularien für alle in Grundbuchs-Angelegenheiten vorkommenden Fälle. Kommentirt u. erläutert von Andreas Schöfl. Wien, Perles, typ. Bertschinger & Heyn in Klgft., 1879. 155 S.

Grundbuchsgesetz für die im Reichsrathe vertretenen Königreiche und Länder. 2. verm. Aufl. 8. Wien 872, k. k. Hof- und Staatsdruckerei. *

Grundbuchsgesetze f. die im Reichsrathe vertretenen Königreiche u. Länder, s.: Gesetze u. Verordnungen, österreichische.

Grundbuchs-Manipulation, die, für Actuare, Kanzlisten, Auscultanten, überhaupt für Jene, welche in die Lage kommen, bei einem Grundbuchsamte aushülfsweise verwendet zu werden, oder bei demselben eine Anstellung beabsichtigen. Von einem k. k. Grundbuchs-Beamten. Wien 854. Tendler u. Co. 16. (VII, 38 S.) n. 8 ngl.

Grundbuch- u. Hypothekenwesen, das preußische. Zusammenstellung der innerhalb d. preuß. Staates ergangenen, das Grundbuch- u. Hypothekenwesen betr. Gesetze. Mit vollständig. alphabet. Sachregister. gr. 8. (140 S.) Berlin 875. C. Heymann's Verl. n. 2. —

Grundbuchwesen, d., im Königr. Sachsen, s.: Vorträge üb. Gesetzeskunde u. Verwaltg.

Gründe für die gänzliche Abschaffung der Schulsprache des theologischen System. Berlin 1772. V: *Nose, Carl Wilhelm.* (zuwzür 13, 1909, I, S. 85)

Gründe für die gänzliche Abschaffung der Schulsprache des theologischen Systems. Berlin [Züllichau] 1772. V: *Steinbart, Gotthilf Samuel.* (Ky) (MGT) (Wr)

Gründe für d. gänzl. Abschaffung d. Schulsprache d. theolog. Systems, (v. G. S. Steinbart). 8. Berl. 772. Frommann in Jena. 4 gl.

—— 8 neue noch wichtigere, als d. 10 für d. Wiederkehr Napoleons, nebst vorausgeschickter unpartheiischer Prüfung d. geg. dies. erhob. Einwendungen. 8. (1½ B.) Leipzig 828, Seria.

Anonym: „Allgemeine Gründe der ökonomischen Wissenschaften", 3 Theile, aus dem Französischen. Frankfurt und Leipzig 1770/1771. — Vorh.: Preußische Staatsbibliothek Berlin.

— allgemeine, d. ökonom. Wissenschaften, vorzügl. Ackerbau rc. 3 Thle. 8. Nürnb. 770, 71. (v. Jenisch u. St. in Augsb.) 1 ₰ 16 gl.

— allgemeine, der ökonomischen Wissenschaft., vorzüglich Ackerbau rc. 3 Theile. 8. Nürnberg. (Stage in Augsb.) 770—71.

Gründe eines Arztes, der medicinischen Praxis zu entsagen ... Frankf. a. M. 1794. V: *Nose, Carl Wilhelm.* (Ky) (MGT) (NN) (EngM)

— eines Arztes, d. medicin. Praxis zu entsagen, (v. K. W. Nose). 8. Frankf. a. M. 794. Gebhardt u. K. 4 gl.

Gründe der Auswanderungslust nach den Vereinigten Staaten Nordamerikas. Ust. 1844. V: *Kunz, Joh.* (Cat. d. Stadtbibl. Zürich. Zürich 1864—97.)

Gründe der Berufung des Joh. P. Kellenter, Rentner in Aachen, Appellanten, gegen Johann Wilhelm Körfgen, Rentner in Aachen, Appellaten ... Köln a. Rh. [1827]. V: *Rittmann.* (KGBerlin I, 803)

— für u. wider d. gewöhnl. Einrichtung d. Advocatur in Deutschland. 8. Gotha 798. Ettinger. 5 gl.

Gründe, Einige entferntere, für ständische Verfassung. O. O. 1816. V: *Hegewisch, Franz Hermann.* (ADB)

— einige entferntere, für ständische Verfassung. Mit d. Motto: Eigenthum u. Freiheit! nicht Freiheit u. Eigenthum. 8. Leipz. 816. (Rein). 12 gl.

— d. Erkenntn. uns. Heils unt. d. neuen Bunde. 8. Tüb. Cotta. 740.

— erste, d. Erziehung, nebst einigen neuen Verbesserungsvorschlägen (v. C. S. (Sph. Konr. Schneider). 8. o. O. (Regensb.) 787. Montag u. W. 5 gl.

Gründe, Erste, der Rechenkunst, oder Anleitung zu den nützlichsten Rechnungsarten ... Berlin 1766. V: *Rouyer, Franz Conrad.* (MGT)

— erste, d. moral.-religiösen Unterrichts für d. Jugend. 8. Leipz. 800. (Brockhaus). 4 gl.

— erste, des moral.-religiösen Unterrichts f. d. Jugend. 8. Lpz. Gleditsch. 800.

— erste, d. nothigst. u. brauchbarst. Wissenschaft. f. jedermann, s. Degen.

Gründe, Die ersten christlichen, der christlichen Lehre. Berl. 1790. V: *Diterich, Johann Samuel.* (ML)

— d. ersten, d. christl. Lehre. 8. Berl. Realschulbuchhandl. 790.

— d. ersten, d. christl. Lehre. 8. Berl. 790. (Reimer). 2 gl.

Gründe, d. ersten, d. Mathematik, Mechanik, Baukunst, Weltgeschichte u. d. deutschen Sprache nach Adelung. 8. Leipz., Joachim. 4 gl.

— d. erst., der ital. Sprache 8. Berlin, Hesse. (Müller.) 781.

— d. ersten, d. italien. Sprache in 30 Lectionen, oder Tabellen nebst Fragen. 8. Berl. 781. N. A. 814. (Stuhr). 4 gl.

Gründe, Augenblicklich erweisliche und unmoeglich standhaft zu widerlegende, daß der Markgrafschaft Burgau Insassen allezeit reichsunmittelbar gewesen und noch seien. [Stuttg.] 1781. V: *Moser, Johann Jacob.* (Kat. der ständ. Bibl. Stuttg. 1907. S. 480.)

Gründe der Regel Falsi mit Anwendungen auf Beyspiele. Hadamar, Gelehrten-Buchhandlung. 816.

— d. Regel Falsi, mit Anwendungen auf Beispiele. 8. Coblenz 816. (Weilb., Lanz). 4 gl.

Gründe und Gegengründe über die Aufnahme neuer Bürger in einer Republik. O. O. 1761. V: *Meyer von Oberstad, Joseph Rudolph Valentin.* (MGT)

Gründe, Die, für und gegen den Handfertigkeits-Unterricht in der Volksschule... Wien 1888. V: *Černik, Franz.* (EB)

Gründe, die, für u. gegen den Handfertigkeits-Unterricht in der Volksschule. Allseitig kritisch erörtert u. die „Handfertigkeits-Frage" als — Kampf d. Eudämonismus u. Hedonismus mit der Ethik dargestellt von einem Schulmanne. gr. 8. (VII, 199 S.) Wien 888. Kirsch. n. 2.80

Gründe, Historische und staatsrechtliche, gegen die ... Behauptungen derjenigen, welche die ... Abreissung der Passauischen Diöcese von Österreich vertheidigen wollen. O. O. 1790. V: *Milbiller, Joseph.* (Ky) (BB) (MGT)

— histor. u. staatsrechtl., gegen d. übertriebenen Behauptungen derjenigen, welche die im Jahre 1783 erfolgte Abreißung d. Passauer Diözes von Oesterreich vertheidigen wollen, (v. J. Milbiller). 8. 790.

Gründe, 100, warum ich katholisch bleibe. Ein öffentl. Bekenntnis. Hrsg. v. e. Priester der Erzdiözese Freiburg. 12. (13 S.) Aachen 901. G. Schmidt. n. — 10

Hundert Gründe, warum ich katholisch bleibe. Ein öffentl. Bekenntnis. Hrsg. von e. Priester d. Erzdiöz. Freiburg. 4. Aufl. *Aachen: G. Schmidt 1902.* (8 Bl.) 8° [Umschlagt. F.]

Gründe für Katholiken, standhaft auf ihrer Religion zu bestehen. Aus dem Franz. übers. von Franz Geiger. Altdorf 1827, 8°.

Gründe gegen die Lehre der Universalisten von einer allgemeinen Begnadigung. In einer Reihe von Briefen an einen Freund. New-York 864. (Philadelphia, Schäfer & Koradi.) 8. (III, 72 S.) n.n. 10 *ngr.*

— eines Lehrers zu den Spaziergängen mit seinen Schülern. 8. Nürnb. 798. Grattenauer. 3 ggr

— meine, wider d. feierl. Ordensgelübde. 8. Münch. 802. Lentner. 4 ggr

Gründe, Moralische, eines Philosophen wider den Ehestand. Leipzig 1764. V: *Herzog, Johann Gotthelf.* (ML)

Neue Gründe zur Bestätigung der Vorzüge der öffentlichen mündlichen Rechtspflege in Civil-Sachen vor dem rein schriftlichen Verfahren. Köln 1818.

— (neue) zur Bestätigung d. öffentl. mündl. Rechtspflege vor dem rein schriftl. Verfahren. gr. 8. Köln 818. Rommerskirchen. 10 ggr

— gegen d. Nützlichkeit u. Nothwendigkeit einer Kleiderordnung für d. weibl. Gesinde. 8. Berl. 799. Belitz. 2 ggr

— für u. wider d. mündl. öffentl. Rechtspflege in bürgerl. Rechtssachen. Von einem Justizbeamten des linken Rheinufers. 8. Mainz 816. Kupferberg. 8 ggr

— d. christl. Religion in gereimten Gedenksprüchen, nebst dem ersten histor. Religionsunterricht u. d. Ordnung d. bibl. Bücher alten u. neuen Testam. in Reimen für Kinder. 12. Frankf. 795. Eichenberg. 1 ggr

Gründe, Standhafte, gegen die von dem Herrn Abt des ... Klosters Neresheim vermeintlich suchende Admission zur Kraisstandschaft. Oettingen 1766. V: *Tröltsch, Joh. Frdr. Reichsfreih. von.* (ML)

Gründe, Veranlassende und rechtfertigende, der von dem königl. Lehnhofe des Herzogthums Cleve verfügten Sequestration ... Berlin 1776. V: *Steck, Johann Christoph Wilhelm von.* (ML)

Gründe...der von dem königl. Lehenhofe des Herzogthums Cleve verfügten Sequestration über die Herrschaft Gehmen. Berl. 1776. V: *Hofmann, Casp. Frdr.* (Holz)

Anonym: „Vornehmste Gründe, warum der Rath zu Franckfurt Die ex capite praetense confessatae negligentiae in puniendo delicta monetaria denen zweyen Kayserlichen Reichs-Hof-Räthen (Tit.) Herrn Christian Burggrafen zu Kirchberg / Grafen zu Sayn und Wittgenstein .... und Herrn Robert Balthasar Clemens von Milwitz, aufgetragene Müntz-Local-Commission nicht anerkannt hat", Frankfurt a. M. 1760. — Vorh.: StB Nürnberg.

Anonym: „Vornehmste Gründe, warum der Rath zu Franckfurt die in Conformität des Reichs Abschieds de Anno 1570 § 147 et 148 neuerlich auf denen Franckfurter Messen, um über das Müntz-Wesen die Aufsicht zu tragen / und die Müntz-Verbrecher zu bestrafen, abgeordnet werden wollende Kayserliche Herrn Commissarien / und die Churfürstlich-Rheinische Herrn Räthe allerunterthänigst abgebeten hat", Frankfurt a. M. 1760. — Vorhanden: StB Nürnberg.

Gründe, die wahren, der belg. Revolution im J. 1830. Von e. Unpartheiischen, der in d. Nähe Belgiens lebt. 8. (1 B. u. Titvign.) Berlin 831, Vereins-Buchh.

— warum bei jetziger Zeit so wenige sich dem geistl. Stande in den österr. Staaten widmen? 8. Augsb. 790. (W. Vogel in Leipz.) 4 ggr

Gründe, warum das reformirte Ministerium zu Bremen ... nicht die sämtlichen hundert und fünfzig Psalmen beybehalten hat. Bremen 1766. V: *Wagner, Elard.* (ML)

— warum d. Lutheraner in Bremen sich von dem Gottesdienst in d. Domkirche nicht trennen können. 8. Bremen 805. (A. Campe in Hamb.) 3 ggr

— warum die Lutheraner in Bremen sich von dem Gottesdienst in der Domkirche nicht trennen können. 8. Bremen. (Hoffmann in Hamb.) 805.

— 10 sehr wichtige, f. d. Vermuthung, daß unt. d. Namen Hussein Pascha, der wiederauferstand. zurückgekehrte Napoleon d. türk. Heer befehlige. 2., mit Nachträgen bereich. Aufl. 8. (2¼ B.) Leipzig 829, Rein. 4 Gr., m. 1 Abbild. gr. Fol.

Gründe wider die projektirte Zertrennung der alten und Errichtung neuer Bisthümer. Regensburg 1785. V: *Mayer, Andreas.* (MGT) »1788« (Ky)

— wid. die Zertrenn. d. alt. und Errichtung neuer Bisthümer. 8. Bamb. Göbhard. 785.

— wider d. projektirte Zertrennung d. alten u. Errichtung neuer Bisthümer, (v. A. U. Mayer). 8. Regensb. 788. (Wesché in Frankf.) 6 K

—— die 12 wichtigsten, f. d. nunmehr begründ. Vermuthung: daß Hussein-Paschah d. wiederauferstand. Napoleon sey. 8. (1 B.) Wesel 829, Klönne.

Grundeigenthum, das. Montags-Zeitung, Organ des Vereins Berliner Grundbesitzer. Redact.: Max Horwitz. 1. und 2. Jahrg. 1876 und 1877. à Jahrg. 52 Nrn. (Bog.) gr. 4. Berlin, Expedition. à Jahrg. *

—— dass. — Zeitung für die Interessen des Grundbesitzes. Organ des Vereins Berliner Grundbesitzer. 3. Jahrg. 1878. 52 Nrn. (Bog.) gr. 4. Ebendas. *

Grundeigenthum, das. Zeitschrift für die Interessen des Grundbesitzes. Organ des Vereins Berliner Grundbesitzer. 4. Jahrg. 1879. 12 Hefte (à 2 Bog.) gr. 8. Berlin, Dörner. *
Nicht weiter erschienen.

Grundeigenthum, das. Wochenschrift für die Interessen des städt. Grundbesitzes. Amtl. Organ des Central-Verbandes der Haus- und städt. Grundbesitzer-Vereine Deutschlands. Redact.: A. T. Woeniger. 1. Jahrg. 1882/83. 52 Nrn. (à Nr. 1—1¼ Bog.) gr. 4. Berlin, [F. und P. Lehmann.] R. Pohl. *

—— dass. — Officielles Organ des Central-Verbandes der Haus- und städt. Grundbesitzer-Vereine Deutschlands. Redact.: A. T. Woeniger. 2. und 3. Jahrg. 1883 und 1884. à Jahrg. 52 Nrn. (Bog.) gr. 4. Berlin, R. Pohl. à Jahrg. *

Grundeigenthum, deutsches. Wochenschrift für die Interessen des städt. Grundbesitzes. Officielles Organ des Central-Verbandes der Haus- und städt. Grundbesitzer-Vereine Deutschlands. Redact.: A. T. Woeniger. 4. und 5. Jahrg. 1885 und 1886. à Jahrg. 52 Nrn. (Bog.) gr. 4. Berlin, R. Pohl. à Jahrg. *
Erscheint nicht mehr.

Grundeigentum, das. Zeitschrift f. Hausbesitzer. Organ u. Eigentum des Bundes der Berliner Grundbesitzer-Vereine. Red.: König. 23.—25. Jahrg. 1904—1906. à 52 86 u. 86 Nrn. (530, 1496 u. 1494 S.) 4. Berlin, Deutscher Verlag. à Jhrg. n.n.n. 4.—
Nicht durch den Buchhandel zu beziehen.

Grundeigenthum des Adels in Schwaben u. d. Maximen d. Umwälzung. gr. 8. Heidelb. 816. Oswald. 22 K

Grundeigenthum, Das, des Adels in Schwaben und die Maximen der Umwälzung, Teutschland. [Heidelberg] 1818. V: *Waldbolt-Bassenheim, Carl Graf von.* (Kat. der ständ. Bibl. Stuttg. 1907. S. 624.)

Anonym: „Das Grundeigenthum des Adels in Schwaben und die Maxime der Umwälzung der bestehenden Verhältnisse der Bauergüter", Heidelberg 1818 (Oswald).

Grundeigenthum, Das, des Adels in Würtemberg. O. O. 1816. V: *Waldbolt-Bassenheim, Carl Graf von.* (Mitth. O.-R.-R. Dr. Adam-Stuttgart.)

Grundeigenthumsgesetze, die, u. die Grundbuch-Ordnung f. das Fürstenth. Lippe vom 27. Juli 1882 nebst Einführungsgesetz u. ausführl. Sachregister. 12. (70 S.) Detmold 884. Meyer. n. — 80

Gründel, Rüstzeug f. d. Unterführer d. Infanterie. Ein Taschenbuch f. Zug- u. Gruppenführer. (VIII, 104 S.) kl. 8. Oldenburg (909). G. Stalling's Verl. 1. —

Gründel, Friedrich

Gründel, F.: De locis aliquot Sallustianis. 14 S.– Thorn, Progr. 1869.

Gruendel, Frid., Quaestiones Sallustianae. Dissertatio inauguralis philologica. gr. 8. (82 S.) Königsberg 861, (Akademische Buchh. von Schubert und Seidel.) *

Gruendel, J. G. E. A. Poe: Ein Beitrag zur Kenntnis und Würdigung des Dichters. Schulprogram. Freiburg, 1895.

Gründel, Paul, die Wappensymbolik. Sinnbildl. Bedeutg. d. Wappenfiguren nach Mythologie, Gesch. Tradition u. Wahlsprüchen, zugleich e. Beitr. zur Kulturgesch. d. Mittelalters. (VII, 64 S. m. Abb.) gr. 8. Leipzig (907). M. Ruhl. 2.—; geb. n 2. 50

Grundelemente, die, der Bäckerei od.: Was muß u. soll e. Bäcker wissen? Ausführliche Darstellg. des Gärungs- u. Backprozesses, auf Grund sachwissenschaftl. Studien, bezw. Beobachtgn., unter Berücksicht. der verschiedenen gebräuchl. Führgn. zusammengestellt v. e. Fachmanne. gr. 8. (34 S.) Wasserburg 902. (H. Grau.) Kart. n. 1. —

Grundelemente, die, der Mechanik, s. Hausbuch.

Grund-Elemente der Theorie. Für den Soldaten bearb. v. M. J. 8. (IX, 46 S.) Würzburg 875. Staudinger. n. — 27

Gründeler, Theophil Friedr. (Hannover), De aquae frigidae usu medico externo. Diss. med. Gött. (Jo. Christ. Dieterich) 16. IX. 1788. 38 Seiten. (5.50) 11918
Gew.: Johann Bodo Lampe, Theophil Fried. Wehrde.

Grundemann, Reinhold: Vater Christliebs Abendunterhaltungen über die Heidenmission. Berlin: K. J. Müller (3: Berl. ev. Missionges.) 1891–96.8°

— Vater Christliebs Abendunterhaltungen üb. die Heidenmission. I. II. 12. Berlin, Buchh. der Berliner ev. Missionsgesellschaft. à n. — 20
I. Das Missionswesen in der Heimat. 1. u. 2. Aufl. (64 S.) 891. 894.
II. Die Missionsgesellschaften. (53 S.) 893.

— Vater Christliebs Abendunterhaltgn. üb. d. Heidenmission. II. u. III. 12. Berlin 896. Buchh. d. Berliner evangel. Missionsgesellschaft. à n. — 20
II. D. Missionsgesellschaften. 2. Aufl. (62 S.)
III. Leben u. Wirken d. Missionars in Südafrika. (64 S.)

Grundemann, R., David Arendse, s.: Nacht u. Morgen in fernen Ländern.

Bilder von den Karolinen. Von D. R[einhold] Grundemann, in Mörz. 1. *Berlin: Berl. Ev. Missionsgesellsch. [1901].* 8° [J.]
= Dornen u. Ähren v. Missionsfelde. 14.

Grundemann, R., Bilder von den Karolinen. II. Die Mortlock- u. Nuk-Inseln, s.: Dornen u. Aehren vom Missionsfelde. Nr. 15.

— Bilder aus Sumatra, } s.: Dornen u. Ähren vom Missionsfelde.
— Bun-liong u. Un-ong, }

—— s. Burkhardt's, G. E., kleine Missions-Bibliothek.

Grundemann, R., Hanukh Dato, der braune Pastor, s. Dornen und Ähren vom Missionsfelde.

Grundemann, R., s.: Dornen u. Ahren v. Missionsfelde.

— die Entwickelung der evangelischen Mission im letzten Jahrzehnt [1878—1888]. Ein Beitrag zur Missionsgeschichte, zugleich als Ergänzungsband zur 2. Aufl. der „Kleinen Missionsbibliothek". gr. 8. (XI, 300 S.) Bielefeld 890. Velhagen & Klasing. n. 3. 60

Grundemann, R., die Erschließung Innerafrika's durch Stanley's Entdeckung des Livingstone. Mit einer (lith.) Karte. [Aus: „Allgem. Missionszeitschr."] gr. 8. (12 S.) Gütersloh 878. Bertelsmann. — 30

Grundemann, R., s.: Fingerzeige f. die ev. Missionspredigt.

— s.: Jahrbuch der vereinigten nordostdeutschen Missionskonferenzen.

Grundemann, (Pet.) Rhold., das ewige Licht. D. Erzählg. 2. Tl. (Fortsetzg. d. gleichnam. Erzählg. v. P. Rosegger.) Studien. 12. (105 S.) Leipzig 897. Buchh. des Evangel. Bundes v. C. Braun. n. 1. —

Lui-si-kong, chinesischer Bauer und Leutnant. Von D. R[einhold] Grundemann, Pastor. Berlin: Berliner ev. Missionsgesellsch. 1904. (32 S.) 8° [J.]
= Dornen u. Ähren v. Missionsfelde. 16. 07. 2396

— vier Märtyrer auf Neu-Pommern, } s.: Dornen u. Aehren vom Missionsfelde.
— David Maschilo, }

— die evangelische Mission auf den Karolinen. Skizzen, nach den amerikan. Orig.-Berichten gezeichnet. Ergänzungsheft zu dem Jahrbuch der vereinigten nordostdeutschen Missionskonferenzen f. 1900. 8. (31 S.) Berlin 900. Buchh. der Berliner ev. Missionsgesellschaft. n. — 30

Grundemann, R., allgemeiner Missions-Atlas. Nach Orig.-Quellen bearb. 1. Abth.: Afrika. 3 Liefgn. Gotha 867. J. Perthes. hoch 4. (20 chromolithogr. Karten mit 47 S. Text.) [1. Liefg. n. 25 ngr., 2. u. 3. Liefg. n. 1 ℛ︁ 15 ngr.] n. 2 ℛ︁ 10 ngr.

Grundemann, R., allgemeiner Missions-Atlas nach Orig.-Quellen bearb. 4 Abthlgn. in 9 Lfgn. hoch 4. Mit Text. Gotha 868—71, J. Perthes. *
geb. *

Inhalt:
Abthl. 1. Africa. 20 Karten. 1. und 2. Lfg. à *ℳ 2,60.; 3. Lfg. *ℳ 2.
» 2. Asien. 29 Karten. 1.—3. Lfg. à *ℳ 2,60.; 4. Lfg. *ℳ 3.; 5. Lfg. *ℳ 4.
» 3. Polynesien. 12 Karten. *ℳ 5,60.
» 4. America. 11 Karten. *ℳ 5,60.

— — 2. Abth.: Asien. 4 Liefgn. Ebend. 868—70. hoch 4. (28 chromolithogr. Karten in 4 u. qu. gr. 4. mit 71 S. Text.) [1. u. 2. Liefg. à n. 25 ngr., 3. Liefg. n. 1 ℛ︁, 4. Liefg. n. 1 ℛ︁ 10 ngr.] n. 4 ℛ︁

— — 3. Abth.: Polynesien. Ebend. 870. hoch 4. (12 chromolithogr. Karten in hoch 4. u. qu. gr. 4. mit 36 S. Text.) n. 1 ℛ︁ 25 ngr.

Grundemann, R., allgemeiner Missions-Atlas nach Originalquellen bearb. 4. Abth. Amerika. [Des ganzen Werkes, 9. Lfg.] hoch 4. (11 chromolith. Karten in hoch u. qu. 4. m. 24 S. Text.) Gotha 871. J. Perthes. n. 5. 50 (I—IV.: n. 30. —)

Grundemann, R., kleiner Missions-Atlas zur Darstellung d. evangelischen Missionswerkes nach seinem gegenwärtigen Bestande. 2. Aufl. 4. (12 lith. Karten.) Calw 886. Vereinsbuchh. n. 2. —

Kleiner Missions-Atlas zur Darstellung des evangelischen Missionswerkes nach s. gegenwärtigen Bestande. Von R[einhold] Grundemann, Dr., Pastor zu Mörz. In 10 Karten. 3., durchaus neu bearb. u. verm. Aufl. *Calw & Stuttgart: Vereinsbuchh. 1905.* (10 Kartenbl.) 4°

Grundemann, R[einhold]: Neuer Missions-Atlas mit bes. Berücks. der Dt. Missionen. — Calw und Stg.: Vereinsbuchh. 1896. IV S., 2 Bl., 35 Kt. 4°

Grundemann, R[einhold]. Neuer Missions-Atlas aller evangelischen Missionsgebiete, mit besonderer Berücksichtigung der Deutschen Missionen. 2., vermehrte und verbesserte Aufl. VIII S. + 36 Karten-Bl. 4. Calw und Stuttgart, Vereinsbuchh., 1903. ([M. 7.—,] geb. M. 8. —)

— Missionsfeste u. Missionspredigtreisen. Erfahrgn. auf d. Gebiete d. pommerisch-märk. Missionslebens in Novellenform. 12. (72 S.) Leipzig 896. Fr. Richter. n. — 50

Grundemann, R[einhold]. Kleine Missions-Geographie und -Statistik zur Darstellung des Standes der evangelischen Mission am Schluss des 19. Jahrhunderts. ([Mit] 44 Kartenskizzen zur Missions-Geographie.) 208 + 62 S. 8. Calw und Stuttgart, Vereinsbuchhandlung, 1901. [cart. M. 2. 40, geb. M. 3. —]

— Missions-Studien u. Kritiken in Verbindung m. e. Reise nach Indien. gr. 8. (VII, 216 S.) Gütersloh 894. C. Bertelsmann. n. 2. 80

— Missions-Studien u. -Kritiken. 2. Reihe. gr. 8. (XII, 252 S.) Gütersloh 898. C. Bertelsmann. n. 3. 60; geb. n. 4. 40 (1. u. 2.: n. 6. 40; geb. n. 8. —)

— Missionsstunden, s.: Warneck, G.

—— Missions-Weltkarte. Hrsg. zu den Blättern für Mission aus Werdau. Fol. Leipzig 869, (Klinkhardt.) **

Grundemann, R., Missions-Weltkarte zur Übersicht sämmtlicher evangelischen Missions-Gebiete. 6 lith. u. color. Blatt (in Fol.). Halle 863. Petersen in Comm. nn. 1 ℛ︁ 10 ngr.; Erläuterungen dazu. (22 S. in 8.) n. 2½ ngr.

— Missions-Weltkarte zur Uebersicht sämmtlicher evangel. Missions-Gebiete. 2., vollständig umgearb. Aufl. 12 Blatt. Lithogr. u. color. Halle 865. Petersen. gr. Fol. Mit: Erläuterungen. (46 S. in 8.) n.n. 1 ℛ︁ 15 ngr.

— s.: Missions-Zeitschrift, allgemeine.

Grundemann, Reinhold: Nacht u. Morgen in Date, s. Nacht u. Morgen in fernen Ländern.

—— Netla, s. Dornen und Ähren vom Missionsfelde.

Grundemann, Reinhold: Pahân u. Pratschin, s. Nacht u. Morgen in fernen Ländern.

— Rechenschaftsbericht üb. das abgelaufene Missions-Jahrhundert. Vortrag, geh. vor der Missions-Konferenz zu Berlin 1900. gr. 8. (43 S.) Dresden 901. Fr. Richter. n. — 40

Grundemann, R., Johann Friedrich Riebel, s. Lebensbilder aus der Heiden-Mission.

— die deutschen Schutzgebiete in Afrika u. in der Südsee. 4 Skizzenkarten m. e Erläuterungsheft f. den Schulgebrauch. gr. 8. (IV, 14 S.) Gütersloh 886. Bertelsmann. In Futteral. n. 1. 20

Grundemann, R., zur Statistik der evangelischen Mission. gr. 8. (88 S.) Gütersloh 886. Bertelsmann n. 1. 50

Grundemann, R., ein Vater der Aussätzigen. (23 S. m. Abbildgn.) 8. Basel 903. Basler Missionsbuchh. n. — 10
Sonderabdruck aus: „Jahrb. der vereinigten nordostdeutschen Missionskonferenzen".

— Wang Ki-tong u. Tsü-Liang, od. Unechtes u. echtes Glück in China, — alte u. neue Zeit im Bawendalande, s.: Dornen u. Ähren v. Missionsfelde.

— Jakob Zerére, s. Dornen und Ähren vom Missionsfelde.

Grundentlastung, die, in Oesterreich. 1. Thl. betreffend die Kronländer Oesterreich ob und unter der Enns, Salzburg, Steiermark, Kärnthen, Krain, Küstenland, Tirol, Böhmen, Mähren, Schlesien, Galizien, Bukowina und das Grossherzogthum Krakau. Nach amtl. Quellen dargestellt. Wien 857. Manz u. Co. Lex.-8. (VIII, 102 S.) n. 27 ngr

Grundentlastung, die, in Oesterreich. 1. Thl. betreffend die Kronländer Oesterreich ob und unter der Enns, Salzburg, Steiermark, Kärnthen, Krain, Küstenland, Tirol, Böhmen, Mähren, Schlesien, Galizien, Bukowina und das Grossherzogth. Krakau. Nach amtl. Quellen dargestellt. gr. Lex.-8. (VIII und 102 S.) Wien 858, (Manz und Comp.) *

Grundentlastungs-Gesetze, Die, für Kärnten. Klgft., v. Kleinmayr, 1849, 144 S.

Grunder, C.

— Buchstabirtabellen, Bern, Jenni. 14 Kr

— Lesetabellen. Bern, Jenni. 16 Kr

Grunder, C., kleine deutsche Sprachlehre für Bürger- u. Landschulen, nach d. Lese- u. Sprachtabellen eingerichtet. gr. 8. Bern 824. Jenni. 3 Kr

Grunder, Ernst. Geschichte der Gemeinde Vechigen. Von E' G', Lehrer in Littewil. [Mit Illustrationen und 5 Tafeln.] II + 48 S. 8. Selbstverlag; Bern, Buchdr. Büchler & Co., 1903. [fr. —. 50]

Grunder, Jacob. Bilder aus der Griechischen und Römischen Geschichte für Sekundarschulen und Progymnasien, von Gymnasiallehrer Jakob G', Langenthal. 60 S. 8. Bern, Gustav Grunau, 1905. fr. —. 80

Grunder, Jacob, und Brugger, Hans. Bilder aus der Welt- und Schweizergeschichte zur Lust und Lehr der Jugend. Mit 11 Kärtchen, einem Stadtplan des alten Bern und vielem Bildschmuck. Von Dr. Jakob G'... und Dr. H' B'.... II + VIII + 383 S. 8. Bern, A. Francke, 1907. [Geschenkausgabe geb. fr. 4.80]
Titelaufl. von: G', J', und B', H'. Lehrbuch der Welt- und Schweizergeschichte.... Bern 1907

Grunder, Jacob. Geschichtslesebuch. Nach den Quellen, sowie nach verschiedenen Autoren für Sekundarschulen und Progymnasien bearb. von Dr. Jakob G'.... Teil 1: Altertum und Mittelalter. 108 S. 8. Bern, A. Francke, 1910. [geb. fr. 2. —]

Grunder, Jacob, und Brugger, Hans. Lehrbuch der Welt- und Schweizergeschichte für bernische Sekundarschulen und Progymnasien. Mit 11 Kärtchen, einem Stadtplan des alten Bern und vielem Bildschmuck. Von Dr. Jakob G'... und Dr. H' B'.... II + VIII + 383 S. 8. Bern, A. Francke, 1907. [geb. fr. 3.50]

Grunder, Jacob, und Brugger, Hans. Lehrbuch der Welt- und Schweizergeschichte für bernische Sekundarschulen und Progymnasien. Mit 11 Kärtchen, einem Stadtplan des alten Bern und vielem Bildschmuck. Von Dr. Jakob G'... und Dr. H' B'.... 2., durchgesehene Aufl. XII + 390 S. 8. Bern, A. Francke, 1909. [geb. fr. 3. 20]

Grunder, Jacob, von Vechigen (Bern): Ueber die politischen Programmschriften des Guiseppe Mazzini, Vincenzo Gioberti, Cesare Balbo und Massimo D'Azeglio. Beiträge zur Vorgeschichte der Bildung des neuen italienischen Königreiches. Bern 1907. 57 S. 8°. [10. XI. 06.]
Bern. Phil. Diss. 1907.08.

Grunder, J., Ueber die politischen Programmschriften des Giuseppe Mazzini, Vincenzo Gioberti, Cesare Balbo und Massimo D'Azeglio. Beiträge zur Vorgeschichte der Bildung des neuen italienischen Königreiches. Diss. Phil. Bern ... von Jakob G'.... 57 S. 8. Bern '07, Gustav Grunau.

Grunder, Carl. E böse Geist. Emmenthalisches Volksstück in 3 Akten. IV + 44 S. 8. Biel, Ernst Kuhn, 1904. [fr. 1. —]

Grunder, Karl. E böse Geist. Berndeutsches Volksstück in 3 Akten ⟨4 Aufzügen⟩ von K' G'. 2., gänzlich umgearbeitete Aufl. [Mit Melodien.] II + 58 S. 8. Bern, Ch. Künzi-Locher, 1910. (fr. 1.60)
(Sammlung schweizerischer Theaterstücke. Nr. 12.)

Grunder, Karl, I der Gnepfi, s. a. Sammlung, schweiz. Theaterstücke.

Grunder, Karl. I der Gnepfi. Schwank in Berner-Dialekt in drei Aufzügen, nach einer Gotthelf-Geschichte von K' G'. [Mit Musik-Beilage.] II + 56 + *Beilage* 4 S. 8. Bern, Ch. Künzi-Locher, 1909. (fr. 1. 60)
(Sammlung schweizerischer Theaterstücke. Nr. 11.)

— D'Stöcklichrankheit, s. a. Sammlung schweizerischer Theaterstücke.

Grunder, Karl. D' Stöcklichrankheit. Berndeutsches Lustspiel in drei Akten von K' G'. [Mit 2 Melodien.] II + 48 S. 8. Bern, Ch. Künzi-Locher, 1908. (fr. 1.60)
(Sammlung schweizerischer Theaterstücke Nr 9.)

Grunder, Karl, D's Bärewirts Töchterli, s. a. Sammlung schweiz. Theaterstücke. Nr. 5.

Grunder, Carl. D's Bärewirts Töchterli. Volksstück in fünf Akten ⟨7 Aufzügen⟩ nach der Arthur Bitter'schen Novelle von K' G'. II + 86 S. 8. Bern, Ch. Künzi-Locher, 1906. (fr. 1. 80)
(Sammlung schweizerischer Theaterstücke. Nr. 5.)
s. a. Musik zu den Liedern in D's B' T'... von K' G'. Bern ... 1906.

Bode-Hanslis Verlobungsfyr. Humorist. Dialektstück mit Einlage alter Volkslieder in 1 Aufzug von Karl **Grunder**. Bern: Ch. Künzi-Locher 1906. (56 S.) 8° [J.]
— **Sammlung** schweizer. Theaterstücke. No 8. [06. 18944

Grunder, Carl. Bode-Hanslis Verlobungsfyr. Berndeutsches Lustspiel mit Einlage alter Volkslieder in 1 Aufzug von K' G'. [Mit Vignette und Melodien.] 2. Aufl. II + 56 S. 8. Bern, Ch. Künzi-Locher, 1909. (fr. 1. 60)
(Sammlung schweizerischer Theaterstücke. Nr. 8.)

— Die Waldmarche, s. a. Sammlung schweizerischer Theaterstücke.

Grunder, Carl. Die Waldmarche. Berndeutsches Volksstück in fünf Akten von K' G'. II + 95 S. 8. Bern, Ch. Künzi-Locher, 1908. (fr. 2.—)
(Sammlung schweizerischer Theaterstücke Nr. 10.)
Ausg. A.
Ausg. B: [Mit illustriertem Umschlag.]

Grunder, Carl. Der Wetturner. Sammlung von Wettübungen an schweizerischen und ausländischen Turnfesten. Praktischer Leitfaden für Vereine, Kampfrichter und Einzelwetturner. Der schweizerischen Turnerschaft gewidmet vom Herausgeber: K' G', Bern. [Illustriert.] XVI + 187 S. 8. Bern, Verlag der Turnanstalt, 1908. [geb. fr. 2. 80]

Gründer [Sachl. Ordnungswort]

Gründer, der. Organ f. Gründgn. u. Finanziergn. aller Art. 1. Jahrg. März 1908—Febr. 1909. 12 Nrn. (à ca. 4 S.) Lex. 8. Bremen (Bahnhofstr. 12), Norddeutsche Handels- u. Industrie-Gesellschaft. 5.—

Gründer, Directoren, Aufsichtsräte. gr. 8. (7 S.) Nürnberg (901). (J. Bauchwitz.) n. —20

Gründer, e., vor Gericht. Beitrag zur Geschichte d. Banken u. Banknoten. Criminal-Proceß gegen den Director der „Eutiner Volksbank" C. C. H. Baurmeister. gr. 16. (50 S.) Hamburg 873. Richter. n. —. 50

Gründer, Ein, und eine Gründung **höheren** Ranges. Winterthur 1893. V: *Morf, Hnr.* (Cat. d. Stadtbibl. Zürich. Zürich 1864—97.)

Gründer, Die, von Neuhelvetia ... Langenthal 1843. V: *Dietsch, Andr.* (AarK)

Gründer [Verfasser]

Gründer, G., Olla potrida. Eine Sammlung verschiedener Gedichte sowohl ernsten als launigen Inhalts. 1. Heft. Lauban 860. Baumeister in Comm. 16. (40 S.) n. 5 ngr.

Gründer, J., Geometrie f. Lehrerbildungsanstalten, s.: Genau, A.

— Hilfsbuch zum katholischen Katechismus, s.: Schröder, J.

Gründer, J. W. Ludwig

Gründer, Ludw., Bemerkungen üb. die Berechtigung zur Behandlung innerer Krankheiten durch Wundärzte II. Cl. nebst beigefügten, gesetzl. Bestimmungen üb. die Studien, Prüfungen, Rechte u. Pflichten derselben. gr. 8. (38 S.) Görlitz 819, Heyn. 1/4 ß

—— Denkschrift zur Medicinalreform Preußens, besonders die Wundärzte betreffend. gr. 8. (13 S.) Görlitz 849, Heyn'sche Buchh.
Aus: Zeitschrift des deutschen Chirurgen-Vereins. 3. Bd., besond. abgedruckt.

Gründer, J. W. L., Geschichte der Chirurgie von den Urzeiten bis zu Anfang des 18. Jahrhunderts. Breslau 859. Trewendt & Granier.' gr. 8. (XII, 445 S.) n. 2 ß 10 ngr

—— das Institut der Wundärzte II. Classe und seine Gegner, sowie die Hoffnungen und Wünsche der Wundärzte II. Classe bei der im Königr. Preußen zu erwart. Medicinal-Reform. gr. 8. (IV und 92 S.) Görlitz 848, Heyn'sche Buchh.

Gründer, Ludw., über Menschen- und Kuhpocken und deren Impfung überhaupt, sowie die Geschichte derselben insbesondere. Ein Vortrag, gehalten in der Hauptversammlung der naturforschenden Gesellschaft zu Görlitz am 27. Decbr. 1852. gr. 8. (55 S.) Görlitz 853, (Heyn'sche Buchh.)

— die Schutzpocken-Impfung eine brennende Frage der Gegenwart. Für gebildete Eltern und Nicht-Aerzte. Breslau 858. Aland. gr. 8. (IV, 32 S. u. 1 Holzschn.) n. 6 ngr

Gründer, J. W. L., die Schutzpocken-Impfung eine brennende Frage der Gegenwart. Für gebildete Eltern und Nicht-Aerzte. gr. 8. (IV und 32 S. mit 1 Portr. in Holzschn.) Breslau 858, [Morgenstern.] Thlr. *

Gründer, Johann Christ.

Gründer, Jh. Chr., Anweisung über den Gebrauch d. 6 Handtafeln beim Tafelrechnen u. Auflösungen aller Rechnungsaufgaben auf denselben, gr. 8. Leipz. 832. Hartmann. 8 ß

Gründer, Joh. Chrst., Anweisung üb. d. Gebr. d. 6 Handtaf. beim Tafelrechnen, u. Auflösn. aller Rechnungsaufgaben auf dens. gr. 8. (7¼ B. incl. d. 6 Handtaf.) Leipzig 834, Hartmann.

— sechs Handtafeln. Ein method. geordnetes u. vollständ. Hülfs- u. Erleichterungsmittel beim Unterricht im Tafelrechnen, welches den Kindern, in einer fortschreit. Stufenfolge vom Leichtern zum Schwerern, hinlängl. Stoff zur Uebung, von den 4 Grundrechnungsarten an bis zur Regel de Tri mit Brüchen, in 6400 Exempeln darbietet. Nebst Facitbuch u. Anweisung über d. Gebrauch d. Handtafeln. gr. 8. Leipz. 833. (832.) Hartmann. baar 1 ß Auf einer Seite gedruckt auf Schrbp. zum Aufziehen 2 ß

Gründer, J. Ch., Uebungsaufgaben u. Materialien zu Briefen f. Mädchen, auf Vorlegeblättern; aber auch f. Diejenigen brauchbar, welche sich nach zurückgelegten Schuljahren im Briefschreiben fortüben wollen. qu. 8. (20¼ B. nur auf e. Seite bedruckt.) Leipzig 840, Einhorn.

Gründer, Joh. Christ., Vorlegeblätter beim orthograph. Unterrichte, wodurch der Schüler schon bei d. Lese- u. Schreibunterr. die Regeln der Rechtschreibung u. Sprachlehre üben lernt, ohne an Falschgeschriebenes gewöhnt zu werden. qu. gr. 8. (12½ B.) Leipzig 813, Hinrichssche Buchh. —

Gründer, J[osef]: Festgabe zur Feier des fünfundsiebzigjährigen Bestehens des Königl. kath. Lehrerinnen-Seminars zu Paderborn a. 22. Okt. 1907. — Paderborn (1907): Bonifacius-Dr. 32 S. 8°

Gründer, Ludwig, s. Gründer, J. W. Ludwig.

Gründer, M., Hinüber — Herüber, s.: Nestroy, Joh.

Gründer, M. R., Margaretha Otto aus Eckartsberg, genannt: Das schöne Grethchen hinterm Berge, und Ritter Nikolaus von Dornspach, Bürgermeister zu Zittau. Wahre Begebenheit aus Zittaus Vorzeit. Mit farbigen (schlechten) Lithographien. Pirna, o. J. (c. 1850). 8°. Selten! (5 Mk. 50 Pfg. Alfr. Lorentz, Lpz., 1908.)

Grunderbrecht u. eheliches Güterrecht im Herzogth. Oldenburg. In kurzer übersichtl. Darstellung mit einer Karte des Herzogth. Oldenburg in Lithogr. (in 4.) Oldenburg 867. Schulze'sche Buchh. 8. (14 S.) n. 4 ngr.

Gründergeschichten. Enthüllungen aus den Acten der Special-Commission zur Untersuchung des Eisenbahn-Concessionswesens und deren kritische Beleuchtung. 2. Aufl. Berlin [1874]. V: *Niendorf, Marc. Anton.* (Kat. d. Bibl. d. dtsch. Reichstages. Berl. 1882.)

Gründergeschichten. Enthüllungen aus den Acten d. Spezial-Commission zur Untersuchg. d. Eisenbahn-Concessionswesens u. deren krit. Beleuchtg. [Aus: „Deutsche Landeszeitung".] 2. verm. u. verb. Aufl. 8. (96 S.) Berlin 874. Th. Thiele. n. 1. —

Gründer-Opfer, ein. Erzählung von W. K. gr. 16. (40 S.) Köln 877. Theissing. n. — 30

Gründerthum, Das gelehrte, im Bunde mit den geheimen Priesterinnen der Venus. Ein Stück Culturgeschichte u. Sittenleben aus der zweiten Hälfte des XIX. Jahrhunderts. Leipzig 1884. 2. Aufl. 1888. V: *Lartey, F.* (BGE II³, 691)

Gründerthum, das gelehrte, im Bunde m. den geheimen Priesterinnen der Venus. Ein Stück Culturgeschichte u. Sittenlehre aus der 2. Hälfte d. XIX. Jahrh. (Titel-Ausg. von: „Lartey, E., Gastmahl der Verwaltungsräthe".) gr. 8. (168 S.) Leipzig 884. G. Wolf. n. 2. —

Gründerthum, d. gelehrte. Ein Stück Kulturgeschichte u. Sittenleben aus d. 2. Hälfte d. XIX. Jahrh. 2. Aufl. gr. 8. (III, 168 S.) Leipzig 888. [G. Wolf.] Levien. n. 2. —

Grund-Erwerbs-Zeitung. Fachblatt f. d. Interessen d. Besiedelung u. d. Verkehrs, Grundstücke u. Hypotheken. General-Anzeiger f. Grundstückskäufer u. Makler. Jg. [1.] 1903, No 16ff. 2. 1904–05, No 1–[26]. [Mehr nicht erschienen.] (Berlin: Deutsche Grund-Erwerbsbank) 1903–05. 2 Bde gr. 2°
Anl. s. u. d. T.: Verkaufs-Anzeiger d. Deutschen Grund-Erwerbsbank.

Grunderwerbung, die, und das Expropriationsrecht der Eisenbahn-Gesellschaften. Wesel 855. Bagel. 8. (60 S.) 6 ngr
Inhalt: I. Gesetz über Eisenbahn-Unternehmungen vom 3. Novr. 1838. II. Expropriations-Verfahren nach den Vorschriften d. A. Pr. L. R. III. Zahlung und Deposition der Kaufgelder. IV. Expropr.-Verfahren nach d. Vorschriften d. Rhein. Rechts.

Grundessenzen, die comprimirten und concentrirten, zur Bereitung von Liqueuren und Aquaviten. (Celle 854. Capaun-Karlowa.) 16. versiegelt n. 3 sgr

Gründet genossenschaftliche Leihbibliotheken! Ein Weckruf und Ratgeber ... Berlin [1899]. V: *Niemann, A.* (Berl)

Gründet Raiffeisen-Vereine. E. zeitgemäße Mahng. v. e. wahren Volksfreunde. [Aus: „Kathol. Sonntagsbl. f. d. Königr. Bayern".] 16. (18 S.) Nürnberg 891. Passau, Paradiesdruckerei. n.n. — 25

Gründet sich das Recht der Monarchen mit dem Tode zu strafen in der Uebertragung der Menschen? Von einem Freunde der Wahrheit beantwortet. Wien o. J. V: *Sonnenfels, Jos. von.* (Geissau, Verzeichniss, S. 29, 51) (Feil 2832g) (Auct. Schlögl, S. 576) (Ign. Schwarz 12/1471) (Bespr. Realzeitung 1782, Nr. 49, S. 776/7) (Biblport)

Gründet Volksbibliotheken! Begründung u. Unterstützung v. Volksbibliotheken durch die Gesellschaft f. Verbreitung v. Volksbildung. (15 S.) 8. Berlin (906). Gesellschaft f. Verbreitung v. Volksbildung. Unentgeltlich.

Gründet Volksbibliotheken! Begründung u. Unterstützg. v. Volksbibliotheken durch die Gesellschaft f. Verbreitg. v. Volksbildg. 11—16. Taus. (14 S.) 8. Berlin 907. Gesellschaft f. Verbreitg. v. Volksbildg. Unentgeltlich.

Grundey, Eman., de Platonis principiis ethicis. Dissertatio inauguralis. Berlin 865. (Calvary & Co.) gr. 8. (104 S.) n. 15 ngr.

Grundey, M., das Kieslingswalder Gestein u. seine Versteinerungen, s.: Langenhan, A.

Grundfest, Em. — Franz Joseph Blümchen. Gedicht, verfaßt bei Gelegenheit der Vermählung Sr. Majestät des Kaisers von Oesterreich im Frühlinge des Jahres 1854 von — —. Das Erträgniß zu einem wohlthätigen Zwecke. 8. (8 S.) Druck und Verlag von A. Pichler's Witwe und Sohn. 1854

Grundfeste z. künft. Glückseligk. d. pfalzbayr. Lande. 8 Frft. (Stage in Augsb.) 784.

Grundfeste zur künftigen vollkommensten Glückseligkeit d. pfalzgräfl. Lande. 8. Landsh. 784. (Weber in Münch.) 8 K

Grundveste der Metallurgie, oder Schlüssel der Weisheit zu der hohen Pforte der Natur und dem grossen Geheimnisse der Metallurgie, oder der Mineralien und Metalle, samt denen wichtigsten Münz-Bergwerks- und Hütten-Vortheilen und dabey vorgehenden Fehlern und wie selbigen abzuhelfen; Auch in welchen Materien die höchste geheime Kraft-Wesenheit zu finden und in ihre Würkung zu setzen, um nicht nur die tincturalischen Flüsse zur Reifmachung und Transmutation der Metalle im leichtesten und geschwindesten Cement-Weg, sondern auch die übrige grosse Mineral End-Tinctur, nicht weniger die Massen zu denen Edelgesteinen und zum feinsten Chineser-Porcellain, wie auch die Medicin des langen Lebens zu bereiten. Aus geheimen Ms. der Rosen-Kreutzer abgedruckt. Frankfurt u. Leipzig: Gross 1763. 16, 96 S. 8°
Enth. 5 Sendschreiben an die Fraternität R. C. 1764 soll nach dem Missiv, Nr 181 ein 2. Stück erschienen sein.

— d. christl. geoffenbarten Religion. 8. Augsb. 796. Wolff. 8 gl

— d. wahr. evang. Religion ꝛc. 8. Basel, Brandmüller. 729.

Grundfeste der Löwenstein-Wertheimischen Renten und Neugereuth Zehendgerechtigkeit ... Wertheim 1748. V: *Borie, Egid. Valent. Felix Freih. von.* (Holz)

Grundfeste, Wirtembergische, d. i. klarer und ausführlicher Beweis, dass Herzog Karl Alexanders zu Wirtemberg Testament ... untadelhafft ... [Würzb. 1738.] V: *Ickstatt, Johann Adam Freih. von.* (Heyd) (Holz)

Grundfesten des wahren Glaubens in Unterredungen. Regensburg, Manz, jetzt Nationale Verlagsanst., 1806, 8°, 0,40 Mk.

Gründgens, Carl, approb. Arzt aus Aachen: ⟨**Aus d. Augen-Klinik d. Universität Jena.**⟩ Ueber **Katarakt** nach Kontusion ohne Bulbusruptur. *Jena 1902: A. Kämpfe.* (52 S.) 8°
Jena, Med. Diss. v. (4. Nov.) 1902

Allgemeines **Grundgesetz** des Freimaurerbundes. [Auf der Jahresversammlung des Vereins deutscher Freimaurer zu Worms 1867 beraten und angenommen.] [Leipzig 1867.] 7 S. 8° [Kopftit.]
Abgedr. in: Reform. 2 (1867) S. 147—151; T. 13 (1867) S. 138—140; MitthVdF. 2 (1868) S. 144 bis 151; Findel, J. G.: Gesch. d. Frmrei. 3. Aufl. 1870 S. 850—854; 4. Aufl. 1878 S. 834 bis 838; Findel, J. G.: Geist u. Form d. Frmrei. 5. Aufl. 1893 S. 225—229; 6. Aufl. 1898 S. 224—228.
cf. MW. Ser. 2 Jg. 4 (1867) No 36 (A. F. H. de Lespinasse), 37, 38 (J. P. Vaillant), 41 (J. G. Findel), 42 (A. F. H. de Lespinasse); Bh. 11 (1868) S. 129—130, 202—204; T. 14 (1868) S. 17—19 (E. Röhr), abgedr. in: Bh. 11 (1868) S. 122—124; Bh. 12 (1869) S. 17—21 (O. Dörffel).
Tt. 1017. Ausgearb. von Bluntschli, Findel, Schauberg, Seydel u. Trentowski.

Grundgesetz für die gemeinschaftlichen Angelegenheiten des Königreichs Dänemark und des Herzogthums Schleswig. Schloss Christiansborg, den 18. November 1863. Kopenhagen. 1863. 4°.

Grundgesetz der Freimaurer-Loge Balduin zur Linde in Leipzig, s. Constitutions- und Gesetzbuch der Loge Balduin zur Linde in Leipzig.

Grundgesetz der Freimaurer-Loge Balduin zur Linde in Leipzig. Beschlossen am 11. März 1854. Leipzig, Druck von Andrä. 1856. 8. XVI. 67 S.
Mit Vorwort und einem Abriss der Logengeschichte v. Osw. Marbach.

Grundgesetz u. Bestimmungen f. Wettbewerbe u. Rekords. Hrsg. v. der österreich. aëronaut. Kommission. (26 S.) 8. Wien 909. (Verl. d. allg. Sport-Ztg.) — 75

Grund-Gesetz des landwirthschaftl. Bezirks-Vereines für die erste kgl. Amtshauptmannschaft des budissiner Kreisdirections-bezirks der sächs. Oberlausitz, v. 17. Septbr. 1843. 8. (1 B.) Bautzen 844, Reichel. *

Grundgesetz, das, des Königr. Dänemark vom 5. Juni 1849 in möglichst wortgetreuer Uebersetzung nach dem beigegebenen Original. gr. 8. (23 S.) Itzehoe 852. (Altona, Schlüter.) n. 4 ngr

Grundgesetz, Finanzgesetz und Geschäftsordnung der Loge Ludewig zur Treue im Or.·. Giessen. Giessen 1883: Brühl. 28 S. 8° [Umschlagtit.]

[Dasselbe.] Giessen 1886: Keller. 28 S. 8°
cf. Autogr. KfLmstr. 1884 S. 93—96.

Grundgesetz des unter dem besonderen allerhöchsten Schutze Seiner Königlichen Hoheit des Grossherzogs von Hessen und bei Rhein etc. stehenden Freimaurer-Bundes [1887: Grossen Freimaurerloge] zur Eintracht. Giessen 1873: Keller. VIII, 56 S. 8°

[Dasselbe.] Ebendas. 56 S. 4°

[Dasselbe.] Darmstadt 1887: Herbert. 71 S. 8°
cf. f. 1887: L. 11 (1888) S. 51—54.
Tt. 1046.

Grundgesetz der Freimaurerloge zu den drei Bergen in Freiberg. (Vom Kgl. Amtsgericht zu Freiberg genehmigt und unterm 15. Aug. 1906 ins Genossenschaftsregister eingetragen.) o. O. u. J. 2 Bl. 8° [Kopftit.] 146.

Grundgesetz und Geschäftsordnung d. Deutschen Eislaufverbandes f. dtsch. Eislaufver., festges. 6. u. 7. 4. 1890, abgeänd. 14. u. 15. 4. 1906, Berlin 1906, 28 S., 8°.

Deutsche Landwirtschafts-Gesellschaft. Grundgesetz, Geschäftsordnung u. Grundregeln f. Abteilungen u. Geschäftsstellen. Berl. 1900. 31 S. P.
— Sst. 1910. 47 S. 4°.

Grundgesetz und Geschäftsordnung der Grossen Landes-Loge von Sachsen. Dresden 1894: Heinrich. 26 S. 8°
Endgültige Fassung. 25a. 140.

GRUNDGESETZ DER LITTERARISCHEN GESELLSCHAFT ZU POTSDAM vom 28sten November 1856. Neue, durchgesehene Ausgabe. Potsdam 1856. (Potsdam. Gedruckt bei C. Krämer.) 8°.

GRUNDGESETZ DER LITTERARISCHEN GESELLSCHAFT ZU POTSDAM. Auf Grund des Gesellschafts-Beschluss vom 15. Dezember 1876 veranstaltete neue Ausgabe. ib. 1877. (Gedruckt bei Albert Arndt.) 8°.
vom 26. Mai 1886 veranstaltete neue Ausgabe. ib. 1886. (Krämer'sche Buchdruckerei (E. R. Brandt).)

Grundgesetz (Gesetz, Gesetze) des Kieler Gewerbe-Vereins. Kiel. (1854. 1859.) 1879. 8°

Grundgesetz des Deutschen Grosslogenbundes. [Berlin o. J.: Mittler & Sohn.] 10 S. 4⁰. [Kopftit.] 21.

— für d. Königr. Hannover nebst d. Kgl. Patente, die Publication dess. betreff. Vom Kgl. Ministerio autoris. Abdruck. gr. 8. (5¼ B. u. Ttlvign.) Hannover 833, Hahn.

— oder neue constitutionelle Charte des Königreichs Frankreich. In Gemäßheit der unterm 7ten Aug. d. J. von Seiten d. Deputirten-Kammer erlassenen u. von dem nunmehrigen Könige der Franzosen, Ludwig Philipp, bisher. Herzog v. Orleans, angenomm. Declaration. Deutsch u. französ. gr. 12. Hamb. 1e u. 2e A. 830. Hoffmann u. Campe. 3e A., nebst mehrern Anhängen. 830. Ebd. 4 ℊ

— des Königr. d. Niederlande. Nach d. Holländ. v. K. J. C. 8. (3 B.) Berlin 830, Laue.

— des Königr. der Niederlande (Verfassungs-Urkunde vom 18. Oktbr. 1848) aus dem holländ. Urtext nach der amtl. Ausg. übers. und hrsg. von Alemannus. gr. 8. (42 S.) Ellwangen 855, (Brandegger.) *

Grundgesetz der Grossen Landes-Loge von Sachsen. Dresden 1876: Heinrich. 62 S. 8⁰
Abgedr. in: Gesetzbuch d. Frmrloge Apollo, Leipzig. 1879 S. 53—67. 23.

Grundgesetz [und Geschäftsordnung] der Grossen Landes-Loge von Sachsen. Dresden 1894: Heinrich. 24 S. 8⁰
Entwurf. 283.

Grundgesetz für das Herzogthum Lauenburg. (Ratzeburg 1849.) 8⁰

Grundgesetz der Grossen Loge von Preussen, gen. Royal York zur Freundschaft. Gültig vom Johannisfeste 1890 an. Berlin 1890: Langenscheidt. 136 S. 8⁰ [Umschlagtit.]

[Dasselbe.] Mit Berücksichtigung der neuesten Berichtigungen, gültig vom Johannisfeste 1891. Ebendas. [1891]. 142 S. 8⁰

[Dasselbe.] Mit Berücksichtigung der bis Johannis 1902 beschlossenen Abänderungen. Berlin 1902: Litfass. 142 S. 8⁰

[Dasselbe.] Genehmigt, bestätigt u. veröff. am 24. Juni 1906. Berlin 1906: Denter & Nicolas. 207 S. 8⁰

Grundgesetz und Logen-Ordnung der St. Johannis-Freimaurer-Loge Minerva zu den drei Palmen im Or. Leipzig. Grundgesetz angenommen am 16. Dez. 1884. Logen-Ordnung in Kraft getreten am 3. Nov. 1885. Leipzig 1885: [Leiner]. 56 S. 8⁰
Mit geschichtl. Vorw.
[N. Ausg. u. d. Tit.:]
Grundgesetz und Logen-Ordnung der St. Johannis-Freimaurer-Loge Minerva zu den drei Palmen im Or. Leipzig. Leipzig 1894: [Leiner]. 8 S. 8⁰
Ohne geschichtl. Vorw.

Grundgesetz des Matthäi-Logen-Bundes. Gültig vom Matthäi-Feste 1901 an. Leipzig o. J.: Böhme & Lehmann. 54 S. 8⁰.

I. Nachtrag. Abänderungen des **Grundgesetzes** [des Matthäilogenbundes] nach den Beschlüssen des Grosslogentages in Halle vom 19.—21. Juli 1902. 1 Bl. 8⁰. [Kopftit.]

Grundgesetz der Stiftung Nationaldank für Veteranen. Genehm. durch Allerhöchste Ordre v. 27. Juni 1892. (Berlin 1892: Mittler.) 20 S. 8⁰.

Grund-Gesetz des Königreichs Norwegen. Aus d. Norwegischen übersetzt. gr. 8. (3 B.) Königsberg 843, Voigt. Thlr. *

Grundgesetz des Oberweser-Verbandes, nach d. Beschl. v. 27. 4. 1878. Osterode, 4 S., 8⁰.

Grundgesetz über die Reichsvertretung, Landes-Ordnung u. Landtags-Wahlordnung für das Erzherzogthum Oesterreich ob der Enns, sammt dem Statut für den Staatsrath. Wels 861. (Haas.) gr. 8. (43 S.) n. 4 ngr

— für d. Hrzgth. Sachsen-Altenburg. 4. (14 B.) Altenburg 831, (Schnuphase.)

— Schleswig-Holsteinisches, oder Landes-Privilegien, wie solche von König Christian I. im Jahre 1460 ertheilt u. von seinen sämmtl. Nachfolgern bestätigt sind. Urkundlich u. in hochdeutscher Sprache abgedruckt. 8. Hamburg 846, Hoffmann u. Campe. 1/12 ℊ

Grundgesetz, schleswig-holsteinisches, oder Landes-Privilegien, wie solche von König Christian I. im J. 1460 ertheilt und von seinen sämmtl. Nachfolgern bestätigt sind. Urkundlich und in hochdeutscher Sprache abgedruckt. 8. (16 S.) Hamburg 847, Hoffmann und Campe.

Grundgesetz des deutschen Turnerbundes für Nordböhmen, Reichenberg, 8. 4. 1887, 8 S., Kl.-8⁰.

Grundgesetz des Turner- und Feuerwehr-Kranken-Unterstützungs-Vereins zu Warnsdorf, Warnsdorf, 1 S., 8⁰.

Grundgesetz des Deutschen Turnlehrer-Vereins (Entwurf), Berlin, 6 S., 8⁰.

Grundgesetz für den Deutschen Turnlehrer-Verein in Böhmen v. 14. 2. 1891, Reichenberg, 8 S., Kl.-8°.

Grundgesetz des Allgemeinen Turnvereins ..., Entwurf, hrsg. v. Gauturnrat d. Turngaues d. Leipziger Schlachtfeldes, Leipzig, 11 S., 8°.

Grund-Gesetz des Turn-Vereins zu Herges-Hallenberg. *Steinbach-Hallenberg [1903]: G. Vogt.* (12 S.) 8° [F.] [04. 336, 4

Grundgesetz der Unterstützungskasse des Osterländischen Turngaues (Beschl. 27. 11. 1910), Schleiz 1910, 4 S., 8°.

Grundgesetz des Unterstützungssäckels des XV. Turnkreises „Deutsch-Österreich" für beim Turnen verunglückte Mitglieder, 7 S., 16°.

— verbessertes, des Hagelschaden-Entschädigungs-Instituts zu Köthen. 4. Köthen 813. Aue. 4 gGr

Grundgesetz üb. d. landständ. Verfass. d. Grossherzogth. Sachsen-Weimar-Eisenach. *Weimar*, Land.-Ind.-Compt. 816. Fol. (6 Gr.)

— über d. landständ. Verfassung d. Großherzogth. Sachsen-Weimar-Eisenach. Zur Feier d. Regier.-Jubil. Sr. königl. Hoh. d. Großherzogs veranstalt. Ausg. in Etui-Format. Mit d. Portr. d. Großherzogs u. 2 Inschriften. Weim. 825. Industr.-C 3 gGr

Grundgesetz für die Versammlung deutscher Land- und Forstwirthe. o. O. u. J. 8°.
(Aufgestellt von der 1. Versammlung zu Dresden im Jahre 1837, mit Abänderungen und Zusätzen versehen von der 3. Versammlung zu Potsdam im Jahre 1839 und von der 5. Versammlung zu Doberan im Jahre 1841.)

Grundgesetz für die Vorturnerschaft der Turngemeinde zu Zwickau v. 16. 9. 1885, Zwickau, 4 S., 8°.

Grundgesetzbuch der Loge Minerva zu den drei Palmen im Or. Leipzig. Eröffnet am Tage Johann des Evangelisten 5832. (Als Ms. f. Brr.) [Nebst] Nachtr. Leipzig [1832]: Vogel. VI, 59 S. 8°
[Nachtr., Nachträge bis 1846 enth.] S. 61—66. [1846.]

[Dasselbe.] Grundgesetz-Buch ... Eröfnet [!] am Tage Johannis ... Leipzig [1868]: Leiner. 45 S. 8°
Kl. 198 b, Tt. 1124.

[N. Ausg. u. d. Tit.:]
Grund-Gesetzbuch der Freimaurer-Loge Minerva zu den drei Palmen im Or. Leipzig. Leipzig [vor 1885]: Leiner. 60 S. 8° [Umschlagtit.]

[Dasselbe.] Ebendas. [vor 1885]. 61 S. 8°
Entwurf.

Grundgesetze der Schleswig-Holsteinischen Adlichen Brandgilde für Gebäude vom 2. Juli 1822, mit hinzugefügten Zusätzen und Abänderungen. o. O. (1846.) 8°

Grundgesetze des Teutschen Bundes ... Darmstadt 1831. H: (Heft 1) *Beck, Ferdinand Carl Hnr.* (Ky) (Engl)

Grundgesetze d. Teutschen Bundes. Mit geschichtl. Einleitn. u. Anmerkn. sowie mit speziellen Inhalts-Anzeigen versehen. (1. Hft. Hrsg. v. F. C. H. Beck.) Lex.-8. (10 B.) Darmstadt 831, Leske.
Hat gleichen Inhalt mit: Das Hess. Staats-Recht. I. 1.

Grundgesetze, die, des deutschen Bundes. A. Deutsche Bundes-Acte, unterzeichnet zu Wien am 8. Juni 1815. B. Schluß-Acte, unterzeichnet zu Wien am 15. Mai 1820. C. Grundzüge der Kriegsverfassung des deutschen Bundes, unterzeichnet zu Frankfurt im Plenum, am 9. April 1821. 8. (VI und 30 S.) Frankfurt a. M. 864, Keller. *

— u. Einrichtung der in Bremen im J. 1817 errichteten Disconto-Casse. 8. Bremen 817. Schünemann. 3 gGr

Grundgesetze des im Jahre 1823 gegründeten Schwerdtfegerschen Feuer-Assekuranz-Vereins, neu redigirt im Jahre 1885. Preetz. (1885.) 8°

Grundgesetze des neuen Freimaurerbundes [der Loge Kosmos]. Breslau 1849: Richter. 31 S. 8° [Umschlagtit.] 25.

Grundgesetze des F[reimaurer-]O[rdens] d[er] H[umanisten]. Berlin [1892]: Friedländer. 26 S. 8°. [Umschlagtit.] 358.

Grundgesetze herzogl. Mecklenburgische. 4 Leipzig, Graff.

— Herzogl. Mecklenburgische. 4. Schwerin, Bärensprung. 5 ggr

Unabhäng. Freimaurer-Orden: **Grundgesetze für untergeordnete Logen des Unabh. Freim. Ordens. Berlin 1895. Berlin (1895): Völcker. 22 S. 8°.** 430.

Grundgesetze für die Carlstädter-Warasdiner, Banal, Slavonische, und Banatische Militär-Gränze. Fol. Wien 1807.

Neueste Grundgesetze der Staats-Verfassung in Pommern und Rügen. Königlich-Schwedischen Antheils, wie sie vom Jahre 1720 bis Ausgang 1756 von der Königl. Hochpreislichen Regierung ... publiciret worden. Greifswald 1757. fol.

Grund-Gesetze des V[ereinigten] A[lten] O[rdens] [der] D[ruiden] in Deutschland. (Hamburg 1895: Lehnert.) 50 S. 8°.
[Angebunden:] V. A. O. D. Neben-Gesetze zum Grund-Gesetz für die Regierung der unter der unmittelbaren Ordensobrigkeit der Distrikts-Gross-loge „Hansa" stehenden Germania-

Loge V. A. O. D. der freien und Hansastadt Hamburg. (Gegründet den 21. September 1874.) 13 S. 8°. 358a.
Grund-Gesetze des V.-A.-O.-D. in Deutschland. Rixdorf-Berlin [1895]: Hecht & Hufenhäuser. 95 S. 8°. [Umschlagtit.]
[Zwischentit.:] Grundgesetz der Reichs-Gross-Loge V.-A.-O.-D. von Deutschland.

— d. Schwedischen Reichs; aus d. Schwed. v. Jh. Karl Dähnert. gr.8. Rostock 759. (Cnobloch in Leipz.). 8 K

— des Schwed. Reiches. Aus d. Schwed. von J. J. C. Dähnert. gr. 8. 760. Ist Verl. v. Cnobloch in Leipz.

Revidierte Grundgesetze der Schleswig-Holsteinischen Adligen Brandgilde für bewegliche Güter v 5. Juli 1831 o. O u J 8°

Grundgesetze des Rosen-Instituts. Halle a. S. 1786. V: *Grossinger, Franz Matthaeus.* (Grolig, Die Freimaurer-Bibliothek in Brünn. Wien 1908. S. 32.)

Grundgesetze des Deutschen Turnerbundes, neuerdings festgest. 20. 11. 1859, Stade 1859, 4 S., kl.-8°.

Grundgesetze für die Unterstützungskasse des XIV. Turnkreises vom 11. 4. 1882, Zwickau 1882, 2 S., Kl.-8°.

—— des zu Berlin gestift. Vereins f. d. Besserung d. Strafgefangenen. 8. (1½ B.) Berlin 828, (Maurer.)

Grundgesetze des zu Berlin gestifteten Vereins für die Besserung der Strafgefangenen. *Berlin, G. Reimer* 1828

Grundgesetze des Vereins gegenseitiger Versicherung gegen die unheilbaren Pferdekrankheiten Rotz und Wurm, zunächst für die Provinz Schleswig-Holstein und das Fürstenthum Lübeck. Kiel. 1879. 8°

— d. Hamburg. Verfassung. Supplementband zu dem neuen Abdrucke u. dessen Nachtrage. Mit e. Anlage, d. Verhandlungen über d. Verfassung d. freien Hansestadt Bremen betreff. gr. 8. Hamb. 825. Campe. 1 ß 12 K

Grundgesetze, die, über die innere Verwaltung des preuß. Staats, od. Verfassung u. Einrichtung der obersten Staats- u. Provinzial-Behörden der preuß. Monarchie. — Dienst-Instruktionen u. Anweisungen zur Geschäftsführung f. die innere Staatsverwaltung, nebst d. gesammten Verordnungen für die Versorgungs- u. Anstellungs-Berechtigten; u. das allgem. Pensions-Reglement f. die Civil-Staatsdiener. Zum Gebr. f. alle Beamte so wie f. Landtags-Abgeordnete in d. kgl. preuß. Staaten. gr. 8. (21 B.) Berlin 812, Heymann.

GRUND-GESETZE oder die Wegweiser ins gesuchte Kanaan. (Pesth 1841). 15, (1) S. - 170 mm

Grundgesetzentwurf für den sächsischen Turnerbund (Abdr. a. d. „Dtsch. Tztg." 1864, Nr. 48), Leipzig, 1 Bl., 16°.

Grundgreiffer, Christian Heinrich (Gustrov. Megapol.)
Dissertatio inauguralis de jure belli ac pacis in imperio romano germanico.
Gissae Catt. Oct. 1701: J. R. Vulpius. 64 S. 4°
pro summis in utroque jure honoribus ... impetrandis.

Grundherr, A. v., s.: Mal-Vorlagen in Friesen.

Grundherr v. Altenthann, Carl Alexander, Quando absens habeatur pro mortuo. Disquis. acad. Präs. Georg Heinrich Lincke. Altdorf (Magn. Dan. Meyer) April 1727. 32 S. (6.50) 11954
Widm. v.: Präs., P. von Stetten (dtsch.), A. F. C. von Scheurl, Albrecht Carl von Eglofstein (dtsch.).

Grundherr v. Weierhaus u. Altenthann, Christoph Carl, De characteribus superioritatis territorialis caute designandis. Diss. jur. publ. Präs. Johann Heumann. Altdorf (Hessel) 4. XI. 1749. 84 S., tlws. dtsch. (7.—) 11955
Widm. v. Präs.

Grundhoff, (Joan. Herm.) Werner. (geb. Salzkotten in Westf. 16. 9. 1837). Andr. Vesalii et Theophrasti Paracelsi instauratorum artis medicae Germanorum vitae et merita et scripta. Berolini (1860). (32 S.) 8°
Berlin, Med. Diss. v. 23. Okt. 1860

Grundideen, Die, des ewigen Evangeliums als Mittelpunkt des letzten Schul- und Confirmanden-Unterrichts . . . Leipzig 1851. V: *Schlimpert, Ghelf Moriz.* (zu) (Ky)

Grundideen, die, des ewigen Evangeliums als Mittelpunkt des letzten Schul- und Confirmanden-Unterrichtes. Nach Dr. Francke's „Urlehre des Christenthums" bearb. (von Schlimpert). 12. (60 S.) Leipzig 851, Fr. Fleischer, Verlag. *

Grundideen der Politik der österreichischen Monarchie. Frankf. a. M. 1815. V: *Woltmann, Carl Ludw. v.* (EB)

Grundideen d. Politik d. österreich. Monarchie. gr. 8. Frankf. 815. (Prag, Schönfeld). 8 K

Grundies, Benno Augustus (geb. Graudenz 31. 8. 1830) De plica Polonica. Berolini (1853). (31 S.) 8°
Berlin, Med. Diss. v. 3. Okt. 1853

Grundies, Osc. (Franz) (geb. Ruda in Oberschles. 9. 11. 1859) Ein Fall von Bauchblasenschambeinspalte mit Bauchhernie und Spina bifida sacralis. Berlin (1883). (27 S.) 8°
Berlin, Med. Diss. v. 4. Aug. 1883

Grundig, Alfr., himmelan! Ein geistl. Liederschatz f. Bibel-, Missions- u. Gemeinschaftsstunden, Kindergottesdienste, christl. Anstalten u. Vereine u. fürs deutsch-evangel. Haus, ausgewählt u. zusammengestellt. (IV, 183 S.) kl. 8. Magdeburg 909. Ev. Buchh. Kart. — 40

Grundig, C. G., Extreme, oder d. Schulmann u. d. Gerichtsschreiber in e. Person. 8. Bresl. 824.

— Handbuch für Lehrer in Landschulen beim Unterrichte d. Wissenswürdigsten aus d. Naturlehre, Naturgeschichte u. Geographie, nebst drei dazu gehörigen Wandfibeln. 8. Schweidn. 810. (Bresl., Holäufer). 12 K Die drei Wandfibeln apart. Fol. Ebd., W. G. Korn. 3 K

— Handbuch f. Lehrer in Landschulen beim Unterrichte des Wissenswürdigsten aus d. Naturlehre, Naturgeschichte und Geographie, nebst drey dazu gehörigen Wandfibeln. (Die drey Wandfibeln sind auch besond. zu haben.) 8. Schweidn. (Bresl. Holäufer.) 811.

— Mechanismus beim Religionsunterrichte, für Lehrer u. Schüler in protestant. Schulen. 8. Bresl. 812. (Graß, Barth u. C.) 10 gr

— Rechnungsaufgaben auf Vorlegeblättern, ein Hülfsmittel zur zweckmäß. Betreibung d. Unterrichts im schriftl. Rechnen rc. 12. Bresl. 810. Barth. 1 u. 2r Thl. 12. Ebd. 821.

— Sammlungen, physisch-geogr.-naturhist. Inhalts. Für gebild. Leser, zum Gebrauch in Schulen. 1r Bd., 1s Heft. 8. Bresl. 812.

— Schulgesetze für Schulen. gr. Fol. Bresl. 181..

— Wandfibeln, s. oben Handbuch.

Grundig, Wandfibeln, a. d. allgem. Geographie rc. Fol. Ebend. 810.

Grundig, Christoph Gottlob

Grundig, C. G., Kurze Anzeige der zur Geschichte des hochreichsgräfl. Hauses von Schönburg dienlichen Werke und Schriften. Freyberg 1764. 4.

Grundig, C. G., Beicht- u. Communionandachten. 4te Aufl. m. K. 8. Freib. Craz. 811.

Grundig, Christoph Gottlob, s. B e i t r ä g e zu d. nöth. Wissenschaften.

Grundig, Cph. Glo., († d. 9. Aug. 1780.) geistl. Bergbau. 8. Schneeb. 761. Fulda. 6 gr

— heil. Betrachtt. evangel. Wahrheiten, nach den christl. Glaubens- u. Sittenlehren rc. 8. Schneeb. 752. Frberg, Craz u. G. 1 thl. 6 gr

— Betrachtungen üb. d. ordentl. Evangelia. 8. Ebend. 752.

— heil. Buße u. Andachtsopfer zur Beichte, oder Communionbuch. 8. Frberg 763. N. A. 774. Hilscher. 6 gr N. (4.) Aufl., mit Kpf. 8. Ebd. 811. Craz u. G. 4 gr

— etwas von dem Ursprung, Gebrauch u. Absicht d. Geschlechtsnamen. 4. Schneeb. 753.

— Gebete u. Lieder bei d. Theuerung u. Hungersnoth. 8. Frberg 771.

— Gesch. u. Beschaffenh. d. Deist. u. Freydenk. 8. Cöthen, Körner. 747.

— Communionbuch, m. K. 8. Freyberg, Craz. 809.

— kurze Lebens- u. Leidensgeschichte Jesu Christi. (Ein Passionsgedicht.) 4. Schneeb. 750. 2e A. 8. Frberg 771.

— Pflichten d. Reichen u. Armen. 8. Frberg 773.

— Samml. einiger Gebete u. Lieder für Schulen. 8. Frberg 775.

Grundig, Christoph Gottlob, s. V e r s u c h e nützlicher Sammlungen zur Natur- u. Kunstgeschichte.

Neue Versuche nützlicher Sammlungen zu der Natur- und Kunst-Geschichte, sonderlich von Ober-Sachsen. Gesammlet, abgefaßt u. mitgetheilet von einem Liebhaber derer Wunder und Wercke Gottes [d.i.] Christoph Gottlob Grundig.) Bd 1.2. Schneeberg: Fuld 1750-52. 8°
Bd 1: in 12 St. bestehend 1750.
Th. 1.2: 1747.
Th. 3-5: 1748.
Th. 6-11: 1749.
Th. 12: 1750.
Bd 2: Vom 13.-24. St. 1752.
Th. 13-15: 1750.
Th. 16-19: 1751.
Th. 20-24: 1752.

— histor.-krit. Verzeichniß alter u. neuer Schriften von d. Erdbeben rc. 8. Schneeb. 756.

Grundig, F., Johann Amos Comenius nach seinem Leben u. Wirken. Eine Jubiläumsgabe zu seiner 300jähr. Geburtstagsfeier. gr. 8. (VII, 90 S.) Gotha 892. E. F. Thienemann. n. 1. —

— Handreichung zur Behandlung der biblischen Geschichte m. anschließender Bibelkunde rc. 1.—5. Lfg. gr. 8. (1. Tl. Altes Testament. VIII, 339 S.) Leipzig 893. 894. J. Klinkhardt. à Lfg. n. — 80

Grundig, F., Handreichung zur Behandlung der bibl. Geschichte m. anschließender Bibelkunde rc. II. Tl. Neues Testament. gr. 8. (VIII, 304 S. m. 1 eingedr. Karte.) Leipzig (899). J. Klinkhardt. n. 4. —

Grundig, F., einheitliches Religionsbuch f. evangelische Schulen. gr. 8. (XVI, 309 S.) Leipzig 884. Klinkhardt. n. 1. 40

Grundig, F., einheitliches Religionsbuch f. evangelische Schulen. 3., verm. Aufl. gr. 8. (XVI, 320 S.) Leipzig 888. Klinkhardt. n. 1. 20

— einheitliches Religionsbuch f. evangelische Schulen. 4., verb. Aufl. gr. 8. (XVI, 322 S.) Ebd. 892. n. 1. 20; geb. in Leinw. n.n. 1. 50

Grundig, F., einheitl. Religionsbuch f. evang. Schulen. 5., unt. Berücksicht. d. neuen Lehrpläne f. d. höh. Mädchenschulen verb. Aufl. gr. 8. (XVI, 334 S.) Leipzig 895. J. Klinkhardt. n. 1. 20; geb. n. 1. 50

Grundig, F., einheitliches Religionsbuch f. evangelische Schulen. 6., unter Berücksicht. der neuen Lehrpläne f. die höh. Mädchenschulen verb. Aufl. gr. 8. (XVI, 334 S. m. 2 Karten.) Leipzig 899. J. Klinkhardt. n. 1. 20; geb. n.n. 1. 50

Grundig, F., einheitliches Religionsbuch f. evangelische Schulen. 8. Aufl. (XVI, 336 S. m. 2 eingedr. Karten.) 8. Leipzig 906. J. Klinkhardt. Geb. n.n. 1. 50

Grundig, F., einheitliches Religionsbuch f. evangel. Volksschulen. 9. Aufl. (XVI, 336 S. m. 2 eingedr. farb. Karten.) 8. Leipzig 909. J. Klinkhardt. Geb. 1. 50

— einheitliches Religionsbuch f. evangelische Volksschulen. Vereinfachte Ausg. (B) des größeren Religionsbuches f. mittlere Schulen. gr. 8. (XIV, 195 S.) Ebd. 893. n. — 65

Grundig, F., einheitl. Religionsbuch f. evang. Volksschulen. Vereinf. Ausg. (B) d. größeren Religionsbuches f. mittlere Schulen. 2. Aufl. gr. 8. (VIII, 198 S.) Leipzig 897. F. Klinkhardt. n. — 65; geb. n. — 80

— dasselbe. Vereinfachte Ausg. (B) des größeren Religionsbuches f. mittlere Schulen. 4. Aufl. (VIII, 200 S. m. 2 Karten.) 8. Ebd. 905. Geb. n.n. — 80

— dasselbe. Vereinfachte Ausg. (B) d. größeren Religionsbuches f. mittlere Schulen. 5. Aufl. (VIII, 200 S. m. 2 eingedr. Karten.) 8. Ebd. 907. Geb. nn — 80

—— einheitliches Religionsbüchlein für die unteren Klassen evangelischer Schulen. Als Vorstufe zu dem größeren einheitlichen Religionsbuche. 1. und 2. Aufl. 8. (VIII, 120 S.) Ebendas. 887,88. *

—— Einheitliches Religionsbüchlein f. die unteren Klassen evangelischer Schulen. Als Vorstufe zu dem größeren einheitl. Religionsbuche. 3. Aufl. 8. (VIII, 120 S. m. Bildern.) Ebd. 891. * — 50; geb. ** — 68

— einheitl. Religionsbüchlein f. d. unt. Klassen evang. Schulen. Als Vorstufe zu d. größ. einheitl. Religionswerke. 5. Aufl. 8. (VIII, 120 S. m. Abb.) Ebd. 898. n. — 50; geb. n.n. — 68

— einheitliches Religionsbüchlein f. die unteren Klassen evangelischer Schulen. Als Vorstufe zu dem größeren einheitl. Religionsbuche. 6. Aufl. 8. (VIII, 120 S. m. Abbildgn.) Ebd. 902. Geb. n.n. — 70

— einheitliches Religionsbüchlein f. die unteren Klassen evangelischer Schulen. Als Vorstufe zu dem größeren einheitlichen Religionsbuche. 7. Aufl. (VI, 121 S. m. Abbildgn. u. 1 Karte.) 8. Ebd. 904. Geb. n.n. — 70

— Religionsbüchlein f. die unteren Klassen ev. Schulen. Als Vorstufe zu dem größeren einheitl. Religionsbuche (9. Aufl.) bearb. v. H. Zeng. (IV, 80 S. m. Abbildgn.) 8. Ebd. 910. Geb. — 60

Grundig, F[ranz]: Organisations- u. Lehrplan der Mittel- und der Bürger-Mädchenschule [gegr. Ostern 1879] zu Erfurt. — Erfurt 1881: Cramer. XIV, 204 S. 8⁰

Grundig, Gf. Imm., († d. 13. Mai 1809.), s. 1) Jh. Fr. Klotzsch, Sammlung. 2) Chr. *Schöttgen*, opuscula.

Grundig, Johann Gottlob, De statutis Fribergensibus. Präs. Johann Theophil Seger. Lpz. (Wwe. Langenheim) 18. VI. 1766. 20 S., tlws. deutsch. (5.20) 11956
Gew.: Christoph Gottlob Grundig (Freiberg; Vater).

Grundig, Walther, aus Erfurt: Die **Haftung** der Miterben für Nachlassverbindlichkeiten nach dem Bürgerlichen Gesetzbuch. *Leipzig 1902: J. Klinkhardt.* (43 S.) 8° [Umschlagt.]
Würzburg, Jur. Diss. v. 1902

(F) **Gründisch, G**, Das neue Volksschulgesetz. Der Gesetzartikel XXVII vom Jahre 1907. 8°. (40 S) K —.60
Kronstadt: Zeidner 1907.

GRUNDKARTE VON DEUTSCHLAND nach v. Thudichum's Vorgange als Grundlage für historische und statistische Forschungen bearbeitet.

Herausgegeben von BRECHER im Auftrag des Vereins für Geschichte der Mark Brandenburg.

Masstab: 1 : 100 000.

Sect. 271. Küstrin. Gotha (1902). Lith. Anst. v. O. Billeb.

Sect. 276. Frankfurt a./O. Gotha (1902). Lith. Anst. v. O. Billeb.

Herausgegeben von K. KRETSCHMER im Auftrage des Vereins für Geschichte der Mark Brandenburg.

Sect. 218. Gartz a. d. O. ib. (1903.) — Sect. 246. Königsberg i. d. Neum. ib. (1903.) —

Herausgegeben von K. KRETSCHMER im Auftrage des Vereins für Geschichte der Mark Brandenburg und des Vereins für Geschichte der Neumark.

Sect. 321. Krossen a./O. ib. Lith. Anst. v. Bogdan Gisevius.

Sect. 345. Sommerfeld. ib. Lith. Anst. v. Bogdan Gisevius.

Sect. 220. Arnswalde. Gotha. Lith. Anst. v. O. Billeb.

Sect. 248. Friedeberg i. d. Neum. Gotha. Lith. Anst. v. O. Billeb.

Grundkarte v. Deutschland als Grundlage f. geschichtliche u. statistische Forschungen. Hrsg. v. der histor. Kommission f. die Prov. Sachsen u. das Herzogt. Anhalt. 1 : 100,000. Farbdr. Halberstadt. Halle, Tausch & Grose. 1910. Je —. 50.
316. Belzig/340. Wittenberg. — 412. Sömmerda/438. Erfurt.

Grundkarte von Deutschland nach v. Thudichum's Vorgange als Grundlage f. histor. u. statist. Forschgn. bearb. (Kgr. Sachsen) Sektion 416/ 442 417/ 443 418/ 444. [Nebst] Erläutergn . . . bearb. v. Hubert Ermisch. Dresden: Dr. v. P. Hermann; (Erläutergn: Leipzig: Dr. v. B. G. Teubner) 1899. 2⁰. u. 8⁰.

Über Historische **Grundkarten**. A. Zur Organisation d. Grundkartenforschung. Von Karl Lamprecht. B. Die Technik d. Grundkartenzeichnung. Von Rudolf Kötzschke. *Gotha: F. A. Perthes 1900.* (29 S.) 8°
Aus: Deutsche Geschichtsblätter. 1900, H. 2 u. 5. [00. 4774

Grundke, H: Landwirtschaftliche Maschinen und Geräte auf der Weltausstellung in Paris 1900. Berlin 1902

Grundke: Die landwirthschaftlichen Maschinen und Geräte auf der 8. Wanderausstellung der Deutschen Landwirtschafts-Gesellschaft Berlin 1894. Berlin 1895

Grundke: Die landwirthschaftlichen Maschinen und Geräthe auf der 9. Wanderausstellung der deutschen Landwirthschafts-Gesellschaft am 6. bis 10. Juni 1895 in Köln a. Rh. Berlin 1896

Grundke, H: Die landwirtschaftlichen Maschinen und Geräte auf der 10. und 11. Wanderausstellung der deutschen Landwirtschafts-Gesellschaft am 11. bis 15. Juni 1896 in Stuttgart und am 17. bis 21. Juni 1897 in Hamburg. Berlin 1898

Grundke, H: Die landwirtschaftlichen Maschinen und Geräte auf der 12. und 13. Wanderausstellung der deutschen Landwirtschafts-Gesellschaft am 30. Juni bis 5. Juli 1898 in Dresden und am 8. bis 13. Juni 1899 in Frankfurt a. M. Berlin 1899

Grundke, H: Die landwirtschaftlichen Maschinen und Geräte auf der 14. Wanderausstellung der deutschen Landwirtschafts-Gesellschaft in Posen am 7. bis 12. Juni 1900. Berlin 1901

Grundke, Otto [aus Parchwitz]: Kant's Entwickelung vom Realismus aus nach dem subjectiven Idealismus hin (hauptsächlich nach der ersten Auflage der Kritik der reinen Vernunft). . . . Breslau, Wilhelm Koebner, 1889; 2 Bl. + 59 S. + 1 Bl. 8°
Breslau, Phil. Fak., Inaug.-Diss. v. 16. Febr. 1889

Grundke, der religiöse Lernstoff, s.: Decke.

[Umschlagt.:] **Grundke,** Otto [Dr.]: Reiseerinnerungen aus Griechenland. Kreuzburg O.-S., Druck d. E. Thielmann'schen Buchdr., 1897; 1—15 S. 4.
Kreuzburg O.-S., k. G, OP 1897 (198)

Die evangelische Religionsfakultas. Hilfsbuch z. Erlangung d. Lehrbefähigung f. evang. Religion, vornehml. in d. mittl. Klassen d. höh. Lehranst. Von Prof. Dr. O[tto] **Grundke** u. Dr. H[ermann] Schmidt, Oberl., Breslau. Breslau: Trewendt & Granier 1906. (XI, 426 S.) 8° [F.] [06.3004

Grundkötter, Bernh. Heinr., Anleitung zur christlichen Vollkommenheit. Regensburg 867. Manz. gr. 8. (XXIV, 671 S.) n. 1 ℛ︀ 14 ngr.

Grundkötter, Bernh. Heinr., Anleitung zur christlichen Vollkommenheit, insbesondere nach der Lehre des heil. Kirchenlehrers Thomas von Aquin. 2. durchgeseh. Aufl. gr. 8. (XXVIII, 525 S.) Regensburg 887, Verlags-Anstalt. *

Grundkötter, Bernh. Heinr., Anleitung zur christlichen Vollkommenheit, insbesondere nach der Lehre d. heiligen Kirchenlehrers Thomas v. Aquin. 3., unveränd. Aufl. gr. 8. (XXVIII, 625 S.) Regensburg 891. Nationale Verlags-Anstalt. n. 4.—; geb. n. 6.—

Grundkötter, Bernh. Heinr., Anleitung z. christl. Vollkommenheit, insbesond. nach d. Lehre d. hl. Kirchenlehrers Thomas v. Aquin. 4. Aufl., besorgt v. Aug. Bröckelmann. gr. 8. (XXXII, 645 S.) Regensburg 896. Nationale Verlagsanstalt. n. 4.—; geb. in Halbfrz. n.n. 5.50

Grundkötter, Bernh. Heinr., sechs Fastenpredigten über die letzten Dinge des Menschen. gr. 8. (IV, 63 S.) Dülmen 882. Laumann. n. — 60

— 6 Fastenpredigten üb. d. letzten Dinge d. Menschen. 2. Aufl. 8. (IV, 76 S.) Dülmen 895. A. Laumann. — 60

— 7 Fastenpredigten über die Sünde. gr. 8. (80 S.) Münster 879. Theissing. 1.—

Grundkötter, Bernard Heinr., Schutzengel-Büchlein für Kinder und alle Freunde des heil. Schutzengels. 16. (VIII, 64 S.) Münster 872, Russell's Verlag. cart. *

—— Schutzengel-Büchlein. Belehrungen und Gebete für Kinder und alle Freunde des heil. Schutzengels. 2. mit Gebeten verm. Aufl. (IV, 191 S. mit eingedr. Holzschn. und 1 Stahlst.) 1881; 3. Aufl. 24. (192 S. mit eingedr. Holzschn.) Ebendas. 884. geb. *

— Schutzengel-Büchlein. Belehrungen u. Gebete für Kinder u. alle Freunde des heiligen Schutzengels. 3., m. Gebeten verm. Aufl. 24. (IV, 191 S. m. eingedr. Holzschn. u. 1 Stahlst.) Dülmen 882. Laumann. geb. n. — 50

Grundkötter, B. H., Schutzengel-Büchlein. Belehrungen u. Gebete f. Kinder u. alle Freunde d. heil. Schutzengels. 4. Aufl. 24. (192 S. m. eingedr. Holzschn.) Dülmen 884. Laumann. geb. n. — 50

— Schutzengel-Büchlein. Belehrungen u. Gebete f. Kinder u. alle Freunde des heil. Schutzengels. 5. Aufl. 16. (192 S. m. 1 Bild.) Dülmen 887. Laumann. geb. n. — 50

—— die Verfassung der Kirche. 8. (XV, 308 S.) Münster 871, Russell's Verlag. *

Grundl, Beda, O. S. B., die Abt-Weihe. Nach dem röm. Pontifikale. (71 S.) 16. Augsburg (903.) Literar. Institut v. Dr. M. Huttler. n.n. — 30

Grundl, Beda, O. S. B., das Buch d. Psalmen. Für d. deutsche Volk bearb. u. m. kurzen Erklärgn. vers. 16. (XXIV, 300 S.) [Augsburg 898. Literar. Institut v. Dr. M. Huttler.] Regensburg, Nationale Verlagsanstalt. Geb. in Leinw. — 75

Grundl, Beda, O. S. B., das Buch der Psalmen. Für das deutsche Volk bearb. u. m. kurzen Erklärgn. versehen. 2. Aufl. gr. 16. (IV, 210 S.) Augsburg 902. Literar. Institut v. Dr. M. Huttler. Geb. in Leinw. n.n. — 60

Grundl, Beda [P., O. S. B.]: De interpolationibus ex Sancti Iustini philosophi et martyris Apologia secunda expungendis. . . . Augustae Vindelicorum, typ. Ph. J. Pfeifferi, 1891; 75 S. 8°

Würzburg. Phil. Fak., Inaug.-Diss. v. 1891

Grundl, Beda [Dr. P.]: De interpolationibus ex Sancti Iustini philosophi et martyris Apologia secunda expungendis. (= Inaug.-Diss. Würzburg 1891.) Augustae Vindelicorum, typ. Ph. J. Pfeifferi, 1891; 75 S. 8°

Augsburg, k. kath. StA St. Stephan, P 1891 ••

— die Kirchweihe. Deutsch u. Lateinisch. Nach dem röm. Pontifikale. (186 S. m. Titelbild.) 16. Ebd. (903). n.n. — 50

— s.: Testament, das Neue, uns. Herrn Jesus Christus.

Grundl, Beda, O.S.B., das Neue Testament unseres Herrn Jesus Christus. Nach der Vulgata übertr., m. Einleitgn. u. kurzen Erläutergn. versehen. 3. Aufl. (XVI, 832 S. m. Titelbild u. 3 farb. Karten.) 16. Augsburg 907. Liter. Institut v. Dr. M. Huttler. Geb. in Leinw. 1.—; in besseren Einbdn. 1.60; 2.— u. 3.50

Grundl, P., Reden über d. Pflichten gegen Gott etc. 8. Prag 796. Barth. 3 ℔

Grundlage der wahren Aufklärung zum nutzen derjenigen, welche aufgeklärt seyn wollen ... Metz 1815. V: *Lambert*, *Lyon Meyer*. (Quérard)

Grundlage d. prakt. Baukunst. 1. Thl. Maurerkunst in 22 Musterblättern. Entwürfe zu Wohngebäuden, in 20 Taf., nach Zeichnn. d. Kgl. Ober-Bau-Direct. Hrn. Schinkel. Mit erläut. Texte. — A. u. d. T.: Vorlegeblätter f. Maurer in 42 lith. Taf. mit Erläutern. Nach d. Orig.-Ausg. d. Kgl. techn. Deputation f. Gewerbe mit deren Bewilligung hrsg. 1. u. 2. Aufl. ½ Roy.-Fol. (à 4½ B.) Berlin 834, 35, Schenk u. Gerstäcker. (Leipzig, Voß.) à

—— dass. 2. Thl. Zimmerwerkskunst in 37 Musterblättern. — A. u. d. T.: Vorlegeblätter f. Zimmerleute in 37 lith. Taf. mit Erläutern. Nach d. Orig.-Ausg. d. Kgl. techn. Deput. f. Gewerbe m. Bewillig. hrsg. 1. u. 2. Aufl. ½ Roy.-Fol. (à 7 B.) Ebds. 834, 35. à

Grundlage d. praktischen Baukunst. 2 Thle. ½ Roy.-Fol. Berlin, Schenk u. Gerstäcker. (Leipzig, Voß.) à * 4½ Thlr. *

Thl. 1. Maurerkunst in 22 Musterblättern. Entwürfe zu Wohngebäuden, in XX Taf., nach Zeichnn. d. etc. Hrn. Schinkel. 1 Thl. A. u. d. T.: Vorlegeblätter f. Maurer in 42 lith. Taf. mit Erläutern. Nach d. Origausg. d. kgl. techn. Deputation f. Gewerbe mit deren Bewill. hrsg. 2. u. 3. Aufl. ½ Roy.-Fol. (à 4½ B. Text.) 835, 41.

2. Zimmerwerkskunst in 37 Musterblättern. — A. u. d. T.: Vorlegeblätter f. Zimmerleute in 37 lith. Taf. mit Erläutern. etc. 2. u. 3. Aufl. ½ Roy.-Fol. (à 7 B. Text.) 835, 41.

Grundlage der prakt. Baukunst. 3. Thl. Nachträge zu d. Vorlege-Blättern f. Maurer u. Zimmerleute in 37 Stnt. mit Erläuterungen entworfen v. Gust. Stier. A. u. d. T.: Vorlege-Blätter für Maurer- u. Zimmerleute. Nachträge in 37 Stnt. mit Erläuterungen. Nach der Origin.-Ausg. der kgl. techn. Deputation f. Gewerbe hrsg. Roy.-Fol. (37 Stnt. u. 3 B. Text.) Berlin 844, Schenk u. Gerstäcker. (Leipzig, Voss.) *

1. u. 2. Thl. Ebendas. 1835, 41. * 9 Thlr.

Grundlage der praktischen Baukunst. 1. Thl.: Maurerkunst in 22 Musterblättern. Entwürfe zu Wohngebäuden, in 20 Taf., nach Zeichnungen von Hrn. Schinkel. Mit erläut. Texte. 4. Aufl. A. u. d. T.: Vorlegeblätter für Maurer in 42 Stnt. mit Erläuterungen. Nach der Orig.-Ausg. der k. techn. Deputation für Gewerbe hrsg. 4. Aufl. gr. Fol. (14 S.) Berlin 850, Schenk und Gerstäcker. (Leipzig, Voß.) *

—— dass. — 2. Thl.: Zimmerwerkskunst in 37 Musterblättern. Mit erläut. Texte. 4. Aufl. A. u. d. T.: Vorlegeblätter für Zimmerleute in 37 Stnt. mit Erläuterungen. Nach der Orig.-Ausg. der k. techn. Deputation für Gewerbe hrsg. 4. Aufl. gr. Fol. (24 S.) Ebds. 850. *
3. Thl. Ebendas. 1844. * 4 Thlr. 15 Ngr.

Grundlage zu dem sogenannten stehenden Befehl-Buch für das grossherzoglich oldenburgische Truppencorps. 8. Oldenburg 1851.

Grundlage, die, d. Christenthums in Jesu sämmtl. Reden u. Aussprüchen nach den 4 Evangelisten, nebst d. geschichtl. Veranlassungen. In rothem u. schwarzem Druck. N. Aufl. 8. Hamm 827. Schulz. 6 gGr Velinp. 8 gGr

— einer christl. Gemeinde in St. Gallen. gr. 8. St. Gallen ... (Scheitlin u. Zollikofer.) 1/4 Thlr

Grundlage, die, der Gesellschaft vom historischen Standpunkte betrachtet. 2 Thle. Regensburg 855. Manz. 8. (364; 264 S.) 2 Thlr

Grundlage einer Hagelschlagsversicherung für Württemberg, und in allen Ländern anwendbar. Reutlingen 1824.

—— zu Katechisationen üb. d. Israelit. Gotteslehre. (Von Jos. Lewin Saalschütz.) gr. 8. (18 B.) Wien 833, Gerold.

Grundlage, Die, der neuen Kirche oder des verheissenen neuen Jerusalems. Tübingen 1851. V: *Tafel, Joh. Frdr. Immanuel.* (Tübz 1851—52, 42)

—— zu e. allgem. evangel.-christl. Liturgie, nebst Anfang zu ihrer Ausführung. Von e. Prediger d. Evangel. gr. 8. (7 B. u. 2 Tab. qu. gr. Fol.) Heidelberg 832, Reichard.

Grundlage zur Militär-Geschichte des Landgräfl. Hessischen Korps. Kassel 1798. V: *Strieder, Friedr. Wilh.* (Stri) (Ky) (MGT)

— z. Militairgesch. d. Hessisch. Corps. 8. Cassel, Griesbach. 798.

— zur Militärgeschichte d. Hess. Corps. 8. Cassel 798. (Luckhardt). 1 Thlr 4 gGr

— über die, d. Natur u. d. Behandlungsart des holograph. u. mystischen Testaments d. französ. Rechts. (Von Edw. Harscher von Almendingen.) gr. 8. Wiesb. 813. Schellenberg. 16 gGr

Grundlage, üb. die, die Natur u. die Behandlungsart d. olographen u. mystischen Testaments d. franz. Rechts. gr. 8. Wiesb. Schellenberg. 814.

Grundlage der Rechenkunst, in welcher nicht allein die Anfangsgründe derselben, sondern auch alle Rechnungen etc. vorkommen. Augspurg, Acad. Buchhandl. 8. 1791.

—— die symbolische, d. evangel. Kirchenlehre, od. d. 24 Lehrartikel d. Augsburg. Confession. Deutsch u. lat. (Mit 1 Vorw. v. A. Twesten.) gr. 12. (1 B.) Berlin 840, Nauck'sche Buchh.

Grundlage, Die symbolische, der evangelischen Kirchenlehre ... 2. Aufl. Berlin 1850. V: *Twesten, August Detlev Christian.* [?] (zu) »1840« (BrMm)

—— die symbolische der evangel. Kirchenlehre, oder die 21 Lehrartikel der augsburgischen Confession. Deutsch und Lateinisch. (Hrsg. von Twesten.) 2., durch einem Anhang verm. Aufl. gr. 8. (32 S.) Berlin 850, Nauck'sche Buchh. *

Grundlage, die symbolische, der evangelischen Kirchenlehre, oder die 21 Lehrartikel der Augsburgischen Confession. Deutsch und lateinisch. (Von Twesten.) Neue, durch einen Anhang verm. Aufl. gr. 8. (88 S.) Berlin 860, Nauck'sche Buchh.

Trigonometrische Grundlage des Vermessungswerks von der Königlichen Oberförsterei Neuhaus de 1863/64. - Neuhaus 1864. 124 S., 1 Kt.

— beim Unterricht in der Geschichte des Kirchenliedes und Kirchengesanges für Volksschulen u. Seminarien der Königreiche Preußen u. Sachsen, so wie der sächsischen Herzogthümer. Leipzig 864. Klinkhardt. gr. 8. (IV, 55 S.) 4½ ngr.

Grundlage zum Unterricht einer Hebamme. Rostock u. Leipzig 1765 ... V: *Eschenbach, Christian Ehrenfried.* (BGG)

Grundlage bei dem practischen Unterricht in der Waffenlehre für Unteroffiziere und Gemeine der Infanterieregimenter und Jägercorps. Mit einem Anhange. Aus d. Dän. übers. v. Georg Friedrich von Jens[s]en. Schleswig. 1820. 8°

— zu einer künftigen Zoonomie. gr. 8. Jena 798. (Brockhaus in Leipz.) 16 gGr

— z. einer künftigen Zoonomie. gr. 8. Jena. (Gleditsch in Lpz.) 798.

Grundlagen (Die) der neuen Ablösungs-Ordnung in der v. Patow'schen Denkschrift vom 1. Juli 1848, nebst dem Entwurfe einer Land-Renten-Bank von dem permanenten Ausschusse des Vereines zum Schutze des Eigenthums und zur Förderung des Wohlstandes aller Volksklassen. gr. 8°. Berlin, Veit u. Co. in Comm., 1848. (IV, 40 S.)

Die allgemeinen **Grundlagen** der Kultur der Gegenwart von W(ilhelm) Lexis, Fr. Paulsen, G. Schöppa, A. Matthias, H. Gaudig, G. Kerschensteiner, W. v. Dyck, L. Pallat, K. Kraepelin, J. Lessing, O. N. Witt, G. Göhler, P. Schlenther, K. Bücher, R. Pietschmann, F. Milkau, H. Diels. Berlin & Leipzig: B. G. Teubner 1906. (XV, 671 S.) 4°(8°)
— **Kultur**, Die, d. Gegenwart. T. 1, Abt. 1.

Grundlagen zur Besprechung einer Revision d. Verfassung von 1846. An die Mitglieder des bernischen Volksvereins. In-4°, 24 S. Bern, E. W. Krebs. 1880. — 20

Grundlagen der natürlichen Denkungsart. Wien 1887. V: *Lang, Otto.* (EB)

Grundlagen zur Erlernung der Schönschreibekunst ... Prag 1828. V: *Küsel, Johann Jacob.* (Ky)

Grundlagen der Funkentelegraphie in allgemeiner Darstellung. Hrsg. von der Inspektion des Torpedowesens. Kiel 1906

Grundlagen eines Gefechtsdrills von R. E. Wien 1908. V: *Eyb, Robert.* (EB)

Grundlagen e. Gefechtsdrills v. R. E. (83 S. m. 19 Fig.) gr. 8. Wien 908. L. W. Seidel & Sohn. 2.—

Grundlagen e. württembergischen Gemeindestatistik. Hrsg. v. dem k. statist. Landesamt. (Ergänzungsbd. II zu den württemberg. Jahrbüchern für Statistik u. Landeskunde, Jahrg. 1896/98.) Lex.-8. (III, 279 S. m. 1 Karte.) Stuttgart 898. (W. Kohlhammer.) n.n. 2.—

Grundlagen für Gesanggottesdienste nach dem Kirchengesangbuch der reformierten Schweiz. Wädenswyl 1892. V: *Hafter, Johann.* H: *Hafter, Eugen.* (zuwzür 1910)

Grundlagen, die, zu den dreihundertjährigen Jubelfesten der evangelischen Kirche, d. i. die 95 Sätze Dr. M. Luthers vom 31. Octbr. 1517, die Augsburg. Confession vom 25. Juni 1530, und der Augsburg. Religionsfriede vom 25. Septbr. 1555, nach ihrem Wortlaute. Zunächst Festgabe zur 300jährigen Jubelfeier des Augsburg. Religionsfriedens. Für Schule und Haus. Leipzig 855. Möller. 8. (47 S.) 3 ngr

Grundlagen, die, für den Commissions-Bericht der 1. Kammer über die Convention mit dem päpstlichen Stuhle und das Recht. gr. 8. (16 S.) Carlsruhe 860. (Freiburg im Br., Herder'sche Verlagsbuchh.) *

Grundlagen, die, des Liberalismus, m. Beiträgen v. Erkelenz, Götz, Gothein u. a. Hrsg. vom Nationalverein f. das liberale Deutschland. (IV, 95 S.) gr. 8. München. Buchh. Nationalverein. 1908. 1. 25.

Über die militärischen und technischen Grundlagen der Truppentransporte auf Eisenbahnen. Von H. v. A. Darmstadt 1861. 8°.

Grundlagen, d. neuesten, d. deutsch-kathol. Kirchenverbesserung, in Actenstücken 2c. gr. 8. Stuttg. 821. Mezler. 21 gr

Grundlagen, die, der sozialen u. polit. Ordnung. Gedanken üb. Revolution u. Reform. gr. 8. (64 S.) Landshut 849, Krüll in Comm. n. 8 ngr

— die, der modernen Politik, s. Fragen, socialpolitische.

Grundlagen (Ueber die) der Postkunst. gr. 8°. Hof, Grau, 1808.

Grundlagen eines modernen Rechnungs- und Cassensystems. Für österreichische Verhältnisse gedacht von einem Staatsbeamten. Wien 1900. V: *Müller, Arthur.* (EB)

Revidierte **Grundlagen** für die neuen Diplomprüfungs-Ordnungen der K. Technischen Hochschule zu München. 1904.

Grundlagen f. d. Verfassg. e. Bau-Ordnung d. k. k. Reichshaupt- u. Residenzstadt Wien. Hrsg. v. österreich. Ingenieur- u. Architekten-Verein. Fol. (VI, XXXV, 93 S.) Wien 894. (Lehmann & Wentzel.) n. 5.—

Grundlagen für die Verhandlungen der am 7. Oktober 1890 zusammentretenden Commission zum Zwecke der Berathung der gegen die Ausbreitung der Nonne (Liparis monacha) zu ergreifenden Massregeln. - München o. J. 54 S.

Grundlasten (Ueber die) in Würtemberg und deren Abschaffung. Mit besond. Berücksichtigung des mediat. Fürstenthums Hohenlohe. Heft 1. 8°. Heilbronn, Drechsler, 1832.

Grundlasten-Ablösungs-Gesetz f. das Königreich Württemberg vom 14. April 1848. Mit den ständischen Verhandlungen u. sämmtl. Vollziehungs-Vorschriften, unter Beifügung geschichtl. u. erläut. Bemerkungen, sowie der neuesten Beschlüsse der Abgeordneten-Kammer in Betreff der Vervollständigung d. bisherigen Ablösungsgesetze zusammengestellt von Schwarz. Nebst einem alphabet. Sachregister. gr. 8. (VIII u. 414 S.) Stuttgart 849, J. F. Steinkopf. n. 1 ℔

Grundlegers, Gesch., s. Meine.

Grundlegung, Bau und Einweihung der neuen Missionskirche in Tranquebar ... Tranqueb. [1719]. V: *Ziegenbalg, Barth. & Joh. Ernst Gründler.* [Bruun, Bibl. Danica I. 161.) (Collin, Anonymer. Kiobenh. 1869.)

Grundlegung der biblischen Geschichte, nebst einer Auswahl biblischer Erzählungen für die erste Jugend. 8. Elbing 816. Neumann-Hartmann. n. 1/8 ℔

Grundlegung zu einer realen Kirchen-Historie des A. Testaments. Leipz. 1717. V: *Lange, Johann Christian.* (Myl)

Grundlegung zu einer vollkommenen Menschenverfassung. Jena 1800. V: *Deyn, Georg Heinrich von.* (Ky)

— zu einer vollkommenen Menschenverfassung, (v. G. H. v. Deyn). 1r Thl. gr. 8. Jena 800. (Cnobloch in Leipz.) 16 gr
Vgl. Grundlegung zu einer...Verfassung.

Grundlegung, Die, der mathematischen Psychologie. Duisburg 1865. V: *Lange, Frdr. Albert.* (Hauptkat. d. Univ.-Bibl. Tübingen A. Nachtr. 13.)

Grundlegung, die, der mathematischen Psychologie. Ein Versuch zur Nachweisung des fundamentalen Fehlers bei Herbart & Drobisch. Duisburg 865. [Winterthur, Bleuler-Hausheer & Co.) 8. (34 S.) 7½ ngr.

— f. latein. Schüler. 8. Bayr. 740.

Grundlegung der Lateinischen Sprach ... nunmero ... in einem kürzeren Auszug vorgestellt ... Maynz u. Frankf. a. M. 1751. V: *Goldhagen, Hermann.* (Jes)

Grundlegung zur Teutschen Sprachkenntniss für Teutsche Schulen. Braunschweig 1805. V: *Junker, Friedrich August.* (Ky) (MGT) (ErschDL)

Grundlegung zur deutschen Sprachkenntniß, (v. F. A. Junker). gr. 8. Braunschw. 805. Schulbuchh. 5 gr 2e A., s. Junker.

— z. Staatslehre u. Hist. d. deutsch. Reichs u. übr. Staat. v. Europa. 8. Zelle. 746.

— e. subjectiven Tugendlehre. 8. Frankfurt, Eßlinger. 788.

— zu einer vollkomm. menschl. Verfass. 1r Thl. gr. 8. Jena, (Böhme in Lpz.) 800.
Vgl. Grundlegung zu einer... Menschenverfassung.

Grundlehren Bengels, v. d. Herabkunft Jesu. m. K. 4. Nrnb, Zeh. 769.

Grundlehren, Die ersten, von der nöthigen Tüchtigkeit eines Evangelischen Christen ... Tübingen 1729. V: *Weissmann, Christian Eberhard.* (Myl)

Grundlehren Experimentalchemie welches

Grundlehren von der Experimentalchemie, welches ein Versuch ist, diesen Theil der Naturlehre in ein regelmäßiges System zu bringen. Aus dem Englischen übersetzt. Bd 1 - 2, gbd.

Altenburg: Richter 1762

Grundlehren von d. Experimentalchymie. 2 Thle. Aus d. Engl. gr. 8. Altenb. 762. (Acad. B. in Jena). 1 rℓ 16 gr

Grundlehren d. Gartenbaues f. Zöglinge an Gartenbaulehranstalten, angeh. Kunstgärtner, Pomologen etc. 1—5. Bdchn. 8. Stuttgart 879—80. Ulmer. à n. 1. —
1. Das Wichtigste aus der Theorie d. Gartenbaues. Unter Zugrundelegung des 1. Bds. der „Bibliothek f. wissenschaftl. Gartencultur“: Theorie d. Gartenbaues v. Max Kolb. (VIII, 88 S.)
2. Leitfaden f. angehende Pomologen. Unter Zugrundelegung d. 2. Bds. der „Bibliothek f. wissenschaftl. Gartencultur“: Einleitung in das Studium der Pomologie v. Ed. Lucas. Mit e. (Holzschn.-)Taf. Abbildungen. (VIII, 72 S.)
3. Kurze Darstellung d. Baumschnitts. Unter Zugrundelegung d. 3. Bds. der „Bibliothek f. wissenschaftl. Gartencultur“: Die Lehre vom Baumschnitt v. Ed. Lucas u. Fr. Lucas v. Ed. Lucas. Mit 2 (Holzschn.-)Taf. Abbildgn. u. 3 in d. Text gedr. Holzschn. (VI, 80 S.)
4. Das Wichtigste aus der Obsttreiberei. Unter Zugrundelegung d. 4. Bds. der „Bibliothek f. wissenschaftliche Gartencultur“: Anleitung zur Obsttreiberei v. W. Tatter. Mit 1 (Holzschn.-)Taf. Abbildgn. (VIII, 68 S.)
5. Das Wichtigste über Gewächshaus- u. Zimmerpflanzen. Unter Zugrundelegung des 6. Bds. der „Bibliothek f. wissenschaftl. Gartencultur“: Handbuch der höheren Pflanzencultur v. Carl Salomon. (VIII, 79 S.)

Grundlehren, die, der Neuen Kirche, od. d. verheißenen Neuen Jerusalems, aus dem Worte Gottes abgeleitet u. als vernunftmäßig nachgewiesen im Auftrag u. Namen des Ausschusses f. den, während der Weltindustrieausstellung, am 19. Aug. 1851 zu London abzuhaltenden allgem. Kirchentag der aus der ganzen Welt versammelten Mitglieder u. Freunde d. Neuen Kirche. gr. 8. (30 S.) London 851. Tübingen, Verlags-Expedition. n. 4 ngr

Grundlehren der Kulturtechnik. Unter Mitwirkg v. ... hrsg. v. Dr. Ch. August Vogler, Prof. ... in Berlin. M. 534 in d. Text gedr. Abb. *Berlin: P. Parey 1896.* (XVIII, 696 S., 1 Taf.) 1 Bd 8.

Grundlehren der Kulturtechnik. 3. Aufl., unter Mitwirkg. v. M. Fleischer, P. Gerhardt, E. Gieseler u. a. hrsg. v. Ch. Aug. Vogler. 1. Bd. 2 Tle. (XVI, 450 S. m. 170 Abbildgn. u. 2 Taf. u. IX, 581 S. m. 559 Abbildgn. u. 6 Taf.) gr. 8. Berlin 903. P. Parey. Geb. in Leinw. n. 26. —
1. Aufl. unter Vogler aufgenommen.

Grundlehren der Kulturtechnik. Unter Mitwirkg. v. M. Fleischer, P. Gerhardt, E. Gieseler u. a. hrsg. v. Ch. Aug. Vogler. 2 Bde. gr. 8. Berlin, P. Parey. Geb. in Leinw. 54. —
I. 2 Tle. 4. Aufl. (XIX, 539 S. m. 206 Abbildgn. u. 3 Taf. u. X, 804 S. m. 707 Abbildgn. u. 6 Taf.) 909. Geb. 36. —
II. 3. Aufl. (XVI, 618 S. m. 21 Abb. u. 9 Taf.) 908. Geb. 18. —

Grundlehren, die, der Landwirthschaft in volkthümlicher Darstellung f. Schule u. Haus. Nach den Preisschriften v. Stein u. A. Pich. Hrsg. v. der ostpreuß. landwirthschaftl. Centralstelle. 8. (IV, 252 S.) Danzig 871. Kafemann. n. 1. 20; geb. n. 1. 40

— die, der Landwirthschaft in volksthümlicher Darstellung f. Schule u. Haus. Nach den Preisschriften der Herren Stein zu Alzenbach a/Rh. u. A. Pich zu Louisenhof W/Pr. hrsg. von der ostpreuß. landwirthschaftlichen Centralstelle. 2., verb. Aufl. 8. (VIII, 268 S.) Danzig 879. Gruihn. geb. n. 1. 40

— der Mathematik f. Studierende u. Lehrer. II. Tl. Die Grundlehren der Geometrie. Bearb. von W. Fr. Meyer u. H. Thieme. 1. Bd. gr. 8. Leipzig 909. B. G. Teubner. Geb. in Leinw. 9. —
Die Elemente der Geometrie. Von Herm. Thieme. Mit 323 Fig. im Text. (XII, 394 S.)
Der I. Tl. ist noch nicht erschienen.

— von d. Münzen, (v. Lor. Hübner). 8. Burghauf. 776. Fritz. 3 gr

Grundlehren von den Münzen. München 778. 8.

— v. d. Münzen. 8. Münch. Fritz. 779.

Anonym: „Grundlehren von Münzen", München 1779.

Grundlehren d. Natur- u. Völkerrechts, z. Gebr. d. *Thomasianischen* Auditorii. *Halle.* 709. 4.

— die, der wahren Naturreligion nach Darwin u. Haeckel. Moderne Dogmen f. Kirche u. Haus. 8. (76 S.) Berlin 881. Staude. n. 1. —

—— die, der Neu-Schelling'schen und der Hegel'schen Philosophie in ihrer gegenseit. Beziehung. Ein Beitrag zur objektiven Würdigung beider Philosophieen. gr. 8. (64 S.) Reutlingen 848, Enßlin und Laiblin. Thlr.

— d. christl. Religion. 2 Thle. 8. Wien 784. Alberti, 16 gr.

— d. christl. Religion. 2 Thle. 8. Bresl. 794. W. G. Korn. 20 gr.

Grundlehrplan der Anstalt auf Grund d. neuen Lehrpläne '(Berlin 1892)' u. der durch d. Kgl. Prov.-Schul-Kollegium genehmigten Festsetzgn d. Fachlehrerkonferenzen. Berlin, Buchdr. O. Lange, 1893; 8—14 S. 4.
Berlin, Friedrichs-G, P 1893 (54)

Grund-Lehrplan f. die katholischen Elementarschulen d. Regierungs-Bezirks Aachen. gr. 8. (71 S.) Aachen 871. Benrath & Vogelgesang. -- 60

Grundlehrplan der Berliner Gemeindeschule. gr. 8. (64 S.) Berlin 902. L. Oehmigke's Verl. n. — 60

Grundlehrplan d. Berliner Gemeindeschule. 2. Aufl. (64 S.) 8. Berlin 906. L. Oehmigke's Verl. n. — 50

Grundlehrplan der Berliner Gemeindeschule. ⟨Neudr.⟩ Berlin 1909: Loewenthal. 60 S. 8° A 12.7000

Grundlehrplan der Berliner Gemeindeschulen. *Breslau: F. Hirt 1902.* (55 S.) 8° [F.] [03. 998

— dasselbe. 2. Aufl. gr. 8. (55 S.) Breslau 902. F. Hirt. n. — 40

Grundlehrplan der Berliner Gemeindeschulen. 3. Aufl. *Breslau: F. Hirt 1903.* (55 S.) 8° [F.]

Grundlehrplan der Berliner Gemeindeschulen. 4. Aufl. Breslau: F. Hirt 1905. (55 S.) 8° [F.] [07. 4799

Grundlehrplan für den deutschen Unterricht in der Oberrealschule I an der Waitzstraße zu Kiel. (T. 1.) Kiel 1910: Handorff. 18 S. 4°
Kiel, OR 1 P 1910 (403) [S 10. 153

Grundlehrplan für den englischen Unterricht in der Oberrealschule I an der Waitzstrasse zu Kiel.. Kiel 1908: Handorff. 20 S. 4°
Kiel, OR 1 P 1908 (381) [S 08. 150

Die vom Lehrerkollegium ausgearbeiteten **Grundlehrpläne** des Königl. Gymnasiums u. RG zu Rendsburg. T. 1. Der lateinische Grundlehrplan d. unt. Klassen. Rendsburg 1906: D. J. Carstens. (30 S.) 4°
Rendsburg, k. G u. RG OP 1906 (350)

Die vom Lehrerkollegium ausgearbeiteten **Grundlehrpläne** des Königlichen Gymnasiums u. Realgymnasiums zu Rendsburg. [T.] 2. Der lateinische Grundlehrplan der Tertia und Sekunda des Gymnasiums. Rendsburg 1907: D. J. Carstens. (26 S.) 4° ¶[Forts. d. P-Beil. 1906.]
Rendsburg, k G u. RG OP 1907 (351)

Die vom Lehrerkollegium ausgearbeiteten **Grundlehrpläne** des Königlichen Gymnasiums und Realgymnasiums zu Rendsburg. 3. Der lateinische Grundlehrplan der Prima des Gymnasiums. Als Anh.: Die Vorlagen für d. schriftl. Übers. ins Lat. aus einigen Schuljahren. Rendsburg 1908: Carstens. 28 S. 4° ¶[Forts. d. P-Beil. 1906. 07.]
Rendsburg, k G u. RG OP 1908 (368) [S 08. 140

Die vom Lehrerkollegium ausgearbeiteten Grundlehrpläne des Gymnasiums und des Realgymnasiums zu Rendsburg. 4. Der Grundlehrplan für den deutschen Unterricht der gemeinsamen Unterstufe. Rendsburg 1909: Carstens. 13 S. 4° ¶[Forts. d. P-Beil. 1906—08.]
Rendsburg, k. G u. RG OP 1909 (384) [S 09. 145

(Grundler,) Beschreibung d. neuen Getreide-Mühle zu Berg bei Stuttgart. Mit Zeichnn. in VI besond. Beil. Lithogr. Fol. (3½ B.) Stuttgart 837, Ebner'sche Kunsth. •

Grundler C. A.: Dissertatio inaug. sistens de camelo dromedario observata quædam anatomica. Tubing. 1817. 39 S. P.

Grundler, Eugen, appr. Arzt: Zur Kenntnis der Leichengeburt. o. O. [1908]. 36 S. 8° ¶(Aus: Friedreichs Blätter f. gerichtl. Med. u. Sanitätspolizei. Jg. 59.)
München, Med. Diss. v. 22. Juli 1007, Ref. v. Winckel
[Geb. 28. Dez. 77 Stockach i. B.; Wohnort: Stockach; Staatsangeh.: Baden; Vorbildung: Bischöfl. Gymn. Straßburg Reife O. 98; Studium: Freiburg i. B. 4, Heidelberg 2, München 7 S.; Coll. 22. Juli 07; Approb. 25. April 07.]
[U 09. 3327

Grundler, Georg Friedrich: De r e s t i t u t i o n e famae. 26 S.— Basel, Jur.Diss.v. 6.Juni 1710.

Grundler, Joh. Christian (Resp.): De C h r i s t o a Judaeis conspiciendo, s. B a u m g a r t e n , Siegm. Jakob

GRUNDLER, Max (Landshut): Operative Behandlung der Mastodynie.- München: Wolf 1881. 22 S. 3.2.1881 - Urk (Titel: De mastodyniae operatione ac cura.); Chr 1880/81,15
Diss.Ingolst.-Landsh.-Mchn.

Grundler, Max, der klimatische Gebirgskurort Heilbrunn u. seine jodhaltige Bromquelle, die Adelhaidsquelle. III. gr. 8. (64 S.) München 891. J. F. Lehmann's med. Buchh. n. — 80
Hft. I u. II kamen nicht in den Handel.

Gründler, Atlas d. Diatomaceen-Kunde, s.: Schmidt, Adf.

Gründler, A., ist der Amtsgerichts-Civilprozeß in seiner jetzigen Gestalt lebensfähig? Einige Beiträge zur Beantwortung dieser Frage. gr. 8. (III, 37 S.) Berlin 879. H. W. Müller. n. — 80

Ein Bruder und eine Schwester. Erzählung von Adele **Gründler**. Berlin: Ostdeutscher Jünglingsbund [1903]. (16 S.) 8° [F.]
= **Osterglocken.** H. 25. [05. 3391

Gründler, Ad., Fred, s.: Hausfreund, Hamburger.

Der beste **Freund**. Erzählung von **Ad[ele] Gründler**. *Berlin: Ostdeutscher Jünglingsbund [1900].* (16 S.) 8° [F.]
= **Osterglocken.** H. 3. [00. 11008

Gründler, Adele, Georg III. v. Anhalt, Fürst u. Prediger, s.: Für die Feste u. Freunde des Gustav-Adolf-Vereins.

[F.] Die Grösste unter ihnen. Erzählg aus d. Zeit v. Deutschlands Schmach u. Befreig v. Ad. Gründler. *Berlin: Hauptver. f. christl. Erbauungschr. [1898].* (2 Bl., 91 S.) 1 Bd 8.
= Volks-Bibliothek, Christliche. Bd 61. [98. 4441

Gründler, Adele. Heideblüten. 12. (78 S.) Halle a. S. 892, Strien. geb. in Leinw. m. Goldschn. * 2 50

— Valerius Herberger. Ein Lebensbild. 8. (48 S.) Hamburg 897. Evang. Buchh. n. — 15

— s.: Himmelsblumen.

Gründler, Adele: Nach sieben Jahren. Erzählung. Berlin: Ostdeutscher Jünglingsbund [1900]. (16 S.) 8⁰ = Osterglocken. H. 9.

— Ich bin Dein! Eine Mitgabe f. Konfirmandinnen. 20 kurze Betrachtgn. u. Gedichte. 2. Aufl. 8. (105 S.) Dessau 899. Schwerin, F. Bahn. Kart. n. 1. 50; geb. in Leinw. n. 2. —

Immer mehr Ostern. Erzählung von Ad(ele) Gründler. Berlin: Ostdeutscher Jünglingsbund [1901]. (16 S.) 8° [F.]
= Osterglocken. H. 20. [05. 3786

Gründler, Ad., Lavater, der Schweizer Pastor u. Gelehrte, s.: Sammlung kleiner Volksschriften.

Gründler, Adele, Paul Gerhardt's Leben u. Lieder, s.: Kirchenliederdichter, unsere. 3.

Das Leben Friedrich Schillers. Zur 100jähr. Wiederkehr s. Todes dem deutschen Volke erzählt von Ad(ele) Gründler. Berlin: U. Meyer [1905]. (224 S.) 8° [F.]
= Bücherei, Ulrich Meyer's. 9–11. [06. 3891

— dasselbe. s. a. Meyer's, Ulr., Bücherei.

— D. Martin Luther. Sein Leben u. Wirken, f. die Jugend u. das Volk erzählt. gr. 8. (32 S. m. Abbildgn.) Konstanz (902). C. Hirsch. — 15

[F.] Nettelbeck. E. Lebensbild v. Ad[ele] Gründler. *Berlin: Hauptv. f. christl. Erbauung-schr. [1896].* (2 Bl., 52 S.) 1 Bd 8.
= Volks-Bibliothek, Christliche. Bd 59. [98. 4771

— s.: Osterglocken.

— Reich, } s.: Himmelsblumen.
— Rudi,

— Gotthilf Heinrich v. Schubert u. Ernst Moritz Arndt, s.: Schrödel's, H., Jugendbibliothek.

Emmys Tagebuch. Von Ad(ele) Gründler. Berlin: Ostdeutscher Jünglingsbund [1901]. (16 S.) 8° [F.]
= Osterglocken. H. 14.

— Gerh. Tersteegen, s. a. Kirchenliederdichter, unsere. 6.

— Gerhard Tersteegen. Zu s. 200jähr. Geburtstag am 25. XI. 1897. (I. Sein Lebensbild. — II. E. Gesangbüchlein. Aus Tersteegens Liedern zusammengest.) 8. (49 u. 76 S.) Berlin 897. Buchh. d. Berliner Stadtmission. n. 1. 20; geb. in Halbleinw. n. 2. 20

— fröhliche Weihnacht überall, s.: O du fröhliche, o du selige, gnadenbringende Weihnachtszeit. 39.

Gründler, Bernhard

Gründler, Bernh., die Lage der evangelischen Geistlichen e. „Notlage". Auf Grund der neuesten Erhebgn. sowie unter Darbietg. v. positiven Vorschlägen nachgewiesen. gr. 8. (32 S.) Berlin 895. Wiegandt & Grieben. n. — 50

Gründler, C. A., s. Gründler, Karl August.

Gründler, Charlotte, geb. Lenke, s. Lottchens Lieder.

Gründler, Charl., s. Antonie Westau.

WESTAU, Antonie. Eine Geschichte aus dem südlichen Deutschland. (Zahmer Roman von *Charlotte Gründler*, geb. *Lenke*.) Mit 1 Holzschn. von Gubitz u. mit Musik. Leipzig, Heinr. Gräff, 1806. 8⁰. (1⅔ Rthl.)
Anon.-Lex. IV. p. 392 (nach Meusel, Kayser, v. Schindel, Goedeke).

Gründler, Chr. Gottlob

Gründler, Chr. Glo., († 182. .) allgem. Beitrr. zur Handlung. 2 Thle. 8. Berl. 788. Reimer. 16 gr.

Gründler, C. Glob., allgem. Beyträge z. Handl. 2 Thle. 8. Berl. Realsch. 788.

Gründler, C. G.: „Allgemeine Beiträge zur Handlung", 2 Teile, Berlin 1788. — Vorh.: Com. Bibl. Hamburg. — Fortsetzung, Derselbe: „Neueste Beiträge zur Handlung", Berlin 1790.

— neue Beitrr. zur Handlung. 8. Berl. 790. Meyer. 4 gr.

G(ründler), C(hr.) G(ottlob): „Der Einfluss, welchen das Verfahren bey den Gemeinheitsaufhebungen in der Mark Brandenburg in Verbindung mit den neuesten ökonomischen Principien und Wirthschaftssystemen auf das Steigen der Getreide- und Wollpreise hat. Nach Erfahrungen dargestellt", Berlin 1805. — Vorhanden: Preuß. Staatsbibliothek Berlin, ferner Bibl. des Kammergerichts Berlin — Qf. 18.

Gründler, C. G.: „Ueber die Messe zu Frankfurt an der Oder, die Ursachen ihres Verfalls in verschiedenen Zeitpunkten und über den Wachsthum der Messe zu Leipzig", Berlin 1807. — Vorh.: Preuß. Staatsb. Berlin (Sammlg. preuß. statist. Landesamt).

— über d. Messe zu Frankfurt a. d. O. 8. Berl. 807. Maurers B. 6 gr.

Gründler, Chr. Glo. Von dem Nachtheil der Monopolien. 8⁰. Berlin, Reimer, 1788.

Gründler, C. G. Prüfung und Berichtigung der freimüthigen Betrachtungen d. H. Prof. Kosman über die General-Tabacks-Administration. gr. 8⁰. Berlin 1797.

— über d. Unschädlichkeit d. Luxus unsers Zeitalters. 8. Berl. 789. Maurers B. 5 gr.

— s. Versuch über d. Schädlichkeit.

(Gründler, C. G.): „Versuch über die Schädlichkeit der geschlossenen kurmärkischen Elbschiffer-Gülde und über die Nothwendigkeit, die Schiffahrt auf der Elbe frei zu geben, nebst einer Darstellung der Missbräuche, welche bei dem Schiffer-Monopol obwalten", Berlin 1792. Nachtrag, 1. Lieferung, ebenda 1792. — Vorh.: Com. Bibl. Hamburg und Preuß. Staatsbibl. Berlin.

— patriot. Vorschlag zu einem Creditsystem für Hausbesitzer, besonders in Meßstädten. 8. Berl. 807. Maurers B. 3 gr.

— polit. Vorschl. z. einem Creditsystem etc. 8. Berl. Maurer. 807.

Gründler, E., Diesseits u. Jenseits im Lichte d. Wortes Gottes, s.: Lehmann's grüne Hefte.

Gründler, Elise, Marie Nathusius. Ein Lebensbild. In neuer Darstellg. Mit e. Vorwort von M. v. Nathusius. 2. Aufl. (VII, 225 S. m. 1 Bildnis.) 8. Gotha 909. F. A. Perthes 4. —; geb. 5. —

Gründler, Ernst, über nationale Erziehung, s.a. Magazin, pädagogisches, 230. Heft.

Gründler, E.: Über nationale Erziehung. Langensalza 1904. 15 S. (Fr. Manns pädag. Mag. 230.)

Nur treu! Seminar-Ansprachen von Ernst Gründler, Reg.- u. Schulrat. Leipzig: Dürr 1907. (213 S.) 8° [F.]

— **Friedrich Elias** (Weissensee/Thür.), De condemnatione in expensas litium. Diss. jur. Rector Tobias Jac. Reinharth. Präs. Ernst Tenzell. Erfurt (Joh. Chph. Hering) 9. X. 1732. 38 Seiten. (6.50) 11923
Widm. v.: Just Christoph Motschmann (dtsch.), Stephan Alexander Peuerl, Joh. Christoph Beck.

Gründler, Friedrich Ernst

Gründler, F. E., Lesebuch f. evangel. Volksschulen. 2., überarb. u. verm. Aufl. — A. u. d. T.: Hausbuch f. d. evangel. Bürger u. Landmann. gr. 12. (21 B.) Leipzig 841, (Fr. Fleischer.) *

Gründler, Friedr. Ernst, Lesebuch für evangel. Volksschulen. 1. u. 2. Abthl. 3., verb. Aufl. 12. Leipzig, Fr. Fleischer. [1. (2½ B.) 843. * 2½ Ngr., 2. (10⅞ B.) 44. * 5 Ngr.] *

Gründler, F(riedr.) E(rnst), Lesebuch für evangelische Volksschulen. 3. Abthl. 3., verm. Aufl. A. u. d. T.: Hausbuch für den evangel. Bürger und Landmann. 3., verm. Aufl. 8. (XVI und 488 S.) Leipzig 851, Fr. Fleischer, Verlag. *
1. und 2. Abthl. 3. Aufl. Ebendas. 1843—44. * 7½ Ngr.

Gründler, Gottlob Em.

Gründler, Glob. Em., Samml. v. auserl. Brief. Luthers etc. 2 Thle. 8. Halb. u. Lpz. Strauß. 757.

Gründler, J. E., Samml. einig. Zeugniss. der Wahrheit über Stellen der heiligen Schrift in Predigten. 8. Frkf. Strauß. 757.

Gründler, J. E., et B. Ziegenbalg, Theologia thetica, s. Ziegenbalg.

Gründler, Johann

— Commentat. de progressibus, quos fecit philologia sacra seculo hoc decimo octavo. 8. Halle 798.

Gründler, J., daß die von d. Evangel. Kirche bezweckte relig. Bildung. nur bei gegenseit. lebend. Wirken d. Predigerstandes u. d. Gemeinden vollständig erreichbar ist. Eine Synodalpred. 8. (1¼ B.) Glogau 830, [Flemming.]

— daß die von d. evangel. Kirche bezweckte religiöse Bildung nur bei gegenseit. lebendigen Wirken d. Predigerstandes u. d. Gemeinden vollständig erreichbar ist. Eine Synodalpredigt. 8. Glogau u. Lissa 830. N. Günter'sche B. 4 gr.

Gründler, Johannes: Ueber die Form der Ausscheidung des Jodes im menschlichen Harn nach äusserlicher Anwendung des Jodoforms. Halle a. S. 1883: Plötz. 36 S. 8°
Halle-Wittenberg, Med. Diss. v. 20. Sept. 1883
Geb. Aschersleben 28. 12. 1856. V.

Gründler, Jh., Friedrich der Große, oder: die Schlacht bei Cunersdorf. Ein dramat. Charakter-Gemälde in 4 A. 8. Glogau 826. Neue Günter'sche Buchh. 16 gr.

Gründler, Jh., Gedanken über d. Grundreform d. protestant. Kirchen. 8. Züllichau 809. Darnmann. (Henning in Greiz). 14 gr.

— über den Geist d. Zeit; e. Schulrede. 8. Glogau 802. N. Günter'sche B. 5 gr.

— der Vorabend d. Reichstags zu Augsburg. In einer Folgereihe dramat. Scenen. Ein Nachklang a. d. Jahre 1817. 8. Glogau 826, Neue Günter'sche B.

Gründler, Karl August, s. Amelang, K. L.: Archiv d. preuß. Rechts.

Gründler, Carl Aug.: Juris ecclesiastici publici et privati, quod per Germaniam obtinet brevis delineatio: quam ad principia juris canon. G. L. Boehmeri a. L. T. G. Schoenemanno animadvers. aucta. In us. lect. acad. 8maj. *Erlangae*, V. II. Palm's. 827. (6 Gr.)

Gründler, K. A.: Einleit. z. d. in Deutschland geltenden Land- u. Lehnrecht; nebst e. kurzen Uebers. dess., z. Gebr. akad. Vorless. *Erl.*, Gredy u. Breuning. 808. 8. (8 Gr.)

Gründler, K. A.: Einleit. in d. baier. Privatrecht. *Erlangen*, Palm. 817. 8. (12 Gr.)

Gründler, Karl Aug., Einleit. zum baier. Privatrecht, als Vorbereitung zu meinen Vorlesungen über d. baier. Landrecht. gr. 8. Erlang. 817. Palm u. E. 10 gr.

— Entwickel. d. Frage; Können d. symbol. Bücher d. luther. Kirche nach Reichs- u. Territorialstaatsrechtl. Grundsätzen abgeändert werden? gr. 8. Halle 797. Hendel. 18 gr.

Gründler, K. A.: System. Entwickel. d. Lehre v. d. Verjähr. d. peinl. Strafe nach gem. u. besond. Rechten. *Halle*, Hemmerde u. Schwetschke. 796. 8. (10 Gr.)

— d. Erbfolge nach Grundsätzen d. gemeinen preuß. Rechts. gr. 8. Nürnb. 798. Monath u. K. 1 rl.

Gründler, Carl August (Halle) De fidejussore fidejussoris, nec non de differentiis inter fidejussorem succedaneum et indemnitatis. Dissert. jur. Präs. Johann Christian Woltaer. Halle (Friedrich August Grunert) 3. V. 1794. 58 S. (6.—) 11919
Gew.: Carl Friedr. Zepernick, Johann August Gründler.

— — [Dasselbe.] Commentatio de fidejussore fidejussoris, vulgo Afterbürge. (6.—) 11920

— Grundsätze d. deutschen peinl. Rechts. gr. 8. Halle 799. Hendel. 18 gl.

— Handbuch d. röm. Rechtsgeschichte. 1r Bd. gr. 8. Bamb. 821. Kunz. 2 rthl.

— Handbuch der röm. Rechtsgeschichte. 1r Bd. gr. 8. 821. jetzt Dresch in Bamberg. 2 rthl.

Gründler, C. A., Institutionen des Rechts, enth. die Einleitung, Encyclopädie u. Methodologie des Rechts. gr. 8. Erlangen, Heyder. 808.
Einzeln unter folgenden Titeln:

— Einleit. zur Rechtswissenschaft. gr. 8 Ebd. 808 8 gl.

— Encyklopädie d. allgem. Begriffe u. Grundsätze d. in Deutschland geltenden Rechte. gr. 8. Ebd. 808. 1 rthl. 8 gl.

— d. Methodologie d. Rechts. gr. 8. Ebd. 808. 4 gl.

GRÜNDLER, C. A.: Institut. d. Rechts; enth. d. Einleit., Encyklop. u. Methodol. d. Rechts. *Erl.*, Gredy und Breuning. 809. gr. 8. (1 Thl. 8 Gr.) Einzeln: Einleitung (8 Gr.), Encyklopädie (1 Thl. 8 Gr.), Methodologie (4 Gr.)

Gründler, Carl Aug., das im Königr. Bayern gelt. kathol. u. protestant. Kirchenrecht in e. systemat. Umriß, mit Hinweis. auf d. ältern u. neuern dass. betreff. Gesetze u. Schriften u. auf das in deutschen Bundesstaaten gelt. gem. Kirchenrecht. gr. 8. (16 B.) Nürnberg 839, F. N. Campe. Thlr.

Gründler, Carl Aug., das Land- u. Lehnrecht in d. deutschen Bundesstaaten mit beigefügten Quellen u. Literatur in allgem. Zum Gebr. f. Vorlesn. gr. 8. (10¼ B.) Nürnberg 828, Riegel u. Wießner.

GRÜNDLER, Carl Aug.: Polemik d. germ. Rechts, Land- u. Lehnrechts (jus controversum german. privat. et feudale.) Nach d. Systemen d. Hrn. G. R. Prof. Dr. *Mittermaier* u. G. R. Dr. G. L. *Böhmer* bearbeit. 1r—4r Bd. *Merseb.* u. *Lpz.*, Reimann. 832—38. gr. 8. (8 Thl.) — 1r —3r Thl. Landrecht. *Merseb.* 832—34. Brl. — 4r Thl. Enthalt.: die Polemik üb. das VII. u. VIII. Buch d. *Mittermaier'schen* Lehrbuchs. *Lpz.* 838. (2 Thl.)

—— Polemik d. german. Rechts, Land- u. Lehnrecht (jus controversum german. privat. et feudale) nach d. Systemen d. Hrn. G.R. Prof. Dr. Mittermaier u. G.R. Dr. G. L. Böhmer bearb. 1—3. Bd. Landrecht. 1—3. Thl. gr. 8. Merseburg, Weidemann. [1. (23½ B.) 832., 2. (28¼ B.) 833., 3. (31 B.) 834. à 2 Thlr.]

—— Polemik d. german. Rechts, Land- u. Lehnrechts (ius controversum german. privat. et feudale). Nach d. Systemen d. rc. Dr. Mittermaier u. Dr. Böhmer bearb. 4. Thl. Enth. die Polemik üb. d. VII. u. VIII. Buch d. Mittermaier'schen Lehrbuchs. gr. 8. (21 B.) Leipzig 838, [Melzer.]
1—3. Thl. Merseburg 833—35. [Königsberg, Gebr. Bornträger.] 6 Thlr., hrbgs. Pr. * 4 Thlr.

—— dass. — Zusätze u. Verbesserungen hierzu. gr. 8. (4½ B.) Ebds. 839.

— — Prolusio de provasallis eorundemque distinctione in necessarios et voluntarios. Erlangen (Hilpert) 29. VII. 1797. 30 S. (1.50) 11921

—— über die Rechtmäßigkeit gemischter Ehen nach dem in d. deutschen Bundesstaaten gelt. kathol. u. evangel. Kirchenrechte. gr. 8. (5¾ B.) Leipzig 838, [Fest'sche Vrlsbuchh.]

GRÜNDLER, Carl Aug.: Ueber d. Rechtmässigkeit gemischter Ehen nach dem in d. deutschen Bundesstaaten gelt. kathol. u. evangel. Kirchenrechte. *Lpz.*, Wuttig. 838. 8. (12 Gr.)

Gründler, Karl August, s. Schweppe, A.: Röm. Rechtsgeschichte.

Gründler, Karl Aug., System d. preuß. Rechts, mit Hinsicht des in Deutschland gelt. Rechts. 2 Thle. gr. 8. Bayr. 797, 98. Lübecks Erb. 2 rthl. 8 gl.

GRÜNDLER, C. Aug.: System des preuss. Rechts, mit Hinsicht d. in Deutschland geltenden gemeinen Rechts. 2 Thle. (1e, 2e Aufl. (797.) 799.) *Baireuth*, (Grau.) 798. 99. gr. 8. (2 Thl. 8 Gr.)

GRÜNDLER, Carl August: Uebersicht d. Quellen d. in d. deutschen Bundesstaaten geltend. Land- u. Lehnrechte, nebst Sammlungen ders. u. Nachweis. d. darüber vorhand. Commentare u. Schriften. *Ilmenau*, (*Weimar*), Voigt. 832. gr. 8. (2 Thl.)

— tabell. Uebers. all. Rechtstheile. gr. 4. Halle, Hendel. 797.

—— über d. Verbindlichkeit z. Beitrag d. Kosten zur Erhaltung u. Wiederherstellung d. Cultus-Gebäude, nach d. in deutsch. Bundesstaaten gelt. Gesetzen, mit Rücksicht auf einige Particulair-Gesetze bearb. gr. 8. (7 B.) Nürnberg 839, Riegel u. Wießner.

Gründler, C. A.: Versuch einer Einleitung in die preussischen Rechte. Enth. die Quellen u. Hülfswissenschaften ... nebst e. Uebersicht der Landesjustizcollegien und der Instanzenfolge in denselben. Erlangen 1799.

GRÜNDLER, C. Aug.: Versuch e. Einleit. in die preuss. Rechte. *Erlangen.* (Heyder.) 799. gr. 8. (10 Gr.)

— Einleit. in d. preuß. Rechte. gr. 8. Erl. Walther. 799.

— **Conrad Theodor** (Dresden), De retorsione speciatim quoad geradam. Dissert. jur. Wittenbg. (Meltzer) 8. XI. 1804. 30 S. (5.—) 11922

Gründler, Kurt: Die Strafbestimmungen des deutschen Börsengesetzes. Zugleich e. Beitr. z. Lehre vom Ordnungs- u. Disziplinarstrafrecht. Borna-Leipzig 1910: Noske. X, 99 S. 8°
Heidelberg, Jur. Diss. v. 30. Aug. 1910, Ref. v. Lilienthal
[Geb. 6. Jan. 78 Berlin; Wohnort: Berlin; Staatsangeh.: Preußen; Vorbildung: Gymn. Hann.-Münden Reife O. 05; Studium: Berlin 5, Kiel 1, Heidelberg 2 S.; Rig. 7. März 10.] [U 11. 2005

Gründler, O., der alte David, s.: Missionsschriften f. Kinder.

Gründler, O. Frauenelend und Frauenmission in Indien. M. Vorwort von Warneck. M. Abbild. In-8°. 80 S. Basel, Missionsbuchh. 1895. 25

Gründler, O.: Frauenelend u. Frauenmission in Indien. Mit Vorw. v. [Gustav] Warneck. — Berlin: Frauenverein f. christl. Bildung d. weibl. Geschlechts i. Morgenlande 1895. 79 S. 8°

— Frauenelend u. Frauenmission in Indien. Mit Vorwort v. Warneck. 2., ergänzte Aufl. 8. (72 S. m. Abb.) Basel 896. Missionsbuchh. n. —25

Gründler, O., Frauenelend u. Frauenmission in Indien. Mit Vorwort v. Warneck. 3. verm. Aufl. 8. (84 S. m. Abbildgn.) Basel 899. Missionsbuchh. n. —25

Gründler, O., Frauenelend u. Frauenmission in Indien. Mit Vorwort v. Warneck. 5. verm. Aufl. (92 S. m. Abbildgn.) 8. Basel 908. Basler Missionsbuchh. —25

Gruendler, Otto (geb. Nordhausen 20. 7. 1826): De parasitis hominis. Berolini (1850). (55 S.) 8°
Berlin, Med. Diss. v. 15. Nov. 1850

Gruendler, Paul. (Theod.) (geb. Berlin 23. 12. 1840): De enterostenosi. Berolini (1864). (30 S.) 8°
Berlin, Med. Diss. v. 16. Apr. 1864

[F.] Die Selbsteinschätzung. Ratschläge z. Buchführg f. d. Landwirt sowie z. richtigen Selbsteinschätzg. Von **Paul Gründler.** *Neudamm: J. Neumann 1898.* (16 S.) 1 Bd 8. [98. 12101

Die Selbsteinschätzung. Ratschläge z. Buchführung f. d. Landwirt, sowie z. richtigen Selbsteinschätzung. Von Paul **Gründler.** Neudamm: J. Neumann 1905. (19 S.) 8° [F.] [06. 6917

Gründler, R., Gebrauch einiger Präpositionen bei Curtius. Pr. 1874. 17 S. 4°.

Gründler, Rich., die Rassekennzeichen der Hunde. Nach den neuesten offiziellen Festsetzgn. seitens der Spezialvereine, zusammengestellt u. hrsg. (II, 157 S. m. 34 Abbildgn.) 8. Halle 905. Bossert & Gründler. n. 1. 50; geb. n. 2. 50

Gründler, Robert Übersetzung des 1. Gesanges der Äneide Vergils. 4 (XX S.). **Progr.** Rg. *Turnowitz* 1886 (206).

Gründler, Wilhelm, appr. Arzt: Ein **Fall** von vaginalem Kaiserschnitt bei vitium cordis. *Jena 1903: G. Neuenhahn.* (29 S.) 8°
Jena, Med. Diss. v. (14. Aug.) 1903

Gründler, Willi

Gründler, W., Geschichte d. Bawenda-Mission in Nord-Transvaal. M. zahlr. Bild. u. 1 Karte. gr. 8. (103 S.) Berlin 897. Buchh. d. Berliner evang. Missionsgesellschaft. Geb. n. 1. 50

Rettung unserer Missionare bei dem Aufstand in Deutsch-Ostafrika. Von Pastor [Willi] **Gründler** in Berlin. (Berlin: Berliner ev. Missionsgesellsch. 1906.) (10 S.) 8° [Kopft. F.]
= **Missionsschriften** f. Kinder. No 53. [06. 19403

Gründlichkeit, über, u. bloß oberflächliches Dringen aufs Weinzrattuche. (v. G. F. Dinter.) 8. Neustadt a. d. O., Wagner. 819.

Gründling, C. G., Versuch aus Erfahrung, auf eine andere Art d. Fortepiano zu stimmen. gr. 8. Leipz. 811. P. Vogel. 2 ⁄₃

Gründling, Ernst, die f. **Heilzwecke** in Anwendung kommenden elektrischen Apparate. (III, 106 S. m. 77 Abbildgn.) 8. Leipzig 905. [H. Buschmann.] Berlin, Dr. W. Rothschild. n. 2. —; geb. n. 2. 50

— elektrotechnische **Plaudereien.** (III, 172 S.) 8. Ebd. 903. n. 3. —; geb. n. 3. 50

Gründling, Paul, d. Anlage d. Arbeiterwohnungen, s.: **Manega,** Rud.

Gründling, Paul, moderne **Architekturen.** Entwürfe zu Miet-, Geschäfts- u. Einfamilienhäusern im Stile der Neuzeit. Zum Gebrauche f. Baugewerksmeister, Bauunternehmer u. Bauherren. 30 lith. Taf. m. erklär. Text. (8 S.) 4. Leipzig 905. B. F. Voigt. In Mappe n. 9. —

Gründling, Paul, das **Bauornament** in seiner Bedeutung u. Anwendung. Ein Handbuch zum prakt. Gebrauch beim Entwerfen von Bauornamenten. Mit 120 erläut. Taf. im Text. (X, 261 S.) Lex.-8. Leipzig 907. Baumgärtner. Geb. in Leinw. n. 10. —

— bürgerliche **Bauten** im Rohbaustil. Ein Skizzen- u. Nachschlagebuch für alle vorkomm. freisteh. u. eingebauten bürgerl. u. öffentl. Bauten. Dargestellt in Grundrissen, Fassaden u. Teilzeichngn. f. Verblendbau-Ausführg. 2. verb. Aufl. 25 Taf. m. erläut. Text. (12 S.) gr. 8. Leipzig 904. B. F. Voigt. In Mappe n. 3. —

— Entwürfe z. **bürgerl. Bauten** im Rohbaustiel. Ein Skizzen- u. Nachschlageb. f. alle vorkomm. bürgerl., öffentl. u. Privat-Bauten, als Villen, Wohn- u. Geschäftshäuser, Restaurants etc. in Grundrissen, Façaden u. Details f. Verblendbau-Ausführg. 25 Taf. m. erläut. Text. gr. 8. (11 S.) Weimar 895. Leipzig, B. F. Voigt. In Mappe 3. —

— Entwürfe zu ländl. Wohngebäuden, s.: **König,** Andr.

— moderne **Erbbegräbnisse.** Eine Sammlg. v. Entwürfen zu Wandstellen od. Familienbegräbnis-Plätzen f. unsere Friedhöfe zum prakt. Gebrauch f. Bildhauer, Steinmetzmeister u. Architekten hrsg. 30 Taf. m. erläut. Text. (8 S.) gr. 4. Ebd. 903. In Mappe n. 6. 75

Gründling, Paul, neue Garten-Architekturen. Prakt. Motive zu Garten- u. Park-Eingängen, Thoren, Einfriediggn., Lauben, Brunnen- u. Pförtnerhäuschen, Pavillons, Hallen, Ruheplätzen, Terrassen, Veranden, Laubengängen, Kegel- u. Wandelbahnen, Bade-, Blumen- u. Gewächshäusern, nebst zwei Lageplänen zu Garten- u. Park-Anlagen. 24 Taf. m. 134 Fig. gr. 4. (V S. Text.) Leipzig 900. B. F. Voigt. In Mappe 9. —

Gründling, Paul, Grabdenkmäler, eine Sammlung von Entwürfen zu Grabsteinen, Kreuzen, Platten, Familiengräbern etc. m. Details in natürl. Grösse. Zum pract. Gebrauch f. Steinmetzmeister, Bildhauer, Architecten etc. (In 5 Hftn.) 1—3. Hft. Fol. (à 6 Steintaf. mit 6 lith. Bogen Details.) Leipzig 882. Glaser & Garte. à n. 5. —

Gründling, Paul, Grabdenkmäler. Eine Sammlg. v. Entwürfen zu Grabsteinen, Kreuzen, Platten, Familiengräbern etc. m. Details in natürl. Grösse. Zum prakt. Gebrauch f. Steinmetzmeister, Bildhauer, Architekten etc. 4. u. 5. Hft. Fol. (à 6 Steintaf. m. 6 lith. Bog. Details.) Leipzig 883. Garte. à n. 5. —

— Möbel, s.: Hittenkofer, M., Unterrichtswerke.

— Motive für d. Gesamt-Innen-Dekoration. Ein Skizzen- u. Nachschlagebuch für Architekten, Bauunternehmer, Zimmermaler etc., enth. Darstellg. v. Arrangements z. Innen-Dekoration d. Decken u. Wände aller vorkomm. Räume d. bürgerl. Hauses, sow. von Villen, Restaurants, Sälen, Gesellschaftshäusern etc. in Gesammt-Ansichten, Grundrissen u. Detail des Einzel-Ornaments f. Ausführg. m. Holzverkleidg., Tapeto, Fliesen, Putz, Stuck u. echtem Material u. f. d. event. Bemalg. d. Flächen d. so ausgeführten u. dekor. Decken u. Wände. 25 Taf. m. erläut. Text. gr. 8. (14 S.) Weimar 896. Leipzig, B. F. Voigt. In Mappe 3. —

Gründling, P., Staffage-Zeichnen, s.: Bennewitz.

—— und Frz. Hannemann, Theorie und Praxis der Zeichenkunst für Handwerker rc., s.a. Schauplatz, neuer, der Künste und Handwerke. Bd. 55.

— u. Frz. Hannemann, Theorie u. Praxis der Zeichenkunst f. Handwerker, Techniker u. bildende Künstler. 4. Aufl. v. Thon-Hertel's Lehrbuch der Linear-Zeichenkunst [Reißkunst], neu bearb. Mit e. Atlas v. 30 (lith.) Foliotaf., enth. üb. 500 Fig. gr. 8. (XX, 193 S.) Weimar 883. B. F. Voigt. 9. —

— ländliche Wohngebäude, s.: König, Andr.

— moderne Wohnhäuser u. Villen. E. Sammlg. v. Entwürfen u. Darstellgn. ausgef. Bauten z. Miethäusern, Wohn- u. Geschäftshäusern, sow. Einfamilienhäusern u. Villen in d. Stadt u. auf d. Lande. In Gruppen u. nach Bauart zusammengest. f. d. heut. mod. Bedürfnis nach hygien., baupolizeil., sow. praktisch formeller Richtg. hin. gr. 4. (30 Taf. m. 8 S. Text.) Weimar 897. Leipzig, B. F. Voigt. In Mappe 7. 50

Gründling, P., Ornamentales Zeichnen, Neubearbeitg., s.: Warning, L., das Ornament-Zeichnen.

Grundlinien der Anatomie und Chirurgie. Braunschweig 1794—95. V: *Fricke, Heinr.* (Call)

Grundlinien d. Anatomie u. Chirurgie. 2 Thle. 8. Braunschw. 794, 95. Schröder. 1 rß 12 gr (2r Thl. A. u. d. T.: Entwurf eines Handbuchs für angehende Wundärzte. N. Ausg. 800. 18 gr)

Grundlinien der Anatomie u. Chirurgie. 1r Thl. 8. Braunschw. Schröder. 800.

Grundlinien des Bildes Friedrichs des Zweiten Kőnigs von Preussen entworfen bey seiner Urne in der Loge zum aufrichtigen Herzen zu Frankfurt an der Oder. Den 20sten Sept. 1786. Cůstrin [1786]: Trowitzsch. 24 S. 4⁰ [Umschlagtit.]

Kl. 1381. Enth. die Gedächtnisrede von E. V. Seidel, u. ein Gedicht von Huber. 193.

— u. zugleich prakt. Darstell. über Buchführung, Rechnungswesen u. Kassenwesen d. adel. Güterverwaltungen. 4. Würzb. 827. (Strecker). 2 rß

Grundlinien d. Deklamationskunst. Zum öffentl. wie z. Privatgebrauche. Von *r. (Gtfr. Wilh. Becker.) 8. (9 B.) Leipzig 840, Fest'sche Vrlsbuchh.

Erste **Grundlinien** des europäischen Gesandschaftsrechtes. Mainz 1790.

Grundlinien der bayerischen Geschichte für Latein- und Gewerbsschulen. Landshut 858. Thomann. 12. (69 S.) 6 ngr

Grundlinien zur Geschichte der Albertinischen hohen Schule in Breisgau. Freyb. 1808. V: *Ecker, Johann Alexander.* (MGT) »1806«. V: *Weissegger von Weisseneck, Frdr. Leop.* (EB)

Grundlinien eines, dem itzigen Zeitgeist angemessenen katholischen Kirchenrechts . . . München 1804. V: *Nömer, Frz Andr.* (MGT) (Ky) (BB) »O. O. 1805.« (AarK)

— eines dem jetzigen Zeitgeiste angemessenen Kirchenrechts, mit Rückblicken auf d. gegenwärt. Kirchenreformen in Baiern, (von J. Nömer). 8. ohne Druckort (Münch.) 804. Lentner. 1 rß 5 gr Hbg. Pr. 21 gr

Grundlinien die ungarische Sprache praktisch zu lehren . . . O. O. 1792. V: *Vályi, K. Andrús.* (Pk)

— zu einer zweckmäßigen Methodologie für latein. u. gelehrte Schulen. gr. 8. Leipz. 820. E. Klein. 14 gr

Grundlinien einer Salzburgischen Mineralogie . . . [Salzburg] 1786. V: *Schroll, Caspar Melch. Balth.* (Hr) BrMm)

— einer Salzburg. Mineralogie, oder kurzgefaßte Anzeige d. bekanntesten Fossilien d. Salzburg. Gebirges, nach d. Wernerschen Uebersetzung von Cronstets Mineralogie geordnet. gr. 8. Salzb. 786. Duyle. 2 gr

Grundlinien einer decimalen-Münz-Ordnung des Norddeutschen Bundes. Berlin 1870. V: *Kuhn, F. W. E.* (Kat. d. Bibl. d. dtsch. Reichstages. Berl. 1882.) (WFM)

Grundlinien der Naturgeschichte, zum Unterricht für Schulen und den gemeinen Mann. München 1800. V: *Flurl, Matthias.* (Ky) »München 1800—01«. (BrMm)

— d. Naturgeschichte, zum Unterricht d. Pfalzbaier. Gymnasien, (v. M. Flurl). 5 Abtheill. 8. Münch. 800. Lentner. 1 rß 4 gl (A. u. d. T.: Grundlinien d. Naturgeschichte, zum Unterr. für Schulen u. den gemeinen Mann.)

— d. Naturgesch. f. Schul. u. d. gem. Mann. 8. Münch. Lentner. 804.

Grundlinien zu e. Philosophie der Befestigungen. Eine ehrliche Verständigung üb. den heutigen Stand derselben, ihre Beziehungen zu Land- u. Landesvertheidigung, zu den Völkern, Regierungen u. Armeen. Von e. deutschen Ingenieur. gr. 8. (15 B.) Leipzig 843. [Bamberg.]

Grundlinien zu einer Philosophie der Befestigungen. Leipzig 1843. 231 S.

Grundlinien zu dem Plane eines Creditvereines in Baiern. 8°. München, Finsterlin, 1823.

— d. Politik, nach einem neuen u. einfachen Systeme. 8. Münch. 821. Lindauer. 10 gl

Grundlinien der heutigen Reichshofrathspraxis im Allgemeinen ... Nördl. 1778—85. V: *Hanzely, Vincenz.* H: *Preu, Johann Christian.* (MGT) (MS) (Ky)

— d. Reichshofrathspraxis im Allgemeinen, (von V. Hanzely, mit Verbess. herausg. v. J. C. Preu). 4. Nördl. 778. Beck. 18 gl Fortsetz., oder neueste Grundlinien ꝛc., (v. V. Hanzely). 2 Bde. 4. Bamb. 785. (Wesché in Frankf.) 2 rß 8 gl

Grundlinien des Christlichen Religionsunterrichts ... München 1809. V: *Majer, Xaver.* (MGT) (Ky)

— d. christl. Religionsunterrichts. Ein Auszug aus d. Lehrbuch d. christl. Religion, (v. Socher), (v. Frz. Xav. Mayr). 12. Münch. 809. 2e A. 810. 3e A. 816. Lentner. 3 gl

— des christl. Religionsunterrichts; ein abgekürzter Auszug aus dem Lehrbuch der christl. Religion. 3te Aufl. 12. München, Lentner. 817.

Grundlinien zu einer allgemeinen deutschen Republik, gezeichnet von einem Martyrer der Wahrheit. Altona u. Wien 1782. V: *Krug.* (Mitth. M. Grolig.)

Grundlinien zu einer allgemein deutschen Republik, gezeichnet von einem Märtyrer der Wahrheit. 8. Altona und Wien 1797.

— zu e. allgem. deutschen Republik. 8. Altona 797. (Herold jun. in Hamb.) 6 gl

— z. e. allgem. deutschen Republik. 8. Altona, Verlagsges. (Vollmer in Hamb.) 797.

Grundlinien oder Revision der ganzen praktischen Arzneykunde ... Leipz. 1787. V: *Ruhland, Marcus Philipp.* (ML) (Ky)

— oder Revision d. ganzen prakt. Arzneikunde; (v. M. Ph. Ruhland). 2 Thle. 8. Leipz. 787. (W. Vogel). 1 rß

— d. Rhetorik, nach einem neuen u. einfachen Systeme. 8. Münch. 820. J. Lindauer. 10 gl

— einer engl. Sprachlehre. gr. 8. Gera 797. Haller. (Central-Compt. in Leipz.) 8 gl

Grundlinien des deutschen Styls in seinem ganzen Umfange ... Leipzig 1796—97. V: *Marienburg, Lucas Joseph.* (Pk)

— d. deutschen Styls ꝛc. 1s u. 2s Bdchen. 8. Leipz. 796. (Brockhaus). 12 gl 3s u. 4s Bdchen. 8. Erfurt (u. Gotha) 797. Hennings. 18 gl

— d. deutsch. Styls ꝛc. 1s u. 2s Bdch. 8. Lpz. Gleditsch. 796. (à 6 gr.)

— der medicinischen Theorie n. Joh. Brown. 8. Wien, Pichler. 801.

Grundlinien einer neuen, von der bisherigen abweichenden, Theorie der ehelichen Gütergemeinschaft ... O. O. 1811. V: *Binder, Nicolaus.* (schr)

Grundlinien zu einer Theorie der Schauspielkunst ... Leipzig 1797. V: *Einsiedel, Friedrich Hildebrand.* (Ky) (MGT)

— zu e. Theorie d. Schauspielkunst, (v. Fr. Hildebr. Frhr. v. Einsiedel). 8. Leipz. 797. Göschen. 10 gl

Grundlinien einer künft. Verfassung der protestantischen Kirche im preuß. Staate. 8. Berl. Dieterici. 815.

Grundlinien einer künftigen Verfassung d. protestant. Kirche im preuß. Staate. 8. Berl. 815. (Mittler). 14 gl

Grundlinien des Verhältnisses der Gerichte zu den Verwaltungs- und Finanzbehörden in Kurhessen. Fulda 1827. V: *Wiederhold, Ludwig Heinrich.* (Gd)

— des Verhältnisses d. Gerichte zu d. Verwaltungs- u. Finanzbehörden in Kurhessen, (v. L. W.) 8. Fulda 827. Müller. 6 gl

— einer Vernunftslehre für Volksschulen, (v. Wlh. Webel). 8. Zeitz 812. Webel. 3 gl

Grundlinien der Versöhnungslehre. Von Christophilus. (51 S.) gr. 8. Leipzig 904. G. Strübig. n.n. — 75

— dasselbe, 2. Ausg., s.: Wetzel.

— d. Volksrechte bei Reichs=, insonderheit Kriegssteuern. 8. Bayr. 808. Lübecks Erb. 14 ℳ

Grundlinien zum Vortrag v. Domprobst Eklund am 4. IX. 1901 bei der X. allgem. lutherischen Konferenz. 8. (11 S.) Lund 901. (H. Möller.) n.n. — 20

Grundlinien der allgemeinen Weltgeschichte in Baiern. Landshut 1775. V: *Dufresne, Joseph Maria von.* (Ky)

— d. allgem. Weltgeschichte in Baiern, (v. J. M. v. Dufresne). 8. Landsh. 775. Weber. (Storno). 6 ℳ

Grundlinien des ordentl. livländ. Civilprozesses. Riga 1812. V: *Hezel, W.* (Winkelmann, Bibliotheca Livoniae historica. 2. Aufl. 4115.)

Grundliste, zum Gebrauch für Unteroffiziere. gr. 8. Sulzb. 811. v. Seidel. 6 ℳ

Joseph z. Einigkeit: **Grundliste der □ Joseph zur Einigkeit in Nürnberg; Johannis 1778.**

Vorhanden sind 2 „Grundlisten" von demselben Datum, eine handschriftliche mit 31 und eine gedruckte mit 33 Mitgliedern. Offenbar unterscheiden sie sich von den einfachen Mitglieder-Verzeichnissen, da auch eine Liste der Loge Joseph zur Einigkeit in Nürnberg „von Johannis 1778" mit 37 Mitgliedern vorhanden ist. 21.

Grund= u. Glaubensmangel, der, des Buchs: „Die christlichen Grund= u. Glaubenslehren der Orthodoxen u. Rationalisten 2c. Von J. F. Clasen." Nachgewiesen v. e. orthodoxen Prediger. gr. 8. (3 B.) Kiel 812. [Naeck.] *

Grundmann, Carl Friedrich, Pastor zu Kloschwitz bei Plauen. Seinen zahlreichen Freunden u. Verehrern gewidmet von einem ehemal. Zöglinge. gr. 8. (63 S.) Dresden 851, Naumann in Comm. n. ⅓ ₰

Grundmann u. Simon, Fibel f. den ersten Schreib=, Lese= u. Rechtschreibunterricht. Nach phonet. Grundsätzen bearb. 6., neubearb. Aufl. (IV, 104 S. m. Abbildgn.) gr. 8. Neustrelitz 904. Lehrer Grundmann u. Lehrer Simon, Selbstverlag. Geb. n.n. — 60

Grundmann, Kontrollbuch f. Geflügelhändler. (64 S.) 8. Flöha 904. A. Peitz & Sohn. n. — 50

Grundmann, Merkbuch f. Tuberkulinproben. 8. (16 S. u. 50 Bl. u. 3 Bl. in 4.) Hannover 902. M. & H. Schaper. Geb. in Wachstuch n. 1. —

Grundmann, Präparation zu Herodot. 1. u. 2. Hft. gr. 8. Leipzig 900. B. G. Teubner. n. — 90
1. Buch V. (31 S.) n. — 50. — 2. Buch VI. (26 S.) n. — 40.

Grundmann u. Simon, Schulfibel f. d. ersten Schreib=, Lese= u. Rechtschreibeunterricht. N. method. Grundsätzen f. Stadt= u. Landschulen bearb. gr. 8. (88 S. m. Abb.) Neustrelitz 896. Selbstverl. (durch B. van Groningen). Geb. n.n. — 50; 19 Lesetaf. dazu à 73×54 cm., auf Pappe u. Zugabe 73×27 cm. n.n. 16. —

Grundmann, Alfred Paul, pract. Arzt aus Mölbis: **Fibromyom der vorderen Scheidenwand mit Druckusur derselben.** *Leipzig 1901: B. Georgi.* (24 S.) 8°
Leipzig, Med. Diss. v. (21. Nov.) 1901

Grundmann, C., ossa et cineres quorund. defunctor. eruditor. coll. 8. Frft. Stock. 717.

Grundmann, Chr. W.

Grundmann, C. W., Versuch e. Ucker-Märckischen Adelshistorie etc. Prentzlau 1744. fol.

Grundmann, Chr. W., Versuch e. ukermärk. Adelshistorie, aus Lehnsbriefen u. andern glaubwürd. Urkunden. Fol. Prenzlau 754. Ragoczy. 2 ₰

Grundmann, Chr. W., Vers. e. ukermärk. Adelshist., a. Lehnsbr. u. and. glaubw. Urkund. Fol. Prenzl. (Schöne, a. Lange in Berl.) 754.

[F.] **Grundmann,** Emanuel Max: Alphabetisch geordnetes deutsch-lateinisches und lateinisch-deutsches Wörterverzeichnis zu dem lateinischen Übungsbuch und dem ersten Teil der Aufgabensammlung für Quarta von Schultz-Weisweiler. Als Anhang einige Phrasen u. stilist. Regeln f. d. unteren u. mittleren Klassen. Für d. hiesige Realgymn. bearb. Rawitsch, Druck v. R. F. Frank, 1895; 139 S. 8.
Rawitsch, k. RG, OP 1895 (174)

Grundmann, Emil, approb. Tierarzt aus Chemnitz: (Aus d. anat. Institute zu Giessen.) **Über Doppelbildungen** bei **Sauropsiden.** *Wiesbaden: J. F. Bergmann 1900.* (43 S.) 8° ¶ (Soll fortges. werden.)
Giessen, Veterinär-med. Diss. v. 1900

Grundmann, Emil, Gedichte. 16. (VIII u. 118 S.) Berlin 852, Simion. ½ ₰

Grundmann, Emil, Gedichte. 16. (VIII und 118 S.) Berlin 852. [Leipzig, Voigt und Günther.] Thlr. *

Grundmann, (Matthaeus Georg. Frid.) Aemil. (geb. Birtultau in Oberschl. 4. 2. 1830): De penis defectu nonnulla. Berolini (1854) (32 S.) 4°
Berlin, Med. Diss. v. 29. März 1854

Grundmann, F. P., nützliches Wörterbuch, od. gleich= u. ähnlichlaut., wie auch schreibgebräuchl. Wörter d. deutschen Sprache. Für d. Jugend= u. Selbstunterr. grammat. bearb. 2., verm. Aufl. gr. 12. (5 B.) Prag, Leitmeritz u. Teplitz 836, Medau.

Grundmann, Fr., I. Ueber die Entschwefelung der Eisenerze der Grafschaft Mark, nebst einer Untersuchung des Schmiedeeisens, das aus diesen Erzen dargestellt wurde. II. Die Bedeutung der Puddlingsarbeit nach ihren chemischen und physikalischen Erscheinungen, nebst einer Vorbemerkung über die industrielle Wichtigkeit derselben für die Grafschaft Mark und einen Theil des bergischen Landes. Zwei Vorträge. Herausg. durch den technischen Verein. Hagen 855. Butz in Comm. gr. 8. (24 S.) 4½ ngr

Grundmann, Sind die englischen Steinkohlen besser als die schlesischen? Breslau 864. Trewendt. gr. 8. (38 S. u. 1 Tab. in Fol.) n. 5 ngr

Grundmann, Fr., sind die englischen Steinkohlen besser als die schlesischen? 2., nach neuesten Untersuchgn. verb. u. vervollständ. Ausg. gr. 8. (37 S.) Beuthen 872. (Waldenburg i. Schl., Knorrn.) n. 1. —

[F.] Der Denunciant. E. Bild aus d. Arbeiterleben in 4 Abth. v. Fr[anz] Grundmann ... *Berlin: A. Hoffmann 1895.* (48 S.) 1 Bd 8.
= **Vorwärts.** Ser. III. No 6. 5c. 2680

Grundmann, Frz., Edelwild. Drama in 1 Akt. gr. 8. (28 S.) Weimar 902. (Friedland i/B., E. Hamerschlag.) (Nur direkt.) n. 1. —

[Umschlagt..] [F.] Die Mai-Feier der Brüder Faulpelz. Posse in 2 Bild. v. Fr **Grundmann** ... *Berlin: A. Hoffmann [1897?]* (16 S.) 1 Bd 8. [98. 3411

Grundmann, Frz., die Maifeier der Brüder Faulpelz. Posse in 2 Bildern. (Umschlag: 2. Aufl.) (23 S.) 8. Berlin (905.) A. Hoffmann. n. 1. —

— der Onkel aus Amerika. Schwank in 1 Akt. gr. 8. (19 S.) Ebd. (895). — 40

— Schier-Naz. Schauspiel in 4 Akten. (Uebersetzung aus der Mundart des Isergebirges.) 8. (96 S.) Berlin 900. A. Hoffmann. 1. —

[F.] Ein verlorener Sohn. E. Bild aus d. Leben. Von Franz **Grundmann** *Berlin: A. Hoffmann 1895.* (15 S.) 1 Bd 8.
= **Vorwärts.** Ser. III. No 9. [96. 2681

[F.] Ein verlorener Sohn. E. Bild aus d. Leben. Von Franz **Grundmann** III. Aufl. *Berlin: A. Hoffmann 1898.* (15 S.) 1 Bd 8. [98. 5036

Grundmann, F[ranz]: Aus dem alten Testamente. Dem Schleiferfranz nacherzählt [in der Mundart d. *Rehorngebirges*]. 3. Aufl. ⟨Zuerst ersch. in d. Ztschr. 'Rübezahl'.⟩ Schumburg-Tannwald, Schweidnitz ['09]. 112 S.

Grundmann, F., aus dem alten Testamente. Dem Schleiferfranz nacherzählt. 8. Aufl. (112 S.) 21×12 cm. Schweidnitz (909). L. Heege. 1. —
Sonderabdruck aus „Rübezahl"

Grundmann, Frz., deutsche Worte. Eine Sammlg. v. Gedichten, zu Gunsten d. Fondes f. den Bau d. deutschen Theaters in Prag hrsg. gr. 8. (V, 320 S.) Wien 884. Konegen. n. 5. —; geb. n. 6. 50

Grundmann, Georg

Grundmann, Geo., Choralbuch f. das Fürstenth. Ostfriesland. gr. 8. (X, 119 S.) Norden 879. Braams. n. 3. —

Grundmann, (*Emil Friedrich Hermann*) Georg [aus Schlesien]: Über den täglichen Gang der Wärme und des Luftdruckes in Breslau nach Beobachtgn d. kgl. Univ.-Sternwarte ... Breslau, Druck v. Grafs, Barth & C., *1892*; 3 Bl., 59 S., 1 Bl., 1 Taf. 8.
Breslau, Phil. Fak., Inaug.-Diss. v. 4. Juni 1892

Grundmann, Geo., üb. den täglichen Gang der Wärme u. des Luftdruckes in Breslau nach Beobachtungen der kgl. Universitäts-Sternwarte. Diss. gr. 8. (59 S. m. 1 Taf.) Breslau 892. (L. Köhler.) n. 1. —

— Schulchoralbuch f. höhere Lehranstalten u. Oberklassen gehobener Volksschulen. Eine Sammlung größtentheils dreistimmig gesetzter Choräle u. geistl. Gesänge. 8. (VIII, 111 S.) Ebend. 879. n. 1. —

(Grundmann, Gerhard·) Das Lausigker Bethlehemstift und das Frauen-Genesungsheim des Vereins für Innere Mission zu Leipzig. Mit 7 Bild. Dresden: Landesver. f. innere Mission 1909 16 S. 8°.
(Stätten u. Werke d. inneren Mission im Kgr Sachsen. H. 5.)

(Grundmann, Gerhard·) Ein Gang durch die Arbeitsstätten des Vereins für Innere Mission zu Leipzig. Mit 20 Bild. Dresden. Landesver f innere Mission 1909 31 S. 8°.
(Stätten u. Werke d. inneren Mission im Kgr Sachsen. H. 2. u. 3.)

— **Gottfried Wilhelm** (Brieg/Schles.), De inspectione alienarum literarum. Diss. jur. Präs. Th. Siegfr. Ring. Frankfurt/O. (Chph. Zeitler) 4. IV. 1690. 78 S., tlws. dtsch. (6.80) 11958

— — Dasselbe. 1719. (6.50) 11959

Zwei Offiziere des grossen Kurfursten. Gesch. Erzahlung aus d. Zeit von 1640-1740 von H[einrich] **Grundmann.** *Stettin: H. Dannenberg & Co 1900.* (87 S.) 8° [F.]
= **Grundmann** Zollern sei's Panier. Bd 2. [00. 7416

Und wenn der grosse Friedrich kommt. Geschichtl. Erzählung aus d. Zeit von 1740–1757 Von H[einrich] **Grundmann.** *Stettin: H. Dannenberg & Co. 1900.* (75 S.) 8° [F.]
= **Grundmann** Zollern sei's Panier Bd 3. [00. 3497 θ

Grundmann, H., Zollern sei's Panier. Geschichtl. Erzählgn. aus d. Zeit uns. Hohenzollern in d. Mark. 1.—3. Bd. 12. Stettin, H. Dannenberg & Co. Kart n. 2. 75
1. 1415—1640. Histor. Roman. (52 S.) 899. n. — 75
2. 2 Offiziere des großen Kurfürsten. Geschichtliche Erzählg. aus der Zeit von 1640—1740. (87 S.) 900. n. 1. —
3. Und wenn der große Friedrich kommt. Geschichtliche Erzählg. aus der Zeit von 1740—1757. (75 S.) 900. n. 1. —

Grundmann, Herm. Rich., quid in elocutione Arriani Herodoto debeatur. gr. 8. (88 S.) Berlin 884. Calvary & Co. Diss. n. 3. —

Quid in elocutione Arriani Herodoto debeatur. Scripsit Hermannus Riccardus **Grundmann.** (Berlin: S. Calvary & Co. 1885.) (S. 177–268.) 8°
= **Studien, Berliner, f. classische Philologie u. Archaeologie.** Bd 2, [2.] [04. 7703

Grundmann, J., eine Belagerung in der Prärie, s.: Volks- u. Jugend-Erzählungen.

— Kapitän Brendell od. das Felsenriff im stillen Ocean. Eine Erzählg. f. die Jugend. 8. (80 S. m. 4 farb. Bildern.) Fürth 898. G. Löwensohn. Kart. n. — 50

— Robinson Crusoe. Nach Joach. H. Campe f. die Jugend neu bearb. gr. 4. (350 Sp. m. 10 farb. Bildern.) Ebd. 893. Kart. 5. —

— die „blutige Faust",
— in den Felsenhöhlen d. Kolorado,
— die Goldmine in den Black-Hills,
} s.: Jugend-Bibliothek, kleine.

Grundmann, J Die Grafenfehde, s.a. Flemming's, Carl, vaterländ. Jugendschriften.

[F.] Die Grafenfehde. E. Bild a. d. Gesch. d. Hansa v. J. **Grundmann.** M. 4 Ill. *Glogau: C. Flemming [1896].* (141 S., 4 Taf.) 1 Bd 8.
= **Jugendschriften,** C. Flemmings Vaterländische. Bd 47. [97. 7470

— der letzte Häuptling d. Florida-Indianer. E. Erzählg. a. d. Kämpfen d. Weißen m. d. Seminolen. M. vielen (5) Illustr. in Farbendr. gr. 8. (120 S.) Fürth 895. G. Löwensohn. Geb. 1. —

— der stammlose Häuptling, } s.: Volks- u. Jugend-Erzählungen.

In den Jagdgründen der Apachen. Eine Erzählung aus d. Südwesten Amerikas von J. Grundmann. *Berlin: E. Freyhoff [1903].* (117 S.) 8° [F.]
— Bibliothek d. Reisen u. Abenteuer. Bd 8. [03. 15894]

Grundmann, J.: Italuak, s. Volks- u. Jugenderzählungen.

Grundmann, J., s. Jugend-Bibliothek, kleine. —

— auf dem Kriegspfade. Eine Erzählg. aus den Prairien des Westens. gr. 8. (192 S. m. 8 farb. Bildern.) Fürth 893. G. Löwensohn. Kart. 2. —

— Leben u. Abenteuer des scharfsinnigen Edlen Don Quixote v. la Mancha, s.: Cervantes Saavedra, Miguel de.

— des Kindes liebstes Märchenbuch. Eine Märchen-Sammlg. 8. (80 S. m. 4 farb. Bildern.) Ebd. 893. Kart. n. — 50

— auf d. Marsch z. Silbermine, s.: Unterhaltungsbibliothek.

— der Pelzjäger. Eine Erzählg. aus dem fernen Westen. 8. (80 S. m. 4 farb. Bildern.) Ebd. 893. Kart. n. — 50

— Peter der Kundschafter. Erzählung aus dem nordamerikan Befreiungskriege. Für die Jugend bearb. Mit 5 Farbdr.-Bildern v. W. Zweigle. 1. u. 2. Aufl. gr. 8. (III, 119 S.) Stuttgart 893. 894. F. Loewe. Kart. n. 2. —

— Peter der Kundschafter. Erzählung aus dem nordamerikan. Befreiungskriege. Für die Jugend bearb. Mit 5 Farbdr.-Bildern v. W. Zweigle. 3. Aufl. (III, 119 S.) 8. Stuttgart (904). Loewe. Geb. in Leinw. n. 2. —

— d. Pfadfinder. E. Erzählg. a. d. amerikan. Waldleben, f. d. Jugend neu bearb. M. vielen (4) Illustr. in Farbendr. 8. (80 S.) Ebd. 895. Kart. — 50

Auf der Prärie. Von J. Grundmann. *Berlin: E. Freyhoff [1903].* (120 S.) 8° [F.]
— Bibliothek d. Reisen u. Abenteuer. Bd 9. [03. 15895]

— Reise um die Erde im Luftballon, zur Unterhaltg. u. Belehrg. erzählt. Mit Illustr. v. E. J. Manning. gr. 4. (331 S.) Fürth 894. G. Löwensohn. Kart. 3. 50

Grundmann, J.: Hieronymus Rhode, s.a. Flemming's, Carl, vaterländ. Jugendschriften.

[F.] Hieronymus Rhode der Schöppenmeister von Königsberg. E. Erzählg a. d. Gesch. d. Preussenlandes v. J. Grundmann. M. 4 Ill. *Glogau: C. Flemming [1856].* (149 S., 4 Taf.) 1 Bd 8.
— Jugendschriften, C. Flemmings Vaterländische. Bd 46. [97. 7471]

— der Schatz in den Wichita-Bergen, — die Station auf den Tausend-Inseln, } s.: Volks- u. Jugend-Erzählungen.

Tokeah, der letzte Häuptling seines Stammes. Erzählung von J. Grundmann. *Berlin: J. Gnadenfeld & Co. [1899].* (128 S.) 8° [F.]
— Bibliothek d. Reisen u. Abenteuer. Bd 7. [00. 10741]

— die beiden Trapper, s.: Jugend-Bibliothek, kleine.

— die Trapperburg in den Rocky-Mountains, s.: Volks- u. Jugend-Erzählungen.

Der Ueberfall in der Prärie. Eine Erzählung aus d. westl. Amerika von J. Grundmann. *Berlin: J. Gnadenfeld & Co. [1899].* (120 S.) 8° [F.]
— Bibliothek d. Reisen u. Abenteuer. Bd 4.

— fürs kleine Volk. Eine Sammlg. der schönsten Kindermärchen. 8. (120 S. m. 5 farb. Bildern.) Fürth 893. G. Löwensohn. Kart. 1. 50

— s.: Volks-Erzählungen, kleine.

— im wilden Westen, s. Düms' Knaben-Bibliothek.

— im wilden Westen. 3 Erzählungen f. die Jugend. Mit 5 Farbendr.-Bildern v. W. Schäfer. 12. (72 S.) Wesel 894. W. Düms. Geb. — 50

— der weiße Wolf, od. im Vernichtungskampf gegen die Sioux-Indianer, s.: Unterhaltungsbibliothek.

— Yaha-Hajo, der große Häuptling der Seminolen, s.: Volks-Erzählungen, kleine.

Yaha-Hajo, der große Häuptling der Seminolen. Eine Erzählung aus Florida von J. Grundmann. [Neue Aufl.] Mülheim a. d. Ruhr: J. Bagel [1902]. (64 S.) 8° [F.] [06. 4724]

— Zambo, der Negerfürst, s.: Volks- u. Jugend-Erzählungen.

Grundmann, J(ohann): Abhandlung über die Eigenschaften und Wirkungen der animalischen Elektrizität; wodurch auch die wahre Natur der Hundswuth und deren Heilung erkennbar wird. 192 S., gbd.

Breslau u. Leipzig: Korn 1803

Die Bedeutung der Phantasietätigkeit im Geographieunterricht. Von Dr. Joh. Grundmann, Leipzig Langensalza: Beyer 1909. 43 S. 8°
(Pädagogisches Magazin. H. 369.) [11. 9320]

— nähere Beleuchtung d. Eigenschaften u. Wirkungen d. animal. Elektricität. 8. Bresl. 803. W. G. Korn. 12 gr.

Grundmann, Johannes: Die geographischen und völkerkundlichen Quellen und Anschauungen in Herders 'Ideen zur Geschichte der Menschheit'. *Berlin 1900: G. Bernstein.* (113 S.) 8° [F.]
Leipzig, Phil. Diss. v [28. Mai] 1900

Grundmann, Johs., die geographischen u. völkerkundlichen Quellen u. Anschauungen in Herders „Ideen zur Geschichte der Menschheit". gr. 8. (VI, 139 S.) Berlin 900. Weidmann. n. 3. —

Grundmann, Johann Gottlieb

Grundmann, J. Glieb., prakt. theor. Abhandl. von d. epidemisch. Scharlachfieber etc. 8. Gera, Beckmann, (a. Kummer in Lpz.) 789.

Grundmann, Jh. Gli., († im Oct. 1806.) Abriß d. Scharlachfieberepidemie, wie solche zu Hohenstein im Schönburg. im J. 1786 u. 87. herrschte. 8. Gera 788. Beckmann. (Kummer in Lpz.) 5 gr.

— s. Journalist.

Grundmann, Johann Gottlieb (Übers.):

s.: Raulin, (Joseph): Abhandlung von der Lungensucht... (Traité de la phthisie pulmonaire... Dt.) Mit einer Vorrede und vielen Anmerkungen begleitet von Benedikt Christian Vogel. Th.1 - 2. Wien: 1788

— **Joh. Gottlieb (Heykewalda/Zeitz), Selecta remedia ac medicamenta externa contra inflammationes eorundemque prudentem administrationem. Präs. Hermann Paul Juch. Erfurt (Jo. Chph. Hering) 21. VI. 1751. 28 S. (6.—) 11960**
Gew.: Heinrich XXX. Reuss j. L.

Grundmann, Jh. Gli., einige Worte über Kuhpocken u. Kuhpockenimpfung, zur Belehrung für den Bürger u. Landmann. 8. Waldenb. 802.

Grundmann, K., das Kunstgewerbe, s.: Miniatur-Bibliothek.

Grundmann, Carl August Emil (Leipzig), De paracentesi abdominis et vulneratione ex ea orta. Diss. med.-chir. Lpz. (Sturm & Koppe [A. Dennhardt]) 5. IX. 1854. 27 S. mit Biogr. (M.: C. Bauer.) (4.80) 11957

Grundmann, Kurt, Tranekjaer, e. dänischer Grossbetrieb, vorbildlich f. Deutschland. (III, 89 S.) gr. 8. Hannover 909. M. & H. Schaper. 2. 40

Grundmann, M. E., Vokabeln u. Präparation zu Xenophons Hellenika, f. d. Gebr. zu allen Ausgaben eingerichtet. 1.—3. Hft.: Buch 1—3. (42, 42 u. 48 S.) Gotha 898. F. A. Perthes. à n. — 50

Grundmann, M. E., Vokabeln u. Präparation zu Xenophons Hellenika, für den Gebrauch zu allen Ausgaben eingerichtet. 4. Heft: Buch 4. (49 S.) 8. Gotha 902. F. A. Perthes. n. — 50

— dasselbe. 5. Heft: Buch 5—7. (78 S.) 8. Ebd. 903. n. — 80

Grundmann, M. E., Vokabeln u. Präparation zu Xenophons Hellenika, f. den Gebrauch zu allen Ausgaben eingerichtet. 1. u. 2. Heft; Buch 1 u. 2. 2., verb. Aufl. (44 u. 42 S.) 8. Gotha 907.08. F. A. Perthes. à — 50

Grundmann, Max, Familie Schmidt od. der schlaue Herr Lehmann. Herr Ganter Lehmann uff'n Maskenballe u. andere Sachen zum Lachen. (89 S.) gr. 8. Leipzig (903). O. Weber. n. 1. 20

Grundmann, Max, Familie Schmitt u. anderes. 8. (4 S.) Leipzig 896. F. Wilde. — 20

Grundmann, Max, Prof.: Verzeichnis der Lehrer-Bibliothek des Königlichen Gymnasiums zu Rawitsch. T. 1. Rawitsch 1907: R. F. Frank. (54 S.) 8°
Rawitsch, k. G OP 1907 (208)

Grundmann, Otto, baer jur., Gerichtsref. aus Essen ⟨Ruhr⟩. **Das Pfandrecht an der eigenen Sache nach gemeinem und bürgerlichem Recht.** *Borna-Leipzig 1904: R. Noske.* (XI, 82 S.) 8° [F.]
Leipzig, Jur. Diss. v. 1904

Grundmann, P., d. schwarze „Adler",
— die Ansiedelung am Ontariosee,
— der Biberjäger,
— Chingaru, der Huronenhäuptling,
— Eisenfaust,
s.: Volks- u. Jugend-Erzählungen.

Grundmann, P.,
— der Freitrapper,
s.: Volks- u. Jugend-Erzählungen.

— an der Frontera, s.: Jugend-Bibliothek, kleine.

Grundmann, Paul. Der weiße Häuptling. Eine Erzählg. aus Neu-Mexiko. kl. 8. (64 S.) Reutl. 892, Bardtenschlager. — 25

— im Hinterwalde, s.: Volks- u. Jugend-Erzählungen.

— an d. Indianergrenze, s.: Jugend-Bibliothek, kleine.

Grundmann, P., d. Kundschafter, s.: Volks- u. Jugend-Erzählungen.

— Fort Laramie,
— Lincon, der Kazike der Rangueloß,
s.: Jugend-Bibliothek, kleine.

— Otsinka, die Häuptlingstochter, s.: Volks- u. Jugend-Erzählungen.

— Otsinka, die Blume der Wildnis,
— Ottha-Wah, der große Häuptling der Delawaren,
— die Pelzhändler,
— Sam-Jones, der letzte Häuptling der Seminolen,
s.: Volks- u. Jugend-Erzählungen.

— aus den Pampas,
— der Pelzjäger,
s.: Jugendbibliothek, kleine.

— in Sibirien od. durch Schnee u. Eis, s.: Volks- u. Jugend-Erzählungen.

— vom Sturme verschlagen, s.: Jugend-Bibliothek, kleine.

Grundmann, Reinh., Turnfahrt XI, 10. deutsches Turnfest: Staffelstein, Vierzehnheiligen, Staffelberg, Schloß Banz, Lichtenfels, Koburg. 12 S., 8°.

Grundmann, Richard *Bruno Heinrich:* Die Entwicklung der Aesthetik Kants. M. bes. Rücks. auf einige bisher unbeacht. Quellen dargest. ... München, kgl. Hof- u. Univ.-Buchdr. v. Dr. C. Wolf & Sohn, 1893; 72 S., 1 Bl. 8.
Leipzig, Phil. Fak., Inaug.-Diss. v. [30. Dez.] 1893

Grundmann, Rich. Ueber 98 in Attika gefundene Henkelinschriften auf griechischen Thongefässen. gr. 8. (72 S.) Lpz. 889, Teubner. * 2 —
Aus: Jahrbücher f. classische Philologie, 17. Suppl.-Bd., besonders abgedruckt.

Grundmann, S., auf der Prärie, s.: Jugend-Bibliothek, kleine.

Grundmann, W., wer ist der Mörder? Das Verbrechen des Sadisten Dippold. Aufklärungen über Sadismus, Masochismus, Fetischismus u. sonst. konträre Sexual-Empfindgn. (72 S.) gr. 8. Pössneck (903). H. Schneider Nachf. n. 1. —

Grundmann, W., Zeichenschule f. einklassige u. die Mittelstufe mehrklassiger Schulen nach den allgemeinen ministeriellen Bestimmungen vom 15. Octbr. 1872 bearb. qu. 4. (44 Steintaf. mit 11 S. Text.) Langensalza 877. Beyer & Söhne. In Mappe. 2. 25

Grundmayr (Grundmayer), Franz

Grundmayr, Frz., Gegenstände d. röm.-kathol. Glaubens- u. Sittenlehre. 8. Münch. 789. Lentner. (Haslinger in Linz). 3 gr 2e A. Augsb. 822. Bolling. 2 gr

— d. kathol. Gottesdienst durch d. 40täg. Fasten vom Aschermittwoch anfangend mit Beschluß d. Osterfestes ꝛc. 8. Augsb. 820. Bolling. 10 gr (Leipz., Herbig). 18 gr

— Jesus v. Nazareth, d. göttl. Bußprediger. 8. Augsb. 811. Bolling. (Herbig in Leipz.) 14 gr

Grundmayr, Fr., Jesus von Nazareth, d. göttl. Bußprediger. 8. Augsb. Doll. 811.

Grundmayer, (Fr.,) Jesus v. Nazareth, d. göttl. Bußprediger. 8. Augsb. 823, Bolling. (Herbig in Lpz.)

— Jesus v. Nazareth, d. vermenschte Sohn Gottes. 8. Augsb. 808. 4e A. 819. Bolling. 15 gr N. A. 823. Hbg. Pr. 8 gr

— **Jesus** v. Nazareth d. vermenschte Sohn Gottes. 8. Augsb. Doll. (a. Weber in Landsh.) 808.

— d. röm.-kathol. Kirchengebräuche vom ganzen Jahre, zum Unterr. u. Erbauung. 8. Münch. 792.

— liturg. Lexikon d. röm.-kathol. Kirchengebräuche. gr. 8. Augsb. 811. 2e A. 816. 3e A. 823. Bolling. 1 ℛ 12 gr Hbg. Pr. 20 gr

Grundmayr, Franz. Liturgisches Lexicon der römischkatholischen Kirchengebräuche. 3. Auflage. Augsburg 1822.

— **Maria** v. Nazareth, d. vermenscht. Sohns Gott. wahre Mutter. 8. Augsb. Doll. 810.

— Maria v. Nazareth, des vermenschten Sohn Gottes wahre Mutter. Verbessert u. mit Meß-, Beicht-, Communion- u. andern für d. Marianischen Festtage geeigneten Gebeten vermehrt. 8. Augsb. 810. 2e A. 819. 3e A. 821. Bolling. 10 gr

Grundmayr, Franz, Schriftmäßige u. gründliche Rechtfertigung der kath. Kirche u. ihrer Glaubenslehre. Augsburg, 1784, 8°

— allgemeine Ueberzeugung von d. Wahrheit eines Reinigungsortes. 8. Augsb. 807. Doll. 6 gr

— d. Ungläubige im Sterbebette. 8. Münster 790. Lentner. 2 gr 8. Augsb. 832. (M. Rieger). 3 gr

Grundmayer, Frz., der Ungläubige am Sterbebette. 8. Augsburg 833. M. Riegers Buchh. (Himmer.) 1/8 ℛ

— vertraul. Unterredung zwischen Frz. Grundmayr ꝛc. u. einem ehemal. Calvinisten, wie auch seiner Gemahlin luther.-evangel. Religion. 8. Augsb. 790. Bolling. (Leipz., Herbig). 8 gr

Grundner, Friedrich

Grundner, F., Formzahlen u. Massentafeln für d. Buche, s.: Horn, L. W.

GRUNDNER, Friedrich, Karl SCHUBERG u. A. SCHWAPPACH (Hrsg.): Hilfstafeln zur Inhaltsbestimmung von Bäumen und Beständen der Hauptholzarten. - Berlin 1898. 64 S. - 10. Aufl. u. d. T.: Massentafeln zur Bestimmung des Holzgehaltes stehender Waldbäume und Waldbestände. ebd. 1952. 216 S. Hrsg. v. R. Schober

Massentafeln zur Bestimmung des Holzgehaltes stehender Waldbäume und Waldbestände. Nach d. Arbeiten d. forstl. Versuchsanstalten d. Deutschen Reiches u. Österreichs hrsg. von Kammerrat Dr. [Friedrich] **Grundner** u. Prof. Dr. A[dam] Schwappach. 2. Aufl. Berlin P. Parey 1906. (IV, 124 S.) 8° [F.]
1. Aufl. erschien u. d. T · Hilfstafeln z. Inhaltsbestimmung von Bäumen u. Beständen d. Hauptholzarten .. [07. 12656

Massentafeln zur Bestimmung des Holzgehaltes stehender Waldbäume und Waldbestände. Nach d. Arbeiten d. forstl. Versuchsanst. d. Deutschen Reiches u. Oesterreichs hrsg. von Kammerrat Dr. [Friedrich] **Grundner** u. Prof. Dr [Adam] Schwappach. 3., erw. Aufl. Berlin: P. Parey 1907. (XVI, 124 S.) 8° [F.] [08. 3496

Grundner, F., Taschenbuch zu Erdmassen-Berechnungen bei Waldwegebauten in ebenem u. geneigtem Terrain. Mit in den Text gedr. Holzschn. 8. (VII, 103 S. m. 1 Tab.) Berlin 884. Springer. n. 3. —

Grundner, F., Untersuchungen im Buchenhochwalde über Wachstumsgang u. Massenertrag. Nach den Aufnahmen der herzogl. braunschweig. forstl. Versuchsanstalt bearb. (V, 136 S. m. 2 lith. Taf.) 8. Berlin 904. J. Springer. n. 3 —

— **Untersuchungen** üb. die Querflächen-Ermittlung der Holzbestände. Ein Beitrag zur Lehre v. der Bestands-Massenaufnahme. gr. 8. (41 S.) Ebend. 882. n. — 80

GRUNDNER, Friedrich: Untersuchungen über die Querflächen-Ermittlung der Holzbestände. Ein Beitrag zur Lehre von der Bestands-Massenaufnahme. - Berlin 1882. 41 S., 1 Abb., 5 Tab., Anh. m. 4 Tab. - Diss. Univ Tübingen 1882

GRUNDNER, Carl von (München): Über die Früchte des Evonymus Europaeus nebst einigen Versuchen mit rad. Ari mac.; As. eur.; Berb. vulg., Lapathi acuti und Colch. aut.- München 1843. 27.8.1842 - Urk (Titel: De fructibus evonymi Europaei et experimenta nonnulla circa rad. Ari mac., As. eur., Berb. vulg., Lapathi acuti et Colch. aut.); P 66
Diss. Ingolst.-Landsh.-Mchn.

Grundner, Carl, quo tempore et quo duce bellum Salaminium gestum sit, demonstratur. Dissertatio inauguralis. 8. (37 S.) Jena 875. Neuenhahn. n. — 80

Grundner, Paul, die photogr. Buchführung, s.: Kundt, Mario.

Grundner, Peregrinus, s.: Peregrinus.

Gründonnerstag, Der. Kirchhain N.-L. 1910. V: *Hoffmann, Immanuel.* (Berl 1919, S. 740)

Gründorf, Carl, Eilgut,
— Er soll sich austoben,
— eine moderne Feuerprobe,
— ein Freund wie er sein soll,
— ein Nihilist,
— Noblesse oblige,
— ein Opfer der Konsuln,
} s. Theater-Repertoir, Wiener.

Gründorf, C., in der Einöd', s.: Nationalbibliothek, deutsch-österreichische.

Gründorf, C., ein Guldenzettel, s. Theater-Repertoir, Wiener.

Gründorf, Karl — Ein Guldenzettel. Original-Schwank in einem Akt von — —. Als Manuskript gedruckt. Wien, 1857. Dr. von F. Fridrich. (16 S. 8.)

Gründorf, C., trau — schau — wem?! s. Theater-Repertoir, Wiener.

Gründorf Karl — Trau, schau, wem?! Charaktergemälde mit Gesang in drei Akten von — —. (Die Idee theilweise nach Gerstäcker) Musik von Adolf Müller. Als Manuskript gedruckt. Wien, 1857. Druck von U. Klopf sen. und Alexander Eurich. (68 S. 8.)

Gründorf, Karl, überall Protection, s.: Volkstheater, Wiener.

Gründorf, K., der Wunderdoktor, s.: Theater-Repertoir, Wiener.

Gründorf von Zebegény, Wilhelm Ritter

— Monographie v. Judendorf—Strassengel m. Hinblick auf Terrainkuren nach dem Systeme des Hofrates Dr. Oertel. (115 S. m. 2 farb. Karten.) 8. Ebd. 907. nn 1. 50

Gründorf v. Zebegény, Wilh. Ritter, Ausseer Tourist. Wanderungen in der nördl. Steiermark. Mit 1 (farb.) Tourenkarte der Umgebg. v. Aussee. (VIII, 59 S.) 8. Graz 909. U. Moser. nn 1. —

Gründorf v. Zebegény, W. Ritter, Grazer Tourist. Wandergn. in d. reiz. Umgebg. v. Graz. 8. (239 S. m. Titelbild u. 3 Routenkärtchen.) Graz 896. Leykam. n.n. 1. 60

Gründorf v. Zebegény, W. Ritter, Grazer Tourist. Wanderungen in der reizenden Umgebung von Graz. 2. Aufl. Gr.-8°. (XVI, 258 S mit 1 Karte) K 1.30
Graz: Leykam 1903.

Gründorf v. Zebegény, W. Ritter, Grazer Tourist. Wanderungen in der reiz. Umgebg. v. Graz. Mit 2 Uebersichtskarten. 3., verm. u. verb. Aufl. (XXXVI, 280 S. m. Titelbild u. 2 Karten.) 8. Graz 906. Leykam. n n. 2. 50

Grundpfeiler, Die drei, der Maurerei . . . Frankf. a. M. 1838. V: *Kloss, Georg.* (TA)

Grundpfeiler f. moderne Schulreform od. Erziehg. u. Unterricht im modernen Staate. Von Anastasius Vorwärts. gr. 8. (35 S.) Linz 891. (Mareis.) n. 1. 60

Grundplan und Beschreibung der Stadt Peking nebst Bemerkungen über die Anlage der chinesischen Gärten. 2 Blatt lithogr. qu. gr. Fol. (28 S. Text in gr. 4.) Wien 860, Förster's artistische Anstalt. *
Aus: Allgemeine Bauzeitung, besonders abgedruckt.

— von dem Innern der Paulskirche mit Angabe der Nummer-Sitze u. Namen der Abgeordneten der Deutschen Nationalversammlung zu Frankfurt a/M. Fol. Lithochrom. (Mit 7 S. Text.) Erfurt 849, Bartholomäus. 6 ngr

Grundplan vom Innern der Paulskirche, mit Angabe d. Plätze sämmtlicher Mitglieder der deutschen National-Versammlung. Holzschn. gr. Fol. Frankfurt a. M. 848, Schmerber. n. 1/4 ngr

Grundplan von Nürnberg und seinen Vorstädten. (Revid. Ausg.) gr. 4. Nürnberg 868, Sichling. In Carton

Grundprincip, Das, des einzuführenden Deutschen Volks-Rechts. Kiel 1888. V: *Bleicken, B.* (KGBerlin I, 504)

Grund-Prinzipien, einige der, zur Basis e. Erziehungs- u. Schulplanes, in Linien gegeben. (No. 1. Abgedr. a. „v. Besnard's kathol. Literaturzeitung.") gr. 8. (1½ B.) Landshut 830, (Thomann.) Thlr.

Grundprincipien. Die Grundprincipien des Evangeliums Jesu Christi, wie sie von ihm selbst eingesetzt wurden. Glaube, Busse, Taufe, Spendung des hl. Geistes, Autorität und Offenbarung. Traktat Nr. 2. Hrg. vom Missionsbureau ..., Zürich V. 16 S. 8. Zürich (Typ. C. Sturzenegger, Bern) 1902.
Tractat[e]. Hrg. ([durch die] Kirche Jesu Christi der Heiligen der letzten Tage).

Grundprincipien, die, der schwedischen Heilgymnastik. Cassel 859. Bohné in Comm. gr. 8. (18 S.) n. 3 ngr

Grundprincipien, die, der schwedischen Heilgymnastik. Lex.-8. (18 S.) Cassel 859, (Freyschmidt.) *

Grundrechnungen in den 4 Species von L. Nissen, N. Hermansen u. C. Steffensen. 2te sehr verm. u. verbesserte Aufl. 8. Schleswig, Koch. 816.

Zum Grundrechnungsunterrichte mit besonderer Rücksicht auf unsere Volksschulen. 60 S. 8°–Feldkirch UR., Progr. 1866-68

Grundrechte, Die deutschen, in Bayern. Eine Abhandlung über die Rechtsgültigkeit der Grundrechte in Bayern und über deren Einfluss auf die bisherige bayerische Gesetzgebung . . . Erlangen 1849. V: *Reichert.* (BMarsch 94)

Die deutschen Grundrechte in Bayern. Eine Abhandlung über die Rechtsgültigkeit der Grundrechte in Bayern und über deren Einfluß auf die bisherige bayerische Gesetzgebung. Von einem praktischen Juristen. (Revidirter Abdruck aus der „Bamberger Zeitung".) Erlangen, Palm, 1849. IV, 55 S. 8°.

Grundrechte und Verfassung, Des Oesterreicher's. Ein Büchlein fürs Volk. Wien (Wallishausser) 1868. V: *Przibram, Ludwig Ritter von.* (Przibram, Ludwig R. v., Erinnerungen eines alten Oesterreichers. Stuttgart u. Leipzig 1910. S. 209.)

Die Grundrechte und die Reichsverfassung für Deutschland. Beleuchtet von einem Bayer. Augsburg, B. Schmid, 1849. VI, 80 S. 8°.

Grundrechte, die, und die Reichsverfassung in Deutschland. Beleuchtet von einem Bayer (!). Augsburg, B. Schmid, 1849. Gr. 8⁰. Cart.*), unbeschn.
VI–80 S. — Inh.: 1. Die Lage u. die Mittel. 2. Die absolute gesetzgebende Gewalt der constituirenden Versammlung. 3–4. Die Freiheitsgaben der Grund-Rechte. 5. Die Fürsten u. die Particularstaaten. 6. Das Verfassungswerk u. die Revolution. 7. Lineamente zur Verständigung über das Reichsverfassungswerk. — Schlusswort.

—— und Reichsverfassung vom 4. März 1849 für das Kaiserthum Oesterreich. gr. 8. (34 S.) Lemberg 849, Winiarz.

Grundrechte, die, des Volkes in politischer, rechtlicher, religiöser, socialer u. moralischer Beziehung. 1—3. Liefg. Stuttgart 866. (Schober.) 8. (103 S.) 6 ngr

Grundrechte, die, des deutschen Volkes. Aus den Verhandlgn. der deutschen Nationalversammlg. zu Frankfurt a. Main 1848/49, s.: Vorkämpfer deutscher Freiheit 5. Hft.

— dies. s.: Parlaments-Bücher, Deutsche. Supplemente, 2. Thl.

—— dass. — 32. (24 S.) Stuttgart 848, Lubrecht und Comp.

— dies. Mit 2 Bildnissen (in Stahlst.) gr. 16. (16 S.) Braunschweig 849. (J. H. Meyer.) 1/8 ſ

—— dass. — Nebst dem Einführungs-Gesetz. 16. (16 S.) Dresden 849, Gottschalck.

—— dass. — Mit lithochrom. Randeinfassung von A. Schroedter. Imp.-Fol. (Mit 3 S. Text in gr. 8.) Frankfurt a. M. 849, Jügel's Verlag. **

—— dass. — 32. (16 S.) Frankfurt a. M. 849, Meidinger.

—— dass. — Nebst den Entwürfen zu dem Gesetze und Hinweisung auf andere Verfassungen. Von A. M. Ottow. gr. 8. (54 S.) Frankfurt a. M. 849, Sauerländer's Verlag.

—— dass. — 1 Bog. in gr. Fol. mit lithogr. und ill. Randzeichnungen von J. B. Scholl. Frankfurt a. M. 849, (Schmerber'sche Buchh.)

Grundrechte, die, des deutschen Volkes. Sammt dem dazu gehörigen Einführungs-Gesetze, mit kurzen pract. Erläuterungen begleitet. 16. (58 S.) Grimma 849, Verlags-Comptoir. 1½ ngr

—— dass. — Nebst Einführungsgesetz. 8. (16 S.) Leipzig 849, Breitkopf und Härtel.

—— dass. — In stenograph. Schrift nach dem Gabelsberger'schen System auf Stein geschrieben und hrsg. von A. Kretzschmar. 16. (8 S.) Leipzig 849, A. Kretzschmar. **

—— dass. — Mit Belehrungen und Erläuterungen. (1—4. Aufl.) 16. (109 S.) Leipzig 849, [Schlicke.]

—— dass. — Mit dem dazu gehörigen Einführungsgesetze, und zweckmäßigen Erläuterungen, mit besond. Rücksicht auf die neue preuß. Verfassungs-Urkunde vom 5. Dec. 1848. 8. (30 S.) Leipzig 849, O. Wigand. *

Die Grundrechte des deutschen Volkes. Mit Belehrungen und Erläuterungen. 2. Aufl. Leipzig, O. Wigand 1849. 103 S. 8.

—— dass. — Mit allgem. faßl. Erläuterungen, nebst der deutschen Reichsverfassung. Von O. Klopp. gr. 16. (120 S.) Osnabrück 849, Rackhorst'sche Buchh.

—— dass. — Mit Erläuterungen für Bürger, Landmann und Schule. gr. 16. (66 S.) Rudolstadt 849, Renovanz. *

— dies. Sammt dem Einführungsgesetze. Begleitet m. Bemerkungen f. die Württemberger. 16. (31 S.) Schw. Hall 849, Pfeiffer. 2 ngr

— dies. gr. 16. (15 S.) Schwerin 849. (Hildebrand.) 1 ngr

— dies. Sammt dem Einführungsgesetze. Mit e. Ansprache an die Volks-Vereine v. A. Weisser. 16. (24 S.) Stuttgart 849, Exped. d. Vereinsblätter. (Beck & Fränkel.) 1½ ngr

Grundregeln, Allgemeine, der Freymaurer. Nebst einer Rede über den Zweck der Maurerey. Pressb [Leipzig] 1784. Pressburg 1785. V: *Schmidt, E. F. G.* (L. Abafi, Gesch. d. Freimaurerei 3/363; 5/168) B: *Bode, Joh. Joach. Chph.* (KY 2/447) (WR 125) (BIBLPORT)

Grundregeln, allgemeine der Freymaurer. Nebst einer Rede über den Zweck der Maurerey. Pressburg, Weber. 1784. kl. 8. 43 S.

— allgem., d. Freimaurer. 8. Preßb. 785. Weber. 3 kr

Allgemeine Grundregeln der Frey-Maurer aufgelegt auf Anordnung der ger. und vollk. schottischen Loge zu den drey gekrönten Sternen [in Prag]. Im Jahr 1774. o. O. [1774]. 8 Bl. 8⁰
Abgedr. in: FZ. 11 (1857) S. 347—351.
Selten. 430.

— allgem., d. Tonkunst, mit besond. Hinsicht auf d. Clavier. 4. Münch. 813. (Nürnb., Stein). 12 kr

Grundregeln, die, d. Anstandes od. d. Warum u. Weil d. guten Sitte. E. Ergänzg. z. Schul- u. Haus-Erziehg. f. d. reif. Jugend v. e. Schulmanne. gr. 16. (30 S.) Frankfurt a/M. 897. Kesselring. Kart. n. — 30

— zum Behuf dersen., so sich dem Pensions-Institute d. Hausoffiziere einzuverleiben wünschen. 8. Wien 806. (Wimmer). 6 kr

Grundregeln, einfache und leichtfaßliche, zur gedeihlichen Bienenzucht auf eigene und anderer Bienenwirthe gemachte Erfahrungen gegründet. Geschrieben für Schulen und zum Privat-Unterrichte von einem Bienenfreunde. Mit einem Vorw. von Brotbeck. Wiesensteig 856. Schmid. 8. (IV, 139 S.) 12 ngr

Grundregeln zur Erlernung d. engl. Sprache. 8. Wien 794. v. Mösle. 16 kr

Grundregeln, geistliche, des hlg. Laurentie. (6 S.) kl. 8. Basel (904). Ascona, C. v. Schmidtz. — 15

Grundregeln, Geistliche, des heiligen Laurentie. Basel [1905]. V: *Schindler, Arnold.* (BBullschw 5, 1905)

Die Grundregeln der Gesellschaft zur Beyhülfe und Unterstützung der armen, alten und kranken Glieder der Deutschen Evangelisch-Lutherischen Gemeine in Philadelphia.
Philadelphia: Steiner und Kämmerer. 1795. 12 S. 8⁰.
Harvard University Library Cambridge, Mass.
Evans 28642.

Grundregeln der Deutschen Gesellschaft im Staate von Neuyork,
Zur Aufmunterung der Emigration von Deutschland; Hülfleistung nothleidender Emigranten, und zur Ausbreitung nützlicher Wissenschaften unter ihren Landesleuten in diesem Staat.
Philadelphia: Steiner. 1785. 19 S. 8°.
Harvard University Library Cambridge, Mass.
Evans 18993.

Grundregeln der Handlungskorporation des Kaczager Bezirks. Pesth, 1855. Druck von Emil Müller. (10 S. 4.) Kurczazjárási kereskedöi társulat alapszabályai. Pesten, 1855. Müller Emil könyvnyomdája. (Deutsch und ungarisch.)

— d. Katechetik. 8. Hildburgh. 808. (Er. Fleischer; a. Taubert in Leipz.) 8 gr

— der Katechetik. 8. Hildbh. Hanisch. 808.

Grundregeln der Readinger Dten Lese-Gesell. gegründet im May. 1804, nebst dem Cat der Bücher, so der Gesell eigen. Reading, 1807.

Grundregeln des Ruderns für Ruderer. Nach den engl.: „Principles of rowing by Oarsmen." Cambridge and Oxford 1846. 16. (48 S.) Hamburg 869, Boyes und Geisler. [Grüdener.] *

— die d. deutschen Sprache. Neu umgearb. Ausg. 8. (163 S.) Neuwied 891. Verlag d. Knaben-Erziehungs-Anstalt d. Evang. Brüdergemeine. Geb. n. 1. 20

— wahrer Staatswissenschaft, s. Staatswissenschaft.

— d. wahren, nach welchen d. Kinder christl. Eltern sollen auferzogen werden. Aus d. Französ. übers. von d. Gräfin v. Sporck. 8. Wien 762. Trattner. 4½ gr

Grundregeln wie man ... sich selbst die Fundamenta der Music ... lernen kann. [Kopenh. 1753.] V: *Thielo, Carl Aug.* (Bruun, Bibl. Danica. I. 1096.) (Collin, Anonymer. Kiobenh. 1869.)

— wie man v. selbst d. Fundamente d. Musik u. d. Claviers lernen kann. 4. Lpz. 753.

Grundregeln, zehn, des Obstbaues. Hrsg. vom Württemb. Obstbau-Verein. 1 Bl. Fol Stuttgart 888. Metzler's Verl. — 20; auf Carton — 30

— die, d. Zeichnenkunst, oder d. Perspektive auf eine leichtfaßl. Weise dargestellt. Aus d. Engl. v. J. C. Becker. Mit 9 Kpft. gr. 8. Frankf. 815. 2e A. 817. 3e A. 818. Boselli. 1 rß 8 gr

Grundrey, ..., (Hofmeister,) s. Jugendbildner, d. kathol.

Grundriß e. Ackersystems für Südpreußen ꝛc. gr. 8. Posen 805. Kühn. 14 gr

Accurater Grundriss der Vestung Belgrad, wie solche von der K. und K. Cath. Maj. Armée glücklich belagert und erobert worden. Wobey zu sehen, wie die Keyserl. Armée ihr Rendevous bey Futack gehalten, und Ihren March von Lager zu Lager etc. Verlegt von Jeremias Wolff in Augsburg. Ohne M. 1 Bl.

— von Altenburg mit dem Laufe der Eisenbahn von Leipzig über Altenburg, Plauen nach Hof. gr. 4. Altenburg 841, Schnuphase'sche Buchh. n. 1/12 rß

Grundriss einer deutschen Alterthumskunde. Freiburg 1827. H: *Münch, Ernst.* (Ky)

— e. deutschen Alterthumskunde. (Herausg. v. E. Münch.) 8. Frburg 827. Wagner. 12 gr

— d. röm. Alterthumskunde, (v. Jh. Hnr. Pertsch II.). 8. Coburg 808. (Riemann). 12 gr

Grundriss der Stadt Altona und Prospekt ... Hamburg 1771. V: *Bremer, Johann Gottfried.* (Ky)

— d. Stadt Altona u. Prospekt, nebst Beschreib. u. Geschichte, (v. Jh. Gf. Bremer). 8. Hamb. 771. Herold. 16 gr

— d. St. Altona u. Prospect, nebst Beschr. u. Gesch. 8. Hamb. Herold. 773.

— anatomischer, d. menschl. Körpers ꝛc. 8. Wien 816. Bauer u. D. 16 gr Schrbp. 20 gr

— einer Anweis. für Lehrer in Seminarien, Bürger- u. Landschulen zum Lesen u. Declamiren. 2e wohlf. Ausg. gr. 8. Leipz. 815. (Andrä). 6 gr

— ein. Anweisung f. Lehrer in Seminarien, Bürger- und Landschulen zum Lesen u. Declamiren. 2te wohlf. Ausg. gr. 8. Leipz. Bauer. 815.

Grundriss der Aesthetik. Karlsruhe 1809. V: *Dinter, Gust. Frdr.* (Cat. d. Stadtbibl. Zürich. Zürich 1864—97.)

— d. Aesthetik ꝛc. 8. Karlsr. 809. Macklot. (Braun). 16 gr

Grund- und Aufriss des christlich-germanischen Kirchen- und Staatsgebäudes im Mittelalter. Bonn 1828. V: *Pertz, Gg Hnr.* (Hauptkat. d. Univ.-Bibl. Tübingen. F. S. 56.)

Grund- u. Aufriß d. christl.-german. Kirchen- u. Staats-Gebäudes im Mittelalter, nach unverwerfl. Urkunden u. Zeugnissen dargest. Als Beytr. zu d. Sammlung: Monumenta Germaniae histor. etc. edid. G. H. Pertz. gr. 8. (15 B.) Bonn 828, Marcus.

Grundriß, Aufriß, Lichtbild der Turnhalle in Barmen, 3 Bl.

Grundriss zur Ausführung, dass Bürgermeister und Rath zu Menden der Gerichtsbarkeit über die Personen und Güter ihrer Bürger sich niemals ... begeben haben ... Arnsberg 1775. V: *Rieve, Goswin.* (MGT)

Grundriss der körperlichen Beredsamkeit ... Hamburg 1792. V: *Cludius, Herm. Heimart.* (MGT) (Mell) (GGr) (Ky) (BrMm)

— d. körperl. Beredsamkeit, für Liebhaber d. schönen Künste, Redner u. Schauspieler, ein Versuch (v. H. H. Cludius.) gr. 8. Hamb. 792. Bohn. 1 rß 16 gr

Grundriss von Berlin. Gestochen von Mädel. Mit eingedruckter Beschreibung. Weimar 1829. V (Text): *Hassel, Joh. Georg Heinrich.* (EngG)

Grundriss von Berlin. Ueberdruck des mittleren Theils aus Sineck's Situationsplan von Berlin mit dem Weichbilde und Charlottenburg in 4 Bl. 1:10,000. 2. vollständig bericht. Aufl. Fol. Berlin 871, D. Reimer. *

—— dass. — Mit den Omnibuslinien, Signaturen aller wicht. Verkehrspunkte etc. und einem alphabet. Strassen-Verzeichnisse. Fol. Ebendas. 871. In Carton *

Grundriss von Berlin mit nächster Umgebung. Von den trigonometrischen und topographischen Abtheilungen des Königlich Preussischen Grossen Generalstabes bearbeitet. 1 : 12 500. Berlin 1827 und 1829. Je 1 Bl. c. L. Ff.

Grundriss derer in Sachen der Freyherren von Dürckheim . . . denen Sponheimischen höchsten Herrschaften zugefügten . . . Beschwehrden . . . O. O. 1778. V: *Volz, Simon von.* (Holz)

Grundriss der in S. Freyh. von Dürckheim wider die Sponheimische Regierung von dem R.-K.-Gericht denen Sponheimischen Herrschaften zugefügten Beschwerden. Mit Stammtfl. 1778. fol.

Grundriss der freien Hansestadt Bremen. 1 : 3000. Bremen 1879. 2 Bl. L.

Grundriss der Chemie etc., s.a. (Wöhler, F.)

Grundriss der Chemie, zum Gebrauch für die Schüler höherer Lehranstalten . . . Berlin 1831. V: *Wöhler, Frdr.* (Ky)

— d. Chemie, zum Gebrauch für d. Schüler höherer Lehranstalten. Unorgan. Chemie. (Von F. Wöhler). gr. 8. Berl. 831. Duncker u. H. 12 ℛ

— chronolog., d. bibl. Geschichten d. A. u. N. Test. gr. 8. Basel 783. Schweighäuser. 3 ℛ

— d. Stadt Danzig. Fol. Berl. Hesse. 783.

Grundriss der Reinhardischen Dogmatik zunächst für Gymnasien . . . Amberg 1802. V: *Pölitz, Carl Heinrich Ludwig.* (MGT) (Ky)

— d. Reinhardschen Dogmatik, zunächst für Gymnasien u. Schulen, in e. gedrängten Auszuge aus d. größern Werke, (v. K. H. L. Pölitz). 8. Sulzb. 802. v. Seidel. 9 ℛ

Grundriss der Königl. Haupt- u. Residenzstadt Dresden. Hrsg. von der Königlichen Polizei-Direction Dresden (1856). 1 Bl. K.

Grundriß von der Stadt Dresden und den auf selbige vorgenommenen Angriffen unter dem Commando des Generalfeldmarschall-Lieutenants Grafen von Maquire im September 1789. 1 Bl. c. K.

Grundriß und Durchschnitt der Nürnberger Turnhalle, 1 Bl.

Eigentlicher und wahrhaffter Grundriess der Vestung Belgrad samt der Belagerung Anno 1717 bey P. C. Monath in Nürnberg. 1 : 13,000. 1 Bl.

Grundriss der Elektrotechnik. Hrsg. v. A. Königswerther. II., V. 1. VII. Bd 8. Hannover, Dr. M. Jänecke. 20.80; geb. 22. 60

Edler, R., Berechnung und Konstruktion elektrischer Schaltapparate. (Grundlagen f. den Entwurf v. Schaltanlagen.) Mit 392 Abbildgn. (XII, 438 S.) 909. (VII. Bd.) 12.—; geb. 13. —

Königswerther, A., elektrotechnische Messkunde zugleich Leitfaden f. das elektrotechnische Praktikum. Mit 172 Abbildgn. (167 S.) 908. (II. Bd.) 4.20; geb. 4. 80

Winkelmann, W., Transformatoren u. Asynchronmotoren. Ihre Wikungsweise, Berechng. u. Konstruktion. Mit 79 Abildgn. (X, 136 S.) 907. (V. Bd.) 4.20; geb. 4. 80

Vergl.: Repetitorien der Elektrotechnik.

— d. im Osnabr. Friedensschluß enth. Entscheids d. geistl. Beschwerden. 8. Frkf. Eßlinger. 767.

— d. in d. Osnabrück. Friedensschluß enth. Entscheids d. geistl. Behörden. 8. Frankf. a. M. 767. (Schäfer). 4 ℛ

Grundriß der Erdbeschreibung. Nach der Zweyten Ausgabe des Fürstlichen Waysenhauses zu Arnstadt.
Und Ein Kurzer Auszug aus den Geschichten, von der Erschaffung der Welt an bis auf das Jahr Christi 1750.
Aus den Vorlesungen eines erfahrnen Geschichtslehrers zusammengetragen.
Philadelphia: Miller. 1777. 68 S. 8°.
Library Company of Philadelphia
Bristol B 4483.

— d. Erdbeschreibung; ein Leitfaden beim öffentl. Unterr. u. zum Privatgebrauche; mit einer Vorrede von F. C. Franz. gr. 8. Stuttg. 805. 2e umgearb. A. gr. 8. Stuttg. 821. Steinkopf. 18 ℛ

— d. Erdbeschreibung f. d. Schulunterr. u. Privatgebr. etc. 8. Stuttg. Steinkopf. 805.

Grundriß einer allgemeinen Erdbeschreibung von Sachsen in Versen. Nebst Commentar. 8. (54 S.) Zittau 859, (Pahl'sche Buchh.) *

Grundriß einer allgemeinen Erdbeschreibung von Sachsen in Versen. Nebst Commentar. Zittau 859. Schöps in Comm. 8. (54 S.) n. 5 ngr.

Grundriss der Erdbeschreibung für Anfänger. Göttingen 1768. V: *Dilschmann, Joh. Ludw.* (MGT) »Leipzig«. (Ky)

— d. Erdbeschreib. für Anfänger, (v. J. L. Dilschmann). 8. Leipz. 768. (Rauck). 6 ℛ

— d. Erdbeschr. f. Anfänger. 8. Lpz. Sommer. 768.

Grundriss der Erdbeschreibung für die k. k. Gymnasien. 8. Wien 1832.

GRUNDRISS – zu einem Erziehungsversuch. Wappler, Wien 1781/82.

Grundriss der Finanzwissenschaft. Frankfurt a. M. 1781. V: *Pfeiffer, Johann Friedrich von.* (EB)

Grundriss der Fonografie. Ein Lehr- u. Lesebuch zur schnellen Erlernung dieser Kurzschrift f. den Schul- u. Privat-Gebrauch. Hrsg. v. dem Fonografen-Zentral-Vereine in Wien. gr. 8. (48 S., wovon 36 lith.) Wien 879. Graeser. n. 1. 20

Grundriss der Forstwissenschaft, zum Gebrauche dirigirender Forst- und Kameralbedienten. Mannh. 1781. V: *Pfeiffer, Johann Friedrich von.* (Ky) (BrMm)

— d. Forstwissenschaft, zum Gebrauch dirig. Forst- u. Cameralbedienten, (v.... v. Pfeiffer). gr. 8. Manh. 781. Schwan u. G. 1 ẞ

Grundriss der Forstwissenschaft für Vorlesungen. Giessen 1789. V: *Walther, Friedrich Ludwig.* (HS) (Ky) (MGT) (Stri)

Anonym „Grundriss der Forstwissenschaft", Marburg 1789 (Krieger).

Grundriss, J. B. S. v. E., der Fürsten-Kunst ... Frankenthal a. d. W. 1734. V: *Scheibe, Johann Benedict.* (ML) (Myl)

Grundriß der Geographie von Europa, insbesond. d. österreich. Kaiserstaates. 2 Thle. 2., verm. u. verb. Aufl. gr. 8. (27 B. u. 1 Tab.) Graz 841. Kienreich.

— der Gesamtwissenschaft des Judentums, s.: Schriften, hrsg. v. der Gesellschaft zur Förderung der Wissenschaft des Judentums.

Grundriss der allgemeinen Geschichte Frauenfeld 1858 s.a. (B[runnemann], C[arl]).

— der allgemeinen Geschichte für Gymnasien, Sekundar- und Industrieschulen, zunächst zum Gebrauch der thurgauer Kantonsschule. gr. 8. (IV und 123 S.) Frauenfeld 858, [Huber's Buchh.] *

Grundriß der allgemeinen Geschichte für Gymnasien, Sekundar- und Industrieschulen, zunächst zum Gebrauch der Thurgauer Kantonsschule. Frauenfeld 858. Verlags-Comptoir. gr. 8. (IV, 123 S.) n. 10 ngl.

— d. biblischen Geschichte mit ein. kirchengeschichtl. Anhang zum Gebr. für Lehrer u. Schüler protestant. Schulen. (3 B.) Ulm 811, Wohler'sche Buchh. * 5 Ngr Parthie-Preis *

Grundriß der Geschichte Gmeiner Drey Bündten Lande Mit patriotischer Freiheit und Unparteilichkeit entworfen. 2 Theile. 8. o. O. 1773–1774

Grundriss der Geschichte Gmeiner Drey Bündten Lande. O. O. 1773—74. V: *Boncrand & Winning.* (BSchwLk V, 3)

Grundriss der Geschichte Gmeiner drey Bündten Lande. Mit patriotischer Freiheit und Unparteilichkeit entworfen. O. O. 1773—74. V: *Winning, Wilhelm Heinrich & Heinrich Bansi.* (zuwzür 1912)

Grundriss einer Geschichte des Privatlebens der deutschen Fürsten ... Wolfenbüttel 1801. H: *Wolffram von Wolframitz, Carl Joh. Glieb.* (Ky)

— e. Geschichte d. Privatlebens d. deutschen Fürsten, herausg. von —z, (v. Wolffram v. Wolframitz). 8. Wolfenb. 801. Albrecht. (Hinrichs in Leipz.) 8 gl.

— der Geschichte der englischen Sprache und Literatur. (Aus den Unterrichtsbriefen nach der Methode Toussaint-Langenscheidt abgedr.) Leipzig 864. Hartmann in Comm. Lex.-8. (2 Bl., 24 S. u. 1 Tab. in 4.) 6 ngr

Grundriß der Geschichte der englischen Sprache u. Literatur. 2—4. Aufl. [Aus: Unterrichtsbriefe nach der Methode Toussaint-Langenscheidt.] Berlin 865–69. Langenscheidt. gr. 8. (III, 36 S.) 6 ngr

— der Geschichtswissenschaft. Zur Einführg. in das Studium der deutschen Geschichte des Mittelalters u. der Neuzeit. In Verbindg. m. B. Bretholz, G. Erler, H. Grotefend u. a. hrsg. v. Aloys Meister. I. Bd. 1. u. 2. Lfg. (S. 1—546.) Lex.-8. Leipzig 906 B. G. Teubner. n. 11. —

— der Geschichtswissenschaft. Zur Einführg. in das Studium der deutschen Geschichte des Mittelalters u. der Neuzeit. In Verbindg. m. B. Bretholz, G. Erler, H. Grotefend u. a. hrsg. v. Aloys Meister. II. Bd. 1—3., 6. u. 8. Abschn. Lex. 8. Leipzig, B. G. Teubner. 10. 40
1. (144 S.) 908. 2.80 — 2. (91 S.) 907. 1.80 —. 3. (143 S.) 907. 2.80.— 6. (86 S.) 907. 2.—. 8. (51 S.) 907. 1.—

Grundriss der Ruine Greiffenstein bei Blankenburg in Thüringen. 16. (3 S. und 1 Taf. in Kpfrst. und color. in gr. 8.) Rudolstadt 873, Müller'sche Buchh. *

Grundriss der Stadt Halle an der Saale. 1 Bl. c. K. Ff

— der freien Stadt Hamburg. Entworfen v. E. F. Bernhardt, mit Nachträgen von R. Kerner u. F. E. Schuback. Mit einer Uebersichtstabelle. gr. Roy.-Fol. Hamburg 839. A. Campe. (Leipzig, Brockhaus.) $1\frac{1}{2}$ ẞ

Grundriss vom Bergwerksdistrikt Hasserode Gezeichnet von Anger Wernigerode 1769

Grundriss der Hauptrevolutionen in Europa ... a. d. Franz. Carlsruhe 1773. V: *Koch, Christian Wilhelm von.* Ü: *Rathsamshausen, von.* (MGT) (Ky)

— d. Hauptrevolutionen in Europa; aus d. Französ. (d. Prof. Koch, v.... v. Rathsamshausen). 8. Karlsr. 773. Macklott. (Gebhardt u. K.) 20 gl.

— d. Hauptrevolutionen in Europa. a. d. Franz. Frkf. u. Lpz. Gebhardt u. C. (a. Macklot in Carlsruhe) 791.

Grundriss vom Heiligen-Damm. Fol. Rostock 875, Stiller'sche Hofbuchh. *

Grundriß der Heiligkeit und ihrer Uebungen und Mittel für die Marianen und Marianinen. Linz. 1855. Druck von Johann Huemer's Witwe. (56 S. 16.)

Grundriss von Helgoland nach J. Meyer v. A° 1649, und Grundriss von Helgoland nach G. Testoline v. A° 1810. Gez. v. E. W. Schuback. (1 : 25000?) Hamburg. 1830. Lithogr. 1 Bl. 8°, 20/13 cm. Aufgez. a. Carton.
Aus J. M. Lappenberg, Ueber den ehemaligen Umfang und die alte Geschichte Helgolands. Hamburg. (1830.)

Grund-Riss der Insull **Hellgeland.** (Hamburg. 1713.) 1 Bl. Fol., ca. 45/36 cm (Rand beschädigt) Darauf:

Eine kolorierte Karte in Kupferstich (25/30 cm) und darunter ein dreispaltiger Text.

Kopie nach Dankwerth.

Grundriss von Ingolstadt mit der Belagerung 1704.

Grundriss zu Institutionen-Vorlesungen. [Bonn ca. 1840.] V: *Böcking, Eduard.* (Tübz 26, 24)

Grundriss des sogenannten juris reformandi. 1757. V: *Kraus, Joh. Baptist.* [Pütter, Litt. d. Teutschen Staatsr. Göttingen 1773—91. III, 720.]

—— ein. großen Katechismus der christl. Lehre. gr. 8. (3¼ B.) Breslau 845, Leuckart.

Grundriss einer vernünftigen Kinderpflege. Löbau 1800. V: *Segnitz, Friedrich Ludwig.* (Ky)

Vgl. Grundsätze einer vernünftigen Kinderpflege...

— e. vernünftigen Kinderpflege, (v. Fr. Ldw. Segnitz). gr. 8. Löbau 800. (Schöps in Zittau). 3 gr

Grundriss der Haupt- und Residenz-Stadt **Königsberg** nach der neuen polizeilichen Eintheilung und den jetzt revidirten Strassen-Benennungen. Weimar 1820. 1 Bl. K.

—— von Constantinopel, Galata u. Scutari; nach Niebuhr u. v. Hammer. Gest. v. Huttula. Nebst ½ B. Erklär. qu. Fol. Nürnberg 829. [Berlin, Bade.]

Grundriss der neueren Kriegsgeschichte für den Vortrag an höheren Militär-Schulen. Berlin, Posen u. Bromberg 1833. V: *Schulz, Carl Gust.* (KA)

— d. neuern Kriegsgeschichte für den Vortrag an höhern Militärschulen. 1e Abtheil. Feldzüge von 1740 bis zum Schlusse d. J. 1795. 4. Berl. 832. Mittler. 1 rℬ

— der neuern Kriegsgeschichte für den Vortrag an höhern Militairschulen. 2e Abthl. Feldzüge von 1796 bis z. Schlusse des Jahres 1812. 4. Berlin 833. Mittler. 1 rℬ — 3e Abthl. Feldzüge von 1813—1815. 4. Ebd. 833. ⅔ rℬ

Grundriss einer statistischen Kunde von Alt-Würtemberg ... Stuttg. 1805. V: *Ezdorff, Glieb Reichsgraf von.* (Heyd)

— einer statistischen Kunde von Alt-Würtemberg, in 18 Tafeln. Fol. Stuttg. 805. Steinkopf. 1 rℬ

— e. statistischen Kunde von Altwirtenberg. in 48 Tafeln. Fol. Stuttg. Steinkopf. 806.

Grundriss, Kurzer systematischer, der praktischen Forstwissenschaft, oder Anweisung zu einer regelmässigen und wirthschaftlichen Forstnutzung. Frankf. u. Leipz. 1764. V: *Stahl, Johann Friedrich.* (ML) (Ky)

Kurzer systematischer Grundriß der praktischen Forstwissenschaft, oder Anweisung zu einer regelmässigen und wirthschaftlichen Forstnutzung, wodurch die Waldungen zum höchsten Ertrag gebracht, die Holzungen in gutem Stande erhalten und durch den Anbau nach den erforderlichen Bedürfnissen jedes Landes verbessert werden können. Mit beygefügten Berechnungen des Nutzens von jeder Holzart und einem Anhange vom Holzverkohlen und Potaschebrennen. - Frankfurt, Leipzig 1764. 15,5 Bog. - (Allg. ökon. Forstmagazin Bd. 4, 1764) (Wahrsch. v. H. D. v. Zanthier)

Grundriss, Kurzer, eines Versuchs I. Die Arithmetik durch zweckmässig construirte Begriffe von eingebildeten und unendlich kleinen Grössen gereinigt, anschaulich und logisch streng darzustellen ... M. Vasarhely 1851. V: *Bolyai, Wolfgang.* (KU)

Grundriss, Kurzer, wie das Gebeth müsse beschaffen seyn, wenn wir bey gegenwärtigen allgemeinen Anliegenheiten wollen erhöret werden. O. O. 1794. V: *Komploier, Albert.* (BiblPort)

Grundriss von dem merkwürdigen Leben Albrechts des Aelteren, Markgrafen zu Brandenburg. Königsb. 1745. V: *Bock, Friedrich Samuel.* (Pr)

Grundriss praktischer Lebensweisheit. Leipz. 1814. Neue Aufl. Altenb. u. Leipz. 1816. V: *Kappe, Joh.* (BrVV)

— prakt. Lebensweisheit. gr. 8. Lpz. ... N. A. 816. Brockhaus. 6 gr

Grundriss des öberösterreichischen Lehenrechts. Wien 1794. V: *In der Mauer, J. A. von.* (St)

Grundriss des Oberösterreichischen Lehenrechtes von J. A. v. J. Wien 1794. V: *Indermaur, Ign. Anton von.* (Margr) (BiblPort)

GRUNDRIß. - des österr. Lehensrechtes. Beck, Wien 1794.

(J. A. v. J.): Grundriss des Ober-Oesterreich. Lehnrechts. *Wien,* Wappler. 794. 8. (8 Gr.)

Grundriss einer Lehr-Arth ordentlich und erbaulich zu predigen ... Berlin 1740. V: *Gottsched, Joh. Christoph.* (Waniek, Gottsched. Leipzig 1897. S. 286f.)

Grundriß einer Lehrart, ordentl. u. erbaul. zu predigen rc. 8. Berl. Haude. 741. Rthlr.

— von Leipzig. Gezeichnet u. gest. v. Jul. Keyl. gr. 4. Leipzig 847, Rocca. n. ¼ rℬ

— der Stadt Leipzig nach deren Eintheilung in die vier Viertel der Stadt und Vorstadt nebst deren Stocken und Haus-Nummern und beigefügter Bemerkungen der in Leipzig zugleich mit befindl. Gerichtsbarkeiten. Kupferstich. gr. Fol. Leipzig 841, Rocca. Illum. n. ½ rℬ

Grundriß und 2 Lichtbilder der Turnhalle in Arnstadt, 8 Bl.

— der Liturgie, od. Vorschriften bei d. Verrichtung der liturg. Handlungen. 8. Münch. Giel. 812.

Grundriß der Logik. Leitfaden f. den Unterricht an Seminarien u. den Selbstunterricht. (Von J. Jos.) 8. (III, 55 S.) Bern 873. Huber & Comp. n. — 75

Grundriss der ersten Logik, gereinigt von den Irrthümern bisheriger Logiken . . . Stuttgart 1800. V: *Bardili, Christoph Gottfried.* (GGr)

— d. reinen Logik, d. reinen Moral, d. empir. Psychologie u. d. Geologie ꝛc. 8. Glogau 808. N. Güntersche B. 1 ℔

Grundriss der Freien Stadt Lübeck. Nach den neuesten Originalquellen berichtigt. Lübeck 1854. 1 Bl. L

Grundriss von Lüneburg nebst Umgebung. Lüneburg 1856. 1 Bl. c L

— des Maschinenbaues. Hrsg. von Ernst Immerschitt. 4—11. Bd. 8. Hannover, Dr. M. Jänecke. 74.40; geb. in Leinw. 82. 80

Achenbach, Alb., die Schiffshilfsmaschinen u. Pumpen f. Bordzwecke. 2 Tle. (VIII, 273 S. m. 339 Abb. u. 63 Tab. u. VII, 271 S. m. 288 Abb. u. 41 Tab.) 908. (Bd. 5.) à 9.—; geb. à 9. 80

Bohnstedt, prakt. Schiffbau. Mit 246 Abb. u. 12 Taf. (286 S.) 907. (Bd. 4.) 8.60; geb. 9. 40

Herner, Heinr., Entwurf u. Einricht. v. Handelsschiffen. Mit 270 Abb. (VII, 274 S.) 909. (Bd. 6.) 11.—; geb. 11. 80

— Die Theorie des Schiffes. Mit 158 Abb. (286 S.) 908. (Bd. 7.) 11.—; geb. 11.80

Laudien, K., die Maschinenelemente. Mit 536 Abb. im Texte. (210 S.) 907. 6.20; geb. 7. —

Meyer, Herm., Lehrbuch der allgem. mechanischen Technologie der Metalle. Mit 262 Abb. (VII, 193 S.) 907. (Bd. 11.) 6.—; geb. 6. 80

Valentin, Ernst, u. Fritz Huth, Entwerfen u. Berechnen v. Kraftwagen. I. Bd. Das Wagengestell. Mit 136 Abbildgn. im Texte u. VII Taf. (148 S.) 907. (Bd. 9.) 4.80; geb. 5. 60

Wettich, Hans, Hebezeuge. Mit 355 Abb. (X, 325 S. m. 20 Tab.) 907. (Bd. 10.) 8.60; geb. 9. 60

Bd. I—III erschienen u. d. T.: Repetitorium des Maschinenbaues.

— einer Methodologie d. Geisteswissenschaften m. besond. Berücksicht. der Poetik. (IV, 204 S. m. 5 Taf.) gr. 8. Wien 908. Manz. Geb. in Leinw. 5. —

— einer Mineralogie, s. A. Veltheim.

Grundriss einer Mineralogie. Braunschweig 1781. V: *Veltheim, August Ferdinand Graf von.* (Ky) (MGT)

— einer Mineralogie, (v. A. F. v. Veltheim). Fol. Braunschw. 781. Schulbuchh. 6 gr

— d. Mineralogie, für Anfänger tabellar. entworfen von e. Ungenannten; mit e. Vorrede u. Anmerkk. v. G. H. Piepenbring. gr. 8. Berl. 794. (Götting., Brose). 12 gr

— d. Mineralogie, tabellar. edirt v. Piepenbring. gr. 8. Berl. (Thomas, Br.) 794.

Grundriss der christlichen Moral nach Fabianis Grundzügen. Bamb. u. Würzb. 1791. V: *Heeger, Greg.* (Th)

— d. christl. Moral, nach Fabiani Grundz. ꝛc. 8. Bamberg, Göbhardt. 791.

— d. christl. Moral nach Fabiani's Grundzügen ꝛc. 8. Bamb. 791. (Wesché in Frankf.) 12 gr (Wagner in Insbr.) 16 gr

Grundriss der philosophischen Moral, für Volksschulen und Selbstunterricht. Zeitz 1820. V: *Lange, Gottlieb.* (Ky)

— d. philosoph. Moral, für Volksschulen u. Selbstunterricht, (von G. Lange). 8. Zeiz 820. Webel. 3 gr

Grundriss, Moralischer, der menschlichen Leidenschaften . . . Prag 1777. V: *Zeno, Franz.* (Jes)

Grundriss der Königl. Museen zu Berlin. Berlin. Fol.

Grundriss, nach welchem jeder Freimaurer den Standpunkt seiner Thätigkeit prüfen und wählen kann, von J. B. K. O. O. u. J. [Cannstatt 1845.] V: *Krebs, Joh. Bapt.* (wolfstieg II, 91)

Grundriss der National-Oekonomie und Staatswirthschaftslehre. 8°. Wien, Bauer u. D., 1815.

— d. Naturgeschichte f. d. Jugend. 8. Landsh. Hagen. 788.

— der Naturgeschichte f. die Jugend. 8. Landsh. Kopp. 788.

— d. Naturgeschichte, für d. Jugend. 8. Landsh. 788. (Storno). 5 gr

— der Naturgeschichte f. Volks- u. Mittelschulen. 2 Tle. 8. Frankfurt a/M., Kesselring. Kart. n.n. 2. —

1 Tierkunde. Nach biolog. Gesichtspunkten bearb. Von E. Blum. Mit zahlreichen Abbildgn. nach Orig.-Zeichngn. d. G. Kilb. (VIII, 182 S.) (904.) n.n. — 80

2. Pflanzenkunde. Nach biolog. Gesichtspunkten bearb. Von L. Sauer. Mit 16 bunten Pflanzentaf. u. zahlreichen Abbildgn. im Text. (VIII, 205 S.) (904.) n. 1. 20

Grundriss, neuester, von Hamburg 1848. Chemityp. und ill. Fol. (Mit 6 S. Text in 16. und 2 Tab. in Fol.) Hamburg 848, Berendsohn. Thlr. *

—— dass. — Imp.-Fol. (Mit 12 chemityp. Randansichten und 6 S. Text in 16.) Ebds. 848. *

Grundriss, neuester, von Hamburg 1848. Fol. Chemityp. u. col. (Mit 6 S. Text in 16. u. 2 Tab. in Fol.) Hamburg 849, Berendsohn. n. 1/2 ℔

— ders. Imp. Fol. (Mit 12 chemityp. Randansichten u. 6 S. Text in 16.) Ebd. 849. n. 2/3 ℔

Neuester Grundriss von Prag. Prag 1830. 1 Bl. K. Ff.

Grundriss, neuester — der k. k. Haupt- u. Residenzstadt Wien mit ihren 34 Vorstädten und Angabe aller Hausnummern. Gezeichn. u. lithogr. von *Franz v. Elekes*. *Wien* 1857. Verl. u. Eigth. v. *H. F. Müller*.

1 Blatt. Höhe 1' 10". Br. 2' 6¼". Massstab 1 Wien. Zoll. gleich 140 Klft. Am rechten u. linken Rande des Grundrisses befindet sich in Schrift: Der Fremdenführer in Wien, Strassen, Gässen, Plätze etc. in der inneren Stadt und in den Vorstädten, mit beigesetzten zu colorirenden Rechtecken. Die Farben fehlen.

Grundriss von dem Flecken Neumünster. (Schleswig. 1836.) Lithogr. 1 Bl. 4°, 17,2/20 cm.
Aus: Neues Staatsbürgerliches Magazin. Bd. 4. Schleswig. 1836. (Kruse, Topographie des Fleckens Neumünster.)

— von Nordamerika. 4 Thle, mit Kpf. 8. Hamb. 778. Müller. 2 ℛß

— der Stadt Nordhausen. qu. gr. 4. Lith. Nordhausen 849, Buchting. n. 1/6 ℛß

— von Nürnberg in 2 (in Stahl gest.) Bl., nach den beiden Stadtseiten. qu. Fol. Nürnberg 819, J. L. Schrag. n. ½ ℛß

—— zu Pandecten-Vorlesungen, s. a. (Göschen, J. Fr. L.)

Grundriss zu Pandecten-Vorlesungen. Mit beygefügten Citaten ... Göttingen 1831. V: *Göschen*, *Joh. Frdr. Ludw.* (Schz) (BrMm) (Engl) (Ky)

— zum Behuf von Pandekten-Vorlesungen, (v. J. F. L. Göschen). 2e A. gr. 8. Götting. 831. Vandenhöck u. R. 1 ℛß 8 g.

Grundriss zu Pandektenvorlesungen mit ausgewählten Beweisstellen zur Exegese. Bonn 1835. V: *Bethmann-Hollweg, Moritz August von.* (Schz)

— — der Petrefaktenkunde, od. Uebersicht der die Erdschichten charakterisirenden fossilen thierischen Reste. Zoologisch geordnet. 32. (61 S. u. 1 Tab.) Siegen 815, Friedrich'sche Vrlgsb.

Grundriß der Petrefaktenkunde, oder Uebersicht der die Erdschichten charakterisirenden fossilen thierischen Reste. Zoologisch geordnet. 2. (Titel-)Ausg. 32. (61 S. mit 1 Tab. in qu. 8.) Wiesbaden 855, Friedrich's Vrlgsb. *

Grundriss der Vestung Philippsburg nebst feindl. Attaquen, Circumvalations Linien, aus welch. die Franz. Armee den 23. Mai 1734 die Vestung belagert u. d. 18. Juli erobert hat. Nürnberg. (Felsecker) 1735

Grundriss der germanischen Philologie, unter Mitwirkg. v. K. v Amira, W. Arndt, C. Behaghel etc. hrsg. v. Herm. Paul. I. Bd. Begriff u. Geschichte d. germ. Philologie. — Methodenlehre. — Schriftkunde. — Sprachgeschichte. — Mythologie. 6 Lfgn. gr. 8. (XVIII, 1138 S. m. 1 Schrift-, 1 Runen-Taf. u. 2 Karten.) Strassb. 889—91, Trübner Verlag. 1., 2. u. 5. Lfg. à * 4 — 3., 4. u. 6. Lfg. à * 2 —; * 18 —; geb. * 21 —

—— dass. — 2. Bd. 1. Abtl.: Heldensage, Literaturgeschichte, Metrik. 7 Lfgn. gr. 8. (X, 1072 S.) Ebd. 889—93. 1., 4. u. 6. Lfg. à * 2 —; 5. u. 7. Lfg. * 6 —; * 16 —; geb. * 18 —

—— dass. — 2. Bd. 2. Abtl. Wirtschaft. — Recht. — Kriegswesen. — Sitte. — Kunst. — Namen-, Sach- u. Wörterverzeichnis. 3 Lfgn. gr. 8. (VI, 484 S.) Ebd. 889—93. 1. u. 2. Lfg. à * 2 —; 3. Lfg. * 4 —; * 8 —; geb. * 10 50.

Grundriss d. germanischen Philologie. Unt. Mitwirkg. von K. v. Amira, W. Arndt, O. Behaghel etc. hrsg. v. Herm. Paul. 2., verb. u. verm. Aufl. (In 3 Bdn.) 1. Bd. 1.—4. Lfg. u. 3. Bd. 1.—3. Lfg. gr. 8. (1. Bd. S. 1—992 m. 1 Taf. u. 2 Karten u. 3. Bd. S. 1—768.) Strassburg 896—898. K. J. Trübner, Vorl. à n. 4. —

— dasselbe. III. Bd. 4. Lfg. gr. 8. (S. 769—995 m. 6 farb. Karten.) Ebd. 900. n. 4. —; (3. Bd. kplt. n. 16. —; geb. in Halbfrz. n.n. 18. 50)

Grundriss der germanischen Philologie. Unter Mitwirkg. von K. v. Amira, W. Arndt, O. Behaghel etc. hrsg. v. Herm. Paul. 2. verb. u. verm. Aufl. I. Bd. 5. u. 6. Lfg. gr. 8. (XX u. S. 993—1621 u. XVII S.) Strassburg 901. K. J. Trübner. n. 9. — (1. Bd. kplt. n. 25. —; geb. in Halbfrz. n. 28. —)

— dasselbe. II. Bd. 1.—3. Lfg. gr. 8. (S. 1—768 m. 1 Fig.) Ebd. 901. 902. à n. 4. —

Grundriss der germanischen Philologie. Unter Mitwirkg. von K. v. Amira, W. Arndt, O. Behaghel u. a. Hrsg. v. Herm. Paul. 2. verb. u. verm. Aufl. II. Bd. 4. Lfg. (S. 769—940.) gr. 8. Strassburg 903. K. J. Trübner. n. 2. 50

Grundriss der germanischen Philologie. Unter Mitwirkg. v. K. v. Amira, W. Arndt, O. Behaghel u. a. Hrsg. v. Herm. Paul. 2. verb. u. verm. Aufl. II. Bd., 2. Abtlg.: Metrik. (III, 259 S.) Lex.-8. Strassburg 905. K. J. Trübner. n. 4. —; geb. in Halbfrz. n. 6. —

— der germanischen Philologie. Unter Mitwirkg. von K. v. Amira, W. Arndt, O. Behaghel u. a. hrsg. v. Herm. Paul. 2. verb. u. verm. Aufl. II. Bd., 1. Abtlg.: Literaturgeschichte. 5. u. 6. Lfg. (XVI, 941—1297 u. LXVII S.) Lex. 8. Strassburg 908. 09. K. J. Trübner. 8.50 (II, 1 vollst. 23. —; geb. in Halbfrz. 26. —)

— der indo-arischen Philologie u. Altertumskunde, unter Mitwirkg. v. A. Baines, R. G. Bhandarkar, M. Bloomfield etc., hrsg. v. Geo. Bühler. I. Bd. 3. Hft. B. u. 6. u. 11. Hft., II. Bd. 3. Hft. B. u. 8. Hft. u. III. Bd. 1. Hft. A. u. 2., 4. u. 8. Hft. gr. 8. Ebd. Einzelpr. n. 68. 50. Subskr.-Pr. n. 56. —

I. 3. B. Die indischen Wörterbücher (Kosa) v. Thdr. Zachariae (42 S.) 897. Einzelpr. n. 2. 50; Subskr.-Pr. n. 2. —
I. 6. Vedische u. Sanskrit-Syntax v. J. S. Speyer. (96 S. 896. Einzelpr. n. 5. —; Subskr.-Pr. n. 4. —
I. 11. Indische Palaeographie von ca. 350 a. Chr. — ca. 1300 p. Chr. v. G. Bühler. (IV, 96 S. u. 17 Taf. in Mappe.) 896. Einzelpr. n. 18. 50; Subskr.-Pr. n. 15. —
II. 3. B. Indian coins by E. J. Rapson. With 5 plates (41 S. m. 5 Bl. Erklärgn.) 897. Einzelpr. n. 6. —; Subskr.-Pr. n. 5. —
II. 8. Recht u. Sitte (einschliessl. d. einheim. Litteratur) v. Jul. Jolly. (160 S.) 896. Einzelpr. n. 8. —; Subskr.-Pr. n. 6. 50
III. 1. A. Vedic mythology by A. Macdonell. (176 S.) 897. Einzelpr. n. 9. —; Subskr.-Pr. n. 7. 50
III. 2. Ritual-Litteratur. Vedische Opfer und Zauber. Von Alfred Hillebrandt. (189 S.) 897. Einzelpr. n. 9. 50; Subskr.-Pr. n. 8. —
III. 4. Samkhya u. Yoga v. Rich. Garbe. (54 S.) 896. Einzelpr. n. 3. —; Subskr.-Pr. n. 2. 50
III. 8. Manual of Indian buddhism by H. Kern (138 S.) 896. Einzelpr. n. 7. —; Subskr.-Pr. 5. 50

— der indo-arischen Philologie u. Altertumskunde. (Encyclopedia of Indo-Aryan research.) Unter Mitwirkg. v. A. Baines, R. G. Bhandarkar, M. Bloomfield etc. begründet v. Geo. Bühler, fortgesetzt v. F. Kielhorn. 1. Bd. 1. Hft. A. 8. u. 10 Hft. 2. Bd. 1. Hft. B. u. 3. Bd. 9. u. 10. Hft. gr. 8. Ebd. Einzelpr. n. 45. —; Subskr.-Pr. n. 39. —
I. 1. A. Georg Bühler. 1837—1898. Von Jul. Jolly. Mit e. Bildnis Bühler's in Heliograv. (23 S.) 899. Einzelpr. n. 2. 50; Subskr.-Pr. n. 2. —
8. Grammatik der Prākrit-Sprachen. Von R. Pischel. (430 S.) 900. Einzelpr. n. 21. 50; Subskr.-Pr. n. 17. 50
10. Litteratur u. Sprache der Singhalesen. Von Wilh. Geiger. (97 S.) 900. Einzelpr. n. 5. —; Subskr.-Pr. n. 4. —
II. 1. B. The Atharvaveda. Von M. Bloomfield. (128 S.) 899. Einzelpr. n. 6. —; Subskr.-Pr. n. 5. —
III. 9. Astronomie, Astrologie u. Mathematik. Von G. Thibaut. (82 S.) 899. Einzelpr. n. 4. —; Subskr.-Pr. n. 3. 50
10. Medicin. Von Jul. Jolly. (140 S.) 901. Einzelpr. n. 7. —; Subskr.-Pr. n. 6. —

— der indo-arischen Philologie u. Altertumskunde. (Encyclopedia of Indo-Aryan research.) Begründet v. G. Bühler, fortgesetzt v. F. Kielhorn, hrsg. v. H. Lüders u. J. Wackernagel. I. Bd. 4. Heft. Lex. 8. Strassburg 910. K. J. Trübner. Einzelpr. 24.—; Subskr.-Pr. 20. —
Vedic grammar. By A. A. Macdonell. (456 S.)

Grundriss d. iranischen Philologie, unt. Mitwirkg. v. F. K. Andreas, Chr. Bartholomae, C. H. Ethé etc. hrsg. v. Wilh. Geiger u. Ernst Kuhn. 1. Bd. (1. Abth.) 1. u. 2. Lfg. gr. 8. (S. 1–248.) Strassburg 895. 96. K. J. Trübner, Verl. n. 12. 50

— der iranischen Philologie, unter Mitwirkg. v. Chr. Bartholomae, C. H. Ethé, K. F. Geldner etc. hrsg. v. Wilh. Geiger u. Ernst Kuhn. I. Bd., 1. Abtlg. III. Lfg. gr. 8. Ebd. 901. n. 4. 50
Vorgeschichte der iranischen Sprachen. Awestasprache u. Altpersisch. Mittelpersisch. 3. Lfg. (VIII u. S. 249—332.) n. 4. 50; (I, 1 kplt. n. 17. —)

— dasselbe. 1. Bd., 2. Abtlg. 1. u. 2. Lfg. gr. 8. (S. 1—320.) Ebd. 898. à Lfg. n. 8. —

-- dasselbe. I. Bd. 2. Abtlg. 3. u. 4. Lfg. gr. 8. Ebd. 899. 901. à n. 5. 50
Neupersische Schriftsprache. Die Sprachen der Afghänen, Balūtschen u. Kurden. Kleinere Dialekte u. Dialektgruppen, Register zum 1. Bd. 3. u. 4. Lfg. (X u. S. 321—535.) (I, 2 kplt. n. 27. —; I, 1 u. 2 in 1 Halbfrz.-Bd. n. 47. —)

— dasselbe. 2. Bd., 1.—3. Lfg. gr. 8. (S. 1—480.) Ebd. 896. 97. à Lfg. n. 8. —
(I, I, 1. 2., II, 1. 2., u. II, 1.—3.: n. 52. 50)

— dasselbe. II. Bd. 4. Lfg. gr. 8. (S. 481—640.) Ebd. 900. n. 8. —

-- der iranischen Philologie. Unter Mitwirkg. v. Chr. Bartholomae, C. H. Ethé, K. F. Geldner u. a. hrsg. v. Wilh. Geiger u. Ernst Kuhn. Anh. zum I. Bd. u. II. Bd. 5. Lfg. gr. 8. Strassburg, K. J. Trübner. n. 14. — (Vollständig: n. 90. --)
I, Anh. Die Sprache der Osseten. Von Wsewolod Miller. (VI, 111 S.) 903. n. 6. —
II, 5. (V u. S. 641—791.) 904. n. 8. —

Grundriss der romanischen Philologie. Unter Mitw. von ... hrsg. von Gustav Gröber, Prof., Strassburg. Bd 1. 2, Abt. 1–3. *Strassburg: K. J. Trübner 18(86)88–1902.* 4 Bde 8°
1. Gesch. u. Aufgabe d. rom. Philologie. Quellen d. rom. Phil. u. deren Behandlung. (I.) Rom. Sprachwissenschaft. Reg. 18(86–)88.
2, 1. II. Rom. Sprachkunst: rom. Verslehre.
III. Rom. Litteraturgesch.: A. Übersicht über d. lat. Litt. B. Die Litteraturgesch. d. rom. Völker: 1. Franz. Litteratur. (1893–)1902.
2, 2. Die Litteraturen d. rom. Völker: 2. Provenzal. Litt. 3. Katalan. Litt. 4. Gesch. d. portugies. Litt. 5. Die span. Litt. 18(93–)97.
2, 3. Die Litteraturen d. rom. Völker: 6. Ital. Litt. 7. Rätorom. Litt. 8. Ruman. Litt.
IV. Grenzwissenschaften: Zur Gesch. d. rom. Völker. A. Zur rom. Staatengesch. B. Zur rom. Kirchengesch. C. Zur rom. Kunstgesch. D. Zur Wissenschaftsgesch. d. rom. Völker. (1896–)1901 [illegible]

— der romanischen Philologie. Unter Mitwirkg. v. G. Baist, Th. Braga, H. Bresslau u. a. hrsg. v. Gust. Gröber. I. Bd. Mit 4 Taf. u. 13 Karten. 2., verb. u. verm. Aufl. 4 Lfgn. (XII, 1093 S.) Lex.-8. Strassburg 904—906. K. J. Trübner. n. 17. 50; geb. in Halbfrz. n. 20. —

—— der Stadt Plauen. Lith. Fol. Mit: Register über alle Straßen ꝛc. (2 S. in 8.) Plauen 854, Schmidt. In gr. 16. *

Grundriss der medicinischen Polizei für den Soldatenstand . . . Leipz. 1793. V: *Hebenstreit, Ernst Benj. Glieb.* (Call)

Grundriß Polizei medizinischen Soldatenstand
Grundriß der medizinischen Polizey für den Soldatenstand, des medizinischen Kriegsrechts und der gerichtlichen Thierarzneikunde. 86 S., gbd.

Leipzig: Köhler 1793

Grundriss eines Nürnbergischen Polizeyrechts. Nürnberg 1771. V: *Lahner, Leonhard Christoph.* (BB) (Ky) (Will)

Grundriss der Königlich Böhm. Hauptstadt Prag mit der Königlich Ungarischen Belagerung u. Attaquen 1742.

— der Königl. Hauptstadt Prag. Fol. Kpfrst. Prag 849, Berra. 2/3 ℛ

—d. Stadt Prag in Böhmen. 2 Thle. 8. Prag 787. Schönfeld. 2 ℛ

—zu Predigten über dogmat. u. moral. Gegenstände, für Prediger, Candidaten ꝛc. 8. Schleswig. 802. Christiani.

Grundriss und Profil der sächsisch-bayerischen Eisenbahn von Leipzig bis an die Königlich bayerische Grenze. Leipzig. 1846. gr. Folio.

Grund- und Profilriss von dem Haus-Braunschweiger Treib- und Tage-Schacht.

Grundriss und Prospect der Festung Rheinfels und Stadt St. Goar, welche der Commandant G. Major v. Resius etc. gegen die Ordre S. D. des Herrn Landgrafen an die Franzosen den 2 Nov. 1794 übergeben hat. Erfurt bey Berndt. Ohne M. 1 Bl.

Grundriss einer Prüfung des Beweises für die Unsterblichkeit der Seele . . . O. O. 1785. V: *Heydenreich, Carl Hnr.* (MGT)

-- des österreichischen Rechts in systematischer Bearbeitung. Unter Mitwirkg. von J. Frhr. v. Anders, P. Ritter Beck v. Mannagetta, E. Demelius ꝛc. hrsg. v. A. Finger, O. Frankl, D. Ullmann. (In 3 Bdn.) I. Bd., 3.—6., 8. u. 9. Abtlg. gr. 8. Leipzig, Duncker & Humblot. n. 12. 40
3. Grundriß des Sachenrechts. Von E. Demelius. (V, 73 S.) 900. n. 2. —; geb. n. 2. 60
4. Grundriß des Obligationenrechts. Von Max Schuster v. Bonnott. (VI, 115 S.) 899. n. 3. —; geb. in Leinw. n. 3. 60
5. Grundriß des Familienrechts. Von Jos. Frhr. v. Anders. (VIII, 82 S.) 899. n. 2. 20; geb. n. 2. 80
6. Grundriß des Erbrechts. Von Jos. Frhr. v. Anders. (VII, 103 S.) 899. n. 2. 80; geb. n. 3. 40
8. Grundriß des Wechselrechts. Von C. S. Grünhut. (VII, 24 S.) 899. n. — 80
9. Grundriß des Urheberrechts. Von H. M. Schuster. (V, 65 S.) 899. n. 1. 60; geb. n. 2. 20

— dasselbe. II. Bd. 1. u. 4. Abtlg. gr. 8. Ebd. n. 7. 80; geb. in Leinw. n. 9. —
1. Grundriß des Civilprozeßrechts. Von D. Ullmann. (X, 182 S.) 900. n. 4. 80; geb. n. 5. 40
4. Grundriß des Strafrechts. Von Heinr. Lammasch. 2., verm. u. verb. Aufl. (IX, 109 S.) 902. n. 3. —; geb. n. 3. 60
1. Aufl. (IX, 91 S.) Ebd. 899. n. 2. 60; geb. n. 3. 20.

— dasselbe. III. Bd., 3. u. 5. Abtlg. gr. 8. Ebd. n. 4. 60
3. Grundriß des Staatskirchenrechts. Von Max v. Hussarek. (V, 35 S.) 899. n. 1. —
5. Grundriß des Gewerberechts u. der Arbeiterversicherung. Von Vict. Mataja. (VI, 137 S.) 899. n. 3. 60; geb. n. 4. 20

— des österreichischen Rechts in systematischer Bearbeitg. Unter Mitwirkg. v. J. Frhr. v. Anders, P. Ritter Beck v. Mannagetta, E. Demelius u. a. hrsg. v. A. Finger u. O. Frankl. I. Bd., 8. Abtlg.; II. Bd., 1. Abtlg., 2. Tl. u. 4. Abtlg. u. III. Bd. 1. 4. u. 7. Abtlg. Lex.-8. Leipzig, Duncker & Humblot. n. 25. —
I, 8. Grundriß des Wechselrechts. Von C. S. Grünhut. 2., verb. Aufl. (VII, 29 S.) 903. n. 1. 20
II, 1. II. Grundriß des Exekutionsrechtes. Von Gust. Walker. (VII, 148 S.) 905. n. 4. —; geb. n. 4. 80
4. Grundriß des Strafrechts. Von Heinr. Lammasch. 3., bericht. u. ergänzte Aufl. (X, 114 S.) 906. n. 3. —; geb. n. 3. 60
III, 1. Grundriß des Verfassungsrechtes. Von Frz. Hauke. (VI, 166 S.) 905. n. 4. 60; geb. n. 5. 40
4. Grundriß d. Agrarrechts m. Einschluß d. Jagd- u. Fischereirechts. Von Walt. Schiff. (X, 153 S.) 903. n. 4. —; geb. n. 4. 80
7. Grundriß des Finanzrechts. Von Frz. Frhr. v. Myrbach-Rheinfeld. (XIV, 312 S.) 906. n. 8. 20; geb. in Leinw. n. 9. —

Grundriß d. österr. Rechts in systemat. Bearbeitg. Unter Mitwirkg. v. J. Frhr. v. Anders, P. Ritter Beck v. Mannagetta, E. Demelius u. a. Hrsg. v. A. Finger u. O. Frankl. I. Bd. 2., 6. u. 8. Abtlg., II. Bd. 1. u. 7. Abtlg. u. III. Bd. 3. Abtlg. Lex. 8. Leipzig, Duncker & Humblot. 19. 40
Anders, Jos. Frhr. v., Grundriß des Erbrechts. 2., bearb. u. erweit. Aufl. (X, 139 S.) 910. (I. Bd. 6. Abt.) 3.80; geb. in Leinw. 4. 40
Grünhut, C. S., Grundriß des Wechselrechts. 3., verm. Aufl. (VII, 30 S.) 909. (I. Bd. 8. Abt.) 1. 20
Hussarek, Max v., Grundriß d. Staatskirchenrechts. 2., verm. Aufl. (V, 57 S.) 908. (III. Bd. 3. Abt.) 1.60; geb. 2. 20
Lelewer, Geo., Grundriß des Militärstrafrechts. (VII, 98 S.) (II. Bd. 7. Abt.) 2.80; geb. 3. 60
Pfersche, Emil, Grundriß der allgem. Lehren des bürgerlichen Rechts. (VIII, 70 S.) 907. (I. Bd. 2. Abt.) 2.—; geb. 2. 60
Schrutka, Edler v. Rechtenstamm, Emil, Grundriß des Zivilprozeßrechts. 2. Bearbeitg. (XII, 290 S.) 909. (II. Bd. 1. Abt.) 8.—; geb. in Leinw. 8. 80

Grundriss der Religion nach den wichtigsten Angelegenheiten unserer Zeit . . . Frankfurt a. M. 1764. V: *Kölbele, Johann Balthasar.* (ML)

— d. Religion. 8. Frkf. Andreä. 764.

— zu einem allgem. Religionslehrbuch. gr. 8. (16 S.) Dessau 819, Aue. 1/24 ℛ

Grundriß d. christl. Religionslehre f. Confirmanden. 2., verb. u. verm. Aufl. 8. (4 B.) Gotha 841, Müller.

— eines vernunftmäß. Religionsunterrichts für Jünglinge. 8. Königsb. 788. Hartung. 9 ℊ

— der deutschen Satzlehre. (Zunächst für den Gebrauch des Greiffenberger Friedrich-Wilhelms-Gymnasiums.) 8. (28 S.) Greiffenberg 855. (Berlin, Voßische Sortimentsh.)

— der deutschen Satzlehre. (Zunächst für den Gebrauch des Greiffenberger Friedrich-Wilhelms-Gymnasiums.) Greiffenberg i. P. 855. (Stettin, Saunier.) 8. (28 S.) n. 4 ngr.

— d. jurist. u. medicin. Charlatan rc. 4. Frkf. (Wittekind in Eisenach. 745.

Grund- und Seiger-Riss von den Bauen zwischen dem T. G. St. 4. Lichtschachte und der Grube Hülfe Gottes. 4 Blatt. Lithogr. und ill. Imp.-Fol. Clausthal 864, (Grosse'sche Buchh.) *

— — vom Gemkenthale. Lith. u. color. Fol. (Ebend.) 868. n. 12 *ngr.*

— — vom 1., 2. u. 3. Burgstädter Gruben-Reviere. 4 Bll. Lith. u. color. Imp.-Fol. (Ebend.) 862. n. 1 ℛ 15 *ngr.*

— — vom 4. Burgstädter Gruben-Reviere u. vordern Zellenfelder Haupt-Zuge. 4 Bll. Lith. u. color. (Ebend.) 862. n. 1 ℛ 15 *ngr.*

— — vom Rosenhöfer Gruben-Reviere. 4 Blatt. Lith. u. color. Imp.-Fol. Ebend. 862. n. 1 ℛ 15 *ngr.*

— — vom Silbern-Aaler Gruben-Zuge. 4 Blatt. Lith. u. color. Imp.-Fol. Ebend. 864. n. 1 ℛ 15 *ngr.*

— — vom hintern Zellerfelder Hauptzuge. 4 Blatt. Lith. u. color. Imp.-Fol. Ebend. 862. n. 1 ℛ 15 *ngr.*

Grund- u. Seiger-Riss vom S. Andreasberger Silbergruben-Revier. 6 Blatt. Lith. u. color. Fol. Clausthal 868. (Grosse'sche Buchh.) n. 2 ℛ 12 *ngr.*

— — vom Auguster Suchstollen u. Grumbacher Stollen. 2 Bll. Lith. u. color. Fol. (Ebend.) 868. n. 24 *ngr.*

— — vom Bockswieser Zuge. 4 Bll. Lith. u. color. Imp.-Fol. (Ebend.) 867. n. 1 ℛ 15 *ngr.*

— — vom Hahnenkleer Zuge. 4 Bll. Lith. u. color. Imp.-Fol. (Ebend.) 867. n. 1 ℛ 15 *ngr.*

— — vom Haus Herzberger Zug. 2 Bll. Lith. u. color. Fol. (Ebend.) 868. n. 24 *ngr.*

— — vom Lautenthaler Zuge. 4 Bll. Lith. u. color. Imp.-Fol. (Ebend.) 867. n. 1 ℛ 15 *ngr.*

— — vom Schulenberger Zuge. 4 Blatt. Lith. u. color. Imp.-Fol. Ebend. 866. n. 1 ℛ 15 *ngr.*

Grundriss, L. T. Spittler's, der Geschichte der christlichen Kirche. Wien 1790. V: *Storchenau, Sigismund.* (Gla I/2, 385)

Grundriss der französischen Sprache, verbunden mit praktischen Übungen zum Übersetzen ins Französische über alle Regeln dieser Sprache. Göttingen 1808. V: *Dubois, St.* (Russell IV, 778)

— d. französ. Sprache, verbunden mit prakt. Uebungen zum Uebersetzen ins Französ. über alle Regeln dieser Sprache. 8. Götting. 808. Dieterich. 12 ℊ

Grundriss der Würtemberg. Staats- u. Rechts-Gesch. Zum Gebr. bei akadem. Vorless. *Tübingen*, Zu-Guttenberg. 831. 8. (8 Gr.)

— d. hiſtor. Staatskunde. gr. 8. Wien 772. Trattner. 3 ggr

Grundriss der wahren und falschen Staatskunst. Berlin 1778—79. V: *Pfeiffer, Johann Friedrich von.* (Ky) (ML)

— d. wahren u. falſchen Staatskunſt, (v. Jh. Fr. v. Pfeiffer). 2 Bde. gr. 8. Berl. 779. (Reimer). 1 Rthlr 12 ggr

GRUNDRIß. - des Staatsrechtes der hapsburgisch-österr.-lothringischen Erbmonarchie Sonnleithner, Wien 1781/82

Grundriss der heutigen Staatsverfassung Polens. Frankf. a. M. 1763. V: *Steinhäuser, Johann Benjamin.* (Ky)

— d. heut. Staatsverfaſſung Pohlens. 8. Frkf. Hermann. (Gebhardt, a. Brönner) 763.

Grundriss der Staatswirthschaft, zur Belehrung angehender Landwirthe. Frankfurt 1782. V: *Pfeiffer, Joh. Frdr. von.* (Ky)

— d. Staatswirthſchaft, zur Belehrung angehender Landwirthe, (v. J. F. v. Pfeiffer). 8. Frankf. 782. Varrentrapp. 16 ggr

(Grundriss des Hofes S t e n d o r f und seiner Umgebungen.) Eutin. 1847 Lithogr 1 Bl. 4°, 22,5/28 cm.
Aus: Beschreibung des Gutes Stendorf v. A. Freiherrn von Berg. Eutin. 1847

Grundriss eines einfachen Systems der Pandekten. Göttingen 1802. V: *Wittich, Heinrich Georg.* (MGT) (Ky)

— zu ein. neuen Syſteme d. Philoſophie, ſ. (Diſchinger.)

— zu einem neuen Syſteme d. Philoſophie. (Von Jh. Nep. Diſchinger.) gr. 8. Straubing 843, Schorner. 1/3 Rthlr

Grundriß, ſyſtemat., d. Forſtwiſſenſchaft. 8. Stuttg. 764. Metzler. 12 ggr

— ſyſtemat., d. Weltweisheit. 8. Leipz. 803. (W. Rauck). 20 ggr

Grundriss, Tabellarischer, der in Teutscher Sprache vorzutragenden Pastoraltheologie. Wien 1778. V: *Rautenstrauch, Franz Stephan von.* (ML) (Ky)

— tabellar., d. in deutſcher Sprache vorzutragenden Paſtoraltheologie, (v. Frz. St. v. Rautenſtrauch). 8. Wien 778. Trattner. 1 ggr

Grundriss einer systematischen und vollständigen Uebersicht des Civil-Polizeiwesens ... Nürnb. 1813. V: *Konrad, Johann Michael.* (Ky)

— einer ſyſtemat. u. vollſtänd. Ueberſicht d. Civilpolizeiweſens, od. innern Sittlichkeits-, Sicherheits- u. Bequemlichkeitspolizei, in theoret. u. prakt. Beziehung. gr. 8. Nürnb. 813. Campe. 1 Rthlr

— der Veterinär-Pharmakologie, od. tabellar. Uebersicht d. Abstammung, äuss. Kennzeichen, phys.-chem. Eigenschaften, Bestandtheile, Bereitungsart, Wirkung, Indication, Gabe, Art u. Form bei d. Anwend. aller in d. Thierheilkunst gebräuchl. Arzneimittel. Für angeh. Thierärzte etc. Von e. kgl. preuss. Kreis-Thierarzt. gr. 4. (19 B.) Weimar 839, Voigt.

Grundriss d. Veterinär-Pharmakologie, od. tabellar. Uebersicht ... aller in der Thierheilkunst gebräuchlichen Arzneimittel ... V. einem königl. preuss. Kreis-Thierarzt. Weimar 1839. 147 S. 4°.

— der Veterinär-Pharmacologie. Tabellar. Uebersicht über die Abstammung, Kennzeichen, physical. und chem. Eigenschaften, Bestandtheile, Bereitungsart etc. der thierärztl. Arzneimittel. Für Studirende der Thierheilkunde, ausübende Thierärzte und Landwirthe. (Von Gielen.) 2., von C. F. H. Weiss neu bearb. Aufl. gr. 4. (VI und 154 S.) Weimar 861, Voigt.

— d. Völkerrechts, ſ.: Miniatur-Bibliothek.

— d. europ. Völkerrechts, n. Vernunft ꝛc. 8. Regensburg, Montag. 777.

Grundriss eines Europäischen Völkerrechts, nach Vernunft, Verträgen ... Regensburg 1779. V: *Günther, Carl Glob.* (Ky) (MGT) (Kläbe, Gel. Dresden. Leipz. 1796.)

Grundriß e. europ. Völkerrechts, nach Vernunft, Verträgen ꝛc., (v. K. Glo. Günther). 8. Regensb. 779. Montag u. W. 3 ggr

Grundriss einer Vorlesung über die Pandecten nach Thibaut's Lehrbuche. Speyer 1805. V: *Ballhorn, Frdr. genannt Rosen.* (Ky) (EngJ)

— e. Vorleſung über d. Pandekten, (v. F. Ballhorn). 8. Speier 805. (Gotting., Dieterich). 2 ggr

Grundriss zum Behuf der Vorlesungen und der Anfangsgründe des ältern und neuern römischen Privatrechts. Gött. 1825. V: *Göschen, Johann Friedrich Ludw.* (Ky) »1824« (EngJ)

— zum Behuf d. Vorleſungen u. d. Anfangsgründe d. ält. u. neuern röm. Privatrechts, (v. J. F. L. Göſchen). gr. 8. Götting. 825. Vandenhöck u. R. 10 ggr

Grundriss zu Vorlesungen über Encyclopädie und Methodologie der Rechtswissenschaft. Berl. 1853. V: *Keller, Frdr. Ldw. von.* (Schz)

Grundriss zum Behuf von Vorlesungen über das Erbrecht. Göttingen 1824. V: *Göschen, Joh. Frdr. Ludw.* (EngG) (Ky)

— zum Behuf von Vorleſungen über d. Erbrecht, (v. J. F. L. Göſchen). gr. 8. Götting. 824. Vandenhöck u. R. 4 ggr

Grundriss zu Vorlesungen über das neueste römische Erbrecht, insofern dasselbe in Deutschland anwendbar ist. Greifswald 1824. V: *Barkow, Aug. Frdr.* (Ky) (MGT) (Wa) (ADB)

— zu Vorlesungen üb. d. neueste röm. Erbrecht, in so fern dasselbe in Deutschland anwendbar ist, (v. A. F. Barkow). gr. 8. Greifsw. 824. Koch. 3 ℳ

Grundriss zu Vorlesungen über das Württembergische Privatrecht. [Tübingen] o. J. V: *Wächter, Carl Gg v.* (Tübz 26, 43)

Grundriss zu Vorlesungen über allgemeines Staatsrecht. Zürich [190?]. V: *Huber, Max.* (zuwzür 1911)

— zu Vorlesungen üb. bayer. Civil-Proceß, nach Martin's u. Bayer's Ordnung. Zugleich Leitfaden f. vergleich. Studium d. gem. u. bayer. Civil-Processes. Mit e. Recapitulation nach alphab. Reihe d. Materien, u. nach d. Kapitel- u. Paragraphen-Reihe d. bayer. Gerichts-Ordn., dann e. literar. Zugabe. gr. 8. (6 B.) Nürnberg 838, Riegel u. Wießner.

Grundriss zu Vorlesungen über den gemeinen Deutschen und Preußischen Civilproceß, nebst einem Anhang, die Lehre von den summarischen Civilprocessen enthaltend. Bonn 1833. V: *Mackeldey, Ferdinand.* (Schletter, Handb. d. jurist. Litt. Grimma 1843. S. 121.)

Grundriß (auch: Grundrisse)

— für die **Vorträge** auf der königl. vereinigten Artillerie- und Ingenieur-Schule zu Berlin. (No.) I—VI. gr. 8. Berlin, Behr's Buchh.

(No.) I. Grundriss für den Vortrag über Planzeichnen, Terrainlehre und Aufnehmen (von v. Klotz.) (80 S.) 850. 12 Ngr.
- II. Grundriss des Vortrages der Taktik (von v. Berneck.) (39 S.) 850. 6 Ngr.
- III. Grundriss des Vortrages der Geschichte der Kriegskunst (von v. Berneck.) (28 S.) 850. 6 Ngr.
- IV. Grundriss des Vortrages über Artillerie, im I. Cötus, mit Berücksicht. der Anforderungen zum Offizier-Examen nach der Bestimmung vom 26. März 1846. (66 S.) 851. 12 Ngr.
- V. Grundriss des Vortrages über Artillerie, im II. Cötus. (111 S.) 851. 18 Ngr.
- VI. Grundriss der Vorträge über die geometr. Zeichnenkunst (géométrie descriptive) und über die Beleuchtung der Zeichnungen im II. Coetus. (30 S. mit eingedr. Holzschn.) 851. 7½ Ngr.

Grundrisse für die Vorträge auf der Königl. vereinigten Artillerie- und Ingenieur-Schule zu Berlin. I.—VI. Berlin 1850—51. V (I.): *Klotz, J. von.* V: (II. III.) *Berneck, Gustav von.* V: (IV. V.) *Michaelis, P. F. G.* V (VI.): *Burg, Meno.* (Ky) (BiblMath)

— für die **Vorträge** auf der königl. vereinigten Artillerie- und Ingenieur-Schule zu Berlin. VII.: Grundriss des Vortrages über Artillerie, im III. Coetus der königl. vereinigten Artillerie- und Ingenieur-Schule zu Berlin. gr. 8. (III und 153 S.) Berlin 853, Behr's Buchh.

— dass. — VIII.: Leitfaden für den Unterricht im Terrain-Aufnehmen für militairische Zwecke. Bearb. von Feller. gr. 8. (VIII und 87 S. mit 6 Stnt. in qu. Fol.) Ebds. 856. -

— dass. — I.: Leitfaden für den theoretischen Unterricht im Planzeichnen. Bearb. von Feller. gr. 8. (VII und 60 S.) Ebds. 855. *

No. I—VI. Ebendas. 1850—51. 2 Thlr. 1⅓ Ngr.

Grundriss von Warschau. Weimar 1831. 1 Bl. L.

— der **Weltausstellungs-Gebäude** 1873. qu. gr. Fol. (Holzschntaf.) Wien 872. (Perles.) n. -- 60

— der Weltgeschichte, mit besond. Berücksicht. der deutschen Geschichte. Hrsg. von einem Vereine von Lehrern. gr. 16. (208 S.) Potsdam 875, Rentel's Buchh. * 75 Pf.: cart. *

— der **Weltgeschichte** zunächst bestimmt für die Schüler techn. Lehranstalten als Grundlage bei dem Geschichtsunterricht und zum Selbstunterricht. 2 Bdchn. gr. 16. (VIII und 378 S.) Nürnberg 850, Bauer und Raspe. à Bdchn. 12 Ngr.

Grundriß der Weltgeschichte zunächst bestimmt für Schüler technischer Lehranstalten und höherer Bürgerschulen als Grundlage bei dem Geschichtsunterricht und zum Selbstunterricht. 1. Bdchn. 2. Aufl. 8. (VI und 233 S.) Nürnberg 863, Bauer und Raspe.

— der **Weltkunde** für Volksschulen. 8. (64 S.) Ingolstadt 873. (Eichstätt, Krüll'sche Buchh.) *

— wie ein Regent eine **Recrutencolonie** anlegen kann. 8. Bamb. Gobhard. 767.

— wie e. Regent eine Rekruten-Colonie anlegen kann. 8. Bamb. 767. (Wesché in Frankf.) 4 ℳ

Grundriss der Haupt- und Residenzstadt Wien mit sämmtlichen Vorstädten. Nach den besten Hülfsquellen bearbeitet im k. k. Ministerium des Innern. 1858.

4 Blätter zum Aufspannen. Höhe der ganzen Karte 3′ 2½″. Breite 2′ 11¾″, Massstab 1 W.-Zoll gleich 80 W. Klft. Die Häusernummern sind auf der Karte nicht angegeben. In der obersten linken Ecke befindet sich in Schrift die Eintheilung u. Benennung der Stadtviertel und sämmtl. Vorstädte mit beigefügten röm. Ziffern, welche auf den Grundriss selbst hinweisen. Feld, Au und Garten sind mit blassgrüner Farbe angezeigt. Dieser Grundriss wurde für die Konkurrenten zum Stadterweiterungsplane entworfen.

Grundriss der Haupt- und Residenzstadt Wien mit sämmtlichen Vorstädten. Nach den besten Hülfsquellen bearbeitet im k. k. Ministerium des Innern. *Wien* 1858. Lith. u. in Farb. gedr. in d. *k. k. Hof- u. Staatsdr.* 4 Bl. zum Aufspannen H. der ganzen Karte 4′ 2¾″. Br. 3′. Masst.: 1 Wr. Zoll gleich 80 Wr. Klftr.

Der Stadtbezirk erscheint mit blauem Farbendrucke, die Bezirke Leopoldstadt mit rothem, Landstrasse lichtgelb, Wieden dunkelviolett, Mariahilf braun, Neubau rosenroth, Josefstadt lichtviolett, Alservorstadt dunkelgelb. — In der oberen linken Ecke der Karte ist die Eintheilung und Benennung der Stadtviertel und sämmtl. Vorstädte, sowie die gegenwärtige Bezirkseintheilung mit beigefügten Farbenrechtecken ersichtlich gemacht.

— nützl. Wissenschaften für d. Jugend. 8. Berl. 774. Haude u. Sp. 6 ℳ

Grundriss der theologischen Wissenschaften, bearb. v. Achelis, Cornill, Ficker u. A. I. Tl. 1. Bd., II. Tl. 1. Bd., III. Tl. 1. Bd., IV. Tl. 1. u. 3. Bd., VI. Tl. gr. 8. Freiburg i/B. J. C. B. Mohr. n. 37. 50; geb. in Leinw. n. 43. 50

I, 1. Theologische Encyklopädie. Von C. F. Geo. Heinrici. (XVI, 372 S.) 893. n. 6.—; geb. n. 7.—
II, 1. Einleitung in das Alte Testament v. Carl Heinr. Cornill. (XII, 325 S.) 891. — 2., neu bearb. Aufl. (XVI, 324 S.) 892. n. 5.—; geb. n. 6.—
III, 1. Einleitung in das Neue Testament v. Adf. Jülicher. 1. u. 2. Aufl. (XIV, 404 S.) 894. n. 6.—; geb. n. 7.—
IV, 1. Kirchengeschichte v. Karl Müller. 1. Bd. (XXII, 636 S.) 892. n. 9. 50; geb. n. 10. 50
IV, 3. Dogmengeschichte v. Adf. Harnack. 2., neu bearb. Aufl. (XII, 386 S.) 893. n. 6.—; geb. n. 7.—
VI. Praktische Theologie v. E. Chr. Achelis. (XIV, 283 S.) 893. n. 5.—; geb. n. 6.—

— dasselbe. VI. Tl. gr. 8. Ebd. 895. n. 6.—; geb. n.n. 7.—
Praktische Theologie von E. Chr. Achelis. 2., verm. u. verb. Aufl. (XIV, 299 S.)

— d. theologischen Wissenschaften, bearb. v. Achelis, Baumgarten, Benzinger etc. II. Tl. 1. Bd. gr. 8. Freiburg i/B. 896. J. C. B. Mohr. n. 5.—; geb. in Leinw. n.n. 6.—
Einleitg. in d. Alte Testament m. Einschluss d. Apokryphen u. Pseudoepigraphen v. Carl Heinr. Cornill. 3. u. 4., völlig neu gearb. Aufl. (XVI, 359 S.)

— dasselbe. IV. Thl. 2. Bd., 1. Heft. u. 3. Bd. gr. 8. Ebd. n. 8. 80
2. Kirchengeschichte. In 2 Bdn. von K. Müller. 2. Bd. (in 3 Hftn.) 1. Hft. 1. u. 2. Aufl. (S. 1—176.) 897. n. 2. 80 (I. u. II., 1. n. 12. 30)
3. Dogmengeschichte. Von Adf. Harnack. 3., verb. Aufl. (XII, 408 S.) 898. n. 6.—; geb. n.n. 7.—

— dasselbe. V. Thl., 1. Bd. gr. 8. Ebd. 897. n. 8. 50; geb. n.n. 9. 50
Dogmatik. Von Jul. Kaftan. 1. u. 2. Aufl. (VIII, 644 S.)

— der theologischen Wissenschaften, bearb. v. Achelis, Baumgarten, Benzinger u. A. V. Thl. 1., 2. u. 6. Bd. gr. 8. Tübingen, J. C. B. Mohr. n. 18. 60; geb. n.n. 21. 60
1. Dogmatik. Von Jul. Kaftan. 3. u. 4. verb. Aufl. (VIII, 656 S.) 901. n. 9.—; geb. n.n. 10.—
2. Ethik. Von W. Herrmann. 2. Aufl. (XII, 204 S.) 901. n. 3 60; geb. n.n. 4. 60
6 Praktische Theologie. Von D. E. Chr. Achelis. 3., neubearb. Aufl. (XV, 308 S.) 899. n. 6.—; geb. n.n. 7.—

— dasselbe. II. Reihe, 1.—3. Bd. gr. 8. Ebd. n. 19. 80; geb. in Leinw. n.n. 22. 50
1. Hebräische Archäologie v. J. Benzinger. Mit 152 Abbildgn. im Text, Plan von Jerusalem u. Karte v. Palästina. (XX, 515 S.) 894. n. 10.—; geb. n.n. 11. 20
2. Neutestamentliche Zeitgeschichte v. Osk. Holtzmann. (VIII, 260 S.) 895. n. 4. 50; geb. n.n. 5. 50
3. Geschichte der altchristlichen Litteratur in den ersten drei Jahrhunderten v. Gust. Krüger. 1. u. 2. Aufl. (XXII, 254 S. m. 1 Tab.) 895. n. 4. 80; geb. n.n. 5. 80

— dasselbe. 2. Reihe. 3. Bd. Nachträge u. 4. Bd. gr 8. Ebd. n. 7. 20
3. Geschichte d. altchristl. Litteratur in d. ersten drei Jahrhunderten. Von Gust. Krüger. Nachträge. (32 S.) 897. n. — 60 (Hauptwerk u. Nachträge: n. 5. 40)
4. Geographie d. alten Palästina v. F. Buhl. M. Plan v. Jerusalem u. Karte v. Palästina. (X, 300 S.) n. 6. 60; geb. n.n. 7. 60

Grundriss der theologischen Wissenschaften, bearb. v. Achelis, Baumgarten, Benzinger u. A. Abth. 7., 9., 12b. u. 13.—16. gr. 8. Tübingen, J. C. B. Mohr. n. 45. 20; Einbdc. à n.n. 1.—
7. Einleitung in das Neue Testament. Von Adf. Jülicher. 3. u. 4. Aufl. (XVI, 504 S.) 901. n. 7.—; erhöht. Pr. n. 8.—
9. Geschichte der altchristlichen Litteratur in den ersten 3 Jahrhunderten. Von Gust. Krüger. 1. u. 2. Aufl. 2, durch Nachträge verm. Ausg. (XXII, 252 u. 32 S. m. 1 Tab.) 898. n. 5. 40
12b. IV. Tl. 2. Bd. Kirchengeschichte. Von Karl Müller II Bd. 1. Halbbd. Mit e. Karte üb. die Verbreitg der Reformation in Deutschland u. der Schweiz von 1524 bis Anfang der sechziger Jahre. 2. Hft. (XV u. S. 177—571.) 902. n. 6. 80
13. Kirchliche Statistik Deutschlands. Von P. Pieper. 2., m. Berichtiggn. versch. Ausg. (X, 295 S.) 900. n. 9.—
14. 1. Reihe, 2. Thl. 3. Bd. Geschichte des Volkes Israel. Von Herm. Guthe. (XII, 326 S.) 899. n. 6.—
15. 5. Thl. 2. Bd. Ethik. Von W. Herrmann. (IX, 200 S.) 901. n. 3. 40
16. IV. Tl. 4. Bd. Symbolik od. christliche Konfessionskunde. Von Frdr. Loofs. 1. Bd. (XV, 430 S.) 902. n. 6. 60

— der theologischen Wissenschaften, bearb. von Achelis, Baumgarten, Benzinger u. A. 1.—3. 5. 7. 8. 14. 15. u. 17. Abtlg. gr. 8. Tübingen, J. C. B. Mohr n. 58. 10; geb. n. 67. 10
1. (II, 1.) Einleitung in die kanonischen Bücher des Alten Testaments. Von Carl Heinr. Cornill. 5. völlig neu bearb. Aufl. der „Einleitung in das Alte Testament". (XVI, 349 S.) 905. n. 5.—; geb. n n. 6.—
2. (IV, 1.) Kirchengeschichte. Von Karl Müller. 1. Bd. (Anastatischer Neudr.) (XXII, 636 S.) 905. n. 9. 50; geb. n.n. 10. 50
3. (IV, 3.) Dogmengeschichte. Von Adf. Harnack. 4. verb. u. bereicherte Aufl. (XII, 446 S.) 905. n. 6.—; geb. n.n. 7.—
5. (VI.) Praktische Theologie. Von E. Chr. Achelis. 4 u. 5. durchgeseh. Aufl. (XVI, 327 S.) 903. n. 6.—; geb. n.n. 7.—
7. (III, 1.) Einleitung in das Neue Testament. Von Adf. Jülicher. 5. u. 6. neu bearb. Aufl. (XVI, 581 S.) 906. n. 9.—; geb. n. 10.—
8. (II. Reihe. 2. Bd.) Neutestamentliche Zeitgeschichte. Von Osk. Holtzmann. 2., vollständig neu bearb. Aufl. (XII, 431 S.) 906. n. 7.—; geb. n. 8.-
14. (II. Tl. 3. Bd.) Geschichte des Volkes Israel. Von Herm. Guthe. 2. Aufl. Mit e. Plan v. Jerusalem u. e. Uebersichtskarte. (XV, 354 S.) 904. n. 6.—; geb. n.n. 7 —
15. (5. Tl. 2. Bd.) Ethik. Von W. Herrmann. 3. Aufl. (XV, 216 S.) 904. n. 3. 60; geb. n. 4. 60
17. (II, 2.) Biblische Theologie des Alten Testaments. 1. Bd. Die Religion Israels u. die Entstehg. des Judentums. Von B. Stade. 1. u. 2. Aufl. (XII, 383 S.) 905. n. 6 —; geb. n.n. 7.—

— der theologischen Wissenschaften, bearb. v. Achelis, Baumgarten, Benzinger u. A. 1., 6. u. 11. Abtlg. Lex. 8. Tübingen, J. C. B. Mohr. 24.—
1. (II. Tl. 1. Bd.) Einleitg. in die kanonischen Bücher des Alten Testaments. Von Carl Heinr. Cornill. 6. neubearb. Aufl. der „Einleitg. in das Alte Testament". (XVI, 332 S.) 908. 5.—; geb. 6.—
6. (II. Reihe. 1. Bd.) Hebräische Archäologie. Von I. Benzinger. 2., vollständ. neu bearb. Aufl. Mit 253 Abb. im Text u. e. Plan v. Jerusalem. (XX, 450 S.) 907. 10.—
11. (V. Thl. 1. Bd.) Dogmatik. Von Jul. Kaftan. 5. u. 6. verb. Aufl. (VIII, 672 S.) 909. 9.—; geb. 10.—

— d. Wundarzneikunst in d. Zeit d. Römer, s. Celsus, 7s, 8s Bdch. von d. Arzneikunst.

— d. Wundarzneykunst in d. Zeit d. Römer, oder Celsus 7s u. 8s Bändch. v. d. Arzneykunst, a. d. Lat. 8. Frkf. Jäger 789.

Grundrisse und Bausteine zur Staats- und zur Geschichtslehre, zusammengetragen zu d. Ehren Gustav Schmollers u. z Gedaechtnis d. 24. Juni 1908, s. 70. Geburtstages, von Kurt Breysig, Fritz Wolters, B. Vallentin, Friedrich Andreae. Berlin: G. Bondi 1908. (VI, 222 S.) 8°

Grundrisse der Provinzial-Heil- und Pflegeanstalt Bedburg (Kr Cleve) — Düsseldorf o. J · Schwann. 36 S. 2° [Umschlagt.]

Drei Grundrisse der Königlichen Akademie der Künste und Wissenschaften. Berlin. Fol.

Grundrisse der Technischen Hochschule zu Hannover. [Aus: „Ztschr. d. Archit.- u. Ingen.-Vereins zu Hannover".] qu. gr. Fol. (4 Steintaf.) Hannover 879. Schmorl & v. Seefeld. n. 1. —

Grundrisse u. Pläne v d. Gebäud. d. Kgl. Charité-Krankenhaus. z. Berl. Berl. 1865. Fol.

Grundrisse zu einer Reform des Volksschulwesens. Mit Rücksicht auf die Volksschule im Großherzogthum Baden. Von einem bad. Schulmanne. gr. 8. (VIII und 24 S.) Karlsruhe 848, Braun'sche Hofbuchh.

Grundrisse der Theologie. Sammlung v. Kompendien der theolog. Wissenschaften. II. Abtlg. Die alttestamentl. Disziplinen. 1. Tl. 8. Braunschweig [H. Wollermann]. Berlin, M. Warneck. Geb. in Leinw. 4. 80
1. Geschichte des Reiches Gottes bis auf Jesus Christus. Von Eduard König. (VIII, 330 S.) 908.

Grundrisse von Turnhallen, Kopien v. Carl Wüst, Quer-8° u. 2°. 2 Bde.

Grundrisse für die Vorträge auf der Kgl. vereinigten Artillerie- u. Ingenieurschule zu Berlin,
s. Grundriß für die Vorträge . . .

Grundrisse zu den Vorträgen bei der X. allgem. lutherischen Konferenz in Lund. 8. (59 S.) Lund 901. (H. Möller.) n.n. — 55

Grundsatz, über den, des Christenthums: Außer der Kirche kein Heil. Von einem protestant. Geistlichen. gr. 8. Mainz 829. Müller. 6 gr

Grundsatz, Euklid's eilfter, als Lehrsatz bewiesen. Hamburg 1817. V: *Hellwag, Chph Frdr.* (CLzür Forts. II)

Grundsatz, Der, der Nationalität und das preussische Staatensystem. Berlin 1860. V: *Rössler, Constantin.* (Rössler, Ausg. Aufsätze. Berlin 1902, IX.)

Grundsatz, der, der Nationalität und das europäische Staatensystem. Lex.-8. (III und 76 S.) Berlin 860, Springer's Verlag. *

Grundsätze über Ablösung der deutschrechtlichen Reallasten, und über Gemeinheitstheilungen. in rechtlicher und ökonomischer Hinsicht aufgestellt von K. 8°. Helmstedt, Fleckeisen, 1832.

Grundsätze des Ackerbaues, s. Hammerstein, Frhr. Chr. v.

Grundsätze des Ackerbaues, a. d. Engl. . . . von Chn Freih. v. Hammerstein. Lüneburg 1836. V: *Bland, William.* (Ky)

Allgemeine Grundsätze, die Annahme pp. von Bureau-Hilfsarbeitern betr. (Cassel 1903: Weber & Weidemeyer.) (4 S.) 8° [Kopft. F.] [illegible]

Grundsätze, allgem. ästhetische, 8. Bresl. (Sommer in Lpz.) 794.

— allgem. ästhetische. 8. Bresl. 794. (W. Nauck in Leipz.): 6 gr

Grundsätze, allgemeine, bei der Ausbildung v. Handwerkslehrlingen. Drei preisgekrönte Abhandlgn. m. e. Zusammenstellg. sämmtl. sich auf das Lehrlingswesen bezieh. Gesetze. gr. 8. (49 S.) Dresd. 890, [Verlag der Gewerbeschau.] Minden u. Wolters. * — 50

Allgemeine **Grundsätze** für die Bearbeitung und Herausgabe der beschreibenden Darstellungen der älteren Bau- und Kunstdenkmäler der Provinz Sachsen. o. O. [1908]. 2 Bl. 2° [Kopft.] [illegible]

Grundsätze, Allgemeine, der Bienenzucht. Berlin 1773. V: *Schwan, Christian Friedrich.* (Ky)

— allgem. d. Bienenzucht. 8. Berl. Rottmann. 773.

— allgem., d. Bienenzucht, (v. Chr. Fr. Schwan). 8. Berl. 774. Rottmann. 12 gr

— allgem., d. dramat. Dichtkunst. 8. Leipz. 797. Andrä. 6 gr

— allgem., der dramatischen Dichtkunst. 8. Leipz. Kleefeld (a. Bauer) 797.

Grundsätze, Allgemeine, über die Entstehung, Beschaffenheit und Behandlung der Krankheiten. Breslau 1800. V: *Knebel, Immanuel Glieb.* (Ky) (OL) (MGT) (Call)

— allgem., über d. Entstehung, Beschaffenheit u. Behandlung der Krankheiten, (v. J. G. Knebel). 8. Bresl. 800. J. F. Korn. 10 gr

Freimaurerbund zur aufgehenden Sonne in Nürnberg. Allgemeine Grundsätze. Programm. Satzungen. Sittengesetz. Hannover o. J.: Metz & Marcussen. 16 S. 8°. [Umschlagtit.] 21.

Grundsätze, allgemeine, des D Fr —Mr —O. (Berlin. Druck v Bittner 1876 kl. 8. 8 S.

Allgemeine maurerische Grundsätze. o. O. u. J. 3 S. 8°. [Kopftit.] 21.

— allgem., aus d. Natur- u. Staats-, besonders Kirchenrechte, in Hinsicht auf geistl. Güter. 8. Landsh. 802, Weber.

— allgem., aus d. Natur- u. Staats-, besonders Kirchenrechte, in Hinsicht auf geistl. Güter. 8. Landsh. 803. Weber in München. 4 gr

— allgemeine, f. den Neubau v. Friedenslazarethen. 8. (32 S.) Berlin 878. Mittler & Sohn. n. — 60

Grundsätze, Allgemeine praktische, der Strategie und höheren Taktik für Armee-, selbstständige Korps- und Divisions-Kommandanten. Wien 1867. V: *Hess, Hnr. Freih. v.* (KA)

— u. Regeln, allgemeine, für den Wirthschafts- u. Culturbetrieb in den Staatswaldungen des Königr. Württemberg. Herausg. im Auftrage der königl. Forstdirection. Stuttgart 865. Lindemann. 8. (131 S. mit 1 chromolithogr. Karte in Fol.) n. 16 ngr.

Grundsätze, Allgemeine, der französischen Sprache zu denen Vorlesungen bestimmt . . . Halle 1752. V: *Poleman (Pohlmann), Ernst Casp.* (Baumgarten, Nachrichten v. merkw. Büchern. Halle 1752—57. 2, 92.)

Allgemeine **Grundsätze** für die Stipendienerteilung an der Technischen Hochschule zu Dresden. ⟨Als Ms. gedr.⟩ (Diese Grundsätze sollen mit dem 1. 4. 1896 in Kraft treten.)

Allgemeine **Grundsätze** für die Stipendienerteilung an der Technischen Hochschule zu Dresden. ⟨Als Ms. gedr.⟩ (Diese Grundsätze treten mit dem 1. 10. 1904 in Kraft.)

— allgem., der landwirthschaftl. Thierzucht. Ein ABC f. Jeden, welcher Thiere aufziehen u. halten will. Zugleich Einleitung zu den leichtfaßl. Belehrungen über die gesammt. Zweige der land- u. hauswirthschaftl. Viehzucht. Hrsg. v. W. Hamm. 8. (32 S. m. 1 Holzschn.) Leipzig 852, Spamer. n. 1/6 ꝛc.

Grundsätze, Allgemeine, über das Vertreten der Kirche bey Ständeversammlungen . . . Tübingen 1816. V: *Abel, Jacob Friedrich.* (MGT) (Ky)

— allgem., über d. Vertreten d. Kirche bei Ständeversamml., mit besond. Beziehung auf Würtemberg, (v. Jak. Fr. Abel). Herausg. v. H. E. G. Paulus. gr. 8. Heidelb. 816. Oswald. 12 gr.

Grundsätze, Allgemeine, des Völkerrechtes als Prämissen zur Entscheidung der Frage: Kann die Säcularisirung zur Basis des mit der Fränkischen Republik zu schliessenden Friedens dienen? kl. 8. Bremen und Lübeck 1799.
Vgl. Grundsätze des Völkerrechts...

Grundsätze, Allgemeine, um ohne Instrumente die Witterung voraus sagen zu können; a. d. Franz. . . . Leipzig 1793. V: *Zehmen, Chph Heinr. Adolph von.* (MGT) (Call) (Ky) (ML)

— allgemeine, d. Witterung, ohne Instrumente vorauszusagen. Aus d. Französ. (v. C. H. A. v. Zehmen). 8. Leipz. 793. N. A. 803. Kummer. 2 gr.

— allgem., welche bei d. Wiederherstellung d. Staatenverfassungen Deutschlands angewendet werden müssen, wenn es besser werden soll. 8. Nürnb. 815. Campe. 4 gr.

Allgemeine **Grundsätze** und Zweck der Freimaurer-Loge „Eintracht" zu Frankfurt a. M. [Frankfurt a. M. um 1909.] 6 S. 8°. [Umschlagtit.] 21.

Allgemeine **Grundsätze** und Zweck der Freimaurer-Loge „Lessing" zu Frankfurt a. M. [Frankfurt a. M. vor 1910.] 6 S. 8°. [Umschlagtit.] 21.

Die allgemeinen freimaurerischen **Grundsätze** der drei Grossen Logen Preussens [vom 28. März 1860]. [Berlin 1860: Sittenfeld.] 1 Bl. 2° [Kopftit.]
Abgedr. in: Bröcker, K.: D. Frmr-Logen Deutschlands. 1894 S. 57—58. 193.

GRUNDSATZE, Alte, des Jesuitenordens, und neuere Bemühungen der Exjesuiten zu München, ihre Gesellschaft in Baiern wieder herzustellen. Aus authentischen Quellen mit Noten u. einem kurzen chronolog. Auszuge der Jesuitengeschichte, wie auch einem Verzeichnisse (26) jesuitischer Schriften, die theils von römischen Päbsten, von der Sorbonne zu Paris u. andern berühmten Universitäten verdammt, u. theils vom Scharfrichter öffentlich verbrannt worden sind. O. O. (Regensb.) 1799. 8°. (6 Kr. A. H. Huber, Salzburg, 1909:) (192 S.)
„Diese selten gewordene skandalöse antijesuitische Schrift ist laut Bericht an den Leser schon 1794 verfasst worden, konnte aber gewisser (!) Ursachen wegen, nicht eher in Umlauf gebracht werden."

Grundsätze betreffend den Ansatz der Gebühren und Auslagen der Gerichtsvollzieher. Allg. Verfügung v. 16. Febr. 1903 mit d. Texte d. reichs- u. landesgesetzl. Gebührenvorschriften. Berlin: A. Nauck & Co. 1903. (16 S.) 8° [F.]
— **Bureau-Blatt** f. gerichtl. Beamte. Jg. 1903, Beil. [2.] 07. 17330 11

—— und Ansichten d. Staatsreformen u. deren Ableit. aus d. Wesen d. Staats selbst. 8. (1½ B.) Leipzig 832, Hartmann.

Grundsätze für die Aufstellung der Etatsentwürfe für den Eisenbahn-Direktionsbezirk. 4. (226 S.) Berlin 886, C. Heymanns Verlag. ✦
Aus: Eisenbahn-Verordnungsblatt, besonders abgedruckt.

Grundsätze f. Ausrüstung e. Festung m. Räumlichkeiten z. Unterbringung u. z. Ergänzung d. Munition. Berlin 1882.

— f. den Bau u. die Einrichtung v. Zellengefängnissen. Beschlüsse der Commission, welche in der Versammlung des Vereins der deutschen Strafanstaltsbeamten zu Wien am 20. September 1883 zur Ausarbeitung dieser Normalbedingungen niedergesetzt wurde. 4. (VIII, 52 S. mit 26 lithogr. Taf.) Freiburg i/B. 885. (Heidelberg, G. Weiss' Verl.) n. 3. 50

— d. bürgerl. Baukunst, a. d. Ital. 3 Thle. m. K. gr. 8. Lpz. Schwickert. 785.

Grundsätze der Befestigungskunst. Leipzig 1753. V: *Nicolai, Ferd. Frdr. von.* (Ky) (MGT)

Grundsätze für die Begründung freier öffentlicher Bibliotheken '(Bücherhallen)'. *[Berlin 1899.]* 2 Bl. 4.

Grundsätze für die Behandlung der einfachen und doppelten Buchführung an kaufmännischen Unterrichtsanstalten. ⟨Ergebnisse einer v. Deutschen Verbande f. d. kaufmänn. Unterrichtswesen ausgeschriebenen Preisaufgabe.⟩ *Leipzig: B. G. Teubner (1903).* (78 S.) 8°
— **Veröffentlichungen** d. Deutschen Verbandes f. d. kaufmänn. Unterrichtswesen. Bd 29. 03. 8310

— u. gemeinnützige Bemerkk. u. Anleitungen über prakt. Baugegenstände. gr. 8. Leipz. 820. Baumgärtner. 1 ꝛc.

Grundsätze f. die Berechnung der Materialstärken neuer Dampfkessel (Hamburger Normen 1892) u. Grundsätze f. die Prüfung der Materialien zum Baue von Dampfkesseln (Würzburger Normen). 3. Aufl. 12. (89 S. m. Fig.) Hamburg 892. Boysen & Maasch. n. — 60
Bildet die 3. Aufl. der Vorschläge f. die Berechnung der Materialstärken etc.

Grundsätze f. d. Berechnung d. Materialstärken neuer Dampfkessel (Hamburger Normen 1896) u. Grundsätze f. d. Prüfg. d. Materialien z. Baue v. Dampfkesseln (Würzburger Normen 1895). 6., veränd. Aufl. 8. (52 S. m. Fig.) Hamburg 896. Boysen & Maasch. n. — 60

— dasselbe u. Grundsätze f. die Prüfung der Materialien zum Baue v. Dampfkesseln (Würzburger Normen 1895). 7. veränd. Aufl. 8. (IV, 47 u. 16 S. m. Fig.) Ebd. 899. n. — 85

— dasselbe u. Zusammenstellung v. Vorschriften f. den Bau v. Schiffsdampfkesseln. 8. (IV, 47, 16 u. 40 S. m. Fig.) Ebd. 899. Kart. n. 2. —

— f. die Berechnung der Materialstärken neuer Dampfkessel (Hamburger Normen 1902.) 8. umgearb. Aufl. 8. (80 S. m. Fig.) Ebd. 902. n. — 80
7. Aufl. (IV, 47 S. m. Fig.) Ebd. 899. n. — 60.

— f. die Berechnung der Materialdicken neuer Dampfkessel (Hamburger Normen 1905). Gemäss den Beschlüssen der Delegierten- u. Ingenieur-Versammlgn. des internationalen Verbandes der Dampfkessel-Ueberwachungsvereine am 17. u. 18. II. 1905 in Amsterdam u. am 23. VI. 1905 in Kassel. 9. umgearb. Aufl. (VIII, 35 S. m. Fig.) 8. Hamburg 905. Boysen & Maasch. n. — 80

— dasselbe. — Grundsätze f. die Prüfg. v. Schweiss- u. Flusseisen zum Bau v. Dampfkesseln. (Würzburger Normen 1905). — Anhang. (IX, 105 S. m. Fig. u. 3 Taf.) 8. Ebd. 905. Geb. in Leinw. n. 3. —

Grundsätze f. die Berechnung u. Verteilung des Arbeitsverdienstes der Gefangenen in den Gefängnissen der Justizverwaltung. Amtliche Ausg. (11 S.) 8. Berlin 904. R. v. Decker. n. — 20

Grundsätze der Beredsamkeit für junge Geistliche. Ulm 1810. V: *Mercy, Wilhelm.* (Fr)

Grundsätze der Stadt Bern in ihren ersten Jahrhunderten ... O. O. 1766. V: *Tschiffeli, Johann Rudolph.* (ML)

Grundsätze f. die Besetzung der mittleren, Kanzlei- u Unterbeamtenstellen I. bei den Reichs- u. Staatsbehörden, II. bei den Kommunalbehörden usw. m. Militäranwärtern u. Inhabern des Anstellungsscheins (Anstellungsgrundsätze — A. G. I u. II) v. 20. 6. 1907. Hrsg. v. kgl. preuß. Kriegsministerium. (D. V. E. Nr. 42.) (V, 110 S.) 8. Berlin 907. E. S. Mittler & Sohn. — 70; kart. — 90

Grundsätze für die Besetzung der mittleren, Kanzlei- u Unterbeamtenstellen bei den Reichs- und Staatsbehörden mit Militäranwärtern vom 20. 6. 07. (95 S) Stuttgart 1907

Grundsätze für die Besetzung der mittleren, Kanzlei- und Unterbeamtenstellen: 1. bei d. Reichs- u. Staatsbehörden, 2. bei d. Kommunalbehörden usw., m. Militäranwärtern u. Inhabern d. Anstellungsscheins (Anstellungsgrundsätze — A G 1. u. 2.) vom 20. Juni 1907. Hrsg. vom Kgl. Preuss. Kriegsministerium. Berlin, Mittler, 1908. 8°.

— betr. die Besetzung der Subaltern- u. Unterbeamtenstellen bei den Kommunalbehörden etc. m. Militäranwärtern, nebst den f. das Königr. Sachsen gilt. Ausführungsbestimmgn. 8. (51 S.) Dresden 900. (C. Heinrich.) n. — 50

Grundsätze für die Besetzung der Subaltern- und Unterbeamtenstellen bei den Reichs- und Stabsbehörden mit Militäranwärtern nebst den für den Umfang der preussischen Monarchie geltenden besonderen Bestimmungen. Mit Anlage J und K vom 30. Juni 1885 und Tekturen bis November 1888. 8. Berlin 1882--1888.

Grundsätze, f. die Besetzung der Subaltern- u. Unterbeamtenstellen bei den Reichs- u. Staatsbehörden mit Militäranwärtern, nebst den f. den Umfang der Preuß. Monarchie gelt. besond. Bestimmungen. gr. 8. (43 S.) Berlin 882. v. Decker. n. — 50

— dass. — [Mit den dazu gehörigen Formularien und Schemata.] gr. 8. (24 S.) Grünberg 882, Weiß' Nachf.
Aus: Monatschrift für deutsche Beamte, besonders abgedruckt.

Grundsätze f. Besetzung d. Subaltern- u. Unterbeamtenstellen b. d. Reichs- u. Staatsbehörden m. Militäranwärtern ... Stuttgart 1882.

— für die Besetzung der Subaltern- u. Unterbeamtenstellen bei den Reichs- u. Staatsbehörden m. Militäranwärtern, nebst den durch den Allerhöchsten Erlaß vom 10. Septbr. 1882 f. den Umfang der preuß. Monarchie genehmigten besonderen Bestimmgn. Mit Sachregister. gr. 8. (48 S.) Ebend. 883. n. — 80

— dasselbe. 2. verm. Aufl. gr. 8. (78 S.) Ebend. 886. n. 1. —

Grundsätze f. Besetzung d. Subaltern- u. Unterbeamtenstellen ... München 1886.

— f. d. Besetzung d. Subaltern- u. Unterbeamtenstellen b. d. Reichs- u. Staatsbehörden m. Militäranwärtern, nebst d. f. d. Königr. Sachsen gelt. besond. Bestimmungen. 8. (73 S.) Dresden 889. J. Päßler's Buchdr. n. 1. —

[F.] **Grundsätze** für die Besetzung der Subaltern- und Unterbeamtenstellen bei den Reichs- und Staatsbehörden mit Militäranwärtern nebst den f. Preussen, Bayern, Sachsen, Baden u. Württemberg geltenden besonderen Bestimmgn u. dem neuesten Verzeichniss (m. besond. Titel: Gesammtverzeichniss ...) der den Militäranwärtern in sämmtl. Bundesstaaten vorbehaltenen Stellen, dem Ges. betr. d. Besetzg d. Subaltern- u. Unterbeamtenstellen mit Militäranwärtern in den Kommunalverbänden Preussens u. Verfügg über d. Besetzg der den Militäranw. bei d. Privateisenbahnen vorbehaltenen Beamtenstellen v. 8. Okt. 1885. *Berlin: S. Gerstmann 1896.* (1 Bl., 107—206, 172 S.) 1 Bd 8.
— Handbibliothek f. Militäranwärter u. Beamte. Bd II. [96. 2401

— dasselbe. Deckblätter Nr. 52—56. 8. (28 S. u. 3 Bl.) Berlin 896. E. S. Mittler & Sohn. n. — 20

Grundsätze für die Besetzung der Subaltern- und Unterbeamtenstellen bei den Reichs- und Staatsbehörden mit Militäranwärtern. Neuausgabe 1899. (81 S) (Stuttgart 1899)

Grundsätze für die Besetzung der Subaltern- u. Unterbeamtenstellen bei den Reichs- und Staatsbehörden mit Militäranwärtern. Mit Genehm. d. K. Preuß. Kriegsminist. unter Benutzung amtl. Quellen erl. von H[ans] Hahn, Major im Inf.-Rgt Nr 114, u. H[einrich] Nienaber, exped. Sekr. 2., verb. Aufl. Berlin: E. S. Mittler & Sohn 1905. (XII, 324 S.) 8° [F.]
— Anstellungsgrundsätze. T. 1. [06. 11773

Grundsätze des Besteuerungsrechts der Teutschen Reichsstände. O. O. 1765. V: *Moser, Johann Jacob.* (ML)

— des Besteuerungsrechts d. deutschen Reichsstände. 2 Stcke. 4. Stuttg. 766. Metzler. 3 ℳ.

Grundsätze für den Betrieb von Bergwerken mit schlagenden Wettern. Aus dem Französischen. Bonn, 1881 52 S.

— z. Beurtheil. theol. Streitigkeiten ꝛc. 8. Frankf. u. Lpz. 748.

Grundsätze zu Beurtheilung der Verfassung und Sitten der alten Helvetier .. Bern 1781 s. a. [Walther. Gottlieb].

— zur Beurtheilung d. Verfassung d. alten Helvetier. gr. 8. Bern 782. Typ. Soc. 10 gr

Grundsätze zu einer dauerhaften Bienenzucht . . . Stuttg. 1815. V: *Schmid, Johann Christian E.* (MGT)

Grundsätze bei Bildung eines Bundes-Parlamentes gemäß den gegebenen Zuständen oder das Minimum dessen, was bei jetzigen Umständen gewährt werden muß. (München, G. Franz. 1848.) 16 S. 8°.

— z. Bildung f. Geist u. Herz, Zögling. d. Kriegswissensch. a. d. höh. St. gewidmet, n. d. Franz. d. Marq. v. Lambert v. K. H. Heydenreich. 12. Lpz. Martini. 798.

— christliche, f. gute Bürger. 8. Köln 783. Guinbert. 6 gr

— christl., u. Lebensregeln zum Unterricht d. Jugend. 8. Bresl. 788. (J. F. Korn). 4 gr

Grundsätze. Demokratische G' für das Appenzeller-Volk . Appenzell 1798 s. [Heidegger. Heinrich].

Grundsätze für die allgemeinen Dienstverhältnisse in der Armee.
1. Commandostellen und Offiziere.
2. Unteroffiziere und Mannschaft.
3. Rangverhältniß. München 1872. 8.

— für die allgemeinen Dienstverhältnisse in der Armee. Neue verm. Aufl. gr. 16. (VI, 122 S.) Würzburg 877. Stahel. n. 1. —

Schaffhauser Strassenbahn. Grundsätze für die Einlagen in den Erneuerungs-, Amortisations- und Reservefonds. (1902 April 22.) 3 S. 8. [Schaffhausen, H. Meier & Cie.]

— zu einer Einleitung in d. franzöſ. Sprache. 8. Jena 774. Cuno. 1 rℓ

Grundsätze und Erfahrungen darüber, ob u. wie das Gefühl fürs Schöne in den deutschen Volksschulen geweckt werden soll. (In Fragmenten.) [In der Literatur-Zeitung für Deutschlands Volksschullehrer. Jahrg. 1827, 2tes Quartalh. Ilmenau.] V: *Breiss, Peter.* (schr I, 387)

Grundsätze und Erfahrungen darüber, ob und wie das Gefühl fürs Schöne . . . geweckt werden soll. [Ilmenau 1829.] V: *Briess, Peter.* (schr)

— zur Erlernung d. spanischen Sprache. Neu durchgesehen und verbess. von Don Fernandez Navarro. 8. Wien 777. Trattner. 2 gr

Grundsätze für jährliche Ernteberichte in Österreich. Mit der Erntestatistik des Jahres 1868 von Niederösterreich, Oberösterreich und der Bukowina. Im Auftrage des k. k. Ackerbauministeriums gedruckt. Wien: Gerold 1869.

Grundsätze, Die ersten, der Handelschaft. A. d. Franz. Triest 1762. V: *Véron de Forbonnais, Franç.* (CBH)

Grund- u. Lehrsätze, die ersten, aus der Mechanik u. Physik. Zum Gebr. an Sonn- u. Feiertagsschulen, niedern Gewerbschulen ꝛc. gr. 8. (4 B.) Villingen 844, Förderer.

— d. physisch. sittl. u. wissenschaftl. Erziehung ꝛc. 8. Bern, Mylius. 786.

— d. Erziehung u. d. Unterrichts, durch Parabeln u. Erzählungen erläutert. 8. München 817. (Fleischmann). 12 gr

Grundsaetze der Evolutions der Kavallerie zum Unterricht junger Offiziers Mit Kpf Breslau 1795. 238 S

— d. Evolution d. Kavallerie. Mit 38 Kpf. gr. 4. Bresl. 795. J. F. Korn. 3 rℓ

Grundsaetze für die formelle Fassung der Gesetzentwürfe. Dat. Berlin 17. Nov 1906. 4°

Grundsätze, die, der zerstreuten Fechtart in ihrer praktischen Anwendung näher beleuchtet von E. v. S. Mit 9 (lith.) Plänen. Iglau 864. (Wien, Seidel & Sohn.) 16. (59 S.) n. 20 ngr

Grundsätze zur Feststellung und Aufrechthaltung der Eintracht . . . in katholischen Staaten . . . Augsburg 1785. V: *Haiden, Thomas Joseph von & Beda Mayr.* (BB) (MGT) (Ky) (Lindner) (Th) (ML)

— zu Feststellung u. Aufrechthaltung d. Eintracht zwischen d. politischen u. kirchl. Macht, (von B. Mayr u. Th. Jſ. v. Haiden). gr. 8. Augsb. 785. Rieger. 12 gr

Grundsätze zur Feststellung der Eintracht zwischen der politischen u. kirchlichen Macht in katholischen Staaten. *Wien*, 785. 8.

Grundsätze zur Feststellung einer einheitlichen Schreibung unserer [der siebenbürgisch-sächsischen] Mundart. [Hermannst. 1887.] V: *Roth, Johann.* (Mz)

— d. Finanzadministration u. d. Rechnungswesens. 8. Leipz. 787. (Böreke in Eisenach). 4 gr

— d. Finanzadministration und d. Rechnungswesens ꝛc. 8. Lpz. (Wittekind in Eisenach) 787.

Grundsätze der Finanzadministration und des Rechnungswesens in Reichsstädten. gr. 8°. Nürnberg, Grattenauer, 1787.

Grundsätze und Forderungen der Socialdemokratie. 8°. Berlin, Verlag der Expedition des „Vorwärts", s. a.

— für den obligatorischen Freihandzeichenunterricht an allgemein wissenschaftlichen Lehranstalten einschliesslich Volksschulen [also mit Ausnahme der Fachschulen u. Hochschulen]. Genehmigt von der am 4. u. 5. Juni 1879 in Leipzig stattgefundenen 6. Hauptversammlung des Vereines deutscher Zeichenlehrer. Nebst 4 Beilagen. gr. 8. (58 S.) Berlin 879. Leipzig, Haessel in Comm. n. 1. —

— über die, d. Frei- u. Gleichheit. 8. Frankf. 794. Andreä. 12 gr

Grundsätze der Fr.·. M.·. [Neuwied o. J.: Heuser.] 2 Bl. 8° [Kopftit.] 25.

Grundsätze des schweizerischen Freimaurervereins, berathen und angenommen von dem Verwaltungsrath der Grossloge Alpina. Zürich 1847: Orell, Füssli & Co. 7 S. 8° [Umschlagtit.]
Tt. 1604. 439.

Friedrichs des Großen politische und staatsrechtliche Grundsätze in ihrer Beziehung auf die Staatsfragen der Gegenwart. Aus Anlaß der Enthüllung seines Denkmals am 111. Jahrestag seiner Thronbesteigung (31. Mai d. Js.). (Aus der Minerva, Juni 1851 besonders abgedruckt.) Jena, Bran 1851. 63 S. 8.

Grundsätze der mit hohem k. k. Landespräsidialdekrete vom 11. Jänner 1844 Z. 71275 genehmigten böhmischen Gartenbau-Gesellschaft in Prag mit den, von der hohen böhmischen k. k. Statthalterei mit Erlaß vom 14. Juli 1855. Z. 30801 bestätigten Aenderungen. Prag, 1855. Druck von Friedrich Rohlicek.

— die, d. neuen Gebäude- u. Gewerbecatastrirung im Königreich Würtemberg. gr. 8. Stuttg. 810. Sattler. (Hofmann). 12 gr

— u. Gedanken des Gefangenen auf St. Helena, treue Uebersez. e. in d. Papieren Las Casas gefundenen Manuscripts. 8. 823. (Eichhorn in Nürnb.) 12 gr

Grundsätze der Gefechts-Formierung und Gefechts-Methode. Wien 1859. V: *Nugent, Laval Graf.* (KA)

Grundsätze über Gemeinheitstheilungen für das Fürstenthum Lüneburg. Mit einer Vorrede von A. L. Jacobi. fol. Hannover, Hahn, 1802.

Grundsätze der Gemeinheitstheilungs-Ordnung für das Fürstenthum Lüneburg. Mit e. Vorr. von [Andr. Ludolph] Jacobi in Celle. Hannover 1803. fol.

Grundsätze und Gedanken, Gesammelte, zur weitern Betrachtung und Anwendung. Regensburg 1791. V: *Müller, Hieron. Gottfried von.* (MGT) (Ky)

— gesammelte, u. Gedanken zur weitern Betrachtung u. Anwendung, (von . . . v. Müller). 8. Regensb. 791. Montag u. W. 8 gr

— d. guten Geschmacks, od. Anleit. zur Empfindung d. Wahren u. Schönen in d. Werken d. Genies. 8. Leipz. 770. Jacobäer. 2 gr

Grundsätze über die Gewährung der Unterstützungen an Militair-Familien bei eintretendem Kriege, während der Abwesenheit der Männer und respektive Väter aus der gewöhnlichen Garnison. Berlin 1836.

— d. Glaubens u. d. Tugend nach d. Lehre Jesu, f. d. Jugend, welche zum öffentl. Bekenntniß d. Christenth. vorbereitet wird. 8. Leipz. 821. (Cnobloch). 4 gr

— u. Glaubensstandpunkt der freien evang. Gemeinde zu Halberstadt. 8. (7 S.) Halberstadt 847, Frantz in Comm. n. 1 ngr

Grundsätze des äußern Gottesdienstes. Grätz. Druck von A. Leykams Erben. (16 S. 8)

Entwurf. Grund-Sätze der Grossloge „Zur Sonne" in Bayreuth. Neuaufgestellt auf dem Grosslogentag in Pforzheim am ... 1900. Bayreuth 1900: Mühl. 2 Bl. 8°. [Umschlagtit.]
21.

— über die, u. d. Grunds. d. Schönen. 8. Berl. W. Vieweg. 797.

— d. Handelschaft, a. d. Frz. 4. Wien, Trattner. 762.

Grundsätze der Handlung ... 2. Aufl. Cosmopolis [Bremen] 1775. V: *Gersdorf, Carl August von.* (Wr)

— d. Handlung, zur Aufnahme der Länder. 8. Bremen, Cramer. (jetzt Rabenhorst in Lpz.) 775.

— d. Handlungswissenschaft, zum Gebrauch d. k. Realakademie zu Wien. 8. Wien 790. Schaumburg u. C. 12 gr

— der Handlungswissenschaft, für Kaufleute. 8. Würzb. 785. Stahel. 16 gr

Grundsätze und Hausordnung der Pilgerhütte (Trinkerheilstätte) bei St. Crischona. 1891.

Grundsätze der Höflichkeit. Kempten 1772. V: *Lunz, Joh. Gg.* (Ky) (MGT)

— der Infanterie-Taktik, s. Mauvillon.

Grundsätze der neuen Infanterietaktik der geübtesten Truppen gegenwärtiger Zeit ... Meissen 1791. V: *Malherbe, Isaac Henri.* (Adel)

Grundsätze, Juristisch-ökonomische, von Generalverpachtungen der Domainen in den Preussischen Staaten. Berl. 1785. V: *Borgstede, Aug. Hnr.* (EngJ) (Ky) (MGT)

— jurist.-ökonom., von Generalverpachtung d. Domainen in den Preuß. Staaten, (von A. H. Borgstede), 8. Berl. 785. Unger. 1 rh

— d. nöthigsten pädagogischen Kenntnisse für Väter, Lehrer u. Hofmeister, von J. G. M. (Chrd. Gruber). Herausg. von Is. Iselin. 8. Basel 780. (Neukirch). 18 gr

Grundsätze einer vernünftigen Kinderpflege in den ersten Lebensjahren. Löbau 1800. V: *Segnitz, Frdr. Ldw.* (OL.) (MGT)
Vgl. G r u n d r i ß einer vernünftigen Kinderpflege.

Grundsätze der freien Kirche im freien Staat. [Bern] 18?? V: *Muralt, Eduard v.* (Cat. d. Stadtbibl. Zürich. Zürich 1864—97.)

GRUNDSÄTZE. — der Klugheit u. verschiedene Maximen, welche das Nachdenken über den Menschen u. d. Erfahrung berührt haben. Hartl, Wien 1781/82.

Grundsätze der Klugheit verschiedener Maximen ... Wien 1782. H: *Fischer, J. B.* (Behrisch, die Wiener Autoren. 1784.)

— einer Constitution f. Deutschland. 4. Frankf. und Leipz. 815.

— der Kriegskunst oder praktisches Handbüchlein zum Gebrauch für Militairs aller Waffen und aller Länder. Unter Berücksichtigung der in den neuesten Kriegen gemachten Erfahrungen. Aus dem Franzöf. Mit 9 lith. Taf. Leipzig 861. Gerhard. 16. (VI, 141 S.) 12 ngr.

Grundsaetze der höhern Kriegskunst u. Beyspiele ihrer zweckmäßigen Anwendung für die Generale der österr. Armee (von Erzherzog Karl v. Österreich). Mit Pl. Wien 1808. 160 S. 2°

— zur Kultur d. Vaterlandsliebe. 8. Halle 783. Waisenh.-B. 8 gr

Grundsätze z. Cultur d. Vaterlandsliebe. *Halle*, Waisenh.-B. 785. 8° 6 gr

Grundsätze d. Kunst zu übersetzen, aus d. Engl. rc., mit Rücksicht auf deutsche Muster, v. R. G. Loebel. 8. Leipz. 793. Weygand. 20 gr

Grundsätze der Lager-Kunst und Tactic. 1771. V: *Friedrich II., König von Preußen.* (Kat. d. Bibl. d. k. Preuß. gr. Generalstabes. Berlin 1878.)

— eines weisen u. frommen, um d. Wohl f. Volkes besorgten Landesfürsten, mit Maßregeln, hiernach zu handeln, aus d. Erfahr. u. Geschichte geschöpft. 2 Thle. gr. 8. 815. (Prag, Schönfeld). 16 gr

— eines deutschen Landwirthes von d. Ackerbau u. der dazu nothwendigen Viehzucht rc. gr. 8. Berl. 793. Maurers B. 9 gr

Grundsätze der rationellen Landwirthschaft. Berlin 1809—10. V: *Thaer, Albr.* (EB)

— d. verbesserte Landwirthschaft. 8. Lindau 770. (Brockhaus in Leipz.) 12 gr

— d. verbess. Landwirthschaft. 8. Lindau, (Gleditsch in Lpz.) 770.

— e. vernünftigen Lebensart. 8. München 775. Lentner. 3 gr

— einer wohlgesitt. Lebensart. Bregenz, Brentano.

— u. Lehren aus d. Werken Eusebs Nierembergs gezogen von Th. Schilde. 8. Wien 783. Hörling.

— eines vollständigen Lehrgebäudes d. Wohlredenheit rc. 8. Nürnb. Monath u. K. 790.

Leitende Grundsätze u. allgem. Bestimmungen f. d. Schießübungen d. Feld-Art. München 1877. 1885.
— — 1878: Desgl. f. d. Fuß-Art.-Rgter.

Leitende Grundsätze . . . f. d. Schießübungen d. Feld-Art. Berlin 1887.
— — 1888: Desgl. f. d. Fuß-Art.

Grundsätze für die Leitung von Jungfrauen-Vereinen. Linz-Urfahr 1900. V: *Schachinger, Cajetan.* (Keiter VI, 264)

(F) Grundsätze für die Leitung von Jungfrauen-Vereinen. Aus der Erfahrung gesammelt von einem Weltpriester der Diöcese Linz. Mit Bewilligung des bischöflichen Ordinariates Linz. Linz-Urfahr. 1900. Kathol. Pressverein. 8°. 22 S. K —.20

Grundsätze zum Lesen, Rechnen und Rechtschreiben zum Gebrauch der deutschen Schulen. Augspurg, Rieger. 8. (4 gr.) 1779.

— d. Redner recht zu lesen; aus d. Französ. (v. ... Rath). 3 Thle. 8. Hamb. 757. Herold. 1 rh

Grundsätze des schweizerischen Logenvereins. Angenommen in der 3. Sitzung der Grossloge Alpina den 23. Nov. 1848. Zürich 1848: Orell, Füssli & Co. 4 Bl. 8° [Umschlagtit.]
Abgedr. in: D. schweizer. Frmrverein. 1873 S. 7—9; UMS. 2 (1873) S. 158—160; Bericht üb. d. Verhandlungen d. Grloge Alpina. 1848 S. 37—46.
Auszug in: FZ. 3 (1849) S. 78—79.

[Dasselbe.] Mit einer Anthologie aus den Akten der Grossloge, seit ihrer Gründung bis zur Uebertragung ihres Sitzes nach Bern. 1866. Ebendas. 1866. 86 S. 8°
Franz. Übers. in: UMS. [1] (1872) S. 100, 112 bis 115.
Auszug in: T. 12 (1866) S. 172—174, 180—181.
cf. Bh. 9 (1866) S. 301—302; L. 26 (1868) S. 164 bis 165.
Tt. 1605—1606.

Grundsätze für die zur Förderung der Rindviehzucht in der Rheinprovinz zu ergreifenden Maßnahmen, sowie Bestimmungen über deren Durchführung. Festgesetzt in d. Centralvorstandssitzung d. landw. Ver. f. Rheinpreußen 1901 u. anerkannt v. Vorstande d. Landwirtschaftskammer f. d. Rheinprov. ... 1903. Bonn 1903: C. Georgi. (52 S.) 8° [J.]
— **Veröffentlichungen** d. Landwirtschaftskammer f. d. Rheinprovinz. 1903, No 1. [ob. 1773]

—— und **Maximen** d. h. Vinzentius v. Paulo, gezogen aus sein. Leben, u. mit vielen Beispielen aus eben ders. Quelle beleuchtet. Als Stoff z. Betracht. auf alle Tage d. Jahres vertheilt. 8. (6¾ B.) Augsburg 840, 41, Kollmann'sche Buchh.

Grundsätze u. Maximen des h. Vinzentius v. Paulo, gezogen aus seinem Leben, u. mit viel. Beispielen aus eben derselben Quelle beleuchtet. Als Stoff zur Betrachtung auf alle Tage d. Jahres vertheilt. 2. Aufl. 8. (6¾ B.) Augsburg 844, Kollmann'sche Buchh.

—— und **Maximen** des heil. Vinzentius v. Paulo, gezogen aus seinem Leben, mit vielen Beispielen aus eben derselben Quelle beleuchtet und in Betrachtungen auf alle Tage des Jahres vertheilt. 3. Aufl. 16. (188 S.) Regensburg 878, Manz.

Grundsätze ü. Militär-Dienst-Verpflichtung d. auf Staatskosten Erzogenen. Berlin 1824 4°

— **moralische, d. Lebensweisheit.** Aus d. Werken klassischer Schriftsteller alter u. neuer Zeit gesammelt, u. f. jeden Tag d. Jahres eingetheilt. 12. Nürnb. 820. Schneider u. W. 6 gr

Über einige Grundsätze, nach welchen die für aufzuhebende Weideberechtigungen zufolge Grossherzoglich Hessischen Gesetzes vom 7. Mai 1849 zu gewährende Entschädigung zu ermitteln ist. Ein Beitrag zur rechtlichen Auslegung insbesondere der Artikel 18, 19 und 26 des gedachten Gesetzes. - Darmstadt 1857. 24 S.

— nach welchen e. **Ordensschwester** immer zufrieden, glücklich u. verdienstlich in ihrem Berufe leben kann. Aus dem Ital. übers. v. e. Ordensschwester. 16. (103 S.) Dülmen 898. A. Laumann. — 30; geb. n. — 60

Grundsätze, nach welchen eine Ordensschwester immer zufrieden, glücklich u. verdienstlich in ihrem Berufe leben kann. Aus d. Italien. übers. von e. Ordensschwester *Dülmen: A. Laumann 1904.* (103 S.) 8°

— nach welchen e. **Ordensschwester** immer zufrieden, glücklich u. verdienstlich in ihrem Berufe leben kann. Aus dem Ital. übers. v. Maria Ulrich. 3., durch e. Anh. verm. Aufl.: Ratschläge der Lidwine Barre. (181 S. m. Titelbild.) 16. Dülmen (910). A. Laumann.
Geb. in Leinw. — 50

— die, der **Nationalökonomie.** Mit besond. Anwendung auf die jetz. socialen Verhältnisse. gr. 8. (76 S.) München 881. L. Finsterlin. n. 1. —

— über die, u. d. Natur d. Schönen. 8. Berl. 797. W. Vieweg. 16 gr (Sind uncorrekt nachgeschriebene Hefte e. F. V. Reinhardschen Collegiums über d. Aesthetik.)

Anonym: „Ueber die natürlichen Grundsätze des Staatsvereins. Schreiben eines Ausländers an einen gefeierten preussischen Patrioten am Tage des Friedensfestes 1820", Leipzig 1820 (Herbig).

— über d. natürl. d. Staatsvereins. Schreiben e. Ausländers an e. preuß. Staatsbeamten, am Tage d. Friedensfestes 1820 entworfen. gr. 8. Leipz. 820. (Berl., Reimer). 4 gr

Grundsätze, Neue militärische, nebst einer daraus hergeleiteten Taktik. Leipz. 1787. V: *Browne, Gg Graf v.* (EB)

Grundsätze, Neue militärische, nebst einer daraus hergeleiteten Taktik. Mit Anmerkungen und 20 Kupfertaf. Aus dem Französischen. 8. Leipzig 1787.

Neue milit. Grundsätze nebst einer daraus hergeleiteten Taktik. Mit Kpf. A. d. Französ. Leipzig 1787. 440 S.

— **neue militairische,** nach d. Taktik. 2 Thle. Mit Kpf. gr. 8. Leipz. 787. Compt. f. Liter. 1 ℛ 16 gr

— d. polit. **Oekonomie,** a. d. Franz. gr. 8. Halle, Renger. 794.

— z. d. polit. **Oekonomie** üb. d. Bevölkerung, a. d. Franz. gr. 8. Halle, Renger. 803.

Grundsätze der analytischen Philosophie in metaphysischen Versuchen. Leipz. 1827. V: *König, Eduard.* (Verl.-Kat. von Joh. Ambr. Barth. Leipz. 1880. S. 61.)

Grundsätze der analytischen Philosophie, in metaphysischen Versuchen. Leipzig 1827. V: *Königfels, Eduard Anton Graf von.* (Ky) (R-N)

— d. analyt. Philosophie, in metaphysischen Versuchen, (von Ed. Ant. Graf v. Königfels). gr. 8. Leipz. 827. Barth. 21 gr

Philosophische Grundsätze der sittlichen Weisheit für denkende Jünglinge. Eine Fortsetzung der schönen beliebten Denksprüche von M. Dolz. Altona. 1804. (O. m. T.: Materialien, Sentenzen und Wahrheiten für Freunde der Lebensphilosophie).

— **philosophische,** d. sittl. Weisheit ꝛc. 8. Hamb. 805. Kratsch. 8 gr

Grundsätze einer richtigen Politik ... Schlesw. u. Leipz. 1793. V: *Ahlefeldt-Laurvig, Jens Juel.* (Bruun, Bibl. Danica. I. 1053.) (Collin, Anonymer. Kiobenh. 1869.) (Ky)

— **einer richtigen Politik,** nach dem Phocion, (v. Graf. J. J. v. Ahlefeld). 8. Schlesw. 793. Röhß. 10 gr Schrbp. 13 gr

Grundsätze, Politische. Basel [1846]. V: *Treichler, Johann Jacob.* (Cat. d. Stadtbibl. Zürich. Zürich 1864—97.)

— d. **Polizeiwissenschaft.** 2 Bde. 8. Wien 816. Bauer u. D. 2 ℛ Schrbp. 2 ℛ 12 gr

Grundsätze von dem öffentlichen, Privat- und Hausgottesdienst ... O. O. 1765. V: *Moser, Johann Jacob.* (ML) (Pütter, Litt. d. Teutsch. Staatsr. Göttingen 1773—91. III, 713.)

Grundsätze f. die Prüfung v. Bauprojecten durch die Baupolizei in Hamburg. Vom 20. X. 1899. gr. 16. (8 S.) Hamburg 899. Boysen & Maasch. — 15

— f. d. Prüfung d. Materialien z. Baue v. Dampfkesseln (Würzburger Normen 1895). Angen. v. d. Generalversammlg. d. Verbandes d. Dampfkessel-Ueberwachgs.-Vereine, 25. Juni 1881 und von der Generalversammlg. d. Vereins deutscher Eisenhüttenleute, 29. Mai 1881. Abgeänd. in d. Versammlg. d. Internat. Verbandes der Dampfkessel-Ueberwachgs.-Vereine zu Kiel am 27. Juni 1895. gr. 16. (16 S. m. Fig.) Ebd. 895. n.n. — 25

— für die Prüfung der Materialien zum Baue v. Dampfkesseln. (Würzburger Normen 1902.) Angenommen v. der Generalversammlg. des Verbandes der Dampfkessel-Ueberwachungs-Vereine, 25. VI. 1881, u. v. der Generalversammlg. des Vereins deutscher Eisenhüttenleute, 29. V. 1881. Abgeändert in den Versammlgn. des internationalen Verbandes der Dampfkessel-Ueberwachungs-Vereine am 27. VI. 1895 zu Kiel, u. 5 VII. 1902 zu Zürich. 8. umgearb. Aufl. 8. (24 S. m. Fig.) Ebd. 902. n. — 40
2. Aufl. (16 S.) Ebd. 899. n. — 25.

— für die Prüfung v. Schweiss- u. Flusseisen zum Bau v. Dampfkesseln. (Würzburger Normen 1905.) Gemäss den Beschlüssen der Delegierten- u. Ingenieur-Versammlgn. des internationalen Verbandes der Dampfkessel-Ueberwachungs-Vereine am 17. u. 18. II. 1905 in Amsterdam u. am 23. VI. 1905 in Kassel. 9. umgearb. Aufl. (VIII, 22 S. m. Fig.) 8. Hamburg 905. Boysen & Maasch. n. — 40

Grundsätze der Realpolitik angewendet auf die staatlichen Verhältnisse Deutschlands. Stuttgart 1853—59. V: *Rochau, August Ludwig von.* (Scheffer, Die Preuss. Publizistik i. J. 1859. Berlin 1902, S. 58.) (Kat. d. Bibl. d. dtsch. Reichstags.) (Deutsche Litt. Zeitg 1905, S. 2215) (Tübz 7, 10; 16, 16.) (Kat. d. ständ. Bibl. Stuttg. 1907, S. 124.) V: *Diezel, Gust.* (Ky)

Grundsätze der Realpolitik, angewendet auf die staatlichen Zustände Deutschlands. (Von Gust. Diezel.) Stuttgart 853. Göpel. 8. (2 Bl., 224 S.) 1 ℛ 10 ngr

— der Realpolitik, angewendet auf die staatlichen Zustände Deutschlands. (Von L. A. v. Rochau.) Neue, mit einer Einleitung verm. Ausg. Stuttgart 859. Göpel. gr. 8. (XVI, 224 S.) 1 ℛ 10 ngr.

Grundsätze der Realpolitik angewendet auf die staatlichen Zustände Deutschlands (von A. L. v. Rochau). 2. Thl. Heidelberg 869. J. C. B. Mohr. gr. 8. (X, 221 S.) n. 1 ℛ

— d. Rechnungswissenschaft. Folio. Wien, Trattner. 774.

Anonym „Grundsätze der Rechnungswissenschaft in doppelter Post, zum Gebrauch bei Vorlesungen", Innsbruck 1793 (Wagner)

— die, d. preuß. Rechts üb. d. Verhältniß v. Staat u. Kirche. 8. (3 B.) Königsberg 838, Gebr. Bornträger.

Grundsätze der Teutschen Rechte in Sprichwörtern. Helmstädt 1745. V: *Conradi, Franz Carl.* (Ky) (Nopitsch)

— d. deutschen Rechte in Sprüchwörtern, (v. F. C. Conradi). 8. Helmst. 745. N. Aufl., s. Jb. Fr. Eisenhart.

Grundsätze derer in Teutschland geltenden Rechte ... Erlangen 1780. V: *Böll, Friedrich Philipp Carl.* (ML) (Ky) (Pütter, Litt. d. Teutsch. Staatsr. Gött. 1773—91. IV, 7.)

— der in Deutschland geltenden Rechte. 1s Stück, deutsch. Staatsrecht, (v. F. W. K. Böll). 8. Erlang. 780. Palm. 6 gr

Rechtl. Grundsätze eines Wirths- od. Pachtcontracts, für Richter u. s. w. *Wien*, (v. Mösle u. Braumüller.) 808. 8. (12 Gr.)

— der deutschen Rechtschreibung, f. d. Jugend. 12. Nürnb. 821. Campe. 4 gr

— u. Regeln d. Staatswirthschaft. 8. Leipz. 787. W. Vogel. 16 gr

Grundsätze und Regeln der Staatswirtschaft. Frankfurt 1791. V: *Pfeiffer, Joh. Frdr. von.* (EB)

— und Regeln für das feinere Whistspiel. Nach dem nicht im Buchhandel erschienenen Essai sur le Whist (par un amateur, Cannstadt 1844 Boshouyer); — hervorgegangen — (wie man sagt) — aus der Musestunde eines hohen Diplomaten. Frei übertragen von v. Sch. gr. 8. (22 S.) Mannheim 858, (Löffler.) *

Grundsätze, Einige, einer vernünftigen Regierungs-Kunst. Stuttg. 1753. Frankf. 1761. V: *Moser, Joh. Jac.* (Ky) (ML)

Grundsätze von der Regierungsreform der catholischen Kirche. Worms 1790. V: *Schalk, Bonif. Carl Sigm.* (Pütter, Litt. d. Teutsch. Staatsr. Gött. 1773—91. IV, 511.)

— der Reitkunst. Für den theoret. Reitunterricht auf Kavallerieschulen dargestellt. gr. 8. (55 S. mit 1 Taf. in Lichtdr.) Berlin. 879, Mittler und Sohn. *

Grundsätze der Christlichen Religion. Frankf. 1712. V: *Poiret, Pierre.* (Myl)

Grundsätze, Die, der christlichen Religion in auserlesenen Sprüchen der heiligen Schrift. Zürich 1774. V: *Lavater, Joh. Casp.* (Cat. d. Stadtbibl. Zürich. Zürich 1864—97.)

— d. christlichen Religion in Sprüchen d. Schr. 8. Leipz. Weber. 774.

— d. Religionspolitik. 8. Jena 781. Gollner. 8 gr

— d. Religionspolitik im richtigen Verhältniß mit d. Staate. 8. Berl. 800. Felisch. 16 gr

Grundsätze der Römer in Ansehung des Selbstmordes. O. O. 1803. V: *Tzschirner, Heinrich Gottlieb.* (MGT)

Grundsätze des Roseninstituts. Halle 1786. V: *Grossing, Frz. Rudolph.* (KY 2/440) (BiblPort)

Grundsätze, Die, der deutschen Sprache oder von den Bestandtheilen derselben ... Zürich 1768. V: *Bodmer, Joh. Jacob.* (GGr) (Vater) (JL) (Ba) (Ky) (Bächtold, Litt. d. Schweiz. Frauenfeld 1892. S. 193.)

— der deutschen Sprache, od. von d. Bestandtheilen derselben, (v. J. J. Bodmer). 8. Zürich 768. (Geßner). 6 gr

— d. englischen Sprache. 8. Strasb. 758.

— d. unmittelbaren Staatseigenthums, von e. ritterschaftl. Mitgliede d. Ständeversammlung in Würtemberg. 8. Nördl., Beck. 5 gr

Grundsätze des unmittelbaren Staats-Eigenthums. [Stuttg. 1821.] V: *Werneck, Carl Freiherr von.* (Kat. der ständ. Bibl. Stuttg. 1907. S. 364.)

— d. Staatshaushaltung, (v. Markgr. Friedrich v. Baden). Aus d. Französ. v. M. A. Saß. 8. Dessau 784. Gel. Buchh. 3 gr

Grundsätze, Einige, der Staatsklugheit ... Mitau 1773. V: *Keyserlingk, Hnr. Christian Reichsgraf von.* (ML) (R-N)

Grundsätze d. natürl. Staatsrechts; als Grundsätze derer v. *J. J. Rousseau* üb. d. gesellschaftl. Vertrag. Nach d. Franz. d. Hrn. *M...*, vormals Parlamentsadvokaten in Paris. Bearbeitet v. C. F. v. Perring. *Leipz.*, Baumgärtner. 804. gr. 8. (1 Thl. 8 Gr.)

— d. natürl. Staatsrechts, als Gegensätze derer v. J. J. Rousseau über d. gesellschaftl. Vertrag, nach d. Französ. des Hrn. M., bearbeitet von C. F. v. Perring. 8. Leipz. (804.) Baumgärtner. 1 rthl 8 gr

Grundsätze der Staatswirthschaft und Polizei. 8°. Wien, Heubner, 1764.

Grundsätze (Die) in Westpreussen zu entrichtender ausserordentlicher Steuern betreffend. fol. Marienwerder 1808.

Grundsätze der Strategie, erläutert durch die Geschichte des Feldzugs von 1796 in Deutschland. Wien 1813. V: *Carl Erzherzog von Oesterreich.* (Ky) (Pr) (ABJP) (BrMm)

— d. Strategie, erläutert durch d. Darstell. d. Feldzugs von 1796 in Deutschland. 3 Thle, mit 11 Kpf. u. Karten. gr. 8. Wien 814. Schaumburg u. C. 20 rthl

— d. Strategie, erläut. durch d. Darst. d. Feldzugs v. 1796 in Deutschland. 3 Thle. 2te Aufl. Mit Atlas. gr. 8. jetzt bei Schaumburg in Wien.

— dass. französisch. jetzt Ebend.

— — dasselbe, mit 1 Uebersichts-Charte allein.

— der Strategie u. Anwendung derselben auf einem angenommenen Kriegsschauplatz. Entw. v. d. Hand des Meisters (Friedrich d. Gr.). Mit Krt. ꝛc. Nürnberg 1838. 304 S. 4°

—— der Strategie u. Anwendung ders. auf e. angenomm. Kriegsschauplatz. Entworfen von d. Hand d. Meisters, commentirt aus d. Feder d. letzten welthistor. Feldherren. M. 1 Karte, 1 math. Kpfrt. u. 1 strateg. Marschtableau (2 Bl.) gr. 4. (39 B.) Nürnberg 838, Renner u. Comp. 4 Thlr., weiss Drckvlnp. 4⅓ Thlr., Schrbvlnp.

Grundsätze der Strategie und Taktik. Von A. T. 2. Aufl. Lemberg 1861 8° (1. Aufl. 1860.)

—— der Strategie und Taktik, als Leitfaden zur schnellen Orientirung in allen nur möglichen Kriegsverhältnissen (den besten militär. Werken entlehnt und zusammengestellt) von A. T. 2., durchgeseh. Aufl. gr. 8. (V und 298 S.) Lemberg 861. (Wien, F. Klemm.) *

Grundsaetze eines Systems der beständigen Befestigungskunst gegen den neueren Angriff. Mit Taf. Darmstadt 1839. 262 S.

— eines neuen Systems d. Philosophie. 8. Frankf. 789. (Stendal, Franzen u. Gr.) 3 gr

— d. Taktik, nach ihrer Theorie, zur Erlernung d. Kriegskunst u. ihrer prakt. Anwendung ꝛc., in e. Ausz. aus d. Französ. v. H. K. H. v. Trauschen. gr. 8. Dresd. 777.

— taktische, s. a. Saldern.

Grundsätze und Anweisung, Taktische, zu militärischen Evolutionen. [Frankf. u. Leipz.] 1781. N. Aufl. Dresden 1786. V: *Saldern, Friedrich Christoph von.* (ML) (Pr) »Kopenh. 1786«. (Bruun, Bibl. Danica. II. 333.)

— taktische, u. Anweis. z. militär. Evolutionen, v. d. Hand eines berühmten Generals. m. K. gr. 8. Dresden, Walther. 786.

T a k t i s c h e und strategische Grundsätze der Gegenwart. Eine Betrachtung, angeleitet durch d. Schrift: Kriegführung. Kurze Lehre ihrer wichtigsten Grundsätze und Formen von Colmar Frhrn. v. der Goltz. Berlin: E. S. Mittler & Sohn (1896). (S. 193–229.) 8° = Beihefte z. Militär-Wochenblatt. 1896. H. 4

— der Taxation der Güter bei d. Ehstländischen Ablichen Credit-Casse. 8. (30 S. m. 2 Tab.) Reval 845. (Kluge.) n. 9 ngr

Anonym: „Grundsätze bey Theilung der Gemeinheiten", München 1795.

Grundsätze die Breslauer Theateranstalt und deren Verwaltung betreffend Breslau den 17. Januar 1798. Breslau 1798. V: *Berger, E. G.* (Bibliothek Weissstein 2/7416) (BiblPort) (GGr VI/436)

Grundsätze für die Übernahme des Heilverfahrens für erkrankte Versicherte und Empfänger von Invaliden-Renten durch die Landes-Versicherungsanstalt Rheinprovinz. Düsseldorf 1910: Schwann. 21 S. 8°

Grundsätze und Übung des geistlichen Lebens ... Luzern 1878. V: *Rölli, Franz Xaver.* (Jes)

Ultramontane Grundsätze nach dem Staatslexikon der Görresgesellschaft. Berlin. [1910]: Winser. 16 S. 8°
(Antiultramontaner Reichsverband. Flugschrift. 6.)

Grundsätze der Universal-Cameral-Wissenschaft ... Frankf. a. M. 1783. V: *Pfeiffer, Joh. Frdr. von.* (EB)

— d. Universalcameralwissenschaft zc. 2 Thlr. gr. 8. Frkf. Eßlinger. 783.

Grundsätze für den Unterricht in der Orthographie. 8 S. – Eilenburg städt. Sch., Progr. 1871.

— f. den Unterricht im freien Zeichnen u. im gebundenen Zeichnen an Schulen f. allgemeine Bildung u. Lehrpläne f. d. Zeichenunterricht an Volksschulen, Präparandenanstalten, Lehrer-Seminaren u. an höheren Schulen. Hrsg. v. einem Vereine deutscher Zeichenlehrer. 2. Aufl. gr. 8. (32 S.) Hannover 887. Helwing's Verl. n. — 80

Verbesserte Grundsätze der Baumzucht und Forst-Cultur. Nebst einigen zweckmäßigen Vorschlägen zur Ersparung der Feuerungsmittel bei allgemein einreissendem Holzmangel. Für Forstmänner und Gutsbesitzer, so wie für alle gute Oekonomen und Hauswirthe. - Leipzig 1806. VIII, 112 S.

Grundsätze, verbesserte, d. Baumzucht u. d. Forstkultur, v. e. erfahrenen Baumgärtner f. Landwirthe u. Gutsbesitzer. gr. 8. Leipzig, 1806. (Joachim.) — 17½

— verbess. d. Baumzucht u. Forstkultur zc. gr. 8. Leipzig, Sommer. 806.

Grundsätze für das Verfahren bei Wettbewerben im Gebiete der Architektur und des Bau-Ingenieurwesens aufgest. vom Verbande deutscher Architekten- u. Ingen.-Vereine 1897 nebst Anh. betr. Regeln f. d. Verfahren d. Preisgerichts b. öffentl. Wettbewerben ... 1898. *Berlin: E. Toeche in Komm. 1898.* (7 S.) 8° [co. 6c9

— für das Verfahren bei Wettbewerben im Gebiete der Architektur u. des Bau-Ingenieurwesens, aufgestellt vom Verbande deutscher Architekten- u. Ingenieur-Vereine 1897, nebst Anh. betr. Regeln f. d. Verfahren d. Preisgerichts bei öffentl. Wettbewerben, empfohlen vom Verbande deutscher Architekten- u. Ingenieur-Vereine 1898. gr. 8. (7 S.) Berlin 899. Deutsche Bauzeitung. -- 30

— für das Verfahren bei Wettbewerben im Gebiete der Architektur u. des gesammten Ingenieur-Wesens, aufgestellt vom österreich. Ingenieur- u. Architekten-Verein. gr. 8. (16 S.) Wien 902. (Spielhagen & Schurich). n. — 40

[F.] Grundsätze für das Verfahren bei öffentlichen Wettbewerbungen auf dem Gebiete der Gartenkunst. '(Aufgest. auf d. 6. Hauptvers. des Ver. Deutscher Gartenkünstler in Leipzig am 26. Aug. 1893.)' *Neudamm: J. Neumann (1896.)* (8 S.) 1 Bd 8.
— Schriften d. Vereins Deutscher Gartenkünstler. H. 2.

Grundsätze für das Verfahren bei öffentlichen Wettbewerbungen auf dem Gebiete der Gartenkunst. ⟨Aufgest. auf d. 6. Hauptversammlung d. Ver. Deutscher Gartenkünstler in Leipzig 1893.⟩ 2., durchges. Aufl. *Berlin: Gebr. Borntraeger 1904.* (8 S.) 8°
= Schriften d. Vereins Deutscher Gartenkünstler. H. 2.

Grundsätze der Verfassung des Dienstes und des übrigen Verhaltens der Wiener Bürger-Miliz. 4. Wien 1806.
— — (Neuauflage.) kl. 8., Wien 1835.

Grundsätze und Verfassung der Grossen Loge von Preussen, gen. Royal York zur Freundschaft. Nach den verschiedenen Red. der Statuten zsgest. von A[ug.] Flohr. Hrsg. vom Innersten Orient der Grossen Loge von Preussen, gen. Royal York zur Freundschaft. Hs. nur f. Frmr. Berlin 1889: Stankiewicz. 50 S. 8°
Recens: AQC. 2 (1889) S. 173—174 (G. W. Speth). cf. BrL. 7 (1889—1890) S. 41—42 (F. Holtschmidt), 66. 193. 368.

Der Deutsch-Amerikanische National-Bund d. USA. Grundsätze und Verfassung. Philadelphia 1908.

Deutsch-Amerikanischer Staatsverband v. Ohio. Grundsätze, Verfassung u. Nebengesetze ... Cleveland, 1902.

— d. Vernunft u. Erfahrung in ihren Anwendungen a. d. Wunderbare. 8. Weißenf. Severin (a. Böse) 791.

— d. Vernunft u. Erfahrung in ihren Anwendungen auf d. Wunderbare. 8. Weißenf. 791. (Weygand in Leipz.) 6 gr

Anlage 35 d. Organisat. Bestimmungen f. d. Personal d. Soldatenstandes d. Kais. Marine. Entwurf! Grundsätze für die Verwendung des Mannschaftspersonals der Matrosendivisionen, Werftdivisionen und Torpedoabteilungen. ⟨G. V. M.⟩ *Berlin: Reichs-Marine-Amt 1903.* (VI, 27 S.) 8° [F.]
(D.E. No 15b.) [03. 8,13

Grundsätze für die Verwendung der Streitkräfte zum und im Gefecht ... Wien 1875. V: *Gallina, Joseph Frh. v.* (EB)

— für die Verwendung der Streitkräfte zum und im Gefechte. 3 Lfgn. gr. 8. (VIII, V, 283 S. mit 10 lithogr. Taf. in qu. gr. 4.) Wien 874,75, Seidel und Sohn. à Lfg. *M 4. *

— d. Völkerrechts, zur Entscheidung d. Frage: Kann d. Säcularisirung zur Basis d. mit d. Fränk. Republik zu schließenden Friedens dienen. Verfaßt von G. D. R. Herausg. von Baur. 8. (Würzb.) 799. Köl. 22 gr

Vgl. Grundsätze, Allgemeine, d. Völkerrechtes...

— die volkswirthschaftlichen, des allgemeinen Landrechts für die preußischen Staaten. [Aus dem Staats-Anzeiger.] Berlin 869. v. Decker. gr. 8. (16 S.) 1½ ngr.

— — u. der unter den Ministern Stein u. Hardenberg erlassenen Gesetze. Ebend. 869. 8. (128 S.) n. 10 ngr.

— über die Vorlage u. Behandlung der Gesuche um Unterstützung aus dem Beamten-Unterstützungsfonds. (Marine.) gr. 8. (8 S.) Berlin 885. Mittler & Sohn. — 15

Grundsätze, Wahre, von der Verfassung der katholischen Kirche. Entgegengesetzt den heutigen neuern Spekulationen . . . Aus d. Franz. O. O. 1788. V: *Berardier*, *Denis* (?). (Mitth. Kustos Dr. Eichler-Graz.)

Wahre Grundsätze von der Verfassung der kathol. Kirche. Augsburg, Rieger, 1788. 8°. 35 Pf.

Grundsätze, die wahren, d. christl. Kindererziehung. 8. Luzern 825. (Leipz., Schmidt). 6 gr.

Grundsätze der □ W[ahrheit] und E[inigkeit] zu 3 gekrönten Säulen als Ms. f. Br Br. [Prag 1792.] 6 Bl. 8°
Kl. 177. Selten. 215.

Grundsätze der religiösen Wahrheitsfreunde oder Philalethen. Kiel 1830. V: *Wohlwill*, *Imman.*, nicht: *Olshausen*, *Theodor*. (A)

— d. religiösen Wahrheitsfreunde oder Philaleten. gr. 12. Kiel 830. Universitätsbuchh. 4 gr.

Grundsatze f. d. Wegbezeichnung des Schwab. Albvereins. (36 S) Stuttgart 1903

Grundsätze, welche b. d. Ausbildung d. Inf. i. Anwendung z. kommen haben. München 1873.

—— welche von dem 5. Senate des königl. Ober-Tribunals bei Verwaltung der Strafrechtspflege beobachtet werden, nach den betreff. Gesetzen geordnet und aus amtl. Quellen zusammengestellt. 1. Fortsetzung. Abgeschlossen den 1. Septbr. 1850. gr. 8. (VI und 43 S.) Berlin 850, C. Heymann. *

—— welche von der Kriminal-Abtheilung des königl. Ober-Tribunals (dem 1. demnächst 5. Senat) bei Verwaltung der Strafrechtspflege beobachtet werden, nach den betreff. Gesetzen geordnet, und abgeschlossen am 1. März 1850. gr. 8. (VI und 45 S.) Berlin 850, C. Heymann. *

Grundsätze der Werthbestimmung der Waldungen . . . Ulm 1814. V: *Seutter von Lötzen*, *Alb. Ludw. Freih. von* [?]. oder *Joh. Georg Freih. Seutter von Lötzen* [?]. (MGT) (Wa)

Grundsätze und Winke für Helfer der Berliner Jugendgerichtshilfe. Berlin: Deutsche Zentrale f. Jugendfürsorge 1909. 18 S. 8° [illegible]

Kgl. preuß. Ministerium d. geistl., Unterrichts- u. Med.-Angelegenheiten. **Grundsätze** für die Wirksamkeit der Staatlichen Stelle für Naturdenkmalpflege in Preußen. (Berlin 1906.) (2 Bl.) 8° [Kopft.] [illegible] 10

Grundsätze, wornach die dermalen annoch schwebenden Prozesse auf die Vorschriften der neuen Prozeß-Ordnung eingeleitet werden sollen. [Dat.:] 18. 12. 1780. [Nebst] Interimistische **Sportul-Taxe** für sämtliche Landes-Justitz-Collegia. Berlin 1781.

Grundsätze der Holländischen Censur. [Berlin 1790.] V: *Lucanus*, *Johann Heinrich*. (MGT)

—— der streit. Civil-Rechts-Verwaltung bei d. höh. Gerichten d. Königr. Württemberg. gr. 8. (9½ B.) Stuttgart 830, [Beck u. Fränkel.]

— der streitigen Civilrechtsverwaltung bei d. höheren Gerichten des Königr. Würtemberg. gr. 8. Stuttg. 830. Löfflund u. Sohn. 16 gr.

Grundsätze für die Zulassung von Diplom-Ingenieuren anderer Hochschulen zur Promotion zum Doktor-Ingenieur an einer der Königlichen Technischen Hochschulen Preußens. (Berlin 1903))

Zweiundzwanzig Grundsätze einer neuen Befestigungskunst. Züllichau 1819. 96 S.

Grundsätze, XXII, einer neuen Befestigungskunst, hergeleitet aus der gegenwärtigen Art des Angriffs u. s. w. kritisch beleuchtet und mit Glossen und einem Zusatz begleitet, von einem K. P. O. 8. Züllichau und Freystadt 1819.

— der Befestigungskunst, hergeleitet aus der gegenwärtigen Art des Angriffs rc. kritisch beleuchtet und mit Glossen u. einem Zusatz begleitet von einem K. P. O. 8. Züllichau, Darnmann. 819.

— der Befestigungskunst, hergeleitet aus d. gegenwärtigen Art des Angriffs rc., kritisch beleuchtet u. mit Glossen u. einem Zusatz begleitet von einem K. P. O. 8. Züllichau 819. (Henning in Greiz). 12 gr.

Grundsäulen, die sieben heiligen. s. Booz.

Grundschäden, die drei, der evangelischen Landeskirchen u. der Weg ihrer Heilung. Eine Wüstenstimme. gr. 8. (IV, 100 S.) Wittenberg 886. Herrosé Verl. n. 1.20

Grundscheid, Karl

Grundscheid, C., vaterländ. Handels- u. Verkehrsgeographie, in begründend vergleich. Methode nach neuen statist. Angaben f. Handelslehranstalten, höh. u. mittl. Schulen u. z. Selbstunterricht. gr. 8. (VIII, 179 S.) Langensalza 901. H. Beyer & Söhne. Geb. in Leinw. n. 2.50

Grundscheid, C., vaterländische Handels- u. Verkehrsgeographie, in begründend vergleichender Methode nach neuen statistischen Angaben für Handelslehranstalten, höhere u. mittlere Schulen u. zum Selbstunterricht. 2. verb. Aufl. (XII, 188 S. m. 1 farb. Karte.) gr. 8. Langensalza 903. H. Beyer & Söhne. Geb. in Leinw. n. 2.60

Grundscheid, C., vaterländische Handels- u. Verkehrsgeographie in begründend vergleichender Methode nach den neuesten statist. Angaben f. Handelslehranstalten, höh. u. mittlere Schulen u. zum Selbstunterricht. 3. Aufl. (XII, 216 S.) gr. 8. Langensalza 907. H. Beyer & Söhne. Geb. 2.60

Grundscheid, Carl: Coeducation in den Vereinigten Staaten von Nord-Amerika. Berlin 1906: W. Pormetter. (40 S.) 4°
Greifswald, Phil. Fak., Ref. Rehmke, Diss. v. 21. März 1906
[Geb. 14. Febr. 64 Velbert, Kr. Mettmann; Wohnort: Berlin; Staatsangeh.: Preußen; Vorbildung: Luisenstädt. Oberrealsch. Berlin Reife als Externer O. 02; Studium: Berlin 4 S.; Rig. 21. Dez. 05.]

Grundscheid, Carl, Dr.: Coeducation in den Vereinigten Staaten von Nord-Amerika. Berlin 1906: Weidmann. (40 S.) 4°
Berlin, Luisen-S HM OP 1906 [16]

— s.: Lesebuch, deutsches, f. höh. Mädchenschulen.

Grundscheid, Karl, das Schulwesen Englands, s.a. Sammlung pädagogischer Vorträge.

Grundscheid, K., Das Schulwesen Englands. (28 S.) Bielefeld 1891. A. Helmich.

Grundschöttel, Elisab., Gedichte. 2. verm. Aufl. (XI, 184 S.) 8. Dresden 904. E. Pierson. n. 2. —; geb. n. 3. —

[F.] Das Miedei vom Tegernsee. Erzählg a. d. bayer. Hochgebirge v. M[arie] **Grundschöttel.** *Berlin: Schriftenvertriebsanst.; (Christl. Zeitschriftenver.) 1897.* (92 S.) 1 Bd 8. [97. 6356

Grundschteene, drei Leipz'ger, s.a. Unterwegs.

Grundschteene, drei Leibz'ger. Änne unblud'ge schtadtbolid'sche Plauderei v. Ann'n gemiethlichen Leibz'ger. 8. (41 S.) Leipzig 886. Werther. n. — 50

Grund-Schuld-Schein, der. Ein Versuch zur Reform des landwirthschaftl. Grund-Credits im Preußischen Staate. 8. (54 S.) Berlin 889. Walther & Apolant. Verl. n. 1. 50

Grundstatuten (Die) der deutschen Arbeiter-Verbrüderung. 8°. Leipzig 1850.

Grundstein zu einem Ehrendenkmal für die um Badens Landeskultur verdienten Männer, gelegt im J. 1822, (v. C. Meerwein). gr. 8. Karlsr. 822. (Heidelb., Groos). 1 ₰ 18 ℊ

G r u n d s t e i n e zur Luthers-Stiftung. Einige 30 Predigten u. Reden von Arndt, Bachmann, Becker, Bernhardi, Bräunig, Couard, Dräseke, Ehrenberg, Fournier rc. Hrsg. v. Arthur Franke. gr. 8. (21 B.) Berlin 845, Literatur- u. Kunst-Compt.

G r u n d s t e i n l e g u n g, die, zu dem neuen Bürgerschulgebäude d. Stadt Zwickau, d. 25. Mai 1840. 8. (1½ B.) Zwickau, Richter'sche Buchh.

G r u n d s t e i n l e g u n g. Die G' und Einweihung der evangelischen Kirche zu Freiburg am 7. April 1874 und 1. November 1875. Ein Gedenkblatt für die Nachkommen. [Mit 1 Tafel.] 8. Freiburg 1876.

Grundsteinlegung, D i e f e i e r l i c h e, zu einer evangelischen Kirche in Feldkirchen. Villach, Hoffmann, 1852. 44 S.

Die feierliche **Grundsteinlegung** des neuen Universitäts-Gebäudes zu Halle. Halle: Schwetschke 1832. 12 S. 4°

Die **Grundsteinlegung** zum Gemeindehause der freien christlichen Gemeinde in Stettin am 16. Juli 1850. Herausgegeben von dem Aeltesten-Rathe der Gemeinde. Stettin 1850. 8 S. 8.

Grundsteinlegung zu einer Geschäftslokalität für die k. Kreisregierung von Ober-Bayern. München 1856. V: *Roth.* (Bücher-Samml. d. hist. Ver. v. u. f. Oberbayern. München 1867.)

Grundsteinlegung der neuen H a l l e (der) German Society of Pennsylvania 1888. Philadelphia 1888.

Grundsteinlegung, Die, der evangelischen Kirche zu Gmunden am Traunsee. Gmunden 1872. V: *Koch, J. Friedrich.* (EB)

G r u n d s t e i n l e g u n g d. evangel.-protestant. Kirche, gen. Ludwigs-Kirche, zu Freiburg im Breisgau d. 25. Aug. 1829. M. 1 Stnt. gr. 8. ... Freiburg, Herder.

Grundsteinlegung der evang.-protestant. Kirche gen. Ludwigskirche ... Freiburg [1839]. V: *Ritzmann, J. M.* (BaBb)

GRUNDSTEINLEGUNG einer neuen Kirche (Mária-remete / Maria Einsiedel). In: Polit. Volksbl. Jg. 24. 1898 v. 14. IX. 1898

Grundsteinlegung, die, der Mariahilf-Kapelle am Fuße des Markusberges den 5. Septbr. 1867 (mit der Festpredigt des hochwürd. Bischofs Eberhard. [Aus: Eucharius.] Trier 867. Braun's Verlag. 8. (19 S.) n. 2 ngr.

Grundsteinlegung zu dem neuen Ordenshause der Gr. Landes-Loge der Freimaurer von Deutschland am 11. Nov. 1898. [Berlin 1898: Mittler & S.] 10 S. 8° [Kopftit.]
Aus: BZC. 27 (1898) S. 433—443.
Anderer Bericht in: Bbl. 12 (1898) S. 406—498.
25. 193.

Grundsteinlegung der St. Jakobi-Kirche in Kiel am 30. Juli 1882. gr. 8. (27 S.) Kiel 882. Lipsius & Tischer. n.n. — 50

— die, der königl. rheinisch-westphälischen polytechnischen Schule zu Aachen. Ein Gedenkblatt für die Festgenossen. Aachen 865 Benrath & Vogelgesang. gr. 8. (VII, 68 S. mit 1 lithogr artist. Beilage.) 10 ngr.

Die G r u n d s t e i n l e g u n g zur Turnhalle des Turnerbundes zu Glauchau, Glauchau, 4 S., 8°.

Grundsteinlegungs-Feier d. evangelisch lutherischen Friedens-Kirche zu Froeschweiler [bei Woerth im Unter-Elsass] am 6. August 1872. hoch 4. (16 S. m. e. Chromolith.) Hagenau 872. (Strassburg, Vomhoff.) n. — 75

Grundsteuer. Haussteuer. Steuernachlässe [im Königreich Bayern.] München 1907. 8°. (Bayer. Landesgesetze in neuester Fassung. Nr 2.)

Grund- u. Haussteuer, die allgemeine, im Königr. Bayern. Gesetz vom $\frac{\text{15. Aug. 1828.}}{\text{19. Mai 1881.}}$ Nebst Ministerialbekanntmachung vom 10. Juni 1881. 8. (32 S.) Würzburg 881. Stahel. — 35

Grundsteuer, über die, in Deutschland, oder vollständ. Abriß d. westphäl. Finanzgeschichte u. Verwaltung d. Königreichs Westphalen, (v. F. L. v. Berlepsch). 2 Thle. gr. 8. Götting. 814. Dieterich. 2 rß 12 gr (A. u. d. T.: Westphäl. Finanzgeschichte rc. 2 Thle.)

Ueber die Grundsteuer in Teutschland, und vollständiger Abriß der westfälischen Finanz-Geschichte und der Verwaltung des Staatsvermögens im ehemaligen Königreiche Westfalen. 1814. 2 Thle.

Grundsteuer, Die, in Oesterreich. [Wien 1857.] V: *Höfken, Gustav Ritter von.* (WFM II, S. 134)

Grundsteuer die, in Oesterreich. (Aus der „Austria.") Druck von Johann Herz in Pest 1857. (7 S. 8.)

Grundsteuer, die, u. das Recht. Eine Betrachtung v T K gr. 8. (16 S.) Berlin 849, Schneider & Co. 3 ngr

Grundsteuer, Die, in der Provinz Schlesien . . . Öls 1856. V: *Rosenberg-Lipinsky, Albert v.* (Nent)

Die Grundsteuer in der Provinz Schlesien und zur Grundsteuerfrage. Oels 1859. 24 S. 8.

Zur Grundsteuerfrage, mit besonderer Beziehung auf das platte Land von Schlesien. Von v. E Breslau, Korn 1850. 16 S 8.

Grundsteuerfrage (Zur) in Preussen. Von einem Unbetheiligten. 8°. Berlin, Dümmler's B., 1861.

Grundsteuerfrage, die Preußische, beurtheilt von einem völlig Unbetheiligten. Hannover 860. Meyer. gr. 8. (21 S.) 3 ngr

Grund- u. Einkommen-Steuer-Gesetz für Ungarn, die serbische Woiwodschaft u den temescher Banat, für das Verwaltungsjahr 1850. gr 8. (19 S.) Pesth 850, Geibel 3 ngr

Grund- u. Gebäudesteuer-Gesetz. Straßburg 867. Köhler. 8. (127 S.) 6 ngr

Grundsteuergesetz, das, u. das Haussteuergesetz f. das Königreich Bayern, s.: Steuergesetze, die neuen, f. d. Königreich Bayern.

Grundsteuer-Gesetz für die westlichen Provinzen vom 21. Jan. 1839, nebst den bezüglich gesetzlichen Bestimmungen. gr. 8. Münster 839. Regensberg. 1/6 rß

Der stabile Grundsteuer-Kataster in der Bukowina. [o.O., o.J., um 1862/64]

[Kopft.] [F.] Grundsteuerordnung der Stadt Altona (*Altona 1893.*) (4 Bl.) 1 Bd 8.

Grundsteuerordnung, Großherzogl. Badische, nebst e. Uebersicht d. Inhalts u. 19 Beilagen. gr. 8. Karlsr. 811. Macklott. (Braun). 10 gr, bei Müller das. 8 gr

Grundsteuerreformfrage (Zur), von P. 8°. Dresden 1863.

Grundsteuer-Regulativ für die Stadt Ottensen vom 20 October 1882 o O (1882) 8°

Grundsteuer-Regulirung. 7. Gesetzartikel vom J. 1875. Circularverordnung d. k. ung. Finanzministers in Betr. d. Vollzuges der Grundsteuer-Regulirg. 2. Aufl. gr. 8. (53 S.) Budapest 875. Ráth. n. 1. —

GRUNDSTEUER REGULIERUNGSPATENT - s. Ungarn von Kaiser Joseph II 1786 (Deutsch u. Lateinisch). Wien 1786

Grundsteuerveranlagung. o O u. J Fol.
Nachweisung des Flächeninhaltes und des Reinertrages der verschiedenen Kulturarten und der Gesammtfläche.
1. Provinz Schleswig-Holstein.
2 Provinz Hannover
3. Regierungsbezirk Kassel.
4. Regierungsbezirk Wiesbaden und Kreis Meisenheim
5 Hauptzusammenstellung

Grundsteuerveranlagung

— Circulare vom 13. Oktbr. 1862 betr. das spezielle Verfahren bei Ermittelung des Flächeninhalts der Liegenschaften, insbesondere den Gebrauch des Amslerschen Polarplanimeters. gr 8 (92 S.) Berlin 862, v Decker'sche geheime Ober-Hofbuchdruckerei.

— Klassifikationstarif. Vom 27. Mai 1862. gr. 8. (51 S.) Berlin 862, v. Decker'sche geheime Ober-Hofbuchdruckerei.

— Klassifikationstarif. gr. 8. (81 S.) Berlin 864, v. Decker'sche geheime Ober-Hofbuchdruckerei.

Grundsteuer-Veranlagung. Circulare vom 12 Octbr. 1862 betr. die Aufstellung der Kreisübersichten und die Zusammenstellung der Reinertragssummen behufs Berechnung der Grundsteuerhauptsummen für die Gemeindeverbände und selbständ Gutsbezirke. gr. 8. (45 S.) Berlin 865, v. Decker'sche geheime Ober-Hofbuchdruckerei.

— dasselbe f. die Holzungen nebst den Tarifsätzen f. die einzelnen Standortszeiten der verschiedenen Waldarten. gr. 8. (13 S.) Ebend. 872. — 30

Grundstock e. Lehrmittelsammlg. Veröffentl. d. Lehrmittelausschusse des sächs. Lehrervereins. (48 S. m. Abbildgn.) 8. Dresden 906. (Holze & Pahl.) — 20

Grundstoff oder Leitfaden des mathematischen Anfangsunterrichts . . . München 1791. V: *Gaill, Gelasius.* (MGT)

Grundstücksabgaben, die Chemnitzer, u. ihre gefährlichen Folgen. gr. 8. (16 S.) Chemnitz 882. Schmeitzner. n. — 30

Grundstücks-Archiv. Centralorgan f. Realkredit- u. Grundstückswesen. Hrsg Dr Berthold Breslauer [&] Dr. Paul Werthauer zu Berlin. Jg. 1, No 1. Berlin Central-Verl. 1906. 4° [F.]

Grundstücks-Archiv. Centralorgan f. Realkredit- u. Grundstückswesen. Hrsg.: Berth. Breslauer u. Paul Werthauer. 1. Jahrg. 1906. 52 Nrn. (à ca. 16 S.) Lex.-8. Berlin, Verlag f. Börsen- u. Finanzlitoratur. n. 12. —

Grundstücks-Archiv. Central-Organ f. Realkredit u. Grundstückswesen. Hrsg.: Paul Werthauer unter Mitwirkg. v. Braun, Budde, Carlebach u. a. Red.: Erwin Stein. 2—5. Jahrg. 1907—1910. à 24 Nrn. (à 16 S.) Lex. 8. Berlin, Verlag f. Börsen- u. Finanzliteratur. à Jahrg. 12. —

Grundstücks-Aufnahme, die, Ende October 1900 sowie d. Wohnungs- u. Bevölkerungs-Aufnahme v. 1. XII. 1900 in Berlin u. 23 Nachbargemeinden: Charlottenburg, Deutsch-Wilmersdorf, Friedenau, Schmargendorf, Grunewald, Schöneberg, Tempelhof, Rixdorf, Treptow, Stralau, Boxhagen-Rummelsburg, Lichtenberg, Friedrichsfelde, Karlshorst, Hohen-Schönhausen, Weißensee, Neu-Weißensee, Heinersdorf, Pankow, Nieder-Schönhausen, Schönholz, Reinickendorf u. Plötzensee. Hrsg. v. dem statist. Amt der Stadt Berlin. 1. Abth.: Grundstücks- u. Wohnungs-Aufnahme. gr. 4. (VII, 59 S.) Berlin 902. (L. Simion). n. 3. —

— dasselbe, sowie die Wohnungs- u. die Bevölkerungs-Aufnahme vom 1. XII. 1900 in Berlin u. 23 Nachbargemeinden: Charlottenburg, Deutsch-Wilmersdorf, Friedenau, Schmargendorf, Grunewald, Schöneberg, Tempelhof, Rixdorf, Treptow, Stralau, Boxhagen-Rummelsburg, Lichtenberg, Friedrichsfelde, Karlshorst, Hohen-Schönhausen, Weißensee, Neu-Weißensee, Heinersdorf, Pankow, Nieder-Schönhausen, Schönholz, Reinickendorf u. Plötzensee. Hrsg. v. dem statist. Amt der Stadt Berlin. 2. Abth.: Bevölkerungs-Aufnahme. (III, 73 S.) gr. 4. Ebd. 903. n. 3. —

Grundstücks-Aufnahme, die, Ende Oktbr. 1900, sowie die Wohnungs- u. die Bevölkerungs-Aufnahme vom 1. XII. 1900 in der Stadt Berlin. Hrsg. von dem statist. Amt der Stadt Berlin. (Umschlag: Die Berliner Volkszählg.) 2 Abtlgn. 4. Berlin (L. Simion Nf.) n. 7. 50

1. Grundstücks- u. Wohnungs-Aufnahme (VI, 81 S.) 903. n. 3. —
2. Bevölkerungs-Aufnahme. (VI, 137 S.) 904. n. 4. 50

Die **Grundstücks-Aufnahme** von Ende Oktober 1905 sowie die Wohnungs- und Bevölkerungs-Aufnahme vom 1. Dezember 1905 in der Stadt Berlin und 29 benachbarten Gemeinden. Hrsg. v. Statist. Amt d. Stadt Berlin. (Vorr.: Prof. Dr Heinrich Silbergleit.) Abt. 1. 2. Berlin: Puttkammer & Mühlbrecht 1910–11. 2°(4°)

1 Grundstücks- u. Wohnungs-Aufnahme 1910.
2 Bevölkerungs-Aufnahme. 1911 [11. 1288]

Grundstücks-Aufnahme, die, v. Ende Oktbr. 1905 sowie die Wohnungs- u. die Bevölkerungsaufnahme v. 1. XII. 1905 in der Stadt Berlin u. 29 benachbarten Gemeinden. Hrsg. v. statist. Amt der Stadt Berlin. 1. Abtlg. Grundstücks- u. Wohnungs-Aufnahme. (VI, XIII, 97 S.) 33,5×26,5 cm. Berlin 910. Puttkammer & Mühlbrecht. 4. —

Die **Grundstücksaufnahme** vom 16. Oktober 1905 und die Wohnungs- und Bevölkerungsaufnahme vom 1. Dezember 1905 Berlin: Puttkammer & Mühlbrecht [1909] 102 S. 4° (8°)
(Einzelberichte d. Statist. Amts d. Stadt Schöneberg. H. 1)

Die **Grundstücks-Aufnahme** vom 27. October 1900 und die Wohnungs-Aufnahme vom 1. Dezember 1900 in der Stadt Charlottenburg, sowie in d. Nachbargemeinden Wilmersdorf, Friedenau, Schmargendorf u. Grunewald. Hrsg. vom Statist. Amt d. Stadt Charlottenburg (Vorr. Prof. Dr E[rnst] Hirschberg.) *Charlottenburg C. Ulrich & Co. 1902.* (64 S.) 4° [F.]
= Statistik. Charlottenburger Erg H. 1 [03. 3704]

Die **Grundstücksumlegung** in Stadtfeldmarken und in der Südostfeldmark Dortmund. 1. Die Entwicklung d. Bebauung Dortmunds u. die Vorteile d. Grundstücksumlegung f. städt. Straßennetze. Von Stadtrat [August] de Weldige-Cremer. 2. Die Umlegung städt. Feldmarken nach Gesetz u. Praxis u. d. Zusammenlegung d. Südostfeldmark Dortmund. Von Reg.Ass. Dr. [Walter] Fahrenhorst. Mit 3 Karten. *Dortmund: Selbstverl., F. W. Ruhfus in Komm. 1903.* (11, 33 S.) 4° [F.]

Die **Grundstücks-** und Wohnungs**zählung** vom 1 Dezember 1902 1 T Die Gesamtzahl d. Wohnungen, die Kleinwohnungen u. die leerstehenden Wohnungen. [Mehr nicht ersch.] Cöln 1903: Kölner Verl.-Anst. u. Dr o S., vi Taf. 4° [Umschlagt.]
(Veröffentlichungen d. Statistischen Amtes der Stadt Cöln. Nr 3, T 1) A 18. 10390

Grundt, E., bürgerl. Wohnungs-Einrichtgn. in einfach moderner Ausführg., s.: Möbel, einfache, im neuzeitl. Stil.

Grundt, Fr. Kaiserin Helenas Pilgerfahrt nach dem heiligen Lande. XII 8. Progr. Kreuzsch. *Dresden* 1878.

Grundt, Frdr., Rede, zur 400jährigen Jubelfeier d. Geburtstages Dr. Martin Luthers geh. in der Aula der Kreuzschule zu Dresden am 10. Novbr. 1883 Vorm. 9 Uhr. gr. 8. (24 S.) Dresden 883. (Weiske.) n. — 40

Grundt, Frdr. Imman., hebräische Elementargrammatik. Eine zur Einführg. in das Studium der grammat. Werke Ewalds u. Böttchers bestimmte Vorschule. Mit vollständ. Verbal- u. Nominaltabellen, systematisch geordneten Uebersetzungs- u. Punktirübgn., sowie e. Wörterbuch. gr. 8. (XII, 256 S.) Leipzig 875. Hirt & Sohn. n. 4. —

Grundt, Frdr. Imm., die Trauergebräuche der Hebräer. Inaug.-Dissertation Leipzig 868. (C. H. Reclam sen.) gr. 8. (60 S.) n. 10 ngr

Grundt, Johann Andreas

Grundt, Jh. Andr., († d. 13. Jan. 1802.) heil. ABC-Buch von d. Welterlöser Jesu Christo u. seiner zur Erlösung d. Menschen übernommenen Leidensmartern rc. 8. Mitau 796.

Grundt, Johann Georg (J. H.?)

Grundt, J. H., Land- u. Seereise, e. löbl. Bäckerhandwerks wohlbestallt. Geselle, v. seinen Zunftgenossen aber als Meister in Israel gezeichnet. 8. Lpz. Joachim.

Grundtmann, Franc. Joan. Adolph. (geb. 13. 1 1813) De nostalgia. Berolini (1839). (28 S.) 8°
Berlin. Med. Diss. v. 11 Juli 1839

Grundtvig, Nikolai Frederik Severin: Politische Betrachtungen mit einem Blick auf Dänemark und Holstein. Deutsch hrgg. v C. Harmsen. Kopenhagen. 1831. 8°

Grundtvig, Nik. Fred. Sev., vom wahren Christenthum. Als Gegengift gegen Karl Gottl. Bretschneiders „religiöse Glaubenslehre nach d. Vernunft u. der Offenbarung für denkende Leser." Aus d. Dänischen v. Emil Francke. gr. 8. (10½ B.) Leipzig 844. [Berlin, Gebauer'sche Buchh.] –

Grundtvig, Nik. Fred. Sev., Græsk og Nordisk Mythologi for Ungdommen. Med lith. Afbild. tegn. af D. Jacobsen. 8. (VIII u. 286 S.) Kopenhagen 847, Bing. 1⅓ ♃

Grundtvig, Nik. Fr. Sev., Nordens Mythologi, eller Sindbilled-Sprog historisk-poetisk udviklet og oplyst. 2n. omarb Udgave. stor 8. Kiöbenhavn 832. Schubothe. 3 ♃

Grundtvig, N. Fr. S., Protest d. christl. Kirche gegen d. Afterprotestantismus d. Prof. d. Theol. Dr. H. N. Clausen. Aus d. Dän. übers. v. H. Egge. 8. Leipz. 825. (Fort). 6 gr

— Protest der christlichen Kirche gegen den Afterprotestantismus des Dr. H. N. Clausen. Uebersetzt von H. Egge. 8. Leipzig 825. (Melzer.) ¼ ♃

Grundtvig, (N. Fr. S.,) Protest d. christl. Kirche gegen d. After-Protestantismus d. Prof. d. Theologie D. H. N. Clausen. (A. d. Dän.) übers. v. H. Egge. 8. Leipz. 825, Tauchnitz.

— Uebersicht der Welt-Chronik, vornämlich des lutherischen Zeitraums. Aus d. Dän., nach der Ausg. von 1817, übertragen v. Dr. Volkmann. Durchgesehen u. mit einigen Anmerkungen begleitet von A. G. Rudelbach. gr. 8. Nürnb. 837. Raw. 2 ♃

— warum ist des Herrn Wort aus dessen Hause verschwunden? eine Probepredigt. Aus d. Dän. 8. Ebd. 811. 1 ℳ

— warum werden wir Lutheraner genannt? eine Predigt am Tage Allerheil. 8. Nürnb. 815. Raw. 1½ ℳ

Grundtvig, Svend

Grundtvig, Sv., dänische Volkslieder, s. Volkslieder, dänische, der Vorzeit.

Grundtvig, Svend, dänische Volksmärchen. Nach bisher ungedruckten Quellen erzählt. Uebersetzt v. Willib. Leo. 8. (XV, 328 S.) Leipzig 878. Barth. n. 4. —

—— dass. — Nach bisher ungedr. Quellen erzählt. Uebers. von Adf. Strodtmann. 2. Sammlung. 8. (308 S.) Ebendas. 879. *

Grundtvig. *Dänische Volksmärchen.* Nach bisher ungedruckten Quellen erzählt. Übersetzt von Willibald Leo. Neue Ausgabe. Leipzig, Joh. A. Barth, 1885. XV, 328 S. — Angebunden: Dasselbe. Zweite Sammlung. Übersetzt von Adolf Strodtmann. Ebenda 1885. 2 Bl. 308 S. 4 Bl. Anzeigen. Kl.-8°. Roter goldgepr. Orlwd. 18.—
Selten. In der zweiten Sammlung ist Lage 13 (S. 193—208) doppelt vorhanden, dafür fehlt Lage 15 (224—241).

Grundtvig V.: Gedanken üb. Bibliographie. Leipz. 1903. (40) S. (Sætr.). P.

Grundübel (Ueber die) des Mecklenburgischen Steuerwesens und die Mittel zu deren Heilung. Von dem Verfasser der: „Betrachtungen über den Beitritt Mecklenburgs zum deutschen Zoll-Vereine“. gr. 8°. Rostock, Leopold, 1860.

Gründung, die, einer großen christlich-socialen Allianz von Herren u. Damen aller Stände. Ein Beitrag zur Lösg. der socialen Frage. gr. 8. (16 S.) Regensburg 888. Pustet. —20

Gründung des kantonalen Armenasyls. Bericht ([der] Kommission) an die Gemeinnützige Gesellschaft des Kantons Solothurn. ([Mit] Beilagen. — 1900 Oktober.) 22 S. 8. Solothurn, Gassmann, Sohn, [1901].

Gründung des kantonalen Armenasyls. ([Aufruf der] Kommission an die Tit. Behörden der Bürgergemeinden des Kantons Solothurn, [nebst] Beilagen. — 1901 Januar 3.) 18 S. 8. Solothurn, Gassmann, Sohn, 1901.

Gründung und ersten Begegnisse, Die, der Versorgungs- und Beschäftigungsanstalt für erwachsene Blinde in Böhmen. O. O. u. J. V: *Klar, Aloys.* (Mell.)

Gründung, Die, ewiger Bünde schweizerischer Eidgenossenschaft; ein Volksspiel. Zürich 1891. V: *Wunderli, Gustav.* (Cat. d. Stadtbibl. Zürich. Zürich 1864—97.)

Über die Gründung von Bundes-Seegerichten. Eine Denkschrift des Nautischen Vereins. 4° Bremen 1870

Gründung, Die, der Bürgerfreiheit Hamburgs. Schauspiel. O. O. 1794. V: *Wächter, Gg Phil. Ldw. Leonh.* (Mitth. M. Grolig.) (GGr)

Gründung, die, der Bürgerfreyheit Hamburgs (von L. Wächter) 8. Hamburg, 794. Bachmann. Schreibp. 1 Rthl. 5 sgl.
Dasselbe Buch. Druckp. 25 sgl.
Auch unter dem Titel:
Wächters, L. Historien.

Gründung der wahren Demokratie durch ein gerechtes Wahlsystem. Winterthur 1868. V: *Wille, Franz.* (Cat. d. Stadtbibl. Zürich. Zürich 1864—97.)

Die Gründung der D r e i f a l t i g k e i t s k i r c h e zu Berlin. 17 S. – Berlin Fr. W., Progr. 1868.

Gründung, die, Einrichtung u. Wirksamkeit der schlesischen Blinden-Unterrichts-Anstalt zu Breslau. Zur 50jähr. Stiftungsfeier dieser Anstalt dargestellt vom Verwaltungs-Rath. Breslau 869. Aderholz. Lex.-8. (76 S. mit 3 Steintaff. in qu. Fol.) n.n. 15 ngr.

—— u. Einweihung der neu erbauten evangel. Kirche in Linz. 8. (3½ B. u. 1 Holzschnitttaf.) Linz 815. (Nürnberg, Raw'sche Buchh.) *

***Vom Fels zum Meer:* Gründung** und Einweihung der St. Johannisloge „Vom Fels zum Meer“ im Or. Hamburg. 1896—1897. Hamburg [1897]: J. H. Meyer. 38 S. 8° [Umschlagtit.]
Anderer Bericht in: Bbl. 11 (1897) S. 397—403.
Festrede von Tieke: Üb. frmrische Arbeit.
193.

Gründung, die, der westpreußischen Eisenhütte. [Aus: „Ostpreuß. Zeitg.“] gr. 8. (19 S.) Königsberg 876. (Elbing, Saunier.) n.n. — 30

Gründung. Engelbergs G'. Luzern 1891 s. [Wagner, P. Emmanuel].

Gründung und Entwickelung der Breslauer Burschenschaft. Fest-Gabe zu ihrer fünfzigjährigen Jubelfeier . . . Breslau 1867. V: *Bach, Theodor.* (Kat. d. Druckschr. über Breslau. Breslau 1903, S. 291.) (Nent) (Erman und Horn, Bibliogr. d. dtsch. Univ. 2. Leipz. u. Berl. 1904.)

-- u. Entwicklung der Breslauer Burschenschaft. Fest-Gabe zu ihrer 50jähr. Jubelfeier am 26. u. 27. Oktbr 1867 den alten Herren dargebracht von der (alten) Breslauer Burschenschaft. Breslau 867. (Maruschke & Berendt.) gr. 8. (IV, 148 S.) n. 25 ngr.

Gründung u. Entwicklung des ostpreußischen Edlen-Halbblut-Gestüts v. Neumann-Szirgupönen 1800—1904. (52 S. m. 1 Stammtaf.) gr. 8. Berlin 904. R. Eisenschmidt. n. — 80

Die Gruendung und Entwicklung der Stettiner Elektricitäts-Werke 1890—1902. (*Stettin 1902: L. Passenow.*) (10 Bl., 23 Taf.) 4°

Leipziger Feuerversicherungs-Anstalt. Ihre Gründung und Entwicklung. Denkschriften. Leipzig 1869 und 1900.

Lebensversicherungsbank zu Stuttgart. Ihre Gründung und Entwicklung, 1854—1904. Rechenschaftsbericht der Gesellschaft für 1904.

Gründung und Entwicklung des österreichischen Touristen Club. [Wien 1879.] V: *Wallmann, Heinrich.* (Hr)

Oldenburger Versicherungs-Gesellschaft. Ihre Gründung und Entwicklung, 1857 bis 25. IX. 1907. Oldenburg 1907.

Gründung u. Eröffnung, die, d. Erziehungs- u. Unterrichts-Anstalt in Stetten im Remsthale im Königr. Würtemberg. Auf Verlangen hrsg. v. d. Vorstehern d. Anstalt. gr. 8. (2¾ B.) Tübingen 831. [Stuttgart, Beck u. Fränkel.]

Gründung u. Eröffnung, die, d. Erziehungs- u. Unterrichts-Anstalt in Stettin im Remsthale d. Königr. Würtemberg. Auf Verlangen herausg. von den Vorstehern d. Anstalt. gr. 8. Tübing. 831. (Stuttg., Löflund). 6 gr

Gründung und Eröffnung des Taubstummen-Institutes für Steiermark. Dargestellt von J. Freiherrn v. Schimmelpfennig. 2e Aufl. mit dem Handalphabete der Taubstummen. 8. Grätz 833. Kienreich. ¼ ß

Gründung, die, Freudenstadts. Festspiel in 2 Aufzügen v. L—e. gr. 8. (19 S.) Stuttgart 896. Holland & Josenhans. n. — 20

Gründung, die, der Hessen-Cassel'schen Gemälde-Gallerie u. ihre nachmaligen Schicksale. 8. (32 S.) Kassel 880. Froyschmidt. cart. — 60

Die **Gründung** von Genossenschaften zur Hebung der Rindviehzucht. Bayreuth 1877.

GRÜNDUNG des Gesellenvereines in Pest. In: Der kath. Christ. Jg. 9. 1856. Nr. 22 v. 29. V. 1856, S. 178.

Gründung, Die, der helvetischen Gesellschaft in Schinznach 1761 und 1762. O. O. [18 . .]. V: *Keller, Jakob.* (zuwzür 13, 1909, II, S. 62)

Gründung (Die) einer Handwerker-Wittwenkasse für Mecklenburg mit Bezugnahme auf den desfalsigen Entwurf des Handwerker-Ausschusses zu Schwerin vom 6. Aug. 1852. Von einem Nichthandwerker. 8⁰. Parchim, Wehdemann, 1851.

Gründung einer eidgenössischen Hochschule. Leipzig 1862. V: *Rochholz, Ernst Ludw.* (Zuwachsverz. d. Bibl. Zürich 1898 ff.)

Gründung einer eidgenössischen Hochschule. Leipzig 862. Weber. gr. 8. (39 S.) n. 10 ngr.

Über die **Gründung** eines kunsthistorischen Instituts in Florenz. Denkschr. d. Vorstandes 1899. Als Ms. gedr. *(Freiburg i. Br. 1899: C. A. Wagner.)* (23 S.) 4⁰

Die Gründung der Kirche das Meisterwerk der Allmacht Gottes. Aus dem Französ. von dem Übersetzer von Gerambs Pilgerreise nach Jerusalem [F. M. Brug]. Augsburg, Kollmann (jetzt Regensburg, Verlagsanst.), 1844, 12⁰, 1,75 Mk.
Recens. in Benkerts Religionsfreund 1844, Heft 5.

Gründung, die, der Kirche und des Stifts zu Freckenhorst und das Leben der heil. Thiatildis, ersten Aebtissin daselbst, in niederdeutscher Sprache nach einem Msc. aus dem XIII. Jahrh. Als Andenken an das tausendjähr. Jubiläum, gefeiert in der Pfingstoctave 1852 (hrsg. v. J. H. Schulte.) 8. (16 S.) Warendorf 852, Münster, (Deiters.) *

Gründung, Mitwirkung und Beförderung, Die, des blühenden Zustandes in verschiedenen Staaten von dem ... Geschlecht Marcellus ... Quedlinb. 1786. V: *Marcellin, Joh. Phil. Wilh.* (Ky) (MGT) (Adel) (MI.)

— die, Mitwirkung u. Beförderung d. blühenden Zustandes verschied. Staaten, von d. fürstl., gräfl. u. adel. Geschlecht Marcellus, Marcellinus u. Marzellus, (v. J. P. W. Marcellin). gr. 8. Quedlinb. 786. Reußner. (Ernst). 4 gr

Gründung, die, d. Republik. Ode, s. Lassaulx.

Gründung d. Stadt Pataliputra u. Gesch. d. Upakosa. Fragmente aus d. Kathâ Sarit Sâgara d. Soma Dewa. Sanskrit u. deutsch v. Herm. Brockhaus. Lex.-8. (2 B.) Leipzig 835, Brockhaus. Thlr.

Gründung, die, Prags; histor. romant. Drama, v. Clemens Brentano. gr. 8. Pesth, Hartleben. (Leipz. Gerh. Fleischer.) 815.

Gründung, die, des Reichsverbds. altkathol. Jungmannschaften, s.: Broschüre Nr. 2 des Reichsverbds. altkathol. Jungmannschaften.

Gründung, die, der deutschen Sozialdemokratie. Eine Festschrift der Leipziger Arbeiter zum 23. V. 1903. (Umschlag: 2. Aufl.) (64 S. m. Abbildgn.) gr. 8. Leipzig (903). Leipziger Buchdruckerei A.-G. n. — 40

[F.] Die **Gründung** und Thätigkeit des Vereins vom heil. Karl Borromäus. Festschrift z. 50jähr. Jubelfeste des Ver. am 30. Mai 1895, m. 6 Portr., im Auftr. d. Vorstandes hrsg. v. Central-Verwaltgs-Ausschuss. *[Köln:] Dr. v. J. P. Bachem (1895).* (143 S.) 1 Bd 8. [97. 2753

— die, der nordamerikanischen Union, s.: Familien-Bibliothek.

— über die, einer Universität in Hamburg. gr. 8. (32 S.) Hamburg 847, Perthes-Besser & Mauke. 6 ngr

Gründung eines Vereins der Fideikommißbesitzer in Schleswig-Holstein. (Kiel. 1909.) Fol.

Die Gründung des Klosters Waldsassen. Altdeutsches Gedicht zur Tirschenreuther *Schmeller-Feier*, aus der Handschrift neu hrsg. von *Frdr. Keinz.* München 1885. 8⁰. Cart.
22 S. — Das Gedicht wurde von J. A. Schmeller zuerst 1846 im X. Bde. d. Verhandl. d. histor. Vereins d. Oberpfalz veröffentlicht.

Gründungsfeier, Zur hundertjährigen, des Hauses Gerold. Buchdruckerei und Buchhandlung. 8. Wien 9. October 1875.

Gründungsfeier, 14—17. Aug. 1891, der Stadt Bern, 1191—1891. Officielles Festalbum des historischen Zuges nach Programm von *K. Howald*, gezeichnet von *R. von Steiger*. Leporello-Album. In-8⁰. Bern, W. Kaiser, Nydogger & Baumgart, Albert Schüler. 1891 2 —; in Leinwd. 3 50

Gründungsfeier, die 700jährige, der Stadt Bern 1191—1891. Festbericht, hrsg. vom Organisations-Komite. Mit Illustr. u. Beilagen. gr. 8. (X, 256 S.) Bern 891. Schmid, Francke & Co. Kart. n. 4. 20

Gründungsfeier, die, der Universität Straßburg am 1. Mai 1872. 8. (80 S.) Straßburg 872, (Schmidt.) *
Aus: Straßburger Zeitung, besonders abgedruckt.

Gründungs-Feier, die, der Czernowitzer Universität u. die Säcular-Feier der Bukowina. [Beilage zum „Aerztl. Corresp.-Bl."] Lex.-8. (31 S.) Prag 876. (Dominicus) n. – 80

Gründungsgeschichte der evangelischen Kirchengemeinde Augsburger Helvetischer Confession in Sarajevo. Sarajevo 1895. V: *Schäffer, Joh. Ludw.* (EB)

Gründungsreden, die, der Ortsgruppe Saarbrücken d. Hansabundes, geh. am 23. VII. 1909 v. Alex. Tille, Arth. Olle, Wilh. Weiten, Wilh. Schmelzer, Eug. Cahen-Brach, Louis Lazard, Edm. Weisdorff. i. a. Flugschriften, südwestdeutsche. 10. Heft.

Gründungsreden, die, der Ortsgruppe Saarbrücken des Hansabundes, geh. am 23. VII. 1909 im Saalbau zu Saarbrücken v. A. Tille, A. Olle, W. Weiten, W. Schmelzer, E. Cahen-Brach, L. Lazard, E. Weisdorff. (43 S.) Lex.-8. Saarbrücken, C. Schmidtke. 1909. —. 10.
Flugschriften, südwestdeutsche, 10. Heft.

Gründungs-Urkunde der Gesellschaft zur gewerblichen und moralischen Unterstützung nothleidender Handwerksmeister. 8⁰. Frankfurt a. M., Stritt, 1844.

Gründungszeit, Die, Egers. Eine Hypothese von H. G. Eger 1883. V: *Gradl, Heinrich.* (BMarsch 686)

Gründüngungs-Versuche, Lupitzer, nach „Arbeiten d. deutschen Landwirtschafts-Gesellschaft" Hft. 7: Zwischenfruchtbau a. leichtem Boden v. Schultz-Lupitz, Berlin 1895. 3 lith. Wandtafeln à 107×79,5 cm. Berlin 896. (P. Parey.) Auf Leinw. m. Stäben n. 12. —

Grundursache (Von der) des Verfalles der reichsstädtischen Finanzen. 8⁰. Frankfurt a. M. 1798. (Monath u. K. in Nürnberg.)

„Grund-Ursachen und Wahrheiten, Dass Sr. Churfürstl. Durchläucht in Bayrn .... Berg- und Münzraths, dann Inspectoris Georg Friderich Jasters J. U. D. Edirte Gedancken Die rechte und zuverlässige Proportion zwischen Gold und Silber und daher entstandene sieben Fragen betreffend, Wider alle Anfälle ihren ohnwidersprechlich und unumstosslichen Grund haben .... An das Licht gestellt von Demjenigen Verfasser, Der mit gutem Gewissen keine andere Proportion, als die zu 14 anrathen ... kan, Mit Anlagen von Lit. A bis Y", München im Jahr 1754 (gedr. bei Joh. Jac. Vötter). — Vorh.: StB Nürnberg.

Grundursachen, die wesentlichsten, der auf dem kirchlichen, politischen u. sozialen Entwickelungsgange maßlos wachsenden Leiden, Landes- u. Weltcalamitäten behufs ihrer naturgemäß-friedlichen Beseitigung. 8. (XVI, 116 S.) Zürich 877. Verlags-Magazin in Comm. n. 2. —

Grundverfassung und Bestätigungs-Urkunde der k. k. Landwirthschafts-Gesellschaft in Steiermark. (Neue unveränderte Auflage.) 4. (16 S.) Grätz. Aus der C. Tanzer'schen Buchdruckerei. 1854.

Grundverfassung der Evangelisch-Lutherischen General Synode in den Vereinigten Staaten von Nord-Amerika, nebst dem Protokoll der Versammlung, die sie entworfen. *[Okt., 1820.] Baltimore, Md.: F. G. Schäffer [1820]. 16 S.*

Grundverfassung, Curlands, gereiniget von den vorgefassten Meinungen und Vorurtheilen ... O. O. 1774. V: *Heyking, Dietr. Ernst von.* (Holz)

[Autogr.] **Grundverfassung** der Grossen National-Mutter-Loge der preussischen Staaten, gen.: Zu den 3 Weltkugeln und des altschottischen Directorii derselben. Nach der Revision von 1838. [Berlin 1838: Met. Inst. d. L. z. d. 3 Weltkugeln.] 30 S. 4⁰
[N. Ausg. u. d. Tit.:]
Grundverfassung der Grossen National-Mutter-Loge in den preussischen Staaten, gen.: Zu den drei Weltkugeln und des Bundes-Directorii derselben. Nach der Revision von 1856. Eigenthum der Mutter-Loge. [Berlin 1856: Petsch.] 16 S. 8⁰ [Umschlagtit.]
[N. Ausg. u. d. Tit.:]
Grundverfassung der Grossen National-Mutter-Loge in den preussischen Staaten, gen.: Zu den drei Weltkugeln. Nach der Revision von 1864. Eigenthum der Grossen Loge. [Berlin 1864: C. Schultze.] 16 S. 8⁰ [Umschlagtit.]
Abgedr. in: Wartensleben, Graf J. v.: Histor. Belehrungen f. d. Meistergrad d. Gr. Nat. Mutterloge. 1 (1871) S. 725—737.
[N. Ausg. u. d. Tit.:]
Grundverfassung des Bundes der Freimaurer der Grossen National-Mutterloge der preussischen Staaten, gen.: Zu den drei Weltkugeln. Nach der Revision vom Jahre 1873. Berlin [1873]: Ihring. 8⁰
Abgedr. in: MitthW. 4 (1872—1873) S. 95—175. [Nebst d. Statuten.]

[Dasselbe] und mit denjenigen Abänderungen, welche seither durch die gesetzgebenden Conferenzen Gesetzeskraft erhalten haben. Berlin [1873]: Büxenstein. 26 S. 8⁰

[Dasselbe.] Ebendas. 1883. 35 S. 8⁰

[Dasselbe.] Ebendas. 1883. 40 S. 8⁰
Abgedr. in: MitthW. 14 (1882—1883) S. 151—190.

[Dasselbe] unter Berücksichtigung der späteren Aenderungen und Erg. Ebendas. 1895. 41 S. 8°
cf. f. Ausg. 1873: Bh. 17 (1874) S. 143—146 (Th. Merzdorf).
Sachregister s. Polenski, K.A.

Grundverfassung, d., d. Sachsen in Siebenbürgen u. ihre Schicksale rc. gr. 8. Offenb. 792. Brede. 20 gr.
Vgl.: Grundverfassungen, Die, der Sachsen.

Entwurf. **Grund-Verfassung** des allgemeinen Schutz- und Hilfs-Vereins. [Dresden 1848.] 2 Bl. 8° [Kopftit.] 110.

Grund-Verfassung des Schutz- und Hilfs-Vereins. [Beschlossen von der Loge zum goldnen Apfel in Dresden 1848. Dresden 1848.] 2 Bl. 8° [Kopftit.] 110.

Grundverfassungen, Die, der Sachsen in Siebenbürgen und ihre Schicksale. Ein Beitrag zur Geschichte der Deutschen ausser Deutschland. Offenbach 1792. 2. Aufl. Hermannstadt 1839. V: *Herrmann, Georg Michael Gottlieb von.* H (2. Aufl.): *Benigni Edler von Mildenberg, Joseph Heinrich.* (GGr VI/140, 2/4; VI/156, 43/10) (Pk 2/105) (Bibl Port)
Vgl. Grundverfassung, Die, d. Sachsen...

Grundverfassungen, die, der Sachsen in Siebenbürgen u. ihre Schicksale. Ein Beitrag zur Geschichte der Deutschen ausser Deutschland. 2e verm. Aufl. gr. 8. Hermannstadt 839. Thierry. (Leipzig, Gebhardt u. Reisland.) 2 gr.

Grundverfassungsrecht, Ueber das uralte, deutscher Reichs-Unterthanen, auf drei Gerichts-Instanzen im Allgemeinen, so wie in besonderer Beziehung auf die freie Stadt Frankfurt am Main, mit einigen Rückblicken auf das französirte vormalige Grossherzogthum Frankfurt. 8. Frankfurt 1814.

Grundverfassungsrecht, über d. uralte, deutscher Reichsunterthanen, insbesond. in Beziehung auf Frankfurt a. M. gr. 8. Heidelb. 814. Mohr. 8 gr.

Grundvertrag der grossen Freimaurer-Loge zur Sonne im Orient von Bayreuth. Jahr 58¹⁰/₁₀. [Bayreuth, nach 1829:] Birner. 96 S. 8°.
Es ist dies zweifellos die Ausgabe, die W. 20791 irrtümlicherweise in das Jahr 1810 verlegt. Im Jahre 1810 ist überhaupt noch keine Ausgabe des Grundvertrages gedruckt worden. 21.

[Dasselbe.] Erneuert im Jan. 1829. Ebendas. [1829]. 123 S. 8°

[Dasselbe.] [Ebendas.] [1843.] 97 S. 8°. 21.

[Dasselbe.] Neue Red. [Bayreuth 1850]: Burger. 100 S. 8°
Kl. 198, Tt. 1048.

Grundvertrag oder Fundamental-Constitution der ger., vollk. und vollendeten Grossen Mutter-Loge Royale York zur Freundschaft und aller mit ihr vereinigten Logen. Sanctionirt und beschworen den 3. Aug. 1797. Berlin [1797]: Decker. 182 S. 8°
Kl. 181. Von Fessler veranlasste Umarb. der Verfassung. Im Anh. die Beschlüsse der Meisterloge üb. verschiedene zu ihrem Ressort gehörende Gegenstände u. die näheren Bestimmungen in betr. der Ballotage u. Konferenzen.

[2. Ausg. u. d. Tit.:]
Grundvertrag der Grossen Freymaurer-Loge Royale York zur Freundschaft oder des unter Constitution und zu dem Systeme der Grossen Mutterloge R[oyal] Y[ork] z. F[reundschaft] vereinigten Logenbundes. 2. durchaus rev. Ausg. Berlin 1800. LXXIV, 195 S. 4° [Kupfertit.:] Grundvertrag der Grossen Freymaurer-Loge Royale York zur Freundschaft.
[Beigedr.:] Gesetzbuch d. Gr. Frmr-L. Royale York z. Fr. 1800.

[Dasselbe.] Ebendas. 1800. LXXIV, 195 S. 8°
Abgedr. in: Signatstern. 10 (1885) S. 1—180.

[Dasselbe.] Nach der im Jahre 1806 vorgenommenen Revision. Ebendas. 1806. 280 S. 8°

[Dasselbe.] Ebendas. 1806. 280 S. 4°
Kl. 182, Tt. 1047.

Grundvertrag der Grossloge „Lessing zu den drei Ringen" in der tschechoslowakischen Republik. (Karlsbad o. J.: Seligmann.) 2 Bl. 8°. [Kopftit.] 21.

Grundvertrag [und Gesetzbuch] der ger. u. vollk. Loge freier und angenommener Maurer zur Wahrheit und Freundschaft im Or. von Fürth. Gedr. als Ms. f. Brr. [Fürth 1807.] XXXII, 142 S. 8°
Kl. 185b, Tt. 1127. Beigefügt sind die „Alten Pflichten". 25.

Grosse Landesloge von Sachsen: **Grundvertrag für den sächsischen Logenbund vom 28. Sept. 1811, nebst Supplementar-Statut vom 19. Nov. 1823, ingleichen spätere Grosslogen-Beschlüsse, welche Gesetzeskraft erlangt haben. In Gemässheit der Grosslogen-Beschlüsse vom 18. Jan. und 20. Dec. 1843, ingleichen vom 20. Sept. 1848 zum Druck befördert. Dresden 1849: Ramming. 51 S. 8⁰ [Umschlagtit.]**

[Dasselbe.] 2. Abdr. Dresden 1859: Heinrich. 61 S. 8⁰
Abgedr. in: Gesetzbuch d. Joh.loge z. Harmonie, Chemnitz. 1866 S. 70—102; Grundgesetz d. Gr. L.L. v. Sachsen. 1876 S. 23—62; Gesetzbuch d. Frmrloge Apollo, Leipzig. 1879 S. 68 bis 97.

Grundvertrag und Ordnung des Vereins für's Leben zu Dresden. Dresden 1867: Blochmann & S. 8 S. 8⁰ [Umschlagtit.]
Der Verein wurde 1848 von der Loge z. goldenen Apfel, Dresden, gegründet. 3.

Grundvertrag zwischen d. Rath d. Reichsstadt Nürnberg u. dem Collegio d. Genannten d. größern Raths. 8. Nürnb. 794. Stiebner. 5 K Schrbp. 6 K

Grundvertrag der Wiedervereinigung der Bezirke des innern Landes (Schwyz und Wollerau) mit den Bezirken des äussern Landes (March, Einsiedeln, Küssnacht und Pfäffikon) und mit dem Bezirke Gersau, von den Landsgemeinden der sämmtlichen Bezirke genehmigt den 1. Herbstmonat 1833. 8. (Schwyz 1833.)

Grundvertrag der . . . Freimaurerloge Royale York . . ., s. Grundvertrag oder Fundamental-Constitution . .

Grundveste, s. Grundfeste.

Grundwahrheiten, die, d. neuern Chemie nach Fourcroy mit Zusätzen v. H. F. Link. 8. Rostock, Stiller. 805.

Grundwahrheiten des Evangeliums. Eine Handreichung f. Suchende u. Geförderte. In d. Deutsche übertr. von G[ustav] Holtey-Weber, Pastor. Hagen i. W: O. Rippel 1903. (174 S.) 8° [F.] [07. 13408

(B) **Grundwahrheiten** d. Evangeliums. 903. (KBL:B.) Jetzt: Neukirchen, Buchh. d. Erziehungsvereins.

Grundwahrheiten der christl. Religion dargestellt in einem im Casino-Gebäude in Oldenburg am 17. Novbr. 1844 öffentl. gehaltenen Vortrage. gr. 8. (2 B.) Oldenburg 845, Schulzesche Buchh. Thlr.

Grundwahrheiten, die, der Versammlung Gottes. 2. Aufl. (102 S.) Elberfeld 877. (Langewiesche.) n. — 60

Grundwahrheiten, die, der Versammlung Gottes. 3. Aufl. 8. (96 S.) Elberfeld 887. (Faßbender.) n. — 40

Grundwahrheiten, die, der Versammlung Gottes. 4. Aufl. 8. (96 S.) Elberfeld 897. R. Brockhaus (durch J. Faßbender). n. — 40

Die **Grundwahrheiten** der Versammlung Gottes. 5. Aufl. Elberfeld R Brockhaus 1906. (100 S.) 8° [F.]
— [**Schriften** z. Erbauung d. Gläubigen.] No 219. [07. 1396

Grundwald, A. F. Th., Sprüche christlicher Weisheit aus alter und neuer Zeit. Revidirt und auf's Neue bekannt gemacht. 32. (181 S.) Stuttgart 854, J. F. Steinkopf. *
Vgl. Grunwald, A. F. Th.

Grundwertsteuerordnung, Umsatzsteuerordnung und Wirtschaftssteuer für den Kreis Blumenthal. Vegesack-Blumenthal 1907: J. F. Rohr. (12 S.) 8° [Umschlagt. F.] [08. 3497

Grundwesen der thierischen Natur. Breslau 1805. V: *Roeser, Chph.* (EB)

Grundwesen d. thierischen Natur rc. gr. 8. Bresl. 805. W. G. Korn. 16 K

Grundy County Courier: 1881—1888)
Independent weekly, but Democratic 1884—85. Circulation 1885, 600. Edited by Robert Schiefelbein, & published by Snyder & Aschenbrenner, 1881—82, edited & published by J. M. Snyder, 1883—84 edited by Edward Kleist, 1885—86, by T. Dickhoff, 1887—88; published by J. M. Snyder, 1885—88.
Grundy Center

Anonym „Allgemeine Grundzüge einer vollkommenen Staatsverfassung. Eine Skizze zur Verbreitung richtiger Ansichten über Staat und staatsbürgerliche Rechte, nach dem Geist und den Bedürfnissen unserer Zeit. Entworfen von einem königlich baierischen Staatsdiener", Nürnberg 1819 (Riegel & Wiesner).

Grundzüge zur Alters- u. Invalidenversicherung der Arbeiter, nebst e. Denkschrift. gr. 8. (44 S.) Berlin 887. C. Heymann's Verl. n. — 60

— dasselbe. (Amtliche Ausg.) Fol. (23 S.) Berlin 887. (Puttkammer & Mühlbrecht.) — 60

Grundzüge einer Anleitung zum Studium der Kriegsgeschichte . . . Stuttgart 1851. V: *Hardegg, Ign. v.* (Zuwachsverz. d. Bibliotheken in Zürich 1898 ff.) (KA) (Ky)

Grundzüge einer Anleitung zum Studium der Kriegsgeschichte, zum Zwecke des Unterrichtes im k. württ. Generalquartiermeisterstab bearb. von J. v. H(ardegg). 8. (IV und 124 S. mit 9 synchronist. Uebersichten in gr. Fol.) Stuttgart 851, Frz. Köhler.

Grundzüge zu den taktischen Arbeiten des großen Generalstabes. Berlin 1873. 2°. (Lithogr.) (Verm. Jähns.)

Grundzüge der militärischen Aufnahme. 8. (87 S. mit 40 eingedr. Holzschn.) Prag 857, Bellmann's Verlag. Thlr. *
Aus: Gavenda's „Militär. Taschenbuch" besonders abgedruckt.

Grundzüge für die Ausstattung S. M. Schiffe (ausschließlich Torpedoboote) mit Kommandoelementen. (G. f. K. E.) Berlin: Reichs-Marine-Amt 1910. IV, 35 S. 4°.
(D. E. Nr 152.)

Grundzüge einer geregelten Auswanderung der Deutschen; mit besonderer Rücksicht auf Südbrasilien. (Von F. Schmidt.) gr. 8⁰. Hamburg, Perthes, Besser u. Mauke, 1842.

Grundzüge einer geregelten Auswanderung der Dtn; mit bes. Rücks. auf Süd-Brasilien. — Hbg: Perthes-Besser & Mauke 1842. 125 S.

— f. den Bau u. Betrieb der Lokal-Eisenbahnen. Mit 2 Zeichnungen. Im Wortlaut festgestellt v. der techn. Kommission des Vereins nach den Beschlüssen der am 28./30. Juli 1886 in Salzburg abgehaltenen Techniker-Versammlg. d. Vereins. Hrsg. u. verlegt v. der geschäftsführ. Direktion d. Vereins deutscher Eisenbahn-Verwaltgn. gr. 8. (32 S.) Berlin 887. (Wiesbaden, Kreidel.) n. 1. —

— dasselbe der Neben-Eisenbahnen. Mit 1 Zeichnung. gr. 8. (32 S.) Ebd. 887. n. 1. —

Grundzüge f. den **Bau u.** die Betriebseinrichtungen der Lokaleisenbahnen. Verf. v. dem techn. Ausschusse d. Vereins deutscher Eisenbahn-Verwaltgn. nach den Beschlüssen der am 29., 30. u. 31. Mai 1890 zu Berlin abgeh. Techniker-Versammlg. d. Vereins. gr. 8. (40 S. m. 2 Taf.) Berlin 890. (Wiesbaden, Kreidel.) n. 1. —

— dasselbe f. die Nebeneisenbahnen. gr. 8. (40 S. m. 1 Taf.) Ebd. 890. n. 1. —

Grundzüge für d. Bau u. d. Betriebseinrichtgn. der Lokaleisenbahnen nach d. Beschlüssen d. am 28., 29. u. 30. Juli 1896 zu Berlin abgeh. Vereins-Versammlung. Hrsg. v. d. geschäftsführ. Verwaltg. d. Vereins deutscher Eisenbahnverwaltgn. Berlin, den 1. Jan. 1897. gr. 8. (48 S. m. 5 Bl. Zeichngn.) Berlin. Wiesbaden 896. (C. W. Kreidel.) n. 1. 20

— f. d. Bau- u. die Betriebseinrichtungen der Lokalbahnen (Grz.) nach den Beschlüssen der Vereinsversammlg. vom 3/5. IX. 1908 zu Amsterdam. Mit 6 Beilagen u. e. Sachverzeichnis. Hrsg. v. d. geschäftsführ. Verwaltg. des Vereins deutscher Eisenbahnverwaltgn. Berlin, den 1. I. 1909. (49 S.) 8. Berlin 909. Wiesbaden, C. W. Kreidel. 1. 20

[F. u. Ant.] Grundzüge für die elektrischen Beleuchtungsanlagen S. M. Schiffe. '(B. II 4940. VII v. 27. Sept. 1891.)' [Nebst] Normalien. *Kiel: Dr. v. L. Handorff 1892[—96].* 1 Bd 4. 1 Bd quer-2.
Grundzüge. 1892. (42 S.)
Normalien f. elektr. Beleuchtgsanlagen ... [1892—96]. (2 Bl., 36 Taf.) [96. 7105

Grundzüge einer militärischen Beschreibung von Süd-west-Deutschland. Bearb. vom bayer. Generalstab. München 1877. 8°.

Grundzuege einer milit. Beschreibung von Süd-west-Deutschland. München 1877. 314 S.

Grundzüge einer Bibliographie zum Studium der englischen Philologie. Göttingen [1906]. V: *Morsbach, Lorenz & Levin Ludwig Schücking.* (Berl)

Grundzüge zur Charakteristik d. Elementarformen. Mit Zeichn. gr. 8. Erfurt 814. (Deuerlich in Götting.) 8 ℳ

Grundzüge christlicher Dogmatik für Reformierte. Giessen 1859. V: *Solms-Hohensolms-Lich, Fürst Ludwig zu.* (Hessische Biographien. Hgbn. von Herman Haupt. Darmstadt 1918. I, 388)

Grundzüge christlicher Dogmatik für Reformirte. Von L. F. z. S. Gießen 859. Heyer. gr. 8. (VI, 146 S.) n. 24 *ngr.*

Grundzüge d. bürgerlichen Eherechts in Württemberg. Als Mskr. gedr. gr. 8. (28 S.) Stuttgart 881. Kohlhammer. n. — 40

Grundzüge f. Einbau, Unterhaltg. u. Reparatur der elektrischen Anlagen S. M. Schiffe. (G. f. e. A.) Lex.-8. (IV, 71 S.) Berlin 901. E. S. Mittler & Sohn. n. 1. 40

Grundzüge für Einbau, Unterhaltung und Reparatur der elektrischen Anlagen S. M. Schiffe. ⟨G.f.e.A.⟩ *Berlin: (Reichs-Marine-Amt) 1901.* (IV, 71 S.) 8° [F.] [01. 11049

Grundzüge für die Einrichtung einer Concentrirung des X. Bundes-Armee-Corps zu gemeinschaftlichen Übungen. (Hannover 1841.) 8°.

Grundzüge für die Eintheilung, Geschäfts-Ordnung und Manipulation im Armee-Haupt-Quartiere. Wien 1866, 4°.

Grundzüge des Entwurfs eines Einführungsgesetzes zu dem Gesetze, betr. Aenderungen der Civilprozeßordnung. (Gefertigt im Reichsjustizamt; metallographirt.) (Berlin 1897.) fol.

— für den Entwurf e. Gesetzes üb. die Unfallversicherung der Arbeiter, nebst Begründung. gr. 8. (58 S.) Berlin 884. C. Heymann's Verl. n. 1. —

Grundzüge zu einem Entwurf der deutschen Reichs-Verfassung. Nebst erläuternden Bemerkungen. kl. 8. Germanien 1815.

Grundzüge zu einem Entwurf d. deutschen Reichsverfassung. 8. (Schleswig. 815. Koch). 6 ℳ

Grundzüge zu einem Entwurfe einer zeitgemässen Wehrverfassung . . . Giessen 1832. V: *Venator, Ludwig.* (HS)

Grundzüge zu e. Entwurfe ein. zeitgemäß. Wehrverfassung, insbesond. f. d. deutsche Infanterie. Von e. Infanterie-Officiere. 8. ... Gießen 832, Heyer, Vater.

Grundzuege zu einem Entwurfe einer zeitgemäßen Wehrverfassung insbesondere für die deutsche Infanterie. Deutschen Volksvertretern gewidmet v. einem Inf.-Offizier. Gießen 1832. 88 S.

— zur Erkenntniß d. Natur d. Menschen. gr. 8. Frankf. a. M. 801. (Schäfer). 12 ℳ

— der Erkenntniß der Wahrheit aus Heinr. Schönherr's nachgelassenen philosoph. Blättern mit einigen Ergänzungen aus Schriften Anderer. gr. 8. (VIII u. 247 S.) Leipzig 852, Vogel in Comm. n. 24 *ngr*

Grundzüge für die Errichtung von Bezirksarmenhäusern in Niederösterreich. Verfasst vom n.-österreich. Landesbauamte in Wien. Fol. Wien, Druck von M. Salzers Söhne, 1896.

Grundzüge, Erste, eines vollständigen Lehrgebäudes der Wohlredenheit. Nürnb. 1793. V: *Leutwein, Lorenz Frdr.* (Ky)

— erste, eines vollständ. Lehrgebäudes d. Wohlredenheit, (v. F. L. Leutwein). 8. Nürnb. 793. Monath u. K. 3 ℳ

— eines Lehrgebäudes d. Wohlredenheit. 8. Nürnberg, Monath. 794.

—— der Erziehung und des Unterrichts in den Kleinkinderschulen zu Frankfurt am Main; zugleich: eine Anleitung für Eltern, ihre Kinder erziehlich zu unterrichten und für die Schule vorzubereiten (von J. H. Jekel.) gr. 8. (28 S.) Frankfurt a. M. 854, Sauerländer's Verlag.

Grundzüge e. Ethik nach d. Einheitslehre; v. d. Vfr. d. Schr.: „Sätze z. Begründ. e. allgem. Einheitsl." *Berl.*, Heymann. 843. 8° 16 gr

—— einer Ethik nach der Einheitslehre. Von d. Verfass. der Schrift: „Sätze zur Begründung e. allgem. Einheitslehre." 8. (8 B.) Berlin 841, Heymann.

Grundzüge der Feldbefestigung. Besonderer Abdruck aus Gavenda's „Milit. Taschenbuch für Offiziere jeder Waffengattung." Mit 30 Holzschnitten. Prag. Bei K. Bellmann 1857. (87 S. 1 Bl. 8°.)

Grundzüge des Feld-Dienstes. Besonderer Abdruck aus Gavenda's: »Militärisches Taschenbuch für Offiziere jeder Waffengattung.« Mit 9 Holzsch. Prag. Bei Karl Bellmann 1857. (233 S. 8.)

Kantonal-Schützenverein Schaffhausen. Grundzüge für das Feldsektionswettschiessen 1903. (1903 März 22.) 2 S. 8.

— zur Feststellung eines Manövrir-Reglements für das Manövriren combinirter Truppenkörper. Von dem Verf. der „Feldmanöver in Anreihung an Uebungen gemischter Truppenkörper." Stuttgart 862. Aue. gr. 8. (51 S. m. Holzschn.) n. 16 ngr.

Grundzüge eines Feuervers.-Gesetzes für den Norddeutschen Bund, aufgestellt von der Handels- und Gewerbekammer Chemnitz. 1870.

Grundzüge zu einer neuen Finanz-Verwaltung für den preussischen Staat ... Berlin 1849. V: *Schregel, G.* (KY)

—— zu einer neuen Finanz-Verwaltung für den preuß. Staat mit Rücksicht auf seine veränderte Regierungsform und seine Stellung zu Deutschland. Ein Wort zur Verständigung aller streitenden Parteien v. G. S. gr. 8. (34 S.) Berlin 849, Gebauer'sche Buchh. *

Grundzüge der Freimaurerei. Überzeugungstreu dargestellt ... Worms 1873. V: *Merz, Ph.* (TT)

Grundzüge für ein neues Gebüren-Gesetz und Versuch einer systematischen Aufstellung desselben. [Graz 1891.] V: *Hunna, Hugo.* (WFM)

Grundzüge zu einem künftigen deutschen Gesammtwesen ... Wien [1815]. V: *Plessen, Leopold Engelke Hartwig von.* (MGT) (KY)

— zu einem künftigen deutschen Gesammtwesen u. einer Nationaleinheit, (v. L. H. v. Plessen). gr. 8. Wien 815. (Schaumburg u. C.) 10 gr

Grundzüge f. den Geschäftsgang bei Entwurf u. Bau ständiger Befestigungsanlagen v. 16. XII. 1909. (D. V. E. Nr. 46a.) (14 S.) 8. Berlin 910. E. S. Mittler & Sohn. —15; geb. —30

Grundzüge. Einige G' aus dem Geschäftsleben des Hrn. J[ohann] J[acob] Egg aus Zürich in der Schweiz [1774–1843]. Nur für dessen Freunde bestimmt. [Mit Porträt-Tafel.] 8. [Zürich] 1837.

— f. e. (vereinfachte) Geschäftsordng. der Regierungen. (20 S.) kl. 8. Berlin (910). C. Heymann. p —30

—— der Geschichte u. Verfassung der rhein. evangel. Kirche. Vortrag e. Aeltesten, gehalten in der rhein. Provinzial-Synode v. Aug. 1841. gr. 8. (4 B.) Neuwied 844, Lichtfers. *

Grundzüge, die, der Gesellschaftswissenschaft; oder: phys., geschlechtl. und natürl. Religion. Eine Darstellung der wahren Ursache und der Heilung der drei Grundübel der Gesellschaft: der Armuth, der Prostitution und der Ehelosigkeit. Von einem Doctor der Medicin. Aus dem Engl. übers. nach der 9. Aufl. des Orig. 1. Aufl. 1871, und 2. Aufl., übers. nach der 13. Aufl. des Orig. 8. (XV, 624 S.) Berlin 875, Staude. *

Grundzüge, die, der Gesellschaftswissenschaft oder phys., geschlechtl. u. natürl. Religion. Eine Darstellung der wahren Ursache u. der Heilg. der drei Grundübel der Gesellschaft: der Armuth, der Prostitution u. der Ehelosigkeit. Von e. Doctor der Medicin. 2. Aufl. Aus dem Engl. übers. nach der 13. Aufl. d. Originals. gr. 8. (XIV, 624 S.) Berlin 876. Staude. n. 2. 50

—— die, der Gesellschaftswissenschaft oder phys., geschlechtl. und natürl. Religion. Eine Darstellung der wahren Ursache und der Heilung der drei Grundübel der Gesellschaft: der Armuth, der Prostitution und der Ehelosigkeit. Von einem Doctor der Medicin. 3. und 4. Aufl. Aus dem Engl. übers. nach der 13. Aufl. des Originals. gr. 8. (X, 624 S.) Berlin 877,78, Staude. *

—— dass. — 5. Aufl. Aus dem Engl. übers. nach der 16. Aufl. des Orig. gr. 8. (X, 624 S.) Ebendas. 879. *
geb. *

—— die, der Gesellschaftswissenschaft oder phys., geschlechtl. und natürl. Religion. Eine Darstellung der wahren Ursache und der Heiligung der drei Grundübel der Gesellschaft: der Armuth, der Prostitution und der Ehelosigkeit. Von einem Doktor der Medicin. 6. Aufl. Aus dem Engl. übers. nach der 19. Aufl. des Originals. (XIV, 624 S.) 1881; 7. und 8. Aufl. 8. (X, 624 S.) Berlin 882,84, Staude. *
geb. *

—— die, der Gesellschaftswissenschaft oder physische, geschlechtliche und natürliche Religion. Eine Darstellung der wahren Ursache und der Heilung der drei Grundübel der Gesellschaft: der Armuth, der Prostitution und der Ehelosigkeit. Von einem Doctor der Medicin. 9. und 10. Aufl. Aus dem Engl. übers. nach der 30. Aufl. des Originals. 8. (X, 624 S.) Berlin 886, Staude. * M 2.50.; geb. *

— die, d. Gesellschaftswissenschaft od. phys., geschlechtl. u. natürl. Religion. Eine Darstellg. der wahren Ursache u. der Heilung der drei Grundübel der Gesellschaft: der Armuth, der Prostitution u. der Ehelosigkeit. Von einem Doctor der Medicin. Autoris. Uebersetzg. 12. Aufl. gr. 8. (XIV, 624 S.) Berlin 890. Staude. n. 2. 50; geb. n. 3. 50

—— die, der Gesellschaftswissenschaft od. phys., geschlechtl. u. natürl. Religion. Eine Darstellg. der wahren Ursache u. der Heilg. der drei Grundübel der Gesellschaft: der Armuth, der Prostitution u. der Ehelosigkeit. 12. u. 13. Aufl. Aus dem Engl. gr. 8. (XIV, 624 S.) Berl. 889,91, Staude. * 2 50; geb. * 3 50

GESELLSCHAFTSWISSENSCHAFT, Die Grundzüge der, oder physische, geschlechtliche u. natürliche Religion. Eine Darstellung der wahren Ursachen und der Heilung der drei Grundübel der Gesellschaft: der Armut, Prostitution, Ehelosigkeit. 14. Stereotyp-Aufl. Aus dem Engl. nach der 30. Auflage des Originals. Berlin 1895. 8°. 624 S. (2 Mk. 50 Pfg., neues Expl., Friedr. Klüber, 1896.)

— die, d. Gesellschaftswissenschaft od. phys., geschlechtl. u. natürl. Religion. E. Darstellg. d. wahren Ursache u. d. Heilg. d. drei Grundübel d. Gesellschaft, d. Armuth, d. Prostitution u. d. Ehelosigkeit. Von e. Doctor d. Medicin. 15. Aufl. Aus d. Engl. übers. n. d. 30. Aufl. d. Originals. 8. (XIV, 624 S.) Berlin 898. E. Staude. n. 2. 50; geb. n. 3. 50

— die, der Gesellschaftswissenschaft od. physische, geschlechtliche u. natürliche Religion. Eine Darstellg. der wahren Ursache u. der Heilg. der drei Grundübel der Gesellschaft: der Armuth, der Prostitution u. der Ehelosigkeit. Von e. Doctor der Medicin 16. Aufl. Aus d. Engl. übers nach der 30. Aufl. des Originals. 8. (XIV, 624 S) Berlin (900). E. Staude. n. 2. 50; geb n. 3. 50

— für die Gestaltung der secundären Eisenbahnen. Nach Maassgabe der „technischen Vereinbargn. etc.“ vom Jahre 1871 umgearb. durch die techn. Commission d. Vereins deutscher Eisenbahn-Verwaltgn. Mit 3 (lith.) Blatt Zeichnungen. gr. 8. (65 S.) Wiesbaden 873. Kreidel's Verl. n. 1. 20

— für die Gestaltung der secundären Eisenbahnen. Nach den Beschlüssen der Constanzer Techniker-Versammlung des Vereins deutscher Eisenbahn-Verwaltungen vom 26—28. Juni 1876 red. von der techn. Kommission d. Vereins. Hrsg. v. der geschäftsführenden Direction des Vereins deutscher Eisenbahn-Verwaltungen. Mit 2 (lith.) Blatt Zeichnungen. gr. 8. (57 S.) Berlin 876. (Wiesbaden, Kreidel.) n. 1. —

— die, für die künftige Gestaltung des Volksschulwesens u. das Ernst'sche Sendschreiben an Victor Strauß. [Aus der Hannoverschen Zeitung abgedr.] gr. 8. (27 S.) Hannover 850, Hahn. 1/8 nß

—— des christlichen Glaubens nach d. Lehrbegriffe d. Neuen Kirche. Aus e. größ. Werke Swedenborg's zusammengest., u. mit kurzen Erklärn. begl. Hrsg. v. G. E. Scuffert. 8. (5 B.) Schweinfurt 833, Wetzstein.

—— der Glaubenslehre, des Gottesdienstes u. d. Verfassung der allgem. (kathol.) christl. Gemeinde zu Breslau. gr. 8. (½ B.) Breslau 845. (W. G. Korn.) *

— der Glaubenslehre, des Gottesdienstes u. der Verfassung der christ-kathol. Kirche. Geprüft u. genehmigt von der Synode zu Breslau am 15. u. 16. Aug. 1845. 8. Breslau 845. (Schulz u. Co.) n. 4 ngl

— einer Grammatik der mittelhochdeutschen Sprache. gr. 8. (32 S.) Köthen 876. Schettler's Verl. n. — 40

Grundzüge der Hausordnung für die Berliner Arbeiterkolonie und ihre Zweiganstalt. Auf Grund d. Vorstandsbeschlüsse v. 20. Oct. 1898 [handschriftl.: u. d. Generalvers. v. 16. März 1899]. (Berlin: Buchdr. Gutenberg [1899].) 2 Bl. 8° [Kopft.]

Grundzüge der neuen naturgemässen Heillehre, gewöhnlich Homöopathie genannt . . . Leipzig 1834. V: *Hartlaub, Carl Georg Christian.* (Ky) (EngM) (NN)

— der neuen naturgemäßen Heillehre, gewöhnlich Homöopathie genannt, u. deren Vorzüge u. genaue Unterscheidungszeichen von der älteren Art, die Krankheiten zu behandeln, gewöhnlich Allopathie genannt. Nebst e. allgemein. Begriffe von Krankheit und Heilung überhaupt rc. (Von K. G. Chr. Hartlaub.) gr. 8. Leipzig 834. Künzel. 1/12 nß

—— der Homöopathie, s. Hartlaub, C. G. Chr.

— einer Kataster-Vermessung d. Großherzogth. Baden mit besond. Rücksicht auf den Gesetzentwurf „die Vornahme einer stückweisen Vermessung aller Liegenschaften des Großherzogth. Baden betreff.“ Denkschrift der hohen 2. Kammer gewidmet v. mehreren Landes-Geometern. gr. 4. (30 S.) Carlsruhe 848. (Holtzmann) n. 9 ngl

—— der rein cathol.-christl. Kirche, zunächst in Sachsen u. Schlesien. Von e. christl. Geistlichen. gr. 8. (2 B.) Dresden 831, Arnold.

Die Grundzuege der Knappschaftsnovelle (Berlin 1905.) 4°.
Aus: Berliner Correspondenz. 1905, Nr 58.

—— zur Constituirung einer rein-(kathol.-)christl. Kirche. Von e. christl. Geistlichen. 3., verb. Aufl. gr. 8. (2 B.) Dresden u. Leipzig 845, Arnoldische Buchh. *

Grundzüge einer Constitution für Teutschland. Frankf. u. Leipz. [Hadamar] 1814. V: *Dalwigk, Carl Friedrich August Philipp von.* (MGT) (Ky)

— einer Constitution für Deutschland, (v. K. F. v. Dalwigk). 4. Hadam. 814. (Lanz in Weilb.) 6 gl

Grundzüge einer Constitution für Deutschland. 4 Hadam. neue Gelehrt. Buchh. 814.

— der Kriegsverfassung des deutschen Bundes Frankfurt 1821 22 16 S 4°

Grundzüge der Kriegsverfassung des Deutschen Bundes. Schlußacten über die inneren Verhältnisse des 10. Armeecorps. Lübeck 1836. 8° (Verm. Jähns.)

Grundzüge der astronomisch-trigonometrischen Landes-Vermessung in Oesterreich-Ungarn. (Als Manuscript für den ausschliesslichen Gebrauch der Kriegsschule gedruckt.) (Mit 6 Beilagen.) 8. Wien 1884.

Grundzüge der deutschen Land- u. Seemacht. Bearb. v. höheren Offizieren auf Veranlassg. der General-Inspektion des Militär-Erziehungs- u. Bildungswesens. (V, 160 S. m. Abbildgn.) gr. 8. Berlin 903. E. S. Mittler & Sohn. n. 2. 25; geb. n. 3. —

— aus Sim. Rottmanners Leben. gr. 4. Landsh. 815. Thomann. 5 gl

Grundzüge der Lehrordnung für die einklassigen evangelischen Elementarschulen der Provinz Pommern. In Gemeinschaft mit den Regiergn. der Provinz festgestellt durch das königl. Provinzial-Schul-Collegium für Pommern. Amtlicher Abdr. 1. u. 2. Aufl. Stettin 870. Nagel. gr. 8. (24 S.) n. 3 ngr

— d. deutschen Literaturgeschichte, als Leitfaden beim Vortrage auf Gymnasien. 4. Oppeln 827. (J. F. Korn in Bresl.) 4 gl

Grundzüge für eine endgültige Lösung der Nationalitätenfrage in Österreich. Wien 1897. V: *Lang, Otto.* (Mitth. M. Grolig.)

— für e. endgilt. Lösg. d. Nationalitätenfrage in Oesterreich. Ideen u. Betrachtgn. e. Patrioten. gr. 8. (43 S.) Wien 897. M. Breitenstein. n. — 70

— der Medicinal-Ordnung f. d. Königr. Hannover. gr. 8. (VI u. 156 S.) Hannover 850, Hahn. ½ ₰

— der Missionswissenschaft, nebst einigen auszuführenden Vorschlägen u. e. Anh. v. Sartorius Episcopus. gr. 8. (VIII, 112 S.) Berlin 890. Morgenstern-Mission. (E. Schneider). n. 5. —

— der Missionswissenschaft, nebst einigen auszuführenden Vorschlägen u. e. Anh. 2. (Titel-)Aufl. gr. 8. (IV, 112 S.) Berlin 891. Morgenstern-Mission (E. Schneider). n. 2. —

Grundzüge, Motivirte, zu einer auf immobile und mobile Werthe fundirten Real-Bank zur principiellen Beseitigung abnormer Geldzustände ... Wien 1856. V: *Bastler, Anton Dominik.* (WFM II, S. 16)

— motivirte, zu einer auf immobile und mobile Werthe fundirten Real-Bank zur principiellen Beseitigung abnormer Geldzustände im Interesse des Grund- und Realitäten-Besitzes, des Handels und der Industrie. Wien 856. (Wallishausser.) gr. 8. (IV, 64 S.) 20 ngr.

—— des Naturmechanismus. Nach d. Manuscript e. unbekannten Forschers. Hrsg. v. Raphaël Genhart. 1. Hft. gr. 8. (5 B.) Schaffhausen 834, Hurter.

Grundzüge für die Neugestaltung der medizin. Prüfungen. Berlin 1893.

Grundzüge der Organisation des Cadetten-Corps. Berlin 1844. 8°

Grundzüge für die Organisation der k. k. Polizeibehörden und Wirkungskreis derselben. 8. Pesth 1851.

Grundzüge für die Organisation der politischen Verwaltungs-Behörden. 8. (168 S.) Wien. Aus der k. k. Hof- und Staatsdruckerei. 1855.

Grundzüge der Organisirung von Anstalten und Vorkehrungen zur Hebung der Pferdezucht in Oesterreich. 4. 1868. (10 S.) Wien, k. k. Hof- und Staatsdruckerei. 1869. 10 kr.

Grundzüge der neuen Orthographie der cechischen Sprache ... Wien 1846. V: *Konecny, Joh. Nep.* (KY)

—— der neuen Orthographie der cechischen Sprache sammt Uebungsaufgaben zum Dictando-Schreiben. (Von J. N. Konecny.) 16. (3½ B.) Wien 846, Wenedikt'sche Buchh.

Grundzüge des Pionier-Dienstes. Besonderer Abdr. aus Gavenda's „Milit. Taschenbuch für Offiziere jeder Waffengattung." Mit 54 Holzschnitten. Prag. Karl Bellmanns Druck und Verlag 1857. (95 S. 8.)

—— des Planes zu Berichtigung der Elster I. Strecke. Hrsg. von dem für die bezeichnete Flußregulirung bestellten königl. Commissar. gr. 4. (IX und 57 S. mit 2 lithogr. und ill. Karten in Imp.-Fol. u. d. T.: Uebersichtsplan vom Inundationsgebiete der Gewässer bei und in der Umgegend von Leipzig. Zusammengestellt nach der von Kohl und Georgi in den J. 1852—1854 aufgenommenen Flussregulirungskarte. Uebersichtsplan vom Inundationsgebiete der Gewässer unterhalb Leipzig.) Leipzig 859, (Hinrichs'sche Sortimentsbuchh.) * *
Der Text einzeln * *
Karte der Gewässer bei und in der Umgegend von Leipzig einzeln * *
Karte der Gewässer unterhalb Leipzig einzeln * *

Grundzüge der conservativen Politik. Berlin 856. Rauh in Comm. gr. 8. (38 S.) 7½ ngr.

Grundzüge conservativer Politik. In Briefen conservativer Freunde über conservative Partei und Politik in Preußen. — Berlin: Kortkampf 1868 XV, 167 S 8°

— der Posteinrichtungen in den wicht. Ländern. Ein Hülfsbuch f. die Postsekretärprüfg. gr. 8. (95 S.) Berlin 900. (R F. Funcke). n. 1. —

—— für die Reform des höhern Unterrichtswesens nach den Anforderungen der Gegenwart. gr. 12. (V und 89 S.) Leipzig 849, Naumburg.

Grundzüge d. bei d. Kriegsübungen zu beobachtenden Regeln u. Grundsätze. Darmstadt 1821 (?).

Grundzüge der bei den Kriegsübungen zu beobachtenden Regeln und Grundsätze. 8. Kassel 1822.

Grundzüge der bei den Kriegsübungen zu beobachtenden Regeln. o. O. (c. 1850). 8°

Grundzüge zur Regelung der österreichischen Finanzen ... Wien 1868. V: *Sommaruga, Franz Freih. von.* (EB)

-- zur Regelung der österreichischen Finanzen von e. prakt. Finanzmanne. Wien 868. Hügel. gr. 8. (52 S.) 7½ ngr.

Grundzüge über die Regelung des Verkehrs mit Arzneimitteln außerhalb der Apotheken und die Beaufsichtigung desselben. (Preuß. Ministerialerlaß vom 22. Dezember 1902) Berlin (1902)

— üb. die Regelung des Verkehrs m. Arzneimitteln ausserhalb der Apotheken u. die Beaufsichtigung desselben. (Preussischer Ministerialerlass vom 22. XII. 1902.) (6 S.) gr. 8. Berlin (903). Selbstverlag des deutschen Apothekervereins. n. — 30

[F.] Grundzüge der Reichs- und Landesverfassung sowie der Verfassung der Civilgerichte. *Halle a. S.: Dr. d. Halleschen Zeitg [1897!].* (19 S.) 8.
= Handbücher d. Fachschule f. Anwaltskanzleien zu Halle a. S. [No] 1. [98. 5037

Grundzüge zum christlichen Religionsunterrichte für die reifere Jugend aus den gebildeten Ständen. Bern 1816. V: *Bay, Samuel.* (BSchwLk V, 10c)

Grundzüge f. d. Sanitätsdienst i. Gefecht auf d. K. u. K. Kriegsschiffen. Pola 1903.

Grundzüge des Schwesternvereines der Loge Modestia cum libertate in Zürich. Zürich 1841: Orell, Füssli & Co. 7 S. 8⁰ [Umschlagtit.]
Satzungen. 23. 193.

Grundzüge, die, des Scatspieles. Eine Anweisung, in kurzer Zeit regelrecht Scat spielen zu lernen. Nach den bewährtesten Regeln bearb. von S. v. F. gr. 16. (30 S.) Quedlinburg 850, Ernst'sche Buchh. Thlr

— die, des Scatspieles. Eine Anweisung, in kurzer Zeit regelrecht Scat spielen zu lernen. Nach den bewährtesten Regeln bearb. von S. v. F. Mit einer Anweisung zum Mariagespiel, Sechs und sechzig, Schnorps. 2., verm. Aufl. 8. (32 S.) Quedlinburg 858, Ernst'sche Buchh. *

— einiger europäischer Sprachen für Schriftsetzer, Lithographen, Notenstecher ꝛc. Leipzig 862. Matthes. 8.
1. Bd.: Leitfaden der russischen Sprache. Von Toßka gen. Toßek. (VIII, 60 S.) n. 10 ngr.

— einer neuen Städteordnung f. das Königr. Sachsen. Berathen u. angenommen v. dem städt. Verein zu Dresden. gr. 8. (16 S.) Dresden 849, Adler & Dietze. 1½ ngr

Grundzüge d. Statuten z. Constituirung d. mit allerh. Genehmigung in's Leben tretenden Erziehungs-Vereins f. männl. u. weibl. Waisen d. Staats-Diener, Offiziere, Bürger u. Oekonomen im Königr. Bayern. 8. (1 B.) München 837, (Bayer.)

Grundzüge der Strategie. Ein Leitfaden für das Studium der Kriegsgeschichte . . . Wien 1870. V: *Neumann, Jul.* (KA)

— der prakt. Strategie, s. Handbibliothek f. Offiziere, VII. Bd.

Grundzüge und Tarif für die Benutzung des Krematoriums usw. Hamburg 1903. Druck von Lütcke und Wulff.

— für die Thätigkeit der naturwissenschaftlichen Abtheilungen der landwirthschaftlichen Versuchsstationen im Königreich Sachsen. Dresden (858). Schönfeld. gr. 8. (12 S.) 3 ngr

Grundzüge der Terrain-Lehre. Prag. Bei K. Bellmann 1857. Besonderer Abdr. aus Gavenda's „Milit. Taschenbuch für Offiziere jeder Waffengattung." (64 S. 1 Bl. 8.)

— der Terrainlehre bearb. im Anschluß an die genetische Skizze für den Unterricht auf den königl. Kriegsschulen nach der Vorschrift vom 20. Mai 1859. Berlin 867. Schlesier. gr. 8. (63 S. mit 3 lithogr. Fig.-Taff.) n. 20 ngr.

— der Terrainlehre für die Ausbildung zum Offizier. Berlin 855. Mittler's Sortbhdlg. gr. 8. (40 S.) n. 6 ngr

Grundzüge einer physikalisch vergleichenden Terrainlehre in ihrer Beziehung auf das Kriegswesen . . . Agram 1855. 2. Aufl. Wien 1869. 3. Aufl. 1875. V: *Schmidburg, Rud. Freih. von.* (KA) (Ky)

Grundzüge einer phisikalisch vergleichenden Terrainlehre in ihrer Beziehung auf das Kriegswesen als Leitfaden zum Vortrage u. d Selbstunterrichte für Eingeweihte und Laien entworfen von R. B. S. (Mit zwei lithographirten Tafeln.) Agram, 1855. National-Buchdruckerei des Dr. Ljudevit Gaj. (324 S. 2 Bl. XII.) Die Tafeln sind Lith. von Anst. Agram.

— einer physikalisch vergleichenden Terrainlehre in ihrer Beziehung auf das Kriegswesen als Leitfaden zum Vortrage und Selbstunterrichte für Eingeweihte und Laien entworfen von R. B. S. Mit 2 lith. Taf. (in qu. Fol.) Agram 855. (Wien, Gerold.) gr. 8. (XII, 328 S.) n. 1 Thlr 18 ngr

— einer physikalisch-vergleichenden Terrainlehre in ihrer Beziehung auf das Kriegswesen. Entworfen von R. B. S. (G.-M. v. Schmidburg.) 2. verb. u. verm. Aufl. Mit 2 lith. Taff. (in qu. Fol.) Wien 869. Gerold's Sohn. gr. 8. (VII, 280 S.) n. 1 Thlr 20 ngr.

Grundzüge des Treubundes für König und Vaterland (Royalisten-Bund). (Unterzeichnet C. G. Nehrlich und Ferd. Habel.) (Berlin 1849.) 8 S. 8.

Grundzüge des Treu-Bundes für König und Vaterland. Druck von Carl Schultze. 4 Bl. 8.
Flugblatt. Berlin, 12. März 1849.

[F.] Grundzüge einer verbesserten Universitäts-Verfassung. Vorlage für die Berathungen der Plenarversammlung. Bonn, (gedr. bei C. Georgi) 1848. 13 S. 4.

[F.] Grundzüge einer verbesserten Universitäts-Verfassung. Berathen und genehmigt in den Plenarversammlungen der ordentlichen und ausserordentlichen Professoren zu Bonn vom 27 Juni bis zum 25 August 1848. Bonn, (gedr. bei C. Georgi) 1848. IV, 5–16 S. 4.

— einer neuen Variation über das Schachspiel. (Aus d. 2n Heft der Fragmente der Imperatorik.) gr. 4. Nürnberg 833. (Stein.) ⅓ Thlr

— einer Variation üb. d. Schachspiel, s. Aus Flammhorst's Imperatorik.

Grundzüge zur Verbesserung des Kreditwesens . . . in Mecklenburg. O. O. 1804. V: *Plessen, Leopold Engelke Hartwig von.* (MGT) (Ky) (NN)

— zur Verbesserung d. Creditwesens, (v. L. H. v. Plessen). 8. (Hamb. 804. Perthes). 1 Thlr

Grundzüge zur Verbesserung der Mannschafts-Menage.
4. Wien 1865.

— des Verfahrens in bürgerlichen Rechtsstreitigkeiten bei den Großherzogl. Hessischen Gerichten der Provinz Starkenburg und Oberhessen. 1. Bd. Allgemeiner Theil. Darmstadt 857. Köhler in Comm. gr. 8. (2 Bl., 534 S.) n. 1 Thlr 10 ngr

Grundzuge des Verfahrens in bürgerlichen Rechtsstreitigkeiten bei den Großherzoglich Hessischen Gerichten der Provinzen Starkenburg und Oberhessen. Bd 1. 2. Darmstadt 1857. 58.

— d. Verfassung d. Stadt u. Republik Bern u. des Geistes, durch den sie belebt waren, von Erbauung d. Stadt Bern bis 1831. 8. Bern, Jenni. 10 K

— zu einer freien Verfassung der evangel. Kirche in Nassau. Der ersten Kreis-Kirchenversammlung des Decanats Usingen vorgelegt von dem hierzu erwählten Ausschusse. 8. (23 S.) Usingen 848. (Frankfurt a. M., Hermannsche Buchh.) •

Die Grundzüge der Verfassung der Verbindung [hs. geändert in· der Burschenschaft] 'Primislavia' zu Berlin. o. O. [hs. Zusatz: 1896]. (8 S.) 8°

— der Verhinderung d. Rauchens in d. Gebäuden u. d. f. die Gesundheit nothwend. Verbesserung d. Stubenöfen u. Kamine, auch d. Erwärmung d. Fußböden, mit Berichtigung d. Theorie d. Heizung; entworfen v. mehr. Technikern, u. hrsg. v. K. Fr. Muhlert. M. 2 Kpfrt. gr. 12. (4½ B.) Leipzig 832, Baumgärtner.

Grundzüge der deutschen Verskunst. Jena 1822. V: *Schneider, Glieb Carl Wilh.* (Jen. Allg. Lit. Ztg. 1836. Int. Bl. Sp. 127.) (Mitth. A. Rosenbaum.)

— d. deutschen Verskunst. Ein Schul- u. Handbuch. 8. Jena 823. Schmid. 6 gr

— zu e. gerechten u. billigen Vertheilung d. durch den Krieg vermehrten Staatsbedürfnisse an sich u. in d. Collision mit besond. Verfassungen u. positiven Bestimmungen, mit Anwendung auf Mecklenburg. (v. Karl Sibeth). 8. Rostock 808.

Grundzüge für die Verwaltung des Kurländischen Landesarchivs. (Mitau '04.) 7 S.

Grundzüge für die Verwaltung der Staats- und Fondsforste und Domänen (mit Ausnahme der Güter des Bukowina'er griechisch-orientalischen Religionsfonds). - Wien o. J. 61 S., 13 Form.

— der Vorschriften f. die Ausführung d. Verkehrs- u. Transportdienstes bei Secundär- [Omnibus-] Zügen auf Eisenbahnen m. normalem Betriebe. gr. 8. (8 S.) Wien 885. Hof- u. Staatsdruckerei. n. — 10

Nachtrag, I. zur amtlichen Ausgabe der mit Verordnungen des k. k. Handelsministeriums vom 1. April 1885. Z. 10816, festgestellten „Grundzüge der Vorschriften für die Ausführung des Verkehrs- und Transport-Dienstes bei Secundär- (Omnibus-) Zügen auf Eisenbahnen mit normalen Betriebe. Gr.-8. (1 S.) —.01
Wien: Hof-u.Staatsdruckerei 1897.

Grundzüge der Vorschriften für die Ausführung des Verkehrs- und Transportsdienstes bei Secundär- (Omnibus-) Zügen auf Eisenbahnen mit normalem Betriebe Unter Einbeziehung der mit dem Erlasse des k. k. Eisenbahnministeriums vom 25. Juli 1897. Z. 9249/IV. (I. Nachtrag) eingeführten Abänderungen. 2. Auflage Wien. 1899. Hof- und Staatsdruckerei Gr.-8°. 8 S. fl. —.05

— der Vorschriften für den Betrieb auf Localbahnen. [Secundärbahnen, Vicinalbahnen und dgl.] gr. 8. (50 S. mit eingedr. color. Fig.) Wien 883. Hof- und Staatsdruckerei.

Grundzüge der Vorschriften für den Betrieb auf Local-Bahnen. Vierte Neu-Auflage. Gr.-8. (49 S.) —.20
Wien: Hof-u.Staatsdruckerei 1898.

Grundzüge der Vorschriften für den Betrieb auf Localbahnen (Secundärbahnen, Vicinalbahnen u. dgl.) Unter Einbeziehung der mit den Verordnungen des k. k. Handelsministeriums vom: 15. Juli 1886. Z. 25,020 (I. Nachtrag) und vom 1. Februar 1893. Z. 8188, sowie mit den Erlässen des k. k. Handelsministeriums vom 28 November 1889. Z. 49,764 und vom 14. Juni 1892. Z. 27,352, dann mit den Erlässen des k. k. Eisenbahnministeriums vom 25. Juli 1897. Z. 9249/IV. (II. Nachtrag) und vom 3. November 1898. Z. 49,027 (III. Nachtrag) eingeführten Abänderungen und Ergänzungen. Amtliche Ausgabe. 5. Neu-Auflage. Wien. 1899. Hof- und Staatsdruckerei. Gr.-8°. 49 S. fl. —.25
Der IV. Nachtrag vom 8. März 1899 (fl. —.01) zur Ausgabe dieser „Grundzüge" vom Jahre 1883 bildet gleichzeitig den I. Nachtrag zu obiger Auflage.

Grundzüge der Vorschriften für den Betrieb auf Localbahnen. 6. Aufl. Gr.-8° (49 S.) K —.40
Wien: Hof-u.Staatsdruckerei 1902.

— der Vorschriften f. den Telegraphendienst auf den österr. u. ungar. Eisenbahnen. 8. (28 S.) Wien 896. (Hof- u. Staatsdruckerei). n. — 30

— der Vorschriften f. den Telegraphen- u. Telephondienst auf d. österreich., ungar. u. bosnisch-hercegovinischen Eisenbahnen. Amtl. Ausg. (IV, 29 S.) 8. Wien 909. (Hof- u. Staatsdruckerei.) — 40

Grundzüge der Vorschriften für den Verkehrsdienst auf Eisenbahnen. Amtliche Ausgabe. 2. Aufl. 1880. Beigeb.: II. und III Nachtrag zur amtlichen Ausgabe 1877, beziehungsweise I. und II Nachtrag zur 2. Aufl. 1881 und 1883. 8. Wien 1880—1883.

Grundzüge der Vorschriften für den Verkehrsdienst auf Eisenbahnen mit normalem Betriebe. Unter Einbeziehung der mit den Verordnungen vom. 11. Mai 1878. Z. 35,886. (I. Nachtr. zur I. Aufl.) 15. September 1881. Z. 29,091. (II. Nachtr. zur I. Aufl. bezw. I. Nachtr. zur II. Aufl.) 15. Juni 1883 Z. 21,561. (III. Nachtr. zur I. Aufl. bezw. II. Nachtr. zur II. Aufl.) 15. Juli 1886. Z. 25,020. (IV. Nachtr. zur I. Aufl. bezw. III. Nachtr. zur II. Aufl.) 1. Februar 1893. Z. 8,188. (I. Nachtr. zur III. Aufl.), sowie mit den Handelsministerial-Erlässen vom: 15. Juli 1889. Z. 29,891. 19. September 1889. Z. 39,548. 28. November 1889. Z. 49,764. 16. December 1890. Z. 54,940. 14. Juni 1892. Z. 27,352. 7. October 1892. Z. 40,083. dann mit den Eisenbahnministerial-Erlässen vom: 25. Juli 1897. Z. 9.249 IV. (I Nachtr zur IV Aufl.) 3. November 1898. Z. 49,027 (II. Nachtr. zur IV. Aufl.) eingeführten Abänderungen und Ergänzungen. Amtliche Ausgabe. 5. Auflage. Wien. 1899. Hof- und Staatsdruckerei. Gr.-8°. 41 S. fl. —.30
Der VII. Nachtrag vom 15. März 1899 (fl —.01) zur Ausgabe dieser „Grundzüge" vom Jahre 1888 bildet gleichzeitig den I Nachtrag zu obiger Auflage.

— der Vorschriften f. den Verkehrsdienst auf Hauptbahnen. Amtliche Ausg. (VI, 73 S.) 8. Wien 904. (Hof- u. Staatsdruckerei.) n. 1. 10

Grundzüge der Waffen-Lehre. Besonderer Abdruck aus Gavenda's „Milit. Taschenbuch für Offiziere jeder Waffengattung." Prag. Bei K. Bellmann 1857. (58 S. 8.)

— üb. die Wasch- u. Bade-Einrichtungen an Bord S. M. Schiffe. [Aus: „Marineverordnungsbl."] gr. 8. (4 S.) Berlin 895. (E. S. Mittler & Sohn.) — 10

— einer Wehrverfassung nach den Bedürfnissen der Zeit. Von einem alten deutschen Officier. gr. 8. (VI u 68 S.) Frankfurt a. M. 848, Sauerländer. 12 ngr

-- einer Wehrverfassung nach den Bedürfnissen der Zeit Von einem alten, deutschen Offizier Frankfurt a M 1848 48 S

Grune, Otto, appr. Arzt a. Dessau ⟨Herzogtum Anhalt⟩, Assistenzarzt b. Inf.-Reg. Freih. v. Sparr ⟨3. Westf.⟩ Nr. 16: Konservative Behandlung der Hydronephrose. Berlin (1907): G. Schade. (36 S.) 8°
Berlin, Med. Fak., Ref. Hildebrand, Diss. v. 27. Mai 1907
[Geb. 7 Mai 79 Dessau, Wohnort Dessau; Staatsangeh.: Anhalt; Vorbildung Lyzeum Metz Reife M. 00; Studium Berlin K. W A 9 S.; Coll. 24. Mai 07; Approb. 14. Aug. 06.]

Grüne: Die Grüne
Grüne: Die Grüne der Bäuerin
Grüne: Die Grüne-Schweizerische Landwirtschaftliche Zeitschrift
v. Schweizerische Landwirt[h]schaftliche Zeitschrift.

Die Grüne. Schweizerische landwirtschaftliche Zeitung. - Zürich. Jg. 1. 1873 ff.

Grüne, August [app. Arzt aus Meschede i. W.]: Aus d. med. Klinik d. Herrn Prof. Riegel in Giessen. Zur Lehre vom Ulcus ventriculi rotundum und dessen Beziehungen zur Chlorose. . . . Amberg, Druck v. H. Böes, 1890; 35 S. 8°
Giessen, Med. Fak., Inaug.-Diss. v. 1890

Grüne, Fr., Baupolizei-Ordnung f. die Stadtgemeinden des Reg.-Bez. Köln (mit Ausnahme der Stadt Köln), sowie f. die Gemeinden Brühl, Godesberg, Plittersdorf, Rüngsdorf, Poppelsdorf, Endenich, Kessenich u. Beuel, ergänzt nach den z. Z. gültigen Polizeiverordnungen. (47 S.) gr. 8. Köln (903). P. Neubner. n. — 75

— s.: Baupolizeiverordnung für die Landgemeinden des Reg.-Bez. Köln.

Grüne, Gotthelf Const. (Neuhammer/Schles.), De sana et morbosa pinguedinis in corpore secretione. Diss. phys.-med. Bln. (Brüschck) 21. VI. 1826. 29 S. mit Biogr. (M.: Colbe.) (5.50) 11924
Oppon.: F. Donath, E. Voigt, E. Werner. — Gew.: J. Büttner, C. L. Bieske.

— **Gotthelf Wilhelm** (Klitzschena/Misn.), De dominio, quod est auctori in libris a se conscriptis. Exercit. jur. natur. Präs. Carl Salomon Zachariae. Wittbg. (Adam Christian Charisius) 11. III. 1799. 16 S. (4.80) 11925
Gew.: Carl Christian Tittmann. — Widm. v. Präs.

Grüne, Hans [aus Berlin]: Zur Kenntnis der Azoopiansäure . . . . *Berlin*, Berl. Buchdr.-Actien-Ges. Setzerinnenschule d. Lette-Vereins (1888); 2 Bl. + 55 S. 8°
Freiburg i. B., Phil. Fak., Inaug.-Diss. v. 1888

Grvene, Mathias ⟨geb. am 7 Febr. 1842 in Holtum Westf.⟩: De vesicvla germinativa ovi animalivm . . . Bonnae, typ. F. Krvegeri (1867). 27 S., 1 Bl., 1 Taf. 8.
Bonn, Med. Fak., Diss. v. 7 Aug. 1867

Grüne, Wilhelm (Red.), s. Musterzeitung für Färberei, Druckerei . . . u. für d. ges. Farbenanwendung . . .

Grünebaum, Egon R. v., zur Theorie der Zentrifugalpumpen. (VII, 119 S. m. 89 Fig. u. 8 Taf.) 8. Berlin 905. J. Springer. n. 3. —

Grünebaum, Elias, Gedächtnißfeier für I. Maj. die höchstsel. Königin Therese von Bayern, gehalten am 17. Novbr. 1854, in der Synagoge zu Landau. Landau 854. Kaußler. gr. 8. (12 S.) n. 2 ngr

Grünebaum, E., israelitische Gemeinde, Synagoge und Schule in der baierischen Pfalz. Eine geschichtl. Beleuchtung ihrer gesetzl. Zustände seit dem Beginne dieses Jahrhunderts nebst dem Entwurfe einer Synagogen-Verfassung. gr. 8. (68 S.) Landau 862, (Kaußler.) *

Grünebaum, Elias, Confirmanden-Unterricht f. Israeliten, zunächst f. d. Schulen d. Rabbinatsbezirks Landau. gr. 12. (2½ B.) Neustadt a. d. Haardt 838, Gottschick.

—— Rede, gehalten bei d. Antritte seines Amtes als Rabbiner d. Gerichtsbezirks Landau, in d. Synagoge zu Landau. gr. 8. (2 B.) Carlsruhe 838, Marx'sche Buchh.

Grünebaum, E., die Sittenlehre des Judenthums andern Bekenntnissen gegenüber. Nebst dem geschichtl. Nachweise über Entstehung u. Bedeutung des Pharisaismus u. dessen Verhältniß zum Stifter der christl. Religion. Mannheim 867. Schneider. gr. 8. (XII, 243 S.) n. 1 ₰

Grünebaum, E., die Sittenlehre d. Judenthums andern Bekenntnissen gegenüber. Nebst dem geschichtl. Nachweise über Entstehung u. Bedeutung d. Pharisaismus u. dessen Verhältniß zum Stifter der christl. Religion. 2., sehr verm. Aufl. gr. 8. (XXXVI, 448 S.) Straßburg 878. Schneider. n. 6. —

Grünebaum, Elias, gottesdienstl. Vorträge. gr. 8. (12¼ B.) Carlsruhe 844, Bielefeld. *

Grünebaum, Jakob [aus Niederwerrn (Unterfranken)]: Ueber Fracturen der Stirnhöhlen . . . . Würzburg, Paul Scheiner's Buchdr., 1886; 30 S. + 1 Bl. 8°.
Würzburg, Med. Fak., Inaug.-Diss. v. 1886.

Grünebaum, Jakob, ueber Fracturen der Stirnhöhlen. Diss. Würzburg 1886, Stahelsche Univ.-Buchh. 8°. 30 S.

Grünebaum, Julius, Gerichtsassessor in Frankfurt a. M.: Über vertragsmässigen Verzicht auf die Rechtsmittel des Zivilprozesses. Frankfurt a. M. 1905: Gebr. Knauer. (70 S.) 8°
Heidelberg, Jur. Fak., Ref. Buhl, Diss. v. 15. Apr. 1905
[Geb. 8. Aug. 78 Hanau; Wohnort: Frankfurt a. M.; Staatsangeh.: Preußen; Vorbildung: Kais. Friedr. Gymn. Frankfurt Reife O. 96; Studium: München 2, Heidelberg 1, Berlin 1, Marburg 2 S.; Rig. 10. Febr. 05.]

Grüneberg, die Zellen des menschlichen Blutes im ultravioletten Lichte, s.: Grawitz, Ernst.

Grüneberg, A., Dichterstimmen über das Kind u. seine Erziehung. Eine Gabe für Eltern u. Erzieher. 16. (XV, 135 S.) Wolfenbüttel 879. Zwißler. n. 1. 50; geb. m. Goldschn. n. 2. 40

Grüneberg, Albert [aus Gütersloh (Westf.)]: Uber acute multiple Hautgangrän . . . Würzburg, Becker's Univ.-Buchdr., 1893; 32 S. 8.
Würzburg, Med. Fak., Inaug.-Diss. v. 1893

Grueneberg, Arthurus [Marchicus]: De Valerio Flacco imitatore . . . Berolini, R. Heinrich, 1893; 94 S., 1 Bl. 8.
Berlin, Phil. Fak., Inaug.-Diss. v. 14. Aug. 1893

Grüneberg, Christian, s. Grünenberg, Christian.

Grüneberg, H., Bericht über die Erfolge der Kalidüngung mit einer Einleitung über künstl. Düngung im Allgemeinen u. Kalidüngung im Besonderen. Deutz 867. Berlin, Wreden & Borstell. gr. 8. (III, 54 S. mit 1 Holzschntaf. in gr. 4.) n. 7½ ngr

— Dünge-Tafel, nachweisend 1. den Bedarf der auf einem Morgen Ackerland gezogenen Culturpflanzen an Mineralbestandtheilen, 2. den Gehalt von 100 Pfund verschied. Handelsdünger an mineral. Pflanzennahrung. Chromolith. Berlin 866. (Wreden & Borstell.) In Carton n. 10 ngr

—— über Kalidüngung. Vortrag gehalten im landwirthschaftl. Casino zu Cöln. 3., verm. Aufl. gr. 8. (20 S.) Berlin 866, (Wreden und Borstell.)
Aus: Zeitschrift des landwirthschaftlichen Vereins für Rheinpreussen, besonders abgedruckt.

Grüneberg, Hans, a. Berlin: Der Phosphorstickstoff P_3N_5. (Berlin: R. Trenkel 1907.) (50 S.) 8°
Berlin, Phil. Fak., Ref. Fischer, Diss. v. 27. Juli 1907
[Geb. 21. Dez. 79 Berlin; Wohnort: Berlin; Staatsangeh.: Preußen; Vorbildung: Kaiserin-Augusta-Gymn. Charlottenburg Reife O. 99; Studium: Berlin 16 S.; Rig. 30. Mai 07.]

Grüneberg, Herm., Loreley. Trauerspiel. 8. (110 S.) München 886. Merhoff. 1. 20; geb. n. 2. 25

Grüneberg, Herm., Wolfhart. Trauerspiel in 5 Aufzügen. 8. (110 S.) München 884, (Merhoff.) ℳ 1,20.; geb. *

Grüneberg, J. P., s. Grünenberg, J. P.

Grüneberg, **Jh. Chr., exercitatio de libro Baruchi apocrypho. 8. Götting. 798.**

Grüneberg, Julius

Liebe und Vezweiflung (sic) | oder: | Schwarzes Gold und edles Blut. | Traurige Begebenheit der neuesten Zeit. | Herausgegeben und im Selbst-Verlag | von Julius Grüneberg in Gransee. | (*Text*).
Kol.: Druck von Hermann Müller in Berlin, Adlerstraße 7.
o. J., 4 Bl. n. n., 180 × 115.
LBO Bänkelsängerlit. III, 111.

Die Tochter des Försters, | oder: | Traurige Folgen beschränkter Liebe. | Eine Begebenheit, welche sich in diesem Jahre | in Böhmen zugetragen hat. | Herausgegeben und im Selbstverlag | von Julius Grüneberg in Gransee.
Kol.: Druck von Hermann Müller in Berlin, Adlerstr. 7.
o. J., 4 Bl. n. n., 183 × 110.
LBO Bänkelsängerlit. III, 116.

Grüneberg, Levy, aus Elberfeld: Aus d. Universitäts-Frauenklinik zu Bonn. Über künstliche **Frühgeburt.** *(Bonn [1904].)* (66 S.) 8°
Bonn, Med. Diss. v. [27. Apr. 1904]

Grüneberg, Max [app. Arzt aus Castrop '(Westf.)']: Desinfectionsversuche mit Ammoniakdämpfen ... Würzburg, Becker's Univ.-Buchdr., 1894; 26 S., 1 Bl. 8.
Würzburg, Med. Fak., Inaug.-Diss. v. 1894

Grüneberg, Paul [pr. Arzt aus Berlin]: Beziehungen der Verunreinigung des Grundwassers zum Typhus abdominalis erläut. am Beispiel d. Typhus-Hausepidemie d. kathol. Besserungs-Anstalt u. d. Hauses Polygonstrasse 8 zu Strassburg-Neuhof im Herbst 1894. Aus d. Laboratorium d. medicin. Klinik '(bacteriolog. Abtheilg unter Leitg v. Privatdoc. Dr. E. Levy)' ... Strassburg i. E., Buchdr. C. & J. Gœller, 1896; 215 S. 8.
Strassburg, Med. Fak., Inaug.-Diss. v. 1896

Grüneberg, W., Martin Luther. Historisches Schauspiel. (131 S.) Dresden 890. Pierson's Verl. n. 2. —

Grüneberg, W. Martin Luther. Histor. Schauspiel in 5 Aufzügen. 8. (131 S.) Dresd. 890, Pierson. * 2 —

Grüneberg, Walter, Gerichtsrefer.: Bürgschaft und Schuldbeitritt auf der Grundlage des Bürgerlichen Gesetzbuches. Borna-Leipzig 1910: Noske. IX, 47 S. 8°
Jena, Jur. Diss. v. 16. April 1910, Ref. Danz
[Geb. 8. Okt. 85 Arnsberg i. W.; Wohnort: Arnsberg; Staatsangeh.: Preußen; Vorbildung: Gymn. Arnsberg Reife O. 05; Studium: Freiburg i. B. 2, Bonn 2, Münster 2 S.; Rig. 8. Febr. 10.] [U 10. 3241

Grüneberger, Ph., pfälzer Gemüthlichkeit. E. Sammlg. Humoresken in pfälzer Mundart. Illustr. v. L. u. E. Schreiber. 12. (III, 89 S.) Worms 895. H. Fischer. n. 1. —

Grüneberger, Ph., d'r Schorsch un die Karline. Ein pfälz. Familienbild. Illustrirt v. L. & E. Schreiber. 8. (87 S.) Speier 887. (Zweibrücken, Ruppert.) n. 1. 50

Grünebusch, Heinr. Christ. Conr. (Rector), **De crimine perduellionis atque majestatis apud priscos Romanos et de eo quod inter utrumque jam liberae reipublicae tempore fuit discrimine prolusio. Celle (Schulz) 5./6. IV. 1802. 44 Seiten. (5.50)** **11926**

[F.] **Grünefeld,** Alfred: Verzeichnis der Büchersammlungen der Realschule in der Nordstadt zu Elberfeld. Elberfeld, Druck v. A. Martini & Grüttefien, 1896; 72 S. 8.
Elberfeld, R in d. Nordstadt, OP 1896 (505 [vielm. 506])

Grünefeld, Johann, Referendar: Das Mietkündigungsrecht des versetzten Beamten nach § 570 B.G.-B. Gifhorn 1909: Enke. VII, 47 S. 8°
Erlangen, Jur. Diss. v. 20. Juli 1909, Ref. Binder
[Geb. 27. Nov. 80 Stickhausen; Wohnort: Celle; Staatsangeh.: Preußen; Vorbildung: Gymn. Emden Reife O. 99; Studium: Halle 2, Göttingen 5 S.; Rig. 30. April 09.] [U 10. 693

Grüneisen, Eduard: Über die Ausdehnung von Porzellan . . ., s. Holborn, L.

Grüneisen, E: Über die thermische Ausdehnung und die spezifische Wärme der Metalle. Leipzig 1908 (Mitteil. a. d. Physik.-Techn. Reichsanst.)

Grüneisen, Eduard, aus Giebichenstein: Ueber die **Bestimmung** des Wärmeleitvermögens der Metalle und über das Verhältnis desselben zur elektrischen Leitfähigkeit bei Kupfer, Eisen und einer Nickel-Kupferlegierung. *Berlin (1900): E. Ebering.* (70 S.) 8°
Berlin, Phil. Diss. v. 16. März 1900

— Interferenzapparat zur Messung elastischer Dehnungen von Stäben. Berlin 1907 (Mitteil. a. d. Physik.-Techn. Reichsanst.)

Grüneisen, E: Interferenzapparat zur Messung der Querkontraktion eines Stabes bei Belastung. Berlin (1908) (Mitteil. a. d. Physik.-Techn. Reichsanst.)

Grüneisen, E: Die elastischen Konstanten der Metalle bei kleinen Deformationen. Leipzig
[Bd] 1. Der dynamisch und statisch gemessene Elastizitätsmodul. 1907 (Mitteil. a. d. Physik.-Techn. Reichsanst.)
[Bd] 2. Torsionsmodul, Verhältnis von Querkontraktion zu Längsdilatation und kubische Kompressibilität. 1908 (Mitteil. a. d. Physik.-Tech. Reichsanst.

Grüneisen, E., über die durch sehr kleine elast. Verschiebungen entwick. Kräfte, s.: Kohlrausch, F.

Grüneisen, E, das Leitvermögen wässriger Lösungen v. Elektrolyten m. zweiwertigen Ionen, s.: Kohlrausch

Grüneisen, E: Über das Verhalten des Gußeisens bei kleinen elastischen Dehnungen. Braunschweig 1906. (Mitteil. a. d. Physik.-Techn. Reichsanst.)

Grüneisen, E: Zusammenhang zwischen Kompressibilität, thermischer Ausdehnung, Atomvolumen und Atomwärme der Metalle. Leipzig 1908 (Mitteil. a. d. Physik.-Techn. Reichsanst.)

Grüneisen, Carl, der Ahnenkultus u. die Urreligion Israels. gr. 8. (XV, 287 S.) Halle 900. M. Niemeyer. n. 6. —

Grüneisen, Carl, die altgriech. Bronze d. Tur'schen Kabinet's in Tübingen. Beschr. u. erklärt. M. 1 lith. Zeichn. v. Carl Müller. 8. (5 B.) Stuttgart u. Tübingen 835, Cotta'sche Bh.

Grüneisen, C., das Christenthum als Cultus in seinem geschichtlichen Verlauf. Vortrag, am 20. Janr. zum Besten des Stuttgarter Diakonissenhauses gehalten. Stuttgart 869. J. F. Steinkopf. 8. (31 S.) 6 ngr.

— s. Dannecker's Werke. —

Grüneisen, Carl, über bildl. Darstellung d. Gottheit. Ein Versuch. gr. 8. (10 B.) Stuttgart 828, [Brockhaus.]

—— über Gesangbuchsreform. gr. 8. (4¾ B.) Stuttgart u. Tübingen 839, Cotta'sche Buchh.

Grüneisen, Karl, s. Grandpierre, J. H.: Betrachtungen.

Grüneisen, Carl, christl. Handbuch in Gebeten u. Liedern. 16. (26⅞ u. 1 Stahlst.) Stuttgart 846, Cotta'sche Buchh. *

Grüneisen, C(arl), christliches Handbuch in Gebeten und Liedern. 3. Aufl. 16. (XIV und 390 S. mit 1 Stahlst.) Stuttgart 851, Cotta'sche Buchh. *

Grüneisen, C(arl), christliches Handbuch in Gebeten und Liedern. 4. Aufl. 16. (XIV und 390 S. mit 1 Stahlst.) Stuttgart 855, Cotta'sche Buchh. *

Grüneisen, C., christliches Handbuch in Gebeten u. Liedern. 5. Aufl. Stuttgart 859. Cotta. 16. (XIV, 390 S. u. 1 Stahlst.) n. 20 ngr.

Grüneisen, C., christliches Handbuch in Gebeten u. Liedern, gesammelt v. C. G. 7. Aufl. 16. (XIV, 392 S. m. 1 Stahlst.) Stuttgart 883. Cotta. n. 3. —; geb. n. 4. —

— s. Hohenlohe-Kirchberg, Morgen- und Abend-Andachten.

Grüneisen, Karl: Ist der Ahnenkultus die vorjahwistische Religion Israels gewesen? T. 1. Halle a. S. 1899: Waisenhaus. (60 S.) 8° Erscheint vollst. bei M. Niemeyer in Halle.) Halle, Theol. Diss. v. 5. Aug. 1899.

— Confirmations-Feier d. Kronprinzen Karl Friedrich Alexander von Württemberg, am 17. März 1839 in der Hofkirche zu Stuttgart. gr. 8. Stuttg. 839. Beck u. Fränkel. ⅛ ₰

—— und Ed. Mauch, Ulm's Kunstleben im Mittelalter. Ein Beitr. z. Culturgesch. Schwabens. Beschrieben u. erläut. Mit 5 Stahlst. u. 3 Stndr. Lex.-8. (5½ B.) Ulm 840, Stettin'sche Vrlsbuchh. * 1½ Thlr., Prachtausg. *

Grüneisen, Karl, Lieder. 8. Stuttg. 823, v. Cotta. 12 K.

Grüneisen, (C.) Lieder. 8. Stuttg. 824. v. Cotta.

—— Niclaus Manuel. Leben u. Werke e. Malers u. Dichters, Kriegers, Staatsmannes u. Reformators im 16. Jahrh. gr. 8. (30¼ B. u. 1 Stnt.) Stuttgart u. Tübingen 837, Cotta'sche Bh.

Grüneisen, C[arl]. Niclaus Manuel (1484–1530). Leben und Werke eines Malers und Dichters, Kriegers, Staatsmannes und Reformators im sechszehnten Jahrhundert. Mitgetheilt von Dr. C. G. Mit einer Steinzeichnung [Tafel. 2 Theile]. 8. Stuttgart und Tübingen 1837.
[Theil 1.] (N. Manuels Leben.)
[Theil 2.] (N. Manuels vorhandene schriftliche Werke.)

— Predigt am Geburtsfeste Seiner Majestät König Wilhelm's von Württemberg, den 27. Sept. 1841 gehalten. Mit höchster Bewilligung gedruckt. gr. 8. Stuttgart 842, Sonnewald'sche Buchh. 3 ngl

(——) Predigten f. Gebildete in d. Gemeinde, s. Predigten.

—— Predigten, gehalt. in d. Hofkirche zu Stuttgart. Ein vollständ. Jahrg. ausgewählter Sonn- u. Festtags-Predigten, meist üb. die gewöhnl. evang. Texte, nebst einig. Passions- u. mehr. Gelegenheits-Predigten. 5 Hfte. gr. 8. (42 B.) Stuttgart 842, J. F. Steinkopf. à

—— de protestantismo artibus haud infesto scripsit etc. 4maj. (3½ B.) Stuttgartine et Tubingae 839, Cotta.

—— Rede b. d. Beisetzung d. Herzogs Heinrich v. Württemberg, 2. Aug. 1838. gr. 8. (1 B.) Ulm, Stettin'sche Vrlsbuchh.

—— Rede am Grabe d. Freifrau Julie v. Seckendorff, geb. Freiin v. Seckendorff, Staatsdame Ihrer Maj. d. Königin v. Württemberg. Geb. d. 9. Nov. 1779. Gest. d. 28. Jan. 1837. gr. 8. (½ B.) Stuttgart, (Beck u. Fränkel.)

—— Rede b. d. Vermählungsfeier d. Erbprinzen Wilhelm v. Oranien u. d. Prinzess. Sophie v. Württemberg am 18. Juni 1839. gr. 8. (1 B.) Stuttgart u. Tübingen, Cotta'sche Buchh.

— über das sittliche der bildenden Kunst bei den Griechen. Für Künstler u. Alterthumsfreunde aus dem 3n Bande der Zeitschrift für die historische Theologie abgedruckt. gr. 8. Leipzig 833. Barth. ⅜ ₰

— Trauergedächtniß Sr. Maj. König Wilhelms von Württemberg. Predigt, Trauergottesdienst u. Beisetzung. Stuttgart 864. Ebner & Seubert. Lex.-8. (16 S.) n. 4 ngr.

Grüneisen, Martin: Über die Verlangsamung des Pulses in Geburt und Wochenbett. *Halle a. S. 1898: C. A. Kaemmerer & C.* (48 S.) 8°
Halle, Med. Diss. v. 15. Juli 1898

Grünemberg, Konrad
s. Grünenberg.

Grunenberg, Andreas

Grunenberg, A., Förderung des Handwerks in Oesterreich, s.: Handwerkerbibliothek, neue. 5. Bdchn.

— „Gisärd", 'n Vertellster ut 't Mönsterland. 1. u. 2. Bd. gr. 8. Essen (901). Fredebeul & Koenen. n. 5. 50; geb. in Leinw. n. 6. 80

1. (168 S.) n. 2. 50; geb. n. 3. 20
2. (211 S.) n. 3. —; geb. n. 3. 60

Grunenberg, A., s.: Handwerkerbibliothek, neue.

Grunenberg, [Andreas]: Hypothekentilgung bei Arbeiterhäusern mit Hilfe der Lebensversicherung. 3. Aufl. Düsseldorf (1907). 8° *[1. Aufl. 1906.]*

Katechismus für Handwerker und Kleingewerbetreibende nebst Buchführung. Gleichzeitig Anleitung z. Ablegung d. Gesellen- u. Meister-Prüfung. Von Dr. A[ndreas] **Grunenberg**, Syndikus zu Düsseldorf. *Essen-Ruhr: Fredebeul & Koenen 1903.* (80 S.) 8° [F.]

Grunenberg, Andreas: Die Landarbeiter in den Provinzen Schleswig-Holstein und Hannover östlich der Weser, sowie in dem Gebiete des Fürstentums Lübeck und der freien Städte Bremen, Hamburg und Lübeck. ⟨Nach d. Erhebungen d. Evangelisch-Sozialen Kongresses.⟩ T. 1. Tübingen 1899: H. Laupp jur. (34 S.) 8°
[Erschien vollst. 1899 als H. 2 von: Die Landarbeiter in d. ev. Gebieten Norddeutschlands.] Heidelberg, Phil. Diss. v. [25. Apr.] 1899.

Die Landarbeiter in den Provinzen Schleswig-Holstein und Hannover östlich der Weser, sowie in dem Gebiete des Fürstentums Lübeck u. der freien Städte Lübeck, Hamburg u. Bremen v. Dr. A. Grunenberg. *Tübingen: H. Laupp 1899.* (X, 242 S.) 1 Bd 8.
= Landarbeiter, Die, in d. evangel. Gebieten Norddeutschlands H. 2.

— Organisation des Handwerks in Innungen u. Handwerkskammern, s.: Ausgestaltung, die praktische, der Handwerker-Innungen.

— Organisation des Handwerks in Innungen u. Handwerkskammern, s.: Tages-Fragen, soziale. 16.—18. Hft.

— wie wird man Staats-Beamter?, s.: Reiter, H.

— u. Wilh. Peters, die Wirkung d. Gesetzes v. 26. VII. 1897 auf d. Handwerk, s.: Handwerkerbibliothek, neue. 7.

Grunenberg, Leopold [app. Arzt aus Borken i. Westf.]: Die Krankheiten des Verdauungstraktus im Jahre 1890 in der II. med. Abteilung des Krankenhauses l. d. I. zu München. . . . München, Buchdr. v. M. Ernst, 1891; 80 S., 1 Bl. 8°
München, Med. Fak., Inaug.-Diss. v. 1891

Grunenberg, Matth., die nöthigsten Vorkenntnisse z. Kopf- u. Tafelrechnen als Sprech-Uebungen. Für Elementarschulen entworfen. 8. (6¼ B.) Mohrungen 832, Rautenberg.

GRUNENBERG, MAX. Uebersicht über die Geschichte des Coelestins, und Beiträge zur Kenntniss seiner physikalischen Eigenschaften. Breslau, 1892. 43 S.
Diss.Erlangen.

Pandora mathematica Tabularum universae Mathesis, nempe Sinuum, Tangentium et Logarithmorum, nec non Fortificatoriae, Geographiae, Sphaericae, Theoricae et Gnomonicae, tam Rudolphinae, quam Danicae Astronomiae inservientium, concinnatarum. Opera *Christiani Grünebergii*, — Berolini et Francofurti, apud Johannem Völcker. Typis Christophori Zeitleri. Anno MDCC. In klein 8. 1 Alph. 17 Bogen. 1 Bogen Titel und trigonom. Sätze, nebst Titelkupfer.

Pandora mathematica tabularum universae mathesis, nempe sinuum, tangentium & logarithmorum ... Opera Christiani Gruneberii [Gruenenberg.] Berolini & Francofurti: Volcker 1700. 640 S. 8°

Grünenberg, Johann Peter

Grünenberg, J. P., de biblicis apostolorum actis. I—II. Rost. 1704–5. 4.

Grünenberg, J. P., in βίβλον γενέσεως J. Chr. Rost. 1703. 4.

Grünenberg, J. Pet., Grundlehre d. Katechismus Lutheri. 8. Rostock. (Fritsch, Leipz.) 724.

Grüneberg. J. P., de sabbato ab Adamo in paradiso celebrato. Rost. 1700. 4.

Grünenberg, J. P., de saltatione Christiano licita. Rost. 1704; rec. 1719, 1730. 4.

Zuversichtliches Seelen-Geschrei einer in Todes-Angst allein nach Gott lechzenden und seufzenden Christen-Seele: auß denen inbrünstigen Verlangens-Worten des Königs Davids im 42. Psalm v. 2. 3. Wie der Hirsch . . . Angesicht schaue! in einer christl. Leich-Predigt über der . . . Frei-Frau Abel Catharina geb. von Qualen auf Siggen und Wundeby, vermält-gewesenen Baronin von Meerheim . . . bei dero . . . Trauer-Exsequien am 26. Nov. 1711 vorgestellet v. Joh. Petr. Gruenenberg. Rostock. (1710 u. 1711.) Fol.
Von S. 113—180 Trauergedichte.

Grünenberg, J. P., de vitando privatae communionis separatismo. Rost. 1718. 4.

Grünenberg, des Conrad, Wappenbuch. Volbracht am nünden tag des Abrellen, do man zalt Tusend vier hundert drü u. achtzig jar. 1.—3. Hft. fl. Fol. (à 12 Taf. in Farbendruck u. Text.) Halle 844, 45, Gräger. à n. 5 ℳ

Grünenberg, des Conrad, Ritter u. Burger zu Costenz, Wappenbuch. Vollbracht am nünden tag des Abrellen, do man zahlt Tusend vier Hundert drü und achtzig jar. Das viert buch. (Hft.) gr. 4. (12 lithochrom. Taf.) Halle 850, Graeger. n. 5 ℳ (1–4. n. 20 ℳ)

Grünenberg, Conrad. Des Conrad Grünenberg, Ritters und Burgers zu Costenz, Wappenbuch. volbracht am nünden Tag des Abrellen, do man zalt tusend vierhundert drü und achtzig jar. In Farbendruck neu herausgegeben von R. Graf Stillfried-Alcántara und Ad. M. Hildebrandt. Verlag von C. A. Starke, Görlitz aō dñ. m. dccc. lxxv [1875—1883].
M. d. Tit. CLXVIII S. m. 1 Abb., 303 farb. Taf. – Ergänzungsband, herausgegeben von Ad. M. Hildebrandt und Georg Starke. 1883: Umschlagtit., 2 Bl.; 32 farb. Taf. gr 2°.

Grünenberg, des Conrad, Ritters und Bürgers zu Costenz, Wappenpuch, vollbracht am nünden Tag des Abrellen, do man zalt tusend vierhundert drü und achtzig jar. In Farbendr. neu hrsg. v. R. Graf Stillfried-Alcántara u. Ad. M. Hildebrandt. (In 30 Lfgn.) 1—5. Lfg. gr. Fol. (VIII S. m. 51 Chromolith.) Görlitz 876. Starke. à n. 9. –

Grünenberg, des Conrad, Ritters u. Burgers zu Costenz, Wappenpuch, vollbracht am nünden Tag d. Abrellen, do man zalt tusend vierhundert drü u. achtzig jar. In Farbendr. neu hrsg. v. R. Graf Stillfried-Alcántara u. Ad. M. Hildebrandt. 6—30. (Schluss-)Lfg. gr. Fol. (253 Chromolith. m. 162 S. Text.) Görlitz 877—81. Starke. n. 248. — (cplt.: n. 293. —)

Grünenberg, d. Conr., Ritters u. Burgers zu Costenz, Wappenpuch, volbracht am nünden Tag d. Abrellen, do man zalt tusend vierhundert drü u. achtzig jar. Ergänzungsbd., in Farbendr. hrsg. v. Ad. M. Hildebrandt u. Geo. Starke. gr. Fol. (32 Bl. m. 1 Bl. Text.) Görlitz 884. Starke. n. 50. — (Hauptwerk u. Ergänzungsbd.: n. 350. —)

Grünenberg, Otto Friedrich (Germavia-Samland/Preuss.), Ex historia ecclesiastica de Nicolao Drabicio neopropheta in Hungaria delirante et turbulento. Präs. Jo. David Koeler. Altdorf (Jod. Wilh. Kohles) 27. VI. 1721. 28 S., tlws. dtsch. (6.—) 11927

v. **Grunenthal**, Fr., (F. S. Siebmann), u. Karl G. Dengel, Spaniens Staatsverfassung zc., f. Staatsverfassung Spaniens.

Grünenthal, Albert (Seelow/Brandenburg), Über Trichterbrust. Diss. med.-chir. Bln. (G. Schade [O. Francke]) 18. XII. 1888. 32 S. mit Biograph. (4.50) 11928
Oppon.: Wilh. Gehrke, Hugo Schadewaldt, Rud. Wellmer.

— **Aug. Fried. Wilh.** (Werben/Altmark), De lithontripticis. Diss. med. Bln. (Aug. Petsch) 23. VI. 1828. 32 S. mit Biogr. (M.: Ch. Schmaedicke.) (5.50) 11929
Oppon.: H. Boenten, C. Krebs, A. Steinhausen. — Gew.: Joseph Büttner, J. T. Seidler.

Grünenthal, Otto: Die Übersetzungstechnik der altkirchenslavischen Evangelienübersetzung ⟨§ 1—7⟩. Leipzig 1909: Breitkopf & Härtel. 36 S. 8° ¶(Ersch. vollst. in: Archiv f. slav. Philol. Bd 31.)
Breslau, Phil. Diss. v. 13. Okt. 1909, Ref. Berneker
[Geb. 7. Aug. 80 Berlin; Wohnort: Berlin; Staatsangeh.: Preußen; Vorbildung: Königstadt. Realgymn. Berlin Reife O. 98; Studium: Berlin 12 S.; Rig. 31. Juli 09.] [U 10. 605

Grünenwald, Ad., katholischer Katechismus f. Taubstumme. (135 S.) kl. 8. Trier 909. Paulinus-Druckerei. Kart. —55

— Geistlicher Trost, s.: Huschens, A.

Grünenwald, L., pfälzischer Bauernkalender. Beitrag z. Volkskunde d. Hinterpfalz. [Aus: „Festschr. d. histor. Vereins f. d. Pfalz z. Begrüssg. d. 27. Kongr. der deutschen anthropol. Gesellsch."] gr. 8. (69 S.) Speyer 896. Jäger. n. 1. 80

Grünenwald, L., Beiträge zur Urgeschichte der Pfalz. (Jahresbericht des histor. Museums der Pfalz f. d. J. 1899—1901.) gr. 8. (102 S. m. 2 Taf.) Speier 901. (Jäger). n. 2. —
Sonderabdruck aus: „Mitteilgn. d. histor. Ver. d. Pfalz".

Grünenwald, L., der freie formelhafte Infinitiv der Limitation im Griechischen, s. a. Beiträge zur histor. Syntax der griechischen Sprache.

Grünenwald, L. [Dr.]: Der freie formelhafte Infinitiv der Limitation im Griechischen .... Würzburg, A. Stuber's Verlagsh., 1888; 1 Bl. + 20 S. 8°
Würzburg, Phil. Fak., Inaug.-Diss. v. 1888

Grünenwald, alte Inschriften u. Grabdenkmäler v. Neustadt a. H. u. Umgebg. (IV, 171 S. m. 13 Abb.) 8. Speyer 908. Jäger. 3. 60
Rev. Sonderabdr. der „Palatina".

Grünenwald, L., war Kunigunde Kirchner die Rettorin von Neustadt an der Haardt im J. 1689? (30 S. m. 1 Bildnis.) gr. 8. Speyer 902. (Jäger.) n.n. 1. 50
Sonderabdruck aus: „Mitteilgn. d. hist. Ver. d. Pfalz".

Grünenwald, Theodor, approb. Arzt: Aus d. med. Klinik in Tübingen. Ueber die Temperatur in peripheren Körperteilen. *Tübingen: F. Pietzcker 1901.* (41 S.) 8°
Tübingen, Med. Diss. v. 1901

An Christian Gottfried Gruner, Verfasser des Almanachs für Ärzte und Nichtärzte ... Kopenhagen: Brummer 1787. 8°

Gruner, Geschichte Polens nach Chodzko's Vorgange frei bearb. Berlin 862. Nicolai'sche Sortbhdlg. (Posen, Jagielski.) gr. 8. (389 S.) n. 1 ₰ 20 ngr.

Gruner, Luftheizungsanlage nach Wuttke's System in e. Schulhause, nach mehrjähriger Erfahrg. beschrieben. gr. 8. (20 S. m. 1 Abbildg.) Leipzig 902. F. Leineweber. n. 1. —
Sonderabdruck aus: „Gesundheit".

Gruner, s.: Zeitung, Gruner'sche, f. Bau- u. Immobilienwesen etc.

Gruner, Anton

Gruner, Ant., Theorie der Schaft- u. Jacquard-Gewebe. In systemat. Aufeinanderfolge bearb. gr. 8. (VII, 56 S. m. 86 Taf.) Wien 902. A. Hartleben.

Gruner, Ant., mechan. Webereipraxis, sow. Garnnumerirgn. u. Garnumrechnungen. E. Hilfs- u. Lehrbuch f. Webschüler, sow. zum Selbstunterrichte f. solche, welche sich d. mechan. Weberei widmen wollen, u. z. allgem. Gebrauch f. Webereibeflissene. Leichtfassl. bearb. gr. 8. (VIII, 144 S. m. farb. Fig.) Wien 898. A. Hartleben. n. 3. —; geb. n. 4. —

Gruner A, mechanische Webereipraxis, sowie Garn-Nummerierungen und Garn-Umrechnungen. (144 S) (Bibliothek, Mechanisch-technische 11) Wien 1898

Gruner C, Kepler's wahrer Geburtsort. Stuttgart (1866)

Gruner, C., Johannes Kepler, s. Reitlinger, E.

Gruner, C. H., — Catalogus libror. Gruneri. Jen. 818. 8.

Gruner, Carl, s. Gruner, Karl.

Christian Albrecht Gotthelf Gruner

De periodici motus sanguinis prima Caussa specimen 2. Altorfii (1748:) Meyer. 8°

2: [Resp.:] Christoph(orus) Iacobus Apin. 1748.
Altdorf, Med. Diss. v. 22. Juli 1748

Chr. Alb. Gtthlf. Gruner diss. epistolica, qua consilium bibliothecae physiologicae historico-litterariae conscribendae aperit. Altorf. 1747. 4.

— **Christian Friedrich** (Cob. Franc.), Probationem et reprobationem bonorum censiticorum, vulgo Zinß= oder Erb=Zinß=Gütter. Diss. jur. Rector Philipp Wilhelm Grf. v Boineburg. Präs. Ernst Tenzel. Erfurt (Joh. Heinr. Grosch) 23. VIII. 1712. 48 S., tlws. dtsch. (6.30) 11966

— — Dasselbe. Lpz. (Gottfried August Stopffel) 1745. 55 S. (6.—) 11967

— — Dasselbe. Ed. III. Erfurt (Hering) o. J. 50 S. (6.—) 11968

Gruner, Christian Gottfried (Hrsg.):

s.: Almanach für Aerzte und Nichtaerzte...
Jena: 1782-1794

Gruner, Chr. Gf., (eigentl. Jh. Chr. Gf.), († d. 5. Dec. 1815.) Almanach für Aerzte u. Nichtärzte für d. J. 1781—96. 8. Jena, Stahl. 12 ₰ 19 gr. Ders. für 1797, od. neues Taschenbuch. 12. Gera, Heinsius. 1 ₰ 8 gr.

Analecta ad antiquitates medicas quibus anatome Aegyptiorum et Hippocratis, nec non mortis genus quo cleopatra regina periit explicantur iterum retractavit, recensuit... Christianus Godofr(edus) Gruner. Vratislaviae: Kornius 1774. 150 S. 8°

Gruner, Christian Gottfried.

Anleitung Arzneyen zu verschreiben; a. d. Latein. Heidelberg 1782. Ü: *Zwierlein, Conrad Anton.* (Ky) (MGT)

— Anleit. Arzneien zu verschreiben; aus d. Lateín., (von K. A. Zwierlein). 8. Heidelb. 782. 2e A. 786. 3e A. 790. Pfähler. 10 gr.

Gruner, Christian Gottfried, s. Anonymus: Fragmentum de venae sectione.

Die venerische Ansteckung durch gemeinschaftliche Trinkgeschirre und durch den gemeinschaftlichen Kelch aus Theorie und Erfahrung bewiesen, ... von Christian Gottfried Gruner. Weißenfels & Leipzig: Severin 1787. XVI, 95 S. 8°

— üb. d. vener. Ansteckung gemeinsch. Trinkgeschirre. 8. Weissenfels, Severin. (auch Böse.) 788.

— über d. vener. Ansteckung durch gemeinschaftl. Trinkgeschirre. 8. Weißenf. 788. (Weygand in Leipz.) 7 gr.

— — Sollemnia inaug. candidati Fried. Carl Ludwig Goeden (Friedland/Meckl.-Strel.). — Inest antiquitas Amnii chirurgica quodam Jo. Cinnami Nicetae loco comprobata. Jena (Prager & Co.) 23. III. 1805. 16 S. mit Biogr. Goe.'s. (M.: C. Messerschmidt.) (4.20) 12046

Gruner, Christian Gottfr(ied): Morborum antiquitates. Collegit ex optimis quibusque auctoribus, recensuit, ordinavit et suo quemvis morbum loco collocandum curavit. 280 S., gbd.

Vratislaviae: Korn 1774

— — Variolarum antiquitates ab Arabibus solis repetendae. Jena (Strauss) 18. XII. 1773. 38 S. (6.—) 11970

– s. Aphrodisiacus.

—aphrodisiacus seu de lue venerea coll., notis instrux. glossar. indic. rerum memorabil. subjecit. II Partes. Fol. maj. Jena 789. Cuno. (Voigt). 2 ℛ

— — Sollemnia inaug. viri Johann Heinrich Christian Heusinger (Farnroda b. Eisenach). — Praem. exercit. de recta hirudinum applicatione. Jena (Mauk) 30. XII. 1780. 16 S. mit Biogr. H.'s. (M.: J. Ch. M. Behringer.) (4.50) 11971

– s. Asclepiades: Fragmenta.

Gruner, Christ. Gottfried [Präs.], s. Bergmann, Jo. Joseph Gottfried: Plethorae naturam causas effectus et curationem.

— — Jo. Steph. Bernardi reliquiae medico-criticae. (Sollemnia inaug. candidati Friedrich Wilhelm Carl Succow [Jena]). Jena (Fiedler) 25. VII. 1795. 22 S. mit Biogr. S.'s. (M.: M. Ch. S. Pfündel.) (4.50) 12008

— — Dasselbe. II. (Solemnia inaug. candidati Gabriel Jonathan Schleusner [Danzig]). Jena (Fiedler) 3. III. 1796. 23 S. mit Biogr. S.'s. (M.: Braclaw.) (4.—) 12009

— — Dasselbe. VI. (Sollemnia inaug. candidati Michael Brandt [Hamburg]). Jena (Fiedler) 4. VI. 1796. 24 S. mit Biogr. B.'s. (M.: Neumeister.) (4.20) 12010

Gruner, Christian Gottfried (Hrsg., Übers.u. Comm.):

s.: Bibliothek der alten Aerzte in Uebersetzungen und Auszügen. Th.1 - 2. Leipzig: 1780 - 1782

— Bibliothek d. alten Aerzte, in Uebers. u. Auszz. 2 Thle. gr. 8. Leipz. 780—82. Weidmann. 3 ℛ 12 gl

Gruner, Christ. Gottfr. [Praes.], s. Blödau, Johann Ehrenfr. Emanuel: De glositide ranula glossanthrace.

Gruner, Christ. Gottfr. [Präs.], s. Bretschneider, Friedrich Ferd.: Comm. I de generatione crustae sic dictae inflammatoriae . . .

— — Sollemnia inaug. candidati Carl August Constantin Gruner (Jena). — Agitur de camo zythi sive cerevisiae veteris specie ad digest. locum dubium. Jena (Goepferdt) 13. IV. 1805. 16 S. mit Biogr. (M.: Ch. M. Haase.) (4.20) 12047

— — Solemnia inaug. candidati Christian Gottlieb Gumpert (Fraustadt). — Inest catalogus bibliothecae graecae ineditus. Jena (Goepferdt) 5. IV. 1794. 24 S. mit Biogr. Gu.'s. (M.: Vibig.) (4.50) 11998

– s. Celsus: Wundarzneikunst.

Censura librorum Hippocrateorum qua veri a falsis integri a suppositis segregantur. Coll. ex optimis quibusque auctoribus Erotiano, Galeno, Hier. Mercuriali, Foesio... aliisque omnia rec., diiudicavit novumque in ordinem red. Christian(us) Godofredus Gruner. Vratislaviae: Kornius 1772. 206 S. 8°

— censura libror. Hippocrateor. etc. 8. maj. Breslau, Korn sen. 775.

— — Sollemnia inauguralia candidati Johann Bernhard Schnobel (Lübeck). — Recusus datur Baptistae Codronchii de morbo novo prolapsu mucronatae cartilaginis dicto libellus. Jena (Heller) 3. V. 1786. 34 S. mit Biogr. S.'s. (M.: E. Ch. Stolterfoth.) (6.—) 11974

Christian Gottfried Gruner

Commentarius in locum Celsi de sectis medicorum. Jenae (1805) Goepferdt. 16 S. 8°

[Einladungsschrift zur Dr.med.-Promotion v. Adolf Friedrich Bruckner, Jena 18. Mai 1805.]

— — Solemnia inaug. candidati Johann Peter Knopff (Otterndorf/Hannover). — Inest commentarius ad locum Hippocratis medicina est additio et detractio. Jena (Etzdorf & Co.) 3. X. 1800. 15 S. mit Biogr. K.'s. (M.: A. M. Mohren.) (4.20) 12031

— — Commentatio in locum Lutheri de filiis per diabolum subditis I. (Sollemnia inaug. candidati Florens Westphalen [Brakel/Paderborn]). Jena (Fiedler) 25. X. 1800. 15 S. mit Biogr. W.'s. (M.: J. Simons.) (4.—) 12032

— — Dasselbe. II. (Sollemnia inaug. candidati Johann Friedrich Nickels [Wolgast/Pomm.]) Jena (Fiedler) 22. XI. 1800. 16 S. mit Biogr. N.'s. (M.: J. D. Hulsenbeck.) (4.—) 12033

— — Dasselbe. III. (Sollemnia inaug. candidati Heinrich Theophil Schmalz [Pirna]). Jena (Fiedler) 17. XII. 1800. 16 S. mit Biogr. S.'s. (M.: Ch. D. Rietschel.) (4.—) 12034

— — Dasselbe. IV. (Sollemnia inaug. candidati Heinrich Zacharias Hardege [Wernigerode]). Jena (Fiedler) 6. I. 1801. 16 S. mit Biogr. H.'s. (M.: S. Ch. Ziegler.) (4.20) 12035

— — Dasselbe. V. (Sollemnia inaug. candidati Jacob Gottfried Benedix [Grimmen/Pommern]). Jena (Schlotter) 31. I. 1801. 16 S. mit Biogr. B.'s. (M.: L. Rosenov.) (4.20) 12036

— — Dasselbe. VI. (Sollemnia inaug. candidati Johann Gottfr. Christ. Herold [Harlemensis]). Jena (Goepferdt) 18. III. 1802. 16 S. mit Biogr. H.'s. (M.: J. J. John.) (4.50) 12037

— de convulsione cereali epidemica, novo morbi genere. 4. Ienae, Academ. Buchh. 793.

·de convulsione cereali epidemica, novo morbi genere. 4. Jena 793. (Hennings in Neisse). 9 gl

Gruner, Chr. G., resp. Ch. **Reinhard, A. Schroedter, G. Herzberg, B. Herold, G. Spohr, F. Eicke, H. Forke, E. Wallich, A. Striebhardt,** Facultatis med. Marb. de convulsione cereali epidemica novo morbi genere responsum. 12 pp. II, 12 pp.; III, 12 pp.; IV, 8 pp.; V, 12 pp.; VI, 12 pp.; VII, 12 pp.; VIII, 12 pp.; IX, 13 pp. 9 fasc. Jen. 4°. 1793

— — **Facultatis medicae Marburgensis de convulsione cereali responsum I. (Sollemnia inaug. candidati Julius Christoph Reinhard [Erfurt]). Jena (Fiedler) 21. II. 1793. 12 S. mit Biogr. R.'s. (M.: M. J. Butleb.) (4.50) 11992**

— — **Dasselbe. VI. (Sollemnia inaug. candidati Ferdinand Eicke [Gandersheim/Braunschweig]). Jena (Fiedler) 10. V. 1793. 12 S. mit Biogr. E.'s. (M.: F. E. Schmidt.) (4.50) 11993**

— — **Dasselbe. VII. (Sollemnia inaug. candidati Philipp Heinrich Forcke [Gronov/Hildesheim]). Jena (Fiedler) 16. V. 1793. 12 S. mit Biogr. F.'s. (M.: W. D. Falck.) (4.20) 11994**

— — **Dasselbe. VIII. (Sollemnia inaug. candidati Emanuel Wallich [Koblenz/Rh.]) Jena (Fiedler) 8. VI. 1793. 12 S. mit Biogr. W.'s. (M.: O. Wolff.) (4.20) 11995**

— — **Dasselbe. IX. (Sollemnia inaug. candidati Friedrich Anton Streibhardt [Rudolstadt]). Jena (Fiedler) 16. VIII. 1793. 10 S. mit Biogr. S.'s. (M.: J. D. Kranz.) (4.20) 11996**

– s. Cornarius: Conject

— — **Jani Cornarii coniecturae et emendationes Galenicae I. (Sollemnia inaug. candidati Jonas Lorenz Olgren [St. Petersburg]). Jena (Stranckmann) 17. IX. 1788. 16 S. mit Biogr. O.'s. (M.: A. M. Loewitz.) (4.20) 11978**

— — **Dasselbe. II. (Sollemnia inaug. candidati Gerhard Wilhelm v. Eicken [Langenberg / Hgt. Berg]). Jena (Stranckmann) 23. I. 1789. 20 S. mit Biogr. E.'s. (M.: Bemberg.) (4.50) 11979**

— — **Dasselbe. IV. (Sollemnia inaug. candidati Friedrich Ferdinand Bretschneider [Jena]). Jena (Stranckmann) 11. XI. 1789. 16 S. mit Biogr. B.'s. (M.: A. C. D. Georgi.) (4.50) 11980**

Gruner, Chr. Gttfr., resp. Chr. Gttl. **Bothe,** De daemoniacis a Christo sospitatore percuratis breviter commentatus. 16 pp. Jen. 4°. A. D. B. XXVIII p. 456. 1774

Chr. Godofr. Gruner commentatio de daemoniacis a Christo sospitatore percuratis. Accedit Dan. Guil. Triller exercitatio de mirando lateris cordisque Christi vulnere atque effuso inde largo sanguinis et aquae profluvio. Jenae 1775. 8.

— de daemoniacis, a Christo sospitatore percuratis 8. Jena 775. Gollner. 3 ℛ

Gruner, Christian Gottfried (Übers.):

s.: Dejean, Ferdinand: Commentaria in institutiones pathologiae medicinalis autore Hier(onymo) David(e) Gaubio, collecta, digesta... Viennae: 1792 - 1794

– s. Dejean, Ferd.: Erläuterungen ...

Gruner, Christian Gottfried [Praes.], s. Deisch, Johann Andreas: Paradoxa medica.

-- delectus dissertationum Ienensium. II Vol. vide Delectus.

Descriptio constitutionis epidemicae sub fine praeteriti anni Ienae grassata et in clinico ducali medico observata. [Resp.:] Philippus Ehrhardus Hartlaub. Ienae (1792:) Stranckmann. 22 S. 8°

Jena, Med. Diss. v. 5. Apr. 1792

— — **Sollemnia inaug. candidati Heinrich Ernst Theodor Schneider (Haynspitz/Altenburg). — Indicitur editio scriptorum de sudore Anglico superstitum. Jena (Goepferdt) 20. X. 1804. 20 S. mit Biogr. S.'s. (M.: T. Ch. S. D. Heumann.) (4.20) 12045**

Chr. Godofr. Gruner progr. indicitur editio scriptorum de sudore Anglico superstitum. Jenae (1804.) 8. (Editio ipsa scriptorum de sudore Anglico numquam prodiit, sed ms. pervenit in manus H. Haeseri, Prof. Jenensis, v. *Ejusd. histor. pathol. Unters. I.* 232 et 326; Gruneri programma continet historica et litteraria diligenter collecta et digesta.)

— vitae liberae et dissolutae encomium, oratio. gr. 8. Ienae, Academ. Buchh. 795.

— vitae liberae et dissolutae encomium. Oratio. 8maj. Jena 795. (Hennings in Neisse). 3 ℛ

Christ(ianus) Godofr(edus) Grunerus (Gruner): Experimenta nonnulla cum calculis vesiculae felleae humanae instituta. [Resp.:] Beniam(in) Gottlob Frider(icus) Conradi. Ienae (1775!) Strauss. 34 S. 8°

Jena, Med. Diss. v. 22. Juli 1775

Christ(ianus) Gothfridus Gruner: Fragmenta medicorum Arabistarum de variolis et morbillis. 1. 4. Jenae (1788:) Stranckmann. 8°

1: (1788.)
[Einladungsschrift zur Dr. med.- Promotion von David Georg Kurtzig, Jena, 13. Aug. 1788.]
4: (1788.)
(Einladungsschrift zur Dr. med.- Promotion von Valerianus Guillelmus Neubeck. Jena, 4. Okt. 1788.]

— — **Fragmenta medicorum Arabum et Graecorum de variolis III. (Sollemnia inaug. candidati Johann Valentin Gericke [Riga]). Jena (Stranckmann) 5. V. 1787. 16 S. mit Biogr. G.'s. (M.: A. G. Hoelst.) (4.20) 11976**

— — **Dasselbe. V. (Panegyrin medicam candidati David Friedrich Wiechert [Bartenstein/Preuss.]) Jena (Stranckmann) 28. VII. 1787. 18 S. mit Biogr. W.'s. (M.: A. M. Stoll.) (4.50) 11977**

— — **Sollemnia inaug. candidati Christian Elias Albert Neunes (Römhild). — Praemitt. fragmenta medicorum arabistarum de variolis et morbillis XII. Jena (Stranckmann) Okt. 1789. 12 S. mit Biogr. N.'s. (M.: E. A. Bauer.) (4.50) 11981**

Gruner, C. G. (Hrsg.), s. Fragmentum de venae sectione.

Gruner, Christian Gottfried (Übers.u.Comm.):

s.: Gaub, Hieronymus David: Anfangsgründe der medicinischen Krankheitslehre. (Institutiones pathologiae medicinalis. Dt.) Linz: 1785

Gruner, Christian Gottfried (Übers.u.Comm.):

s.: Gaub, Hieronymus David: Anfangsgründe der medicinischen Krankheitslehre. (Institutiones pathologiae medicinalis. Dt.) 2.verbess.Aufl. Berlin: 1791

Gedanken von der Arzneiwissenschaft und den Aerzten. Von Christian Gottfried Gruner. Breslau: Korn 1772. 672 S. 8°

– s. Graumüller: Diagnose.

Gruner, Christian Gottfried (Präs.), s. Grotian, Raetcke Joachim: De Phrenitide vera semper biliosa.

— — **Panegyrin medicam candidati Friedrich Jahn (Meiningen). — Recudi curavit Josephi Grunbeck tractatum de scorra pestilentiali sive mala de Franzos. Jena (Stranckmann) 17. III. 1787. 44 S. mit Biogr. J.'s. (M.: H. Ch. Dressel.) (6.—) 11975**

– s. J.E. Hebenstreit: Palaeologia.

Christianus Godofredus Gruner: Historia osteosteatomatis maxillae feliciter curati. [Resp.:] Iacobus Ludovicus Gebhard. Jenae (1781:) Mauk. 30 S. 8°

Jena, Med. Diss. v. 10. März 1781

Gruner, Christian Gottfried (Hrsg.), s. Hofmann, Kaspar: Specimen correctionum Galenicarum.

Christ[ianus] Goth[fredus] Gruner: De Imputatione suicidii dubia casu singulari illustrata. 2. Jenae (1797 - :) Fiedler. 8°

2: 1797.
[Einladungsschrift zur Dr. med.- Promotion von Lion Berncastel, Jena, 23. Sept. 1799.]

— — **Commentatio de imputatione suicidii dubia casu singulari illustrata III. (Sollemnia inaug. candidati Johann Gottfried Andreas Sondermann [Rügheim/Frk.]). Jena (Fiedler) 23. I. 1798. 14 S. mit Biogr. S.'s. (M.: E. Ch. Ehrhard). (4.20) 12014**

— — **Dasselbe. IV. (Sollemnia inaug. candidati Johann Carl Diez [Coburg]). Jena (Fiedler) 17. III. 1798. 14 S. mit Biograph. D.'s. (M.: D. B. Schmidt.) (4.20) 12015**

— — **Dasselbe. VI. (Sollemnia inaug. candidati Johann Christoph Nicolai [Rudolstadt]). Jena (Fiedler) 23. II. 1799. 14 S. mit Biogr. N.'s. (M.: J. C. F. Reimann.) (4.50) 12016**

— — **Dasselbe. VIII. (Sollemnia inaug. candidati Johann Georg Breiting [Augsburg]). Jena (Fiedler) 4. IV. 1799. 12 S. mit Biogr. B.'s. (M.: Ch. R. Kentner.) (4.20) 12017**

— — **Dasselbe. X. (Sollemnia inaug. candidati Ludwig Friedrich Froriep [Erfurt]). Jena (Fiedler) 6. IV. 1799. 11 S. mit Biogr. F.'s. (M.: H. A. Becker.) (4.20) 12018**

— commentatio medico-forensis de imputatione suicidii dubia casu singulari illustrata. 4. Ienae, Academ. Buchh. 799.

— commentat. medico-forens. de imputatione suicidii dubia casu singulari illustrata. 4. Jena 799. (Hennings in Neisse). 9 gr.

Christ[ianus] Gothfridus] Gruner: De Infanticidio non temere admittendo. Jenae (1784:) Mauk. 16 S. 8°

[Einladungsschrift zur Dr. med.- Promotion von Johann Konrad Schroll, Jena, 18. Mai 1784.]

—introductio in antiquitates romanas, qua populi romani, res publicae et privatae tam sub re publica libera quam sub imperatoribus studiose explicantur. 8. Jena 782. Schmid. 16 gr.
Vgl.Gruner,J.F.

— — **Itinerarium sudoris Anglici I. (Sollemnia inaug. candidati Joh. Gottfried Jericho [Zeitz]). Jena (Goepferdt) 15. VI. 1805. 22 S. mit Biogr. J.'s. (M.: Wal.) (4.20) 12049**

— — **Dasselbe. II. (Sollemnia inaug. candidati Carl Friedrich Masch [Mirow/Meckl.-Strel.]). Jena (Goepferdt) 2. VIII. 1805. 24 S. mit Biogr. M.'s. (M.: S. Herrlich.) (4.50) 12050**

— — **Sollemnia inaug. candidati Johann Christian Stark (Kl.-Cromsdorf/Weimar). Praemitt. jura et privilegia doctoris medicinae diplomate Patavino expressa et illustrata. Jena (Fiedler) 17. VIII. 1793. 16 S. mit Biogr. S.'s. (M.: A. M. Liebeskind.) (4.50) 11997**

— — **Sollemnia inaug. candidati Friedr. Wilh. Moritz Gruner (Jena). — Inest Isidis Christiani et Pappi philosophi jusjurandum chemicum I. Jena (Prager & Co.) 5. IV. 1806. 16 S. mit Biogr. (M.: Ch. M. Hase.) (4.20) 12051**

— d. gemeinschaftl. Kelch, nebst e. histor. u. medicin. Zweifeln. gr. 8. Jena 785. Stahl. (Schmid). 6 gr.

– s. Kircheisen: Beobachtt.

Gruner, Christian Gottfried (Hrsg.), s. Lange, Chr.: De facie Hippocratica.

Chr. Godofr. Gruner progr. variae lectiones ad Aemilium Macrum ex Nic. Marescalci enchiridio (Erford. 1502. 4.) decerptae. Jen. 1803. 4.

— — **Variae lectiones in Q. Serenum Samonicum ex Nicolai Marscalci enchiridio excerptae I. (Sollemnia inaug. candidati Theodor Friedrich Benckiser [Pforzheim]). Jena (Goepferdt) 5. IV. 1803. 8 S. mit Biogr. B.'s. (M.: Ch. M. Vischer.) (4.50) 12042**

— — **Dasselbe. II. (Sollemnia inaug. candidati Ignaz Paul Vitalis Troxler [Beromünster/Luzern/Schweiz]). Jena (Goepferdt) 7. IV. 1803. 8 S. mit Biogr. T.'s. (M.: C. Brandstetter.) (4.—) 12043**

— — Dasselbe. III. (Sollemnia inaug. candidati Friedrich August Walch [Jena]). Jena (Goepferdt) 30. IV. 1803. 8 S. mit Biogr. W.'s. (M.: M. M. Eccard.) (4.50) 12044

Chr. Godofr. Gruner progr. explicatur locus Hippocratis de uteri orificio praepingui causa sterilitatis probabili. Jenae 1790. 8.

— — Sollemnia inaug. candidati Gabriel Theophil Reinick (Danzig). — Recudi curavit Jobi Ludolphi theses de famosissimo P. Francisci de Lana problemate navigationis per aerem. Jena (Mauk) 6. VIII. 1784. 12 S. mit Biogr. R.'s. (M.: A. R. Beringhusen.) (4.50) 11973

— Lusus medici orationibus expressi. 8. Ienae, Academ. Buchh. 808.

— lusus medici orationibus expressi. 8. Jena 808. (Hennings in Neisse). 10 gl

Gruner, Christian Gottfried (Comm.):

s.: Luvigini, Aloisio: Aphrodisiacus, sive de lue venerea... Tom.3. Ienae: 1778

De Masturbatione peste iuventutis longe perniciosissima. [Resp.:] Ioannes Carolus Ludovicus Schoenemann. Ienae (1784:) Mauk. 16 S. 8°

Jena, Med. Diss. v. 25. Nov. 1784

— — Sollemnia inauguralia candidati Friedrich Carl Wilhelm Doertinger (Ohrdruff/Hohenlohe). — Insunt de semiotice aetiologica meletemata. Jena (Mauk) 2. VIII. 1796. 16 S. mit Biogr. D.'s. (M.: Marschal.) (4.20) 12012

– s. J. D. Metzger: System.

Gruner, Ch. G., Pr. de momentis, infanticidium excusantibus. Jen. 4°.
1786

– s. F. v. d. Mye: de morbis.

— — Recudi curavit opusculum Frederici van der Mye, de morbis et symptomatibus popularibus Bredanis I. (Sollemnia inaug. candidati Christian Gottfried Knackfuss [Rochlitz]). Jena (Fiedler) 23. II. 1792. 12 S. mit Biogr. K.'s. (M.: J. Ch. Mehlig.) (4.20) 11982

— — Dasselbe. II. (Sollemnia inaug. candidati Johann Gottfried Kleefeld [Danzig]). Jena (Fiedler) 25. II. 1792. 14 S. mit Biogr. K.'s. (M.: A. C. Falck.) (4.50) 11983

— — Dasselbe. III. (Sollemnia inaug. candidati Georg Christian Bonhard [Gundernhaus/Darmstadt]). Jena (Fiedler) 15. III. 1792. 12 S. mit Biogr. B.'s. (M.: A. M. Scriba.) (4.50) 11984

— — Dasselbe. IV. (Sollemnia inaug. candidati Christ. Georg Ludwig Gottl. Duisburg [Stadthagen/Schaumburg-Lippe]). Jena (Fiedler) 17. III. 1792. 14 S. mit Biogr. D.'s. (M.: C. Ch. Meister.) (4.50) 11985

— — Dasselbe. VI. (Sollemnia inaug. candidati Philipp Ehrhard Hartlaub [Schweinfurt]). Jena (Fiedler) 5. IV. 1792. 14 S. mit Biogr. H.'s. (M.: Luckiar.) (4.50) 11986

— — Dasselbe. VII. (Sollemnia inaug. candidati Hermann Georg Heinr. Duncker [Schwerin/Mecklenbg.]). Jena (Fiedler) 25. IV. 1792. 12 S. mit Biogr. D.'s. (M.: Ch. Rausch.) (4.20) 11987

— — Dasselbe. IX. (Sollemnia inaug. candidati Friedrich Justus August Schlegel [Jena]). Jena (Fiedler) 23. V. 1792. 12 S. mit Biogr. S.'s. (M.: M. C. Hanf.) (4.20) 11988

— — Dasselbe. XI. (Sollemnia inaug. candidati Johann Andreas Deisch [Augsburg]). Jena (Fiedler) 9. VI. 1792. 14 S. mit Biogr. D.'s. (M.: E. Reiss.) (4.50) 11989

— — Dasselbe. XIII. (Sollemnia inaug. candidati Johann Georg Adami [Schweinfurt]). Jena (Fiedler) 18. VI. 1792. 14 S. mit Biogr. A.'s. (M.: Endres.) (4.50) 11990

— krit. Nachrichten v. kl. medicin. Schrift. 2 Bde. gr. 8. Leipzig, Böhme, 783, 84.

— krit. Nachrr. von kl. medicin. Schriften in- u. ausländ. Academien vom J. 1780, in Ausz. u. Urtheilen. 1r, 2r Thl. gr. 8. Leipz. 783, 84. (Knobloch), 1 Rß 16 gl 3r Thl. A. u. d. T.: Neue krit. Nachrichten. 1r Thl. gr. 4. Jena 788. Stahl. (Schmid). 12 gl

— neue krit. Nachriten u. Auszüge kl. medicin. Schriften ꝛc. 1r Thl. gr. 8. Jena, Stahl. 788.

— wöchentl. literar. Nachrichten v. J. 1781. 8. Erfurt.

Christ[ianus] Gothfridus Grunerus [Gruner]: De Natatione frigida magno sanitatis praesidio. [Resp.:] Valerius Guilielmus Neubeck. Ienae (1788:) Fickelscherr-Strankmann. 24 S. 8°

Jena, Med. Diss. v. 4. Okt. 1788

Gruner, Ch. G., Diss. de dolorum partus spasticorum natura et medela. Jen. 4°. 1781

— **Christian Gottfried,** Neque Eros, neque Trotula, sed Salernitanus quidam medicus, isque christianus, auctor libelli est qui de morbis mulierum inscribitur. Jena (Strauss) 8. XI. 1773. 24 Seiten. (5.50) 11969

— — Nosologiae historicae spec. I. (Sollemnia inaug. candidati Johann Georg Dorl [Gotha]). Jena (Mauk) 14. VIII. 1794. 28 S. mit Biogr. D.'s. (M.: A. M. Luther.) (4.50) 11999

— — Dasselbe. III. (Sollemnia inaug. candidati Georg David Melber [Frankfurt/M.]) Jena (Mauk) 27. IX. 1794. 22 S. mit Biogr. M.'s. (M.: A. M. Textor.) (4.50) 12000

— — Dasselbe. IV. (Sollemnia inaug. candidati Johann Friedrich Constans [Filda/Hrzgt. Berg]). Jena (Mauk) 6. X. 1794. 20 S. mit Biogr. S.'s. (M.: S. M. John.) (4.20) 12001

— — Dasselbe. V. (Sollemnia inaug. candidati Christoph Moritz Stracke [Neomago [= Nimwegen] Belgae]). Jena (Mauk) 17. X. 1794. 20 S. mit Biogr. S.'s. (M.: M. E. Haller.) (4.20) 12002

— — Dasselbe. VI. (Sollemnia inaug. candidati Raetcke Joachim Grotian [Hamburg]). Jena (Mauk) 22. X. 1794. 24 S. mit Biogr. Gro.'s. (M.: C. E. Wolgemuth.) (4.50) 12003

— — Dasselbe. VII. (Sollemnia inaug. candidati August Friedrich Wilhelm Harcke [Braunschweig]). Jena (Mauk) 14. XI. 1794. 22 S. mit Biogr. H.'s. (M.: J. Ch. Andree.) (4.50) 12004

— — Dasselbe. IX. (Sollemnia inaug. candidati August Heinrich Georg Curdts [Halberstadt]). Jena (Mauk) 24. III. 1795. 22 S. mit Biogr. C.'s. (M.: S. Ch. Kersten.) (4.50) 12005

— — Dasselbe. X (ult.). (Sollemnia inaug. candidati Georg Ernst Friedrich Mysing [Osnabrück]). Jena (Mauk) 25. III. 1795. 15 S. mit Biogr. M.'s. (M.: Ch. R. Korken.) (4.50) 12006

— nosologiae historicae, Spec. I—X. 8maj. Jena 794, 95. (Hennings in Neisse). 12 ℛ

— Nosologia historica ex monumentis medii aevi lecta, animadversionibus historicis ac mediis illustrata. gr. 8. Ienae, Academ. Buchh. 795.

Gruner, Chr. G., De suicidii notis in foro fere dubiis. Jen. 4°. Salzb. med. chir. Zt. 1795, I, 101.
1793

Christianus Gothfridus Gruner: De forensi venefici notione rite informanda. Ienae (1796:) Mauk. 10 S. 8°
[Einladungsschrift zur Dr. med.- Promotion von Wilhelm Gottfried von Herder, Jena, 19. Marz 1796.]

— — Sollemnia inaug. candidati Wilhelm Erdmann Ludwig Müller (Remptendorf. Greiz). — Praemitt. comment. de veneni notione dubia nec foro satis apta. Jena (Goepferdt) 9. VII. 1795. 8 S. mit Biogr. M.'s. (M.: E. Ch. Kummer.) (4.20) 12007

— — Sollemnia inaug. candidati Johann Georg Jahn (Güstrow/Meckl.). — Praemit. oratio de eo quod naturale in medicina est. Jena (Fiedler) 2. VIII. 1792. 14 S. mit Biogr. J.'s. (M.: S. Heiligbrodt.) (4.20) 11991

— — Dissertat. inaug. viri Heinrich Ernst Justi (Rottleberode/Stollberg). — Praemitt. Oribasii medicinalium collectorum liber I. e codice Mosquensi nunc primum graece ac latine. Jena (Mauk) 20. VII. 1782. 16 S. mit Biogr. J.'s. (M.: M. Petersen.) (4.50) 11972
Dass. s.a.: Oribasius.

—, Diss. sistens naevorum origines. Jen. 4°. A. D. B. XLIII, 459.
1778

— — Solemnia inaug. candidati August Eduard Kessler (Berlin. Hannover). — Inest primae fecis origo ad Zosimi fragmentum illustrandum II. Jena (Goepferdt) 13. IV. 1805. 8 S. mit Biogr. K.'s. (M.: Keil.) (4.20) 12048

— — Sollemnia inaug. candidati Gustav Reinhold Petersen (Dorpat). — Insunt pandectae medicae I. Jena (Fiedler) 24. VI. 1796. 22 S. mit Biogr. P.'s. (M.: Rosenthal.) (4.50) 12011

Christ[ianus] Gothfridus Gruner: Pandectae medicae. 2. Ienae 1797: Fiedler. 8°

2: 1797.
[Einladungsschrift zur Dr.med.-Promotion von Ehrhard Christian Friedrich Werner, Jena 19.Aug. 1797.]

— pandectae medicae sive succincta explicatio rerum medicarum institutionibus, digestis, novellis obviarum. 8maj. Jena 800. (Hennings in Neisse). 4 ℛ

. Gruner, Ch. G.: Pandectae med. s. succ. explic. rerum med. in Institut., Digestis, Novellis obviarum. Jen., Fidler's Wb. 801. 8maj. (4 Gr.)

Chr. Godofr. Gruner Pandectae medicae s. succincta explicatio rerum medicarum in Institutionibus, Digestis, Novellis obviarum. Jen. 1801. 1808. 8.

Gruner, Chr. G., Diss. de pica et malacia. Jon. 4°. 1791

— — De prioritate mortis III. (Sollemnia inaug. candidati Carl Wilhelm Starck [Jena]). Jena (Prager & Co.) 18. V. 1811. 24 S. mit Biogr. S.'s. (M.: Ch. F. Poltz.) (4.50) 12052

— — Dasselbe. IV. (Sollemnia inaug. candidati August Leopold Ulrich [Jena]). Jena (Schreiber & Co.) Mai 1815. 23 S. mit Biogr. U.'s. (M.: C. Paulssen.) (4.50) 12053

— — Dasselbe. V. (Sollemnia inaug. candidati Friedrich Ludwig Gerlach [Eisenach]). Jena (Schreiber & Co.) 22. VII. 1815. 20 S. mit Biogr. Ge.'s. (M.: F. M. Müller.) (4.20) 12054

— — Sollemnia inaug. candidati Levi Loebel (Lüben/Nied.-Laus.). — Inest quaestio forensis an vir, qui testes perdidit, foecundus et testabilis esse possit? Jena (Goepferdt) 17. IV. 1802. 11 Seiten mit Biogr. L.'s. (M.: J. Ascher.) (4.20) 12038

Gruner, Ch. G., resp. J. G. Kleefeld, Diss. de rebus pathematum in specie gaudii in corpus humanum efficaciam moderantibus. Jen. 4°. 1792

– s. J. J. Reiske: opuscula.

– E. Schwabe: Anweisung.

De morbo Gallico Scriptores medici et historici partim inediti partim rari et notationibus aucti. Acc. Morbi Gallici Origines Maranicae. Coll. ed. glossario et ind. auxit Christ[ianus] Gothfr[edus] Gruner. Ienae: Sumtibus Bibliopolii academ. 1793. XVIII, XXXVI, 624 S. 8°

— de morbo gallico scriptores medici et historici partim inediti partim rari et notationibus aucti; accedunt morbi gallici origines maranicae. 8maj. Jena 793. (Hennings in Neisse). 1 Rthl 18 gr

Gruner, Chrn. Gottfr., scriptores de sudore anglico, s. Scriptores.

Semiotice physiologicam et pathologicam generalem complexa. In usum praelectionum academicarum conscripsit Christ(ianus) Godofr(edus) Gruner. Halae Magdeb.: Gebauer 1775. XVI,687 S. 8°

— Sendschreiben an Bergrath Müller. 8. Lpz. 787. Müller. 5 gr

Gruner, Ch. G., resp. F. Ch. Panzerbieter, Pr. spiciligium ad anginam pectoris. 10 pp. Jen. 4°. Doering, I, 123. 1782

— — Spicilegium scriptorum de morbo Gallica I. (Sollemnia inaug. candidati August Wilhelm Rudolph Heydenreich [Gotha]). Jena (Fiedler) 11. V. 1799. 8 S. mit Biogr. H.'s. (M.: Th. Ch. Dennstedt.) (4.—) 12019

Christ(ianus) Goth(fredus) Gruner: Spicilegium scriptorum de morbo Gallico. 3.
Ienae 1800: Fiedler. 8°

3: (1800.)
[Einladungsschrift zur Dr. med.- Promotion von Iulius Ludwig Wilhelm Poll. Jena, 27. Sept. 1800.] Nr 109 (14)

— — Dasselbe. IV. (Sollemnia inaug. candidati Carl Friedrich Geiger [Idstein/Nassau]). Jena (Fiedler) 30. IX. 1800. 8 S. mit Biogr. G.'s. (M.: F. W. Ibel.) (4.—) 12020

— — Dasselbe. V. (Sollemnia inaug. candidati Carl Friedrich Speyer [Arolsen/Waldeck]). Jena (Fiedler) 4. X. 1800. 8 S. mit Biogr. S.'s. (M.: A. Marcus.) (4.—) 12021

— — Dasselbe. VI. (Sollemnia inaug. candidati Carl Friedrich Posselt [Karlsruhe/Bad.]) Jena (Fiedler) 8. X. 1800. 8 S. mit Biogr. P.'s. (M.: J. Neudecker.) (4.—) 12022

— — Dasselbe. VII. (Sollemnia inaug. candidati Carl Friedrich Wilh. Hübbe [Otterndorf/Hannover]). Jena (Fiedler) 20. X. 1800. 8 S. mit Biogr. H.'s. (M.: Ch. D. Ziegel.) (4.—) 12023

— — Dasselbe. VIII. (Sollemnia inaug. candidati Carl Fried. Jul. Dannenberg [St. Andreasberg/Hannover]). Jena (Fiedler) 8. XI. 1800. 8 S. mit Biogr. D.'s. (M.: H. J. Roemermann.) (4.—) 12024

— — Dasselbe. IX. (Sollemnia inaug. candidati Moritz Marcus [Altona]). Jena (Schlotter) 4. II. 1801. 8 S. mit Biogr. M.'s. (M.: G. R. Julian.) (4.—) 12025

— — Dasselbe. X. (Sollemnia inaug. candidati Johann Georg Lunz [Kempten/Schwab.]) Jena (Schlotter) 6. II. 1801. 8 S. mit Biogr. L.'s. (M.: E. R. Voit v. Berg.) (4.—) 12026

— — Dasselbe. XI. (Solemnia inaug. candidati Ernst Friedrich Conradi [Rudolstadt]). Jena (Goepferdt) 3. IV. 1802. 8 S. mit Biogr. C.'s. (M.: F. J. Schuchmann.) (4.—) 12027

— — Dasselbe. XII. (Sollemnia inaug. candidati Christoph Polyc. Schneegass [Gotha]). Jena (Goepferdt) 7. IV. 1802. 8 S. mit Biogr. S.'s. (M.: D. S. E. Philipp.) (4.—) 12028

— — Dasselbe. XIII. (Sollemnia inaug. candidati Benjamin Gottlob Kergel [Dresden]). Jena (Goepferdt) 8. V. 1802. 8 S. mit Biogr. K.'s. (M.: F. M. Apel.) (4.—) 12029

— — Dasselbe. XIV. (Sollemnia inaug. candidati Joh. Christoph Iken [Bremen]). Jena (Goepferdt) 11. V. 1802. 8 S. mit Biogr. I.'s. (M.: A. Mühlhaus.) (4.—) 12030

— — Sollemnia inaug. candidati Christ. Ludwig Heinrich Burchard (Rostock). — Praem. quaed. de observationum medicarum studio rite dirigendo. Jena (Fiedler) 29. VIII. 1797. 8 S. mit Biogr. B.'s. (M.: M. E. Eyler.) (4.20) 12013

Gruner, Christian Gottfried (Hrsg.):

s.: Taschenbuch, Neues, für Aerzte und Nichtärzte. Jg. 1. Leipzig, Gera: 1797.

— neues Taschenbuch f. Aerzte und Nicht-Aerzte. mit K. 8. Gera, Heinsius. 797.

Christ(ianus) Gothfridus Grunerus [Gruner]: De Usu forcipis in arte obstetricia. [Resp.:] Ioannes Christianus Rinck. Ienae (1794:) Goepferdt. 55 S. 8°

Jena, Med. Diss. v. 22. Jan. 1794

— via et ratio, formulas med. conscribendi, 8maj. Halle 778. Gebauer, 9 gr

Gruner, Christian Gottfried: Vindiciae mortis Jesu Christi verae, in: Gruner, Karl Friedr. Ferd.: De Jesu Christi morte vera . . . 1805.

Gruner, Chr. Godofr., resp. Chr. Gttf. Whistling, Diss. de virtutibus agarici muscarii. Jen. 4°. 1778

-- ein paar Worte zur Belehrung, Beherzigung und Besserung an Fichte. 8. Jena, Göpfert. 800.

— ein paar Worte zur Belehrung, Beherzigung u. Besserung, an Fichte. 8. Jena 800. (Schmid). 12 gr

Gruner, Christian Gottfried: Physiologische und pathologische Zeichenlehre zum Gebrauche akademischer Vorlesungen. 2.umgearb.u.verm. Aufl. 330 S., gbd.

Jena: akademische Buchhandlung 1794

[Semiotice physiologicam et pathologicam generalem complexa. Deutsch:] Physiologische und pathologische Zeichenlehre z. Gebr. akademischer Vorlesungen... Von Christian Gottfried Gruner. 3., durchaus verb.u.verm.Ausg. Jena: Akadem. Buchh. 1801. 446 S. 8°

— physiolog. u. patholog. Zeichenlehre. gr. 8. Jena 801. (Hennings in Neisse; a. Taubert in Leipz.) 1 ℛ 12 gr

– s. Z o s i m u s . De Zythorum confectione . . .

— — Zosimi de zythorum confectione fragmentum II. (Sollemnia inaug. candidati Franz Chr. Carl Krügelstein [Ohrdruff/Gotha]). Jena (Goepferdt) 5. III. 1803. 8 S. mit Biogr. K.'s. (M.: Kromayer.) (4.20) 12030

— — Dasselbe. III. (Sollemnia inaug. candidati Joh. Theod. Adolph Herzog [Heusdorf.Ilmenau]). Jena (Goepferdt) 28. III. 1803. 8 S. mit Biogr. H.'s. (M.: M. H. Schenk.) (4.20) 12040

— — Dasselbe. VI. (Sollemnia inaug. candidati Johann Gottlob Trimolt [Lüben/Nied.-Laus.]). Jena (Goepferdt) Okt. 1803. 8 S. mit Biogr. T.'s. (M.: Hein.) (4.20) 12041

Gruner, Chr. Gottfr., Zosimi Panopolitani de Zythorum Confectione fragmentum. 8maj Sulzb Seidel. 814.

Gruner, Clara von, s. G r u n e r , Klara von.

Gruner, E., Le comité permanent des accidents du travail, son but et ses travaux. 8⁰. Berne 1891.

Gruner, E., Bad Pyrmont m. seinen Mineralquellen. gr. 8. (26 S.) Arolsen 873. Speyer. n. — 30

Gruner, E., Pyrmont u. seine Umgebung. Ein Führer für Curgäste u. Fremde. Pyrmont 870. Uslar. gr. 16. (36 S.) cart. n. 7½ ngr.

Gruner, E., Sur la question des accidents du travail en Espagne. 8⁰. Berne 1891.

Gruner, E., vergleichende Tabellen über den Umfang und die Bevölkerungsverhältnisse der bekannteren Länder der Erde. Nach den neuesten Angaben berechnet u. in 4 Tafeln (mit 2 S. Erklärung) herausg. Dresden 854. (Leipzig, Hoffmann in Comm.) Fol. n. 15 ngr; Schreibp. n. 20 ngr

Gruner, Erich, s.: Festzug, der historische, anläßlich des 500jähr. Bestehens der Universität zu Leipzig.

Gruner, Erich. Der historische Festzug anläßlich der Jubelfeier des 500jährigen Bestehens der Universität zu Leipzig in 25 kolorierten Vollbildern von Erich Gruner Text von Carl Chun. Leipzig, J. J. Weber (1909). 2 Bl., 25 Taf. mit erklärendem Text. 8°

Gruner, Ernst, über e. Fall v. Aneurysma des Ductus arteriosus Botalli mit Parietalthrombus der Aorta. Diss. (14 S.) 8. Freiburg i/B. 904. Speyer & Kaerner. n. 1.—

Gruner, F. Die Eingabe des deutschen Landwirtschaftsrats an die Landesregierungen der deutschen Staaten betr. die Errichtung öffentlicher Hagelvers.-Anstalten. Kritisch betrachtet. Berlin 1886.

Norddeutsche Hagelversicherungs-Gesellschaft zu Berlin. Festschrift zur Feier ihres 25jährigen Bestehens, von *F. Gruner.* Berlin 1894.

Gruner, Ferd[inand] s. Familienbibliothek, Schweizer. Nr. 35.

Gruner, Ferd., „Hanna" Roman e. süßen Mädelfrau. (186 S.) gr. 8. Leipzig 909. Reform-Verlag. 3. —

Gruner, Ferd., im Kampf ums Glück, s.: Engelhorn's Roman- u. Novellenschatz. 65. Bd.

Gruner, Ferd., d. Limauer Kollege. Roman. 8. (153 S.) Hamburg 902. A. Janßen. n. 2. —; geb. n. 3. —

— die Löwenbändiger. Schwank in 1 Akte. 8. (24 S.) Dresden 902. Riesen & Calebow. n. 1. —

— Ferdinand (Geyer), De pseudarthroses sanandi methodis. Diss. chir. Lpz. (J. S. Wassermann) 14. V. 1852. 28 S. mit Biogr. (M.: F. Steidtmann.) (5.—) Gew.: Ernst Meischner (Hartenstein). 12055

— Nemesis. Kriminal-Roman. 2 Tle. in 1 Bde. (192 u. 192 S.) 8. Berlin (907). B. Blaurock. 2.—; geb. 3. —

—— Nemesis. Kriminal-Roman. Bd 1. 2 (in 1 Bd). Berlin: D. Dreyer & Co. [1907]. (192, 192 S.) 8° [F.]

— Lucie Rawen. Orig.-Roman. (280 S.) 8. Berlin (905.) D. Dreyer & Co. 2. -
Ladenpreis aufgehoben.

Gruner, Fr., Volkslieder, f. d. Schulgebrauch bearb. (40 S.) 8. Leipzig (910). Jaeger'sche Verlagsbuchh. — 30

Gruner, Friedrich

Gruner, Fr., Anmerkungen für die englische Composition zur 1. Abthl. der deutschen Musterstücke. 2., verb. Aufl. gr. 8. (131 S.) Stuttgart 857, Metzler'sche Buchh. Verlags-Conto. * — 10

Gruner, Fr., Anmerkungen für die englische Composition zur 1. Abth. der deutschen Musterstücke. 3., verb. Aufl. Stuttgart 867. Metzler's Verlag. gr. 8. (131 S.) n. 10 ngr.

Gruner, Fr., Anmerkungen f. die englische Composition zur ersten Abth. der deutschen Musterstücke. 4. verb. Aufl. gr. 8. (131 S.) Stuttgart 873. Metzler. n. 1. 50

Gruner, Fr., Anmerkungen für die englische Composition zur 1. Abtheilung der deutschen Musterstücke. 5., verb. Aufl. gr. 8. (132 S.) Stuttgart 879. Metzler's Verl. n. 1. 50

Gruner, Fr., Anmerkungen f. die englische Komposition zur 1. Abtlg. der deutschen Musterstücke. 6., verb. Aufl. gr. 8. (163 S.) Stuttgart 891. J. B. Metzler's Verl. n. 1. 60

Gruner, Fr., Anmerkgn. f. d. englische Komposition z. 1. Abtlg. d. deutschen Musterstücke. 7. Aufl. gr. 8. (163 S.) Stuttgart 898. J. B. Metzler's Verl. n. 1. 60

Gruner, Frdr., Anmerkungen f. die englische Komposition zur 1. Abtlg. der deutschen Musterstücke. 8. Aufl. (163 S.) 8. Stuttgart 906. J. B. Metzler. n.n. 1. 80

(—) Anmerkungen zu den deutschen Musterstücken für die französische Composition. 1. Abth. 2. Aufl. 854. (102 S.) n. 6 ngr
— 3. verb. Aufl. Ebend. 857. gr. 8. (111 S.) n. 7½ ngr

—— Anmerkungen für die französische Composition zur 1. Abthl. der deutschen Musterstücke. 3., verb. Aufl. gr. 8. (111 S.) Stuttgart 857, Metzler'sche Buchh. Verlags-Conto. * — 7½

—— Anmerkungen für die französische Composition zur ersten Abthl. der deutschen Musterstücke. 5. verb. Aufl. gr. 8. (121 S.) Stuttgart 870, Metzler's Verlag. *

— Anmerkungen für die französische Composition zur ersten Abtheilung der deutschen Musterstücke. 6. verb. Aufl. gr. 8. (121 S.) Ebendas. 875. *

Gruner, Fr., Anmerkungen f. die französische Komposition zur 1. Abteilg. der deutschen Musterstücke. 7. verb. Aufl. gr. 8. (121 S.) Stuttgart 885. Metzler's Verl. n. 1. —

— dasselbe f. d. französ. Komposition z. 1. Abtlg. d. deutschen Musterstücke. 8. Aufl. gr. 8. (121 S.) Ebd. 897. n. 1. —

Gruner, Fr., Anmerkgn. f. d. französische Komposition zur 1. Abtlg. der deutschen Musterstücke. 9. Aufl. (116 S.) 8. Stuttgart 909. J. B. Metzler. nn 1. 60

— u. Wildermuth, Französische Chrestomathie f. Real- u. gelehrte Schulen. In 2 Cursus. 1. Cursus. Bearb. v. Fr. Gruner. gr. 8. (XII u. 323 S.) Stuttgart 847, Ebner u. Seubert. — 2. Aufl. gr. 8. (XVI u. 332 S.) Ebd. 848. — 3. Aufl. gr. 8. (XVI u. 354 S.) Ebd. 851. — 2. Cursus. Bearb. v. Wildermuth. gr. 8. (XII u. 438 S.) Ebd. 847. — 2. Aufl. gr. 8. (XVI u. 468 S.) Ebd. 851. (1: n. 24 ngr 2: n. 1 rß) n. 1 rß 24 ngr

Gruner, Fr., und Wildermuth, französische Chrestomathie für Real- und gelehrte Schulen. In 2 Cursus. Stuttgart, Metzler gr. 8. n. 1 rß 24 ngr

1. Cursus: Französische Chrestomathie für Real- und gelehrte Schulen bearb. von Fr. Gruner. 1. Cursus. 4. Aufl. 854. — 5. unveränd. Aufl. 857. (XVI, 354 S.) n. 24 ngr

2. Cursus: Französische Chrestomathie etc. bearb. von Wildermuth. 3. Aufl. 856. (XVI, 487 S.) n. 1 rß

— u. Wildermuth, französische Chrestomathie für Real- u. gelehrte Schulen. 1. Cursus, bearb. von Fr. Gruner. 8. u. 9., unveränd. Aufl. Ebend. 865. gr 8. (XVI, 364 S.) n. 24 ngr.

—— und Wildermuth, französische Chrestomathie für Real- und gelehrte Schulen. In 2 Cursen. 1. Cursus, bearb. von Fr. Gruner. 9.—11. unveränd. Aufl. gr. 8. (XVI, 364 S.) Stuttgart 869—74, Metzler's Verlag. *

— u. Wildermuth, französische Chrestomathie f. Real- u. gelehrte Schulen. In 2 Cursen. gr. 8. (XVI, 364 S.) Stuttgart 872. 74. Metzler. n. 5. 60

1. Curs., bearb. v. Fr. Gruner. 11. unveränd. Aufl. (XVI, 364 S.) n. 2. 40

2. Curs., bearb. v. Wildermuth. 5. Aufl. (XVI, 506 S.) n. 3. 20

— und Wildermuth, französische Chrestomathie für Real- und gelehrte Schulen. 2 Curse. gr. 8. Ebendas. *

Inhalt:
Curs 1. Bearb. von Fr. Gruner. 12. Aufl. (XVI, 364 S.) 877. *M 2,30.
» 2. Bearb. von Wildermuth. 6. Aufl. (XVI, 506 S.) 879. *M 3,20.

—— und Wildermuth, französische Chrestomathie für Real- und gelehrte Schulen. [In 2 Cursen.] 1. Cursus, bearb. von Fr. Gruner. 13. unveränd. Aufl. gr. 8. (XVI, 364 S.) Ebendas. 880. *

— u. Wildermuth, französische Chrestomathie für Real- u. gelehrte Schulen. [In 2 Cursen.] 1. Curs., bearb. von Fr. Gruner. 13., unveränd. Aufl. gr. 8. (XVI, 364 S.) Ebend. 881. n. 2. 30

—— und Wildermuth, französische Chrestomathie für Real- und gelehrte Schulen. [In 2 Cursen.] 1. Cursus, bearb. von Fr. Gruner. 18. unveränd. Aufl. gr. 8. (XVI, 354 S.) Ebendas. 885. *
2. Cursus. Ebendas. 1879. *M 3.20.

— u. Wildermuth, französ. Chrestomathie f. Real- u. gelehrte Schulen. (In 2 Kursen.) 1. Kurs., bearb. v. Fr. Gruner. 15. Aufl. gr. 8. (XVI, 367 S.) Ebd. 895. n. 2. 30

——— dass. — Wörterbuch, s. a. Seelbach, W., und L. Thomae.

— u. Wildermuth, französische Chrestomathie. Wörterbuch zum 1. Tl., zusammengestellt von W. Seelbach u. L. Thomae. 2. Aufl. gr. 8. (IV, 103 S.) Ebd. 887. n. 1. 20

— u. Wildermuth, französ. Chrestomathie. 1. Tl. Wörterbuch. Zusammengestellt v. W. Seelbach u. Thomae. 3. Aufl. gr. 8. (IV, 103 S.) Ebd. 902. n. 1. 30

—— Morceaux choisis de littérature allemande, s. a. Eisenmann, Wilh. Fr.

— morceaux choisis de littérature allemande. Traduits en français par Gerard. 1. partie. 4. éd. entièrement revue. gr. 8. (VIII, 199 S.) Ebend. 879. n. 3. —

Deutsche Musterstücke, s. a. Eisenmann, W. F.

— Eisenmann u. Wildermuth, Deutsche Musterstücke aus dem Gebiete der Natur u. des Menschenlebens, als Grundlage eines allseitig bildenden Unterrichts in der Muttersprache, so wie insbesondere zur stufenmäß. Uebung in d. französ. u. engl. Composition. Hrsg. unter Mitwirkung von Kapff. 1. Abth. bearb. v Fr. Gruner. gr. 8. (XIV u. 194 S.) Ebd. 849 — 2 Aufl. gr. 8. (XVI u. 216 S.) Ebd. 852. — 2. Abthl. bearb v Wilh. Fr. Eisenmann. gr. 8. (X u. 420 S.) Ebd. 850. (à n. 12 ngr) n. 24 ngr

—— Eisenmann und Wildermuth, deutsche Musterstücke aus dem Gebiete der Natur und des Menschenlebens, als Grundlage eines allseitig bildenden Unterrichts in der Muttersprache, sowie insbesondere zur stufenmäß. Uebung in der französ. und engl. Composition. Hrsg. unter Mitwirkung von Kapff. 1. Abthl. Bearb. von Fr. Gruner. 2. Aufl. gr. 8. (XVI und 216 S.) Stuttgart 852, Ebner und Seubert. *

— Eisenmann und Wildermuth, deutsche Musterstücke aus dem Gebiete der Natur und des Menschenlebens, als Grundlage eines allseitig bildenden Unterrichts in der Muttersprache, sowie insbesondere zur stufenmäßigen Uebung in der französ. und engl. Composition. Herausg. unter Mitwirkung des Oberstudienrath Kapff. 1. Abth. 3. Aufl. A. u. d. T.: Deutsche Musterstücke. 1. Abth., bearb. von Fr. Gruner. 854. XVI, 220 S.) n. 12 ngr. — 4. Aufl. Stuttgart 858. Metzler. gr. 8. (XVI, 227 S.) n. 14 ngr

— Eisenmann und Wildermuth, deutsche Musterstücke aus dem Gebiete der Natur und des Menschenlebens, als Grundlage eines allseitig bildenden Unterrichts in der Muttersprache rc. 1. Abth. bearb. von Fr. Gruner. 6. Aufl. Stuttgart 865. Metzler. gr. 8. (XVI, 228 S.) n. 14 ngr.

— — — — 2. Abth. bearb. von Wilh. Fr. Eisenmann. 2. Aufl. Ebend. 865. gr. 8. (VIII, 242 S.) n. 14 ngr.
Anmerkungen für die französische Composition. 2., verb. Aufl. (58 S.) n. 5 ngr.

— Eisenmann u. Wildermuth, deutsche Musterstücke aus dem Gebiete der Natur u. des Menschenlebens, als Grundlage eines allseitig bild. Unterrichts in der Muttersprache, sowie insbesond. zur stufenmäß. Uebung in der französ. Composition. Hersg. unter Mitwirkung von Kapff. 1. Abth. bearb. von Fr. Gruner. 7. Aufl. Stuttgart 868. Metzler's Verlag. gr. 8. (XVI, 228 S.) n. 14 ngr.

—— Eisenmann und Wildermuth, deutsche Musterstücke aus dem Gebiete der Natur und des Menschenlebens, als Grundlage eines allseitig bildenden Unterrichts in der Muttersprache, sowie insbesondere zur stufenmäßigen Uebung in der französischen und englischen Composition. Hrsg. unter Mitwirkung des Oberstudienraths Kapff. 1. Abthl. bearb. von Fr. Gruner.
8. Aufl. gr. 8. (XVI, 228 S.) Stuttgart 871, Metzler's Verlag. *

— Eisenmann u. Wildermuth, deutsche Musterstücke aus dem Gebiete der Natur u. d. Menschenlebens, als Grundlage e. allseitig bild. Unterrichts in der Muttersprache, sowie insbesondere zur stufenmäßig. Uebg. in der französ. u. engl. Composition. Hrsg. unter Mitwirkg. v. Kapff. 1. u. 2. Abth. gr. 8. Ebend. 872—74. n. 3. 40
1. Abth., bearb. v. Fr. Gruner. 9. Aufl. Vermehrt mit einem kurzen Abriß d. deutsch-französischen Krieges von 1870 u. 1871. (XVI, 244 S.) n. 2. —
2. Abth., bearb. v. Wilh. Fr. Eisenmann. 3. Aufl. (VIII, 242 S.) n. 1. 40

—— —— —— dass. — 2. Abthl. bearb. von Wilh. Fr. Eisenmann. 3. Aufl. gr. 8. (VIII, 242 S.) Ebendas. 872. *
Anmerkungen hierzu für die französische Composition. 2. Aufl. Ebendas. 1865. * 50 Pf.
3. Abthl. Ebendas. 1854. * ℳ 3.

— Eisenmann u. Wildermuth, deutsche Musterstücke aus dem Gebiete der Natur u. d. Menschenlebens, als Grundlage e. allseitig bild. Unterrichts in der Muttersprache, sowie insbesondere zur stufenmäß. Uebung in der französischen u. englischen Composition. Hrsg. unter Mitwirkung von Kapff. 1. Abth., bearb. von Fr. Gruner. 10. Aufl. gr. 8. (XVI, 244 S.) Stuttgart 879. Metzler's Verl. n. 2. —

— — — dasselbe. 2. Abtlg. A. u. d. T.: Deutsche Musterstücke. 2. Abtlg., bearb. v. Wilh. Fr. Eisenmann. 4. Aufl. gr. 8. (VIII, 242 S.) Ebend. 882. n. 1. 40

— Eisenmann u. Wildermuth, deutsche Musterstücke aus dem Gebiete der Natur u. d. Menschenlebens als Grundlage e. allseitig bild. Unterrichts in der Muttersprache, sowie insbesondere zur stufenmäß. Übg. in der französ. u. engl. Komposition. Hrsg. unter Mitwirkg. v. Kapff. 1. Abtlg., bearb. v. Fr. Gruner. 11. Aufl. gr. 8. (XVI, 244 S.) Stuttgart 883. Metzler's Verl. n. 2. —

Gruner, Eisenmann u. Wildermuth, deutsche Musterstücke aus dem Gebiete der Natur u. des Menschenlebens als Grundlage eines allseitig bildenden Unterrichts in der Muttersprache, sowie insbesondere zur stufenmäß. Übung in der französ. u. engl. Komposition. Hrsg. unter Mitwirkg. v. Kapff. 1. Abteilg. Bearb. v. Fr. Gruner. 12. Aufl. gr. 8. (XVI, 244 S.) Stuttgart 890. Metzler's Verl. geb. n. 2. 50

Gruner, Fr., Eisenmann u. Wildermuth, deutsche Musterstücke aus dem Gebiete der Natur u. des Menschenlebens als Grundlage e. allseitig bildend. Unterrichts in der Muttersprache, sowie insbesondere zur stufenmäß. Übung in der französ. u. engl. Komposition. Hrsg. unter Mitwirkg. v. Kapff. 1. Abthlg., bearb. v. Fr. Gruner. 13. Aufl. gr. 8. (XVI, 244 S.) Stuttgart 900. J. B. Metzler's Verl. Geb. n. 2. 50

— deutsche Musterstücke zur Uebung in der französischen u. englischen Komposition, hrsg. unter Mitwirkg. v. Kapff. 14. Aufl. (VIII, 244 S.) 8. Ebd. 905. Geb. n. 2. 50

Gruner, Fr., s. Poole, P. P., der Ueberlästige.

Gruner, Fr., Schulgrammatik der französischen Sprache für Real- u. gelehrte Schulen. Stuttgart 863. Metzler. gr. 8. (X, 383 S.) n. 1 ℛ 2 ngr.

—— select specimens of german literature. Translated into english by M. Thomas. Vol. I. (Select specimens of german literature from nature and human life, a series of gradual exercises for english and french translation. Published by Gruner, Eisenmann and Wildermuth.) gr. 8. (VIII und 198 S.) Stuttgart 852, Ebner und Seubert. *

— select specimens of german literature. Translated into english by M. Thomas. Vol. 1. 2. Ed. revised a. corrected. gr. 8. (VIII, 202 S.) Stuttgart 871. Metzler. n. 3. —

Gruner, Friedrich, Eisenmann u. Wildermuth

— — — select specimens of german literature from nature and human life. A series of gradual exercises for english and french translation. Published under the direction of Fr. G. Kapff. Vol. 1. gr. 8. Ebend. 885. n. 3. —
Compiled by Fr. Gruner, translated into english by M. Thomas. Vol. I. 2. ed. revised and corrected. (VII, 202 S.)

— Tabelle über die gebräuchlichsten Münzen, Maße u. Gewichte. Stuttgart 868 Belser's Sort. gr. 8 (4 S.) 1 ngr.

—— Thèmes de la grammaire française traduits en français par le même. gr. 8. (254 S.) Stuttgart 868, Belser's Sortiment.

— Uebungsaufgaben über die Wort- und Satzfügung zur Schulgrammatik der französischen Sprache des Verf. Stuttgart 863. Belser's Sorthdlg. gr. 8. (IV, 239 S.) n. 15 ngr.

—— Uebungsaufgaben über die Wort- und Satzfügung zur Schulgrammatik der französischen Sprache desselben Verf. 2. verb. Aufl. gr. 8. (IV, 244 S.) Stuttgart 876, Metzler'sche Buchh. *

Gruner

— **Friedrich August** (Jena), Num vidua, portionem statutariam capiens, mariti heres sit. Diss. jur. Jena (Mauk) 14. X. 1818. 15 S. (4.80) 12056

— **Fried. Wilhelm Moritz** (Jena), Concordia medicinae veteris et novae vindicata. Dissert. med. Jena (Prager & Co.) 5. IV. 1806. 46 S. (6.—) 12057

Gruner, G. A., Ueb. den Kaiser Otho, seinen Charakter, seine Selbstentleibung u. die Urtheile der Geschichtsschreiber über ihn. Pr. 1811. 31 S. 4°. 1.20

Gruner G S., de cultu ignis apud gentiles. Bernae 1736. 4.

Maurerische Festvorträge und Gedächtnissreden. [Von Georg Gruner.] Osnabrück 1866: Kisling. 244 S 8⁰
[Umschlagtit.:] Maurerische Reden.
Recens: A. 28 (1867) S. 332—334.
Tt. 1871. 6 Festvorträge, 5 Gedächtnisreden. Im Anh. Gedächtnisrede auf Br. F. A. u. Chr. R. Gruner. 23.

Gruner, Georg Siegfr.: Ueber d. Succession der Weiber in d. Osnabrück. Lehnen u. einige dabei vorkomm. Streitfragen. *Osnabrück*, Rackhorst. 837. gr. 8. (8 Gr.)

Gruner, George, Referendar in Wiesbaden: Die erbrechtliche Schuldenhaftung bei der Nacherbfolge nach dem Bürgerlichen Gesetzbuche. Wiesbaden 1904: L. Schellenberg. (70 S.) 8°

Freiburg i. B., rechts- u. staatsw. Fak., Ref. Merkel, Diss. v. 1904

[Geb. 4. April 78 Bremen; Wohnort: Wiesbaden; Staatsangeh.: Preußen; Vorbildung: Gymn. Bremen; Studium: Freiburg 3, Leipzig 1, Marburg 2 S.; Coll. 20. Juli 03.]

Gruner, Gottlieb (Rodheim v.d.H.)
Die Ausscheidung der Schwefelsäure durch den Harn.
Giessen: M.A.J. Merck 1852. 28 S. u. 2 Taf.
Diss. med. 7.8.1852. vorh. 26.7.

Gruner, Gottlieb Anton

Gruner, Gli. Ant., Briefe aus Burdorf über Pestalozzi, seine Methode u. Anstalt. Mit 4 Kpf. 8. Heidelb. 804. 2e A. 806. Winter. 1 Thlr 12 Gr (Perthes u. B. in Hamb.) 1 Thlr 8 Gr

Gruner, Briefe aus Burgdorf über Pestalozzi, seine Methode u. Anstalt. 2. Ausg. Frankfurt a. M. 1806. 404 S.

Gruner, Ant., Briefe aus Burgdorf, üb. Pestalozzi rc. 8. Heidelberg, Mohr u. Z. 806.

Gruner, Gtli. Ant., Friedemann u. d. Seinen, od. d. Gottesreich auf Erden. Ein Familien-Buch, z. Veredlung d. häusl. u. bürgerl. Lebens. 4 Thle. gr. 12. (68⅔ B.) Frankfurt a. M. 829, Sauerländer. Thlr.

Gruner, Gli. Ant., Friedenspredigt. 8. Hannov. 814. Hahn. 3 Gr

Gruner, G. A., Grundleg. z. e. a. d. Gewissen u. der Bibel gegründeten Unterrichte rc. 2 Thle. 8. Heidelb. Mohr u. Z. 808.

— Grundlegung zu einem auf d. Gewissen u. d. Bibel gegründeten Unterricht in d. Tugend- u. Glaubenslehre. 2 Thle. 8. Heidelb. 808. 1r Thl. 2e A. 817. 3e A. 826. 8 Gr u. 2r Thl. 2e A. 826. 16 Gr Ebd., Winter. 1 Thlr

Gruner, G. A., Grundlegung zu einem auf das Gewissen und die Bibel gegründeten Unterricht in der Tugend- und Glaubenslehre. 1r Lehrg. 2te Aufl. 8. Heidelberg, Mohr u. W. 817.

— noch ein Wort zur Empfehlung d. kräftigern, namentl. d. Pestalozzischen Weise rc. 8. Heidelb. 806. Winter. 4 Gr

— respiciendum esse ad id, quo natus sit inter homines Jesus Christus consilium, ad eruendum ex Nov. Test. disciplinae morum christianae et ingenium et principium. Diss. theolog. 4. Heidelb. 811. Winter. 4 Gr

Gruner, G. A., Dissertatio theologica, respiciendum esse ad id, quo natus sit inter homines Jesus Christus consilium etc. Heidelb. Mohr u. W. 811.

— Versuch einer wissenschaftl. Darstellung u. Begründung d. wichtigsten Hauptpunkte d. Erziehungslehre rc. 8. Jena 822. Schmid. 1 Thlr 12 Gr

Gruner, (G. A.,) Versuch e. gemeinfaßl. doch auf Selbstverständigung gegründ. Entwicklung d. d. Volksschullehrer unentbehrlichsten wissenschaftl. Vorkenntnisse. 8. Jena 823, Schmid.

—— über Volksschulwesen u. Volksveredlung, als gegenseit. Bedingungen d. Begründung e. bess. bürgerl. Zustandes. Ein Bruchstück aus d. innern Politik. Familien-Vätern, Staatsbeamten, Lehrern in Kirche u. Schule, zunächst d. deutschen Volksvertretern gewid. gr. 8. (11½ B.) Wiesbaden 833, Ritter.

Gruner, Gottlieb Sigmund

Gruner, G. S., Eisgebirge d. Schweizerlandes, siehe a. Reisen d. Helvetien.

Gruner G. S.: Die Eisgebirge d. Schweizerlandes beschrieben. 3 Th. (2 Vol.). Bern 1760. (21, 680) S. 19 Tvl. 2 Kt.

Gruner, Gll. Siegm., († 1778.) d. Eisgebirge d. Schweizerlandes, beschrieben. 3 Thle, mit Kpf. 8. Bern 760—62. Typograph. Soc.

Gruner, Gottlieb Sigmund. Die Mineralgeschichte der Schweiz. 8. Bern *o. J.* [1775/90].

Gruner. Gottlieb Sigmund. Die Naturgeschichte Helvetiens In der alten Welt: beschrieben von G' S' G'.... 8. Bern 1773.

— Naturgeschichte Helvetiens in d. alten Welt. 8. Bern 775. Typogr. Soc. 10 Gr Französ. v. Pfarrer Dulon. 8. Neufchatel 776.

— **Reisen durch Helvetien, s. a. Reisen.**

[Gruner, Gottlieb Sigmund.] Reisen durch die merkwürdigsten Gegenden Helvetiens. Mit Kupfern [Vignetten und Tafeln]. 2 Theile. 8. London. (* *Theil 1:* Londen) [*d. i.* Bern] 1778.
Theil 1. [Mit 1 Vignette. 6 Tafeln und 1 Karte.]
Theil 2. [Mit 1 Vignette, 11 Tafeln und 1 Karte.]

Gruner u. Wittenbach, Reisen durch Helvetien. 2r Bd. m. K. u. Charten. 8. Bern. Typograph. 778.

Gruner, Gottlieb Sigmund (Übers.), s. Sammlung, Auserlesene, zum Vortheil der Staatswirthschaft, ...

— Versuch e. Verzeichnisses d. Mineralien d. Schweizerlandes. 8. Bern 775. Typogr. Soc. 1 Thlr 4 Gr

— **Gottlob Leberecht** (Rector), De nonnullis recentiorum consiliis ad educationem spectantibus. (Annivers. sacra natalis ducis ac domini Ernesti.) Ronneburg (Roth) 1779. 4 Bl. (3.50) 12058

Gruner, Glo. Leber., († d. 24. Juli 1805.) gegenwärt. Kirchen- u. Schulanstalten d. Fürstenth. Altenburg u. Saalfeld. 1r Thl. 8. Gera 794. Rothe. 16 Gr

— **Gustav Friedrich** (Dresden), De polypis in cavo narium obviis adiecta morbi historia et cadaveris sectione. Diss. med.-chir. Lpz. (Staritz) 1825. 41 S. (6.—) 12059
Gew.: Carl August Kuhl, Christian Adolph Wendler, August Ernst Iphofen. — Krankengeschichte d. C. Gottlob Grimmer.

Gruner, G. Fr., de polypis in cavo narium obviis, adjecta morbi historia et cadaveris sectione. Diss. inaug. Acced. IV tabb. aen. 4maj. Leipz. 825. Reclam. 1 Thlr 8 Gr

Gruner, H.: Anleitung zur möglichst vortheilhaften Verwendg. des Leuchtgases. 1860?

Gruner.: Bericht z. d. Projekt einer Wasserversorgung der Haupt- u. Residenzstadt München...
s. Del Bondio

GRUNER, H.: Die stickstoffhaltigen Düngemittel in der modernen Ersatzwirthschaft und der Chilesalpeter. - Berlin 1883. 44 S.

Gruner H.: Gewinnung u. Verwertung phosphorsäurehaltiger Düngemittel. Berl. 1885. 54 S. (Særtr.). P.

Gruner, H., die Kanalisation d. Stadt Mülhausen. Vortrag, geh. in d. Sitzg. d. industriellen Gesellschaft v. Mülhausen a. 24. XI. 1897. [Aus: „Jahresber. 1898 der industr. Gesellsch.“] Lex.-8. (28 S. m. 16 Taf.) Strassburg 898. (Mülhausen i/E., C. Detloff.) n. 4. —

Gruner, H.: P r o j e c t zu einer Wasserversorgung der Stadt Worms. Worms 1887.

— s.: Vorträge üb. Kalidüngg. u. Steigerung der Erträge.

Gruner, H. W., der Foxterrier, s.: Thilo, Carl.

Gruner, H. W., d. englischen Terriers als Jagd- u. Luxushunde. (Weidmannsbücher.) 8. (74 S. m. Abb.) Berlin 896. P. Parey. Kart. n. 1. 50

— s.: Winke f. Anfänger in d. Hundezucht.

Gruner, Hans

Gruner, H., die Bedeutung der geologisch-agronomischen Bodenkartirung u. die beste Methode, sie f. die Praxis verwerthbar zu machen. [Aus: „Deutsche landwirthsch. Presse“.] gr. 8. (19 S.) Berlin 883. Parey. n.n. — 50

Gruner, Hans: Beiträge zur Hydrologie der weissen Elster ... Leipzig, 1892; 67 S. 8.
Leipzig, Phil. Fak., Inaug.-Diss. v. [13. Mai] 1892

Gruner, Hans: B e i t r ä g e zur Hydrologie der weissen Elster, in: B e i t r ä g e zur L a n d e s k u n d e des Königreichs Sachsen.

Gruner, H., die Bodenverhältnisse d. preuß. Flachlandes. E. geologisch-agronom. Skizze. Festrede, geh. z. Vorfeier d. Geburtstages d. Kaisers in d. Aula d. kgl. landwirtschaftl. Hochschule zu Berlin am 26. I. 1898. gr. 8. (20 S.) Berlin 898. P. Parey. n. — 60

Gruner, H., Charakteristik neuerer Methoden der geologisch-agronomischen Bodenkartierung, s. a. Preisschriften u. Sonderabdrucke der deutschen landwirtschaftl. Presse.

Charakteristik neuerer Methoden der geologisch-agronomischen Bodenkartierung. Von Dr. H[ans] **Gruner,** Prof. Mit e. Ktskizze Berlin: Parey 1910. 19 S. 8°
(Preisschriften u. Sonderabdr. d. Deutschen Landw. Presse. Nr 19.)

Grundriss der Gesteins- und Bodenkunde z. Gebr. an landwirtsch. u. techn. Hochschulen v. Dr. H[ans] **Gruner,** Prof. ... in Berlin. *Berlin: P. Parey 1896.* (1 Bl., X, 436 S., 22 Tab.) 1 Bd 8. [96. 331]

— Ist Religion u. weltl. Daseinskampf zweierlei? (19 S.) gr. 8. Leipzig: Wigand 1909. — 50

Gruner, H., Landwirthschaft und Geologie. Eine Untersuchung der Frage: Welche Bedeutung hat die geolog. Untersuchung und Kartirung des Schwemmlandes Preussens für die Agricultur? Vortrag, gehalten im land- und forstwirthschaftl. Verein zu Oppeln. gr. 8. (64 S.) Berlin 879, Wiegandt, Hempel und Parey. *

Gruner, H., die Marschländereien im deutschen Nordseegebiete einst u. jetzt. Rede zur Vorfeier des Geburtstages Sr. Maj. des Kaisers u. Königs in der Museumshalle der königl. landwirtschaftl. Hochschule zu Berlin am 26. I. 1903. (18 S.) gr. 8. Berlin 903. P. Parey. n. 1. —

— Opfersteine Deutschlands. Eine geologisch-ethnographische Untersuchung. Mit eingedr. Holzschn. u. 4 Steintaf. gr. 8. (63 S.) Leipzig 880. Duncker & Humblot. n. 2. 40

Gruner, Dr., Baumann, E., Seeger, Jung. Die Resultate der meteorolog. Beobachtungen in Mizahöhe, Amedjowe und auf Nauru in den Jahren 1892—95. (Sonder-Abdr. aus den „Mittheilungen aus den Deutschen Schutzgebieten“, Band IX, 1896, Heft 2.)

Gruner, Hans, was ist Kirche u. Religion? u. Was soll Kirche u. Religion sein? (24 S.) gr. 8. Leipzig 909. O. Wigand. — 50

— Ein Zeugnis auf monistischer Weltanschauung. (27 S.) 8. Ebd. 909. — 60

Gruner, Heinrich

Gruner, Heinr., d. prakt. Blumengärtner. Alphabet. geordnetes Handbuch d. Zierpflanzenzucht in ihrem ganzen Umfange f. Gärtner etc. Mit immerwährendem Blumen-Kalender u. Register üb. d. synonymen latein. Gattungs- u. deutschen Eigennamen. Leipzig, 1824. 4. Aufl. v. Carl Friedr. Förster. gr. 16. 1843. 5. Aufl. 1847. 6. Aufl. 1850. 7. Aufl. 1859. 1. 20

Gruner, (Heinr.,) d. prakt. Blumengärtner. 8. Leipz. 824, Hartmann.

Gruner, Hnr., d. prakt. Blumengärtner. 8. Leipz. 824. (Lehnhold). 1 ℛ
Dass. 2. Aufl. Ebda. 1839.

Gruner's, Hnr., praktischer Blumengärtner. Ein Handbuch für Gärtner, Gartenbesitzer ꝛc. Mit e. Blumenkalender u. deutschem u. latein. Register. 4. Aufl., mit Erfahrungen einer 40jähr. Praxis, umgearb. vom Kunstgärtner C. Fr. Förster. 8. Leipzig 843, Wöller. 1½ ℛ

Gruner, Heinr., der praktische Blumengärtner. Vollständiges, alphabetisch geordnetes Handbuch der Blumenzucht in ihrem ganzen Umfange für Gärtner, Gartenfreunde ꝛc. Mit einem Blumengarten-Kalender u. Register üb. die lat. Synonymen u. deutschen Eigennamen. Mit Berücksichtigung der neuesten erprobten Erfahrgn. auf's Neue gänzlich umgearb. von C a r l F r d r. F ö r s t e r. 5. verm. Aufl. gr. 16. (VI u. 451 S.) Leipzig 847, Wöller. — 6. vielfach verm. Aufl. gr. 16. (XVI u. 196 S.) Ebd. 850. 1½ ℛ

Gruner, Heinr., der praktische Blumengärtner. Alphabetisch geordnetes Handbuch der Zierpflanzenzucht in ihrem ganzen Umfange. Für Gärtner, Gartenfreunde u. überhaupt für alle, welche die schönsten u. beliebtesten älteren u. neueren Zierpflanzen im Freilande, in Gewächshäusern u. in Zimmern auf die beste Weise möglichst leicht kultiviren wollen. Mit immerwährendem Blumengarten-Kalender u. Register über die synonymen lateinischen Gattungs- u. deutschen ꝛc. Eigennamen. Auf Grund der bewährtesten Erfahrungen neu bearb. von Carl Frdr. Förster. 7. vielfach. verm. Aufl. Leipzig 859. Wöller. 8. (VIII, 561 S.) 1 ℛ 20 ngr

Gruner's, Heinr., praktischer Blumengärtner. Alphabetisch geordnetes Handbuch der Zierpflanzenzucht in ihrem ganzen Umfange. Mit einem vollständ. Register über die synonymen latein. Gattungs- u. deutschen ꝛc. Eigennamen. Auf Grund der bewährtesten Erfahrungen neu bearb. von Carl Friedr. Förster. 8., vielfach verb. u. verm. Aufl. Leipzig 866. Wöller. br. 8. (VIII, 618 S.) 1 ℛ 25 ngr

Gruner's, Heinr., praktischer Blumengärtner. Alphabetisch geordnetes Handbuch der Zierpflanzenzucht f. Gärtner u. Gartenfreunde. Neu bearb. u. bedeutend verm. v. L. Boissner. 9. Aufl. (In 9 Lfgn.) 1—6. Lfg. gr. 8. (384 S.) Leipzig 886. Wöller. à n. 1. —

Gruner's, H., praktischer Blumengärtner. Alphabetisch geordn. Handbuch der Zierpflanzenzucht f. Gärtner u. Gartenfreunde. Neu bearb. u. verm. v. L. Beissner. 9., umgearb. Aufl. 7.—12. (Schluss-)Lfg. gr. 8. (S. 385—752.) Leipzig 887. Wöller. à n. 1. —
(cplt.: n. 12. —; geb. n. 13. 50)

— d. unterweisende Monatsgärtner. Umfassende, auf länger als 50-jähr Erfahr. gegründ. Anleit. sämmtl. monatl. Arbeiten im Gemüse-, Obst-, Blumen-, Wein- u. Hopfengarten etc. z. rechten Zeit u. auf d. beste Weise z. verrichten etc. gr. 8. 1824. 2. T.-Ausg. 1839. 4. Aufl. v Carl Friedr. Förster. 1843. 5. Aufl. 1848. (Wohlfeile compendiöse Gartenbibliothek 3. Bd.) 6. Aufl. 1856. 1. —

— d. unterweis. Monatsgärtner. Nebst Nachtrag üb. Behandlung d. Gemüse-Sämereien, u. üb. Benutzung u. Aufbewahrung verschied. Garten- u. Baumfrüchte. Auf 20jähr. Erfahrung gegr. gr. 8. Leipz. 824, Hartmann.

— d. unterweis. Monatsgärtner. Nebst Nachtrag über Behandl. d. Gemüse-Sämereien, u. über Benutzung u. Aufbewahrung verschied. Garten- u. Baumfrüchte, Auf 20jähr. Erfahrung gegründet. gr. 8. Leipz. 824. (Lehnhold). 18 gr

— der unterweisende Monatsgärtner 2c. gr. 8. Leipzig 839. Lehnhold, herabgesetzter Pr. 1/2 rß

— unterweisender Monatsgärtner. Deutliche, auf 40jähr. Erfahrung gegründete Anleitung z. Verrichtung sämmtl. monatl. Arbeiten im Gemüse-, Obst-, Blumen- u. Hopfengarten 2c. 4., verb. Aufl. neu bearb. v. Carl Friedr. Förster. gr. 16. (13 B.) Leipzig 843, Wöller

—— der unterweisende Monatsgärtner. Vollständige Anleitung zur zweckmäßigsten und einfachsten Verrichtung sämmtlicher monatl. Arbeiten im Gemüse-, Obst-, Blumen-, Wein- und Hopfengarten 2c. Auf's Neue bearb. von Carl Friedr. Förster. 5., verb. und verm. Aufl. br. 8. (XVI und 235 S.) Leipzig 848, Wöller.
Bildet auch den 3. Bd. der wohlfeilen compendiösen Gartenbibliothek.

Gruner, Heinr., der unterweisende Monatsgärtner. Umfassende, auf länger als 50jähr. Erfahrung gegründete Anleitung, sämmtliche monatliche Arbeiten im Gemüse-, Obst-, Blumen-, Wein- und Hopfengarten 2c. zur rechten Zeit und auf die beste Weise zu verrichten 2c. Ein immerwährender Gartenkalender und nützliches Hand- und Hilfsbuch für Gärtner, Gartenfreunde, Landwirthe und Haushaltungen überhaupt. Mit Berücksichtigung der neuesten erprobten Erfahrungen aufs Neue bearb. von Carl Friedr. Förster. 6., verb. und verm. Aufl. br. 8. (IV und 265 S.) Leipzig 856, Wöller.

—— der unterweisende Monatsgärtner. Umfassende, auf länger als 50jähr. Erfahrung begründete Anleitung, sämmtl. monatl. Arbeiten im Gemüse-, Obst-, Blumen- 2c. Garten zur rechten Zeit und auf die beste Weise zu verrichten 2c. Auf Grund der bewährtesten Erfahrungen neu bearb. von Carl Friedr. Förster. 7., sehr verb. und verm. Aufl. br. 8. (IV und 291 S.) Leipzig 861, Wöller.

—— unterweisender Monatsgärtner. Umfassende auf länger als 50jahr Erfahrung begründete Anleitung sämmtl. monatl. Arbeiten im Gemüse-, Obst-, Blumen- 2c. Garten zur rechten Zeit und auf die beste Weise zu verrichten. Ein immerwähr Gartenkalender und nützl Hand- und Hülfsbuch für Gärtner, Gartenfreunde, Landwirthe 2c. Auf Grund der bewährtesten Erfahrungen neu bearb. von Carl Friedr. Förster 8., vielfach verb. und verm Aufl. br. 8. (VIII und 292 S.) Leipzig 867, Wöller.

Gruner's, Heinr., unterweisender Monatsgärtner. Umfassende, auf länger als 50jähr. Erfahrung begründete Anleitung, sämmtl. monatl. Arbeiten im Gemüse-, Obst-, Blumen-, Wein- und Hopfengarten, sowie bei der Gemüse-, Frucht- und Blumentreiberei zur rechten Zeit und auf die erfolgreichste Weise zu verrichten; nebst Anweisung zur ersprießl. Behandlung der Sämereien, zur vortheilhaftesten hauswirthschaftl. Benutzung und Aufbewahrung der Gemüse und Früchte in frischem und getrocknetem Zustande, durch Einsetzen, Einmachen oder Einlegen derselben 2c., durch Bereitung von Mußen, Säften, Extracten, Weinen u. dergl. aus denselben. Ein immerwähr. Gartenkalender und nützl. Hand- und Hilfsbuch für Gärtner, Gartenfreunde, Landwirthe und Haushaltungen überhaupt. Auf Grund der bewährtesten Erfahrungen neu bearb. von Carl Friedr. Förster. 9., vielfach verb. und verm. Aufl. 8. (283 S.) Leipzig 878, Wöller.

—— unterweisender Monatsgärtner. Ein immerwährender Gartenkalender für Gärtner und Gartenfreunde. Neu bearb. und bedeutend verm. von J. Wesselhöft. 10. völlig umgearb. Aufl. 6 Lfgn. gr. 8. (VIII, 887 S.) Ebendas. 886. à Lfg. *ℳ 1.—. *

— kurzer u. gründl. Unterr. in d. Obstbaumzucht; od. Anweis., wie man auf d. leichteste u. wohlfeilste Weise die Obstbäume pflanzen, erziehen, veredeln u. pflegen soll. 8. Leipz. 822, Hartmann.

— kurzer u. gründl. Unterricht in d. Obstbaumzucht; oder Anweis., wie man auf d. leichteste u. wohlfeilste Weise d. Obstbäume pflanzen, erziehen, veredlen u. pflegen soll. 8. Leipz. 823. (Lehnhold). 20 gr

— Dass., für d. Bürger u. Landmann. 8. Zwickau 827. (Magaz. f. Industr. in Leipz.) 3 gr

— kurzer u. gründl. Unterricht in d. Obstbaumzucht, od. Anweis. wie man auf d. leichteste u. wohlfeiste Weise d. Obstbäume pflanzen, erziehen, veredeln u. pflegen soll etc. 8. Leipzig, 1823. 2. T.-Ausg. 1839. Lehnhold. (Wöller.) — 15

Gruner, H[einrich] E[duard]. Die Ausnützung der Wasserkräfte der Schweiz. [Mit 1 Figur.] II + 38 S. 8. Basel, Helbing & Lichtenhahn, 1906. [fr. 1. —]

Gruner, Hermann

Gruner, H., praktische Anleitung zur Buchführung f. Gewerbetreibende. (39 S.) 12. Berlin 903. J. Harrwitz Nachf. n. — 25

Gruner, Herm., die gewerbliche Buchführung zum Gebrauche in Fortbildungsschulen sowie beim Selbstunterrichte. In leichtverständl. Weise bearb. gr. 8. (VI, 97 S.) Stuttgart 891. Bonz & Co. n. 1. 50

Gruner, H., u. K. Klaiber, neuer Sekretär f. Geschäftsleute. Prakt. Ratgeber b. Geschäftsvorfällen aller Art, zugl. e. sich. Führer in allen schriftl. Arbeiten sow. in Rechtsangelegenheiten. F. d. prakt. Gebrauch u. zum Selbstunterr. hrsg. gr. 8. (XII, 604 S.) Ravensburg 898. O. Maier. n. 5. 80; geb. n. 6. 50
Erschien auch in 13 Lfgn. à n. — 45.

— u. K. Klaiber, neuer Sekretär f. Geschäftsleute. Praktischer Ratgeber bei Geschäftsvorfällen aller Art, zugleich ein sicherer Führer in allen schriftl. Arbeiten, sowie in Rechtsangelegenheiten. Für den prakt. Gebrauch u. zum Selbstunterricht hrsg. (Umschlag: 2. Aufl.) (XII, 606 S.) gr. 8 Ravensburg (904). O. Maier. n. 5. 80; geb. n. 6. 50

Kleine Wechsellehre für Gewerbetreibende. Von H. Gruner in Stuttgart. *Berlin: J. Harrwitz (1903).* (29 S.) 8° [illegible]

— Herm. Christ. u. Hermann Fiedler, De mutuo morum et religionis nexu. Comment. philos. Lpz. (Maret) 29. VIII. 1829. 74 S. (6.—) 12060

Gruner, J., der neueste u. zuverlässigste Ratten-, Mäuse-, Raupen-, Motten-, Flöhe-, Fliegen-, Mücken- u. Wanzen-Vertilger. Untrügliche Mittel, Ratten u. Mäuse 2c. zu vertreiben, zu tödten, und ihrer Entstehung u. Vermehrung zuvorzukommen. Nebst e. Anhange, enthaltend mehrere sichere Mittel gegen Maulwürfe, Ameisen, Kornwürmer 2c. 12. Kaschau 835. (Heckenast in Pesth.) 3/8 rß

Gruner, J. F., Diss. Herodotum ab interpretibus non satis caute tractatum esse. Götting. 755. 4.

Gruner, I. F., introduct. in antiquitates roman. 8. Ienae, Stahel. 782.
Vgl.Gruner,Christian Gottfr.

Gruner, J. G., de origine episcoporum eorumque in ecclesia primitiva jure. Hal. 1764. 4.

Gruner, J. H. Gottlob

Gruner, J. H. Gtlo., vollständ. Anweisung z. Gartenbau nach d. 12 Monaten d. Jahres rc. Ein Hülfsbuch f. Alle, welche d. Obst- u. Gemüsebau mit Nutzen treiben u. d. Vergnügen d. Blumenzucht genießen wollen. 8. (26 B.) Leipzig 831, Baumgärtner.
Aus der „Allgem. Encyklopädie d. gesammt. Land- u. Hauswirthschaft rc. hrsg. v. Putsche" besond. abgedruckt.

Gruner's, J. G., vollständige Anweisung zum Gartenbau. Ein theoretisch-praktisches Leit- u. Hülfsbuch für Gärtner, Gartenfreunde u. Alle, welche die Obst-, Wein-, Gemüse- u. Zierpflanzenzucht, sowie die sämmtlichen Treibkulturen mit Erfolg ausführen wollen. 2. völlig umgearb. u. mit den neuesten u. bewährtesten Erfahrungen verm. Aufl. bearb. von Carl Frdr. Förster. Leipzig 862. Baumgärtner. gr. 8. (VIII, 486 S.) 1 rf 15 ngr

Gruner, J. G., der vollständ. Gemüse- u. Blumengärtner nach 54jähr. Erfahrg., dargestellt. Ein Handbuch f. Gartenfreunde, Gutsbesitzer u. Gärtner. 1. Thl.: Der Gemüsegarten. 6 Lfgn. 8. (XII u. 310 S.) Quedlinburg 848, Ernst. (à 1/6 rf) 1 rf. — 2. Thl.: Der Blumengarten. A. u. d. T.: Gründl. Unterricht in der Blumenzucht. 8. (VIII u. 328 S.) Ebd. 849. 1 1/6 rf (1 u. 2.: 2 1/6 rf)

Gruner, J. H. G., Taschenbuch f. Stuben- u. Wintergärtner. Nebst e. vollständ. Florkalender. 12. Glogau, 1828. (Flemming.) 1. 5

— Taschenbuch für Stuben- u. Wintergärtner. Nebst e. vollständ. Florkalender. 12. Glogau u. Lissa 828. N. Güntersche Buchh. 1 rf 4 gl

Gruner J. H. G.: Taschenbuch f. Stuben- u. Wintergärtner ... Nebst einem vollständigen Florkalender ... Glogau u. Lissa 1828. 30, 496 S.

— kurzer, gründl. u. leichtfassl. Unterr. in d. einfachen Obstbaumzucht. 8. Zwickau, 1826. (Leipzig, Baumgärtner.) — 3 1/4

Gruner, J. L. W., s. Pharmakopöe, Hannov.

Gruner, J. L. W., tabellar. Uebersicht d. Salze u. ihrer Bestandtheile, nach den phlogist. u. antiphlogist. System. gr. Fol. Hannov. 795. Hahn. 12 gl

Gruner, Johann Christian

Gruner, Joh. Chrn. Vertheidigung Westphalens in einem Glückwunschschreiben abgefasset. Jenae 1752. 4. . . . . (D.)

Gruner, Johann Ernst

Gruner, Jh. Er. Ueber das Abzugs- und Lehngeld im Fürstenthum Coburg. (Aus J. G. Gruner's Beschreibung von Coburg, einzeln abgedruckt.) 4°. Coburg, Riemann, 1793.

Gruner, J. E.: „Ueber das Abzugs- und Lehngeld in dem Fürstenthum Coburg; nebst einer Sammlung coburgischer Landesgesetze", Coburg 1793. — Vorh.: German. Museum Nürnberg.

— über d. Aufhebung d. Lehnwesens. 8. Leipz. 800. Kühn. 15 gl

— Cremutius Cordus, oder über Bücherverbote. 8. Leipz. 798. Kühn. 18 gl

Gruner, Johann Ernst, s. Jh. Gerh. Gruner: Beschreib.

— Thümmels Leben, s. M. v. Thümmel, sämmtl. Werke. 7r Bd.

Gruner, Joh. Ernst v., Leben M. A. von Thümmels. Leipzig. Bei G. J. Göschen 1819. 8°. 463 S.

Gruner, Johann Ernst, s. Servin: Gesetzgebung.

Gruner, Johann Ernst, s. Th. Sheridan: engl. Wörterbuch.

Gruner, Johann Ernst, s. J. Winkelmann: Briefe an e. Freund.

Gruner, Johann Friedrich

— — Antiquitates Coburgenses strictim exponit atque orat. sol. in memor. natalis 156 ill. gymnas. Casimir. acad. Coburg (Findeisen) 3. VII. 1760. 24 S. (5.50) 12072

Gruner, Jh. Fr., († d. 29. März 1778.) Anweis. zur geistl. Beredsamkeit. 8. Halle 766. (Graffé in Leipz.) 12 gl Vertheidigung d. Anweis. zur geistl. Beredsamkeit. 8. Halle 768.

Gruner, J. F., de falsis apostolis ecclesiae apostolicae. Cob. 1759. 4.

— — Contemplatio gemmae cuiusdam antiquae e selectis Jac. de Wilde dissertat. epistol. instit. qua jussu et nomine societ. latin. quae Jenae floret viro Johann Paul Reinhard . . in acad. Erlang. philos. mag. honor. gratul. Jena (Marggraf) 1744. 2 Bl. (4.—) 12067

Gruner, J.F.: De Descensu Christi ad inferos. – Hal. 1777.

Gruneri, J. F., Diss. epistolica de procuranda nova Sedulii editione. Jen. 743. 4.

— — Ad disputat. inaug. viri Johann Graffmann (Sudermann/Schweden). — Praemissa est dissertatio theolog. ad 2. Tim. 3, 16. Halle (Hendel) 31. X. 1774. 15 S. mit Biogr. Gra.'s. (M.: M. M. Waltier.) (5.50) 12074

— praktische Einleitung in d. Religion d. heil. Schrift. gr. 8. Halle, Gebauer. 773.

— — De electione Rudolphi I. Caesaris Augusti dissertatio qua orat. sol. in memor. natalis 154 ill. gymnas. Casimir. acad. Coburg (Otto) 3. VII 1758. 16 S. (5.50) 12071

Gruner, Johann Friedrich, s. Eutropius: Breviar. histor. Rom.

— — (Coburg), De Flaminibus. Diss. philol. Präs. Jo. Conrad Schwarz. Coburg (G. Otto) April 1742. 32 S. (6.—) 12066

Gruner, Johann Friedr. [Präs.], s. Gedicke, Aug. Wilh.: Jesus Christus quam in sententiam sit, ...

Gruner, Johann Friedrich (Präs.), s. Gruner, Ludwig Daniel: Spicilegium observationum ad Phaedri priores libros II.

— — **Jesus Christus imago dei invisibilis, splendor gloriae, et character essentiae ipsius II ad Cor. IV, 4. ad Coloss. I, 15. ad Hebr. I, 3. Diss. theolog. Halle (Grunert) 11. IV. 1766. 42 S. (5.50)** 12073

— — **De indole sive genio linguarum sigillatim Romanae II. o. O. [Coburg] 1749. (S. 17—24.) (1.50)** 12068

— — **Dasselbe. III. 1749. (S. 25—32.) (1.50)** 12069

— — **Dasselbe. IV. 1750. (S. 33—40.) (1.50)** 12070

— institutiones theologiae dogmaticae libri tres. 8maj. Halle 777. Gebauer. 1 ₰ 18 ℊ

— institutiones theologiae polemicae libri VI. (vom 3ten Buche an ergänzt v. G. C. Knapp). 8maj. Halle 778. Gebauer. 1 ₰ 6 ℊ

— **Johann Friedrich, De libellis alternativis. Diss. jur. Präs. Justus Henning Böhmer. Halle (Johann Gruner) 6. VIII. 1714. 50 S. mit Widm. v. Präs. (6.20)** 12062

— — **Dasselbe. Halle (Joh. Grunert). 48 S. ohne Widm. (6.—)** 12063

— — **Dasselbe. Halle (Joh. Gruner) 1720. 48 S. ohne Widm. (6.—)** 12064

— — **Dasselbe. Halle (Joh. Friedr. Grunert) 1735. (6.—)** 12065

Gruner, J. F., Progr. de Ovidii aliquot locis. Coburg. 749. 4.

— miscellanea sacra. fasc. I. 4. Ienae, Gsellius. 750.

Gruner, J. F., de odio humani generis Christianis olim a Romanis objecto I—III. Cob. 1755. 4.

— de odio hum. generis christianis olim a romanis objecto. 8. Coburg, Ahl. 755.

— Progr. De odio humani generis Christianis olim a Romanis objecto. 8. Coburg 755. (Riemann). 6 ℊ

— opuscula ad illustr. hist. Germaniae II Tmi. 8. ibidem. 760. 61.

Gruner, J. F., Proluss. tres, in quibus loca aliquot Plinii explicantur. Coburg. 750. 51. 3 Part. 4.

Gruner, J. F., De comitibus de Truhendingen, ducum Meraniae haeredibus. Coburgi 1756. 4.

Gruner, Johann Friedrich, s. Vellejus Paterculus Histor. Rom

— Versuch e. pragmat. Auszuges d. Kirchengeschichte d. Christen. 1r Thl., von d. Geburt Christi bis auf d. Reformation Luthers. 8. Halle 766. (Graffe in Leipz.) 14 ℊ

Gruner, Johann Friedrich, s. Victor Aurel: Histor. Rom.

Gruner, Johann Gerhard

Gruner, Jh. Ghrd., († d. 1. Juli 1790.) vom Abzugs- u. Lehngeld im Fürstenthum Coburg, s. J. E. Gruner, über d. Abzugs- u. Lehngeld.

— Anmerkk. über d. Antwort auf d. Berichtigung d. Topographie d. Hrn. v. Sprengseisen. 4. Coburg 782. Riemann. 3 ℊ

Gruner, J. G., Berichtig. d. Topogr. d. Sachs. Cob. Meiningischen Antheils an Coburg. 3 Stck. 4. Coburg, Ahl. 781. 82.

Gruner, Jh. Ghrd., einige Berichtigungen d. Topographie d. Herzogl. Sachsen-Meiningschen Antheils an Coburg. 3 Stücke. 4. Coburg 781, 84. (Riemann). 1 ₰ 2 ℊ

— histor.-statist. Beschreib. d. Fürstenth. Coburg S. Saalfeld. Antheils. Mit 1 Karte. 4. Cob. 784. Nachtr. oder 2r—4r Thl., mit Zusätzen, Abhandll. etc. neu herausg. v. J. E. Gruner. 5r, fortges. v. A. Ortloff. 4. Cob. 783—809. (Riemann). 6 ₰ 16 ℊ Die Zusätze etc. für d. Besitzer d. 1sten Ausg. apart 1 ₰ 20 ℊ (5r Thl. A. u. d. T.: J. A. Ortloff, Geschichte d. Stipendienstiftungen etc.)

Gruner, Joh. Gerhard, herzogl. sachs.-coburg. Rath und Amtmann etc. Historisch-statistische Beschreibung des Fürstenthums Coburg, s. saalfeldischen Antheils. Mit berichtigenden Zusätzen, einigen Abhandlungen und einer Sammlung coburgischer Landesgesetze aufs Neue herausgegeben von Joh. Ernst Gruner, herzogl. sachs.-coburg. Rath etc. Mit 2 Karten. (5 Bde.) 8. Coburg 1793.

— Biographie Albrechts III. 8. Cob. 788. (Riemann). 12 ℊ

— Biographie Friedrich Wilhelms II. 8. Cob. 789. (Riemann). 12 ℊ

— Geschichte Friedrich Wilhelms I. 8. Cob. 791. (Riemann). 1 ₰ 4 ℊ

— Geschichte Johann Kasimirs, Herzogs zu Sachsen. 8. Cob. 787. (Riemann). 12 ℊ

— einige Urkunden zur Geschichte Johann Friedrichs d. Mittlern, Herzogs zu Sachsen. 8. Cob. 785. (Riemann). 20 ℊ

Gruner, Jh. Mich., († d. 20. Nov. 1766.), s. Geschichte d. bekannten Staaten von ihrem Ursprunge. 1r—4r Thl.

[Gruner Johann Rudolf.] Deliciæ urbis Bernæ Merckwürdigkeiten der hochlöbl. Stadt Bern. Aus mehrentheils ungedruckten authentischen Schrifften zusammen getragen. [Mit 1 Vignette.] 8. Zürich 1732.

Gruner, Joseph —. Die Arche Noe und die Kirche Christi in sieben Fastenbetrachtungen, nebst einem Anhange von zwei Gelegenheits-Predigten. Verfaßt von — —. 8. (3 Blätter und 112 S.) Olmütz. Druck und Verlag von Franz Slawik. 1854.

— Erbauungsbuch für Kinder, nebst den gewöhnl. Andachtsübungen b. d. häusl. u. öffentl. Gottesverehrung. 12. Wien 823. Geistinger.

Gruner, Jos., Jesus d. zweite Adam, od.: Dogmat. Betrachtungsreden üb. uns. Erlösung durch Christum; geord. nach d. h. Zeiten u. Festen d. kathol. Kirchenjahres. 3 Hfte. gr. 8. (30 B.) Olmütz 841. (Wien, Beck'sche Univ.-Buchh.)

Gruner, Jos., Jesus der zweite Adam, od.: Dogmatische Betrachtungsreden über uns. Erlösung durch Christum, geordnet nach den h. Zeiten u. Festen d. kathol. Kirchenjahres. 2. Aufl. gr. 8. (30 B.) Wien 844, Mechitaristen-Congreg.-Buchh.

— Maria die zweite Eva, od.: Betrachtungsreden f. die Feste Mariens, aufgefaßt von d. Standpunkte d. kathol. Dogmatik. Nebst e. Anh. von 2 Armeninstituts- u. 3 Patrociniums-Predigten. gr. 8. (15½ B.) Wien 844, Mechitaristen-Congreg.-Buchh.

Gruner, Justus

— s. Archiv, allgem., f. Sicherheit ꝛc.

Gruner, J. u. Hartleben, T. K. Allgemeines Archiv für Sicherheits- und Armenpflege. 6. St. gr. 4. *Würzburg, Baumgärtner.* 1805

Gruner, Justus (Mitarb.), s. Arndt, Ernst Moritz: Was bedeutet Landsturm und Landwehr?

Authentische aktenmäßige Erzählung der Betrugerei eines angeblichen Wundermädchens im Hochstift Osnabrück, das seit zwei Jahren ohne Speisen und Getränke gelebt haben wollte. Von Justus Gruner. Berlin: Voss 1800. VIII,172 S. 8°

GRUNER, Justus, Leidenschaft und Pflicht. Eine Sammlung moralischer Gemälde. Th. 1. (einz.). Berlin, Voss, 1800. 8°. (In Berlin: Yw 5151.)
IX u. 436 S. Vorr. dat. Osnabrück, im Julius 1800. — Ent. einen zahmen Roman in Briefen, keine Sammlung.

Gruner, Just. Versuche über die recht- und zweckmäßige Einrichtung der öffentlichen Sicherheits-Institute, deren jetzige Mängel und Verbesserung; nebst einer Darstellung der Gefangen-, Zucht- und Besserungshäuser Westphalens. gr. 8. *Frankfurt a. M. Eslinger.* 1801

— Versuch über d. recht- u. zweckmäßige Einrichtung öffentl. Sicherungsinstitute; deren jetzige Mängel u. Verbesserungen. Mit 1 Kpft. gr. 8. Frankf. a. M. 802. (Schäfer). 1 ₰ 4 gl

Gruner, Just. Versuch über Strafen, in vorzüglicher Hinsicht auf Todes- und Gefängnisstrafe; nebst einer aus dem Englischen angehängten Nachricht über die Strafgesetze und Gefängnisse Pensylvaniens. 8. *Göttingen, J. G. Rosenbusch.* 1798

Gruner, Just.: Versuch üb. Strafen, in vorzügl. Hinsicht auf Todes- u. Gefängnisstrafen; nebst ein. aus d. Engl. angehängten Nachricht üb. d. Strafgesetze u. Gefängnisse Pensylvaniens. *Gött.*, Rosenbusch. 799. 8. (12 Gr.)

— Versuch über Strafen; in vorzügl. Hinsicht auf Todes- u. Gefängnißstrafen. 8. Götting. 799. Röwer. 10 gl

Gruner, Justus, Meine Wallfahrt zur Ruhe und Hoffnung oder Schilderung des sittlichen und bürgerlichen Zustandes Westphalens am Ende des 18. Jahrhunderts. Th. 1. 2. Frankfurt a. M. 1802—3. 8. . . . . (H.)

v. Gruner, Just., († d. 8. Febr. 1820.) meine Wallfahrt zur Ruhe u. Hoffnung, oder Schilderung d. sittl. u. bürgerl. Zustandes Westphalens am Ende d. 18ten Jahrh. 2 Bde, mit 1 Kpf. 8. Frankf. a. M. 803. Guilhaumann. 3 ₰ 16 gl

Gruner, Justus: „Widerlegung der Klöntrupschen Rechtstheorie vom Zwangdienste", Osnabrück 1800. — Vorh.: Bibl. des Oberlandesgerichts Celle — (2 an Na. 24).

Gruner, Justus Ferdinand von. Ueber Freiheit und Nationalität mit besonderer Beziehung auf Teutschland. Ein Versuch zur genaueren Feststellung einiger politischen Grundbegriffe. Köln 1838. 219 S. 8.

Gruner, Karl. Das Buch der Kindheit f dt-anische Jugend ... StL, 1864.

Gruner, Karl, das Buch der Kindheit für die deutsch-amerikanische Jugend zum Haus- u. Schulgebrauch. gr. 16. (VII, 248 S.) St. Louis, Mo. 865. (Philadelphia, Schäfer & Koradi.) geb. n. 4. —

Gruner, Carl, kalligraphische Vorlagen für Lehrer u. Schüler. In verschiedenem Maßstabe bearb. qu. 4. (32 Steintaf.) Pforzheim 878. Riecker. n. 1. 20

Gruner, Karl, Vorschriften für den Schönschreibunterricht an Mittelschulen. In verschiedenem Massstabe bearb. qu. 4. (35 Stnt. mit 3 S. Text.) Pforzheim 882, Riecker's Buchh. *

GRUNER, CARL AUG. ANDR., Die vortrefflichen Verdienste der Dänischen Regenten aus dem Gräfl. Oldenburgischen Hause um die Beförderung der Wissenschaften . . . in gebundener Rede erwiesen. Altona. 1744. 4. P. (Skoleprogr.).

Gruner, Karl Aug. Konst., historiae cultrivororum, morbi simulati et dissimulati vel suicidii intentati indices. 8maj. Jena 805. (Schmid; a. Taubert in Leipz.) 12 gl

Gruner, C. A. C., Historica Cultrivororum morbi simulati et dissimulati etc. 8. maj. Ienae, Göpfert. 805.

Gruner, Carl August Constantin (Jena), De voracitate nimia cultrivorationis parente et nutrice. Diss. med. Präs. Christian Gottfr. Gruner. Jena (Goepferdt) 13. IV. 1805. 20 S. (4.—) 11961

Gruner, Karl Ernst

— homöopathic pharmacopoeia, compiled by order of the german central union of homöopathic physicians and edited for the use of pharmaceutists. Authorised english edition, translated from the 2., german edition. gr. 8. (X und 224 S.) Leipzig 855, Arnoldische Buchh.

Gruner, Karl Ernst: Homöopathische Pharmakopöe, in Auftrag des Centralvereins homöopathischer Aerzte bearbeitet und zum Gebrauche der Pharmaceuten herausgegeben. 194 S., gbd.

Dresden u. Leipzig: Arnold 1845

Gruner, Carl Ernst, homöopathische Pharmakopöe, in Auftrag des Centralvereines homöopath. Aerzte bearb. und zum Gebrauch der Pharmaceuten hrsg. Mit Vorwort von C. Fr. Trinks. 2., durchgeseh. und verm. Aufl. gr. 8 (XX und 239 S.) Leipzig 854, Arnoldische Buchh. *

Gruner, Carl Ernst, homöopathische Pharmakopöe, im Auftrag des Centralvereins homöopathischer Aerzte bearb. und zum Gebrauch der Pharmaceuten herausg. 3. verm. Aufl. Leipzig 864. Arnold. gr. 8. (XII, 240 S.) n. 1 ₰ 10 ngr.

Gruner, Carl Ernst, homöopathische Pharmakopöe. Bearb. und zum Gebrauch der Pharmaceuten hrsg. 4. und 5. Aufl. gr. 8. (XIV, 240 S.) Leipzig 1864,78, Schwabe's Homöopath. Buchh. *

Gruner, Karl Friedrich Ferdinand

— **Carl Fried. Ferd.** (Jena), De Jesu Christi morte vera non syncoptica. Diss. med. Jena (Goepferdt) 10. IV. 1800. 32 S. (5.—) 11962

Gruner, Karl Fr. Fd., († d. 3. Dec. 1813.) Diss. inaug. Commentat. de Jesu Christi morte vera. 8maj. Jena 800. (Schmid). 4 gl Vermehrt u. verb. unt. d. T.: de Jesu Christi morte vera, non simuluta; acced. Chr. Gf. Gruneri vindiciae mortis J. C. verae et Herm. Conringii discursus de J. C. cruento sudore etc. 8maj. Halle 805. Waisenh.-B. 16 gl

Gruner, C. F. F., de Jesu Christi morte vera, non syncoptica. Jen. 1800. 4; rep. ibid. 1805. 8. Insunt etiam: C. G. Gruneri vindiciae mortis J. C. verae, et H. Conringii diss. de J. Chr. cruento sudore et morte ejus repentina, de aqua et sanguine ejus demortui lateri effluentibus.

Ordinarius id. procancellarius facult. jurid: Lips. summos in utr. jure honores viro **Carl Gustav Adolph Gruner** (Berga-Saxon.). Leipzig (Saalbach) 13. XII. 1805. 16 S. mit Biogr. (M.: Ch. F. E. Reinmann.) (4.—) 11965
Inest Meditat. V. circa ordinat. proc. recogn. monendor.

Gruner, Karl Gust. Ad., († d. 8. Oct. 1831.), s. Ansichten e. Hauptzweige d. Industrie u. d. Handels.

— **Carl Gustav Adolph** (Bergensis), De §§. I. et III L. V. C. ad L. Jul. Mai. in judicio maiestatis non adtendenda. Diss. jur. Präs. Christian Daniel Erhard. Lpz. (Carl Tauchnitz) 29. XI. 1803. 102 S. (6.—) 11963
Gew.: Ludw. Friedr., Carl Friedr. Gerh. u. Rud. Ferdin. Gruner. — Widm. v. Präs.

— — (Berga-Saxo), De poenis Romanorum privatis earumque usu hodierno. Diss. jur. Lpz. (Carl Tauchnitz) 5. XII. 1805. 80 S. (6.20) 11964
Gew.: Johann Ernst Gruner.

(Gruner, C. G. A.): „Ueber das Retorsions-Princip als Grundlage eines deutschen Handels-Systems", Leipzig 1820. 4°. — Vorhanden: Com. Bibl. Hamburg.

Dass.s.a.unt.: Retorsions-princip.

Gruner, Kathi, Em Schwobaländle. Gedichte in schwäb. Mundart, auch zum Vortrag geeignet. (VIII, 72 S.) 16. Stuttgart 901. (H. Enderlen.) n. — 60

Gruner, Clara v. (Cl. v. Düring), allerhand v. Liebe u. Freundschaft. (Herzensliebling.) 12. (50 S.) Straßburg 895. Basel, G. L. Kattentidt.
Geb. in Leinw. n. 1. 80; in Celluloid u. Leinw. n. 3. 20

— Märchen f. Alt u. Jung. Illustr. v. Martha Neumann. 8. (VII, 126 S.) Ebd. 896. Geb. in Leinw. n. 2.50

— Schneeflocken. Sing u. Sang a. d. Waldthal. gr. 16. (78 S.) Leipzig 895. R. Claußner. 2. —; geb. n. 3. —

— Prinzeßchen Unzufrieden, s.: Kinder-Bibliothek, kolorierte.

Gruner, Clara v., vergiß mein nicht. Kleine Lieder. 12. (VIII, 120 S.) Leipzig 892. (Von Haus zu Haus, A. Mahn.) n. 1. 50; geb. in Leinw. n. 3. —

Gruner, L.
Abhandlungen über Metallurgie. Uebersetzt von Franz Kuppelweizer. 2 vols., 8vo., and atlas.

Gruner, L., Beethoven-Häuser. 12 Orig.-Radiergn. Mit e. Vorwort v. Arth. Roessler. (8 S.) 83,5×27,5 cm. Wien 910. J. Grünfeld. In Mappe 17. —

Gruner, L., Commentar zu dem von Leop. Gruner u. Ed. Lehmann herausgegebenen landwirthschaftlichen Herbarium. Dorpat 862. (Gläser.) gr. 8. (39 S.) n. 15 ngr.

— Schilderung der Vegetationsverhältnisse der östlichen Allentacken, als Bericht über die Ergebnisse einer auf Kosten der Dorpater Naturforschergesellschaft unternommenen botanischen Reise. (Aus dem Archiv für die Naturkunde Liv-, Est- u. Kurlands abgedr.) Ebend. 862. gr. 8. (14 S.) n. 5 ngr.

Gruner, L., Versuch einer Flora Allentackens u. des im Süden angrenzenden Theiles von Nord-Livland. [Aus: Archiv für die Naturkunde Liv-, Ehst- u. Kurlands.] Dorpat 864. (Gläser's Verlag.) gr. 8. (162 S.) n. 1 ₰ 6 ngr.

Gruner, Ludw., die Basreliefs an der Vorderseite des Doms zu Orvieto, Marmor-Bildwerke der Schule der Pisaner mit erläuterndem Texte von Emil Braun. 2 Abthlgn. qu. gr. Fol. (83 Kpfrt. in Tondr., wovon 4 in Fol., und 1 Chromolithogr. mit 16 S. Text.) Leipzig 858, Brockhaus' Sortiment und Antiquarium. à Abthl. * 15 Thlr. *
Auf chines. Pap. à Abthl. * 20 Thlr. *

Gruner, L., the Decorations of the Gardinen-Pavillon in the grounds of Buckingham Palace. With an introduction by Mstr. Jameson. gr. Fol. (Mit 15 Kpfrtaf.) London 846. (Leipzig, Rud. Weigel.) engl. Einb. n. 14 ₰

— dass. colorirt. n. 35 ₰

Gruner, Ludwig: Fresco decorations and stuccoes of Churches and Palaces in Italy during the 15th and 16th centuries. By A. Hittorf. 2 Pts. London. (Leipzig) 1844. 2. Ausg. 1854.

Gruner, Ludw., das Grüne Gewölbe zu Dresden. Eine Folge ausgewählter Kunstwerke dieser Sammlung nach den Zeichnungen von R. Seidemann u. E. Mohn mit erklärendem Texte von v. Landsberg. Dresden 862. (Burdach.) Fol. (28 lith. Bl., 1 Photogr. u. Text IV S., 28 Bl.) n. 30 ₰
Auch mit englischem Texte zu gleichem Preise.

Gruner, Ludw., die decorative Kunst. Beiträge zur Ornamentik für Architektur u. Kunstgewerbe aus den Schätzen der königlichen Sammlung für Handzeichnungen u. Kupferstiche. Auf Veranlassung des königl. Ministerium des Innern u. der General-Direction der königl. Sammlungen für Kunst u. Wissenschaft hrsg. 10 Lfgn. Fol. (à 10 Lichtdrtaf.) Dresden 879—82. Gilbers' Vorl. à n. 10. —

Gruner, Lodov., i Mosaici della cupola nella Capella Chigiana di S. Maria del Popolo in Roma inventati da Raffaelle Sanzio d'Urbino. Illustrati da Ant. Grifi. Fol. (Mit 10 Kpfrn.) Roma 839. (Leipzig, Rud. Weigel.) n. 6 ₰
grosse Ausgabe n. 8 ₰

—— s. Raphael Santi's Decken-Gemälde.

Gruner, Ludw., Vorbilder ornamentaler Kunst der italienischen Schulen d. 15. bis Anfang d. 17. Jahrh. 1. Lfg. Die Intarsiaturen im Sanctuario di San Martino zu Alzano Maggiore. gr. Fol. (7 lith. u. chromolith. Taf. m. 1 Bl. Text) Leipzig 876. Arnold. n. 9. —

— Vorbilder ornamentaler Kunst der italienischen Schulen des 15. bis Anfang des 17. Jahrh. 2. Lfg. Die Cantoria der Sixtinischen Capelle im Vatican. gr. Fol. (7 lith. u. chromolith. Taf. m. 1 Bl. Text.) Leipzig 877. Arnold. n. 18. — (1. u. 2.: n. 27. —)

— **Ludwig Daniel** (Coburg), Spicilegium observationum ad Phaedri priores libros II. Präs. Johann Friedrich Gruner (Bruder). Jena (Schill) 29. V. 1745. 26 S. (6.40) 12075
Gew.: Johann Jonrad Schwarz.

Gruner, M. L., analytische Studien über den Hohofen. Nebst Abhandlungen über die bei den hohen Temperaturen absorbirte Wärme durch Roheisen, Schlacken und Stahl und über den Ursprung von eisenhalt. Kohlenstoff, der sich den inneren Wänden entlang in manchen Hohöfen vorfindet. Nach dem Französ. bearb. von J. H. Constant. Steffen. Autoris. Ausg. gr. 8. (IV, 129 S. mit 1 Stnt. in qu. gr. 4.) Wiesbaden 875, [Kreidel's Verlag.] Bergmann. *

Gruner, Max, approb. Arzt aus Dresden: **Seltenere Einbruchswege der eitrigen Leptomeningitis.** *Dresden 1901: C. Heinrich.* (26 S.) 8°
Jena, Med. Diss. v. (26. Nov.) 1901

Gruner, Max, Assist. am zool. Inst. d. Kgl. Universität: **Biologische Untersuchungen an Schaumcikaden.** ⟨Gatt. Aphrophora Germ. u. Philaenus Stål.⟩ *Berlin 1901: J. F. Starcke.* (38 S.) 8° ¶(Enthält nur T. 1: Biologie der Schaumcikaden. Der anat. Teil erscheint in einer Zeitschrift.)
Berlin, Phil. Diss. v. 5. Juni 1901

Gruner, Osk., Frau Minna **Gruner** u. Wilh. **Hammer,** der Weg zum Familienglück, s.: Lebenskunst-Bibliothek. Nr. 1.

Gruner, Otto

Gruner, O., d. Bauen auf d. Lande, s.: Zukunft, die, d. Landbevölkerg.

Gruner, O., die Baustile, s.: Sacken, Eduard Frhr. v.

Gruner, Otto, Oberarzt im Ostpreußischen Train-Bataillon No. 1: Beitrag zur Kenntnis der myasthenischen Paralyse. Vier Fälle ⟨mit einem Sektionsbefunde⟩. Königsberg i. Pr. 1905: (Berlin, L. Schumacher). (39 S.) 8°
Königsberg, Med. Fak., Ref. Lichtheim, Diss. v. 22. Febr. 1905
[Geb. 13. Apr. 77 Proskau, Prov. Schlesien; Wohnort: Königsberg i. Pr.; Staatsangeh.: Preußen; Vorbildung: Luisen-Gymn. Berlin Reife M. 95; Studium: Kaiser Wilhelms-Akademie in Berlin 9 S.; Coll. 7. Febr. 05; Approb. 22. Mai 01.]

Gruner, O., Beiträge zur Erforschung volksthümlicher Bauweise im Königr. Sachsen u. in Nord-Böhmen. Mit 58 Abbildgn. nach Orig.-Zeichngn. des Verf. 8. (51 S.) Leipzig 893. A. Felix. n. 1. 40

— **weitere Beiträge zur Erforschung volksthümlicher Bauweise. Nebst e. einleit. Betrachtg. üb. die Ursachen ihres Verschwindens in unseren Dörfern.** Mit 27 Abbildgn. nach Orig.-Zeichngn. des Verf. gr. 8. (47 S.) Leipzig 894. A. Felix. n. 1. 60

— Blasewitz. Vergangenheit, Entwickelg. u. jetzige Einrichtgn. e. Dorfgemeinde. (108 S. m. Abbildgn., 25 Taf. u. 1 Plan.) Lex.-8. Leipzig 905. A. Strauch.
Geb. in Leinw. n. 6. —

Gruner, O., die Blitzableiter nach ihrer Anordnung u. praktischen Ausführung, kurz u. f. Jedermann fasslich dargestellt. 8. (43 S. m. 40 Abbildgn.) Leipzig 892. A. Felix. n. 1. 20

Die Dorfkirche im Königreich Sachsen. Eine Darstellung ihrer Entstehung, Entwickelung u. baulichen Eigenart, im Auftr. u. mit Beihilfe d. Ver. f. Sächs. Volkskunde u. des Sächs. Ingen.- u. Architekten-Ver. bearb. u. hrsg. von O[tto] **Gruner,** Architekt. Mit zahlr. Abb. im Text u. als Beilagen. *Leipzig-R.: A. Strauch 1904.* (69 S.) 4°(8°) [J.]

Gruner, O., Formeln u. Tabellen zu einfachen statischen Berechnungen der bei Hochbauten vorkommenden Eisenkonstruktionen. 8. (16 S. m. 23 z. Thl. farb. Fig.) Leipzig 885. (Baldamus.) n. 1. 50

— Formeln u. Tabellen zu einfachen statischen Berechnungen der bei Hochbauten vorkommenden Eisenkonstruktionen. 2., verm. Aufl. m. 29 Fig. 12. (22 S.) Leipzig 892. (E. Baldamus.) n. 1. 50

— **Gesundheit u. Behagen in uns. Wohnhäusern. E. kurz gefasste u. allgem. verständl. Betrachtg. d wichtigsten Grundsätze, häufigsten Mängel u. bewährt. Hilfsmittel.** gr. 8. (VIII, 112 S. m 80 Abb.) München 895. R. Oldenbourg. n. 2. 50

Gruner, O., Haus u. Hof, s.: Dorfkirche u. Bauernhaus im Königr. Sachsen.

Gruner, P[aul]. Beitrag zum Strahlungsgesetz. [Sep.-Abdr. aus:] Physikalische Zeitschrift. Jahrg. 4. No. 11. Seite 305—306. 2 S. 4. [Leipzig, S. Hirzel, 1903.]

Gruner, P[aul]. Beitrag zu der Theorie der radioaktiven Umwandlung. Von P. G' (Bern). Separat-Abdruck aus den Annalen der Physik. IV. Folge. Band 19. 1906. II S. + S. 169—181. 8. Leipzig, Johann Ambrosius Barth.

Gruner, P[aul]. Bemerkungen zu der Arbeit: «Über den Zerfall von Radium A, B und C, 2. Mitteilung», von Herrn H W Schmidt. Von P. G' (Bern). Separat-Abdruck aus den Annalen der Physik. IV. Folge. Band 22. 1907. II S. + S. 399—400. 8. Leipzig, Johann Ambrosius Barth.

Gruner, P[aul]. Über die Bewegung der freien Elektronen in den Metallen. (Sonderabdruck aus der) Physikalische(n) Zeitschrift. Jahrg. 10. No. 2.... II + 4 S. 4. (Leipzig, S. Hirzel, [1909].)

(**Gruner, P[aul].**) **Comment un naturaliste peut-il être un Chrétien? (... travail ... présenté par M. le professeur G' de Berne, dans une réunion universitaire....) [Traduit de l'allemand.]** 8.
In: Le Semeur. Organe des Associations Chrétiennes d'Étudiants de langue française. 8e Année, N° 2. 1er Décembre 1905. Paris (Cahors, Impr. A. Coueslant). (fr. —. 50.) p. 58—85. — (*En appendice, p. 85—91:* demande d'enquête relative à ce rapport de M. le prof G', par Léon Coudere.)

Gruner, P[aul]. Dämmerungserscheinungen und Alpenglühen, beobachtet in Bern im Jahre 1904. Separat-Abdruck aus den «Mitteilungen» der Naturforschenden Gesellschaft in Bern [aus dem Jahre] 1905. 21 S. 8. [Bern, K. J. Wyss, 1906.]

Gruner, P[aul]. Über die neueren Dämmerungserscheinungen. ⟨Vorgetragen am 31. Januar 1903.⟩ Separat-Abdruck aus den «Mitteilungen» der Naturforschenden Gesellschaft in Bern. 1903. 5 S. 8. [Bern, K. J. Wyss.]

Gruner, P[aul]. Elementare Darlegung der Relativitätstheorie. [Mit 1 Tafel.] Separat-Abdruck aus den «Mitteilungen der Naturforschenden Gesellschaft in Bern» 1910. II + 22 S. 8. Bern, K. J. Wyss. 1910. [fr. —. 60]

Gruner, P[aul]. Über eine Erweiterung der Lorentzschen Elektronentheorie der Metalle. Von P. G' (Bern). ⟨Vorgelegt in der Sitzung vom 3. Juli 1908.⟩ [Mit 2 Figuren.] Sonder-Abdruck aus den Verhandlungen der Deutschen Physikalischen Gesellschaft. Jahrg. 10. Nr. 13. II S. + S. 509—536. 8. Braunschweig, Friedrich Vieweg & Sohn, 1908.

Gruner, P[aul]. Die Fortschritte der Radioaktivität vom Anfang des Jahres 1908 bis Mitte 1909. ([1., einziger Teil. Mit 1 Tabelle. SA. aus:] Ion. Zeitschrift für Electronik, Atomistik ... und Raumchemie. ... hrg. von Charles H Walter. Vol. 2. No. 1. Ausgegeben am 10. März 1910.) IV S. + S. 36—71. 4. [Neustadt a. d. Hardt, Richard Müller.]

Gruner, P(aul). Glauben und Wissen. Vortrag. 23 S. 8. Bern, A. Francke, 1907. [fr. —.60]

Gruner, P[aul]. Gottesglaube und Naturgeschehen. Vortrag, gehalten von Dr. P. G', ... an der deutschen christlichen Studenten-Konferenz in Wernigerode, August 1909. 23 S. 8. Bern, A. Francke, 1909. [fr. —. 60]

Gruner, P[aul]. Probleme der modernen Physik. [Umschlag illustriert.] 40 S. 8. Godesberg bei Bonn. Naturwissenschaftlicher Verlag, 1910. (M. —. 60)
(Naturwissenschaftliche Zeitfragen Heft 9. Im Auftrage des Keplerbundes hrg. von Prof. Dr. E[berhard] Dennert, Godesberg.)

Stoff u. Kraft, s.: Naturstudien f. jedermann. 1. Hft.

Gruner, P[aul]. Stoff und Kraft. 1.—5. Tausend. [Mit illustriertem Umschlag.] 39 S. 8. Godesberg, Naturwissenschaftlicher Verlag, 1909. [M. —. 20]
Naturstudien für jedermann. Heft 1.

Gruner, Paul. Die radioaktiven Substanzen und Die Theorie des Atomzerfalles. Mit einer Tafel und drei Figuren. IV + 103 S. 8.
Ausg. A: Beilage zum 36. Programm des Freien Gymnasiums in Bern. (Bern, Buchdr. des Berner Tagblatt, 1906.)
Ausg. B, sep. Bern, Verlag A. Francke, 1906. [fr. 2. —]

Gruner, Paul. Tabellen für die Exponentialfunktion mit negativen Exponenten $y = e^{-x}$. ⟨Sonderabdruck aus dem Jahrbuch der Radioaktivität und Elektronik (Band 3, Heft 2).⟩ II + 15 S. 8. Leipzig, S. Hirzel, 1906. [M. 1. —]

Gruner, P[aul]. Über die Verwertung von Theorien und Hypothesen im physikalischen Unterricht. Referat gehalten in ... der Versammlung deutscher Philologen und Schulmänner in Basel am 26. September 1907 von P. G', ... Bern. Sonderabdruck aus den Monatsheften für den naturwissenschaftlichen Unterricht aller Schulgattungen ... [Band 1, Heft 1/2]. II S. + S. 15—30. 8. Leipzig und Berlin, B. G. Teubner, 1908. [M. —. 80]

Gruner, P[aul]. Die Voraussetzungen und die Methoden der exakten Naturforschung. Sonderabdruck aus dem 21. Jahrg. der illustrierten naturwissenschaftlichen Monatsschrift »Himmel und Erde« II S. + S. 289—300 gr-8. Leipzig und Berlin, B. G. Teubner, 1909. [M — 50]

Gruner, P., astronomische Vorträge. 6 gemeinverständl. Hochschulvorträge, geh. auf Veranlassg. d. Vereins Philadelphia im Winter 1897/98. gr. 8. (100 S.) Bern 898. E. Baumgart. n. 1. 40

Die Wandlung in den Anschauungen über das Wesen der Elektrizität. Von Dr. P[aul] **Gruner**, Prof., Bern. Hamburg G. Schloeßmann 1908. (26 S.) 8° [F.]
— [**Schriften** d. Keplerbundes. H. 1] [08. 6086

Gruner, P[aul]. Die Welt des Unendlich Kleinen. Von Dr. P. G. a. o. Professor ... [in] Bern. [Mit illustriertem Umschlag.] 32 S. 8 Hamburg, Gustav Schloessmann, 1908. (M. — 60)
Naturwissenschaftliche Zeitfragen. Im Auftrage des Keplerbundes hrg. von Dr phil. E[berhard] Dennert, Godesberg.)

Gruner, P[aul]. Die Welt des unendlich Kleinen. 2. Aufl. [Umschlag illustriert.] 32 S. 8. Godesberg bei Bonn, Naturwissenschaftlicher Verlag, 1910. (M. —. 50)
(Naturwissenschaftliche Zeitfragen Heft 2. Im Auftrage des Keplerbundes hrg. von Prof. Dr E[berhard] Dennert, Godesberg)

Gruner, Paul, aus Bern Die Werthe der Weber'schen Strahlungsconstanten b^2 verschiedener Kohlenfäden. Uster-Zür A. Diggelmann Dr 1893 64 S. 8°.
Zürich, Phil. Diss. [v. 4. April 1893].

Gruner, P[aul]. Wie ist es möglich, dass ein Naturforscher ein Christ sei? Referat, gehalten von Prof. Dr. P' G' an einem akademischen Diskussionsabend in Bern (am 22. November 1904). 23 S. 8. Bern, A. Francke, 1905. [fr. —. 60]

Gruner, Paul Costia, am Bergpfad. Ein Buch Gedichte. (114 S.) 8. Strassburg 907. J. Singer. 2. —

Gruner, Rich., ein Stück Lebensglück, gesammelte Erfahrgn. auf gesundheitl. Gebiet. (41 S. m. Abbildgn.) 8. Dresden (908). (Lössnitz, A. Wallisch.) — 50

Gruner, Rob., Aufgaben für das schriftliche Rechnen in Volks- u. Bürgerschulen. 1—4. Heft. Leipzig, F. Fleischer. 8. n. 6 ngr.
1. Heft. Zahlenreihe von 1—10. (8 S.) 867. n. 1 ngr.
2. Heft. Zahlenkreis von 1—20. (8 S.) 867. n. 1 ngr.
3. Heft. Zahlenkreis von 1—100. (15 S.) 867. n. 1 ngr.
4. Heft. Unbegrenzter Zahlenraum. Ungleichbenannte Zahlen. (45 S.) 868. n. 3 ngr.

Gruner, Robert (Red.), s. Holzindustrie-Zeitung.

Gruner, Rob., Lehrbuch der Gruner'schen Stenographie. Für Schul- u. Selbstunterricht bearb. gr. 8. (62 S., wovon 30 autogr.) Leipzig 879. C. F. Gruner. n. 2. —

Gruner, Rob., Lehrbuch der Gruner'schen Stenographie. Für Schul- u. Selbstunterricht hrsg. 2., neubearb. Aufl. (32 S. u. 32 autogr. S.) 8. Leipzig 910. C. F. Gruner. 2. —

Gruner, Rudolf, aus Proskau ⟨Prov. Schles.⟩, Unterarzt im 2. Litth. Feldart.-Reg. No 37 Der Selbstmord in der deutschen Armee. *Berlin (1903): G. Schade.* (38 S.) 8°
Berlin, Med. Diss. v. 30. Juni 1903

Gruner, Samuel, s.a. Grouner, Samuel.

[Gruner, Samuel.] Geognostische Uebersicht der helvetischen Gebürgsformationen. [Mit 1 Karte. A.] 8. [Zürich 1805]

Gruner, Sgm. Ueber die Errichtung einer Brand-Asseeuranz-Anstalt in dem Canton Bern. Bern u. Leipzig 1789

— Neue Wahrheiten zum Vortheil der Naturkunde u. des gesellschaftlichen Lebens des Menschen. Leipzig 1754.

Gruner, W., Zerlegung des rothen blättrigen Granats aus Grönland. (Aus Ann. der Physik, Bd. 13, St. 4, J. 1803, St. 4.) (S. 5386)

Gruner, Wilhelm Moritz, s. Gruner, Friedrich Wilhelm Moritz.

Grüner, Geschäftsgänge zum Unterricht in der gewerblichen Buchführung, s.: Költen, Abdr. u. H. Zwiesele.

GRÜNER, Alfred (Gera): Ueber Autointoxikation bei einem stenosierenden tuberkulösen Geschwür des Dickdarms.- München: Wolf 1904. 19 S.
11.5.1904 - Chr 1903/04,19; Jv 1903/04,325
Diss. Ingolst.-Landsh.-Mchn.

Grüner, Bernard, Treue f. Treue. (Ein St. Josephs-Kind.) Schauspiel in 1 Aufzug. Nach e. histor. Begebenheit, siehe Wiener „Vaterland" vom 23. Aug. 1889. 8. (20 S.) Salzburg 893. M. Mittermüller. n. — 40

Grüner, Bern., O. S. B., Treue f. Treue. (Ein St. Josephs-Kind.) Schauspiel in 1 Aufzug. Nach e. histor. Begebenheit, siehe Wiener „Vaterland" vom 23. VIII. 1889. 2 [Titel-]Aufl. 8. (20 S.) Regensburg [893.] (900). A. Coppenrath's Verl. n. — 40

Grüner, C., die Geschichte der October-Revolution in Wien, ihre Ursachen u. nächsten Folgen. Der Wahrheit getreu dargestellt u. mit den wichtigsten histor. Documenten versehen. 8. (330 S.) Leipzig 849, Köhler in Comm. 1 1/2 ₰

ALEXANDRINE, Gräfin von und zu I**, die Tochter einer Buhlerinn! eine romantische Ausstellung mit cosmopolitisch-satyrisch-kritischen Farben gezeichnet vom Verf. der Henriette von Detten *C(hristoph) S(igm.) G(rüner).* Fortsetzung od. 3. u. 4. Theil der Henriette v. Detten. (S. d.) Cöln, bei J. L. Kaufmann, 1804. 8°. (In Dresden.) I: Tit., IV—224 SS. II: 202 SS. (4 1/2 Mk. Bielefeld in Carlsruhe; 5 Mk. B. Seligsberg, Bayreuth.)
— — Dasselbe. Neue Aufl. Leipzig, Joachim, 1815. (1816?) 8°. (2 1/2 Rthl.)
Kayser's Roman-Vers. hat 1815.

Grüner, Christoph Sigmund. s. Franz v. Alm.

ALM, Franz von, und seine Kinder. Ein (zahmes) Familiengemälde unsers Zeitalters. Kein Roman. Zeitraum von 1760 bis 1782. (Vf.: *Chp. Sigm. Grüner,*) (Kl. Ornam.-Vign.) Berlin, In Commission bey C. W. Schultz. 1787. 8°.
Tit., 3 Bll. Zuschr. („Meinem Freunde Mendel Oppenheim in Königsberg gewidmet"), 167 S. — Fehlt im Anon.-Lex.

Grüner, Christoph Sigmund: A n n a l e n menschlicher Thorheiten, s. G r ü n e r : S c h ö p f k ö p f e ziehen nur, wo sie angebracht sind.

APOLLONIA, oder die Räuber der Gebirge (freier Roman), vom Verfasser der „Henriette von Detten" (s. d.) (von *Chp. Sigm. Grüner*). Frankfurt a. M., Körner, 1803. 8°. (1 Rthl.)
Kayser's B.-Lex. (Romane).

DETTEN, Henriette von, Gräfinn von und zu J***, genannt Jettchen Schönthal, die schönste und merkwürdigste Buhlerin ihrer Zeit. Ein Beitrag zum Archiv der Liebe, des Genusses und der Weiblichkeit. Characteristisch gezeichnet von *C. S. G.* (d. i. *Chp. Sigm. Grüner*). 2 Thle. Köln, bei J. L. Kauffmann (Hamburg, Schmidt). XII. Jahrs 1804. (sic!). 8°, (2 Rthl. Scheible, v o r 1875; 7 Mk., Leihbiblexpl., Heinr. Lesser, Breslau, c. 1875; jetzt theurer!)
Freier Roman ohne grobe Anstössigkeiten. Sehr selten! Weller, fing. Dr. — I: TKpf., Tit. gestoch. („Cöln bey Haas" steht hier), VIII u. 347 S. II: Tit. u. 272 S. (Die obige Firma auf Titel von Th. 2.)

— — Dasselbe. Ibid. 1808. 8°.

ELISE, oder Bekenntnisse einer Buhlerin, ein Seitenstück zur Henriette von Detten, vielleicht auch zu den Elisen, wie sie sein sollten. Vom Verfasser der Henriette von Detten *(Chp. Sigm. Grüner)*. Mit 1 Kpfr. nach R. Cornelius, gestoch. von E. Thelott. Köln, Fabricius, 1804. 8°. XII u. 282 S. (10 Mk. Adolf Weigel, 1905.) Selten!

Grüner, Christoph Sigmund, s. E r f a h r u n g e n d. Lebens.

Erfahrungen des Lebens oder das Geheimnis sich ohne Universal- Arzneien, Charlatans und Wunder-Männer, natürliche und teuflische Magie gesund an Leib und Seele zu erhalten. Hrsg. von einem Laien (d.i. Christoph Siegmund Grüner).Danzig: Troschel 1793. 124 S. 8°

FRIDOLIN, d e r G a u k l e r, weiland theatral. Kreuzfahrer, Emigré, politischer Revolutionär, Märtyrer des Geschmacks (von *Christoph Sigm. Grüner*). 2 Thle. Mit 1 drast. TKpf. Mainz u. Hamburg, bei Gfr. Vollmer. 1800. 8°. (6 Mk. 50 Pfg. Taussig, 1904.)
Sehr abentheuerl., stellenw. freier Theater-Roman. Selten! I: 189 S. u. 1 S. Nachschrift. II: 242 S. (incl. Tit. u. 2 Bll. Vorr.).

— das Gelübde. Heroisches Schspl. 8. Manh. 803. Schwan u. G. 9 K

G e m ä l d e

— —, Dialogisirte, dramatisch gezeichnet von *S. G.* (d. i. *Chp. Sigm. Grüner*). Danzig 1797. 8°. VIII u. 350 S. Rar!
Anon.-Lex. II. p. 173 (nach Meusel u. Goedeke); Euphorion I, 188.

Grüner, dialogisirte Gemälde dramatisch gezeichnet. 1r Thl. 8. Danzig, Troschel. 797.

Grüner, Christoph Sigmund, s. G e s c h i c h t e d. Belagerung v. Danzig.

— der Irrthum, oder Wilfelmanns Geschichte; ein Trspl. in 3 Aufz. .. Danzig ...

LATERNE, Die, bei Tage, ein Buch zum Nutzen und Vergnügen für Jedermann. Hrsg. von dem Verf. der Erfahrungen des Lebens (*Chp. Sigm. Grüner*, 1758 [n i c h t 1757] bis 1808). Danzig, bei Ferd. Troschel, 1797. 8°. (In Danzig, Stadtbibl.) (3 Mk. v. Zahn & Jaensch, Dresden, c. 1902.)
316 S. (incl. Tit.), 2 Bll. Inh.

— das Mädchen der Neigung. Schspl. 8. Köln 804. (Imhoff-Schwarz). 8 K

Grüner, Christoph Sigmund, s. M ä r t y r e r , der Wahrheit.

MÄRTERER (sic!), D e r, d e r W a h r h e i t. Charakteristisch-romantische Geschichte, satirisch, politisch u. historisch gezeichnet in 2 Theilen. (Freier Roman von *Chp. Sigm. Grüner*.) Danzig, Ferd. Troschel, 1795. 8°. (9 Mk. E. Frensdorff, 1906.) Selten!
XIII—376 SS. Mit TVign. von C h o d o w i e c k i.

MORT, M i c h e l, d e r K r e u z n a c h e r. Eine romantische Ausstellung aus der vaterländischen Geschichte mit historischen Farben gezeichnet. Vom Verfasser der Henriette von Detten (s. d.) (von *Christoph Sigm. Grüner*). Leipzig u. Elberfeld, bei Heinrich Büschler., 1805. 8°.
Zahm. Tit., 1 Bl. Vorr., 220 S. Neue Allg. dtsch. Bibl. 102, 480. (Goedeke V, 506, 6, 12.)

— das Opfer d. Treue; e. Vorspl. .. Paderborn ...

— s. Prellerei.

Grüner, Christoph Sigmund, s. R e i s e n im Vaterlande.

GRÜNER, Christoph Sigmund (geb. 30. Jan. 1758 [n i c h t 1757, laut Biogr. in Schummel's Breslauer Almanach, 1801, S. 194 bis 205] im Dorfe Kynau in Schlesien, † 17. Dezbr. 1807 [1808?] zu Wien als Schauspieler), R e i s e n i m V a t e r l a n d e. Kein Roman, aber ziemlich theatralisch. 3 Thle. Königsberg und Leipzig, im Verlage der Hartungischen Buchhandlung. 1793, 94, 97. 8°.
Für damalige Theater-Zustände wichtiger, stellenw. etwas freier Romann, der selten geworden.
1: XVI (incl. Tit. m. Vignette) 236 S. 2: XVI—286 S.

REISEN im Vaterlande; kein Roman, aber ziemlich theatralisch (von *Christoph Sigmund Grüner*). 3 Thle. Königsberg, Unger, 1793—97. 8°. (7 Mk. 50 Pfg. Max Jaeckel, Potsdam, 1908.)
Daraus wurde ein Theil nachgedruckt mit d. Titel: V e r l a s s e n s c h a f t e i n e s S o u f f l e u r s; zum Nutz und Frommen der Schauspieler herausgegeben. Leipzig, Köhler, 1795. 8°.
Th. 3 hat auch den S o n d e r t i t e l: W a n d e r u n g e n i m G e b i e t e d e s W i e d e r s p r u c h s (so!). Romantisch, räsonnierend und theatralisch gezeichnet. Ebd. 1797. 8°. 303 S. (Th. 3 apart 2 Mk. Frdr. Klüber, 1906.) Anon.-Lex. III. p. 366 hat „1794" (nach Meusel) und „1793—97" (nach Kayser).

Grüner, Cph. Siegm., († d. 17. Dec. 1808.) satyr.-krit. Requisitionen in Briefen. 8. Stuttg. 803. Magaz. f. Liter. (Leipz., Joachim). 16 K

Grüner, Christoph Sigmund, s. J. H. S c h a n k i l i u s .

SCHRÖPF-KÖPFE ziehen nur, wo sie angebracht sind. (9 satyr. Erzähl. u. dramat. Scenen, stellenw. derb u. frei.) (Vf.: *Christoph Sigm. Grüner.*) O. O. 1801. 8°. (5 Mk., Leihbiblex., Kühl, Berlin, c. 1882.)
Seltenes Curiosum, gewidm. „den Schnüfflern". — 4 Bll. Vorst. u. 368 SS. Inh.: 1. Die Aufgeklärten. (Anstössig.) 2. Der Mörder seines Kindes. 3. Die Schlittenfahrt. 4. Der Reformator. 5. Fridewulf, der Rächer u. Retter. 6. Zunftwesen u. Handwerksgebräuche. 7. Das neue Gesangbuch. 8. Wäre es nicht rathsamer, Alles beim Alten zu lassen? 9. Zuruf der Menschen an das Glück. (Letzte Nr. in Versen.)

— — Dasselbe, tit.: A n n a l e n m e n s c h l i c h e r T h o r h e i t e n, oder S c h r ö p f k ö p f e z i e h e n n u r, w o s i e a n g e b r a c h t s i n d. Von *H. A. S.* Paris und Scheppenstedt 1814. 8°. (7 Mk. 50 Pfg., unsaub. Expl., Südd. Ant., München, 1908.)
Weller, fing. Dr. I. p. 215.

T r e n k (so!), H a r l e k i n u n d M i n o s; ein Schattenriss (von *Christoph Sigm. Grüner*). O. O. 1787.
l. c. (nach Meusel).

Wanderungen

im Gebiete des Wiederspruchs (so!). Romantisch, räsonnirend und theatralisch gezeichnet (von *Sigm. Christoph Grüner*). Königsberg und Leipzig. Im Verlage der Hartungschen Buchhandlung. 1797. 8°.

Grüner, Christoph Sigmund, s. Weder Journal noch Roman

WEDER Journal noch Roman. (Vf. *Christoph Sigmund Grüner*.) Königsberg 1789—90. Sehr selten!

Grüner weder Journal noch Roman. 3 Stck. 8. Königsb. Hartung. (Unzer.) 790.

Weltbürger

— —, Der, oder die Aufgeklärten, eine kosmopolit.-romant. Geschichte, ausgestellt als karactristisches (so!) Gegenstück zum Märtirer (sic!) der Wahrheit. (Vf. *Christoph Sigmund Grüner*) 2 Thle. Danzig, bey Ferd. Troschel. 1800 8° X—659 S. (8 Kr. Halm & Goldmann, Wien, 1907; 4 Mk. E. Frensdorff, 1908.)

Grüner, F W Die unterirdische Welt mit ihren Schätzen. Leipzig, 1858.

Grüner, Franz [Pseud.] s. A k a t s , Franz v. [wirkl. Name]

Grüner, Frz., Aphorismen u. Scenen aus Shakespeare's Werken. Mit Kpf. 12. Wien 809. Ant. Doll. 12 ℋ

Grüner, Franz, pract. Arzt in Modlau Aus d. Poliklinik d. Prof. Dr. Ernst Fränkel, Breslau. Beitrag zu der Lehre von der Lactationsatrophie des Uterus. *Leobschütz (1900): W. Witke.* (42 S.) 8°
Breslau, Med. Diss. v. 29. Aug. 1900

Grüner, (F.) abgedrungene Gedanken üb. eine sogenannte Kritik d. Darstellung Tells betreffend, auf d. großherzogl. Hof-Operntheater in Darmstadt gr. 8. Darmst. 822, Leske.

Grüner, Frz., Lebens- u. Denkbuch aus Shakspears sämmtl. Werken, s. Lebens- u. Denkbuch etc.

— Lebens- u. Denkbuch, aus Shakespeare's sämmtl. Werken zusammengestellt. Mit 1 Steindr. 12. Heidelb. 830. (Winter). 1 ℛ

Grüner, Franz Josef

Grüner, Frz. Jos., O. Cap., Novenenbüchlein zu Ehren des hl. Joseph, nebst Meß-, Beicht- u. Kommunionsgebeten, Litanei u. Lieder. (VIII, 72 S. m. Titelbild.) 16. München 910. J. Pfeiffer. — 25

— Seelenfriede. Anleitung zur Lösg. v. Gewissenszweifeln nebst Anh.: Meß-, Beicht- u. Kommunionandacht. 2. u. 3. Aufl. (VI, 159 S. m. farb. Titelbild.) 16. Ebd. 910. Geb. in Leinw. —70; in Ldr. m. Goldschn. 2. —

Grüner Friedrich: Schwäbische Urkunden und Traditionsbücher.
1909 PN 2701 Diss. Wien, Univ.

Grüner, Haldur R., haandbog for Handlende og Søfarende i Danmark, Norge og Sverrig, indehold.: efter Stædernes alphabet. Orden en fulstænd. Oversigt over alle Stæders Mynt-, Maal- og Vægtsystem, Skibs-Afgifter. etc. etc. 1—6. Levering. (Aachen — Stralsund.) gr. 8. (S. 1—576.) Kjøbenhavn 847—50, Philipsen. (à 1/2 ℛ) 3 ℛ

— Verel Læren. En Haandbog nærmest bestemt for Handlende. Med 10 lith. Verelblanquetter. gr. 8. (XVI u. 196 S.) Kopenhagen 847, Reitzel. n. 1 1/4 ℛ

Grüner, Hans: Mathei Parisiensis Vitae duorum Offarum (saec. XIII. med.) in ihrer Manuskript- und Textgeschichte. Kaiserslautern 1907: Ph. Rohr. (63 S.) 8° ¶(Soll vollst. erscheinen.)
München, Phil. Fak., Ref. Schick, Diss. v. 8. März 1906
[Geb. 14. Sept. 80 Bug, Bez.-A. Hof; Wohnort: Hof, Saale; Staatsangeh.: Bayern; Vorbildung: Gymn. Hof Reife Juli 99; Studium: München 12 S.; Rig. 8. März 06.]

Grüner, Herm., gesammelte Vorträge üb. innere Mission, s.: Studien u. Skizzen aus der inneren Mission. III.

Grüner. J., Bozzi's Conversations-Taschenbuch d. französ. u. deutschen Sprache, s.: Bozzi's Conversations-Taschenbuch.

Grüner, J., dictionnaire de la causerie franç., s. Geheimnisse der französ. Causerie.

— éléments d'une analyse logique réduite à ses bases rationelles, à l'usage des professeurs et des autodidactes. gr. 8. (14 S.) Wien 874. Lechner's Verl. n. — 80

— die Geheimnisse der französischen „Causerie", s. Geheimnisse.

— die Geheimnisse der französischen „Causerie". Deutsch-französ. Nachschlagebuch über 20,000 in traul. sowohl als witz. Redeweise jeden Augenblick vorkomm. Ausdrücke, nach den besten [sowohl class. als modernen] französ. Schriftstellern. Supplement zu allen deutsch-französ. Wörterbüchern. 2. verb. und verm. Aufl. — Dictionnaire de la causerie française, à l'usage des Allemands. 1.—11. Lfg. gr. 8. (S. 1—528.) Wien 875, Lechner's Verlag. à Lfg. *ℳ 1. *

Grüner, J., die Geheimnisse der französischen „Causerie". Deutsch-französ Nachschlagebuch über 20,000 in traul. sowohl als witz. Redeweise jeden Augenblick vorkomm. Ausdrücke, nach den besten [sowohl class. als modernen] französ. Schriftstellern. Supplement zu allen deutsch-französ. Wörterbüchern. — Dictionnaire de la causerie française, à l'usage des Allemands. 2. verb. und verm. Aufl. 12. (Schluß-)Lfg. gr. 8. (VIII, S. 529—573.) Wien 876, Lechner's Verlag. *ℳ 1.; compl. * geb. **
1.—11. Lfg. Ebendas. 1875. à Lfg. *ℳ 1.

Grüner, J., Kleingartenbau. Anleitung zur Pflege der Nutz- u. Zierpflanzen des Hausgartens einschließlich der Zimmerblumen, der Balkon- u. Aquariumgewächse. Für Schule u. Haus biologisch bearb. (VI, 141 S. m. 10 Abbildgn.) 8. Stuttgart 910. E. Ulmer. Geb. in Leinw. 1. 30

Grüner, J., Bozzi's Conversations-Taschenbuch der französischen und deutschen Sprache, s. Bozzi's Conversations-Taschenbuch.

Grüner, J., Conversations-Theil zur Machat'schen Sprachlehre, s. Conversations-Theil.

Grüner, J., morceaux de déclamation et saynètes, s. Morceaux.

— Naturlehre. Mit 159 Orig.-Zeichngn. (VII, 186 S.) 8. Stuttgart 907. A. Bonz & Co. Kart. 1. —

Grüner, J., die französ. Reitersprache f. Deutsche, die das Bedürfniß fühlen, sich hierin sachgemäß auszudrücken. Mit beigefügtem franz.-deutschen Inhaltsverzeichnisse. 12. (VIII u. 115 S.) Wien 847, Rohrmann. (Hölzel.) 1/2 ℛ

Grüner, J., das Schulwesen des Netzedistrikts zur Zeit Friedrichs des Großen (1772—86). Ein Beitrag zur Schul- u. Kulturgeschichte des 18. Jahrh. (XII, 135 S.) gr. 8. Breslau 904. F. Hirt. n. 2. —

Grüner, Joh., schönes Erbtheil d. Kinder Gottes, in Predigt. 4. Leipz. 723.

Grüner, Josef Sebastian

Grüner, Jos. Sebast., Beiträge zur Geschichte d. kgl. Stadt Eger u. des Eger'schen Gebiets. Aus Urkunden. gr. 8. (7 B.) Prag 843, Calve'sche Vrlgsh.

Grüner, (Jos. Sebast.), Briefwechsel und mündlicher Verkehr mit Goethe, s. Briefwechsel.

Grüner, Isidor, der sel. Hroznata. 12. (119 S.) Warnsdorf 898. A. Opitz. n. — 50

Grüner, N. Th., Beyträge zur Jurisprudenz d. Deutschen. 1r Bd. Nürnberg, Schrag. 810.

Grüner, Oskar

Grüner, Osc., neue Architektur-Formen. Moderne vorbildl. Lösgn. f. die wichtigsten Architekturteile, in systemat. Zusammenstellg. hrsg. I. Serie. 5 Lfgn. (60 Taf.) 45×34 cm. Wien (909. 10.) F. Wolfrum & Co. In Mappe à Lfg. 12. —

Grüner, Osk., Fassaden. Interessante Aussenarchitekturen in künstler. Darstellg. I. Serie. 60 Taf. Orig.-Zeichngn. gr. Fol. Wien (906). F. Wolfrum & Co. In Mappe n. 80. —

Grüner, Osc., Façaden u. Details. Wien 1900. 60 Lichtdr.-Blätter theils nach Natur-Aufnahmen theils nach Orig.-Zeichngn. gr. Fol. Wien 900. A. Schroll & Co. In Mappe n. 40. —

— Louis XVI. u. Empire, s.: Heider, Mor.

— s.: Villen, moderne, in Meisteraquarellen.

— moderne städtische Wohnhäuser in Meisteraquarellen. I. Serie. Kleinere eingebaute Wohnhäuser. (64 Taf.) gr. Fol. Ebd. (905). In Mappe n. 100. —

[Grüner, (Sebastian ?). Älteste Sitten und Gebräuche der Egerländer. Hochzeitstrachten. O. O. E. 18. Jh. — um 1810.]
14 Bl. Aquarelle, 13 Bl. in kol. Lithogr 2°
Sammelband aus verschiedenen Folgen.

— Aus Sebastian Grüners Manuskript „Über die Sitten und Gebräuche der Egerländer"
S. 32—38. 4°
In: Unser Egerland. Blätter f. Egerländer Volkskunde. Jg. 3 u. 4. 1899.

Grüner, Seb., üb. d. ältest. Sitten u. Gebräuche d. Egerländer, s. a. Beiträge z. deutsch-böhm. Volkskunde. IV. 1.

Grüner, Sebastian: Über die ältesten Sitten und Gebräuche der Egerländer. 1825 f. J. W. v. Goethe niedergeschrieben. Hrsg. v. Alois John. Prag '01. 137 S. (Beitr. z. dt.-böhm. Volkskde. 4, 1.)

Grüner, Vinzenz Raimund, s. Begebenheiten, mancherlei.

Grüner, V. R., bekannte u. lehrr. Darstellungen a. d. Vorzeit. Erzählt f. Kinder. M. 5 (ill.) Kpfr. 8. (5 B.) Wien 832, Tendler.

Grüner, Vinzenz Raimund, s. Erzählungen für Knaben u. Mädchen.

—— die Jugend in d. Erholungstagen auf d. Lande. Samml. angeneh. Situationen a. d. Kinderleben. Mit beygefügten Erklärn., in deutsch., franz., ital. u. böhmischer Sprache. Belehrendes Buch f. Mädchen u. Knaben, auch als Geschenk z. Nachzeichnen. M. 6 ill. Kpfr. qu. gr. 4. (2 B.) Wien (830), Pfautsch. 1 Thlr. 14 Gr., brbas. Pr.

— d. Jugend in den Erholungstagen auf dem Lande. Samml. angenehmer Situationen aus d. Kinderleben, mit beigefügten Erklärungen. Belehrendes Buch für Mädchen u. Knaben, auch als Geschenk zum Nachzeichnen, mit 6 ill. Kpf. (In deutscher, italien., französ. u. böhm. Sprache.) gr. qu. 4. Wien 831. Pfautsch. (Leipz., Liebeskind). 1 ß 14 gr 1832. Hbg. Pr. 16 gr

Grüner, V. R. († 1832), die Kunst in kurzer Zeit im Billardspiel Meister zu werden, oder leichtfaßl. Anweisung dasselbe nach Anstands- u. Klugheitsregeln spielen zu lernen. Mit e. Anhange der Wiener neuen Billardregeln für alle jetzt üblichen Spielpartien versehen. 2e Ausg. mit 5 Kpfrtaf. 12. Wien 836. Haas. 2/3 ß

— neue u. faßl. Lehrart zum Selbstunterricht in d. Landschaftszeichnung. Wien 817. Müller. 20 gr

— d. zwölf Monate. Ein Festgeschenk für d. fleißige u. gebildete Jugend. Mit 12 ill. Kpf. qu. 8. Wien 831. Pfautsch. 16 gr (Leipz., Liebeskind). 20 gr

—— die zwölf Monathe d. Jahres. Ein Festgeschenk f. d. fleiß. u. gebild. Jugend. M. 12 ill. Kpfr. qu. 8. (3½ B.) Wien (832), Pfautsch.

—— die zwölf Monate. A, B, C- u. Lesebuch f. fleiß. u. sittf. Knaben u. Mädchen v. 6—10 Jahren. 2., verb. u. verm. Aufl. 8. (10¼ B. u. 6 ill. Kpfrt.) Wien 841, [Pfautsch u. Comp.]

Grüner, Vinzenz Raimund, s. Räthselbilder des Lebens.

Grüner, V. R., Unterr. im Billardspiele, nebst d. Erklärung u. Anweis. zu allen coups secs oder Drehstößen. Mit 5 Kpft. 12. Wien 827. Haas. 21 gr

Grüner, V[incenz] R[aimund]. [Böhmische Volkstrachten.] V R Gruner del. et sc Prag. bey C W Enders o. J. [um 1830].
34 Taf. in kol. Kupferst 4°

Grüner, *Woldemar* [Dr.]: Die Lehre von den Mittelcharakteren in der Tragödie nach Lessings Darstellung. Leipzig, Druck v. B. Zechel, *1895*; 1—17 S. 4.
Leipzig, n. St. R, OP 1895 (581)

Grüner, Wold. Korinths Verfassung u. Geschichte mit besond Berücksichtigung seiner Politik während der Pentekontaetie (49) 8. Colditz-Leipzig 1875. Diss.

„GRUNERT, James". Ein erotischer Roman aus dem heutigen Berlin. 2 Bde. Mit Illustrationen in Farbenätzung von Emil Satori. (Privatdruck der Gesellschaft österreich. Bibliophilen, X.) (1908). 8°. 27 Bogen. (Gebd. Mk. 30.—, Luxusausgabe Mk. 60.—.)
Verfasser laut Prospect ein Berliner Schriftsteller von bekanntem Ruf.

Grunert, James. Ein Roman aus Berlin W. Mit 6 (farb.) Bildern v. E. Sartori. 2 Bde. Privatdr. der Gesellschaft österreich. Bibliophilen. (374 S.) 8. Wien 908. (C. W. Stern). 30 —

Grunert — Ueber die Kriegsverfassung und vorzüglich über das Soldatenwesen im Mittelalter. 14 S. . . . .
Progr. Marienwerder 1830

(1860–1910.) Zur Fünfzigjahrfeier der Firma Gebrüder Grunert Buch- u. Kunstdruckerei. Berlin SW, 1. Apr. 1910. (Verf.. Bruno **Grunert**.) (Berlin 1910.) 9 Bl. 4° (10. 1168,

[**Grunert,** C.] 10 Jahre deutscher Kolonial-Bestrebungen in der Abteilung Berlin der Deutschen Kolonial-Gesellschaft 1884–1894 (Berlin 1894) 115 S. 8°

Grunert, Carl, s. Grunert, Karl.

Grunert, Emil, Ehen. Schauspiel in 3 Aufzügen u. 1 Vorspiel. (86 S.) 8. Leipzig (905). Grethlein & Co. n. 2. 50

Grunert, Emil, approb. Arzt Über die verschiedenen **Kontrollapparate** für Dampfsterilisieröfen. *Leipzig 1901: S. Schmurpfeil.* (25 S.) 8°
Leipzig, Med. Diss. v (17 Juli) 1901

Grunert, F. Die K. preuss. Klassen-Lotterie. Sep.-Abdr. aus der „Volkszeitung". Berlin 1869.

Grunert, Franz, approb. Arzt aus Memel (Ost-Preussen) Experimentelle Untersuchungen über die Regenerationsfähigkeit des Gehirns bei Tauben. *Rudolstadt [1898]: F. Mitzlaff* (20 S.) 8°
Tubingen, Med. Diss. v 1896

Grunert, Herbert: Aus dem chemischen Institut der Universität Breslau. Beiträge zur Kenntnis des α-α'Dimethylpiperidins und Spaltung des Phenyl-α-Picolyl-Alkins in die optisch activen Componenten. Breslau 1906: H. Fleischmann. (53 S.) 8°
Breslau, Phil. Fak., Ref. Ladenburg, Diss. v. 27. Nov. 1906
[Geb. 1. Dez. 79 Breslau; Wohnort: Breslau; Staatsangeh.: Preußen; Vorbildung: Elisabeth-Gymn. Breslau Reife M. 01; Studium: Breslau 10 S.; Rig. 7. Nov. 06.]

Grunert, Johann August

Grunert, (Joh. Aug.,) mathemat. Abhandl. 1e Samml. gr. 4. Altona 822, Hammerich.

Grunert, Joh. Aug., Archiv der Mathematik u. Physik, s. Archiv.

Grunert, Joh. Aug., dissertatio de area trianguli loxodromici in superficie ellipsoidis. Gryphiswaldiae 856. (Koch.) gr. 4. (1 Bl., 24 S.) n. 10 ngr

Grunert, Joh. Aug., de area trianguli loxodromici in superficie ellipsoidis. Dissertatio. gr. 4. (24 S.) Greifswald 857, (Koch's Verlagsbuchh.) *

Grunert, J(oh.) A(ug.), über eine geometrische Aufgabe, mit besond. Rücksicht auf die Bestimmung der Stillstandspunkte oder Stationen der um die Sonne sich bewegenden Weltkörper. Lex.-8. (34 S.) Wien 855, (Gerold's Sohn.) Thlr. *
Aus: Sitzungsberichte der k. Akademie der Wissenschaften J. 1855, besonders abgedruckt.

Grunert, J. A. Ueber eine Aufgabe aus der Wahrscheinlichkeitsrechnung. 12 S.

– Neue näherungsweise Auflösung der Kepler'schen Aufgabe S 19 4 , – 20
Separatabdruck

—— Beiträge z. reinen u. angewandt. Mathematik. 1. Thl. M. 2 Figtaf. gr. 4. (29½ B.) Brandenburg 838, Wiesike. Thlr.

Grunert, Joh. Aug., Beiträge zur reinen u. angewandten Mathematik. Brandenburg 1838–40. 2 Theile. 4°. (Thl. I mit 2 u. Thl. II mit 1 Fig-Tfl.)

—— directe Bestimmung der Durchschnittspunkte der Bahnen zweier in Kegelschnitten sich um die Sonne bewegender Weltkörper. Imp.-4. (88 S.) Wien 861, (Gerold's Sohn.) *
Aus: Denkschriften der k. Akad. der Wissenschaften, besonders abgedruckt.

—— Elemente d. Differential- u. Integralrechnung, zum Gebr. bei Vorlesn. 2 Thle. gr. 8. Leipzig 837, Schwickert.
Thl. 1. Differentialrechnung. (20 B. u. 2 Figtaf.) 1 Thlr. 10 Gr.
- 2. Integralrechnung. (16 B. u. 1 Figtaf.) 1 Thlr. 4 Gr.

— Elemente der analytischen Geometrie zum Gebrauche bei Vorlesungen. 1r u. 2r Thl. Mit 5 Figurentaf. gr. 8. Leipzig 839. Schwickert. (à 1⅓ ngr) 2⅔ ngr

—— Elemente d. ebenen, sphär. u. sphäroid. Trigonometrie in analyt. Darstellung, mit Anwend. auf Geodäsie u. Astronomie, z. Gebr. bei Vorlesn. M. 3 Figtaf. gr. 8. (21¼ B.) Leipzig 837, Schwickert.

Grunert, Joh. Aug., über die mittlere Entfernung einer Figur v. e. Punkte od. üb. die sogen. mittlere Entferng. des Ackers vom Hofe. Vollstand. Auflösung einer f. die Landwirthschaft wichtigen Aufgabe durch die Integralrechnung u. zugleich e. Beitrag zur Geometrie. [Mit besond. Rücksicht auf: Der isolirte Staat. Von Joh. Heinr. v. Thünen. 1. Thl. 2. Aufl. Rostock 1842. S. 99.] br. gr. 8. (VIII u. 126 S.) Greifswald 848, Otte. n. 24 ngr

Grunert, Ioannes Augustus Doctrinae de resolutione functionum in functiones simplices sive partiales expositionem pleniorem.
Halle-Wittenberg, Phil. Diss. v 4. Okt. 1820
Geb. [Halle a. d. S. 7 2. 1797]
Tit. nach dem Diplom. Verf. hatte 3 mathematische Abhandlungen übergeben. Ms. fehlen. — Verf erlebte die Diplomerneuerung 1870 als Geheimer Regierungsrat und ordentlicher Professor der Mathematik in Greifswald.

—— analytische Geometrie der Ebene und des Raumes für polare Coordinatensysteme. Lex.-8. (XII und 282 S. mit 1 Stnt. in qu. Fol.) Greifswald 856(57,) Koch's Vrlgsh. *

— d. Kegelschnitte, ein Lehrbuch für d. öffentl. u. eigenen Unterr. Mit 7 lithogr. Tafeln. gr. 8. Leipz. 824. Fr. Fleischer. 2 ngr 8 gr

— s. J. F. Klügel, mathemat. Wörterbuch.

Grunert, Joh. Aug., Lehrbuch d. Mathematik f. d. mittlern Classen höh. Lehranstalten. 2 Thle. M. 4 Figtaf. (gr. 4.) gr. 8. (29½ B.) Brandenburg 834, Wiesike. à 14 Gr.
A. u. d. Ttln.:
Thl. 1. Lehrbuch d. gemeinen Arithmetik.
- 2. Lehrbuch d. ebenen Geometrie.

—— Lehrbuch d. Mathematik f. d. mittl. Classen höh. Lehranstalten. 2 Thle. 2., verm. u. verb. Ausg. gr. 8. (29½ B.) Brandenburg 837, 36, Wiesike. à 7/12 Thlr.
A. u. d. Ttln.:
Thl. 1. Lehrbuch d. gem. Arithmetik (in erleicht. Darstell.).
- 2. Lehrbuch d. ebenen Geometrie. M. 4 Figtaf.

—— Lehrbuch der Mathematik für die mittlern Classen höherer Lehranstalten. 2. Thl. 4., verm. und verb. Ausg. A. u. d. T.: Lehrbuch der ebenen Geometrie. 4., verm. und verb. Ausg. gr. 8. (XII und 263 S. mit 6 Stnt. in qu. gr. 4.) Brandenburg 851, Wiesike.
1. Thl. 2. Aufl. Ebendas. 1837. 17½ Ngr.

Grunert, Joh. Aug., Lehrbuch der Mathematik für die mittleren Classen höherer Lehranstalten. 2 Thle. gr. 8. Brandenburg, Wiesike.
Inhalt:
Thl. 1. Lehrbuch der gemeinen Arithmetik in erleichterter Darstellung. 2., verb. Aufl. (V und 209 S.) 865. 17½ Ngr.
2. Lehrbuch der ebenen Geometrie. 5., verm. und verb. Ausg. (XII und 296 S. mit 7 lithogr. Fig.-Taf. in gr. 4. und qu. Fol.) 862. 21 Ngr.

—— Lehrbuch d. Mathematik f. d. obern Classen höh. Lehranstalten. 4 Thle. M. 5 Figtaf. (incl. 4 qu. Fol.) gr. 8. (42¾ B.) Brandenburg 832, Wiesike. à 14 Gr.
A. u. d. Ttln.:
Thl. 1. Lehrbuch d. allgem. Arithmetik.
- 2. Lehrbuch d. Stereometrie.
- 3. Lehrbuch d. ebenen u. sphär. Trigonometrie.
- 4. Lehrbuch d. Kegelschnitte.

—— Lehrbuch d. Mathematik f. d. obern Classen höh. Lehranstalten. 4 Thle. 2., verm. u. verb. Ausg. gr. 8. (47 B.) Brandenburg 835, 36, Wiesike. à 7/12 Thlr.

A. u. d. Ttln.:
Thl. 1. Lehrbuch d. allg. Arithmetik.
- 2. Lehrbuch d. Stereometrie. M. 3 Figtaf.
- 3. Lehrbuch d. ebenen u. sphär. Trigonometrie. M. 1 Figtaf.
- 4. Lehrbuch d. Kegelschnitte. M. 2 Figtaf.

—— Lehrbuch der Mathematik für die obern Klassen höherer Lehranstalten. 2. Thl. 4., verm. und verb. Ausg. A. u. d. T.: Lehrbuch der Stereometrie. 4., verm. und verb. Ausg. gr. 8. (VII und 152 S. mit 3 Stnt. in qu. gr. 4.) Brandenburg 854, Wiesike. -

— Lehrbuch der Mathematik für die oberen Klassen höherer Lehranstalten. 1. Thl.: Lehrbuch der allgemeinen Arithmetik. 4., verm. u. verb. Ausg. Ebend. 864. gr. 8. (XIV, 257 S.) 17½ ngr.

— Lehrbuch der Mathematik u. Physik für staats- u. landwirthschaftliche Lehranstalten u. für Kameralisten überhaupt. 1r Thl. 1e Abthl. Gemeine Arithmetik u. Algebra, mit vielen Anwendungen auf d. Geschäftsleben. gr. 8. Leipzig 840. Schwickert. n. 1⅚ ℛ — 2e Abthl. Politische Arithmetik. gr. 8. Ebd. 840. n. 1 5/12 ℛ

—— Lehrbuch d. Mathematik u. Physik f. staats- u. landwirthschaftl. Lehranstalten u. Kameralisten überhaupt. 1. Thl. 1. u. 2. Abthl. gr. 8. Leipzig 841, Schwickert.
Abthl. 1. Elemente d. theoret. u. prakt. Arithmetik. (25 B.) 1 Thlr. 16 Gr.
- 2. Politische Arithmetik. (18 B.) 1 Thlr. 9 Gr.

—— Lehrbuch d. Mathematik u. Physik f. staats- u. landwirthschaftl. Lehranstalten u. Kameralisten überhaupt. 2. Thl. (2 Abthlgn.) u. 3. Thl. 1. Abthl. gr. 8. Leipzig, Schwickert.
Thl. 2. Abthl. 1. Ebene Geometrie, Stereometrie u. ebene Trigonometrie. (31½ B. u. 12 Figurentaf.) 843. 2 Thlr. 15 Ngr.
- — - 2. Geodäsie, od. die Lehre vom Aufnehmen, das Nivelliren u. die Markscheidekunst. (31 B. u. 13 Figurentaf.) 842. 2 Thlr. 15 Ngr.
3. - 1. Physik. 1. Thl. (37½ B. u. 16 Figurentaf.) 845. 3 Thlr.

Grunert, Joh. Aug., Lehrbuch der Mathematik u. Physik für staats- u. landwirthschaftl. Lehranstalten überhaupt. 3. Thl. 2. Abth. A. u. d. T.: Lehrbuch der Physik mit vorzüglicher Rücksicht auf mathemat. Begründung. 2. Thl. Mit 11 (lith.) Figurentaf. (in qu. 4.) gr. 8. (VIII u. 484 S) Leipzig 850, Schwickert. 2 ℛ 21 ngr (I—III. 2.: 13 ℛ 23½ ngr)

—— Leitfaden f. d. ersten Unterricht in d. höh. Analysis. M. 1 Kpfrt. gr. 8. (16½ B.) Leipzig 838, Schwickert.

— über die Proximitäten der Bahnen der Planeten und Kometen. (Aus d. Sitzungsberichten d. k. Akad. d. W.) (Wien 854. Gerold.) gr. 8. (61 S.) n. 10 ngr

— Statik fester Körper. Ein Lehrbuch für d. öffentl. u. eignen Unterricht. Mit 7 Kpft. gr. 8. Halle 825. Kümmel. 3 ℛ 8 gr

Statik fester Körper. Ein Lehrbuch... von Johann August Grunert. Halle: Kümmel 1826. XII,631 S. 8°

— Supplemente zu Klügels Wörterbuch der reinen Mathematik, s. G. S. Klügel.

Grunert, J. A. Supplemente zu Klügels Wörterbuch der reinen Mathematik. Abth. I. II. Leipzig, 1833—1836.

— Theorie der Sonnenfinsternisse, der Durchgänge der unteren Planeten vor der Sonne und der Sternbedeckungen für die Erde überhaupt. (Aus d. Denkschriften d. k. Akad. d. W.) Wien 855. (Gerold.) gr. 4. (82 S.) n. 1 ℛ 24 ngr

— Theorie der Sonnenfinsternisse, der Durchgänge der unteren Planeten vor der Sonne und der Sternbedeckungen für einen gegebenen Ort der Erde. (Aus d. Denkschriften d. k. Akad. d. W.) Wien 854. (Gerold.) gr. 4. (54 S.) n. 1 ℛ 5 ngr

Grunert, J. A. De transformatione seriei, qua arcus per tangentem trigonometricam exprimitur. 16 S. . . .

Progr. Torgau 1826

—— loxodromische Trigonometrie. Ein Beitrag zur Nautik. gr. 8. (VIII und 104 S.) Leipzig 849, Schwickert.

—— sphäroidische Trigonometrie. M. 1 Kpfrt. gr. 4. (39½ B.) Berlin 833, Reimer.

— optische Untersuchungen. 1. Thl. A. u. d. T.: Allgemeine Theorie der Fernröhre u. Mikroskope, zugleich als ein Lehrb. der elementaren Optik. Mit 1 Figurentaf. gr. 8. Ebend. 846. 1⅓ ℛ

— optische Untersuchgn. 2. Thl. Theorie der achromatischen Objective f. Fernrohre. Mit 2 Figurentaf. gr. 8. (XVI u. 304 S.) Ebd. 847. 1⅔ ℛ — 3. Thl. Theorie der zweifachen achromatischen Oculare. gr. 8. (VIII u. 207 S.) Ebd. 851. 1 ℛ 6 ngr (1—3.: 4 ℛ 6 ngr)

—— optische Untersuchungen. 3. Thl. A. u. d. T.: Theorie der zweifachen achromatischen Oculare. gr. 8. (VII und 207 S.) Leipzig 851, Schwickert.
1. und 2. Thl. Ebendas. 1846. 3 Thlr.

—— Versuch e. neuen Methode zur Bestimmung der Polhöhe od. geograph. Breite bei geodätischen Messungen. gr. 8. (4 B.) Leipzig 844, Schwickert.

Grunert, Josef

Grunert, Jos., meine Verhandlungen m. dem Bischofe v. Ermland Dr. Philippus Krementz üb. die päbstliche Unfehlbarkeit. gr. 8. (58 S.) Insterburg 872. (Königsberg, Braun & Weber) n. — 60

Grunert, Josef R

Grunert, Jos. R., Briefsteller f. Handels- u. Kleingewerbetreibende, Geschäftsleute, Private u. a. in Oesterreich. Nach den besteh. gesetzl. Vorschriften f. die österreich. Reichshälfte u. den tatsächl. Bedürfnissen kleinerer u. auch größerer Geschäftsbetriebe verf. (136 S.) 8. Reutlingen (904). R. Bardtenschlager. Kart. 1 —; geb. in Leinw. 1. 25

— „Untr dr Dorflinda". Heitere Gedichte u. Erzählgn. aus alter u. neuer Zeit. In der Mundart der Leitmeritz-Auschaer Gegend. (163 S.) kl. 8. Ossegg 905. (Aussig, A. Grohmann.) n. 1. —

Grunert, Jos. R., Doun'rdist'ln. Ollrlej Schwänka, Geschichtln u. Gedichtln aus unsr deutschn Hejmt. In der Mundart der Leitmeritz-Auschaer Gegend. (160 S. m. Bildnis.) kl. 8. Dux 909. (Aussig, A. Grohmann.) Czerwenka & Müller.

Grunert, Jos. R., Grußvot'rsch Geschicht'n. Heitere Gedichte u. Geschichten in der Mundart der Leitmeritz-Auschaer Gegend. 12. (158 S. m. 1 Abbildg.) Aussig 901. (A. Grohmann). n. 1. —

— zum Namenstage. Glückwünsche u. Gedichte zum Aufsagen u. in Briefform. (95 S.) 8. Reutlingen 904. R. Bardtenschlager. — 50

Grunert, Jos. R., Ossegg. Historisch-topogr. Führer f. Ossegg u. Umgebg. 8. (IX, 296 S. m. 1 Ansicht.) Dux 886. F. Scheithauer. 1. 25; geb. 2. 10

— Schnof'n u. Schnurr'n. Gedichte in der Mundart der Leitmeritzer u. Auschaer Gegend. 3. Aufl. (V, 88 S. m. Bildnis.) kl. 8. Tetschen 903. (Aussig, A. Grohmann.) n. — 80

Grunert, Jos. A., Schul-Anekdoten. Heitere Töne aus dem Schulleben. 8. (128 S.)
Brüx: Eichler(Kunz'sche Bh.) 1897.

— Schul-Anekdoten. Heitere Töne aus d. Schulleben. 2. Aufl. 12. (IV, 128 S.) Brüx 898. H. Eichler. — 75

— Spasseit'ln. Humorist. Vorträge, Gedichte u. Erzählgn. in d. Mundart d. Leitmeritzer u. Auschaer Gegend. 8. (III, 92 S.) Leipa i/B. 898. J. Hamann. n. 1. —

Grunert, Julius Theodor

Grunert, Jul. Thdr., die staatliche Beschränkung der Gemeindeforstverwaltung in Preußen im Sinne der Verordnung vom 24. Decbr. 1816, mit besond. Beziehung auf die bezügl. Verhältnisse im Trierer Regierungsbezirke. 8. (44 S.) Leipzig 876, H. Voigt. *
Aus: Forstliche Blätter, besonders abgedruckt.

Grunert, Jul. Thdr., der Eichenschälwald im Regierungsbezirke Trier, mit Bezug auf Wirthschaft u. Ertrag. [Aus Grunert's forstl. Blättern.] Hannover 869. Rümpler. gr. 8. (IV, 80 S. mit 2 Tabb. in Fol.) 15 ngr.

Grunert, Jul. Thdr., der preußische Förster. Darstellung der wichtigsten Bestimmungen der Verwaltung und Gesetzgebung für preuß. Förster und die es werden wollen, unter Berücksicht. des Staats-, Gemeinde- und Instituten-Forstdienstes. gr. 8. (VIII, 378 S.) Hannover 869, Rümpler. *

Grunert, Jul. Thdr., der preußische Förster. Darstellung der wichtigsten Bestimmgn. der Verwaltg. u. Gesetzgebg. f. preuß. Förster u. die es werden wollen, unter Berücksicht. d. Staats-, Gemeinde- u. Instituten-Forstdienstes. 2. Aufl. gr. 8. (XIII, 410 S.) Trier 883. Lintz. n. 4. 50

—— Forstlehre. Unterricht im Forstwesen für Forstlehrlinge und angeh. Förster. 2 Thle. gr. 8. Hannover, Rümpler. *
Inhalt:
Thl. 1. Die forstlichen Hülfswissenschaften. 1. Aufl. (XVIII, 267 S.) 872. *M 3., und 2. verm. Aufl. (XVII, 270 S. mit 83 eingedr. Holzschn.) 875. *M 4.
2. Die Forstwissenschaft. 1. Aufl. (XV, 322 S.) 873, und 2. verm. Aufl. (XVIII, 328 S. mit 17 eingedr. Holzschn.) 875. *M 4.

— Forstlehre. Unterricht im Forstwesen f. Forstlehrlinge u. angeh. Förster. 2 Thle. 2. verm. Aufl. gr. 8. Hannover 876. Rümpler. à n. 4. —
1. Die forstlichen Hülfswissenschaften. Mit 83 (eingedr.) Holzschn. (XVII, 270 S.)
2. Die Forstwissenschaft. Mit 17 (eingedr.) Holzschn. (XVIII, 328 S.)

GRUNERT, Julius Theodor: Forstlehre. Unterricht im Forstwesen für Forstlehrlinge und angehende Förster. - Hannover 1872. 2 Tl. - Tl. 1: Die forstlichen Hülfswissenschaften. 267 S. - Tl. 2: Die Forstwissenschaft. 326 S. - - 3. Aufl. ebd. 1879. XV, 270 S., 83 Holzschn. u. XIII, 328 S., 17 Holzschn. - 4. Aufl. Trier 1884. XVIII, 351 S., 114 Holzschn. u. XIV, 381 S., 18 Holzschn.

Grunert, Julius Theodor: Forstlehre, 3. Aufl., s.a. Grunert Unterricht im Forstwesen ...

— Forstlehre. Unterricht im Forstwesen f. Forstlehrlinge u. angeh. Förster. 2 Thle. 4. Aufl. gr. 8. Trier 884. Lintz à n. 4. —; in 1 Bd. geb. n. 10. —
1. Die forstlichen Hülfswissenschaften. Mit 114 Holzschn. (XVIII, 351 S.)
2. Die Forstwissenschaft. Mit 18 Holzschn. u. e. alphabet. Register üb. beide Thle. (XIV, 381 S.)

Grunert, Jul. Thdr., die Forstlehrlings- u. die Förster-Prüfung in Fragen, gestellt unter Anhalt an, bezw. wegen der Frage beantwortg, unter besond. Hinweis auf die J. Th. Grunert'schen Schriften: „Forstlehre", „Jagdlehre" u. „Der preuß. Förster". gr. 8. (XII, 40 S.) Trier 885. Lintz. n. — 60

— die Jagdgesetzgebung Preußens in ihrer geschichtlichen Entwickelung, ihrem gegenwärtigen Stande u. ihrer Abänderungs-Bedürftigkeit, unter besond. Berücksicht. der Verhandlgn. d. Landtags im J. 1883/84 wegen Entwurfs e. Jagdordng. gr. 8. (VIII, 160 S.) Ebend. 885. n. 2. —

Grunert, Jul. Thdr., Jagdlehre. Unterricht im Jagdwesen für angeh. Jäger. 1. u. 2. Thl. gr. 8. Hannover 879. 80. Trier, Lintz. n. 9. —
1. Jagdthierkunde, nebst: Allgemeine Einleitung in die Jagdlehre überhaupt. Mit 42 (eingedr.) Holzschn. (XVI, 299 S.) n. 4. —
2. Jagdbetriebkunde. Mit 52 (eingedr.) Holzschn. (XVIII, 415 S.) n. 5. —

— der Schwarzwildschaden in einzelnen Theilen von Preußen unter besond. Bezugnahme auf den Reg.-Bez. Trier. [Aus „Forstliche Blätter."] 8. (24 S.) Leipzig 873. Schmidt & Günther. — 30

— Unterricht im Forstwesen für Forstlehrlinge u. angeh. Förster. 2 Thle. 3. Aufl. gr. 8. Ebend. 879. à n. 4. —
1. Die forstlichen Hülfswissenschaften. Mit 83 (eingedr.) Holzschn. (XV, 270 S.)
2. Die Forstwissenschaft. Mit 17 (eingedr.) Holzschn. (XIII, 328 S.)
Vgl. Grunert: Forstlehre.

—— die Waldschutzfrage und deren Behandlung auf dem Wege internationaler Congresse. 8. (24 S.) Leipzig 873, Schmidt und Günther.
Aus: Forstliche Blätter, besonders abgedruckt.

Grunert, Karl

Grunert, K., die operative Ausräumung des Bulbus venae jugularis (Bulbusoperation) in Fällen otogener Pyämie. (VII, 147 S. m. 8 Abbildgn.) gr. 8. Leipzig 904. F. C. W. Vogel. n. 4. —

Grunert, Carl [aus Berga a. Harz]: Die Behandlung des Lungenemphysems und Asthmas mittelst des Athmungsstuhles. Halle a. S., Hofbuchdr. v. C. A. Kaemmerer & Co., 1889; 54 S. Bl. u. 3 Taf. 8°
Halle, Med. Fak., Inaug.-Diss. v. 8. März 1889

Grunert, Karl: Beitrag zur operativen Freilegung der Mittelohrräume (Aus. Arch. f. Ohrenheilk., Bd. XL.) Leipzig. Druck v. J. B. Hirschfeld, 1896, 68 S. 8.
Halle, Med. Fak., Hab.-Schr. v. [29. Apr.] 1896.

Grunert, Karl: Der Dilatator pupillae des Menschen, ein Beitrag zur Anatomie und Physiologie der Irismuskulatur. *Wiesbaden: J. F. Bergmann 1898.* (50 S. mit Taf.) 8°
Tübingen, Med. Hab.-Schr. v. 1898

Einführung in das Studium der Ohrenkrankheiten, e. Grundriß d. Otologie in Form von Akadem. Vorträgen f. Studierende u. prakt. Ärzte unter Mitw. von Dr. H[ermann] Schwartze, Prof., Halle, bearb. von Prof. Dr. C[arl] Grunert. Leipzig F. C. W. Vogel 1905. (X, 396 S.) 8° [illegible] 8

Grunert, Carl, Feinde im Weltall? u. andere Novellen. 2—4. Aufl. (VII, 80 S.) 8. Stuttgart (907. 08). Franckh. 1.—; geb. 2. —

Grunert, Carl, im irdischen Jenseits. Zukunfts-Novellen. (184 S.) 8. Berlin 904. [Verlag Continent.] Stuttgart, Franckh. n. 2. —; geb. n. 3. —

Grunert, Carl. Ihr seid geschieden! Schauspiel. 8. (88 S.) Naumb. 889, Schmidt. * — 60

— Lieben u. Leben. Neue Gedichte. (IX, 69 S.) 8. Strassburg 910. J. Singer. Geb. in Leinw. 2. 50

Der Marsspion und andere Novellen von Carl **Grunert**. Ill. von Ernst Stern. (Vorr.: Karlernst Knatz.) Berlin-Leipzig: Buchverl. fürs Deutsche Haus 1908. (303 S.) 8° [F.]
— **Bücher**, Die, d. Deutschen Hauses. Reihe 1. Bd 13. [08. 5775

Menschen von morgen. Zukunfts-Novellen von Carl **Grunert**. 1.–3. Taus. Berlin: Continent [1905]. (110 S.) 8° [F.]
— **'Continent'**, 1 Mark-Bibliothek. No 8. [07. 11247

Grunert, C., s.: Pathologie d. Gehörorgans.

Die Pflege des Ohres und die Verhütung von Ohrerkrankungen. Von Prof. Dr. K[arl] **Grunert** aus Halle a. S. *Halle a. S.: C. Marhold 1901.* (38 S.) 8° [F.]
— **Volksbücherei, Medizinische.** H. 2. [04. 8673 8

— **Die Rudelsburg! Die Naumburg!, s.: Mehrafter.**

Die Säulen der Loge. Festgedicht von Carl **Grunert**, gesprochen in der □ zu den 3 Cedern im Or.·. Stuttgart den 14. Oct. 1860. [Stuttgart: 1860.] 2 Bl. 8° [Autogr.] [Kopftit.]
„Menschen kommen, Menschen gehen," — 480.

Grunert, Carl, s.: **Schiller-Reden.**

— Was die Stunde sprach. Gedichte. (98 S.) 8. Straßburg 907. J. Singer. 1.—

Grunert, Carl Eduard (Chemnitz), De mortuorum inspectione. Diss. med. Jena (Schreiber) 1846. 40 S. (5.—) 12076

Grunert, Karl Ehrenfr., enthülltes Geheimniß die so sehr beliebten unächten Goldleisten, welche den ächten darum vorzuziehen sind, weil sie feucht gereinigt werden können, auf die anerkannt beste Art zu verfertigen. Ein versiegeltes Couvert. Reichenbach 842. (George.) n. 3 ₰

Holscher, Georg Phil.: [Lied.] Dem Br.·. G. Ph. Holscher.·. Ein Maurer-Gruss, dargebracht in der Fest-Loge zum neuen Jahre. [Unterz.: Karl Friedr.] **Grunert.** [Hannover] o. J. 1 Bl. 8° [Kopftit.]
Ohne Noten: „Den ersten Liebes-Gruss zum neuen Jahre, . . ." 2 15.

Grunert, Otto

Grunert, üb. Krankheitserscheinungen in der Mundhöhle beim Diabetes. Therapeut. Winke f. Diabetiker. gr. 8. (29 S.) Berlin 899. Berlinische Verlagsanst. 1.—

Grunert, Otto, aus Berlin: Die Scaphopoden und Gastropoden der deutschen Trias. *Erlangen 1898 [vielm. 1899/1900]: A. Vollrath.* (63 S.) 8°
Erlangen, Phil. Diss. v. 3. März 1898

Grunert, Paul, prakt. Zahnarzt in Berlin: Der Beckengürtel und die hinteren Extremitäten von Eudyptes Chrysocome. Roitzsch 1906: Buchdruckerei Roitzsch. (20 S.) 4°
Leipzig, Phil. Fak., Ref. Chun, Pfeffer, Diss. v. 24. Febr. 1900
[Geb. 25. Dez. 76 Berlin; Wohnort: Berlin; Staatsangeh.: Preußen; Vorbildung: Kölln. Gymn. Berlin Primareife O. 95; Studium: Berlin 7, Leipzig 4 S.; Rig. 20. Juni 05.]

Grunert, Paul, der Beckengürtel u. die hinteren Extremitäten v. Eudyptes chrysocome. Diss. (28 S. m. 7 Taf.) 4. Roitzsch 906. (Berlin, F. Stahn.) n. 4. —

Grunert, R., Lehrer-Schematismus Böhmens. 1. Bd. gr. 8. (VIII, 132 S.) Prag 879. Tempsky in Comm. n. 2.—

Grunert, Wilhelm: **Geburten alter Erstgebärenden.** *Berlin (1898): G. Schade.* (30 S.) 8°
Berlin, Med. Diss. v. 29. Apr. 1898

Gruenert, Albert. (Guil. Joan.) (geb. Schneidemühl [2.] 12. 1836): De diphtheritide. Berolini (1863). (32 S.) 8°
Berlin, Med. Diss. v. 28. März 1863

Grünert, Arth., die Temperaturverhältnisse der Grossherzogtümer Mecklenburg, s.: Beiträge zur Statistik Mecklenburgs. XIV, 2.

Grünert, Artur, Berlin: Die Temperaturverhältnisse der Großherzogtümer Mecklenburg auf grund 50 jähriger Beobachtungen. Schwerin 1905: Bärensprung. (38 S.) 4°
Rostock, Phil. Fak., Ref. Matthiessen, Diss. v. 5. Febr. 1905
[Geb. 11. Mai 82 Berlin; Wohnort: Cassel; Staatsangeh.: Preußen; Vorbildung: Königstädt. Realgymn. Berlin Reife f. Prima M. 99; Studium: Berlin 5, Rostock 2 S.; Rig. 1. Aug. 04.]

Grünert, Arth., die fermentative Wirkung d. Dünndarmsaftes. Diss. gr. 8. (27 S.) Jurjew (Dorpat) 890. (E. J. Karow.) n. 1. —

Grünert, Max, über den arabischen Exceptions-Exponenten ‚baida'. Lex.-8. (18 S.) Wien 885, (Tempsky.) **
aus: Sitzungsberichte der k. Akademie der Wissenschaften, besonders abgedruckt.

Grünert, Max, die Begriffs-Präponderanz u. die Duale a potiori im Altarabischen. Lex.-8. (40 S.) Wien 885. (Gerold's Sohn.) n. — 60

Grünert Dr. Max, die Begriffs Präponderanz und die Duale a Potiori im Altarabischen. (Aus dem Jahrg. 1885 d. Sitzber. d. phil.-hist. Classe der k. Akad. der Wissenschaften. [CX. Bd. II. Heft. S. 599.]. Besond. abgedr. 8°. (40 S.)
Wien: Tempsky 1885.

Grünert, Max. Die Begriffsverstärkung durch das Etymon im Altarabischen. Lex.-8. (46 S.) Wien 892, (Tempsky). * 1 20
Aus: Sitzungsber. d. k. Akad. d. Wiss., besonders abgedruckt.

— Behelf zu dem arabischen Sprachcurs. (Deutsche Gesellschaft f. Altertumskunde: 1900/1901: IV. volkstüml. Hochschul-Unterrichtscurs.) (90 S. u. 8 Bl. in Autogr.) gr. 4. Prag 901. J. G. Calve. n. 5. 40

— **Behelf zu dem persischen Sprachcurs.** (Deutsche Gesellschaft f. Altertumskunde: 1901/1902: III. volkstüml. Hochschul-Unterrichtscurs.) (79 S. u. 12 Bl. in Autogr.) gr. 4. Ebd. 902. n. 5. 40

GRÜNERT, Max
Behelf zu dem „Türkischen Sprachcurs" des Prof. Dr. Max Grünert. Deutsche Gesellschaft für Alterthumskunde: 1899/1900: III. Volksthümlicher Hochschul-Unterrichtscurs. (Als Manuscript.) Prag. 1900. Calve. 4°. 76 S. mit 12 Tafeln. K 5.—

— Behelf zu dem „Türkischen Sprachkurs". 2. Aufl. (Deutsche Gesellschaft f. Altertumskunde: I. volkstüml. Sprachkurs 1904.) (76 S. u. 10 Bl. in Autogr.) gr. 4. Ebd. 904. n. 3. 20

Grünert, Max, neupersische Chrestomathie. 2 Tle. [I. Texte. II. Vocabular.] gr. 4. (XI, 116 u. 264 autogr. S.) Prag 881. Calve. n. 16. —

— s.: Ibn Kutaiba's Adab-al-kâtib.

Grünert, Max Die Imâla, der Umlaut im Arabischen. [SA. aus SWA., Jahrg. 1875.] Wien 1876.

Grünert, Max, arabische Lesestücke, zunächst für Vorlesungszwecke zusammengestellt. 2 Hefte. gr. 4. Prag, G. Neugebauer. In Mappe n. 10. 40
1. „Aus der arab. Bibelübersetzg." Text u. Glossar. (III, 40 u. 51 S.) 903. n. 3. 40
2. „Arabische Prosa". Text u. Glossar. (III, 51 u. 150 S.) 905. n. 7. —

Grünert, Max, arabische Lesestücke, zunächst f. Vorlesungszwecke zusammengestellt. 3. Heft. „Arabische Poesie" vor u. nach Muhammad. Text u. Glossar. (III, 71 u. 252 S.) Lex. 8. Prag 910. G. Neugebauer. In Mappe 10. —

— der Löwe in der Literatur der Araber. (6. Publikation des wissenschaftl. Vereins f. Volkskunde u. Linguistik in Prag.) gr. 4. (25 S.) Prag 899. (J. G. Calve). n. 2. —

— Die Mischwörter im Arabischen. (Quellenbeiträge zur Kenntniss des „naht".) Tiré des Actes du 8e Congrès International des Orientalistes, tenu en 1889 à Stockholm et à Christiania. Leide 1890.

Grünert, W.: Die Principien der mechanischen Wärmetheorie. 32 S. 4° -- Brünn. d. OG., Progr. 1873.

Grünert W.: Über das Wesen der Elektricität. 13. Brüx 75. Progr.

Grünes, Ant., neuestes Gemälde von Großbritannien u. Irland, oder Beschreibung von dessen Lage, des Klima's, der Naturprodukte, Landeskultur, merkwürdigsten Städte, Gegenden, Kunstwerke rc. Mit 5 Kpfrn. gr. 8. Wien 834. Sammer, kostet jetzt nur n. 1/2 ₰

Grünes, A., neuestes Gemälde v. Großbritannien u. Irland, s. a. Schütz, allgem. Erdkunde, 24. Bd.

Grünes, J. G.: Ode zur Secundiz s. Heiligkeit Leo XIII. (23. December 1887.) griech. u. deutsch. – Trebitsch, Progr. 1887.

Grünes J. G.: Die österr. Volkshymne, griechisch u. lateinisch. Trebitsch 78. Progr.

Grünes, Josef Zu den Instructionen für den Unterricht in den classischen Sprachen an den österreichischen Gymnasien. 8 (S. 3–46). Progr. Deutsch. Staats-G. Prag-Altstadt 1886.

Grünes Josef: Rede . . . zur Feier des 50jährigen Regierungsjubiläums Sr. Majestät d. Kaisers Franz Josef I 11. Reichenberg 99. Progr.

– Ueber Ziel und Aufgabe des Unterrichtes in den classischen Sprachen. S.-A. 1893. 14 S. —.75

Grünes, Isaak Jona, Simson, der Semitenheld u. die Antisemiten. Episch-ethisches Riesen-Drama in 10 Acten in Versen. gr. 8. (X, 224 S.) Wien (899). Lemberg (Sonnengasse 3), Selbstverlag. n. 3. —

Grüneschild, Ludwig (geb. am 15 März 1846 in Aachen): Ueber Morbus Brigtii [!] ... Bonn, Druck v. F. Krüger 1869. 2 Bl., 41 S., 1 Bl. 8.
Bonn, Med. Fak., Diss. v. 27 Juli 1869

Grunewald [Sachl. Ordnungswort]

Grunewald, der, bei Berlin, wird in Versen hier geschildert u. auch nichts daran gemildert. Eine Reim-Chronik v. Th. B. gr. 8. (31 S.) Berlin 887. (Mitscher & Röstell.) n. — 50

Nach dem Grunewald, Schildhorn, Schlachtensee, Kaiser-Wilhelm-Turm. Wegebeschreibung mit farb. Landkarte u. Ansichtspostkarte. Berlin: W. Holz [1907]. (4 Bl.) 8°
= Ausflüge von Berlin. H. 4. [07. 8523

Grunewald [Schlagwort]

Grunewald, s.: Berlin. — Mark. — Wanderkarten.

— s.: Berlin. Kiessling. —

— s. a.: Charlottenburg, Straube, J.

Grunewald. Fontane's neueste Spezial-Karte vom Grunewald, 1 : 50,000. Entworfen u. gezeichnet v. C. Döring. Unter Berücksicht. der vom Touristen-Club f. die Mark Brandenburg geschaffenen Wegebezeichng. 26,5 × 22,5 cm. Farbendr. Berlin 894. F. Fontane & Co. — 30; auf Patentpap. aufgez. n. — 50

Grunewald. Kiessling's
— — grosse Special-Karte vom Grunewald u. dessen Umgebung. 1 : 25,000. Chromolith. Ebd. 888. n. 1.—

Grunewald. Kiessling's grosse Special-Karte vom Grunewald, m. Angabe des Wildzauns u. seiner Eingänge, sowie e. vollständ. Strassenplan der Villen-Kolonie Grunewald. 1 : 25,000. 5. Aufl. 53 × 46 cm. Farbendr. Berlin 894. A. Kiessling. 1. —

Grunewald. Kiessling's grosse Special-Karte vom Grunewald, m. farb. Darstellung der lohnendsten Touristenwege, d. Wildzauns u. seiner Eingänge, vollständ. Strassenplan der Gemeinden Grunewald u. Schlachtensee u. Anleitg. zu 30 grösseren Grunewaldwandergn. (8. [2 S.]). 1 : 25,000. 7. Aufl. 52,5 × 45 cm. Farbdr. Berlin (900). A. Kiessling. n. 1. —

Grunewald. Kiessling's Special-Karte vom Grunewald u. dessen Umgebung. 1 : 42,500. Entworfen v. Th. Delius, berichtigt v. Gust. Müller. 7. Aufl. Berlin 888. Kiessling. n. — 25; in Farbendr. n. — 50

— — dasselbe. Mit Rothdr. d. Chausseen, des Wildzauns u. der Eingänge in den Letzteren. 1 : 42,500. Entworfen v. Th. Delius, bericht. v. Gust. Müller. 8. Aufl. Chromolith. Ebd. 888. n. — 50

— — kleine Special-Karte vom Grunewald u. dessen Umgebung, m. Rothdruck d. Chausseen, des Wildzauns u. der Eingänge in den letzteren. 1 : 42,500. Entworfen u. gestochen v. Th. Delius, berichtigt v. Th. Mende. 11. Aufl. 35 × 27,5 cm. In 4fach. Farbendr. Ebd. (894). n. — 50

Grunewald. Pharus-Plan. Grunewald. 1 : 23,100. 53 × 39 cm. Farbdr. Berlin, Pharus-Verlag. n. — 50

Grunewald. Spezialkarte vom Grunewald u. dessen Umgebung. 1 : 30,000. Photolith. 49,5 × 39,5 cm. Berlin 892. Berliner Lith. Institut. n. — 30; koloriert n. — 60

— — dasselbe. 1 : 50,000. Photolith. 30 × 23,5 cm. Ebd. 892. n. — 20; koloriert n. — 40

— Straube's, Jul., kleine Karte vom Grunewald. 1:60,000. Ausg. 1898. 31 × 26,5 cm. In Generalstabsmanier m. 11 Farben. Mit Fahrplan. gr. 4. Berlin 898. J. Straube. n. — 40; in 2 Farben, ohne Fahrplan n. — 25

— Straube's, Jul., kleine Karte vom Grunewald. 2farbig. 1 : 60,000. 31×27,5 cm. Berlin (904). J. Straube. n. — 25

— Straube's grosse Spezialkarte vom Grunewald u. den westlichen Vororten Berlins. In 8 Farben ausgeführt. 1:35,000. 52×45,5 cm. Berlin 893. J. Straube. n. 1. —

— Straube, J., neue Spezialkarte vom Grunewald. Chromolith. gr. 4. Berlin 889. Straube. n. — 25

Grunewald [Verfasser]

Beiträge zur Beurtheilung des Deutsch-Dänischen Krieges von einem Generalstabsofficier a. D. [Grunewald?]. Hamburg. 1851. 8°.

Grunewald, Camillo, Kyriale sive cantus ordinarii missae secundum editionem Vaticanam, typis modernis rhythmum, analysin, modum cantus exprimentibus. (XVII, 99 S.) 8. Graz (906). Styria. n. — 50; geb. n. — 75

Grunewald, Camillus, Kyriale sive cantus ordinarii missae secundum editionem Vaticanam, typis modernis rhythmum, analysin, modum cantus exprimentibus. 2. ed. (XIX, 99 S.) 8. Graz 910. Styria. Geb. in Leinw. — 75

— Manuale cantionum clericalium. Hilfsbuch f. Lehrende u. Lernende an kirchl. Seminarien u. Pädagogien sowie f. römisch-kathol. Priester u. Chorregenten. (XI, 119 S.) Lex.-8. Ebd. 905. n. 2. 50; geb. n. 3. 60

— s.: Missa pro defunctis iuxta editionem Vaticanam.

— s.: Missa III in die nativitatis Domini usw.

Astrella. Oper in 1 Akt von Carl Tannenhofer. Musik von Gottfried **Grunewald**. [Textbuch.] Magdeburg: A. Rathke [um 1895]. (32 S.) 8° [07. 7917

Grunewald, Hugo [aus Kaldenkirchen (Rheinland)]: Ein Fall von Hemichorea posthemiplegica. . . . Osnabrück, Buchdr. v. A. Liesecke, 1890; 32 S. 8°

Bonn, Med. Fak., Inaug.-Diss. v. [17. Apr.] 1890

Grunewald, J., d. Aussätzigen-Asyl „Jesus-Hilfe" in Jerusalem,
— unt. d. Elendesten d. Elenden. 50 Jahre Arbeit an d. Aussätzigen in Südafrika,
— ein Gottesstreiter im Urwald. Ludwig Christoph Dähne (Suriname),
— Jens Haven, der Freund d. Eskimo.
— Friedrich Martin, der treue Zeuge (Westindien),
— Georg Schmidt, Begründer d. Brüdermission unt. d. Hottentotten,
s.: Traktate, kleine, aus der Brüdermission.

— in Sturm u. Wellen, s.: Riock, H.

Grunewald, J., s.: Traktate, kleine, a. d. Brüdermission.

— ein Winterbesuch in Umanak, s.: Heinke, O.

— David Zeisberger, e. Apostel d. Indianer, s.: Traktate, kleine, aus d. Brüdermission.

Grunewald, Johannes, Referendar: Die wichtigsten Bestimmungen des geltenden Mäklerrechts unter Berücksichtigung der Entwickelung und der juristischen Natur des Mäklervertrages. Leipzig: Wigand 1910. 66 S. 8°

Leipzig, Jur. Diss. v. 19. März 1910

[Geb. 9. Nov. 82 Neusalza; Wohnort: Dresden; Staatsangeh.: Sachsen; Vorbildung: Gymn. Zittau Reife O. 02; Studium: Tübingen 1, Leipzig 8 S.; Rig. 22. Juni 07.] [U 10. 2721

Grunewald, Louis, bunte Bilder. Gedichte. 8. (376 S.) Dunkirk, N. Y., 882. (Philadelphia, Schäfer & Koradi.) geb. n. 5. —

——, **Paul Walther**, Referendar: Die Auslobung nach dem Bürgerlichen Gesetzbuch für das Deutsche Reich. Leipzig: Wigand 1909. 125 S. 8°

Leipzig, Jur. Diss. v. 17. April 1909

[Geb. 12. Mai 81 Neusalza; Wohnort: Annaberg; Staatsangeh.: Sachsen; Vorbildung: Gymn. Zittau Reife O. 01; Studium: Freiburg i. B. 1, Leipzig 7 S.; Rig. 28. Jan. 05.] [U 09. 2521

Grunewald, Walther, approb. Arzt aus Mühlberg: Über solitäre Haematocele. *Halle a. S. 1901: C. A. Kaemmerer & Co.* (28 S.) 8°

Halle, Med. Diss. v. 30. März 1901

Grünewald. Der Kampf gegen die sozialdemokratischen Ideen, beleuchtet vom Standpunkte der Volksschule. 1. u. 2. Aufl. (47 S.) 889; 3. Aufl. gr. 8. (49 S.) Berl. 890, Buchh. der Deutschen Lehrer-Zeitg. * — 60

Grünewald, A., das holländische Kaninchen, s.: Poppe's, F., Bibliothek f. Kaninchenzüchter. 2. Bd.

Grünewald, Alfr., vom Lachen u. vom Müdesein. Gedichte. (75 S.) kl. 8. Leipzig 906. Verlag f. Literatur, Kunst u. Musik. 1.50; geb. n 2. 50

— Mummenschanz des Todes. (84 S.) 8. Wien 909. H. Heller & Co. 2.—; geb. 3. —

— Sonnenpeter. Ein Drama in 4 Aufzügen. (111 S.) kl. 8. Leipzig 906. Verlag f. Literatur, Kunst u. Musik. 2.—; geb. n 3. —

Grünewald, August, a. Greiz: Die lateinischen Einschiebsel in den deutschen Gedichten von der Mitte des 11. bis gegen Ende des 12. Jahrhunderts. Göttingen 1908: E. A. Huth. (VI, 72 S.) 8°

Göttingen, Phil. Fak., Ref. Schröder, Diss. v. 2. April 1908

[Geb. 13. Mai 84 Möschlitz b. Schleiz; Wohnort: Möschlitz b. Schleiz; Staatsangeh.: Reuß ä. L.; Vorbildung: Gymn. Greiz Reife O. 03; Studium: Marburg 3, Berlin 2, Göttingen 4 S.; Rig. 24. Juli 07.]

Grünewald, Carl, s. Grünewald, Karl.

Grünewald, Chr., kurze u. leichtfaßl. mathemat. Erdbeschreibung u. Himmelskunde zunächst für Schulseminaristen etc. kl. 8. Kaiserslautern 838, Tascher. 9 ngl

— Leitfaden zu e. bildenden Unterrichte in der Naturgeschichte zunächst f. Schullehrlinge u. Schulseminaristen. 2., gänzl. umgearb. Aufl. gr. 8. (22 B.) Kaiserslautern 845, Tascher. -

Grünewald, Chr., Leitfaden zu einem bildenden Unterrichte in der Naturgeschichte zunächst für Schullehrlinge und Schulseminaristen. 3., verm. und verb. Aufl. 8. (XVIII und 343 S.) Kaiserslautern 848, Tascher. -

—— Leitfaden zu einem bildenden Unterrichte in der Naturgeschichte zunächst für Schullehrlinge und Schulseminaristen. 4., verm. und verb. Aufl. gr. 8. (VIII und 374 S.) Kaiserslautern 856, Tascher.

—— Leitfaden zu einem fortbildenden Unterrichte in der Naturgeschichte zunächst für Schullehrlinge und Schulseminaristen. Nach dessen Tode umgearb. und für die bayer. Präparandenschulen, für Gewerbschulen ꝛc., sowie zur Selbstbelehrung eingerichtet von Fr. Wilh. Medicus. Neue Ausg. oder 5. Aufl. gr. 8. (427 S. mit 67 in den Text gedr. Holzschn.) Kaiserslautern 869, Tascher. *

— Leitfaden zu e. bildenden Unterrichte in der Naturgeschichte zunächst f. Schulpräparanden u. Schulseminaristen. Nach dessen Tode umgearb. u. f. Gewerbschulen ꝛc., sowie zur Selbstbelehrg. eingerichtet v. Fr. Wilh. Medicus. Der neuen Ausg. 2. im Ganzen 6. Aufl. m. 73 in den Text gedr. Holzschn. gr. 8. (XXXVIII, 100 S.) Ebend. 873. n. 3. 40

Grünewald, Ch., Leitfaden beim Unterr. in d. Landwirthschaft f. Schullehrlinge u. Schulseminaristen. gr. 8. (11½ B.) Kaiserslautern 846, Tascher. -

Grünewald, Chr., Leitfaden beim Unterrichte in der Landwirthschaft für Schullehrlinge und Schulseminaristen. 2., verm. und verb. Aufl. gr. 8. (VIII und 182 S.) Kaiserslautern 852, Tascher. –

Grünewald, Ch., Leitfaden beim Unterrichte in der Landwirthschaft für Schullehrlinge und Schulseminaristen. Nach dessen Tode neu bearb. und zum Gebrauche an technischen und landwirthschaftlichen Anstalten, auch zum Selbstunterrichte eingerichtet von Fr. Wilh. Medicus. Neue Ausg. oder 3., sehr verm. Aufl. Kaiserslautern 863. Tascher. gr. 8. (XII, 180 S.) 16 ngr.

Grünewald, Ch., Leitfaden beim Unterrichte in der Landwirthschaft für Schullehrlinge u. Schulseminaristen. Neu bearb. u. zum Gebrauche an techn. u. landwirthschaftl. Anstalten, auch zum Selbstunterrichte eingerichtet von Fr. Wilh. Medicus. Der neuen Ausg. 2., im Ganzen 4., verm. Aufl. Kaiserslautern 867. Tascher. gr. 8. (XII, 181 S.) 16 ngr.

Grünewald, Ch., Leitfaden beim Unterrichte in der Landwirthschaft f. Schullehrlinge u. Schulseminaristen. Nach dessen Tode neu bearb. u. zum Gebrauche an techn. u. landwirthschaftl. Anstalten, auch zum Selbstunterrichte eingerichtet v. Fr. Wilh. Medicus. Der neuen Ausg. 3., im Ganzen 5. verm. Aufl. gr. 8. (XIV, 208 S.) Kaiserslautern 875. Tascher. n. 2. 10

Grünewald, Ch., Leitfaden beim Unterrichte in der Landwirthschaft. Nach dessen Tode neu bearb. u. zum Gebrauche an techn. u. landwirthschaftl. Anstalten, auch zum Selbstunterrichte eingerichtet. Der neuen Ausg. 4., im Ganzen 6. verm. Aufl. 8. (XVI, 236 S.) Kaiserslautern 879. Tascher. n. 2. 40

Grünewald, Ch., Leitfaden beim Unterrichte in der Landwirtschaft. Nach dessen Tode neu bearb. u. zum Gebrauche an techn. u. landwirthschaftl. Anstalten, auch zum Selbstunterrichte eingerichtet v. Fr. Wilh. Medicus unter Mitwirkg. v. Adf. Nipeiller. Der neuen Ausg. 5., im ganzen 7. Aufl. 8. (XVI, 270 S. m. eingedr. Holzschn.) Kaiserslautern 884. Tascher. n. 2. 60

Grünewald, Ch., Leitfaden beim Unterrichte in der Landwirtschaft. Nach dessen Tode bearb. u. zum Gebrauche an Lehrerbildungs- u. landwirtschaftl. Anstalten, auch zum Selbstunterrichte eingerichtet von F. W. Medicus. Neu bearb. von A. Nipeiller u. O. Prove. Der neuen Ausg. 6., im ganzen 8. Aufl. 8. (XIV, 306 S. m. Abbildgn.) Kaiserslautern 890. Tascher's Buchhandlg. geb. n. 3. 50

Grünewald, Ch., Leitfaden beim Unterricht in der Landwirtschaft. Nach dessen Tode bearb. u. zum Gebrauche an Lehrerbildungs- u. landwirtschaftl. Anstalten, auch zum Selbstunterrichte eingerichtet v. Fr. Wilh. Medicus. Neu bearb. v. Adf. Nipeiler u. Osk. Prove. Der neuen Ausg. 6., im ganzen 8., verm. Aufl. 8. (XIV, 306 S.) Kaiserslautern 891. Tascher. Geb. n. 3. 50

Grünewald, Ch., Leitfaden b. Unterrichte in d. Landwirtschaft. Nach dess. Tode bearb. u. z. Gebr. an Lehrerbildungs- u. landwirtschaftl. Anst. auch z. Selbstunterr. einger. v. Fr. Wilh. Medicus. Neu bearb. v. Adf. Nipeiller u. Osk. Prove. D. neuen Ausg. 7., im ganzen 9. verm. Ausg. 8. (XVI, 296 S.) Kaiserslautern 897. J. J. Tascher. Geb. n. 3. 50

Grünewald, Chr., deutsche Sprachlehre für die Lehrer an deutschen Schulen, insbesond. für Vorbereitungs- und Seminarlehrer und deren Zöglinge. gr. 8. (XVI und 196 S.) Kaiserslautern 860, Tascher. *

Grünewald, Christoph

—— Eisenbahn-Karte von Deutschland nebst Angabe der Poststrassen und Dampfschiffahrten. Nürnberg 1846. . . . .

Grünewald sen., Chrph. Neueste Eisenbahnkarte von Deutschland mit einer Uebersicht des Abgangs und der Ankunft der Eisenbahnfahrten von Deutschland und den angrenzenden Ländern. Nürnberg, Endter, 1845. 12. (8 ngr.)

Grünewald, Chrph, Wandkarte von Deutschland nach seinen neuesten Bestimmungen für Schulen. Nürnberg (Korn) 1847. 4 lith. u. kolor. Blätter in Roy.-Fol. (1 ℛ)

Grünewald, Chrph., Wandkarte v. Deutschland nach s. neuesten Bestimmgn. Für Schulen. 4 lith. u. col. Bl. in gr. Fol. Nürnberg 848. (Korn.) n. 1 ℛ

Grünewald, Eduard

— u. Osk. Grünewald, Entscheidungen des Reichsgerichts u. früheren Reichsoberhandelsgerichts f. Industrie, Handel u. Gewerbe in Rechtssätzen nach dem Stande des jetzt geltenden Rechts, hrsg. v. der Red. des Reichsgesetzbuches f. Industrie, Handel u. Gewerbe. (Ergänzungsbd. zum Reichsgesetzbuch f. Industrie, Handel u. Gewerbe ꝛc.) (XV, 690 u. 78 S.) gr. 8. Berlin 903. Bruer & Co. Geb. in Halbfrz. n. 15. —

Grünewald, Eduard, u. Osk. Grünewald, Entscheidungen des Reichsgerichts usw., Fortsetzg., s.: Entscheidungen des Reichsgerichts f. Industrie, Handel u. Verkehr.

Grünewald, Ed., General-Register, s. Zeitschrift, jurist., für das Reichsland Elsaß-Lothringen.

Grünewald, E., d. Gesetz z. Bekämpfg. d. unlaut. Wettbewerbes v. 27. Mai 1896. Textausg., nebst systemat. Darstellg. d. Grundzüge d. Gesetzes, kurzen erläut. Anmerkgn. u. Sachreg. hrsg. gr. 16. (III, 34 S.) München 896. C. H. Beck. Kart. — 60

— die Gesetzgebg. auf photographischem Gebiete. Systemat. dargestellt. [Erweit. u. ergänzter Sonderdr. aus: „Apollo".] 8. (63 S.) Dresden 896. Verlag d. Apollo. n. 1. —

[J.] Grundriss zur Einführung in das Bürgerliche Gesetzbuch. Von Eduard Grünewald, Geh. Justizr., u. Hugo Freudenthal, Landgerichtsr. in Metz. *München: C. H. Beck 1898.* (VII, 403 S.) 1 Bd 8.

— Handbuch d. photograph. Geschäftspraxis, s.: Kremer, Frz.

Grünewald, Ed., Rechtsgrundsätze der Entscheidungen deutscher Gerichtshöfe mit Ausnahme der des Reichs-Oberhandelsgerichts auf dem Gebiete des Handelsrechts. Nach dem System des deutschen Handelsgesetzbuches geordnet u. hrsg. 1. u. 2. Hft. gr. 8. (III, 91 u. 111 S.) Berlin 877. 78. C. Heymann's Verl. à n. 2. —

Grünewald, Ed., Rechtsgrundsätze der Entscheidungen des Reichsgerichts. Nach dem Systeme der Gesetzbücher geordnet und gesammelt. Mit ausführl. Gesetz- und Sachregister. 1.—11. Bd. gr. 8. Berlin, C. Heymann's Verlag. [1. und 2. Bd. (140; 132 S.) 880,81. à *M 2,40.; 3. Bd. (VI, 168 S.) 881. *M 2,80.; 4. Bd. (IV, 143 S.) 881. *M 2,40.; 5. Bd. Mit Generalregister zu Bd. 1—5. (III, 174 S.); 6. Bd. Mit ausführl. Gesetz- und Sachregister. (VI, 180 S.) 882. à *M 3.; 7. Bd. Mit ausführl. Gesetz- und Sachregister. (III, 190 S.) 883. *M 3.; 8. und 9. Bd. Mit ausführl. Gesetz- und Sachregister. (IV, 181; III, 192 S.) 883,84. à *M 3.; 10. Bd. Mit Generalregister zu Bd. 6—10. (III, 256 S.) 884. *M 3.; 11. Bd. Mit Sach- und Gesetzesregister. (IV, 194 S.) 884. *M 3.]

—— Rechtsgrundsätze der Entscheidungen des Reichsgerichts. Nach dem System der Gesetzbücher geordnet und gesammelt. 12. und 13. Bd. gr. 8. Berlin, C. Heymanns Verlag. [12. Bd. Mit Sach- und Gesetzesregister. (IV, 179 S.) 885; 13. Bd. Mit Register. (IV, 146 S.) 886.] à Bd. *M 3.—. *
1.—10. Bd. Ebendas. 1880—84. [*M 28.—.] *M 20.—.; 11. Bd. Ebendas. 1884. *M 3.—.

—— s. Rechtsgrundsätze der Entscheidungen des Reichs-Oberhandelsgerichts.

Grünewald, Eduard (Hrsg.), s. Reichs-Gesetzbuch, Deutsches, für Industrie, Handel und Gewerbe . . .

Grünewald, Ed., Repertorium zum allgemeinen deutschen Handelsgesetzbuch. 1. und 2. Bd. 8. Bamberg, Buchner'sche Buchh. [1. Bd. in 7 Lfgn. (VI, 552 S.) 871. M 7,20.; 2. Bd. (398 S.) 874. M 5,40.]

—— Repertorium zum allgemeinen deutschen Handelsgesetzbuch [mit Ausschluß des Seerechts]. 3. Bd. 8. (III, 282 S.) Bamberg 881, Buchner'sche Buchh. •
1. und 2. Bd. Ebendas. 1871,74. à *M 4.

— Schöffenbuch. Systematische u. populäre Darstellung des Schöffendienstes, mit Berücksichtigung der Ausführungsgesetze von Preußen, Bayern, Sachsen, Württemberg, Baden, Hessen u. Elsaß-Lothringen, sowie mit Beifügung der anzuwendenden strafrechtlichen Bestimmungen. 2., verb. u. erweit. Aufl. 8. (109 S.) München 879. Keller. 1. —

— u. R. Haas, Unfallversicherungsgesetz f. das Deutsche Reich vom 6. Juli 1884. Mit kurzen Erläutergn., entnommen aus den Grundzügen, der Begründg., dem Berichte der Kommission des Reichstages u. den Verhandlgn. d. letzteren selbst, nebst Ausführungsbestimmgn. im Anh. hrsg. 8. (VI, 138 S.) Berlin 884. Vahlen. n. 1. 80

—— und R. Haas, Unfallversicherungsgesetzgebung für das Deutsche Reich. Mit Erläuterungen hrsg. II.: Reichsgesetz, betr. die Ausdehnung der Unfall- und Krankenversicherung vom 28. Mai 1885. Mit Erläuterungen, entnommen aus den Gesetzgebungsverhandlungen, und einer Anleitung, betr. die Anmeldung der versicherungspflicht. Betriebe, hrsg. 8. (50 S.) Berlin 886, Vahlen. *
I. Ebendas. 1884. *M 1.80.

Grünewald, E., das Urheberrecht auf dem Gebiete der bildenden Kunst u. Photographie. [Aus: „Liesegang's photogr. Archiv".] gr. 8. (IV, 92 S.) Düsseldorf 888. Liesegang. n. 1. 80

—— gesammte Wechsel-, Handels- und Genossenschafts-Gesetzgebung von Elsaß-Lothringen, zum Handgebrauch für Juristen und Kaufleute mit gegenüberstеh. französ. Text. — Recueil des lois relatives au commerce, aux lettres de change et aux associations de l'Alsace-Lorraine. 6 Lfgn. 8. (IX, 1000 S.) Mannheim 878, Bensheimer. à Lfg. *M 1,20. *

— gesammte Wechsel-, Handels- u. Genossenschafts-Gesetzgebung v. Elsaß-Lothringen. Zum Handgebrauch f. Juristen u. Kaufleute m. gegenüberstеh. französ. Text. Recueil des lois relatives au commerce, aux lettres de change et aux associations de l'Alsace Loraine. — 1—6. Lfg. 8. (X, 1000 S.) Mannheim 874. Bensheimer. à n. 1. 20

Grünewald, Er. Fr.

Grünewald, E. F., der Diamantschmuck. Lustspiel in 5 Aufzügen mit freier Benutzung des engl. Romans „Morley Ernstein" von James. 12. (123 S.) Darmstadt 847, Kern. n. 18 nß

Grünewald, E. F., Dichtungen. gr. 12. (15 B. u. 1 Vign.) Carlsruhe 827, Braun.

Grünewald, E. F., Grotesken. 2 Hftchn. 16. Darmstadt, Jonghaus. [1. (3⅙ B.) 842, 2. (5⅟₁ B. u. 1 Stahlst.) 843. n 7½ Ngr.]

Grünewald, E. F., der Herzog von Bordeaux. Posse in 2 Aufz. Frei nach E. M. Oettinger's Erzählung. 12. Darmstadt 843, Kern. n. ⅙ nß

— Lea. Drama in 3 Akten. Nach Wilh. Hauff's Novelle „Der Jud Süß." gr. 16. (60 S.) Darmstadt 847, Pabst. n. ½ nß

-- die Schwiegermutter. — s. Bühnen-Repertoir Bd. XII.

Grünewald, F., und G. Eberlein, der Werkzeichner, s. Eberlein, G.

Grünewald, Fr., der bayerische Hiesel. Historischer Roman. 8. (V, 560 S.) München 884. Wenger. n. 2. —

Grünewald, F., das geheimnissvolle Leben u. tragische Ende König Ludwig II. v. Bayern. München, M. Specht (vorm. G. Messner), 1886. 8°. Blau Hsr-b.
80 S. Mit Umschl.-Portr. — 1. Regierung, Politik u. Privatleben 1845/86. 2. Hohenschwangau. 3. Die Katastrophe in Berg. 4. Die Leichenfeier. 5. Beweise f. d. Nothwendigkeit der Regentschaft. 6. König Otto I. u. der Prinz-Regent (m. dessen Hlzsch.-Portr.).

Grünewald, Georg

Grünewald, Geo., Die deutschen Auswanderungen. Eine politisch-national-ökonomische Abhandlung. gr. 8°. Frankfurt a. M., Kessler, 1847.

Grünewald, Geo., die deutschen Auswanderungen. Eine politisch-national-ökonom. Abhandlung. gr. 8. (28 S.) Frankfurt a. M. 847, Varrentrapp's Sortimentsh. *

Grünewald, Geo., Frankfurt u. die Eisenbahnen. Eine handelspolit. Abhandlung. Lex.-8. (1½ B. u. Titlvign.) Frankfurt a. M. 846. (Varrentrapp's Sort.-Buchh.)

Grünewald, Heinrich

Grünewald, Heinr., Adelheid, Gemahlin Kaiser Otto I. Eine Erzählung. 8. (36 S. m. 1 Lith. in Tondr.) Düsseldorf 851, Kampmann. ⅙ nß

—— der Apfel. Eine Erzählung aus dem Leben im Volkston. 8. (24 S.) Düsseldorf 851, Kampmann.

—— Valentin Jamerag Duval. Nach v. Schubert's Naturspiegel für die Jugend bearb. 8. (22 S. und 1 Kpfr.) Düsseldorf 851, Kampmann.

— moralische u. lehrreiche Erzählungen. Zur Erweckung der Tugend u. zur wahren Erhebung des Herzens für das Jugend-Alter. 12. (261 S.) Potsdam 848, (Berlin) Janke. 1/4 ₰

—— der Notar Limosin oder der Ueberfall auf dem Schlosse Ville-lez-Pomeroeul. Aus dem Französ. 8. (21 S.) Düsseldorf 851, Kampmann.

—— die Milchschwestern. Eine Erzählung. Aus dem Französ. 8. (23 S.) Düsseldorf 851, Kampmann.

—— der Morgen. Eine Erzählung. 8. (23 S.) Düsseldorf 851, Kampmann.

Grünewald, Heinr., Orbis pictus. Ein Lern- u. Unterhaltungsbuch f. d. wißbegier. Jugend. gr. 4. (14¾ B. u. 30 col. Taf.) Düsseldorf 841, Arnz u. Comp. *

—— Prüfungen des Lebens. Ein Volksbuch. Mit 3 Bildern (in Tondr.) 8. (IV und 241 S.) Düsseldorf 851, Kampmann.

—— das weiße Reh, s. Märchen-Kranz No. 2.

— das weiße Reh, ein Märchen. Mit 12 Bildern. 12. Ebend. 841. 1/3 ₰

Grünewald, H(einr.), die Reise im Zimmer. 8. (51 S.) Düsseldorf 851, Kampmann. Thlr.

—— der Savoyard. Eine Erzähl. f. d. Jugend. gr. 12. (3¼ B. u. 8 col. Abbild.) Düsseldorf 836, Arnz u. Comp.

—— der junge Savoyard. Aus dem Französ. 8. (22 S. und 1 Stnt. in Tondr.) Düsseldorf 851, Kampmann.

Grunewald, Heinr., der Tugendspiegel. Ein Unterhaltungsb. f. d. Jugend 12 (11 B.) Berlin 845, Eyssenhardt'sche Bh.

—— der Tugendspiegel. Ein Unterhaltungsbuch für die Jugend. (Neue Titel-Ausg. der moral. und lehrreichen Erzählungen.) 12. (261 S. und 1 ill. Ttlkpfr.) Potsdam 850, Janke.

— der Tugendspiegel. Ein Unterhaltungsbuch für die Jugend. (Neue Titel-Ausg. der moral. u. lehrreichen Erzählgn.) Mit 1 (color.) Titelkpfr. 12. (261 S.) Potsdam (848) 851, (Berlin) Janke. 1/2 ₰

— die Verbannten. Eine Erzählung. Aus dem Franz. 8. (17 S.) Düsseldorf 851, Kampmann. 2 ngr

—— der Vielgeprüfte. Eine Erzähl. f. d. Jugend. gr. 12. (2 B. u. 6 ill. Taf.) Düsseldorf 836, Arnz u. Comp.

—— das Waisenkind im Gefängniß. Eine Erzählung. Aus dem Französ. 8. (7 S.) Düsseldorf 851, Kampmann.

—— Weihnachtsbüchlein für die Jugend. 16. (7 B. u. 1 col. Ttlkpfr.) Neuß 841, Schwann.

Grünewald, Heinrich, grh. Oberförster zu Jugenheim (Bergstr.): 'Welche Aufgabe erwächst der Staatsforstverwaltung mit Rücksicht auf die Beschaffenheit der Mehrzahl der im Kleinbesitz befindlichen Privatwaldungen des hessischen Odenwaldes?' *Jugenheim 1899: Ch. Lehmann.* (26 S.) 8° [F.]
Giessen, Phil. Diss. v. 1899

—— die drei Wundereier ꝛc., s. Märchen-Kranz No. 3.

Grünewald, Herm., s.: Kirchengeschichte in Lebensbildern für Schule u. Haus.

Grünewald, Jac. (geb. Warburg 26. 11. 1847) Die idiopathischen Muskelkrämpfe Berlin (1873). (30 S.) 8°
Berlin, Med. Diss. v. 20. Dez. 1873

Grünewald, Johann Gf.

— vernunft- u. schriftmäß. Betrachtt. über d. unlängst erschienene Uebersetz. d. N. Testaments. 8. Sorau 765. Hebold. 5 gr

— Betracht. üb. d. verdrehte Uebersetz. d. N. Testam. 8. Ebend. 767.

Grünewald, Jh. Gf., († d. 8. Juli 1784.) christl. Denkmäler von e. merkwürd. Begebenheiten in Casualpredigten. 8. Sorau 767. Hebold. 8 gr

Grünewald, J. Gf., Casualpredigten, von merkwürdigen Begebenheiten. 8. Sorau, Hebold. 767.

Grünewald, Carl: Zur Mathieu'schen Theorie der Transversalschwingungen elastischer Scheiben und ihrer Prüfungen durch Barthélemy. *Berlin 1901: W. Bäxenstein.* (24 S.) 4°
Berlin, k. Joachimsthalsches G, P 1901 (57)

Gruenewald, Carl Eduard (Eisenberg b. Dresden), **Nonnulla de sectionis caesareae indicationibus. Adjectus est sectionis caesareae casus prosperrimo cum eventu institutus. Diss. obstetr. Präs. Christian Adolph Wendler. Lpz. (Sturm & Koppe [A. Dennhardt]) 30. VII. 1859. 35 S. mit Biogr. (M.: C. Mittelhäuser.) (4.80) 11930**
Krankengesch. d. Luise Teichmann (Lausigk).

Grünewald, Martin

Grünewald, Mart., d. ersten Buchstaben u. Titel d. christl. Lehre. 12. Dresd. 762. Gerlach. 3 gr Verm. u. verb. v. J. F. Trübenbach. 8. Dresd. 786.

— Haus- u. Kirchenengel. mit K. 12. Zittau. 758.

— Haus- u. Schulpostille üb. d. Evang. u. Epist. 8. Bautzen, Drachstädt. 725.

— heil. Liebesmahl frommer Kinder Gottes. 12. Zittau. 758.

— standhafter Lutheraner a. d. Augsb. Conf. ꝛc. 4. Bautzen, Richter. 716.

Grünewald's, Matth., Biographie u. Charakteristik, s.: Woltmann, A.

Die Gemaelde und Zeichnungen von Matthias **Grünewald.** Hrsg. von Heinrich Alfred Schmid, Prof., Prag. T. 1. 2. Strassburg i. E.: Heinrich 19[07–]11. gr 2° (Textbd: 4°)
1. 69 Lichtdrucktaf. [1907–11]
2. Textbd. Mit 5 Lichtdrucktaf. u. 82 Ill. 1911.

— **Gemälde u. Zeichnungen. Hrsg. v. Heinr. Alfr. Schmid. I. Tl. 62 Lichtdr.-Taf. in Mappe. (IV S. Text.) 51,5×41,5 cm. Strassburg (908). W. Heinrich. In Leinw.-Mappe 60. —**

Grünewald-Mappe. Hrsg. vom Kunstwart. (6 Bl.) Mit Text v. Paul Schubring. (8 S. m. Abbildgn.) 38,5×28 cm. München (907). G. D. W. Callwey. 2,50; Vorzugsausg. 5. —

— Die Verehelichung Mariae (auch Christi Geburt genannt), s.: Meisterbilder 172. u. 173. Blatt.

Grünewald, Max, Rechtspraktikant: Darstellung der bayerischen Reservatrechte. Borna-Leipzig 1908: R. Noske. (VIII, 41 S.) 8° [F.]
Heidelberg, Jur. Fak., Ref. Jellinek, Diss. v. 1908
[Geb. 20. Nov. 83 München; Wohnort: München; Staatsangeh.: Bayern; Vorbildung: Maximilians-Gymn. München Reife Juli 03; Studium: München 5, Berlin 1, München 2 S.; Rig. 12. Febr. 08.]

Grünewald, Max, aus der Mappe e. Reimers. Dichtungen. (143 S.) 12. München 904. J. Lindauer. Geb. in Leinw. n. 2. —

Grünewald, Mor., s. Chronik, Meißner.

Grünewald, Mor., die Meißner Chronik v. Erbauung d. Stadt bis z. J. 1588. Nebst e. Anh. 1. Thl. 8. (24 B.) Meißen 829, (Klinkicht u. Sohn.)
2. Thl. vgl. Dietrich, Ew. Ehr. Bict.

Grünewald, R., wie kann Deutschland Colonialbesitz erwerben? Praktischer Vorschlag zur Lösung der Colonialfrage. 8. (69 S.) Mainz 879, Faber'sche Buchh. *

Grünewald, Oskar: Entscheidungen des Reichsgerichts . . . s. Grünewald, Eduard.

Grünewald, Osk., die Verfassung u. Verwaltung von Elsass-Lothringen, s.: Mandel, Karl.

— Verkehrssteuergesetz f. Elsaß-Lothringen, s.: Weinel, Pet.

Grünewald, R., aus d. Praxis f. d. Praxis, s.: Schweikert, F.

Grünewald, Richard. Vergleichende Anatomie der Martyniaceae und Pedaliaceae. (Schotten, Hessen) 1897: (W. Engel.) (43 S.) 8°
Erlangen, Phil. Diss. v. [24. Nov.] 1897.

Grünewald, Rich., belgische Kohlen u. Koks, deren physikalische u. chemische Untersuchungen u. Verwendung der Koks beim Hochofenprozess. (33 S.) 8. Leipzig (905). H. A. L. Degener. n. 1. 50

Grünewald, Richard: Die Oxydation des Methyluracils. 1901. 29 S. 8° ¶ Vgl. J. Liebig's Annalen d. Chemie. Bd 323. 1902.
Hannover, Dr.-Ing.-Diss. v. 20. 12. 1901

Grünewald, Th . und Neff, J . In die Berge des Appenzellerländchens. Für die Freunde der Natur und ländlicher Sitten bearb. von Th. G' und J. N'... Hrg. von J. N'... ([Mit Anhang:] Anzeigen und Empfehlungen [und 1 Karte].) 8. (Appenzell) 1881.

[Grünewald, Th . und Neff, J .] Geschichten und Sagen aus dem Appenzellerland. Geographisch-historische Beschreibung unter Berücksichtigung der Sitten und Gebräuche der Appenzeller [Mit 1 Karte.] 8. St. Gallen [1881].

Grünewald, Th., Wanderungen im Gebiete des Jura mit der bernischen Jurabahn. Für das reiselustige Publikum bearb. gr. 16. (139 S. m. 1 lith. u. color. Karte in qu. gr. 4.) Bern 877. Haller. n. 1. 30

Grünewald, Theodor

Grünewald, Th., unser Kaiser. Dem deutschen Volke u. besonders d. lieben Jugend zum 91. Geburtstage unseres Kaisers Wilhelm I. dargereicht. gr. 8. (32 S. mit Abbildgn.) Hannover 887. Helwing's Verl. n.n. — 25

Grünewald, Th., der kleine lutherische Katechismus, ein Kleinod für Kirche, Schule u. Haus in evangel.-luther. Gemeinden. Vortrag in der 4. Generalversammlung des Evangel. Lehrerbundes in Hannover geh. gr. 8. (20 S.) Hannover 877. Feesche. n. — 40

Grünewald, Th., die Königin Luise v. Preußen. Gedenkbüchlein zur Feier ihres 100jähr. Geburtstages am 10. März 1876. Der deutschen Jugend in den Volksschulen gewidmet. gr. 8. (32 S.) Hannover 876. Helwing's Verl. n.n. — 25

— der Tag v. Sedan. Ein Festbüchlein. 8. (32 S.) Hannover 877. Helwing's Verl. n.n. — 25

— wie erhält sich der Lehrer den idealen Schwung u. die Begeisterung für seinen Beruf? Vortrag, geh. auf der VIII. Hauptversammlung des Provinzial-Vereins hannov. Volksschullehrer am 3. u. 4. Octbr. 1877 zu Lüneburg. 8. (24 S.) Lüneburg 878. Engel. n. — 40

Grünewald, Thdr., wie erhält sich d. Lehrer d. idealen Schwung u. d. Begeisterg. f. s. Beruf? 2., erweit. Aufl. gr. 8. (43 S.) Hannover 899. C. Meyer. n. — 60

Grünewald, Wilhelm [aus Lüneburg]: Untersuchungen über die Dampfdichte des Eisenchlorids bei verschiedenen Temperaturen. Anhang: Fragment einer Untersuchung der Thiophengruppe. . . . Göttingen, Druck d. Univ.-Buchdr. v. W. Fr. Kästner, 1888; 40 S. + 1 Bl. u. 2 Taf. 8°
Göttingen, Phil. Fak., Inaug.-Diss. v. 17. Jul. 1888

Grünewald, W., Untersuchgn. über die Dampfdichte des Eisenchlorids bei verschiedenen Temperaturen. Anh.: Fragment e. Untersuchung der Tiophengruppe. Inaug.-Diss. gr. 8. (40 S. m. 2 Taf.) Göttingen 888. (Vandenhoeck & Ruprecht's Verl.) n.n. 1. 60

Grünewald, Z., Wanderungen um den Bodensee u. durch das Appenzellerlaendchen. Nach den besten Quellen u. eigenen Studien bearb. 8. (133 S.) Rorschach 874. Huber. 1. 80

Grünewaldt, E. v., Das Armenwesen in Livland. 8°. Leipzig 1884.

Grünewaldt, M. v., historische Stammtafeln. Ein Beitrag z. Geschichtsstudium in Schule u. Haus. gr. 4. (VIII, 102 S.) Frankfurt a/M. 889. Diesterweg. n. 6. —

Grünewaldt, Moritz von

Grünewaldt, M. v., Beiträge zur Kenntniss der sedimentären Gebirgsformationen in den Berghauptmannschaften Jekatherinburg etc., s. Mémoires de l'Acad. Imp. des Sciences de St.-Pétersbourg.

Grünewaldt (M. v.). Beiträge zur Kenntniss der sedimentären Gebirgsformationen in den Berghauptmannschaften Jekatherinburg, Slatoust und Kuschwa. (Mémoires de l'acad. Sér. VII. T. 2.) St. Petersburg 1860. 4.

Grünewaldt, M. v., Notizen über die versteinerungsführenden Gebirgsformationen des Ural. Gesammelt und durch eigene Beobachtungen ergänzt. Aus den Mémoires des Savants Etrangers abgedr. St. Pétersbourg 857. (Leipzig, Voss.) gr. 4. (1 Bl., 46 S.) nn. 17 ngl

a **Gruenewaldt**, Maur (geb. Koick in Estland März 1827) De petrefactis formationis calcareae cupriferae in Silesia. Analecta ad notitiam formationis calcareae cupriferae in Germania. Berolini (1851). (47 S.) 8°
Berlin, Phil. Diss. v 22. Nov 1851

— über die Versteinerungen der silurischen Kalksteine von Bogosslowsk. Ein Beitrag zur Geologie des östl. Ural. Hiezu 7 (lith.) Taf. mit Abbildgn. (Aus den Mémoires des Savants Étrangers.) St. Petersburg 854. (Leipzig, Voss.) gr. 4. (52 S.) nn. 1 *ℛ* 3 *ngl*

Grünewaldt, Otto von

Grünewaldt, O. v., üb. die humanitäre u. wissenschaftliche Bedeutung kleiner Gebärasyle, nebst e. Bericht üb. die Vorkommnisse in dem Gebärasyle d. Verf. gr. 8. (97 S.) St. Petersburg 884. Ricker. n. 2.40

Grünewaldt, O. v., kleine Gebärasyle oder grosse Gebäranstalten, s.: Sammlung klinischer Vorträge.

Gruenewaldt, Otto a, **Succi gastrici humani indoles physica et chemica, ope fistulae stomachalis indagata. Dissertatio physiologica. — Succi gastrici humani vis digestiva, ope fistulae stomachalis indagata. Dissertatio physiologica, auctore Ern. de Schroeder. 8maj. (52 und 38 S.) Dorpati Liv. 853. (Mitaviae, libr. Reyher.)**

Grünewaldt, Otto von (Hrsg.), s. Söhne, Vier, eines Hauses.

Grunewalt, Geo., Histohrge von d. Hasenmelckers un Asinus-Freters. (Gedicht.) Von neuem hrsg., ins Hochdeutsche übers., auch durch e. Einleit. u. Anmerkn. erläut. durch Carol. Nordhusanus. 8. (5 B. u. 1 Kärtchen.) Sondershausen 835. Eupel.

Grünfeld, unsere wichtigsten Heilpflanzen, s.a. Möller's, Wilh., Bibliothek f. Gesundheitspflege u. Volksaufklärung.

Unsere wichtigsten Heilpflanzen. Deren Kenntnis u. richtige Verwertung Nebst e. Anh. Die haufigsten Krankheiten u. ihre pflanzl. Heilmittel. Gemeinverstandl. dargest von Dr med. **Grünfeld**, Arzt. Oranienburg W Moller [1908]. (101 S.) 8° [F]
= **Bibliothek**, Möller's, f. Gesundheitspflege u. Volksaufklarung, Hauswirtschaft u. Unterhaltung II. 68,69. [08. 8661

— Der praktische Kräuter-Arzt. Anweisung zur Kenntnis u. richt. Verwertg. unserer volkstümlichsten Heilpflanzen. Mit vielen farb., naturgetreuen Abbildgn. (auf 10 Taf.). (110 S.) 8. Oranienburg (908). W. Möller. 2.—; geb. n 2.50

Grünfeld, A., General-Register, s.: Arbeiten d. pharmakolog. Institutes zu Dorpat.

Grünfeld, A., General-Register, s.: Archiv f. Dermatologie u. Syphilis.

Grünfeld, A., der neue Kopfrechner. Leitfaden für Lehrer der Elementarschule. Riga 856. Alexander in Comm. 8. (49 S.) n. 6 *ngl*

Grünfeld, A., die Lepra im Dongebiete. Ein Atlas. Mit e. Einleitg. v. O. Lassar. qu. 4. (50 Taf. m. 37 Bl. Erklärgn. u. 20 u. 5 S. Text.) Berlin 901. A. Hirschwald. Kart. n. 28.—

— d. Pflege d. Haut u. ihrer Adnexa, s.: Spietschka, Th.

Grünfeld, A.
Verzeichniss der von der medicinischen Facultät zu Dorpat seit ihrer Gründung veröffentlichten Schriften. Halle, 1889.

— Verzeichniss der v. der medicinischen Facultät zu Dorpat seit ihrer Gründung (1802—1892) veröffentlichten Schriften. Nach den Archiven der Universität zusammengestellt. [Aus: „Histor. Studien aus d. pharmak. Inst. d. Univ. Dorpat".] gr. 8. (III, 171 S.) Halle a/S. 893. Tausch & Grosse. n. 8.—

Grünfeld, Arminius: De linguis in Mischna, Sifra, Sifri Mechiltha receptis, ac de eorundem librorum origine. 41 gez. Bl. 4°
Halle-Wittenberg, Phil. Diss. v. 29. Juni 1864
Geb. [Nikolsburg (Mähren) 20. 10. 1837]
Verf. erlebte die Diplomerneuerung 1914 als Rabbiner in Berlin.

Grünfeld, Arnold, die Lehre vom göttlichen Willen bei den jüdischen Religionsphilosophen des Mittelalters von Saadja bis Maimûni, s.a. Beiträge zur Geschichte der Philosophie des Mittelalters. VII, 6.

Grünfeld, Arnold: Die Lehre vom göttlichen Willen bei den jüdischen Religionsphilosophen des Mittelalters von Saadja bis Maimûni. Münster i. W. 1909: Aschendorff. 78 S. 8° ¶ (Ersch. auch als: Beiträge z. Gesch. d. Philos. d. Mittelalt. Bd 7, H. 6.)
Erlangen, Phil. Diss. v. 29. Nov. 1909, Ref. Falckenberg
[Geb. 11. März 87 Kremsier; Wohnort: Breslau; Staatsangeh.: Österreich; Vorbildung: Gymn. Kremsier Reife Juli 05; Studium: Breslau 6, Erlangen 1 S.; Rig. 19. Jan. 09.] [U 10. 859

Gruenfeld, Dav (geb. Lublin 20. 3. 1824) De encephalomalacia. Berolini (1858). (32 S.) 8°
Berlin, Med. Diss. v. 27 Aug. 1858

Grünfeld, Emanuel

— Beiträge zur Theorie der linearen Differentialgleichungen. 8 (S. 3—13). **Progr.** Staatsg. im II Bezirk *Wien* 1889.

Grünfeld E., Dr. Über die Integration eines Systems linearer Differentialgleichungen erster Ordnung mit einer unabhängig veränderlichen Größe D 14 II 93 vgr Separatabdruck

—, Über adjungierte Systeme simultaner linearer Differentialgleichungen mit einer unabhängig veränderlichen Gröſse. 8 (20 S.). **Progr.** Staats-G *Nikolsburg* 1893.

Grünfeld Dr E.: Zur Theorie der algebraisch auflösbaren Gleichungen. 11. Nikolsburg 97. Progr.

Grünfeld, *Emanuel* Zur Theorie eines Systems linearer Differentialgleichungen erster Ordnung mit einer unabhängig veränderlichen Gröſse 8 (S. 35—43). Staatsg. im II. Bezirk *Wien* 1887 **Progr.**

Grünfeld, *Emanuel* Zur Theorie der Systeme linearer Differentialgleichungen erster Ordnung und der Fuchsischen Differentialgleichungen m^{ter} Ordnung. 8 (S. 3—30). **Progr.** K. k. Staatsg. im II. Bezirke *Wien* 1892.

Grünfeld, Emil

Grünfeld, Em., Bekenntnisse e. alten Freimaurers, s.: Instruktions-Vorträge, drei, geh. in der Loge „Zukunft".

Grünfeld, Ernst, a. Brünn ⟨Mähren⟩: Die Gesellschaftslehre von Lorenz von Stein. Halle a. S. 1908: C. A. Kaemmerer & Co. (94 S., 1 Taf.) 8° ¶ (Erschien vollst. u. d. T.: „Lorenz von Stein und der ökonomische Materialismus".)
Halle, Phil. Fak., Ref. Waentig, Diss. v. 8. April 1908
[Geb. 11. Sept. 83 Brünn; Wohnort: Wien; Staatsangeh.: Österreich; Vorbildung: Staats-Obergymn. Brünn Reife Juli 01; Studium: Hochsch. f. Bodenkultur Wien 1, Univ. Halle 8 S.; Rig. 24. Febr. 08.]

Grünfeld, E., s. Sammlung socialwissensch. Meister.

Grünfeld, Ernst, Lorenz v. Stein u. die Gesellschaftslehre, s.a. Studien, sozialwissenschaftliche.

Lorenz von Stein und die Gesellschaftslehre. Von Dr. Ernst **Grünfeld.** Jena: Fischer 1910. XI, 25 S. 8°
Ein T. ersch. als Inaug.Diss. Halle 1908.
(Sozialwissenschaftliche Studien. Bd 1.) [10. 14392

Grünfeld, F. V. Das Leinen in der Kulturgeschichte und im Haushalte Hrsg. von F. V. Grünfeld Landeshut i. Schles. Selbstverl. 1888.
42 S. 8°

Grünfold, Felix, approb. Arzt aus Berlin: Ueber **Tympania** uteri, ihre Ursachen und Gefahren. *Würzburg 1898: Becker.* (35 S.) 8°
Würzburg. Med. Diss. v. 1898

Grünfeld, Hans Peter Hansen

Beitrag zu der Lehre von der Gröfse und Zahl, mit besonderer Berücksichtigung der positiven und negativen Zahlen; v. [Hans Peter Hansen] **Grünfeld.** Schleswig. 1853. 8°. Gymn.-Progr.

Grünfeld, H. P. H., Elementar-Cursus der Arithmetik für den vorbereit. Unterricht. Schleswig 870. Schulbuchhandlung. gr. 8. (52 S.) n. 7½ ngr.

Grünfeld, H. P. H., Elementar-Cursus der Arithmetik für den vorbereitenden Unterricht. 2. Aufl. gr. 8. (53 S.) Schleswig 878. Bergas. cart. n. 1. —

Elementarcursus der Geometrie, eine Entwickelung der Hauptsätze und der Auflösungen der wichtigsten Aufgaben auf anschaulichem Wege. Zur Benutzung beim vorbereitenden Unterricht in höheren Unterrichtsanstalten sowie auch beim Unterricht in Volksschulen v. Hans Peter Hansen **Grünfeld.** Schleswig. 1863. 8°. Gymn.-Progr.

Grünfeld, H. P. H., Elementar-Cursus der Geometrie. Eine Entwickelung der Hauptsätze und der Auflösungen der wichtigsten Aufgaben auf anschaulichem Wege, zur Benutzung beim vorbereitenden Unterricht in höheren Unterrichtsanstalten, sowie auch beim Unterrichte in Volksschulen. Mit vielen in den Text gedr. Fig. (in Holzschn.) Schleswig 864. Heiberg. gr. 8. (76 S.) n. 12 ngr.

Grünfeld, H. P. H., **Elementar-Cursus** der Geometrie. Eine Entwickelung der Hauptsätze und der Auflösungen der wichtigsten Aufgaben auf anschaul. Wege, zur Benutzung beim vorbereit. Unterricht in höheren Unterrichtsanstalten sowie auch beim Unterricht in Volksschulen. 2. (Titel-)Ausg. gr. 8. (76 S. mit vielen in den Text gedr. Fig.) Schleswig 867, Schulbuchh.

— **Elementar-Cursus der Geometrie.** Eine Entwickelung der Hauptsätze u. der Auflösungen der wichtigsten Aufgaben auf anschaul. Wege, zur Benutzung beim vorbereit. Unterricht in höheren Unterrichtsanstalten sowie auch beim Unterricht in Volksschulen. 2. (Titel-)Ausg. Ebend. 869. gr. 8. (76 S. mit vielen in den Text gedr. Figg.) 12 ngr.

Episoden aus der Geschichte der Stadt Schleswig, nach dem bekannten Werke von Dr. Sach zsgest. u. bearb. v. Hans Peter Hansen] **Grünfeld.** Schleswig. 1882. 8°

Fragmente aus dem Leben eines alten Predigers (Lorenz Nissen). Zwei Vorträge gehalten von [Hans Peter Hansen] Grünfeld. — Schleswig 1892: Schlesw. Nachr. 25 S. 8° [Umschlagt.]

—— **Geographie** für die unteren Klassen der Gymnasien und Realschulen sowie auch für Volksschulen. Frei bearb. nach einem Lehrbuch von C. F. Ingerslev erweitert. 8. (IV und 188 S.) Schleswig 867, Schulbuchh. *

— **Geographie der Herzogth. Schleswig-Holstein.** Ebend. 868. 8. (58 S.) cart. n. 3¾ ngr.

— **Geographie** der Herzogth. Schleswig-Holstein u. Lauenburg. 2. verm. u. verb. Aufl. Für 2 Stufen bearb. Mit e. (chromolith.) Spezialkarte. Ebend. 870. 8. (V, 55 S.) cart. n. 5 ngr.

Grünfeld, H. P. H., Geographie der Herzogthümer Schleswig-Holstein u. Lauenburg. 3. verb. Aufl. f. 2 Stufen bearb. 8. (48 S.) Schleswig 873. Bergas. n. — 50

— **Geographie** der Prov. Schleswig-Holstein u. des Fürstenthums Lübeck. 4., verb. Aufl., f. 2 Stufen bearb. 8. (52 S. m. chromolith. Karte.) Ebend. 878. cart. n. — 60

— dasselbe. 5. Aufl., bearb. v. Aug. Sach. Mit (chromolith.) Karte v. Schleswig-Holstein. 8. (78 S.) Ebend. 882. cart. n. — 70

Grünfeld, H. P. H., Geographie der Prov. Schleswig-Holstein, 6. Aufl., s. Sach, A.

Grünfeld, H. P. H., das Leben des Pädagogen Heinrich Pestalozzi. Zur Erinnerung an die Lehrerversammlg. in Schleswig am 3., 4. u. 5. August 1887 hrsg. gr. 8. (63 S.) Schleswig 887. Bergas. n. 1. —

—— **Lehrbuch der Arithmetik.** [2. Cursus.] 1. Thl. Zunächst zum Gebrauch in der Secunda. gr. 8. (VI, 100 S.) Schleswig 872, Bergas. *

— **Nordpolarfahrten** im allgemeinen, sowie die deutschen Expeditionen in den Jahren 1868 bis 1870 insbesondere. Drei Vorträge. gr. 8. (64 S.) Ebend. 882. n. 1. —

Der Foucaultsche Pendelversuch zum Beweise für die Axendrehung der Erde. Ein Vortrag, geh. den 29. Juli 1867, am Vorabend der schleswig-holsteinischen Lehrerversammlung in Schleswig, nebst einigen erläuternden Ergänzungen den werthen Collegen überreicht v. Hans Peter Hansen **Grünfeld.** o. O. u. J. 8°

— **Rechenbuch** für Elementarschulen. Neue Ausg., umgearb. namentlich mit Rücksicht auf die Verordnung für das Herzogthum Schleswig vom 13. Juni 1860, betreffend die Einführung eines neuen Gewichts. Ebend. 862. 8. (IV, 126 S.) n. 6 ngr.

— **Rechenbuch** für Elementarschulen. 8. Aufl. 863. (IV, 126 S.) n. 6 ngr. — 9. Aufl. Neue Bearbeitung in Courant. Ebend. 864. 8. (152 S.) n. 10 ngr.

Grünfeld, H. P. H., **Rechenbuch** für Elementarschulen. 12. Aufl. (Neue Bearbeitung in Preuß. Courant.) 8. (IV und 122 S.) Schleswig 868, Schulbuchh.
Resultate dazu. (24 S.)

—— **Rechenbuch für Elementarschulen. 14. Aufl. [Umgearb. mit Rücksicht auf das neue Maaß und Gewicht.] 8. (IV, 119 S.) Schleswig 871, Bergas. ***

—— **Rechenbuch für Elementarschulen. 15.—17. Aufl. (109 S.) 1872—77; 18. und 19. Aufl. 8. (111 S.) Ebendas. 878,79. ***

—— **Rechenbuch** für Elementarschulen [für die Unterstufe und die untere Abteilung der Mittelstufe]. 20. und 21. Aufl. 8. (100 S.) Ebendas. 881,82.

—— **Rechenbuch für Elementarschulen [für die Unterstufe und die untere Abteilung der Mittelstufe]. 22.—28. Aufl. 8. (100 S.) Ebendas. 883—88. * 60 Pf.; cart. ***

Grünfeld, H. P. H., Rechenbuch, zunächst für Mittel- und Oberclassen der Volksschulen, mit Unterstützung des königl. Ministeriums für das Herzogth. Schleswig hrsg. 1. Thl. 8. (IV und 180 S.) Schleswig 853, Neddermeyer.

Rechenbuch zunächst für Mittel- und Oberklassen der Volksschulen v. H[ans] P[eter] H[ansen] Grünfeld. Th. 1. ⟨Mit 20 Fig. im Text.⟩ 22. Aufl. Schleswig. 1877. Th. 2. 2. unveränd. Aufl. ebd. 1857. 8°

Auflösungen zu dem 2. Theile des für Mittel- und Oberclassen der Volksschulen v. Hans Peter Hansen Grünfeld hrgg. Rechenbuchs. Schleswig. 1860. 8°

— — 2. Thl. 3., umgearb. Aufl. Ebend. 863. 8. (VI, 186 S.) n. 12½ ngr.

— Rechenbuch, zunächst für Mittel- und Oberclassen der Volksschulen. 1. Thl. 11. Aufl. Neue Ausg. in Courant. Ebend. 864. 8. (212 S.) n. 15 ngr.

— — 2. Thl. 4. Aufl. (Neue Ausg. in Courant.) Ebend. 865. 8. (181 S. mit eingedr. Holzschn.) n. 11¼ ngr. Resultate dazu. (18 S.) n. 2½ ngr.

— Rechenbuch, zunächst für Mittel- u. Oberclassen der Volksschulen. 1. Thl. 13. Aufl. (Neue Bearbeitung in Preuß. Courant.) Ebend. 868. 8. (190 S.) n. 10 ngr. Resultate dazu. (24 S.) n. 2½ ngr.

—— Rechenbuch zunächst für Mittel- und Oberklassen der Volksschulen. 1. Thl. 14.—18. Aufl. [Umgearb. mit Rücksicht auf das neue Maaß und Gewicht.] 8. (226 S.) Schleswig 868—72, Bergas. *

Grünfeld, H. P. H., Rechenbuch zunächst für Mittel- und Oberklassen der Volksschulen. 1. Thl. 19. Aufl. [Umgearb. mit Rücksicht auf das neue Geldwesen.] gr. 8. (167 S.) Schleswig 873, Bergas. *

—— dass. — 2. Thl. 5. Aufl. gr. 8. (194 S. mit eingedr. Holzschn.) Ebendas. 872. *

—— dass. — Resultate zum 1. Thl. 8. (28 S.) Ebendas. 872. *

—— dass. — 2. Thl. 6. Aufl. 8. (128 S.) Ebendas. 875. *

—— dass. — Resultate. 8. (22 S.) Ebendas. 875. *

—— Rechenbuch zunächst für Mittel- und Oberklassen der Volksschulen. 1. Thl. 19.—22. Aufl. 8. (192 S. mit eingedr. Holzschn.) Ebendas. 873—79. *

—— Rechenbuch für Mittel- und Oberklassen der Volksschulen. 1. Tl. in 2 Heften und Resultate. Mit 20 Fig. im Text. 23.—25. Aufl. 8. Ebendas. 880—82. *
Mit Resultaten *
geb. mit Resultaten *

Inhalt:
Tl. 1. Für die obere Abteilung der Mittelstufe. (75 S.) cart. * 55 Pf.
„ 2. Für die Oberstufe ein- und mehrklassiger Volksschulen. (120 S.) cart. * 85 Pf. — Resultate. (24 S.) * 20 Pf.

—— dass. — Auflösungen und Zwischenresultate zum 1. Tl. 8. (40 S.) Ebendas. 880. **
Nur für Lehrer.

—— dass. — 2. Tl. 7. Aufl. 8. (128 S. mit 16 geometr. Fig. im Text.) Ebendas. 880. *
Mit Resultaten (14 S.) *
geb. mit Resultaten *

—— dass. — Auflösungen und Zwischenresultate zum 2. Tl. 8. (36 S.) Ebendas. 880. **
Nur für Lehrer.

—— Rechenbuch für Mittel- und Oberklassen der Volksschulen. 1. Tl. in 2 Heften und Resultate. Mit 20 Fig. im Text. 26.—31. Aufl. 8. Ebendas. 883—89. *
Mit Resultaten *
geb. mit Resultaten *

Inhalt:
Tl. 1. Für die obere Abteilung der Mittelstufe. (75 S.) cart. * 55 Pf.
„ 2. Für die Oberstufe ein- und mehrklassiger Volksschulen. (120 S.) cart. * 85 Pf. — Resultate. (24 S.) * 20 Pf.

Grünfeld's Rechenbuch f. Volksschulen, s. a. Harder, C. H.

Grünfeld's Rechenbuch f. Volksschulen, bearb. v. C. H. Harder. Der Neubearbeitg. 1. Abdr. 3 Tle. 8. Schleswig 891. J. Bergas. Kart. n. 2. 80
1. Für die Unterstufe [1.—3. Schulj.]. 31. Aufl. (IV, 76 S.) n. — 60
2. Für die Mittelstufe [4.—6. Schulj.]. 31. Aufl. (II, 158 S.) n. 1. —
3. Für die Oberstufe [7. u. 8. (9.) Schulj.]. 32. Aufl. (III, 196 S.) n. 1. 20

— dasselbe. Antworten zum 2. u. 3. Tl. 8. (29 u. 32 S.) Ebd. 891. à n. — 30

— dasselbe. 4. Tl. Für die Oberstufe mehrklass. Schulen. 8. Aufl. des 2. Tls. des „Rechenbuchs f. Mittel- u. Oberklassen der Volksschulen" v. Grünfeld. 8. (194 S. m. 32 Fig.) Ebd. 894. Kart. n. 1. 50; Antworten (23 S.) n.n. — 30

Grünfeld's Rechenbuch f. Volksschulen, bearb. v. C. H. Harder. 33. Aufl., der Neubearbeitg. 3. Abdr. 3. Tl. Für d. Oberstufe (7. u. 8. [9.] Schulj.). 8. (III, 208 S. m. 24 Fig.) Schleswig 897. J. Bergas. Kart. n. 1. 20; Antworten (32 S.) n.n. — 30

Grünfeld's Rechenbuch f. Volksschulen, bearb. v. C. H. Harder. 34. Aufl., der Neubearbeitg. 4. Abdr. 1. u. 2. Tl. 8. Schleswig 899. J. Bergas Verl. Kart. n. 1. 60
1. Für die Unterstufe. (1.—3. Schulj.) (IV, 76 S.) n. — 60
2. Für die Mittelstufe. (4.—6. Schulj.) (II, 159 S.) n. 1. —

— dasselbe, Parallelausg. zum 3. Tl., s.: Harder, C. H.

Grünfeld's Rechenbuch für Volksschulen, bearb. v. C. H. Harder. 1.—3. Tl., nebst Antworten z. 2. u. 3. Tl. 8. Schleswig, J. Bergas Verl. n. 3. 40
1. Für die Unterstufe (1.—3. Schulj.). 40. Aufl., der Neubearbeitg. 10. Abdr. (IV, 76 S.) 904. Kart. n. — 60
2. (Für die Mittelstufe (4.—6. Schulj.). 38. Aufl., der Neubearbeitg. 8. Abdr. (158 S.) 905. Kart. n. 1. — ; Antworten. (29 S.) (906.) n. — 30
3. Für die Oberstufe (7. u. 8. [9.] Schulj.). Mit 24 Fig. im Text. 37. Aufl., der Neubearbeitg. 7. Abdr. (208 S.) 906. Kart. n. 1. 20; Antworten. (32 S.) 906. n. — 30

—— Sammlung methodisch geordneter Aufgaben zur Benutzung beim Unterricht in der Arithmetik. 1. Thl. gr. 8. (133 S.) Schleswig 873, Bergas. *

— Schulgeographie. 2. Cursus. 2. völlig umgearb. Aufl. der Geographie für die unteren Klassen der Gymnasien u. Realschulen, sowie auch für Volksschulen. Für 2 Stufen bearb. Mit eingedr. Illustr. (in Holzschn.) Ebend. 870. gr. 8. (IV, 258 S.) n. 12 ngr.

— Schulgeographie. 1. Cursus. gr. 8. (III, 132 S.) Ebend. 871. n. — 75

— dasselbe. 2. Cursus. 2. Ausg. der 2. umgearb. Aufl. der Geographie f. die unteren Classen der Gymnasien u. Realschulen sowie auch f. Volksschulen. Für 2 Stufen bearb. Mit eingedr. Illustr. (in Holzschn.) 8. (IV, 258 S.) Ebend. 873. n. 1. 20

—— Ueberblick über die Entwicklungsgeschichte der Erde mit besond. Berücksichtigung der geognost. Verhältnisse der Herzogth. Schleswig-Holstein. 8. (31 S.) Schleswig 867, Schulbuchh. *

Grünfeld: Ueber mathematischen U n t e r r i c h t auf Gymnasien. A. Lehrgang beim vorbereitenden Unterricht in der Arithmetik. B. Probevorlegeblätter für die Uebung im Auflösen mathematischer Aufgaben. 40 S. – Schleswig, Domsch., Progr. 1869.

—— über mathematischen Unterricht auf Gymnasien. 4. (40 S.) (Schleswig 869, Bergas.) *

Grünfeld, Herrm., Gott ist unser Richter! Gottesdienstlicher Vortrag am Rosch Haschanah 5624 im Gotteshause der „Schochare-ha-Tob" zu Berlin. Berlin 864. Peiser. gr. 8. (16 S.) 3 ngr.

—— „Moses letztes Gebet!" Gottesdienstlicher Vortrag am Achron-schel Pessach 5624 in der Schlesinger-Synagoge zu Berlin. gr. 8. (15 S.) Berlin 864, Peiser.

Grünfeld, Josef

Grünfeld, Jos. Ueber Cystoskopie etc., s.a. Zeit- u. Streitfragen, klinische.

Zeit- und Streitfragen, Klinische, unter Mitwirkung hervorragender Fachmänner herausgegeben von Prof. Dr. Joh. Schnitzler. III. Bd. 7.—8. Heft. Inhalt: Dr. Josef Grünfeld, Ueber Cystoskopie, mit Bezug auf Diagnose und Therapie von Blasenerkrankungen, insbesondere von Blasentumoren. 8. (S. 209—280) 1.20
Wien: Braumüller 1890.

Grünfeld, Jos., die Endoskopie der Harnröhre u. Blase, s.a. Chirurgie, deutsche.

Grünfeld, Josef: Die Endoskopie der Harnröhre und Blase. Mit 22 Holzschn. u. 3 Taf. in Farbendr. Stuttgart 1881. XVI, 240 S.
(Deutsche Chirurgie. Lfg 51.)

Grünfeld, Jos., zur Geschichte der Endoskopie und der endoskopischen Apparate. 8. (55 S. mit 14 eingedr. Holzschn.) Wien 879, (Toeplitz und Deuticke.) *
Aus: Medizinische Jahrbücher, besonders abgedruckt.

—— der Harnröhrenspiegel [das Endoskop], seine diagnostische und therapeutische Anwendung, s.a. Klinik, Wiener.

Grünfeld, Jos., der Harnröhrenspiegel [das Endoskop], seine diagnost. u. therapeut. Anwendung. Mit 19 (eingedr.) Holzschn. [Aus: „Wiener med. Klinik".] gr. 8. (72 S.) Wien 877. Urban & Schwarzenberg. n. 2. —

Grünfeld, J., Compendium der Augenheilkunde nach weil. Dr. Max Tetzer's systematischen Vorträgen hrsg. gr. 8. (VIII, 488 S. mit 3 lithogr. Taf.) Wien 870, Sallmayer und Comp. *
Vgl.: Tetzer's, Mart., Compendium der Augenheilkunde.

Grünfeld, J., Compendium der Augenheilkunde nach M. Tetzer's systemat. Vorträgen. Mit 51 Holzschn. u. 1 Taf. 4., verm. Aufl. gr. 8. (XII, 520 S.) Wien 887. Perles. n. 10. 80

Grünfeld, J., die Lokalbehandlung bei Syphilisformen, s.: Klinik, Wiener.

Die Massage. Ihr Wesen, ihre Bedeutung u. Anwendung. Ein prakt. Lehrb. f. gebildete Laien. Von Dr. med. [Josef] Grünfeld. Mit 17 Abb. u. 1 Titelb. 2. verb. u. verm. Aufl. *Berlin: W. Möller [1900].* (96 S.) 8° [F.]
— Hausbücher f. Gesundheitspflege. Bd 34. [oo. 11680]

Grünfeld, die Massage, — die Zimmergymnastik, } s.a. Hausbücher, medicinische.

Die Zimmer-Gymnastik, ihre Bedeutung u. Anwendung mit besond. Berücks. d. Schwed. Heilgymnastik. Für gebildete Laien fasslich dargest. von Dr. med. [Josef] Grünfeld. Mit 82 Abb. 2. verb. u. verm. Aufl. *Berlin: W. Müller [1901].* (109 S.) 8° [F.]
— Hausbücher f. Gesundheitspflege. Bd 35. [01. 4317]

Grünfeld, Leop., anatolische Volkslieder aus der „Kaba Dili". 16. (VIII, 94 S.) Leipzig 888, Liebeskind. *
geb. *

Grünfeld Max: Die Beziehungen des Herzogs Rudolf IV. zum Patriarchate von Aquileja.
II. 1882 PN 241 Diss. Wien, Univ.

Grünfeld, Max, Leben u. Lieben im Ghetto, — d. Leute d. Ghetto, } s.: Universal-Bibliothek, jüdische.

Grünfeld, Paul, a. Kattowitz: Der Mäkler im römischen Recht und im bürgerlichen Gesetzbuch. Berlin 1904: Nollenberg u. Schob. (114 S.) 8°
Würzburg, Jur. Fak., Ref. v. Burckhard, Diss. v. 19. Dez. 1904
[Geb. 19. Sept. 79 Kattowitz; Wohnort: Kattowitz; Staatsangeh.: Preußen; Vorbildung: Gymn. Groß-Strelitz Reife O. 97; Studium: Berlin 5, München 2 S.; Rig. 20. Juli 05.]

Grünfeld, Paul P., Paris unter der Commune. Nach eigener Wahrnehmg. erzählt. Nebst e. Anh.: Eine pariser Geschichte. gr. 8. (IV, 91 S.) Berlin 873. Moeser in Comm. n. 3. —

Grünfeld, Paul Stef., s.a. Stefan, Paul.

Grünfeld, Paul Stef., Stimmungen. Gedichte. Umschlagzeichng. v. Engelb. Weiner. 8. (XI, 84 S.) Dresden 900. E. Pierson. n. 1. 50; geb. n. 2. 50

Grünfeld, Rich., zur Geschichte der Juden in Bingen a. Rhein. Festschrift zur Einweihg. der neuen Synagoge in Bingen (21. IX. 1905). (84 S. m. 3 Taf.) gr. 8. Bingen 905. (Frankfurt a/M., J. Kauffmann.) n. 2. —

Grünfeld, Richard: Die Stellung der Sclaven bei den Juden nach biblischen und talmudischen Quellen .... Theil I. Breslau, K. pr. Hofbuchdr. S. Schottländer, 1886; 38 S. + 1 Bl. 8°.
Jena, Phil. Fak., Inaug.-Diss. v. 1886.

Grünfeld, Richard, die Stellung der Sclaven bei den Juden nach biblischen und talmudischen Quellen. Theil I. Diss. Jena 1886, G. Neuenhahn. 8°. 38 S.

Grünfeld Siegfried: August von Goethe.
1906 PN 2191 Diss. Wien, Univ.

GRÜNFELDER, Benno (Saaz): Magengeschwüre durch Kalichloricum-Vergiftung.- Bamberg: Handelsdruckerei (1910). 31 S.
9.1.1911 - Chr 1910/11,28; U 11.3652
Diss. Ingolst.-Landsh.-Mchn.

Grünfütterung von Klee, Reygras, gelbe Rüben, Erdäpfel, Pastinak u. rothe Rüben. Klgft., 1, 1764.

Grung, Fr., Grundriss d. franz. Formenlehre in tabellar.-übersichtl. Darstellg. gr. 8. (24 S.) Hamburg 898. (J. Kriebel.) n. — 50

— Kapital u. Kredit auf d. Arbeitsmarkt. Gekürzte Wiedergabe e. im Wintersem. 1897/98 geh. Vortrages. gr. 8. (8 S.) Ebd. 898. n. — 40

Grung, Frz., das Problem der Gewissheit. Grundzüge e. Erkenntnisstheorie. gr. 8. (VI, 207 S.) Heidelberg 886. Weiss' Verl. n. 4. —

Grunhage, H., Fibel nach der Normalwörtermethode, — Schreib-Lese-Fibel, } s.: Grothe, F.

Grunhage, — Fibel für katholische Schulen, } s. Grothe, F.

Grünhagel, Fr., um d. Märtyrerkrone. Historische Erzählg. zum Gedächtnis des ersten Preußenmissionars Bischof Adalbert v. Prag. gr. 8. (228 S.) Königsberg 902. Ev. Buchh. des ostpreuß. Prov.-Vereins f. innere Mission. n. 2.25; geb. n. 3. —

Grünhagel, Fr., des Tannenhofbauern Rache. Eine Erzählg. aus d. Volk f. das Volk. 12. (141 S.) Basel 897. Kober. n. — 60; geb. in Leinw. n. 1. —

Grünhagel, Fr., wo gehst du hin? Ein Jahrgang Predigten üb. Fragen u. Antworten aus Gottes Wort. 2 Tle. gr. 8. Kassel 904. E. Röttger. n. 6. —; geb. n.n. 7. 50; einzelne Tle. 3. —
I. Wer gibt dir Frieden? (Von Advent bis Trinitatis.) (IX u. S. 1—351.) — II. Was soll ich tun, daß ich selig werde? (Trinitatiszeit: Der christl. Heils- u. Lebensweg.) (S. 353—600.)

Grünhagel, Friedrich Karl: Die G e n e r a l - K i r c h e n - und Schulen- V i s i t a t i o n im Kreise Heiligenbeil ‹Ostpr.› vom 26. Mai bis 17. Juni 1904. (Verf.: –.) Königsberg i. Pr.: Ostpr. Dr. & Verlagsanst. 1904. (12 S.) 8°
Aus: Ostpr. Zeitung.

Grünhagen, Leitfaden für den Schullehrer beim landwirthschaftlichen Unterricht. Eine von der Direktion des landwirthschaftlichen Central-Vereins für die Provinz Sachsen prämiirte Preisschrift. A. u. d. T.: Handbuch für den Landmann. Eine Anleitung den Ackerbau auf die vortheilhafteste Weise zu betreiben. gr. 8. (X und 251 S.) Halle 855, Pfeffer. *

Gruenhagen, A., Beschreibung eines neuen Myographions zur Messung der Geschwindigkeit nervöser Leitungsvorgänge. gr. 4. (5 S. mit 1 lithogr. Taf.) Königsberg 883. (Berlin, Friedländer und Sohn.) *
Aus: Schriften der physikalisch-ökonomischen Gesellschaft zu Königsberg, besonders abgedruckt.

Gruenhagen, A., s. Funke's, Otto, Lehrbuch der Physiologie.

— Lehrbuch der Physiologie f. akademische Vorlesungen u. zum Selbststudium. Begründet v. Rud. Wagner, fortgeführt v. Otto Funke, neu hrsg. v. A. G. 7. Aufl. 1—12. Lfg. gr. 8. (1. Bd. VII, 683, 2. Bd. IV, 662 S. u. 3. Bd. S. 1—560 m. eingedr. Fig.) Hamburg 884—86. Voss. à n. 3. —

Gruenhagen, A., Lehrbuch der Physiologie f. akademische Vorlesungen u. zum Selbststudium. Begründet v. R. Wagner, fortgef. v. O. Funke, neu hrsg. v. A. G. 7., neu bearb. Aufl. Mit etwa 250 in den Text eingedr. Holzschn. 13. (Schluss)-Lfg. gr. 8. (3. Bd. V u. S. 561 — 758.) Hamburg 887. Voss. n. 3. — (cplt.: n. 40. —)

— Physiologie der Zeugung. Mit 43 Holzschn. [Aus: „Lehrb. der Physiologie".] gr. 8. (IV, 272 S.) Ebd. 888. n. 6. —

Grünhagen, A., de novo schemate fluminis nervorum et musculorum galvanici. Regim. 1863.
Schul-/Univ.-Schrift

Gruenhagen, A., die electromotorischen Wirkungen lebender Gewebe. Vom Standpunkte e. neuen Hypothese üb. die Ursachen thier. u. pflanzl. Electricität. Mit 29 (eingedr.) Holzschn. gr. 8. (IX, 118 S.) Berlin 873. G. W. F. Müller. n. 5. 25

Grünhagen, Colmar, Adalbert Erzbischof von Hamburg und die Idee eines nordischen Patriarchats. Leipzig 854. Brockhaus. gr. 8. (XII, 228 S.) n. 1 ₰ 10 ngr

— u. F. Wachter, Akten d. Kriegsgerichts v. 1758 wegen d. Kapitulation v. Breslau am 24. Novbr. 1757, s.a. Scriptores rerum silesiacarum.

Grünhagen, C. und F. Wachter. Akten des Kriegsgerichts von 1758 wegen der Kapitulation von Breslau am 24. November 1757. Aus: „Scriptores rerum Silesiacarum". Herausgegeben vom Vereine für Geschichte und Alterthum Schlesiens. 15. Bd. 4. Breslau 1895.

Grünhagen, C. Österr. Anschläge auf Breslau und Schweidnitz 1741. (Breslau 1888.) 8°. (Aus: Zeitschr. d. Ver. f. Gesch. Schlesiens.)

Der Philomathie in Oppeln zur Erinnerung an den 30. Mai 1880. — Ein Bericht über den Ritt Friedrichs des Grossen nach Oppeln am Tage von Mollwitz, mit ergänzenden und kritischen Anmerkungen neu herausgegeben von C. GRÜNHAGEN. Breslau, Buchdruckerei Robert Nischkowsky. 8°.

Der Philomathie in Neisse zur Erinnerung an den 2. Juni 1878. — GRÜNHAGEN, Diplomatische Besprechungen im Neisser Kapuzinerkloster 1741. REIMANN, Die Zusammenkunft Friedrichs II. und Josephs II. in Neisse. Breslau. Druck von Robert Nischkowsky. 8°.

Grünhagen, Colmar, Breslau nach der preußischen Besitzergreifung. Ein Vortrag, gehalten im wissenschaftl. Verein zu Berlin den 16. Febr. 1867. Berlin 867. Mittler & Sohn. gr. 8. (23 S.) n. 4 ngr.

COLMAR GRÜNHAGEN, Breslau unter den Piasten als deutsches Gemeinwesen. Der Königl. Universität zu Breslau bei der Feier ihres fünfzigjährigen Bestehens überreicht von dem Verein für Geschichte und Alterthum Schlesiens. Breslau 1861. Josef Max & Komp. 4°.

— Breslau unter den Piasten als deutsches Gemeinwesen. Breslau 861. Max & Co. in Comm. gr. 4. (VII, 124 S.) n. 1 ₰ 10 ngr.

— zwei Demagogen im Dienste Friedrich des Grossen. Nach handschriftl. Quellen. Nebst einer Beilage, enthaltend einige politische Gedichte aus den Zeiten der schles. Kriege. Lex.-8. (45 S.) Breslau 861, Max und Comp. *
Aus: Abhandlungen der Schlesischen Gesellschaft für vaterländische Cultur, Jahrg. 1861, besonders abgedruckt.

Grünhagen, Colmar, schlesische Erinnerungen an Gustav Freytag, s.a. Veröffentlichungen der Gustav-Freytag-Gesellschaft zu Kreuzburg. 2.

Grünhagen, Colmar: Schlesische E r i n n e r u n g e n an Gustav Freytag. Gustav-Freytag-Gesellsch. 1910. 40 S. 8°
(Veröffentlichungen d. Gustav-Freytag-Gesellschaft zu Kreuzburg. 2.)

Grünhagen, C. Friedrich des Grossen Feldlager in Schlesien. 1740/41. (Aus: „Zeitschrift des Vereines für Geschichte und Alterthum Schlesiens". XII. Bd., 2. Heft.) 8. Breslau 1875.

— Friedrich der Große und die Breslauer in den Jahren 1740 und 1741. Breslau 864. Korn. gr. 8. (VII, 224 S.) n. 1 ₰ 10 ngr.

Grünhagen, C., Geschichte des ersten schlesischen Krieges, nach archival. Quellen dargestellt. 2 Bde. gr. 8. Gotha 881. F. A. Perthes. n. 18. —
1. Bis zum Abkommen v. Klein-Schnellendorf. Mit einem (lith.) Plane der Umgegend v. Mollwitz. (XII, 463 S.) n. 10. —
2. Bis zum Friedensschlusse v. Breslau. Mit einem (lith.) Plane der Umgegend v. Chotusitz. (V, 387 S.) n. 8. —

Geschichte Schlesiens v Colmar **Grünhagen.**
Bd 1 Bis zum Eintritt der habsburgischen Herrschaft. 1527. Gotha 1884 Quellennachweisungen. I. ebd. 1884.
Bd 2 Bis zur Vereinigung mit Preussen. (1527 bis 1740.) ebd. 1886. Quellennachweisungen. II. ebd. 1886.
= Geschichte der europäischen Staaten. Hrgg v Heeren, Ukert und Giesebrecht. (27.) Ergänzung 8°

—— **Geschichte Schlesiens. 1.—6. Lfg. gr. 8. (1. Bd. S. 1—421; Anmerkungen dazu S. 1—48.) Ebendas. 884. à Lfg. *M 1,20. ***

Grünhagen, C., Geschichte Schlesiens. 7.—13. (Schluss-)Lfg. gr. 8. (1. Bd. XIII, Anmerkungen S. 49—117; 2. Bd. VII, 446 S.) Gotha 884,86, F. A. Perthes. *
1.—6. Lfg. Ebendas. 1884. à *M 1.20. — Das Werk compl. *M 16.—.

Grünhagen, Colmar, Geschichtsquellen der Hussitenkriege, s.: Scriptores, rerum Silesiacarum.

— Henricus pauper. Rechnungen der Stadt Breslau von 1299—1358, s. Codex diplomaticus Silesiae.

— die Hussitenkriege der Schlesier 1420—1435. gr. 8. (XII, 300 S.) Breslau 872. F. Hirt. n. 7. —

—— König Johann von Böhmen und Bischof Nanker von Breslau, ein Beitrag zur Geschichte des Kampfes mit dem Slaventhum im deutschen Osten. Lex.-8. (98 S.) Wien 864, (Gerold's Sohn.) *
Aus: Sitzungsberichte der k. Akademie der Wissenschaften, besonders abgedruckt.

— König Johann von Böhmen u. Bischof Nanker von Breslau, ein Beitrag zur Geschichte des Kampfes mit dem Slaventhum im deutschen Osten. [Aus: Sitzungsberichte der k. Akad. der Wiss.] Ebend. 865. Lex.-8. (98 S.) n. 15 *ngr.*

—— Karl IV. in seinem Verhältnisse zur Breslauer Domgeistlichkeit. Lex.-8. (21 S.) Wien 868, (Gerold's Sohn.) *
Aus: Archiv für Kunde österreich. Geschichtsquellen, besonders abgedruckt.

Grünhagen, Colmar, aus Trebnitz **Ueber Condensationsproducte des Citrals und Citronellals mit Malonsäureester.** *Wiesbaden 1898: C. Schnegelberger & Co.* (35 S.) 8°
Heidelberg, Naturw.-math. Diss. v [15. Okt.] 1898

— die Correspondenz der Stadt Breslau mit Karl IV. in den Jahren 1347—1355 Wien 866. (Gerold's Sohn.) gr. 8. (26 S.) n. 4 *ngr.*

— Die Korrespondenz der Stadt Breslau mit Karl IV in den Jahren 1347—1355. Ar 34 345 „ — 40
Separatabdruck

— u. H. Markgraf, Lehns- u. Besitzurkunden Schlesiens u. seiner einzelnen Fürstenthümer im Mittelalter, s.: Publikationen aus den k. preußischen Staatsarchiven.

Grünhagen, C Die Oesterreicher in Breslau 1757 (Aus:) „Zeitschrift des Vereines für Geschichte und Alterthum Schlesiens" 24. Bd. 8. Breslau (ohne Jahr).

Grünhagen, Colmar Otfrid und Heliand. (Eine historische Parallele.) Breslau (1855). (21 S.) 4° *[Zugleich Progr d. Friedr.-Gymn. zu Breslau v. 1855.]*
Breslau, Phil. Fak., Hab.-Schr. v. 12. Mai 1855

— und Geo. Korn, Regesta episcopatus Vratislaviensis. Urkunden des Bisthums Breslau in Auszügen. 1. Thl. Bis zum Jahre 1302. Breslau 864. Hirt. gr. 4. (XI, 120 S.) n. 1 ₰ 15 *ngr.*

Grünhagen, Colmar, s.: Regesten zur schlesischen Geschichte.

— u. C. Wutke, Regesten zur schlesischen Geschichte 1301—1315, s.: Codex diplomaticus Silesiae.

— u. K. Wutke, Regesten z. schles. Geschichte 1316—1326, s.: Codex diplomaticus Silesiae.

Regesten zur schlesischen Geschichte. 1327—1333. Namens d. Vereins f. Gesch. u. Alterthum Schlesiens hrsg. von C[olmar] **Grünhagen** u. K[onrad] Wutke. *Breslau: E. Wohlfarth 1903.* (281 S.) 4°
— Codex diplomaticus Silesiae. Bd 22.

— Regesten zur schlesischen Geschichte, Namens d. Vereins f. Geschichte u. Alterthum Schlesiens hrsg. 2. umgearb. u. verm. Aufl. 1. Lfg. Bis zum J. 1200. gr. 4. (IV, 60 S.) Breslau 876. Max & Co. n. 2. —

— Regesten zur schlesischen Geschichte. Namens des Vereins f. Geschichte u. Alterthum Schlesiens hrsg. 2., umgearb. u. verm. Aufl. 2. u. 3. Lfg. Bis zum Jahre 1238. gr. 4. (S. 61—228.) Breslau 877. 80. Max & Co. à n. 2. —

Grünhagen, C., Regesten zur schlesischen Geschichte, Namens d. Vereins f. Geschichte u. Alterthum Schlesiens hrsg. A. u. d. T.: Codex diplomaticus Silesiae. 7. Bd. 1. Thl. 2. Aufl. 4. Lfg. Bis zum J. 1250. Nebst Register. gr. 4. (S. 229—400.) Breslau 884. Max & Co. n. 5. — (1—4.: n. 11. —)

— Regesten zur schlesischen Geschichte,
— Registrum S. Wenceslai,
} **s. Codex diplomaticus Silesiae.**

—— aus dem Sagenkreise Friedrich des Großen. Gefahren und Lebensrettungen in den schlesischen Kriegen. 8. (III und 35 S.) Breslau 864, Maruschke und Berendt. *

Grünhagen, C., Schlesien unter Friedrich dem Grossen. 1.—10. Lfg. gr. 8. (1. Bd. IX, 585 S.; 2. Bd. S. 1—240.) Breslau 890. Koebner. à n. 1. — (1. Bd. n. 7. —; geb. n. 8. 50)

Grünhagen, C., Schlesien unter Friedrich dem Grossen. 11.—15. (Schluss-)Lfg gr. 8. (2. Bd.: 1756 bis 1786; IV u. S. 241—623.) Breslau 891. 892. W. Koebner. à n. 1. —; 2. Bd. kplt.: n. 8. —; geb. n. 9. 50 (2 Bde.: n. 15. —; geb. n. 18. —)

Grünhagen, Colmar, über Städtechroniken u. deren zweckmäßige Förderung durch die Communalbehörden mit besond. Rücksicht auf Schlesien. Breslau 865. Maruschke & Berendt. gr. 8. (38 S.) n. 10 *ngr.*

— Urkunden der Stadt Brieg, s. Codex diplomaticus Silesiae.

Gruenhagen, Colmarus: Vitae Urbani Secundi particula 1 Halis Saxonum [1850]: Ploetz. 32 S. 8°
Halle-Wittenberg, Phil. Diss. v 21 Dez. 1848 [vielmehr 1850]
Geb. Trebnitz (Schles.) 2. 4. 1828. V
Teildr. der S. 3—70 der eingereichten Arbeit "Vitam Urbani secundi pontificis Romani conscripsit. 142 S. 4° Die von U Chevalier: Répertoire Nouv éd. Vol. 2. 1907 Sp. 4599 verzeichneten Ausgaben von 1848 und 1853 gibt es beide nicht. — Verf. erlebte die Diplomerneuerung 1900 als Geheimer Archivrat, Archivdirektor und außerordentlicher Universitätsprofessor der Geschichte in Breslau, vgl. Anh. Nr 623, und 1910 auch das 60jährige Dr.-Jubiläum.

Grünhagen, Colmar, Wegweiser durch die schlesischen Geschichtsquellen bis zum J. 1550. Namens d. Vereins f. Geschichte u. Alterthum Schlesiens hrsg. gr. 8. (IV, 39 S.) Breslau 876. Max & Co. n. — 60

— Wegweiser durch die schlesischen Geschichtsquellen bis zum J. 1550. Namens d. Vereins f. Geschichte u. Alterthum Schlesiens hrsg. 2., verm. Aufl. gr. 8. (IV, 46 S.) Breslau 889. Max & Co. n. — 80

—— König Wenzel und der Pfaffenkrieg zu Breslau. Lex.-8. (39 S.) Wien 867, (Gerold's Sohn.) *
Aus: Archiv für Kunde österreichischer Geschichtsquellen, besonders abgedruckt.

Grünhagen, Colmar, s.: Zeitschrift des Vereins f. Geschichte u. Alterthum Schlesiens.

Zerboni und Held in ihren Konflikten mit der Staatsgewalt 1796—1802. Nach archivalischen Quellen von Dr. C[olmar] Grünhagen. Berlin: Vahlen 1897. IX, 312 S. 8°. 358a.

Gruenhagen, Ernst: Beitrag zur Lehre von den Speicheldrüsentumoren. *Berlin (1898): E. Ebering.* (29 S.) 8°
Berlin, Med. Diss. v. 11. März 1898

Gruenhagen, Friedrich. Des Arbeiters Bitte (an die National-Versammlung). Druck von F. Reichardt. 1 Bl. 8.
Flugblatt. Berlin, 22. Mai 1848.

— Brief an die Redaktion der Stettiner Ostseezeitung. Königsberg, A. Rosbach 1853. 4 S. 8.

— Kartuffle' Kartuffle' Kartuffle' oder Lauft' Kauft' Zahlt und les't!! Königsberg, A. Rosbach 1857. 8 S. 8.

— Nu man druf' oder das dickste End' kommt hinten. Labiau, C. F. Weise [1857]. 32 S. 8.

Gruenhagen, Friedr. Petersilienstempel und Küchenbesens oder Ihr jammert mir! (Folge der Königsberger Handelsfrauen.) 2. Aufl. Königsberg, A. Rosbach [1856]. 8 S. 8.

Gruenhagen, Frdr., Vorlage zum diesjährigen Congreß der Freunde des allgem. Völkerfriedens ausgeschrieben nach London zum 22. Juli u. folg. Tage. gr. 8. (16 S.) Königsberg 851. (Berlin, Springer.) 3 ngr

— Vorlage zum diesjährigen Congreß der Freunde des allgemeinen Völkerfriedens, ausgeschrieben nach London zum 22. Juli u. folg. Tage. Königsberg, Selbstverlag 1851. 16 S. 8.

— ein Wort an u. für die Friedensvereine. gr. 8. (14 S.) Königsberg 850, Samter. n. 3 ngr

— Ein Wort an und für die Friedensvereine. Folge. Königsberg, Ad. Samter 1850. 43 S. 8.

Gruenhagen, Friedr., Mitglied des suspendirten Königsberger Arbeitervereins. Ein Wort an und für die Friedens-Vereine. Königsberg, in Commission bei Ad. Samter 1850. 57 S. 8.

— X×X=X² oder die Credit-Bureaus. Greiz, O. Henning. (1857). 16 S. 8.

Grünhagen, Heinrich [aus Bremen]: Einwirkung von Methylenchlorid auf Para- und Orthotoluidin. . . . Jena, Frommannsche Buchdr. Hermann Pohle, 1880; 3 Bl. + 34 S. + 1 Bl. 8°
Jena, Phil. Fak., Inaug.-Diss. v. 1880

Grünhainichen, s.: Geologische Karten. Spezialkarte (Sachs.).

Grünhaldt, Otto, billig Fleisch od. d. Nutz-Kaninchenzucht als Mittel zur wohlfeilen Volksernährg. u. als Nebenerwerb. Anleitg. zur Kaninchen-Haltg., -Zucht u. -Mast, sow. z. Verwertg. ihrer Erzeugnisse. Auf Grund langjähr. Erfahrgn. bearb. 3., neubearb. Aufl. gr. 8. (28 S.) Dresden 895. G. Schönfeld. n. — 60

(8) Grünhaldt, Otto, billig Fleisch. 896. Jetzt: Hannover, M. & H. Schaper.

Grünhaldt, Otto, die künstliche Geflügelzucht. Eine Anleitung zum Ausbrüten aller Arten von Geflügel mittelst des Grünhaldt'schen preisgekrönten Brüteapparates, sowie zur Aufzucht des künstlich erzeugten Geflügels. Hrsg. auf Grund langjähriger prakt. Erfahrungen. gr. 8. (23 S. mit eingedr. Holzschn.) Oberlößnitz 879. (Dresden Schönfeld's Verlag.) *

Grünhaldt, Otto, die künstliche Geflügelzucht. Eine Anleitung zum Ausbrüten und zur Aufzucht aller Arten von Hausgeflügel. 2. umgearb. und durch eine Geschichte der künstl. Brut und ihrer Entwickelung bis zur Gegenwart wesentlich verm. Aufl. gr. 8. (59 S. mit 9 eingedr. Holzschn.) Dresden 881, Schönfeld's Verlagsh. cart. *

Grünhaldt, Otto, die künstliche Geflügelzucht, dargestellt in ihrer Entwickelung bis zur Gegenwart. Eine Anleitung zum Ausbrüten und zur Aufzucht aller Arten von Hausgeflügel in kleinem und großem Betriebe. 3. neu bearb. Aufl. gr. 8. (76 S. mit 11 Holzschn.) Dresden 885, Schönfeld's Verlagsh. cart. *

— die industrielle Geflügelzucht im Groß- u. Kleinbetrieb. E. Darstellg. ihrer Entwickelg. b. z. Gegenwart u. e. prakt. Führer u. Rathgeber f. ergieb. Eierproduktion, Brut, Aufzucht, Mästg. u. Verwerthg. aller Arten uns. Nutzgeflügels. 4., gänzl. umgearb. u. erheblich erweit. Aufl. d. „Künstl. Geflügelzucht". gr. 8. (VII, 111 S. m. 31 Abb.) Ebd. 896. Geb. in Leinw. n. 2. 50

Gruenhaldt, Otto, die industrielle Geflügelzucht im Groß- u. Kleinbetrieb. Eine Darstellg. ihrer Entwickelg. bis zur Gegenwart u. e. prakt. Führer u. Rathgeber f. ergieb. Eierproduktion, Brut, Aufzucht, Mästg. u. Verwertg. aller Arten unseres Nutzgeflügels. 5. gänzlich umgearb. u. erweit. Aufl. (119 S. m. 40 Abbildgn.) gr. 8. Leipzig (903). Berlin, R. C. Schmidt & Co. Geb. in Leinw. n. 2. 50

— Die industrielle Geflügelzucht im Groß- u. Kleinbetrieb. Eine Darstellg. ihrer Entwickelg. bis zur Gegenwart u. e. prakt. Führer u. Ratgeber f. ergieb. Eierproduktion, Brut, Aufzucht, Mästg. u. Verwertg. aller Arten unseres Nutzgeflügels. 6., neubearb. u. erweit. Aufl. (134 S. m. 50 Abbildgn.) 8. Hannover 909. M. u. H. Schaper. Geb. in Leinw. 3. —

Grünhaldt, Otto, die wirthschaftliche Geflügelzucht, deren Bedeutg. f. den Volkshaushalt u. ihr. richt. Betrieb als landwirthschaftl. Nebengewerbe, wie als selbständ. Erwerbszweig. gr. 8. (16 S.) Dresden 894. G. Schönfeld. n. — 30

— illustr. Handbuch d. Federviehzucht, s.: Baldamus, A. C. Ed.

Gruenhaldt, Otto, das Haus- u. Nutzgeflügel, s.: Baldamus, A. C. Ed.

— Die Kaninchenküche. Eine Sammlg. auserlesener u. erprobter Vorschriften zur schmackhaften Zubereitg. des Kaninchenfleisches f. die feine Tafel u. den bürgerl. Tisch. Mit e. Anh.: Das Schlachten u. Herrichten der Kaninchen f. die Küche. Den deutschen Hausfrauen gewidmet. (47 S.) 8. Stuttgart-Berg 907. Selbstverlag. — 90

Grünhaus, (Siegfried): Jubiläums-Festschrift der „Akademischen Lesehalle" an der k. k. Franz-Josephs-Universität in Czernowitz. Czernowitz: Verl. d. akadem. Lesehalle 1900.

Grünhoff, Ernst, die Knochenauswüchse der Augenhöhle. Inaug.-Dissert. Dorpat 861. (Mitau, Reyher.) gr. 8. (50 S.) 15 ngr

GRÜNHOLZ, Heinrich. Eine (stellenw. etw. verfängl.) Geschichte (in 58 Briefen) aus dem vorigen Jahrzehend. 2 Thle. Mit 1 Titelvign. Hamburg, bey B. G. Hoffmann, 1786. 8°. Rar!
I: Tit. (mit Kpf.-Vign. u. Motto aus Seneca), 1 Bl. Vorr. u. 251 S. II: Tit. (mit demselb. Motto) u. 262 S.

Grünholz, Heinrich, eine Geschichte aus dem vorigen Jahrhundert, 2 Theile, 8. Hamburg, 786. Hoffmann. 1 Rthl. 5 sgl.

Grunholzer's, Heinr., Lebensbild, s.: Koller, T.

Grunholzer, Heinr., und Friedr. Mann, das Erziehungswesen der Schweiz. Unter Mitwirkung mehrerer schweizer. Schulmänner dargestellt. 1. Bd. Die Schuleinrichtungen der Kantone Zürich, Bern, Luzern, Schaffhausen, Thurgau, Zug. 2 Hefte. Zürich 854. Kiesling. 8. (XII, 268 S.) 24 ngl.

Grunholzer, Heinrich. Rede am Grabe des seligen Professor Dr. Ludwig Snell, gehalten bei dessen Bestattung zu Küsnach d. 9. Juli 1854. 8. *o. O.*

Grunholzer, [Carl]. Vortragsstücke für eine oder mehrere Personen. Von R. G'. IV + 98 S. 8. Bern, K. J. Wyss, 1910. [fr. 2. —]

Grünhut, A., Invaliden Wachtmeister. Bruchstücke gesammelt aus verschiedenen militärischen Schriftstellern und Unterhaltungen für Unter-Offiziere. Ein Vermächtniss von.....
8. Wien 1843.

Grünhut, A., *k. k. inval. Wachtmeister.* Unterhaltungen für Unter-Officiere. Zweite vermehrte und verbesserte Herausgabe. *Prag* 1858. Druck der k. k. Hofbuchdr. v. *Gottl. Haase S.* 152 S. 8°. 40 kr.

Grünhut, Gavro, s.: Universum. Lexikon der Bade- u. Curorte v. Europa.

Grünhut, Herm., die Religion d. kommenden Jahrhunderts. 8. (78 S.) Budapest 876. Aianer in Comm. n. 1. 20

Grünhut, J. Car., Observat. de Cholera orientale, s. Pólya
—— Beobachtungen üb. d. Oriental. Cholera zu Pesth, s. Pólya

Grünhut, Karl Samuel

Grünhut, C. S., das österreichische Aktienregulativ vom 20. IX. 1899. (32 S.) gr. 8. Wien 905. A. Hölder. n. 1. 40
Sonderabdruck aus: „Ztschr. f. d. Privat- u. öffentl. Recht d. Gegenwart".

Grünhut, C. S., das Enteignungsrecht. gr. 8 (274 S.) Wien 873. Hölder. n. 6. —

Die Gesellschaft mit beschränkter Haftung nach österreichischem Recht. Von Dr. C[arl] S[amuel] Grünhut, Prof., Wien. Wien: E. Beyer 1906. (139 S.) 8°
Erw. Abdr. aus: Neue Freie Presse 1906, April u. Mai.

Grünhut, Karl Samuel: Grundriss des Wechselrechts. Leipzig: Duncker & Humblot 1899. (VII, 24 S.) 4°. (8°.) = Grundriss d. Österreich. Rechts in systemat. Bearbeitung. Bd 1. Abt. 8.

Grundriß des Wechselrechts. Von Dr. C[arl] S[amuel] Grünhut, Prof. in Wien. 2., verb. Aufl. *Leipzig: Duncker & Humblot 1903.* (VII, 29 S.) 4°(8°) [J.]
— Grundriß d. Österreich. Rechts in syst. Bearb. Bd 1, Abt. 8.

Grundriß des Wechselrechts. Von Dr. C[arl] S[amuel] Grünhut, Prof. 3. verm. Aufl. Leipzig: Duncker & Humblot 1909. VII, 30 S. 8°
(Grundriß d. Österreich. Rechts. Bd 1, Abt. 8.) (09. 6778 II

Lehrbuch des Wechselrechts. Von C[arl] S[amuel] Grünhut. Leipzig: Duncker & Humblot 1900. (X, 459 S.) 8° (08. 9180

— die Lehre v. der Wechselbegebung nach Verfall. gr. 8. (III, 108 S.) Wien 871. Gerold's Sohn. n. 2. —

Grünhut, C. S., das Recht des Commissionshandels. gr. 8. (VIII, 595 S.) Wien 879. Hölder. n. 14. —

Grünhut, (C. S.), Hofmann, [Franz] und Pfaff, (L.): Rechtsgutachten zur Frage über die Haftung der Mitglieder einer Genossenschaft. (Wien 1875.) [Ms. metallogr.] fol.

Wechselrecht. Von C[arl] S[amuel] Grünhut. Bd 1. 2. *Leipzig: Duncker & Humblot 1897.* 2 Bde 8.
1. (XVI, 478 S.) 2. M. e. Reg. (XI, 594 S.)
— Handbuch, Systemat., d. Deutschen Rechtswissenschaft. Abt. 3. T. 2. (97. 3315

— s.: Zeitschrift f. das Privat- u. öffentliche Recht der Gegenwart.

Grünhut, L., Abhandlungen u. Aufsätze wissenschaftlichen Inhaltes. (VII, 124 S.) gr. 8. Jerusalem 906. Frankfurt a/M.. J. Kauffmann. 3. —

Grünhut, L., s.: Benjamin v. Tudela, Reisebeschreibungen.

— s.: Rundreise, die, des R. Petachjah aus Regensburg.

Grünhut, Lazar

Grünhut, L., Ezra u. Nehemia. Kritisch erläutert. 1. Thl. Einleitung nebst Anmerkgn. v. S. J. Halberstam. (In hebr. Sprache.) gr. 8. (VI, 98 S.) Jerusalem (899). (Frankfurt a/M., J. Kauffmann). n. 2. —

— s.: Machir bar Abba Mari, Jalkut Ha-Machiri.

Grünhut, L., s.: Midrasch Schir Ha-Schirim.

- Sefer Ha-Likkutim. Sammlg. ält. Midraschim u. wissenschaftl. Abhandlgn. 1. Thl., enth.: a) Collectaneen aus Midrasch Haschkem m. Anmerkgn. v. S. Buber u. J. Löw; b) Midrasch al Ithallel nach e. Hs. edirt; c) Krit. Untersuchg. üb. Midrasch Tanchumah u. Jelamdenu. M. Einleitg. vers. (In hebr. Sprache.) 8. (51 u. 72 S.) Jerusalem 898. (Frankfurt a/M., J. Kauffmann.) n. 1. 60

— Sefer Ha Likkutim. Sammlg. älterer Midraschim u. wissensch. Abhandlgn. (In hebr. Sprache.) 2.—5. Thl. gr. 8. Jerusalem. (Frankfurt a/M.. J. Kauffmann.) n. 9. 60
2. Enth.: a) Collectaneen aus der Boraitha der 49 Middoth; b) die letzten zwei Abschnitte der Boraitha der Stiftshütte; c) Collectaneen aus Midrasch Vaichulu; d) Boraitha di Rabbi Pinchas ben Jair, nebst e. krit. Untersuchg. üb. „Midrasch Tanchuma u. Jelamdenu" v. A. Epstein. Mit Noten u. Einleitg. versehen. (28 u. 41 S.) 899. n. 1. 60
3. Enth.: a) Midrasch Eser golijoth; b) Einiges üb. die Zeit Schimeon des Gerechten; c) Pirke Rabenu hakadosch. Nach Handschriften u. älteren Druckwerken edirt, mit Einleitg. u. Quellennachweis nebst Anmerkgn. von J. S. Halberstam. (28 u. 95 S.) 899. n. 2. —
4. Enth.: Collectaneen aus dem alten Midrasch Jelamdenu zum 4. B. M. nebst Anmerkgn. zu Sefer Ha-likkutim Theil 3, m. Noten, Quellennachweis u. Einleitg. versehen. (190 S.) (901.) n. 2. 80
5. Enth.: Collectaneen aus dem Midrasch Jelamdenu zum 5. B. M. Mit Noten, Quellennachweis u. Einleitg. verseh. (184 S.) (901.) n. 3. 20
Thl. 1. Ebd. 898. n. 1. 60.

— Sefer Ha-likkutim. Sammlung älterer Midraschim u. wissenschaftl. Abhandlgn. (In hebr. Sprache.) 6. Thl. 2 Hefte. 8. Jerusalem. Frankfurt a/M., J. Kauffmann. n. 4. 80

VI. 1. Enth.: a) Fragmente des Jalkut ha-Machiri zu Mischle; b) Collectaneen aus dem alten Midrasch Jelamdenu zum 1. B. M. nebst Anmerkgn. zu Sefer Ha-Likkutim Theil IV u. V. v. S. Buber. Mit Noten u. Quellennachweis versehen. (84 u. 14 S.) (903.) n. 1. 60

2. Collectaneen aus dem alten Midrasch Jelamdenu zum 1. B. M. Mit Noten u. Quellennachweis versehen. 2. Heft. (192 S.) (904.) n. 3. 20

Grünhut, Lazar, kritische Untersuchung d. Midrasch Kohelet Rabba. 1. Thl. Quellen u. Redactionszeit. gr. 8. (57 S.) Frankfurt a/M 892. J. Kauffmann. n. 1 50

Grünhut (Leo), Beiträge zur kristallographischen Kenntniss des Andalusites und des Topases. (Inaugural-Dissertation Leipzig.) Leipzig 1884. 8.

Grünhut L, die Chemie des Weines. (116 S) (Sammlung chemischer und chemisch-technischer Vorträge II, 3-5) Stuttgart 1897

Grünhut, L., d. Chemie d. Weines,
— d. Einführg. d. Reinhefe in d. Gährungsgewerbe,
} s.a. Sammlung chem. u. chem.-techn. Vorträge.

Einfuhrung (Die) der Reinhefe in die Gärungsgewerbe. Stuttgart, 1896. 8vo. Ill.
Sammlung chemischer . . . Vorträge.

— die Gewinng. d. Goldes. Vortrag, geh. in d. Generalversammlg. d. nassauischen Vereins f. Naturkunde am 12. XII. 1897. [Aus: „Jahrbb. d. nass. Ver. f. Naturkde."] gr. 8. (S. 233—290.) Wiesbaden 898. J. F. Bergmann. n. 1.20

Grünhut, L, das Klima von Wiesbaden. 1. Thl. Einleitung. Temperaturverhältnisse. gr. 8. (S. 53—87.) Wiesbaden 901. J. F. Bergmann. n. 1. 20
Sonderabdruck aus: „Jahrbb. d. nass. Ver. f. Naturkde."

Grünhut, L., chemische u. physikalisch-chemische Untersuchung des Fontinalis Sprudels zu Sinzig am Rhein, s.: Hintz, Ernst.

— dasselbe der Kaiser Ruprecht-Quelle zu Rhens, s.: Hintz, Ernst.

Grünhut, L., chemische u. physikalisch-chemische Untersuchung des Kochbrunnen zu Wiesbaden, s.: Hintz, Ernst.

— dasselbe der Lindenquelle zu Birresborn in der Eifel, s.: Hintz, Ernst.

— dasselbe der Martinus-Quelle zu Orb, s.: Hintz, Ernst.

— dasselbe der Salztrinkquelle zu Bad Pyrmont, s.: Hintz, Ernst.

— dasselbe des grossen Sprudels zu Bad Neuenahr, s.: Hintz, Ernst.

— dasselbe, des Willibrordus-Sprudels zu Bad Neuenahr, s.: Hintz, Ernst.

[Gedicht] Dem Meister [Br. Heinrich Middeldorpf] die liebenden Brüder am achten Februar 1839. Gedichtet von Grünig o. O. 1839. 2 Bl. 8°.
„Wer vom grossgewordenen Baum"... 358a.

[Lied] Zur Säcular-Feier d. □ zu d. drei Todtengerippen in Breslau am 18. Mai 1841. Von Grünig. Breslau [1841]: Grass, Barth & Co. 2 Bl. 8°.
„Preis und Lob sei dir gesungen ..." 358a.

Lied zum 50jährigen Wiegen-Feste des Meisters v. Stuhl [Joh.] Wendt gewidmet von den BBr. der Loge Fr[iedrich] z[um] g[oldenen] Z[epter] i. O. Breslau den 26. October 1827. Text von Grünig. Breslau [1827]: Grass, Barth & Comp. 2 Bl. 8°.
„Ein halb Jahrhundert ist dir heut entschwunden" ... 358a.

Heinr. Grünig's Gedichte. Breslau, Berlin: Richter 1836. 12°.
[Kayser: Vollst. Bücher-Lexikon. 7, 1 1841 S. 370.]

Grünig, Heinr., Gedichte. 2 Bde. 2., verm. Aufl. 8. Leipzig 845, Friese. [1. Bd. (14½ B.) 2. (12½ B.)]

Grünig, Heinr., Gedichte. 1. Bd. (2 Thle.) 2., verm. (Titel-) Aufl. Leipzig (845.) 853. Friese. 8. (X, 422 S.) 1 ₰ 25 ngr

Lied. [Unterz.:] [Heinr.] Grünig. o. O. u. J. 1 Bl. 8°. [Kopftit.]
Ohne Noten: „Zum ernsten Maurer sagte der Profane" ... 21.

Grünig, Heinrich: Die letzte Loge, s. Gervais, Rud.

Grünig, H., s. Poesien d. dichtenden Mitglieder d. Bresl. Musik-Vereins.

Grünig, Johann

Grünig, J., siehe: *Schulblatt, Berner.*

Grünig, J[ohann]. Heitere Schulstunden. Eine Sammlung von Stoffen für die Geist- und Gemütsbildung unserer Schuljugend. Zusammengestellt von J. G', Sekundarlehrer. (2 [Teile. Mit Figuren und einem Anhang].) VIII + 326 + *Anhang* 22 S. 8. Bern, K. J. Wyss, 1908. [*cpl.* geb. Anhang br. eingehängt – fr. 5. —]
Anhang u. d. T.: Schlüssel zum 2. Teil der Heitern Sch' Von J. Gr'... [Mit Figuren.] Bern ... 1908.

Das eigene Herz. [Unterz.: Carl Heinr. Ferd.] Grünig. o. O. [ca 1835]. 2 Bl. 8° [Umschlagtit.]
Gedicht: „Was ist das Herrlichste in unserm Sein, ..."

[N. Bearb. u. d. Tit.:]
Das eigne Herz. Gedicht von C[arl Heinr. Ferd.] Grünig. Comp. vom Br [Joh.] H[einr.] Schäffer. [Hamburg 1865.] 1 Bl. 8° [Kopftit.]

[Schreiben.] An die Freymaurer über die ger. verb. und vollk. St. Johannis-Loge zur goldnen Kugel in Hamburg. [Von Andr. Grüning.] Mit einer Beyl. von S. 1 bis 48.: An die Brüder Mitglieder der g. v. und v. Sct. Johannis-Loge zur goldnen Kugel in Hamburg. 1807. Im May 1809. [Hamburg 1809.] C, 48 S. 8°
Kl. 2959. Selten. Betr. Verf. Streitigkeiten u. Ausschliessung aus der Loge. 23.

— Uebungen im Schönschreiben, deutsche Schreibschrift. 4. Ebend.

— Uebungen im Schönschreiben. 1s Hft. enth. die große od. runde Hand. Ebend. Hier zu No. 5. der Vorübungen.

— — dasselbe. 2s. enthält die mittlere engl. Schreibschrift. Ebend.
Hierzu gehört No. 6. d. Vorübungen.

— — dasselbe. 3s Hft. enth. die kleine od. Briefhand. Ebend.
Hierzu No. 7. d. Vorübungen.

— — dasselbe, die deutsche Schreibhand. Ebend.
Hierzu No. 8. d. Vorübungen.

— desgleichen, Uebungen im Schönschreiben. 2 Hfte. 4. Ebend. (à 1 Rthlr. 12 gr.)

— — — d. engl. große mittl. u. klein. Schreibschrift. 3 Hfte. Fol. Ebend. (à 1 Rthlr. 6 gr.)

— Unterricht in den 4 Species d. Rechenkunst. 7te mit d. Decimal-Rechnung verm. Ausg. 8. Ebend. 812.

— Unterricht in den 4 Species der Rechenkunst. 8te Ausg. 8. Ebend. 818.

— Versuch e. Unterrichts in den 4 Species, für Kinder. 8. Altona 782. N. A. unt. d. T.: Unterricht in d. 4 Species, für Kinder. 799. 8e A. 8. Hamb. 818. (Perthes u. B.) 5 gl

— Vorschriften. Deutsch. 2 Hfte. Lateinisch. 3 Hfte. qu. gr. 4. (47 Kpfrtaf.) Hamburg 847, Herold. n. $2^1/_2$ ℳ

— Vorübungen im Schönschreiben. 2 Hefte. 4. Ebend.

— Vorübungen im Schreiben, für Anfänger mit u. ohne Lehrmeister. 3 Hefte. 4. Ebend. (auch Leo in Leipzig.) 809. (à 10 gr.)

— Vorübungen im Schreiben, f. Anfänger mit u. ohne Lehrmeister. 4. Hamb. 818. (Gundermann). 1 ℳ 8 gl

— Vorübungen, Uebungen u. Proben im Schönschreiben. 9 Hefte.
(1r enth. Buchstaben d. kleinen u. großen ABC, deutsch u. lateinisch zum Nachzeichnen. 12 gr. 2r Wörter zum Nachzeichnen. 12 gr. 3r Zeilen zum Nachzeichnen. 12 gr. 4r das große u. kleine latein. Alphabet auf 8 Blätter. 1 Rthlr. 22 gr. 5r die große od. runde Hand. 18 gr. 6r die mittlere Schreibschrift. 18 gr. 7r die kleine od. Briefhand. 18 gr. 8r die Grundzüge des kleinen und großen deutschen Alphabets. 1 Rthlr. 9r die kleine deutsche oder Briefhand. 1 Rthlr.) Ebend.

— Vorübungen, Uebungen u. Proben im Schönschreiben. 9 Hfte. 4. Hamb. 799 u. ff. (Perthes u. B.) 7 ℳ 16 gl

Grüning, Bernhard, aus Eisenach: **Schwund und Zusatz von Konsonanten in den neuenglischen Dialekten. Dargestellt auf Grund d. Ellis'schen Listen.** *Straßburg 1904: M. DuMont-Schauberg.* (IV, 76 S.) 8°
Straßburg, Phil. Diss. v. 1903

Grüning, C., s. Ehestifterin, die. — Jacob, P. L., die Schwester des Maugrabin.

Grüning, C. L., († 1818.), s. Baukunst, d. schöne.

Grüning, Ed., Friedrich Barbarossa in epischen Bildern. 1. Aufl. 1867 u. 2. Aufl. Hamburg 868. Grüning. 16. (VI, 209 S.) geb. mit Goldschn. n. 2 ℳ

— — 3. wohlf. (Titel-)Ausg. Ebend. 870. 16. (VI, 209 S.) In engl. Einb. n. 1 ℳ

Grüning, Ed., Fürst u. Lehrer. Ein Gespräch. 8. (12 S.) Hamburg 873. Grüning. — 50

Grüning, Ed., Gedichte. 1. Sammlung. 8. (80 S.) Hamburg 848. (Herold.) n. 24 ngl

Grüning, Ed., Gedichte. Hamburg 863. Geisler. gr. 16. (VII, 108 S.) n. 1 ℳ

— Volkslieder im Kriegs-Jahre 1870. gr. 8. (15 S.) Hamburg 870, Grüning. *

Grüning, Friedr. Heinr., neue vervollständ. Chronik d. Stadt Cölleda. 4. ($23^1/_2$ B.) Sondershausen 835, (Eupel.)

Grüning, Georg [pract. Arzt aus Kindelbruck (Prov. Sachsen)]: Ueber operative Behandlungsmethoden der Aneurysmen. Berlin, Buchdr. v. Goedecke & Gallinek (1887); 30 S. + 1 Bl. 8°
Berlin, Med. Fak., Inaug.-Diss. v. 15. Aug. 1887

Grüning, G(ustav): **Wesen und Aufgabe des Erkennens nach Nicolaus Cusanus. Eine philos. Skizze.** *Quedlinburg a. H. (1902): H. Klöppel.* (20 S.) 4°
Quedlinburg, k. G., OP 1902 (273)

Grüning, Herbert, Dr. phil. nat.: Die Zersetzung schwerer Mineralöle beim Erhitzen. 1898. 69 S. 8° ¶ Auch als math.-naturw. Diss. v. Freiburg i. S.
Karlsruhe, Dipl.-Diss. v. 25. 3. 1898

Grüning, Herm. Vide: Stellung (Die) des Reiches zur socialdemokratischen Partei.

Grüning, Herm., das Verbot der „Hamburger Rundschau" durch die Polizei-Behörde [Senator Dr. G. Hachmann] der Freien und Hansestadt Hamburg. Ein Baustein zur Geschichte unserer Tage in aktenmäß. Darstellung. gr. 8. (78 S.) Hamburg 888, Grüning.

Grüning, Nikl., wahre Darstell. d. Vorgangs in Betreff Remus Hansens u. seines Sohns. 8. Hamb. 793.

Grüning, Richard [aus St. Petersburg]: Aus d. medicin. Klinik zu Bonn. Ueber die Einwirkung des Sozojodols und seines Natriumsalzes auf Tuberkelbacillen ... Bonn, Druck v. K. Drobnig, *1896;* 40 S., 1 Bl. 8.
Bonn, Med. Fak., Inaug.-Diss. v. [15. Febr.] 1896

[Schreiben.] An die Freymaurer über die ger. verb. und vollk. St. Johannis-Loge zur goldnen Kugel in Hamburg. [Von Andr. **Grüning.**] Mit einer Beyl. von S. 1 bis 48.: An die Brüder Mitglieder der g. v. und v. Sct. Johannis-Loge zur goldnen Kugel in Hamburg. 1807. Im May 1809. [Hamburg 1809.] C, 48 S. 8⁰
Kl. 2959. Selten. Betr. Verf. Streitigkeiten u. Ausschliessung aus der Loge. 23.

— Uebungen im Schönschreiben, deutsche Schreibschrift. 4. Ebend.

— Uebungen im Schönschreiben. 1s Hft. enth. die große od. runde Hand. Ebend. Hier zu No. 5. der Vorübungen.

— — dasselbe. 2s. enthält die mittlere engl. Schreibschrift. Ebend.
Hierzu gehört No. 6. d. Vorübungen.

— — dasselbe. 3s Hft. enth. die kleine od. Briefhand. Ebend.
Hierzu No. 7. d. Vorübungen.

— — dasselbe, die deutsche Schreibhand. Ebend. Hierzu No. 8. d. Vorübungen.

— desgleichen, Uebungen im Schönschreiben. 2 Hfte. 4. Ebend. (à 1 Rthlr. 12 gr.)

— — — d. engl. große mittl. u. klein. Schreibschrift. 3 Hfte. Fol. Ebend. (à 1 Rthlr. 6 gr.)

— Unterricht in den 4 Species d. Rechenkunst. 7te mit d. Decimal-Rechnung verm. Ausg. 8. Ebend. 812.

— Unterricht in den 4 Species der Rechenkunst. 8te Ausg. 8. Ebend. 813.

— Versuch e. Unterrichts in den 4 Species, für Kinder. 8. Altona 782. N. A. unt. d. T.: Unterricht in d. 4 Species, für Kinder. 799. 8e A. 8. Hamb. 818. (Perthes u. B.) 5 gr

— Vorschriften. Deutsch. 2 Hfte. Lateinisch. 3 Hfte. qu. gr. 4. (47 Kpfrtaf.) Hamburg 847, Herold. n. 2½ Thlr

— Vorübungen im Schönschreiben. 2 Hefte. 4. Ebend.

— Vorübungen im Schreiben, für Anfänger mit u. ohne Lehrmeister. 3 Hefte. 4. Ebend. (auch Leo in Leipzig.) 809. (à 10 gr.)

— Vorübungen im Schreiben, f. Anfänger mit u. ohne Lehrmeister. 4. Hamb. 818. (Gundermann). 1 Thlr 8 gr

— Vorübungen, Uebungen u. Proben im Schönschreiben. 9 Hefte.
(1r enth. Buchstaben d. kleinen u. großen ABC, deutsch u. lateinisch zum Nachzeichnen. 12 gr. 2r Wörter zum Nachzeichnen. 12 gr. 3r Zeilen zum Nachzeichnen. 12 gr. 4r das große u. kleine latein. Alphabet auf 8 Blätter. 1 Rthlr. 22 gr. 5r die große od. runde Hand. 18 gr. 6r die mittlere Schreibschrift. 18 gr. 7r die kleine od. Briefhand. 18 gr. 8r die Grundzüge des kleinen und großen deutschen Alphabets. 1 Rthlr. 9r die kleine deutsche oder Briefhand. 1 Rthlr.) Ebend.

— Vorübungen, Uebungen u. Proben im Schönschreiben. 9 Hfte. 4. Hamb. 799 u. ff. (Perthes u. B.) 7 Thlr 16 gr

Grüning, Bernhard, aus Eisenach: **Schwund und Zusatz von Konsonanten in den neuenglischen Dialekten. Dargestellt auf Grund d. Ellis'schen Listen.** *Straßburg 1904: M. DuMont-Schauberg.* (IV, 76 S.) 8°
Straßburg, Phil. Diss. v. 1903

Grüning, C., s. Ehestifterin, die. — Jacob, P. L., die Schwester des Maugrabin.

Grüning, G. L. († 1818.), s. Baukunst, d. schöne.

Grüning, Ed., Friedrich Barbarossa in epischen Bildern. 1. Aufl. 1867 u. 2. Aufl. Hamburg 868. Grüning. 16. (VI, 200 S.) geb. mit Goldschn. n. 2 Thlr

— — 3. wohlf. (Titel-)Ausg. Ebend. 870. 16. (VI, 209 S.) In engl. Einb. n. 1 Thlr

Grüning, Ed., Fürst u. Lehrer. Ein Gespräch. 8. (12 S.) Hamburg 873. Grüning. — 50

Grüning, Ed., Gedichte. 1. Sammlung. 8. (80 S.) Hamburg 848. (Herold.) n. 24 ngr

Grüning, Ed., Gedichte. Hamburg 863. Geisler. gr. 16. (VII, 108 S.) n. 1 Thlr

— Volkslieder im Kriegs-Jahre 1870. gr. 8. (15 S.) Hamburg 870, Grüning. *

Grüning, Friedr. Heinr., neue vervollständ. Chronik d. Stadt Cölleda. 4. (23½ B.) Sondershausen 835, (Eupel.)

Grüning, Georg [pract. Arzt aus Kindelbruck (Prov. Sachsen)]: Ueber operative Behandlungsmethoden der Aneurysmen .... Berlin, Buchdr. v. Goedecke & Gallinek (1887); 30 S. + 1 Bl. 8°
Berlin, Med. Fak., Inaug.-Diss. v. 15. Aug. 1887

Grüning, G(ustav): **Wesen und Aufgabe des Erkennens nach Nicolaus Cusanus.** Eine philos. Skizze. *Quedlinburg a. H. (1902): H. Klöppel.* (20 S.) 4°
Quedlinburg, k. G. OP 1902 (273)

Grüning, Herbert, Dr. phil. nat.: Die Zersetzung schwerer Mineralöle beim Erhitzen. 1898. 69 S. 8⁰ ¶ Auch als math.-naturw. Diss. v. Freiburg i. S.
Karlsruhe, Dipl.-Diss. v. 25. 3. 1898

Grüning, Herm. Vide: Stellung (Die) des Reiches zur socialdemokratischen Partei.

Grüning, Herm., das Verbot der „Hamburger Rundschau" durch die Polizei-Behörde [Senator Dr. G. Hachmann] der Freien und Hansestadt Hamburg. Ein Baustein zur Geschichte unserer Tage in aktenmäß. Darstellung. gr. 8. (78 S.) Hamburg 888, Grüning.

Grüning, Nikl., wahre Darstell. d. Vorgangs in Betreff Aemus Hansens u. seines Sohns. 8. Hamb. 793.

Grüning, Richard [aus St. Petersburg]: Aus d. medicin. Klinik zu Bonn. Ueber die Einwirkung des Sozojodols und seines Natriumsalzes auf Tuberkelbacillen ... Bonn, Druck v. K. Drobnig, *1896;* 40 S., 1 Bl. 8.
Bonn, Med. Fak., Inaug.-Diss. v. [15. Febr.] 1896

Grüning, Wilh., Beiträge zur Chemie der Nymphaeaceen. Inaugural-Dissertation. gr. 8. (75 S.) Dorpat 881. (Karow.) n. 1. —

Grüning, Wilh., Studien üb. Chemie u. therapeutischen Wert der officinellen Eisenpräparate. (63 S.) gr. 8. Riga 902. N. Kymmel's Sort. n. 1. 40

Grüningen. Jakob von G', Arzt, Grossrat und Vizegerichtspräsident in Niedereichi bei Schwarzenburg, vor den Assisen des Mittellandes. Darstellung an der Hand der Akten und der Hauptverhandlung. 8. Bern 1884.

Grueninger, Aug., de Euripidis Oreste ac histrionibus retractata. Diss. gr. 8. (52 S.) Basileae 898. (Leipzig, Buchh. G. Fock.) n. 1. 50

Grüninger, C., Excursus über eine Stelle bei Vergilius. Basel, Gymnasium 1889. Progr.

Grüninger, Hans M.. aus den Bergen der Heimat. Dichtungen. (VII, 111 S.) 8. Freiburg i/B. 905. Herder. n. 1. 50; geb. in Halbleinw. n. 2. 20

Grüninger, Hans M., Gedichte. 12. (IV, 104 S.) Paderborn 892. F. Schöningh. n. 1. 80; geb. m. Goldschn. n. 2. 80

Grüninger, Hans M., us em Oberland. Alamann. Gedichte. 8. (VII, 70 S.) Baden-Baden 896. P. Weber. n. 1. —; geb. n.n. 1. 50

— vom Wegrain. Neue Gedichte. 12. (160 S.) Regensburg 892. F. Habbel. n. 2. —; geb. n. 3. —

Grüninger, J[acob]. Adrian von Bubenberg. Vaterländisches Schauspiel in 5 Akten. 128 S. 8. Uznach, K. Oberholzers Buchdr. (Verlag des Verfassers [in Mels, 1902]). [fr. 1. 50]

Grüninger, Jak., allgem. Erziehungslehre, s.: Roser, Frid.

Grüninger, Jacob. Das Glück in der Heimat. Grosses Japanesen-Festspiel (*Umschlag:* Gr' Volksschauspiel der Japanesen-Gesellschaft in Jeddo-Schwyz anlässlich der Jubiläumsfeier ihres 50-jährigen Bestandes (1857—1907). Von Jakob G' und einem lachenden Beirat. Aufgeführt am 13., 20. und 27. Januar, 3., 10. und 12. Februar 1907 auf dem Hauptplatz-Schwyz. [Mit Vignetten und illustr. Umschlag.] 64 S. 8. Schwyz, Caspar Triner, (1907).

Grüninger, Jacob. Rast und Unrast. Gedichte von Jakob G'. [Mit Buchschmuck von Gadso Weiland und 1 Porträt-Tafel.] 115 S. 8. Einsiedeln etc., Benziger & Co. A. G., 1907. [fr. 2. 50, geb. 3. 75]

Grüninger, Jak., junges Volk. Skizzen aus dem Schülerleben. Mit Orig.-Buchschmuck. (141 S. m. 1 Heliograv.) kl. 8. Einsiedeln 907. Verlagsanstalt Benziger & Co. 2.—; geb. in Leinw. 3. —

Grüninger, Karl, das Chlor e. Sauerstoffverbindung. [Aus „Verhandlgn. der naturforsch. Ges. zu Basel."] gr. 8. (56 S.) Basel 871. Schweighauser. n. 1. —

Grüninger, Matthäus

Grüninger, M., fehlerfreier Faullenzer. Ein sicherer u. bequemer Rathgeber beim Einkauf u. Verkauf, enth. mehr als 100 Tabellen. Neue Ausg. verb. u. verm. 8. (112 S.) Reutlingen 850, Kurtz. 4 ngr.

Grüninger, M., fehlerfreier Faullenzer. Ein sicherer und bequemer Rathgeber beim Ein- und Verkauf. 10. verb. u. verm. Ausg. 853. — 11. verb. rc. Ausg. 854. — 12. verb. rc. Aufl. 857. — 13., verb. rc. Aufl. Reutlingen 858. Kurtz. 8. (112 S.) n. 4 ngr.; geb. n. 12 ngr.

Grüninger, M., Faulenzer für den süddeutschen Geschäftsverkehr. 1. Aufl. 1870. 40 Pf., und 2. verb. Aufl. 8. (128 S.) Reutlingen 872, Enßlin und Laiblin.

—— dass. — für den Geschäftsverkehr in Deutschland, Oesterreich und der Schweiz. 3. umgearb. und verm. Aufl. 8. (144 S.) Ebendas. 874. cart.

Grüninger, M., Faulenzer für den Geschäftsverkehr in Deutschland, Oesterreich und der Schweiz. 4. umgearb. und verm. Aufl. 8. (144 S.) Reutlingen 876, Enßlin und Laiblin's Verlagsh. cart.

Die neue Aufl. erschien u. d. T.:

Grüninger: Schnellrechnen...

Grüninger, M., Fruchtrechnung nach dem Gewicht. Reutlingen 860. Kurtz. 8. (32 S.) n. 2 ngr.

Grüninger, M., metrische Hilfstabellen zur Umrechnung des würtembergisches Maßes in das Metersystem u. umgekehrt. Nebst einer kurzen Belehrung über das Metersystem, die Dezimalbrüche u. die vorkommenden Umwandlungsrechnungen. Volksausg. Reutlingen 870. Enßlin & Laiblin. 8. (XXXVI, 64 S.) 5 ngr.

Grüninger, M., der Holzerhof. Eine Dorfgeschichte v. der schwäb. Alb. Neue Ster.-Ausg. 12. (112 S. m. 1 Bild.) Reutlingen 891. Enßlin & Laiblin. Kart. — 50

Grüninger, M., neuester Holzrechner nach Metermaß. Inhalts- u. Preistabellen f. runde, vierkant. u. flachgeschnittene Hölzer. 2., umgearb. Aufl. 8. (160 S.) Reutlingen 881. Enßlin & Laiblin. cart. — 90

—— metrische Kubik-Tafeln für beschlagene, geschnittene und runde Hölzer. Nebst einem Anhang metr. Verwandlungstab. für württemberg., bad. und bayer. Maße. 8. (X, 100 S.) Reutlingen 871, Enßlin und Laiblin.

— das neue Maß u. Gewicht. Leichtfaßliche Anweisung mit Dezimalen zu rechnen, u. die seither gebräuchlichen Maße in das Metersystem umzuwandeln. Ein unentbehrlicher Rathgeber für den Bürger u. Landmann, unter genauer Berücksichtigung der bezügl. bair. u. bad. Verhältnisse bearb. 3. unveränd. Abdr. Ebend. 870. 8. (44 S.) 3 ngr.

— das neue Maß u. Gewicht. Leichtfaßliche Anweisg. f. das Volk u. seine Schulen, m. Dezimalen zu rechnen, u. die seither gebräuchl. Maße in das Metersystem umzuwandeln. Mit besond. Rücksicht auf die württemberg., bad u. bayer. Verhältnisse bearb. 4. verb. Aufl. gr. 16. (48 S.) Ebend. 871. — 30

—— Preis-Tabellen zur Fracht-, Getränk-, Holz-, Feld- und Waarenrechnung, gebräuchlich für jedes 100theil. Maß-, Gewicht- und Münzsystem. 8. (239 S.) Reutlingen 875, Enßlin und Laiblin. cart.

— metrische Reduktions-Tabellen zur Umrechnung a. der Masse u. Gewichte, b. der Preise, c. land- u. forstwirthschaftlicher Erträge aus dem württembergischen Mass in das Metersystem u. umgekehrt. Practisches Hilfsmittel für Wissenschaft, Technik, Handel etc. Ebend. 870. gr. 16. (XIV, 210 S.) 24 ngr.

—— metrische Reduktions-Tabellen zur Umrechnung a) der Masse und Gewichte, b) der Preise, c) land- und forstwirthschaftlicher Erträge aus dem württembergischen Mass in das Metersystem und umgekehrt. Practisches Hilfsmittel für Wissenschaft, Technik, Handel etc. gr. 16. (XIV, 210 S.) Reutlingen 874, Ensslin und Laiblin.

— Schnellrechnen f. den Geschäftsverkehr in Deutschland, Oesterreich u. der Schweiz. 5., umgearb. u. verm. Aufl. gr. 16. (128 S.) Ebend. 876. — 60

— Reutlinger Schnellrechner für Gewichtspreise. Ausführliches Hülfsbuch insbesond. für den Getreide-Verkehr, aber auch zur Berechnung sonstiger Waaren, die gewogen werden. Ster.-Ausg. Reutlingen 865. Kurtz'sche Buchh. 8. (IV, 312 S.) n. 10 ngr; cart. n. 12 ngr; geb. n. 16 ngr.

— metrisches Schulrechenbuch. Aufgabensammlung für das schriftl. Rechnen an den Oberklassen der Real-, Latein- u. Volksschulen, an gewerbl. Fortbildungsschulen u. Lehrerbildungsanstalten. Nach dem Metersystem bearb. Reutlingen 870. Enßlin & Laiblin. 8. (IV, 114 S.) n. 8 ngr.

—— metrisches Schulrechenbuch. Aufgabensammlung für das schriftl. Rechnen an den Oberklassen der Real-, Latein- und Volksschulen an gewerbl. Fortbildungsschulen und Lehrerbildungsanstalten. Nach dem Metersystem bearb. 8. (IV, 114 S.) Reutlingen 874, Enßlin und Laiblin. *

—— dass. — Aufgabensammlung für das schriftl. Rechnen der Real-, Latein- und Volksschulen an gewerbl. Fortbildungsschulen und Lehrerbildungsanstalten. Nach dem Metersystem bearb. Ausg. B. für Lehrer mit Resultaten und Erläuterungen. 8. (II, 162 S.) Ebendas. 870. *

—— Tafeln für den Kubikinhalt des beschlagenen und runden sowie für den Quadratinhalt des geschnittenen Holzes. Mit einer Gebrauchsanweisung für Forstleute, Zimmerleute, Schreiner ꝛc. 8. (96 S.) Reutlingen 847, Kurtz'sche Buchh. (Leipzig, Herbig.) *

Grüninger, M., Uebungsbuch zu Otto v. Fischer's Grammatik d. Schulrechnens. Für die Hand d. Schülers bearb. 1. Hft. Die 4 Grundrechnungsarten vorzugsweise m. unbenannten Zahlen. [Grammatik §. 1—115.] 8. (134 S.) Stuttgart 874. J. F. Steinkopf. n. — 80

Grüninger, Matthäus, Übungsbuch f. d. Rechenunterricht, s.: Schmidt, Thdr.

—— Umrechnungs-Tabelle für süddeutsche Gulden und Kreuzer in Reichsmünze. Fol. Reutlingen 874, Enßlin und Laiblin.

— neuer Zinsberechner f. Tageszinsen v. $^1/_8$, $^1/_6$, $^1/_5$, $^1/_3$, 1, 2, $3^1/_3$, $3^1/_2$, $3^3/_4$, 4, $4^1/_2$, 5 u. 6 Prozent. Anwendbar auf Mark, Gulden, Kronen, Franken, Rubel u. Dollars, sowie auf jede hundertteil. Münzwährg. Mit e. Tabelle f. Zinseszinsen, e. vergleich. Münz-, Gewichts-, Hohl- & Längenmaßtabelle u. e. Umrechnungstafel von Mark in Franken- u. Kronenwährg. Neue vollst. umgearb. Ausg. gr. 8. (80 S.) Reutlingen (900). Enßlin & Laiblin. — 50

— Zinstabellen f. Tageszinsen, das Jahr zu 365 Tagen, aus 1 bis 99999 Kapital, zu $^1/_1$, 3, $3^1/_2$, 4, $4^1/_2$, 5, $5^1/_2$ u. 6 Prozent, anwendbar auf Mark, Franken, österreich. Gulden u. jede andere 100theil. Münzwährg. Mit e. Tagberechnungstafel, e. Anh. m. „Monatszinsen" u. verschiedenen Münzumwandlungstabellen. gr. 16. (144 S.) Ebend. 876. — 90

Grüninger, Th., Übungsbuch f. den Rechenunterricht, s.: Schmidt, Thdr.

Grüninger, Wilhelm: Das System der Kegelschnitte mit drei festen Punkten und einer festen Tangente. Mit 5 Taf. *Gießen 1903: v. Münchow.* (52 S.) 8°
Gießen, Phil. Diss. v. 1903

Grüninger, Wilh. Gust., lehrreiche Fibelfabeln und Geschichten. Mit Bildern (Holzschn. im Text.) Eßlingen (858.) Weychardt. 8. (24 Bl.) 10 ngr

Grüninger, Wilh. Gust., lehrreiche Fibelfabeln und Geschichten. Mit Bildern. (1. Aufl. 1859. und 2. Aufl.) 8. (48 S. mit eingedr. ill. Holzschn.) Eßlingen 861, Weychardt. *

Grünke, M., die Cousine aus der Residenz, s.: Bischoff, O., die Jugendbühne.

Grünke, M., die Cousine aus der Residenz, s. Jugendbühne, die.

— aus Liesbeth's Tagebuch, s.: Meinhold's illustr. Groschenbibliothek.

Grünke, Marie, die Sagen v. Fünfsee. Eine alltägl. Geschichte, f. Pommern u. Nichtpommern erzählt. gr. 8. (128 S.) Hagen 894. H. Risel & Co. n. 1. —

Grünler, B. (Hrsg.), s. Pferd, Das.

Grünler, J., Beiträge zum Staatsrecht d. Königr. Sachsen. (Auswärt. Staatsrecht.) gr. 8. (10 B.) Dresden u. Leipzig 838, Arnoldische Buchh.

Grünler, K. H., (†d. 26. Oct. 1823.) Vorzeichnungen in 60 Bl. nach antiken Mustern; als Vorübung für bildende Künstler u. Handwerker. 8. Leipz. 820. Fr. Fleischer. 2 rß

Grünler, (C. H.,) Vorzeichnungen in 60 Blättern nach antiken Mustern, u. Anleit. z. e. zweckmäß. Zeichenunterrichte. 2e Aufl. qu. 8. 822, (Leipz., Fr. Fleischer.)

Gruenling, Fr. [aus Freiburg i/B.]: Beiträge zur Kenntniss der Terpene. Strassburg, Universitäts-Buchdruckerei von Johann Heinrich Eduard Heitz, 1879. 8. 30 S.

Grünling, F., Repertorium der mineralogischen u. krystallographischen Literatur, s.: Groth, P.

Grünling, F., Repertorium der mineralog. u. krystallograph. Literatur, s.: Weinschenk, E.

Grunmach, E., s.: Elektrizität u. Licht in der Medizin.

Grunmach, Emil (geb. Schwetz in Westpr. 4. 5. 1849): Ueber die Structur der quergestreiften Muskelfaser bei den Insecten. Berlin (1872). (47 S.) 8°
Berlin, Med. Diss. v. 10. Aug. 1872

Grunmach, Leo, experimentelle Bestimmung von Capillaritätsconstanten condensirter Gase. gr. 8. (10 S.) Berlin 900. (G. Reimer.) n. — 50

— experimentelle Bestimmung d. Oberflächenspannung flüssiger Luft. gr. 8. (5 S.) Ebd. 901. n. — 50
2 Sonderabdrucke aus: „Sitzungsber. d. preuss. Akad. d. Wiss."

— experimentelle Bestimmung d. Oberflächenspannung v. Flüssigkeiten durch Messung der Wellenlänge der auf ihnen erzeugten Kapillarwellen, s.: Abhandlungen, wissensch., der kaiserl. Normal-Aichungs-Kommission. 3.

Grunmach, Leo, experimentelle Bestimmung der Oberflächenspannung v. verflüssigtem Sauerstoff u. verflüssigtem Stickstoff. (8 S.) Lex.-8. Berlin 906. (G. Reimer.) n. — 60

— experimentelle Bestimmung der Oberflächenspannung u. des Moleculargewichts v. verflüssigtem Stickstoffoxydul. (5 S.) Lex.-8. Ebd. 904. n. — 50
2 Sonderabdr. aus: „Sitzungsber. d. preuss. Akad. d. Wiss."

Grunmach, L., absolute barometrische Bestimmungen unter Kontrole d. Vakuums durch elektrische Lichterscheinungen, s.: Beiträge, metronomische.

Grunmach, Leo: Ueber die elektromagnetische Drehung der Polarisationsebene der strahlenden Wärme in festen und flüssigen Körpern. Halle a/S. 1881: (Schade in Berlin). 42 S., 2 Taf. 8°
Halle-Wittenberg, Phil. Diss. v. 31. Mai 1881
Geb. Schwetz (Westpr.) 9. 12. 1851. V.
Aus: Annalen der Physik u. Chemie. Bd 14. Leipzig 1881. S. 85—116.

Grunmach, L., d. physikal. Erscheingn. u. Kräfte, ihre Erkenntnis u. Verwertg. im prakt. Leben, s.a.Buch, das, d. Erfindungen.

— die physikalischen Erscheinungen u. Kräfte, ihre Erkenntnis u. Verwertung im prakt. Leben. Lex.-8. (VIII, 442 S. m. 624 Text-Abbildgn. u. 3 Taf.) Leipzig 899. O. Spamer. n. 6. —; geb. in Leinw. n. 7. 50
Sonderabdruck aus: „Buch d. Erfindungen."

— Lehrbuch d. magnet. u. elektr. Maasseinheiten, Messmethoden u. Messapparate. Mit 342 in den Text gedr. Holzschn. u. vielen Tabellen. gr. 8. (XVI, 632 S.) Stuttgart 895. F. Enke. n. 16. —

Grunmach, Leo., über neue Methoden u. Apparate zur Messung v. Erderschütterungen kleinster Periode. (Nach gemeinsam m. Hrn. Dr. Franz Weidert ausgeführten Untersuchgn.) (S. 969—980 m. 1 Taf.) Lex. 8. Berlin 909. G. Reimer. — 50
Sonderabdr. aus „Sitzungsber. d. preuss. Akad. d. Wiss."

Grunmach, L., Vergleichungen von Quecksilber-Thermometern m. dem Luft-Thermometer, s.: Beiträge, metronomische.

Grunmach, L: Versuche über die Diffusion von Kohlensäure durch Kautschuk. Vortrag. Braunschweig 1905

Grünmandl Isidor: Criticum studium ad dissertationem Ferdinandi Noack, quae inscripta est „domus Homerica, exposita ex Homericis carminibus".
1906 PN 2227 Diss. Wien, Univ.

Grünmeyer, Frz.

Grünmayer, Fr., Gebete im Geiste d. kathol. Kirche. Mit vielen treffl. Initialen u. Randleisten. gr. 8. (166 S. o. Pag.) Düsseldorf (841), Arnz u. Comp. Geb. in Sammet mit vergold. Schloß u. Ecken.
Die Originalzeichnungen zu dem Titel, dem Weihnachtsgebete u. zu Jerusalems Frauen weinen üb. Jesus bis zum Schlusse d. Buches sind v. C. Scheuren, die übrigen v. Hermine Stilke. Ausgeführt sind sie in bunten Stein- u. Golddruck, zum Theil auch colorirt. Der Typendruck dieses Prachtwerkes ist v. J. Wolf.

Grünmeyer, Frz. (Vfr.), Gebete im Geiste d. kathol. Kirche. Ausgeführt nach Zeichnungen von Frau Hermine Stilke und C. Scheuren. Prachtwerk in Gold-, Silber- und Farbendruck (83 Blätter). gr. 8. Düsseldorf 1842, Arnz. Vollständig gebunden in Sammt u. Seide mit ächt vergold. Klammern u. Ecken. Ldnpr. 5 Friedrd'or. — 48 fl. 30 kr.

Grünmeyer, Fr., Gebete im Geiste d. kathol. Kirche. Mit 16 Compositionen v. J. B. Sonderland. In Farbendr. ausgeführt in dem lith. Institut v. Arnz u. Comp. 2. Pracht-Ausg. 8. (20½ B.) Düsseldorf 845, Arnz u. Comp. *

And. Grünmos Rechenbuch für Kinder zum Gebrauch der Schulen. Hamburg, Matthiesen. 2. Aufl. 8. 1784.
Vgl. Grüning, Andreas.

GRUNN, Albertus: Impedimenti matrimonialis „cognatio spiritualis" dicti, origo et evolutio historica usque ad praesens exposita et e fontibus demonstrata. — (1898) III, 207 Bl. 4° (Handschr.) Diss. 546
Diss. Wien, Univ.

GRÜNN, JOHANN NEPOMUK: Kirchengesänge für katholische Christen nebst einem Anhange von Morgen-, Mess-, Beicht-, Communion-, Abendgebeten und mehreren Litaneien. Temeswar 1868: Druck v. Ernest Steger. 374 S. - 155 mm

Grünn, Karl, Gedichte. 8. (VIII, 333 S.) Wien 897. W. Frick. Geb. in Leinw. n. 6. —

v. Grünne, Graf Jos. Maria Carlomann, s. Relationen d. Schlachten bei Waaram.

Grunner, s. Gruner.

Grunning, Johanna [med. prakt. aus Leiden]: Ein klinischer Beitrag zur Kenntnis der Äthernarkose. Tübingen 1900. 39 S. (S.-A. aus Beiträge zur klinischen Chirurgie. Bd. 28.)
Zürich. Med. Diss. 1900/1901.

Gruno, [Paulus Adolphus Aenotheus]: *De digammatis usu apud Lesbios poëtas. 25 Bl. 4° (2°)
Halle-Wittenberg, Phil. Diss. v. 27. Okt. 1865
Geb. [Jüterbog 8. 2. 1840]

Grunov, Jo. God., resp. J. Juncker, De noxa atque utilitate animi pathematum seu adfectuum in medicina. 23 pp. Hal. 4°.
1745

Grunow, A. Algen, s. Reise der österreich. Fregatte Novara. Botan. Thl. 1. Bd.

Grunow, Atlas d. Diatomaceenkunde, s.: Schmidt, Adf.

Grunow, A., Beiträge zur Kenntniss der arctischen Diatomeen, s.: Cleve, P. T.

Grunow, A., die Diatomeen v. Franz Josefs-Land. [Aus: „Denkschr. d. k. Akad. d. Wiss."] Mit 5 (lith.) Taf. gr. 4. (60 S.) Wien 884. (Gerold's Sohn.) n. 5. —

Grunow, Aug. Fd., meine Drangsale als Schill'scher Gefangener auf d. Galeeren u. in den Gefängnissen Frankreichs. 8. Berl. 815. Schmidt. 1 ₰

Grunow, C., s.: Denkschrift üb. den erziehlichen Knabenhandarbeits-Unterricht.

Grunow, C., Kerbschnitt-Vorlagen, s.: Vorlagen f. den Handfertigkeits-Unterricht.

— plastische Ornamente der italienischen Renaissance, als Vorlagen f. Schule u. Werkstatt hrsg. 1. u. 2. Lfg. gr. Fol. (à 10 Lichtdr.-Taf.) Berlin 883. Wasmuth. à n. 10. —

— plastische Ornamente der italienischen Renaissance, als Vorlagen f. Schule u. Werkstatt hrsg. 3. Lfg. gr. Fol. (10 Lichtdr.-Taf.) Berlin 893. E. Wasmuth. n. 10. — (1—3.: n. 30. —)

— Vortrag, s.: Götze, W., aus der Lehrerbildungsanstalt d. deutschen Vereins f. Knabenhandarbeit.

Grunow, Ernst [app. Arzt]: Über Nierentumoren und deren Exstirpation im Anschl. an vier an d. Jenenser Universitätsklinik beobacht. Fälle ... Jena, Univ.-Buchdr. G. Neuenhahn, 1894; 36 S. 8.
Jena, Med. Fak., Inaug.-Diss. v. [25. Okt.] 1894

Grunow, (*Richard Friedrich*) Franz [Referendar]: Die Untreue der Bevollmächtigten Str. G. B. § 266 Ziffer 2 ... Magdeburg, Druck v. Gebr. Bethke, 1897; 39 S. 8.
Göttingen, Jur. Fak., Inaug.-Diss. v. [7. Apr.] 1897

Grunow, Friedrich Wilhelm

(Fr. Wilh.) Grunows grammatisches Nachschlagebuch. Ein Wegweiser für jedermann durch d. Schwierigkeiten d. deutschen Grammatik u. d. deutschen Stils. Leipzig: F. W. Grunow 1905. (XV, 390 S.) 8° [F.]

[Grunow, Fr. Wilh.], Grunows grammatisches Nachschlagebuch. E. Wegweiser ... Leipzig 1906. 8°.

Grunow, Georg, a. Berlin: Die Tierhaftung nach dem bürgerlichen Gesetzbuch für das Deutsche Reich und gemäss l. 1 §§ 4—11 D. 9. 1. Berlin 1907: E. Ebering. (75 S.) 8°
Heidelberg, Jur. Fak., Ref. Bekker, Diss. v. 1907
[Geb. 17. März 84 Berlin; Wohnort: Berlin; Staatsangeh.: Preußen; Vorbildung: Königstädt. Gymn. Berlin Reife M. 02; Studium: Berlin 8 S.; Rig. 5. Aug. 07.]

Grunow, Gf. F. R., gründl. Anweis., d. Deutsche auf eine leichte Art richtig sprechen u. schreiben zu lernen; nebst e. Anhang über Briefstyl, Titel u. Aufschriften. 8. Berl. 810. 2e A. 819. (Enslin). 1 ⅓ 12 gl

Grunow, G. F. R., kurze Anweisung, das Deutsche auf eine leichtere Art richtig sprechen u. schreiben zu lernen. 8. Halberst. Büreau f. Lit. u. Kunst. 811.

— die Arithmetik nach Erzeugung der Begriffe in systematisch geordneten Aufgaben nebst ihrer vollständigen Beantwortung. 8. Ebend. 818.

— die Geometrie nach Erzeugung der Begriffe in systemat. geordneten Fragen u. Aufgaben nebst ihrer vollständigen Beantwortung rc. Mit 7 Kupfert. 8. Berlin, Schlesinger. 820.

— Leitfaden des ersten arithmetischen Unterrichts für Schulen. 2te verm. Aufl. 8. Berlin, Stuhr. 819.

— Synonymik, enthaltend v. Samml. von 500 erläuterten sinnverwandten Wörtern. 8. Berl. 819. (Enslin). 8 gl

Grunow, Hans, vom Wege. (Auf der Alm. — Das Männlein. — Hinab!) 8. (VII, 192 S.) Leipzig 901. F. W. Grunow. Geb. in Leinw. n. 3. —

Grunow, Hermann [aus Stettin]: Die Diätetik des Wilhelm v. Saliceto '(13. Jahrhundert)' ... Berlin, gedr. bei J. Sittenfeld, 1895; 30 S., 1 Bl. 8.
Berlin, Med. Fak., Inaug.-Diss. v. 29. Nov. 1895

Grunow, H., die gewerbliche Fortbildungs-Mittelschule, s. a. Sammelmappe, pädagogische.

Grunow, Herm., die gewerbliche Fortbildungs-Mittelschule. Bedürfniß, Organisation u. Lehrplan derselben. gr. 8. (46 S.) Leipzig 872. Siegismund & Volkening. n. — 60

Grunow, Herm., die gewerbliche Fortbildungsschule oder Sonntags-Handwerkerschule. Eine umfass. Darlegung des Bedürfnisses dieser Institute, nebst der ihren Zwecken entsprech. äußern u. innern Organisation. Weimar 867. B. F. Voigt. 8. (VIII, 123 S.) 12 ngr.

(Grunow, J[ohannes].) Vom Bücherkaufen und von Bücherpreisen in Deutschland. Sonderabdruck aus den Grenzboten.... Jahrg. 62, 1903. Aus Heft 33 vom 13. August 1903. 8 S. 8. Leipzig, Fr. Wilh. Grunow.

Grunow, J., Buschs Tagebuchblätter u. die deutsche Presse. Ein Kapitel aus dem Kampfe um Bismarcks Andenken. Zur Abwehr hrsg. gr. 8. (48 S.) Ebd. 899. — 30

Grunow, Carl Albert Rudolph (Schönebeck/Magdeburg), De spondylarthrocace. Diss. med.-chir. Bln. (Nietack) 2. II. 1833. 32 S. mit Biogr. (M.: Günther.) (5.50) 12077
Oppon.: Fr. Drescher, B. Bloch, Ed. Werner. — Gew.: C. F. Heineke.

Grunow, Th., nach Neune, } s.: Kühling's, A., Album — ein armer Reisender, } f. Liebhaber-Bühnen.

Grunow, *Johannes Werner* Waldemar [aus Stettin]: Herzerkrankungen in der Schwangerschaft m. bes. Berücks. d. Klappenfehler u. ihrer Therapie ... Greifswald, Buchdr. C. Sell, 1896; 30 S., 1 Bl. 8.
Greifswald, Med. Fak., Inaug.-Diss. v. 21. Mai 1896

Grunow, Wilhelm. Am 29. November 1848. Druck von J. F. Starcke. 1 Bl. 8. Flugblatt. Berlin, 1848/49.

Grünpeck, Josef

—— Lebensbild, s. Czerny, A.

Grünpeck, Jos., die Geschichte Friedrichs III. u. Maximilians I., s. a. Geschichtschreiber, die, der deutschen Vorzeit. 90. Bd.

Grünpeck, Joseph. Die Geschichte Friedrichs III und Maximilians I von J'G'. Uebersetzt von Dr. Th Ilgen. 8. Leipzig 1891.
Die Geschichtschreiber der deutschen Vorzeit.... XV. Jahrhundert. Band 3.

Grünbeck, Jos. Lebensbeschreibung Kaiser Friedrichs III.; hrsg. von Joh. Jak. Moser. 8. Tübingen 1721.

Grünpeck, Josef: Tractatus de scorra pestilentiali sive mala de Franzos. Recudi curavit Christian Gottfried Gruner. Jena: Stranckmann 1787. 44 S.

Grünpeck, de Burckhausen, tractatus de pestilentiali scorra et iterum, ed. C. G. Gruner. 8. Ien. Acad. Buchh. 787.

v. Grünrock, Konst. Leop., s. Wagner, Ant., Ritter Hans v. Hackelberg.

Grünsalt, F. Über Condensationen des m-Netrobenzaldehyds mit Acetophenon und α-Methylpyridylketon. In-8°. 42 S. Basel. These. 1895.

Grünsch, August

Grünsch, A., Beispielsammlung zur Systemurkunde. gr. 8. (8 S.) Bremen 894. (M. Heinsius Nachf.) n. — 40

Grünsch, A., Beispielsammlung zur Systemurkunde d. deutschen Kurzschrift v. Wilhelm Stolze. 2., verm. u. verb. Aufl. 12. (II, 21 S.) Wetzikon 896. (Leipzig, J. H. Robolsky.) n.n. — 50

Grünsch, A., Erläuterungen zur Systemurkunde der deutschen Kurzschrift v. Wilh. Stolze. [Aus: „Archiv f. Stenographie".] gr. 8. (IV, 48 S.) Bremen 890. (Heinsius Nachf.) n.n. 1. —

— Lehr- u. Übungsbuch d. vereinf. deutschen Stenographie, Einigungssystem Stolze-Schrey. Zum Gebrauch in Schulen u. Kursen, sow. zum Selbstunterr. 2., verb. Aufl. gr. 8. (IV, 26 u. 25 S.) Bremen 898. Leipzig, M. Heinsius Nachf. n. — 80

Grünsch, A., Lehr- u. Ubungsbuch der vereinfacht. deutsch. Stenographie, Einigungssystem Stolze-Schrey. Zum Gebrauch in Schulen u. Kursen, sowie z. Selbstunterricht. 4. verb. Aufl. (6. u. 7. Taus.) gr. 8. (IV, 44 S.) Leipzig 902. M. Heinsius Nachf. Kart. n. 1. —

Grünsch, A., Lehr- u. Ubungsbuch der vereinfachten deutschen Stenographie, Einigungssystem Stolze-Schrey. Zum Gebrauch in Schulen u. Kursen, sowie zum Selbstunterricht. 6. verb. Aufl. (10.—12. Taus.) (IV, 44 S.) 8. Leipzig 906. M. Heinsius Nachf. Kart. n. 1. —

Grünsch, A., Lehr- u. Übungsbuch der vereinfachten deutschen Stenographie, Einigungssystem Stolze-Schrey. Zum Gebrauch in Schulen u. Kursen, sowie zum Selbstunterricht. 7. Aufl. (13. u. 14. Taus.) (IV, 44 S.) 8. Leipzig 908. M. Heinsius Nachf. Kart. 1. —

Grünsch, A., stenografische Schreiblesefibel. Praktischer Lergang zur Erlernung des vereinfachten Sistems der Stolze'schen Stenografi. 8. (92 S.) Bremen 883, (Kaiser.) *

—— dass. — Praktischer Lehrgang zur Erlernung der vereinfachten Stolzeschen Stenographie. 2. Aufl. 8. (IV, 80; Schlüssel 24 S.) (Ebendas.) 884. *

Grünsch, A., stenographische Schreiblesefibel. Prakt. Lehrgang der Stolzeschen Stenographie zum Gebrauch in Schulen und bei Kursen, sowie zum Selbstunterricht. 3. verb. Aufl. 8. (VIII, 96 S.) Bremen 886, Heinsius Nachf. *

—— Stenographische Schreiblesefibel. Vollständiger prakt. Lehrgang der deutschen Kurzschrift v. Wilh. Stolze, zum Gebrauch in Schulen u. Kursen, sowie zum Selbstunterricht. 4. Aufl. (VIII, 87 S.) 890; 5. nach dem vereinfachten System bearb. Aufl. 8. (VIII, 86 S.) Ebd. 892. * 1 35

— stenographische Schreiblesefibel. Vollst. prakt. Lehrgang d. deutschen Kurzschrift v. Wilh. Stolze, z. Gebr. in Schulen u. Kursen, sow. z. Selbstunterr. 6., n. d. vereinf. System bearb. Aufl. 8. (VIII, 85 S.) Ebd. 896. n. 1. 35

Grünsch, A., der praktische Stenograph. Fortbildungsbuch für vereinfachte deutsche Stenographie. 2 Tle. gr. 8. Berlin (899). Frz. Schulze. Kart. à n. — 80
I. (71 S.) — II. Übertragg. d. Übungsstoffes, zugl. Lesebuch. (56 S.)

— der praktische Stenograph. Fortbildungsbuch f. vereinfachte deutsche Stenographie. 2 Tle. 8. Berlin, Frz. Schulze. Kart. à n.n. 1. 50
I. 5. Aufl. 9. u. 10. Taus. (70 S.) (904.)
II. Übertragung des Übungsstoffes, zugleich Lesebuch. 5. Aufl. (56 S.) (904.)

Grünschlag, F., s.: Beiträge zum Schriftverständniß.

— Israel in der Wüste. Ein Beitrag zum Schrift-Verständniß. Vortrag geh. im evangel. Vereinshause zu Osnabrück. 8. (48 S.) Barmen 872. Klein. n. — 50

Grünschloß, Heinrich

Grünschloss, H., Lehr- u. Lese-Übungsbuch f. die ersten Unterrichtswochen, insbesondere f. stenographische Wanderkurse. Vorstufe zu jedem besseren Lehrbuch der ältesten u. verbreitetsten deutschen Schnellschrift. System Gabelsberger (nach dem neuesten Stande). (53 S.) gr. 8. Strassburg i/E. 903. Leipzig, F. A. Berger. n. 1. —

— stenographisches Lehr-, Übungs- u. Nachschlagebuch (Verkehrsschrift). Neue Lehrweise. System Gabelsberger (nach dem neuesten Stande). (VIII, 156 S.) gr. 8. Leipzig 903. F. A. Berger. n. 2. —; geb. in Leinw. n.n. 2. 50

Grünschloß, H., der Stenographie-Unterricht in den ersten vier Wochen. (Neue Methode.) Vorstufe zu jedem besseren Lehrbuch der ältesten u. verbreitetsten deutschen Schnellschrift. System Gabelsberger. Nach dem neuesten Stande. (29 S.) gr. 4. Leipzig (903). F. A. Berger. n. — 80

Grünschloß, Heinr, welche Stellg. soll d. Nicht-Stenograph bei d. endlosen Systemhader d. Stenographen d. Stenographie gegenüber einnehmen? Ein d. Forderg. d. Zeit entsprech. Vorschlag zur sofort. Lösg. d. Streits ohne Mitwirkg. d. Stenographen. Einzig zweckmäßige, historisch begründ. u. prakt. Lösg. d. Frage z. endl. Erreichg. e. seit e. Menschenalter vergebl. erwart. einheitl., in d. deutschen Landen allgem. gült. Schnellschrift. Der Beachtg. d. Civil- u. Militärbehörden, d. Presse u. d. Publikums empfohlen. 8. (22 S.) Straßburg 897. Straßburger Druckerei u. Verlagsanstalt. n. 1. —

Grünschneder, Johann „Die Vereinfachung der französischen Orthographie und Syntax". pg. 35—45. 8°. J. M. Boegl.
Neumarkt i.O., Progr. 1900/01

Grünsfeld, W., und A. Karpeles, hebräische Alfabethschule, s. a. Karpeles, A.

Grünsfeld, W. u. A. Karpeles, Hebräische Alfabetschule. Neue Methode, der zarten israelitischen Jugend das Lesen der hebräischen Sprache in kurzer Zeit spielend beizubringen. 32. (66 Blatt.) Wien, Knöpflmacher & Söhne in Comm. in Schuber 1864 — 60 n.

Grunsky, Ferd., griechische Kompositionsstücke f. die Klassen IV u. V. Im Anschluß an das Übungsbuch v. Grunsky u. Steinhauser u. das amtl. Wörterverzeichnis bearb. (48 S.) 8. Stuttgart 909. A. Bonz & Co. — 80

Grunsky, Ferd., Leitfaden f. den Unterricht in der Geschichte, s.: Stahl, A.

Grunsky, Ferd., griechisches Lesebuch f. Klasse VI (Obertertia). 1. Hft. gr. 8. (VII, 55 S.) Stuttgart 901. A. Bonz & Co. n. 1. —

— Präparation zu dem griechischen Lesebuch. 1. Hft. gr. 8. (56 Sp.) Ebd. 901. n. — 50

— griechisches Uebungsbuch. 1. u. 2. Tl. gr. 8. Stuttgart, A. Bonz & Co. Geb. in Leinw. à n. 3. —
1. Für Klasse IV (Untertertia). In 2. Aufl. neu bearb. unter Mitwirkg. v. Gust. Bräuhäuser. (X, 178 S.) 904.
2. Für Klasse V (Obertertia). In 2. Aufl. bearb. unter Mitwirkg. v. Gust. Bräuhäuser. (X, 167 S.) 905.

— u. Aug. Steinhauser, griechisches Übungsbuch. 1. u. 2. Tl. gr. 8. Ebd. Geb. in Leinw. 5. 50
1. Für Klasse IV (Untertertia). 4. Aufl. (VIII, 132 S.) 910. Geb. 2. 50
2. Für Klasse V (Obertertia). In 3. Aufl. neu bearb. (VII, 170 S.) 908. Geb. 3. —

Grunsky, Ferd., griech. Übungsbücher, s.: Drück, Th.

Grunsky, H., Preußen u. das Reichstagswahlrecht, s. a. Volksschriften des Nationalvereins f. das liberale Deutschland. 14. Hft.

Grunsky, H.: Preußen und das Reichstagswahlrecht. München 1910.

Anton Bruckner. Erste Sinfonie C moll. Erl. von Dr. Karl Grunsky. Berlin: Schlesinger [1908]. (16 S.) 8° [J.]
= Musikführer, Der. No 304.
(Schlesingersche Musik-Bibliothek.)

Anton Bruckner. Sechste Sinfonie A dur. Erl. von Dr. Karl **Grunsky**. Berlin Schlesinger [1908]. (16 S.) 8° [F.]
= **Musikführer**, Der. No 258.
(Schlesingersche Musik-Bibliothek.) [08. 10310

Grunsky, Karl, Anton Bruckner's 9. Sinfonie in D moll, s.: Musikführer, der, Nr. 283.

— s.: **Bruckner's Symphonien.**

Bruckner's Symphonien erl. mit Notenbeispielen von Dr. Karl Grunsky [u. a.], nebst e. Einl. Bruckner's Leben u. Schaffen von Dr. Karl Grunsky Berlin: Schlesinger [1908]. (204 S.) 8°
= **Meisterführer** No 4.
(Schlesingersche Musik-Bibliothek.) [08. 10193

Grunsky, Karl (Hrsg.), s. B u c h , Spemanns goldenes, der Musik.

— **Gedichte. (71 S.) 8. Stuttgart 909. K. A. C. Müller. Geb. in Leinw. 2. —**

— **Hugo Wolf-Fest in Stuttgart 4. bis 8. X. 1906. Festschrift. (159 S.) Lex.-8. Stuttgart (906). (C. Grüninger.) n. 1. —**

Musikästhetik. Von Dr. Karl **Grunsky** Leipzig: G. J. Göschen 1907. (178 S.) 8° [F.]
(Sammlung Göschen. 344.)

Grunsky, Karl, Musikgeschichte des 19. Jahrh., s. Sammlung Göschen.

Musikgeschichte des 19. Jahrhunderts von Dr. Karl **Grunsky** T. 1 2. *Leipzig: G. J. Göschen 1902.* 2 Bde 8° [F.]
(Sammlung Göschen. 164. 165.) [02. 7196

— **Musikgeschichte des 17. u. 18. Jahrh., s. Sammlung Göschen.**

Musikgeschichte des 17. und 18. Jahrhunderts von Dr. Karl **Grunsky**. Leipzig. G. J. Göschen 1905. (164 S.) 8° [F.]
(Sammlung Göschen. 239.) [05. 5815

— **Opernführer. Consuelo. Lyrisches Drama in e. Prolog u. 3 Akten v. Francesco Cimmino. Deutsch v. Aug. Harlacher. Musik v. Alfonso Rendano. (48 S.) gr. 8. Stuttgart (903). Magdeburg, Luckhardt n. — 40**

Grunsky, Carl Ewald: Hydrometrische Messungs-Verfahren in den Vereinigten Staaten Amerikas. 1910. 50 S. 8⁰ ¶ Aus: Zeitschrift f. Gewässerkunde. Bd 10. 1911.
Stuttgart, Dr.-Ing.-Diss. v. 7. 7. 1910

Grünspan, Arthur: Zur Frage des Geschlechtsverhältnisses der Geborenen. [Berlin: R. Falk 1909. Vgl. Jahrbuch f. Gesetzgebung, Verwalt. u. Volkswirtsch. im Dtsch. Reich. Jg. 33, H. 1, S. 266.] 66 S. 4° ¶ (T. 2 ist u. d T.: Untersuchungen an neuem Material z. Frage d. Knabenüberschusses d. Geborenen auch ersch. in: Jahrbuch f. Gesetzgeb.... Jg. 33, H. 1.)
Leipzig, Phil. Diss. v. 6. Febr. 1909, Ref. Stieda, Eulenburg
[Geb. 23. Jan. 84 Neu-Brandenburg, Wohnort: Charlottenburg; Staatsangeh.: Mecklenburg-Strelitz; Vorbildung: Oberrealsch. Charlottenburg Reife O. 05; Studium. Berlin Techn. Hochsch. 4, Univ 5 S.; Rig. 21 Febr. 08.] [U 09. 2973

Grünspecht, Adolf: Beitrag zur Klinik der Blasenmole. Göttingen 1909. Kaestner 41 S. 8°
Göttingen, Med Diss. v. 23. Juni 1910, Ref. M. Runge
[Geb. 27 Dez. 81 Wüstensachsen Wohnort Fulda; Staatsangeh.: Preußen; Vorbildung Gymn Fulda Reife O. 04. Studium. Erlangen 2, Göttingen 3, München 2, Göttingen 3 S. Coll 18. Mai 09 Approb. 15. Juni 10.] [U 10. 1375

Grünspecht, David, a. Fulda: Die Entlastung der öffentlichen Armenpflege durch die Arbeiterversicherung. Halle a. S. 1906 (Frommann, Jena). (40 S.) 8°
Halle, Phil. Fak., Ref. Waentig, Diss. v. 26. Sept. 1906
[Geb. 15. Juli 84 Wüstensachsen (Rhön), Kr. Gersfeld; Wohnort: Berlin; Staatsangeh.: Preußen; Vorbildung: Oberrealsch. Fulda Reife M. 03; Studium: Würzburg 3, Göttingen 3 S.; Rig. 1. Aug. 06.]

Grünspecht, Erich, durch Flur u. Wald od. Unterwegs. Streifzüge e. Naturfreundes u. Sammlers, nebst Ratschlägen f. die Jugend bei Anlage u. Vervollständigg. v. naturwissenschaftl. Sammlgn. (VII, 152 S. m. Abbildgn.) 8. Wien (907). A. Hartleben. 2.—; geb. 3. —

Grünspun, Adelina, aus Schitomir (Russland): **Aus dem physiologischen Institut Zürich. Ueber den Einfluss neutraler Alkalisalze auf die Erregbarkeit und Färbbarkeit der peripheren Nervenfasern. [Mit einer Tafel.] Zürich 1907. 16 S. 8°. [15. III. 07.]**
Zürich. Med. Diss. 1906/1907.

Grünspun, Adelina. **Ueber den Einfluss neutraler Alkalisalze auf die Erregbarkeit und Färbbarkeit der peripheren Nervenfasern. Diss. Med. Univ. Zürich. [Mit 1 Tafel.]** *Kopftitel:* **Aus dem physiologischen Institut Zürich. 16 S. 8. Zürich-Selnau, Gebr. Leemann, 1907.**

Grünstadt [Schlagwort]

Grünstadt, s.: Deutschland. Kürscher-Peip.

Grünstadt [Verfasser]

Grünstadt, Georg von. Die Hauptweine der Pfalz Speyer o. J. [um 1860] Lang. 8 S. -- 107*

Gruenstein, Jos., Babel-Berlin. Typen u. Schicksale. (V, 328 S.) 8. Berlin (907). K. Siegismund. 3.—; geb. in Leinw. 4. —

Denk's nach! Von Josef **Gruenstein**. Berlin: Siegismund [1910]. 223 S. 8° [10. 17605

Gruenstein, Jos., Eros. Dichtungen. (128 S.) 8. Berlin (903). K. Siegismund. n. 2. —; geb. in Leinw. n. 3. –

Grünstein, A., Maidenspeach, s.: Theater-Mappe.

Grünstein, J., die Milchschwester, s.: Universal-Bibliothek.

Von mir und dir. Spiegelungen von Josef **Gruenstein**. Berlin: K. Siegismund [1906]. (112 S.) 8° [F.] [07. 4133

[Bildert.] Franzchen Nimmersatt, eine wahre Gesch. f. kleine Kinder J[os.] Grünstein. Ill. v. Georg Tippel. *Berlin Globus [1898].* (33 S.) 1 Bd 4.

Grünstein, Jos., Ostermärchen. 8. (VII, 112 S.) Berlin 900. Freund & Jeckel. n. 2. —

Ein Phantast. Roman in 3 T. von Josef **Gruenstein**. Berlin: K Siegismund [1908]. (452 S.) 8° [F.] [08. 14596

Grünstein, Jos., ohne Pinsel u. Palette. 8. (V, 207 S.) Berlin 897. Freund & Jeckel. n. 3. —

Visionen. Dichtungen von Josef **Gruenstein**. Berlin: K. Siegismund [1904]. (151 S.) 8° [F.] [05. 500

Grünstein, Jos., Wegerich, Lose Blätter. 2. verm. Aufl. 8. (92 S.) Berlin 887, Wilhelmi. geb. *

Gott Zufall. Dem Leben nacherzählt. Von Josef **Gruenstein.** Berlin: K. Siegismund [1905]. (119 S.) 8° [F.]

Grünstein, Leo, Gedichte. Umschlagzeichnung v. Rud. Kriser. (39 S.) gr. 8. Wien 906. Akadem. Verlag Dr. W. Schultz & Co. n.n. 1. 50; geb. 2. —

Grünstein Leo: Johann Heinrich Merk als Kunstschriftsteller.
H. 1906 PN 2147

Grünstein, Leo., s.: Silhouetten aus der Goethezeit.

Gruenstein, Marg., prakt. Hilfs- u. Aufgaben-Buch f. den Klavierunterricht. 8. (48 S.) Steglitz-Berlin (901). O. Roth. — 40

Praktisches Hilfs- und Aufgaben-Buch für den Klavier-Unterricht. Hrsg. von Marg. **Gruenstein.** *Berlin-Steglitz: R. Rühle [1901].* (48 S.) 8°

Grünstein, *Nicolaus* [cand. med. aus Trischki '(Russl.)']: Aus d. anatom. Institute zu Bonn. Histologische Untersuchungen über den Bau der menschlichen Aorta in verschiedenen Altersstufen ... Bonn, Buchdr. v. J. Bach Wwe, *1895;* 45 S. 8.
Bonn, Med. Fak., Inaug.-Diss. v. [8. Okt.] 1895

Grünten — Panorama vom — im Allgäu. Nach der Natur gezeichnet 1830. und lithographirt von Drexel Imenstadt bey Drexel. Ohne Maasstab. 1 Bl.

Grunth P.: Ueber die manuelle Ablösung d. zurückgebliebenen Nachgeburt beim Rinde. Jena 1904. (13) S. (Særtr.). P.

- Bemerkungen üb. den Gebrauch v. Hufeisen f. »bodenenge Stellung« in Dänemark. Berl. 1908. (2) S. Fig. (Udsnit). 4°.

Grunth P.: Ueber den Croup d. Rinder. Vortr. (Jena) 1905. 16 S. (Særtr.). P.

Grünthal [Sachl.Ordnungswort]

Grünthal, Die evangelische Gemeinde, per Frankenfelde W.-Pr. Ein kleines Bild der Nothstände der Diaspora der Tuchler Haide ... O. O. [ca. 1899]. V: *Mühlradt.* (Berl)

Grünthal, Julchen, eine Pensionsgeschichte. Berlin 1784-88. V: (Theil 1) *Unger, Frieder. Hel. geb. v. Rothenburg.* (MGT) V: (Th. 2) *Stutz, Joh. Ernst.* (Ky) (ML) (Schl, GGr) od. die Folgen der Pensionsanst. Schausp. Berl. 1784. *Nenke, Carl Chph.* [?] (GGr)

Grünthal, Julchen, od. d. Folgen der Pensionsanstalten. Schspl. (v. K. Cph. Nenke). 8. Berl. 784. Sander. 8 gr.

Grünthal, Julchen, dritte durchaus veränderte und mit einem 2ten Bande vermehrte Aufl. mit Kupf. von Chodowiecki. 8. Berlin, 797. Unger. 2 Rthl.

Grünthal, Julchen, von Friederike Unger. 3te Aufl. mit Kupf. 8. Berlin, Unger. 798. (Schade.)

Grünthal [Schlagwort]

Grünthal, s.: Geolog. Karten (Preussen).

Grünthal, s.: Preussen, Messtischblätter.

Grünthal [Verfasser]

Grünthal, Abraham

Grünthal, A., mosaische Religionslehre für Schule u. Haus. 8. Bresl. 831. (Hense). 6 gr.

Grünthal, Abr., תורת משה oder mosaische Religionslehre für d. Schule u. das Haus. 8. Breslau 832. Hense. 1/4 ß

Grünthal, Erich: I. Über die Friedel- und Crafts'sche Reaktion. II. Beiträge zur Konstitution des Anthranils. Weida i. Th. 1910: Thomas & Hubert. 59 S. 8°
Leipzig, Phil. Diss. v. 20. Juli 1910, Ref. Beckmann, Hantzsch
[Geb. 20. Jan. 83 Stargard i. Po.; Wohnort: Stargard; Staatsangeh.: Preußen; Vorbildung: Gymn. Stargard bis M. 98, Disp. v. 9. Febr. 09; Studium: München 2, Leipzig 7 S.; Rig. 1. Juli 10.] [U 10. 3141

Grünthal, Julius: Die Syrische Uebersetzung zum Buche Esther. Breslau 1900: H. Fleischmann. (55 S.) 8°
Breslau, Phil. Diss. v. 21. Febr. 1900.

Grunwald, A. F. Th., Sprüche christlicher Weisheit aus alter und neuer Zeit. Revidirt und auf's Neue bekannt gemacht. Stuttgart 854. J. F. Steinkopf. 32. (181 S.) n. 12 ngr.
Vgl.Grundwald,A.F.Th.

Grunwald, Alphons, appr. Arzt a. Bartschin: Aus dem Kgl. Hygienischen Institut zu Posen. Pathologisch-anatomische Abteilung. Über Aneurysmen der Gehirnarterien. Greifswald 1906: J. Abel. (38 S.) 8°
Greifswald, Med. Fak., Ref. Busse, Grawitz, Diss. v. 3. Mai 1906
[Geb. 1. Jan. 64 Wirsitz; Wohnort: Bartschin; Staatsangeh.: Preußen; Vorbildung: Gymn. Bromberg Reife O. 85; Studium: Berlin 7, Greifswald 3 S.; Coll. 6. Nov. 05; Approb. 20. Juni 92.]

Grunwald, E., die Volksschule im J. 2008. Vierdrama. 1. u. 2. Aufl. (16 S.) kl. 8. Breslau (908). F. Goerlich. — 20

Grunwald, G., s.: Rechenwerk f. die Fachklassen der gewerblichen Fortbildungsschulen des Ostens.

Grunwald, Georg: Geschichte der Gottesbeweise im Mittelalter bis zum Ausgang der Hochscholastik. T. 1: Geschichte der Gottesbeweise in der früheren Scholastik. Münster i. W. 1907: Aschendorff. (103 S.) 8° ¶[Erscheint vollst. als: „Beiträge zur Geschichte der Philosophie des Mittelalters" Bd 6 H. 3.]
Straßburg, Phil. Fak., Ref. Baeumker, Diss. v. 7. Juli 1906
[Geb. 2. Apr. 79 Braunsberg i. Ostpr.; Wohnort: Braunsberg; Staatsangeh.: Preußen; Vorbildung: Gymn. Braunsberg Reife O. 99; Studium: Braunsberg 6, Straßburg 4 S.]

Geschichte der Gottesbeweise im Mittelalter bis zum Ausgang der Hochscholastik. Nach d. Quellen dargest. von Dr. Georg **Grunwald.** Münster: Aschendorff 1907. (X, 164 S.) 8°
— **Beiträge** z. Geschichte d. Philosophie d. Mittelalters. Bd 6, H. 3.

Grunwald, Geo., die Münchener katechetische Methode, J. Fr. Herbart u. Fr. W. Foerster. Krit. Beitrag zur Methodik des Religionsunterrichts. (VI, 81 S.) gr. 8. Münster 910. Aschendorff. 1. 60

Grunwald, Gerhard, Hilfsarzt an d. Kgl. bakteriol. Untersuchungsstation: Zur Pathologie und Therapie schwerer Lähmungen. München 1909: Wolf. 51 S. 8°
München, Med. Diss. v. 12. Nov. 1909, Ref. v. Angerer
[Geb. 10. Sept. 82 Zeilitzheim; Wohnort: Landau, Pfalz; Staatsangeh.: Bayern; Vorbildung: Neues Gymn. Nürnberg Reife Juli 02; Studium: München 7, Greifswald 1, München 2 S.; Coll. 12. Nov. 09; Approb. 5. Febr. 09.]
[U 10. 3510

Grunwald, H. Th., Handbuch üb. den **Grundbesitz** der Prov. Ostpreußen. Angabe sämmtl. Güter, ihrer Größe, ihrer Grundsteuer-Reinerträge, ihrer Besitzer, Pächter ꝛc., der Industriezweige, Poststation. Auf Grund amtlicher Quellen u. privater Mittheilgn. hrsg. Lex.-8. (III, 112 S.) Königsberg 895. Hartung. n. 6. —; kart. n. 6. 50

Deutscher Steinbau. Prakt. Bauweise f. Ansiedlerhäuser, Kolonien, landwirtsch. u. gewerbl. Unternehmungen. Von H[einrich] **Grunwald,** Baumeister. Lorch ⟨Württemb.⟩: K. Rohm 1904. (15 S.) 8° [F.] [illegible]

— **Wohnungskultur,** Baukunst, Gesundheitsbauten u. billige Häuser. In 12 Abtlgn. m. zahlr. Abbildgn. (IV, 107 S.) gr. 8. Ebd. 906. n. 2. —

Grunwald, H., Zukunftsbauten. Moderne Gesundheitsbauten f. Leibes-, Seelen- u. Geisteskultur. Mit e. Anh.: Über den Bau v. Lungenheilstätten. (60 S. m. Abbildgn.) kl. 8. Leipzig (908). Zentrale f. Reformliteratur. — 80

Grunwald, Heinz, Kammergerichtsref.: Der Vorbehalt des Pfandrechts bei der Übereignung von Sachen nach römischem und gemeinem Recht, sowie nach Bürgerlichem Gesetzbuch. *Berlin 1902: C. Behrens.* (VIII, 64 S.) 8°
Rostock, Jur. Diss. v. [10. Aug.] 1902

Grunwald, Hugo, appr. Arzt: Das Erysipelas auf der I. medizinischen Abteilung in den Jahren 1896—1905. München 1907: Kastner & Callwey. (22 S.) 8° ¶[Aus: Annalen d. städt. allgem. Krankenhäuser zu München Bd 12.]
München, Med. Fak., Ref. v. Bauer, Diss. v. 11. Mai 1906
[Geb. 5. Mai 77 Braunsberg i. Ostpr.; Wohnort: Dortmund; Staatsangeh.: Preußen; Vorbildung: Gymn. Braunsberg Reife O. 99; Studium: Freiburg i. B. 1, Königsberg 2, Breslau 2, Berlin 1, Greifswald 3, München 1 S.; Coll. 11. Mai 06; Approb. 18. Febr. 05.]

Grunwald, J., Heimatkunde zum Gebrauche für Lehrer an Volksschulen. gr. 8. (36 S.) Braunsberg 881. Huye. n. — 50

Englische Socialreformer. E. Sammlg 'Fabian essays' hrsg. v. Dr. **M. Grunwald.** (Vorr.: Dr. S. Saenger.) *Leipzig: G. H. Wigand 1897.* (3 Bl., XIII S., 1 Bl., 266 S.) 1 Bd 8.
= Bibliothek f. Socialwissenschaft. Bd 11. [98. 6758

Grunwald, Max, die **Ameise** in der hebräischen Literatur. gr. 8. (16 S.) Hamburg 900. (Berlin, M. Poppelauer.) n. — 50
Sonderabdruck aus: „Mitteilgn. d. Gesellsch. f. jüd. Volkskde."

Antrittspredigt im Tempel der israelitischen Cultusgemeinde Wien, XV., Turnergasse 22 am 29. Aug. 1903 gehalten von Rabbiner Dr. Max **Grunwald.** Wien: Selbstverl. 1903. (14 S.) 8° [F.] [03. 10931 11

Grunwald, Max, **Antrittspredigt,** im Tempel der israelitischen Cultusgemeinde Wien, XV, Turnergasse 22 am 29. VIII. 1903 geh. (14 S.) gr. 8. Wien 903. (Berlin, M. Poppelauer.) n. — 60

Deutschland in englischer Beleuchtung. Pressstimmen über d. Gegenbesuch engl. Journalisten. Zsgest. u. mit e. Einl. versehen von Dr. M[ax] **Grunwald.** Berlin 1907: A. Rosenthal Nachf. (238 S.) 8° [F.] [07. 14644

Grunwald, M., d. **Eigennamen** d. Alten Testamentes in ihrer Bedeutg. f. d. Kenntnis d. hebräischen Volksglaubens. gr. 8. (77 S.) Breslau 895. [W. Koebner.] M. & H. Marcus. n. 2. 50

— kultur- u. kunstgeschichtliche **Entwickelung** der Schriftzeichen. Vortrag im Kunstgewerbe-Verein zu Hamburg. 4. (9 S. m. Abbildgn. u. 1 Taf.) Hamburg 900. Ebd. n. 1. —

Grunwald, Max: Die moderne Frauenbewegung und das Judenthum. Vortrag, geh. im Verein „Österreichisch-Israelit. Union". Als Ms. gedr. — Wien 1903: Beck. 35 S. 8°

Grunwald, Max, Die moderne Frauenbewegung und das Judentum. Vortrag. gr. 8⁰. Wien 1903. (Berlin, M. Poppelauer.)

— **Hamburgs** deutsche Juden bis zur Auflösung der Dreigemeinden 1811. (V, 357 S.) gr. 8. Hamburg 904. A. Jansson. n. 10. —

Juden als Rheder und Seefahrer. Von Rabbiner Dr. **Max Grunwald.** *Berlin: M. Poppelauer 1902.* (13 S.) 8° [F.] [03. 10330

Grunwald, Max, fahrende Leute bei den Juden. s.: Wolf, Alb.

— s.: **Mitteilungen** d. Gesellschaft f. jüd. Volkskunde.

Grunwald, Max (Hrsg.), s. Mitteilungen zur jüdischen Volkskunde.

— zur jüdischen **Namenkunde.** I. Die Gottesnamen in den Eigennamen des Alten Testamentes. gr. 8. (32 S.) Kirchhain N.-L. 901. (Berlin, M. Poppelauer.) n. — 80
Sonderabdruck aus: „Mitteilgn. d. Gesellsch. f. jüd. Volkskde."

— **Portugiesengräber** auf deutscher Erde. Beiträge zur Kultur- u. Kunstgeschichte. gr. 8. (160 S. m. Abbildgn.) Hamburg 902. A. Janssen. n. 3. —

— zur **Psychologie** u. Geschichte des Blutritualwahnes. (Der Prozess Simon v. Trient u. Leopold Hilsner.) Vortrag, geh. am 26. III. im „Zentralverein deutscher Staatsbürger jüd. Glaubens" in Berlin W. u. am 2. V. 1906 in der Generalversammlg. des „Vereines zur Abwehr des Antisemitismus" in Wien. (24 S.) gr. 8. Wien 906. Berlin, S. Calvary & Co. n. 1. —

— zum **Raschi-Jubiläum.** Etwas üb. Raschis Einfluß auf die spätere hebr. Literatur. (17 S.) gr. 8. Berlin 905. (S. Calvary & Co.) n. — 60

— **Spinoza.** Vortrag, geh. in der Henry Jones-Loge zu Hamburg. gr. 8. (14 S.) Wien 897. (Berlin, M. Poppelauer.) n. — 50
Sonderabdruck aus: „Neuzeit".

Grunwald, Max, Spinoza in Deutschland. Gekrönte Preisschrift. gr. 8. (IV, 380 S.) Berlin 897. S. Calvary & Co. n. 7. 20

— aus dem Hamburger Staatsarchiv. Beiträge zur Geschichte der Juden in Prag, Wien u. Hamburg. gr. 8. (25 S.) Berlin (902). M. Poppelauer. n. — 50

Grunwald, Max: Das Verhältnis Malebranches zu Spinoza Breslau, Druck v. Th. Schatzky, 1892; 40 S. 8.
Rostock, Phil. Fak., Inaug.-Diss. v. [10. Nov.] 1892

Grunwald, Max, das Verhältnis Malebranches zu Spinoza. Diss. gr. 8. (40 S.) Breslau 892. W. Koebner. n. 1. —

— d. Verhältnis Malebranches zu Spinoza. Diss. gr. 8. (40 S.) Breslau 892. Berlin, M. Poppelauer. n. 1. —

— über kananaeischen Volksglauben. Vortrag, geh. im Verein f. jüd. Geschichte u. Litteratur in Hamburg. gr. 8. (12 S.) Frankf. a/M. 897. (Berlin, M. Poppelauer.) n. — 50
Sonderabdruck aus: „Dr. A. Brüll's popul.-wiss. Monatsblätter."

— was ist uns Spinoza. Ein Vortrag. gr. 8. (12 S.) Ebd. 899. n. — 50
Sonderabdruck aus: „Viertelj.-Berichte d. österr. isr. Humanitätsvereine B. B."

Grunwald, Moritz, [aus Posen]. Geschichte des italienischen Zwangskurses und der Wiederherstellung der Valuta. [Erschien vollständig in: Finanzarchiv, hg. v. Geo. Schanz. XI. Jg. 1894, S. 77—151]. Stuttg. Union Dr. 1893. 68 S. 8°.
Zürich, Jur. Diss. [v. 13. Jan. 1894].

Grünwald [Sachl. Ordnungswort]

Grünwald eine Erzählung, aus dem Englischen, 8. Leipzig, 779. Feind. 10 sgl.

Grünwald; eine Erzählung; aus d. Engl. 2 Thle. 8. Leipz. 779. (Breitkaus). 8 gr.

Grünwald; e. Erzähl., a. d. Engl. 2 Thle. 8. Leipz. Gleditsch. 779.

Grünwald oder Geschichte eines starken Geistes . . . Leipz. 1785. V: *Kindervater, Chn Victor.* (Ky) (MGT) (GGr) (Adel)

Grünwald, oder Geschichte eines starken Geistes in Briefen, 8. Leipzig, 785. Weidmanns. 20 sgl.

Grünwald [Schlagwort]

Grünwald, s.: Bayern. Karte.

Grünwald [Verfasser]

Grünwald, s. Haegele, J. M.

Grünwald. Bericht über den Stand der von dem Vereine „zur Unterstützung von Gewerbe und Ackerbau unter den Israeliten in Arad" gegründeten Sonntagsschule für Handwerks-Lehrlinge, von — —. Arad, 1855. Gedr. b. H. Goldscheider. (8 S. 8.)

Grünwald, das Gewissen, s.: Erzählungen, kathol., f. die reifere Jugend, 7. Bdchn.

Grünwald, ..., (Stadtrath), Grundsätze, nach welchen d. hiesige Servis-Deputation bei d. Einquartierung u. Verpflegung 2c. fremden Militärs verfährt. 4. Bresl. 812.

Grünwald, das Luftschiff in völkerrechtlicher u. strafrechtlicher Beziehung. (61 S.) gr. 8. Hannover 908. Helwing. 1. —

— der schwarze Vetter, s.: Erzählungen, kathol., f. die reifere Jugend, 6. Bdchn.

— Vorschläge, wie d. Servis-Wesen in Breslau den heutigen Verhältnissen gemäß einzurichten sei. 8. Bresl. 811.

Grünwald, Ad. Voltaire's „Zaïre" und Shakespeare's „Othello". Jägerndorf, R., 1879. 25 S. Progr.

Grünwald, Alex., die Eheschließung nach den Bestimmungen des österreichischen allgemeinen bürgerlichen Gesetzbuches, des code Napoléon, des österreich. Concordats-, des mosaisch-talmud., des orientalisch-kirchl. Rechtes, des ungar., des slav., des deutschen Reichs-, des schweizer., des italien., des moslem., des montegrin., des engl., des brasilian. u. des nordamerikan. Gesetzes. Nach dem am 27. Nov. 1880 im Casino des Wiener Cottage-Vereins geh. Vortrage bearb. Nebst einem Anhang: Die Ehehindernisse u. ihre rechtl. Eintheilung. gr. 8. (127 S.) Wien 881. Manz. n. 2. —

Alois GRÜNWALD 1 Über die Schicksale des Ilioneus
2 Das Verhältnis Michelangelos zur Antike
Diss. Prag 1905/06.

Über einige Werke Michelangelos in ihrem Verhältnisse zur Antike von Alois Grünwald. Mit 2 Taf. u. 33 Textabb. Über d. Schicksale d. Ilioneus von Alois Grünwald. Mit 2 Taf. u. 4 Textabb. Wien: Tempsky; Leipzig: Freytag 1908. S. 125-160. 2°
(Jahrbuch d. kunsthist. Sammlungen d. Allerhöchsten Kaiserhauses. Bd 27, H. 4.)
[10. 7436

Grünwald, Ant., die bifokale Abbildung v. Kreiskegeln auf die Punkte der Ebene. (60 S. m. 8 Fig. u. 1 Taf.) Lex. 8. Prag 910. F. Řivnáč. 1. 50
Sonderabdr. a. „Sitzgsber. d. böhm. Gesellsch. d. Wiss.".

Grünwald Anton: Geodätische Linien auf dem Ellipsoide. (Mit einer Fig. Taf. 25. Prag II. R. 02.
Progr.

Grünwald, A., spectralanalytischer Nachweis von Spuren e. neuen, der eilften Reihe der Mendelenjeff'schen Tafel angehörigen Elementes, welches besonders im Tellur u. Antimon, ausserdem aber auch im Kupfer vorkommt. [Aus: „Sitzungsber. d. k. Akad. d. Wiss."] Lex.-8. (33 S.) Wien 889. (Tempsky.) n. — 60

Grünwald Anton: Die Projectionen einer unebenen Curve dritter Ordnung R_4^3 und die ebenen Schnittcurven ihrer Tangentenfläche im Zusammenhange mit dem zugehörigen Nullsystem. (37). Karolinenthal R. 97.
Progr.

GRÜNWALD, A. Die einfachsten Complexen Raumgebilde
Diss. Prag 1896/97.

— Spectralanalyse d. Kadmiums. [Aus: „Sitzungsber. d. k. Akad. d. Wiss."] Lex.-8. (78 S.) Ebd. 888. n. 1. 30

— mathematische Spectralanalyse d. Magnesiums u. der Kohle. [Aus: „Sitzungsber. d. k. Akad. d. Wiss."] Lex.-8. (68 S.) Ebd. 888. n. — 90

Grünwald, Ant., üb. das sogenannte zweite od. zusammengesetzte Wasserstoffspectrum v. B. Hasselberg u. die Structur d. Wasserstoffes. 1. Thl. Empirisch-inductive Abtheilg. [Aus: „Sitzungsber. d. k. Akad. d. Wiss."] Lex.-8. (134 S.) Wien 892. (F. Tempsky.) n. 2. 40

Grünwald, Bruno, Referendar aus Berlin: Rechtliche Natur und Rechtswirkungen der Subskription auf ein Lieferungswerk nach gemeinem Recht. *Borna-Leipzig 1903: R. Noske.* (VI [vielm. VIII], 59 S.) 8°
Leipzig, Jur. Diss. v. 1903

Grünwald, **C. G. G., Dissertatio inaug. medica, in qua nosologiam vomitus chronici ration. feliciter sanati inquiritur. 8maj. Chemn. 811. Starke. 6 gr.**

Grünwald, Eug., der Burggraf v. Nürnberg. Festspiel z. 200jähr. Gedächtnis der Erhebg. Preußens zum Königreiche. 8. (59 S.) Berlin (900). E. Bloch. n. 1. —

Grünwald, Eugen: Die Dichter, insbesondere Homer, im Platonischen Staat. Berlin, Druck v. A. Haack, 1890; S. 197—220; 8°
Berlin, Collège royal franç., Festschr. 1890 **

Grünwald, Eug., Festspiel zur 200jährigen Jubelfeier d. königl. französischen Gymnasiums in Berlin. gr. 8. (24 S.) Berlin 890. (Blahn.) n. — 80

— die Hugenotten. Historisches Schauspiel in 5 Akten. gr. 8. (103 S.) Ebd. 890. n. 1. 80

Gruenwald, Eugen. (geb. Wernigerode 27. 8. 1856): Quae ratio intercedere videatur inter Quintiliani institutionem oratoriam et Taciti dialogum. Berolini (1883). (57 S.) 8°
Berlin, Phil. Diss. v. 28. Febr. 1883

Gruenwald, Eug., quae ratio intercedere videatur inter Quintiliani institutionem oratoriam et Taciti dialogum. gr. 8. (57 S.) Berlin 883. (Mayer & Müller.) n. 1. 20

Grünwald, Eugen [Dr.]: Sprichwörter und sprichwörtliche Redensarten bei Plato ... Berlin, Druck v. A. Haack, 1893; 15 S. 4.
Berlin, Collège royal français, P 1893 (53)

Grünwald, Eug., s.: Veröffentlichungen der Vereinigg. der Freunde des humanistischen Gymnasiums in Berlin.

Grünwald, Franz

Grünwald, F., der Bau, Betrieb und die Reparaturen der elektrischen Beleuchtungsanlagen. Ein Leitfaden für Monteure, Werkmeister, Elektrotechniker etc. 12. (VI, 174 S. mit 175 Holzschn. und 1 Tab.) Halle 887, Knapp. *

Grünwald, F. Der Bau, Betrieb u. die Reparaturen der elektr. Beleuchtungsanlagen. Ein Leitfaden f. Monteure, Werkmeister, Techniker etc. Mit 175 Holzschn. 2. Aufl. (VI, 181 S. m. 1 Tab.) 889; mit 198 Holzschn. 3. Aufl. 12. (VI, 199 S. m. 1 Tab.) Halle a. S. 892, Knapp. * 3 —; geb. in Leinw. * 3 50

— dasselbe. 4. Aufl. 12. (VI, 230 S. m. 218 Holzschn.) Ebd. 894. n. 3. —

Der Bau, Betrieb und die Reparaturen der Elektrischen Beleuchtungsanlagen. Ein Leitf. f. Monteure, Werkmeister, Techniker etc. Hrsg. v. F. **Grünwald,** Ingen. M. 278 Holzschn. 5. Aufl. *Halle a. S.: W. Knapp 1895.* (X, 280 S.) 1 Bd 8.

Der Bau, Betrieb und die Reparaturen der Elektrischen Beleuchtungsanlagen. E. Leitf. f. Monteure ... Hrsg. v. F. **Grünwald,** Ing. M. 302 Holzschn. 6. Aufl. *Halle a. S.: A. W. Knapp 1897.* (X, 308 S.) 1 Bd 8.
[97. 345

Grünwald, F., der Bau, Betrieb u. d. Reparaturen d. elektrischen Beleuchtungsanlagen. Ein Leitfaden f. Monteure, Werkmeister, Techniker etc. 7. Aufl. 12. (IX, 325 S. m. 317 Abb.) Halle 898. W. Knapp. Geb. in Leinw. n. 4. —

Der Bau, Betrieb und die Reparaturen der Elektrischen Beleuchtungsanlagen. Ein Leitfaden. Hrsg. von F. **Grünwald.** Mit 293 in d. Text gedr. Abb. 8. Aufl. *Halle a. S.: W. Knapp 1900.* (IX, 333 S.) 8° [00. 5567 3

Grünwald, F., der Bau, Betrieb u. die Reparaturen der elektrischen Beleuchtungsanlagen. Ein Leitfaden für Monteure, Werkmeister, Techniker etc. 9. Aufl. 12. (IX, 347 S. m. 297 Abbildgn.) Halle 901. W. Knapp. Geb. in Leinw. n. 4. —
8. Aufl. (IX, 333 S. m. 293 Abb.) Ebd. 900. n. 4. —.

Grünwald, F., der Bau, Betrieb u. die Reparaturen der elektrischen Beleuchtungsanlagen. Ein Leitfaden f. Monteure, Werkmeister, Techniker etc. 10. Aufl. (XI, 376 S. m. 295 Abbildgn.) 12. Halle 903. W. Knapp. Geb. in Leinw. n. 4. —

Der Bau, Betrieb und die Reparaturen der Elektrischen Beleuchtungsanlagen. Ein Leitfaden ... Hrsg. von F[ranz] **Grünwald,** Ingen. Mit 359 Abb. 11. Aufl. Halle: W. Knapp 1907. (XIII, 466 S.) 8° [07. 6541 3

— die Herstellung u. Verwendung der Akkumulatoren in Theorie u. Praxis. Ein Leitfaden. 12. (VI, 144 S. m. 75 Holzschn.) Ebd. 894. n. 3. —

Die Herstellung und Verwendung der Akkumulatoren in Theorie und Praxis. E. Leitfaden v. F. **Grünwald,** Ingen. f. Elektrotechnik. M. 83 in d. Text gedr. Abb. 2. Aufl. *Halle a. S.: W. Knapp 1897.* (VI, 154 S.) 1 Bd 8.
[97. 7197

Die Herstellung der Akkumulatoren. Ein Leitfaden von F. **Grünwald,** Ing. Mit 91 Abb. 3. Aufl. *Halle a. S.: W. Knapp 1903.* (VI, 158 S.) 8°
[03. 22459 3

Grünwald, Friedrich: Ueber den Einfluß des Konkurses eines der Contrahenten auf Kauf- und Miethsverträge derselben. ... Göttingen, Druck d. Dieterich'schen Univ.-Buchdr. W. Fr. Kästner, 1889; 88 + 1 S. 8°
Göttingen, Jur. Fak., Inaug.-Diss. v. 30. Aug. 1889

Grünwald, Friedr. Ueber den Einfluß d. Konkurses e. der Contrahenten auf Kauf- u. Miethsverträge derselben. Diss. gr. 8. (88 S.) Gött. 889, (Vandenhoeck u. Ruprecht). * 2 —

Grünwald, Friedrich: Zur gotischen S y n o n y m i k . Phil. Diss., Prag 1905/1906.

Grünwald, Gustav

Grünwald, G., experimenteller Beitrag zur Lehre üb. einige Contagien, s. a. Vorträge f. Thierärzte.

Grünwald G.: Experimenteller Beitrag z. Lehre üb. einige Contagien. Inaug.-Diss. (veter.). Dorpat 1882. 69 S. P.
— — (uden: Inaug.-Diss.). Leipz. 1883. 62 S.
(Vorträge f. Thierärzte. Ser. 5 H. 9/10).

Grünwald, G., Experimenteller Beitrag zur Lehre über einige Contagien. (61 S.) Leipzig 83. (Wiesbaden, Dürselen.) M. 3.—

Grünwald, Heinrich. Ueber Hydrotoluchinondiäthyläther und Hydrotoluchinondimethyläther. (Basel) Ludwigshafen a. Rh., 1893. Diss.

Grünwald, Hermann [aus Berlin]: Ueber einige Methoden zur quantitativen Bestimmung des Glycerins. .. Berlin, 1889; 58 + 1 S. u. 1 Taf. 8°
Jena, Phil. Fak., Inaug.-Diss. v. 1889

Grünwald, Herm. Ueber einige Methoden zur quantitativen Bestimmung d. Glycerins. Diss. gr. 8. (58 S. m. 1 Taf.) Berl. 889. (Jena, Dabis.) * — 80

Grünwald, J., s.: Chimani's, Leop., ausgew. Jugendschriften.

Grünwald, J. [aus Hunköcz (Ungarn)]: Haemoglobinmessungen an chirurgischen Patienten vermittelst des v. Fleischl'schen Haematometers. ... Würzburg, Druck d. Ferdinand Röhl'schen Buchdr., 1889; 27 S. 8°
Erlangen, Med. Fak., Inaug.-Diss. v. 20. Jul. 1889

Grünwald, J., s.: Verhandlungen d. Congresses d. Vereine d. Buchbinder u. verw. Berufe Oesterreich-Ungarns.

— Johann Ernst (Zittau), An immunis a cautione maneat qui desiit esse immobilium possessor. Präs. Christian Heinr. Breuning. Lpz. (Langenheim) 18. VI. 1768. 11 S. (4.50) 11935

Grünwald, Josef

— Ein Abbildungsprinzip, welches die ebene Geometrie und Kinematik mit der räumlichen Geometrie verknüpft. S. 120. IIa. 677 1.90
Separatabdruck

— Über die Ausbreitung elastischer und elektromagnetischer Wellen in einachsig-kristallinischen Medien. S. 111 IIa. 411 1.80
Separatabdruck

Grünwald, Jos., über die Ausbreitung elastischer u. elektromagnetischer Wellen in einaxig-krystallinen Medien. gr. 8. (75 S.) Wien 902. (C. Gerold's Sohn.) n. 1.80

Grünwald, Jos., die rituelle Circumcision (Beschneidung), operativ u. rituell bearb. v. J. G., m. Anmerkgn. versehen v. M. Grünwald. gr. 8. (III, 14 S.) Frankfurt a/M. 892. J. Kauffmann. n. — 50

— I. Über die linearen Fundamentalconstructionen mit imaginären Elementen
II. Über die Raumcurven vierter Ordnung zweiter Art und die zu ihr perspectiven ebenen Curven
Diss. Prag 1898/99.

GRÜNWALD, Josef
Über die Raumcurven vierter Ordnung, zweiter Art und die zu ihr perspectiven ebenen Curven von Phil. Dr. Josef Grünwald. (Aus den Sitzungsberichten der kaiserl. Akademie der Wissenschaften in Wien. Mathem.-naturw. Classe; Bd. CVIII. Abth. II. a. October 1899.) Wien. 1899. In Comm. Gerold's Sohn. Gr.-8°. 49 S. fl. —.45

Grünwald, Julius: Abhandlungen aus der Eisenemaille- und Verzinnungstechnik
Leipzig-R[eudnitz] 1910

Grünwald, Jul., u. L. Lilienthal, zum Terminhandel an der Berliner Produktenbörse. gr. 8. (64 S.) Berlin 892. H. Lazarus. n. 1. —

Grünwald, Jul., Theorie u. Praxis der Blech- u. Gussemail-Industrie. Handbuch der modernen Emailliertechnik nebst Auszug aus der Geschichte der Kunstemaille u. Emailmalerei. (V, 144 S.) gr. 8. Leipzig 908. F. Stoll jr. Geb. in Leinw. 4. 50

Grünwald, Carl [aus Greifswald]: Ein Fall von Paramyoclonus multiplex. ... Greifswald, Druck v. Julius Abel, 1890; 39 S. 8°
Greifswald, Med. Fak., Inaug.-Diss. v. 21. Mai 1890

Grünwald, Ludwig, Atlas u. Grundriss d. Kehlkopfkrankheiten, s. a. Lehmann's medicin. Handatlanten.

Atlas und Grundriss der Kehlkopfkrankheiten von L[udwig] Grünwald, München. Mit 107 farb. u. 25 schwarzen Abb. München: J. F. Lehmann 1897. (VI, 100 S., 45 Taf.) 8°
— Hand-Atlanten, Lehmann's Medicinische. Bd 14.

Grünwald, Ludw., Atlas der Krankheiten der Mundhöhle, d. Rachens u. der Nase, s. a. Lehmann's medicin. Hand-Atlanten.

Atlas der Krankheiten der Mundhöhle, des Rachens und der Nase. Von Dr. Ludwig Grünwald in München. München: J. F. Lehmann 1894. (49 Bl.) 8°
— Handatlanten, Lehmann's medizinische. Bd 4. (07. 13413 6

Atlas und Grundriss der Krankheiten der Mundhöhle, des Rachens und der Nase von L[udwig] Grünwald in München. 2., vollst. umgearb. u. erw. Aufl. 42 Taf. u. 39 Textabb. München: J. F. Lehmann 1902. (XXII, 212 S.) 8°
— Handatlanten, Lehmann's medizinische. Bd 4.

Grünwald, Ludwig. Zur Geschichte der Gletscherforschung. Mit 5 Figuren im Text. [A] 8 ([Wien] 1882.)

Grünwald, Ludw., Grundriss der Kehlkopfkrankheiten u. Atlas d. Laryngoskopie, s. a. Lehmann's mediz. Handatlanten. 14. Bd.

Grundriss der Kehlkopfkrankheiten und Atlas der Laryngoskopie. Von Dr. L[udwig] Grünwald, Bad Reichenhall-München. Mit 47 Taf. u. 26 Abb. 2. verm. u. umgearb. Aufl. München: J. F. Lehmann 1907. (XIV, 213 S.) 8°
— Hand-Atlanten, Lehmanns medizin. Bd 14. (07. 156

Grünwald, Ludwig [cand. med.]: Ueber Combination von Syphilis und Tuberculose im Larynx. (Mit 5 Abbildungen.) ... (Sep.-Abdr. aus d. Münchener Med. Wochenschrift.) München, Jos. Ant. Finsterlin, 1887; 1 Bl. + 20 S. 8°.
München, Med. Fak., Inaug. Diss. v 1887.

— die Lehre v. den Naseneiterungen m. besond. Rücksicht auf die Erkrankungen d. Sieb- u. Keilbeins u. deren chirurgische Behandlung. gr. 8. (VIII, 167 S. m. 5 Abbildgn.) München 892. J. F. Lehmann's Verl. n. 4. 50

Grünwald, L. Die Lehre v. d. Naseneiterungen mit besonderer Rücksicht a. d. Erkrankungen d. Sieb- u. Keilbeins u. deren chirurgische Behandlung. Mit 5 Abbildungen. In-8°. 167 S. Oberstrass-Zürich, Komm.-Verlag von E. Speidel. 1892. 6 —

Grünwald, L. Die Lehre von den Naseneiterungen. 2. gänzlich umgearb. Aufl. Mit 2 Tfln. In-8°. 295 S. Zürich, E. Speidel. 1895. 8 75

— die Lehre v. d. Naseneiterungen. 2., gänzl. umgearb. Aufl. gr. 8. (VIII, 295 S. m. 8 Abb., 2 Taf. u. 1 Tab.) München 896. J. F. Lehmann's Verl. n. 7. —

— die Therapie der Kehlkopftuberkulose m. besond. Rücksicht auf den galvanokaustischen Tiefenstich u. äussere Eingriffe. (VII, 147 S. m. Abbildgn. u. 4 Taf.) gr. 8. München 907. J. F. Lehmann's Verl n. 5. —

Grünwald, Ludw., der österreichische Verwaltungs-Gerichtshof. Mit Vergleichg. d. besteh. Rechtes in England, Frankreich, Italien, Baden u. Preußen. gr. 8. (VII, 152 S.) Wien 875. Hölder. n. 3. —

Grünwald, M. Beschreibung des Waisenhauses zu Zittau. *Leipzig.* 1710

Grünwald, M., üb. den Einfluss der Psalmen auf die Entstehung der katholischen Liturgie, m. steter Rücksichtnahme auf talmudisch-midraschische Literatur. 1. u. 2. Hft. [Aus: „Monatsschr. f. d. Literatur u. Wissenschaft d. Judenthums".] gr. 8. (S. 1—36.) Frankfurt a/M. 890. (Kauffmann.) à n. 1. —

Grünwald, M., üb. den Einfluss der Psalmen auf die Entwicklung der christlichen Liturgie u. Hymnologie m. steter Rücksichtnahme auf talmudisch-midraschische Literatur. Mit Nachträgen u. Berichtiggn. v. Seb. Euringer u. Mor. Schwalb. 3.-5. (Schluss-)Hft. [Aus: „Jüd. Centralbl."] gr. 8. (S. 37—151.) Frankfurt a/M. 891—893. (J. Kauffmann.) n. 5. — (kplt.: n. 7. —)
3. n. 1. —. — 4. n. 2. —. — 5. n. 2. —.

— Rabbi Salomo Ephraim Luntschitz, Oberrabbiner in Prag vom J. 1604 — 1618. Ein Lebensbild. [Aus: „Israelit. Volkskalender".] 16. (42 S.) Ebd. 892. n. 1. —

— s.: Rehor, Frz., die Juden in Galizien.

— Sitten u. Bräuche der Juden im Orient. [Aus: „Österr.-ungar. Cantoren-Zeitg."] 8. (III, 61 S.) Wien 894. (Frankfurt a/M., J. Kauffmann.) n. 1. —

Grünwald, M., üb. das Verhältniss der Kirchenväter zur talmudischen u. midraschischen Litteratur, insbesondere zur Hagada. [Aus: „Monatsblätter f. Vergangenheit u. Gegenwart d. Judentums".] gr. 8. (49 S.) Jungbunzlau 891. Selbstverl. d. Verf. 1. 50

Grünwald, Moritz: Ueber den jüdisch-deutschen Jargon, vulgo Kauderwälsch genannt. SA. aus der Wochenschrift „Der ungarische Israelit". Budapest 1876.

Grünwald, S., keine Petroleum-Explosionen mehr! Wegweiser zur Verhütung von Entzündungen bei Petroleum-Kochapparaten u. -Lampen, zugleich Anleitung, um beim Gebrauche derselben möglichst geringe Verzehrung von Petroleum zu erzielen. Nebst einem Anhang. Ueber Herstellung schöner Gasflammen u. Winke, die dabei verwandten Cylinder vor Zerspringen zu bewahren. gr. 16. (20 S.) Cöslin 876. (Leipzig, E. Schmidt.) n.n. — 50

— der Rauch-Rath oder prakt. Anleitung zur Abhilfe des Rauch-, Dunst- u. Fraßen-Eindringens. 1. u. 2., mehrfach ergänzte Aufl. gr. 8. (32 S.) Cöslin 877. (Leipzig, E. Schmidt.) n. 1. —

Grünwald, Seligm., Glaubens- u. Sittenlehren d. Talmuds, s. a. Universal-Bibliothek, jüdische.

Grünwald, Seligmann, die Glaubens- und Sittenlehren des Talmuds, nebst Erklärungen der heiligen Schrift ꝛc. in talmudischen Auszügen zusammengestellt und ins Deutsche übertragen. Heilbronn 854. Landherr. 8. (XLVII, 184 S.) n. 1 ꝥ

Grünwald, Rabbiner, Israels Trost und Hoffnung, Vortrag. Nebst Anh. gr. 8. Heilbronn 841. (Lpz., C. L. Fritzsche.) 4 ngl

Grünwald, V., und G. M. Gatti: Wörterbuch der deutschen und italienischen Sprache. Livorno und Berlin
Th. 1. Deutsch-Italienisch. 1893—1899
Th. 2. Italiano-Tedesco. 1897

Grünwald, V., u. G. M. Gatti, Wörterbuch der italienischen u. deutschen Sprache. 1. Tl. 1.—3. Lfg., u. 2. Tl., 1.—4. Lfg. Fol. Livorno 893. 894. (Berlin, Langenscheidt.) à Lfg. n. 1. —
1. Deutsch-Italienisch. 1.—3. Lfg. (S. 1—184.) — 2. Italienisch-Deutsch. 1.—4. Lfg. (S. 1—248.)

— dasselbe. 2. Tl. Italienisch-Deutsch. 5.—10. Lfg. Fol. (S. 249—632.) Ebd. 895—896. à n. 1. —

Grünwald, V., u. G. M. Gatti, Wörterbuch d. italienischen u. deutschen Sprache. 1. Tl. Deutsch-italienisch. 4.—9. Lfg. Fol. (S. 185—568.) Livorno 895—898. (Berlin, Langenscheidt.) à n. 1. —

Grünwald, V., u. G. M. Gatti, Wörterbuch der italienischen u. deutschen Sprache. 1. Tl. Deutsch-italienisch. 10.—12. (Schluß-)Lfg. Fol. (S. 569—719.) Livorno 899. (Berlin, Langenscheidt.) à n. 1. —

Grünwald, Wander von, s. Grünwalt, Wander von u.: Wander von Grünwald.

Grünwald, Wilh., d. prakt. Holzausnützung. Calculationstabelle f. Forstwirthe, Holzindustrielle u. Holzhändler. Hrsg. v. d. Redaktion d. „Oesterr-ungar. Centralblatt f. Walderzeugnisse". qu. gr. 16. (19 S.) Wien 897. (W. Frick.) n.n. 2. —

Grünwald-Zerkowitz, Sidonie, Achmeds Ehe. schmal 8. (XV, 134 S.) Dresden 899. E. Pierson. n. 2. 50; geb. n. 3. 50

Grünwald-Zerkowitz, Sidonie, Eheweh. Eine häßl. Geschichte v. Alletag. (IV, 92 S.) schmal 8. Wien 906. G. Szelinski. n. 1. —; geb. n. 2. —

GRÜNWALD-Zerkowitz, (Frau) Sidonie (geb. 17. Febr. 1859 zu Tobitschau, † im Juni 1907 in Karlsbad), Das Gretchen von Heute (Dichtungen). Druck von C. H. Schulze & C. in Gräfen-Hainichen.
Verboten v. L.-G. Wien, 26. Juni 1890. § 516.
Zuerst gedr. 1886. (Vgl. Kürschner's Litt.-Kal.)
— — Dasselbe. 7. vermehrte Auflage. Mit d. Portrait der Verfasserin. Zürich 1900. 8°. (Kr. 2,40.) (1 Kr. 50 H., mit Orig.-Umschl., A. H. Huber, Salzburg, 1908.)
Die achte Auflage erschien 1901.

Grünwald-Zerkowitz, Sidonie, das Gretchen von heute. 3. Aufl. Mit dem Bildnis der Verf. schmal gr. 8. (XII, 171 S.) Wien 890. Administration der Pariser illustr. Modezeitg. „La Mode". cart. n. 2. —; geb. m. Goldschn. n. 3. 50

Grünwald-Zerkowitz, Sidonie, das Gretchen von heute. 6. [Titel-]Aufl. In Österreich verbotene Ausg. schmal gr. 8. (XII, 171 S. m. Bildnis.) Zürich [890.] 900. C. Schmidt. n. 2. —

— dasselbe. 7. verm. Aufl. (Mit Rücksicht auf die im J. 1890 in Österreich erfolgte Confiscation abgeändert.) schmal gr. 8. (XI, 192 S. m. Bildn.) Ebd. 900. n. 2. —

Lieder, Die, der Mormonin (von *Sidonie Grünwald-Zerkowitz*). 5. Auflage. Berlin 1889.
. Anon.-Lex. V. p. 195 (nach Hinrichsen, Litt. Deutschlands. 2. Aufl. Berlin 1891).

— die Lieder der Mormonin. 7. Aufl. Verbessert u. vermehrt. schmal 8. (VIII, 73 S. m. Bildnis.) Dresden 899. E. Pierson. n. 1. 25; geb. n. 2. 25

Grünwald-Zerkowitz, Sidonie (Hrsg.), s. Mode, La.

— die Mode in der Frauenkleidung. gr. 8. (42 S.) Wien 889. Szelinski. n. — 80

— die Schattenseiten des Frauenstudiums. Vortrag, geh. in Wien im großen Saale des niederösterreich. Gewerbe-Vereins am 20. III. u. wiederholt daselbst am 6. IV. 1899; geh. auch im Theater in Preßburg am 15. XII. desselben Jahres. schmal 8. (48 S.) Zürich 902. C. Schmidt. n. — 80

Grünwald-Zerkowitz, Sidonie, Wie verheiratet man mitgiftlose Mädchen? (64 S.) schmal 8. Wien, G. Szelinski 1905. —. 70.

Grünwaldt, C., das Artelwesen [Genossenschaftswesen] u. die Haus-Industrie in Russland. [Aus: „Russ. Revue".] gr. 8. (116 S.) St. Petersburg 877. Röttger. n. 2. 50

Grünwaldt, E., De Antiphontis quae feruntur tetralogiis disputatio. Pr. 1878. 16 S.

Grünwalt, Wander von, kurze Anleit. z. Ausbesserung d. Straßen rc. gr. 8. Prag, Schönfeld. (Leipzig in Commiss.) 808.
Vgl. Wander v. Grünwald.

Grünwedel, Albert

— u. Geo Huth, Alterthümer aus der Malakand- u. Swat-Gegend. gr. 8. (19 S.) Berlin 901. (G. Reimer). n. 1. —
Sonderabdruck aus: „Sitzungsber. d. preuss. Akad. d. Wiss."

Grünwedel, Alb., Bericht üb. archäologische Arbeiten in Idikutschari u. Umgebung im Winter 1902—1903. (196 S. m. Abbildgn. u. 31 Taf.) Lex.-8. München 906. (G. Franz' Verl.) n. 20. —
Sonderabdruck aus: „Abhandlgn. d. bayer. Akad. d. Wiss."

Grünwedel, Alb., Dictionary of the Lepcha-language, s: Mainwaring, G. B.

Grünwedel, Alb., e. Kapitel d. Ta-se-sun, s.: Festschrift f. Adolf Bastian.

— buddhistische Kunst in Indien, s. a. Handbücher der königl. Museen zu Berlin. 4. Bd.

Grünwedel A., buddhistische Kunst in Indien. (Hdb. d. K. Museen, Berlin) Berlin 1893

Buddhistische Kunst in Indien von Albert Grünwedel. Mit 102 Abb. (2. Aufl.) *Berlin: W. Spemann 1900.* (XV, 213 S.) 8°
= Handbücher d. Königl. Museen zu Berlin. [4.] [00. 7893

— die Kunst des alten Indiens, s.: Geschichte, allgemeine, der bildenden Künste. I. 2.

Grünwedel, Albert: Sinhalesische Masken. SA. aus: „Internationales Archiv für Ethnographie", Bd VI 1893. Leiden 1893.

— Materialien zur Kenntniss der wilden Stämme auf der Halbinsel Malâka, s.: Stevens, Hrolf Vaughan.

— Mythologie du buddhisme au Tibet et en Mongolie. Basée sur la collection lamaïque du Prince Oukhtomsky. Avec une préface du Prince Oukhtomsky. Traduit de l'allemand par Ivan Goldschmidt. Lex.-8. (XXXVII, 247 S. m. 188 Abbildgn. u. 1 Bildnis.) Ebd. 900. n. 8. —

— Mythologie des Buddhismus in Tibet u. d. Mongolei. Führer durch die lamaist. Sammlg. des Fürsten E. Uchtomskij. Mit e. einleit. Vorwort des Fürsten E. Uchtomskij u. 188 Abbildgn. Lex.-8. (XXXV, 244 S. m. 1 Bildn.) Leipzig 900. F. A. Brockhaus. n. 8. —

Grünwedel, Alb., das Pantheon d. Tschangtscha Hutuktu, s.: Pander, Eug.

— s.: Religionen, die orientalischen.

Grünwedel, Albert (Hrsg.), s. Rûpasiddhi. – Das 6. Kap. der Rûpasiddhi.

— buddhistische Studien (1. Glasuren v. Pagan. 2. Excurs: Das Suppâradschâtaka in Padmasaumbhava's Legendenbuch. 3. Pasten aus Pagan. 4. Skulpturen aus Pagan), s. a. Veröffentlichungen aus d. kgl. Museum f. Völkerkunde zu Berlin.

Buddhistische Studien v. Albert Gruenwedel. M. 27 Abb.... *Berlin: D. Reimer 1897.* (2 Bl., 136 S.) 1 Bd 2.(4)
= Kgl. Museen zu Berlin. Veröffentlichungen aus d. Kgl. Museum f. Völkerkunde. Bd V. [98. 4449

— Übersicht e. Sammlung v. Gegenständen des lamaischen Kultus, dem Fürsten Uchtomsky gehörig, s.: Bibliotheca buddhica.

Grünweller, August

Grünweller, A., die Arbeiterschutzgesetzgebung. [Aufsätze, Aufgaben u. Fragen.] Für die Volksschule bearb. 8. (31 S.) Mülheim a/R. 892. H. Baedeker. n. — 20

— der Aufsatz in der Volks- u. Mittelschule, s.: Stoffel, J.

Grünweller, Aug., das Christentum Christi od. Die Lehre Jesu nach seinen Selbstzeugnissen. Vortrag, geh. auf der Generalversammlg. des evangel. Lehrervereins f. Minden-Ravensberg am 7. VII. 1906 zu Bielefeld. (27 S.) 8. Berlin (906). F. Zillessen. n. — 20

Gnade und Wahrheit. Gedanken aus Evangelisations-Versammlungen. In freier Form dargest. von A. Grünweller, Hauptlehrer. *Mülheim a. d. Ruhr: Buchh. d. Ev. Vereinshauses [1900].* (68 S.) 8° [F.] [00. 9417 5

Der Kampf um den Religionsunterricht in der Volksschule. Eine Beleuchtung d. religionspädagog. Grundströmungen d. Gegenwart Von A[ugust] **Grünweller**, Hauptlehrer. Berlin · Zillessen [1910]. 46 S. 8° [11. 1298

— die Konfessionsschule. (24 S.) 8. Ebd. (906). n. — 30

— Mit Gott f. Kaiser u. Reich. Patriot. Ansprachen. 8. (203 S) Mülheim a. d. R. (900). J. Bagel. 1. 50

Nicht Moral-, sondern Religionsunterricht, und zwar biblisch-christlicher! Vortrag, geh. auf d. XII. Deutschen Ev Schulkongress. Von A[ugust] **Grünweller**, Hauptlehrer in Saarn. *Berlin: F. Zillessen [1902].* (37 S.) 8° [F.] [03. 4334

Reformation und Volksschule. Von A[ugust] **Grünweller**. Hauptlehrer in Saarn. *Berlin: F Zillessen [1901].* (31 S.) 8° [F.]

Reformation und Volksschule Von A[ugust] **Grünweller** Berlin: F. Zillessen [1905]. (31 S.) 8° [F.]

— unsere Stellung zu Herbart u. Dörpfeld u. unsere besonderen Aufgaben. (56 S) 8. Ebd. (905). n. — 30

Friedrich (Eberhard) Zillessen, e. evang. Pfarrer u. Schulmann Zu s. 70. Geburtstage. Von August **Grünweller** Berlin. Deutsche Lehrerzeitung in Komm. [1907]. (62 S.) 8° [F.]

Grünweller, Aug., Friedrich Zillessen, e. evangelischer Pfarrer u. Schulmann. Zu seinem 70. Geburtstage. (62 S. m. 1 Bildnis.) 8. Berlin (907). (F. Zillessen.) — 50

Gruenz, K., eine gemischte Ehe. Wirklichkeit u. Wahrheit in einem Lebensbilde. Berlin 859. Vereins-Buchhdlg. 12. (239 S) 1 ℳ

Gruenz, K., der Weltpriester und „Försters Lieschen." Zeitroman aus voller Wahrheit. Berlin 858. Vereins-Buchhdlg. 12. (2 Bl., 293 S.) 1 ℳ 10 ngl

Agrarpolitik Von Reg R Prof Dr Josef **Grunzel**. Wien & Leipzig Holder 1910. 122 S. 8°
(Grunzel Grundriß d Wirtschaftspolitik 2.) [10. 5925

Bericht über die wirtschaftlichen Verhältnisse Griechenlands. Von Reg R. Dr. Joseph **Grunzel**. Wien: K. K Hof- u. Staatsdr. 1906. (V, 147 S.) 4°(8°) [07 4469

Grunzel, Jos., die kommercielle Entwickelung Chinas in den letzten 25 Jahren. gr. 8. (IV, 100 S.) Leipzig 891. W. Friedrich. n. 3. —

Grunzel, Jos., Entwurf e. vergleich. Grammatik d. altaischen Sprachen, nebst e. vergleich. Wörterbuch. gr. 8. (III, 90 S.) Leipzig 895. W. Friedrich. n. 3. —

Grunzel, Josef (Hrsg.), s. Großindustrie, Die, Österreichs.

— Grundriß der Wirtschaftspolitik. 5 Bde. gr. 8. Wien, A. Hölder. 13.40; geb. 15. 40
1. Allgemeine Volkswirtschaftslehre. (VII, 188 S.) 909. 2.40; geb. 2. 80
2. Agrarpolitik. (V, 122 S.) 910. 2.40; geb. 2. 80
3. Industriepolitik. (VI, 154 S.) 910. 2.80; geb. 3. 20
4. Handelspolitik. (VI, 148 S.) 910. 2.80; geb. 3. 20
5. Verkehrspolitik. (V, 162 S.) 910. 3.—; geb. 3. 40

[F.] Handbuch der internationalen Handelspolitik. Von Ph. et J. U. Dr. Joseph **Grunzel**, . a. o. Prof. an d. öst. Handelsmus. *Wien: Manz 1898.* (VIII, 215 S.) 1 Bd 8.
= Publicationen d. Exportakademie d. k. k. österr. Handelsmuseums. Bd I. [98. 10704

— die Handelsbeziehungen Oesterreich-Ungarns zu den Balkanländern. Mit e. Vorworte v. Herm. Hallwich. gr. 8. (VIII, 143 S.) Wien 892. Volkswirtschaftlicher Verlag A. Dorn. n. 3. —

Handelspolitik Von Reg.R. Prof. Dr Josef **Grunzel** Wien & Leipzig Holder 1910. VI, 148 S. 8°
(Grunzel Grundriß d. Wirtschaftspolitik Bd 4.) [10. 11441

Industriepolitik Von Reg R Prof Dr Joseph **Grunzel**. Wien & Leipzig Holder 1910. VI, 154 S. 8°
(Grunzel Grundriß d. Wirtschaftspolitik 3.) [10. 5929

Grunzel, J, Über Kartelle. (VIII, 330 S) gr 8. Leipzig, Duncker & Humblot. 1902 6. 80.

Grunzel, Jos., System der Handelspolitik. gr. 8. (IX, 614 S. m. 3 Tab.) Leipzig 901. Duncker & Humblot. n. 13.—

Grunzel, Jos., System der Handelspolitik. 2., verb. Aufl. (IX, 615 S.) Lex.-8. Leipzig 906. Duncker & Humblot. n. 13. —

System der Industriepolitik Von Dr Joseph **Grunzel**, k. k Reg R Leipzig: Duncker & Humblot 1905. (VI, 393 S.) 8° [F.] [05. 15055

System der Verkehrspolitik Von Dr Joseph **Grunzel**. Leipzig Duncker & Humblot 1908 (407 S.) 8° [F.] [08. 8799 S

— d. Reichenberger Tuchindustrie in ihrer Entwicklg. v. zünftig. Handwerk z. modernen Großindustrie, s.: Beiträge z. Geschichte d. deutschen Industrie in Böhmen.

— Oesterreichische Vaterlandskunde, s.: Zeehe, Andr.

— die wirtschaftl. Verhältnisse Kleinasiens. (M. 1 Karte.) gr. 8. (63 S.) Wien 897. Volkswirtschaftl. Verl. A. Dorn. n. 2. —

Verkehrspolitik. Von Prof. Dr Josef **Grunzel**. Wien & Leipzig: Hölder 1910. 162 S. 8°
(Grunzel Grundriss d. Wirtschaftspolitik Bd 5.) [11 1283 S

Grunzel, Jos., die Vocalharmonie der altaischen Sprachen. Lex.-8. (42 S.) Wien 888, (Tempsky.) *
Aus Sitzungsberichte der k. Akademie der Wissenschaften, besonders abgedruckt.

Allgemeine Volkswirtschaftslehre Von Reg R Prof Dr Josef **Grunzel**. Wien & Leipzig Hölder 1909. VI, 138 S 8°
(Grunzel Grundriß d. Wirtschaftspolitik Bd 1) [10 4737

— d. internat. Wirtschaftsverkehr u. s. Bilanz. gr. 8. (VII, 224 S.) Leipzig 895. Duncker & Humblot. n. 4. 80

Grünzinger, Caspar; Lustspiel in einem Akt. Wien 1799. V: *Hensler, Carl Friedrich.* (Ky)

Grünzinger, Kaspar; Lstspl. in 1 A. (v. K. F. Hensler). 8. Wien 799. Wallishausser. 6 K

Grünzinger, Max: Die neuenglische Schriftsprache in den Werken des Sir Thomas More ‹1478—1535›. Freiburg i. B. 1909: Preßverein. 135 S. 8°
Würzburg, Phil. Diss. v. 15. Aug. 1909, Ref. Förster
[Geb. 22. Okt. 78 Hatzenreut; Wohnort: Waldkirch b. Freiburg i. B.; Staatsangeh.: Bayern; Vorbildung: Gymn. Passau Reife Juli 99; Studium: München 8 S.; Rig. 6. März 09.] [U 10. 4390

Grunzke, Ferd. (Hrsg.), s. Assekuranz-Kalender, deutscher.

Gruenzweig, Carl. Ueber Buttersäuren verschiedenen Ursprungs. Giessen, 1872.

Grünzweig v. Eichensieg, Alb., die Militär-Feuerwehr. Ein Instructionsbehelf f. das militär. Feuerwehrwesen. Hrsg. vom k. u. k. techn. u. administr. Militär-Comité. gr. 8. (95 S.) Wien 892. (R. v. Waldheim.) n. 1. 40

Grünzweig Edle v. Eichensieg, Amalie, über das Einmachen u. Aufbewahren v. Früchten, Fruchtsäften, Gelées u. Gemüsen. Von d. Verf. d. Wiener Koch- u. Wirthschaftsbuches. 12. (VIII, 96 S.) Wien 898. M. Perles. n. 1. —

Grünzweig, Amalie v., Wiener Koch- u. Wirthschaftsbuch für d. bürgerl. Haushalt mit Berücksichtigung d. deutschen, ungarischen etc. Küche. 2. Aufl. Herausg. v. d. Redaction d. „Wiener Hausfrauen-Zeitung". gr. 8. (366 S.) Wien, Moritz Perles. cart. 2 fl. 20 kr. 1885.

Grünzweig, Amalie v., Wiener Koch- u. Wirthschaftsbuch f. den bürgerlichen Haushalt, m. Berücksicht. der deutschen, ungar., südslav., poln., böhm. u. italien. Küche. Hrsg. v. der Red. der „Wiener Hausfrauen-Zeitg." 3., verb. Aufl. gr. 8. (XVIII, 409 S.) Wien 890. Perles. n. 5. —

— Wiener Koch- u. Wirthschaftsbuch f. d. bürgerl. Haushalt, m. Berücksicht. d. deutschen, ungar., südslav., poln., böhm. u. italien. Küche. Hrsg. v. d. Red. d. „Wiener Hausfrauen-Zeitg." 4., verb. u. verm. Aufl. gr. 8. (XVIII, 409 S.) Wien 895. M. Perles. n. 4. 50; geb. n. 5. —

Erschien auch in 9 Lfgn. à n. — 50.

Grünzweig, Arthur v. Eichensieg, Handbuch für Truppen-Officiere aller Waffen. 8°. (XVI u. 202 S.) Wien, Perles. fl. 1.20, geb. fl. 1.60. 1886.

Grünzweig & Hartmann G. m. b. H: Haupt-Catalog der Korksteinfabrik. Ludwigshafen a. Rh. (1903)

Zur *Technik* d. Kälte-Industrie. Herausg. v. Grünzweig u. Hartmann G. m. b. H. Ludwigshafen a. Rhein. (U. St. og A.). 55 S. Fig. 4°.

Grupe, Adolf

Grupe, A., über die Bestimmung der sogenannten halblöslichen Phosphorsäure in Phosphaten. Inaugural-Dissertation. gr. 8. (46 S.) Göttingen 881. (Vandenhoeck & Ruprecht.) n. 1. —

Grupe, Adph., ein. Erinnergn. u. Reflectionen e. ehemal. Göttinger Studenten i. Auslande. gr. 16. (74 S. m. 1 Bildn.) Paris 895. (Hannover, Manz & Lange.) Kart. n. 1. —

Grupe, A., Einige Erinnerungen u. Reflektionen eines ehemaligen Göttinger Studenten im Auslande. Paris 1895. 8°. (1 Mk., Lwdb. m. G., Dieterich, Göttingen, 1907.)
Nicht im Handel. — Dies kleine, nur als Manuskript gedruckte Büchlein gibt eine packende Schilderung des Göttinger Studentenlebens vor 20 Jahren u. behandelt auch u. a. den Bierkrawall v. J. 1881 sehr ausführlich.

Grupe, Eduard (Hrsg.), s. Baggesen, Jens Immanuel: Blätter aus dem Stammbuch . . .

Grupe, Eduard [Prof. Dr.]: Neue Beiträge zur Geschichte des Hanauer Landes in hessischer Zeit. 1789-1792. (Ergänzg zu d. Vfs: Aus Buchsweilers Geschichte zu Ende d. vorigen Jhs ... = P-Beil. 1896.) Strassburg, Buchdr. M. DuMont-Schauberg, 1897; 18 S. 4.
Buchsweiler, G, MP 1897 (527)

Grupe, Ed., de Justiniani Institutionum compositione, s. Dissertationes philologicae Argentoratenses selectae.

Grvpe, Edvardvs [Gottingensis]: De Ivstiniani Institvtionvm compositione. Argentorati apvd Carolvm I. Trvebner, 1884. 8. 45 S.

Grupe, Ed. Zur Frage nach den Verfassern der Institutionen Justinian's, s. Commentationes in honorem Guilelmi Studemund.

Grupe, Eduard [Dr.]: Aus Buchsweilers Geschichte zu Ende des vorigen Jahrhunderts. 1788—1795. Strassburg, Buchdr. M. DuMont-Schauberg, 1896; 35 S. 4.
Buchsweiler, G, MP 1896 (510)

Grupe, Ed[uard]: Zur Geschichte des Krieges in Helvetien 1798. Buchsweiler 1909: Sohn. 10 S. 8°
Buchsweiler Unt.-Els., G P 1909 (700) [S 09. 146

Grupe, Eduard, Prof. Dr.: Landgräfin Caroline von Hessen und Buchsweiler (1741—1765). *Strassburg 1901: M. DuMont-Schauberg.* (10 S.) 4°
Buchsweiler, G, MP 1901 (553)

Grupe, Eduard [Oberl. Dr.]: Zur Sprache des Apollinaris Sidonius. Zabern, Buchdr. A. Fuchs, 1892; 1 Bl., 15 S. 4.
Zabern, G, MP 1892 (510)

Grupe, E., Zur Syntax des Apollinaris Sidonius. Pr. 1888. 10 S. 4°

Grupe, Eduard, s.: Vocabularium iurisprudentiae romanae.

Grupe, Heino, Referendar: Wesen und Wirkungen der Gläubigeranfechtung im Konkurse. Rostock 1910: Winterberg. 74 S. 8°
Rostock, Jur. Diss. v. 25. Mai 1910, Ref. Wachenfeld
[Geb. 8. Mai 79 Krivitz; Wohnort: Rostock; Staatsangeh.: Mecklenburg-Schwerin; Vorbildung: Gymn. Rostock Reife O. 00; Studium: Jena 4, Rostock 6 S.; Rig. 14. Dez. 09.] [U 10. 3840

Grupe, Johann (ps. J. Gerup), Psalmen // Davids // Welche // Insgesamt nach gewissen // In der // Christlichen Kirche // Wolbekandten und Üblichen // Melodeyen // In Teutsche Verse gebracht // Von // J. Gerup. // Und mit Königl. Groß-Britannisch. Privilegio // nicht nach zudrucken. // ZELLE / Gedruckt und verlegt von Christoph // Julius Hoffmann. 1719. - 8 Blatt (nicht paginiert) Titelkupfer, Titelblatt, Widmung und Privilegium. - 374 S. und noch 1 Blatt (nicht paginiert) Druckfehler.
B. S. T. 8°.233.

Grupe, Carl August (Bautzen), De erysipelate recens natorum. Diss. med. Wittbg. (Chn. Heinr. Graessler) 26. II. 1807. 24 S. (5.—) 12080
Gew.: Erdmann Rudolph Grupe (Vater).

Grupe, Margot, die neue Nadelarbeit. Lehrbuch f. Schule u. Haus, auf Grund der neuen Lehrpläne f. höhere Mädchen- u. Mittelschulen unter Mitwirkg. v. Hildeg. Gierke, Helene Hasse, Elisab. Kölling u. Gertr. Willms bearb. (141 S. m. Abbildgn. u. 1 farb. Taf.) Lex. 8. Berlin 910. Albrecht Dürer-Haus. Geb. in Leinw. 5. —

Grupe, Oskar

Grupe, O., Über glaziale u. präglaziale Bildungen im nordwestlichen Vorlande des Harzes. (S. 507—528 m. 1 Fig. u. 1 Taf.) Lex. 8. Berlin (N. 4, Invalidenstr. 44) 907. Vertriebsstelle der kgl. geol. Landesanstalt. nn — 75

Sonderabdr. aus: „Jahrb. d. preuss. geolog. Landesanstalt".

— Präoligocäne u. jungmiocäne Dislokationen u. tertiäre Transgressionen im Solling u. seinem nördlichen Vorlande. (S. 612—644 m. 3 Fig. u. 1 farb. Karte.) Lex. 8. Ebd. 908. nn 1. 50

Sonderabdr. aus: „Jahrb. d. preuss. geolog. Landesanstalt".

Grupe, Oskar, aus Einbeck: Die geologischen **Verhältnisse** des Elfas, des Homburgwaldes, des Voglers und ihres südlichen Vorlandes. Hierzu 1 Taf. mit Profilen. *Göttingen 1901: Dieterich.* (39 S.) 8°
Göttingen, Phil. Diss. v. [9. Sept.] 1901

Grupe, Osk., die geologischen Verhältnisse des Elfas, des Homburgwaldes, des Voglers u. ihres südlichen Vorlandes. Diss. Lex.-8. (40 S. m. 1 Taf.) Göttingen 901. (Vandenhoeck & Ruprecht). n. 1. 20

— Die Zechsteinvorkommen im mittleren Weser-Leine-Gebiet u. ihre Beziehung z. südhannoverschen Zechsteinsalzlager. (57 S.) Lex. 8. Ebd. 908. nn — 60
Sonderabdr. a.: „Jahrb. d. preuss. geol. Landesanstalt".

Grupe, W., u. H. Pfaue, Präparationen f. den Deutschunterricht. f.: Bücherschatz, der, des Lehrers.

Grupe, Wilh., die alten und neuen Maße und Gewichte nebst Vergleichungstabellen der alten hannover. und preuß. mit den neuen Maßen sowie Preisumrechnungs-Tabellen. Zum Gebrauche für Jedermann und vorzugsweise für die Bewohner der ostpreuß. und hannover. Grenze bearb. und zusammengestellt. gr. 8. (16 S.) Lüchow 871, Saur'sche Buchh. **

Grupe-Lörcher, Erica (Frau Erica Lörcher), Ehrlich währt am längsten, f.: Kinderfreund, der.

Die alte Gemüsefrau. Erzählung von **Erica Grupe**-Lörcher. *Berlin: Schriftenvertriebsanst. 1901.* (16 S.) 8° [F.]
— **Kleinkindergarten.** No 49. [01. 11640

Der gestohlene Groschen. Eine Kinder-Erzählung von **Erica Grupe**-Lörcher. *Berlin: Schriftenvertriebsanst. 1903.* (16 S.) 8° [F.]
— **Kindergarten.** 59. [01. 10209

Grupe-Lörcher, Erica, Prinzessin Herzlieb u. andere Märchen. (275 S.) 8. (Berlin (908). Schriftenvertriebsanst. Geb. 2. —

Himmelsschlüssel. Von **Erica Grupe**-Lörcher. *Berlin: Schriftenvertriebsanst. 1902.* (16 S.) 8° [F.]
— **Kleinkindergarten.** No 56. [03. 6601

Der kleine Pferdejunge. Eine Kinder-Erzählung von **Erica Grupe**-Lörcher. *Berlin: Schriftenvertriebsanst. 1903.* (16 S.) 8° [F.]
— **Kindergarten.** 60.

Grupe-Loercher, Erika, der Robespierre Straßburg's. Roman. 8. (IV, 223 S.) Straßburg 899. F. Bull. n. 2. 80; geb. n. 3. 80

Hänschen Tierquäler. Erzählung von **Erica Grupe**-Lörcher. *Berlin: Schriftenvertriebsanst. 1902.* (16 S.) 8° [F.]
— **Kleinkindergarten.** No 55. [03. 6800

Maidis Weihnachtsgeschenk. Von **Erica Grupe**-Lörcher. *Berlin: Schriftenvertriebsanst. 1902.* (16 S.) 8° [F.]
— **Kleinkindergarten.** No 57. [03. 68.1

Grupen, A. Aphorismen über Deutschlands künftiges Zoll- und Marine-Wesen, veranlasst durch die Beschlüsse der am 15. und 16. Juli 1848 in Hannover stattgefundenen Versammlung des hannover'schen Handels- und Fabrikstandes. I. Thl. Das Zollwesen. Hannover 1848.

Grupen, Christian Ulrich

Grupen, Chr. Ulr., (+ d. 10. Mai 1767.) Abhandl. von denen Advocatis, u. den Röm. Rechten u. Reichsgesetzen, auch Tribunals-, Canzlei- u. Hofgerichtsordnung verbotenen Paccis d. Advocaten mit ihrer Parthei. 4. Lemgo 765. Meyer. 6 gl.

Grupen, C[hristian] U[lrich]. Teutsche Alterthümer, zur Erleuterung des Sächsischen auch Schwäbischen Land- und Lehn-Rechts, Wobey der Gebrauch der Dreßdenschen, Wolfenbüttelschen, und Oldenburgschen, zum Druck kommenden Codicum Picturatorum durch einige Abbildungen, die das Sächsische Land- und Lehn-Recht erleutern, unter Augen gestellet worden ... Hannover und Lüneburg, bey Johann Wilhelm Schmidt 1746.
Tit., 3 Bl., 128 S. m. 13 Holzschn.; 1 Taf. in Kupferst. 8°.
Abbildungen aus dem Sachsenspiegel des Eike von Repgow.

Grupen, Chr. Ulr.: Dentsche Alterthümer zur Erläuterung d. sächs. n. schwäb. Land- uud Lehnrechtes. *Hannover,* (Hahn). 746. 4. (10 Gr.)

— disceptationes forens. c. observat. de judiciis curiae in terris Brunsvic. Lüneburg etc. 4. Hanuover, Hahn. 737.

Grupen, Chr. Ulr.: Disceptationes forenses cum observationibus 1—6. Lipsiae 1737.

— — (Harburg), Commentatio succincta ad. L. si a sponso 16. C. de donationibus ante nuptias, qua legis sententiam plenius declarat, .. cumprimis autem quod communis hic tradunt interpretes: osculo virginitatem delibari, Daß die Jungferschafft durch einen Kuß verlohren gehe. Jena (Werther) 1714. 76 S. (6.—) 12084
Gew.: Heinr. Christoph Osterwald.

Grupen, Chr. Ulr.: Commentatio succincta ad l. si a sponso 16. C. de donationibus ante nuptias qua legis sententiam declarat . . . cumprimis autem . . . osculo virginitatem delibari daß die Jungferschafft durch einen Kuß verlohren gehe, expendit. Jenae 1715.

— — Dasselbe, titulo: Tractatio de donationibus ante nuptias, qua legis sententiam plenius declarat etc. osculo virginitatem delibari, dass die Jungferschafft durch einen Kuss verloren gehe. Jenae 1715. 4°. 75 S.
So in Bielefeld's Cat. 60. no. 393: 3 Mk.

GRUPEN, Chrn. Ulr. (geb. im Juni 1692 zu Harburg, † 10. Mai 1767), De donationibus ante nuptias, et an osculo virginitas delibetur, dass die Jungferschafft durch einen Kuss verloren gehe. Jenae 1715. Kl. 4°. 75 S. (3 Mk. A. Bielefeld; 6 Mk. Ernst Geibel, Hannover, 1907.)
Vieles in deutscher Sprache. — Ed. I. ibid. 1714. 4°. (1 fl. 30 xr. Scheible, vor 1870.)
— — Dasselbe. Ed. II. Francofurti et Lipsiae, 1741. Kl. 4°. 75 S. (In Rostock, Landesbibl., deren Cat. durch Druckf. „1641" hat.) (5 Mk., der Vorige; 2 Mk. Osw. Weigel, 1904.)
— — Dasselbe. Ed. III. Ibid. 1754. 4°. (3 Mk. 50 Pfg. Friedr. Klüber, 1904.)

— — Dasselbe. Ed. III. Frankfurt u. Leipzig 1754. 68 S. (6.—) 12086

—formulae veterum confessionum., od. alte fränk. Beichtformeln. Mit Anmerkk. 4. Hannov. 767. Helwing. 6 ℊ.

Grupen, Chr. Ulr.: Observatio juris criminalis de applicatione tormentorum insbes. im Schnüren-Anfang, und in vollen Schnüren, mit einer diss. prael. von den tormentis Romanorum et Graecorum. Hannover 1754.

Grupen, Ch. U.: Observat. jur. crim. de applicat. torment., et de tormentis Romann. et Graecorum; insbes. in Schnüren-Anfang u. in vollen Schnüren. *Hann.*, Hellwing. 754. 4. (12 Gr.)

— observatio de depositione testamenti ad acta, ex formula constitutionis electoralis Saxonicae. 4. Hannov. 753.

Grupen, Chr. Ulr., observatio de primis Francorum sedibus originariis. 4. Hannov. 758. (Leipz., Barth). 12 ℊ

Grupen, C. U.: Observationes 1. De forma conficiendi acta apud Romanos. 2. De forma testamentorum judicialium et privatorum in scriptis et de sinceritate testamentorum. Hanoverae 1753.

Grupen, Chr. U.: Observatt. 1) de forma conficiendi acta apud Romanos, 2) de forma testamentorum. *Hannov.*, Helwing. 753. 4. (10 Gr.)

— observationes rei agrariae Germanicae, I) de marchis civitatum et villorum, von den Stadt-, Dorf- u. Feld-Marken; II) de Almeindis, Meinten; cum dissertat. praeliminari de civitatum forma, vulgo Weichbild, Churrecht, Burgban, Burgward, Weichfrieden, Banwart, Banleuca. 4. Hannov. 758.

Grupen, Chr. Ulr.: Observationes rerum et antiquitatum Germanicarum et Romanarum od. Anmerkungen aus den teutschen u. röm. Rechten u. Alterthümern, mit einer Vorrede u. Abhandlung de lingua Hengisti, als d. Altsächsischen Sprache. *Halle*, Waisenhaus-Buchh. 763. 4. (1 Thl. 8 Gr.)

— — **Oratio natalem principis Georgii Ludovici Brunsvicensis et Luneburg. ducis . . in recto effulgens Georgii Ludovici decus. Jena (Werther) o. J. 32 S. (4.50)** **12082**
Widm. v.: Burcard Gotthelf Struve.

Christian Ulrich Grupen Origines Germaniae oder das älteste Teutschland unter den Römern, Franken und Sachsen. 4°.
Th. 1. Lemgo. 1764.
Th. 2 nebst einer Charte von den Erblanden des Henricus Leo. ebd. 1766.
Th. 3 nebst vielen abgezeichneten Siegeln. ebd. 1768.

— origines germanicae, oder d. älteste Deutschland unter den Römern, Franken u. Sachsen. 3 Thle, mit e. Vorrede von C. F. Helwing. Mit 1 Karte u. vielen Siegeln. 4. Lemgo 764—68. Meyer. 2 ₰ 16 ℊ

Grupen, C. U., Origines Pyrmontanae et Swalenbergicae, worinnen die Alterthümer von Pyrmont u. d. Pagi Wettago, ingleichen die Ankunft der Grafen von Schwalenberg, Waldeck, Peremunt, Colrebeck und Sternberg und deren Schlösser und Herrschaften. Göttingen 1710. 4.

— origines Pyrmontanae et Swalenberg. etc. 4. Götting. Vandenhök. 740.

— s. Sachsenspiegel; Holländ.

— — Schediasma de amoris illecebris. Von Liebes-Caressen und Charmiren in nuptias Treverianas et Griesebachianas emissum. Jenae 1715. 4°. (1 Mk. 20 Pfg. A. Bielefeld; jetzt theurer!)
Vieles in deutscher Sprache.
— — Dasselbe. Ibid 1723. 4°. (6 Mk. Edm. Meyer, Berlin, 1907.)
— — Dasselbe. Ibid. 1725. 4°.
— — Dasselbe. Ibid. 1731. 4°. (5 Mk. Jacques Rosenthal, c. 1903; 2 Mk. 50 Pfg. Max Harrwitz, 1904.)
— — Dasselbe. Francofurti et Lipsiae 1749. 4°.

— — **Schediasma de amoris illecebris; von Liebes-Caressen und Charmiren in nuptias Treverianas et Griesebachianas emissum. Jena 23. II. 1715 (Müller) 1731. 20 S. (4.80)** **12087**
Gew.: Gottlieb Samuel Trever.

— — Dasselbe. Ibid. 1750. 4°. 24 S. (In Rostock, Landesbibl.) (1 Mk. 50 Pfg., braunfl. Expl., Alfr. Lorentz, Lpz., 1905.)

— — **Dissertatio de successione legitima Augustiss. Hannoveranae domus in Magnae Britanniae regna. Von der rechtmässigen Groß-Britannischen Succession des Durchlauchtigsten Hauses Hannover. Lemgo (Heinrich Wilhelm Meyer) o. J. 43 S. (6.—)** **12083**

— de testamento mystico. 4. Hannov. 753.

— — Tractatio juridica qua quod melius sit virginem ducere quam viduam (,) Dass es besser sey eine Jungfer zu heyrathen als eine Witwe. Jenæ, apud Wertherum. Anno 1714. Kl. 4°. (In Rostock, Landesbibl.) 56 pp. Selten! (5 Mk. Ernst Geibel, Hannover, 1907.)
Widmung dat. Jena 18. März 1714. Vieles in deutscher Sprache. Letztes Blatt: De virgine Florentina, sive pandectis Florentinis quædam corollarii loco. — Vogel Lex. jurid. I., 221.
— — Dasselbe. Ibid. eod. a. 4°. 48 S. (1 Mk. Osw. Weigel, 1904.)
— — Dasselbe. Ed. III. Jenae 1720. 4°. (Auch im German. Museum.)

— — Dasselbe, titulo: Tractatio juridica de virgine prae vidua ducenda. Dass es besser sey, eine Jungfer zu heyrathen, als eine junge Wittwe. Ed. II. auct. Lemgoviae. H. W. Meyer, 1716. 4°. (6 Mk. Edm. Meyer, Berlin, 1907.)

— — Dasselbe, tit.: Tractatio juridica de virgine prae vidua ducenda. Oder: Dass es besser sey, ein jung Mädgen zu heyrathen, als eine junge Wittwe. Ed. III. Ibid. 1740. 4°. Titel u. 62 S. (1 Mk. 50 Pfg. Osw. Weigel, 1904.
— — Dasselbe. Iterum recusa. Francofurti et Lipsiae 1752. 4°.

— — **De virgine prae vidua ducenda. Oder: Daß es besser sey, ein jung Mädgen zu heyrathen, als eine junge Wittwe. Cui subjic. quaedam de virgine Florentina sive pandectis Florentinis corollaria. Tract. jur. Frankfurt u. Leipzig 1752. 62 S. (6.—)** **12088**
Vincentii Fabricii (Danzig) ad Joann. Frider. Gronovium (S. 54). — Zachariae Lundii ad Cornelium Grotium (S. 56).

— de virgine prae vidua ducenda, daß es besser sei, eine Jungfer zu heirathen als eine Wittwe. 4. Lemgo 761. Meyer. 2 ℊ

— von d. Ursprung u. den Alterthümern d. Stadt Hannover ꝛc. m. K. gr. 4. Ebend, 740.

Grupen, C. U., Tractatus de uxore Romana. Cum figg. Hanov. 727. 8. 8 gr.

Grupen, Christian Ulrich. De Uxore Theotisca, Von der Teutschen Frau. Mit einer Praeliminair-Dissertation Von der Vermählung Hertzogs Henrich des Leuens mit der Königlich-Englischen Printzeßin Mathildis und zugleich Von der Vermählung Kaysers Otten des IV mit der Kayserl. Printzeßin Beatrice, und Hertzogs Henrici Palatini mit der Printzeßin Agnes. Gottingen, J. W. Schmidt, 1748. 4° 32 Bl. 64, 290 S. & 23 Bl., mit *4 Kupfertafeln, A. A. Beck del., J. G. Schmidt sc und einigen Holzschnitten im Text.* In einen alten HPgtbd. eingehängt.
Hayn-Got. II. 696 (mit irriger Kollation).

— — DE UXORE THEOTISCA, Von der Teutschen Frau. Insbesondere I DE VIRGINUM PRÆGUSTATORIBUS, Jure Deflorationis, Jure Primæ Noctis, Maidenrents, Marcheta. II Von Braut u. Bräutigam u. ihren Benennungen (p. 35). III Von der jungfräul. Aussteuer, Kisten-Pfande u. Ingedomte (p. 49). IV Filia in capillo et casa, von der unberathenen Tochter (p. 140). V Von der Angel-Sächsischen Braut (p. 221). VI Von den Mantel-Kindern (p. 255). – Mit einer (besonders paginirten) Præliminair Dissertation von der Vermählung Hertzogs Henrich des Leuens mit der Königlich-Englischen Printzeßin Mathildis, als der Stamm-Mutter des gesammten Chur- u Furstl Hauses Braunschweig-Lüneburg, und zugleich von der Vermahlung Kaysers Otten des IV mit der Kayserl Printzeßin Beatrice, und Hertzogs Henrici Palatini mit der Printzeßin Agnes. Göttingen bey Joh. Wilh. Schmidt 1748. 4⁰ (7 Mk. 50 Pfg., Prgtbd R Levi, Stuttg, 1898, 10 Mk., prächtiges Expl. in Prgtbd., Frdr. Klüber, 1897.) (Expl. in Dresden u. im Germ. Museum.)
31 Bll Tit., Zuschr (an d. König Georg II v England, Kurfürst v Brnschw-Lüneb.) u. Vorr., 64 S. + 64 S Praelim. Diss. mit 3 Kupfertafeln (A. A. Beck del., J G. Schmidt sc. Brunsv.), dann 290 S. für das Hauptwerk, mit 1 Kupfertafel u. eingedr Holzschnitten, 22 Bll. Index, 1 Bl Bericht an den Buchbinder

GRUPEN, Chr. Ulr.: Tractatus de uxore theodisca, von der deutschen Frau. *Hannov.*, (Hahn.) 748. 4. (1 Thl. 12 Gr.)

Grupen, Joachim „Gründliche Information von Amts-Verwalt- und Berechnungen, als von des Beamten Obliegenheiten in genere, vom Geldregister, von der Geldausgabe, vom Korn- und Dienstregister und was bey ablegender Rechnung zu beantworten", Hannover 1724 (Helwing). — Vorh. Bibl. des Oberlandesgerichts Celle — (1 an Dl 44).

Grupen, Johann Friedrich Gottfried

Grupen, Jh. Fr. Gf., († d. 10. Febr. 1805.) Beschreib. d. Schaumburg. Mausoleï zu Stadthagen. 4. Minden 777. Körber. 1 ℔

— **Jo. Friedrich Gottfried,** De schola Hannoverana nutricia tot magnis viris qui ex almo eius sinu prodiere clara. Hannover (H. E. C. Schlüter) 1766. 21 S. (5.—) 12089

Grupenhagen, s.: Geologische Karten. Preussen. 83.

Grupp, Bernh., Blütenhain. Gedichte profanen u. religiösen Inhalts. 12. (190 S.) Leutkirch 891 (Stuttgart, J. Roth.) Kart. n.n. 1. 20

Grupp, Bernh., das Kind d. Landwehrmannes, s.: Dilettantenbühne.

Grupp, Bernh., Verloren u. Wiedergefunden, s.: Dilettantenbühne, kathol.

Grupp, Geo., Baldern. Ein Beitrag zur Oettingischen Geschichte. gr. 8. (VI, 176 S. m. 28 Abbildgn.) Nördlingen 900. Th. Reischle. n. 2. —

Grupp, Gg., Festschrift zum silbernen Ehejubiläum d. durchlauchtigsten Herrn Fürsten Karl zu Oettingen-Wallerstein u. seiner erlauchten Gemahlin Ernestine, geb. Gräfin v. Czernin, am 19. Aug. 1892. gr. 8. (18 S. m. Bildnis.) Nördlingen 892. Th. Reischle. n. — 20

— Oettingische Geschichte der Reformationszeit. (Reformationsgeschichte d. Rieses v. 1539—1553.) Mit Bildern u. Ansichten. gr. 8. (X, 160 S. m. 1 Karte.) Ebd. 894 n. 3. 50; geb. n. 5. —

Grupp, Geo., Jenseitsreligion. Erwägungen üb. brenn. Fragen der Gegenwart: Diesseits- od. Jenseitsreligion, Lebensrichtgn., Religion u. Kultur, Zukunftsreligion. (XI, 202 S.) 8. Freiburg i/B. 910. Herder. 3. —

Grupp, Georg. Kultur der alten Kelten und Germanen. Mit einem Rückblick auf die Urgeschichte. [Illustriert.] XII + 319 S. 8. München, Allgemeine Verlags-Gesellschaft, 1905. [M. 5. 80, geb. 7. 50]

— Kulturgeschichte der römischen Kaiserzeit. 1. Bd. Untergang der heidn. Kultur. gr. 8. (XII, 583 S. m. Abbildgn.) München 903. Allgemeine Verlags-Gesellsch. n. 9. —; geb. in Leinw. n. 11. —

— Kulturgeschichte der römischen Kaiserzeit. 2. Bd. Anfänge der christl. Kultur. (VIII, 622 S. m. 67 Abbildgn.) gr. 8. Ebd. 904. n. 9. —; geb. in Leinw. n. 11. —

— Kulturgeschichte des Mittelalters. 2 Bde. gr. 8 Stuttgart, J Roth. n. 13. —; geb. n.n. 15. 60; in 1 Halbfrzbd n.n. 14. 80
1. (VIII, 357 S. m. 28 Abbildgn.) 894. n. 6. 20; geb. n.n. 7. 50
2. (VII, 466 S. m. 35 Abbildgn.) 895. n. 6. 80, geb. n.n. 8. 10

— Kulturgeschichte des Mittelalters. 2 Bde. 2., vollständig neue Bearbeitg. (XI, 458 S. m. 45 Abb. u. VII, 549 S. m. 48 Abb.) gr. 8. Paderborn 907. 08. F. Schöningh. 18.60; geb. 21. 40

Grupp, Georg: Die Kulturperioden des 19 Jahrhunderts. Frankfurt a. M A. Foesser Nachf 1896. (50 S.) 8⁰.
= Broschüren, Frankfurter zeitgemässe. N. F Bd 17 H. 6/7.

— Niedergang des norddeutschen Bauernstandes seit der Reformation, s. a. Broschüren, Frankfurter, zeitgemäße. 19. Bd. 4. Hft.

Grupp, Geo., Der Niedergang des norddeutschen Bauernstandes seit der Reformation. gr. 8⁰. Frankfurt a. M., P. Kreuer, 1899. (Frankfurter zeitgemässe Broschüren, N. F. Bd. 19, Heft 4.)

Grupp, Geo., oettingische Regesten. 1. Hft. 1140—1279. Lex.-8. (IV, 54 S. m. Abb.) Nördlingen 896. Th. Reischle. n. 1. 50

— Oettingische Regesten. 2. Hft. 1279—1300. Lex.-8. (S. 53—116.) Nördlingen 899. Th. Reischle. n. 1. 50

— Oettingen-Wallersteinische Sammlungen in Maihingen. Handschriften-Verzeichnis. I. Hälfte. gr. 8. (VI, 36 S.) Ebd. 897. n. 1. —

— System u. Geschichte der Kultur. 2 Bde. gr. 8. Paderborn 892. F. Schöningh. n. 10. —
1. Ideen u. Gesetze der Geschichte. (XV, 172 S.)
2. Geschichte der menschlichen Lebensformen u. Lebensinhalte (XV, 581 S. m. 33 Textabbildgn.)

Der deutsche Volks- und Stammescharakter im Lichte der Vergangenheit. Reise- u. Kulturbilder von Georg Grupp. Stuttgart: Strecker & Schröder 1906. (VIII, 205 S.) 8° [F.] [06. 6519

[F.] Englische Wirthschaftsentwickelung im Mittelalter. M. Berücks. d. deutschen Verhältnisse dargest. v. Dr. Georg Grupp. *Hamburg: Verlagsanst. u. Dr. A.-G. 1898.* (57 S.) 8.
= Sammlung gemeinverständlicher wiss. Vorträge. N. F. Ser. 12. H. 283. [98. 786

Grupp, Philipp

Grupp, Phpp., die 'Verbrechen' der Sozialdemokratie. 2. Aufl. gr. 8. (26 S.) Pforzheim 894. (Esslingen, C. Amsler.) n. — 50

Grupp, Rudolf Die deutschen Didaktiker und die Schulen des XII. und XIII. Jahrhunderts. Ein kulturhistorischer Versuch. Erster Teil. 4 (16 S.)
Verein. Alt- u. Neustädt. G. *Brandenburg a. H.* 1888 (67).
Progr

Grupp, Rudolf: Die deutschen Didaktiker und die Schulen des XII. und XIII. Jahrhunderts. Ein kulturhistorischer Versuch. Schluss. Brandenburg a. d. H., Buchdr. v. J. Wiesike, 1889; 1 Bl., 16 S. 4°
Brandenburg a. d. H., G, OP 1889 (67)

Grundlagen zur mittelmärkischen Ortsnamenforschung und Namenerklärung. Von Rudolf Grupp, Oberl. a. D. Brandenburg a. H.: P. Kahle [1899]. (61 S.) 8° [Umschlagt. F.] [99. 8647

Grupp, Rud., Grundlagen z. mittelmärkischen Ortsnamenforschung u. Namenerklärung. gr. 8. (61 S.) Brandenburg (899). (R. Koch). n. 1. 25

Grupp, Rudolf (Hrsg.), s. Jahresbericht über den Histor. Verein zu Brandenburg.

Grupp, Rud. Jürge Jorden, s. Bilder, märkische, aus Vergangenheit u. Gegenwart.

Gruppe, die, d. Charitinnen. Ein Beitrag zur Philosophie des Schönen, in 4 Gesprächen; nebst e. Anhange über d. Allegorie. gr. 8. Leipz. 832. Volckmar. 1 ₰

Stubaier Gruppe. [J. G. Thönis Tiroler Weg- und Distanzkarten. Nr. 6.] in Umschlag K —.20
Imst: Grissenmann 1908.

Bericht über die Literatur zur antiken Mythologie und Religionsgeschichte aus den Jahren 1898–1905. Von O[tto] Gruppe, Prof. zu Berlin. Leipzig: O. R. Reisland 1908. (652 S.) 8°
— Jahresbericht über d. Fortschritte d. klass. Altertumswiss. Suppl.-Bd. Bd 137. [08. 1527

Gruppe, Otto: De Cadmi fabula. Berlin, R. Gaertner, 1891; 27 S. 4°
Berlin, Askanisches G, OP 1891 (51)

Gruppe, O., s.: Jahresbericht üb. d. Mythologie.

Gruppe, Otto, die griechischen Culte und Mythen in ihren Beziehungen zu den orientalischen Religionen. 1. Bd.: Einleitung. gr. 8. (XVIII, 706 S.) Leipzig 887, Teubner. *

Griechische Mythologie und Religionsgeschichte. Von Dr. O[tto] Gruppe, Prof. in Berlin. Bd 1. 2. München: C. H. Beck (1897–)1906. 2 Bde 8°
— Handbuch d. klass. Altertums-Wissenschaft. Bd 5, Abt. 2. [06. 6500

Gruppe, (Paulus) Otto (geb. Berlin 18. 7. 1851): Quaestiones Annaeanae. Sedini (1873). (47 S.) 8°
Berlin, Phil. Diss. v. 29. Jan. 1873

—— Quaestiones Annaeanae. gr. 8. (V, 48 S.) Berlin 878, Weber. *

—— Die rhapsodische Theogonie u. ihre Bedeutung innerhalb der orphischen Litterat. gr. 8. (S. 689—747.) Lpz. 890, Teubner. * 1 60
Aus: Jahrbb. für class. Philologie (17. Suppl.-Bd.), besonders abgedruckt.

Gruppe, O., Die Ueberlieferung der Bruchstücke von Varros Antiquitates rerum humanarum. S.-A. 1894. 17 S. 4°.

Gruppe, Otto Friedrich, s.a. Hegelingen, A. v. [Pseud.]

Gruppe, Otto F., Aeacus. Ueber die Interpolationen in den röm. Dichtern. Mit besond. Rücksicht auf Horaz. gr. 8. (VIII, 616 S.) Berlin 872, G. Reimer. *

Gruppe, Otto Friedr., †(Absolutulus v. Hegelingen,) Alboin, König d. Longobarden. (Ein Gedicht in 7 Büchern, u. Anh.: Theudelinde, Königin d. Longobarden. — M. (22 Vign.) 10 Kpfr., gr. 4.) gr. 8. (12½ B.) Berlin 830, Nauck. Thlr.
Theudelinde. Königin d. Longobarden — apart 12 Gr.

Gruppe, O. Fr., Alboin, König d. Longobarden. (Ein Gedicht in 6 Büchern u. Anhang: Theudaline, Königin d. Longobarden.) Mit 10 Kpf. gr. 8. Berl. 830. Nauck. 2 ₰ 12 K

Gruppe, Otto Friedr., †(Absolutulus v. Hegelingen,) Antäus. — Ein Briefwechsel üb. speculat. Philosophie in ihrem Conflict mit Wissenschaft u. Sprache. gr. 8. (30 B.) Berlin 831, Nauck.

—— Ariadne. Die trag. Kunst d. Griechen in ihrer Entwickelung u. in ihrem Zusammenhange mit d. Volkspoesie. gr. 8. (50 B.) Berlin 834, Reimer.

Gruppe, Otto Friedrich. Bruno Bauer und die akademische Lehrfreiheit. Berlin, Nauck und Comp. 1842. IV 100 S. 8.

Gruppe, Otto Friedr., Königin Bertha. (Gedicht.) 8. (VIII u. 214 S.) Berlin 848, G. Reimer. 1 ₰

Gruppe, O. F., Demetrius. Schiller's Fragment, für die Bühne bearb. und fortgeführt, nebst einer literar-histor. Abhandlung. Berlin 861. Bach. 8. (228 S.) 1 ₰

— der deutsche Dichterwald. 3 Thle. 8. (1. Bd.: X u. 422 S. 2. Bd. 416 S. 3. Bd.: VIII u. 440 S.) Ebd. 849. (à ¾ ₰) 2¼ ₰ geb. (à 1 ₰) 3 ₰

Gruppe, Otto Friedr., die römische Elegie. 1. u. 2. Bd. gr. 8. Leipzig, Otto Wigand. Thlr.
Bd. 1. Kritische Untersuchungen mit eingeflochtenen Uebersetzungen. (26⅛ B.) 838. 2 Thlr. 16 Gr.
" 2. Tibull, Properz u. die Amoren d. Ovid; die beiden ersten nach d. Folge d. Bücher u. dem Zusammenhange d. Elegien geordnet. — A. u. d. T.: Albius Tibullus et Sex. Aurelius Propertius secund. ord. et numerum restituti. Acced. P. Ovidii Nasonis Amores. Ed. Otto Frid. Gruppe. (17⅞ B.) 839. 1 Thlr. 12 Gr.

Gruppe, O(tto) F(riedr.), Firdusi. Ein episches Gedicht in 7 Büchern. 8. (III und 301 S.) Stuttgart 856, Cotta'sche Buchh. *

Gruppe, O. Fr., über die Fragmente des Archytas und der älteren Pythagoreer. Eine Preisschrift. gr. 8. Berlin 840. Eichler. 1 ₰

Gruppe, O. F., Gedichte, s.: Universal-Bibliothek.

— Gedichte. gr. 12. Berlin 835. Reimer. 1⅚ rℓ

Gruppe, O. F., vaterländische Gedichte. Neu-Ruppin 866. (Petrenz.) 8. (VIII, 375 S.) n. 1 rℓ 12¼ ngr.

— — Neue Folge. Der Krieg von 1866. Ebend. 867. 8. (V, 39 S.) 7½ ngr.

Gruppe, O. F., vaterländische Gedichte. Neue Ausg. 3 Lfgn. 8. (375 u. 39 S.) Neu-Ruppin 883. Petrenz. 4.— 1. 2. à 1. 20. — 3. 1. 60

— Gegenwart und Zukunft der Philosophie in Deutschland. Berlin 855. G. Reimer. 8. (IX, 278 S.) 1 rℓ 7½ ngr.

— Kaiser Karl. Eine epische Trilogie. 8. (458 S.) Berlin 852, G. Reimer.

— Leben und Wirken deutscher Dichter. Geschichte der deutschen Poesie in den drei letzten Jahrhunderten. 1—9. Liefg. München 863, 64. Bruckmann. Lex.-8. (1. Bd.: XIV, 744 S. u. 7 Stahlst.; 2. Bd.: S. 1—192 u. 2 Stahlst.) Jede Liefg. 16½ ngr.

— Leben u. Werke deutscher Dichter. Geschichte der deutschen Poesie in den drei letzten Jahrhunderten. 10—25. Liefg. München 865—68. Bruckmann. Lex.-8. (2. Bd. IV u. S. 193—598, 3. Bd. IV, 652 S., 4. Bd. IV, 606 S., mit 13 Portr. in Stahlst.) Jede Liefg. 16½ ngr.

— Leben u. Werke deutscher Dichter. Geschichte der deutschen Poesie in den drei letzten Jahrh. 4. Bd. 7. Lfg. u. 5. Bd. gr. 8. Leipzig 870. Brandstetter. 11. 70 (cplt.: 61. 95) IV. 7. (S. 609—700.) 1. 80. — V. Mit 4 Bildnissen in Stahlst. (VI, 885 S.) 9. 90.

Gruppe, Otto F., Leben und Werke deutscher Dichter. Geschichte der deutschen Poesie in den letzten Jahrhunderten. 5 Bde. 2. Ausg. gr. 8. Leipzig 872, Brandstetter. [1. Bd. (XVI, 744 S. mit 7 Bildnissen in Stahlst.); 2. Bd. (V, 598 S. mit 6 Bildnissen in Stahlst.); 3. Bd. (IV, 650 S. mit 5 Bildnissen in Stahlst.); 4. Bd. (IV, 844 S. mit 3 Bildnissen in Stahlst.); 5. Bd. (VII, 685 S. mit 5 Bildnissen in Stahlst.] geb.

— Lehrfreiheit u. Preßunfug, als Fortsetz. der Schrift: Br. Bauer u. die akadem. Lehrfreiheit. gr. 8. (6 B.) Berlin 843, Besser, Berl.

— Reinhold Lenz, Leben und Werke. Mit Ergänzungen der Tieckschen Ausg. Berlin 861. Lüderitz'sche Verlagshdlg. gr. 8. (XVIII, 388 S.) 1 rℓ 21 ngr.

Gruppe, O. F., Minos. Über die Interpolationen in den römischen Dichtern mit besonderer Rücksicht auf Horaz, Virgil und Ovid. Leipzig 859. Teubner. gr. 8. (XX, 587 S.) n. 3 rℓ 10 ngr.

— Otto v. Wittelsbach. Trauerspiel in 5 Acten. Berlin 860. Bach. 8. (126 S.) n. 20 ngr.

— Otto v. Wittelsbach. Trauerspiel in 5 Acten. (Den Bühnen gegenüber Mscr.) br. 8. (126 S.) Berlin 861, Bach. *

— Ruth, Tobias, Sulamith. Drei Biblische Gesänge. Berlin 857. A. Duncker. 16. (2 Bl., 124 S.) 15 ngr.

— Ruth — Tobias — Sulamith. Drei biblische Gesänge. 2. Aufl. Berlin 859. A. Duncker. 16. (2 Bl., 124 S.) 15 ngr.

— Sagen und Geschichten des deutschen Volkes, s. Sagen und Geschichten.

— Sagen u. Geschichten des deutschen Volkes aus dem Munde seiner Dichter. Mit vielen hier zum ersten Mal gedruckten Stücken. Für Schule und Haus. Berlin 854. G. Reimer. 16. (XVI, 484 S.) 1 rℓ 10 ngr.

— Sang u. Schwank, s. Bibliothek humorist. Dichtungen.

— lyrisches Schatzkästlein d. Deutschen, s. Schatzkästlein.

Gruppe, O. F., Carl Friedr. Schinkel und der neue Berliner Dom. Nebst Schinkels Bildniß und 1 Grundriß. gr. 8. Berlin 843, C. G. Lüderitz. 1⅛ rℓ

— die kosmischen Systeme der Griechen. gr. 8. (XIII und 219 S.) Berlin 851, G. Reimer.

— über d. Theogonie d. Hesiod, ihr Verderbniß u. ihre ursprüngl. Gestalt. gr. 8. (19 B.) Berlin 841, Eichler.

— Theudelinde, Königin d. Longobarden, s. oben dess. „Alboin etc."

— Theudelinde, Königin der Lombarden. (Gedicht.) 8. (207 S.) Berlin 849, Decker. 1 rℓ In Engl. Einb. m. Goldschn. n. 1 rℓ 12 ngr.

— deutsche Uebersetzerkunst. Mit besonderer Rücksicht auf die Nachbildung antiker Maaße, nebst einer historisch begründeten Lehre von deutscher Silbenmessung. Ein Supplement zu jeder deutschen Literaturgeschichte. Hannover 859. C. Rümpler. gr. 8. (X, 376 S.) n. 2 rℓ

— deutsche Uebersetzerkunst. Mit besond. Rücksicht auf die Nachbildung antiker Maaße, nebst einer historisch-begründeten Lehre von deutscher Silbenmessung. Ein Supplement zu jeder deutschen Literaturgeschichte. Neue verm. Ausg. Hannover 866. Rümpler. gr. 8. (XII, 394 S.) 1 rℓ 15 ngr.

— Wendepunkt d. Philosophie im 19. Jahrhundert. gr. 8. (30½ B.) Berlin 834, Reimer.

(—) die Winde etc., s. Winde etc.

Die Gruppen der Gewerbebetriebe, deren Personal etc. in den einzelnen Kreisen und Städten von mindestens 20 000 Einwohnern des preussischen Staates. Nach der Aufnahme vom 1. December 1875. Berlin. 1877. Siehe in: Zeitschrift des Königlich Preussischen Statistischen Bureaus. Jg. 17. 4⁰.

Gruppen, histor. romant., v. Saul Ascher. 2 Bd. 8. Berl. Braunes. 809.

Gruppen des Lebens. Mit Arabesken von E. Lambral, erklärt v. J. C. Wargentin. gr. 4. Stuttg. 826. v. Cotta. 1 rℓ 8 gℓ Golddruck 2 rℓ

— theoret., von deutschen Schauspielern. 4 Hefte. 8. Gotha 778 —79. Ettinger. 1 rℓ 8 gℓ

Gruppen, die zehn, der Social-Demokratie. III. Kapitel des Werkes: Die Ursachen der Entstehung u. fortwähr. Weiterentwickelung der Social-Demokratie 2c. Von einem prakt. Bürger. gr. 8. (56 S.) Berlin 880. F. Luckhardt. n. 1. —

Gruppenbild des internationalen Meteorologen-Kongresses zu München. (14996)

Gruppen-Führer, der. Mit 1 lith. Taf. (qu. 8.). 2. verm Aufl. gr. 16. (24 S.) Schaffhausen 874. Brodtmann n. — 40

Gruppen-Führer, der. Zum Gebrauche der schweiz. Unteroffiziere der Infanterie. 4. Aufl. 12. cart. Zürich, Orell Füssli & Co. 1875 —. 50

Gruppen-Katalog der Bezirks-Lehrer-Bibliothek St. Veit. St. Veit a. d. Gl., Schlick, 1893. 63 S. — 1907. 76 S.

Gruppen- und Verbands-Versicherung der Perleberger Viehversicherungs-Gesellschaft. Perleberg 1896.

Gruppen- und Stichwort-Verzeichnis des Sozialen Archivs. Verzeichnis der vom Sozialen Museum gehaltenen Zeitungen. 2. Ausg. Frankfurt a. M., [ca. 1906.] 33 S.

Gruppirungen interessanter Bilder für die Jugend. Ein Bilderbuch mit 12 fein col. Blättern. gr. 4. Nürnberg 843, Renner u. Comp. geb. 5/6 ß

Gruscha, katholische Glaubenslehre, s. Glaubenslehre.

—— katholische Religionslehre, s. Religionslehre.

Gruscha, Anton —. Katholischer Firmungsunterricht. Von — —. 2. Auflage. 8. (24 S.) Wien. Druck von Anton Schweiger. Im Verlage bei Mayer und Komp. 1854.

Gruscha, Dr. Anton (Josef), Hirtenbrief. 4. (7 S.) —.2, 100 Exempl. 1.—, 1000 Exempl. 6.50 Wien: Austria 1890.

Gruscha, Dr. Anton —. Predigt am Feste des heiligen Leopold, Markgrafen und Landespatrons von Oesterreich, gehalten in der Stadtpfarr- und Stiftskirche des regulirten lateranensischen Chorherrenstiftes des h. Augustin zu Klosterneuburg am 15. November 1854. Von — —. 8. (16 S.) Wien. Gedruckt bei Ant. Schweiger. In Kommission bei Mayer und Komp. 1854.

Gruscha, Ant. Predigt zur jährlichen Patronatsfeier des Kranken-Institutes für Handlungskommis in Wien, gehalten in der Hauskapelle zum h. Joseph am Pfingstmontage den 16. Mai 1853 von —. Der Ertrag dieser Predigt ist dem Kranken-Institute für Handlungskommis in der Alsergasse Nr. 280 gewidmet. 8. (24 S.) Wien, Mechitarist. Buchdruck. 1853.

GRUSCHA, Anton: De symbolo Nicaeno-Constantinopolitano. — (1849) 34 S. 4° (Handschr.) Diss. 82
Diss. Wien, Univ.

Grusche, Walther, approb. Arzt aus Zschopau: Die Hämophilie oder die Bluterkrankheit. *Halle a. S. 1901: C. A. Kaemmerer & Co.* (70 S.) 8°
Halle, Med. Diss. v. 23. März 1901

Gruschke, Georg: Die Brechung und Dispersion des Lichtes in einigen Gasen. Breslau 1910: Grass, Barth & Co. 27 S. 8° ¶ (Aus: Jahresbericht d. Schles. Gesellsch. f. vaterl. Kultur. 88. Abt. 2.)
Breslau, Phil. Diss. v. 24. Sept. 1910, Ref. Lummer, Pringsheim
[Geb. 15. Jan. 87 Breslau; Wohnort: Breslau; Staatsangeh.: Preußen; Vorbildung: Elisabeth-Gymn. Breslau Reife O. 05; Studium: Breslau 2, München 1, Breslau 8 S.; Rig. 30. Juli 10.] [U 11. 715

Gruschwitz, Walter, aus Dresden: Ueber die Darstellung äthylierter Aniline durch Einwirkung von Aether und Aluminiumchlorid auf Anilin. *Heidelberg 1901: Hörning & Berkenbusch.* (42 S.) 8°
Heidelberg, Naturw.-math. Diss. v. 1901

Grusemann, Eduard Heinrich (Marburg), De perpetua Hassiae superioris colonia. Tract. jur. Marburg (Phil. Cas. Müller) 1735. 38 S. u. 6 S. Anh. ein. kurtzen Teutschen Auszugs vom Hessischen Landsiedel-Recht. (5.50) 12090

— Jo. Christoph (Hessenstein/Hessen), De censu reservativo. Germanis: Von bedungenen Erb zinsen, deren Erhaltung und Verlust, auch andern dabey vorkommenden rechtl. Fällen. Diss. jur. Präs. Hermann Zoll. Rinteln Dez. 1705. Jena (J. B. Heller) 1754. (6.—) 12091

Grusemann, Mich., Friedrich Norbert. Ein humoristisch-sat. Roman a. d. Badeleben. 2. Aufl. (302 S.) 8. Berlin (910). Verlag Neues Leben W. Borngraeber. 3.—; geb. 4. —

Friedrich Norbert. Ein humoristisch-satir. Roman aus d. Badeleben. Von Michael Grusemann. 4. Aufl. Berlin: Borngräber [1910]. 301 S. 8° [10. 10431

Grusenberg, S. O.: Die Bedürfnisse der jüdischen Bevölkerung Russlands. Denkschrift, gerichtet an d. Repräsentanten-Conferenz d. Jewish Colonization Association in Paris, im Paris, im Okt. 1896.
Berlin: A. Katz 1898. (36 S.) 8°

Geschichte des ukrainischen (ruthenischen) Volkes von Michael Hruševškyj, Prof. in Lemberg [Michail Gruševskij: Istorija Ukraini-Rusi]. Autoris. Übers. aus d. 2. ukrain. Ausg. (Übers.: Felicia Nossig u. Ivan Franko.) Bd 1. Leipzig: B. G. Teubner in Komm. 1906. 8° [08. 1173

Grusewski, Carl, prakt. Arzt aus Bromberg: Aus d. II. medicin. Klinik zu Berlin. Über Accessoriuskrampf. *Berlin (1899): G. Schade.* (31 S.) 8°
Berlin, Med. Diss. v. 23. Juni 1899

Grusin-Jacobi, ..., d. Religion im 19ten Jahrhundert, oder was hat sie heute zu hoffen u. zu fürchten? 8. Bresl. 809. Graß, B. u. Comp. 10 gr.

Grüsing, Johanna, maximes, sentences, proverbes etc., recueillis pour ses écolières. 32. (63 S.) Nürnberg 882. Korn. n. — 25

Grüsner, Johann Adam

Grüsner, J. A., Diplomatische Beiträge. Namen-Register der erloschenen Geschlechter von Rolanden und Limpurg an der Lahn. 2 Stücke. Mit Tfln. u. Abbildgn. Frankfurt 1755. 8.

Grüsner, Jh. Adm., († im Juni 1784.) diplomat. Beiträge. 4 Stücke. 8. Frankf. 775—77. Andreä. 2 ß

— Geschichte d. Herren v. Heinzenberg. gr. 4. Münch. 776. (Franz). 12 gr

Gruson, Hermann

Gruson, H. Ergebnisse der auf dem Grusonschen Schießplatze in Buckau bei Magdeburg stattgefundenen Schießversuche mit der schweren 28 cm Ringkanone. Mit Abb. Buckau 1875. 4 Bl. 2°

Gruson, Physikalisch-Astronomisches. Neue, gemeinverständl. Abhandlg. über Zodiakallicht, Sonne und Kometen nach langjähr. Beobachtungen. gr. 8. (32 S. m. 6 Chromolith.) Magdeburg 890. Rathke. geb. n. 2. —

Gruson, Herm., im Reiche d. Lichtes. Sonnen, Zodiakallichte, Kometen, Dämmerungslicht-Pyramiden nach den ältesten ägypt. Quellen. Mit 28 Fig. u. 9 Taf., z. Tl. in buntfarb. Ausführg. gr. 8. (XII, 207 S.) Braunschweig 893. G. Westermann. n. 8. —; geb. n.n. 9. —

Gruson, Herm., im Reiche d. Lichtes. Sonnen, Zodiakallichte, Kometen. Dämmerungslicht-Pyramiden n. d. ältesten ägypt. Quellen. 2., gänzl. umgearb. Aufl. gr. 8. (XII, 263 S. m. 57 Fig. u. 8 z. Tl. farb. Taf.) Braunschweig 895. G. Westermann. n. 8. —; geb. n.n. 9. —

Schießversuch vom 22. X. 1885. 5 Photogr. ... 1885. 2°

Gruson, Hermann: Schiessversuch gegen die Seitenplatte eines Gruson'schen Panzerthurmes, auf dem Schiessplatz bei Spezia am 22. Juni 1886.

Gruson, Hermann: Schiessversuche des Grusonwerk. 1-15. Magdeb.-Buckau 1889-93.

Gruson, H. ... Schnellfeuerkanonen u. deren Laffeten, Munition und ... Magdeburg 1888–90. 2 Thle.

Gruson (Grüson), Johann Philipp

Grüson, oder Gruson, Jh. Ph., d. Algebra nach Erzeugung d. Begriffe, in systemat. geordneten Fragen u. Aufgaben nebst ihrer vollständ. Beantwortung. 8. Berl. 820. Schlesinger. 2 ß 20 gr

Die Algebra nach Erzeugung der Begriffe in systematisch geordneten Fragen und Aufgaben nebst ihrer vollstandigen Beantwortung. Zum Selbstunterricht... Bearb. von J[ohann] Ph[ilipp] Gruson[Grüson]. Berlin: Schlesinger 1821. VIII, 615 S. 8°

— Anleit. zur Arithmetik. gr. 8. Halle 799.

— vollständ. Anleit. zur niedern u. höhern angewandten Mathematik. 2 Thle, mit 16 Kpft. gr. 8. Berl. 799, 800. Lagarde. (Köchly). 4 ß 12 gr

— vollständige Anleitung zur niedern, höhern und angewandten Mathematik. 1r Thl. Arithmetik. gr. 8. Berlin 799. (Fr. Fleischer in Leipzig.) $1^1/_2$ ß — 2r Thl. Longimetrie, Planimetrie, Stereometrie, ebene u. sphärische Trigonometrie rc. Nebst 16 Kpfrtaf. gr. 8. Ebd. 800. (Ebd.) 3 ß

— Anwendung d. Analysis auf e. ökonom. Aufgabe von d. Verhältnisse d. Aecker, Wiesen u. d. Viehzucht gegen einander. 4. Stendal 789.

— d. Arithmetik nach Erzeugung d. Begriffe, in systemat. geordn. Aufgaben, nebst ihrer vollständ. Beantwortung. 8. Berl. 818. Schlesinger. 2 ß 12 gr

— Auflösungen algebraischer Aufgaben. Anhang, s. Nübel, E.

Grüson oder Gruson, Jh., Ph., Auflösungen der in M. Hirsch's Sammlung von Beispielen rc. (4e Ausg.) enthaltenen Gleichungen u. Aufgaben. Zum Selbstunterricht bestimmt. gr. 8. Berlin 834. Enslinsche Buchh. (F. Müller.) $1^2/_3$ ß

— Beiträge zur Feldertheilung. 4. Berl. 795.

Beschreibung und Gebrauch einer neu erfundenen Rechenmaschine, von Johann Philipp Gruson[Grüson]. Magdeburg 1791: Pansa. 16 S. 8°

— Beschreibung u. Gebrauch einer neu erfund. Rechenmaschine, nebst Zusätzen von Kästner u. Klewitz. Mit Kpf. 8. Halle 792. Hendel. 6 gr

Gruson, Johann Philipp, s. Centnerschwer: Multiplicat.- etc. Tafeln.

— großes Einmaleins, von Eins bis Hunderttausend. 18 Hft., von 1 bis 10,000. gr. Fol. Berlin 799. (Fr. Fleischer in Leipzig.) $1^1/_3$ ß

— großes Einmaleins von 1 bis 100,000. 1s Heft. Fol. Berl. 799. (Köchly). 1 ß 8 gr; Dass. franzöſ. 1 ß 8 gr

— großes Einmaleins v. 1—100000. 1r Hft. Fol. Berl. Lagarde. 799.

— Erklärung d. Entstehung u. d. Geistes seiner Rechenmaschine rc. 8. Berl. 795.

— s. Euler, L.: Algebra.

— Geodäsie, oder vollständ. Anleit. zur geometrischen u. ökonom. Feldertheilung. Mit 34 Kpft., worauf 265 Figuren. gr. 8. Berl. 811. Rücker.

— d. Geometrie nach Erzeugung d. Begriffe in systemat. geordn. Fragen u. Aufgaben, nebst ihrer vollständ. Beantwortung rc. Mit 7 Kpft. 8. Berl. 820. Schlesinger. 3 ß 18 gr

Grüson, od. Gruson, Jh. Ph., Grundriß d. reinen u. angewandten Mathematik, 2 Thle. gr. 8. Halle 799, 800. Waisenh.-B. 1 ß 10 gr

— kleines Hand- u. Hülfsbuch zur Ersparung d. Ausrechnens bei d. Ein- u. Verkauf gewöhnl. Bedürfnisse in den neuen, in den preuß. Staaten in Umlauf zu setzenden Münzsorten. 8. Berl. 812. (Halle, Waisenh.-B.) 10 gr

— d. Kegelschnitte, elementar., geometr., algebraisch zum Behuf d. Vorlesungen abgehandelt. Mit 4 Kpft. 8. Berl. 820. Duncker u. H. 1 ß 8 gr

— s. Lacroix: Lehrbegriff u. dessen Algebra.

— s. Lagrange: Theorie d. analyt. Funktionen.

– s. Lederer, A. L.: Prakt. Anleitung zur Berechnung von Wechseln.

— systemat. Leitfaden d. Arithmetik, Epipedometrie, Stereometrie, ebenen Trigonometrie u. Feldmeßkunst, für Schulen. 8. Berl. 810. Hitzig. (Dümmler). 14 ℊ

— systemat. Leitfaden d. reinen Mathematik, enthalt.: d. Arithmetik, ebene Geometrie, Stereometrie, Buchstabenrechnung, Algebra, analytische Geometrie rc. 8. Berl. 822. Schlesinger. 1 ℛ 8 ℊ

— Leitfaden d. ersten arithmet. Unterrichts. 8. Berl. 797. Belitz. 4 ℊ 2s stark verm. Aufl. 8. Ebd. 819. Stuhr. 16 ℊ

– s. Leslie, J.: Analysis.

— grand livret depuis un jusqu'à cent mille. I. Cah. gr. fol. Berlin, Lagarde. 796.

– s. Mascheroni: Gebrauch d. Zirkel.

— Pinakothek, oder Sammlung allgemeiner, nützl. Tafeln. gr. 8. Berlin 798. (Fr. Fleischer in Leipzig.) 2½ ℛ

— Pinakothek, od. Samml. nützl. Tafeln zum Multipliciren u. Dividiren. Erfunden im J. 1788. gr. 8. Berl. 798. Lagarde. (Köchly). 2 ℛ 12 ℊ Dass. französ. Ebd. 798. 2 ℛ 12 ℊ

– s. Rechenmaschine.

— Samml. arithmet. Aufgaben. 2 Bde. gr. 8. Halle 792—95. Hendel. (1r 12 ℊ 2r 16 ℊ) 1 ℛ 4 ℊ

— Samml. aufgelöster algebraischer Aufgaben u. Einleit. in d. Buchstabenrechnung u. Algebra. 2 Thle. 8. Halle 793, 95. N. A. 805. Hendel. 1 ℛ 22 ℊ N. A. 812. 1 ℛ 12 ℊ

Grüson, Sammlung algebraischer Aufgaben. Thl. 2, enthaltend Aufgaben vom ersten Grade mit 2 unbekannten Grössen. Halle 1794. 8.

– s. Saunderson: Algebra.

– s. Schulze, J. K.: Dreieckmeßtst.

Gruson, J. Ph. Simplification et extension de la géometrie d'Euclide. 18 S. . . . .

Progr. Berlin C.F. 1829

— Supplement zu Eulers Differentialrechnung, s. L. Euler.

— bequeme logarithmische, trigonometr. u. andere nützl. Tafeln, zum Gebrauch auf Schulen u. f. diejenigen, die sich d. Kriegs- u. bürgerl. Baukunst widmen. gr. 8. Berl. 818. 3e A. 832. Stuhr. 12 ℊ

— enthüllte Zaubereien, oder Geheimnisse d. Arithmetik. 2 Thle. gr. 8. Berl. 796—800. Belitz. 3 ℛ 4 ℊ

Gruson, L., Blicke in das Universum, mit specieller Beziehung auf unsere Erde. Mit 42 Holzschn. (im Text) u. 3 lith. Taf. Magdeburg 854. Baensch. (Leipzig, Graebner.) 8. (VIII, 352 S.) 1 ℛ 10 ngr

Gruson, P., das Bild der Großtante, — falsches Vorurtheil, } s.: Meinhold's illustrirte Groschen-Bibliothek.

Grüson, (J. D.,) Fortsetz. d. Vorlegeblätter rc., s. Mücke.

Grusonwerk: Bandsägen zum Schneiden von Stahl usw. auf kaltem Wege. Magdeburg-Buckau 1892

Grusonwerk Magdeburg-Buckau: Zur gefälligen Beachtung bei Anfragen und Einrichtungen zur Aufbereitung von Erzen. Magdeburg 1892

Grusonwerk Magdeburg-Buckau. Cosinus-Regulatoren, patentirt in Deutschland etc. Magdeburg 1889

Grusonwerk Magdeburg-Buckau. Cosinus-Regulatoren, prämirt in Philadelphia 1876 etc. Magdeburg 1891

Grusonwerk Magdeburg-Buckau: Einrichtungen zur Feinkorn- und Schlammaufbereitung der Erze nach dem Verfahren des Oberbergraths Bilharz. Magdeburg 1892

Grusonwerk: Excelsior-Mühle System Schmeja. (Zerkleinerungsmaschine) Magdeburg 1890

Grusonwerk: Fabrikations-Specialitäten. Magdeburg 1891

Grusonwerk: Gasmotoren (Patent Sombart) in stehender und liegender Anordnung. Magdeburg-Buckau 1892

Grusonwerk Magdeburg-Buckau. 21 Abb. Magdeburg o. J. 2°
— — Dass. 1886. 38 Abb. 2°
— — Dass. 1890. Montage-Ansichten. 39 Abb. 2°

Grusonwerk: Hartguß-Brechbacken. Magdeburg 1889. 1892

Grusonwerk: Hartguß-Herzstücke usw. für Haupt-, Neben- und Industriebahnen. Magdeburg-Buckau 1891

Grusonwerk Magdeburg-Buckau. Hartguß-Herzstücke, Kreuzungsstücke und Durchschneidungen für Hauptbahnen, Hartguß-Abzweigungen schmalspuriger Geleise von normalen, Hartguß-Weichen, Herzstücke und Kreuzungsstücke für Neben- und Industriebahnen. Magdeburg 1892

Grusonwerk: Hartguß-Räder usw. Magdeburg 1891

Grusonwerk: Hartguß-Walzen. Magdeburg 1887

Grusonwerk Magdeburg-Buckau. Hebe-Vorrichtungen für Hand-, Dampf- und hydraulischen Betrieb. Krahne für Werkstätten usw., hydraulische Hebezeuge, Vorrichtungen zum Kippen von Eisenbahnwagen usw. Magdeburg 1892

Grusonwerk Magdeburg-Buckau: Installations pour la préparation des minerais à l'état de grains fins et de schlamms d'après le procédé de Bilharz. Magdeburg 1892

Grusonwerk: Hydraulische Kabelpresse (Patent Huber) usw. Magdeburg-Buckau 1892

Grusonwerk: Kaffee-Schäl- und Polirmaschine (Patent Anderson). Magdeburg-Buckau 1892

Grusonwerk: Kugelmühle mit stetiger Ein- und Austragung zum Mahlen von Thomasschlacken und anderen Phosphaten, Cement, Chamotte, Ziegelbrocken, Gyps, Thon usw. Magdeburg-Buckau 1893

Grusonwerk: Machinery and appliances for the reduction and amalgamation of gold ores etc. Magdeburg 1894

Grusonwerk: Maschinen und Apparate zur Zerkleinerung und Amalgamation von Golderzen usw. Magdeburg 1891. 1892

Grusonwerk: Minimalscharten-Gruben-Lafette C 84.90, für die 30,5 cm Kanone. L. 40, M. 89. Magdeburg-Buckau 1890

Grusonwerk: Ludwig's Plan-Roststab zur Verbrennung von Steinkohle usw. Magdeburg-Buckau 1890

Grusonwerk: Preis-Verzeichnis der hauptsächlichsten Hartguß-Artikel. Magdeburg-Buckau 1892

Grusonwerk: Schraubenschlüssel. Signal- und Perron-Glocken. Magdeburg-Buckau 1892

Grusonwerk: Selbstthätige Theil- und Mischmaschine nach Dr. Jochum's System. Magdeburg 1892

Grusonwerk, Magdeburg-Buckau: Das Siemens'sche Verfahren der Kupfer-Gewinnung direct aus den Erzen. Magdeburg (1891)

Grusonwerk: Zeichentische. Magdeburg-Buckau 1893

Grusonwerk: Zerkleinerungs-Maschinen und dazu gehörige Apparate zum Zerkleinern und Mahlen von Erzen usw. Magdeburg 1891. 1892

Grusonwerk: Zusammenstellung der Schieß-Ergebnisse vom 22.—27. September 1890. Magdeburg-Buckau 1890

Gruß [Sachl. Ordnungswort]

Gruss! [Vereinsloge in der Loge Hercynia zum flammenden Stern in Goslar, den 17. Aug. 1853. Goslar 1853.] 1 Bl. 8⁰ [Kopftit.]
Lied ohne Noten: „Willkommen hier, . . .“ 65.

Gruss, ein. In Rosenform ausgestanzt. (3 Bl. m. farb. Illustr.) München 889. Stroefer. n. — 40

Zum Gruss : 1890-?   Dayton, OH
Religious monthly.

Karl Friedrich, Grossherzog von Sachsen-Weimar-Eisenach: **Gruss** der Loge Amalia [in Weimar] an des Erb-Prinzens Carl Friedrich von Sachsen-Weimar und Eisenach Durchlaucht; zur Feyer des 2ten Febr. 1783. [Weimar 1783.] 4 Bl. 4⁰ [Umschlagtit.]
Lied mit Chor ohne Noten: „Sey willkommen Neugebohrner!“ — Üb. Karl Friedrich s. Allgem. Deutsche Biographie Bd 15 1882 S. 355—358 (Wuliker). 281.

Gruß, der apostolische: „Gnade sei euch u. Friede“. Hirtenschreiben Sr. Gnaden des hochwürdigsten Hrn. Ferdinandus (Ruegg), Bischof v. St. Gallen, beim Antritt seines bischöfl. Amtes. (15 S.) 8. St. Gallen 906. (A. & J. Köppel.) n. — 20

Gruss an Basel von den Zürichern bei ihrem Einzuge am Musikfeste 1840. [Zürich 1840.] V: *Keller, Gottfr.* (Zuwachsverz. d. Bibl. Zürich 1898 ff. 7.)

Gruss, Des Bruders. [Zürich 1825.] V: *Hottinger, Joh. Jac.* (Cat. d. Stadtbibl. Zürich. Zürich 1864—97.)

Gruss der Brüder. Den verehrten und geliebten Schwestern zum ersten kleinen Johannisfest zu Ludwigsburg gewidmet. [Ludwigsburg]: 1841. 2 Bl. 8⁰ [Umschlagtit.]
Tt. 2474. Gedicht: „Es strahlet von oben ein herrlicher Stern . . .“ 430.

Krah, Aug. Friedr.: Der Brüder **Gruss** an Krah zur Doppelfeier am 10. Sept. 1842 in den vereinigten Logen zum Todtenkopf und Phönix [in Königsberg]. Königsberg [1842]: Dalkowski. 2 Bl. 8⁰ [Umschlagtit.]
Lied ohne Noten: „Einer neuen Halle Pforte sprangen . . .“ 258.

Gruss an die Br. Br. der [Loge zur] biedern Vereinigung, dargebracht von den Br. Br. der 3 Rosen im Walde [in Sorau] am 5. Oct. 1861. [Sorau 1861: Rauert.] 2 Bl. 8⁰ [Umschlagtit.]
Lied ohne Noten. 358a.

Gruss der Brüder dem neuen Tempel-Bau am 29sten Oct. 1845. o. O. [1845.] 2 Bl. 8⁰ [Umschlagtit.]
Lied ohne Noten: „Ein halb Jahrhundert ist es bald, . . .“ 198.

Brüderlicher **Gruss** dargebracht den beiden S. Ehrw. Schwester-Logen Friedrich zum Weissen Pferde und Zum Schwarzen Bär am St. Johannisfeste 1849. [Hannover 1849]: Culemann. 1 Bl. 8⁰ [Kopftit.]
Lied ohne Noten: „Einer Bundeskette Glieder . . .“

Minerva-Rhenana: **Gruss** den Damen: o. O. u. J. 1 Bl. 8⁰. [Kopftit.]
Lied ohne Noten: „Rheinesstrom und Moselland . . .“ 358a.

Gruss aus Dillenburg. qu. 8. (20 S. Abbildgn.) Dillenburg (902). Gebr. Richter. Geb. in Leinw. n. 1. 50

Gruss. Eidgenössischer G' aus Basel auf die erste Tagsatzung des Jahrs 1833. 8. Basel 1833.

Gruss vom Elbstrand. 25 Lichtdrucke nach Originalen Dresdener Künstler. Hrsg. zum Besten des sächs. Künstler-Unterstützungs-Vereins von der Dresdener Kunstgenossenschaft. Dresden 884, Gutbier.

Gruss an das E m m e n t h a l und die Bundesstadt. 1858. (Betreffend die Eisenbahn Bern-Thun.)

Der ENGLISCHE Gruss! Frommes Andenken von der Wallfahrt. Pressburg 1858: Druck v. Alois Schreiber. 4 S. - 12⁰

Gruß, e., v. Feenland. gr. 4. (20 S. m. Abb. u. 8 farb. Ziehbildern.) Nürnberg 896. Th. Stroefer. Kart. 4.50

Gruss aus der Ferne. O. O. [1818]. V: *Goethe, Johann Wolfgang v.* (MB)

[**Gruss** aus der Ferne am 31. Jan. 1838.] Karl Heinr. Brümmer. [Leipzig 1862: Bär & Hermann.] 2 Bl. 8⁰ [Kopftit.]
Aus: Bh. 5 (1862) S. 326.
Gedicht zum Stiftungsfest der Loge Archimedes, Altenburg. Mitget. von K. Back. 358.

— aus Frankfurt a/M. Ausgestanztes Blatt. gr. 16. (5 Blatt Ansichten.) Würzburg 892. (L. Woerl.) 1.—

Gruß, ein, für jede denkende deutsche Frau. Braunschweig 865. Bruhn. 16. (12 S.) n. 10 ngr.

Gruss an die Fraumünstergemeinde bei der Einsetzung des Hrn. Pfr. A. Ritter Zürich [1898]. V: *Hirzel, Frdr.* (Zuwachsverz. d. Bibliotheken in Zürich 1898 ff.)

Gruss an die Freunde. Am Abend des 1sten Dec. 1812. Erlangen: [1812].
Gedicht.
[Will, F.: Gesch. d. L. Libanon z. d. 3 Cedern, Erlangen. 1907 S. 290.]

Gruss an die Gefeierten. Bei der Tafelloge am 12. Nov. 1846. [Altenburg 1846.] 1 Bl. 8⁰ [Kopftit.]
Lied ohne Noten: „Seht! Chronos dreht die Sanduhr um . . .“ 193.

Gruss, Glück-wünschender. an Ihro königliche Hoheit den . . . Fürsten Friederich Erb-Printzen von Hessen . . . 1719. Gothenburg. V: *Kruse, Wilhelm.* (Bygdén, Svenskt anon. och pseud. lex. Upsala 1898 ff. I.)

Gruß aus der Heimat
(1) und Echo aus der Ferne (4) Schweizer Chronik (v. sub 15) (5) 1877—1891 (v. sub 15) (6) 2° (7) Wochenblatt (8) Bern: Jent & Reinert; Thun: Nikl. Dürrenmatt-Egger (ab 27. 9. 1890) (12) fördert die Interessen der ausgewanderten Schweizer (13) BGSZ: 973 (15) Die von Jent & Reinert gedruckte Zeitschrift wurde am 27. 9. 1890 von N. Dürrenmatt-Egger erworben. Sie diente ähnlichen Zwecken wie die «Schweizer Chronik», die ebenfalls von Dürrenmatt herausgegeben wurde. Lt. «Schweizer Chronik» Nr. 38, 20. 9. 1890 will der «Gruß aus der Heimat» der «Wechselbeziehung zwischen den Schweizern in der Fremde und der alten Heimat» dienen. Beide Blätter existieren eine Zeitlang nebeneinander, fusionieren aber schließlich am 21. 11. 1891 (lt. BGSZ 12, p. 157: im September 1890).

Gruß aus der Heimath und Echo aus der Fremde. Chef-Redact.: Aug. v. Arx. 4.—8. Jahrg. 1880—1884. à Jahrg. 52 Nrn. (à Nr. 2 Bog.) Fol. Bern, Jent und Reinert. à Jahrg. *

Gruß aus der Heimath und Echo aus der Ferne. 9.—12. Jahrg. 1885—1888. à Jahrg. 52 Nrn. (à Nr. 2 Bog.) Fol. Bern, Jent und Reinert. à Jahrg. *

— aus der Heimath und Echo aus der Ferne. 10.—13. Jahrg. 1886—1889. à Jahrg. 52 Nrn. (à Nr. 2 B.) Fol. Bern, Jent & Reinert. à Jahrg. n. 10. —

Gruß aus der Heimat für Schweizer in fernen Landen
(1) Schweizerisches Volksblatt (5) 1877—1879 (?) (6) 2° (8) Aarau (13) BGSZ: 12, p. 151.

Gruss aus der Heimath für die Schweizer in fernen Landen. Red.: Aug. v. Arx in Olten. Erscheint alle Montage, 8 S. in Fol. Aarau, Albrecht. per Jahr für die Schweiz 1878

Gruss aus der Heimath für die Schweizer in fernen Landen. Red.: Aug. v. Arx in Olten. Erscheint alle Montage, 8 S. in-fol. Aarau, Albrecht. 1879. Per Jahr für die Schweiz 10 —

Gruss aus der Heimath für die Schweizer in fernen Landen. Red.: Aug. v. Arx in Olten. 1880. Erscheint alle Montage. In-folio, 8 S. Aarau, Albrecht. Per Jahr für die Schweiz 7 20

Protestant.-kirchlicher Hülfsverein von Schaffhausen. Gruss an das evangelische Schaffhauservolk. Zum Reformationssonntag.... *je* 8 S. 8. (Schaffhausen, Joh. Bachmann.)
... den 3. November 1901. (58. Rechnung über das Jahr 1900.)
... den 2. November 1902. (59. Rechnung über das Jahr 1901.)

Gruss zum neuen Jahr an unsere Brüder, die deutschen Proletarier. 8⁰. Deutschland bei Schlagdrauf und Hilfdirselbst, 1848.

Gruss an die Jubilare. Quartett für Männerstimmen. o. O. u. J. 1 Bl. 8⁰ [Kopftit.]
Ohne Noten: „Willkommen hier am stillen Ort . . .“ 430.

Wilhelm II., deutscher Kaiser: **Gruss** dem Kaiser. o. O. u. J. 1 Bl. 8⁰. [Kopftit.]
„Es tönt an erster Stelle' . ., 21.

Gruss zum ersten Kränzchen in Horus. Den siebenten October 1847. Breslau [1847]: Grass, Barth & Co. 2 Bl. 8⁰.
„So sind wir denn wieder zusammen . . .“ 358a.

Gruss. Letzter G' an Nahe und Ferne! ([Erinnerung an] Dr. Fritz Frey, 1860–1890.) 8. (Basel.)

Gruss der Liebe dem Br. Brandis an seinem 67. Geburtstage den 20. Dec. 1841 dargebracht von den Brüdern der Loge zum schwarzen Bär in Hannover. »Sei mit Blumenschmuck umwunden.« [Hannover 1841.] V: *Voigts, Friedrich.* (wolfstieg I, 724)

Gruss der Liebe und des Dankes an die ehrwürdige Mutter Albertina . . . [Königsberg? 1844.] V: *Berdau*, *Joseph Christoph* & *Andere*. (BrMm)

Gruss aus dem St. Galler Linthgebiet und der alten Grafschaft Uznach. Gedenkblätter zur Eröffnung der Rickenbahn. 1. Oktober 1910. Hrg. von K. Oberholzers Buchdruckerei Uznach. [Mit Illustrationen, 1 Tafel und 1 Karte.] II + 184 S. 8. 1910. [fr. 2.50]

Gruss der Loge dem durchlauchtigsten Protector. o. O. u. J. 1 Bl. 8⁰ [Kopftit.]
Lied ohne Noten: „Walte im Segen in der Brüder Kreise . . .“ 65.

Gruss an die vereinigten ger. und vollk. Logen zu Hamburg zur Säcularfeier der Einführung der Freimaurerei in Deutschland am 6. Dec. 1837 von der Loge zu den drei Kronen in Königsberg. Königsberg [1837]: Hartung. 2 Bl. 4⁰ [Umschlagtit.]
Gedicht: „Welch ein leuchtender Glanz spaltet die Wolken durch!“ 193.

Gruss aus Maria Ellend bei Fischamend. N.-Oe. [Wien 1908.] V: *Berghold*, *Joseph*. (EB)

Gruss dem Meister. o. O. u. J. 1 Bl. 8⁰ [Kopftit.]
Lied mit Chor. Ohne Noten: „Am Tage des Festes, theuer uns vor Allen, . . .“ 430.

Gruss dem Meister. o. O. u. J. 1 Bl. 8⁰ [Kopftit.]
Lied ohne Noten: „Am Festtag heut', mit Lust begrüsst von Allen, . . .“ 430.

— aus München, s.: Künstler-Grüsse.

Gruss an die Neuaufgenommenen. [Altenburg: ca 1830.] 1 Bl. 8⁰ [Kopftit.]
Gedicht: „Seyd willkommen, theure Brüder!“ 3.

Gruß. – Ein Gruß von der Nordsee, s.o., Gmelin, Karl Gottlieb.

Gruss, e., v. der Nordsee. (44 S. m. Abbildgn.) 8. Föhr (907). Post Wyk. Dr. Gmelin. (Nur direkt.) 1. —

— aus Polen. Novellen u. Skizzen, übers. v. Valeska Matuszewska. gr. 8. (VII, 160 S.) Leipzig 890. Rauert & Rocco. n. 2. —

Gruß vom Rhein. Eine Auswahl malerischer Landschafts- u. Stimmungsbilder von d. Ufern d. romant. Rheins. Köln a. Rh.: Hoursch & Bechstedt [1908]. (10 Bl.) quer-8° [08, 1909

Gruß vom Rigi
v. Der freie Schweizer (Sz II).

Gruss von der Insel Rügen. (*Bergen & Sassnitz: F. Becker 1898?*) (5 Bl. in Eichenblattform.) 8° [Umschlagt.] [illegible]

Gruss an den Sängerverein vom Zürichsee . . . 1829. O. O. [1829.] V: *Bär*, *Joh.* (Zuwachsverz. d. Bibl. Zürich 1898 ff.)

Gruss an die Bremer Schützen am eidgenössischen Schützenfest zu Zürich 1859. [Zürich 1859.] V: *Keller*, *Gfr.* (Cat. d. Stadtbibl. Zürich. Zürich 1864—97.)

— der Schwaben letzter, an Kaiser Wilhelm. kl. 8. (47 S.) Stuttgart 888. Greiner & Pfeiffer. n. — 60

Gruß, ein, aus d. Schwarzwald! Hrsg. v. d. Verein z. Erhaltg. d. Volkstrachten im Gutach- u. Kinzigthal (Wolfach) im Bad. Schwarzwald). qu. 4. (10 Bl. in Lichtdr. m. 14 Bl. illustr. Text.) Karlsruhe 896. (J. Velten.) Geb. in Leinw. n. 5. —

Gruss, Ein, aus der Schweiz. O. O. 1901. V: *Curti*, *Theod.* (Zuwachsverz. d. Bibliotheken in Zürich 1898 ff.)

Gruss an die Schwestern! o. O. u. J. 2 Bl. 8⁰. [Kopftit.] [Lith.]
Mit Noten: „Lasst uns hoch den Hammer schwingen“. . . 21.

Gruss an die verehrten Schwestern! Zur Feier des Johannis-Festes am 24. Juni 1845. [Hamburg: 1845.] 2 Bl. 8⁰ [Umschlagtit.]
Lied ohne Noten: „Nicht so stumm, ihr Brüder sitzt im Kreise, . . .“ 193.

Gruss zum Schwesternfeste. »Eilt herbei, ihr Brüder all . . .« Von G. A. Düsseldorf 1886. V: *Andriessen*, *Gustav*. (wolfstieg II, 835)

Gruss, Thules, an Friedrich Freyherrn von la Motte Fouqué. Copenh. 1826. V: *Magnusen*, *Finn.* (Bruun, Bibl. Danica. II, 510.)

Gruss an den Verein Deutscher Naturforscher und Aerzte zu Oswitz. Breslau [1833]. V: *Kahlert*, *August*. (Kat. d. Druckschr. üb. Breslau. Breslau 1903. S. 405.)

Gruss, e., an das deutsche Volk. Zur Erinnerg. an den Sieg der Treue zwischen Kaiser Wilhelm II. u. Fürst Bismarck 1893. Von e. deutschen Mädchen. 8. (20 S.) Dresden 893. C. Weiske. n. — 40

Zum Gruß an Waldeck von C. S. Verlag der Stuhrschen Buchhandlung. 1 Bl. Fol.
Flugblatt. Berlin, 1848/49.

— aus der Zelt-Mission! Nr. 1—3. gr. 8. Gotha, Missionsbuchh. P. Ott. à n. — 15
1. Warum starb Christus? Hebr. 9, 28. 2. Kor. 5, 15. Joh. 11, 51—52. Röm. 14, 9. Eine Evangelisationsrede, geh. im Zelt der deutschen Zelt-Mission am Sonntag, den 1. IX. 1902 in Velbert. Von Jak. Vetter. (13 S.) (903.)
2 Evangelium f. den verlorensten Sünder. Eine Evangelisationsrede, geh. im Zelt der deutschen Zelt-Mission am Sonntag, den 20. VII. 1902, in Köln. Von Jak. Vetter. (16 S.) (903.)
3. Marsch retour! od. Buße zu Gott. Eine Evangelisationsrede, geh. im Zelt der deutschen Zelt-Mission im Juni 1902 in Barmen. Von Jak. Vetter. (16 S.) (903.)

— dasselbe. Hrsg.: J. Vetter. Jahrg. 1903. Nr. 4—12. (à 16 S.) gr. 8. Clafeld bei Geisweid. (Gotha, Missionsbuchh. P. Ott.) à n. — 15

— dasselbe. 2. u. 3. Jahrg. 1904 u. 1905. à 12 Nrn. (à 16 S.) 8. Ebd. à n. — 15

— dasselbe. Hrsg.: Jak. Vetter. Schriftleitg.: J. Vetter u. L. Henrichs. 4. Jahrg. 1906. 12 Nrn. (à 16 S.) 8. Ebd. à n. n. — 10

— aus der Zelt-Mission! Hrsg.: Jak. Vetter. Schriftleitung: J. Vetter u. L. Henrichs. 5. Jhrg. 1907. 12 Nrn. (à 16 S.) 8. Geisweid i/W., Verlagshaus d. deutsch. Zeltmission. nn 1. —
Fortsetzg., s.: Zeltgruß der deutschen Zeltmission.

Gruß [Verfasser]

Gruß, Adolf

Gruss, Adf., die Anzeigepflicht des Arztes nach § 359 des österr. Strafgesetzes. (46 S.) 8. Wien 904. W. Braumüller. n. 1. —

Gruß, Adf., über d. Ärztestand. (2. Tausf.) gr. 8. (92 S.) Wien 897. F. Schalk. n. 1. 20

GRUSZ, Alexander: De Sabellio, eius erroribus et sectatoribus. — (1848) 50 S. 4° (Handschr.) Diss. 83
Diss. Wien, Univ.

GRUSS, ALEXANDER: Der Verein zur Verbreitung guter und wohlfeiler Bücher. In: Der kath. Christ. Jg. 3. 1850. Nr. 9 v. 28. II. 1850.

Gruß, Anton — Verzeichniß der gräflich Harrach'schen Gemälde-Gallerie zu Wien. Von — —. Wien, 1856. Druck von Karl Geroldѕ Sohn. (88 S. 8.)

Gruß, C., das eigene Blut. Oberbayer. Volksstück in 4 Akten. 16. (75 S.) München (898). Rubinverlag. n. 1. —

Gruss, Friedrich. Ich hab dir geschaut in die Augen. Für eine Singstimme und Piano. (Op. 18.) II + 3 S. 4. Basel, Max Pohl-Wohnlich, (1904). fr. 1. 25

Gruss, Gust., über die Bahn der Loreley (165). Lex. 8. (12 S.) Wien 877, (Gerold's Sohn.) **
Aus: Sitzungsberichte der k. Akademie der Wissenschaften, besonders abgedruckt.

Gruss, Dr. Gustav, Ueber die Bahn der Lorley (165) (Sitzb. d. k. Akad. d. Wissensch. 85. Bd. II. Abth. 1882. Mai.) gr. 8. (8 S.) geh. in Comm. 12 kr.
Wien: Gerold's Sohn 1882.

— u. K. Kügler, über die Bahn der Oenone (215). [Aus: „Sitzungsber. d. k. Akad. d. Wiss."] Lex.-8. (7 S.) Wien 882. Gerold's Sohn. n. — 20

Gruss, Dr. Gustav, Bahnbestimmung des Kometen V, 1877. (Sitzb. d. k. Akad. d. Wissensch. 85. Bd. II. Abth. 1882. Jänner.) gr. 8. (7 S.) geh. In Comm. 10 kr.
Wien: Gerold's Sohn 1882.

Gruß, Gustav: Über mehrstellige Berührungen von Kurvensystemen mit Geraden.
Separatabdruck aus: Sitzungsber. Bd. 84. II. Abt. 228.

Gruss, Gust., Bestimmung der Bahn des Kometen V, 1874. Lex.-8. (13 S.) Wien 878, (Gerold's Sohn.) **
Aus: Sitzungsberichte der k. Akademie der Wissenschaften, besonders abgedruckt.

Gruß, Gustav u. O. Biermann: Über die Bestimmung von Leitungswiderständen auf elektro-statischem Wege.
Separatabdruck aus: Sitzungsber. Bd. 77. II. Abt. 463.

— optische Untersuchung der Funkenwellen, s.: Mach, E.

Gruss, Joseph: Zwei Fälle von foetalem Ascites. Strassburg 1908: Müh. 31 S. 8°
Straßburg, Med. Diss. v. 19. Dez. 1908, Ref. Fehling
[Geb. 15. März 78 Oberehnheim; Wohnort: Straßburg; Staatsangeh.: Elsaß-Lothringen; Vorbildung: Gymn. Schlettstadt Reife Aug. 98; Studium: Freiburg i. B. 4, Straßburg 6 S.; Coll. 19. Nov. 08; Approb. 9. Juli 03.] [U 09. 3800

Gruss, Karl, aus Oberehnheim: Beiträge zur Kenntnis der Gesteine des Kaiserstuhlgebirges. Tephritische Strom- und Ganggesteine. *Heidelberg: C. Winter 1900.* (S. 85—143.) 8° ¶ (Aus: Mitteilungen d. Grossh. Bad. Geol. Landesanstalt, Bd 4, H. 2.)
Freiburg i. B., Phil. Diss. v. 1900

Gruß, Pauline, Einführung in die soziale Hilfe. Eine Anleitg. f. Frauen, f. Frauenschulen u. -Seminare. Mit e. Anh.: Abriß der Volkswirtschaftslehre, von H. v. der Aa. (VI, 150 S.) gr. 8. Göttingen 909. Vandenhoeck & Ruprecht. 1.80; geb. 2. —

Gruß Stefan: Epiktet und das Christentum.
II. 1896 PN 985 Diss. Wien, Univ.

Gruß, Steph., Ilias. Das Lied vom Zorn des Achilleus. Rekonstruiert u. übers. (V, 167 S.) 8. Straßburg 910. J. H. E. Heitz. 5. —

Gruss, Wilhelm [aus Brilon]: Ueber Carcinom der Unterleibsorgane nach Ovariotomie .... Marburg, Univ.-Buchdr. (R. Friedrich), 1886; 17 S. 8°.
Marburg, Med. Fak., Inaug.-Diss. v. 23. Jan. 1886.

Gruss, Wilhelm, über Carcinom der Unterleibsorgane nach Ovariotomie. Diss. Marburg 1886, N. G. Elwertsche Univ.-Buchh. 8°. 17 S.

Grüß [Sachl. Ordnungswort]

Grüß dich Gott! Illustrirtes Belehrungs- u. Unterhaltungsblatt f. deutsche Brauer. Hrsg.: Paul Sitte. 1. Jahrg 1876/77. 15 Hfte. (à 4—6 B. m. eingedr. Holzschn.) gr. 4 Sulau 876. (Breslau, Gosohorsky's Buchh.) n. 9 — halbjährlich n. 4. 80; einzelne Hfte. à n. — 60

Grüß dich Gott! Illustrirtes Belehrungs- und Unterhaltungsblatt für deutsche Brauer. Hrsgbr.: Paul Sitte. 1. Jahrg. 1876. 13 Hefte. (à 4—6 Bog. mit eingedr. Holzschn.) gr. 4. Sulau. (Breslau, Kiepert.) *
Nicht weiter erschienen.

Grüß Gott. Neuestes deutsches Volks- u. Taschenliederbuch. Eine ausgewählte Sammlung von den neuesten u. beliebtesten Volks-, Soldaten-, Jäger- ꝛc. Liedern. Potschappel 865. (Dresden, Ad. Wolf.) 32. (256 S. mit 1 Holzschntaf.) 5 ngr

Grüß Gott! Illustriertes Sonntagsblatt f. das christl. Haus. Hrsg.: G. Gerok. 1. Jahrg. Oktbr. 1884—Septbr. 1885. 52 Nrn. (B. m. eingedr. Holzschn.) gr. 4. Stuttgart, Greiner & Pfeiffer. 3. —

Grüß' Gott! Illustriertes Sonntagsblatt für das christliche Haus. 2.—4. Jahrg. Octbr. 1885—Septbr. 1889. à Jahrg. 52 Nrn. (Bog.) gr. 4. Stuttgart, Greiner und Pfeiffer. à Jahrg. *

— Illustriertes Sonntagsblatt f. das christl. Haus. 4. u. 5. Jahrg. Oktbr. 1887—Septbr. 1889. à 52 Nrn. (B.) gr. 4. Stuttgart, Greiner & Pfeiffer. à Jahrg. 3. —

— dasselbe. 6. Jahrg. Octbr. 1889—Septbr. 1890. 52 Nrn. (B.) gr. 4. Ebd. n. 2. 60

— Illustr. Sonntagsblatt f. das christl. Haus. Red.: Ernst Pfeiffer. 7.—10. Jahrg. Oktbr. 1890—Septbr. 1894. à 52 Nrn. (Bog.) gr. 4. Stuttgart, Greiner & Pfeiffer. à Jahrg. n. 2. 60

— Illustr. Sonntagsblatt f. d. christl. Haus. Hrsg. v. O. Umfried. 11.—15. Jahrg. Oktbr. 1894—Septbr. 1899. à 52 Nrn. (Bog.) gr. 4. Stuttgart, Greiner & Pfeiffer. à Jahrg. 2. 60
Kann auch vierteljährlich bezogen werden.

— Illustriertes Sonntagsblatt f. das christl. Haus. Hrsg. v. O. Umfrid. 16.—19. Jahrg. Oktbr. 1899—Septbr. 1903. à 52 Nrn. gr. 4. (à ca. 8 S.) Stuttgart, Greiner & Pfeiffer. à Jahrg. 2. 60

— Illustriertes Sonntagsblatt f. das christl. Haus. Hrsg. v. O. Umfrid. 20. u. 21. Jahrg. Oktbr. 1903—Septbr. 1905. à 52 Nrn. (à 8 S. m. farb. Taf.) 4. Stuttgart, Greiner & Pfeiffer. à Jhrg. n. 2. 60

— dasselbe. 22. u. 23. Jahrg. Oktbr. 1905—Septbr. 1907. à 13 Hefte. (à 32 S. m. 1 farb. Taf.) 4. Ebd. à Hft. n. — 20

Grüß Gott. Illustriertes Familienblatt f. das christl. Haus. Hrsg. v. O. Umfrid. 26 u. 27. Jahrg. Oktbr. 1909—Septbr. 1911. à 16 Hefte. (26. Jahrg. 387 S.) 33×23 cm. Stuttgart, Greiner & Pfeiffer. à Hft. — 25

Grüß' Gott! Ein Blatt f. Österreichs deutsche Jugend. Schriftleiter: Jos. Ambros. 1. u. 2. Jahrg. 1887. 1888. à 24 Hfte. (3 B. m. Illustr.) Lex.-8. Wien, Pichler's Wwe. & Sohn à Jahrg. n. 5. 60

— dasselbe. 3. u. 4. Jahrg. 1889. 1890. à 12 Hfte. (2 B. m. Illustr.) 4. Ebd. à Jahrg. n. 4. 80

Grüß' Gott! Ein Blatt f. Österreichs deutsche Jugend. Leiter: Jos. Ambros. 5.—7. Jahrg. 1891—1893. à 12 Hfte. (2 Bog. m. Illustr.) Lex.-8. Wien, A. Pichler's Wwe. & Sohn. à Jahrg. n. 4. 80; auch in 12 Hftn. à — 40

Grüss Gott! Reading, PA
Monthly. DABZ, p. 2, XX, no. 7, N.Y., July 1, 1892.

Grüss Gott! Ein Jahrbüchlein f. evangel. Sonntagsschulen u. Kindergottesdienste. In-16°. 64 S. Mit Abbild. u. 1 Farbendr. Winterthur, C. Hirsch. 1892. — 30

— Ein Jahrbüchlein f. evangel. Sonntagsschulen u. Kindergottesdienste. Nr. 1 u. 2. 16. (à 64 S. m. Abbildgn. u. 1 Farbendr.) Konstanz u. Emmishofen 893. 894. C. Hirsch. à — 25

Grüß Gott! Ein Jahrbüchlein f. evang. Sonntagsschulen u. Kindergottesdienste. Nr. 3—7. 16. (à 64 S. m. Abb. u. 1 Farbendr.) Konstanz u. Emmishofen 895—898. C. Hirsch. à — 25

— Ein Jahr-Büchlein f. evang. Sonntagsschulen u. Kindergottesdienste. Nr. 11. 12. (64 S. m. Abbildgn.) Konstanz (902). C. Hirsch. n. — 20

Grüß Gott! Ein Jahr-Büchlein f. evangel. Sonntagsschulen u. Kindergottesdienste. Nr. 15. (64 S. m. Abbildgn.) kl. 8. Konstanz (906). C. Hirsch. n. — 15

— Ein Jahrbüchlein f. evangel. Sonntagsschulen u. Kindergottesdienste. Nr. 16—19. (à 64 S. m. Abbildgn.) kl. 8. Konstanz (910). Christl. Buch- u. Kunstverlag C. Hirsch. à Nr. — 15

Grüß Gott!
— Eine Wanderg. durch die Schweiz. qu. 8. (20 S. m. farb. Abbildgn.) Berlin 893. M. Hochsprung. n. 1. 50

— ein Bilderbuch f. d. Kleinen v. Tante Marie. 16. (11 S. m. farb. Bild.) Fürth 895. (Leipzig, W. Opetz.) — 15

Grüß Gott. Erzählgn. f. Jung u. Alt. 1.—20. Hft. 8. (à 16 S.) Schwerin, F. Bahn. à n. — 07; als 1. u. 2. Bd. kart. à n. 1. —

1. Verloren u. wiedergefunden. Folge mir nach! Von M. Rüdiger. 898.
2. Wie Martino e. Bruder fand. Von C. Winter (M. Rickmeyer). 898.
3. Dennoch fröhlich! Von C. Winter. 898.
4. Krüppel-Mienchen. Von M. v. O. 898.
5. Es ist der Herr Christ! Von M. v. O. 898.
6. Großmutters Heiner. Weidenkätzchen. Von M. v. O. 898.
7. Der liebe Gott ruft! Von M. Frohmut. 898.
8. Anker m. Gott! Eine helgoländer Geschichte. Von Hans v. Echtlitz. 898.
9. Verirrt. Von U. Behm. 898.
10. Nadiana od. „Der Meister ruft mich!" Von M. Rüdiger.
11. Ein Rosinenkringel. Von M. Frohmut. 898.
12. Sonnenschein im Hause. Von M. v. O. 898.
13. Engelsfittiche. Von V. Clément. 899.
14. Vom kleinen Stoffer. Eine Geschichte aus seinem Leben. Von Hans v. Echtlitz. 899.
15. Auf der „Hamburg". Von Hans v. Echtlitz. 899.
16. Ein Glückstag. Von M. Frohmut. 899.
17. Nur e. Vögelchen. Von M. Frohmut. 899.
18. Heimgekehrt. Von A. Berg. 899.
19. Unvergessen. Von C. Winter (M. Rickmeyer). 899.
20. Der Herr nimmt mich auf. Von A. Berg. 899.

Grüß Gott. Erzählungen f. Jung u. Alt. 1.—12. Hft. 2. Aufl. 8. (à 16 S.) Schwerin 899. F. Bahn. à n. —07; 1.—10. Hft. als 1 Bd. kart. (Mit 1 Farbdr.) n. 1. —
1. Verloren u. wiedergefunden. Folge mir nach! Von M. Rüdiger.
2. Wie Martino e. Bruder fand. Von C. Winter. (M. Rickmeyer.)
3. Dennoch fröhlich! Von C. Winter.
4. Krüppel-Minchen. Von M. v. O.
5. Es ist der Herr Christ! Von M. v. O.
6. Großmutters Heiner. Weidenkätzchen. Von M. v. O.
7. Der liebe Gott ruft! Von M. Frohmut.
8. Anker m. Gott! Eine helgoländer Geschichte. Von Hans v. Echtlitz.
9. Verirrt. Von U. Behm.
10. Radiana od. „Der Meister ruft mich"! Von M. Rüdiger.
11. Ein Rosinenkringel. Von M. Frohmut.
12. Sonnenschein im Hause. Von M. v. O.

— dasselbe. 21.—40. Hft. 8. (à 16 S.) Ebd. à n. —08
21. Das trutzige Vronele. Von Renata Pfannschmidt-Beutner. (899.)
22. Schneeflocken. Von A. Berg. (899.)
23. Eine Fahrkarte. Von A. Berg. (899.)
24. Verloren u. gefunden. Von Hans v. Echtlitz. (899.)
25. Auch e. Held. Von Hans v. Echtlitz. (899.)
26. Am Klausenwasser. Von Bertha Clément. (899.)
27. Puppengustel's Weihnachtsgast. Von M. Frohmut. (899.)
28. Alle Beide. Von Bertha Clément. (900.)
29. Hansel u. Gretel. Von M. v. O. (900.)
30. Wie es e. Tannenbaum gegang. ist. Von M. Frohmut. (900.)
31. Allein. Von A. Berg. (900.)
32. Das Leckerlieschen. Von Hans v. Echtlitz. (900.)
33. Weihnachten auf See. Von Hans v. Echtlitz. (900.)
34. Das Allernötigste. Von A. Berg. (900.)
35. Der Hirtenbube. Von Bertha Clément. (901.)
36. Der große Bruder. Von R. Pfannschmidt-Beutner. (901.)
37. Treue Freunde. Von Hans v. Echtlitz. (901.)
38. Klein Else. Erzählung nach dem Leben. Von Hans v. Echtlitz. (901.)
39. Singet Gott. Von A. Berg. (901.)
40. Zottelköpfchen. Von M. Frohmut. (901.)

— dasselbe. Erzählungen f. Jung u. Alt v. Hedw. Andrae, M. Rüdiger, B. Clément u. a. Neue Folge. 1.—10. Hft. gr. 8. (à 16 S.) Ebd. 903. à n. — 08; in 1 Leinw.-Bd. n. 1. 20
1. Was die alte Kuckucksuhr erzählt. Von Hedw. Andrae.
2. Zwei gute Freunde. Von R. Pfannschmidt-Beutner.
3. Sara. Eine Weihnachtsgeschichte Von M. Rüdiger. — Ein Gassenjunge. Von Adelh. Scheibert.
4. Das Weihnachtspacket. Von Bertha Clément.
5. Der junge Schmuggler. Von Bertha Clément.
6. Ein kleiner Burenheld. Von Hans v. Echtlitz.
7. Engelwacht. Von Hans v. Echtlitz.
8. Hilfe in der Not. Von A. Berg.
9. Das Sonntagskind. Von M. Frohmut.
10. Friedeli u. Frieli. Von Hedw. Andrae.

Grüß Gott! Erzählungen f. Jung u. Alt v. Hedw. Andrae, M. Rüdiger, B. Clément u. a. Neue Folge. 11. bis 38. Heft. (à 16 S.) gr. 8. Schwerin, F. Bahn. à n. —08; je 10 Hefte in 1 Leinw.-Bd. n. 1. 20

Andrae, Hedw., das Eine nicht. (905.) (Hft. 32.)
Andrae, Hedw., was die Hampelmänner taten. Eine Weihnachtsgeschichte. (904.) (Hft. 22.)
— wie Ilse ihren Freund kennen lernte. „Was möchte Er haben?" 904. (Hft. 13.)
— eine Schuhgeschichte. (904.) (Hft. 14.)
— Rudis Unglückstag. Eine Hoffnungsbund-Geschichte. — Sylvesternacht. (905.) (Hft. 33.)
— Tröpfchen. (904.) (Hft. 21.)
Berg, A., die Geschwister. (904.) (Hft. 27.)
— das Harzmännchen. 904. (Hft. 20.)
— das Heupferdchen. 904. (Hft. 19.)
Clément, Bertha, Großvater u. Enkel. (904.) (Hft. 26.)
— die treuen Kameraden. (904.) (Hft. 25.)
— die Linde am Abersee. Nach e. wahren Begebenheit. 904. (Hft. 11.)
— der kleine Patriot. (905.) (Hft. 29.)
— auf dem Almenhofe. (905.) (Hft. 28.)
— Weihnachtsüberraschungen. Eine Burengeschichte. 904. (Hft. 12.)
Echtlitz, Hans v., das Geheimnis seines Glücks. 904. (Hft. 17.)
— an Gottes Hand. 904. (Hft. 16.)
Frohmut, M., wie's Dorli in die Erdbeeren stieg. 904. (Hft. 15.)
— wie's Liesel um e. Engel bat. (904.) (Hft. 23.)
— Wettersegen. (905.) (Hft. 30.)
Geber, e. fröhlichen, hat Gott lieb. Von W. N. (905.) (Hft. 31.)
Rüdiger, M., Großmutter Lores Weihnachten. Samariterdienst. 904. (Hft. 18.)
Wie das Mariele zu e. Gais kam. Von W. N. (904.) (Hft. 24.)

(F) „Grüss Gott!" Illustr. Kalender für das Jahr 1902. Neue Folge. I. Jahrg. 8°. (III, 15 S.) K —.30
Wien: Perles 1901.

— Illustrierter Kalender f. d. J. 1903. Neue Folge. 2. Jahrg. 8. (XXXII, 35 S.) Wien, M. Perles. n. — 30

Grüss Gott! Kalender für das Jahr 1904. Neue Folge. 3. Jahrg. Gr. 8°. (ill. 35 S.) K — 30
Wien: Perles 1903.

(F) „Grüss' Gott!" Illustr. Kalender für das Jahr 1905. Neue Folge. 4. Jahrg. 8°. (32 S.) K —.30
Wien: Perles 1904.

— Illustrierter Kalender f. d. J. 1907. Neue Folge. 6. Jahrg. (XXXII, 29 S.) 8. Wien, M. Perles. n. — 30

(F) Grüss Gott! Kalender für das Jahr 1908. 8°. (29 S.) K —.30
Wien: Perles 1907.

(F) Grüß Gott! Kalender für das Jahr 1909. 8°. (XXXII, 28 S.) K —.30
Wien: Perles 1908.

— Illustr. Kalender f. d. J. 1911. Neue Folge. 10. Jahrg. (XXXII, 28 S. m. Abbildgn.) 8. Wien, M. Perles. — 30

Grüß Gott!

— Liedertextsammlung f. Männerchöre, hrsg. vom Leipziger Gausängerbunde. 6. Aufl. (XXIV, 259 S.) 16. Leipzig (904). (P. Zschocher.) Geb. n.n. — 60

— Organ f. Mäßigkeit, Sittlichkeit, Erziehg., Sonntagsruhe u. Sonntagsheiligg., innere u. äußere Mission, Mission an Israel, Evangelisation, Liebestätigkeit, Diakonie, die Bestrebgn. der Frauen- u. Jungfrauen-, Jünglings- u. Männervereine. Ein christlicher Freund f. die Familie, f. Gesunde u. Kranke, Alte u. Junge. 7—10. Jahrg. 1907—1910. à 52 Nrn. (à 8 S. m. Abbildgn.) 33,5×23 cm. Weinfelden, A.-G. Neuenschwander'sche Buchh. à Jhrg. 2. 40; auch in je 12 Heften à — 30

Grüß Gott!

— m. hellem Klang! Volkslieder u. Lieblings-Gesänge der Gesangvereine u. Männerquartette bis zur neuesten Zeit. Mit Angaben der Tonlagen. 2. verm. Aufl. schmal 12. (VI, 156 S.) Stuttgart (900). A. Lung. Kart. n. —45

Grüß [Verfasser]

Grüß, Christian

Grüß, Chr., Von der Großmama. Kinderlust und Kinderlehre in Wort und Bild. Neu-Ruppin 864. Oehmigke. 4. (16 lith. u. color. Bl. m. Text.) 15 ngr.

Grüß, Chr., Herzensklänge oder Stunden der Muße. Dichtungen. 12. (XII, 211 S.) Berlin 893. L. Oehmigke's Verl. Geb. in Leinw. m. Goldschn. n. 4. —

Grüß, Chr., Herzensklänge od. Stunden der Muße. Dichtungen. 2. verm. Aufl. 12. (XII, 356 S.) Berlin 900. L. Oehmigke's Verl. n. 6. —

Grüß, Chr., der kleine Kindergarten. Erzählungen, Mährchen, Fabeln, Räthsel, Spiele, Natur- u. Lebensbilder in Poesie u. Prosa. Neu-Ruppin 865. Leipzig, Oehmigke. br. 8. (VIII, 192 S. mit 8 Chromolith.) cart. 27 ngr.

Grüß, Chr., Mutterliebe. Ein Weihgeschenk. Dichtungen. 3., verm. Aufl. 16. (VI, 228 S.) Berlin 888. Oehmigke's Verl. n. 3. —; geb. n. 4. 50

Grüß, Christian, Mutterliebe. Ein Weihgeschenk. Dichtgn. 4. verm. Aufl. (VII, 222 S.) 8. Berlin (908). L. Oehmigke's Verl. Geb. in Leinw. 3. —

—— des Kindes Wanderung durch die Natur. 4. (16 ill. Stnt. mit Text.) Neu-Ruppin 864, Oehmigke. cart.

—— Puck's Wanderung durch die Kinderwelt. Dargestellt in schönen Bildern und lust. Reimen. Eine Festgabe für artige Kinder. 4. (16 ill. Stnt. mit Text.) Neu-Ruppin 864. Oehmigke. cart.

Grüss, J., Rad-Rundfahrten in Deutschland. s.: Wegener, E.

Grüſs, Johannes [Dr.]: Über die vegetativen Diastase-Fermente. ([Umschlagt.:] Über Diastaseforschungen.) Berlin, R. Gaertner, 1895; 32 S. 4.
Berlin, Siebente R '(HB)', OP 1895 (123)

GRÜSS, Johannes: Die Knospenschuppen der Coniferen und deren Anpassung an Standort und Klima. - Berlin 1885. 44 S. - Diss.

Über Lösung und Bildung der aus Hemicellulose bestehenden Zellwände und ihre Beziehung zur Gummosis. Von Dr. J. Grüss. M. 1 Taf. *Stuttgart: E. Nägele 1896.* (2 Bl., 13 S., 1 Bl., 1 Taf.) 4.
= Bibliotheca botanica. H. 39.

Gruss-Album v. Bielefeld u. aus dem Teutoburger Wald. (9 Taf. in Leporelloform.) 12. Bielefeld (903). A. Helmich. n. — 60

Gruss-Album von Zug. [Leporello-Album, enthaltend 18 Ansichten. 1 Bl. quer-fol., *zus.-gefaltet mit illustr. Titel*, quer-8. Berlin, Graphische Industrie, [1906]. [fr. —.40]

Grüßbeüttel, Jac., eyn Besonder fast nützlich stymmen büchlein mit figuren, s. Schriften, vier seltene, des 16. Jahrh.

Grüße

— aus Baden-Baden u. Umgebg. in Bild u. Wort. Orig.-Aufn. v. Gust. Salzer. Text v. Wilh. Harder. qu. gr. 8. (IV, 164 S.) Berlin-Schöneberg 898. W. Sommer. Geb. n. 2. —

— aus Berlin u. Umgebg. in Bild u. Wort. Orig.-Aufn. im Besitze d. Verlags, Text v. Vict. Laverrenz. qu. gr. 8. (IV, 472 S.) Ebd. 898. Geb. 4. 50; ermäss. Preis 3. —

— aus der Ferne. Ein Postkarten-Malbuch. gr. 8. (8 farb. Bl. m. eingedr. Text.) Duisburg (902). J. A. Steinkamp. Kart. — 50

Grüsse aus Flur u. Au. Ein Postkarten-Malbuch. (8 [4 farb.] perforierte Bl.) 18×28,5 cm. Nürnberg (908). Th. Stroefer. — 75

Grüße, gereimte, f. Ansichts-Postkarten. gr. 16. (32 S.) Reutlingen 898. R. Bardtenschlager. — 15

Grüße, gereimte f. Ansichts-Postkarten. 2. Sammlg. 16. (32 S.) Reutlingen (900). R. Bardtenschlager. — 20

— gereimte, aus der Ferne (f. Ansichts-Postkarten). 16. (32 S.) Reutlingen 899. R. Bardtenschlager. — 15

— dasselbe. 16. (64 S.) Ebd. (900). — 30

Grüße vom Himmel an die Freunde des Herrn. Kiel 868. Schwers. 16. (VII, 63 S.) cart. 7½ ngr.

— himmlische. qu. 16. (8 S. m. 2 farb. Bildern.) Nürnberg 895. Th. Stroefer. — 50; m. Dedikation f. Konfirmanden — 50

— 125, aus d. Ferne. Verse f. Ansichtspostkarten. gr. 16. (32 S.) Styrum 898. A. Spaarmann. — 10

Grüße, 120 gereimte, zum Gebrauche f. Ansichts-Postkarten bei den verschiedensten Veranlassungen. In Orig.-Dichtgn. systematisch geordnet. (Umschlag: 120 Postkartenverse zum Gebrauche bei den verschiedensten Veranlassgn.) (32 S.). kl. 8. Reutlingen (904). Enßlin & Laiblin. — 20

Grüsse, lustige, aus Berg und Thal für fröhliche Postkartenschreiber. 2. Aufl. 12°. 43 S. Zürich, Th. Schröter's Verlag 1900. — 50

Grüße an die christliche Mädchenwelt. 12. (90 S.) Hamburg 850, Agentur des Rauhen Hauses. 4½ ngr

Grüße an die christliche Mädchenwelt. 2. verm. Aufl. Hamburg 854. Agentur d. Rauhen Hauses. 24. (3 Bl., 108 S.) 4½ ngr

Grüße aus Nazareth. Monatsschrift f. alle Verehrer der hl. Familie, insbesondere f. die Mitglieder d. v. Sr. Heil. Papst Leo XIII. zu Ehren der hl. Familie errichteten u. m. vielen Ablässen gesegneten Allgemeinen Vereins christl. Familien, hrsg. v. Gratian v. Linden. 1. Jahrg. Febr.—Dezbr. 1893. 12 Nrn. (2 Bog.) gr. 8. Straßburg i/E., F. X. Le Roux & Co. n. 1. 20

— dasselbe. 2. Jahrg. 1894. 12 Nrn. (2 Bog.) gr. 8. Ebd. n. 1. 20

— aus Nazareth. Illustr. Monatsschrift f. alle Verehrer d. hl. Familie, insbes. f. d. Mitglieder d. v. Papst Leo XIII. zu Ehren d. hl. Familie erricht. u. m. vielen Ablässen gesegn. Allgem. Vereins christl. Familien. In Verbindg. m. zahlr. Priestern u. Laien hrsg. v. Gratian v. Linden, O. Cap. 3. u. 4. Jahrg. 1895—1896. à 12 Hfte. (2 Bog.) gr. 8. Straßburg, F. X. Le Roux & Co. à Jahrg. n. 1. 20
Weiter nicht erschienen.

— aus Magdeburgs Park-Anlagen. (Einbd.: Die Parkanlagen der Stadt Magdeburg.) Gewidmet v. Verf. u. Verleger (Rob. Hesse.) (84 S. m. Abbildgn.) Lex. 8. Magdeburg (909). R. Hesse & Co. Kart. 2. —

— aus Potsdam u. Umgebg. in Bild u. Wort. Orig.-Aufn. v. W. O. Link, Text v. N. Becher. qu. gr. 8. (IV, 167 S.) Berlin-Schöneberg 898. W. Sommer. Geb. n. 2. —

Grüße aus Prag. Vermittelt durch Gust. Edmund. 16. (116 S.) Prag 887. Haerpfer. geb. m. Goldschn. n.n. 2. 35

— vom Rhein. D. Fürsten Bismarck z. 80. Geburtstage. 4. (35 S.) Köln 895. J. G. Schmitz. n. — 60

Grüße aus Rheinhessen vom Verband Rheinhessischer Weinhändler gewidmet den Teilnehmern des 21. Deutschen Weinbaukongresses zu Mainz 14.-18. August 1903. Rheinhessens Weinbau und Rheinhessens Weinorte 1903. Mainz: v. Zabern 1903. 32 S., 1 Kt. -- 107.121*

— vom Schwarzwald. Album m. 66 Abbildgn. nach photograph. Aufnahmen. qu. 12. (III S. m. 62 Bl.) Freiburg i/B. (900). Nürnberg, Litterar. Institut C. Stockhausen. n. 1. 20

— aus unserm Seminar. Verbandsblatt der Lehrer u. Lehrerinnen des Seminars zu Hannover u. ihrer ehemal. Schülerinnen. Hrsg.: Léon Wespy u. Gertr. Müller. 4. Jahrg. 1908. 8 Nrn. (à ca. 4 S.) 31×23,5 cm. Hannover, C. Meyer. 1. —

Grüße und Wünsche. Ein Hülfsbüchlein für das Leben in der Liebe. (Von Emil Quandt.) Berlin 864. (Beck.) 16. (134 S.) n. 10 ngr; geb. n. 18 ngr

Grüße u. Wünsche in Spruch u. Lied. 16. (12 Chromolith.) Berlin 877. (W. Schultze.) n. 1. 60

— dasselbe. 12 Blumenkarten mit Text. Serie J. u. K. Chromolith. 16. Berlin 882. Großmann. In Umschlag. 3. 50

J. 2. —. — K. 1. 50

Grüße und Wünsche in Spruch und Lied. Serie A. bis L. 16. (à Serie 12 chromolithogr. Blumenkarten mit Text.) Berlin 883, (W. Schultze's Verlag.) Serie a, b, d, g, h à *
Serie c, e, f à *
Serie i *
Serie k, l à *

Grußemann, J. H., Auszüge u. Kern d. heil. Schrift A. u. N. Test. rc. 12. Gießen, Krieger. 748.

Grussenberg, Theodor Adam Franz Wilh. (Göttingen), De testamenti minus solemnis coram uno teste nuncupati probatione jurejurando heredis supplenda. Diss. jur. Präs. Georg Heinr. Ayrer. Götting. (Abr. Vandenhoeck) 14. III. 1748. 60 S. (6.—) Widm. v.: M. Rudolph Wedekind. 12092

Afrikanische Reisebilder von Friedrich **Grußendorf**. Osnabrück: Meinders & Elstermann 1910. VIII, 178 S. 8° (10. 17340 7

Grussendorf, F[riedrich]. «Wenn Jesus wiederkommen würde auf Erden!» Ein Zeitbild. 2. Aufl. 16 S. 8. Ascona, Carl von Schmidtz, [1906]. [fr. —. 45]

(Auch veröffentlicht in «Die kirchliche Gegenwart» [Jahrg. 4, Göttingen 1905] und «Der freie Christ» [Jahrg. 3, Ascona 1905, Nr. 10].)

Grussendorf, Theodor, appr. Arzt aus Borstel: **Untersuchungen über den binokularen Schakt bei einseitiger Aphakie.** *Göttingen 1899: Dieterich.* (43 S.) 8°
Göttingen, Med. Diss. v. [25. Sept.] 1899

Grussendorf, Thdr., Untersuchungen üb. den binokularen Schakt bei einseitiger Aphakie. Diss. gr. 8. (49 S.) Göttingen 899. (Vandenhoeck & Ruprecht). n. 1.10

Grussendorf, Wilhelm [aus Eldagsen]: Aus d. Augenklinik zu Jena. Ein Beitrag zur Kenntnis der metastatischen Ophthalmie ... Jena, Univ.-Buchdr. G. Neuenhahn, 1897; 23 S. 8.
Jena, Med. Fak., Inaug.-Diss. v. [10. Mai] 1897

Grussendorf, Wilh., biblische Geschichten u. Entwürfe zu religiösen Unterredungen, erläut. durch Sprüche u. Liederverse. Zum Gebr. der Lehrer an Elementar-Unterklassen für Kinder von 6 bis 10 Jahren. 8. (104 S.) Minden 848, Eßmann. 1/4 ß

Grussendorf, Wilh., deutsche Sprache. Ein didaktisch-methodolog. Kursus über die Redetheile u. deren Anwendung im Satze, z. Gebr. d. Lehrer in Elementar-Landschulen. 8. (6 B.) Minden 846, Essmann.

— Sprüche u. Liederverse zu den biblischen Geschichten. Zum Auswendiglernen für Kinder in den Elementar-Unterklassen. (Aus „Bibl. Geschichten" besond. abgedr.) 12. (23 S.) Ebd. 848. 1 1/2 ngl 50 Expl. 1 2/3 ß

Grüß' Gott-Kalender für die J. 1888 und 1889. 8. (71; 91 S. mit vielen Bildern.) Rieb. (Wien, Szelinski.) à Jahrg. *

—— —— Kalender f. d. J. 1890—1898. 8. (XXXII, 48; XXXII, 51; XXXII, 50; XXXI, 52 S. m. Bildern.) Wien, (Szelinski). à Jahrg. * — 80

„Grüß Gott!"-Kalender für das Jahr 1894. Mit vielen Bildern. 8. (66 S.) —.15
Ebda. 1893.

„Grüß Gott!"-Kalender für das Jahr 1895. Mit vielen Bildern. 8. (65 S.) —.15
Ebda. 1894.

„Grüß Gott!"-Kalender für das Jahr 1897. Mit vielen Bildern. 8. (64 S) —.15
Ebda. 1896.

„Grüß' Gott!" Kalender für das Jahr 1899. Mit vielen Bildern. 8. (66 S.) —.15
Ebda. 1898.

Grüß Gott-Kalender. Illustr. kathol. Volkskalender f. d. J. 1899. 8. (49 S.) Wiesbaden, G. Quiel. — 15

Grüssner, A. und Karl Hazura: Über die Oxydation ungesättigter Fettsäuren mit Kaliumpermanganat. 3. Abhandlung. Separatabdruck aus: Sitzungsber. d. k. Akad. d. Wiss. Bd. 98. Abt. II b. 187.

Grüßner, C., die Weberei auf Schäfte u. Tritte. Darstellung der hierfür gilt. Grundsätze u. die Lehre der Anschnürung beim Vorrichten der Webestühle. Wissenschaftlich-praktisch dargestellt für Fabrikanten, Meister u. Gesellen u. zum Gebrauche in Webeschulen. Mit 10 lith. Taff. u. 34 in den Text gedr. Holzschn. Wien 868, v. Waldheim. gr. 8. (41 S.) n. 16 ngr

Grust, Aug. Mich. Fr., d. Lehren Jesu u. einiger seiner Schüler. 8. Berl. 783. Schöne. 4 gl

Grustdorf, Amand., († d. 25. Sept. 1792.) institutiones Philosophiae rationalis seu Logicae. 8. Styrae 765.

— institutiones Psychologiae empiricae. 4. ibid. 770.

— philosophia prima, seu ontologia. 4. ibid. 767.

Grastuer de Grustdorff, Casim., Naturalis theologiae nucleus sive tractatus philosophicus de existentia et essentia entis increati. Aug. Vind. 1720.

Grustdorf, C., Samml. etl. Lob- u. Lehrpredigt. 2 Thle. 4. Augsb. Doll. 754.

Gruszczyński, Anton. (Car.) (geb. Krakau 10. 1. 1814): De syphilidis natura et cura sine mercurio. Berolini (1841). (37 S.) 8°
Berlin, Med. Diss. v. 24. Febr. 1841

Gruszczyński, Stanislaus *(geb. Posen 28. 4. 1819)*: In Platonis Sophistam adnotationum specimen. Vratislaviae (1842). (27 S.) 8°
Breslau, Phil. Diss. v. 15. Aug. 1842

Gruszka, Jan, Katechetyka umiejętna. Ułożył według autora niemieckiego Ks. Fr. Schmida. 8. (238 S.) Przemyśl 849, Gebr. Jeleń. n. 1 ℳ

Gruszkiewicz, Józef [aus Hrubieszów (Königreich Polen)]: Ueber die Einwirkung der Alkohole auf Diazoverbindungen und über einige Versuche in der Indazolgruppe. Freiburg (Schweiz) 1898. 49 p. 8°.
Freiburg. Mathem.-naturw. Diss. 1897/98.

FSC
www.fsc.org
MIX
Papier | Fördert gute Waldnutzung
FSC® C083411

Kolibri 360 GmbH
Ferdinand-Jühlke-Straße 7
99095 Erfurt, Deutschland
produktsicherheit@kolibri360.de